朱克柔缂丝山茶（南宋）

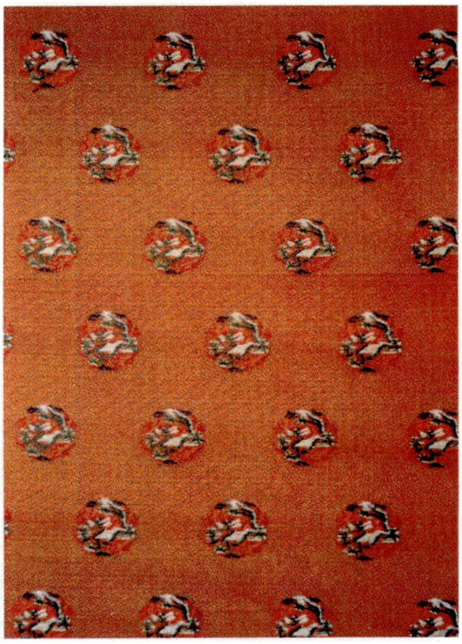

六则小团龙妆花纱（明）

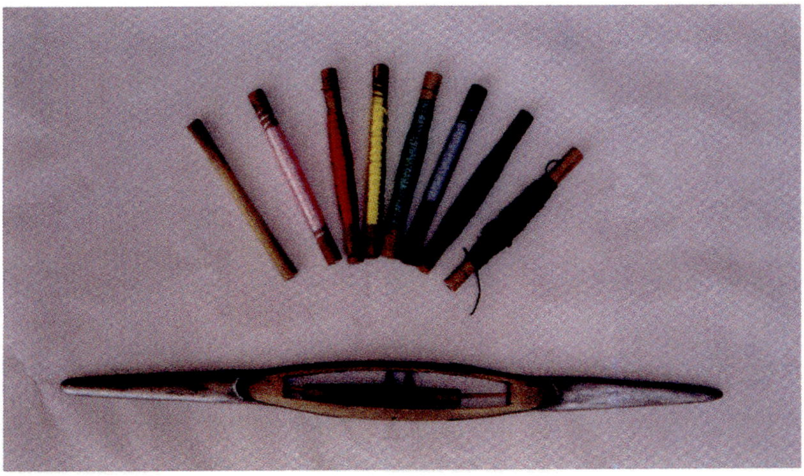

梭子和彩绒管

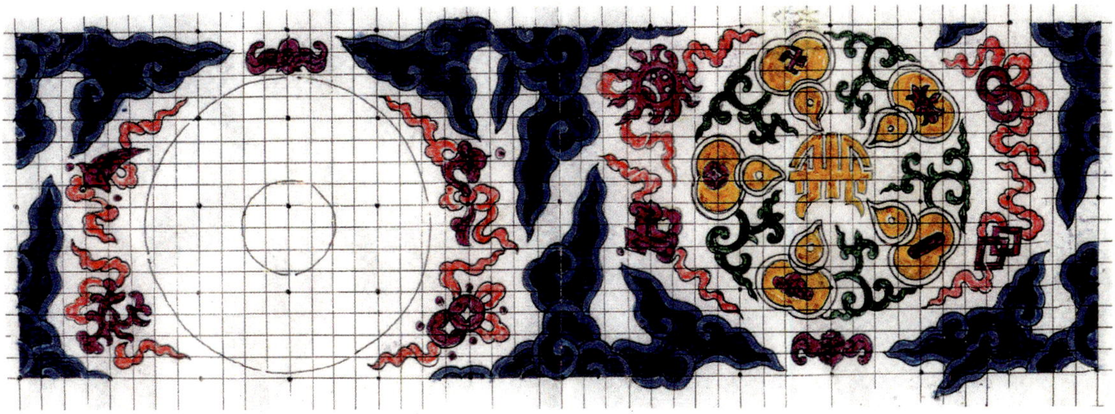

四方连续纹样示意图

龙袍前式

分铲色稿，打横顺格式后就成挑花稿，此为汉府旧稿重绘

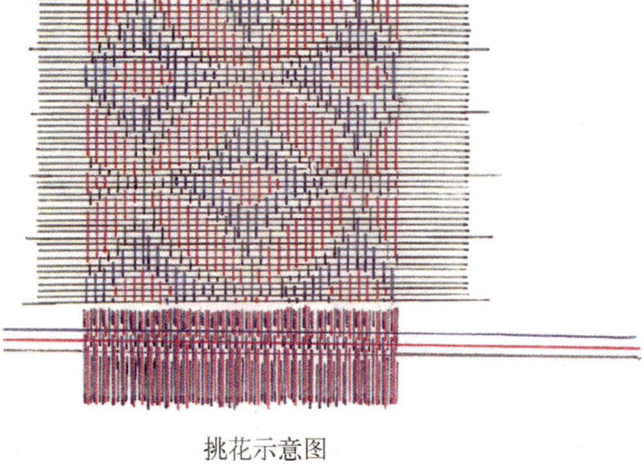

挑花示意图

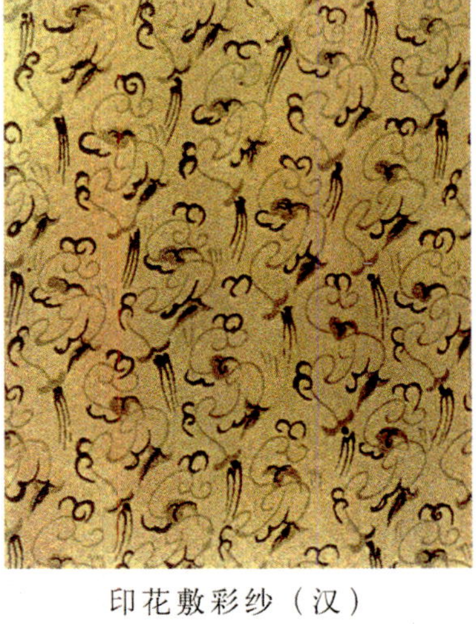

印花敷彩纱（汉）

卢嘉锡　总主编

中国科学技术史

纺织卷

赵承泽　主　编

科学出版社

2002

内 容 简 介

本书是一部论述中国自史前至近代数千年纺织生产和工艺技术发展历史的著作。全书分为四编。第一编阐述古代的纺织生产情况；第二编阐述古代的纺织工艺技术，包括原料、纺、织、染、机具、纺织品种及一些需要专门讨论的重要问题；第三编阐述历史上少数民族的纺织及现存的传统纺织工艺；第四编阐述中国近代纺织业的兴起和发展。本书完整地勾画出中国纺织科技史的全貌和发展历程，适于科技史界、美术界和纺织院校师生、纺织生产从业人员阅读。

图书在版编目(CIP)数据

中国科学技术史.纺织卷/赵承泽主编.-北京:科学出版社，2002

ISBN 978-7-03-009585-5

Ⅰ.中… Ⅱ.赵… Ⅲ.①技术史-中国②纺织工业-技术史-中国 Ⅳ.N092

中国版本图书馆 CIP 数据核字(2001)第 041976 号

科学出版社出版
北京东黄城根北街 16 号
邮政编码: 100717
http://www.sciencep.com
北京厚诚则铭印刷科技有限公司印刷
科学出版社发行 各地新华书店经销
*
2002 年 7 月第 一 版 开本:787×1092 1/16
2025 年10月第七次印刷 印张:30 1/4 插页:1
字数:705 000

定价:298.00元

(如有印装质量问题,我社负责调换)

《中国科学技术史》的组织机构和人员

顾　问（以姓氏笔画为序）

王大珩　王佛松　王振铎　王绶琯　白寿彝　孙　枢　孙鸿烈　师昌绪
吴文俊　汪德昭　严东生　杜石然　余志华　张存浩　张含英　武　衡
周光召　柯　俊　胡启恒　胡道静　侯仁之　俞伟超　席泽宗　涂光炽
袁翰青　徐苹芳　徐冠仁　钱三强　钱文藻　钱伟长　钱临照　梁家勉
黄汲清　章　综　曾世英　蒋顺学　路甬祥　谭其骧

总主编　卢嘉锡

编委会委员（以姓氏笔画为序）

马素卿　王兆春　王渝生　艾素珍　丘光明　刘　钝　华觉明　汪子春
汪前进　宋正海　陈美东　杜石然　杨文衡　杨　熺　李家治　李家明
吴瑰琦　陆敬严　罗桂环　周魁一　周嘉华　金秋鹏　范楚玉　姚平录
柯　俊　赵匡华　赵承泽　姜丽蓉　席龙飞　席泽宗　郭书春　郭湖生
谈德颜　唐锡仁　唐寰澄　梅汝莉　韩　琦　董恺忱　廖育群　潘吉星
薄树人　戴念祖

常务编委会

主　　任　陈美东

委　　员（以姓氏笔画为序）

华觉明　杜石然　金秋鹏　赵匡华　唐锡仁　潘吉星　薄树人　戴念祖

编撰办公室

主　　任　金秋鹏

副 主 任　周嘉华　杨文衡　廖育群

工作人员（以姓氏笔画为序）

王扬宗　陈　晖　郑俊祥　徐凤先　康小青　曾雄生

《纺织卷》编委会

主　　编　赵承泽

编　　委　（以姓氏笔画为序）

王金山　朱　冰　邢声远　李仁溥　张　琼

金　文　赵翰生

编撰人员　（各编以姓氏笔画为序）

第一编　李仁溥

第二编　王金山　田　方　朱　冰　张　琼

金　文　赵承泽　赵翰生　梁加龙

第三编　刘伯茂　何鸿志　黄赞雄

第四编　邢声远　周启澄

总　　序

中国有悠久的历史和灿烂的文化，是世界文明不可或缺的组成部分，为世界文明做出了重要的贡献，这已是世所公认的事实。

科学技术是人类文明的重要组成部分，是支撑文明大厦的主要基干，是推动文明发展的重要动力，古今中外莫不如此。如果说中国古代文明是一棵根深叶茂的参天大树，中国古代的科学技术便是缀满枝头的奇花异果，为中国古代文明增添斑斓的色彩和浓郁的芳香，又为世界科学技术园地增添了盎然生机。这是自上世纪末、本世纪初以来，中外许多学者用现代科学方法进行认真的研究之后，为我们描绘的一幅真切可信的景象。

中国古代科学技术蕴藏在汗牛充栋的典籍之中，凝聚于物化了的、丰富多姿的文物之中，融化在至今仍具有生命力的诸多科学技术活动之中，需要下一番发掘、整理、研究的功夫，才能揭示它的博大精深的真实面貌。为此，中国学者已经发表了数百种专著和万篇以上的论文，从不同学科领域和审视角度，对中国科学技术史作了大量的、精到的阐述。国外学者亦有佳作问世，其中英国李约瑟(J. Needham)博士穷毕生精力编著的《中国科学技术史》(拟出7卷34册)，日本薮内清教授主编的一套中国科学技术史著作，均为宏篇巨著。关于中国科学技术史的研究，已是硕果累累，成为世界瞩目的研究领域。

中国科学技术史的研究，包涵一系列层面：科学技术的辉煌成就及其弱点；科学家、发明家的聪明才智、优秀品德及其局限性；科学技术的内部结构与体系特征；科学思想、科学方法以及科学技术政策、教育与管理的优劣成败；中外科学技术的接触、交流与融合；中外科学技术的比较；科学技术发生、发展的历史过程；科学技术与社会政治、经济、思想、文化之间的有机联系和相互作用；科学技术发展的规律性以及经验与教训，等等。总之，要回答下列一些问题：中国古代有过什么样的科学技术？其价值、作用与影响如何？又走过怎样的发展道路？在世界科学技术史中占有怎样的地位？为什么会这样，以及给我们什么样的启示？还要论述中国科学技术的来龙去脉，前因后果，展示一幅真实可靠、有血有肉、发人深思的历史画卷。

据我所知，编著一部系统、完整的中国科学技术史的大型著作，从本世纪50年代开始，就是中国科学技术史工作者的愿望与努力目标，但由于各种原因，未能如愿，以致在这一方面显然落后于国外同行。不过，中国学者对祖国科学技术史的研究不仅具有极大的热情与兴趣，而且是作为一项事业与无可推卸的社会责任，代代相承地进行着不懈的工作。他们从业余到专业，从少数人发展到数百人，从分散研究到有组织的活动，从个别学科到科学技术的各领域，逐次发展，日臻成熟，在资料积累、研究准备、人才培养和队伍建设等方面，奠定了深厚而又广大的基础。

本世纪80年代末，中国科学院自然科学史研究所审时度势，正式提出了由中国学者编著《中国科学技术史》的宏大计划，随即得到众多中国著名科学家的热情支持和大力推动，得到中国科学院领导的高度重视。经过充分的论证和筹划，1991年这项计划被正式列为中国科学院"八五"计划的重点课题，遂使中国学者的宿愿变为现实，指日可待。作为一名科技工作者，我对此感到由衷的高兴，并能为此尽绵薄之力，感到十分荣幸。

《中国科学技术史》计分 30 卷，每卷 60 至 100 万字不等，包括以下三类：

通史类(5 卷)：

《通史卷》、《科学思想史卷》、《中外科学技术交流史卷》、《人物卷》、《科学技术教育、机构与管理卷》。

分科专史类(19 卷)：

《数学卷》、《物理学卷》、《化学卷》、《天文学卷》、《地学卷》、《生物学卷》、《农学卷》、《医学卷》、《水利卷》、《机械卷》、《建筑卷》、《桥梁技术卷》、《矿冶卷》、《纺织卷》、《陶瓷卷》、《造纸与印刷卷》、《交通卷》、《军事科学技术卷》、《计量科学卷》。

工具书类(6 卷)：

《科学技术史词典卷》、《科学技术史典籍概要卷》(一)、(二)、《科学技术史图录卷》、《科学技术年表卷》、《科学技术史论著索引卷》。

这是一项全面系统的、结构合理的重大学术工程。各卷分可独立成书，合可成为一个有机的整体。其中有综合概括的整体论述，有分门别类的纵深描写，有可供检索的基本素材，经纬交错，斐然成章。这是一项基础性的文化建设工程，可以弥补中国文化史研究的不足，具有重要的现实意义。

诚如李约瑟博士在 1988 年所说："关于中国和中国文化在古代和中世纪科学、技术和医学史上的作用，在过去 30 年间，经历过一场名副其实的新知识和新理解的爆炸"(中译本李约瑟《中国科学技术史》作者序)，而 1988 年至今的情形更是如此。在 20 世纪行将结束的时候，对所有这些知识和理解作一次新的归纳、总结与提高，理应是中国科学技术史工作者义不容辞的责任。应该说，我们在启动这项重大学术工程时，是处在很高的起点上，这既是十分有利的基础条件，同时也自然面对更高的社会期望，所以这是一项充满了机遇与挑战的工作。这是中国科学界的一大盛事，有著名科学家组成的顾问团为之出谋献策，有中国科学院自然科学史研究所和全国相关单位的专家通力合作，共襄盛举，同构华章，当不会辜负社会的期望。

中国古代科学技术是祖先留给我们的一份丰厚的科学遗产，它已经表明中国人在研究自然并用于造福人类方面，很早而且在相当长的时间内就已雄居于世界先进民族之林，这当然是值得我们自豪的巨大源泉，而近三百年来，中国科学技术落后于世界科学技术发展的潮流，这也是不可否认的事实，自然是值得我们深省的重大问题。理性地认识这部兴盛与衰落、成功与失败、精华与糟粕共存的中国科学技术发展史，引以为鉴，温故知新，既不陶醉于古代的辉煌，又不沉沦于近代的落伍，克服民族沙文主义和虚无主义，清醒地、满怀热情地弘扬我国优秀的科学技术传统，自觉地和主动地缩短同国际先进科学技术的差距，攀登世界科学技术的高峰，这些就是我们从中国科学技术史全面深入的回顾与反思中引出的正确结论。

许多人曾经预言说，即将来临的 21 世纪是太平洋的世纪。中国是太平洋区域的一个国家，为迎接未来世纪的挑战，中国人应该也有能力再创辉煌，包括在科学技术领域做出更大的贡献。我们真诚地希望这一预言成真，并为此贡献我们的力量。圆满地完成这部《中国科学技术史》的编著任务，正是我们为之尽心尽力的具体工作。

卢嘉锡

1996 年 10 月 20 日

前言

中国纺织史是中国历史不可分割的一个组成部分。

中国纺织的历史至少可上溯到新石器时代晚期,迄今已有六七千年之久。源远流长的纺织生产活动是历代社会经济生活的重要支柱之一,尤其是其技术的演进和发展不仅在中国科技史中占有十分重要的地位,在世界纺织史上也占有十分重要的地位。

历史是由先民走过的路铺垫而成的。探讨中国历史,探讨我们的民族在已经走过的路上取得的成就和兴衰,可以激发我们的自豪感,增强自信心,为国家的未来倾注动力。探讨中国纺织的历史时,如果能揭示其发生发展的规律和轨迹,阐明其蕴含,彰显其光彩,自然亦会起到同样的作用。

《中国科学技术史·纺织卷》,所述时间自中国的史前直至1948年,带有纺织通史的性质,是集体写作的。由于所述时间过于绵长,兼之中国古文献浩瀚如海,有关反映古代纺织生产及工艺情况的文献大多分散于诸如经、史、子、集以至方志、游记、笔记小说之中,而很少专门著作,所以如欲写好这本书有相当的难度。全书写得怎么样?是否有很多遗漏?对某些具体问题提出的看法和分析是否准确?整体水平如何?我们自己不便评定,相信读者看后自有定论。现仅谈谈我们的编写原则和方法,借以说明我们心中之所念和努力之所在。

本书前后分为四编,互为补充。

第一编为生产篇,阐述古代的纺织生产体制、纺织生产与各时期社会经济的关系、纺织产品的输出和生产技术的外传。

第二编为技术篇,阐述古代的纺织工艺技术,包括缫、纺、捻、络、织、染工艺和机具结构、织物品种以及一些纺织史著作中一向少有论及或论而不详、需要专门讨论的重要问题。

第三编为少数民族篇,阐述历史上少数民族纺织技术的发展以及壮族、土家族、苗族、黎族等少数民族现存的有代表性的传统纺织品种和织造方法。

第四编为近代篇,阐述中国自鸦片战争至1948年期间,棉、麻、丝、毛、针织等纺织行业的兴起和发展。

全书为什么分四编撰写呢?其目的只有一个,即为更好地勾画出中国纺织科技史的全貌和发展历程。中国纺织史内容繁浩,从时代上讲,本书是以古代为主,近代为辅;从具体内容讲,有纺织生产方面,有纺织技术方面,也有少数民族方面。这么多的内容,如果没有一个比较好的编写体例,是很难有系统地御繁以约写进同一本书之内的。为避免顾此失彼或顾彼失此,我们采取了与传统修史体例接近的方式。太史公的《史记》,历来称为良史,是汇编历史问题的范本。《史记》有本纪、年表、八书、世家、列传。以本纪为纲,以表、书排比时间和各类政事,以世家、列传记述各个家族和个人事迹以及各种专门事件,把所欲讲述的史实,有合有分,纲举目张地组合成一个有机的整体。后世撰写的各种正史皆以之为圭臬。我们试图效颦亦如式操作,以生产篇为总纲,比拟《史记》的纪,以技术篇比拟《史记》的书,以少数民族篇、近代篇比拟《史记》的世家和列传。虽然有些牵强,但确实考虑到了各篇的特点和相互关系。

写历史的书,应尽可能真实地反映原本面貌,其法不外乎二,即详和实。详是详细,要写出历史事项的全部内容,不能只谈及事项的名称,而不语及其发生的时间、发展过程和涉及的人和地点。否则必将使读者疑莫能明,达不到讲史的目的。实是真实,要写出历史事物的真相,绝不能牵强附会,不清楚者宁可阙疑,也不能胡写。

"详和实"也是我们在编写这本书时一直刻意追求和遵循的原则。

在详的方面,根据各篇的特点和内容,采取了两种措施:一是四编虽采用的都是概述方法,但绝不作过分的概,而是详中见概,对于所述的每个事项,一律清楚地说明其要点和实质,摒弃其微末细节,务期做到扼要而又讲得相当明白,有原有委,不蔓不枝。二是把某些专项问题进行专门论述。专门讨论的问题,讲得越详明越好,因此对详的要求比较高,凡与编中各文有关的话尽可能地写进去,甚至在行文的方式上也不惮繁琐之嫌,每每把需参考的书和原文,一并录入。

在实的方面,主要是重视史料的选用和个别事项的考证。全书利用的史料主要有三种:

一是文献资料。历代遗存的文献资料,汗牛充栋,可供搜集的范围比较广,所以凡见于先秦故籍、各种史书、地方志、私家文集、笔记小说、诗词以及近代各种报刊、政府档卷等有关的文字均在备用之列,但书中引用的资料皆经反复审核、确无违误后,方才选用的。

二是传统纺织工艺和少数民族纺织工艺。选用这部分资料的原因是其可信度高。中国历代内地创造的纺织技术和各少数民族创造的纺织技术,林林总总,大都具有较深厚的科技含量,虽间亦见于著述,但皆只言片语,不足以反映其所言工艺的实际。现存内地和各少数民族地区的传统纺织工艺,是中国古代纺织科技的最后传承者,现在仍在沿用,它们是论述中国古代、特别是宋以后的纺织科技,最宝贵的、可以目验的资料,绝不存在不实的问题。

三是出土文物资料。书中对各项史实的考证,尽可能多地利用了出土文物,因为出土文物是可以目验的实体,可弥补文献资料或因记载不详、或因虽系同一问题而各书所说不一、或因记载本身即属误说之缺陷。有助于厘清迷翳,使不详者详之,有歧、有错者澄之。

现代人崇尚总结,这是个好观念,既可以提炼经验,也可以自警。在全书完稿后的总结中,我们自认为仿效传统的修史方式,在书的体例和详实叙述方面,在系统性和条理性方面,做得还算好。基本没有空言无物,也很少有对某些事项空喊意义深远,而无具体叙述的现象。相反地,由于重视生产和技术的关系、传统纺织工艺的价值和对个别事项的考证,把历代纺织生产和技术有关的问题,基本上都收录在书中。而且在写现存传统纺织工艺时,将其中的一些高级工艺写得相当细腻;在论述专门事项时,对故籍以及今人著作中的某些误说亦作了订正。基本上作到了该说的都说了。当然这本书也存在不少遗憾,有一些需要写的而没有写,或写得不足。其原因有二:一是受篇幅限制,二是受经费限制。关于少数民族纺织技术,书中虽然安排了专门一编,但所写的仅是56个民族中的少数几个,问题就出在经费上。凡欲写少数民族的传统技术,包括纺织技术,都必须出差实地调查,没有经费是办不到的。另外,由于我们水平的限制,可能对某些具体问题提出的看法和分析有不妥之处,诚望各方面的专家和翻阅本书的读者多多指正。

回想几年前,我单位征得中国科学院的同意,决定编纂一部《中国科学技术史》。当时自然科学史研究所所长陈美东先生曾找我谈过编纂计划,并告之要我出任《纺织卷》主编。乍一听到,颇感惶恐,自度从事纺织史研究虽有一定时间,所知依然相当浅薄,不敢贸然应允。继而又想,我个人水平虽然有限,但若组织有关专家,还是可以承担的,才毅然接受。于是始个别联系、邀请有关专家，惠予合作。幸蒙慨允，经过协商，确定分工范围，而后开始正式着手。

第一编的第一、二、三章由李仁溥撰写；第二编的第四章由赵翰生撰写（其中第一节第一部分的后半部分内容是朱冰写的），第五章由赵承泽、赵翰生撰写，第六章的第一、二、五节由田方撰写，第三、四节由金文撰写；第七章由朱冰撰写，第八章的第一、二节由张琼撰写，第三节由赵承泽、王金山、赵翰生、张琼、梁加龙撰写；第三编的第九章由黄赞雄撰写，第十章的第一、二、三节由黄赞雄撰写，第四、五节由黄赞雄、刘柏茂、何鸿志撰写，第六、七、八节由何鸿志撰写；第四编的第十一、十二章由邢声远、周启澄撰写（参考了赵文榜先生写的一些文稿）。最后的统稿工作由赵翰生（第一、二、三、四编）、朱冰（第一编）协助我完成，其他诸如索引、校对、复印等各项工作俱由赵翰生完成。

终于可以塞责了。回想起来，既喜且惭，喜的是任务完成了，惭的是自己无能，以致延迟至今。而令我感触最深的则是各位专家的参与。各位先生都有自己的专职业务，他们抽出时间参加这项工作，而且都按时完成，这种精神实在令人感佩。谨在此致以深深的谢意。另外，陈美东先生也曾不断地帮助我们，并在百忙之中审阅了全部书稿，理应一并致谢。

赵承泽

2001年1月

目　　录

第三编　少数民族篇

第四编　近代篇

第一编

生　产　篇

第一章　纺织生产的起源

第一节　纺织产生以前的衣着原料

在原始社会初期，纺织技术发明以前，人们用来作御寒蔽羞衣物的不外是狩猎所得的兽皮、羽毛，或是采集所得的树叶、茅草，《春秋命历年》说："合雒纪世，民始穴居，衣皮毛。"周口店是我国远古人类的家乡之一，距今两万年前后山顶洞人生活、活动的遗迹就发现在这里。1930年因清理山顶洞人化石产地顶部堆积，搜寻其边缘而被发现。1933年和1934年进行科学发掘，在第一文化层中发现一枚骨针，保存完好，只是针孔处破断了。全长82毫米，直径3.1～3.3毫米，针尖圆锐，针身略弯而圆滑，是刮削和磨制成功的，针孔窄小，是用尖状器挖制而成的。骨针的发现，证明山顶洞人当时已初步掌握了缝制技术，他们已经能用兽皮之类缝制衣服，不再完全赤身露体了。《韩非子·五蠹》说："古者丈夫不耕，草木之实足食也；妇人不织，禽兽之皮足衣也。"旧石器时代的采集、狩猎活动，除了补充人们生存的食物来源之外，还为原始人类的衣着提供了材料。

原始先民在穿用兽皮的同时，也注意利用其他天然物质材料制作衣服，康熙《诸罗县志》载：高山族"多揉树皮为裙，白如苎，晓以行御湛露，晞则褪之"。西双版纳的基诺族和傣族也利用树皮加工作衣服。此外，赫哲族加工鱼皮作为衣服的原料。

以后在长期的采集、渔猎活动中，人们才逐渐掌握了利用树皮、草茎等植物纤维搓制绳索的技术。再后一些，又从结绳发展到利用韧性纤维制作渔猎用的网罟，《世本》："芒作网"，《吕览·异用》："蛛蝥作网"，《易·系辞》也说：包牺氏"作结绳而为网罟，以畋以渔"。鱼网上束有石（或陶质）制的网坠，陕西半坡和扶风、南京锁金村、吉林长蛇山、黑龙江齐齐哈尔市昂昂溪、海南崖县、福建光泽等新石器时代文化遗址中，都曾出土很多，说明当时已经使用鱼网捕鱼。《盐铁论·通有篇》说："设机陷，求犀象；张网罗，求翡翠"，捕鸟也用网，与捕鱼的挂网相类。

原始先民结绳作网利用天然植物纤维作原料，因为单纤维既不结实又较短，只能用手捻制加工成线和绳，或用兽皮条、兽毛、鱼皮条加工成线和绳。正如刘安在《淮南子》书中所说："緂麻索缕，手经指挂，其成犹网罗。"线的出现，为编织和纺织提供了有利条件，作为最初衣着材料最原始的纺织技术，也就是在这个基础上产生的。

第二节　纺织技术的产生与发展

纺织是人类继穿兽皮之后的重要发明之一。依照常理推论，人类在发明纺织之前，应先发明编织，在编织的基础上才发展成为纺织。1958年在浙江吴兴钱山漾发掘新石器时代文化遗址，竟发现在这个文化遗址中，保留了当时的300余件竹编物和不少苇席①。为着适用各种编

---

① 浙江省文物管理委员会等，钱山漾第一、二次发掘报告，考古学报，1962(2)：73～92。

织物的不同形状和用途，以及要使它们紧密耐用而又美观，人们把刮光了的竹篾，多数按着密纬疏经的方法编成。有的编成一纬一经的人字形，四周以硬框加固；有的呈二纬二经的人字形，在竹编物的口部用较细密的蔑条收结。这种高超的编织技术后来广泛地被纺织所吸收，促进了纺织工艺的发明和纺织物的多种多样化。

最初的纺织原料是采集野生的植物纤维，如野麻、野葛、竹、树皮等。随着渔猎经济的发展，人类又以兽皮、鱼皮割制成条和兽毛作纺织原料。农业生产出现后，人类开始种植麻、葛和养蚕抽丝，在游牧地区则利用牲畜毛作纺织原料。天然植物纤维多呈松散状，而且单一纤维短细，强度低不结实，为了使它坚固耐用，必须用多根纤维加捻并续接以增加强度和长度。最初的加捻方法是用手指，这种方法太慢而且不能保证纺线的均匀度，远远满足不了织布的要求。新石器时代先民们发明了一种由陶或石质制成的纺轮，利用纺轮旋转力将纤维加捻成纱。

距今7000年前左右，即我国新石器时代晚期仰韶时期，我们的祖先已经掌握纺织技术。仰韶时期氏族成员在长期的劳动实践中已知用纺轮捻线，用简单织机织麻布，用骨针缝制衣服，用竹、苇编织席子。近几十年来，在现今黄河流域中，下游河南、山西、陕西等地仰韶文化遗址中，曾多次发掘出石、陶制的纺轮、骨针、骨锥等原始的纺织和缝纫工具。当时的纺织品大都是麻类纤维织成的，在陕西半坡等遗址的陶器上面，并曾发现过印有布纹的痕迹和画有布纹的彩绘。另外，在陶器的底部还发现过席子一类的编织物痕迹①，这说明当时已能用手工织制粗糙的纺织品。当时的长江流域纺织比较发达，各式陶纺轮的大量出现反映了这一事实。纺轮形式不下10种，一般陶质较软，呈橙黄色，不少纺轮施加彩绘，彩绘多用红褐颜料，以直线、弧线或卵点纹组成同心圆、辐射线等画面。东北地区这一时期墓葬中，发现随葬品有一定位置，陶纺轮置于体侧。随葬品的组合也有一定的规律，凡用纺轮随葬的墓，不出石镞，与纺轮共存的器物经常是石刀、石磨盘和陶器；反之，用石镞随葬的墓，则不出纺轮，与石镞共存的器物经常是石斧、石锛、石凿和陶器。这种区别，显然是由于墓主人的性别不同所致，它反映了男女分工的状况，即妇女主要从事家务劳动和纺织，男子则主要从事农耕和狩猎。"男耕而食，妇织而衣"②，正是这时社会经济情况的写照。

比仰韶文化稍晚一些时候的龙山文化遗址中，还曾发现骨梭和陶制纺轮。骨梭的应用在纺织技术上是一个重大的进步，大量采用陶制纺轮，更反映出当时纺织已相当普遍。

当时的织机估计是一种水平式的踞织机，固定经线的一端，另一端系在人的腰际，来回穿梭编织。在浙江余姚河姆渡新石器时代文化遗址曾出土原始踞织机零件，主要有打纬骨机刀、骨梭形器、木制绞纱棒和经轴等③。这种织机织出的平纹麻布，幅面很窄，比较稀疏。河南三门峡庙底沟和陕西华县泉护村新石器时代遗址中，在陶器上面曾发现的布纹痕迹，每平方厘米有经纬线各10根。甘肃临夏大何庄和秦魏家新石器时代的墓葬中发现的布纹痕迹，在一平方厘米的布纹上有经纬线各11根。《淮南子》一书曾说：古代祖先开头用手指经挂丝缕，织成原始的布帛④。这种描述大体上符合远古纺织技术水平。

---

① 中国科学院考古研究所，西安半坡，文物出版社，1963年。

② 《商君书·画策》。

③ 浙江省文物管理委员会、浙江省博物馆，河姆渡发现原始社会重要遗址，文物，1976(8)：6~17。

④ 《淮南子·汜论训》，见陈广忠译注《淮南子译注》，吉林文史出版社，1990年。

纺织在当时也存在着地区发展不平衡和工艺技术的差异。江苏吴县草鞋山新石器时代文化遗址中出土过三块葛布残片①，经密每厘米 10 根，纬密每厘米罗纹部约 26～28 根，地部为 13～14 根，花纹呈山形纹，有罗纹组织，罗孔较规整匀称。葛布轻薄是夏天穿用的，所谓“冬日麑裘，夏日葛衣”②。浙江吴兴钱山漾新石器时代文化遗址乙区第四层中发现的麻布片为苧麻质，平纹组织，组织密度每平方厘米 24 根(一号)，16 根(二号)，经 30 根、纬 20 根(三号)的三种③。这些材料和西北黄河流域新石器时代文化遗址发现的布纹痕迹比较，可以断定，在当时长江流域纺织已很发达，工艺技术已经达到相当高的水平。

我国养蚕缫丝起源于有史以前。传说最早发明推广育蚕技术的就是黄帝的元妃嫘祖，但在汉代和汉代以前的文献记载中，都找不到这种传说的痕迹。《史记·五帝本纪》和《大戴礼·帝系篇》，虽然提到黄帝元妃西陵氏女嫘祖，但没有说明她和发明育蚕有什么关系。《汉旧仪》说：“今蚕神曰菀窳妇人。寓氏公主，凡二种。”也没有提及西陵氏女。《隋书·礼仪志二》始记南北朝后期的北周“以太牢亲祭，进奠先蚕西陵氏神”，后来南宋罗泌《路史》引北宋初年伪托的《淮南王蚕经》说：“西陵氏劝蚕稼，亲蚕始此。”自然，这和《易·系辞》中所言“黄帝制五色衣裳”一样，是后人的一种附会。但如果不去专指其人，而把它理解为新石器时代晚期，稍后于麻纺织的一项发明，则还是与事实相当接近的。

1926 年在山西夏县西阴村出土的仰韶文化遗存中，曾发现有半个人工割裂的茧壳④，山西芮城西王村仰韶文化遗址也出土过陶蚕蛹⑤。浙江余姚河姆渡新石器时代文化遗址中发现盅形骨器上面刻有四条蚕纹，这些蚕纹似在蠕动状，头部和身上的横节纹非常清晰⑥，它比江苏吴县梅堰新石器时代文化遗址出土的黑陶上所绘蚕的图形更为逼真⑦，这说明当时蚕已进入人们的日常生活。1958 年在浙江吴兴钱山漾新石器时代文化遗存中发现的纺织品中，除麻织品外还有丝织品，包括有尚未炭化而呈黄褐色的绸片和虽已炭化仍保有一定韧性的丝带及丝线等。经过鉴定，出土丝织品原料是家蚕丝。丝线是由 10 多根粗细均匀的单丝紧紧绞捻在一起。绸片是交织而成的平纹组织，它的表面细致、光洁，丝缕平整，经纬密度每厘米 48 根⑧，为当今世界上出现最早最完整的丝织品，它的精细程度可以和现代一些丝织品媲美。这些事实证明，我国是发明养蚕缫丝的国家，我们的祖先约在 5000 年前就已在黄河流域和长江流域养蚕织绸了。

夏代重视农业，当时农业在生产活动中已逐渐占据比狩猎、畜牧更重要的地位，曾制订适合农业耕作所需的历法，后人据此制为《夏小正》，该书记述，春三月时，奴隶开始养蚕、采桑的生产活动，反映了夏人对蚕桑生产的重视。

在记载古代山川形势、经济地理、物产贡赋的古文献——《禹贡》里，说到当时我国行政区域划为九州，各州都把当地物产作为贡赋上缴，其中用竹器(篚)盛放着丝和丝织物上缴的就有

① 南京博物院，江苏吴县草鞋山遗址，文物资料丛刊，1980(3)。
② 《韩非子·五蠹》，见陈奇猷校注《韩非子集释》，上海人民出版社，1974 年。
③ 浙江省文物管理委员会等，钱山漾第一、二次发掘暴告，考古学报，1960(2)：73～92。
④ 李济，西阴村史前遗址，清华学校研究院丛书，1927 年。
⑤ 中国科学院考古研究所山西队，山西芮城东庄村和西王村遗址的发掘，考古学报，1973(1)：1～64。
⑥ 浙江省文物管理委员会、浙江省博物馆，河姆渡遗址第一期发掘报告，考古学报，1978(1)。
⑦ 江苏省文物工作队，江苏吴江梅堰新石器时代遗址，考古学报，1978(6)：308～318。
⑧ 浙江省文物管理委员会等，钱山漾第一、二次发掘报告，考古学报，1962(2)：73～92。

兖、青、徐、扬、豫、荆六个州，相当于今日的关中和华东一带。这些贡物当中，有的是丝，有的是丝绵（丝纩），有的是黑绸（玄），有的是细绸（纤）、素绸（缟），也有染色丝带（组），还有类似纹绮的高级织物（织纹）。扬州之域上贡的丝织品称为“织贝”，根据汉代郑玄的解释，认为“贝”是一种锦的名称，是在织作之前，先染成色丝，再按“贝”的色彩花纹织成美丽的锦。更有人（苏氏）补充说：“其文（纹）斑斓如贝。”① 在原始社会末期生产方式还相当低下的情况下，已有“锦”这种复杂织物是弃难令人相信的。但从文献和出土文物又可以证实，当时人们确已能在应用矿物颜料的同时，也选用天然的植物染料，经过长期的生产实践，逐步掌握和提高了各类染料的提取、染色等工艺技术，生产出绚丽璀烂，五彩缤纷的丝织物。

在我国南方确实出产许多贝类，古代曾被作为货币之用。贝壳的文采极为多样而华丽，有紫色的（细贝），黑色的（玄贝），黄白纹相间的（余赆），白底黄点的（余泉），白底紫点的（紫贝），素底红点的（珠贝），青底绿纹的（绶贝），黑文黄画的（霞贝）。人们以经常接触而又多色多彩的贝来形容丝织锦的华丽和贵重。

汉代刘安的《淮南子·原道训》说：“禹会诸侯于涂山，执玉帛者万国。”《左传·哀公七年》中也有同样的史实记载。帛是我国古代丝绸的总称，那时的氏族必须拿着帛才能去朝见禹王，这也反映出在夏禹时我国长江流域和黄河流域等许多地区都已有了丝织物生产。

我国原始社会发展的漫长时期中，人们衣着由《白虎通义》中所言“衣皮韦”进化到染五彩织成锦帛作衣裳，人们不仅穿上了衣服，而且注意到衣服的式样、质地、文采。纺织品的多样复杂，代表了这一历史时期的纺织工艺技术的成就，也表明了当时社会经济繁荣发达的真实面貌。

---

① 《尚书·禹贡》，见 1935 年国学整理社出版《影印阮刻十三经注疏》，上海世界书局发行。

第二章　纺织生产对历代社会经济生活的影响

第一节　商代以来民营纺织业的形成和发展

(一)商至战国时期

商代奴隶主贵族强迫奴隶进行大规模的集体耕作,奴隶们的劳动发展了农业生产。当时的农产品种类很多,作为农业的副业——桑蚕也大量发展起来。

甲骨文中的桑字作(《殷虚书契后编》上一一),很像枝叶条达,嫩叶初生,阿傩无力之状,《诗经》称为"桑柔"、"柔桑"[1]。而且桑字已普遍成为地名,如"在桑"、"田桑"等。传说:汤之时,七年大旱,"王祷于桑林,雨"[2]。先秦诸子中如《墨子·兼爱》、《荀子、大略》、《管子·山权》、《尸子·君治》、《吕氏春秋·顺民》及《尚书大传·汤誓》、《淮南子·主术》、《论衡·感应》、《说苑·群道》、《韩诗外传》、《帝王世纪》等亦有记载。《楚辞·天问》、《列子·天端》、《吕氏春秋·本味》、《水经·伊水注》又传说有侁氏女子采桑,得小子于空桑之中,即伊尹。桑林、空桑,都是地名,或即是卜辞中之桑地,是蚕桑繁茂的地方。《书序》说:伊尹作大戊相国时,亳地有祥瑞,桑谷共生于朝。《史记·殷本纪》也有同样记载。桑与商代的主要食粮之一的谷共生,可见商代对种桑的重视。

蚕字甲骨文作(《铁云藏龟》一八五)、(《殷虚书契前编》六·六六)、(《殷虚书契后编》上三八),它完全是蚕的象形。甲骨文中蜀字作(《铁云藏龟》二一七),亦蚕,古蜀国便有"蚕国"之称。可见蚕是当时普遍养育的,是一种很重要的农作副业。

衣是人们生活中不可缺少的,丝绸尤为奴隶主贵族大宗需要,所以蚕丝之被重视是必然的。商代甲骨文中又有关桑蚕的卜辞很多,武丁时呼人省察蚕事,据一组卜辞当有九版[3],从这里可以看到占卜至少有九次之多。蚕既有益于人生,卜辞中便有"蚕王"之尊称,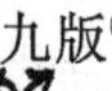(《殷虚书契前编》六·六七)从蚕从王,合曰蚕王。蚕是被人尊敬的虫类,王也是人们尊敬的,于是祭祀祈求它,以祝丰收。甲骨文中又有祭祀蚕神的卜辞,如武丁时占卜求年于蚕神[4],祖庚祖甲时以蚕神与其他神并祭[5],以蚕神与祖先上甲微并祭[6],廪辛康丁时以蚕神与黽示同祭[7]。这些卜

---

① 《诗经·豳风·七月》:"春日载阳,有鸣仓庚,女执懿筐,遵彼微行,爰求柔桑。"《诗经·大雅·桑柔》:"菀彼桑柔,其下侯旬,捋采其刘。"《诗经·小雅·柔桑》:"柔桑有阿,其叶有难。""柔桑"、"桑柔"、"有阿"、"有难",均是形容桑叶繁茂,枝叶柔弱之状。

② 见清·张宗泰校补《竹书纪年》,嘉庆八年刊本。

③ 胡厚宣,《卜辞同文例》,载《历史语文研究所集刊》第九本,1947年。

④ 罗振玉辑,《殷虚书契前编》六·六六,国学丛刊本。

⑤ 罗振玉辑,《殷虚书契后编》上二八,民国五年刊本。

⑥ 见《安大略皇家博物馆所藏甲骨文字》四六八。

⑦ 胡厚宣辑,《甲骨续存补编》九九九九,天津古籍出版社,1996年。

辞证明殷代蚕有蚕神，称蚕示，与其他神或自己祖先同祭，是被崇拜为远古神灵之一。祭蚕示时用三牛，或用三宰，或用羌，典礼十分隆重。又每每求年于蚕神，可知蚕桑之业与农业生产一样，也是一年的重要收成①。

在历年出土的商代遗物中，曾经多次发现雕镂精细的玉蚕，如1953年安阳大司空村发掘的殷墓，其随葬器物，就有蚕形玉，长3.15厘米，白色，扁圆长条形，共有七节，保存完整②。1966年在山东益都苏埠屯发掘的殷代大墓里，也发现了形态逼真的玉蚕③。在青铜器"饕餮纹簋"、"父癸鼎"、"伯衾方鼎"④ 等口饰环饰上也都可以见到刻镂工整、造型生动逼真的蚕纹，"头圆而眼凸出，身体屈曲，作蠕动状"⑤。蚕被取像于彝器纹饰和殉葬物品，可见蚕是普遍而且特别受人尊敬的虫类，也是当时蚕桑生产已很普遍的一种反映。更直接的证据是：在安阳殷墟初期发掘出土的青铜器上，就发现附有"为铜酸所保存的纺织物遗痕"⑥。1929年殷墟第三次发掘，在小屯村西北地18.2号殷墓里，出土戈形兵器，其上面有"极显著的布纹"⑦。1934～1935年殷墟第10至11次发掘，在侯家庄西北冈的HPKM1001号殷代大墓中，出土有铜爵、铜觚、铜戈，其上面除了席纹、麻纹之外，还有显著的细布遗痕。如在一个铜爵上"流外侧及器口外缘之土锈上，似有编织物或纤维之遗痕"。在一个铜觚残片上"内面绿锈上有布纹"。在一个铜戈上"一面及刃上满布细布纹锈"。又一个铜戈上"援内两面有细布遗痕"⑧。这些所谓布纹和细布纹锈，就是残留丝绢的遗痕。1950年在安阳武官村殷代大墓中发现三个铜戈，上面"皆有绢帛"的痕迹，有的"裹有极细绢纹"，有的"裹有布纹"⑨。1955年在郑州出土的商代铜盆上，"亦发现附着有布的痕迹"⑩。

与丝绢实迹相印证的，是甲骨文中已出现有不少关于蚕桑生产的文字，如：丝、帛、衣、裘、巾、幕、旒等字⑪，广泛使用。殷虚甲骨文一共只有几千个单字，这些象形字只限于反映一些当时社会上最常见常闻的事物，如果蚕桑生产不是相当普遍，当时是不会创造这些单字的。

这和传说中发明养蚕的黄帝时代，相去不过一千二三百年，我们知道古代社会的技术发展是非常缓慢的，从个别部族的发明到整个社会的普遍发展，要需要一个相当长的过程。根据这些因素，再联系到上一章所述仰韶时期文化遗址中茧壳的发现，关于嫘祖的传说，我们有足够的理由，把我国发明养蚕缫丝的年代上溯到距今7000年左右，甚至更早一些。

商代蚕桑业已很发达，缫丝、纺织、缝纫工事，当然也相当繁重。仰韶时期早已有纺织细密、工艺精致的布纹痕迹出土，商代也有细丝织成品存在，殷墟出土也有铜针、铜钻及陶制纺坠，可以相信商代纺织、缝纫工艺技术当更为进步。因蚕丝非常纤细，要把它缠缫纺织成布帛，

---

① 胡厚宣，殷代的蚕桑和丝织，文物，1972(11)：2～7。

② 马得志、周永珍寻，1953年安阳大司空村发掘报告，考古学报，1955(9)。

③ 出土文物展览工作组，文化大革命期间出土文物，第一辑，1972年，第124页。

④ "饕餮纹簋"见容庚《武英殿彝器图录》页四二图，"父癸鼎"见容庚《商周彝器通考》附图下二·四，"伯衾方鼎"见《使华访古录》图七。

⑤ 容庚、张维持，殷商青铜器通论，科学出版社，1958年，第116页。

⑥ 见《梁思永考古论文集》，1959年。

⑦ 见《俯身葬》，《安阳发掘报告》第三期，1931年。

⑧ 见梁思永等编《侯家庄1001号大墓》上册，1962年，第311、319、325页。

⑨ 郭宝钧，1950年春殷墟发掘报告，考古学报，1951(5)：1～62。

⑩ 许顺湛，灿烂的郑州商代文代，河南人民出版社，1957年，第18页。

⑪ 详见罗振玉《殷虚书契考释·文字篇》，民国三年影印王国维手写本。

需要高度精练纯熟的制作技术水平。织成布帛后，根据殷墟出土的青铜器、骨器、玉器上雕刻的花纹，尤其是陶器上的彩绘花纹来推测，布帛上一定会画上或者用针刺绣上各种各样的花纹图案。

奴隶主贵族们衣帛，庶民、奴隶穿用的都是麻布，与麻同类的还有葛布。安阳发现的殷墟遗物中有锤子，也许是绩麻用的。

周代以农立国，自公刘起至古公亶父，凡 10 代，都迁居豳地（今陕西栒邑县），并改善农桑。《诗经》中的《豳风》是研究周初社会的宝贵史料，它描写豳地“彻彼桑土”①，“烝在桑野”②，一到春日治蚕之月，妇女们就忙于采桑活动：

……春日载阳，有鸣仓庚，女执懿筐，遵彼微行，爰求柔桑。……蚕月条桑，取彼斧斨，以伐远扬，猗彼女桑……③

当时豳地已成为祖国古老的蚕区，建有“公桑”、“蚕室”。天子、诸侯的夫人在每年养蚕缫丝之前，还要举行蚕缫的祀礼，以示提倡，蚕丝生产在当时的重要性可知。1975 年陕西宝鸡发掘西周奴隶主贵族𢐗伯墓，出土了数量较多、大小不一的玉蚕。最大的长约 4 厘米，最小的不到 1 厘米，都是仿照真蚕摹刻，“雕工简练，形态生动”④。岐山、扶风西周奴隶主贵族墓葬中也发现用众多的玉蚕随葬，足见当时对蚕的珍爱和重视。

从反映周代社会生活的《诗经》有关篇章里，可以看到很多关于蚕桑、麻葛、纺织生产的具体描写。《诗》三百篇，有关蚕桑，麻葛、纺织的记载凡数十处，内容相当丰富，从这些诗句中可以看到周人蚕桑、麻葛、纺织生产比商代时前进了一大步，同时在工艺技术上已具有较高的水平。

麻和葛，原是野生植物，周代初年已广泛种植。“丘中有麻”⑤，“艺麻如之何？衡从其亩”⑥，知种麻是纵横成行的。“彼采葛兮”⑦，“绵绵葛藟，在河之浒”⑧，“葛之覃兮，施于中谷，维叶萋萋，是刈是濩”⑨，知葛是蔓生野草，移植在水崖、邱陵山谷。“东门之池，可以沤麻，……东门之池，可以沤纻……”⑩，“南方之原，不绩其麻……”⑪，知麻葛在收获后需要沤绩。麻、葛在古代是很重要的衣着材料，我国上古中原无棉花，所用织布纤维主要为麻和葛，一般所谓布，都是指麻布而言，而穿布的人多数为庶民，故所以庶民亦称“布衣”。与麻布同类的还有葛布，“为絺为绤，服之无斁”⑫，当时的葛布还分有细葛布与粗葛布两种。

周代毛纺织所用的原料是绵羊毛，毛绒短，不如丝、麻的纤维长；毛绒粗，不如丝、麻的缕细；毛色暗淡，不如丝、麻的光泽。制成毛褐为贫苦奴隶所依重，借以御寒过冬，“无衣无褐，何

① 《诗经·豳风·鸱鸮》，引自金启华译注《诗经全译》，江苏古籍出版社，1984 年。本节所引《诗经》文字均依此书。
② 《诗经·豳风·东山》。
③ 《诗经·豳风·七月》。
④ 李也贞等，有关西周丝织和刺绣的重要发现，文物，1976(4)：60～63。
⑤ 《诗经·王风·丘中有麻》。
⑥ 《诗经·齐风·南山》。
⑦ 《诗经·王风·采葛》。
⑧ 《诗经·王风·葛藟》。
⑨ 《诗经·周南·葛覃》。
⑩ 《诗经·陈风·东门之池》。
⑪ 《诗经·陈风·东门之枌》。
⑫ 《诗经·周南·葛覃》。

以卒岁?”① 褐就是一种粗制的毛织品。西周奴隶占当时社会人口的大多数,纺毛织褐必定不在少数,因而毛纺织生产在丝、麻纺织的主流外,也占有一定的比重,工艺技术水平也有提高。用细羊毛织成的毳衣已很精细,见重于奴隶主贵族,“大车槛槛,毳衣如菼”;“大车哼哼,毳衣如璊”②,说明奴隶主贵族已服用比褐精美、色彩鲜丽的毛织品。

家庭手工业纺织生产在周代社会已占有重要地位,在《周礼》里,妇女纺织生产称为“妇功”,与王公、士大夫、百工、商旅、农夫并列,合称为“国之六职”,反映了当时的社会分工。《周礼·地官》上说:凡庶民,不养蚕的,就没有帛穿,不纺纱的,就没有布用,这说明了当时家庭纺织生产主要是自给性经济。《汉书·食货志》对这一时期民间纺绩情况,有一段很具体的描述,“冬,民既入,妇人同巷相从夜绩。女工一月得四十五日。必相从者,所以省费燎火,同巧拙而合习俗也”,看来,那时家家户户都得靠自己纺纱织布来解决衣着问题,所以一到冬天,妇女们就日夜忙于纺织,以致一个月做了四十五个工。

春秋、战国时列国争雄,都把奖励蚕桑生产作为富国裕民的要策之一,各国很多地区的农业也相当繁荣。因此,我国古籍中,从史学家的记载、政论家的文章到文人的辞赋、民间的诗歌,随处可以见到“桑麻”二字。很多著作形容某一地区物产丰富时,也常常喜欢用“桑麻遍野”、“擅桑麻之利”、“宜桑麻”之类形容。这是因为桑麻这两项物产是密切关系着人民衣着需要的最重要的物质,是国家的经济基础。随之,养蚕、制种、缫丝、织帛、练漂、绘染等纺织技术普遍发展并都已达到相当高的水平。

春秋、战国时代,以临淄为中心的齐鲁地区纺织业发达,《史记·货殖列传》:“太公望封于营丘(临淄),地泻卤,人民寡,于是太公劝其女工(即纺织生产),极技巧,通渔盐,则人物归之,襁至而辐辏,故齐冠带衣履天下。”太公用来改造齐国经济的主要措施,除积极发展农业、渔业、盐业外,还着重发展了纺织手工业。这些措施收到了很好的效果,以致到后来,四方商贾辐辏,使齐国的经济高度繁荣,成了诸侯中最富强者。在纺织手工业方面盛产罗、纨、绮、缟,不仅做到了“人民多文采布帛”,能充分自给,而且可以大量输出,达到了“冠带衣履天下”这样的水平。《史记·货殖列传》又说:“齐带山海,膏垠千里,宜桑麻。”由此可见,齐鲁地区纺织业兴盛,是和当地的纺织原料生产比较发达分不开的。

吴越地区当时以生产麻织物著名,麻纺织生产兴盛。越除了发展麻纺织外,丝纺织业的发展速度也是相当快的。吴越之争,越败,勾践被禁,三年后返国,卧薪尝胆,发愤图强,十年生聚,十年教训,立志灭掉吴国。任昉《述异记》载:“勾践得范蠡之谋,乃示民以耕桑。”当勾践问起范蠡应如何确定国策时,范蠡答:“必先蓄积粮、钱、布帛……劝农桑。”③ 大夫文种和范蠡都是楚国人,并且文种曾做过楚国的宛(今河南南阳县)令,他们都是熟悉蚕桑生产并了解其重要性的,所以到了越国,极重视栽桑养蚕。史载,公元前 494 ~ 前 473 年这 20 年间,勾践采纳了他们的意见,奖励桑蚕生产,并且还“身自耕作,夫人自织”,促进了丝织生产水平的提高。

楚国的蚕桑业发达,收藏在湖南省博物馆一件发现于衡东县的越式蚕桑纹铜尊,高 21 厘米,口径 15.5 厘米,大喇叭口,粗长颈。铜尊花纹装饰分三组,第一、二组花纹是第三组花

---

① 《诗经·豳风·七月》。

② 《诗经·王风·大车》。

③ 《范子计然》,见丛书集成初编第 0175 册,上海商务印书馆,1939 年。

纹的陪衬。第三组是位于器腹的主体花纹，由四片图案化的桑叶组成，在桑叶上及周围布满了或爬、或蠕动、或啃吃桑叶的小蚕。蚕纹细长形，无足，身短小，眼部黑点凸出，身有较密的黑斑，与甲骨文中的蚕形图案十分相似，也很符合“身屈曲蠕动若蚕”的文献记述。蚕纹身上斑点清晰可见，属我国家蚕中虎斑一类的蚕种，它是目前为止，在考古资料中仅见的年代最早的一张蚕桑生息图。结合近年长沙、江陵等地战国墓中纺织物大量出现，证明春秋、战国时期纺织手工业不仅在北方发达，并且在南方也占有重要地位，在工艺上也达到了高度水平。

春秋、战国时代个体农民的家庭纺织业是当时主要的手工业，在自给自足的封建社会里，“男耕女织”已成为农村普遍现象。《墨子·非命》就记载有“今也农夫之早出暮入，强乎耕稼树艺，多聚菽粟，……今也妇人之所以夙兴夜寐，强乎纺绩织纴，多治麻统葛绪綑布縿……”《墨子·非乐》也记载：“妇人夙兴夜寐，纺绩织纴，多治麻统葛绪布縿，此其分事也。”故宫博物院所藏战国宴乐射猎采桑纹铜壶（图 2-1 和图 2-2），可见到妇女攀登树上采桑的图像。辉县琉璃阁出土的战国采桑纹铜壶盖上的桑树图形与人等高，已经栽种出一类“地桑”或“兽桑”的低矮桑林。当时采桑、养蚕、缫丝、治麻葛、纺纱、织布帛是每家农妇的经常工作。商鞅在秦国推行的变法政令，对农民的耕和织是同样奖励的，说明当时各国政府对衣和食的同样重视。

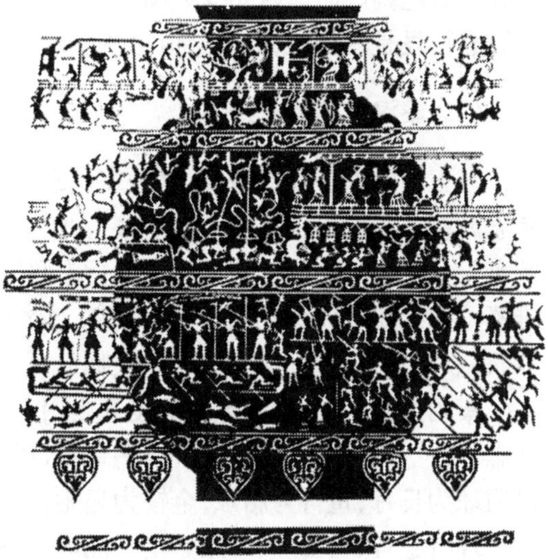

图 2-1 宴乐射猎采桑纹铜壶(战国)

图 2-2 宴乐射猎采桑纹铜壶之采桑纹摹绘

这时家庭手工业生产出来的布帛已有小部分带有商品性质，所以农妇们所织的布帛和其他织物已有一定的规格。据史载，吴起使其妻织“组”，因“幅狭于度”，就把她赶走了①。随着交换的进一步发展和市场的扩大，纺织业中除了个体农民的家庭手工业外，同时也出现了民间

① 《韩非子·外储说右上》，见陈奇猷校注《韩非子集释》，上海人民出版社，1974 年。

手工业纺织作坊。1957年在长沙左家塘发掘的一座楚墓中，出土了一批丝织物，其中一块褐地矩纹锦，在锦的一边有0.8厘米的黄绢作边，绢上墨书有“女五氏”三字，在锦面上盖有朱印一枚，印呈长方形，由于丝织品已残，印已残缺①。战国时期出土丝织品，上面盖有朱色印记及墨书题字的，这还是第一次发现，值得重视。据推测它很可能就是当时丝织手工业民间作坊和织造者姓氏的标记。

战国秦孝公时，商鞅变法，奖励耕织。秦统一全国后，对桑蚕的发展，仍很重视。随着生产力的发展，丝织品除了绝大部分归统治者享用外，一般有钱商民也可以服用绢制的白袍，并且也开始有丝绸产品与西北少数民族进行贸易。秦碣石《石刻辞》：“男乐其畴(田亩)，女修其业(纺织)”，虽是歌功颂德之辞，但也在一定程度上反映了秦代男耕女织的封建经济内容。

(二)秦汉至隋唐时期

秦王朝的许多政治措施，都是在残酷剥削农民的基础上推行的，用尽民财人力。《汉书·食货志》说秦当时“男子力耕不足粮馕，女子纺织不足衣服，竭天下之财以奉其政，犹未足以澹其欲也”。《史记·主父偃传》也说秦推行虐政的结果是“男子疾耕，不足于粮馕，女子纺绩，不足于帷幕，百姓靡敝，孤寡老弱，不能相养，道路死者相望，盖天下始畔秦也”。秦王朝后期生产破坏，百业凋敝，纺织手工业也同样濒临危机。

秦始皇死后，文献记载他的陵墓内用金银随葬。宋敏求《长安志》卷十五叙秦始皇陵引《郡国志》说：“始皇陵有银蚕金雁，以多奇物，俗云秦王地市。”又引《三辅故事》说：“始皇陵七百步，以明珠为日月，鱼膏为脂烛，金银为凫雁，金蚕二十箔。”殷代和西周有玉蚕随葬的，以后秦朝墓内发现有金蚕、玉蚕随葬，用意是蚕能吐丝，用丝织缯帛，以供其无穷享受，可见秦王朝对蚕、丝的重视。

汉代为恢复秦末战乱被破坏的社会经济，对农桑生产极为重视，每年必由皇后亲自举行养蚕仪式，《三辅黄图》说上林苑有蚕馆，为皇后亲蚕之地。汉代还设有蚕官，《汉旧仪》云：汉代置“蚕官令丞”，为蚕室指导全国养蚕事业的专职官，但《汉书·百官公卿表》未见载此官名。西安出土的汉瓦当，有“崇蛹嵯峨”、“□桑□监”字样，皆为养蚕的宫观及管理蚕事的官署所用。从汉《张迁碑》文有“蚕月之务，不闭四门”两句，也可以见到汉代地方官吏对蚕事的重视。《汉金文录》卷四，有“大富虫(蚕)王”铜器，是蚕事的用具。汉代乐府民歌中有一首名诗《陌上桑》，叙述秦罗敷在春月采桑严词斥责一个侮弄她的太守的故事，证明汉代采桑养蚕也是妇女们的家庭劳动。

汉代以前，我国的丝织业绝大部分集中在黄河中下游，长江流域以及南方地区主要是生产麻织物。西汉时期养蚕织丝业重心也在北方，但我国南方也早有种桑养蚕方法在流传，《汉书·地理志》说珠崖郡“男子耕农、种禾稻、苧麻，女子蚕桑织绩”，说明海南岛在秦汉时期已种植苧麻、桑树，并养蚕织绩。《后汉书·卫飒传》载：“建武中桂阳太守茨充教人养桑蚕，人得其利”。位于长江上游的蜀中，蚕桑之利也极流行，四川成都和德阳汉墓都出土有“桑园”图砖，成都出土的“桑园”画像砖上，桑园设有门，一高髻妇女正在园内从事劳作②。可见当时蜀地的人民重视栽桑养蚕。

---

① 熊传新，长沙新发现的战国丝织物，文物，1957(2)：2。

② 刘志远，四川汉代画像砖反映的社会生活，文物，1975(4)：45～55。

我国各族劳动人民早在汉代以前就在长城以北和西北地区的广阔土地上，垦拓生产，定居生活，不断吸收中原地区先进的农业生产技术，促进了长城以北和河西地区经济的发展。1971年秋在内蒙古呼和浩特市南的和林格尔县，发现汉代壁画墓一座，后室的全部南壁画了一幅庄园图，图的左上部画了一大片丛林，有女子在采桑，另外还画了一些筐箔之类的器物，表明庄园内是有蚕桑之业的①。成书于东汉后期的《四民月令》中，记载了从养蚕到缫丝、织缣、擘绵、治絮、染色的全部生产过程，说明养蚕、织帛是庄园中的一项重要生产。根据壁画我们可知至迟到东汉晚期，今天内蒙古南部一带蚕桑之业已很发达了。1972年在嘉峪关市东20公里的戈壁滩上东汉晚期砖墓内，发现大量反映有关蚕桑、丝绢的彩绘壁画和画像砖。中有采桑女在树下采桑，有童子在桑园门外扬杆轰赶飞落桑林的乌鸦，还有绢帛、置有蚕茧的高足盘、丝束和有关生产工具的画面②。这说明当时河西走廊不仅是丝绸之路，而且也是农桑繁盛、生产丝绸的地区。

汉代农学家氾胜之曾总结了前代养蚕方法上书汉朝廷，《太平御览》八二二引《氾胜之书》说："卫尉前上蚕法，今上农法，民事人所忽略，卫尉勤之，可谓忠国爱民之至。"氾胜之的养蚕法，可惜已经失传，当是我国养蚕法的最古老的书籍。

汉代民间手工业最普遍的是纺织业，当时汉乐府民歌《上山采蘼芜》叙述一个弃妇和旧夫偶然重逢时的一段简短问答，说："新人工织缣，故人工织素。织缣日一匹，织素五丈余。将缣来比素，新人不如故。"汉乐府中另一首人人皆知的长诗《孔雀东南飞》，说刘兰芝在焦家，"鸡鸣入机织，夜夜不得息。三日断五匹，大人故嫌迟。非为织作迟，君家妇难为。"纺织手工业一般说来是与农业密切结合的，一个农户的家庭，总是"男耕女织"，解决衣食问题。独立的私家经营的纺织手工业也是存在的，一些细致的需要专门技术才能制成的织品，就需要有专门设置的手工业作坊来织造，有的不但有一定的规模，而且已有名牌产品。如《西京杂记》所载：大将军霍光之妻子送给淳于衍葡萄锦24匹，散花绫25匹。绫是巨鹿陈宝光家的产品，用120蹑提花机，60日才织成一匹，值万钱。按《西京杂记》所述情况看来，巨鹿陈宝光家出品散花绫，在当时俨然是名牌产品，而且有相当数量供应市场，如霍光妻一次送人就25匹。可见陈宝光家这个私营作坊规模是相当大的。还有《汉书·张扬附张安世传》说："安世身衣弋绨，夫人自纺绩，家童七百人，皆有手技作业，内治产业，累积纤微，是以能殖其货。"张安世家里有僮700人，每人都会手艺，由张安世的夫人管束，制成纺织品出售，这个张安世想必是汉代私人经营手工业纺织作坊最大的作坊主。据《汉书·地理志》载，汉代民间手工业特别兴盛的地区，朝廷还特设工官、税官，足见生产品不仅供本地消费，而且还运销外地。

汉时少数民族自织的布、帛、毡类纺织品亦多，见于《说文》的有："氐人殊缕布称为絣"，"西胡人毳布称为𦅼"，"氐人所织𦅼称为纰"，"南郡……所出赍布，又名稼布"。《后汉书·南蛮传》云："巴……其民户出稼布。"《后汉书·西南夷传》载："哀牢（可能是现在的傣族）……知染采文绣，有梧桐木华，绩以为布。"汉代东北方的挹娄也能织些麻布。西南方的益州郡、永昌郡产毛织物、木棉布、火浣布（石棉布）。1955年在云南晋宁县石寨山，发现大批约当西汉时期的墓葬，出土大量反映奴隶制生产和生活的器物，在一具贮贝器

---

① 吴荣曾，和林格尔汉墓壁画中反映的东汉社会生活，文物，1974(1)：24～30。

② 嘉峪关市文物清理小组，嘉峪关汉画像砖墓，文物，1972(12)：24～41。

图 2-3　纺织鼓形贮贝器

上（图 2-3），雕铸奴隶从事家庭劳动的场面[①]。一群装束不同的女奴隶环绕在中央高坐的滇族女奴隶主周围，从事纺织和其他家庭劳役，说明当时少数民族地区纺织业也已很发达。当时西南少数民族出产的斑布、蓝干布、白越布、黎单等都很有名，今天湖南、贵州一带苗、侗等少数民族的印花、挑绣极为美观，和这种织物有传统关系。1959 年新疆民丰县发掘出的东汉合葬墓里，出土大批织物中有些是棉织品。如覆盖在盛着羊骨的木碗上的两块蓝白印花布，男尸穿着的白粗布裤和女尸的黄粗布手帕，都是用棉纤维织造的。证明 2000 年前新疆地区就已经有了植棉和棉织印染业[②]。此外，《罗布淖尔考古记》所记烽火台遗址中出土的毛织品也尚多。

汉末军阀互相攻伐、烧杀掳掠的结果，使良田全成荒地，生产破败，户田骤减十分之九。三国时代，魏、蜀、吴均实行屯田制，劝督农桑，推动了生产的发展，对当时社会生产力的恢复起了一定的作用。两晋以来，北方人南徙者既多，桑蚕业也大大南移，较东汉后期有了进步。南朝纺织手工业发展迅速，宋时已“丝绵布帛之饶，衣复天下”[③]。当时南方之纺织技术，已驰名于塞外，塞外之芮芮王（即柔然）曾向南朝求锦工。《南齐书·芮芮虏传》载：“芮芮王求医工等物，世祖诏报曰：知须医及织成锦工、指南车、刻漏，并非所爱。南方治疾与北土不同。织成女工，并是女人，不堪远涉。指南车、刻漏，此虽有其器，工匠久不复存，不副为误。”北朝各朝政府均征收绢布作户调，这就使农民在种田之外，不得不兼作纺织，以致纺织成为农民的必要家庭副业生产。拓拔嗣的诏书中就明白地说：“非夫耕妇织，内外相成，何以家给人足？”西魏、北周间苏绰的《六条诏书》第四条，也要“使农夫不废其业，蚕妇得就其功”；又说：“三农之隙，及阴雨之暇，又当教民种桑植果，艺其菜蔬，修其园圃，畜其鸡豚，以备生生之资，以供养生之具。”[④] 南北朝的颜之推在其所写《颜氏家训·治家篇》中也说过：“生民之本，要为稼穑而食，桑麻以衣。蔬果之畜，园场之所产，鸡豚之善，埘圈之所生；爰及栋宇器械，樵苏脂烛，莫非种植之物也。至能守其业者，闭门而为生之具以足，但家无盐井耳。”这些资料不仅说明农村中的手工业未从农业中分化出来，成为独立的手工业，主要是作为农业的副业而存在着，而且除纺织外，农民还从事其他许多手艺为副业。这一情况，跟当时的均田制度是相适应的。

除了农村家庭纺织以外，独立的纺织手工业在民间也存在着，而且逐步有发展。这种独立

---

① 云南省博物馆考古发掘工作组，云南晋宁石寨山古遗址及墓葬，考古学报，1956(1)。

② 新疆维吾尔自治区博物馆，新疆民丰县北大沙漠中左遗比墓葬区东汉合葬墓清理简报，文物，1960(6)：9～12。

③ 南朝梁·沈约撰，《宋书·孔季恭等传》，中华书局，1974 年。

④ 见《北周书·苏绰传》。

的纺织手工业者，一部分是官府逐渐放免的工匠，一部分是从农民中逐渐分化出来的纺织手工业劳动者。同时也还有不怕违法、敢犯禁令的私家经营的纺织手工业作坊存在，北齐时家在兖州北境的官僚毕义云以“私藏工匠，家有十余机织锦”① 而获罪就是一例。这就逐步扩大了民间纺织手工业队伍，推动了民间纺织手工业的发展。当时无论织绢织布，民间都很普遍，而且丝织业的工巧，还优于当时的南朝。《颜氏家训·治家篇》说“河北妇人，织纴组训之事，黼黻、锦绣、罗绮之工，大优于江东也”，证明当时北朝织造之盛。

隋、唐时民间纺织业的发展与当时为了恢复农业采取计口授田的均田制关系密切，农民贡赋中除了纺织原料外，还向朝廷交纳纺织品，朝廷每年征发民间纺织品数量之大，在历史上堪称空前。为了完成朝廷户调纺织品任务，农民需兼夜劳作，“豫章之俗，颇同吴中，一年四五熟，勤于纺绩，亦有夜浣纱而旦成布者，俗呼鸡鸣布”②，由此亦可见当时民间家庭纺织业之繁盛。

唐代民间家庭纺织劳动场面，从张萱的《捣练图》(图 2-4)(相传为宋徽宗赵佶所摹，现藏于美国波士顿博物馆)中，可以窥见一二。张萱是盛唐时著名的人物画家之一，他的《捣练图》是描绘唐代妇女制作丝绢劳动的图卷。它不但是一幅优美动人的人物画，而且还反映了唐代丝绢生产过程和妇女劳动生活。图分三节，共绘有大小人物 12 个，分别描绘砧上打丝绢、检查修缝和熨烫的情形。

图 2-4 赵佶摹张萱《捣练图》

图的第一节画有四个妇女，两个对面站着齐举着杵，正全神贯注地捣着砧上的一匹白丝绢。另一妇女拿着杵停立一旁，正在等待站在她对面的第四个妇女一起来接替前两个妇女的工作。站在拿着杵的妇女对面那个妇女，正在卷起她右手的衣袖，做准备工作的姿态，生动地描绘了“捣练”这一情景。在第二节里，一个侧面坐在毡上的妇女，目不转睛地注视着牵引车上丝线的左手，坐在凳子上的妇女，正专心低头检查捣过的丝绢的微小破绽，用她纯熟的手技在进行修缝。画面上气氛是宁静的，画家刻画这些妇女在聚精会神、毫不懈怠地劳动着。最后一节，这匹丝绢经过捣、修缝的过程之后，还要把它熨烫得非常平贴。在一个看守着炉火手中执扇的小女孩前面，两个妇女左右分立着，双手用力拉着一匹煮熟的洁白的丝绢。绢的中间画着一个细心察看熨烫工作的少女的背影，她用右手轻轻地托着轻柔的丝绢，虽没有看见她的表情，但从她的手势，可以想象到她正全神地盯住她对面那个小心翼翼进行熨烫工作的妇女右手所持炙热的熨斗的移动，担心那完整、洁白的丝绢熨焦了，白费了姊妹们一天的辛劳。一个小女孩右手遮着头，身体向前低弯着，顽皮地好似想蓦地从丝绢下窜了过来，为这严肃的画面增添了一分喜趣。画家表现出唐代辛勤劳动妇女在纺织劳动生产中谨细慎微、小心勤恳的工作态度十分真实感人。

① 《北齐书·毕义云传》，中华书局，1972 年。

② 《隋书·地理志》，中华书局，1973 年。

唐代民营纺织手工业作坊出现很早,中唐以后,随着城市繁荣和商品流通的扩大,纺织手工业作坊大为增多,如当时已有织锦坊、毯坊、毡坊、染坊等。有的私营纺织作坊具有很大规模,"定州何明远大富主官中三驿,每于驿旁起店停商,……家有绫机五百张"①,是前代少见的纺织业大作坊主。这些手工业作坊雇佣了为数不少的独立手工艺匠人,《太平广记》二百五十七《织锦人》条引《卢氏杂说》:"卢氏子不中举,徙步及都门东,其日风寒甚,且投逆旅,俄有一人续至,……曰姓李,世织绫锦,离乱前,属东都官锦坊官锦巧儿,以薄技投本行。皆云如今花样与前不同,不谓技俩儿,以文綵求售者,不重于世,且东归去。"晚唐时,相传褚遂良的后裔褚载,"因其先家广陵(扬州),得机杼之巧,归杭传里人"②,这些都证明唐代独立的手工业者渐次解放,较近于自由。手工业者若想靠自己特殊的手艺以维持生活,或企图获取独占利益,就不能不采取一切可能的方法,严守技术秘密,不肯传授他人。"亳州出轻纱,举之若无,裁以为衣,真若烟霞。一州惟两家能织,相与世世为婚姻,惧他人家得其法也。云:自唐以来,今三百余年矣。"③ 可见保守之严密。

(三)宋元时期

北宋建制后,封建朝廷每年需用绢帛的数量比唐代更多,赵匡胤即位开始,奖励蚕织的诏令就屡见不鲜。太祖建隆三年(963),"命官分诣诸道申劝课桑之令"。神宗熙宁二年(1069),"分遣诸路常平官专领农田水利,民增种桑柘者,毋得加赋"。徽宗政和元年(1111)三月己巳,"诏监司督州县长吏劝民增种桑柘,课其多寡为赏罚"。南宋王朝苟安江南,直接劝课农桑的诏令也很多。孝宗乾道六年(1170)三月壬寅,"诏谕大臣均役法,严限田,抑游手,务农桑,一务本,二协力,三因时"。光宗绍熙三年(1192)九月丙申,"劝两淮民种桑"。理宗宝庆三年(1227)三月庚戌,"诏郡县长吏劝农桑,抑末作,戒苛扰"。端平三年(1236)春正月己未又诏劝桑④。当时如浙西提举颜师曾还提出地方官吏以奉行劝课农桑勤怠为赏罚,浙东提举朱熹还印发了王文林的种桑法"榜谕民间"。北方南迁人民参加江南蚕桑丝织生产以后,不但在劳动力上得到补充,而且在技术上也得到了广泛的交流。蚕桑生产经验愈丰富,生产技巧也愈进步,为了增产桑叶,桑树的"嫁接"和"秋冬斩削拳曲小枝"的整枝方法等已在湖州等地广泛采用。台州一带有"春蚕成丝复成绢,养得夏蚕重剥黄"的记载,即已能结合需要和技术条件,合理地使用不同性质的原料茧了。在肖山等地已有丝织品"以暑伏者为上,秋织者为下,冬织者尤下"的经验⑤。当时于潜的楼琦和钱塘人刘松年等先后绘制的《耕织图》(图 2-5),系一本描绘蚕桑丝绸生产全过程的连环画卷,其中蚕织部分凡 24 事,包括浴种、下蚕、喂蚕、一眠、二眠、三眠、分箔、采桑、大起、提绩、上簇,炙箔、下簇、择茧、窖茧、缫丝、蚕蛾、祀谢、络丝、经、纬、织、攀花、剪帛。这是南宋时人民蚕桑生产实践经验的总结写照。

家庭纺织是宋代农民经济生活的重要内容之一。故宫博物院藏有传为宋代王居正作绢本手卷《纺车图》,是一幅宽 21.6 厘米、长 69.2 厘米,描绘农村妇女纺线的设色图画。图中有一纺车,其旁置一竹筐,一着补肩衣服的中年妇女坐在小凳上,左手怀抱婴儿哺乳,右手轮转纺

---

① 见《太平广记》二百四十二治生·何明远条引《朝野佥载》,中华书局,1961 年。

② 李仁溥,中国古代纺织史稿,岳麓书社,1983 年,88 页。

③ 宋·陆游,《老学庵笔记》,民国十五年铅印本。

④ 以上劝课诏令均见清光绪二十六年(1900)魏光焘编《蚕桑粹编》。

⑤ 李仁溥,中国古代纺织史稿,岳麓书社,1983 年,119 页。

图 2-5　耕织图局部[1]（宋·楼琦）

车，前面站立着一补缀破裤膝的老妇两手牵线。后面一幼儿持小棍栓着青蛙玩耍，旁边一只小犬回头向青蛙汪汪叫吠。该图生动地刻画了宋代农村妇女纺织的劳苦生活，纺纱织布的人辛劳一生，自己却终年衣裳褴褛。

被广大农民作为家庭纺织经营的首先是丝织业，这一点从《文献通考》卷四《田赋考》所述北宋税目中可以看出。布帛丝绵之品共占十项，其中除布葛一项是麻织品外，其余九项，全是丝和丝织品，其次麻纺织也是家庭纺织的内容。由于农民必须向朝廷缴纳一部分纺织品作为赋税，因此，纺织是农民作为副业来经营的，但这并不排斥保有少量为自己消费的织品，缝制必需不可的衣着。农民有时为了换取某些自己不能生产的、必不可少的生产资料或生活资料时，也不能不出卖一些家庭纺织产品，如范成大《缫丝行》①：

小麦青青大麦黄，原头日出天色凉。
姑妇相呼有忙事，舍后煮茧门前香。
缫车嘈嘈似风雨，茧厚丝长无断缕。
今年那暇织绢着，明日西门卖丝去。

这是自己能织而不得暇织，只有缫丝卖给别人。丝织方面有这类情况，其他布帛也有类似的情形，剡县（嵊县）产的强口布，“商人贩妇往往竞取以与吴人为市”，诸暨出山后布，“颇需厚价”②，商人贩妇竞与为市，又有高价，可见农民有一部分纺织品在向市场出售。

纺织业一方面仍然是广大农民的家庭副业，但宋代已经拥有众多的私营独立的纺织业作坊。欧阳修《送祝熙载之东阳主簿》诗中有“孤城秋枕水，千室夜鸣机”③ 句，可以想见城廓都市机织之盛。宋代统治阶级和官商巨室倚持其政治、经济势力在自己家里建立丝织业作坊的

① 宋·范成大，《石湖居士诗集》卷三，四部丛刊本。
② 见《嘉泰会稽志》卷七。
③ 宋·欧阳修，《居士集》卷十，光绪十五年澹雅书局刊本。

现象极多,这可以从《宋会要稿·刑法二》所载历朝禁令中看出。这些作坊规模一般都比较大,其生产目的一般是为了满足自己的奢侈消费要求,当然,也有某些官商巨室经营的作坊中生产出一些商品供应市场。如濮院镇即因高宗的驸马濮凤定居于该地而得名,濮氏就在濮院经营丝织作坊,所产"濮绸"是当时浙江名产之一,在宋代这样的现象还不是个别的。

在生产力发展的基础上,这时民间出现了一种新型的独立纺织业作坊,这就是常在当时文献中所见到的"机户"。估计一些机户是农民把自己生产重点逐渐从农业转移到作为家庭手工业的丝织方面后蜕变而成的,有的机户则可能是由原来的城市独立纺织手工业者转变的,因此他们与民间纺织手工业的联系密切。机户大概不使用雇佣劳动力,只是一种使用家庭劳动力规模很小的作坊。机户要向官家缴纳赋税,《宋会要稿·刑法二》载:"政和元年(1111)七月四日臣僚言:"成都府泛科民间织造锦绮等非便。……"这里指的"民间",未必全谓机户,但其中必定也包括了机户。有的机户还被迫以低价把一部分产品卖给官家,"自来'揽户'之弊,其受于税户也,则昂其价,及买诸机户也,则损其值"①。宋时有以承揽他人租赋输纳为业务的"揽户",纳税户如果没有应输税品的绢帛,可以委托揽户代向机户购买缴纳,揽户低买高卖,从中获利。有的机户或者受官吏们的控制,无偿地为他们生产丝织品,"河北东京机户多被知通及以次官员拘占,止给丝织造匹帛,日有陪费侵渔。"② 但是,所有这些都只是民间独立的手工业生产者在发展过程中所遭遇到的困难和阻碍,他们的地位比起唐代的贡织户就有了很大的提高。宋代纺织手工业中游动的个体手工业者很多,他们受雇于作坊,或者走街串巷,游乡行井,候人请唤。他们一般是自备生产工具,如"吾乡白石村民为人织纱于十里外,负机轴夜归……"③,这就是被召请到主人家里按照主人要求织造织品的个体纺织手艺工匠。民间纺织手工业生产者之间力求保持其产品特殊风格的垄断地位,以利于和同类产品的竞争,不得不保守织造技术秘密。陆游《老学庵笔记》卷六《亳州出轻纱》条;朱彧《萍洲可谈》卷二《抚州涟花纱》条,都记载有亳州轻纱、抚州莲花纱独家织造,技术秘而不传外人的情况。

在元代统治者残酷的奴隶和半奴隶式的榨取下,农民为自己的生命挣扎,家庭纺织如缫丝、纺棉、绩麻、织布、织绢等也相当普遍,而且进一步顽强地和小农业结合。元兵散居乡间,农民只有在湖边、地角、山上种植桑树,蚕妇恐遭元兵淫辱,不敢独行采桑,闭户养蚕缫丝。及后,元代统治者为了能获得更多的丝帛,也逐渐注意农桑,劝课诏令屡见于文献。中统二年(1261),"令宣抚司官劝农桑",三年(1262)"禁戍军士毋纵畜牧伤其禾稼桑枣"④。大德年间(1297~1307),又"申扰农之禁,纵畜牧损禾稼桑枣者,责其偿而后罪之"⑤。至元二十三年(1286)"诏以《农桑辑要》书颁诸路,克勤厥职者以次升奖,其怠于事者罢之"⑥。延祐五年(1318)司农丞苗好谦撰《栽桑图说》,"行之五六年,功效大著,深为元帝仁宗所赞赏,并命刊行于民间"⑦。元代中叶后,民间纺织业由是略有发展。

---

① 宋·袁甫,《蒙斋集》卷二《知徽州奏便民五事状》,武英殿聚珍书本第五六函。
② 清·徐松辑,《宋会要辑稿·刑法一》(崇宁)五年二月二十四日诏,中华书局,1957年。
③ 宋·洪迈,《夷坚志》乙志卷八《无颏鬼》,乾隆四三年何氏刊本。
④ 清高宗敕撰,《续通志》五八卷,上海商务印书馆刊,第二三页。
⑤ 见清光绪二十六年(1900)魏光焘编《蚕桑粹编》卷一。
⑥ 见清光绪二十六年(1900)魏光焘编《蚕桑粹编》卷一。
⑦ 明·宋濂等撰,《元史·仁宗记》,中华书局,1974年。

元初,植棉和棉纺织技术在我国长江流域和黄河流域广泛传播发展。世祖即位之初,至元十年(1273)颁布的官修《农桑辑要》一书,其中卷二有令陕西劝种棉花的诏谕:“木棉亦西域所产,近岁以来,苧麻艺于河南,木棉种于陕右。滋茂繁盛,与本土无异,二方之民深荷其利,遂即已试之效,令所在种之。”由此可知,13世纪中叶即元初,棉花在我国西北已东渐进入关内,在渭水流域种植了。元初王祯所著《农书》卷二一:“夫木棉产自海南,诸种艺制作之法,骎骎北来,江淮川蜀,既获其利。”这也足以证明这时棉花由南北传的具体情况,至此,棉花种植已遍及全国。棉布从此开始亦和其他纺织品一样被元廷列入常年租赋,农民必须种棉织布来完成贡赋,这对促进我国手工棉纺织生产的发展,也起到了一定的历史作用。

当时长江流域的松江府制棉生产技术发展迅速,竞超越闽、广地区以及北中国,逐渐形成为手工棉纺织业的中心。松江棉纺织业的高度发展是与黄道婆的生产活动分不开的,黄道婆是松江府乌泥泾(上海旧城西南九里)人,年轻时流落崖州(海南岛极南端的崖县),从当地黎族人民学会运用制棉工具的技能和织崖州被的方法。成宗元贞年间(1295~1297)遇顺道海船返回故乡,把崖州进步的制棉生产工具和先进的织花技术也带到了松江。她在松江府乌泥泾地方教人制棉,传授“做造捍、弹、纺、织之具”,又把崖州织被面法教妇女”错纱配色,综线絜花”,都有一定法则,“以故织成被、褥、带、帨,其上折枝、团凤、棋局、字样,粲然若写”①。一时乌泥泾和附近地方“人既受教,竞相作为,转贷地郡,家既就殷”,长江流域特别繁盛的松江民间棉纺织业就以黄道婆的卓越贡献奠下了始基。黄道婆死后,松江人民感念她的恩德,共同把她葬了,并为她立祠,岁时享祀。

(四)明代

明代特别注意种植桑棉,早在朱元璋为吴国公时,龙凤十一年(1366)六月下令:“凡民有田五亩至十亩者,栽桑、麻、木棉各半亩,十亩以上倍之。不种桑罚每年出绢一匹,不种麻及木棉罚出麻布、棉布各一匹”②。洪武元年(1368)把这一制度推广到全国,并定科征之额。二十五年(1392)令凤阳、滁州、庐州、和州每户种桑二百株,令天下卫所屯田军士每人种桑百株。二十七年(1394)令户部行文教天下百姓务要多种桑枣和棉花,并教以种植之法。每一户初年种桑枣200株,次年400株,第三年600株。栽种过的数目造册回奏,违者全家发遣充军。湖广布政司二十八年(1395)奏,所属郡县已种8439万株,如此算来,全国遍植桑枣。二十九年(1396)尚以湖广诸郡宜于种桑,而种之者少,命于淮安府及徐州取桑种20石,遣人送至辰(州)、沅(州)、靖(州)、全(州)、道(州)、永(州)、宝庆、衡州等处,各给一石,使其民种之。同时还下诏指出农桑为衣食之本,全国地方官吏考课,一定要报告农桑成绩,作官吏考绩的主要内容,违者降罚。

明代全国普遍栽桑植棉,各地植棉面积不断扩大,“棉花种遍天下”③。棉花生产由是发达起来,“(棉花)至我国朝,其种乃遍布于天下,地无南北皆宜之,人无贫富皆赖之,其利视丝枲盖百倍焉”④。山东、河南遍植棉花,转贩四方,广东、福建、江西种植棉花也日多。江南是全国棉

① 明·陶宗仪,《辍耕录》卷二四,民国一四年陶氏刊本。

② 《明实录》第50册《太祖实录》卷一五,(台北)中央研究院历史研究所校印,1963年。

③ 明·宋应星,《天工开物·乃服》,钟广言注释本,广东人民出版社,1976年。

④ 见徐光启《农政全书》卷二五引丘濬《大学衍义补》,石声汉校注本,上海古籍出版社。

纺织业的中心地区，棉花种植更为普遍，吴中地区当时已形成大型棉花市场，“陈花（棉花）富户积如山”[①]，可以说明当时在产棉区棉田的比重是很大的，即从全国范围来看，农业生产中除粮食外，棉花已是主要农作物之一。当时，“中国所传木棉，亦有多种，江花出楚中，棉不甚重，二十而得五，性强紧；北花出畿辅、山东，柔细中纺织，棉稍轻，二十而得四，或得五；浙花出余姚，中纺织，棉稍重，二十而得七。吴下种大都类是。”[②] 晚明棉花种植非但已普及于全国，且能辨别棉种之优劣，已逐渐培育出适宜本地土壤、气候的优良棉种。

植桑养蚕也有了显著发展，江南是全国蚕桑生产最发达的地区，湖州府蚕丝业已经逐渐地取得了比农业生产更加重要的地位。东南三吴、闽、粤一带的织机，都取给于湖茧，因此，当地的蚕丝贸易兴盛。

农村家庭纺织本是农村中的副业生产，由于明代商品经济的发展和封建土地剥削的加重，农民被迫多不能单纯依赖农业生产，而要兼营家庭纺织业，或更多地依靠家庭纺织来维持生活。如：苏松近城农民“耕渔之外，男妇并工捆屦、缉麻、织布”[③]。淮安“恒产之民，百无一二，……惟女红巧手针黹履舄之外，更工麻枲、丝蚕、织纴也”[④]。“洮兰之间小民，织造货贩以糊口，……弃业桑农而捻线或数百万人，提花染色，日夜无休”[⑤]。浙江“小民以纺织所成，或纱或布，侵晨入市，易棉花以归，仍治而纺织之，明旦复持以易”[⑥]。松江府“至于乡村，纺织尤尚精敏，农暇之时，所出布匹，日以万计，以织助耕，女红有力焉”[⑦]。“里媪抱纱入市，易木棉以归，明旦复抱纱以出，无顷刻闲。织者率日成一匹，有通宵不寐者，田家收获输官偿息外，未卒岁室庐已空，其衣食全赖此。”[⑧]

明代工匠是从元代工奴地位解放出来的半自由身份的手工业者，他们除定期轮班供役外，其余的时间可以自己劳动，自己生产制成的手工业品也可以在市场上出售。广大工匠的技术和产品投入市场，并且和广大的城市和乡村的手工业者的技术相结合，这样就刺激了手工业技术的改进和提高，对于促进民间手工业的发展，起了重要的作用。

明初已有了资本主义因素的纺织业作坊，随着商品经济的发展，纺织业资本主义因素获得进一步发展。明张瀚说：“……总揽市利，大抵东南之利，莫大于罗、绮、绢、纻，而三吴为最。即余先世亦以机杼起，而今三吴以机杼致富者尤众。”他叙述他祖父在成化（1465～1478）末，由“资本银一锭，构机一张，织诸色纻布，备极精工，每一下机，人争鬻之，计获利当五之一。积两月，复增一机，后增至二十余。商贾所货者，常满户外，尚不能应，自是家业大饶。后四祖继业，各富至数万金。”[⑨] 冯梦龙《醒世恒言》中叙述了明世宗嘉靖年间（1522～1566），吴江县盛泽镇上施复夫妇经营丝织业发家的故事。“嘉靖年间，这盛泽镇上有一人，姓施名复，……夫妻两口，别无男女，家中开张细机，每年养几筐蚕儿，妻络夫织，甚好过活。这镇上都是温饱之家，织下细匹，必积至十来匹，最少也有五六匹，方才上市。那大户人家

---

① 清·吴伟业，《梅村家藏稿》卷一〇《木棉吟》，宣统三年董氏刊本。

② 见徐光启《农政全书》卷三五。

③ 见《古今图书集成·职方典·苏州府部·风俗考》。

④ 见《古今图书集成·职方典·淮安府部·风俗考》。

⑤ 见《明神宗实录》，卷三〇九引吕坤秦疏。

⑥ 明·朱国桢，《涌幢小品》转引雍正《沙漠通志》卷一〇二，见《笔记小说大观》第13册，江苏广陵古籍刻印社，1983年。

⑦ 见《古今图书集成·职方典·松江府部·风俗考》。

⑧ 见《古今图书集成·职方典·松江府部·风俗考》。

⑨ 明·张瀚，《松窗梦语》卷四，武林往哲遗著本前编（第四函）。

织得多的便不上市,都是牙行引客商上门来买。那施复是个小户儿,本钱少,织得三四匹,便去市上出脱。……施复每年养蚕,大有利息,渐渐活动。……那施复一来蚕种拣得好,……凡养的蚕,并无一个绵茧,缫下丝来,细员匀紧,洁净光莹,再没有一根粗节不匀的,每筐蚕又比别家分外多缫出许多丝来,照常织下的绸拿上市去,人看时光彩润泽,都增价竞买,比往常每匹平添钱多银子。因有这些顺溜,几年间就增上三四张绸机,家中颇为饶裕。……(有一年)蚕丝利息比别年更多几倍,欲要又添张机儿,怎奈家中窄隘,摆不下机床。……恰好间壁邻家,住着两间小房,这年因蚕桑失利,急切要把来出脱,正凑了施复之便。……(此后施复)夫妇依旧省吃俭用、昼夜经营,不上十年,就长有数千金家事。又买了左近一所大房屋居住,开起三四十张绸机,又讨了几房家人小厮,把个家业收拾得十分完美。"[①] 还有,如万历"癸未甲申间(1583～1584),临邑邢子愿(侗)以御史按江南苏州富民潘璧成之狱"。这个富民潘璧成的先辈,"起家机房织手,至名守谦者,始大富,至百万"[②]。这些材料反映出张瀚的祖父和施复开始时都只是一张织机的小商品生产者,他们经营丝织业生产,以剥削起家,资本急剧增殖,逐渐上升为大机房主人,生产规模也随之而扩大,各拥有数十张织机,家产有的富至百万,有的富至数千金。

机房有大小户之区分,实际上明代的机户大都是小商品生产者,他们主要还是进行家庭手工业和作坊手工业的生产,其中只有如前所述的极少数的大机户,才有可能雇佣较多的工匠。其余的这些小机户,都很贫困,在明代史料中屡次提到他们是"贫户",而且"倚织为命"[③]。有的小机户还是"终岁勤苦,夜以继日,妇子供作"[④],非但自己没有脱离生产,而且全家都投入生产劳动,"贫者皆自织,而令童稚挽花,女红不事纺绩,日夕治丝,故儿女有十岁以外,皆早暮拮据以糊口"[⑤]。徐献忠《布赋》中描写一个小织户从深夜织到黎明,然后上市出卖的情形说:"(织妇)含悲入机,凝寒弄杼。……长夜凄然,得尺望咫。寒鸡喔喔,解轴趋市。方是时也,……织妇拖冻,龟子不顾,匹夫不饥,奔走长路。持卤莽者以入市,恐精粗之不中,饰粉傅脂,护持风霜。摩肩臂以授人,腾口说而售我,思得金之如攫,媚贾师以如父。幸而入选,如脱重负。"[⑥] 这一段记载,生动地说明了小织户的不分昼夜冬夏的辛勤劳动,同时也突出描绘了他们被商业资本抑制剥削的悲惨景象。另外还有些小织户虽然开着一些小作坊,只能雇佣临时工匠,向商贾"零买经纬自织"[⑦],还经常赊欠私商的银两,[⑧] 或者依赖商业资本贷给本钱,到规定的期限,用织成的生产品来偿付债务。《二刻拍案惊奇》卷三九载:"有一纺织人家,客人将银子定下绸罗若干"。这都证明这些小织户受着商业资本的剥削和控制。

这些小织户一般都经受不起任何波折,他们最害怕官吏和差役的残暴勒索。明代织造佥派频繁,山西潞州机户,"每岁织造之令一至,比户惊慌。本地无丝可买,远走江浙买办湖丝。

① 见冯梦龙《醒世恒言》卷一八《施润泽滩阙遇友》。
② 清·沈德符,《野获编》卷二八,道光七年刊本。
③ 见《明神宗实录》卷一八〇、一八七、三八〇。
④ 见乾隆《潞安府志》卷三四引王鼐《请抚恤机户疏》。
⑤ 见乾隆《吴江县志》卷三八。
⑥ 见《古今图书集成·食货典·布部》。
⑦ 见《乌青文献》卷三《土产》。
⑧ 见冯梦龙《喻世明言》卷六《新桥市韩五卖春情》。

打丝染色，改机挑花，雇工募匠，其难其慎。既惧浆粉，复恐溃绽，沿途差解，扛箱、雨具，百费运盘。到部投收，例有铺垫。上司深恐浮冒，驳查驳减不休，穷民割髓，支吾引领，望允何日？南北奔驰，经年累月，饥弗得食，劳弗得息，地不能种，口不能糊，咸为此也。”[①] “独苦本省衙门之取用，以及别省差官差役织造者，一岁之中殆无虚日，虽各请发价，而催绸有费，验绸有费，纳绸有费，所得尽入校役积书之腹，化为乌有矣。机户终岁勤苦，夜以继日，妇子供作，俱置勿论，若线若色，尽取囊中，日赔月累，其何能继?”[②] 机户派造上供贡品，多是“支价赔累，荡家破产”，无怪乎万历三十一年(1603)，太监鲁保到杭州督造缎匹，机户害怕他的压榨苛扰，争相“闻风逃窜”[③]。

(五)清代

清代棉花种植遍布全国各地，乾隆时李拔《种棉说》称：“予尝北至幽、燕，南抵楚、粤，东游江、淮，西极秦、陇，足迹所经，无不衣棉之人，无不宜棉之土。八口之家，种棉一畦，岁获百斤，无忧号寒。市肆所鬻，每斤不逾百钱，得之甚易，服之无斁。妇子熙熙，如登春台，有由然也”[④]。江苏、浙江、河北、河南、湖北、山东等地，都因有大量棉花外输，而成为著名的棉花产区。在这些地区的农民经济生活中，棉花种植和加工占了极为重要的地位。在个别地区，棉花种植面积甚至超过粮食面积而占据农产物的主要地位。农民衣食及赋税之资，也都仰给于棉花的种植与加工。

桑、蚕生产在清代也大量发展。浙江植桑益多，养蚕生产也伴随增长，使浙江“蚕利十倍于耕”[⑤]。江苏植桑养蚕不下浙江，其他如广东、福建、陕西、贵州、四川、湖广、江西，甚至云南也广种桑树，养蚕取丝。清代种桑养蚕在若干地区已和农业生产一样被提到首要地位，而商业性的种桑业也比明代有较大发展，种桑利息优厚，农民以出卖桑叶或养蚕卖丝为目的而大量发展种桑，就极普遍了。

我国很早就知道利用柞蚕茧，但人工放养柞蚕，大约始于宋、元。清代初年，放养技术才比较成熟。而最早摸索出一套放养技术的是山东半岛的人民。明末清初山东益都人孙廷诠，在他所著《山蚕说》中，曾说当时东齐(胶东一带)山里，到处都有柞蚕放养。清代前期山东宁海人张嵩撰《山蚕谱》，自序称：“登莱山蚕，自古有之。前此未知饲养之法，任其自生自育。宋、元以来，其利渐兴。今则人事益修，利赖益广，功埒桑麻。”可见当时放养柞蚕在农村副业中的地位，已和栽桑、养蚕、绩麻同样重要。根据《山蚕谱》的记述，清代已对柞蚕有较全面的认识，书中分有辨类、辨木、辨场、育种、收积、辨柚等十门，大都是当时人民的人工放养技术经验总结。当人工放养柞蚕在山东成功之后，蚕种和放养技术就开始向各地推广。康熙时山东诸城人刘棨任陕西宁羌州知州，从山东购进种蚕到宁羌州试养，并教民织绸，宁羌人民为了纪念刘棨，便把柞蚕丝织成的绸称为“刘公绸”[⑥]。乾隆初年，柞蚕传到贵州，最早放养在遵义府。知府陈玉璧，山东历城人，乾隆三年(1738)来守遵义，见遵义多槲树可蚕，“遂自山东购山蚕种，且以蚕师来，

---

① 见乾隆《潞安府志》卷三四引于公允《条议潞绸详》。

② 见乾隆《潞安府志》卷三四引王鼐《请抚恤机户疏》。

③ 见《明神宗实录》卷三八四。

④ 见清·贺长龄编，《皇朝经世文编》卷三七，道光六年刊本。

⑤ 见易凤廷·周凯，《劝襄阳士民种桑诗说·题词》。

⑥ 清·贺长龄编，《皇朝经世文编》卷二八收录的陈宏谋《巡万乡村兴除事宜檄》，道光六年刊本。

中道蛹而罢。六年(1741)复遣人归,期以冬至,蛹不得出,明年乃蚕。蚕大熟,乃遣蚕师四人,教四乡蚕,又筑庐于城东水田坝,命善织者,教民以手经指纬之法。授以种,资以器,八年(1743)得茧至八百万,至是郡人户养蚕,今百余年,为黔富郡。"① 随后又扩展于正安州、安顺府与贵州接壤的四川綦江等地。此外,河南也产柞蚕,张嵩撰《山蚕谱》自序说明:"因本周栎园《书影》节记《中山蚕说》一文而加以申述,以为此书"。周栎园名亮工,河南祥符人,明末崇祯进士,卒于康熙初年。周栎园撰《中山蚕说》,必定河南产柞蚕,河南与山东接壤,往来频繁,蚕种更易传入河南。由《中山蚕说》著录在明末清初时,可以肯定山东的柞蚕传到河南,当比其他地区更早些。乾隆以来至嘉庆年间(1736~1820),由于关内农民的贫困破产,流亡农民不断冲破统治者的禁令而移入东北。关内的山东半岛和东北的辽东半岛隔海相望,往来方便,山东农民多横渡渤海流入东北。于是,柞蚕放养和制丝方法便传入东北盖平、海城等地,以后又逐渐向北扩展。

清代对民间纺织业发展的限制极为严格,当时的民间纺织业就是不断突破清王朝封建经济的束缚,取得不少发展的。康熙时,具有百张织机的大型纺织工场已不在少数。自从机户向曹寅"公吁"请奏免限制,"得旨永免"额税以后,江南纺织业获得发展。江宁出现了"自此有力者畅所欲为,至道光间,遂有开五六百张机者"② 的许多规模极大,运用巨额资本,具有庞大复杂的生产设备,使用大量雇佣劳动者的手工业纺织工场。乾隆时,江宁等地"开机之家,总会计处谓之账房"③,这所谓"账房"就是纺织资本家控制纺织手工业生产的联合组织。账房不但雇佣工人在自己开设的工场内进行生产,同时还控制了大批的小作坊,"各账房除自行设机督织外,大都以经纬交与织工,各就织工居处,雇匠织造"④。还有账房自己完全没有生产工场,把丝经散放给机户去生产,织成后,按件发给工资,"散放丝经,给予机户,按绸匹计工资"⑤。机户与账房的关系是"机户领机谓之代料,织成送缎,主人校其良楛,谓之雠货。小机户无甚资本,往往持账房为生。各机户复将丝发交染房染色,然后收回,织成缎匹,再售与绸缎业。四者层层相因,休戚相关。"⑥ 账房多是大工场主,自己拥有众多的织机,像江宁"大账房李扁担、陈草苞、李东阳、焦洪兴者,咸各四五百张"⑦。当时在"苏州、杭州已出现拥有千架织机的纺织工场,江苏镇江的一家拥有千架织机的纺织工场,有工人四千人"⑧。苏州如"石恒茂、英记、李启泰等织绸厂",都"创设于乾嘉",直到清末还存在⑨。纺织业工场不仅出现在纺织业发达的江南,而且在北方的直隶和南方的广州也有记载,直隶宁津县大柳镇的统泰升杂货店,兼营铁器及轧花等手工业,在其轧花工场中,即拥有佣工百余人⑩。广州佛山镇"棉布制织从业员越五

① 清·吴振棫,《黔语》卷下,咸丰年间刊本。

② 见光绪《续纂江宁府志》卷一五。

③ 清·陈作霖,《凤麓小志》卷三《记机业》,金陵锁志本。

④ 见民国《吴县志》卷五一。

⑤ 徐珂,清稗类钞·农商类,重庆商务出版,1932年。

⑥ 清·陈作霖,《凤麓小志》卷三《记机业》,金陵锁志本。

⑦ 见光绪十二年二月十六日(公元一八八六年三月二十一日)《申报》。

⑧ 见巴尔著《中国状况》第63页转引自李洵《明清史》。

⑨ 徐河,清稗类钞·工艺类,重庆商务出版,1932年。

⑩ 北京图书馆藏《统泰升账簿》,转引自尚钺《清代前期中国社会的停滞变化和发展》,见《中国资本主义关系发生及演变的初步研究》三联版。

万人,工厂有二千五百家,一工厂平均二十人①”。这些情况都表明在民间纺织手工业中的资本主义因素的萌芽,较之明代是有着非常显著的发展了,工场里织机逾千,工人以数千计,这样规模巨大的纺织业工场,连官营织造比起来也是逊色的。

民间纺织业发展是相当迅速的,乾隆至嘉庆时,江宁“通城缎机以三万计,纱绸绒绫不在此数”②。苏州“在东城比户皆织,不啻万家”③。杭州“东城机杼之声,比户相闻”④。湖州“隆、万以来,机杼之家,相沿比业”⑤。山西潞安织机“三百有奇”⑥。四川成都有“业杼织者数百家,谓之机房”⑦。这些众多的织机,大部分是属于小机户,他们大都是小作坊主或是独立的手工业者,他们也许只有少数织机雇佣少数工匠或靠家庭成员进行生产。“有力者雇人织挽。”⑧“苏城机户,类多雇人工织,机户出资经营,机匠计工受值。”⑨ 这些都可以说明机户与机匠之间的雇佣关系。

民间“惟纺绩度日”的小商品生产个体手工纺织业者,到处皆是,记载亦多:

> 王氏,……年二十八而夫殁,……家无立锥地,惟纺绩度日,后渐有蓄,得田十余亩,而纺绩如故⑩。
>
> 李氏,廪生张名陛妻,……年二十一陛卒。姑曰:“尔年少,恐误尔终身。李曰:生为张妇,死则张鬼,奈何更事他人乎? 勤苦纺绩,历兵荒而志不夺⑪。
>
> 阎氏,……二十一岁夫亡,……既葬产落,无以度日,仍倚母家,勤织纫,易地数亩以自资⑫。
>
> 宋氏,董礼存妻,……礼存以暴疾亡,父母以哭子过哀,亦相继殁,家徒壁立,三世丧未葬。节妇时年二十余,无子亦无家族可为后者,……乃更僦屋一椽,独居,以纺织自给,凡四十年。(积钱)得十四万有奇,……卒尽葬其三世棺。节妇曰:吾纺织可得五六十钱,日取十钱贮之,终岁得三千六百钱,四十倍之,则十四万有奇矣。日所用四五十钱,凡僦屋之租,祖茔之税,岁时伏腊之享祀,皆取给焉。……后二年,以病卒,年六十五,乾隆之五十四年也⑬。
>
> 陈氏,……夫亡,氏年二十有一。初德成(陈氏夫)以织稷布为业,既死,家益窘。……以此生计日蹙。氏恬然,茹荼饮檗,不以为苦。惟日夜勤操作,不离机杼,以

---

① Desription of the City of Canton, The Chinese Repository, Vol. Ⅱ. No. 7, Nov. 1883, pp. 305~306,《广州城市的描述》,《中国博览》三卷七期,1983 年 10 月出版,第 305~306 页。

② 清·陈作霖,《凤麓小志》卷三《记机业》,金陵锁志本。

③ 见乾隆《元和县志》卷一六。

④ 清、厉鹗,《东城杂记》卷下《织成十景图》,粤雅堂丛书本(第一函)。

⑤ 见乾隆《湖州府志》卷四一。

⑥ 见乾隆《潞安府志》卷八。

⑦ 见民国《华阳县志》卷三四引旧志。

⑧ 见乾隆《吴江县志》卷三八,又见重刊乾隆《震泽县志》卷五二,记载同。

⑨ 雍正十二年(公元一七三四年)十二月长元两邑同人公立:《奉各宪永禁机匠叫歇碑》,载《文物参政资料》1956 年第 7 期。

⑩ 见光绪《吴桥县志》卷九,按此为康熙年间事。

⑪ 见雍正《高阳县志》卷四。

⑫ 见乾隆《冀州志》续编页八。

⑬ 见光绪《吴江县续志》卷二七。

谋糊口[①]。

杨氏，……二十三岁夫殁，坚心苦志，以纺绩为业，嫁女娶妇，皆从十指出[②]。

这些手工业者除“以纺绩为业”，“勤苦纺绩”，“不离机杼”外，别无生活技俩，个人和全家衣食都是“皆从十指出”，他们应是纺织业中的独立手工业者。

还有一些依靠家内劳动协作进行纺织生产的独立手工业者，他们多是“贫者皆自织，而令童稚挽花，女工不事纺绩，日夕治丝，故儿女自十岁以外，皆蚕暮拮据以糊其口。”[③]“比户勤纺织，妇女燃脂夜作，成纱线及布，侵晨入市，易棉花以归，积有羡金，挟纩赖此，糊口亦赖此。”[④]“家有机杼，户多篝火，一手所制，若巾若带若巾帨，易粟足活三口，三手事事，则八口无虞。”[⑤]这又是另一类独立纺织手工业者的写照。

农村中的纺织副业生产更是随处可见，大都是“丝不于市，线不于市，色不于市，织不于市，一妇之手，岁可断百匹”[⑥]，在有些地区农民经济生活中，占了极为重要的地位。浙江桐乡四乡农妇，随乡土所宜，各以纺织为能事，“西乡女工，大概织棉细素绢，绩苧麻黄草以成布匹；东乡女工，或杂农桑，或治纺织；若吾乡女工，则以纺织木棉与养蚕着绵为主。随其乡土，各有资息，以佐其夫。……男治田地可十亩，女养蚕可十筐，日成布可二匹，或纺棉纱八两”[⑦]。松江农民衣食之资也仰给于纺织，“俗务纺织，他技不多，……至于乡村纺织，尤尚精致。农暇之时，所出布匹，日以万计，以织助耕，女红有力焉。……田家收获，输官偿息外，未卒岁，室庐已空，其衣食全赖此。”[⑧]这样的情况，在无锡和其他地方也可见到，无锡“乡民食于田者，惟冬三月，及还租已毕，则以所余米舂臼而置于囷，归典库以易质衣。春月则阖户纺织，以布易米而食，家无余粒也。及五月田事迫，则又取冬衣易所质米归，俗谓种田饭米。及秋稍有雨泽，则机杼声又遍村落，抱布贸米以食矣。”[⑨]太仓、镇洋、嘉定、宝山等地农民，以“纺织为业，小民终岁勤动，生计全赖于棉”[⑩]。高淳县“男子尽力于耕耘，女子服勤于纺织”[⑪]。常熟、昭文二县“乡村妇女农时俱在田首，冬月则从夜织，支塘水纱、唐墅苧布，皆轧轧出寒女机也”[⑫]。直隶高阳农民“以耕织为生”[⑬]。饶阳“农民力田而外，专事纺织”[⑭]。宝坻“妇女……惟勤于纺绩，无论老媪弱息未尝废女红，或为邻家佐之，贫者多织粗布以易粟”[⑮]。宁河县农民“聚家之老幼，姑率其妇，母督其女，篝灯相对，星月横斜，犹轧轧纺车声达户外”[⑯]。广东潮阳“女工最勤，寒暑不辍，故棉布

---

① 见尹元炜《溪上遗闻集录》卷一〇，此约乾隆四十六年(1781)至嘉庆二十二年(1817)间事。

② 见道光《厦门志》卷一四。

③ 见乾隆《吴江县志》卷三八，又见重刊乾隆《震泽县志》卷二五，记载同。

④ 见乾隆《平湖县志》卷一。

⑤ 见乾隆《直隶通州志》卷一七。

⑥ 清·贺长龄编，《皇朝经世文编》卷三七收录的唐甄《惰贫》，道光六年刊本。

⑦ 见张履祥《杨园先生全集》卷五《补农书》下。

⑧ 见康熙《松江府志》卷五。

⑨ 清·黄卬，《锡金识小录》卷一，光绪二二年刊本。

⑩ 清·林则徐，《林文忠公政书》甲集《江苏奏稿》卷二《太仓等州县卫所续被歉收请缓新赋摺》，光绪三年刊本。

⑪ 见光绪《高淳县志》卷二一收录的许心源《劝谕栽桑示》。

⑫ 见光绪《常昭合志稿》卷六。

⑬ 见雍正《高阳县志》卷一。

⑭ 见乾隆《饶阳县志》卷上。

⑮ 见乾隆《宝坻县志》卷七。

⑯ 见《畿辅渔志》卷七一引《宁河县志》。

乡间所出极多”[①]。琼州“妇女……专纺吉贝、绩麻、织布被花幔手帕”[②]。山东济南“妇女针管之外,专务纺绩,一切乡赋及终岁经费,多取办于布棉”[③]。四川广汉“四乡妇女蚕桑外,半勤纺绩,谚云:喂猪纺棉,坐地端钱”[④]。夹江“男耕妇织,视他邑为较劳”[⑤]。新津“男女多耕织”[⑥]。福建邵武、光泽、泰宁、建宁等地,“女……亦事纺绩,以衣其夫,故有夜浣纱而早成布者”[⑦]。从全国来说,由南到北,自东至西,凡是有织物原料的地方,几乎都有农村纺织副业,这也说明了清代民间纺织业发展的普遍性。

第二节　商代以来官营纺织业的形成和发展

(一)商代至南北朝时期

中国历代王朝统治者为了满足奢侈享受和掠取财富,对纺织生产十分重视,便大量集中奴隶和工匠扩大纺织手工业生产,专门从事制造为少数王公贵族消费的纺织品。

商代已有专事指导蚕桑生产的典蚕之专职官“女蚕”。丝织品光泽鲜美、柔滑细密,在阶级社会为奴隶主贵族们所喜爱乐用,因之驱使众多的奴隶从事纺织工艺劳动。丝织品一般是专为统治者制作的。由于丝织品精美工巧,工艺技术要求高,这时纺织手工业中的内部分工已相当细致,还有专门制作某一单一产品的作坊,纺织业有索氏(绳工)、旗氏(旗工)、繁氏(马缨工)等。奴隶主的重视,奴隶们的劳动智慧和工艺才能,使商代末年纺织工艺技术达到了技巧熟练、艺术很高的水平。

西周的奴隶主贵族们不但垄断土地,剥削“庶人”,而且还垄断手工业,残酷地压榨手工业奴隶。王、诸侯和其他一些大贵族,都拥有各种手工业作坊。这时的手工业在各方面都比商代有所发展,种类更多,分工更细,他们分门别类地设立司工、陶正、车正、工正等官职进行管理,因而号称“百工”。蔡簋铭文:“王命蔡司百工”,西周青铜器令彝和《尚书》的《酒诰》、《康诰》都可见“百工”一词,即指管理奴隶从事生产工艺制作的官。生产场所还有监工,监工驱使手工业奴隶进行繁重的生产劳动。奴隶主贵族垄断手工业奴隶生产制作的各种手工业品,主要是为了满足他们自己的消费需要,只有很少一部分拿到市场上出售。

据《周礼》记载,西周初年,国家对纺织手工业从纺织原料(丝、麻、葛)和染料的征集、到纺绩、织造、练漂、染色以至服装造制,都设有专门机构。在“天官”下设有“典妇功”、“典丝”、“典枲(麻)”、“内司服”、“缝人”、“染人”等六个生产部门。在“地官”下设有“掌葛”、“掌染草”等原料供应部门。此外,在“冬官”所属的百工内,还有专门的机构,彼此间有细致的分工。如“典丝”的职能是“掌丝入而辨其物,以其贾楬之,掌其藏与其出,以待兴功之时,颁丝于内外功,皆以物授之”。即包括生丝的验价、储藏和到时候分配给手工业奴隶进行织造加工。此外,如“典

---

① 见嘉庆《潮阳县志》卷一一。
② 见道光《琼州府志》卷三。
③ 见道光《琼南府志》卷一三。
④ 见嘉庆《汉州志》卷一五。
⑤ 见嘉庆《夹江县志》卷二。
⑥ 见道光《新津县志》卷二九。
⑦ 见光绪《重纂邵武府志》卷九引《乾隆府志》。

枲”专管麻纺织原料的征集、储藏,“掌染草”专管植物染料的征集和加工,“㡛氏”专管生丝与生帛的练漂。分工是相当细密和科学的。

春秋、战国时代,列国争雄,各国的手工业也有了相应的发展,新的手工业部门如煮盐、冶铁、漆器业兴盛起来。“工商食官”的格局残破了,开始出现了私营手工业和个体手工业者。但官府手工业规模仍然庞大,如楚国还在它的官制中设有专门主持蓝靛生产的工官“蓝尹”。战国时的“工官”、“农官”逐渐富庶,高级手工业产品的生产操在官府手工业中,手工业工匠大多数隶属于封建主贵族,《墨子·辞过》说:“女工作文彩,男工作刻镂,以为身服”,这就是说女工们从事纺织彩绣,男工们从事刻镂,都是给封建主们制做穿的用的。

汉袭秦制,汉代官府纺织手工业规模很大。为了供应皇室纺织品的需要,西汉在京师长安设有东、西两织室,由“织室令丞”① 主管,东织室、西织室俱属少府②。东汉迁洛阳,仍有织室,《续汉书·百官志》少府卿本注云:“少府又省汤官,织室令置丞。”可知东汉时少府有织室丞,但不置织室令。《后汉书·和熹邓皇后纪》:“又御府尚方织室,锦绣冰纨縠玩弄之物,皆绝不作。”可见此织室官署,东汉时依然存在。又《续汉书·百官志》太仆属官有考工令,“主作兵器弓弩力镫之属,及主织绶诸杂工”,指出尚方令兼织官绶,这也是东汉官府手工业之一部分。凡少府各官所用人工,主要乃徒及奴,汉代臣民犯罪,女性家属多半都是输织室劳作。

齐自春秋以来,织工技巧最著名,丝、麻织品通行各国,号称“冠带衣履天下”。汉皇室在齐郡临淄设服官之所,称为“三服官”③,专为皇室制作绮绣、冰纨、方空縠、吹絮纶等精细丝织品。《后汉书·章帝纪》:建初二年(77)四月癸巳,“诏齐相省冰纨方空縠吹絮纶”,东汉时齐郡虽没有服官之名,但仍属官府手工业。初时,三服官丝织物不过十箱,汉元帝时(前48~前23),三服官扩至各有织工数千人,每年费钱数巨万。少府东、西织室每年费钱五千万,远不及齐三服官④。因少府各官主要用徒及奴,三服官所在地,纺织用女工(民间工匠和女佣)给工价。另外,陈留郡襄邑县(今河南睢县)出好刺绣,汉皇室在襄邑派设服官,雇用大量工匠,专造衮龙文绣等礼服。少府所属各官制品,如不是帝王赏赐臣下,臣下不得私用。皇室独占大手工业,一切器物均自制自用,皇室手工业实是民间手工业发展的严重障碍。

汉代官府手工业还兼掌练染。西汉时有暴室(疑属织室令),《三辅黄图》卷三有“未央宫有暴室,主掖庭织作练染之署”。东汉则在平准令,《续汉书·百官志》:“大司农属官有平准令。”本注曰“掌知物价,主练染作采色”,刘昭注引《汉官仪》曰“员吏百九十人”。

三国时代吴国割据江东,官营纺织手工业规模据陆凯上疏谏孙皓说:“先帝时,后宫列女以诸织络,数不满百,……先帝崩后,……更改奢侈,伏闻织络及诸徒,乃有数千。”⑤ 后宫的织女,到景帝时,已由当初的“数不满百”增加到“数千”了。曹魏占有中原地区,也设置有官营纺织手工业,织造官练。《魏志·司马芝传》说司马芝“迁大理正,有盗官练置都厕上,吏疑女工,收

① 西安汉城曾出土《织室令印》铜印,盖河平元年以后之官。

② 《汉书·百官公卿表》应劭曰:“名曰少府禁钱,以给私养,自别为藏,少者小也,故称少府。”师古曰:“大司农供军国之用,少府以养天子也”。

③ 《汉书·元帝纪》注引李斐解释三服谓:“春献冠帻縰为首服,纨素为冬服,轻绡为夏服。”三服即指春、冬、夏三季所需用的丝织品而言。

④ 《汉书·贡禹传》:“故时齐三服官,输物不过十笥,方今作工各数千人,一岁数费巨万,三工官费五千万,东西织室亦然。”

⑤ 《三国志·吴志·陆凯传》,中华书局,1959年。

以付狱”,此女工当是官营手工业中织造官练的女工。蜀国的蜀锦生产负有盛名,蜀汉依赖锦的生产来维持军费,诸葛亮说:“今民贫国虚,决敌之资惟仰锦耳”,“蜀中军需惟依赖锦。”[①] 锦的生产既是军需的主要来源,当与官营纺织手工业的生产规模关系密切。

南朝各朝都置有少府,少府下设平准掌织染,扩充官营纺织手工业,大力生产丝织各物。当时丹阳有斗场锦署,是官设锦署无疑。而此种机织之技工,则由“平关右迁其百工”(指刘裕灭前秦)而来。以后锦署遂为南朝官府手工业常设纺织机构,制作王廷服物。官府纺织手工业工场之织工,多属没入罪犯之奴婢或特养之所谓“工巧婢”,皆为女人。梁武帝即位时,曾思诏放免后宫女徒,谓“织室绣房,幽厄犹见役”[②]。当时还有掠卖来的黑人“昆仑奴”,《晋书·孝武文李太后传》说:“时后为宫人,在织坊中,形长而色黑,宫人皆谓之昆仑”。南朝士族也多拥有奴婢,奴婢主要用在耕田织布,所谓“耕当问奴,织当问婢”。

后赵石虎在各族混战中几乎征服了全部北中国,陆翩《邺中记》载:石虎在邺城设有织锦署,“石虎中尚方御府中巧工作锦,织成署皆数百人”。拓拔魏从建国时起,就竭力搜刮工匠归政府管制,拓拔珪攻占中山,即将“百工技巧十余万口”迁至京师,“东州既平,绫罗户民乐葵,因是请采漏户,供为纶锦”[③]。拓拔焘时,平城宫内就有“婢使千余人,织绫锦”[④]。北齐和北周沿袭北魏制度,北齐官府纺织手工业设有“太府寺……统左、中、右尚方,……中尚方又别领别局,泾州丝局、雍州丝局、定州细绫局四局丞;……司染署又别领京坊、河东(山西永济县东南)、信都(河北冀县)三局丞”[⑤],以专管织造工艺。北周也在泾州、雍州各地分设织局令丞、司织中大夫、小司织上士以及缝工、雕工、韦工、胶工、毳工、绩工、织丝、织采、织枲、织组等各中士、下士,以掌管各种织造工业。北魏前期,根本不容许私家蓄养工巧技术之匠人,不许私家藏有绫机。北魏、北齐、北周严禁私藏工匠,并限制工匠婚宦,是继承官府垄断手工业的旧例。官府竭力垄断手工业,便不能不妨碍民间手工业的发展,因此,北朝各朝都曾放免工匠。如仇洛齐曾奏罢绫罗户,元宏也曾下令“工商杂伎尽听赴农”,又诏:“罢尚方锦绣绫罗之工,四民欲造,任之无禁。”[⑥] 魏末和北齐时,亦曾几次罢诸杂作工或百工,北周宇文邕在天和六年(571),曾“省掖庭四夷乐、后宫罗绮宫人五百余人”,建德六年(577)又令:“民庶以上,惟听衣绸、绵绸、丝布、圆绫、纱、绢、绡、葛、布等九种,余悉停断,朝祭之服,不拘此例。”[⑦] 但这只是稍微放松了官府对纺织手工业的独占和对工匠的控制,并非放弃了对纺织手工业和工匠的控制。

(二)隋唐宋元时期

隋、唐时官营纺织手工业有着整套的严密组织系统,作坊规模相当庞大。中央的少府监下辖织染署,分工精细复杂,包括25作(作坊)。“织纴之作有十(布、绢、丝、纱、绫、罗、锦、绮、䌷、褐),组绶之作有五(组、绶、绦、绳、缨),紬线之作有四(紬、线、弦、网),练染之作有六(青、绛、黄、白、皂、紫)”。宫内别有内八作、掖庭局。所用工匠,以徭役形式征调到官营手工业作坊每

---

① 三国·诸葛亮,《诸葛武侯文集》,正谊堂全书本。
② 见《梁书·武帝纪》。
③ 《魏书·仇洛齐传》,中华书局,1974年。
④ 《南齐书·魏虏传》,中华书局,1972年。
⑤ 《隋书·百官志》,中华书局,1973年。
⑥ 《魏书·高祖纪》,中华书局,1974年。
⑦ 《北周书·武帝纪》,中华书局,1971年。

年轮番应役,称为"短番匠",对这种短期工匠施以"教作者传家技"的专门技术训练,这种制度对唐代纺织技术的提高起了促进作用。有些有特殊技艺而不愿下番的工匠,官府以应番工匠不愿上番者所纳之代役赀酬给,这种匠人称为"长上匠"。当然,在官府手工业中服役的,还有官奴婢和刑徒。随着商品流通的扩大,徭役制所"驱使"的工匠,远不足以供应官府手工业的需要,官府又雇佣有专门技巧、手艺熟练的工匠,称为"和雇匠"。雇佣的名称有"和雇"、"募"和"请",工作时间也长短不一。此外,又有"明赀匠"或"巧儿",它与"和雇匠"相类似,但较"和雇匠"为固定。番匠手艺特别精巧、能制作供应宫庭用品者,不得纳赀使人代替,且不得改业。中唐以后,番匠渐少,募匠渐多。可见唐代官营纺织手工业已俨然形成一个完整的体系,规模已不小。如武后时期,仅其中的绫锦坊,坊中有"巧儿"三百六十五人,内作使绫匠八十三人,掖庭绫匠一百五十人①。玄宗宠爱杨贵妃,"宫中供宫妃院织锦刺绣之工凡七百人"②。唐朝廷为了官营手工业的技术世代传袭,保证自己有足够可以役使的劳动力,用国家权力规定:"工商皆为家专其业以求利。"③ 官府甚至还要干涉某些手工业者家属的婚姻,"凡官户奴婢,男女成人,先以本色媲偶"④。承造贡物的贡织户婚姻就更不自由了,元稹在当时纺织业中心之一的江陵作士曹时,曾目睹贡织户有女因谙熟挑纹技巧,故致不能出嫁在家终老,他的《织女词》中:"东家头白双女儿,为解挑纹嫁不得",就是写这种连婚姻自由也被剥夺的苛迫之苦。

宋时少府监下辖有绫锦院、内染院、文思院、文绣院,所产绫、锦、罗、帛及绣品专供皇室贵族和达官显要服用,亦有部分供军需和岁赐之用。朝廷还在丝绸生产较为发达的地区,如开封、洛阳、润州(江苏镇江)、梓州(四川三台)等地设有规模巨大的绫锦院、绣局、锦院等丝织工场。同时还在成都设有转运司、茶马司锦院,由监官专管织造西北和西南少数民族喜爱的各式花锦,作为兄弟民族间贸易交流物资。南宋官营的杭州、苏州、成都三大织锦院雇佣工匠约达数千人,规模和产量当可想见。

元代统治者统一全国后,顽固地保留着奴隶制的狭隘性和强烈的贪暴性,对全国施行野蛮而残酷的统治,大量集中奴隶扩大手工业生产,制造武器和为少数奴隶主贵族生产消费工艺品。

元初在各地掳掠中,刻意搜括工匠,各地屠城,惟工匠得免。俘虏和搜括的工匠,动辄以数十万户计,如蒙古窝阔台汗八年(1236),括中原民匠得 72 万户;元至正十六年(1279)籍匠人 42 万户;至元二十一年(1284)籍江南民为工匠凡 30 万户,选有艺业者 10 余万户;至元二十四年(1287)又括江南诸路匠户,几乎把全国工匠都集中在元廷官府手中。由于元代统治地区广大,尤其是从欧洲和中亚各地掏掠工匠也集中在元廷官营手工业中,便在官营手工业中形成了庞大的奴隶劳动。这些工匠都被安置在全国各大城镇的官营手工业中,被迫为元廷作无偿劳动。

元代手工业主要是官营手工业,就生产规模和生产过程的分工协作程度而言,比起两宋来,均有所发展。各部门都有专设管理机关——提举司等,中央有总机关——工部。

纺织手工业据《元史》所记,各地有 16 所染织提举司,其他还有绣局、罗局、纹锦总院、杭州织染局、建康织染局,这只是元廷所有纺织手工业的一部分。毡罽是元代贵族的生活必需品,当时掌管制毡手工业的有大都毡局、上都毡局、隆兴毡局等三所。掌管制毯手工业的有"剪毛

---

① 宋·欧阳修、宋祁撰,《新唐书·百官志》,中华书局,1975 年。
② 见《旧唐书·后妃传》。
③ 见《唐六典》卷三《户部郎中》。
④ 见《唐六典》卷一九《司农寺》。

花毯腊布局”。“大都毡局……管人匠一百二十有五户”①，镇海管理的宏州局内也有搜括得来的“汴京织毛褐工三百户”②，中统三年(1262)又在和林设局制造毛织品。元代统治集团聚敛黄金数量巨大，因此在丝织物上加金极为盛行，织金锦和在丝织物上印金、印银大量生产。这种织金锦，元时称为“纳石失”，是统治阶级专用衣料。为满足统治阶级的需要，当时曾远在新疆地区设专局织造“纳石失”，如“撒答拉斯提举司”下设有“别里八失局”，“掌织造御用领袖纳石失等段”③，当地的“织金绮纹工”在当时受到很大的重视。此外，皇后、太子、诸王贵族、豪商富贾及寺院等也各凭权势，利用奴隶劳动，拥有自己的纺织手工业工场、作坊，并常侵夺汉人的手工业场坊，他们大多是为着自己的奢侈消费而生产。

官营手工业工场作工的工匠在“匠不离局”的法令下，受到更加残酷的监督和奴役，他们仅能够领得只够自己糊口的口粮。谦州织工 124 户，穷困已极，而被逼鬻妻卖子。在残忍的人口转贩时，南方手艺精湛的工匠卖到北方，可以得到较高的身价。这样，工匠们便丧失了劳动兴趣，大大损害了他们的生产积极性。

官营手工业大量地集中了全国的工匠，就阻碍了民间手工业的自由经营和发展。因此，在元代统治下，以奴隶身份无偿劳动的工匠占重要地位的生产关系，较之宋代以独立手工业和雇佣工匠为主的生产关系，显然是一种严重的历史倒退。

(三)明代

明代官府手工业具有庞大的规模和复杂的内容。工部是掌管官府手工业的总管部门，工部下属四个属部(司)，各部(司)直接领导或监督官营手工业的事务。织造包括缎匹、制帛等属都水清吏司，设有织染所，有织染所大使、副使，经营织染生产。此外，为了满足全国最大的统治者——皇帝及皇室贵族的豪奢需求，内府监局在皇城之内还设立了许多庞大的工场。其中有内织染局，设“掌印太监一员，总理佥书等数十员。掌染造御用及宫内应用缎匹、绢帛之类。有外厂，在朝阳门外，瀚濯袍服之所；又有蓝靛厂在都城西，亦本局之外署也。”④ 南京内府各监局也同样有经营手工业的，内容和北京相仿，关于织造的有：南京司礼监礼帛堂，为专门织造祭祀用神帛的工场。额设织机四十张，食粮人匠 1200 余名，后仅存 800 余名，每 10 年一次料造，共该帛 13 690 段⑤。南京内织染局，简称南局，专织造进宫各色绢布及文武官员诰敕。额设织机三百余张，军民人匠 3000 余名，每 10 年一题造，共 5 万匹⑥。

织造也是地方官府比较常设的官手工业，凡是有织造技术的地方，便有织造机构的设立。据《明会典》的记载，地方官府设有织染局的计有：

浙江：杭州府、绍兴府、严州府、金华府、衢州府、台州府、温州府、宁波府、湖州府、嘉兴府；

江西布政司；

福建：福州府、泉州府；

四川布政司；

---

① 明·王祎，《元史·百官志》，中华书局，1976 年。

② 明·王祎，《元史·镇海传》，中华书局，1976 年。

③ 明·王祎，《元史·百官志》，中华书局，1976 年。

④ 明·刘若愚，《酌中志》卷一六《内府衙门职掌》，海山仙馆丛书本。

⑤ 明·徐溥等撰，《明会典》卷二〇一《织造》，见商务印书馆《万有文库》第二集。

⑥ 明·徐溥等撰，《明会典》卷二〇一《织造》，见商务印书馆《万有文库》第二集。

河南布政司；

山东：济南府；

直隶：镇江府、苏州府、松江府、徽州府、宁国府、广德州①。

苏州织造局是最著名的，嘉靖时，“局之基址，共计房屋二百四十五间，内织作八十七间，分为前、后、中、东、西堂；又大堂两房、东西厢房等处机杼，共计一百七十三张。棹络作二十三间，染作一十四间，打线作七十二间。”有“各色人匠计六百六十七名，每名月给食粮四斗，……在局工作”②。

杭州织染局于洪武三年(1370)建于斯如坊，“永乐中因地势卑湿，分拨工料于涌金门，建局织造，遂以旧局名南局，此名北局。后南局尽废，工料尽并北局。”“内有房屋一百二十余间，分为织、罗二作。”③

中央内府司礼监有苏杭织造太监一员，专司苏杭织造，派驻苏州。

金华织染局专织亲王之国合用乐舞生、乐工衣服冠袍④。

明初，苏、杭、松、嘉、湖五府织造有常额。“天顺四年(1460)，遣中官往苏、杭、松、嘉、湖五府于常额外增造彩缎七千匹。……正统元年(1506)，……令应天、苏、杭诸府……造万七千余匹。……隆庆间(1567～1572)，添织渐多，苏、松、杭、嘉、湖岁造之外，又令浙江、福建、常、镇、徽、宁、扬、广德诸府州分造缯万余匹，陕西织造羊绒七万四千有奇。……万历中(1573～1620)，频数派造，岁至十五万匹，相沿日久，遂以为常。”⑤ 由此可见，官府纺织手工业织造的数目很大，别的勿论，单就皇帝所用袍缎而言，据万历三十三年(1605)工部报告：“上用袍缎达一万六千余套匹，又婚礼缎九千六百余套匹”，是年“内库新派改缎一十八万余匹，虽蒙圣恩宽减一半，尚须数十余万(两)。”⑥ 明皇室对各地织造局增造坐派数额之大，掠夺之重已远远超越前代。

明代官府手工业规模组织之庞大也是前代少有的，因此，官府手工业中的匠户人数也最多。明太祖洪武二十六年(1393)规定，各地到京师轮班役作匠户名额为222 089名⑦。永乐年间(1403～1424)，由南京迁到北京的民匠户，共有27 000户，假定以“户役一人”计算，当也有27 000人。据记载，正德间(1506～1521)，只乾清宫一处，就“役工匠三千余人”⑧。嘉靖时(1522～1566)，革去老弱病残等15 000多人，还存留人匠12 255名。这些工匠都是内府各监局作工的，其中内织染局有匠官87员，人匠1343名⑨。有关织造的包含有下列各种人匠及人数：

绦匠七〇，神帛匠一，绣匠七三一，
毡匠二〇七，绵匠三六，络丝匠四六五，
腰机匠五〇，挽花匠二六九，染匠四六六，

① 明·徐溥等撰，《明会典》卷二〇一《织造》，见商务印书馆《万有文库》第二集。
② 见康熙《苏州织造局志》中史征明《重修织造局志》。
③ 见《杭州府志》卷一八、一九《公署》。
④ 明·徐溥等撰，《明会典》卷二〇《都水清吏司》，见商务印书馆《万有文库》第二集。
⑤ 清·张廷玉等撰，《明史·食货志》，中华书局，1976年。
⑥ 见《明神宗实录》卷四〇五。
⑦ 见《明史·严震直传》，又见《明会典》卷一八九《工匠》。
⑧ 《明史·食货志》，中华书局，1959年。
⑨ 见《明会典》卷一八九《工匠》。

攒丝匠一三八，花毡匠三，毯匠三八，
绵花匠三六，织匠一一一，挑花匠八三，
刻丝匠二三，纺绵花匠一二，缉麻匠一，
捻绵线匠五，织罗匠二，络纬匠五三，
三梭布匠一六，驼毛匠二六，弹绵花匠二。

班匠除轮班赴京上工者外，还有因特殊制作需要“存留本府而执役于织染局者”①。如松江工匠存留本府织染局上工的110名②。苏、松、嘉、湖等府“织造工匠不下千余人”③。

除丝织业外，明代还设有官府毛织手工业专管机构，永乐时（1403～1424）创设陕西驼羯织造局，朝廷屡令陕、甘织造驼褐。弘治时（1488～1505）“令陕西、甘肃二处……彩妆绒毼曳撒数百事”④。嘉靖时（1522～1566）又令“陕西织造羊绒七万四千有奇”，以后“遂沿为常例”⑤。

从这里可以具体地看到明代官府纺织手工业种类之复杂，凡是皇室王亲贵族豪奢生活所需用的纺织物，内府及外局工场作坊几乎都可以供给了。

（四）清代

和明代一样，清朝统治者为了控制民间纺织业，和供应他们自己奢侈糜费生活的需要，继承并发展了明王朝腐朽统治的苛政。在北京及江南丝织业发达地区江宁、苏州、杭州等丝织业中心城市，设立了封建官府经营的织造工业——织造衙门。据《清会典》记：“织造在京有内织染局，在外江宁、苏州、杭州有织造局，岁织内用缎匹，并制帛诰敕等件，各有定式。凡上用缎匹，内织染局及江宁局织造，赏赐缎匹，苏、杭织造。”⑥ 特别派选内务府亲信从事管理。清代织造衙门权力比明代更大，除直接管理官营织造工业和控制民间私营织造手工业的发展外，还负责在丝织中心城市采办织物供应宫廷。

1. 京内织染局

康熙初年（1661），“设局监视匠役织造缎纱，无定额”，初隶工部，“设于地安门内嵩祝寺后，铸给图记”，乾隆十六年（1751）移于万寿山。康熙三年（1664）奉旨，交总管内务府大臣管理，“其专管大臣，由特简，无定额；又设员外郎一人，笔帖式三人。九年（1670）增设司库一人，库使六人。六十一年（1722）增设催总一人。”额设织绣等匠三百余名，挽花帮贴匠五百余名，共计氆氇匠、屯绢匠、绣匠、挑花匠、织匠、纺车匠、络丝匠、络经匠、拣绣匠、染匠、画匠、带匠等各项匠役八百二十五名。以后陆续裁革，康熙时裁四百七十九名；雍正时裁一百五十六名；乾隆时裁一百二十名；道光二十三年（1843）裁撤。织造机数“原定三十二架”，乾隆十六年（1751）“改机张为十六架”。内织染局织造织品都是上用缎品，“康熙四十七年（1708）奏准，岁造缎纱38匹，青屯绢200匹，大红长毛氆氇40匹，交广储司缎库。”雍正七年（1729）奏准，“改织暗花屯绢、宁绸、宫绸、八丝缎袍挂各料，均按三节进呈。”乾隆十六年（1751）议准，“按节进呈之袍挂料，并无

① 见清·顾炎武《天下郡国利病书》卷四六《孟县志》。
② 见《松江府志》卷二八《户口》。
③ 见《明史·周经传》。
④ 见《明孝宗实录》卷六〇。
⑤ 见《明史·食货志》。
⑥ 见朱启钤《丝绣笔记》卷上。

新样，嗣后停止，毋庸织造。”十七年(1752)奏准，“嗣后行文织造外，挑选上好丝经送局，令匠役等于传办差务之暇，另造精巧新样绸缎，随时织办进呈。”①

2. 江宁局

江宁局创设于顺治初年，局址“旧在府城东北督院署前，乾隆十六年(1751)以改建行宫，时藩司兼管织造，故无署。乾隆三十三年(1768)织造舒买淮清桥东北民房，改建织造衙署。”② 设“督理织造一员，无常品(以内务府郎中、员外郎为之)，驻江宁。”下属有“司库一员，正七品。笔帖式二员，七品。库使二员，八品。乌林大一员，未入流。”③ 江宁织造局主要是“造作缣帛纱縠之事”④ 织造“神帛以事神示宗庙；诰敕以封赠文武庶官；采缯以待庶用”⑤。制帛，“顺治八年(1651)定，江宁织造局设神帛机三十张，岁织帛四百端，又准部移文额造二千端，其文兼清汉，曰郊祀制帛；曰告祀制帛，其色青黄。曰奉先制帛，色白。曰礼神制帛，青、赤、黄、白、黑五色。曰展亲制帛；报功制帛，均色白。曰素帛，色白不织文”⑥。乾隆四十三年(1778)因各坛庙陵寝祭祀，应用制帛甚多，原额2000端不敷用，定例以后每年由礼部核定数目，预行江宁织造如数解办。诰敕，“康熙元年(1662)定，江宁织造局设官诰机三十五张，遇应用之时，由部预期行文该织造如式置办。诰命用五色及三色纻丝，文曰奉天诰命；敕命用纯白绫，文曰奉命敕命。均织升降龙，文兼满汉字。一品玉轴鹤锦，二品犀轴螭锦，三、四品贴金轴，五、六品角轴牡丹锦，七品以下角轴小团花锦。”⑦ “采缯长丈六尺，广尺六寸，供结采之用。驾衣校尉衣长四尺二寸，广尺七寸，袖八寸，色木红、官绿。”⑧ 康熙时，江宁织造局机张数，据《丝绣笔记》载，总计565张，其中上用缎机335张，部机230张⑨。乾隆时，江宁织造局“现设六百张，机匠一千七百七十七名，……外江宁现留摇纺，染匠所管高手等匠七百七十名”⑩，总计共有匠役2547名。

3. 杭州局

顺治四年(1647)，因杭州织造废弛年久，机房颓坏无存，匠役逃亡甚多，命工部右侍郎陈有明督理杭州织造。设法召募匠役，盖造机房，置办机张。织造局有“织造府二左为东府，右为西府，织造御用袍服。署之制，中为正堂，堂前为露台，为甬道，为仪门，东、西两厢。正堂后为穿堂，东别门之外为机房。仪门之外，东为土地祠，为大门，两府之制皆同。而西府之后，有楼五楹，东府之地比西府差广。分署二，一在旧杭、嘉、湖道镇海楼南，一在旧温、处道宗阳宫北。”⑪ 顺治初，只有“食粮官机三百张，民机一百六十张，挑花匠一十四名”⑫。康熙时，杭州局共有“织机七百七十

① 以上均见光绪《大清会典事例》卷一一七二《内各府·官制》，卷一一九五《内务府·园囿》。

② 见嘉庆《江宁府志》卷一二。

③ 见嘉庆《江宁府志》卷一九。

④ 见光绪《续纂江宁府志》卷一一。

⑤ 见光绪《续纂江宁府志》卷一一。

⑥ 见嘉庆《大清会典事例》卷七〇九。

⑦ 见嘉庆《大清会典事例》卷七〇九。

⑧ 见光绪《续纂江宁府志》卷一一。

⑨ 见朱启钤《丝绣笔记》卷上。

⑩ 见光绪《大清会典事例》卷一一九〇《内务府·库藏》。

⑪ 见康熙《杭州府志》卷一七。

⑫ 国立中央研究院历史语言研究所编，《明清史料》丙编第二册《顺治四年正月工部左侍郎佟国胤等揭贴》，上海商务印书馆，1936年。

张,其中上用缎机三百八十五张,部机三百八十五张"①。乾隆时,"杭州现设机六百张,机匠一千八百名,外……杭州摇纺、染匠、挑花及所管高手匠五百三十名"②。顺治初年定杭州局主要织造"御用礼服及四时衣服,各宫及皇子、公主朝服衣服,均依礼部定式,移交江宁、苏州、杭州三处织造恭进"③。康熙四年(1665)呈准,"纺丝绫、杭紬等项,派杭州织造承办"④。

4. 苏州局

顺治三年(1646),清廷遣工部侍郎陈有明、满官尚志等督理苏、杭织造。设南、北二局,南局名总织局,以工部侍郎督之。北局名织染局,以尚志主之。总织局在元和县葑门内带城桥东,以明嘉定伯周奎故宅改建,"得堂舍百有余间。机房以居工作,库司以贮成物,中设厅事后堂,以驭群户,……第东西夹处民居,犹未舒展,复与督抚周公,相度本署北偏褚氏废圃空地,别购旧屋,更市新材,聿命匠石,昕夕卒事。今得总织局前后二所,大门三间,验缎厅三间,机房一百九十六间,铺机四百五十张,绣缎房五间,局神祠七间,染作房五间,灶厨等房二十余间,四面围墙一百六十八丈,开沟一带,长四十一丈,厘然成局,灿然可观。"⑤ 织染局在明代洪武元年(1368)始建于天心桥东,崇祯元年(1628)停止织造,"局政坏,局事停,局工散,局舍亦倾圮,不复厘葺,沦为旷野矣。所存仅颓房几间,罄悬零落,衰草羊绵不堪,为马厮牧养之地,恶可铺设上用机张?"于是,"鸠工庀材,整理而增建之,……始得成机房七十六间,染房五间,厨房四间,厅房、局神堂祠、漉线池塘,悉举毕备。"顺治十年(1653),工部侍郎周天成"并管两局,再葺大堂三间,头门、仪门并库三间,机房二百十四间,围墙一百八十七丈,悉行整理,其中祠宇一新"。康熙二十年(1681),"广储司萨碧汉重葺"。以后二十二年(1883),"广储司祁国臣增建机房"⑥,遂具规模。

康熙时,定苏州局机张,"凡织造机张,上用缎机……苏州局四百二十张,……部机……苏州局三百八十张"⑦。

苏州局拥有字号、堂名、机张数,据《苏州织造局志》归纳如下:

织染局:

天字号,即东纻丝堂:机四十八张。

地字号,即西纻丝堂:机二十八张。

元字号,即纱堂:机四十八张。

黄字号,即横罗堂:机二十四张。

宇字号,即东后罗堂:机五十张。

宙字号,即西后罗堂:机二十五张。

洪字号:机一十八张。

荒字号:机一十八张。

日字号:机一十八张。

---

① 清·陈梦雷等辑,《古今图书集成·考工典·织工部》引《大清会典》,雍正四年排印本影印,巴蜀书社,1985年。
② 见光绪《大清会典事例》卷一一九〇《内务府·库藏》。
③ 见光绪《大清会典事例》卷一一九〇《内务府·库藏》。
④ 清·文壁等纂修,《总管内务府现行则例·广储司》卷二,北平故宫博物院文献馆校印,1927年。
⑤ 见孙珮,《苏州织造局志》卷三《官署》。
⑥ 见孙珮,《苏州织造局志》卷三《官署》。
⑦ 清·陈梦雷等辑,《古今图书集成·考工典·织工部》引《大清会典》,雍正四年排印本影印,巴蜀书社,1985年。

月字号:机一十八张。

盈字号:机一十八张。

昃字号:机一十八张。

辰字号:机一十六张。

宿字号:机十张。

列字号:机八张。

张字号:机二十一张。

寒字号:机一十四张。

来字号:机四张。

库字号,今改化成书院:机四张。

以上一十九号,共花素机400张,计匠1170名,设所官三员,高手等役领之。

总织局:

苏州堂:顺治三年(1646),佥报苏州绅袍巨室,充当机户。八年(1651),奉旨裁革,今堂名仍旧。

坎字号:机一十四张。

艮字号:机二十四张。

震字号:机二十四张。

巽字号:机二十四张。

离字号:机二十四张。

坤字号:机二十三张。

松江堂:顺治三年(1646),佥报松江绅袍巨室,充当机户。八年(1651),奉旨裁革,今堂名仍旧。

金字号:机二十九张。

石字号:机二十七张。

丝字号:机十张。

竹字号:机一十七张。

匏字号:机一十四张。

土字号:机一十七张。

革字号:机八张。

木字号:机十张。

常州堂:顺治三年(1646),佥报常州绅袍巨室,充当机户。八年(1651),奉旨裁革,今堂名仍旧。

仁字号:机一十八张。

义字号:机九张。

礼字号:机十张。

智字号:机八张。

信字号:机五张。

忠字号:机一十二张。

良字号:机十张。

乾字号：机三十张。

兑字号：机三十一张。

以上三堂 23 号，共花素机 400 张，计匠 1160 名，设所官三员，高手等役领之[①]。

根据这些资料可以看出，清代苏州织造局比明代时生产规模是大大发展了。明代苏州织造局只有六个堂，173 张织机，这时已增为 40 号，800 张织机。清代苏州织造局织机增多的原因，据《苏州织造局志》说："明初遣中官织造苏杭，……只供内府之用，赏给诸项，概隶之府，而局不与焉。故机不繁多，而匠亦甚少。我朝鼎兴，上自衮衣黼黻，下逮官府赉予，悉于是乎取之，机之不得不多，势使然耳。"[②]

苏州局机多，匠役亦多，清王朝在"江南苏州府差织造一人，司库一人，笔帖式二人，库使二人"[③] 管理全局事务。织染局局役共 140 名，每月共该给口粮 77 石 2 斗，机匠 1170 名，每月共该给粮 468 石。总织局局役共 132 名，每月共该给口粮 71 石 4 斗，机匠共 1160 名，每月共该给粮 464 石[④]。

苏州局各项匠(人)役详见下表[⑤]：

匠(人)名称	织染局	总织局
匠(人)役合计	一三一〇名	一二九二名
所官	三名	三名
总高手	一名	一名
高手	一二名	一二名
管工	一二名	一二名
管经纬	六名	六名
管圆经(金)	二名	二名
管扁金	二名	二名
管色绒	二名	二名
管段数	六名	六名
管花本	一名	一名
催　料	六名	八名
拣绣匠	八名	六名
挑花匠	一四名	六名
倒花匠	一五名	一〇名
折段匠	五名	六名
结综匠	六名	——
烘焙匠	——	八名
画匠	一名	一名
看堂小甲	二二名	二四名
看局小甲	六名	六名
防局巡兵	一〇名	一〇名

① 见孙珮《苏州织造局志》卷三《机张》。

② 见孙珮《苏州织造局志》卷四《机张》。

③ 见道光《苏州府志》卷一七。

④ 见孙珮《苏州织造局志》卷六《口粮》。

⑤ 见孙珮《苏州织造局志》卷一〇《人役》。

续表

匠(人)名称	织染局	总织局
花素机匠	一一七〇名	一一六〇名
每月共给食粮	五四〇·二石	五三五·四石

到乾隆时，苏州织造局"现设机六百六十三张，机匠一千九百三十二名。……苏州挑花、拣绣所管高手等近二百四十三名。"①

苏州局主要织造"龙衣、采布、锦缎、绢布、棉甲及采买金丝织绒之属。岁由内府拟定色样及应用之数，奏行织造。""凡岁用缣帛纱縠，由织造官市丝，民间织染输部，部移缎库受之。其上供御服者，则输于内府。"②

清代官府纺织手工业的生产规模确实是很大的。房舍动辄数百间，每一处设有各种类型的织机600张，多时至800张，2000多名的机匠，另外还有各种技艺高手匠200多人以至700多人，这些工匠中又有各种专门化的分工。这较之明代时"向来机设散处民居，无监督典事之人，率以浇薄赝货塞责报命，上积驰而下积玩，织染之流弊，浸淫已极，皆由无总织局以汇集群工"③ 的情况，清代的官府织造手工业无论在体制和规模上都比明代发展了。应当指出，虽然清代官府织造手工业具有很大规模，但官府丝织业在当时整个丝织业中所占的比重，还是很小的。它的每年生产量虽也很大，但与当时全国丝织业生产量比起来，也就必然是少的了。

清初设置江南织造为着控制民间纺织业的发展，官府织造业凭借它的封建特权，通过政治手段对民间纺织业加以各种奴役的限制和控制。如限制机张，课以重税，控制机户，低价派织以及其他封建义务的履行，都对江南民间纺织业的发展发生了摧残、破坏和阻滞的作用。

清廷为控制民间丝织业的发展，曾在"抑兼并"的借口下，加以种种限制。规定"机户不得逾百张，张纳税五十金，织造批准注册给文凭，然后敢织"④。而事实上获得批准常常是要付出巨大的贿赂作代价，这种严格的限制和苛重的税金，实际上起着阻碍限制民间丝织业发展的作用。康熙时，曹寅任织造，机户联合起来行使了大量的贿赂，请求曹寅转奏康熙，才免除了这种限制的"额税"，江南丝织业才得到进一步发展。

清廷并以政治权力强制机户为其负担徭役劳动。顺治三年(1646)初设苏杭织造时，即"佥报苏、松、常三府巨室，充当机户"⑤。一时江南城乡大扰，顺治间刑部都给事中袁懋功奏言："江南浙江等处，巧立机户名色佥报富家承充，胥役百端科索，民多破产求脱……"⑥ 明朝遗老叶绍袁攻讦说："清朝织造一事，为吾苏富家之害甚大。我明虽有织造，然上供无几，机户皆隶籍于局者，未尝概及平民。近设南北二局，北局以满洲大人主之，南局以工部侍郎督之，恣拿乡绅及富室充当机户，上户派机八只，以次而降，下下派一只。大抵发给官价，仅及其半，机户赔补其半。刻期定限，雇机匠织成异品金彩龙凤蟒缎，解往燕京，以供宫中诸侯属服用。凡任机

① 见光绪《大清会典事例》卷一一九〇《内务府·库藏》。
② 见道光《苏州府志》卷一七。
③ 见孙珮《苏州织造局志》卷三《官署》。
④ 见光绪《续纂江宁府志》卷一五。
⑤ 见孙珮《苏州织造局志》卷一《沿革》。
⑥ 见《清世祖实录》卷五四。

一只，每年约价百二十金，而进局诸费及节序供馈在外，真无穷之壑也。"① 可见新兴王朝对机户封建剥削的深重。顺治八年(1651)，清王朝在内外反对下才下令禁革机户(指佥派富室充当机户)，买丝募机造办，总织局、织染局花素机题定800张。康熙六年(1667)，因缺机170张，"行头王斗山倡均机之议，初议民机二十张，均当官机一张。后因贿脱者多，仅以民机九张，均当一张。"一时间"遍处搜括，科敛津贴，借端勒索，假公济私，城乡大扰"。直至康熙十二年(1673)，巡抚都御史马祐"访闻斗山等恶，檄府正法，革去行头名色，驱逐出境，勒石长洲县花桥东塊，永禁均机津贴，机民始宁"②。

官府织造还以放债来盘剥机户，"机户以织作输官，时或不足，至负官债，而补苴无术者。"③ 于是"吴中豪恶，假冒局势，乘人窘迫，重利盘放，利上加利，连岁不清。银钱告竭，家产继之，家产罄尽，妻孥继之，肆行酷炙，莫敢谁何"④。

官府织造还直接控制着一部分机户，如苏州局"旧例凡有特用袍服，拣选殷实机匠造办，贫匠概不论值"⑤。康熙五十一年(1712)，巡抚郎廷极奏请以曹寅之子曹颙仍为织造折中说："今有……机户经纪王聘等、经纬行车户项子宁等、缎纱等项匠役蒋子宁等、丝行王楷如等、机户张恭生等……纷纷在奴才公馆环绕具呈，称颂曹寅善政多端，吁恳题请曹寅之子曹颙，仍为织造。"⑥ 这些机户、匠役等显然是官府织造直接或间接控制的。

此外，它还常以"采买"、"采办"等封建政治权力掠夺民间纺织业，低价派织，所给工价常低于成本。如清代官府每年需用巨额的棉织品，但没有专门设立官府的棉织工业，因此每年由苏州织造兼管采买。康熙五十四年(1715)，苏州织造李煦奏称："盖奴才办布，先将钱粮给散机户，或遇年岁荒歉，棉花失收，则花价腾贵，机户不能赔垫，每每借次年之钱粮，办本年之布匹。……及至康熙四十四年(公元1705)，……户部题请停办，于是次年钱粮不复再发，而各机户不得挪新掩旧，遂至手足无措，且逃亡事故相继而起。"⑦ 可见"采买"一项对民间纺织业剥削之严重。

至于织造、所官、库使等克扣工匠口粮、工银、丝料，及采买原料，解运绸缎，冒销蒙混弊窦极多。以后，贪污风行，呈报皇室支价的机数虽然仍旧，而实存的尚不及半数。朝廷对实际并不存在的织机所支付的工价银，则全部落入织造官吏的私囊。所以，清代称"织造"是很有名的官衔，为一少有的肥缺，被委任的多半是朝廷有意施惠的旗人。

第三节 纺织、印染工艺技术的创新进步

(一)商周至战国时期

《管子》中有一段记载殷代初年的商业交换情况说："昔者桀之时，女乐三万人，端噪晨

---

① 明·叶绍袁，《启祯纪闻录》卷七，痛史本第二函。

② 见孙珮《苏州织造局志》卷四《机张》，卷一〇《人役》。

③ 见乾隆《重修元和县志》卷一〇。

④ 见孙珮《苏州织造局志》卷一二《杂记》。

⑤ 见孙珮《苏州织造局志》卷七《段匹》。

⑥ 故宫博物院文献馆编辑，文献丛编，第一二辑，景山西大高殿发行，1922年。

⑦ 李煦，《采办布匹亏欠缘由并请仍派采办折》(康熙五十四年六月十五日)，见故宫博物馆明清档案部编《李煦奏折》，中华书局，1976年。

乐，闻于三衢，是无不服文采衣裳者。伊尹以薄（与亳通）之游女工文绣，纂组一屯，得粟百钟于桀之国。”[①] 说殷初曾以女工制作之文绣绸绢，当作商品出卖，换得夏桀大量的谷物粮食。绣是用已经织成的丝织品，把针穿上彩色丝线，在丝织品上绣出花纹图案，可见殷初已有文绣绸绢。

商代末年，商纣滥用浪费锦绣绫纨到了惊人程度。《帝王世纪》说：纣“多发美女，以充倾宫之室，妇女衣绫纨者三百余人”。《说苑·反质》引墨子对禽滑厘说：“纣为鹿台糟丘，酒池肉林，宫墙文画，雕琢刻镂，锦绣被堂，金玉珍玮，妇女优倡，钟鼓管弦，流漫不禁，而天下愈竭。故卒身死国亡，为天下戮，非惟锦绣絺纻之用耶？”武王伐纣时，古史上有名的牧野之战爆发，商朝的奴隶军队不战倒戈投降，周师顺利进占朝歌，纣王焚死在鹿台。《汲冢周书·世俘解》说：“商王纣取天智玉琰缝身自焚。”《史记·殷本纪》也说：“纣衣其宝玉，赴火而死。”上述材料说明，殷王贵族们的衣服，不仅刺绣彩绘，而且还将宝玉等物用来装饰，所谓“金玉其衣”，这完全是可能的事。

绮是周代丝织品的主要品种之一，产量较多。陕西宝鸡市发掘西周奴隶主贵族㢠伯墓两个墓室和他的妻井姬墓内，发现一些保留在铜器和周围泥土上的丝织物及刺绣印痕[②]。最使人注意的是发现了用提花的机具织出的斜纹提花织物，它的花纹是提花简单菱形图案。它的组织显示了古代绮的面貌，使我们了解到周代生产的绮，地帛和花纹都是斜纹的提花织物。

锦是染丝而织成文章的织物[③]。它的起源，应早于西周。《诗经·小雅·巷伯》：“萋兮斐兮，成是贝锦。”《毛传》：“贝锦，锦文也。”《郑笺》：“……犹女工之集采色以成锦文。”这是文献上“锦”名的初次发现。以后在《诗经》里，“锦衣”[④]、“锦衾”[⑤]、“衣锦”[⑥] 这样的记载可以找到很多。《穆天子传》中有“盛姬之丧，天子使嬖人赠用文锦”，可见锦在当时已不是什么罕见的织物。

刺绣在周代已经比较发达，当时称为“黹”。《周礼·春官·司服》所载周王的冕服，有“祭社稷五祀，则希冕”。据郑玄注：希即黹，是刺绣的服饰。陕西宝鸡市西周㢠伯妾倪墓泥土中，发现较明显的刺绣印痕，运用辫子股绣的针法，绣出图案花纹，主要用单线条勾勒轮廓，个别部分为加强饰纹效果，运用了双线条。线条舒卷自如，针脚相当均匀整齐，说明当时刺绣技巧是很娴熟的[⑦]。（图 2-6）

图 2-6　辫子股刺绣印痕（西周）

我国是世界公认的最早掌握染料染色技术的国家。现在我们所用的有色纺织品，都是用合成染料染色的，但世界上发明合成染料，迄今还只有一百几十年的历史。在这以前，不论是东方还是西方，织物的染色主要是采用植物性染

① 见《管子·轻重篇》第八十。
② 刘柏茂，我国西周丝织品的生产技术，中国纺织科技史资料，第 2 集。
③ 汉·史游，《急就篇》注：“织采为文也。”古逸丛书本。
④ 《诗经·秦风·终南》，引自金启华译注《诗经全译》，江苏古籍出版社，1984 年。
⑤ 《诗经·唐风·葛生》，引自金启华译注《诗经全译》，江苏古籍出版社，1984 年。
⑥ 《诗经·郑风·丰》、《诗经·卫风·硕人》，引自金启华译注《诗经全译》，江苏古籍出版社，1984 年。
⑦ 李也贞等。有关西周丝织和刺绣的重要发现，文物，1976(4)。

料,茜素,靛青是植物性染料中最重要的品种,而我国就是最早应用这两种染料的国家。

关于这一点,有十分可靠的文字记载:“终朝采绿,不盈一掬;……终朝采蓝,不盈一襜。”① 这里说的“绿”,据朱熹解释是指“王刍”,“王刍”一名“荩”,是禾木科越年生植物,有黄色汁液,可以提炼染料。“蓝”,属蓼科,其叶可以提炼靛青染料。靛青是一种质量很好的染料,而且比较容易提炼,在应用合成染料以前,植物靛青一直是我国染色业应用最普遍的一个染料品种。从这首诗里,显然可见《采绿》的主人公,是正在进行采集染料的生产活动。《诗经》别一首诗里记载了另一重要染料——茜素:“……东门之墠,茹藘在阪;……”②

据朱熹注:“茹藘,茅蒐也,一名茜,可以染绛。”从茜草根提炼得到的茜素,可以染红色,其重要性不亚于靛青。《采绿》与《东门之墠》这两首诗,可以说是世界上有关染料生产的最早的文字记载。

从《诗经》里,我们不仅可以看到染料生产的情况,还可以从有关篇章里看到染色生产的制成品的情况,如:

绿兮衣兮,绿衣黄里③。
八月载绩,载玄载黄;我朱孔阳,为公子裳④。
出其闉阇,有女如荼;……缟衣茹藘,聊可与娱⑤。

这里所描绘的纺织品,就有绿、黄、玄、朱、绛(茹藘)等颜色。在色谱中红、蓝、黄是基本色素,有了这几种颜色,就可以千变万化地调配出各种各样的色调来。《诗经》的这些记载证实了早在两千年前,我国就已经掌握了染色技术。

据《嘉泰会稽志》载:“縠首见于越国”,可见,“縠”是越国首先生产。相传春秋时,诸暨苎罗村的西施曾在浣渚浣纱,“纱”也是一种由缫丝织成,轻而疏的丝织品。《春秋·左氏传》中,这时关于锦名也不鲜见,如“归锦”(闵公二年)、“馈锦”(襄公二十六年)、“制锦”(襄公三十一年)、“反锦”(昭公十三年)、“示锦”(昭公二十六年)、“束锦”(哀公十二年)等辞,这时的锦应是有更多的织造。《国语》:“齐桓公曰:昔吾先君襄公,陈妾数百,食必良肉,衣必文绣。”《说苑》:“晋平公使叔向聘吴,吴人饰舟以送,左百人,右百人,有绣衣而豹裘者,有锦衣而狐裘者。归以告平公,平公曰:吴其亡乎?”从这些记载看,可知当时锦绣已在贵族中大量服用了。但究竟是产量还不太大,只能是奴隶主贵族的独占品,就是贵族中也有认为它是奢侈品和亡国的象征。《礼记》有“锦文珠玉成器不粥于市”,说明锦由于珍贵而量少,再加上等级观念,所以它就不能作为交换商品在市场上出现。虽然如此,这种工艺品的织造技术无疑是很高的了。

1957年在长沙左家塘战国墓中出土一批质地保存较好,颜色仍然鲜艳的丝织物,其中除平纹的棕色绢、黄色绢、褐绢和藕色纱手帕外,更多的是组织结构和饰纹复杂的锦,有深棕色红黄色菱纹锦、褐地矩纹锦、褐地红黄矩纹锦、朱条暗花对龙对凤纹锦、褐地双色方格纹绵、褐地

① 《诗经·小雅·采绿》。
② 《诗经·郑风·东门之墠》。
③ 《诗经·邶风·绿衣》。
④ 《诗经·豳风·七月》。
⑤ 《诗经·郑风·出其东门》。

几何填花燕纹锦①。当时织物的种类有锦、绢、绸、纱、罗、纨、绮、缟等，织法不但能织细密平纹，而且能织斜纹，能提花；不但能织单色菱纹，而且能织复色菱纹，能绣花。这种织造、针黹的娴熟技巧充分证明了战国时代丝织物的品质已有很大的提高。从复色菱纹和龙凤花鸟纹及绢上绣花的发现，更可以进一步证明当时已有锦绣制品的存在。

1953年长沙仰天湖战国墓葬中出土一部分丝织物，虽然年久腐朽，与泥土相混，看不出原物的形状，但是经纬纤细，文理清楚，颜色未褪，是一批制作精美的织物。同墓出土42支竹简，竹简上都是写的各种器物名称，其中大部分是衣衾锦绣之属，还有少数的铜、铁、竹、木器具。这批竹简叫做"遣册"，就是生人赠送死者的物品清单。从这批竹简中，可以看出当时许多织物名称，如："浓"(厚衣)、"缇衣"(短衣)、"䍁纯"(带穗的织物)、"阿缟"(细软薄缯)、"綧"(春服)、"锦"、"綧布"(狭面的布)、"罗"(纱罗)、"锦纯"(织锦的纯丝织物)、"绥"(冠缨一类的丝带)、"绘綁"(苍艾色的帛)、"青绚细组"(丝麻织成的绚，密针细缝缀珠玉为饰)、"移䍁之缪"(有穗带的麻布衣服)、"纠锦"(锦名)、"缋缍大䍁"(黄里大穗的丝衣)、"绿缍锦纯"(绿色衣里的锦绣衣裳)、"绘大褋"(在衣上绘上花纹图案)、"锦组之绥"(缨组一类的丝带)、"纺衣"(缟绢类的衣服)、"缲缟"(较硬的薄缯丝衣)、"红缦"(红色的无文缯帛)、"缦缘"(素缯的沿花边衣服)、"绥组之裴"(有组穗的长衣)、"芏缍"(土黄色丝织物)、"墿布"(光亮的丝绣)、"结衣"(头巾)、"紩"(袷衣)等②。其中有丝织物，也有麻织物，有的表示形状，有的说明颜色，其中不少名称，我们还是第一次看到。

1982年湖北江陵马山出土的战国时期大量精美丝织物，其中有锦、罗、纱、绢、组绦等③，这些丝织物的华丽、精细程度与长沙西汉墓出土的丝织物相比，实有过之无不及。锦的花纹包括几何纹、菱纹、S纹、六边形纹等。几何纹中间饰以龙凤、麒麟等动物，此外还有舞人图案。锦有朱红、暗红、黄、深棕、浅棕、褐等色彩，古朴而华丽。同时出土的刺绣，有绣衾、绣衣、绣袍、绣裤及夹袱，几件衣服的边缘也是由刺绣品制成，刺绣花纹有龙、凤、虎、三头鸟以及草叶、枝蔓、花朵和几何纹等，针法主要为辫绣，局部间以平绣，构图奇特、生动，给人以富丽神奇之感。它反映了两千多年前工艺家卓越的意匠和高超的技术，是我国古代丝织品的珍贵遗存。

长沙五里牌406号战国墓葬中，发现白色麻布残片，经鉴定结果："此织物的原料……为苎麻纤维，此织物的构成为平纹组织。其经纬密度，经纱每10厘米280根；纬纱每10厘米240根，与现在棉布(龙头细布每10厘米经254、纬248)比较要紧密3.4%。由此可知在三千年前，我国即有麻织物，由其织物之精细而论，可以知道我国古代纺织技术之高超。"④ 这种评价，对我国细麻织物来说并不为过誉。《礼记·王制篇》说："布帛精粗不中数，幅广狭不中量，不粥于市。"《郑注》："数，升数多少。"《孔疏》："布帛精粗者若朝服之布十五升。……广狭者布广二尺二寸。"周布幅二尺二寸，约合今44厘米。在布幅44厘米宽度中，经线多者则麻缕精而布密，经数少者则麻缕粗而布疏。古俗以麻缕80根为一升，15升就是1200缕，有44厘米宽度中含经线1200缕，每厘米中就有经线27根强，和长沙所出麻布经线数略合。绩麻细到这样，布的精密程度实在可观了。

---

① 熊传新，长沙新发现的战国丝织物，文物，1975(2)：49～58。

② 见史树青《长沙仰天湖出土楚简研究》。

③ 荆州地区博物馆，江陵马山一号楚墓，文物出版社，1985年。

④ 中国科学院考古研究所，长沙发掘报告，科学出版社，第63～65页。

长沙、江陵等地战国墓中纺织物的大量出现,证明了战国时纺织手工业不仅在我国北方发达,并且在我国南方也占有重要地位,在工艺上也达到了高度水平。当时各国的纺织手工业发展不平衡,有的多而精,有的少而粗。《战国策·齐策》中,田需对齐王说:“下宫(后宫)糅罗纨(细绢)、曳绮(有纹绢)縠(绉纱),而士不得以为缘(衣的滚边)。”可以看出齐国纺织手工业出品多而精,一国所产即可应贵族们穿着,丝织物在贵族宫廷里已成为不甚爱惜之物。

和纺织手工业密切关系的染练技术,当时也很有进步,已知道“练丝”和“练帛”,《周礼·考工记》载有㡛人专司其职。“湅丝以涚水,沤其丝七日,去地尺暴之。昼暴诸日,夜宿诸井,七日七夜,是谓水湅。湅帛以栏为灰,渥淳其帛,实诸泽器,淫之以蜃。清其灰而盝之,而挥之,而沃之,而盝之,而涂之,而宿之。明日沃而盝之。昼暴诸日,夜宿诸井,七日七夜,是谓水湅”。同时用各种染草把纺织物染成各种颜色,染草中采用最广的是蓝。染的方法也很讲究,为了染成各种颜色,有一染,再染,甚至六染、七染的。“三入为纁,五入为緅,七入为缁。”① 三次入染可成纁(浅绛色),五次入染可成緅(赤黑色),七次入染可成缁(黑色)。人们往往把丝染成各种颜色后,织成有文采的布帛。

(二)秦汉至南北朝时期

陕西咸阳窑店秦墓中曾在考古学上首次发现秦代锦、绢、绮等丝织物②。出土衣服可辨有单、夹、丝绵衣,编织带上的几何图案和动物花纹,生动活泼,新颖华丽,为研究秦代丝织业提供了重要实物资料。

汉代纺织品不仅产量大,而且纺织物花色品种也已十分丰富多样。拿丝织来说,在缯或帛的总称下,就有纨、绮、缣、绨、紬、缦、縻、素、练、绫、绢、縠、缟、紨、絓,以及锦、绣、纱、罗、缎等花色品种。据《说文》解释:纨为素缯,绮为文缯,缣为并丝缯,绨为厚缯,紬为大丝缯,缦为无文缯,縻为致(緻)缯,素为白致(緻)缯,练为练(练染)缯,绫为齐人称布帛细者之名,绢为缯如麦杆色(汉代多用黄绢),縠为细缚、文为白鲜色(作鲜美解),缟为鲜色,紨为白约缟,絓为粗绪。纱字《说文》未收,《周礼·天官·内司服》:“绿衣素沙(纱)。”《无专鼎》:“缟必(绯)彤沙(纱)。”③ 本是汉代以前的一种著名织品,在汉时尤为盛行,《汉书·江充传》有“充衣纱縠禅衣”,当是一种最轻薄、组织疏松的织品。1972 年长沙马王堆一号汉墓出土一件素纱禅衣(图 2-7),衣长 128 厘米,袖通长 190 厘米,重仅 49 克,还不到一市两。另一块纱料,幅宽 49 厘米,长 45 厘米,重仅 2.8 克,可以证明汉代纱质轻而细薄,犹如现今的尼龙纱④。罗字《说文》只解释本义,不属于系部,亦为丝织品中主要的成品。缎字《说文》也未收,张衡《四愁诗》“美人贻我锦绣缎,何以报之青玉案”,盖汉代后起之字。这些都

图 2-7　马王堆素纱禅衣(西汉)

---

① 见《周礼·考工记》,1935 年国学整理社出版,世界书局发行《十三经注疏本》。

② 秦都咸阳考古工作站,秦都咸阳第一号宫殿建筑遗址简报,文物,1976(11)。

③ 清·阮元,《积古斋钟鼎彝器款识》卷四,嘉庆九年刊本。

④ 上海纺织科学研究院等,长沙马王堆一号汉墓,文物出版社,1973 年。

是汉代缯帛重要名称，诸凡现今的一些主要丝织品种，在汉代基本上都已有了。

在临淄生产的高级丝织品中，并有冰纨、方空縠、吹絮纶等名色。“冰纨”形容织物鲜洁、纯白；“方空縠”形容其花纹方空；“吹絮纶”形容织物细致轻柔，这些都是汉代质量最精美的织物。

特别值得重视的是汉代出现了采锦，这是一种以彩色经线起花的彩色提花织物，不仅花纹生动，而且锦上织绣文字。从新疆民丰出土的汉锦，可以看出都是三层经线有夹纬的经畦纹织物①，三层经线的颜色一般都不相同，纬丝只有一色。汉锦显花是由经丝的不同颜色来表现的，织纹没有变化。凡是锦面现多种图案的，同一图案单位顺直幅排列；不同的图案单位则横幅相同。它们的配置是在牵经时就将显花的一层颜色经线按彩条相同的排列起来，通过彩色经线的上提或下压来显花。

在长沙马王堆一号汉墓出土的丝织品中，还发现几种起毛锦，从织物组织结构来看，大体可分为三重三枚经起绒锦和四重三枚经起绒锦。绒圈有的较短，有的有长有短，有的整齐，织成花纹不仅立体，而且具有层次分明的效果②。《玉海·急就篇》说“锦绣缦纯离云爵”，颜师古注“纯，谓之刺也”，《广韵》又说“绢帛纯起如刺也”，纯当是这种起绒圈的锦。这说明早在二千年前，我国人民就创造了起绒织物，并成为我国织锦的传统工艺技术。后来织造技术相当高的经起绒织物，如唐、宋时代的绒线毯，元、明期间的绒锦、漳绒、织金绒、天鹅绒等，都是沿袭了汉代初期经起绒组织的原理而发展来的。

《六书故》说：“织采为纹曰锦，织素为纹曰绮”。绮是一色素地起花的提花织物，也有称它为提花绢的。新疆民丰出土的汉绮为素地、起经畦纹图案织纹（素地起花），致密厚重，与汉锦相似。图案部分的经畦纹平滑有光泽，于素地上显得清晰、突出。由于绮是单层经线一色素地提花织物，在素地上显花的经畦纹，和多层经线夹纬的经畦纹织物（如锦）一样，在织造方法上较为复杂。

民丰出土的汉代丝织品中，还有一件纹罗，是绣花粉袋四周边缘上的镶饰（染成绛色的菱纹罗）。罗是在一种设有“纠经”的织机上织出的经纬组织显椒眼纹的织物，罗地不起花的称为“素罗”；起花纹（图案由另一种织纹表现）的称“纹罗”。菱纹罗为一种极其精细的高级单色提花织物，在椒眼纹的罗地上，起致密的“杯纹”菱形图案（由中间一个大的菱形和两边两个相等的小菱形套连组成），图案散布在罗地上，匀称美观。罗地织纹由于纠经组成，正反面织纹稍有差异，这种织物的织纹也比较复杂。

汉代丝织物品种花色如此多种多样，可见织造技术达到了纯熟的境地，是汉代纺织工艺空前提高的重要标志。

汉代丝织品的图案花纹，是我国古代工艺装饰图案灿烂的一页。史游《急就篇》描绘汉代丝织物花纹图案说：“锦绣缦纯离云爵，乘风县钟华洞东，豹首落莫兔双鹤，春草鸡翘凫翁濯。”又《急就篇》东汉人增附两章，第一章首句：“齐国给献素缯帛，飞龙凤凰相追逐。”综合颜师古注来解释，知道汉代丝织品花样繁多，有龙、凤、孔雀、豹首、双兔、双鹤等象形图案，又有云气华藻美丽生动的图案。《西京杂记》卷三有“尉陀献高祖鲛鱼、荔支，高祖报以蒲桃锦四匹”。又同书卷一记载：“霍光妻遗淳于衍蒲桃锦二十四匹，散花绫二十五匹。”蒲桃（葡萄）其时初传入中国，就被引作锦绣的最新图案。《世界美术全集》卷七、35 页中国部分，罗列西汉丝织品图案甚多，

① 新疆维吾尔自治区博物馆，新疆民丰县北大沙漠中古遗址墓葬区东汉合葬墓清理简报，文物，1960(6)。

② 上海纺织研究院等，长沙马王堆一号汉墓，文物出版社，1973 年。

如阳高秋婴墓中出土的菱纹绢等。1924年所发现的诺颜乌兰的匈奴王古墓遗物,除漆器(西汉建平五年)外,墓中织物有绢布上面绣有彩色的山云、鸟兽、神仙、灵芝、鱼龙等物,在流云神仙中间,并绣有“新神灵广成寿万年”吉祥语①。蒙古人民共和国通瓦拉古墓出土汉代丝织品中,除各种花纹外,有“群鹄”、“交龙”、“登高”等字样,还有“运昌万岁宜子孙”等吉祥语文字。斯坦因在我国盗窃文物时,在新疆古楼兰地区掠去许多丝织物,有云气纹、龙纹,并分别绣有“韩仁绣”、“延年益寿”、“长乐光明”等吉祥文字,与诺颜乌兰匈奴王古墓所出“新神灵广成寿万年”字体一样,可能同为西汉末期作品。朝鲜乐浪王盱墓中也出菱形纹绢残片,是东汉建武、永平时产物。河北怀安汉五鹿充墓出土汉绣残片,有飘渺的风云,翱翔的凤鸟,奔驰的猛兽,层叠的群山,狩猎和供养的人物以及秦汉铜镜上常见的带状花边。长沙西汉墓出土的丝织品,纹样有各种动物,云纹、卷草、变形云纹以及菱形几何纹等。新疆民丰地区尼雅遗址古墓葬区出土的大批东汉时织锦、织绮,花纹作茱萸纹、云纹、鸟兽纹、菱纹、葡萄纹等②。

总之,汉代丝织物花纹图案,内容多为祥禽瑞兽,吉祥图形,几何图案等。如鸟兽葡萄纹绵(新疆民丰出土)以角鹿、鸾鸟、辟邪、瑞兽等动物为主题,穿插着成串有叶的葡萄组成图案单位。图案中还往往夹织隶书吉祥语,有“延年益寿大宜子孙”、“万事如意”(图2-8)、“登高明望四海”、“长乐明光”、“万年益寿”、“万岁宜子孙”。有的还织有工匠的名字如“韩仁绣”(图2-9)。有的织有花纹的名称如“群鹄”、“交龙”、“登高”等。文字和图案构图协调,如“延年益寿大宜子孙”锦(新疆民丰出土),锦面满布祥禽瑞兽,有奇形怪状的辟邪,有纠纠昂首的雄鸡,有鸭子,有老鼠。汉代丝织物图案花纹都按横幅相间隔排列成直条,除结构严谨的几何图案外,图案中的鸟兽或直立,或作奔驰姿态,形态十分生动活泼。花纹都富于变化,又有一定之规律,看来似行云流动,其实是井然有序。汉代丝织物组织复杂,花纹奇丽,证明当时我国人民已掌握了先进的纺织技术。

图2-8 “万事如意”锦袍(东汉)

① 见《世界美术全集》卷七,第36页,62~64页。

② 李仁溥,中国古代纺织史稿,岳麓书社,1983年,第50~51页。

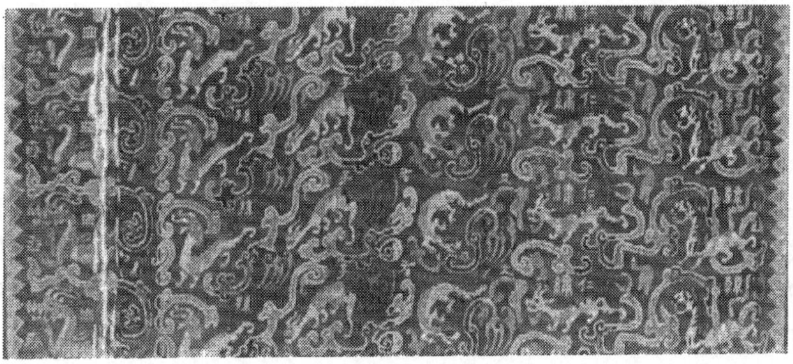

图 2-9 红地“韩仁绣”彩锦(东汉)

在麻织物方面,汉代的布以麻、葛为代表,也有緆、絺、绤、绉、纻、绘、缌、绀等许多品种。据《说文》解释:緆为细麻,絺为细葛,绤为粗葛,绉为絺之细者,纻为檾属粗者,绘为细布,缌为细疏布,绀为粗䌷布。汉代布的类别,有七稯、八稯、九稯、十稯等对织物组织规格的科学分类。文献记载和出土汉简发现有七稯布;《史记·景帝纪》:“后元二年令徒隶衣七稯布”。有八稯布,《居延汉简释文》卷二,二页有简文:“广汉八稯布十九匹八寸大半寸,直四千三百廿。”有九稯布,《居延汉简释文》卷一,八十二页有简文:“九稯布三匹直三百。”有十稯布,《汉书·王莽传》:“一月之禄,十稯布二匹。”汉制每稯(总)含纱八十根,如十稯布即为八百根纱。如此看来,七、八稯布较粗疏,九、十稯布则较细密,质量也是很好的,特别是一些名产地(吴、越)的产品,质量上甚至可以和丝织的罗、绮相仿。

毛织品在秦汉以前,我国就有褐毡。汉代把毛织成或赶成毡褥,铺在地上,叫做氍毹,或称毛席,是地毯的正式开端。还有一种毾㲪,毾㲪是氍毹之细者,语音由波斯语 Taftan 译来,意义为纺织。这显然是受北方匈奴民族、西方波斯民族的影响,或甚至是输入这类毡毯的。

练染工艺在汉代极为发达并具有高度艺术水平。丝织品练染颜色,以《说文》记载最为具体,次则是《急就篇》。当时染丝的文字,据《说文》解释:绿为帛青黄色,缥为帛青白色,缙为帛青经缥纬,絑为纯赤色,纁为浅绛色,绌为绛色,绛为大赤色,缙为帛赤色,綪为赤缯,缇为帛丹黄色,䌰为帛赤黄色,紫为帛青赤色,红为帛赤白色,缌为帛青色,绀为帛深青而杨赤色,綥为帛苍艾色,缲为帛如绀色,缁为黑色,纔为帛雀头色,缐为帛骓色,繻为缯采色。以上所述,五色俱备,又有用二色或三色调和而变化出来的多种颜色。另《说文》解释绣字为五彩备也,绘字为五彩绣也,是刺绣所用染色丝的总义。缯帛有一染、再染加深加固颜色的,《说文》䌰字“一染谓之䌰,再染谓之䞓,三染谓之纁。”以字义推断,是由黄色变为绛色,染的次数愈多,则颜色愈深,愈能耐久。许慎所引,为《尔雅·释器》的文字,这也可以证明汉代染色加工,仍沿用这种方法。

当时用的染料,为紫草、栎斗、青芦、蓝靛、黄栀子、五倍子等几种容易种植和采集的植物的根、叶、子实,以及绿矾、硃砂等天然矿物。染料的原料今可考者,《周礼·地官》掌染草,郑注:“染草,蓝倩(茜)、象斗之属。”贾疏:“蓝以染青,倩以染赤,象斗以染黑。”《说文》:“蓝染青草”、“莀草可以染留黄”、“茜草(一名茅蒐草,今人又称紫草)可以染绛”、“綪色以茜染故谓之綪”。又任昉《述异记》卷下有“葽园在定陵”,引《汉官仪》曰:“葽园供绿綟绶,小蓝曰葽,音稷。”又《史记·货殖列传》:“千亩卮茜,千亩姜韭,其人皆与千户侯等。”徐广注:“茜一名红蓝,其花染缯赤黄也。”对于卮字,注家没有确解,想即栀字省文,栀子可用为黄色的染料,所以茜卮并称。可见汉代染料,以蓝、芦、栀、茜为大宗,而茜草用途尤广。

经过练染加工的织物,颜色鲜丽多彩,五色缤纷。《急就篇》文中说:"春草鸡翘凫翁濯,郁金半见湘白勬,缥綟绿纨皂紫硟,烝栗绢绀缥红燃,青绮绫縠靡润鲜,绨络缣练素帛蝉。"形容有像春草初生的纤细,有像鸡尾的曲垂,有像水鸭头上的羽毛在春波中荡漾起伏,黄色比于烝栗郁金,轻薄比于蝉翼。经过了 2000 多年的时间,从地下发掘出来的长沙马王堆汉代锦绣,图案色泽仍然鲜艳如新,光彩动人。据粗略统计,现存色象有浸染色象 29 种,涂染色象 7 种,共 36 种。其中以绛紫、烟色、香色、墨绿、蓝黑和朱红等色,染得最为深透、均匀,据鉴定是通过多次套染和媒染相结合染成的。特别值得注意的是一件朱红色菱纹罗丝绵袍,经分析证实,朱红染料的主要成分是硃砂。朱红色染料的颗粒虽大,但染得匀透,遮覆良好,罗孔清晰,反映出两千多年前,我国染色技术无论是运用植物性染料或者是矿物性染料方面,都取得了高度成就①。

长沙马王堆一号西汉墓中出土的灰色细麻布、白色细麻布和粗麻布,俱质地细密柔软,白色细麻布洁白如练,灰色细麻布灰浆涂布均匀,布面经过碾轧,平而有光泽。这些麻布的色泽和牢度,均和新细麻布一样,由此可见当时对于麻的脱胶、漂白、浆碾以及防腐等加工技术,都达到了很高的水平。

三国时,蜀锦以精丽著称,左思《蜀都赋》赞美蜀锦"贝锦斐成,濯色江波"。《文选》李善注引谯周《益州志》说:"成都织锦既成,濯于江水。其文理分明,胜于初成。他水濯之,不如江水。"吴地诸暨、永安(武康)等地生产高级的"御丝",丝织物的花纹繁多,吴王赵夫人能织作龙凤和五岳列国地形锦,也可说明这种工艺的盛况。

南朝纺织手工业发展迅速,宋武帝时"广州尝献入筒细布一端八丈,帝恶其精丽劳人,即付有司弹太守,以布还之,并制岭南禁作此布"②。精细的麻布竟可以织得不让罗縠。染时嵌镶金薄的罗,已织得十分精美。在《吴越钱氏志》里还提到织文图案,有"天、人、鬼、神、龙、象、宫殿之属,穷极巧妙,不可言状。"北朝的后赵石虎都邺(河北临漳)城,邺锦在当时和南中国的蜀锦一样特别有名,其锦名目极多,据《邺中记》说:"锦有大登高、小登高、大明光、小明光、大博山、小博山、大茱萸、小茱萸、大交龙、小交龙、蒲桃文锦、斑纹锦、凤凰朱雀锦、稻文锦、桃核纹锦、或青绨、或白绨、或黄绨、或绿绨、或紫绨、或蜀绨,工巧百数,不可尽名。"随后建立的前秦,丝织也颇有声名。苻坚时代(357~394),秦州刺史窦滔妻作回纹锦很著名,可以说明这时的工艺技巧是如何的高了。《北齐书·李元忠传》载:北齐李元忠"曾贡世宗蒲桃酒一盘,世宗报以百练缣"。蒲桃酒在当时是珍品,百练缣当然也是很名贵了。《北齐书·祖珽传》载:祖珽"出山东大文绫并连珠孔雀罗等百余匹,令诸妪掷樗蒲赌之,以为戏乐"。可见丝织物产量之多。

(三)隋唐时期

隋时,纺织工艺技术精良,《隋书·何稠传》载:"波斯尝献金绵锦袍,组织殊丽,上命稠为之,稠锦既成,逾所献者。"当时越州进贡的耀光绫,"绫纹突起,时有光彩",组织已经非常精巧,也并不亚于何稠仿制的波斯金绵锦。近年新疆吐鲁番阿斯塔那出土了一批隋代丝织品,有连珠花锦、连珠对孔雀贵字纹锦(图 2-10)、采条锦、棋间锦、连珠圈环团花绮、连珠套环菱纹绮等。

---

① 上海纺织科学研究院等,长沙马王堆一号汉墓,文物出版社,1973 年。

② 《南史·宋武帝纪》,中华书局,1975 年。

用连珠圈环、“贵”字作花纹图案，是隋代丝织的一大特色，反映出隋时织造工艺的成就。缬缬印花染法在隋代深受皇室喜爱，“大业中，炀帝制五色夹缬花罗裙，以赐宫人及百僚母妾”①。到唐代中叶以后，缬缬染法逐渐流行于全国。

唐代丝织日趋巧妙，“亳州出轻纱，举之若无，裁以为衣，真若烟霞”，非常名贵。“宣州以兔毛为褐，亚于锦绮，复有染丝织者尤妙，故时人以为兔褐，真不如假也。”② 宣州还出红线毯，“自贞元后，常贡之外，别进五色线毯及绫绮等物，与淮南、两浙相比”③。“贞元中，宣州进开样，加丝毯。”④

图 2-10 联珠对孔雀“贵”字纹锦复面

白居易《红线毯》诗咏：“红线毯，择茧缫丝清水煮，拣丝拣线红蓝染。染为红线红于花，织作披香殿上毯。披香殿广十余丈，线毯织成可殿铺。彩丝茸茸香拂拂，线软花虚不胜物，美人蹋上歌舞来，罗袜绣鞋随步没。太原毯涩毳缕硬，蜀都褥薄锦花冷。不如此毯温且柔，年年十月来宣州。宣州太守加样织，自谓为臣能竭力。百夫同担进宫中，线厚丝多卷不得。宣州太守知不知？一丈毯，千两丝。地不知寒人要暖，少夺人衣作地衣。”这种丝毯温而且柔，远在太原毛毯及蜀都锦褥之上。

越州在开元时贡品只有“交梭白绫”一种，但“自贞元以后，凡贡之外，别进异文吴绫及花鼓歇单纱、吴绫、吴朱纱等纤丽之物，凡数十种。”⑤ 尤其贞元中每年进贡的“缭绫”，是中唐以后，吴越地区一种最精细的高级新型丝织品，专供宫廷之用。白居易在新乐府《缭绫》中叙说了“缭绫”织纹之妙与织工之精：“缭绫缭绫何所似？不似罗绢与纨绮，应似天台山上明月前，四十五尺瀑布泉。中有文章又奇绝，地铺白烟花簇雪。织者何人衣者谁？越溪寒女汉宫姬。去年中使宣口敕，天上取样人间织。织为云外秋雁行，染作江南春水色。广裁衫袖长制裙，金斗熨波刀剪纹。异彩奇文相隐映，转侧看花花不定。昭阳舞人恩正深，春衣一对值千金。汗沾粉污不再着，曳土蹋泥无惜心。缭绫织成费功绩，莫比寻常缯与帛。丝细缫多女手疼，札札千声不盈尺。昭阳殿里歌舞人，若见织时应也惜。”元稹《阴山道》诗中也说：“越縠缭绫织一端，十匹素缣工未到。”亦可见缭绫之工细远胜他种缯帛。

杭嘉湖一带的丝绸业虽不及越州之盛，但也有较快的发展，如吴兴郡（湖州）的贡品除锦、绸外，已有御服乌眼绫和纤缟等名贵织品。杭州在开元后，不仅生产绯绫、白编绫、纹绫等，而且产有柿蒂花酒的绫，更有“红袖织绫夸柿蒂”的赞语。

中宗时安乐公主有少府合百鸟毛织的毛裙，“正看为一色，傍看为一色，在日影中又各为一

① 宋·马缟，《中华古今注》卷中，裙、衬裙条，百川学海本（甲集第一函）。
② 唐·李肇，《国史补》卷下，得月簃丛书本。
③ 唐·李吉甫，《元和郡县志》卷二八，武英殿聚珍版书本。
④ 见白居易《红线毯》自注。
⑤ 唐·李吉甫，《元和郡县志》二六，武英殿聚珍版书本。

色，百鸟之状，并见裙中。”① “又令尚方取百兽毛为鞯面，视之各见兽形。”② “安乐初出降武廷秀，蜀川献单丝碧罗笼裙，缕金如花鸟，细如丝发，鸟子大如黍米，眼鼻嘴甲俱成，明目者方见之。”③ 这些都说明唐时织工之精妙惊人。

唐代著名锦样，多出于唐初在益州作行台官的窦师纶。张彦远在他著名的《历代名画记》中说：“窦师纶，官益州大行台，兼检校修造。凡创瑞锦、宫绫，章彩奇丽，蜀人至今谓之‘陵阳公样’。太宗时，内库瑞锦、对雉、斗羊、翔凤、游鳞之状，创自师纶，至今传之。”窦师纶创设瑞锦、宫绫，有天马麒麟、花树对鹿、对雉、斗羊、翔凤、游鳞等10余种纹样。色彩华丽，到中唐以后百余年还流行。因窦师纶封爵“陵阳公”，当时人就称这种锦样作“陵阳公样”。锦样见于记载的，代宗大历中(766～779)下诏厉行节约，敕书有云：“所织大张锦、软锦、瑞锦、透背、大裥锦、竭凿锦、独窠、文长四尺幅独窠吴绫、独窠司马绫，……及常行文字绫锦、及花中蟠龙、对凤、麒麟、狮子、天马、辟邪、孔雀、仙鹤、芝草、万字、双胜，并宜禁断。”④ 浙西之可幅盘条缭绫有玄鹅、天马、掬豹、盘条等花样⑤。新疆吐鲁番阿斯塔那出土唐代织锦和织绮，纹样甚多，有几何瑞花锦、兽头纹锦、大吉锦、香地菱纹锦、规矩纹锦、对马纹锦、鸳鸯纹锦、大鹿纹锦、小团花纹锦、猪头纹锦、骑士纹锦、双鸟纹锦、龟背纹锦、鸾鸟纹锦、对鹿纹锦、瑞花遍地锦、鹊衔瑞花锦、瑞兽纹锦、(图2-11)、花树孔雀纹锦、棋局团花双鸟绮等⑥。由此可知，唐代花样，已甚繁缛。

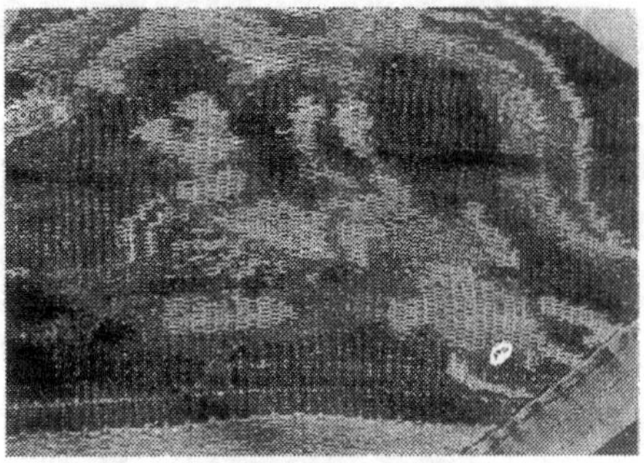

图2-11　蓝地瑞兽纹锦局部(唐)

当时锦织物上所见的花纹多是雁衔绶带、鹊衔瑞草、鹤衔方胜、盘龙、对凤、麒麟、天马、辟邪、孔雀、仙鹤、芝草、万字以及其他折枝散花等，大致和铜镜花纹同一风格。大小缠枝唐代已盛行，大缠枝最多用于佛披幛幔袈裟金襕之上。妇女歌衫舞裙多用散装遍地小缠枝、散朵花鸟蜂蝶，一般褥垫屏幛用的有方胜、平棋格子、大小宝照、盘条、樗蒲等花样。总之，唐代纺织品图案花纹布局均衡对称是唐代的擅长，朴质中显得斌媚。我们在唐代仕女画、三彩女俑以及敦煌壁画中的唐代人物服饰和建筑彩绘上，常常可以见到这类图案装饰⑦。

同时我们可以见到外来的花纹也融合于中国本来的装饰图案中，纺织物图案因之也更多样化。唐代锦样有珠圈内有相对成双的祥瑞鸟兽，如鸳鸯、衔绶鸾鸟、鹿、龙马等，是吸收外来波斯文化以怪兽头为母题的珠圈装饰影响的反映，但是就其全部纹饰内容和布局来看，却仍然显示出我国民族传统的工艺装饰特点。不仅许多禽兽象征吉祥，一直为我国人民所喜爱，即就珠圈本身来说，在我国汉代铜镜、瓦当上，甚至商代的青铜器上也可以找到它的历史传统渊源。

---

① 《旧唐书·五行志》，中华书局，1975年。

② 《旧唐书·五行志》，中华书局，1975年。

③ 《旧唐书·五行志》，中华书局，1975年。

④ 宋·王钦若等编，《册府元龟》卷五，中华书局影印本，1960年。

⑤ 《旧唐书·李德裕传》，中华书局，1975年。

⑥ 新疆维吾尔自治区博物馆，吐鲁番阿斯塔那——哈拉和卓古墓群清理简报，文物，1975(7)。

⑦ 见陕西省文物管理委员会编《陕西省出土唐俑选集》彩页二、图版一三八；敦煌文物研究所编《敦煌壁画唐代图案选》图一七、一九至二一。

缂丝创始于织造技术高度发展的隋唐时代，它是织物的经线已经织成后，用小梭织纬线的时候，把画稿中图案花纹的轮廓留出一线的距离来，再以彩色线缂在轮廓里，织成后表里一致，犹如刻镂而成。1973年新疆吐鲁番阿斯塔那206号唐墓，出土女舞俑的束腰带，发现是用缂丝织成的绦带，幅宽1厘米，被剪成9.5厘米长的一段。用草绿地、显大红、橘黄、土黄、海蓝、天青、白色、沉香等八彩织成四叶形图案，采用唐代建筑、壁画上常用的分段退晕方法，织出花纹色晕层次。织法是通经断纬，至少用彩色不同的八只小梭子在花纹的各个局部挖花织成[①]。

我国织锦在隋唐之际，从织纹到图案都有了重大的变革和发展，说明这时纺织手工业已进入一个灿烂的时代。

在纺织业的直接影响下，唐代印染业发展了汉代的印染加工技术，除缬缬外，还出现了缬缬、蒻缬等染色印花方法。缬缬是以两块木板雕刻同样花纹，将织物对折放入二板之中，然后就雕空处染色，故其花纹都对称。同时也可以多雕木板，着二三种色重染。据文献记载，"玄宗柳婕妤之妹擅长缬缬，"玄宗柳婕妤有才学，……婕妤妹适赵氏，性巧慧，因使工镂板为杂花象之，而为缬缬。因敕宫中依样制之。当时甚秘，日渐出，遍于天下，乃为至贱所服。"[②] 缬缬印花最实用，到唐代中叶以后，缬缬染法逐渐流行于全国。蒻缬就是蜡染，于帛上先作图样，后依样布以蜜蜡，浸入染料中，待蜡脱落，花样重现，再蒸而精制之。蜡染有用色三种以上者，单色染和复色染都得到了极大的成功，采用这种印花方法，可以得到特殊风格的产品，在现代尚有应用这种染色方法的。印染的花纹有团花、连枝和小蔟花数种。缬缬是用线来札束布帛成绺，染后放开自成花纹，缬缬多形成撮晕效果。新疆吐鲁番阿斯塔那304号墓(垂拱四年，公元688年)，出土的裙子就是用这种方法染成，绛紫、茄紫两色散点菱形网格花纹，花纹两色相同，十分美观，整个裙幅花纹上遗留的染缬时穿线的针眼还清晰可见[③]。五彩缬缬流行于盛唐，现在日本东大寺还保存有许多唐代五彩缬缬[④]，可以看出那时印染工艺之优美。新疆吐鲁番阿斯塔那发现的唐代丝织物，颜色鲜艳，花纹有蓝、宝蓝、大红、暗红、绿、湖绿、翠绿、茶绿、白、纯白、黄、正黄、金黄、淡黄、紫等色彩。同地出土的一件唐代吉庆如意荷包，大红绿地，两面用正黄、宝蓝、湖绿、浅绿和古铜色丝线绣成[⑤]。

(四)宋元时期

宋代织造大大发展了汉唐以来的丝织工艺技巧，发展了写生花、遍地锦纹，成为一种色彩更加复杂的工艺品。丝织品在花纹和色彩上可以说是富丽而繁多。董其昌所撰《筠清轩阏录》卷下说："宋之锦样，则有刻丝作楼阁者、刻丝作龙水者、刻丝作百花攒龙者、刻丝作龙凤者、紫金阶地者、紫大花者、五色簟文者(一名山和尚)、紫小滴珠方胜鸾鹊者、青绿簟文者(一名阇婆、一名蛇皮)、紫鸾鹊者(一等紫地紫鸾鹊、一等白地紫鸾鹊)、紫地花龙者、紫龟纹者、紫珠焰者、紫曲水者(一名落花流水)、紫阳荷花者、红霞云鸾者、黄霞云鸾者(一名绛霄)、青楼阁者(阁一作台)、青天落花者、紫滴珠龙团者、青樱桃者、皂方团白花者、褐方团白花者、方胜盘象者、球路

① 新疆维吾尔自治区博物馆、西北大学历史系考古专业，1973年吐鲁番阿斯塔那古墓群发掘简报，文物，1975(7)：8～26。

② 见王谠《唐语林》卷四贤媛条。

③ 武敏，新疆出土汉唐纺织品初探，文物，1962(7～8)。

④ 见《东瀛珠光》第一册。

⑤ 黄能馥主编，中国美术全集·印染织绣卷，文物出版社，1985年。

者、衲者、柿红龟背者、樗蒲者、宜男者、宝照者、龟莲者、天下乐者、练鹊者、方胜练鹊者、绶带者、瑞草者、八花晕者、银钩晕者、细红花盘雕者、翠色狮子者、盘球者、水藻戏鱼者、红遍地杂花者、红遍地翔鸾者、红遍地芙蓉者、红七宝金龙者、倒仙牡丹者、白蛇龟纹者、黄地碧牡丹方胜者、皂木者。”《绫引首及记》里则有：“碧鸾者、白鸾者、皂鸾者、皂大花者、碧花者、薑芽者、云鸾者、樗蒲者、大花者、杂花盘雕者、涛头水波纹者、仙纹者、重莲者、双雁者、方旗者、龟子者、方縠纹者、鸿鹕者、枣花者、叠胜者、辽国白毛者、金国回纹花者、高丽国白鸾者、花者”等等。其他如费著之《蜀锦谱》、陶宗仪之《辍耕录》、周密之《齐东野语》以及《宋史·服舆志》诸书中，所记锦的名色还有：八答晕、云雁、真红、大窠狮子、双窠云雁、宜男百花、青绿云雁、青绿瑞草云鹤、青绿如意牡丹、真红穿凤、真红雪花球、真红樱桃、真红水林檎、天马、聚八仙、宝照、灯笼、青红捻金等。

锦中加金以及衣服以金为饰的风气当时也大为流行。宋、金时期，新疆兄弟民族回鹘人即擅长织金工艺，并向中原地区介绍了这种织造技术。南宋初洪皓出使金国归后，撰《松漠纪闻》中记述：“回鹘，自唐末浸微，……土多瑟瑟珠玉，帛有兜罗锦、毛氈、绒锦、注丝、熟绫、斜褐……又善结金线相瑟瑟，为珥及中环。织熟锦、熟绫、注丝、线罗等物，又以五色线织成袍，名曰尅丝，甚华丽。又善捻金线，别作一等，背织花树，用粉缴，经岁则不佳。”

图 2-12 灵鹫球纹锦袍(宋)

宋代制度每年必按品级分送“臣缭袄子锦”，共计七等，颁赐所有高级官吏，各有一定花纹。如翠毛、宜男、云雁细锦、狮子、练雀、宝照、大花锦、宝照中等花锦，另有倒仙、球路、柿红龟背、琐子诸锦。当时官宦巨室穿着都是应时应景的花纹。“张贵妃又尝侍上元宴于端门，服所谓灯笼锦者”①。上元灯节时服灯笼锦，其他四时节日服用的花样也都具备，“靖康初，京师织帛及妇人首饰衣服，皆备四时，如节物则春旛、灯球、竞渡、艾虎、云月之类；花则桃、杏、荷花、菊花、梅花，皆并为一景，谓之‘一年景’”②。宋代朝廷主持茶马贸易的“茶马司”，还在四川特设锦坊，织造西北和西南少数民族喜爱的宜男百子、大缠枝青红被面锦、宝照锦、球路锦等作为茶马司交换的物资。新疆哈拉尔出土一件北宋时代织制的灵鹫双羊纹锦袍，袍上的灵鹫球羊纹样(图 2-12)，组织排列带有波斯图案风格，这是宋代东西文化交流影响的结果。

缂丝是我国丝织工艺中最受人珍爱的品种之一，宋代是历史上缂丝的鼎盛期，以定州(河北定县)生产的最为出名。“定州织刻丝，不用大机，以熟色丝，经于木挣上，随所欲作花草禽兽状。以小梭织纬时，先留其处，方以杂色线缀于经纬之上，合以成文，若不相连，承空视之，如雕镂之象，故名刻丝。如妇人一衣终岁可就，虽作百花，使不相类亦可，盖纬线非通梭所织也。”③《丝绣笔记》也有同样记述。宋王朝南迁临安，缂丝工艺大约也在此同一时期由北南移，在杭州、松江和苏州一带流传，逐渐得到发展和繁荣。北宋时代定州缂丝技巧与图案都保持了唐、

① 宋·邵伯温，《河南邵氏闻见录》卷二，涵芬楼铅印本。

② 宋·陆游，《老学庵笔记》卷二，民国十五年铅印本。

③ 宋·庄绰，《鸡肋编》卷上，琳琅密实丛书本。

五代以来的优秀传统，丝纹粗细杂用，纹样结构既对称而又富于变化。有名的作品保存到现在的也不少，如北宋著名作品缂丝紫天鹿（故宫博物院藏）、紫鸾鹊（辽宁省博物馆藏）和北京双塔寺出土的紫阳荷花（北京市文物工作队藏）。南宋缂丝技术大大向前迈进了一步，运用子母经的缂法，缂制特别工丽，丝纹匀细。这时开始以名人书画为粉本，尽量追求画家原作的笔意，缂出的山水、楼台、人物、花鸟，装璜成挂轴。南宋高宗时松江朱克柔是织锦和刻丝的名手，辽宁博物馆所藏他所作的山茶（图 2-13）、牡丹小幅两开，工细高雅，实可称为绝品。南宋另一刻丝名手沈子蕃的名作《梅鹊图》（故宫博物院藏，图 2-14），把原画的精神摹缂得逼真逼肖，堪称南宋缂丝中的代表作。

图 2-13　朱克柔缂丝山茶（南宋）

宋代刺绣工艺很发达，和缂丝一样，刺绣多以名人书画为粉本，其工力极高。“宋人之绣，针线细密，用绒止一二丝，用针如发细者为之。设色精妙，光彩射目。山水分远近之趣，楼阁得深邃之体，人物具瞻眺生动之情，花鸟极绰约嚵唼之态。佳者较画更胜，望之三趣悉备，十指春风，盖至此乎？”① 这说明了刺绣技术在当时已具有不凡的水平。宋代刺绣近年在新疆哈拉尔、苏州虎丘塔、北京双塔寺及山西等地均有出土。山西南宋墓出土的刺绣品花纹具有民间风味，纯朴生动，在抹胸、花边、枕头顶、包首、上衣、裙带上应用刺绣，反映南宋刺绣使用范围的扩大。同时出土的还有绣稿、丝线、针包，使我们得以了解宋代刺绣的部分绣作工序。从现在辽宁省博物馆所藏南宋刺绣《瑶台跨鹤图》、《海棠双鸟图》、《梅竹鹦鹉图》、《金刚经册》来看，其技巧之高，确令人倾倒叫绝。宋代刺绣上广泛运用了抢针、套针、网绣、钉线及盘金等绣法，并且处理恰当，针法细致，配色精妙，楼台花鸟宛如图画，是宋代刺绣中不可多得的佳品，为近代湘绣、顾绣开辟了前路。

图 2-14　缂丝梅花寒鹊图轴（南宋沈子蕃）

染缬在宋代也极盛行。嘉定及安亭镇出药斑布，“宋嘉定中归姓创为之。以布抹灰药而染青，候干，去灰药，则青白相间。有人物、花鸟、诗词各色，充衾幔之用。”② 制作新奇花式样板的工匠，有“洛阳贤相坊，染工人姓李，能打装花缬，众谓之李装花。”③ 北宋时曾禁止民间使用染缬，见于政府禁令，天圣二年（1024）诏令：“在京士庶，不得衣黑褐色地白花衣服并蓝黄紫地撮晕花样。妇女不得将白色褐色毛段并淡褐色匹帛制造衣服，令开封府限十日断绝。”④ 所禁止的褐地白花有可能正是辽所通行的。其他染缬因限于军用，政和二年（1112）诏令：“后苑造缬帛，盖自元丰初置为行军之号，又为卫士之衣，以辨奸诈，遂禁民间打造，令开封府申严其禁，客旅不许兴贩缬板。”⑤ 不仅禁止穿着染缬衣服，

① 见董其昌《筠清轩闷录》，引自朱启钤《丝绣笔记》。

② 《古今图书集成》卷六八一《苏州纺织品名目》，雍正四年排印本影印，巴蜀书社，1985 年。本书所引《古今图书集成》均为此版本。

③ 宋·张齐贤，《洛阳绅缙旧闻记》，知不足斋丛书本。

④ 见《宋史·舆服志》。

⑤ 见《宋史·舆服志》。

连市上出售印染花板的商人也算犯罪。到南宋后方驰禁，染缬遂得到发展机会，《梦粱录》谈到临安的市容时说："各处有……彩帛、绒线……等铺。"① "……并是金银采帛交易之所，屋宇雄壮，门面广阔，望之森然，每一交易，动即千万，骇人闻见。"② 采帛铺中当然出售印花缬帛。婺州富豪唐仲友除开设规模很大的采帛铺外，还经营印花和染色作坊，"染造真紫色帛等动至数千匹"③。当时染缬工艺和质量已有很大提高，山西南宋墓曾出土了一件印花罗，属于粉剂漏版印花丝织物，十分珍贵。

宋代西南少数民族出徭斑布，"徭人以染蓝布为斑，其纹极细。其法以木板二片镂成细花，用以夹布，而熔蜡灌于镂中，而后乃释版取布投诸蓝中，布既受蓝，则煮布以去其蜡，故能变成极细斑花，灿然可观。故夫染斑之法，莫徭人若也"④。这就是我们常说的蜡染，宋代西南地区依旧在流行。海南黎族妇女织成的棉布，"染以杂色，异纹炳然"⑤，证明染缬在少数民族地区也非常盛行。

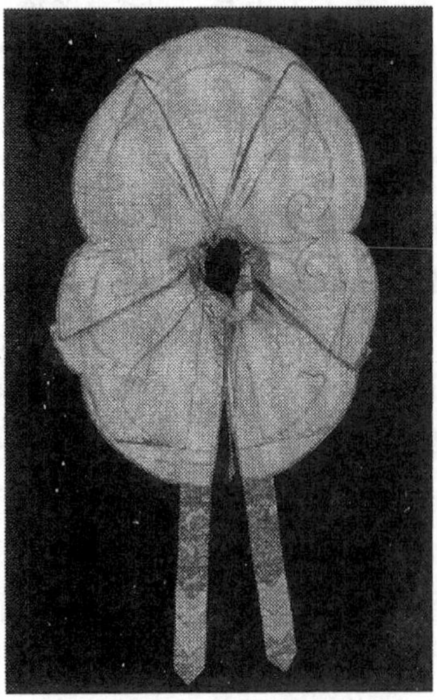

图 2-15　红地龟背团龙凤纹纳石矢佛衣披肩(元)

宋、金以来，新疆地区擅长织金工艺，元时，新疆的织金绮纹工受到很大重视。怯烈台氏(镇海)负责宏州(在今山西境内)织造局时，"得西域织金绮纹工三百余户，……皆分隶宏州，命镇海世掌焉"⑥。说明新疆地区盛产织金锦(图 2-15)。1970年新疆乌鲁木齐盐湖一号古墓，曾出土一件元代黄色油绢"辫线袄"，发现肩、领、袖及襟边等处用织金锦作边饰，至今仍可见金线光泽⑦。这些织金锦，都不是完整的材料，而是从不同的织金锦上剪裁下来的小块，有"片金"和"捻金"两种。"片金"锦由丝线组成经线，"片金"似是以金箔粘附在宽仅 0.5 毫米的皮子上，和彩色棉线作纹纬显花，丝线作地纬。花纹图案以开光为主体，穿枝莲补充其间，花纹遍地，不露空隙，线条流畅，绚丽辉煌。"捻金"锦经线亦由丝线组成，"捻金"是以丝线为胎，外加金箔而成的金缕丝线作纹纬显花，棉线作地纬。花纹图案似为菩萨，修眉大眼，隆鼻小口，脸型略长，头戴宝冠，自肩至冠后有背光。令人惊叹的是，当时能将金箔和皮子加工得如此细薄，可以想见工艺水平是很高超的了。

元时锦名花纹也多种多样，见于文献记载的有："克丝作楼阁、克丝作龙水、克丝作百花攒龙(图 2-16)、克丝作龙凤、紫宝阶地、紫大花、五色簟文(俗呼阇婆，又曰蛇皮)、紫鸾鹊(一等紫鸾鹊、二等白地紫鸾鹊)、紫百花龙、紫龟纹、紫珠焰、紫曲水(俗呼落花流水)、紫阳荷花、红霞云鸾、黄霞云鸾(俗呼绛霄，其名甚雅)、青楼阁(阁又作台)、青大落花、紫滴珠龙团、青樱桃、皂方团白花、方胜盘象、球路晕、银钩晕、红细花盘雕、翠色狮子、盘球、水藻戏鱼、红遍地杂花、红遍

① 宋·吴自牧，《梦粱录》卷一三，知不足斋丛书本。
② 宋·吴自牧，《梦粱录》卷二，知不足斋丛书本。
③ 《朱文公集》卷一八。
④ 宋·周去非，《岭外代答》卷六，知不足斋丛书本。
⑤ 宋·赵汝适，《诸蕃志》卷下，学津讨原本。
⑥ 明·宋濂等撰，《元史·镇海传》，中华书局，1974 年。
⑦ 王炳华，盐湖古墓，文物，1973(10)：28～38。

图 2-16 缂丝百花辇龙图册页(元,台北故宫)

地翔鸾、红遍地芙蓉、红七宝金龙、倒仙牡丹、白蛇龟纹、黄地碧牡丹方胜、皂木碧鸾、白鸾、皂鸾、皂大花、碧花、薑芽、云鸾、樗蒲、大花、杂花、盘雕、涛头、水波纹、仙纹、重莲、双雁、方棋、龟子、方縠纹、鸿鹕、枣花、鉴花、叠胜、白毛(辽国)、回纹(金国)、白鹫、花(并高丽国)。"①

元代织造花样名目也不少,有很多锦名花纹在宋代锦名花纹中也可以看到。据元人戚辅之《佩楚轩客谈》记载,其时流行最盛的有长安竹、雕团、象眼、宜男、宝界地、天下乐、方胜、狮团、八塔韵、铁梗蘘荷十样名锦,大致也是因袭宋人的遗制。但是,元代在织造方面属于种族歧视禁令很多,规定不许民间织造日月龙凤缎匹及五爪龙、四爪龙纹,民间服饰不许镶金、连金线也禁止民家使用,开店铺的同样不许买卖金缎匹、金纱绢等物,一般平民只许服用暗花绸、绫、罗织物。

元代丝织物在北京庆寿寺海云、可庵两塔内出土有宪宗七年(1257)以前的遗物②。其中有赭黄地绸绣花龙袱,上面绣张牙舞爪吐舌戏珠的黄龙和彩云,四角绣莲荷、牡丹、芍药、菊花等主花和自花的叶。主花之上金印加圆圈的"香花供养"四字,各据一角。四周绣牵牛、野菊串枝杂花,多作菊科的叶及普通的尖叶。有酱色地的织花残绸片,呈不规则形,似为剪裁后的残料,上为四叶萼构成的图案花纹,萼形图案花朵中是不知名的图案花纹,这种绸料可能是当时北方潞州的产品。另外还发现了四块"纳石失",均为剪裁后的残边,上面的唐草花纹都是用金线织出的,出土时金光耀目,旋渐褪色。塔内还出有一块紫阳荷花缂丝,一角残破,紫地上有黄绿颜色相间的水波纹和卧莲图案,卧莲之间有鹅浮泳其中,它的制作时代可能在北宋。新疆乌鲁木齐盐湖元墓出土古尸,足登缂丝牛皮靴一双,牛皮为里,以多件不同小块缂丝拼缝作面。用紫地粉花、绿花、绿地粉花等颜色丝线,通经断纬缂织成杨柳枝叶、海棠花、梅花,花纹生动自然,

① 明·陶宗仪,《辍耕录》卷二二,民国一四年陶氏刊本。

② 北京市文化局文物调查研究组,北京市双塔庆寿寺出土的丝、棉织品及绣花,文物参考资料,1958(9):29。

色彩鲜丽①,是研究元时缂丝工艺的重要遗物。

元代北方毡罽业较前代有新的发展,当时无花纹的叫剪毛毡、毛栽毡;有花纹的叫绒毛毡,或称羊毛毡,又叫毯。大同元墓出土的毡帽、毡靴,质地细致,保存完好,说明元代毡罽业不但有着较高的工艺水平,而且曾经大量生产。

与纺织业生产关系密切的染色业,在元代和纺织业一样受到诸多禁令和限制。元代规定赭黄色的织物专供王室服用,甚至像柳芳绿、红白闪紫、迎霜合、雄冠紫、胭脂红等颜色都不许民间使用。这些禁令,限制了染色业的生产,也妨碍了染色生产技术水平的提高和发展。当时,"凡调合服饰器用颜色者:绯红、桃红、肉红、柏枝绿、黑绿、柳绿、鸭头绿、月下白、柳黄、鹅黄、砖褐、荆褐、艾褐、雁背褐、银褐、珠子褐、藕丝褐、露褐、茶褐、麝香褐、檀褐、山谷褐、枯竹褐、湖水褐、葱白褐、棠梨褐、秋茶褐、油里墨、玉色、鸵色、氁子、蓝青、金黄、雅青、鼠毛褐、不老红、蒲萄褐、丁香褐"等②。诸色中褐色约 20 种,说明褐色特别受到人们的喜爱。

(五)明代

丝织品品种的分化和增多,是直接反映明代纺织业进一步发展和丝织业中分工日益细密情况的明证。以丝织品来看,当时已有了丝、纻、罗、绫、绸、缎、绢、纱、锦等品种,而且每一种又分为若干品种。例如罗:苏州府有花罗、素罗、刀罗、河西罗、秋罗等③;泉州府有硬罗、软罗等④。绸:苏州府有线绸、绵绸、丝绸、杜织绸、绫机绸、绉绸、纹绸、春绸、捺绸;嘉兴府有素绸、花绸、绫地花绸、轻光王店绸、濮绸;建昌府有笼绸、假绸;湖州府有水绸、纺丝绸等⑤。纱:湖州府有直纱、花纱、夹织纱、包头纱⑥;泉州府有素纱、花纱、金线纱等⑦。

在这些不同名目的丝织品中,许多品种都有自己的产地。例如泉州的素纱、花纱、金线纱出郡城。湖州的直纱、花纱、夹织纱产于郡城内,包头纱产于双林镇,绫出近城,水绸、纺丝绸产于菱湖。

明代盛行多彩纬线织花的"妆花",除妆花锦缎外,纱、罗、绸、绢、丝绒、丝布、改机、云布都可以用"妆花"织成。"妆花"的织法复杂,花纹精美,色彩富丽,是明代丝织工艺高度发展的代表作。

本色花,经纬线颜色一样,织成后织品的地和花纹是单色的。

织金,加金或加银的织物。织金是继承了元代的"纳石失"发展而来的。在明代织物加金已不限于锦,而且出现了金彩绒、织金妆花缎(图 2-17),织金妆花绢、织金妆花罗、织金妆花丝布等,大大突破了元代的水平。当时已发明双经组织法,特别是织槌银箔的类似云锦织物,需要较复杂的工艺。

另外,还有西南少数民族地区出产丝夹棉、麻织成的绒锦、丝布和西北地区夹毛交织成的洋绒。绒锦是用麻纱作经,丝作纬,挑织成五色,花样极多。丝布是用棉纱作经,丝作纬,纬丝

① 王炳华,盐湖古墓,文物,1973(10):28~38。
② 明·陶宗仪,《辍耕录》卷一一,民国一四年陶氏刊本。
③ 见《古今图书集成·职方典·苏州府部·物产考》。
④ 见万历《泉州府志》卷二。
⑤ 见《古今图书集成·职方典·嘉兴府部·物产考》。
⑥ 《古今图书集成·职方典·湖州府部·物产考》,雍正四年排印本影印,巴蜀书社,1985 年。
⑦ 见万历《泉州府志》卷三。

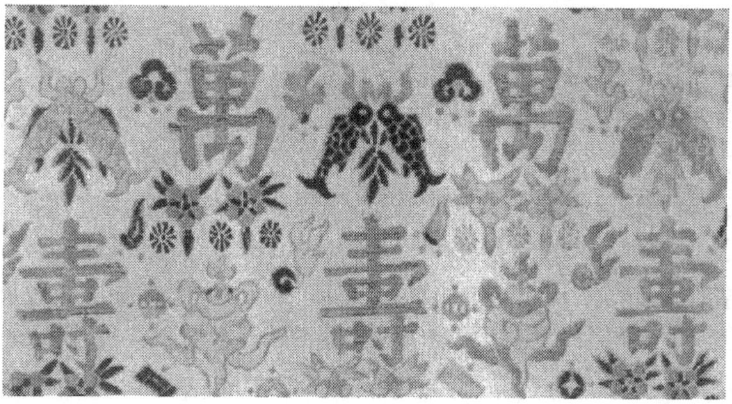

图 2-17 明杏红地“万寿”八宝加金缎

显花。绒锦和丝布都是我国苗、壮、侗、土家、瑶族的特产。

明代丝织品保存了从汉代以来的传统优美纹样,如对雉、斗牛、翔鸾、舞凤、游鱼、如意云、盘绦、柿蒂、龟背、八搭晕、樗蒲(图 2-18)、灯笼等。随着纺织工艺技术的提高,丝织品的纹样更发展更丰富,出现了大量的描绘花卉禽鸟纹样,如瑞鹊衔花、水鸟衔鱼、鸳鸯、鹭鸶、鱼、鹿、双狮、蜂、蝶等活生生的禽鸟走兽和人物,同时还翔实地把牡丹、菊、梅、海棠、山茶、杂花、莲花加入了纹样图案。并且根据人们的喜好,巧妙地把一些喻意吉祥的图案组合在纹样里,如灯笼旁悬结谷穗作流苏,灯下飞动着蜜蜂,隐喻“五谷丰登”。还有“花好月圆”、“福寿有余”等深受人民欢迎的题材。

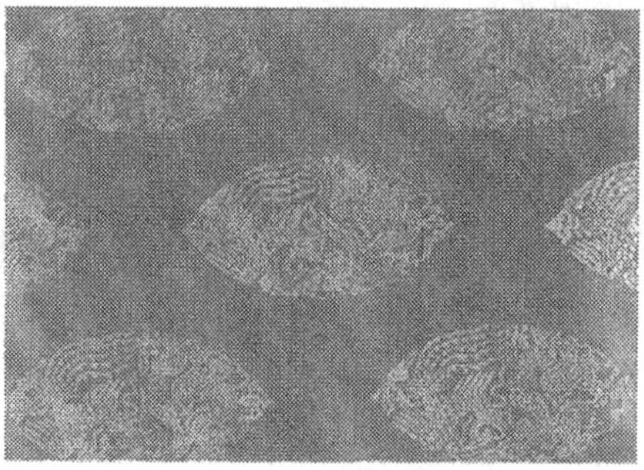

图 2-18 明红地织金樗蒲龙凤罗

1966 年苏州虎丘发现明王锡爵夫妇合葬墓,棺内随葬的黑素绒面“忠靖冠”,用麻布作里,冠上五道染及两旁连后面的如意纹,都缝压金线;黄色云纹缎宫服,领、袖、右衽、袍下沿均用花素缎镶边,前后各缀龙纹缂丝补子一方;云纹花素缎便服,云头黄色万字如意纹丝绵女绸服;如意纹黄缎白布底男鞋。出土随葬品中还有:万字缠枝牡丹花黄缎桌围、深绿色缠枝莲花纹银箔纬线锦巾、百蝶图案黄绸帐、凤穿牡丹纹缎枕、双经回纹地缠枝牡丹纹黄色绸被、绿地银箔纬线莲花纹锦衾。这批出土丝织品中有绸、缎、绒、锦、缂丝,代表了明代丝织手工业的发展和工艺技术水平①。

明代植棉遍及全国,各地棉纺织品的品种也相当繁多,并已有著名产品。如松江“三梭布……剪绒毯,皆为天下第一”②。“松江之飞花、龙墩、眉织”、“其较标布稍狭而长者曰中机”③,诸布皆有名。“郊西龙墩布轻细洁白”④,“其布之丽密,他方莫并”⑤。“凡布密而狭者为

① 苏州市博物馆,苏州虎丘王锡爵墓清理纪略,文物,1975(3):51~56。
② 见徐光启《农政全书》卷三五引《松江志》。
③ 见叶梦珠《阅世编》卷七。
④ 见《古今图书集成·职方典·松江府部·物产考》。
⑤ 王家晋,群芳谱,桑麻葛苎谱,农业出版社,1985。

小布,郡城谓之和布;疏而阔者为稀布。产邑中极细者为飞花布,即丁娘子布。"[①] 另还出有标布、浆纱布等[②]。

苏州府出有药斑布、刮白布、官机布、缣丝布、棋花布、斜纹布等[③]。

这些不同名目的棉织品,大部分也各有其产地。如标布"出三林塘者为最精,周浦次之,邑城者为下"[④]。龙墩布产于松江郡西,浆纱布产于松江邑城,药斑布产于嘉定及安亭镇,刮白布产于太仓,官机布产于徐王庙,等等。因此,这些不同名目棉织品的织造,也都在逐步形成发展为各自独立的手工业部门。

中原与东南各省是麻纺织的集中地,麻布、葛布、苧布等纺织都有很大发展。正德(1506～1521)以前,太仓以苧布名于时,并织作以输官。"苧布,真色者曰腰机,漂洗者曰漂白,举州名之,岁商贾货入两京、各郡邑以渔利。"[⑤] 福建莆田盛产青麻布,"商贾转贩他方亦广"[⑥]。特别是惠安的"北镇之布行天下"[⑦]。泉州"府下七县俱产……苧布、葛布、青麻布、黄麻布、蕉布等"[⑧]。广东出产的"蕉布与黄麻布岭外所重,常以冬布相易"[⑨]。新会的苧布也"甲于天下"[⑩]。玉林出葛布,"粤中多产葛,惟玉林所产者,知名最久,……即今之玉林葛也。"[⑪] 湖北黄陂的葛布极精致,陶允宜《黄陂葛》诗:"楚人种葛不种麻,男采女绩争纷拏;皎如白纻轻如纱,进之内宫传相夸。"[⑫]

毛纺织业集中在西北兰州、西安等地。宋应星说:"凡绵羊……剪其毳为毡、为绒片,帽袜遍天下,胥此出焉。……今兰州独盛。故褐(绒褐)之细者皆出兰州,一曰兰绒。"[⑬] "兰州所产,惟绒褐最佳。"[⑭] 明代毛织的毡毯,质料细密,颜色鲜明,图案美丽。西南地区水西(贵州西部)彝族,主要以羊毛织成"毡衫",贡输朝廷。洪武时(1368～1398),"乌撒岁输毡衫一千五百领,乌蒙、东川、芒部……岁输毡衫八百领"[⑮]。当地毛织业也很发达。

明代印染,据《天工开物》所记,已能染制各种颜色,有"大红色、莲红桃红色、银红水红色、木红色、紫色、赭黄色、鹅黄色、金黄色、茶褐色、大红官绿色、豆绿色、油绿色、天青色、蒲萄青色、蛋青色、翠蓝、天蓝、玄色、月白草白二色、象牙色、藕褐色、包头青色、毛青布色"等[⑯]。

印染花布在明代也极风行,松江染制的药斑布,斑纹灿然,是松江的著名特产,畅销中外。

---

① 见《松江府志》卷六《物产》。
② 见叶梦珠《阅世编》卷七。
③ 见《古今图书集成·职方典·苏州府部·物产考》。
④ 见叶梦珠《阅世编》卷七。
⑤ 见弘治《太仓州志》卷一《土产》。
⑥ 见弘治《兴化府志》卷一二《货殖志》。
⑦ 见何乔远《闽书》卷二八《风俗志》。
⑧ 见万历《泉州府志》卷三。
⑨ 见屈大均《广东新语》卷一五《货语》,康熙年间刊本。
⑩ 见乾隆《广州府志》引《嘉靖府志》。
⑪ 见张萱《疑耀》卷一《玉林葛》。
⑫ 清·姚之骃,《元明事类钞》卷二四《衣冠门》,四库全书珍本。
⑬ 明·宋应星,《天工开物·乃服》,钟广言注释本,广东人民出版社,1976年。
⑭ 清·陈亦禧,《皋兰载笔》卷五,小方壶斋舆地丛抄本。
⑮ 《明太祖实录》卷一六二,台湾中央研究院历史研究所校印本,1963年。
⑯ 明·宋应星,《天工开物·乃服》,钟广言注释本。广东人民出版社,1976年。

印染的方法，据褚华《木棉谱》说，“其以灰粉渗矾，涂作花样，随意染何色，而后刮去灰粉，则白章灿然，名曰印花；或以木板刻作花卉人物禽兽，以布蒙版而砑之，用五色刷其砑处，华彩如绘，名刷印花。”

(六)清代

清代各地生产的丝织品，品名种类繁多，更盛于明代。

江陵盛产缎，“金陵之业，以织为大宗，而织之业，以缎为大宗”。缎有多种，“缎之类有头号、二号、三号、八丝、冒头诸名”。其中最精而美者，“莫美于韡素，玄色为上，天青次之”。除本色花外，另还有花缎(图2-19)，“其织各色摹本者，谓之花机”。又产一种剪绒，因织者多是孝陵卫人，又叫“卫绒”，“其绒文深理者，曰天鹅绒”①，产量极多，“其盛与绸缎埒”②。又有纱机，“以织西北芝地直纱”。绸机“以织宁绸，则以郡名名之”③。

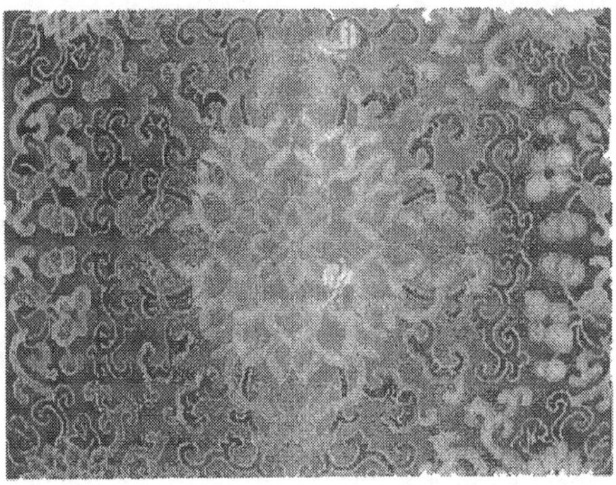

图2-19　清蓝地富贵妆花缎迎手(局部)

绫是吴江名产，“吴绫见称往昔，在唐充贡，今郡属惟吴江有之，邑西南境多业此，名品不一，往往以其所产地为称(如溪绫、荡北、南滨之类)。其纹之擅名于古，而至今相沿者，方纹及龙凤纹，至所称天马、辟邪之纹，今未之见。其创于后代者，奇巧日增，不可殚记。”④

通州“绢以生丝织成，细不及吴产，而坚致可为盏酒囊，或染元青色为服，出州城南顾机房”⑤。

湖州丝织品出产众多，闻名的有绸、绫、纱、绉。湖绸有“散丝而织者曰水绸；纺丝而织者曰纺绸。水绸、纺绸，出菱湖者佳”。绫，“今有二等，散丝而织者，名纰绫；合线而织者，名为线绫。其绫练染，光彩异于他处，惟郡城中织之，其外俱无。”纱有数等，“无花者曰直纱，有花者曰葵纱、曰夹织纱，出郡城内。又有包头纱，惟双林一方人织之。无花而最白者曰银条纱，有花者曰软纱。又有花绉纱”。湖绉，“亦有花有素，而素绉纱大行于时，又有绉纱手巾，雅俗共赏”⑥。

桐乡出产有绸、绢、绫、罗。绸有“花纺绸出濮院，名色甚多，通行天下。绵绸出青镇。”绢有“花绢、官绢、箩筐绢、素绢、帐绢、画绢”。绫有“花绫、素绫、锦绫”。罗有“三梭、五梭、花罗、素罗”⑦。

广州名产广纱甲于天下，“粤纱，金陵苏杭皆不及，然亦用吴丝，方得光华，不褪色，不沾尘，

---

① 清·陈作霖，《金陵物产风土志》卷一五，金陵锁志本。
② 清·甘熙，《白下琐言》卷八，民国十五年重刻光绪本。
③ 清·陈作霖，《金陵物产风土志》卷一五，金陵锁志本。
④ 见乾隆《吴江县志》卷五。
⑤ 清·徐缙、杨廷撰，《崇川咫闻录》卷一一，道光十年刊本。
⑥ 见乾隆《湖州府志》卷四一。
⑦ 见康熙《桐乡县志》卷二，又见嘉庆《桐乡县志》卷四。

皱折易直，故广纱甲于天下。”其次是缎，“粤缎之质密而匀，其色鲜华，光辉滑泽，然必吴蚕之丝所织，若本土之丝，则黯然无光，色亦不显。”①另还出剪绒，“随织随剪，其法颇秘，广州织工不过十余人能之”②。

广州以西的佛山镇丝织业也很发达。乾隆时，佛山纱即已有名，“佛山纱亦以土丝织成，花样皆用印版”③。

广东南海县绿潭堡、大岸、新村、大峥等各乡出土丝绉纱，“广人无服之者，尽以贩于蕃商耳”④。

香山县乌石、平岚乡出茧绸，“以大蝶茧织成，皱纹蹙起，久服不敝，远胜程乡茧绸”。又一种茧绸，“以黄金丝织之，细滑黄韧，乡人尤所贵重，一匹须茧至万，工费甚多，富人织以自服，不常得也”⑤。

安徽合肥产绸，名万寿绸，“出合肥机房，在万寿寺左右，故名”⑥。

江西赣州“信安诸邑有茧绸，……安远又出绵绸”⑦。

云南昆明也产缎，“滇缎质厚而粗，不能行远”。亦出绸绫，“绸绫亦仅官渡人能织之”⑧。

四川成都自“明季兵燹后，锦坊尽毁，花样无存”，仅余机房数百家，仍生产锦缎，“今惟天孙锦一种，犹相传为遗制云”。还出织绒，“秦人寓蜀者，多业此”⑨。

贵州遵义产绸，遵义绸甚有名，因“价视吴绫蜀锦廉，而性坚韧，一衣可十岁许”⑩。在市场上与江浙、四川所产锦绫可以争美，“贻遵绸之名，竟与吴绫、蜀锦争价于中州”⑪。贵州所产绸，“自他省言，曰贵州绸。自黔言，曰遵义绸。自遵义言，佳者曰府绸，粗而皱者曰鸡皮茧，又其次曰毛绸、曰水绸。水绸品最下，而名独多。双经单纬者，曰双丝；单经双纬者，曰大双丝；单经单纬者，曰大单丝。又有小单丝，但疏而狭，亦曰神绸。”⑫乾隆中叶，“遵义出茧绸，其质毛而粗，民间以之作被面及小衣，亦有制为袍服者，因不雅观，久而厌之。嘉庆初年，变而为水丝绸，其质细薄，人又争尚之。然不经久，旋复厌弃。末年及道光元年以来，乃更为上好双丝，其匀细不及川绸，而绵密过之。顶佳者，每匹长五丈余，宽尺二寸，重三十余两，值银才三两许，穿绸几比穿绵。”⑬遵义绸质量是几经改进，才达到优越的地步。

西南地区苗、黎族人民还善织苗锦、黎锦。“苗锦大似苧布，巾帨尤佳，其妇女衣缘领袖皆缀杂组藻彩云霞，……谓之花练”。黎锦是“黎人取中国彩帛，析取色丝，和吉贝织之成锦”⑭。

---

① 见乾隆《广州府志》卷四。
② 清·范端昂，《粤中见闻》卷二三，嘉庆六年五典斋刊本。
③ 见乾隆《广州府志》卷四，又见道光《佛山忠义乡志》卷五。
④ 见道光《南海县志》卷八。
⑤ 见道光《香山县志》卷二。
⑥ 见乾隆《江南通志》卷八六。
⑦ 见道光《赣州府志》卷二一。
⑧ 见道光《昆明府志》卷二。
⑨ 见嘉庆《华阳县志》卷四二。
⑩ 清·吴振棫，《黔语》卷下，咸丰年间刊本。
⑪ 见道光《遵义府志》卷一六。
⑫ 清·吴振棫，《黔语》卷下，咸丰年间刊本。
⑬ 见道光、同治《綦江县志》卷一〇。
⑭ 清·陆次云，《峒谿纤志》中卷，小方壶斋舆地丛抄本。

清代棉纺织生产技术更加精艺，产品织成细密，有的地方出产棉布因人民乐用，远近皆称，便成为著名产品。

江苏松江布知名全国，所出"精线绫、三梭布、漆纱、方巾、剪绒毯，皆为天下第一"①。其中布的名目很多，木棉布"出沙冈车墩间，幅阔三尺余，紧细若绸"。飞花布"东门外双庙桥有丁氏者，弹木棉极纯熟，花皆飞起，收以织布，尤为精软，号丁娘子布，一名飞花布"。又有一种"用紫木棉织成，色赭而淡，名紫花布"。又有夹丝织成兼丝布，"有以丝作经，纬以棉纱，曰丝布，即俗所称云布也"。还有"兼丝木棉制为绒布，其颜色花纹各异"。染印花的"药斑布，俗呼浇花布，近所在皆有之"。另有一种织衲，"出下纱，其纹如衲，近郡中复有之，名衲布"②。

上海是供应江南织造采办棉布的县分，"此项布匹(青蓝布)出在上海一县"③，所出青蓝布最多。

青浦县所出棉布中，"出龙墩者尤细，又有三梭放阔、新改、标寸等布，丁娘子布一名飞花布，兼丝布、紫花布，名目不能殚述"。"黄渡有刷纱而无浆纱，长短阔狭，分纪王庄、泗泾庄两种。近俗所尚柳条、蚂蚁等布，价最昂。"④

通州所产沙布，"紧厚耐着"⑤。

苏州布极有名，"苏布名称四方"⑥。出布亦多，"织成阔者曰大布，狭者曰小布，大抵以箱密缕匀色白者为佳。诸乡所出，以长洲县北境相城沿、长泾等处为优，南北桥次之"⑦。

南京紫花布也是著名产品，"南京土布(Nankeen)是棉布的一种，因最初出产带红色棉纱的南京而得名，这种布分为'公司布'(Company)和窄布两种。前者最为名贵，……中国织造的南京土布在颜色和质地方面，仍然保持其超过英国布匹的优越地位。"⑧

无锡、金匮出布特盛，"其出东亭者尤缜密，胜于他处"⑨。无锡布有三等，"一以三丈为匹曰长头，一以二丈为匹曰短头，皆以换花；一以二丈四尺为匹，曰放长，则以易米及钱"。无锡布"轻细不如松江，而坚致耐久则过之，故通行最广"⑩。

浙江桐乡县出布最多，质量亦佳，有龙潭布、桐乡布、眉公布、陡门布、建庄布、乌镇布、箱布(以上为康熙志原载，以下为嘉庆志续增)石门布、黄草布，青镇布等⑪。

乌程县各处均多木棉布，以"乌镇者佳，各处俱有。闽广人独喜本镇之布，以其轻软而暖也。布有大小轻重，价亦有多寡不同"⑫。

清代河北棉织品之精美已能与全国棉织业中心松江匹敌，"产既富于东南，而其织纴之精

① 见康熙《松江府志》卷五。

② 见康熙《松江府志》卷四。

③ 李煦，《请预发采办青蓝布匹价银折》(康熙三十四年九月)，见故宫博物院明清档案馆编《李煦奏折》，中华书局，1976。

④ 见光绪《青浦县志》卷二。

⑤ 见乾隆《通州志》卷一七。

⑥ 见乾隆《长洲县志》卷一〇，又见乾隆重修《元和县志》卷一〇。

⑦ 见曹元源等编《吴县志》卷五一。

⑧ 中国博览，1983，2(10)：465。

⑨ 见光绪《无锡金匮县志》卷三一。

⑩ 黄印，《锡金识小录》卷一，光绪二年刊本。

⑪ 见康熙《桐乡县志》卷二，又见嘉庆《桐乡县志》卷四。

⑫ 见康熙《乌青文献》卷三。

亦遂与松(江)类匹"[1]。冀州种棉有紫花,故棉布"近有紫花布"[2]。

四川新津产布亦多,"有贩至千里外者",名产则有"大布、小布、台镇等号"[3]。广汉棉布颇有名,"布亦坚致,甲他郡"[4]。

福建邵武、光泽、泰宁、建宁妇女,"有夜浣纱而早成布者,谓之机布"[5]。

湖南巴陵名布有小布,多产邑之山中,"幅裁尺,红之可巾,且以张彩饰馆挂,青者以为鞋、带"。都布,产于一都,"一都人工作布绝精匀,谓之都布"。二、三都产三都布,"布少粗而多"[6]。

贵州遵义棉布,"其所织,宽者极三百二十筘,狭者极二百五十筘,宽者名大土布,狭者名土布,又名小布、鞘布、扣布。"[7]

清代作为织物原料除丝、棉外,还有麻、葛、蕉麻等,麻纺织业在清代纺织手工业中虽然不如丝织业和棉织业那样重要,但是和前代相比,也有相当长足的发展。

广东产麻布最多,潮阳县"苧布,各乡妇女勤织,其细者价格倍纱罗"[8]。鹤山县"越塘、雅瑶以下,则多绩麻织布为业,布既成,又以易麻棉,而互收其利。其坚厚而阔大者,曰古劳家机。"[9] 新会产细苧,络布"新会县最盛,估人率以棉布易之。其女红治络麻者十之九,治苧者十之三,治蕉者十之一,养蚕作茧者千之一而已"。广东麻纺织业工艺特别精良,麻织品细软可比丝绸,"络者言麻之可经可络者也,其细者当暑服之凉爽,无油汗气。练之柔熟,如椿椒茧绸,可以御寒"[10]。

雷州葛布最精,盛行天下。"雷州葛之精者,百钱一尺,细滑而坚,……故今雷葛盛行天下。"雷州人善于织葛,"其葛产高凉硇州,而织于雷"。妇女多以治葛为生,"其治葛无分精粗,女子皆以针丝之,干拈成缕,不以水渍,恐其有痕迹也"。织葛还有地区的分工,"为绨者绤者,分村而居,地出葛种不同,故女手良与沽功异焉"。增城织葛亦盛,而织工多来自东莞。增城葛工艺精巧,"与寻常织苧麻者不同,织葛者名为细工,织成弱如蝉翅,重仅数铢,皆纯葛为丝"。经纬都用纯葛织成,比夹蚕丝作纬好,"其以蚕丝纬之者,浣之则葛自葛,丝自丝,两者不相联属,纯葛则否"。阳春织葛技术也高超,"其细葛不减增城,亦以纺缉精而葛真云"。广东葛布最多,名目亦多,雷州所产"雷葛为正葛。"产自博罗的曰"善政葛"。出潮阳的曰"凤葛",以丝为纬,亦名黄丝布。出琼山、澄迈、临登、乐会者,"轻而白,名美人葛"。出阳春者曰"春葛"[11]。

蕉麻也是广东的特产,有山生和田种两种。制作时,"以蕉身熟踏之,煮以纯灰水,漂澼令干,乃绩为布"。广东人很看重蕉布,"出高要宝查、广利等村者尤美"。长乐亦多蕉布,也有夹

---

① 见《御制棉花图》方观承跋。
② 见乾隆《冀州志》卷七。
③ 见道光《新津县志》卷二九。
④ 见嘉庆《广汉州志》卷一五。
⑤ 见光绪重纂《邵武府志》卷九引乾隆府志。
⑥ 清·吴敏树,《拌湖文集》卷二《巴陵土产说》,光绪十九年思贤讲舍刊本。
⑦ 见道光《遵义府志》卷一七。
⑧ 见嘉庆《潮阳县志》卷一。
⑨ 见道光《鹤山县志》卷二下。
⑩ 见屈大均《广东新语》卷一五,并见李调元《南越笔记》卷五。
⑪ 见屈大均《广东新语》卷一五,并参见范端昂《粤中纪闻》卷二三。

蚕丝作纬织蕉布者①。

江西麻纺织极盛，境内抚州、建昌、宁都、广信、赣州、南安、袁州产苧最多，所以“缉纑织线，犹嘉湖之治丝”。“宁都州俗无不缉麻之家，敏者一日可绩三、四两，钝者亦两以上，请织匠织成布，一机长者十余丈，短者亦十丈以上。四、五两织成一丈布者为最细，次六、七两，次八、九两则粗矣。”② 石城妇女“只以缕麻为绩，机布匠织贸市廛”③。岁产夏布数十万匹，市场远达吴、越、燕、亳。“石城以苧麻为夏布，织成细密，远近皆称。石城固厚庄岁出数十万匹，外贸吴、越、燕、亳间，子母相权，女红之利普矣。”④

四川麻产亦多，荣昌县南北一带多种麻，“比户皆绩，机杼之声盈耳”。所产麻布在四川应推首位，“百年以来，蜀中麻产，惟昌州称第一”。商贾远贩各地，“富商大贾，购贩京华，遍逮各省”⑤。大竹高平寨也产夏布，“寨中多造夏布，琢帐，远商尝聚集于此”⑥。

江苏亦出苧布，通州治苧时，先“采皮沤去青面暴干，析理小片，始绩为缕”。织就后，“练和石灰，灰藿少许，漂之河中，曝之草上色白。其粗厚者制为里服，亦可欽汗。”通州产本苧布，“出沈巷司机房”⑦。海门兴仁镇，“善绩苧丝，或拈为汗衫，或织为蚊帐，或织为巾带，而手巾之出余东者最驰名”⑧。太湖叶山中出“苧线，女红以此为业”⑨。

浙江杭州所产麻布极精，“白纻、镠属粗者为纻，吴地出纻独良。今乡园所产，女工手绩，亦极精妙也。”⑩ 又出一种粗麻布，“绩络麻为之，集贸于笕桥市，其布坚韧而软，濡水不腐，粗不中服，因为米袋，米袋非此不良，旁郡所用，索取给焉”⑪。

福建福州府盛产麻，“诸邑有之”。福建治苧方法与江苏少有不同，“绩其麻以为布，连江以北皆治之，于溪旁为坑，藏大束麻纳其中，石覆而水沃之，良久乃剥”。连江、福清、永福，“出麻布尤盛”⑫。南平县出“苧布，各乡多有。惟细密精致，几类纱罗，曰铜板，出峡阳者佳，远市四方。”⑬

湖南湘潭苧麻有两种品种，一为紫麻，一为白苧。当地出产夏布，“妇女纶绩成布，名夏布”⑭。

安徽徽州产“麻，绩之以为布，苧亦如之”⑮。

贵州洪江、黎平的苗族人民，“女善纺织，棉葛巾布颇精细，多售于市，故有洪州葛之名”⑯。

---

① 见屈大均《广东新语》卷一五，并参见范端昂《粤中纪闻》卷二三。
② 清·吴其濬，《植物名实图考》卷一四，民国八年山西官书局重印刊本。
③ 见乾隆《石城县志》卷一。
④ 见嘉庆《石城县志》卷二。
⑤ 此为乾、嘉年间事，见同治、光绪《荣昌县志》卷一六。
⑥ 见道光《大竹县志》卷一一。
⑦ 清·徐缙、杨延撰，《崇川咫闻录》卷一一，道光十年刊本。
⑧ 见乾隆《通州志》卷一七。
⑨ 清·金友理，《太湖备考》卷六，光绪二十九年刊本。
⑩ 见乾隆《杭州府志》卷五三。
⑪ 见乾隆《杭州府志》卷五三。
⑫ 见乾隆《福州府志》卷三六。
⑬ 见嘉庆《南平县志》物部卷一。
⑭ 见嘉庆《湘潭县志》卷三九。
⑮ 见道光《徽州府志》卷五之二。
⑯ 清·李宗昉，《黔记》卷三，问影楼舆地丛书本。

随着纺织业的发展,清代以直接为纺织业服务的染、踹业也大大发展起来。

上海因棉布业发达,有染坊专业染工,"各染诸色布匹,业有专精"。染坊亦因其专长染造何种颜色而各有分工,"染工有蓝坊,染天青、淡青、月下白;红坊染大红、露桃红;漂坊染黄糙为白;杂色坊染黄、绿、黑、紫、古铜、水墨、血牙、驼绒、虾青、佛面金等。"①

扬州染坊能染造诸种颜色,"如红有淮安红,本苏州赤草所染,淮安湖嘴布肆专鬻此种,故得名。桃红、银红、靠红、粉红、肉红,即韶州退红之属。紫有大紫、玫瑰紫、茄花紫即古之油紫、北紫之属。白有漂白、月白。黄有嫩黄,如桑初生。杏黄,江南即丹黄,亦曰缇,为古兵服。蛾黄如蚕欲老。青有红青、为赤青色,一曰乌青。金青,古皂隶色。玄青,玄在緅、缁之间,含青则为䵷艴。虾青,青白色。沔阳青以地名,如淮安红之属。佛头青即深青。太师青即染色小缸青,以其店之缸名也。绿有官绿、油绿、葡萄绿、苹婆绿、葱根绿、鹦哥绿。蓝有潮蓝,以潮州得名。睢蓝以睢宁染得名。翠蓝,昔人谓翠非也,或云即雀头三蓝。通志云:蓝有三种,蓼蓝染绿、大蓝浅碧、槐蓝染青,谓之三蓝。黄黑色则曰茶褐,古文老褐衣,今误作茶叶。深黄赤色曰驼茸。深青紫色曰古铜。紫黑色曰火薰。白绿色曰余白。浅红白色曰出炉银。浅黄白色曰密合。深紫绿色曰藕合。红多黑少曰红棕,黑多红少曰黑棕,二者皆紫类。紫绿色曰枯灰,浅者曰朱墨。此外如茄花、蓝色、栗色、绒色,其类不一。"② 清代染造色彩艳异,是继承和发展了明代染色工艺的结果。

第四节 纺织生产中心的形成与商业城市繁荣

(一)春秋战国至隋唐时期

根据历史记载,我国最早出现的纺织中心,可以追溯到2500年前,即春秋时代,以临淄为中心的齐鲁地区。《史记·货殖列传》说:"太公望封于营丘(临淄),地潟卤,人民寡。于是太公劝其女工(按即纺织生产),极技巧,通渔盐,则人物归之,襁至而辐辏,故齐冠带衣履天下。"太公用来改造齐国经济的主要措施,除积极发展农业、渔业、盐业外,还着重发展了纺织手工业。这些措施收到了很好的效果,以致到后来,四方商贾辐辏,使齐国经济高度繁荣,成为诸侯中最富强者。在纺织手工业方面盛产罗纨绮缟,不仅做到了"人民多文采布帛",能充分自给,而且可以大量输出,达到了"冠带衣履天下"这样的水平。《货殖列传》又称:"齐带山海,膏埌千里,宜桑麻",由此可见,齐鲁地区纺织手工业兴盛,是和当地的纺织原料生产比较发达分不开的。随着手工业(主要是纺织业)和商业的发展,临淄日益繁荣,到战国时已成为一个拥有二三十万人口的大都市,一直到西汉的几百年间,都是我国的纺织中心。

当时另一纺织中心是以陈留、襄邑为中心的平原地区。陈留、襄邑出的美锦,与齐鲁的罗纨绮缟齐名,也是当时的名产。襄邑的丝织业,也和临淄一样,历经好几个世纪而不衰,直到汉末三国时期,还很兴盛。

在长江流域,当时纺织生产也很发达。当时的吴越地区,以生产麻织物著名,越的都城会稽,到勾践时已是一个商贾奔赴的都市,麻纺织生产很盛。以致大夫文种说过:商人在夏天就

① 清·褚华,《木棉谱》,农学丛书本。

② 见李斗《扬州画舫录》卷一。

采办皮货,在冬天则采办细葛布(𫄨)[①]。后来到汉代,会稽郡更成了著名的麻纺织中心。

春秋时代,以至后来的战国时代、汉代,我国纺织业,特别是丝织业,主要集中在黄河流域中下游,包括现今冀、鲁、豫三者接壤的广大地区,麻纺织则主要集中在长江流域以及东南地区。当时纺织中心的出现促进了城市商品经济的繁荣,是纺织生产水平发展到一定高度的重要标志。

西汉时期养蚕丝织业重心也在北方,但我国南方也早有种桑养蚕方法在流传,位于长江上游的蜀中,蚕桑之利也极普遍,并生产全国著名的蜀锦。蜀的丝织中心是成都,左思在他的《蜀都赋》中说:"百室离房,机杼相和,贝锦斐成,濯色江波。"到东汉末,蜀锦已与临淄、襄邑的产品并驾齐驱,甚至有后来居上之势。当时布的产地以西蜀为上等,《说文》:"䌰,蜀细布也"。《盐铁论·本议篇》云:"布有橦华"、"黄润比筒",刘渊林注解:"黄润谓细布"。《居延汉简释文》卷三,二页有"广汉八稯布"的记载,与文献所说皆合。

汉代纺织手工业高度发展必然导致纺织品在市场上大量交易,《汉书·货殖列传》说:"通都大邑,酤一岁,……其帛、絮、细布千钧,文采千匹,答布、皮革千石。"商铺每年卖出这么多丝织品,当然是大富商。《后汉书·朱儁传》说:"朱儁少孤,母以贩缯为业。同郡周起,负官债百万,县催责之。儁窃其母帛为起解债。"朱儁偷窃母帛为友还债,数达百万,可见他母贩缯的生意一定做得不小。汉代纺织品大量生产,促进了纺织品作为商品经济的一部分进入商品流通,纺织品贸易与前代相比,数量更多,市场更为广阔。纺织品在市场的大量出现,大大丰富了市场商品,并引起商业和城市经济的繁荣盛况,从而导致社会经济发生巨大变化。

南北朝时,北魏统治北中国河北一带成为纺织业发达地区后,又搜括到大批纺织工匠,因而纺织物产量大为增加。随后的北齐和北周沿袭北魏制度,也极重视发展纺织手工业。当时丝织业中心仍在河北,观其设细绫局于定州可知。直到唐代前期,河北定州仍是贡奉绫锦最多的地方,当时织物也非常精丽,产量亦多。

隋代河南、河北、山东、四川一带仍是纺织业的主要中心,所产锦、绫、绢等丝织品精良知名。隋炀帝是历史上著名奢侈荒唐的皇帝,大业六年(610)正月,邀集外国君王到洛阳,在端门街盛陈百戏,戏场周围5 000步,执丝竹者18 000,声闻数十里,乐工都着锦绣缯帛,舞人悬环佩,缀花球。炀帝令长安、洛阳制花饰,两京缯帛用完还不够。戏乐自黄昏至翌晨,灯火光照天地,终月才罢散,费用巨万,此后每年举行。外国人入丰都市(洛阳东市)交易,炀帝先命整饰店肆,檐宇如一,盛设帷帐,珍宝充积,人物华盛,连菜摊也用龙须席铺地。外国客人走过酒食店,店主邀入就坐,醉饱散去,不取一酬,谎骗他们说:"中国丰饶,酒食例不取值",外国客人惊叹。也有的外国客人知道虚伪,见用缯帛缠树,就问:"中国也有贫者,衣不蔽形,何不以此物与之,缠树何为?"市人惭愧不知以答。这样奢侈荒唐的举措,不知浪费了多少人力物力,但从中也可看出隋对丝织物大量生产,众多的丝绸产品流向市场,当时的城市经济中丝绸交易已占有很大的比重,对城市经济的繁荣无疑起了重大作用。

唐代前期丝织生产仍主要集中在黄河流域中下游地区,据《唐六典》载,唐开元时(712～741),丝织以河南居首位,河北次之,淮南只有寿州,江南则在偏西及偏南,若就《旧唐书·地理志》所列各道、各州贡赋之物产来看,丝织物所出最多的地方,一是河南道(今河南、山东地)之各州;二是河北道(今河北及河南之一部)之各州;三是江南道(今江苏、浙江地)之各州。其他

① 见《国语·越语》。

各道虽也间有丝织物,都不如这三道之盛。北方自是丝织发祥地,河北有以丝织品贡数为全国第一的定州(河北定县),山东则有盛产丝织品的青州(山东益都)。定州是北方的丝织中心,每年向朝廷贡细绫 1 270 匹,两窠细绫 15 匹,瑞绫 250 匹,大独窠绫 25 匹,独窠绫 10 匹,远在其他各州之上。

安史之乱后,社会经济重心南移,江南的缫丝、织绸生产技术水平,在开元至贞元(713～805)不到 100 年的时间里,有了迅速的提高。天宝初(约 742)韦坚陈称:广陵(扬州)为锦,丹阳(润州)为京口绫、衫段,晋陵(常州)为折造官瑞绫绣,会稽(越州)为罗、吴绫、绛纱,淮南、浙西之丝织已日趋精妙。以后,淮、浙、江南之丝织物更趋驾北方,成为南方丝织中心。江南丝织技术的迅速提高,原因是北方不少纺织工匠流入南方,据李肇的《国史补》载:浙江东道节度使薛兼训在大历二年(767),曾密令军中尚未结婚的人,去北方"娶织妇以归,岁得数百人。由是越俗大化,竞添花样,绫纱妙称江左矣"。另一方面因中原藩镇割据,生产破坏,朝廷服御无所取给,于是转而求诸于南方,也促进了南方丝织业的迅速发展。《新唐书·地理志》载江南东道所贡丝织品之名色,尤为繁伙,可知当时江南东道之丝织业,在唐后期已发达到了兴盛的地步。

唐代民营纺织手工业作坊出现很早,中唐以后,纺织手工业作坊大为增多。随着城市经济的繁荣和商品流通的扩大,唐代从事同类商品生产的作坊和商业店铺,多集中于一个街坊,称为"行"。如长安市就有 220 行,其中属于纺织业的有长安西市的"绢行"、东市宣阳坊中的"彩缬铺"①,洛阳龙门石窟净土堂题记中有北市"彩帛行"、"丝市",可想见当时城市规模和工商业交易繁华景象。手工业和商业不只像在长安、洛阳这样的大城市中发达起来,就连一些中、小城市,也出现了各种经营纺织业的行会组织。在发掘和整理房山石经中,从石经的题记里,发现了许多唐代天宝至贞元间(742～805)北方州郡的行会资料。题记中属于范阳郡的纺织业行有:绢行、大绢行、小绢行、采帛行、綵绵采帛行、小采行、新绢行、布行、染行、幞头行。江南的淮安西市有"帛肆"②。远在西北边塞的交河(新疆吐鲁番),是唐代和中亚丝绸之路的重要丝绸贸易中心,也有了"彩帛行"、"帛练行"③。这些城市商业专营一种商品的"行"之出现,说明唐代纺织行业商业所经营的项目较前代更为复杂而专一了。

(二)宋元时期

北宋时由于北方兵祸连绵,养蚕和缫丝生产很多停废,而吴、越却未经战争破坏。封建朝廷在"天下丝缕之供皆在东南,而吴丝之盛,惟此一区"的情况下,对两浙的丝织业更为重视。除兴修水利等措施外,还奖励游民垦殖,因此江南的丝织生产就在唐末五代较好的基础上进一步发展起来。据《宋会要辑稿》的记载,"上供"中的丝织物北方各路仅占了四分之一,而两浙却占了三分之一以上,丝绵则超过了三分之二。宋室南渡以后,北方大批王公贵族和官商巨室以及农民、手工业者都纷纷南迁。据《建炎以来系年要录》的记载,来自北方的居民"竟数倍于土著",这样,市场上丝织品的销路激增,大大刺激了南方的丝织业生产。杭城丝织品有"绫,柿蒂、狗蹄。罗,花素、绉罗、熟罗、线柱。锦,内司街坊以绒背为佳。克丝,花素二种。杜缠又名

① 见孙棨《北里志·王团儿》。
② 见白行简《三梦记》。
③ 孔祥星,唐代丝绸之路上的纺织品贸易中心西州,文物,1982(4):18～23。

起线。鹿胎,改名透背。皆花纹特起,色样织造不一。纻丝,染丝所织诸颜色者,有织金、闪褐、闲道等类。纱,素纱、天净、三法暗花纱、粟地纱、茸纱。绢,官机、杜村唐绢,幅阔者密,画家多用之。绵以临安(今杭州)、于潜白而细者佳。绸有绵线织者,土人贵之。"① 从普通的绸、缎、绢、锦到绮、绫、纱、罗、绉以至鹿胎、透背、绣锦、锦裥等新名目,花色品种十分丰富,甚至名贵的"绒背锦"也在织造了。当时临安"诸行市中有:丝绵市、生帛市、枕冠市、故衣市、衣绢市……"② 很多丝绸商业的彩帛铺"买卖昼夜不绝"③。南京、常州、苏州、镇江、婺州、四川也都拥有巨大的丝织生产能力。宋代在苏州织造的宋锦(或织锦),在南京织造的云锦,在四川织造的蜀锦,都是闻名全国的织品。婺州出产的各种罗,其精美工细名闻各地,城中规模很大的彩帛铺,一次就能卖出暗花罗、瓜子春罗三、四百匹。四川的蜀锦(如百花孔雀锦),湖州也在仿造了。奉化的绝密而轻如蝉翼,独异他地。绍兴除有名的越罗外,还出产尼姑庵所织的尼罗和寺绫。亳州"出轻纱,举之若无,裁以为衣,真若烟雾"④。此外,四川的丝织生产也不下于两浙,蜀锦这时织造尤精。单州成武县"织薄缣,修广合于官度,而重才百铢,望之如雾"⑤。南宋时,杭州、苏州、南京、成都等南方纺织业中心,特别是苏杭地区已完全取代了北方原来几个老纺织业中心的地位。从东汉时期丝织业生产重心逐渐南移,到两宋时代最后完成南移过程,正好经历了 1000 年时间。在这以后,我国蚕丝生产和丝织业的地理分布情况,就基本上是我们今天所看到的样子了。

宋代麻织品的产地集中在南方,尤以广西为最。"触处富有苧麻,触处善织布",生产柳布、象布,"商人贸迁而闻于四方者也"⑥。其他尚有剡县产强口布,诸暨出山后布,这些都是名产品。宋代布帛名色,从绍兴时(1131 ~ 1162)户部所裁定留舶司发运及不发运的服物材料中可以见到一斑,有"大布、番青斑布、白熟布、袴布、鞋面布、青花番布、粗黑小布、单青番棋盘小布、番头布、海南青花布、袜面布、小布、青苧布、粗小布、白细布、白苧布、生苧布(以上皆须发运至京者),海南白布、毛施布、海南棋盘布(以上皆不发运者)"⑦。

宋代毛织业仍集中在西北,产地以兰州、泾州为中心。当时用山羊绒纺织成褐,"矞艻羊(番语),唐末始自西域传来,外毛不甚蓑长,内毳细软,取织绒褐,秦人名曰山羊,以别于绵羊。此种羊先自西域传入临洮,今兰州独盛,故褐之细者,皆出兰州,一曰兰绒";"山羊毳绒亦分两等,一曰挡绒,用梳栉挡下,打线织帛,曰褐子、把子诸名色。一曰拔绒,乃毳毛精细者,以两指甲逐茎捋下,打线织成绒褐。此褐织成,揩面如丝帛滑腻,每人穷日之力打线,只得一钱重,费半载功夫,方成匹帛之料"⑧。此外,"泾州……能捻茸毛为线,织方胜花一匹,重只十四两"⑨。用茸毛能织成这样轻薄、精美的织品,毛纺织工艺已非常精巧了。

入宋以来,尤其是 12 世纪初叶,宋室南渡以后,汉民族与南方少数民族接触日益频繁,我国东南闽、广各地从少数民族那里学会种棉、纺纱、织布的手工操作技术日多,棉花种植也渐

① 宋·吴自牧,《梦粱录》卷一三,知不足斋丛书本。
② 《西湖老人繁胜录》,见《永乐大典》卷七六三。
③ 宋·吴自牧,《梦粱录》卷一三,知不足斋丛书本。
④ 宋·陆游,《老学庵笔记》卷六,丛书集成本(第 2766 册),上海商务印书馆,1939 年。
⑤ 宋·庄绰,《鸡肋篇》卷上,琳琅密室丛书本第三集。
⑥ 周去非,《岭外代答》卷六,见《笔记小说》第七册,江苏广陵古籍出版社,1983 年。
⑦ 清·徐松辑,《宋会要辑稿》绍兴十一年茶,影印本,中华书局,1957 年。
⑧ 宋应星,《天工开物·乃服》,崇祯十年刊本。
⑨ 宋·庄绰,《鸡肋篇》卷上,琳琅密室丛书本第三集。

盛。江南地区因蚕桑业发展极普遍，而种棉业则仍仅限于闽、广地区，还未普及到江南，直到南宋末年，江南一带才逐渐开始种植棉花。由于棉花种植、纺织等工艺技术传入江南尚不久，当时轧花、弹花、纺纱、织布等工序还没有像丝织业那样分离开来成为某一手工业者的专门工作，而是自始至终在同一农户中由若干成员共同担任完成，这就决定了当初它的生产效率必然很低，而且只能作为家庭纺织副业来经营。棉纺织在我国的广泛传播，为我国纺织业增添了新的内容，从此，棉花种植在我国农业生产中，便占了很重要的地位。

元代黄河下游地区，据《马可·波罗游记》载：当时的汗八里（北京）、哥萨城（河北涿州）、太原府（太原）、平阳府（山西临汾）、开昌府（晋陕交界）、达哈寒府（河北河间）、济南府等，均盛产丝和各种精美丝织品。部分丝织品的织造技术还有提高，“燕人何失世，以织纱縠为业，与张进忠制笔齐名”[①]。长江中下游地区的丝织业仍保持南宋后的兴盛繁荣，当时江浙丝织品以湖州所产最为优良，特别是缫丝用水经过选择。“归安之水宜茧丝”，练漂出来的丝，丝色如银。杭州除生产大量丝绸外，还织造“纳失失”（即织金锦，“纳失失”或作“纳石失”、“纳克实”[②]）和“怯绵里”（剪绒织物）。崇德在南宋时以织狭幅丝织物出名，到元时，也增添了绫、罗、水锦、克丝、绮绣等品种。魏唐的宓机绢也比前代更为匀净细密，为画家所喜用。蜀锦生产仍然有名，巴蜀地区仍是元代丝绸生产重地。

元初，植棉和棉纺织技术在我国长江流域和黄河流域广泛传播发展。长江流域的松江府在元初制棉生产技术发展迅速，竟超越闽、广地区以及北中国，逐渐形成为手工棉纺织业的中心。当时新疆地区和闽、广、昆林府（广西桂林）地方棉织业也很发达。

元代官营手工业匠户中织工最多，纺织手工业因而比较兴盛，匠户生产品全归皇室及贵族所有，所以元代贵族多经营商业，出卖他们生活享受剩余的纺织物。马可·波罗所记南北大城市，无处不出产丝织物，因而城市商业繁盛。北方的汗八里大城（北京），居民殷繁，货物云集，“此处出售的商品数量较其他任何地方为多，因为用马车和驮车载生丝至此处的，每日不下一千起，金丝织物和各种丝织物有极大量的制造”[③]。涿州居民多经营工商业，织造金锦丝绢及最美的罗。中定府产丝极多，商人经营大规模的丝绸业。太原府产丝，工商业繁盛。京兆府居民织造各种丝绢，城市繁华。成都盛产锦绸，商业发达。杭州城内大市场即有十处，小市无数，“出产大宗的绸缎，还有商人从它省运来绸缎”[④]，丝织品充斥。桐乡濮院的濮明之还设立四大“牙行”，收积丝织产品，乘时牟利。湖州的双林镇也是最大的纺织品买卖市场，设有绢庄十处，每晨远近乡人挟绢来镇出卖，熙熙攘攘，摩肩接踵[⑤]。苏州“周围有二十里，居民有巨量的生丝，不仅以之制成绸缎供自己消费，……而且远销其他市场”[⑥]。南京、常州、镇江等城丝织业极盛，居民赖工商为业。证明纺织业的发展确实促进了城市经济繁荣。铁木真时曾一度以丝作货币流通，作为发行会子的对象，《续通考》卷九记载：“太祖末（铁木真立于宋宁宗开禧二年，终于宋理宗绍定九年，即公元 1206 至 1228 年），值兵火之后，货物不通，即发行‘丝会’以丝数印会子，权行一方，民获贸迁之利。”以丝数印成纸币“丝会”，作货币发行，这在世界货币史中尚

---

① 清·朱彝尊，《日下旧闻》卷三九补遗引《宋元诗会笺》。
② 宋·周密，《云烟过眼录》，十万楼丛书本。
③ 梁生智译，马可勃罗游记，卷二，中国文史出版社，1998 年。
④ 梁生智译，马可勃罗游记，卷二，中国文史出版社，1998 年。
⑤ 《双林镇志》卷一六《物产》：“有绢庄十座，在普光桥东，每晨入市，肩相摩也。”
⑥ 梁生智译，《马可勃罗游记》卷二，中国文史出版社，1998 年。

属首例。

(三)明代

进入明代,尤其自明中叶以后,由于丝织业有了进一步发展,南宋以来丝绸生产繁盛的苏、杭、嘉、湖等地成了丝织业的中心。在明初,朝廷就在苏州设有织染局,并且派有坐派、召买等名目,每年织造纻、丝、纱、罗、诸布及帛,“约三万七千四百余端”①。隆庆元年(1567),诸织造皆停止,私营丝织业乃更形发展,逐渐形成为东南的丝织专门地区。明张翰说:“余总览市利,大抵东南之利,莫大于罗、绮、绢、纻,而以三吴为最”②。郭子章《论蚕》也说:“东南之机,三吴、闽、粤最夥。”在苏州城内,“居民大半工技”,城东居民“皆习机业”③。“以纺织为业,机声轧轧,子夜不休,……郡城之东,皆习机业。”④“我吴市民罔籍田业,大户张机为主,小户趁机为活。”⑤“吴民生齿最烦,恒产绝少,家杼柚而户纂组。”⑥

杭州被称为“习以工巧,衣被天下”⑦。盛产绢,“绢,县民织者甚众,今直隶、江西等省皆买之”⑧。

嘉兴“蚕桑组绣之技,衣食海内”⑨,“近镇村坊都……织绸为业”⑩。濮院镇“机杼之利,日生万金”⑪,“人可万余家,……织丝纻”⑫。“万家烟火,民多织绸为生”⑬。“迩来(万历时)……机杼声轧轧相闻,日出锦帛千计”⑭。

湖州“隆(庆)万(历)以来,机杼之家,相沿比业,巧变百出”⑮。

吴江的震泽镇,成化、弘治(1465～1505)以后,“近镇各村尽逐绫绸之利”⑯。盛泽镇“镇上……男女勤谨,络纬机杼之声,通宵彻夜,远近村坊织成绸匹,俱到此上市。”⑰“绫罗纱绸出盛泽镇,奔走衣被天下。”⑱

在北方,丝织业中心地区应首推山西潞安,这里出产的潞绸名闻中外,机户也非常众多。据顺治《潞安府志》载:潞安“在昔(明代)殷盛时,其登机鸣杼者奚啻数千家”,“其机则九千余

① 《明史·食货志》,中华书局,1976年。
② 明·张瀚,《松窗梦语》卷四,武林往哲遗著本前编。
③ 见《古今图书集成·考工典》引《苏州府志》。
④ 见《古今图书集成·考工典·织工部》。
⑤ 见蒋从化《西台漫记》卷四。
⑥ 见《明神宗实录》卷三六一。
⑦ 《明史·食货志》,中华书局,1976年。
⑧ 见乾隆《杭州府志》卷五三引万历《临安县志》。
⑨ 见嘉庆《嘉兴府志》卷三四引王世贞《槜李往哲列传序》。
⑩ 见《石点头》卷四《瞿凤奴情衍死盖》。
⑪ 见胡琢《濮镇纪闻》卷首《总叙》。
⑫ 见万历《秀水县志》卷一。
⑬ 见《桐乡县志》卷一《市镇》。
⑭ 见《濮川所闻记》卷四。
⑮ 见乾隆《湖州府志》卷四一引《双林志》。
⑯ 见乾隆《震泽县志》卷二五。
⑰ 见冯梦龙《醒世恒言》卷一八《施润泽滩阙遇友》。
⑱ 见康熙《吴江县志》卷一七。

张"[1]。又据乾隆《潞安府志》载:"明季长治、高平、潞州卫三处,共有绸机一万三千余张。"[2] 出产之多,乃有"潞绸遍宇内"[3];潞绸"士庶皆得衣"[4];"潞城机杼斗巧,织作纯丽,衣天下"[5] 的美誉。

此外,四川"保宁则有丝绫文锦之饶"[6]。"保宁诸县,……其丝、绸、绫、绢,既用以自衣被,而其余且以货诸他郡,利云厚矣"[7]。

广东所产"粤缎之质密而匀,其色鲜华,光辉滑泽","粤纱,金陵、苏、杭皆不及","故广纱甲天下,缎次之"[8]。屈大均也说:"广之线纱与牛郎绸、五丝、八丝、云缎、光缎,皆为岭外、京华、东西二洋所重。"[9]

福建福州"出有丝绸、绢线、绢丝、缎改机"[10]。泉州府出产丝织很多,绢"用湖州头蚕丝为上,拓蚕次之,有素织、花织、云织、金线织……亦有织天鹅绒者,不如漳州佳"[11]。漳、泉二州又出倭缎,"凡倭缎制起东夷,漳、泉海滨效法为之,丝质来自川蜀,……其织法亦自岛夷传来"[12]。"泉人自织业,玄光若镜,先朝士大夫恒贵尚之,商贾贸丝者大都为海航互市。"[13] "泉州地狭人稠,仰粟于外,百工技艺,敏而善做,北土缇缣,西番毳罽,莫不能成。"[14] 可见当时漳、泉州纺织之盛,城市商业繁华。

明代植棉遍及全国,棉纺织业也迅速发展,宋应星说:"织机十室必有。"[15] 随着生产力的不断扩大,许多棉纺织手工业中心城市和中心地区也在逐渐形成,它们已经在比较集中地生产某几种产品或某一种产品。

江南是棉纺织手工业的中心地区,如:

松江自元以来,就逐步发展成全国棉纺织专门地区。《松江志》载:"俗务纺织,他技不多,……百工众技与苏杭相等。要之,松郡所出皆切于实用,如绫、布二物,衣被天下,……家纺户织,远近通流。"[16] "城中居民,专务纺织,中户以下,日织一小布以供食,虽大家不亲,而督率女伴未尝不勤。"[17] "至于乡村,纺织尤尚精敏,农暇之时,所出布匹,日以万计,以织助耕,女红有力焉。"[18]

---

① 见顺治《潞安府志》卷一。
② 见乾隆《潞安府志》卷一九。
③ 见万历《潞安府志》卷一。
④ 明·吕坤,《去伪斋集》卷二,道光七年栗毓美刊行本。
⑤ 见郭子章《郭青螺先生遗书》卷一六。
⑥ 明·张瀚,《松窗梦语》卷四,武林往哲遗著本。
⑦ 见《古今图书集成·职方典·四川总部·总论》。
⑧ 见乾隆《广州府志》引《嘉庆府志》。
⑨ 见屈大均《广东新语》卷一五。
⑩ 见万历《福州府志》卷八。
⑪ 见万历《泉州府志》卷三。
⑫ 宋应星,《天工开物·乃服》,钟广言注释本,广东人民出版社,1976 年。
⑬ 见王云《漫游纪略》卷一。
⑭ 见乾隆《福建通志》卷九引何乔远《闽书》。
⑮ 宋应星,《天工开物·乃服》,钟广言注释本,广东人民出版社,1976 年。
⑯ 见徐光启《农政全书》卷三五引《松江志》。
⑰ 见范濂《云间据目抄》卷五。
⑱ 见《古今图书集成·职方典·松江府部·风俗考》。

嘉定“邑之民业,首藉棉布。纺织之勤,比户相属”[①]。“太仓、嘉定……比间以纺织为业,机声轧轧,子夜不休,贸易惟棉花与布。”[②]

上海“地产木棉,……纺绩成布,衣被天下”[③]。

常熟产布,“用之邑者有限”,远贩外地,“彼氓之衣缕,往往为邑工也”[④]。

湖州于万历时是“商贾从旁郡贩棉花,列肆我土(湖州),小民以纺织所成,或纱或布,侵晨入市,易棉以归,仍治而织之,明旦复持以易。”[⑤]

福建惠安,“滨海业海,亦不废农业,自青山以往,又出白细布,……几遍天下”[⑥]。泉州“府下七县,俱产棉布”[⑦]。

北方的棉布本来绝大部分仰给于江南,“今北土之吉贝贱而布贵,南方反是。吉贝则泛舟而鬻诸南,布则泛舟而鬻诸北”[⑧]。后来由于棉纺织的不断推广,北方棉纺织业大盛,“今北方自织花,南方几弃织作”[⑨]。“肃宁一邑,所出布匹足当吾松(江)十分之一矣。初犹莽莽,今(明末)之细密几与吾松之中品埒矣。其价值仅当十之六七,则所云吉贝贱故也。”[⑩]

山东邹县最初是“民不织而资布于邻”。以后,棉纺织业发展,不但做到了“邻不来鬻布”,而且还“鬻布于邻”[⑪]。登州纺织业也兴盛,“纺绩花布,以自衣服,穷乡山陬,无问男妇俱为之,……有余布,立兼鬻于乡市。复有市贾贩之城市,庶人、在官及末作、游寓者均需焉”[⑫]。

西南苗族、瑶族、土家、壮族、黎族人民也擅长纺织。最著名的有诸葛锦,用白色棉纱作经,蓝色棉纱作纬,随机挑织,自成花样,多产在贵州青特洞等处[⑬]。

明代纺织业已经是全国手工业中一个非常重要的生产部门,许多城市因为织造业发达,商业繁荣,也都在逐步发展起来。尤其是几个主要的丝织业、棉织业的中心地区,已经成为全国的重要经济重心。

苏州不仅是著名的丝织业专门地区,“郡城之东,皆习机业”,“家杼柚而户纂组”[⑭],“苏民无积聚,多以丝织为生,东北半城皆居机户”[⑮]。而且是自“吴阊至枫桥列市二十里”[⑯],“市货盈衢,粉华满耳”[⑰] 的大商业城市。据曹自守《吴县城图说》记载:“苏城……民不置田产,而聚货招商,阛阓之间,望如锦绣,丰筵华服,竞侈相高。”[⑱] “列巷通衢,华区锦肆,坊市棋列,桥梁栉

---

① 见万历《嘉定县志》卷六《物产》。
② 见《古今图书集成·职方典·苏州府部·风俗考》。
③ 见叶梦珠《阅世编》卷七。
④ 见嘉庆《常熟县志》卷四《食货志》。
⑤ 见雍正《浙江通志》卷一〇二《物产》二。
⑥ 见《惠安县志》卷三七《风俗》。
⑦ 见万历《泉州府志》卷三。
⑧ 见徐光启《农政全书》卷三五。
⑨ 见万历《嘉定县志》卷六《物产》。
⑩ 见徐光启《农政全书》卷三五。
⑪ 明·吕坤,《实政录风宪约》卷六《宪纲十要》,道光七年栗毓美刊行本。
⑫ 见《古今图书集成·职方典·登州府部·风俗考》引《登州志》。
⑬ 见《贵州黎平府志》卷三下,转引自李光璧《明代手工业的发展》。
⑭ 见《明神宗实录》卷三六一。
⑮ 见《古今图书集成·职方典·苏州府部·风俗考》引《苏州府志》。
⑯ 见康熙《松江府志》卷五四《遗事》。
⑰ 见《宝颜堂秘笈汇编》第五,耿定向《先进遗风》卷二。
⑱ 见《天下郡国利病书》原编第五册,曹自守《吴县城图说》。

比,……货财所居,珍异所聚。"① 这些记载都可以看出,苏州的城市居民主要是以从事纺织手工业和商业来维持生活的,因而也可以肯定纺织手工业者和商人是城市的主要居民,由于纺织业的兴盛促进了商业繁荣,才使得城市经济得到极大的发展。

因生产妆花绸缎和云锦极负盛名的南京,"北跨中原,瓜连数省,五方辐辏,万国灌输,……南北商贾争赴"②。万历时(1573~1620),"生齿渐蕃,民居日密,稍稍侵官道为廛肆"③。"自金陵而下控故吴之墟,东引松常,中为姑苏,其民利鱼稻之饶,极人工之巧,服饰、器具足以炫人心目,而志于富侈者,争趋效之。"④

嘉定因出产棉布,"商贾贩鬻近自杭、歙、清、济,远自蓟、辽、山、陕。其用至广,而利亦至饶"⑤。

常熟"居上海水陆之会,有湖山膏腴之产,凡鱼鳞米盐布缕之属,羡衍充斥"⑥。所以"四方商人辐辏其地,而蜀舻越舵,昼夜上下于门"⑦。这里所产的布,"用之邑者有限,而捆载舟输,行贾于齐鲁之境者常什六,彼氓之衣缕,往往为邑工也"⑧。

芜湖"溯大江,据要冲,受廛而居者鳞攒星聚。舟车之辐,货贝之富,悉倍他邑"⑨。"城中外市廛鳞次,百货翔集,五方杂居者十之七"⑩。同时又是浆染业中心,"浆染尚芜湖"⑪。

松江府城内,"东西二门,系商贾辐集之地"。"前明数百家布号,皆在松江、枫泾、洙泾乐业。而染房、踹房、商贾悉从之。"⑫ 所产"绫、布二物,衣被天下"⑬。因棉织业发达,到隆庆、万历(1567~1620)以后,与纺织品有关的鞋业、暑袜业也跟着发达起来。"(初)郡中绝无鞋店与蒲鞋店,万历以来,男人多有制鞋,……遂广开诸肆于郡治东"⑭。"松江旧无暑袜店,暑月间穿毡袜者甚众。万历以来,用龙墩布为单暑袜,故郡治两郊,广开暑袜店百余家"⑮。"郊西龙墩布轻细洁白,市肆取以造袜,诸商收鬻称于四方,号龙墩暑袜,妇女不能织者,多受市值为之缝纫焉"⑯。棉花市场也极兴盛,吴伟业记载松江棉花市场,说:"眼见当初万历间,陈花富户积如山。福州青袜乌言贾,腰下千金过百滩。看花人到花满屋,船板平铺装载足。黄鸡突嘴啄花虫,狼藉当街白如玉。市桥灯火五更风,牙侩肩摩大道中。"⑰

上海"地产木棉,行于浙西诸郡,纺绩成布,衣被天下"。这里出产的标布,销路最广,"上阔尖细者曰标布,……俱走秦、晋、京、边诸路";"其较标布稍狭而长者,曰中机,走湖广、江西、两

---

① 见《明神宗实录》卷三六一。
② 张瀚,《松窗梦语》卷四,武林往哲遗著本前编第四函。
③ 谢在杭,《五杂俎》卷三,国学珍品文库第一集。
④ 见张瀚《松窗梦语》卷四。
⑤ 见万历《嘉定县志》卷六《物产》。
⑥ 见程嘉燧《松园倡庵集》卷下《明处士方君墓志铭》。
⑦ 见吴宽《匏翁家藏集》卷七五《赠征仕郎户科给事中杨公墓表》。
⑧ 见嘉靖《常熟县志》卷四《食货志》。
⑨ 见康熙《芜湖县志》卷一四《县绍记》。
⑩ 见《古今图书集成·职方典·太平府部·风俗考》。
⑪ 宋应星,《天工开物·乃服》,钟广言注释本,广东人民出版社,1976年。
⑫ 见范濂《云间据目抄》卷五。
⑬ 见顾公燮《消夏闲记摘抄》卷中。
⑭ 见正德《松江府志》卷四《风俗》。
⑮ 见叶梦珠《阅世编》卷二。
⑯ 见《古今图书集成·职方典·松江府部·风俗考》。
⑰ 见吴伟业《梅村家藏稿》卷一〇《木棉吟》并序。

广诸路”。“前朝(明代)标布盛行,富商巨贾操重赀而来者,白银动以数万计,多或数十万两。”① 清初上海人褚华所写《木棉谱》自叙说:“明季从六世祖……精于陶猗之术。秦、晋布商皆主于家,门下客常数十人,为之设肆收买。俟其将成行李,始估银与布捆载而去。其利甚厚,以故富甲一邑。国初(清朝)犹然。”

湖州“正(德)嘉(靖)以前,南溪仅有纱帕。隆(庆)万(历)以来,机杼之家,相沿比业,巧变百出。”② 所以“各省直客商云集贸贩,里人贾鬻他方,四时往来不绝。”③

杭州出产丰富,“桑麻遍野,茧丝绵苧之所出,四方咸取焉。虽秦、晋、燕、周大贾,不远数千里而求罗、绮、缯、布者,必走浙之东也。”④《明史·方域志》称之为“习以工巧,衣被天下”。《古今图书集成》也记载“杭民半多商贾”⑤,可见工商业人口已占了大多数。万历时,杭州已是“内外衢巷,绵亘数十里,……民萌繁庶,物产浩穰”,“车毂击,人肩摩”⑥ 的繁华城市。

福建因本省纺织业发达,“东南之机,三吴、闽、粤最伙”⑦。纺织商品贸易因之兴隆,“凡福之细丝、漳之纱帽、泉之蓝,……无日不走分水岭及浦城小关,下吴越如流水,其航大海而去者,尤不可计,皆衣被天下。所仰给他省独湖丝耳,红不逮京口,闽人货湖丝者,往往染翠红而归织之”⑧。福建所出莆田青麻布,“商贾转贩他方亦广”⑨。“民间所织纱帛,皆资于吴中”⑩。特别是惠安的“北镇之布行天下”⑪,又出白细布,“通商贾辇货之境外,几遍天下”⑫。

广东的“冬布多至吴楚,松江之梭布、咸宁之大布,估人络绎而来”。这里出产的“蕉布与黄麻布为岭外所重,常以冬布相易”。本地所产丝织品,如“广之绒纱与牛郎绸、五丝、八丝、云缎、光缎,皆为岭外、京华、东西二洋所贵”⑬。

江西因为“丝非本省所产,必于浙杭等处收买。……木棉之利,亦非本地之饶,必于湖广等处贩买。……民间所用细布,悉以苏、松、芜湖商贩贸易。”⑭ 当时来自外地的纺织品,有“大田之生布,……浙江之湖丝、绫绸,……湖广之罗田布,……嘉应西塘布,苏州青,松江青,南京青,瓜州青,芜湖青、连青、红绿布,松江大梭布、小中梭布,湖北孝感布,临江布,信阳布,定陶布,福青生布,安海生布,吉阳布,粗麻布,书访生布,漆布,大刷竞、小刷竞,葛布,金溪生布,棉纱,净花,子花,棉带褐子花,布被面,黄丝,钱丝、纱罗、各色丝布,杭绢,锦绸,绵绸,彭刘缎,衢绢,福绢,此皆商船往来货物之重者”⑮。这些都是大宗商品,其他少量尚不计,由此也可知纺织品贸易之繁多和兴盛。

---

① 见叶梦珠《阅世编》卷七。
② 见乾隆《湖州府志》卷四一《物产》引《双林志》。
③ 见乾隆《湖州府志》卷四一《物产》引《双林志》。
④ 见张瀚《松窗梦语》卷四。
⑤ 见《古今图书集成·职方典·杭州府部·风俗考》。
⑥ 见万历《杭州府志》卷三四《衢巷市镇》。
⑦ 见郭子章《郭青螺先生遗书》卷二〇《蚕论》。
⑧ 见王世懋《闽部疏》。
⑨ 见弘治《兴化府志》卷一二《货殖志》。
⑩ 见万历《兴化府志》卷一。
⑪ 见何乔远《闽书》卷二八《风俗志》。
⑫ 见《惠安县志》卷三七《风俗》。
⑬ 见屈大均《广东新语》卷一五《货语》。
⑭ 见《两台奏议》卷五《复议丝绢折半疏》。
⑮ 见万历《铅书》卷一《食货》。

四川保宁有"丝绫文锦之饶"①,"其丝、绸、绫、绢,既用以自衣服,而其余且以货诸他郡"②。又产一种水丝,"吴越人鬻之以作改机绫绢。岁夏,巴、剑、阆、通、南之人,聚之于苍溪,商贾贸之,连舟载之南去。土人以是为生,牙行以此射利"③。

河北的河间府,嘉靖时(1522～1566)已是一个繁荣城市,"行货之间,皆贩缯……之人,……贩缯者至自南京、苏州、临清"④。武清县东北三十里之河西务,从元代以来即是漕运要道,县境富产棉花,故纺织业发达,明代已经发展成为"商民攒聚,舟航辐辏"⑤ 之地,万历时(1573～1620)"布店计一百六十余座"⑥。北部的宣化也商业繁盛,"大市中贾店鳞比,各有名称,如云:南京罗缎铺、苏杭罗缎铺、潞州绸铺、泽州帕铺、临清布帛铺、绒线铺,……各行交易铺沿长五里许,贾争居之"⑦。

山东物产丰饶,"膏壤千里,宜禾、黍、桑、麻,产多丝、绵、布、帛"⑧。临清纺织业发达又是漕运要道,工商业相当兴盛,"周围逾三十里,而一城之中,无论南北财货,即绅士商民近百万口"⑨。"东西南北之人,贸易辐辏"⑩,以至当时"惟临清为南北都会,萃四方货物,墆鬻其中"⑪,"五方商贾鸣櫂转毂,聚货物坐列贩卖其中,号为冠带衣履天下,人仰机利而食"⑫。在明神宗(朱翊钧)派税吏对工商业进行掠夺以前,城内有"缎店三十二座,布店七十二座"⑬,已经是一个十分发达的工商业城市了。济宁"江淮货布百贾云集,其民务为生殖,仰机利而食,不事耕桑"⑭。登莱"宜木棉,……舟车牵挽,劳役无休时也"⑮,棉花在该地"六府皆有之,东昌尤多,商人贸于四方,其利甚溥"⑯,郓城"土宜木棉,贾人转鬻江南,为市肆居焉"⑰。

山西潞州出产全国著名的潞绸,除"贡篚互市外,舟车辐辏者转输于省直,流行于外夷,号称利薮"⑱。

河南"沃壤,半植木棉,乃棉花尽归商贩,民间衣服率从贸易"⑲。贸易来的棉布也出自江南,万历时冯梦龙记述:"河南府有一人,唤叫褚卫,年纪六十已外,……专在江南贩布营生,一日正装着一大船布匹,出了镇江,望河南进发。"⑳ 因河南棉布仰给于江南,明末河南战乱时,

---

① 见张瀚《松窗梦语》卷四。
② 见《古今图书集成·职方典·四川总部·总论》。
③ 见嘉靖《保宁府志》卷七《食货志》。
④ 见嘉靖《河间府志》卷七《风俗》。
⑤ 见《古今图书集成·职方典·顺天府部·风俗考》。
⑥ 《明神宗实录》卷三七六,台湾中央研究院历史研究所校印,1963 年。
⑦ 见《古今图书集成·职方典·宣化府部·风俗考》。
⑧ 张瀚,《松窗梦语》卷四,武林往哲遗著本前编第四函。
⑨ 见《明清史料》甲编,923 页。
⑩ 见《明神宗实录》卷三三四。
⑪ 见《古今图书集成·职方典·东昌府部·物产考》。
⑫ 见《古今图书集成·职方典·东昌府部·风俗考》。
⑬ 见《明神宗实录》卷三七六。
⑭ 见《古今图书集成·职方典·兖州府部·风俗考》。
⑮ 见张瀚《松窗梦语》卷四。
⑯ 见万历《山东通志》卷八《物产》。
⑰ 见万历《兖州府志》卷四《风土志》。
⑱ 见顺治《潞贵府志》卷一《物产气候》。
⑲ 见钟化民《救荒图说》。
⑳ 见冯梦龙《喻世明言》卷一。

江南的棉布市场大受打击。如松江,“盖松民贸利,半仰给于纺织。其如山左荒乱,中州糜烂尤甚,吾乡易子而食,析骸而炊,布商裹足不至,松民惟有立而待毙耳”①。

在明代纺织业发展的基础上,当时纺织业特别发达的江南地区,因而新兴了一些纺织业和商业共同繁荣的新的大市镇。

盛泽镇:据陶葆谦《盛湖志序》说:“前明吴江县,尚无盛泽镇,嘉靖以后,居民渐众。”“明初以村名,居民止五六十家,嘉靖间倍之。以绫绸为业,始称为市。”② 到明末,已经发展成为一个拥有人口五万的丝绸手工业大市镇。据冯梦龙的描写,该镇“居民稠广,俱以蚕桑为业,……男女勤谨,络纬机杼之声,通宵彻夜。那市上两岸绸丝牙行,约有千百余家,远近村坊织成绸匹,俱到此上市。四方商贾来收买的,蜂攒蚁集,挨挤不开,路途无伫足之隙。乃出产锦绣之乡,积聚绫罗之地。江南养蚕所在最多,惟此镇处最盛。”③ “绫罗纱绸出盛泽镇,奔走衣服天下。富商大贾数千里辇万金而来,摩肩连袂,如一都会矣。”④ “四方大贾辇金至者无虚日。每日中为市,舟楫塞港,街道摩肩,盖其繁华喧盛,实为邑中第一。”⑤ “奇巧日增,不可殚计,凡邑中所产,皆聚于盛泽镇,天下衣服多赖之。”⑥

震泽镇:“元时村镇萧条,居民数十家,明成化中至三四百家,嘉靖间倍之,而又过焉。”明末,这里已经是“货物并聚,居民且二三千家”⑦ 的丝织业名镇了。这里兴盛的原因,是“绫绸之业,宋元以来,惟郡人为之。至明(洪)熙宣(德)间,邑民始渐事机业,犹往往雇郡人织挽。成(化)弘(治)而后,土人亦有精其业者,相沿成俗。”于是震泽镇及其近镇各村居民,“乃尽逐绫绸之利”⑧。

王江泾镇:“嘉兴府去城三十里外有个村镇,唤做王江泾。这地方,北通苏、松、常、镇;南连杭、绍、金、衢、宁、台、温、处;西南即福建、两广,南北往来,无有不从此经过。近镇村坊,都种桑养蚕,织绸为业。四方商贾,俱至此收货,所以镇上做买做卖的,挨挤不开,十分热闹。”⑨ “王江泾……多织绸,收丝缟之利,居民可七千余家,多不务耕绩。”⑩

濮院镇:“去(桐乡)县东北二十里”,“万家烟火,民多织作绢绸为生,为都省商贾来往之会。”⑪ “人可万余家,……织丝纻,颇著中下声。”⑫ “本镇人以机为田,以梭为耒。”⑬ “机杼之利,日生万金,四方商贾,负资云集。……万历中,改土机为纱绸,制造尤工,擅绝海内。”⑭ “迩来(万历)肆廛栉比,华厦鳞次,机杼之声轧轧相闻,日出锦帛千计。”⑮ “濮绸,粤人之所尚,每

① 见叶梦珠《阅世编》卷一。
② 见乾隆《吴江县志》卷四《镇市村》。
③ 见冯梦龙《醒世恒言》卷一八。
④ 见康熙《吴江县志》卷一七《物产》。
⑤ 见乾隆《吴江县志》卷四《镇市村》。
⑥ 见乾隆《吴江县志》卷四《镇市村》。
⑦ 见乾隆《震泽县志》卷四《镇市村》。
⑧ 见乾隆《震泽县志》卷二五《物产》。
⑨ 见《石点头》卷四《瞿凤奴情衍死盖》。
⑩ 见万历《秀水县志》卷一《市镇》。
⑪ 见徐秉元《桐乡县志》卷一《市镇》。
⑫ 见万历《秀水县志》卷一《市镇》。
⑬ 见胡琢《濮镇纪闻》卷一《风俗》。
⑭ 同上书卷首《总叙》。
⑮ 见《濮川所闻记》卷四引李培《翔云观碑记》。

岁收买抵金阊。”[①]

双林镇:在明初只是一个几百人家的小村,随着蚕桑业的发展,“机杼之家,相沿比业,巧变百出”。因此“各省直客商云集贸贩,里人贾鬻他方,四时往来不绝”[②]。这里产绢,并很有名,“俗皆织绢,于是四方之商贾咸集以贸易焉”[③]。到明末,这里已成为拥有人口 16 000 多的大市镇[④]。

嘉兴之新丰塘镇,“专聚棉花及布,而商来贩之”。王店镇“市多贩枲”,“所织绸并画绢著名”[⑤]。新城镇“其民男务居贾,与时逐利,女攻纺织,……居者可万余家”[⑥]。

青浦之朱家角,“商贾辏聚,贸易花布。京直标客,往来不绝,为今巨镇”[⑦]。新泾镇“为棉花管屦所集,顷年浸盛”[⑧]。

松江之枫泾镇、洙泾镇,纺织业已是当地人民主要生产,“前明数百家布号皆在松江、枫泾、洙泾乐业,而染房、踹房、商贾悉从之”[⑨]。洙泾“明季多标行(布行),有小临清之称”[⑩]。

湖州之菱湖镇,是湖丝贸易的重心。在明以前还是个荒凉之地,“洪武初,始设务司,置社坛,市酤盛于东湖。成(化)弘(治)间,民濒西湖而居,……正(德)嘉(靖)隆(庆)万(历)间,第宅连云,阛阓列螺,舟航集鳞,桑麻环野,西湖之上无隙地剩水矣,遂为归安雄邑。”[⑪] 菱湖镇兴盛是因为该镇“多出蚕丝,贸易倍他处”[⑫],“归安菱湖市廛家,主四方鬻丝者多,廛临溪,四五月间,豁上乡人货丝船排比而泊”[⑬]。

杭州的唐梅镇,“官舫连艘,……百货聚集,徽杭大贾,视为利薮,开典顿米,贸丝开车者,骈臻辐辏”[⑭]。

此外,尚有吴江之平望镇、黎里镇;嘉兴之梅里镇;湖州之乌青镇。这些市镇在宋元时或明初还是荒凉小村,明中叶以后,随着纺织业的发达,便“居民日增”,“自成市井”了。

(四)清代

清代纺织业,尤其是丝织业,在乾(隆)嘉(庆)年间,突破清王朝封建经济的束缚,不但恢复了明代时的繁荣,更有不小的发展。当时民间丝织业在整个丝织业中占据了极重要的地位,民间丝织业集中于江、浙、粤、川、皖诸省,其他地区丝织业也是当地纺织业中的主要手工业。

---

① 徐秉元《桐乡县志》卷五《桐乡濮炎轩诗序》。
② 见乾隆《湖州府志》卷四一引《双林志》。
③ 见民国《双林镇志》卷一二引明《重建化成桥碑铭》。
④ 同上书卷一八《户口》。
⑤ 见《古今图书集成·职方典·嘉兴府部·物产考》。
⑥ 见万历《秀水县志》卷一《市镇》。
⑦ 见万历《青浦县志》卷一《市镇》。
⑧ 见《肇域志》第五册,八四页下。
⑨ 见顾公燮《消夏闲记摘抄》卷中。
⑩ 见光绪《朱泾志》卷一《疆域志》。
⑪ 见光绪《菱湖镇志》卷一引明庞太元《菱湖志》序。
⑫ 见宋雷《西吴里语》卷四。
⑬ 见董斯张《西吴备要》卷三一。
⑭ 见光绪《唐梅镇志》卷一八引明人撰《栖溪风土记》。

江宁的丝织业十分发达,"金陵之业,以织为大宗"①。"秣陵之民善织。织,巨业也"②。乾(隆)嘉(庆)之际,全城的织机达到三万架以上,"缎机以三万计,纱绸绫绒不在此数"③。《上元江宁两县志》也记载:"乾嘉间机以三万余计,其后稍稍零落,然犹万七八千。"④ 当时江宁的机户分散居住在全城几个区域,军师巷附近,"机杼之声,比户相闻"⑤。骁骑营一带,"小弄曲巷,……机户最多,三五成邻"⑥。在聚宝门内东西偏,"业此者不下数百家"。织剪绒的机户聚居在孝陵卫一带⑦。织花缎的"织工多秣陵关人"⑧。这就说明当时江宁的机户织工是为数不少的。据陈作霖说:当时江宁织机种类繁多,有花机、绒机、纱机、绸机⑨。其中仅"织缎之机,名目百余",最精巧的,"其经有万七千头者"⑩。

乾隆时记载,苏州"织作,在东城。比户习织,专其业者不啻万家"⑪。同时,另一记载:"东城之民多习机业"⑫。

吴江盛泽镇的丝织业,清时"凡邑中所产,皆聚于盛泽镇,天下衣被多赖之"⑬。

杭州"东城机杼之声,比户相闻"⑭。机户多集中在艮山、太平门外,"艮山、太平门外乃机户聚集之地"⑮。临平镇也是机户集中地,"临平各地方,轻绸机不下二三百张,每机一张每日出绸一匹"⑯。

桐乡濮院镇,"万家烟火,民多织作绸绢为生"⑰。作《濮院纪闻》的胡琢也说:"吾里机业,十室而九"⑱。

湖州"隆(庆)万(历)以来,机杼之家,相沿比业,巧变百出"⑲。

成都的丝织业,自明末兵燹后,受到惨重打击,"锦坊尽毁,花样无存",这时逐渐恢复,县治东南城内有"机杼织者数百家,谓之机房"⑳。

潞安在明代就是一个丝织业发达地区,有机户千家,织机九千余张,到明末还有䌷机三千左右。但到清初,"止存三百有奇"㉑。当地并不产丝,原料多从别处贸来,其所以有这样多的织机,与派差织造,贡奉宫廷有很大关系。

---

① 见甘熙《白下琐言》卷八。
② 见同治《上元江宁两县志》卷七《物产》。
③ 见陈作霖《凤麓小志》卷三《记机业》。
④ 见同治《上元江宁两县志》卷七《物产》。
⑤ 见甘熙《白下琐言》卷八。
⑥ 同上书卷四。
⑦ 同上书卷八。
⑧ 陈作霖,《金陵物产风土志》卷一五,金陵锁志本。
⑨ 陈作霖,《金陵物产风土志》卷一五,金陵锁志本。
⑩ 陈作霖,《凤麓小志》卷三《记机业》,金陵锁志本。
⑪ 见乾隆《长洲县志》卷一六。
⑫ 见乾隆重修《元和县志》卷一。
⑬ 见乾隆《吴江县志》卷五。
⑭ 厉鹗,《东城杂记》卷下,粤雅堂丛书本第一函。
⑮ 见许梦阁《雍正重修北新关》钞本卷一六。
⑯ 同上书卷六。
⑰ 见康熙《桐乡县志》卷一。
⑱ 见胡琢《濮镇纪闻》卷首《总叙》。
⑲ 见乾隆《湖州府志》卷四一。
⑳ 见民国《华阳县志》卷三四引旧志。
㉑ 见乾隆《潞安府志》卷八。

一般说来，棉花种植和纺纱织布的发展地区是相应的，如江南苏、松地区和河北、山东一带植棉业发达，棉纺织业也就成为当地最重要的手工业。

清代江苏松江仍是全国重要的棉纺织中心，"江南苏松两郡，最为繁庶，而贫乏之民得以俯仰有资者，不在丝而在布"。因而妇孺皆能纺织，"女子七八岁以上，即能纺絮，十二三岁即能织布，一日之经营，尽足以供一日之用度而有余"①。松江城乡皆"俗务纺织，他技不多"，"至于乡村纺织，尤尚精敏，农暇之时，所出布匹，日以万计，以织助耕，女红有力焉。"这样巨大的城乡纺织生产力，无怪说松江"绫布二物，衣被天下，虽苏、杭不及也"②。

上海棉纺织特盛，"民间于秋成之后，家家纺织，赖此营生，上完国课，下养老幼"③。乡村"农暇之时，所出布匹，日以万计。游手之徒，有资妇女养生者。""纺织不止村落，虽城市亦然。里媪晨抱纱入市，易木棉以归，明旦复抱纱以出，无顷刻闲。织者大率日成一端，甚有一日两端，通宵不寐者"④。棉布生产量当然可观，所以《县志》说："所产棉布独胜他处"，丝毫并不夸大。

青浦盛产木棉布，"贩鬻他邑，邑镇人赖以为业"，居民"俗务纺织，里妪抱纱入市易棉归，且复抱纱出。织者率日成一端，入市易钱以佐薪水"⑤。

江阴"邑产惟木棉最伙，然织妇工多利少，收其价值不足以偿勤苦，……遇岁木棉不收，纺车空悬"⑥。县城东北产棉地区及其邻近乡村，皆自纺自织。

无锡、金匮"邑中女红最勤纺织，……出布特盛"⑦。"棉布之利，独盛于吾邑，为他邑所莫及"，东北怀仁、宅仁、胶山、上福等乡，"不分男女，舍织布纺花，别无他务"。故此数乡出布"最伙亦最佳云"⑧。

太仓、镇洋、嘉定、宝山四州县城乡，"纺织为业，小民终岁勤动，生计全赖于棉"⑨。嘉定南翔镇，"仅种木棉一色，以棉织布，以布易银"⑩。

苏州棉织业的生产发展与清代官府采办有很大关系，清初着令苏州织造采办青蓝布匹，康熙三十四年(1695)曾解运30万匹。乾隆时，采办"布匹一项，向来系苏州一处织办，每年所办不过一、二万至二、三万匹之多，近因各处领用布匹甚多，每年派织有四、五万不等"⑪。道光时，"布，年额采办三线等布，向由吴县选铺领办，此系奉部随时派办，向无定额"⑫。由是苏州棉纺织兴盛，"吴邑志：木棉布，纺纱为之，细者价视绮帛。康熙长洲志：地产木棉花甚少，而纺之为纱，织之为布者，家户习为恒产，不止乡落，虽城中亦然"⑬。当时，棉布加工集散的中心，

---

① 见尹会一《尹少宰奏议》卷三《敬陈农桑四事疏》。

② 见康熙《松江府志》卷五。

③ 李煦，《请预发采办青蓝布匹价银折》(康熙三十四年九月)，见故宫博物院明清档案部编《李煦奏折》，中华书局，1976年。

④ 见乾隆《上海县志》卷一。

⑤ 见光绪《青浦县志》卷二。

⑥ 见光绪《江阴县志》卷三〇，此约为雍正年间事。

⑦ 见光绪《无锡金匮县志》卷三一。

⑧ 黄卬，《锡金识小录》卷一，光绪二二年刊本。

⑨ 见林则徐《林文忠公政书》甲集《江苏奏稿》卷二，《太仓等州县卫所续被歉收请缓新赋折》。

⑩ 见《南翔镇志》卷一二。

⑪ 见《总管内务府现行条例·广储司》卷二。

⑫ 见道光《苏州府志》卷一七。

⑬ 见曹允源等编《吴县志》卷五一。

已由松江逐渐转移到苏州。

川沙县人民衣食皆由纺织所出，“人仰耕织而食，纺织不第乡落，虽城中亦然，人日可成布一端，有两端者，……其衣食全持此”[①]。

浙江平湖县“比户勤纺织，妇女燃脂夜作，成纱线及布，侵晨入市，易棉花以归，积有羡余，挟圹赖此，糊口亦赖此”[②]。

桐乡县人民，“以纺织为业”[③]。当地“土产布帛菽粟而外，其并无异产”[④]。

乌程县多木棉布，“乌程县志云：各处俱有”[⑤]。乌程南浔镇“四乡之人自农桑外，女工尚焉，推车蹋弓纺纱织机，率家有之。村民买棉归诸妇，妇女日业于此，且篝灯相从夜作，亦一月得四十五工，计日成匹，旋以易棉，蚩蚩续来不已。”[⑥]

仁和县产棉布，“凡乡之男妇皆为之，多出笕桥一带”[⑦]。

广东潮阳县擅棉纺织，“女工最勤，寒暑不辍，故棉布乡闾所出极多”[⑧]。

琼州棉纺织发展较内陆各地为早，此时“妇女……专纺吉贝、绩麻织布”[⑨]。

福建邵武、光泽、泰宁、建宁诸县，“四邑之俗，……女任逸在内，……纺绩以衣其夫，故有夜浣纱而早成布者”[⑩]。

湖北施南府，“各村市皆有机房(织布)，机工织之”[⑪]。

四川广汉“四乡妇女，蚕桑外，半勤纺绩。谚云：喂猪纺棉，坐地端钱。布亦坚致，甲他郡。”[⑫] 夹江县“邑产丝、棉，女功亦收布帛之利，男耕妇织，视他邑为较劳”[⑬]。新津县“男女多纺织，故布最多，有贩至千里外者”[⑭]。

直隶高阳县人民，“以耕织为主”[⑮]。饶阳县“农民力田而外，专事纺织”[⑯]。宝坻县“妇女……惟勤于纺绩，无论老媪弱息，未尝废女红，或为邻家佐之，贫者多织粗布以易粟”[⑰]。

山东巨野县“贫民以卖线换布为生”[⑱]。济南府“妇女针管之外，专务纺绩，一切乡赋及终岁经费，多取办于布棉”[⑲]。

---

① 见光绪《川沙厅志》卷一。
② 见乾隆《平湖县志》卷一。
③ 见嘉庆《桐乡县志》卷二。
④ 见康熙《桐乡县志》卷二。
⑤ 见康熙《乌青文献》卷三。
⑥ 施国祁，《吉贝居暇唱自序》，见咸丰《南浔镇志》卷三四。
⑦ 见康熙《仁和县志》卷六。
⑧ 见嘉庆《潮阳县志》卷一一。
⑨ 见道光《琼州府志》卷三。
⑩ 见光绪重纂《邵武府志》卷九引《乾隆府志》。
⑪ 见道光《施南府志》卷一〇。
⑫ 见嘉庆《汉州志》卷一五。
⑬ 见嘉庆《夹江县志》卷二。
⑭ 见道光《新津县志》卷二九。
⑮ 见雍正《高阳县志》卷一。
⑯ 见乾隆《饶阳县志》卷上。
⑰ 见乾隆《宝坻县志》卷七。
⑱ 见道光《巨野县志》卷二三。
⑲ 见道光《济南府志》卷一二。

河南孟县“民皆富，问其故？则纺织也”①。辉县在道光初年立布局，已“比户缫缫，机声不绝”②。

贵州原来桑、棉种植不普遍，乾隆以来，劝民纺织，至道光时，“织成之布，较之贩自客商者，价贱而易售，小民趋利若骛。省城纺绩者，已不下数百家，各属亦闻风兴起”③。道光时，遵义东乡“多以织布为业”，当地织家买棉花“以易纺线”，“纺家持线与之易”，“故纺、织互资成业”④。安顺、普安地方，“素重纺织，民间妇女，自幼讲求，风俗之美，甲于黔疆”⑤。洪江、黎平的苗族，“女善纺织，棉、葛巾布颇精细”⑥。

湖南巴陵“妇女工织纴，一都产布最精，余每行乡间，闻机杼声，络纬声，欣然听之”⑦。所产布在当时是很著名的，“巴陵之产，有名者布，……一都人工作布绝精匀，……二、三都……男妇童稚皆纺绩，……盖巴陵之布盛矣”⑧。住在湘西一带的苗族俗习纺织，“其地亦能纺织，有苗锦、苗被、苗布之属”⑨。“织布为衣”⑩，并有余布以与汉族人民交易，“辰州苗民与汉民交易，辄以牛马驮载杂粮布绢之物，以趋市集，……届期毕至，易盐、易蚕种、易器具，以通有无”⑪。

清代纺织业发展，正是在国内外市场扩大，商品贸易关系发达，城市经济活跃等条件作用下才出现的。广泛的国内市场为纺织业生产、纺织产品贸易的发展创造了有利的条件。当时的纺织业内部已经形成了行业、地区和品种的分工，另外纺织原料供应、产品销售、辅助行业的协作，也都需要一个规模较大的国内市场来组合和联系。

纺织业中许多产品都已远销各地，几乎取得了全国性的市场，个别的纺织品甚至还远贩海外各国。

广东的“广纱甲天下”，“粤缎行于西北”，“广之线纱与牛郎绸、五丝、八丝、云缎、光缎，皆为岭外、京华、东西二洋所贵”，还远输外国⑫。南海县出一种土丝绉纱，“广人无服之者，尽以贩于蕃商耳”⑬，所产的“蕉布与黄麻布，为岭外所重，常以冬布相易”⑭。雷州葛有“雷葛盛行天下”之誉。新会县的苧布，外来“估人率以棉布易之”⑮。

贵州遵义的绸，“竟与吴绫蜀锦争价于中州，远徼界绝不邻之区”⑯，“稗贩骈坒，远走数千里之外”⑰，“不特遍于各省。并出嘉峪关，远贩西域南洋”⑱。为购所织之棉布，“贾人西走蜀之

① 见周际华《一嗔录》。
② 见周际华《一嗔录》。
③ 贺长龄，《广种桑棉兼教纺织情形疏》，见《皇朝经世文续编》卷三五，光绪二十四年上海宝文书局石印本。
④ 见道光《遵义府志》卷一七。
⑤ 见邵鸣儒《示严禁薰花教》。
⑥ 李宗昉，《黔记》卷三，问影楼舆地丛书本。
⑦ 见光绪《巴陵县志》卷五二《论巴陵风俗》。
⑧ 见吴敏树《柈湖文集》卷二《巴陵土产说》。
⑨ 见吴省兰《楚岗志略》。
⑩ 见陆次云《峒谿纤志》卷中。
⑪ 见徐河《清稗类钞、农商类》。
⑫ 见乾隆《广州府志》卷四八。
⑬ 见道光《南海县志》卷八。
⑭ 见乾隆《广州府志》卷四八。
⑮ 见乾隆《广州府志》卷四八。
⑯ 见道光《遵义府志》卷一六。
⑰ 见吴振棫《黔语》卷下。
⑱ 见道光同治《綦江县志》卷一〇。

重庆、泸、溆，南走威宁、平远，极于金川”①。正安州的绸远销外地，“售丝售绸，远通商贾矣”②。

云南永昌所产布、毛织品也销路广泛，“布、罽之属，……辐辏转贩，不胫而走四方”③。

江苏盛泽镇“凡邑中所产(吴绫)，皆聚于盛泽镇，天下衣被多赖之，富商大贾数千里辇万金来买者，摩肩连袂，如一都会焉”④。

江宁出产绸缎，“江绸贡缎之名甲天下”⑤。销路“北溯淮泗，达汝洛，趋京师；西北走晋绛，逾大河，上秦陇；西南道巴蜀，抵滇黔；南泛湖湘，越五岭。舟车四达，悉贸迁之所及耳”⑥。同治间，江宁绸缎销路仍盛，“北趋京师，东进高句丽、辽、沈；西北走晋、绛，逾大河，上秦、雍、甘、凉；西抵巴、蜀；西南之滇、黔；南越五岭、湖、湘、豫章、两浙、七闽；溯淮、泗，道汝、洛”⑦。已经是市场广遍天下了。这里织的球罽，“其货贸亦远”⑧。

无锡所产棉布，“坐贾收之，捆载而贸于淮、扬、高、宝等处，一岁所交易，不下数百万。尝有徽人言……无锡为布码头，言虽鄙俗，当不妄也”⑨。

松江所出的“精线绫、三梭布、漆纱、方巾、剪绒毯皆为天下第一”，以致有“绫、布二物，衣被天下”⑩ 之盛名。

浙江濮院镇产花绸，“通行天下”⑪。

杭州的绢，“直隶今江西等省皆买之”⑫。

乌程县乌镇的木棉布，以“轻软而暖著名”，“闽广人独善本镇之布”⑬。

杭州的麻布，“集贸于笕桥市”，“旁郡所用，索取给焉”⑭。

江西石城盛产夏布，“岁出数十万匹，外贸吴、越、燕、亳间”⑮。

福建南平的苎布，“出峡阳者佳，远市四方”⑯。

四川新津产布最多，“有贩至千里外者”⑰。荣昌多麻布，“富商大贾，购贩京华，遍隶各省”⑱。

湖广咸宁棉布多远销广东，“冬布多来自吴楚，松江之梭布，咸宁之大布，估人络绎而来”⑲。

---

① 见道光《遵义府志》卷一七。
② 见光绪《湄潭县志》卷四引《正安州志》。
③ 见师范《滇系》十二之一《杂载》。
④ 见乾隆《吴江县志》卷五。
⑤ 甘熙，《白下琐言》卷八，民国十五年重刻光绪本。
⑥ 见陈作霖《金陵物产风土志》卷一五。
⑦ 见同治《上元两县志》卷七。
⑧ 见嘉庆《江宁府志》卷一一。
⑨ 见黄印《锡金识小录》卷一。
⑩ 见康熙《松江府志》卷五。
⑪ 见康熙《桐乡县志》卷二。
⑫ 见乾隆《杭州府志》卷二。
⑬ 见康熙《乌青文献》卷三。
⑭ 见乾隆《杭州府志》卷五三，引《艮山杂志》。
⑮ 吴其濬，《植物名实图考》卷一四，民国八年山西官书局重印刊本。
⑯ 见嘉庆《南平县志·物部》卷一。
⑰ 见道光《新津县志》卷二九。
⑱ 见光绪《荣昌县志》卷一六。
⑲ 见屈大均《广东新语》卷一五。

不仅纺织产品的销售市场如此，在纺织原料的供应市场，也存在着同样的情况。在当时纺织业中，生产所需要的原料，已不仅是取给于当地或附近的农村所能满足，而是有的要仰给于遥远的原料产地来供应。这也说明了当时各地区间经济联系的加强和市场的扩大。

江苏江宁毛织业所制毯罽，必“买毛于陕西”①。织布所用棉纱，“必得崇明、通州所产者，绪理紧密，绵绵不断。若孝陵卫及乌江之花，只可作衣绵，不堪织布”②。作为丝织业中心的江宁，本不出丝，惟“蚕桑亦间习之”，织造绸缎所需，“皆买丝于吴越”③。沈赤然《银槎子传》记乾隆时金陵丝商挟万金至浙江德清新市镇购丝，“有金陵富人某挟万金来新市买丝耳”④。余杭县丝商偷载丝货由间道运往江宁出售，“照得余杭县地方出产丝货，例由官塘直河至亭子弄，挑运大关输税，入城卖货，此定例也。访闻余邑地方，有等不法奸脚牙人兜揽大起丝货，包雇车辆以及挑驼，越道经由千秋岭、独松关等处，绕境以达江宁”⑤。

苏州虽是丝产地，但远不能满足本地丝织业的需要。苏州官营织造每年需用丝斤，“向系差委司库等员，带同书役，前往浙省之杭嘉湖三府，按照时价，公平采买，以供织作”⑥。

双林镇的丝，远供福建、广东，甚至海外，“吴丝衣天下，聚于双林，吴越闽番，至于海岛，皆来市焉”⑦。

太湖附近的无锡，地不产棉，农闲之际，男女多以纺织“易米而食”，纺织所需之棉花，皆仰外地供给⑧。

松江棉纺织原料除取给本府外，还仰给于山东、河南的棉花。据《嘉庆一统志》云：东昌府的“高唐、恩县宜木棉，江淮贾落贸易，居人以此致富”⑨。河南棉花据尹会一说：“今棉花产自豫省，商贾贩之江南。”⑩

广东的粤缎，“必用吴蚕之丝所织，若本土之丝，则黯然无光，色亦不显，止可行于粤境，远贾所不取”。粤纱“亦用吴丝，方得光华，不褪色，不沾尘，皱折易直”⑪。棉纺织所需棉花也多买自江苏、湖广，“冬布多来自吴楚，与棉花皆为正货，粤地所种吉贝，不足以供十郡之用也”⑫。

福建和广东一样，棉织业需仰给于江南的棉花，“闽粤人于二三月载糖霜来卖，秋则不买布而只买花衣以归”⑬。上海还有“洋行铺户，代闽粤诸商贱值收之(棉花)”⑭。麻织业也需要从江西运来苧麻，“赣州各邑皆业苧，闽贾于二月时放苧钱，夏秋收苧，归而造布”⑮。丝织业又远购遵义的柞蚕丝作原料，“秦晋之商，闽粤之贾又时以茧成来墆鬻捆载以去，与桑丝相搀杂为绉

---

① 见嘉庆《江宁府志》卷一一。
② 见甘熙《白下琐言》卷八。
③ 见嘉庆《江宁府志》卷一〇。
④ 见嘉庆《新市镇志》卷六。
⑤ 许梦阁，《为严禁枉道偷漏以裕课税事》，见雍正重修《北新关志》钞本卷一六。
⑥ 见《清代钞档》乾隆二十年九月十二日《署理户部尚书阿里兖为本年丝价昂贵据实奏明折》。
⑦ 唐甄，《教蚕》，见《皇朝经世文编》卷三七，光绪二十四年上海宝文书局石印本。
⑧ 黄印，《锡金识小录》卷一，光绪二二年刊本。
⑨ 见嘉庆《一统志》卷六〇。
⑩ 尹会一，《敬陈农桑四务疏》，见《皇朝经世文编》卷三六。
⑪ 见乾隆《广州府志》卷四八。
⑫ 屈大均，《广东新语》卷一五，康熙年间刊。
⑬ 褚华，《木棉谱》，农学丛书本。
⑭ 见杨光辅《松南乐府》。
⑮ 见吴其濬《植物名实图考》卷一四。

越纨缚之属"①。

江西会昌葛布精美，但须配入湖丝，"会昌、安远有以湖丝配入者，谓之葛丝"②。安远又出绵绸，但"丝来自湖州，非本地所有"③。

山西寿阳棉纺织所需棉花，要由河北栾城供给，"邑之棉花买自栾城"④。潞安织潞䌷所用的丝远购于四川、浙江，"近桑蚕渐废，所出无几，潞䌷所资，来自远方川、浙之地"⑤。

贵州遵义府棉织业的"棉花"，由湖南常德府贩买，舟载自省溪口起岸，令负者渡桶口，由间道至郑家场、火烧舟，列肆坐卖"⑥。

从以上资料可以看出，在当时纺织业中，加工织造的除本地原料外，还有从很遥远的省区运载来的原料，并且织成的产品已经不只是供本地消费，还供应全国各地消费。纺织原料供应和纺织品销售，都已不限于产地这一事实，说明了纺织生产的发展和需要，扩大了纺织原料和产品的市场，密切了国内各地区间的经济联系。

纺织生产手工工场、作坊，大都集中在城市和村镇，它们的产品销售和原料供应也都是通过城市或村镇的市场，农村家庭纺织副业的产品也多集中到城市村镇的市场。因此，随着纺织品地域分工的加强和商品市场的扩大，作为纺织手工业中心的城市和村镇的商业资本也日益活跃，从而刺激和促进了这些城市村镇的兴盛繁荣。

苏州因纺织业最发达，城市更形繁华，"山海所产之珍奇，外国所通之货贝，四方往来，千里之商贾，骈肩辐辏"⑦。"吴城五方杂处，人烟稠密，贸易之盛，甲于天下。"⑧ "苏州府城阊门外南濠之黄家巷，……明时尚系近城旷地，烟户甚稀，至国朝生齿日繁，人物殷富，闾阖且千，鳞次栉比矣。"⑨ 从乾隆间院画派画家徐扬所画的《盛世滋生图》(图 2-20)中，画面上街道商家鳞比栉次，市招林立，可以看出当时苏州城市工商业贸易繁荣的盛况。其中丝绸业所张市招共 14 家：

绸缎庄。绵绸。富盛绸行。绸缎袍挂。山东茧绸。震泽绸行。绸庄、濮院宁绸。绵绸老行、湖绉绵绸。山东沂水茧绸发客不误。上用纱缎、绸缎、纱罗、绵绸。进京贡缎、自造八丝、金银纱缎、不误主顾。绸行、缎行、纱行、选置内造八丝贡缎发客，汉府八丝、上贡绸缎。本号拣选、汉府八丝、妆蟒大缎、宫绸茧绸、毕吱羽毛等货发客。本店自制苏杭绸缎纱罗等□绵绸梭布发客。

棉布店铺市招有十六家：

布行(四家)。大布。崇明大布。松江标布。青蓝梭布。松江大布、本客自制布匹。京(口)、芜(湖)梭布。松江加长扣布。大布、本庄扣布。定织细布。大通号、松

---

① 见道光《遵义府志》卷一六。
② 见乾隆《赣州府志》卷二。
③ 见道光《赣州府志》卷二一。
④ 见祁寯藻《马首农言》。
⑤ 见乾隆《潞安府志》卷八。
⑥ 见道光《遵义府志》卷一七。
⑦ 沈寓，《治苏》，见《皇朝经世文补编》卷二三。
⑧ 见顾禄《清嘉录》卷五。
⑨ 见《熙朝新语》卷一六。

图 2-20　盛世滋生图(局部)

江大布。布行、加长勋着梭布。布行、自置松江青蓝大布、加长大布。

棉花店铺市招有六家:

太仓棉花(三家)。棉花行。永盛棉花。干净棉花。

这些绸缎、棉布店铺经营的品种范围都非常之多,除了本地产的绸、缎、纱、罗、绵绸、扣布、大布等之外,还有远近各地的名产,如震泽绸、宁绸、贡缎、院绸(濮院镇所产)、湖绉、杭绸、山东沂水茧绸、崇明大布、松江标布、松江大布、松江扣布、京口芜湖梭布等,甚至外洋的毕吱、羽毛也销售经营。有的店家发卖供上用的汉府(南京)八丝、内造八丝、上贡绸缎、金银纱缎、妆蟒大缎、宫绸等高级织物。从画面上看这些店铺资金雄厚,门面规模宏大。如"本店自制苏杭绸缎纱罗等绵绸梭布发客"有三间门面。"太仓棉花"一家有三间门面。"山东沂水茧绸发客不误"有五间门面。"本号拣选、汉府八丝、妆蟒大缎、宫绸茧绸、毕吱羽毛等货发客"有七间门面。"上用纱缎、绸缎、纱罗、绵绸、进京贡缎、自造八丝、金银纱缎、不误主顾"有两层楼房,三间门面。"绸行、缎行、纱行,选置内造八丝贡缎发客,汉府八丝、上贡绸缎"有两层楼房,五间门面。其他也大都是一、二间门面。这些店铺中有的经营零售,有的是批发商、有的是"自造"、"自制"、"本店自制"、"本庄"、"本客自制"等前店后厂,自织自卖,产销相连的店家。

盛泽镇在乾隆时与明初相较,"居民百倍于昔,绫绸之聚亦且十倍"。商业繁荣到"四方大贾,辇金至者,无虚日。每日中为市,舟楫塞港,街道摩肩,盖其繁阜渲盛,实为邑中诸镇之第一。"[①] 当时盛泽镇的丝绸贸易出现了中间人式的"绸领头",起初是各省的客商,到盛泽来办

① 见乾隆《吴江县志》卷四。

货,因情况不明,常托当地的绸庄代办。但因机户多数散处四乡,所织的绸又有重绸、轻绸、花色、素色等分别,绸庄需要何种货,一时上往往不易征集。因之便产生了一种所谓"绸领头"的职业,绸的花素轻重,都有绸领头专司其责。以后绸庄绸行如需选办各色织绸,要求之于绸领头即可。绸领头实是介于绸庄与机户之间的一种仲卖人。当时机户的生产资本大都是自己筹措,绸领头替代机户销绸,不过按照绸价的高低,酌量取些佣金,当时每匹不过五六十文,以至一百数十文而已①。

当时的江宁,据吴敬梓说:"里城门十三,外城门十八,穿城四十里,沿城一转足有一百三十多里,城里几十条大街,几百条小巷,都是人烟凑集,金粉楼台。……城里城外,琳宫梵宇,碧瓦朱甍,……大街小巷,合共起来,大小酒楼有六七百座,茶社有一千余处。"② 甘熙也说:"乾隆之世,利涉、武定二桥之间,茶寮酒肆东西林立。"可见城市商业非常繁盛。较大的纺织业店铺极多,府署西面有地名绒庄的剪绒交易市场,"日中为市,负担而来者,踵相接也"③。又有绫庄,"予家之西有绫庄巷,……同一贸易之所,其为绫庄无疑"④。卖黑绉包头有"绸缎廊谈见所、奇望街汪天然两家,皆以著名。汪天然自明迄今,世守其业,门前招牌'汪天然家清水包头'八字,为升州徐表书。庭中有大石盆贮水,相传昔时来买者必令以盆水浸之,示其无欺"⑤。江宁还有制绵纸专供缎商包裹缎匹的纸坊,"至于机房包裹缎匹,谓之筒货,表里皆用绵纸,……所需极伙,故镇淮、桥口及新桥、沙湾之纸坊,有专供缎贾用者"。至于与纺织业相关的店铺,还有"机店、梭店、筘店、篗子绺梭竹器店、范子店、挑花行、拽花行、边线行……"⑥ 等。

扬州城丝绸贸易店铺比户相邻,城内"多子街即缎子街,两畔皆缎铺"。缎铺商货都是向行庄发来,"每货至,先归绸庄缎行,然后发铺,谓之抄号"⑦。

号称"布码头"的无锡,一岁棉布交易就有数十百万,商业繁荣自不待言。在棉布贸易行里出现了以放棉收布的棉花庄,"余族人名琨者,居无锡城北门外,以数百金开棉花庄,换布以为生理。邻居有女子,常来以布换花"⑧。当地经营棉布商业极多,而且商业利润丰厚,"坐贾之开花布行者,不数年即可致富"⑨。

江阴之华墅镇,乾隆时共有棉布牙行 20 余家,棉布交易在夜半进行,谓之夜市。"华市镇共有布行二十余家,陋习相沿,夜半贸易,天明闭歇,更余(于)旷野,搭盖房屋,名曰外庄"。附近织户抱布至庄售卖,都是"外庄给票,本家行内支钱"⑩。这种外庄又是牙行邀截商货的采购点。

江南棉花种植面积扩大,棉花生产的增长,当然造成棉花市场的活跃,上海等地出现了棉花交易的"花市"、"花行"。上海"郭稍东而南,几乎比户皆售花者,名花市。清晓村人肩花入

① 见何冰《盛泽之纺绸业》,《国际贸易导报》四卷五期。
② 见吴敬梓《儒林外史》第二十四回。
③ 见甘熙《白下琐言》卷八。
④,⑤见甘熙《白下琐言》卷二。
⑥ 见陈作霖《凤麓小志》卷三。
⑦ 见李斗《扬州画舫录》卷九。
⑧ 见钱泳《履园丛话》卷二三。
⑨ 见黄卬《锡金识小录》卷一。
⑩ 乾隆八年江阴县《永禁夜市碑》,此碑现仍存江阴中墅,中国科学院经济研究所 1954 年至该镇调查棉织手工业时发现。

市，有司其价值者，于中取百一之利，名花主人家"[①]。花市吸引远近商贾，货贩买卖异常闹热，"闽粤人于二三月载糖霜来卖，秋则不买布而买花衣而归，楼船千百，皆装布囊累累，……每晨至午，小东门外为市，乡农负担求售者，摩肩相接焉"[②]。花行还有专为广东、福建商人收买花衣的"洋行"，"棉花之上者，碾去核曰花衣，洋行铺户，代闽、粤诸贾贱价收之。"[③] 上海所产的棉布，有"关陕及山左诸省设局于邑广收之，为坐庄"[④]。乾隆时，褚华叙述上海的布局说：他家自"明季从六世祖赠长史公，精于陶猗之术，秦晋布商皆主于家，门下客常数十人，为之设肆收买，俟其将成行李时，始估银与布，捆载以去，其利甚厚，以故富甲一邑，至国初犹然"。除了坐庄收买外，还有"近商人乃自募会计之徒，出银采择，……或有多自搜罗，至他处觅售者，谓之水客。或有零星购得而转售与他人者，谓之袱头小经纪"[⑤]。

嘉庆时，施国祁记乌程南浔镇的花布行："市之贾俟新棉出，以钱贸于东之人(南浔之东宜木棉，其乡民大半植此)，委积肆中，高下若霜雪，即有抱布者踵门，较其中幅，以时估之，棉与布交易而退。随有西之人(南浔之西俗少女工，以其地之所出易布)，赍钱来计布值，合则书劄与之去，而钱存焉。姻家盛氏业此者久，有别肆在北市"[⑥]。这又是一种花布行。

湖南巴陵的棉布多为江浙客商设庄收买，"余家巴陵滨湖之乡，人工作布，而以布贾多吴之洞庭人。家自先大父时，颇以居布致生息，故多与吴客熟识。而鹿角市临湖有屋一区，赁而贾者为洞庭人屠氏，屠氏业此盖数世矣。"[⑦] 江浙客商在湖南各地广设布庄，棉布贸易兴盛，"吴客在长沙、湘潭、益阳者来鹿角、孙坞、童桥皆有庄，庄皆吴客，蚤起收入饭而止，岁会钱可二十万缗"[⑧]。

广东的佛山镇因纺织业发达，据《南越笔记》记载：每年春月，"举镇数十万人竟力醮会"[⑨]，居民人口当然不少。镇市规模已是"万瓦齐鳞，千街错绣，棋布星罗，栉比辐辏，炊烟乱昏，灯火连昼"[⑩]，非常繁荣了。

在清代许多城市村镇，比以往任何时代都更加繁盛，这些城市村镇繁荣的原因，当然是当地工商业发达。在纺织业发达地区，城市村镇的兴衰，主要看当地纺织业的发展与否。江苏盛泽镇，"镇之丰歉，不仅视田亩之荒熟，而视绸业之盛衰。倘商贩稀少，机户利薄，则凋蔽立形，生计萧条，市肆亦为减色矣"[⑪]，这就是很好的说明。再看浙江濮院镇本来丝织业发达，绸市繁盛，"至嘉(庆)道(光)后，绸市渐移于江苏之盛泽镇，而濮市乃稍稍衰息"[⑫]。江宁绸缎业因受荒歉打击，贸易日少，市面冷落，"自屡经荒歉，贸易日就消减，以今较昔，不过什之二三，观此而民生之凋蔽可知矣"[⑬]。震泽镇之丝织业以"丝之丰歉，绫绸价之低昂"，为"有岁无岁之分"。

---

① 见褚华《木棉谱》。
② 见张春华《沪城岁事衢歌》。
③ 见杨光辅《松南乐府》。
④，⑤见褚华《木棉谱》。
⑥ 施国祁，《吉贝居暇唱自序》，见咸丰《南浔镇志》卷二四。
⑦ 吴敏树，《拌湖文集》卷八《屠禹旬夫妇八十寿序》，光绪十九年年思贤讲舍刊本。
⑧ 同上书卷二《巴陵土产说》。
⑨ 李调元，《南越笔记》卷五，小方壶斋舆地丛钞本第七函。
⑩ 梁序镛，《佛山赋》，见道光《佛山忠义乡志》卷一一。
⑪ 见同治《盛湖志》卷一。
⑫ 见光绪《桐乡县志》卷二。
⑬ 甘熙，《白下琐言》卷八，民国十五年重刻光绪本。

“康熙时,绫绸价每两一钱,丝价尚止三四分”,到乾隆十二年(1747 年)“绸价视康熙间增三分之一,而丝价乃倍之,此业织绸者之所以生计日微也”①。机户生计日微,生产顿少,交易亦少,当然影响了城市村镇经济的繁荣。

第五节　纺织生产机具的发明应用

(一)南北朝以前

如前所述,我国仰韶时期早已有纺织细密、工艺精致的布纹痕迹出土,商代也有极细丝织品存在。蚕丝非常细致,要把它缠缫纺织成精美工巧的布帛,需要高度精练纯熟的制作技术水平,商代时纺织手工业中的内部分工已相当细密,还有专门制作某一单一产品的作坊。西周时,纺织品达到比前代更精细华丽的水平,织造这些纺织品的工艺技术当然已是相当进步了。《诗经·小雅·大东》中有“小东大东,杼柚其空”,朱熹《诗集传》解释说:“杼,持纬者也;柚,受经者也”。杼是梭子,柚是持经线的轴,可见幽王时代(公元前 781 ~ 前 771)的织机已不简单了。西周青铜器《大盂鼎》和《毛公鼎》中有“巠”字,郭沫若在《金文丛考》中释为“经”字的初文,“像织机之纵线形”。表示当时织机的经线垂直,上下两端各有横轴,下轴以绳悬物,使经线下垂拉直,这是竖机的一种。青铜器《克鼎》和《克钟》也有“巠”字,经线直而不曲,更是形象地说明它是竖机。新石器时代遗址中发现的纺轮很多,秦汉时纺轮仍沿用不废。新疆民丰古墓中出土带杆木纺轮一副,长 16.5 厘米,出土时放在女尸脚下②。陈直在《两汉经济史料论丛》中说:曾在咸阳三道原购得汉“咸里□□”纺轮一枚。洛阳烧沟汉墓也曾出土红胎泥质纺轮。长沙西汉后期墓葬中也有纺轮出土。可知为汉代个体劳动人民所用之纺具。

汉代纺织工具,在山东肥城孝堂山郭巨祠、山东嘉祥武梁祠、山东滕县宏道院、山东滕县龙阳店、江苏沛县留城镇和江苏铜山洪楼出土汉画像石上的纺织图中,可以见到有络车、纬车、织机三种。图中的织机构造比较简单,但可以看出当时的织机是由竖机向平机发展中的一种过渡形式,当是汉代民间一般所常用的普通小型织机。汉代纺织工具见于文献的,有繀车(见《太平御览》八百二十五引《通俗文》),有榬、有络车(见同上书引《方言》),有机杼(见同上书引《列女传》),有梭(见同上书引《通俗文》)。

织机经过不断改进,到汉代时简单综蹑织机及多综多蹑织机日臻完善,并出现了束综提花机。后汉王逸的《机妇赋》有一段对“花机”的描写:“高楼双峙,下临清池,游鱼衔饵,瀺灂其波,鹿卢并起,纤缴俱垂,宛若星图,屈伸推移,一往一来,匪劳匪疲,……”赋中所说的“高楼双峙”就是后来的“花楼”。临淄、襄邑两地织工,精深技巧,研究发明织花机代替手工刺绣,汉成帝绥和二年(公元前 7 年),诏书云:“齐三服官诸官,织绮绣难成,害女红之物皆止,无作输。”③ 东汉永平二年(公元 59 年),明帝率公卿大臣祭天地,各着五色新衣,明帝衣刺绣,公卿大臣衣织成,俱是襄邑服官所贡。襄邑织工发明织花机,不知在何年,至少东汉初这种织物已为公卿大臣所服用。虽织物精美比手工刺绣差些,但以机械织花代替手工刺绣,这是一项重大技术改

① 见乾隆《吴江县志》卷二八。

② 新疆维吾尔自治区博物馆,新疆民丰县北大沙漠中古遗址墓葬区东汉合葬墓清理简报,文物,1960(6)。

③ 《汉书·成帝纪》,中华书局,1964 年。

造,同是一项复杂的技术问题。我国早在二千年前,已着手研制织造采锦这种新技术,并取得成功,说明当时纺织工具和技术确是先进的。世界公认欧洲开始有提花机的时间,较中国为晚,而且还可能是受到中国的影响,英国学者李约瑟认为西方的提花机是从中国传去的,采用时间比中国晚四个世纪①。

三国时纺织技术较汉时有了更大进步,多综多蹑织机被蜀汉有名的机械发明家马钧简化,减少脚踏的蹑,改成12蹑,省工省时,花纹更精。《三国志·方技传·杜夔传》注,记马钧改良绫机事迹说:"时有扶风马钧,巧思绝世,傅玄序之曰:马先生,天下之名巧也,……为博士,居贫,乃思绫机之变,……旧绫机五十综者五十蹑,六十综者六十蹑。先生患其丧工费日,乃皆易以十二蹑,其奇文易变,因感而作者,犹自然之成形,阴阳之无穷。"绫机之改良简化,不能不算是中国织机之一大改进。

(二)宋元时期

宋代随着在农业上广泛运用水排、水碾、水碓之后,在纺织生产中发明了水转大纺车,它是世界上最早的水力纺绩机械。元代王祯的《农书》(成书于公元1313年)中对它有确切的记载,由此可证明它的发明应用,当在王氏编写《农书》之前,应是宋代的产物。水转大纺车是一种麻纺合线机,是以当时的大纺车改装而成的。关于它的结构,《农书》中有文字记载和附图,虽然图形既失其真,文字说明亦复简陋,但这是现存有关大纺车最重要的材料。据其内容分析,水转大纺车的纺车(纺绩机部分),长达二丈余,阔约五尺。建造时,先造地柎木框一个,在木框的四角上,各立高五尺木柱一根,在木框的中间穿以横桄,上边架置枋木。前面的地柎木框上,立一长座,座上嵌有轴承32个凹槽,将锭底铁簨插入轴承中。锭系木制筒子,长1尺2寸,围亦1尺2寸,将要合股之线盘绕装在其内,共32枚。纺车之左右各置一轮(如《农书》中图所示,左轮之外端再装一个大水轮),以皮弦相连,下经列锭。水轮由于激流的冲击,便不停的转动,列锭由于皮弦的摩擦牵引,也就随之旋转起来。再于纺车上顶卧置卷铲长轩一个,以卷受绩好之线。长轩与主动轮的轮轴,以皮弦相连,在皮弦带动列锭转动的同时,长轩自然也就会不停地自下而上地旋转。《农书》上说:"弦随轮转,众机皆动,上下相应,缓急相宜,遂使绩条成紧,缠于轩上。"王祯还谈到当时"又新置丝线大纺车一如上(指大纺车),但差小耳,比之露地桁架合线,特为省易"。据此不但可知在当时已有与麻纺车同形制之丝纺车,也可证明大纺车、水转大纺车确实用作合线的机械。

王祯《农书》说当时水转大纺车,"中原苧麻之乡,凡临流处多置之",可见这种纺织机械应用已经很普遍了。我国古代劳动人民在13世纪时的这一伟大发明,不仅在纺织发展史中而且在世界科技史上也占有重要地位。在西方应用水力纺绩机械,却是18世纪后期的事情,直到1769年英国人理查·阿克莱(Richard Arkwright)才制作出水车纺机和建立了欧洲第一座水力纺纱工厂,比中国宋代水转大纺车晚了4个多世纪②。

元代棉纺织生产技术的广泛传布和织造工具的发明应用是这一时期的头等大事,棉布成为我国人民的常用衣着这一事实,不仅在当时具有很大经济价值,而且也有着深远历史意义。

元初,黄河流域(特别是陕西)制棉工具和方法较为简陋,试看元世祖至元十年(1273)即南

---

① 夏鼐,我国古代蚕桑丝绸的历史,考古,1972(2):12~27。

② 上田贞次郎,英国产业革命史略,郑怀君译,商务印书馆百科小丛书本,第6页。

宋灭亡前六年，司农司编的《农桑辑要》卷二说："……直待棉欲落时为熟。旋熟旋摘，随即摊于箔上，日曝夜露，待子粒干取下。用铁杖一条，长二尺，粗如指，两端渐细，如赶饼杖样；用梨木板，长三尺，阔五寸，厚二寸，做成床子，逐旋棉子置于板上，用铁杖赶出子粒，即为净棉。捻织毛丝或棉装衣服，特为轻暖。"全文只有碾去棉子的铁杖和梨木板床，其他工具一概未见提及，棉花用途也只停留在"捻织毛丝"或"棉装衣服"。大概至元初，黄河流域只由新疆地区传入这种极简陋的工具和制作方法。

当时的南方，由黄道婆传入长江下游松江的制棉工具，据陶宗仪说有："扞、弹、纺、织之具"，但它的形制和使用方法，陶宗仪并没有具体说明。据在黄道婆把崖州黎族的制棉工具和制作方法传入之后的 19 年，即仁宗皇庆二年（1313）王祯写成的《农书》来看，可知扞即轧花搅车，弹即弹棉弓、纺即纺车、织即织机。

棉花成熟摘取后，制棉的第一步加工是去净棉籽。搅车即踏车，或作轧车，是去棉籽的工具。14 世纪前叶，搅车代替了沿用很久的轧棉铁铤或铁杖，王祯说："昔用辗轴，今用搅车尤便。"[①] 这种搅车由于利用了辗轴和曲柄机械原理，比用手赶动铁杖轧挤棉籽，它的生产效率快捷，而且"功利数倍"，因此，"木棉虽多，今用此法，即去籽得棉，不致积滞"[②]。

棉花去籽后，第二步加工步骤是弹，弹弓是用来弹松棉花的工具。"其制以竹为之，长可四尺许，上一截颇长而弯，下一截稍短而劲，控以绳弦，用弹棉英，如弹毡毛法。"[③]

原棉经过弹松之后就可以卷成棉筒，以便纺成棉纱，卷筵就是把棉花卷成筒状棉条的工具。宋末时江南地区已经把棉花"卷为小筒，就车纺之，自然抽绪如缫丝状"[④]，可见卷筵早已被创制应用。它的制作"淮民用蜀黍梢茎，取其长而滑。今他处多用无节竹条代之"[⑤]。它操作使用时，"先将棉毳条于几上，以此筵卷而扞之，遂成棉筒，随手抽筵"[⑥]。这样制成的棉筒，就纺车纺时，"每筒牵纺易为匀细，卷筵之效也"[⑦]。

棉筒须经过纺才能成纱，纺纱的工具是纺车。纺车在我国创制和运用已有悠久历史，不过历代纺车形制构造均不见于记载，因此很难详实地说明。元代的"木棉纺车，其制比苧麻纺车颇小"，纺纱时"夫轮动弦转，筝缍随之，纺人左握其棉筒，不过二三，绩于筝缍，牵引渐长，右手均缍，俱成紧缕，就绕缍上"[⑧]。

棉花纺成棉纱后，上机前还要经过绕籰牵经以及打纬等几步工序，所用的工具有籰子、经架等。

元代棉纺织生产中的绕籰情形，《农书》中未曾记载，怎样把绩于纺车铤杆上的棉纱取下来，把纱缠绕在丝籰上，只有从《农书》所载丝织中的南北络车之南方络车形象想像到当时棉织的绕籰也当是这样。

绕籰以后，用经架开始牵经，"先排丝籰于下，上架横竹，列环以引众绪，总于架前经簿；一人往来挽而归之紖轴，然后授之机杼"[⑨]。

另外还有一种牵经方法流行在南方，所用的工具为拨车。"木棉拨车，其制颇像麻苧蟠车，但以竹为之，方圆不等，将更轻便"[⑩]。使用时把纺好的棉缍放在稀糊盆内度过，稍干即将棉缍头绪拨在拨车上，棉绪则成棉纴，再把棉纴治成经纬。经过这样"待尔纴成足经纬"，所以才能"却教机杼得功全"[⑪]。

这种拨车只能拨动一条棉缍，生产速度仍然很低，于是一种较拨车改良和进步的轩床就产

---

① ~ ⑪王祯，《农书》卷二一，农业出版社，1956 年。

生并代替了拨车。“木棉軠床,其制如所坐交椅,但下空一軠。四股軠轴之末,置一掉枝(曲柄),上椅竖列八繀,下引绵丝动转掉枝,分络軠上。”① 可见軠床比拨车进步,能同时掉转八繀于軠上,生产效率比拨车快了八倍。

元代棉织所用的织机就是麻织所用的投梭布机,《农书》卷二二载有布机图形,这种织机构造有杠(经线轴)、杼、卷布轴的装置,较为简单。当时不仅有平纹织机,还有提花织机,松江地方织花被面、褥、带、帨,”错纱配色,综线絜花,各得其法”,“其上折枝、团凤、棋局、字样、粲然若写”②,足以证明棉织技巧与丝织一样已达到很高水平。

(三)明代

明代纺织生产高度发展,纺织品产量和名色增多,纺织生产工具及织造技术也不断创新和进步。

明代缫丝业中出现由“一人执爨(煮茧),二人专打丝头,二人主缫”的五人共作大缫车③,缫丝量大大增高。《天工开物》所载“治丝图”,为一人踏軠理绪添头,另一人则专任准备蚕茧,添茧入锅,以及司炉加水等辅助工作,两人一车缫双缴丝。“穷一日之力,一人可取三十两,若包头丝则只取二十两,以其留长也。凡绫罗丝一起投茧二十枚,包头丝则只投十余枚”④。

花机在苏州、杭州丝织业中已广泛使用,《天工开物》中之“花机图”,是明代的一种丝织机。“凡花机通身度长一丈六尺,隆起花楼,中托衢盘,下垂衢脚(水磨竹棍为之,计一千八百根),对花楼下,掘坑二尺许,以藏衢脚(地气湿者,架棚二尺代之)。提花小厮坐立花楼架木上,机末以的杠卷丝,中用叠助木两枝,直穿二木,约四尺长,其尖插于簆两头。”⑤由图可以看出,花机由老鸦翅、涩木、花楼、铁铃、门楼、衢盘、衢脚、叠助、的杠、称庄、眠牛木等部件构成。在花楼前面装有四根老鸦翅和四根涩木。老鸦翅的作用是织锦缎的质地,涩木的作用是提络纹纬的浮现部分。这种花机系由两人共同操作,“提花小厮坐立花楼架木上”提经(提花);织工坐在门楼下面织纬(纬丝)。提花操作的情况,《天工开物》上记载说:“凡工匠结花本者,心计最精巧,画师先画何等花色于纸上,结本者以丝线随画量度,算计分寸秒忽而结成之。张悬花楼之上,即织者不知成何花色,穿综带经,随其尺寸度数,提起衢脚,梭过之后,居然花现。”⑥织工精心细作,互相配合,提织花样,方能告成。苏杭织造上供龙袍时,“其花楼高一丈五尺,能手两人,扳提花本,织过数寸,即换龙形,各房斗合,不出一手”⑦。因花样复杂,“人工慎重”,当织到一个段落时,需要更换技术熟练高超的织工来完成。

织纱罗机式略有不同,“织纱罗者,视织绫绢者减轻十余斤方妙。其素罗不起花纹与软纱绫绢踏成浪梅小花者,视素罗只加桄二扇,一人踏织自成,不用提花之人闲住,花楼亦不设衢盘与衢脚也。其机式两接,前一接平安自花楼,向身一接斜倚低下尺许,则叠助力雄。若织包头细软,则另为均平之机,坐处斗二脚,以其丝微细,防遏叠助之力也。”⑧

织绫绢和织纱罗各有提织技术,提织绫绢要“一梭一提”地使纵综浮起,“以浮经而见花”;

---

① 王祯,《农书》卷二一,农业出版社,1956年。

② 陶宗仪,《辍耕录》卷二四,1925年陶氏影元刊本。

③ 见《古今图书集成·食货典·蚕桑部》。

④～⑧宋应星,《天工开物·乃服》,钟广言注释本,广东人民出版社,1976年。

纱罗的提织是"来梭提,往梭不提"地使横综交结,"以纠纬而见花"①。

方以智《物理小识》记载诸多丝织品在花机上织造方法,更为详实。"篾率千二百齿,度经过粘,齿有兼缕。纱经三千二百缕。绫经五千六百缕,古八十缕为升,今之绸,殆六十升也(嘉湖出口干、出水干丝为经,则任从提絜不拢断接)。……两手交织,曰绉纱;两梭轻,一梭重,曰秋罗;先染丝织者,缎屯绢也。绫绢以浮经见花,纱罗以纠经见花。绫绢一梭一提;纱罗来梭提,往梭不提。其独织者,浪梅小花视素罗,加桃二扇(潞绌小云、温州方锦,皆独织者)。倭缎则斫线夹藏经面,织过刮成里光者也(织倭缎,先纬铁丝,而后刮之)。蜀锦、刻丝与通身盘龙盘枝,则截梭斗合,节节换法矣。"从这里我们可以看到丝织工艺的高度发展和生产过程的复杂化,真可谓"天孙机杼,人巧备矣"②。

花机亦称大机,另还有一种小机(腰机式),"凡织杭西罗地等绢、轻素等绌、银条、巾、帽等纱,不必用花,只用小机。织匠以熟皮一方置坐下,其力全在腰尻之上,故名腰机。"③

弘治(1488～1505)年间,福建织工林洪创造一种新型织造工艺,名"改机"。"段(缎)机故用五层,明弘治间,有林洪者,工杼柚。谓吴中多重锦,闽织不逮。遂改段机为四层,故名改机。"④ 把用五层经丝织制的织品改用四层经丝,织成比过去细薄实用的新品种,这是丝织工艺技术的另一发展创造。

在棉织业中,明代发明了用四足木棉搅车轧花,比元代搅车,"以一人当三人矣"⑤,生产效率提高三四倍。另外,《天工开物》还载有一种一人操作无足的搅车,称"赶车"。这种搅车是一人左手转动曲柄,右足踏动踏板,右手喂添棉英,工作情形和使用方法和四足搅车一致。

木棉弹弓,据《农政全书》记载是"以木为弓,蜡丝为弦"⑥,较元代弹弓竹弧绳弦,在构造上有了进步,但和元代弹弓一样,在弹棉时,左手始终要把握着弹弓。明末弹弓又有很大的改进,从《天工开物》所载"弹棉图"里,可以看出在构造上增加了一钓竿,钓竿尖端悬绳,绳与弓连,弓的形制也有改进。这种因借助了钓竿的力量,左手把握弹弓就不再是沉重的负担。

明代纺车通常是三维,"凡访(纺)工能者,一手握三管纺于铤上"⑦。《物理小识》载:"(纺纱)有纺双缕者,有一手勾三线者,松江、徽(州)、池(州)、合州、九江皆能之。"⑧ 在个别棉纺织比较发达地区,还使用了四維、五維纺车,"纺车容三維,今吴下犹用之。间有容四維者,江西乐安至容五維,往见乐安人于冯可大所道之,因托可大转索其器未得,更不知五維向一手间,何处安置也"⑨。三維纺车的转动是用足踏,《农政全书》只载图形,关于构造和动力并无记载。褚华所著《木棉谱》上有一段记载可以帮助说明:"《方言》曰赵魏间谓之历鹿车,东齐海岱之间谓之道轨或谓之維车,即今之纺车也。制比苧麻者差大,以木为之,有背有足,首置木铤三,形锐而长,刻木为承,其末以皮弦攀连一轮,上复以横木,名曰踏条者,置之轮之窍中,将两足抑扬运之,取向成之条子,粘于旧缕,随手牵引,如缫茧丝,皆绕铤而积,是名棉纱。"

足踏纺车使用时手足并用,足踏动踏条,左手握棉筒,右手均捻棉缕。这种足踏三維纺车

① 宋应星,《天工开物·乃服》,钟广言注释本,广东人民出版社,1976年。

②,③宋应星,《天工开物·乃服》,钟广言注释本,广东人民出版社,1976年。

④ 见万历《福州府志》卷三七。

⑤,⑥徐光启,《农政全书》卷三五,石声汉校注本,上海古籍出版社。

⑦ 宋应星,《天工开物·乃服》,钟广言注释本,广东人民出版社,1976年。

⑧ 方以智,《物理小识》卷六《纺车》,明刊本。

⑨ 徐光启,《农政全书》卷三五,石声汉校注本,上海古籍出版社。

生产效率大大提高,《木棉谱》说:"夜以继日得斤许。"

明代纺车现在见到图形的,还有《天工开物》所载的一繀纺车。这种纺车形制简单,操作时,一手摇动曲柄,一手曳棉条而成一缕,极易掌握,是当时广大农村普遍使用的。

《农政全书》与《天工开物》都没有记载棉织机,因"织机十室必有,不必具图"[①]。由于"织苧机具与织棉者同",《农政全书》记载有麻布织机的图形。从所载麻布织机的情形看,明代织布机比元代织布机在构造上有显著的改进。它安装了掉杼的钓竿和足踏板,借两足踏动踏板,把力量通过钓竿传递给杼,杼因受钓竿的牵动则上下移动。《天工开物·乃服》说明丝织业中的腰机时云:"普天织葛、苧、棉布者,用此机法,布帛更整齐坚泽。"可见当时有用腰机织造棉、麻织品的。

麻织业中明代盛行大纺车,"中原麻布之乡皆用之",借人力或畜力推动。还有用"水转大纺车"的,"中原麻苧之乡,凡临流处所多置之"。"比用陆车愈便且省",生产骤增,"昼夜纺绩百斤"[②],一些分散的小生产者,因"众家绩多,乃集于车下,秤绩分纑"[③]。其他麻织农村家庭"纺苧纱能者多用脚车,一女工并敌三工"[④]。

对毛织机,《天工开物》有简略介绍:"凡织绒褐机,大于布机。用综八扇,穿经度缕,下施四踏轮。踏起经,隔二抛纬,故织出文成斜现。其梭长一尺二寸"[⑤]。

(四)清代

清代全国纺织业发展不平衡,各地纺织生产技术水平也不一。从资料看,全国总的织造技术和生产工具虽较明代有所发展,但变化仍不太大。

各地丝织方法及生产工具示例:

缫丝:贵州缫治山蚕丝,"以大锅盛清水,候其沸,加入莜灰汁,调匀,乃置茧于中。约煮半时,将茧翻转,再煮一二刻,视其茧水,壳外浮丝松散,则茧熟可缫矣。试之如不熟,再加灰汁略煮。司缫者执短小竹棍,谓之缴竿,先缴其浮丝成绺,分作数提,仍存锅内。锅上置木架一,名曰锅马,其上有丝笼,又其上有天辊。时以缴竿缴其茧,和其丝,引绪上从丝笼绕出天辊外,复向右下萦于缫车,旁以一人亟转车收之。灶内不可断火,若丝不顺,火稍加重,水热则丝易抽。……去车底五寸,置一灰盆,火不可猛,使丝旋干。"[⑥] 江浙缫丝用脚车,"浙中有脚踏车,灵活而省工,苏属锡金等处,亦皆用之"[⑦]。江苏缫车也用浙式,"车制自车床起,至脚踏板止,皆浙人现用之式。各省直丝线铺,所用丝车,亦以脚踏,与浙式大同小异。但车床过高,丝灶须高与胸齐,缫丝者可立不可坐。妇女缫丝,似不如浙式为便,因业蚕之家,多以女工缫丝,不比他省,缫丝专用男工也"[⑧]。

缫丝之粗细,江浙地方"有三缕同缫者,坚厚而干燥之茧,可缫三缕,每缕用茧五六个,谓之细丝。十二三个,即谓之粗丝,其价极贵。然茧必莲子种,丝多而韧,抽之不断者方可。但此蚕甚难齐集,惟湖人能育之。丝少甚难联属,亦惟湖人能缫之。他处皆缫两缕,少则十五六茧,多

---

① 宋应星,《天工开物·乃服》,钟广言注释本,广东人民出版社,1976年。

②,③徐光启,《农政全书》卷三六,石声汉校注本,上海古籍出版社。

④,⑤宋应星,《天工开物·乃服》,钟广言注释本,广东人民出版社,1976年。

⑥ 常恩,《放养山蚕说》,见咸丰《安顺府志》卷四六。

⑦ 见朱祖荣《蚕桑答问》。

⑧ 见杨巩《中外农学合编》卷一〇引《蚕桑宝要》。

则十七八茧,谓之肥丝。总以粗细均匀,光洁白亮,圆而不扁者为佳。"① 贵州缫治山蚕茧,"丝之粗细,视提丝缕之多寡。茧之绪曰喂头,缫者随尽随续,毋绝喂,则丝匀,……初时茧多顺绪,取丝较细,为经丝。至后半日,茧绪多乱,取丝稍粗,为纬丝。又春蚕之丝,绵密精致,取丝可经多纬少。秋丝性稍脆,取丝则纬多经少。"遵义织绸,取"府绸之丝,缫时车缓,取丝略粗,而绸厚实,其品上也。水绸之丝,缫时车急,取丝极细,而织绸单薄,品为下。"②

缫丝进度,贵州"每日一人,可缫茧三四千"。江浙"缫丝之迟速视乎茧,坚而燥者,每日可缫十五斤;软而潮者,每日只能十斤。必须预计茧数,配以车数,大约茧好天凉,一车可缫一百五十斤;茧劣天热,一车只能八十斤。总之,天气凉热难于逆料,有茧百斤,需车一部,百斤以外,便须添车,否则缫丝不及,遂有出蛾之患"③。

贵州缫丝用工具有:缫车、竹磨、锅马、丝笼、缴竿、铁锅、悞灰(缫丝所有);手车、风车、雒架、雒心(即牛角尖)、车筳(导丝所有)等等④。

络丝:江宁织缎之先,必染经,"经既染,分散络工,……日络三四窠(丝曰片,经曰窠,百窠为一桩)"⑤。浙江有络丝工具,"按络丝,有挑头"⑥。

牵经、成纬:江宁地方在络丝于籰上后,"经籰交齐,则植二竿于前,两人对牵之,谓之牵经。牵毕,即上机接头,新旧并系,两端相继如新,置之机。无旧丝可接,则先捞范子,然后从竹中缕缕分出,一丝不乱,谓之通交,而织工乃有所借手矣"⑦。贵州牵经前,"先用一车,次第以经丝纬丝张其上,列于左旁,右置一车如纺棉式,将丝各导成经筒纬筒"。牵经时,将"经筒之丝,则用牵架贯筒,牵绾于经架上,足其筘数;复贯入竹筘牵之,以茅刷梳之,蘸面浆浆之,始上机"。如用纬丝,"纬筒之丝,则以小竹架植筳贯筒,右执一小杆,中钳牛角尖,颠倒收其丝,导成槽运以贯梭,然后织"⑧。

贵州牵经所用工具有:茅刷、刷架、拖扒、羊角、牵架、牵杆、牵扒⑨。江浙"贯籰有掉梗","纬丝有摇车、有纬管。打线有牵头、有扯车"⑩。江宁作坊所用治丝工具,"曰平尺,曰上经棍、曰缙梭、曰交杖竹(交钩)、曰提头、曰挑头竹、曰钩作线、曰交带、曰钩秤、曰播竿、曰拉车凳、曰走头板凳、曰冲天挑头钩、曰络筐竹、曰络筐盒(亦名蜻蜓)、曰舌头、曰络筐楔、曰拍丝钩、曰纬车、曰纬车凳、曰车轮、曰面筋柁、曰将军柱、曰纬钉、曰纬弦、曰摇手、曰纬盒、曰梭子、曰梭头(铁也)、曰梭爪、曰梭仓、曰梭门、曰梭综、曰梭槨"⑪。杭州丝织业的辅助工具,"有构、有梭、有籰、有纬车"⑫。

织机:杭州织机部件名称,"有杼、有轴、有疌、有滕、有榎、有楼、有鹿卢、有蹑、有综"⑬。江宁织机,据《凤麓小志》所记:"织缎之机,名目百余,向于高子安中书处,得机器谱,爰循其次序

① 见朱祖荣《蚕桑答问》。
② 见咸丰《安顺府志》力卷四六。
③ 见朱祖荣《蚕桑答问》。
④ 见咸丰《安顺府志》卷四六。
⑤ 陈作霖,《凤麓小志》卷三《记机业》,金陵锁志本。
⑥ 见光绪《乌程县志》卷二九。
⑦ 陈作霖,《凤麓小志》卷三《记机业》,金陵锁志本。
⑧,⑨见咸丰《安顺府志》卷四六。
⑩ 见光绪《乌程县志》卷二九。
⑪ 陈作霖,《凤麓小志》卷三《记机业》,金陵锁志本。
⑫,⑬历鹗,《东城杂记》卷下,粤雅堂丛书本第一函。

志之：曰鼎桩、曰踮桩（以石为之）、曰鼎机石、曰马头、曰仙人洞、曰猪脚坑、曰脚竹桩、曰脚竹钉、曰脚钉、曰搭马竹、曰机头、曰机身子、曰核齿核档（南京文献本作梭核档）、曰筐门、曰鸡冠、曰机颈子、曰江楔、曰坐板、曰蜡尺（竹也）、曰蝠槽、曰局头、曰衬局、曰拖机布、曰局头槽（亦名敖口）、曰穿孔、曰压伏、曰狗脑、曰海底楔、曰靠山楔、曰千金桩（俗名较闩）、曰较尺、曰辫、曰辫楔（亦名楔仁）、曰遭线、曰遭线管、曰伏辫绳、曰和边绳、曰虾须绳、曰脑门、曰三架梁、曰鹦哥架、曰仙桥、曰狮子口、曰鸽子笼、曰牛眼睛、曰穿心竹、曰弓篷（竹也）、曰菱角沟（铁也）、曰鸭子嘴、曰楔障板、曰隔板、曰楼柱、曰冲天、曰冲天盖、曰横档、曰千金桶（竹也）、曰纤（盒）、曰猪脚盆（木也）、曰猪脚（竹也）、曰猪脚线（在绸机曰渠）、曰打丝板（花机用）、曰腰机脚、曰腰机横档、曰筐匣、曰筐盖、曰侏儒、曰底条、曰钓筐绳、曰燕子窝、曰护梭板（以竹为之，或用铜片）、曰筐闩、曰筘、曰筘齿、曰筘门（用马尾缝）、曰边齿、曰障杆、曰搭马、曰锯子齿、曰钓鱼竿、曰过梭板、曰厢板、曰边关龙杆竹（小花机用）、曰渠楔竹（花机弦用）、曰云棒（竹也）、曰障、曰范子、曰范子髿、曰障髿、曰范子梁、曰龙骨（生丝筋用）、曰脊刺（细竹丝以连四纸为之）、曰合档竹（亦名八扇竹）、曰带障绳、曰钓障绳、曰绺脚绳、曰肚带绳、曰钓篾（竹也）、曰拽范绳、曰老鼠尾、曰横眼竹、曰立人、曰立（人）钉、曰立人箫、曰立人盘（石也）、曰鬼脸、曰撞机石、曰立人柱（石也）、曰排雁、曰排雁槽、曰边鹅眼、曰迪花、曰枪脚、曰羊角、曰搭角枋、曰销鼻、曰包迪布、曰拖泥、曰边爬、曰绺头爬、曰纬盒、曰洋灯钩（铁也）、曰文刀头（铁也）、曰渠撤竹（花机用）、曰仙鹤髿（竹也）、曰文刀（竹也）”①。

贵州织绸机具名称，“曰机床、曰天平、曰坐板、曰踩板、曰竹筘、曰线纵、曰筘夹、曰辊心、曰梭、曰柲尺、曰幅尺、曰铜剪、曰铜蹑、曰铜针、曰铜钩”②。浙江乌程织绸布之机，“女工用平机，与绢机相仿。惟客工用栈机，亦称腰机，制度迥别”。织机部件名称有：“经绢，则横篾作以穿丝，曰撩眼。两旁植木，作锯齿形，曰把头。中镶二长木，曰经干木。盘丝，曰运床。承丝，曰狗头。机上坐身者，曰坐机板。受绢者，曰轴。绞轴者，曰紧交绳、曰紧交棒。过丝者，曰筘。装筘，曰筘腔。撑绢者，曰幅撑。挂筘者，曰捋。滚绳上，曰塞木。推筘者，曰送竿棒。提丝上下者，曰滚头。有架有线挂滚头者，曰丫儿。踏起滚头以上下者，有踏脚棒、有横沿竹。花绢机有旗脚竹、旗脚线。撷花线，有旗脚潭。攀花，有接板。架板如梯，曰花楼。”③

各地棉织方法及生产工具示例：

晒花：棉花从棉田采摘载回，因有湿气，须翻晒于太阳下，花不晒，则棉籽不易碾脱。松江“晒花之具，以苇薄张于衣桁上薄摊之，翻数遍，至日暮方可收用。若遇阴雨，以竹格安火盆上烘透，俟冷再烘，始不还性。贫家或以趁炊饭罢，去鬴烘之者。然此二法，易令色不明洁”④。

轧花：花烘晒干尽，才可上轧车碾去棉籽，制成花衣。松江用“搅车，今谓之轧车，以木为之，形如三足几，坐则高与胸齐，上有两耳卓立。空耳之中，置木轴，一径三寸，有柄在车之左，以右手运其机。向外复置铁轴，一径半寸，有轮在车之右，以左足运其机向内，皆用木楔，笼紧中留尺许地。取花塞两轴之隙，而手足胥运，则籽自内落，无籽之花自外出，若云叆叇然，名花衣。”⑤ 上海轧车形制亦同，“棉与核交粘，必去其核方可用。去核者名轧车，以木

① 陈作霖，《凤麓小志》卷三《记机业》，金陵锁志本。
② 见咸丰《安顺府志》卷四六。
③ 见光绪《乌程县志》卷二九。
④ 见嘉庆《松江府志》卷六。
⑤ 见嘉庆《松江府志》卷六。

为之，三足，二向内，一向外，高三尺许。上有厚板，约二寸，板左右有两耳，空其中，纳二轴，一木一铁。其铁者，长出左耳外尺许，铁轴尽处，承以木轴，形如滕枕而长倍之。络绳于铁轴，络板于绳之下垂处，以足踏之，则铁轴内旋，而核坠于内。其木者，长出右耳外二三寸，缀以木，木长三寸余，一端承轴，一端复缀一圆木，亦长三寸许，以手运之，则木轴外转，而棉出于外，轧车如橹声。”[①]

弹花：轧车轧制成花衣，然后以弹弓弹，使之松散。松江所用“弹花弓，剡木所为，长五尺许，上圆而锐，下方而阔，弦粗如五股线，置弓花衣中，以椎击弦作响，则惊而腾起，散若雪，轻如烟，名熟花衣”[②]。上海弹花者坐着工作，“绵必弹之使如轻云，谓弹花衣。弹花者名弓，弓以作圆柱状，长四五尺，粗盈握。弓上端镶薄板，方而斜，纵横四寸许。其下端于圆柱之末，剡之使弯，圆而厚，阔二寸余。以弦施于两端，弦之余者绕柱上。击其弦者为弹花槌，槌长七八寸，隆其两端，极光润。弹花必坐，其坐者如椅而矮，几及地，名弹花凳，凳之背贯以竹竿，如钓鱼者，而曲竿之极处悬绳，绳下着弓，以左手执弓，右手执槌，坐击之。棉着弦而起，轻如柳絮，宜于无风处弹之，弹声清脆闻及邻室。其弓弦以羊肠为之……”[③]

搓条：棉花弹熟，在松江“约熟花衣作带形。削细竹茎为心，一手执其末，一手执板，如绵矩者复之，一推一却，花衣乃卷竹上，即抽出此竹。其状外圆而中空，名条子。”[④] 上海地区，“以弹之成絮者，分之作棉绳，名搓条子。以竹削如箭杆，较细，长二尺余，名栅子。卷棉于上而搓之。其搓之器，如桶盖，方而长，名搓花盖。以左手按其栅子，右手执盖向外推之，随去其栅，宛如玉蒜。”[⑤] 江北淮安搓条，使“棉成条子，每条约长八九寸，重在一钱左右。如花生条粗，纺时便不光匀。熟而匀净，纱如蚕丝。”[⑥]

纺纱：搓条之后，即可上车纺成棉纱。松江纺车“以木为之，有背有足，首置木梃三形，锐而长，刻木为承。其末以皮弦襻连一轮上，复以横木，名踏条者，置轮之窍中，将两足抑扬运之。取向所成条子，粘于旧缕，随手牵引，如缫蚕丝，皆绕梃而积，是名棉纱”[⑦]。上海也用三维纺车，“以屈木之连属者锯之，下如二股，上如柱，统计约高二尺，竖二股于横木上，木长不及二尺，木两端之内向者，又横卧二股，长有二尺余，股之尽处，以木之厚而较方者合属之。其柱之端空之，举所谓纺车头者横贯其内，其形如半月，内外各一，相悬寸许。脊有三齿，安小管于上，以所谓锭子横缀管中。柱之下二股交合处，横圆木长半尺外，木上着轮，另有一木长四尺余，锐其一端，窍轮而受之。其一端于合属卧股之外，作齿承之，以两足旋运。先于锭上绕纱数尺，粘于条子，随轮飞动，绸绎而出，名纺纱。”“纺纱他处皆有，然以巨轮手运，只出一纱。足车出三纱，惟吾乡倡有之。……优于纺纱者，日可得八两。”[⑧] 纱纺出匀与不匀，与以后织成布之光细紧密与否，大有关系，因之纺者须注意操作。淮安地方人民总结“手车纺纱，全借两手。左手握车时，右手扯棉条，锭子须安直，放纱指宜松，以无名指或小指擎棉条于拳内，自锭尖上徐徐扯出，

① 见张春华《沪城岁事衢歌》。
② 见嘉庆《松江府志》卷六。
③ 见张春华《沪城岁事衢歌》。
④ 见嘉庆《松江府志》卷六。
⑤ 见张春华《沪城岁事衢歌》。
⑥ 见孙琳《纺织图说》。
⑦ 见嘉庆《松江府志》卷六。
⑧ 见张春华《沪城岁事衢歌》。

不使歪斜，断可接续。若一性急，断头难接，徒多抛废，纱更不匀矣。"脚车纺纱又与手车不同，"须两足圆活，自一锭至三锭，皆可学成。锭多纱多，法在指平手和，臂曲脚活，指缝夹棉条，更须利便，左手执杆，如纺长三尺，即用栏收锭上，此际脚须缓，若快便断。纺时坐正，务要眼与手齐，心与脚齐也。"如此，纺出纱匀净，细如蚕丝，织成布匹，自然光细。"习学用手、脚车纺纱，木锭铁锭，理同事一。木锭纺纱细而光，铁锭纺纱慢而粗。木锭本易脆，铁锭可经久。总以初学时，用木锭则木锭便益，用铁锭则铁锭便，学而致之，皆可精成。"①

成纴：棉纱纺成，下步即"以棉纱成纴。古用拨车，持一縰周布蟠竹方架上，日得无几。继用纴床，制如交椅，其上竖列八縰，以掉枝牵引，分布成纴，便于前制。"松江地方如"今则取所谓如交椅者，令人负之而趋，一人随理其绪，往来数过顷刻可就，名其负车者"②。上海纴纱，"取石苇作管，长六寸许，搬纱使满，名筒子"。用"有所谓经车者，形如算盘，表里透满，取筒子分左右匀列其中。于广场植竹为架，以纱绕竹上，经数十丈，负经车往复数次，理其经纶，以交竹中分之，平如匹练。"③ 淮安地方成纴方法也和江南相同，"将纺成纱线，拣选匀细，摇成筒子，或三两或四两，如织一机，或三匹或五匹，长短听从其便。先用经车(经车木框竹档贯纱筒肩负以牵布经也)排插纱筒二十五个于其上，左右横穿，量一机布之长短，自头至尾，依长牵经，折回到头，是为一梏(梏者如以手互相交叉也)。每一梏，纱线五十根，或十六梏二十梏多寡听便。如多一梏，则布紧密宽阔。假如十六梏，纱线四百根，上下两层共八百根，此直长之布经也。通身经完之后，离三四尺用梏竹三根，上下互隔，以分清直，再用大竹筒一根，将所经纱线，盘旋其上④。

以上所述，都是上浆刷线前的分纴过程。棉纱上浆分为刷线和浆纱两种，浆纱和刷线不同，不必先分纴。在浆纱之前，选匀净纱线，"用豁片摇框纱片(豁片者，系竹爿车架，手转其轴，圆旋以受经者也)，或一斤一块，或十两八两一块，均任其便，然后浆纱(详见后述"上浆")。干后，"仍框豁片上摇到筒子上，每一筒或三两或四两，亦听便。筒子二十五个，插于经架上(经架，直穿纱筒之架也)。分作上下两排，又以一尺长竹片签在地上，布经长短，用竹片多寡，如经头经尾，多加竹片一块签钉，所以分梏也。然后以二十五筒纱，每筒抽出一根，总齐在左手，右手将纱分当间提一根，分半套于经头竹签上，是为一梏(间提者，即二十五筒之数，间一根提一根，共提起十二根，是一半也)。又复折回到经尾竹上调转折套，彼如五十根分二十五为半，套上即是。一机牵经完毕，遇有断处，即行接续，再盘在滚木上(滚木，即木棍一根，用以收盘分梏也)。用行扣照一路一梏穿上(行扣者，系稀齿竹扣，分清梏数，捉直布经也)，慢慢盘到花摘上，中间并不用梏竹，亦不用扛帚。盘时须上宽下窄，如照行扣排清直盘便宽，若行扣略斜便窄，渐斜渐窄，逐层而上，即如法矣。"⑤ 这是先浆纱而后分纴。

上浆：棉纱上浆，牢度增加，不易中断，织时省接续之工，易于成布。上浆分刷线、浆纱两种。松江刷线，用"浆必须细而白好面，调法不可太熟，熟则会纱色黑；不可太生，生则令纱衣紧。在糊盆浸过一夕，值晓露未晞，或天阴不雨时，值竹架于广场，纤其两端，以竹帚痛刷候干，

① 见孙琳《纺织图说》。

② 见嘉庆《松江府志》卷六。

③ 见张春华《沪城岁事衢歌》。

④ 见孙琳《纺织图说》。

⑤ 见孙琳《纺织图说》。

于分纴处间以交竹，卷如牛腰，然后上机。此种最贵，名曰刷纱。”① 上海刷纱，“先以浆渍纱上，取竹帚长二尺余者，两人持帚左右行刷之使匀，烘以晴日，俾纱燥而不粘，则机口滑润，纱不中绝，省接续之工，易于成布。如是则以花摘层捲之，便可上机。花摘形如桔槔之轴而短，长二尺有余，两端有交木如十字。”② 淮安“刷纱之法，……每纱重一斤，用干面六两，冲出浆水，勿令过稠，用手浆透，排铺经竹上（经竹即竹片，签插地上，左右两块，中横一块，经得在上摊开也）。即用扛帚上下一个（扛帚即竹丝刷也），两人扛抬，周身刷透，必令纱线光匀，不使毛糙，随断随接，理清梏数，刷干纱线，接完断头，一无舛错，盘收花摘上（花摘即机床后架布经滚木也）。临盘之际，扛帚上宜以猪油涂抹少许，又在经上从头至尾扛刷一遍，取其光洁之意。每一机不过用猪油四五文，若在冬月阴天，纱线不得一时就干，不可性急，总俟刷干为准（风大之际，易干即断，不可刷也）。”③ 松江浆纱，“以棉纱作绞，入浆水不复帚刷而成纴，名浆纱，最下”④。认为这种产品最下，织成布不及刷纱紧密。淮安浆纱，将纱块“先在锅内煮透，捞放水盆内，打熟浆水冲上。每纱重一斤，用干面四两，小粉二两，食盐五分，和匀浆透，晾挂橙竿上（橙竿，即套纱竹也）。再用短木棍，套于下环，用手拧绞。干时，乘势抖散挂晾，逐块如之。”⑤ 待干尽后，再行分纴。

捉综：经纱上机必须捉综、探扣，方可就织。淮安“捉综之法，将竹扣镶填扣架之中，两头以绳系于缟缕木上（缟缕木，即机中柱上檐斜撑架木也）。两头下框，扎在撑臂，直接大腿木上（撑臂者，机床两旁架搁之木，专主推收。大腿木，系贯撑臂下，着机床后腿上，两木合之，如曲尺然）。再将综两层计四扇吊于缟缕木上，横架榻榗上（榻榗者，转动之木随综高下也），任其高下。又用绳系曲落棒（曲落棒系弯木棍，用以系综，中弯处缚踏脚棒，故踏脚高低，综即跟随上下也），布经照综上相隔处，上下各穿一根，不使夹杂，方可过竹扣也。”⑥

探扣：捉综后，经线即可探扣，“探扣之法，须知有紧密粗疏之别（扣即竹丝扎成之扣，穿布经之具也），有梏数之分，自十六梏起至二十二三梏不等。梏多齿密，出布紧细，梏少齿稀，出布粗松。初学者宜梏少，易于织会，手段娴熟，梏多之扣，用为利便。假如布经在综上已穿过，或三十根纱一结，或五十根纱一结。再用探扣娘（探扣娘即小竹片钩是也）在于扣上，对齿缝勾过两根，分排上下，照综上下，依位穿过，推收之际，自然上下，中路空虚，所以纳梭贯杼也。经扣穿完，收齐在肚前轴上（肚前轴，织出之布轴于上也），以便起机穿梭。……扣之推收，梭即还复，脚棒起落，综即上下，渐次而进，可冀成功。机上断经，随即接续，分清综扣，不使差讹，一根舛错，通机难织。”⑦

填梭：纬线用梭穿织，在“梭孔内填放线杼（杼，即纬也，不拘浆纱与刷线，如用杼子，即纺成纱线，摇小管子填于梭内，即可用也，不用浆刷），不宜过多，总令抽出利便为要”⑧。

布机：淮安布机形制，“布机曰机床，前为前腿，后为后腿。后腿之上，架搁花摘，花摘两头，

---

① 见嘉庆《松江府志》卷六。
② 见张春华《沪城岁事衢歌》。
③ 见孙琳《纺织图说》。
④ 见嘉庆《松江府志》卷六。
⑤ 见孙琳《纺织图说》。
⑥ 见孙琳《纺织图说》。
⑦ 见孙琳《纺织图说》。
⑧ 见孙琳《纺织图说》。

横板四块,曰摘头。机身中柱,上檐斜撑木,曰缟绥。中架榻榴,榻榴头板,贯绳索而下系综扇,接栓曲落棒,转缚踏脚棒,用以为高下之枢纽也。后腿下脚,向里镶小笋,小笋斜架大腿木,大腿穿插撑臂,直系扣架,中填竹扣,穿布经而赖推收,往来隙处,便于纳梭过杼。布经自花摘上,由中柱铺匀抬高竹上,度综穿扣,方便推收,往来梭织,织成尺寸,滚于肚前轴上"①。上海布机机式,"大象与绸缎机同,而布机较省便,布幅亦较狭"②。棉织布机,"机上布经,不限长短。假如经长一丈,浆纱布织成,止八尺五寸;刷线布织成,止八尺,盖有紧密于浆纱布也。所短尺寸,乃纳梭贯杼,因织以缩也。其间用纬无多,而经数倍,即竹扣之档多档少也。光细紧密,在纱之匀不匀也。"③

我国纺织业生产技术和内部劳动分工的进一步发展,形成了纺织品中某一品种专门生产地区,这些社会分工,不能不影响到纺织生产工具的分化,因而生产这些纺织工具的手工业也就愈益分化,成为单个独立的手工业部门。清代中期纺织生产工具生产已成为专业,在各个纺织业发达地区都拥有自己的工具生产作坊,并且因为产品具有独特规格而深受纺织业的欢迎。

纺车以青浦县金泽谢氏所产是名牌,"纺车出金泽谢氏,轮着于柄,以绳竹为之,旁夹两板以受柄,底横三板以为鼻,鼻有钩以着锭子,左偏而昂,右平而狭,持其柄摇,则轮旋而纱自缠矣"④。到光绪时,"谢氏业此,已百年矣"⑤。

锭子也出在金泽,"锭子以铁为之,其形似铖而长,亦出金泽"⑥。《青浦县志》载:"锭子,出金泽,以铁为之,其形似铖,长八寸,首尾皆尖,而锐凹其中,使钩之以牢于车焉"⑦。

锭子、纺车都是金泽的名产品,故民谚有"金泽锭子谢家车"⑧ 之语。

布机以青浦黄渡徐氏所造著名,"布机出黄渡徐氏者,坚致而利用"⑨。《青浦县志》亦载:"徐家布机,出黄渡徐氏,坚致而利于用,价亦稍昂,机之横木必书其年月某房造。"⑩

筘,南昌郝氏所作有名,"府志云:南昌郝氏之筘,织布所用器也"⑪。

织布时刷布的刷帚,只有苏州唯亭陆氏独家生产,"黄金草刷帚,出唯亭,陆氏独造,各处所无,织布者借以刷布。今北街顾氏亦造,系陆姓所传。草出于湖南,名黄金草。"⑫

江宁的织机制作极有名,种类多亦复杂精巧,据《凤麓小志》所载:"织缎之机,名目百余",其中最精巧的织机,"其经有万七千头者"⑬。

在各个纺织业发达的地区或城市,为纺织业服务的纺织工具生产作坊或出售纺织工具的

---

① 见孙琳《纺织图说》。
② 见张春华《沪城岁事衢歌》。
③ 见孙琳《纺织图说》。
④ 见光绪《松江府续志》卷五。
⑤ 见光绪《青浦县志》卷二。
⑥ 见光绪《松江府续志》卷五。
⑦ 见光绪《青浦县志》卷二。
⑧ 见光绪《松江府续志》卷五。
⑨ 见光绪《松江府续志》卷五。
⑩ 见光绪《青浦县志》卷二。
⑪ 见同治《南昌县志》卷一。
⑫ 见道光《元和唯亭志》卷三。
⑬ 陈作霖,《凤麓小志》卷三《记机业》,金陵锁志本。

店铺也随之发展。如江宁，在乾隆时就有“机店、梭店、筘店、籰子绺梭竹器店、范子店……”①等，专门供应纺织业需要的手工生产纺织工具的店铺和作坊。

第六节　纺织生产关系与分工

我国民间手工业最普遍的当数纺织业，但一些细致的需要有专门技术才能制成的织品，就须有专门设置的手工业作坊来织造，因此，独立的私家经营的纺织手工业作坊应运而生。据记载，汉代就出现了“陈宝光家”和“张安世家”等，私人经营手工业纺织作坊的大作坊主，他们不但有一定的生产规模，拥有许多织工，而且已有名牌产品供应市场。

唐代，随着城市繁荣和商品流通的扩大，纺织手工业作坊大为增多，如当时已有织锦坊、毯坊、毡坊、染坊等等。有的私营纺织作坊，具有很大的规模，而且雇佣了为数不少的独立的手艺匠人。

宋时以独立手工业和雇佣工匠为主的生产关系渐次确立，私营独立的纺织业作坊更形众多，当时官商巨室倚持其政治、经济势力在自己家里建立丝织业作坊的极为普遍，这可以从《宋会要辑稿、刑法二》所载历朝禁令中看出，这些作坊规模一般都比较大。同时在生产力发展的基础上，民间还出现了一种新型的独立的纺织业作坊，这就是常在文献中所见到的“机户”。这些民间纺织业作坊在生产过程中都需要使用雇佣劳动力，因此宋代纺织手工业中游动的个体手工业者增多，他们或者受雇于作坊主，或者走街串巷，游乡行井，候人请唤。他们一般是自备生产工具，如“吾乡白石村民为人织纱于十里外，负机轴夜归……”②，这就是被召请到主人家里按照主人要求织造织品的个体纺织手艺匠人。

明初已有了资本主义因素的纺织业作坊，随着商品经济的发展，纺织业资本主义因素获得进一步发展。一些经营丝织业生产的作坊主，以剥削起家，资本急剧增殖，逐渐上升为大机房主人，生产规模也随之而扩大，雇佣较多的工匠。众多的机户都是小商品生产者，他们主要还是进行家庭手工业和作坊手工业的生产，不雇工或只能雇佣临时工。明代工匠是从元代工奴地位解放出来的半自由身份的手工业者，他们除定期轮班赴京在官营手工业中供役外，其余的时间可以自己劳动，为民间手工业作坊提供了广阔的劳动力市场。

生产者之间的竞争也必然引起分化，即某些小商品生产者通过商业和生产的剥削发展为作坊或大机房的主人；某些小商品生产者由于经营失利，破家沦为“受雇于人”的织工。明初曾经作过杭州府学教授徐一夔所作的《织工对》，记述了明初丝织业作坊主对织工的残酷剥削：“余僦居钱塘之相安里，有饶于财者，率织工以织，每夜至二鼓，一唱众和，其声欢然，盖织工也。余叹曰：乐哉。旦过其处，见老屋将压，机杼四五具，南北向列，工十数人，手提足蹴，皆苍然无神色。进工问之曰：余观若所为，其劳也亦甚矣，而乐何也？工对曰：吾业虽贱，日佣为钱二百，吾衣食于主人，而以日之所入，养吾父母妻子，虽食无甘美，而亦不甚饥寒。于凡织作，咸极精致，为时所尚，故主之聚易以售，而佣之直亦易以入。……顷见有业同吾者，佣于他家，受直略相似，久之乃曰：吾艺固过于人，而受直与众工等，当求倍直者而为之佣。已而，他家果倍其直佣之。主者阅其织果异于人，他工见其艺精亦颇推之。主者退自喜曰：得一工胜十工，倍其直

① 陈作霖，《凤麓小志》卷三《记机业》，金陵锁志本。
② 见洪迈《夷坚志》乙志卷八《无颡鬼》。

不吝也"[①]。由此可见,当时雇主和受雇者的雇佣关系是自由的,技艺水平高的工匠可以谋取较高的工资待遇。

明代由于使用不同的纺织工具和不同的织造技术,出现了名目繁多的不同品种纺织品。而这些不同品种纺织物的织造,都逐步发展成为各自独立的手工业部门。"工匠各有专能",于是纺织业中的社会分工更加细致并日益具有更狭窄的专门性质,这一点是可以肯定的。

丝织业中有专门缫丝、织、染等专业分工。

明万历时(1573~1620)长洲陆粲记述他的"里人郑灏,……其家有织帛工、挽丝佣各数十人"[②],在雇有百余人匠的郑灏大作坊中,至少已采用织帛和挽丝的初步分工。

在苏州城内,无主待雇的工匠,"黎明,立桥以待,缎工立花桥,纱工立广化寺桥,以车纺纱者曰车匠,立濂溪坊"[③]。从这里可以看出织工是按技艺精细分工的,他们只掌握织造某一丝织品的技术,而且是专门织造某一种丝织品的。

在棉织业中,轧花、弹花、纺纱、织布、印染、踹布等都逐步变成了独立的手工业部门。

轧花是季节性职业,他们主要为棉花商人进行加工。但也有终年生产的,如太仓州创始太仓州式木棉搅车轧制棉花后,"城中男子多轧花生业"[④]。

常州"兴宁乡之寺头初……有某氏者,以弹棉花起家,久遂致富"[⑤]。李诩《戒庵老人随笔》卷七《匠班银》条,谈到乡间多弹花匠。又康熙《无锡县志》卷二五《杂识》也载有以弹棉花起家者[⑥]。

松江"纺织不止村落,虽城市亦然,里媪晨抱纱入市,易木棉以归,明旦复抱纱以出"[⑦]。这种情形,在浙江也如是,明万历时乌程人朱国桢也说:"商贾从旁郡贩棉花,列肆我土。小民以纺织所成,或纱或布,侵晨入市,易棉花以归,仍治而纺织之,明旦复持以易。"[⑧]《松江府志》也载:"纱(棉纱)有成经纬者,有止卖纱者,夜以继日,得斤许即可糊口,善纺者三縰为常,两縰为下。"[⑨]

这些都证明轧花、弹花、纺纱已成为独立的手工业部门了。至于织布,不同品种的棉织品,大都各有其产地,这些不同品种棉织品的织造和丝织业一样,不仅成为独立的手工业部门,而且又以不同名色的品种分为具有更为狭窄专门性的手工业部门。

明代民间印染业情形亦如纺织业一样,内部有依专业的细密分工。除有染房外,还出现了专为棉布印染整理加工的踹房。染房也各有分工,发展为专染治某种或某几种颜色的蓝坊、红坊、漂坊、杂色坊等。

隆庆、万历时(1567~1620),丝织业中心苏州地区就出现了织工待雇的劳动力市场。"我吴市民罔籍田业,大户张机为生,小户趁机为活。每晨起,小户百数人,嗷嗷相聚玄庙口,听大

---

① 见徐一夔《始丰藁》卷一。

② 见陆粲《庚巳篇》卷四。

③ 见《古今图书集成,考工典·织工部》。

④ 见《古今图书集成·考工典·织工部》,引《太仓州志》雍正四年排印本影印,巴蜀书社,1985年。

⑤ 见《古今图书集成·职方典·常州府部》。

⑥ 许大龄,十六世纪、十七世纪初期中国封建社会内部资本主义的萌芽,北京大学学报,1956(3)。

⑦ 见《古今图书集成·职方典·松江府部》。

⑧ 朱国桢,《涌幢小品》卷二,见《笔记小说大观》第13册,江苏广陵古籍刻印社,1983年。

⑨ 见万历《松江府志》卷六。

户呼织，日取分金为饔飧计。大户一日之机不织则束手，小户一日不就人织则腹枵，两者相资为生久矣。"① 万历时(1573～1620)，苏州丝织业更加发展，城中居民"大半工技"，多以丝织为生，"郡城之东，皆习机业"，且"工匠各有专能，匠有常主，计日受值，有他故则唤无主之匠代之，曰唤代"。无主的织工，则每日"黎明立桥以待，……什百为群，延颈而望，如流民相聚，粥后散归。若机房工作减，此辈衣食无所矣"②。万历二十九年(1601)，江苏巡抚曹时聘的奏疏中也说："吴民生齿最烦，恒产绝少，家杼柚而户纂组，机户出资，机工出力，相依为命久矣。"又说："(吴中)浮食寄民，朝不谋夕，得业则生，失业则死。臣所睹记，染坊罢而染工散者数千人，机房罢而织工散者又数千人，此皆自食其力之良民也。"③ 再如江苏震泽的丝织业，"宋元以前，惟郡人为之。至明(洪)熙、宣(德)间(1425～1435)，邑人始渐事机丝，犹往往雇郡人织挽。成(化)、弘(治)(1465～1505)而后，土人亦有精其业者，相沿成俗"。于是震泽镇及近镇各村居民，"乃尽逐绫绸之利"④。由这些材料可以看出，明代纺织手工业作坊或机房不仅集中了相当众多的雇工，而且在一些纺织业发达的地区还出现了一定规模的自由雇佣劳动力市场。当时纺织手工业作坊和机房内部已出现了相当细密的分工，工匠各有专能。雇工由于各种原因有长期与临时之分，雇工的来源，当然不少是丧失了生产资料的小织户和从农村中被排挤出来的个体农民。

清代民间私营纺织手工业比明代有了更大的发展。江宁、苏州、杭州、镇江、直隶、广州等地出现许多规模极大，运用巨额资本，有庞大复杂生产设备，使用大量雇佣劳动者的纺织手工业工场。民间一些小机户和小作坊主除依靠家庭成员进行生产外，也雇佣少量工匠，因此清代纺织业中雇佣劳动力的情况比明代更多。

和明代一样，织工(清代呼织工为"机包子"，"织机之工，……俗呼为机包子"⑤)和机户的关系就是雇佣关系。如"苏城机户，类多雇人工织，机户出资经营，机匠计工受值"⑥。织工生活全赖听人雇募织挽，"若机房工作减，此辈衣食无所矣"⑦。另一条资料也记载苏州"东城之民，多习机业，机户名隶官籍，佣工之人，计日受值"⑧。除了"计工(日)受值"的专业织工外，还出现了机户雇佣许多贫家妇女，以计件受值的待遇为他们进行络丝加工，"丝既染，分散络工。络工，贫女也。日络三四窠，得钱易米，可供一日食"⑨。

织工中已有技术专业分工，而且有大批织工待雇的劳动力市场。康熙时(1662～1722)，苏州织工和明代一样，"无主者，黎明立桥以待，缎工立花桥，纱工立广化寺桥，以车纺丝者曰车匠，立濂溪坊。什百为群，延颈而望，如流民相聚，粥后散归"⑩。乾隆时(1736～1795)，这种劳动力市场仍有记载："黎明立桥待唤，缎工立花桥，纱工立广化寺桥，又有以车纺丝者，曰车匠，

① 见蒋从化《西台漫记》四卷。
② 见《古今图书集成，考工典·织工部》。
③ 见《明神宗实录》卷三六一。
④ 见乾隆《震泽县志》卷二五。
⑤ 见陈作霖《凤麓小志》卷三。
⑥ 见《奉各宪永禁机匠叫歇碑》，文物参考资料，1956(7)。
⑦ 见康熙《长州县志》卷三，又见康熙《苏州府志》卷二一。
⑧ 见乾隆《长洲县志》卷十，又见乾隆重修《元和县志》卷一〇。
⑨ 陈作霖，《凤麓小志》卷三《记机业》，金陵锁志本。
⑩ 见康熙《长州县志》卷三，又见康熙《苏州府志》卷二一。

立濂溪坊。什百为群,日高始散"[①]。当时,"每桥有行头分遣","行头"是织工劳动力市场的封建把头,"左右为利"剥削织工。《苏州织造局志》痛数行头垄断织工雇佣市场,恣意剥削织工之害说:"行头伏读织造敕书,机匠缺额,移文巡抚召募。自立行头名色,凡民间雇募织挽,俱有陋规。一遇局中缺匠,即攘臂而起。"[②] 清初曾禁革行头,"但蠹根未斩,衣钵相传,改行头为呈头,恣意扰民,其名则殊,其害则一也"[③]。

织工工资水平各有不同,康熙时官营织造机匠工价,"段纱花机,每日工银一钱五分算,上用官用同。织匠每日工银六分,挽匠每日工银三分,织挽匠每日盐菜银五分,每日送饭工银一分。段素机,每日工银一钱三分五厘,上用官用同。帕子丝,九七折净每两掉络工银一分。撑经工银每段四分,满装五身折半算。其纱机例无接经。段纱机每机工银八分,打边线段纱每匹工银一分(伞一把,银二分)。挑花匠,每月给工银二两。倒花匠,每月给工银五钱。画匠,每月给工银二两"[④]。官营织造雇募匠役,除工银外,另有口粮,"口粮之设,所以赡匠,而役亦与焉。夫工价必计日而给,而口粮则以月算"[⑤]。民间纺织业雇佣织工工价,都"按件而计,视货物之高下,人工之巧拙,以为增减"。工价以外,常例给与酒资,"纱机每只常例给发机匠酒资一钱,二月朔日给付四分,三月朔日给付三分,清明给付三分,三次分给,共足一钱之数。缎机每只常例亦给付机匠酒资一钱,六月朔日给付四分,七月朔日给付三分,中秋给付三分,共足一钱之数"[⑥]。还有的雇工没有工资,通常由雇主以加工剩余的原料作为劳动代价,道光时广州"织造棉布匹头的老板和纺工之间,通常总是由老板供给纺工棉花二斤,收回棉纱一斤,棉花和棉纱的售价极其低廉"[⑦]。加工前的原料和加工后的成品都极低廉,可见剩余原料抵作工资是十分低微的。

清代印染业中除了技术专业化分工外,还能看出存在着技术地区性的分工。如江宁染房,"染玄色以溧水人为佳,禄口人次之","天青染房高淳人居多,溧水人次之"[⑧]。康熙初,枫泾镇多布局,"局中所雇染匠、砑匠,皆江宁人"[⑨]。苏州除青坊是苏州附近唯亭外垮塘人外,红坊以句容人居多,黑坊是镇江人,而绸布印花则都是浙江绍兴人[⑩]。

和纺织业一样,染踹业中雇佣劳动者的数字较明代有了普遍的增长,以纺织业发达的苏州染踹业为例,就可以看出这种变化。

明代末年万历间(1573～1620),苏州踹房中有"染匠数千人"[⑪]。到清代康熙五十九年(1702),"苏城内外踹匠不下万余"[⑫]。雍正元年(1723)苏州"染房踹布工匠,……总计约二万余人"[⑬]。七年(1729)苏州仅"以砑布为业者,……从前数有七八千余,……目前砑匠又增出二千

① 见乾隆《长洲县志》卷十,又见乾隆重修《元和县志》卷一〇。
② 见孙珮《苏州织造局志》卷一〇《人役》。
③ 见孙珮《苏州织造局志》卷一〇《人役》。
④ 同上书卷五《工料》。
⑤ 见孙珮《苏州织造局志》卷六《口粮》。
⑥ 见《奉各宪永禁要匠叫歇碑》,文物参政资料,1956(7)。
⑦ 麦克·格林伯格,《一八〇〇——一八四二年美国贸易与中国开放》《剑桥 1951 年版》,第 100 页。
⑧ 见光绪续纂《江宁府志》卷一五。
⑨ 见光绪重修《嘉善县志》卷三五。
⑩ 见乾隆重修《元和县志》卷一六。
⑪ 见《明神宗实录》卷三六一。
⑫ 见《江苏省明清以来碑刻资料选集》第 43 页。
⑬ 见《雍正朱批谕旨》第四八册,臣胡凤翚谨奏。

多人”①。八年(1730)“习此匠业者(踹匠),……现在细查苏州阊门一带,设立踹坊四百五十余处,每坊容匠各数十人不等。查其踹石已有一万九百余块,人数称是”②。顾公燮也说:“阊门外社坛踹坊鳞次,匠以数万计”③。这样众多的工匠当然是雇佣劳动者,雍正元年江苏巡抚何天培奏折中说:“至于染踹二匠,俱系店家雇用之人”④,也证明了这点。

染踹业作坊和工场中的工匠,大多来源于农村。“苏城内外踹匠,……均非土著,悉系外来。”⑤ “苏城以砑布为业者,皆系外来单身游民。习此业者,非精壮而强有力不能,皆江南北各县之人,递相传授牵引而来,率多单身。”⑥ 这些雇佣劳动者显然是从农村土地上被排挤出来,脱离农业生产来到作坊的,他们被雇佣时都是“孑身赤汉,一无携带”⑦,被封建地主阶级剥削得一无所有的农民。

当时在染踹业中出现了一种人,“名曰包头,置备菱角样式巨石、木滚、家伙房屋,招集踹匠居住,垫发柴米银钱,向客店领布发碾,每匹工价银一分一厘三毫,皆系各匠所得,按名逐月给包头银三钱六分,以偿房租家伙之费。……现在细查苏州阊门外一带,充包头者共有三百四十人”⑧。包头置备生产资料,供工匠使用,工匠除每月还付包头所“垫发柴米银钱”之外,并抽取工资中大部分,“以偿房租家伙之费”。这样看来,“包头”系店家与工匠中间的包工者,因此工匠不仅受雇于店家,而且还受“包头”的中间剥削。

第七节　纺织业对国家赋税和经济的贡献

(一)商至隋唐时期

在第一章第二节中,我们提到,在夏禹时已有了纺织物的贡赋开端。而商代取自属国四境诸侯贡纳的纺织物更多,很多甲骨刻辞中有:

癸丑,[illegible]示十。耳。(《殷契粹编》一五〇八)

甲午,帚井示三。岳。(《龟甲兽骨文字》一·一八·二)

丙寅,羌卫示一。岳。(《簠室殷契徵文》六·四七)

[illegible]、井、羌、卫都是商的属国,示为致文,即贡献之意。“”,于省吾释为屯⑨,屯与纯通,纯是匹端名,三屯、十屯者,即三匹、十匹之意,可知这些属国纺织业一定发达,商征服了他们后,自然要求他们用纺织物作贡献。

西周及以后的春秋、战国时代,桑麻这两项物产成为国家农业种植作物的基础,纺织已是社会生产的主要方式,并且是国家赋税的主要来源。据《周礼》记载,西周初年,国家设有专门机构,在“天官”下设有典丝、典枲(麻),在“地官”下设有掌葛、掌染草等,从事纺织原料(丝、麻、

---

①,②同上书第四二册,臣李卫谨奏。

③ 见顾公燮《消夏闲记摘抄》卷下。

④ 见《雍正朱批谕旨》第四二册,江苏巡抚臣何天培谨奏。

⑤ 见《江苏省明清以来碑刻资料选集》页四三。

⑥ 见《雍正朱批谕旨》第四二册,江苏巡抚臣李卫谨奏。

⑦ 见《江苏省明清以来碑刻资料选集》页三五。

⑧ 见《雍正朱批谕旨》第四二册,江苏巡抚臣李卫谨奏。

⑨ 于省吾说:“即屯之古文。”详见《双剑誃殷契骈枝》释屯,第1~2页,1940年。

葛)和染料的征集。春秋、战国时,各国向农民征收地租,也有“粟米之征”和“布缕之征”①。

汉代刘彻(武帝)任用桑弘羊主持国家财政后,在大司农下设立平准官,调剂各郡国贡赋所需物品,以便均衡各地贡赋负担,保证国家财政收入。各地贡赋主要是纺织品,据《史记·平准书》记载,在元封四年(公元前107)的一年中,政府征求到民间的输帛500万匹。500万匹是一个值得注意的数字,西汉末年全国人口统计数为5960万左右,由此可知当时统治者征求的苛酷。

三国时代,曹操首创屯田制,既平邺城,就规定“其收田租亩四升,户出绢二匹,绵二斤而已,他不得擅发”②。两汉户赋用钱,曹操改为每户纳绢二匹,绵二斤,封建统治者正式向纺织机进行重点剥削。从此,封建政权不仅向人民敛收大量的租粟,同时也向人民敛收超额的绸绢。吴、蜀也实行屯田制,同样向人民征收纺织品。

两晋承三国之后,以司马氏为首的统治集团推行占田制度,租税徭役完全归农民负担。“又制户调之式,丁男之户岁输绢二匹,绵三斤。女及次丁男为户者半输。其诸边郡或三分之二,远者三分之一。夷人输賨布者户一匹,远者或一丈”③。两晋统治者对绢绵的榨取比以前更有所加重。

南朝宋、齐、梁、陈各朝国税有增无减,国税以外,《隋书·食货志》说又课“丁男调布帛各二丈,丝三两,绵八两,禄绢八尺,禄绵三两八分(禄绢、禄绵供官禄),……丁女半之”。南朝赋税把“户赀”变成“丁口”为征收对象。另外还改变了历来田租征收谷物,户调征收布绢的常规,原规定的征收谷物,可以临时折成布绢来征收。由于战争频仍,绢帛在军队中滥用,统治者更是利用这种“折变”的办法大量榨取绢帛。《隋书,沈怀文传》说,当时“斋库上绢,年调巨万匹,绵亦称此,期限严峻,民间买绢一匹至二三千,绵一两亦三四百,贫者卖妻儿,甚或自缢死”。可见这种制度扰民之苦。

北魏因袭魏、晋租调,强制“天下产以九品混通,户调帛二匹(魏制帛宽二尺二寸,长40尺为一匹,布长60尺为一端),絮二斤,丝一斤,粟二十石。又入帛一匹二丈,委之州库,以供调外之费”④。太和八年(484)元宏决心实行俸禄制,用户调养官。新制每户调帛三匹,谷二石九斗,作百官俸禄。产麻各地,即用麻布充税,不再换丝帛。另增调外帛二匹⑤。对绢帛的榨取更形沉重。北魏以后的北齐、北周也继续推行北魏法制。北齐“率人一床(一夫一妻谓之一床)调绢一匹,绵八两,凡十斤绵折一斤作丝”⑥。北周与北齐略有变化,“有室者岁不过绢一匹,绵八两,粟五斛,丁者半之”⑦。自三国曹操开创征收户调为绢布,从此农民不但要向统治者交纳租粟,还要交纳绢布,这就使农民在种田之外,不得不兼作纺织,以致纺织成为农民家庭的必要家庭副业生产,种田和纺织两者紧相结合。

隋代遵循北齐均田制度,受田的“丁男一床,租粟三石,桑田调以绢绝,麻土以布,绢绝以匹,加绵三两;布以端,加麻三斤。单丁及仆隶各半之。”⑧ 唐初户调式转变为租庸调,名目虽

① 见《孟子·尽心下》。

② 《三国志·魏志·武帝记》引王沈《魏书》,中华书局,1959年。

③ 《晋书·食货志》,中华书局,1973年。

④,⑤《魏书·食货志》,中华书局,1973年。

⑥ 《隋书·食货志》,中华书局,1973年。

⑦ 《隋书·食货志》,中华书局,1973年。

⑧ 《隋书·食货志》,中华书局,1973年。

更换，剥削性质并无多大差别，朝廷依旧向人民要谷要绢布。“每丁岁入租粟三石，调则随乡土所产，绫绢各二丈，布加三分之一，输绫绢絁者兼调绵三两，输布者麻三斤。”此外，“凡丁，岁役三旬，若不役则收其庸，每日三尺”[①]。为了完成调庸任务，农民家家户户都得种桑植麻，纺纱织布了。中唐改行两税制，庸调虽折为钱，农民仍须以绢帛变钱纳税。穆宗（李恒）时，钱重物轻，农民负担加重，朝廷允令两税直输布帛，耕织更成为农民不可分离的生产劳动。唐代农民贡赋中属于纺织原料的，就有麻、熟青、熟绿、丝、绵等[②]，而唐朝廷每年征发民间纺织品的数量，也就极为可观。天宝中，朝廷度支岁入部分的纺织品，高达绢 740 万匹，丝 185 万屯（一屯等于六两），麻布 1605 万端[③]，数量之大，在历史上也堪称空前。

唐朝皇帝除国库外，还另设私库，储藏群臣贡奉的财物。许多地方官吏除了征收正税外，又有“杂调”，更有所谓“临时折估”和“临时索取”，向皇帝岁进钱物，以供挥霍。丝茧税也随之加重，盛产丝织物的著名地区当然不胜其扰，就是穷乡僻野的处州（今浙江丽水、青田、遂昌等地），茧丝之税，也几倍重于他郡。在纺织业发达的荆州、扬州、宣州、成都等地，还设有专门机构征收税捐。

（二）宋元时期

宋代朝廷每年向各地人民征收大量布帛。宋租赋仍实行两税制（夏、秋税），租赋物品分谷、布帛、金铁、物产四大类，布帛中又分：罗、绫、绢、纱、絁、紬、杂折、丝线、绵、布葛十品。夏税征收布帛，秋税常折绢以征。单举布帛一项（其他物品不计），神宗（赵顼）熙宁十年（1077）时，夏秋两税岁入匹帛 267 万余匹，其中仅两浙每年“上供”绢帛就达 98 万匹。《临安志》载：杭郡九县仅夏税一项纳绢 95 100 匹，绵 54 100 两，税额之大，有“视唐增至七倍”的记载。《宋史·地理志》记载：京东、京西、河北、陕西、两浙、淮南、江南、荆、湖各州郡的上贡物品中，也有大量的手工业纺织品，如纻、紬、絁、麻、绢、绵、丝、葛、罗，都是作为官营织造业所需要的原料而被征收的。朝廷因某种特殊需要，还指令农民制造特定的织品贡纳，如“天禧中（1017～1021），诏减两蜀岁输锦绮、鹿胎、透背、欹正之半，罢作绫花纱。明道中，又减两蜀岁输锦绮罗、透背、花纹三之二，命改织紬绢以助军”[④]。往后，宋又推行“和买绢”的制度，在春初“预给库钱贷民，至夏秋输绢于官”[⑤]。绢值 800 文，贷以 1000，以刺激农民多养蚕织绢。景祐中（1034～1038）天下岁收“和买绢二百万匹”，庆历中（1041～1048）“和买绢三百万匹”[⑥]，徽宗时江西一路和买绢就有 50 万匹之多。但后来逐渐“给钱少而纳绢多”，剥削日渐加重。南宋时一面对金屈辱求和献币帛，一面穷奢极欲，对人民剥削更甚于北宋。“令民按和买旧额输绢，不给钱”，和买绢就变成了附加税，浙东和买绢年达 976 000 匹以上。事实上，封建朝廷对纺织物的巧取豪夺，除正赋以外，还有“折变”、“身丁绢”等名目，如绍兴末年（1162），东南及四川“折帛绢三百余万匹”，湖州在绍兴时岁输“身丁紬绢”就有 8 万多匹，处州亦有“丁盐绢太重”的苛苦。皇帝权贵们大量浪费纺织物，衢州等地常有丰产而不足“上供”，向别州“买纳送纳”的事实。处州等地为了避免“身丁

---

① 《旧唐书·食货志》，中华书局，1975 年。

② 见《唐六典》卷三《户部郎中》。

③ 《新唐书·食货志》，中华书局，1975 年。

④ 《宋史·食货志》，中华书局，1977 年。

⑤ 《宋史·食货志》，中华书局，1977 年。

⑥ 见李心传《建炎以来朝野杂记》甲集卷一四。

绢"负担过重,甚至"生子不举",把生下的儿女忍痛活埋。司马光曾慨叹说:"蚕妇治蚕,麻绩纺纬,缕缕而绩之,寸寸而成之,其勤极矣。而又水旱、霜雹、蝗蜮间为之灾,幸而收成,则公私之债,交争互夺,……帛未下机,已非己有,农夫蚕妇,……所衣者绨褐而不完,……"[①] 可见这种苛税逼迫到了何等严重程度。

元代统治对民间纺织的多方榨取和逼索比宋代更甚,元代租赋收入由绢帛变为"丝料"。世祖中统元年(1260)立十路宣抚司,"定户籍科差条例:其户大抵不一,有无管户(最初著籍之户)、交参户(新收交参之户)、漏籍户(初为逃隐漏籍,后经查出者)、协贫户(能力贫弱或老稚不能和普遍户一律负担租税,但能略供科差,以协济税户而已)。于诸户之中,又有丝银全科户、减半科户、止纳丝户、止纳钞户;外又有摊丝户、储也速艄儿(《续通考》作'储伊苏岱尔')所管纳丝户、复业户并渐成丁户。户既不等,数亦不同"[②]。据《元史·食货志》及《续通考》所记各类各等户每岁所纳丝银数作表如下:

元管户	丝银全科系官户	纳系官丝一斤六两四钱,包银四两
	全科系官五户丝户	纳系官丝一斤,五户丝三两二钱,包银二两
	止纳系官丝户	上都、隆兴、西京等路,系官丝十户十斤者,每户纳丝一斤;大都以南等路,十户十四斤者,每户纳丝一斤六两四钱
	减半科户	纳系官丝八两,五户丝三两二钱,包银二两
	止纳系官五户丝户	纳系官丝一斤,五户丝六两四钱
交参户	丝银全科户	纳系官丝一斤六两四钱,包银四两
漏籍户	止纳丝户	纳系官丝一斤六两四钱
	止纳钞户	初年科包银一两五钱,第二年包银二两,第三年包银二两五钱,第四年包银三两,第五年包银三两五钱。第六年包银四两,并科丝料,入丝银全科户。
协济户	丝银户	纳系官丝十一两二钱,包银四两
	止纳丝户	纳系官丝十一两二钱

其不入以上四类者尚有三种:

摊丝户:每户摊纳丝四斤。

储也速艄儿所管户:每科科纳丝四斤。

复业户及渐成丁户:初年免科,第二年减半,第三年全科与旧户等。

这种税制产生主要由于入元以后,机织与原料生产的分化比南宋时更加显著,农户多以育蚕缫丝为限,绢帛机织都属所谓的"织帛之家"的事情,所以元代租赋收入由绢帛变为丝料。依《元史·食货志》所记各时期丝之总收入略如下:

中统四年(1263)收入丝 712 171 斤。

至元二年(1265)收入丝 986 912 斤。

至元三年(1266)收入丝 1 053 226 斤。

至元四年(1267)收入丝 1 096 489 斤。

天历元年(1328)收入丝 1 098 842 斤。

① 《宋史·食货志》,中华书局,1977 年。

② 《元史·食货志》,中华书局,1976 年。

元代丝料收入主要依靠江浙，因而浙江地区赋税苛重，据史料载：德清一县在至正年间（1341～1368），征收丝 24 372 斤，绵 3326 斤，“蚕未成茧即来索赋”，在这样残酷剥削下，人民的苦难是可以想见的。

铁木真时（1206～1227），曾一度以丝作货币流通，作为发行会子的对象。《续通考》记载说：当时值兵火之后，货物不通，即发行“丝会”，以丝数印会子，权行一方，民获贸迁之利。以丝为本位发行纸币流通，这在中国历史上尚属首次，它在世界货币制度史上也是具有特殊意义的。

（三）明清时期

明代统治者既向人民要大量的租谷，又向人民强索超额的绢布，从史料看，明代赋税、力役、额外征收，较以往任何朝代都要沉重而且繁多。

明代最初的田赋，本来以土地所产粮食作物为主，夏收所产为麦，秋收所产为米，所以麦为夏税，米为秋粮，米和麦即为明初两税的征纳对象。又税粮亦准以布帛折米，“洪武时（1368～1398），夏税曰米麦、曰绢、曰钱钞。秋粮曰米、曰钱钞、曰绢”。太祖初立国，即下令：“凡民田五亩至十亩者，栽桑、麻、木棉各半亩，十亩以上倍之。麻亩征八两，木棉亩四两，栽桑以四年起科。”米麦之外，又征收丝、麻、棉。若民违令，“不种桑出绢一匹，不种麻及木棉出麻布棉布各一匹，此农桑丝绢所由起也”[①]。于是，在丝、麻、棉之外，又增加了绢、麻布、棉布。就这样，统治者把人民衣食两大主要生活资料全都控制在自己手里。

洪武时，田赋米粮改折布帛征收，例多常见：“洪武三年（1370）九月，户部奏赏军用布甚多，请于浙西四府秋粮内，收布三十万匹。帝曰：松江乃产布之地，止令一府输布，余征米如故。”“洪武九年（1376），天下税银，令民以银钞钱绢代输，……棉苧一匹折米六斗、麦七斗。麻布一匹折米四斗、麦五斗。丝绢各以轻重为损益。”“三十年（1397）谕户部曰：行人高稹言陕西困逋赋，其议自二十八年以前天下逋赋，咸许任土所产，折收米、绢、棉花及金银等物，著为令。”[②]

于是，夏、秋税粮以米、麦为“本色”，除“本色”以外，其他折纳税粮之物，都谓之“折色”。然而本色米麦之外，所谓“农桑丝”与麻、棉，及不种桑、麻、木棉所罚纳之绢布，就其性质而言，也应该是“本色”。以后，明统治者剥削日重，奖励农桑也渐成具文，但“农桑丝”与麻、棉等，多折为绢布征收。明代折色名目，多随统治者的喜好而变易，以《明会典》所记洪武二十六年（1393）夏税秋粮的名目，还仅有米麦、钱钞、绢布这三项。到孝宗（朱佑樘）弘治十五年（1502），日益纷杂，乃多至 40 多项。“弘治时，会计之数，夏税曰大小米麦、曰麦荍、曰丝绵并荒丝、曰税丝、曰丝绵折绢、曰税丝折绢、曰本色丝、曰农桑丝折绢、曰农桑零丝、曰人丁丝折绢、曰改科绢、曰棉花折布、曰苧布、曰土苧、曰红花、曰麻布、曰纱、曰租钞、曰税钞、曰原额小绢、曰布帛绢、曰本色绢、曰绢、曰折色丝。秋粮曰米、曰租钞、曰赁钞、曰山租钞、曰租丝、曰租绢、曰租粗麻布、曰课程棉布、曰租苧布、曰牛租米谷、曰地亩棉花绒、曰枣子易米、曰枣株课米、曰课程苧麻折米、曰棉布、曰鱼课米、曰改科丝折米。”[③] 以后，“万历时，小有所增损，大略以米麦为主，而丝绢与钞

① 《明史·食货志》，中华书局，1974 年。

② 以上均见《续通考·食货志》。

③ 《明史·食货志》，中华书局，1974 年。

次之。夏税之米惟江西、湖广、广东、广西、麦菽惟贵州。农桑丝遍天下,惟不及川、广、云、贵、余各视其地产。”①

明代对纺织业的重点剥削是骇人的,从上述可以看出纺织业的收入是赋税的主要来源。如松江府:“壤地广袤,不过百里而遥,农亩之人,非能有加于他郡邑也。所由供百万之赋,三百年而尚存视息者,全赖此一机一杼而已。非独松也,苏、杭、常、镇之布帛枲纻;嘉、湖之丝纩,皆视此女红末业,以上供赋税,下给俯仰,若求诸田亩之收,则必不可办。”② 上海也是:“吾邑地产木棉,行于浙西诸郡,纺织成布,衣被天下,而民间赋税公私之费亦赖以济。”③

明代经济命脉全在江南,因苏、松、常、嘉、杭五郡纺织业特别发达,又加重这些地方的租赋,以变相进行它对纺织机的剥削。明人丘濬说:“臣按东南财政之渊薮也,……韩愈谓:赋出天下,而江南居十九。以今视之,浙东西又居江南十九,而苏、松、常、嘉、杭五郡,又居两浙十九也。……今国家都燕,岁漕江南米四百余万石,以实京师,而此五郡者,几居江西、湖广、南直隶之半。”④ 这样重额的租赋,全都压在劳动人民头上,劳动人民从生产中还能得到什么呢?徐光启痛切指出:“棉布之利,……其利视丝枲百倍,此言信然,然其利,今不在民矣。尝考宋绍兴(1131~1162)中,松郡税粮十八万石耳,今平米九十七万石,会计加编征收耗剩起解铺垫诸色役费,当复称是,是十倍宋也。”⑤

超额的租赋重压,实际上就是残酷榨取劳动所生产的纺织品。故布帛征收,永乐时(1403~1424),就远远超过洪武时(1368~1398)。洪武时征收布帛的平均数是631 567匹;永乐时平均数已达938 426匹。以年计算的最高数额是永乐十一年(1413),竟高达1 878 828匹。

明代布帛征收的加重,显然意味着统治者对人民的剥削由农业进入到家庭手工业,由主业进入到副业。农民为了缴纳赋税或应徭役,被迫除农业劳动之外,必须从事纺织手工业劳动,或甚至缩减自己已经困难的生活水平,把自己的生活必需品拿出来,以抵偿债务或应付官吏和豪强的勒索。农民是社会财富的生产者,终年辛苦,而他们的生活则是:“夫广储丰积出自农夫之耕,一丝寸缕皆从匹妇之手,然而蚕丝告成,置蚕不问,耕犁召牛,于牛何有?是固天下之同风。惟江南丛薮,晦钟之地税从升,泥涂之末路从斗,是以手不停机而终岁无衣,穷年仡仡而不赡其口。”⑥ 在封建统治租税日益繁苛和商业资本巧取豪夺下,广大农民往往“终岁所得,仅了官逋私债,曾不能一粒入口”⑦。那些无力缴纳租税供应差役和偿还债务的农民,有的被逼以“老翁佣纳债,稚子卖输粮”⑧,有的离乡背井逃往他乡。据《大政记》载:天顺五年(1461),松江府积荒田4700余顷,皆重额久废不耕,税加于见户。《明会典》记载松江户数,洪武二十六年(1393)是249 950户;1 219 937口。到万历六年(1578),户数却降至218 359户;人口减至484 414口。与明初比较,人口几剩三分之一。户口的下降和荒田的增加,当然只能说明农民被封建统治剥削煎逼得无法生活,于是不得不抛弃土地逃亡。松江是纺织业最发达的地区,也

① 《明史·食货志》,中华书局,1974年。
② 徐光启,《农政全书》卷三五,石声汉校注本,上海古籍出版社。
③ 见叶梦珠《阅世编》卷七。
④ 见丘濬《大学衍义补》二十四。
⑤ 徐光启,《农政全书》卷三五,石声汉校注本,上海古籍出版社。
⑥ 见《古今图书集成·食货志》引明徐献忠《布赋》。
⑦ 见万历《通州志》卷二。
⑧ 于谦,《荒村》,见《于忠肃集》,明刊本。

是赋税最苛重的地区，逃亡农民因此也最多。至于其他地方，“既不获纺织之利，而又岁有买布之费，生计日蹙，国税日逋”①，农民陷于饥馑，逃亡外流的现象也日多。

明王朝末年，统治阶级的骄侈淫逸由于物质生活的刺激而变本加厉。除了加紧对农民纺织家庭手工业进行残酷榨取外，同时对经营纺织业的商人也展开了疯狂的掠夺，这突出表现在万历时为了扩充内府库藏，派出大批内官充任全国税监，到处搜刮商税。凤阳巡抚李三才上神宗疏中说：“自矿税繁兴，万民失业。陛下为斯民主，不惟不衣之，且并其衣而夺之；不惟不食之，且并其食而夺之。征榷之使急如星火，搜刮之令密如牛毛。”② 纺织业一再遭受明王朝的摧残和掠夺，一些地区纺织业大都破产关闭，绢布生产也急骤地下降。如：

山西潞安的丝绸业，明盛时有䌷机一万三千余张，到明末大部分“皆因抱牌、当行、支价赔累，荡家破产”③。

山东临清的河西务关，因“税吏科敛，以致商少。如先年布店计一百六十余家，今止三十余家矣”。临清“向来缎店三十二座，今闭门二十一家；布店七十三座，今闭门四十五家。……辽左布商绝无矣。”④

湖北黄陂的葛布生产，也因“价值减少尺幅加，织者十家逃九家”⑤，而不再生色了。

明代江南是经济最发达的纺织手工业中心地区，苏州、松江、常州等地更是丝织业和棉织业的重心城市。封建统治者对它的剥削压榨也最重，上供采造缎匹频数派造，人民负担有增无已。“正统间(1436～1449)，王振专权，太监韦书督苏杭织造，民力告匮，机柚皆空”⑥。弘治(1488～1505)间，内官织造派遣繁仍，民不堪命，南京户科给事中杨廉奏请：“杭州各处岁办罗缎之外，又有别项织造，近日机户艰辛尤甚，……额外织造亦乞停罢，以苏东南民困。”⑦ 正德间(1506～1522)，又“频遣太监龚洪等督催织造，有司供给繁苦，民间大扰”⑧。明代末年，随着统治者腐朽加深，对苏、松一带人民的剥削也日益加重，织造有增无减，内官任意峻刻，验收时肆行刁难，责令退换，机户赔累更多，甚至“辄便鬻男卖女，亡身破家”⑨。内官的过分压榨，使机户负担更重，不得不弃家逃亡。如万历三十一年(1603)，派太监鲁保去杭州督造缎匹，“杭域机户闻风逃窜”⑩。到万历四十三年(1615)，工部侍郎林如楚不得不奏请“织造停遣内官，以苏东南民困”⑪，足证明统治者遣派内官岁办织造，终万历之世并未减轻。

大肆搜刮和疯狂榨取的结果是：“夫税者，商税也，非税贫民也。但商贾有利则趋，无利则止。自税使纷出，而富商之裹足者十二三矣。及税额日增，而富商之裹足者十六七矣”⑫。因此坐商倒闭，行商裹足，纺织手工业和经营纺织品的商业日渐凋蔽。这不能不引起纺织行业的

---

① 见顾炎武《日知录》卷一〇《纺织之利》条。

② 见《明史纪事本末》卷六五引凤阳巡抚李三才《请停矿税疏》。

③ 见乾隆《潞安府志》卷三四《请抚恤机户疏》。

④ 见《明神宗实录》卷三七六。

⑤ 见《元明事类抄》卷二四《衣冠门》。

⑥ 见《苏州织造局志》卷一。

⑦ 见《明神宗实录》卷六五。

⑧ 见《苏州织造局志》卷一。

⑨ 见《明神宗实录》卷一八〇。

⑩ 见《明神宗实录》卷三八四。

⑪ 见《苏州织造局志》卷一。

⑫ 见《古今图书集成·食货典》引应朝卿《请罢采榷矿税疏》。

织工的愤怒,以致激起纺织业中心地区苏州、常州等地纺织手工业工匠以葛贤为首的大规模反抗起义斗争。

清代赋税按传统两税法,分夏税和秋粮,一部分征米、麦、豆、草等实物,一部分征银,故通称钱粮,没有前代租赋中征收布帛的内容。但纺织业历来是统治者剥削的对象和国家财政收入重要部分,清代自然也不会例外,对纺织业的掠夺,主要通过官营织造的每岁贡奉及采办、采买和繁重的税收。

农村中家庭纺织手工业的遭遇和明代并没有什么两样,农民无论种桑植棉、养蚕缫丝、纺纱织布,都是喘息在封建官府和商业资本高利贷的双重盘剥下。"湖丝遍天下,而湖之人终年不被一缕者,十常八九。故曰:畜马者羸步而走,种粟者半菽而饱。"① 种桑养蚕的农户如此,种植棉花的"棉农非贷于人,即质衣物,……辛苦终年,依然敝衣败絮耳"②。贫苦情况完全一样。道光年间包世臣说:"木棉梭布,东南杼柚之利甲天下,松、太钱漕不误,全仗棉布。"③ 又说:"而今数百年来,红粟入太仓者,几当岁会十二,朱提输司农者,当岁会亦且三十而一。……凡所取给,悉出机杼。"④ 可见农民纺织生产没有给自己带来丝毫好处。

山西潞绸"在昔(明中叶)殷盛时,其登机杼者,奚啻数千家。彼时物力全盛,贡篚互市外,舟车辐辏,转输他省,号利薮。"在长治、高平、潞州卫三处,"共有绸机一万三千余张"。明代采办潞绸,"十年一派,造绸四千九百七十匹,分为三运,九年解完,每匹价银四两九钱五分"。明末,"兵火凶荒",清兵入关之初,对潞州机户大肆焚掠,因而机户"零落殆尽",织机"至国朝止存三百有奇,分十三号",织机减少了百分之九十七强。清代统治者"每岁派造绸三千匹",比明代每年派造四百九十七匹,征派竟增多五倍。加之"百物雕耗,丝价几倍,工料俱跃",而"价银仍与明同"。"以三百之机,而抵七年之役","采买接踵而至,机户应接不暇,加以差使勒索,烦费靡穷,至于竭民力而不止。"机户负担比明代沉重不止若干倍,"欲逃不能,欲存不可,每岁织造之令一至,比户惊慌"。顺治十七年(1660),"时采买、官票鳞集",激起了绸行以焦满福、王好善为首的机户"焚机罢市","上控苦累",抗议封建统治者的横征暴敛,后被统治者"巡抚白立碑严禁",强行镇压⑤。这次斗争虽是以绸行机户为首倡导的,但织工却是斗争中最基本的群众。因为统治者对机户的压榨剥削,最终必然影响广大纺织工匠的生计,纺织工匠面临失业与饥饿的危险,这不能不迫使他们和机户联合起来共同斗争。

清代,纺织业中的资本主义因素逐渐增长,纺织业工匠队伍不断壮大,工场作坊主与纺织工匠之间的矛盾日益加深。工场作坊主为转嫁封建统治者强加在它们头上的强征苛派负担,巩固和扩大自己的经营生产,都加紧剥削纺织业工匠,实行低工资的计件工资制,苛重的压榨,必然引起纺织业工匠的猛烈反抗,纺织业工匠常为增加工资,反对开除工匠进行声势浩大的反封建反剥削的罢工斗争。

康熙九年(1670)一月,苏州"年荒米贵",而踹匠踹染一匹布的工资,却仍然是一分一厘,以致工匠生活大为困苦。以踹匠窦桂甫为首,"传单约会众匠,停踹索添工银",举行罢工。许多

① 见乾隆《湖州府志》卷四一。
② 见张春华《沪城岁事衢歌》。
③ 见包世臣《安吴四种·齐民四术》卷二《致前大司马许太常书》。
④ 见同上书卷五《上海县新建黄婆专祠碑》。
⑤ 见乾隆《潞安府志》卷八、九、十一、三四。

工匠纷纷响应,“以致余人皆停工观望”①

康熙三十二年(1693),苏州踹匠在罗贵、张尔惠等领导下,“聚众齐行威胁罢市”②。

,要求增加工资。

康熙四十年(1701),苏州踹匠又掀起大规模罢工暴动,“千百踹匠景从,成群结队,抄打竟无虚日。以致包头畏避,各坊束手,莫敢动工开踹者。……比起昔年尤甚。”工匠组织起来,在“踹匠伙而强,包头寡而弱”的形势下,严重打击了封建剥削统治者③。

康熙五十四年(1715),苏州踹匠王德等,要求“加价敛银”,增加工资,并为了团结和组织广大工匠反对封建统治者和工商业资本家的迫害,“结党创立会馆”,成立工匠自己的团体④。

雍正十二年(1734),苏州纺织业机匠爆发为反对机户解雇工友,要求增加工资的大罢工。“惟有不法之徒,不谙工作,为主家所弃,遂怀妒忌之心,倡为行帮名色,挟众叫歇,勒加银,使机户停织,机匠废业。”⑤这次罢工斗争被以何君衡为首的 61 名机户与官府勾结镇压,“勒石永禁”。

道光二年(1822),江宁机匠为“减轻洋价到机户庄上”,“毁物滋闹”⑥。

道光十六年(1836),苏州机匠因“丝损停工,匠户嗷嗷莫济,死于沟壑者惨不忍言”,“倡众叫歇停工”⑦。

清代统治者对全国人民,特别是对纺织业穷凶极恶的榨取和劫掠,激起了江南纺织业中心城市织工的强烈反抗。从大量的碑刻资料和文献纪录中,可以看到,纺织业工匠或为反对封建统治者的强征苛派,或为反对封建统治者的政治迫害,或为反对工商业资本家的残酷剥削,或为成立纺织业工匠自己的工人团体,面对封建统治者血腥屠杀和残酷镇压,始终英勇不屈。江南地区以纺织工匠为首的市民斗争和全国各地人民反对封建统治的斗争,融会成巨大浪潮,继续蓬勃向前发展。

① ~⑥见《江苏省明清以来碑刻资料选集》第 33、34、37、40、5、13 页。

⑦ 见顾震涛《吴门表隐》。

第三章　高度发达的纺织技术对世界的影响

第一节　纺织品对外贸易促进了中国与世界各国的经济和文化交流

(一)战国至隋唐时期

古代西方对我国称呼为“塞里斯”(Seves,意为“丝国”)。“塞里斯”这一称呼屡见于西方古籍,曾沿用好几个世纪,据考“塞里斯”一词,系从古希腊文“塞尔”(Sev,意为“丝”)转来。原来,中国的丝和丝织品早在公元前5至6世纪春秋、战国时期,就已名扬海外,成为世界闻名的“丝绸之国”,那时的希腊人,就已开始用“塞里斯”来称呼中国。

成书于战国时期的《穆天子传》,是一本假托周穆王西巡所见沿途风物的古籍,实是反映当时我国中原商旅西行贸易路线,经新疆,越过葱岭,到达中亚,即后来汉代“丝路”的南路。可知早在汉代以前若干世纪,中国和西方的商旅正是沿着这条共同开拓横贯欧亚的原始“丝路”,进行丝绸贸易的。

汉武帝派张骞通西域,进一步打开了东、西方的陆路交通,中国华丽、精美的丝绸,被大量运销至以罗马为中心的地中海各地,在世界历史中产生了极大的影响,“丝国”的称呼就更为广泛流传了。

汉代东、西方丝绸贸易的商路,主要是陆路。当时的中外商人以京师长安为采集地,西出玉门、阳关,从楼兰(即鄯善,在罗布淖尔南)沿南山(昆仑山)北陂西行,经于田、莎车,过葱岭南,往西可到大月支(今阿富汗)、安息(即波斯,今伊朗)、身毒(今印度),此为南路。另外在天山以北还有一条道路通中亚,为北路。即从敦煌经车师(今吐鲁番)、龟兹(今库车)、疏勒(今喀什),越葱岭,到大宛(今费尔干纳)、康居(今撒马尔罕)、大月支(今阿富汗)。从安息向西,又可到条支(今伊拉克)、黎轩(又作黎靬,即大秦,汉代称罗马帝国为大秦)等地,汉代有大批货物,从这两条道路运到西方,因为这条商路主要被用来自东而西贩运丝绸,所以当时就以“丝绸之路”而中外驰名。

古代西域是不产丝的,《史记·大宛传》说:“自大宛以西至安息,……其地皆无漆丝。”这是汉武帝时,西域尚未有产丝的记载。《后汉书·西域大秦传》说:“常利得中国缣丝,解以为胡绫绀纹。”又说:“安息欲以汉缯綵与之交市,故遮阂不得自达。”这是汉代史籍中关于丝传入西域的记载。当时,东、西方丝绸贸易已极繁盛,汉代向西域诸国换马和杂罽,用的也是锦绣和其他丝织物。张鹏一《关陇丛书·班氏遗书·兰台集·班固与弟班超书》中云:“窦侍中令载杂綵七百匹,市月支马、苏合香。”① 又云:“令赍白素三百匹,欲以市月支马、苏合香、阘登。”② 汉武帝每

① 见《太平御览》卷八一六。

② 同上书卷八一四。

年都派遣使者到西方各国出使，同时代表国家商队和西方各国进行频繁的商业交换贸易。中亚各地的商人也源源不断地通过西域来到中国内地购买各种货物，其中尤以丝织品为大宗。

东西交通的另一条道路是海路，当时海路贸易的都会主要属番禺（广州）。汉代由少府专管，少府属官之一黄门，设有译长，派出译使，携带黄金及各种丝织物，率应募商民入海，购求诸异物。《汉书·地理志》有一段当时海上交通的记载："自日南障塞徐闻、合浦船行可五日，有都元国。又船行可四月，有邑卢没国。又船行可二十余日，有谌离国。步行可十余日，有夫甘都国。自夫甘都国船行可二月余，有黄支国。民俗略与珠崖相类，其州广大，户口多，多异物。自武帝以来，皆献见。有译长属黄门，与应募者俱入海，市明珠、璧流离、奇石、异物。赍黄金、杂缯而往。"上述诸国俱为今日的越南、泰国、缅甸、印度等国古地名，有学者考证说黄支国即建志补罗，在印度南部，当时与中国的交通贸易很频繁。《后汉书·西域传》和《通典》卷一八八俱谈到大秦王遣使由日南来献，足证这条海路在当时也是东、西交通的要道。

当时确有一部分中外商人以番禺为采集地，先把丝绸运到印度、锡兰，然后转口到安息，或是经红海以达开罗，再由开罗运往叙利亚的泰尔、培卢特等地。就在当地把从中国运来的丝、绸进行复制加工（染色、绣花，或是把生丝络出后掺上麻，再织成胡绫），然后运销罗马帝国。泰尔和培卢特二城竟因而成了叙利亚的丝织中心，复制加工中国运来的丝、绸亦因此成为当地最重要的手工业。

公元1世纪时，罗马博物学家普林尼（公元23～79年）在他的名著《自然史》中写道："中国产丝，织成锦绣文绮，运至罗马，……裁成衣服，光辉夺目，人工巧妙，达到极点"。并说："中国或作塞里斯，在希腊古语里意思是丝。"2世纪时，埃及著名地理学家托勒密在他所著《地理》一书中，也曾几次提到马其顿商人，经由大夏（今阿富汗北部）"向称为丝国的中国去贩运丝织物"的情况。贩运、经营中国丝绸，是当时中亚以至地中海诸国的一项重要商业活动。

中国丝绸的西运，大大丰富了当地人民的物质文化生活。华丽、轻柔的中国丝绸传入欧洲后，被认为是最上等的衣料。但由于丝绸的生产成本原来就相当高，再加上长途运输，商人居间垄断，沿途各国关卡重重盘剥，以致运到欧洲，竟和黄金等价。最初，即使在欧洲的政治、经济中心罗马，也只有少数贵族妇女穿着，以示炫耀。据说在罗马共和国末期，有一次连凯撒穿着绸袍看戏，都被当时人非议，认为过份奢侈。罗马帝国初期，有一个叫提贝里乌斯的皇帝，还曾以奢华逾制为理由，禁止当时的男子穿着绸衣。虽然如此，丝绸的服用还是愈来愈广泛，到4世纪初，罗马帝国首都东迁君士坦丁堡（拜占庭）后，丝绸已成为罗马人的主要衣料。罗马史家马赛里奴斯（4世纪）谈到中国丝绸时说："昔者吾国仅贵族始得衣之，而今则各级人民，无有等差，虽贱至走夫皂卒，莫不衣之矣。"①

中国和罗马之间的丝绸贸易，无论是从陆路或海路，都要经过好几个国家的转口。由于安息地处丝路的必经之道，因此从很早的时候起，安息就操纵着中国和罗马间的贸易。《后汉书·西域传》载："其（大秦）王常欲通使于汉，而安息欲以汉缯綵与之交市，故遮阂不得自达。"《三国志·魏志》注引《魏略·西戎传》也说："常欲通使于中国，而安息得其利，不能得过。"罗马帝国亟欲与中国建立直接的贸易关系，但却被安息从中阻拦。安息的中间垄断，一直到东汉桓帝延熹九年（166），有一个自称为大秦皇帝安敦的使节的希腊商人代表团，由海道到达中国，并去洛阳，和汉朝廷谈判中国和地中海各地建立正常的海上贸易，以后才开始有了中国和欧洲之间的

① 张星烺，中西交通史料汇编，第一册，1930年。

直接交通，但这并未能彻底改变安息居间操纵丝绸贸易的局面。

汉时，近如朝鲜、蒙古都重视中国锦绣，有因互市或赠赐，有因商旅贩运至当地。朝鲜平壤乐浪王盰古墓曾出土东汉建武、永平时(25～75)丝织物，是汉丝织物输入朝鲜的例证。蒙古诺颜乌兰古墓出有汉建平时丝织物，尤以通瓦拉古墓出土汉丝织品众多，是汉代丝织物输入蒙古的明证。

三国时代，丝织物也远输外洋，《太平御览》卷八一五载："魏景初中(237～239)赐倭女王绛地蛟龙锦五匹，绀地勾文锦二匹。"这是中国丝织物输入日本记载。当时从益州永昌西南行，通过缅甸北部掸国可达大秦，《三国志·魏志》卷三〇注引《魏略》说："大秦道既从海北陆通，又循海而南与交趾七郡外夷比。又有水道通益州永昌。"《梁书·诸夷传》载："孙权黄武五年(226)，有大秦贾人字秦论来到交趾，交趾太守吴邈遣送诣权。权问方土谣俗，论具以事对。……权……差吏会稽刘咸送论。咸于道物故，论乃径还本国。"这都是三国时代中国与大秦交通往来的记载。

唐时，我国与西方陆路交通，据文献记载，主要有南、北两路。南、北二路都是从长安开始，经武威，到敦煌分成南、北二路。南路从敦煌经古楼兰(即鄯善，今若羌东北)、于阗(今和田)、莎车等地，越葱岭(今帕米尔)，到大月氏(今阿富汗境)、安息(波斯，今伊朗)，再往西可达条支(今伊拉克)、大秦(即罗马帝国)等国。北路从敦煌经车师前王庭(即高昌，今吐鲁番)、龟兹(今库车)、疏勒(今喀什)等地，越葱岭，到大宛(今费尔干纳)、康居(即康国，今撒马尔罕)，再往西南经安息，而西达大秦。汉、唐千余年漫长时期里，这南、北两条中西交通要道，主要是运销丝织物，所以后来中外历史学家都把它称之为"丝绸之路"(图 3-1)。在这条"丝绸之路"的沿线以及附近的一些地点，都曾发现过或在古墓葬中出土有我国古代丝织品。

图 3-1　胡人牵驼俑

另一条是海上"丝绸之路"。唐贞观十七年(643)，在泉州、扬州、广州等地设市舶使，专门管理以丝绸出口为主的海外贸易。中国丝绸通过海路运销东南亚的占城(今越南中南部)、婆利国(今印尼的加里曼丹或巴厘岛)、阇婆国(今印尼爪哇或苏门答腊)及现在的菲律宾、孟加拉、斯里兰卡、印度、日本等地。

丝织品贸易勾通了亚、欧大陆的交通，保持着汉代以来"丝绸之路"的光荣传统，丝绸在欧洲人以及世界人民的心目中，代表着光辉灿烂的中国高度发展的文明。

(二)宋元明清时期

宋代时，我国的丝织业还是世界上最发达的，丝织物的对外贸易，尤其海上贸易空前发展。宋代海上贸易通商港口主要是杭州、明州(浙江鄞县)、泉州、广州等地，海上交通自南洋群岛、印度、远达阿拉伯(大食)。宋代来中国贸易的主要是阿拉伯，但印度也是其中之一，因印度扼中国与大食海上交通的咽喉，同时印度也与中国交通。“中国欲往大食，必自故临（今印度奎隆）易小舟而往。虽以一月南风至之，然往返经二年矣。”“大食之来也，以三佛齐（今苏门答腊）之入中国。”[①] 中国输出的商品当然是大宗的丝织物。据赵汝适《诸蕃志》载：南洋诸国如细兰国（今斯里兰卡）、三屿国（今菲律宾）、故临国（今印度奎隆）、占城（今越南）、真腊（今柬埔寨）、三佛齐（苏门答腊）、渤泥（加里曼丹）、阇婆（爪哇）等与宋王朝商贸往来也频繁，宋与这些国家进行贸易，输出的主要也是丝帛。

此外对朝鲜、日本等国商船往来亦很密切，大量的锦、绫、缬、绢等丝织品源源从中国输出至该地，为彼国人所乐用。

元代在泉州、上海、澉浦、杭州、庆元（宁波）、温州、广州设置市舶司，主持对外贸易。出口货物以丝、缎为主，伴以金银及男女人口，去交换皇室贵族所需的奢侈品。元朝海禁森严，明令规定只许官营不准私贩下海，如《通制条格》卷 18 所载延祐元年（1314）领诏：“金银铜钱货、男子妇女人口、丝绸缎匹、销金绫罗、米粮军器并不许下海私贩。”但尽管封锁重重，每当新丝登市，私商即溯钱塘江南上，向建德一带收丝载往海外行销。官营出口丝缎贸易主要是运往印度半岛，元代汪大渊《岛夷志略》记述中国丝绸输出国家有：越南、柬埔寨、泰国、马来西亚、新加坡、印尼、菲律宾、缅甸、孟加拉、印度。西至伊朗、伊拉克、埃及、沙特阿拉伯以及非洲的摩洛哥、桑给巴尔、肯尼亚等。凡是元代海船所达之地，都有大宗丝织品输出，运往印度和中亚的丝织品，当然有绝大部分转易到欧洲。

明代初年设市舶司于广州、宁波、泉州等地，与海外诸国进行“贡市”，垄断对外贸易。同时又严海禁，濒海居民不得私自下海，并明令规定：“敢有私下诸蕃互市者，必置之重法。”[②]

由于当时东、西洋交通贸易渐形发达，国内工商业不断发展，海禁不能不给国内外商品流通带来很大困难，民间对外贸易的要求便愈强烈。尽管明王朝一禁再禁，欧洲殖民主义者相继在我国沿海强求互市，或勾引中国奸人作内应，进行走私、掠夺。私人海外贸易也在暗中不断扩大，商人们“惟利是视，走死地如鹜”[③]，并日益显出禁遏不止的趋势。

明王朝一方面感到禁绝贸易的困难，同时为了增加税收，有开放海禁之必要。“隆庆改元（1567），福建巡抚都御史涂泽民，请开海禁，准贩东西二洋。”[④] 结果，明王朝对外贸易大大发展起来，“我穆庙（穆宗）时除贩夷之律，于是五方之贾，熙熙水国，刳余艎，分市东西路。其捆载珍奇，故异物不足述，而所贸金钱，岁无虑数十万，公私并赖，其殆天子之南库也。”[⑤] 海禁虽弛，但仍有种种限制，如《万历会典》中还明文规定：“凡将缎匹、绸、绢、丝绵私出外境货卖及下海者杖一百，挑担载之人减一等，货物船只并入官。”

当时海外贸易丝绸是重要输出品之一，中国的丝织物，如“福州之绸丝、漳之纱绢，……其航大海而去者尤不可计”[⑥]，是国际贸易最畅销的商品。

南洋暹罗、柬埔寨、吕宋诸国，“皆好中国绫、罗、杂缯”。除丝织品外，蚕丝输出亦多，“其土

① 见周去非《岭外代答》卷六。

② 见《明太祖实录》卷二三一。

③ 顾炎武撰，《天下郡国利病书》原编第二六册，崇桢十二年傅元初《请开洋禁疏》，四部丛刊本，上海商务印书馆，1934年。

④ 张燮，《东西洋考》卷七《饷税考》，中华书局，1981 年，第 15 页。

⑤ 同上书，周起元序。

⑥ 见王世懋《内部疏》。

不蚕,惟借中国之丝到彼,能织精好缎匹,服之以为华好。是以中国湖丝百斤,价值百两者,至彼得价二倍。"① 以至吸引"浙以西造海船市丝枲之利于诸岛,子母大约数倍"②。明末,松江人亦贩布至吕宋,"近来中国人都从海外商贩至吕宋地方,获利不赀,松(江)人亦往往从之"③。

日本的丝完全仰给于中国,"若番船不通,则无丝可织,每百斤值银五六百两,取去者其价十倍"④。纺织品"大抵日本所须皆产自中国,如室之布席,杭之长安织也。……湖之丝帛、漳之纱绢、松之棉布,尤为彼国所重。"⑤

明代西洋贸易亦以输出丝绸为大宗,中国商船曾"西至欧罗巴"⑥,远至东非索马里一带。尤其是永乐三年至宣德八年(1406～1433)之间,郑和等奉遣出海,率领海队七次下西洋,先后到达亚、非 30 多个国家,运去金、银、丝绸和瓷器等珍贵货物,以后中外商船往来更加频繁。明代纺织品海外贸易比前代有极大发展,丝织品的输出促进了中国与亚、非、欧洲诸国间的经济与文化交流。

清代统治东南沿海地区以后,郑成功统率的抗清军,仍据守台湾,坚持抗清斗争。清朝统治者惧怕郑成功反攻及防范东南沿海地区汉族人民与郑成功联系,厉行海禁。"……因海逆郑成功,负险抗顽,更于顺治十六年(1659)突犯江南,于是申严海禁。"⑦ 实行残暴的迁海政策,勒令东南濒海人民迁居内地,严禁商民下海贸易,犯禁者不论官民,一律处斩,货物入官。这种海禁政策,严重地阻碍了东南沿海对外贸易的发展。

同时,清代统治者对于外国资本主义侵入者采取严格的闭关政策。"推动这种政策的主要原因,就是清朝害怕外国人会扶助很大部分中国人在 17 世纪前半期或大约在这时期内所有过的那种不满意满洲人奴役他们的情绪。"⑧

海禁对人民的生活影响是巨大的,各地商货滞销,社会经济衰落,人民困窘,都是因为海禁为害太甚的缘故。

由于当时商民的要求和康熙二十二年(1683)清兵占领了台湾,郑克塽失败,清朝统治者在康熙二十四年(1685)开放海禁,设江、浙、闽、粤四处海关。康熙五十九年(1720)设立专营对外贸易的广州十三行,以垄断和控制对外贸易。乾隆二十二年(1757)清代统治者为抵抗国际资本主义的势力扩张,下令封锁其他海关,专限广州一处与外国交易,并限制丝织品出口。如《东华录》中所载:乾隆二十四年(1759)闰六月禁浙丝出洋;二十七年(1762)五月限制出洋二蚕湖丝;又禁止头蚕湖丝及绫䌷缎匹出洋;二十八年(1763)十二月及二十九年(1764)三月等均有限制丝及丝织品出洋之上谕。这些海禁也给国内工商业带来巨大的经济损失。

由于清王朝严格控制对外贸易,出口商货必须经过广州官行商之手,因此国内纺织品的海外市场不可能自由发展,但是在当时出口商货中丝织品、棉布等仍占了极重要的地位。广州十三行出口大宗丝织品输往外洋,"洋船争出是官商,十字门开向二洋;五丝八丝广缎好,银钱

① 顾炎武撰,《天下郡国利病书》原编第二六册,崇桢十二年傅元初《请开洋禁疏》,四部丛刊本,上海商务印书馆,1934 年。

② 见丁元荐《西山日记》卷上《才略》。

③ 见范濂《云间居目抄》卷中。

④ 见郑若曾,《郑开阳杂署》卷四《丝》。

⑤ 见姚叔祥,《见只编》卷上。

⑥ 见王胜时,《漫游纪略》卷一《闽游》。

⑦ 见靳辅《靳文襄公奏疏》卷七。

⑧ 马克思,中国的和欧洲的革命,见《马克思·恩格斯论中国》,解放出版社,1950 年,第 48 页。

堆满十三行"①。当时江南丝、棉织品大量作为对外商货出口的情形,也可以从乾隆二十四年(1759),李侍尧奏请将本年洋商已买丝货准其出口折中看出:"惟外洋各国夷船,到粤贩运出口货物,均以丝货为重,每年贩卖湖丝并绸缎等项货,自二十万余斤至三十二三万斤不等。统计所买丝货,一岁之中价值七八十万两或百余万两,至少之年亦买价至三十余万两之多。其货均系江浙等省商民贩运来粤,卖与各行商,转售外夷,载运回国。"同年,苏州织造安宁《禁丝斤出洋折》中称:"切照近年丝斤价值年贵一年,臣留心体察,虽云近年收成歉薄,然从前岂无歉收之年?而价值从未至如此昂贵,实缘近年闽、广二省客商贩运下洋所致。闽省客商赴浙江湖州一带买丝,用银三四十万至四五十万两不等。至于广省买丝银两,动至百万,少亦不下八九十万两。此外,苏杭二处走广商人,贩入广省尚不知凡几。查两省客商,向年虽则买运,从未至如此之多。今以浙江杭、嘉、湖三府所产之丝,供天下绸、绫、缎之用,若再加以闽、广客商每年一二百万两之价,而若辈又因洋行利厚,不拘贵贱采买下洋以图厚利,不但丝斤收成歉薄必致昂贵,即将来丰收之年,恐亦不能大减。"② 这些资料证明,当时丝斤和丝织品的出口数量是可观的。

外国商船载运回国的"均以丝货为重",因而国内商人也竞相贩运丝货下洋,当然是因为中国所产丝及丝织品在国外市场极受欢迎,出口丝货有厚利可居,如将"内地绸丝等一切货物载至日本等处,多者获利三四倍,少者亦一二倍"③。这就无怪乎国内外商人大量从事丝织品的对外贸易了。

丝织品除经由广州出口外,还有一部分自江浙输往日本,交换"洋铜",但有定额。乾隆二十五年(1760)议定:"每船配搭绸缎三十三卷,……每卷照向例计重一百二十斤。……计额船十六只,应携带五百二十八卷。"④ 此外不得多运,不过就这额定输出的数量来看,每年输往日本的总数也在六万斤以上,这已经是一个不小的数字。

中国棉布在国外市场也享有很高身价,当时国际棉布市场认定:"中国织造的南京土布,在颜色和质地方面,仍然保持其超过英国布匹的优越地位。"⑤ 河北棉布也远销到朝鲜,方观承在《棉花图》跋中说:河北棉布"外至朝鲜,亦仰资贾贩,以供褚布之用"。

据统计:乾隆约 30 年间棉布出口总值仅是嘉庆二十二年至二十四年(1817 ~ 1819)的三分之一。嘉庆五年至二十四年(1800 ~ 1819)这 20 年间,中国棉布每年平均自广州出口达 227 850 匹之多⑥。虽然这些数字绝不是全面的统计,但总可以看出这个时期棉布对外出口的发展和增长是如何迅速了,棉布也和丝织品一样成为中国对外贸易出口商货中重要的项目。

第二节　纺织生产技术外传促进了世界纺织技术的发展

中国养蚕缫丝起源于有史以前,是世界上最早发明养蚕织绸的国家,我国古代人民用自己的智慧和双手,创造了纺织工艺的高度成就。中国丝织生产技术逐渐传播国外,周边邻近国家直接或间接向中国学习养蚕织绸技术,对世界养蚕织绸生产作出了巨大贡献。

---

① 见屈大均《广东新语》卷一五。
② 见《乾隆上谕条例》第一〇八册。
③ 见靳辅《靳文襄公奏疏》卷七。
④ 见《清朝文献通考》卷三三。
⑤ The Chinese Pepository, Vol Ⅱ, No.10 Feb, 1883, p.465。
⑥ 见严中平等编《中国近代经济史统计资料选辑》第 16 页。

据《汉书·地理志》载，早在公元前12世纪，箕子去朝鲜传播中华文化，“教其民以礼仪，田、蚕、织、作”，这是史载我国纺织技术外传之始。秦王朝推行虐政，当时不少秦民为逃避战乱和苛重苦役，泛海迁往朝鲜半岛谋生，我国养蚕织绸技术又随同传入朝鲜。

公元前3世纪秦代时，中国与日本开始海上交通，秦始皇命方士入海求神，传说徐福率三千童男童女航海至日本，带去中华文化。江浙吴地一带也有人民东渡日本，他们都带去养蚕织绸技术向当地人民传授。汉建安四年(199)，秦始皇十一世孙功满王归化日本，也带去中国蚕种及珍宝。三国、两晋时代，吴、魏与亶州(日本)交通和贸易往来增多，中国蚕织和缝衣技术更不断传入日本。据日本学者佐藤真写的《杭州之丝织业》所载：“在日本机织业未发达之前，所称的吴国的服地，就是由杭州输入的丝织物。现今日本还有吴服店的名称，其起源就在于此，故杭州实为日本丝织物之始祖。”两晋时，又有称为秦始皇之后裔弓月君率一二七县之民口，汉灵帝之后裔日阿智王偕母、弟及七姓之民归化日本，随同带去蚕织生产技术。唐代中国与日本经济文化交往频繁，古代日本除致力学习中国丝织工艺外，还同时从中国输入各种高级丝织物。日本19次派遣遣唐使往来长安与日本之间，来中国学习的学问僧更多，他们热衷于吸取中国文化，唐代缬缬印染技术随之传至日本，现存日本奈良正仓院珍藏的中国传输去的各种绚丽的锦、绫以及缬缬、蜡染等名贵织物，属唐时珍品。唐代名僧鉴真法师东渡日本，随行带有绣师将中国织绣技术传入日本。

据《汉书·地理志》载，公元前2世纪，中国海船载运大批黄金和丝绸，从今雷州半岛的徐闻和广西的合浦启程，可达今日的越南、泰国、缅甸、印度、斯里兰卡、印尼等国，交换当地珍奇异物。同时中国的养蚕织绸生产技术也通过这条海上交通航线传入该地，东南亚各国吸收了中国蚕织技术后，也相继发展了蚕织生产。

古代西方是不产丝的，西方丝绸仰给于中国，中国精美的丝绸在世界文化史上占有重要地位，在国际市场上也有着卓著的声誉，深得欧洲人珍爱。由于安息地处丝路的必经之道，中国丝绸西运，无论从陆路或海路，都必须经过安息转口，因此安息就操纵着中国和欧洲间的丝绸贸易。

南北朝时梁太清六年(552)，拜占庭皇帝查士丁尼为了减少拜占庭丝织业对安息的依赖，派遣熟悉东方情形的斯托里思派(景教)僧侣二人潜来中国，把蚕种藏在空的竹杖中偷运回国，这是西方世界方有育蚕缫丝的开始。以后很长一段时间里，拜占庭一直垄断着西方的蚕丝生产和丝织技术。直到12世纪中叶，第二次十字军东征时期，南意大利西西里王罗哲儿二世，自拜占庭掳掠丝织工人二千人西去，将他们移住在南意大利，才将育蚕缫丝技术方法引入欧洲。从而，一直到近代，意大利都是欧洲主要产丝国家和丝织中心。至于其他欧洲国家掌握育蚕缫丝技术，已经是12世纪以后的事了。如现代丝织生产的主要国家之一的法国，直到14世纪才学会育蚕制丝，英国更是迟至16世纪才有养蚕制丝生产。

玄宗天宝九年(750)，唐安西节度使高仙芝率领军队越过帕米尔高原用兵于石国(今塔什干一带)。次年坦罗斯一役被大食(东罗马之阿拉伯)所阻，唐军兵败被俘者两万人。同被阿拉伯人俘获的杜环作《经行记》，说在大食时曾见到中国工匠数人，画匠有京兆人樊淑、刘泚，织工有河东人乐隈、吕礼等。杜佑《通典·大食条下》也载：“有汉匠作画者京兆人樊淑、刘泚，织络者河东人乐隈、吕礼。”这也证明我国纺织技术西传至迟当在公元8世纪之前的史实。

第二编

技 术 篇

第四章　纺织原料的生产和初加工技术

古代用于纺织的纤维原料概括起来有两大类,即动物纤维和植物纤维。最初采用的纤维原料都是野生的,而且种类繁多,后经人们长时期的鉴别取舍,逐渐选用一些纺织性能较佳的品种,作为主要纺织原料,并且开始人工大量饲养这些动物或种植这些植物,以获取其纤维供纺织之需。古代用量较多的动物纤维原料有蚕丝、羊毛等;植物纤维原料有大麻、苎麻、葛藤、棉花等。不同的纤维,需采用不同的加工方法。

第一节　丝纤维的生产及初加工技术

蚕丝是蚕老熟时通过它的吐丝管连续不断地吐出的由丝素和丝胶组成的物质,其长可达1000余米。在所有天然纺织纤维中蚕丝最长,且具有良好的韧性、弹性、纤细度、光泽、柔软、光滑等许多优良纺织特性,是一种十分理想、贵重、高级的纺织原料。我国是养蚕治丝的发源地,我国传统的、高水平的蚕织技术,对世界纺织技术曾经产生过相当深远的影响。

一　蚕业生产的起源

关于蚕业的起源,古籍中有很多记载,其中较为重要的有《史记·黄帝内传》所载:"黄帝斩蚩尤,蚕神献丝,乃称织纴之功。"《史记·五帝本传》所载:黄帝"时播百谷草木,淳化鸟兽虫蛾。"《通鉴纲要》"前编·外记"所载:"西陵氏之女嫘祖为黄帝元妃,始教民育蚕,治丝以供衣服,而天下无皴瘃之患,后世祀为先蚕。"虽然这些记载离所言之事的年代相距太远,很可能出自后人臆想,不足为据,但我国利用蚕的历史,确实在很久以前便已开始,这在出土文物中得到了证明。

1921年,在辽宁省砂锅屯仰韶文化遗址(距今约5500年),曾发掘到一个长数厘米的大理石制作的蚕形饰。其上的蚕形被学者确认为蚕[①]。

1926年,在山西夏县西阴村发掘的居民遗址(距今约5600~6000年)中,出土过一个半截蚕茧。此茧残长约1.36厘米,最宽处约为0.71厘米,曾被利刃所截[②]。

1958年,在浙江省钱山漾新石器时代遗址(距今4700年左右)中,出土过一些纺织品。经鉴定,这些纺织品中有丝、麻两类。丝织品有绸片、丝线和丝带,绸片尚未完全碳化,呈黄褐色,长2.4厘米,宽1厘米,属长丝制品。丝纤维截面积为40平方微米,丝素截面呈三角形,全部出于家蚕蛾科的蚕[③]。这是长江流域迄今发现最早、最完整的丝织品。

1960年,在山西省芮城西王村仰韶文化晚期遗址中,出土过一个长1.8厘米,宽0.8厘米,

---

① 〔日〕石田英一郎,蚕桑起源,见《石田英一郎全集》第六卷。

② 李济,西阴村史前遗址,见《清华学校研究院丛书》,1927年。

③ 浙江省文物管理委员会等,钱山漾第一、二次发掘报告,考古学报,1960(2)。

由6个节体组成的陶制蚕蛹形装饰①。

1963年,在江苏省吴江梅堰良渚文化遗址(公元前3300～前2300年)中,出土过一个绘有2个蚕形纹的黑陶②。

1977年,在浙江省余姚河姆渡遗址中(距今约7000年),出土过一个骨盅。此盅上面刻有4个蠕动的虫形纹,虫纹的身节数与蚕相同,结合同时出土的大量蝶蛾形器物,学者认为虫形纹是蚕纹③。

1984年,在河南省荥阳县青台村一处仰韶文化遗址中,出土过一些丝、麻纺织品。其中丝织品除平纹织物外,还有组织十分稀疏的罗织物④。这是黄河流域迄今发现最早、最确切的实物。

上述出土文物说明:在距今6000年之前,蚕即已引起我们祖先的注意和观察(甚至有可能已开始利用),在距今5000年之前,黄河流域和长江流域都已有了蚕业生产,也就是说,我国蚕业的源头,至少可以定在新石器时代晚期。

需要指出的是上引"山西夏县西阴村出土的新石器时代的半个蚕茧",曾被一些纺织史和科技史研究者作为属于仰韶文化遗址的夏县新石器时代即已出现蚕桑技术萌芽的考古证据。实际上这是失之准确的。

(1)蚕茧壳出土情况及其考古报告

1926年,距黄河40公里的中国山西省夏县西阴村仰韶文化遗址中,考古学家发掘出"半个"蚕茧壳,发掘人是当时北平清华大学教授李济。壳茧的切口很平直,看上去像是用锋利的工具人工切割的。蚕茧的大小比当时夏县地方饲养的家蚕要小得多。李氏的发掘报告中说:壳茧在坑中埋藏位置不深,发掘现场周围的土有被搅乱的迹象,不排除这枚蚕茧有后来混入的可能,夏县周边一带,有着非常古老的纺织业的传统,当时夏县城中仍有许多织绸工场。但据此推定夏县在新石器时代即有蚕桑业却未免武断。这枚蚕茧只是一个古蚕桑实物而已,与现存夏县纺织业的因缘关系尚有待考证⑤。

(2)对西阴村蚕茧壳的研究

1928年,美国史密斯索南(Smithsonian)大学对此枚蚕茧作了鉴定,认为确系蚕蛹壳。此枚蚕茧现保存在台湾故宫博物院。

中国社会科学院考古所夏鼐认为,以黄土高原的土壤性质,新石器时代的茧壳不太可能保存下来。同时,新石器时代的石刀也不可能这样锐利,能将切口切得这样平直。夏鼐认为,这枚茧壳极可能是后来混入的,以此枚茧壳证明西阴村仰韶文化时期即已有养蚕显然证据不足。

20世纪70年代,日本学者布目顺郎对蚕茧进行了详细研究,推测出蚕茧的实际大小:长度约15.2毫米,最宽处约为7.1毫米,而残缺部分应为蚕茧纵轴的17%。布目顺郎认为,李济报告中所言"半个茧"的判断是不准确的,实际应是大半个茧,所缺的只是茧的部分尖端。布目顺郎还纠正了李济认为"出土西阴村蚕茧比现在西阴村饲养的最小的蚕的茧还要小得多"的说法,指出这种蚕的品种属于中国境内生长的野生蚕中的二化蚕,长度约12～17毫米,宽7～11毫米。图4-1为茧壳照片,图4-2为布目顺郎所绘西阴村茧壳复原图,下方虚线处为推测的切

---

① 中国科学院考古研究所山西队,山西芮城东庄村和西王村遗址的发掘,考古学报,1973(1)。

② 江苏省文物工作队,江苏吴江梅堰新石器时代遗址,考古,1963(6)。

③ 河姆渡遗址第一期发掘报告,考古学报,1978(1)。

④ 唐云明,我国育蚕织绸起源时代初探,农业考古,1985(2)。

⑤ 李济,西阴村史前遗存,见《清华学校研究院丛书第三种》,1927年,第1～31页。

除部分。

图 4-1　茧壳照片

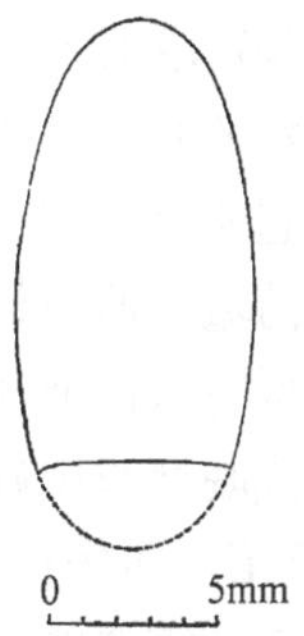

图 4-2　布目顺郎所绘西阴村茧壳复原图

布目顺郎对蚕茧从一端切开的原因进行了分析，认为：

仰韶文化的众多遗址中都发现有蚕形纹饰，说明当时已有蚕神崇拜。1958 年，浙江吴兴钱山漾距今 4700 年的新石器文化遗址出土了丝带和绢片，经纤维断面形态鉴定，确认为家蚕丝。1921 年，辽宁砂锅屯仰韶文化遗址发掘出黄色的大理石蚕纹雕刻。1960 年春，山西芮城县西王村仰韶文化遗址出土一个蚕蛹形陶器。因此，蚕桑技术起源于新石器时代说是可以成立的。西阴村虽为仰韶文化遗址，且同遗址出土有纺锤和骨针，却不能据此认为切割此枚茧壳的目的是用来纺织。理由是：从茧的一端切割的目的不一定是为了防止蚕蛹损伤，这枚蚕茧被切割的目的可能是取出蚕蛹食用。

笔者认为日本学者布目顺郎氏对西阴村蚕茧壳进行了详细的研究，纠正了考古报告中的错误，也对西阴村蚕茧壳的用途进行了正确评价。这项研究成果出现于 20 世纪 70 年代中期，但没有引起重视，80 至 90 年代的有关著作中仍在引用考古报告中的错误提法，并与同遗址出土的骨针和纺坠并提而作为当时当地蚕桑起源的证据被广泛加以引用。

一种技术发明从起源阶段到最后形成产品，由很多环节组成，但其中总有一个或两个环节是整个技术的关键或称为基础，在其起源阶段尤其如此。丝绸技术起源的工艺关键是什么？是缫丝工艺。但缫丝工艺的产生，却源于原始的煮茧。

人类对蚕茧的利用，经历了一个由“吃”到“穿”的过程。开始时，采集蚕茧可能与原始社会末期人群的觅食活动有关。处于史前文明的人们当然不可能先知先觉地了解蚕丝具有纺织性能从而有意识地去利用它，他们煮茧的目的就是将蚕蛹取出食用。蚕蛹是含高蛋白的昆虫，经煮熟后更容易消化。人们将蚕茧放在热水中煮时，由丝素形成的茧衣外面包裹的厚厚的丝胶溶解于水，丝素即呈松散状态，一根根完全或未完全解舒的纤维漂浮在水中，将其捞起晾干，即可得到适宜纺织的纤维了，这个过程很容易做到。开始时人们晾晒蚕丝可能是无心的，或干脆吃过蚕蛹后即将茧衣丢弃，但已经抽取出头绪的茧衣聚集多了后，就会很自然地想到加以利用，特别是在史前社会物质极度贫乏的情况下更是如此，更何况蚕丝本身具有的优良纺织性能是其他任何天然纤维无法取代的。对于原始人群，它的第一个优良特性是它属于长丝纤维，无须劈剥，无须频繁续接，且纤维的纤细、光滑、强韧、弹性以及它在初步缫煮后显现的光泽都是无与伦比的，因之古人想到以它作为纺织原料实在是极其自然的事。但缫煮工艺出现的社会条件至少应具备以下两点：①采集活动的对象已经比较广阔，觅食的范围已经不单纯是野兽和野果,而扩大到昆虫类;②熟食已经成为一种被普遍接受的生活方式。具备了这两个因素,将蚕茧作为觅食对象加以采集就会出现,而这是与新石器时代中晚期的生产力水平同步的。桑树在我国生长地域辽阔,东至辽东半岛,西至河西走廊,北至今内蒙,南至海南岛都有生长。因此,蚕桑纺织技术的起源在我国具有多地域性是合乎情理的。尽管它们出现的时间不同,技术特征不同,但在起源上应该是各自独立的。同属于仰韶文化的如辽宁沙锅屯遗址出土蚕形大理石雕刻、山西芮城县西王村遗址陶制蚕蛹证明当时已有蚕神崇拜,说明蚕在史前人类的生活中已经占有重要位置,而浙江吴兴钱山漾遗址发现的距今4700年的绢片和丝带则无可争议地证明,新石器时代晚期我国确已有蚕桑纺织。而中国人发明蚕桑丝绸技术的重要起因,则是以觅食为目的的煮茧。西阴村发现的一端被切割的蚕茧的形态,则支持了这种观点。

如前所述,煮茧需要的工艺条件主要是两点:①用火和熟食。目前我国考古发现的最早的用火遗迹是距今约170万年的云南元谋人,北京人用火的历史也有约100万年。而煮食茧蛹应该在用火和熟食已经相当普遍的情况下才会出现;②石制或陶制煮食器皿的普遍使用。而这两项条件的成熟应该在新石器时代中晚期。

煮茧发展到缫丝应该是一个比较漫长的过程。煮茧、缫丝技术的诞生具有非常伟大的意义。这项发明对后世世界文明的进程产生了深远影响。以蚕丝铺就的丝绸之路在两千多年前就将东西方四大古文明连接起来,并通过这一大通道进行交流、融汇和碰撞,统治古代人类精神世界的三大宗教也通过这一通道得以传播,更无庸说经济和文化的交流。这种交流几千年里历经政权更迭、战乱频仍、严酷的自然条件和漫漫长途,始终绵延不绝而至近代。而这一切文明的技术基础之关键环节,是起源于新石器时代中晚期、中国人发明的煮茧缫丝。生涩的蚕丝所以能织出美丽的丝绸,则是因为中国人发明的练漂技术。在丝绸技术形成的阶段,这是两个最重要的环节。

从这个角度研究这枚被切割了一端的茧壳,也许可以给我们提供这样一些思考的依据:

(1)支撑技术起源的关键工艺的出现需要的社会进化条件和背景的成熟;换言之,即使技术形成的物质条件非常充分,也只能在社会进步到一定阶段才能产生。在史前和上古时期,这种特点尤其明显。

(2)对技术起源和技术进步规律以及社会背景的全面思考,有助于正确理解考古材料中包含的信息,在考古材料为"孤证"的情况时尤为重要。

二 蚕的种类和利用史

蚕是属于鳞翅目的节肢动物昆虫。野生蚕的种类很多,分属天蚕蛾科和家蚕蛾科,最初都是自然生态下野生的,后来人们把专吃桑叶的家蚕蛾科的野桑蚕加以驯化,并从室外迁入室内饲养,逐步把野桑蚕变成家养桑蚕。除人工饲养的家蚕外,习惯上把室外自然生长的可供纺织之用的其他绢丝类昆虫统称为野蚕。各种野蚕基本上也是根据它们所食树叶而得名。

(一)桑蚕及饲养技术

自新石器时代晚期开始利用蚕丝后,蚕桑业至迟在殷商时便已发展成为一种非常重要的产业,并在以后的长期生产实践中,创造、积累了丰富的有关蚕桑生产的科学知识。

殷商、西周时期,野生桑蚕为多化性,经驯化后的原始家蚕虽也为多化性,但很快便演变为二化性蚕和一化性蚕。到西周时，则已主要养一化性蚕，不多养甚至不养二化性蚕。《礼记·月令》有："禁原蚕者"的记载，《淮南子》有："原蚕，而一岁再登，非不利也，然王者法禁之，为其残桑也"的记载[①]，显然这是为保证桑树正常生长和保证蚕茧质量，采取的禁养措施，但亦说明当时对蚕生长过程中的几种形态：蚕种、出蚁、化蛹、结茧、化蛾，有了一定的了解，并掌握了控制化蛾的手段。另外，从《礼记·祭仪》中有关养蚕"风戾而食之"的记载来看，为防止因喂食鲜洁不良的桑叶，当时已不采摘带露的桑叶，即使不得已而采之，也要将桑叶清洗荫干或风干后再去喂蚕。

春秋战国时期，人们开始对蚕的生理、生态有了较准确的认识。如战国人荀况在《蚕赋》一文中，从哲理和生理角度概括了蚕的特点、习性和化育过程。荀子在文中首先称颂了蚕的功德，云：蚕字音同残暴的"残"，虽"名号不美，与暴为邻"，但"功立而身废，事成而家败"；接着对养蚕者所认为的蚕无雌雄，只有蛾才有性别之分的看法提出了质疑，言："有父母而无牝牡者与?"很显然荀子已有了既然蚕蛾能交配产卵，蚕亦很可能有雌雄的推断；最后把蚕的生活习性和化育过程作了概括，说：蚕"冬伏而夏游，食桑而吐丝，前乱而后治，夏生而恶暑，喜湿而恶雨。蛹以为母，蛾以为父。三伏三起，事乃大矣。""三伏三起"中的"伏"即"眠"，指蚕生长到一定阶段，便不吃不动，待蜕去旧皮，换上新皮后，再爬动觅食的一个生理过程。"三伏三起"的蚕系三眠蚕，说明当时养的蚕多是三眠蚕。此类蚕大约经历二十一、二日便可作茧，故《淮南子·说林训》有："蚕食而不饮，二十日而化"之说，《春秋考邮异》有：蚕，"阳物，火恶水，故蚕食而不饮，阳，立于三春，故蚕三变而后消。死于七，三七二十一，故二十一日而茧"的记载[②]。荀况是古代第一个提出蚕有雌雄之分假说的人(关于蚕有雌雄之分的科学结论，直到 20 世纪初才得到证实)，《蚕赋》一篇的出现，亦表明当时的人便已试图对养蚕经验进行理论上的概括。

秦汉以后，人们对蚕的认识水平有了进一步的提高，至两晋时，随着所饲养蚕的品种的增加，养蚕者对各类蚕之间的相互关系更是有了较深的了解。其了解深度在当时的文献中多有反映，其中尤以郑缉真在《永嘉郡记》中的记载最为详细：

> 永嘉有八辈蚕：蚖珍蚕(三月绩)、柘蚕(四月初绩)、蚖蚕(四月初绩)、爱珍(五月绩)、爱蚕(六月末绩)、寒珍(七月末绩)、四出蚕(九月初绩)、寒蚕(十月绩)。爱蚕者，故蚖蚕种也。蚖珍三月既绩，出蛾取卵，七、八日便剖卵蚕生。多养之，是为蚖蚕。欲作爱者，取蚖珍之卵，藏于罂中。盖复器口，安硎泉冷水中，使冷气折其出势。得三、七日然后剖生，养之，谓为"爱珍"，亦呼"爱子"。绩成茧，出蛾、生卵。卵七日又剖成蚕，多养之，此则"爱蚕"也。[③]

八辈蚕实系多化性蚕。文中对蚖珍蚕、蚖蚕、爱珍、爱蚕的关系交待得很清楚，对四出蚕、寒珍、寒蚕、柘蚕的关系没有说明。除柘蚕显然是以柘叶饲养的别种蚕外，根据四出蚕的名字和它九月初绩来分析，它与爱蚕应是上下代关系；根据寒珍、寒蚕的名字和绩出月份来分析，这两者也应是上下代关系，但它们是否与前述各蚕是一个系统家蚕的不同世代，还是两个系统家蚕的不同世代，则很难说清楚。文中所云："欲作爱者，取蚖珍之卵，藏于罂中。盖复器口，安硎泉冷水中，使冷水折其出势。"显然是当时普遍采用的利用冷水降温控制蚕种孵化的方法。这

---

① 贾思勰，《齐民要术》卷 5《种蚕柘》，缪启愉校释，农业出版社，1982 年。

② 徐光启，《农政全书》卷 31《蚕桑》，石声汉校注，上海古籍出版社。

③ 章楷、余秀茹编注，中国古代养蚕技术史料选编，农业出版社，1985 年。

段记载虽然对八辈蚕各代关系交待得不是特别详明，但仍不失为当时养蚕者对蚕的品种、代性、世代关系以及利用低温控制蚕种孵化时间的一个非常重要的总结。

除永嘉外，南方其他地方也有养八熟蚕的。《吴录》记载："南阳郡一岁蚕八绩。"①《荆楚岁时记》亦记载："八蚕茧出日南，至秋犹饲一柘。"② 八熟蚕的茧质不是很好，《俞益期笺》曰："日南蚕八熟，茧软而薄。"③《林邑记》讲："九真郡蚕年八熟，茧小轻薄，丝弱绵细。"④

南北朝时期，在对蚕的认识方面，人们已能根据蚕的化性和眠性进行大的分类。贾思勰在《齐民要术》中即是根据这一原则先将常见蚕分为"三卧一生蚕，四卧再生蚕"两类，然后再根据具体品种的特征和习性分类，如以体色和斑纹进行分类，则有：白头蚕、颉石蚕、楚蚕、黑蚕、儿蚕、灰儿蚕等；以饲育或繁殖时间进行分类，则有秋母蚕、秋中蚕、老秋儿蚕、秋末老獬儿蚕等；以茧形进行分类，则有绵儿蚕、同茧蚕等品种。在对蚕的饲育方面，人们已注意到桑、火、寒、暑、燥湿等外界因素对蚕生长的影响，并刻意营造适于蚕生长的环境。如《齐民要术》说：采下的桑叶要"著杯中令暖，然后切之。""凡蚕从小与鲁桑者，乃至大入簇，得饲荆、鲁二桑。若小食荆桑，中与鲁桑，则有裂腹之患也。"养蚕的蚕具要"初生以毛扫（用荻扫伤蚕）"，"比至在眠，常须三箔，中箔上安桑，上下空置（下箔障土气，上箔障尘埃）。"育蚕的蚕室要"四面开窗，纸糊，厚为篱。屋内四角着火（火若在一起，则冷热不均）"，"调火令冷热得所（热则焦燥，冷则长迟）"。

由于南北地区气候的差异，两地选择饲育的主要蚕种是不同的。三眠蚕抗病性和适应性较四眠蚕强，北方多养之，而南方的气候较北方更适宜蚕的生长，故多养难育丝多的四眠蚕。另外，由于饲育二化性和多化性蚕伤桑，兼之多化性蚕茧质不好，宋元以前除南方有少量饲养外，北方基本不养，直到宋元时，随着养蚕技术水平的提高，北方地区才逐渐重视多化性蚕的饲养。元《农桑辑要》收录的"夏秋蚕法"中，除详细介绍了夏秋蚕的特点、适于其生长条件的环境和饲育方法外，还特别指出饲育夏秋蚕的数量要合适，不可过多，否则会影响次年春蚕桑叶的产量。同时期关于多化性蚕的记载较多，如讲伤损桑树的有《韩氏直说》："晚蚕迟老多病，费叶少丝，不惟晚却今年桑，又损却来年桑。世人惟知婪多为利，不知趋早之为大利。压覆桑连，以待桑叶之盛。其蚕即晚，明年之桑，其生也尤晚矣。"⑤ 讲茧丝质量的有陈旉《农书》卷下"丝且不耐衣着，所损多而为利少"和王祯《农书》卷下"南方夏蚕，不中缫丝，惟堪线纩而已"的记载。多化性蚕因其茧质远不及春蚕，其用途也主要是用于做丝绵，故《士农必用》说：当时养夏秋蚕多是因"春蚕不幸遇大灾，不得以而养之，以补岁记。"⑥

宋元时期，养蚕者对诸如气候、饲料、蚕忌和人为等影响蚕生长发育的因素更加重视，以便在饲育蚕的过程中做到充分适应，取得良好收益。对于蚕在生长发育过程中各阶段的适宜温度，《士农必用》说："蚕之性子，在连则宜极寒，成蛾则宜极暖，停眠起宜温，大眠后宜凉，临老宜渐暖，入簇则宜极暖。"⑦《韩氏直说》云："方眠时宜暖，眠起以后宜明，蚕大并起时宜明宜凉。向食宜有风（避迎风窗，开下风窗），宜加叶紧饲。新起时怕风，宜薄叶慢饲。"⑧对于蚕忌和人为等影响蚕生长发育的因素，《士农必用》说："忌当日迎风窗，忌西照日。忌正热着猛风骤寒，忌正寒陡令过热，忌不净洁人入蚕室。蚕室忌近臭秽。"⑨《农桑辑要·饲蚕总论》将这些养蚕条

① 章楷、余秀茹编注，中国古代养蚕技术史料选编，农业出版社，1985年。
② ~④贾思勰，《齐民要术》卷5《种蚕柘》，缪启愉校释，农业出版社，1982年。
⑤ ~⑨章楷、余秀茹编注，中国古代养蚕技术史料选编，农业出版社，1985年。

件归纳总结为：十体、三光、八宜、三稀、五广、杂忌。十体将养蚕要注意的事项概括为十个方面，即寒、热、饥、饱、稀、密、眠、起、紧、慢。其中“寒”指在连宜寒，“热”指下蚁宜热，“饥”指眠后宜饥，“饱”指向食宜饱，“稀”指布之宜稀又不可太稀，“密”指下子宜密又不可太密，“紧”指临眠上簇宜紧饲，“慢”指方起宜大饲；三光则是根据蚕的肌色决定投放饲叶的多少，即“白光，向食。青光，原饲（皮皱为饥）。黄光，以渐住食”；八宜是根据蚕的不同生长时期，选择不同的明暗光线、冷暖温度、风向风速、饲叶紧慢等八对条件；三稀指下蚁、上箔、入簇时要稀疏；杂忌则将一些会影响蚕生长发育的声音、气味、光线、颜色以及各种不卫生的因素均列于忌禁之列。上述这些对养蚕条件的周密考虑，具有非常重要的实践意义，也是前代记载中所没有的。

明代有关养蚕技术的最有价值的记载当数宋应星在《天工开物·乃服·种类》中所记，原文如下：

凡蚕有早、晚二种。晚种每年先早种五、六日出（川中者不同），结茧亦在先，其茧较轻三分之一。若早蚕结茧时，彼已出蛾生卵，以便再养矣（晚蛹戒不宜食）。

凡三样浴种，皆谨视原记。如一错误，或将天露者投盐浴，则尽空不出矣。

凡茧色唯黄、白二种。川、陕、晋、豫有黄无白，嘉、湖有白无黄。若将白雄配黄雌，则其嗣变成褐茧。黄丝以猪胰漂洗，亦成白色，但终不可染漂白、桃红二色。

凡茧形亦有数种。晚茧结成亚葫芦样，天露茧尖长如榧子形，又或圆扁如核桃形。又一种不忌泥涂叶者，名为贱蚕，得丝偏多。

凡蚕形亦有纯白、虎斑、纯黑、花纹数种，吐丝则同。

今寒家有将早雄配晚雌者，幻出嘉种。一异也。

所谓“凡蚕有早、晚二种”中的“早晚”，分指一化性蚕和二化性蚕；而“凡蚕”则说明当时二化性蚕的饲育已很普遍。“若将白雄配黄雌，则其嗣变成褐茧”，是说用黄白不同茧色的蚕交配，杂交第一代出褐色茧。“又一种不忌泥涂叶者，名为贱蚕，得丝偏多”，则是介绍了当时培育出的一种抗逆性强，吐丝多的新蚕种。“今寒家有将早雄配晚雌者，幻出嘉种”，则是说明了当时采用的一种用一化性蚕与二化性蚕杂交，培育上佳新蚕种的方法。这段记载总结了明代，甚至明代以前，我国人民在家蚕育种方面所取得的重要成就，其中有关利用杂种优势培育新蚕种的方法，可以说是世界上最早的文字记载。

清代家蚕品种繁多，仅《吴兴蚕书》一书便记有多种，如按化性分有头蚕、二蚕、三蚕、四蚕、五蚕，错出于春夏秋冬；按眠性分有三眠蚕和四眠蚕；按生活习性和体态分有泥种、石灰种、懒替种、石小罐种、白皮种、丹杵种①。这些蚕除头蚕有三眠蚕和四眠蚕外，其余各品种皆是四眠蚕。而《蚕桑捷效书》一书不仅列举了一些四眠蚕的品种，还描述了各品种的形态特征以及择茧之要诀，书中云：“四眠之中又有金种、花种、乌种、莲子种、金桔种、束腰种、平头种等名。此外尚不胜枚举。金种蚕身甚小，花种遍体灿斑，乌种满身灰黑，莲子种茧之小者，金桔种茧之大者，束腰则腰有束痕，平头则两头平满。而要之种类虽多，总以茧之坚结而厚，平圆紧小者为良，其松浮薄大之茧，丝少而难抽。”②各品种蚕生长的外在环境不尽相同，但只要了解掌握了各类蚕的习性便能养好蚕，《吴兴蚕书》所云：“故育蚕之道，当以辨种为先务，知其种则知其性矣。”③便是这个道理。

---

① ~③章楷、余秀茹编注，中国古代养蚕技术史料选编，农业出版社，1985年。

(二)养蚕工具

养蚕工具从开始人工养蚕即具有的极简单用具起,发展到春秋战国时代,已大致趋于完备,以后2000余年无大变化,其变化也仅是制作材料和尺寸上,因各地取材和习惯的不同而有所差异。古代主要的蚕具有:蚕箔、蚕槌、蚕簇、蚕盘、蚕网等。

(1)蚕箔。蚕箔又称"曲"或"曲薄"多用萑苇编成,数尺宽,作长方形。王祯《农书·农器图谱》载:"蚕箔、曲薄承蚕具也。《礼》:'具曲、植',曲即箔也。周勃以织薄曲为生。颜师古注云:'苇薄为曲'。北方养蚕者多,农家宅院后或园圃间多种萑苇,以为箔材。秋后芟取,皆能自织。"按《礼记·月令》所载为:"具曲、植、蘧、筐。""周勃以织薄曲为生"则出自《史记·周勃世家》,说明蚕箔定形是相当早的,而且民间很早便有以编织曲薄为生的小手工业者了(图4-3)。

(2)蚕筐。蚕筐又称"蚕筐",是以竹制成的承蚕器具,南方多用之。其制据王祯《农书·农器图谱》讲:"圆而稍长,浅而有缘。适可居蚕,蚕蚁及分居时用之。阁以竹架,易于抬饲。"(图4-4)。

(3)蚕槌。蚕槌是用来一层层架放蚕箔的木架。古槌多为四方形木架,到了清代则变为三角形木架。一槌大概可架放10箔,每箔之间离9寸。秦观《蚕书》所谓:"中间九寸,凡槌十悬"正是如此(图4-5)。

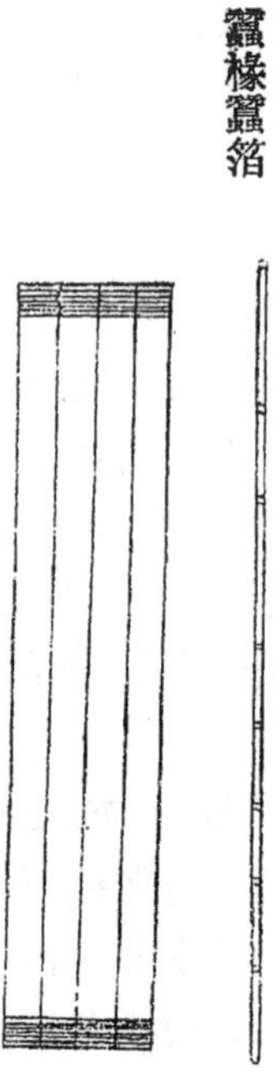

图4-3　蚕箔

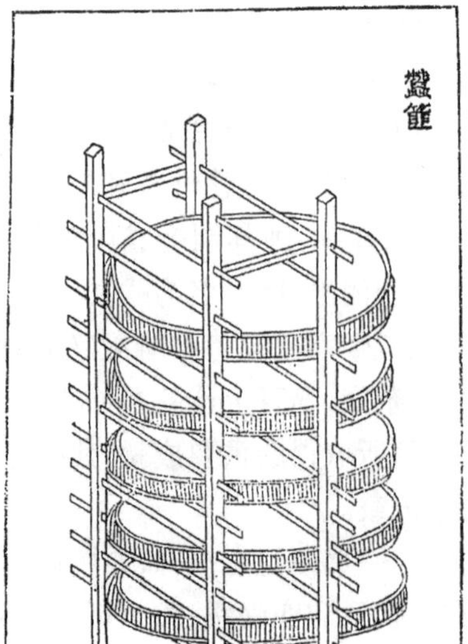

图4-4　蚕筐

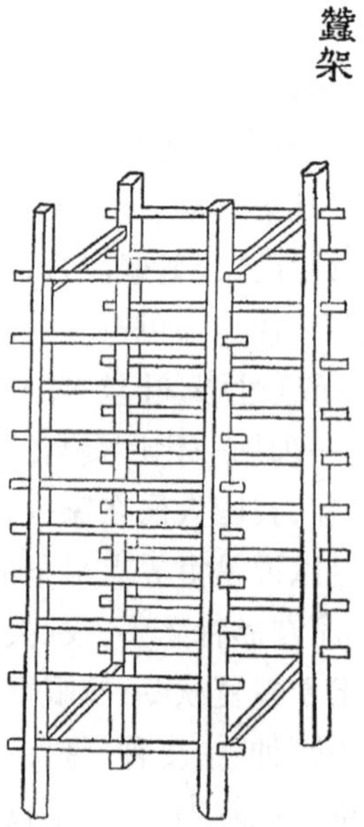

图4-5　蚕槌

(4)蚕簇。蚕簇又名"蓐",是蚕老熟后作茧的工具。早期多以茅草、蒿苇、竹等材料扎成,后期以糯稻草或麦杆为之。制簇要点是簇架疏密要适当,供蚕结茧的地方要多,簇中空气流通要通畅,簇中光线要均匀,排湿要便利,采茧要方便(图4-6)。

(5)蚕盘。蚕盘是盛蚕上簇之器,多以萑苇为底,范以苍莨竹,长七尺,广五尺。也有以木为框,以稀疏的竹席为底的(图4-7)。

(6)蚕网。蚕网是抬蚕用具。王祯在《农书》中对蚕网的形制和用法有详细的介绍:"结绳为之，如鱼网之制。其长短广狭，视蚕盘大小制之，沃以漆油，则光紧难坏。贯以网索，则维持多便。至蚕可替时，先布网于上，然后洒桑。蚕闻叶香，皆穿网眼上食。候蚕上叶齐，只手提网，移至别盘，遗余拾去。比之手替，省力过倍。”(图 4-8)。

除上述这些工具外，不同地区还有一些就地取材制成的简易育蚕用具，这里就不一一列举了。

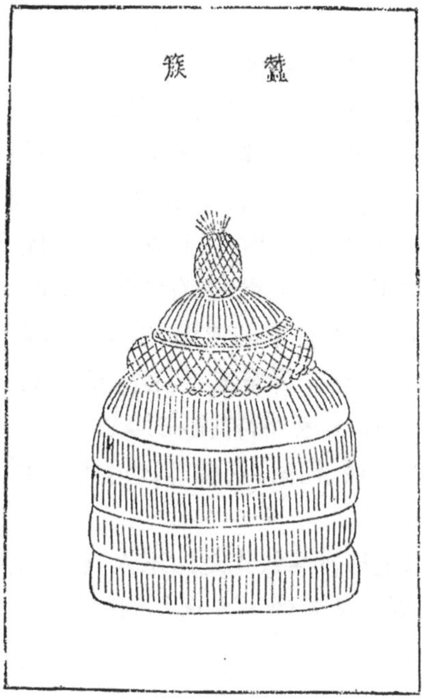

图 4-6　蚕簇

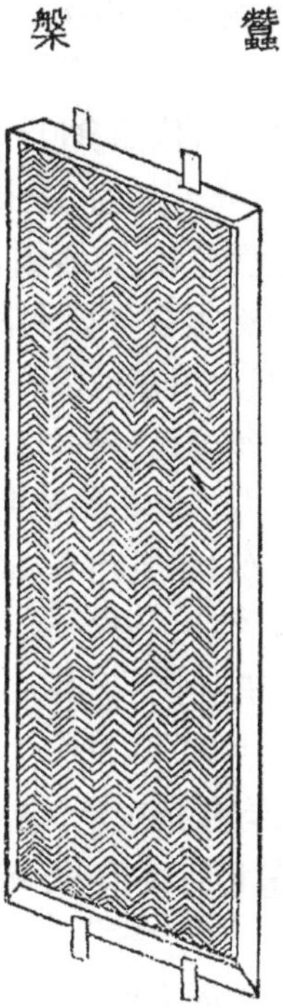

图 4-7　蚕盘

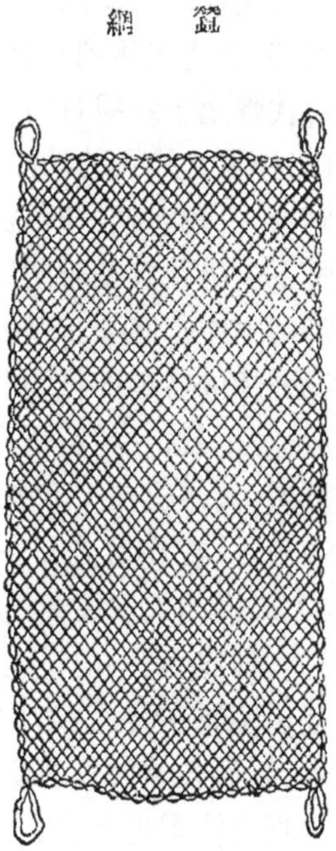

图 4-8　蚕网

(三)野蚕

我国山地多，而且许多山地都普遍自然生长有可供鳞翅目昆虫吞食的柞、槲、青枫、栎、柘、椿等树，具备各种野蚕生长条件，因此自发现蚕丝可作纺织原料后，早期被利用的野蚕种类是相当多的。后经过长期摸索和实践经验的增加，野蚕的利用才逐渐集中在一些吐丝多、丝质好、实用价值高的种类上。先秦时期，野蚕都是在自然环境中野生野长的，秦以后，野蚕因不像家蚕那样需花费大量精力饲育，生长成本低，且野蚕丝较之桑蚕丝强度高、韧性好，可作一些特殊之用(如用作乐器上的弦线)，愈来愈被重视，便从单纯的采集变为人工放养。

据统计，从汉到清，历代史书有关野蚕成茧的记载有二三十处之多，涉及地区有山东、安徽、江苏、浙江、河北、河南、陕西、湖北、广西、贵州、辽宁等地，几乎遍及全国。较早较为重要的如《古今注》记载：“元帝永元四年(公元前 40 年)，东莱郡东牟山，有野蚕为茧。茧生蛾，蛾生卵。卵着石，收得万余石。民以为蚕絮”，对野蚕生长形态和用途作了介绍。《后汉书·光武帝纪》载：“建武二年(公元 26 年)，……野蚕成茧，被于山阜，人收其利焉”，对野蚕在自然环境中大面积结茧作了描述。《宋书·符瑞志》记载：“汉光武建武初，野茧、谷充给百姓。其后耕桑稍广”，野茧充实国库，成为和谷物一样的为应付突发事件的储备物资，反映了野茧产量之大，同时亦说明在东汉时已可能采取人工放养野蚕的作法。由于野蚕是在自然环境中生长，在遇到各种恶劣气候条件或天敌时，不可避免地会引发各种疾病，造成大批量死亡，所以野蚕（包括人工放养的野蚕）大面积的成茧，实不太易，故每次出现大范围的野蚕结茧，古人都把它看成是祥瑞的征兆，大肆渲染，如《魏略》记载："文帝欲受禅，野蚕成茧。"将野蚕茧的丰收视为天上即将赐福的吉兆。宋以前，野蚕丝的利用主要是作丝絮御寒或打线纺粗帛，产量远不如其他纺织原料。宋以后，随着野蚕放养技术的进步以及野蚕仿效家蚕缫丝、织绸的成功，特别是山东莱、登等地的柞绸产品以质量精致价格低廉享誉市场后，各地遂争先引进佳种放养，致使全国总产量逐渐增加，至清代达到鼎盛。

古代曾用于纺织材料之用的野蚕，依照食叶不同，主要有以下几种：

(1)柞蚕。柞蚕的幼虫呈绿、黄或天蓝色，成虫体有毛瘤，体长约 4 厘米，茧长约一寸左右，呈椭圆形，一端有柄，茧色黄褐，主食柞叶，亦食槲、栎、青枫等叶，是我国放养最多，丝质最好的一种野蚕。早在春秋时期，全国便有很多地区利用柞蚕丝纺织，如《诗经》的《魏风》、《豳风》、《郑风》等书中都有关于"檿"的记载。山东地区一直是柞丝的主要产地，山东柞丝品质优良，在《禹贡》介绍的各地产物中，青州檿丝已是一种丝织品贡物了。按《禹贡》中有青州："岱畎丝檿，厥檿闉丝"记载，今学者研究，厌丝即柞丝。明清时期，随着放养技术的成熟，山东柞蚕业生产愈加繁盛，其盛况在文献中时有记载，较生动有如《山蚕说》所云："野蚕成茧，昔人谓之上瑞，今乃东齐山谷，在在有之……弥山遍谷，一望蚕丛。"清以前，除山东外，柞蚕在其他各地虽也可见，但大规模的人工放养是在清初开始的，当时东北三省、陕西、河南、安徽、贵州等地先后从山东引进良种放养。

辽宁凌源在公元 1125 年便已有柞蚕生产，据《塔子沟记略》记载：先是山东人"携带蚕种出口试养，以后人争放养者众"①。东北的盖平、海城等地，则是从乾隆至嘉庆年间（1736 ~ 1820）开始大规模柞蚕生产的。

贵州是放养规模较大、较有成效的省份之一，这与贵州多山地以及盛产柞、槲、栎、青枫等树的自然条件是分不开的。

遵义府和正安州均是在乾隆年间开始放养柞蚕的，道光《遵义府志》记载："乾隆七年春（1742），知府陈玉璧，始以山东槲蚕蚕于遵义。玉璧山东历城人，乾隆三年（1738）来守遵义，日夕思所以利民，……郡故多槲树，从不中屋材，薪炭而外，无所于取。玉璧循行往来见之，曰：此青（州），莱（州）茧树也，吾得以富吾民矣。乾隆四年（1739）冬，遣人归历城，售山蚕种，兼以蚕师来。至沅湘间，蛹出，不克就，志益力。乾隆六年（1741）冬，复遣归售种，且以织师来，期岁前例，蛹不得出。明年，布子于郡治侧面小丘上，春，蚕大获。（尝闻乡老言，陈公之遣人归售山蚕种者，凡三往返。其再也，既于治侧西小丘获春蚕，分之附熟之民为秋种。秋阳烈，民不知避，成茧十无一二。次年烘种，乡人又不谙薪蒸之宜、火侯之微烈，蚕未茧皆病发；竞断种。复遣人之历城，侯茧成，多致之。事事亲酌之，白其利病，蚕则大熟，乃遣蚕师四人，分散四乡。收蚕既多，又于城东三里许白里坝，诛茅筑庐，命织师二人教人缫煮络导牵织之事，公余亲往视之。有不解，口讲指画，虽风雨不倦。……今遗址尚存，邑之人过其他，莫不思念其德，流连不能去。）遂谕村里，教以放养缫织之法，令转相教告，授以种，给以工作之资，经纬之具，民争趋若取异宝，（皆乾隆七年事）。乾隆八年秋，会报民间所获，茧至 800 万（是年，蚕师织师之徒能蚕织者各数十人，皆能自教其乡里。而陈公即以冬间

① 陈炳应，中国少数民族科学技术史丛书·纺织卷，广西科学技术出版社，1996 年，第 431 页。

致政归，挽送者出贵州境不绝，莫不泣下也，惟蚕师织师仍留）。自是郡善养蚕，迄今几百年矣。纺织之声相闻，槲林之阴谜道路，邻叟村媪相遇，惟絮话春丝几何，秋丝几何，子孙养织之善否？”至道光年间，遵义地区靠发展柞蚕丝织业成为全省最富裕的地方，其柞蚕丝织业不仅规模大、产量多，而且织制的“遵绸”享誉各省，凡“土著裨贩走都会，十十五五骈坒而立贻，遵绸之名，竞与吴绫、蜀锦争价于中州，远徼界绝不邻之区”。刘汝璆《种桑议》记载：“乾隆初，嘉兴徐君阶平官贵州正安州吏目，悯其地瘠民贫，无以谋生。偶见橡树中野蚕成茧，自以携来织具，织成绸匹，令民制织具，而令其妻教之，其地遂成市集，大获其利。至今所谓川绸者，皆从贵州而来，土人名曰徐婆绸。”① 安顺地区受遵义府、正安州的影响，在道光年间也开展了大规模的柞蚕生产活动。据咸丰《安顺府志》记载：“道光四年九月，奉各宪扎，饬捐买橡子，趋民领种，并禁伐橡树。道光五年，招遵义匠人数人，教民饲蚕。……道光六年春，蚕大熟，而民未知织，因招商开设机房，……以教民织。道光七年，蚕复大熟，民亦踊跃，……六乡之领种橡子、橡秧者，亦有数十处。从此种橡益多，放蚕益广。”

(2)樗蚕。樗蚕又名“椿蚕”，食臭椿叶，幼虫体绿色，体表有白色黏粉，成虫色灰白，肉瘤发达。樗蚕茧呈灰褐色，头端有茧柄，不封口。樗蚕原产鲁东南，后广为分布，与柞蚕同样可以春秋二季放养。根据《尔雅·释虫》：“雠虫樗茧”的记载，可知樗蚕丝的利用是相当早的。由于樗蚕食臭椿的叶子，其丝有种特殊的气味，用这种丝织成的椿绸，虫不愿蛀食，经久耐用。

(3)樟蚕。樟蚕又名“天蚕”，幼虫黄绿色，成虫赤黑，虫龄期间蜕皮 7 次，80 天左右老熟，以食樟叶为主，也食栗、白杨、枫等树的叶子，原产华南地区。樟蚕丝上丝胶含量高，不能用一般的缫丝方法制取，而是采用醋浸的方式引丝。南宋《岭外代答》说：樟蚕老熟时，腹部透明似成熟的家蚕，采摘下来以醋浸之或熏之后，剖开蚕腹就醋中引出丝来，一蚕可得丝六七尺。《广东新语》说：“天蚕出阳江，其食心樟枫叶，岁三月熟，醋浸之，抽丝长七八尺，色如金，坚韧异常，以作蒲葵扇缘，名天蚕丝。也有成茧者，大于家蚕数倍。”

(4)棘蚕。棘蚕有生棘树上的，也有生酸枣树上的，在不同树上生长的棘蚕，体形大小有差异，但其茧形均与樗蚕茧相近。《尔雅·释虫》中曾提及四种野蚕，棘蚕是其中之一。

(5)萧蚕。萧蚕是一种食萧叶的野蚕，又名蚢蚕。《玉篇》说：“蚢蚕类，食蒿叶。”又说：“萧，香蒿也。”可见蒿就是萧。蒿叶在桑叶短缺时也用来喂桑蚕。

(6)栾蚕。生栾树上。

樗、棘、栾三蚕，在汉以前统称“雠由”，与萧蚕俱见于《尔雅·释虫》，除樗蚕外，棘、栾二蚕，在汉以后的利用情况，均不见记载。

除上述外，还有不少食其他树叶的野蚕，如椒蚕、柳蚕、榆蚕、山蚕等，不过很多野蚕因其经济价值低，仅是在某一特定时期或某一地区被少量利用过。

三　蚕茧的初加工

蚕茧采下后要经过选茧、剥茧、杀蛹、储藏等初加工过程。初加工直接关系到缫丝质量，中国古代历来十分重视蚕茧的初加工。

---

① 皇朝经世文续编，卷三十五。

(一)选茧和剥茧

选茧是将烂茧、霉茧、残茧等质量不佳的茧剔除,并按照茧形、茧色等不同类型分茧。剥茧是将蚕茧外层表面不适于织作的松乱茧衣剥掉,使茧壳完整地裸露出来,以便缫丝时索绪。我国至迟在商周即已开始有目的地选茧,如《礼记·祭义》中有“岁既单矣,世妇卒蚕,奉茧以示于君,遂献茧于夫人。夫人曰:此所以为君服与……服既成,君服以祀先王”的记载,《礼记·月令》中有“分茧称丝效功,以供郊庙之服”的记载。献茧备礼,必择其精;分茧称丝,必求达标,表明当时已了解茧质与丝质的关系以及选茧的必要性。秦汉以后对选茧分类更加重视,并逐渐观察总结出次茧的种类、成因以及用法。“有误食热叶及嘴伤,萦丝宽慢,其茧软而松者,是谓绵茧;有蛆生蚕腹,茧成穿穴而出者,是为蛆钻茧;有老不化蛹,毙殊茧内,秽汁浸润者,是为映头茧;有薄绪缠身,赤蛹外露者,是为凹赤茧;有山火太旺,匆遽吐丝,不及周遍环绕,其茧一头穿破者,是为穿头茧;有粘帘附帚,结成深印者,是为草凹茧;有蚕溺沾染,渍成黄瘢者,是为尿绪茧;有上山太稠,或二蚕,或三蚕、四蚕共成一茧者,是为同宫茧。”① 缫丝前,须将光润而坚洁者挑选在一起,以制作细丝;粗糙而浮松者挑选在一起,以制作粗丝;最不好的茧挑选在一起,以制作绵。如果将好茧入粗茧之中,不但制作不出精细之丝,很有可能连好茧亦成绵筋,这样是不能多抽丝的②。

(二)杀蛹储茧

茧采下后如不及时缫丝,茧中蚕蛹便会化为蛾,咬破蚕茧,造成残茧。杀蛹的目的就是为了防止蚕蛹破茧出蛾,以延迟缫丝时间或长期贮备。为延缓缫丝时间,最初采取的手段是把茧薄摊于阴凉处,靠略低的温度,推迟出蛾期。此手段只能推迟一二天,所以在未掌握好的杀蛹方法之前,从落茧到缫丝的一段时间劳动强度是相当大的。从《礼记·月令》:“季春三月,蚕事既登,分茧称丝效功,无有敢惰”的记载,我们也可想见这段时间紧张忙碌的景况。秦汉以后,随着各种杀蛹方法的出现,这种被动忙碌的现象才得以改变。古代常用的杀蛹方法有:

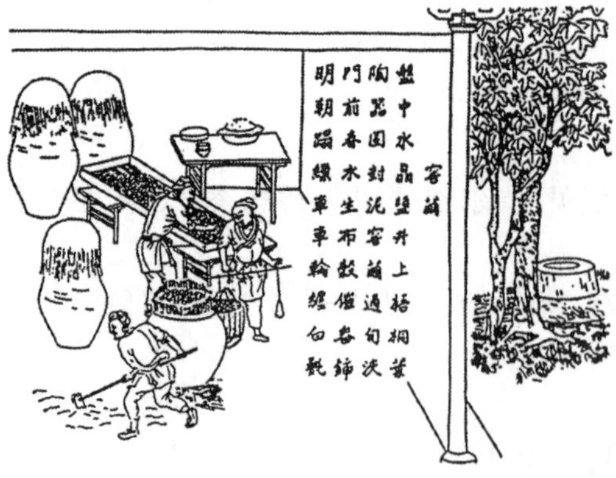

图 4-9　楼璹《耕织图》中的盐贮腌茧图

(1)晒茧。晒茧杀蛹是把蚕茧摊于席上,置于烈日中,连晒几日,每日三翻其茧,把蛹晒死,以茧干蛹枯为度。此法虽对丝质有所损伤,但因操作简便,成本低,自出现起一直被沿用下来。

(2)腌茧。腌茧是用盐腌杀蚕蛹,最早的记载见《唐本草》引陶宏景云:“凡藏茧,必用盐官盐”这段话。其后不久,贾思勰《齐民要术》卷 5 中便有了腌茧杀蛹和晒茧杀蛹的评论,“用盐杀茧,易缫而丝肕;日曝死者,虽白而薄脆。缣练衣著,几将倍矣,甚者虚失岁功,坚脆悬绝,资生要理,安可不知哉。”可见当时杀蛹普

① 高铨,吴兴蚕书,引自《中国古代养蚕技术史料选编》,农业出版社,1985 年。

② 沈练,蚕桑说,引自《中国古代养蚕技术史料选编》,农业出版社,1985 年。

遍采用的是晒茧和腌茧二种方法,也可知晒茧的出现时间当在腌茧之前。茧壳曝晒后,茧丝中的蛋白质经日光紫外线的长时间照射,不可避免地受到一定程度的损坏,而盐腌是靠卤汁渗透到茧中杀蛹,茧丝的蛋白质没有遭到损坏,所以盐腌茧比之日晒茧所出之丝强力要好。贾思勰显然不知道这个原理,却又客观地评述了这一现象,亦说明贾思勰之前很早腌茧和晒茧即已被采用。唐宋年间,因腌茧用盐量太大,以至这期间朝廷颁布的盐法中,均有“茧盐”的名称,而且据《五代史补考》云:有“乡人之户,所请茧盐,只得用裛茧(裛,渍也)”,不得移作他用的规定。腌茧的具体内容在陈旉《农书》卷下中有较为详尽的介绍:“藏茧之法,先晒令燥,埋大瓮地上。瓮中先铺以竹簀,次以大桐叶覆之,乃铺茧一重。以十斤为率,掺盐二两。上又以桐叶平铺,如此重重隔之,以至满瓮,然后密盖,以泥封之。七日之后,出而缫之。”(图 4-9)

(3)蒸茧。蒸茧出现在元代,其法及操作过程据《农桑辑要》卷4引《韩氏直说》云:“蒸馏之法,用笼二扇,用软草扎一圈,加于釜口。以笼两扇坐于上。其笼不论大小,笼内均铺茧,厚三、四指许。频于茧上以手背试之,如手不禁热,可取去底扇,却续添一扇在上。亦不要蒸得过了,过了则软了丝头;亦不要蒸得不及,不及则蛾必乱。如手背不禁热,恰得合宜,于蚕房槌箔上,从头合笼,内茧在上,用手微拨动。如箔上茧满,打起更摊一箔,候冷定,上用细柳梢微覆了。其茧只于当日都要蒸尽,如茧不尽,来日必定蛾出。”如果茧少可不必用笼,只用大竹筛一个,铺茧于内,亦厚四指许。茧上放一鲜椿叶,以布单覆筛,安锅上,蒸至椿叶变色为度,取下摊凉[①]。蒸茧比之日晒、盐腌,无损伤茧丝之虑,故王祯《农书》引《农桑直说》云:“杀茧法有三:一曰晒,二曰盐浥,三曰笼蒸。笼蒸最好。”不过蒸茧要受气候条件限制,最好在天气晴朗之日进行,因为蚕茧蒸后较湿,须及时晾干,如在连日阴雨天进行,蚕茧有发热丝腐之患(图 4-10)。

图 4-10　王祯《农书》蒸茧图

(4)烘茧。用火力烘茧或焙茧出现在清代,其法“无定所,其灶以瓦砌居多,取移徙活便也”[②]。可将茧放入一竹笼中,置于炭火上烘;亦可将放茧的蚕箔直接架在炭火上烘;亦可砌一炕床,放茧于内,炕外生火烘烤。烘茧“既无湿热之患,且无焦枯之虞。则蒸茧当防阴雨,不过十之九得,烘茧不论阴晴,直可万无一失。但窝内必用无烟之火”[③]。所以自清中叶以来,烘茧杀蛹取代了腌茧、蒸茧等法,被全国各地广泛采用,直至大规模的机械烘茧为止。

第二节　植物茎皮纤维的种类及初加工技术

我国在新石器时代时期,就已经能够利用比较容易采集到的各种野生植物的茎皮纤维,制作原始的绳索和织品。通过长期的考古发掘,现在仍能看到这些原始纺织品的痕迹。1975 年考古工作者曾在浙江余姚县河姆渡发现一处六千年以前规模相当大的新石器时代文化遗址,从此遗址发掘出土的各种文物中就有绳头和草绳,虽然制作绳头及草绳的某些植物纤维均已碳化,无法详细鉴定其科属,但可以肯定与后世习用的一些纤维不同,显然是

① 杨屾,豳风广义,农业出版社,1957 年。

② 姚绍书,南海蚕业报告,引自《中国古代养蚕技术史料选编》,农业出版社,1985 年。

③ 陈光熙,蚕桑实济,引自《中国古代养蚕技术史料选编》,农业出版社,1985 年。

用就地采集的某些野生植物纤维经简单加工制成的[①]。后来,随着时间的推移,由于农业技术的进步和人们对织品质量要求的提高,产生了对野生植物纤维的原始优选和人工种植的倾向,人们开始对各种原始植物纤维进行鉴别取舍,逐步选用或种植出其中少数优良品种,作为主要的纺织原料。

一　植物茎皮纤维的种类和利用史

古代曾用于纺织的植物茎皮纤维品种繁多,主流纤维有大麻、苎麻、苘麻、葛、亚麻、黄麻、蕉麻、菅、蒯、楮、薛等多种。其中利用大麻、苎麻、葛的历史最为悠久,且用量最大,即使在棉花取代丝、麻成为主要纺织原料后,种植仍很普遍;蕉麻、苘麻用量较小;黄麻、亚麻利用较晚;菅、蒯、楮、薛则只是一种非主流用料。

(一)大麻

大麻又称火麻、疏麻、浅麻等,属于桑科雌雄异株的一年生草本植物。雌株花序呈球状或短穗状,麻茎粗壮,成熟较晚,韧皮纤维质劣且产量低;雄株花序呈复总状,麻茎细长,成熟较早,韧皮纤维质佳且产量高;麻子含有一定的油量,可以食用。大麻单纤维长度约 150 ~ 255 毫米,强力约 42 克,呈淡灰黄色,质虽坚韧,但粗硬、弹性差、不易上色,只能纺粗布。大麻在我国绝大部分地区都有分布。

大麻的利用史是相当早的,河南郑州大河村公元前 3000 多年遗址出土的大麻种籽[②] 以及甘肃东乡林家公元前 3000 年左右马家窑文化马家窑类型遗址 8 号房址出土的雌麻种籽[③],证明当时可能已经人工种植大麻。

夏商周时期,大麻纤维是用量最多的植物纤维之一,它的人工种植非常普遍,政府还专门设有一“典枲”的官吏负责大麻生产。从《诗经》中《豳风·鸱鸮》:“丘中有麻”,《豳风·东山》“艺麻如之何?衡从其亩”的记载,可知当时种麻是纵横成行的;从《诗经》、《禹贡》、《周礼》等书中将大麻雌株称为“苴”、“萁”、“莩”,雄株称为“枲”、“牡麻”,常用质量差的雌麻纤维织较粗的布,用质量好的雄麻纤维织较细的布,可知当时对大麻的雌雄异株现象、雌雄纤维的纺织性能、麻籽的功用都有了较深的认识。出土的这时期实物较多,河南安阳殷墟、洛阳东郊摆驾路和下谣村殷墓、河北藁城台西村商代遗址[④]、福建崇安武夷山白岩崖商代崖洞墓船棺中[⑤] 均有大麻布出土。

因为大麻的种植、加工比葛藤简便得多,产量也大,商周及其后的很长时间,大麻纤维一直是需求量最多的纺织纤维。秦汉时,种植大麻的地区遍及大江南北,其时除中原外,湖南、四川、蒙古、新疆等地也都有种植,种麻已是众多农户必不可少的农业生产之一。种麻的收入甚至可和种桑媲美,故《史记·货殖列传》有:“齐鲁千亩桑麻,皆与千户侯等”的说法。大面积的种

---

① 陈维稷,中国纺织科学技术史,科学出版社,1984 年,第 7 页。

② 郑州市博物馆,郑州大河村遗址发掘报告,考古学报,1979(3):301 ~ 376。

③ 西北师范学院植物研究所、甘肃省博物馆,甘肃东乡林家马家窑文化遗址出土的稷和大麻,考古,1984(7):654 ~ 655。

④ 河北省文物研究所,藁城台西村商代遗址,文物出版社,1977 年。

⑤ 福建省博物馆,崇安县博物馆,福建崇安武夷山白岩崖洞墓清理简报,文物,1980(6)。

植和利用,使人们对麻皮质量的优劣与种植技术的关系有了较深的认识,汉代《氾胜之书》对大麻的下种时间作了总结,即农历2~3月间选择阴雨天气的傍晚下种较为适宜,不能太早,也不能太晚,太早"(枲)刚强厚皮多节",太晚"则皮不坚";并强调指出:"宁失于早,不失于晚。"这个总结是非常科学的,因为农历2~3月时早晚温度大致在0~15度之间,而大麻种子的适宜发芽温度是1~3度,幼苗的适宜生长温度是8~10度,选择这个季节土地湿润的阴雨天傍晚下种,正好符合种子最宜发芽、幼苗发育良好的条件。下种早,韧皮粗厚多节脱胶困难,但可采取提前收割的补救办法;下种晚,韧皮不够成熟,纤维质量不佳,损失不可挽回。汉代所产大麻纤维质量是相当高的,湖南长沙马王堆一号汉墓出土的大麻布,经检验分析,大麻纤维的投影宽度为22微米,其截面面积为153平方微米,断裂强度为4克强,断裂伸长为7%弱。以上各项指标,除断裂强度外,均接近现代大麻纤维的性能[①]。

图4-11 大麻

魏晋南北朝时,大麻种植更盛,据《魏书·食货志》记载,用大麻充税的州郡县约40个,其中用大麻布充税的整州有18个。当时军队用的服装大部分都是用大麻布制成,据《晋书·苏峻传》记载,一次苏峻举兵攻入皇城,发现仅官库所存麻布就达20万匹。这时期随着全国大麻种植量的增多,大麻布的价格骤降,南朝宋初,一匹普通布值1000多钱,到南朝齐时,一匹好布也就值100多钱了。此时植麻技术进一步成熟,贾思勰在《齐民要术》卷2中明确指出:播种前要根据种子的颜色来挑选未来植株雌雄,应选种"白麻子"的雄株;选地应选肥沃的"良田",若种"薄地"则要施肥;种子用量,良田每亩3升,薄田每亩2升,撒种应疏密适当;下种时间为"夏至前十日为上时,至日为中时,至后十日为下时";收割应是"勃如灰便刈",即授粉作用之后收刈。

隋唐时,大麻生产能力愈来愈大,全国每年可征收大麻布几十万匹,而且因掌握了鉴别麻皮质量的新方法,质量也较以前有了很大提高。其法是"疏节而色阳,坚枲而小本"者必是好麻;"蕃柯短茎,崖节而叶虫"者则是失时之麻。新疆曾出土过一块上写有"泮州慈利县调布"字样的唐代大麻布,经检验分析,其纤维投影宽度为17微米,纤维截面积为98平方微米,支数为6891公支,断裂强度为12克弱,断裂伸长为2%强[②]。能分离提取出如此高质量的麻纤维,也说明当时麻纺织技术水平是相当高的。

宋元之后,棉花在全国普及,大麻产量虽逐年减少,但中原和东南各省的一些地区仍以其为主要种植的纺织原料,如明代福建的莆田、惠安、泉州,清代广东的鹤山县、四川的荣邑县等。

(二)苎麻

苎麻是我国特有的属于荨麻科的多年生草本植物,茎直立,高可达七尺,叶子互生,呈卵圆形状,叶底遍生白绒毛,夏秋间开淡绿色小花,单性,雌雄同株,喜生长于比较温暖和雨量充沛的山坡、阴湿地、山沟等处,主要分布于南方各地和黄河流域中下游地区。苎麻茎皮纤维细长坚韧,平滑而有光泽,拉力、耐热力、吸湿性、散热性以及上染牢度均佳,是古代主要的纺织原料之一。苎麻纤维织成的布有质轻、凉爽、挺括、不粘身、透气性好等特点,是深受人们欢迎的夏

① 上海纺织科学研究院等,长沙马王堆一号汉墓,文物出版社,1973年。

② 陈维稷,中国纺织技术史(古代部分),科学出版社,1984年,第131页。

图 4-12 苎麻

季衣着用料。河姆渡出土的完整的苎麻叶和苎麻绳①,钱山漾出土的苎麻织物残片②,表明我国四五千年前即已使用苎麻。商周至秦汉期间,苎麻的种植使用虽不如大麻广泛,但在长江流域和黄河流域都可看到它的踪迹,是当时最主要的植物纺织原料之一。《禹贡》、《周礼》、《诗经》、《礼记》、《左传》、《淮南子》、《战国策》、《汉书》、《后汉书》等古籍,都有苎麻的种植、加工及苎麻布的记载。这时期的苎麻织品已制织得非常精致,有的甚至可与丝绸媲美。《禹贡》、《周礼》记载,苎麻布是豫州贡品之一③,《左传》记载,吴国、郑国的重臣曾互以国之特产纻衣和丝缟相赠④。福建商代武夷山船棺中、陕西宝鸡西周墓中,长沙战国楚墓中、河北战国中山国墓中、长沙马王堆汉墓中都有些苎麻布出土,其中有的苎织品之精细可与现代棉布相比。像长沙战国墓出土的苎织品,经密为每厘米 28 根,纬密为每厘米 24 根,比 15 升布还细密⑤;长沙马王堆汉墓出土的苎织品,纤维的各项指标甚至与现代苎麻纤维相差不大⑥。东汉期间,苎麻的种植加工技术还传播到云南、广西一些偏僻山区。《后汉书·西南夷传》所记云南哀牢山区(今云南宝山一带)的少数民族,织制的似绫锦的“蓝干细布”,即是用苎麻纤维为原料。

秦汉以后,因黄河流域的自然条件不是特别适合种植苎麻,苎麻的种植和生产逐渐分布在长江流域及其以南地区。唐代文献所记的苎产地皆在这一范围,可以为证,如《唐六典》卷 2 记载,唐代纻产地分 11 等:一等,复州;二等,常州;三等,扬州、湖州、沔州;四等,苏州、越州、杭州、蕲州、庐州;五等,衢州、饶州、洪州、婺州;六等,郢州、江州;七等,台州、括州、抚州、睦州、歙州、虔州、吉州、温州;八等,泉州、建州、闽州、袁州。

唐代的苎麻加工技术是相当高的,新疆吐鲁番阿斯塔那墓葬中曾出土过二块唐代“婺州兰溪县脚布”和“宣州溧阳县调布”字样的苎麻布,经检验分析,其纤维的各项指标除断裂伸长外,纤维投影宽度、截面面积、支数与现代苎麻纤维相差不大,有的指标甚至好于现代苎麻纤维(见表)⑦。

试验样品	纤维投影宽度(微米)	纤维截面面积(微米)	支　数(公支)	断裂强度		断裂伸长(%)
				(克/旦)	不匀率(%)	
出土　兰溪布	22.43	352.59	1878	3.58	-	2.24
出土　溧阳布	28.67	295.96	2238	4.35	-	2.38
现代苎麻	27.00	345.25	1918	5.08	40.74	7.08

宋代以苎布纳贡的地方有:房州、郢州、信阳、湖州、常州、建州、扬州、蕲州、楚州、和州、黄州、宁国府、赣州、去州、袁州、瑞州、兴国、南安、江陵、德安、岳州、归州、靖州、泉州、道州、邵武、

① 浙江省文物管理委员会,浙江省博物馆,河姆渡遗址第一期发掘报告,考古学报,1978(1)。
② 浙江省文物管理委员会,吴兴钱山漾遗址第一、二次发掘报告,考古学报,1960(2)。
③ 《禹贡》:“豫州贡纻”。《周礼·天官冢宰下》:“典枲,掌布、缌、缕、纻之麻草之物,以待颁功而受齎。”
④ 《春秋左传襄公二十九年》载:“吴季扎聘于郑,见子产,如旧相识,与之缟带赠子产,子产献纻衣为报”。
⑤ 中国科学院考古研究所,长沙发掘报告,科学出版社,1957 年。
⑥ 长沙马王堆一号汉墓出土纺织品研究,文物出版社,1980 年。
⑦ 陈维稷,中国纺织科学技术史(古代部分),1984 年,第 132 页。

成都、绵州、蓬州、开州、英德。其中以广西地区苎织业最盛,《岭外代答》卷6记载:广西处处种植苎麻,处处善织布,所产的柳布、象布,“商人贸迁而闻于四方者也”。

南宋以后,随着棉花在全国的广为种植,苎麻生产开始逐渐萎缩,但由于苎麻吸湿放湿的天然优良特性是棉花所不及,故而在浙江、安徽、江西、广西、广东、福建、湖南等省的部分地区仍有大量种植,以作为织造盛夏时穿用的凉爽型织物的原料。

(三)葛藤

葛藤属豆科藤本植物,枝长可达8米,其茎皮中含有约40%的纤维,纤维长5~12毫米。我国很多地区都有葛藤生长,它的茎皮纤维是古代最早采用的大宗纺织原材料之一,其利用史可追溯到新石器时代晚期。《韩非子·五蠹》中有关于传说中远古时代部落联盟首领尧“冬日麑裘,夏日葛衣”的记载,《史记·五帝本纪》中“尧乃赐舜絺衣”的记载,《史记·夏本纪》中青州“厥贡盐、絺”的记载,说明葛织物在当时是一种比较高级的衣料。(絺就是细葛布。)1972年江苏吴县草鞋山遗址出土的葛织物残片,印证了这时期确已使用葛纤维这一事实①。商周时葛的利用非常普遍,所用葛纤维有野生的,也有人工种植的。《诗经》中谈及葛的地方有40多处,如“彼采葛兮”是说采集野葛,“葛之覃兮,施于中谷”是说将葛的种子撒在山谷中加以种植。周代还专门设立一“掌葛”的官吏负责管理葛的收集和纺织,《周礼·地官》记载:掌葛“掌以时徵絺、绤之材于山农,凡葛征徵草贡之材于泽民。”春秋战国时期,葛的种植及利用达到鼎盛。《越绝书·越绝外传记·越地传第十》有人工种植葛的明确记载:“葛山者,勾践罢吴,种葛。使越女织治葛布,献于吴王夫差,去县七里。”《吴越春秋》卷五则有大规模采集野葛的记载:“越王曰:吴王好服之离体。吾欲采葛,使女工织细布,献之,以求吴王之心,于子如何?群臣曰:善。乃使国中男女入山采葛,以作黄丝之布。……越王乃使大夫种索葛布十万。”动用国中男女,织出葛布十万,说明当时葛的生产规模是相当大的。

图4-13 葛藤

秦汉以来,因葛藤生长慢,产量低,种植、加工也比麻费时,葛藤的种植利用开始逐渐减少。据文献记载,汉代除南方外,黄河中、下游的豫州和青州还有葛的生产。而到唐代,葛织品已是非主流织物,在《唐六典》卷2中规定的绢、布分等名目中甚至未将葛织品列入其中,葛的生产只是局限在淮南道、江南道、剑南道的一些偏僻山区。葛的衰落在一些文学作品中也得到反映。李白《黄葛》诗:“黄葛生洛溪,……采缉作絺绤,……此物虽过时,是妾手中迹。”鲍溶《采葛行》诗:“春溪几回葛花黄,黄麝引子山山香。蛮女不惜手足损,钩刀一一牵柔长。葛丝茸茸春雪体,深涧择泉清处洗。殷勤十指吐蚕丝,当窗嫋嫋声高起。织成一尺无一两,贡进天子五月衣。”宋代以葛纳贡的地方有随州、平江、寿州、光州、吉州、抚州、潭州、永州、全州、泉州、兴化、富顺、重庆府,地方虽然不少,但规模和产量可能都不大。明清时期,葛的生产则只剩广东、福建、海南沿海的一些地区。

① 南京博物院,江苏吴县草鞋山遗址,文物资料丛刊,1980(3)。

(四)苘麻

苘麻是一年生草本植物,茎皮多纤维,叶子大,密生柔毛,麻质略粗,属重要纤维植物之一,产于我国的大部分地区。在河姆渡出土的绳索中,发现有用苘麻纤维搓制的,经分析,其纤维截面呈多角形,与现在的苘麻完全相同①。河姆渡的发现,说明苘麻是我国最早利用和人工培育的纤维原料之一。苘麻纤维的纺织性能虽不佳,但它除可制作绳索外也可制织成布。其布在春秋以前多作为丧服或下层劳动者服装用料。秦汉以来,苘麻不再用于衣着,而只被用来制作包装用布及绳索、雨披等物。南宋时,罗愿在《尔雅翼》卷8中对出现在历代文献中的苘麻的各种名称作了概括:"檾、蹟、苘、颍,一物也。""檾,枲属,高四五尺或六七尺,叶似苎而薄,实如大麻子。今人绩以为布及造绳索。"元代时,王祯在《农书·农器图谱》中对苘麻的用法作了总结:"(苘麻)可织为毯被及作汲绠牛索,或作牛衣、雨衣、草履等具。农家岁岁不可无者。"

图4-14　苘麻

(五)蕉麻

蕉麻是指我国南方生长的属芭蕉科多年生的蕉类植物。一些种类蕉的茎中含有可纺纤维,有纺织价值,如芭蕉(图4-15)和甘蕉(图4-16),我国古代曾用它们绩纺成布,统称蕉布。文献记载表明,广东、广西一带利用蕉的茎皮纤维纺织的历史,至迟在汉代即已开始。东汉《异物志》记载:"茎如芋,取濩而煮之,则如丝,可纺绩……则今交阯葛也。"《南方草木状》卷上记载:"甘蕉,望之如树,株大者一围余,叶长一丈,或七八尺,广尺余、二尺许,花大如酒杯,形、色如芙蓉,著茎末百余子,大,名为房,相连累,甜美,亦可蜜藏……一名巴蕉,或曰巴苴,……其茎解散丝,以灰练之,可纺绩为絺绤,谓之蕉葛,虽脆而好,黄白,不如葛赤色也,交、广俱有之。"类似的记载在三国《南州异物志》、晋朝《广志》中也可看到。从唐代起,各蕉布产区每年都要以蕉布作为土贡,献给朝廷,这种作法一直延续到元代才因棉花的普及而停止。蕉布的传统产区有广东、广西、福建等地,其中以广西所产最为有名,《岭外代答》说:广西蕉布"细者,一匹值钱数缗"。《古今图书集成》说:广西蕉布"细者匀滑莹洁,几于蕲葛相埒"。高质量的蕉布织品相当精美,故而白居易有:"蕉叶题诗咏,蕉丝著服轻"的诗句,宋应星有:"取芭蕉皮绎之,轻细之甚"的赞叹。

(六)黄麻

黄麻原产于亚洲东南部,系一年生草本植物,其茎高达2~5米,茎皮纤维与大麻相似,属束状纤维。新疆吐鲁番阿斯塔那墓曾出土过一块写有"梁州都督府调布"字样的粗麻布,经分析鉴定,其原料即是黄麻纤维②,这是迄今为止能见到的最早黄麻实物,它的出土表明我国至迟在唐代就已种植和利用黄麻了。遗憾的是利用黄麻纺织的文献记载,现尚未发现宋以前的,最早的是宋《重修政和证类本草》卷24引《图经本草》所载的一种被视为胡麻的麻:"皮亦可用

①,②陈维稷,中国纺织科学技术史(古代部分),科学出版社,1984年,第8,35页。

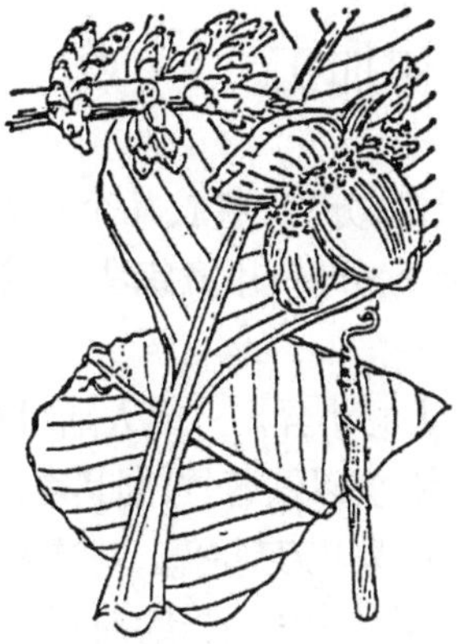

图 4-15　芭蕉

图 4-16　甘蕉

作布，类大麻，色黄而脆，俗谓之黄麻。”黄麻纤维的强力、弹性均不如大麻，绩成的布服用性不是很好，多被用来作包装用的麻布或麻袋；除此以外黄麻纤维还被广泛用于制绳和造纸，清代张宗法《三农记》卷 12 说：“黄麻，剥其皮可绩布，可为绳索，造履甚良，制纸亦佳。”

图 4-17　黄麻

图 4-18　亚麻

(七)亚麻

亚麻属亚麻科亚麻属一年生草本植物，其茎长 2～5 尺，细而柔韧，被有蜡质。亚麻按用途可分为纤维用、油用和兼用三种。我国何时开始利用亚麻纺织，现尚不清楚。直到清代，《三农记》等书才明确记载亚麻“皮可绩布”。

(八)菅和蒯

菅是多年生草本植物，叶子长而尖，植株高可达 3 米。蒯也是多年生草本植物，生长在水边或阴湿的地方。据《诗经·陈风》“东门之池，可以沤菅”，《左传》“虽有丝麻，无弃菅蒯”和陆玑《诗疏》“菅似茅，滑泽无毛肋，宜为索，沤及曝尤善”的记载来看，古代的某个时期，无疑曾将它们的纤维作为纺织用料。

二　植物茎皮纤维的初加工

从植物的茎皮中加工制取可纺纤维，需经过剥皮、刮青、分劈、脱胶几个过程，具体工艺顺序视脱胶形式而定，用沤渍法，一般是先脱胶，再剥皮、刮青、分劈；用煮练法，一般是先剥皮、刮青，然后脱胶，再后分劈。

不同植物(如大麻、苎麻、葛藤)的剥皮、刮青、分劈方法大同小异。三国人陆玑在《毛诗草木鸟兽虫鱼疏》中对剥皮、刮青的方法作过介绍，刈割之后“便生剥之，以铁若竹，刮其表，厚皮自脱，但得其里韧如筋者，鬻之用缉”或“用竹刀或铁刀，从梢分开剥下皮，即以刀刮白瓤，其浮上皱皮自脱，得其里如筋者煮之。若冬月刮麻，用温水润湿，易于分劈”。王祯《农书·农器图谱》对剥、刮麻皮的技术和工具也作过特别介绍：“刮苎刀，刮苎皮刃也，锻铁为之，长三寸许。开成槽内插短柄，两刃向上，以钝为用。仰置手中，将所剥苎皮横覆刃上。以大指就按刮之，苎肤自蜕。”分劈则是用手将植物的茎皮或经过脱胶的纤维束，劈成尽可能细的纤维条，以供纺纱之用。

植物韧皮是由纤维素、木质素、胶质及其他一些杂质组成。纺纱前须将可纺纤维与布满它周围的胶质等杂质分离并提取出来，这种分离和提取纤维的过程，即是现代纺织工艺中的“脱胶”。古代分离、提取纤维的方法，根据其经过的历程看，大致分三个阶段：最早采用的是直接剥取不脱胶的方法；随后采用的是沤渍法；再后又出现了煮练法和灰治法。

(一)直接剥取法

用手或器物剥落植物枝茎的表皮，揭取出韧皮纤维，粗略整理，不脱胶，直接利用的方法。这是被用于加工植物纤维的最早方法，后来因此法制取的纤维，粗脆易断，便很少被采用了。河姆渡出土的部分绳头，经显微镜观察，发现所用纤维均呈片状，没有脱胶痕迹，可能就是利用这种方法制取的。

(二)沤渍法

将植物茎皮放入水中，通过一段时间的沤渍，使纤维呈束状裸露出来的方法。其原理是茎皮在水中浸泡过程中，分解出各种碳水化合物，这些碳水化合物成为水中一些微生物生长繁殖的养分，而微生物在生长繁殖过程中又分泌出大量生物酶，逐步地将结构远比纤维素松散的半纤维素和胶质分解掉一部分，使纤维呈束状显露和分离出来[①]。这是古代制取植物纤维一直广泛沿用的方法。沤渍一般是在沤池中进行(图4-19)。

图4-19　王祯《农书》所载沤池

沤渍法出现时间很早，可追溯到新石器时代，当时人们从倒伏在低洼潮湿地方的植物自然腐烂中得到启示，开始了有意识地采用人工沤渍植物制取纤维。浙江钱山漾出土的苎麻布的纤维，在显微镜下观察，有明显的脱胶痕迹，说明纤维很可能是经过沤渍的。商周时期，人工沤渍制取植物纤维已是最普遍的手段。其时对于利用“沤”来脱落植物茎皮中杂质的认识，具

① 陈维稷，中国纺织科学技术史(古代部分)，科学出版社，1984年，第137页。

有了一定水准。《诗经·陈风》中:"东门之池,可以沤麻"、"东门之池,可以沤苎"、"东门之池,可以沤菅"的记载,显然是有关沤渍的长期实践经验的总结。在阳光照射下,流动缓慢的东门池水,温度较高,水中微生物繁殖快,吸收了大量沤在水中的植物胶质,促进了植物纤维的分解。另外,各种植物纤维的长度及胶质的含量均不相同,采用的沤渍时间自然亦是不同,《诗经》将麻、苎、菅的沤渍分开描述,可见当时已经掌握不同纤维的沤渍时间和脱胶效果之间的关系。战国以后,为提高脱胶质量,人们对沤渍季节、沤渍用水以及沤渍时间,作出了很多科学总结。

关于沤渍季节,西汉《氾胜之书》曾明确指出:"夏至后二十日沤枲,枲和如丝。"这是十分值得称道的论断。因为此时温度高,水中微生物繁殖多,加速了生物酶的分泌,便于分解纤维上的胶质和半纤维素,加工出的纤维也十分柔韧。

关于沤渍时间和用水,北魏贾思勰在《齐民要术》卷2中指出:"沤欲清水,生熟合宜。"孙氏注说:"浊水则麻黑,水少则麻脆。生则难剥,太烂则不任。"用清水不用浊水主要是为保持纤维的色泽;用水量不能太少,否则没浸没的茎皮接触空气氧化,纤维脆而易断;沤渍时间要适当,时间过短,微生物繁殖少,不足以分解足够的胶质,纤维不易分离,时间过长,微生物繁殖量大,除去过多胶质,纤维长度和强度均易受损。此外,《齐民要术》卷2孙氏注还指出:冬天用温泉水沤麻,剥取的麻纤维"最为柔韧"。

(三)煮练法

把植物枝茎或已剥下的植物茎皮放在水中浸煮,使其上胶质逐渐脱掉溶于水中后,捞出用木棒轻捶,得到分散纤维的方法。其法最早大概是用在葛纤维的制取上,由于葛的单纤维比较短,一般在1厘米左右,如果完全脱胶,各个纤维呈单纤维的分散状态,而在此状态下的葛纤维太短,纺纱价值不高,因此只能采用半脱胶的办法,取其束纤维进行纺纱。煮练比之沤渍,纤维脱胶均匀,只要控制好水温和时间,就能很好地掌握脱胶程度。煮练脱胶的最早记载见于《诗经·周南》,文中描述种葛于山中,将采割下的葛藤放入水中浸煮,提取葛纤维,制成粗细不同葛布的劳动过程。原文是:"葛之覃兮,施于中谷,是刈是濩,为絺为绤。""濩"字也写作"镬"或"穫",历来解释大都类同,作煮讲。《毛传》有:"濩,煮之也。"孔颖达疏解释为:"于是刈取之,于是濩煮之,煮治已讫,乃缉绩之,为絺为绤。"虽然现在尚未发现《诗经》时代其他纤维的制取亦用煮练法的资料,但从当时葛藤的种植规模、加工水平以及煮练较沤渍可大大缩短纤维脱胶时间的特点来看,煮练法可能不仅只限于加工葛藤。秦汉以后,煮练法被广泛用在苎麻的脱胶上,其加工技术也越来越高,并衍生出灰治法。

(四)灰治法

灰治法与现代练麻工艺中的精练工艺大体相同,是把已经半脱胶的纤维绩捻成纱,再放入碱性溶液中浸泡或煮练,使纤维上的胶质尽可能的继续脱落,使纤维更加精细、柔软、洁白,从而能制织更高档的织品。

灰治法是在沤渍法和煮练法的基础上发展而成的,其起源可以追溯到秦以前。

《礼记·杂记》:"大功以上……朝服十五升去其半而缌,加灰锡也。"郑弦注:"缌精粗与朝服……同而疏也,又无事其布,不灰焉。"孔颖达正义:"加灰锡也者,取缌以为布,又加灰治之,则曰锡,言锡然滑易也。"

《仪礼·丧服》传:"锡者何也?麻之有锡者也。锡者十五升抽其半,无事其缕,有事其布,曰锡。"郑弦注："谓之锡者，治其布，使之滑易也。"

《仪礼·丧服》传："……冠六升，外毕，锻而勿灰。"贾公彦疏："冠用六升，又加以水濯，勿用灰。"《广雅·释诂》："锻，椎也。盖椎治之，使略成熟，但色不须白，故勿加灰也。"

据《仪礼》记载，布的粗细是用布幅内经纱多少来表示的，单位是"升"，亦称"稯"或"緵"，八十缕为一升。汉人解释为二尺二寸（今 1.5 尺）布幅内经纱的缕数。升数越高，布越精细。冠为六升布，属粗布，不须加"灰"只用"锻"（捶打）或"澡"（水洗）之法便能治出。

元初编成的《农桑辑要》卷 2 中载有一种加工麻纤维的方法，基本上是先秦方法的演绎。"其绩既成，缠作缨子，于水瓮内浸一宿，纺车纺讫。用桑柴灰，淋下水内浸一宿，涝出。每纑五两，可用一净水盏细石灰拌匀，置于器内，停放一宿，至来日，择去石灰，却用黍秸灰淋水煮过，自然白软。晒干，再用清水煮一度，别用水摆拨极净，晒干，逗成纑。"桑柴灰和黍秸灰就是所谓灰治的"灰"，这些灰的水溶液呈碱性，有很好的脱胶作用，用其脱胶就是灰治。此外，在王祯《农书·农器图谱》里，还记有一种类似的但又结合日晒的方法："先绩苎已纺成纑，乃用干石灰拌和累日。（夏天三日，冬天五日，春秋约中。）既毕，抖去。别用石灰煮熟待冷，于清水中濯净，然后用芦帘平铺水面。（如水远则用大盆盛水，铺芦帘或草摊，纑浸曝日，换水亦可。）摊芦于上，半浸半晒，遇夜收起，沥干。次日如前。侯纑极白，方可起布。""半浸半晒"是利用日光中的紫外线进行界面化学反应产生的臭氧，对纤维中的杂质和色素进行氧化，使色素集团变为无色集团，从而在精练的同时，又起到漂白的作用。

古代利用灰治法制取纤维的水平在出土文物中多有反映。陕西宝鸡西高泉春秋墓葬出土的苎麻布，在显微镜下观察，纤维几乎都呈分散的单纤维状态，且纤维表面光滑，没有胶块、碎屑等夹杂物；长沙战国墓出土的苎麻布，经分析，经密为每厘米 28 根，纬密为每厘米 24 根，比 15 升布还细密；湖北江陵西汉初年古墓出土的麻絮，经用金属光谱分析，发现纤维表面附有大量钙、镁离子，与现代化学脱胶的苎麻绒分析结果相似；长沙马王堆一号汉墓出土的精细程度相当于现代府绸的 23 升苎麻布，经分析，发现绝大多数纤维都呈单纤维分离状态[①]。从这些出土实物看，如仅采用沤渍和煮练，纤维不可能加工得如此精细，纤维上也不可能残留有金属离子，只有采用灰治脱胶，才能达到如此高的脱胶质量。

正是由于灰治法脱胶非常有效，所以自它出现时起，一直盛行于世，甚至在今天的夏布生产中仍在沿用。

第三节　动物毛纤维的种类及初加工技术

在古代，动物的毛毳是非常重要的纺织原料之一。

我国利用动物的毛纤维纺织的历史与利用各种植物纤维纺织的历史一样悠久，也是从原始社会开始的。最初，人们只是将狩猎获得的带毛兽皮，不经加工或仅经简单加工，直接用于人体的防寒遮体，后来随着实践经验的积累，学会了将兽毛从兽皮上取下进行原始的纺纱织布。史书上把早期的毛织品称为"织皮"，《尚书·禹贡》和《史记·夏本记》在记载大禹治水之后的九州贡赋时，均提到雍州和梁州贡织皮。由于毛纤维易腐蚀，在地下很难长久保存，在历年的考古发掘中，早期的实物尚未发现，稍早的只是一些商周时期的毛织品，而且出土地点都是

① 陈维稷，中国纺织科学技术史（古代部分），第 76 页、第 101 页。

在气候特别干燥的地区。如距今3800年的新疆罗布泊古墓沟和罗布泊北端铁板河一号墓出土的山羊毛、骆驼毛、牦牛毛织品及毛毡帽；相当于商代末期的新疆哈密五堡遗址出土的素色和彩色毛织品；相当于周代早期的青海都兰县诺木洪古遗址出土的羊毛、牦牛毛织品。先秦史料中有关利用毛纤维纺织的记载颇多。西周时期铸成的青铜器“守宫尊”上写有“苴幕五，苴幂二，毳布三。”当时通称各种比较细的动物毛为毳毛，毳布就是用毳毛织成的比较细的毛织品。至于民间服用的毛织品也不断地见于这时期的著作，《周礼·天官·掌皮》中有“共其毳毛为毡”的记载，毡是利用毛纤维外表的鳞片层，遇热膨胀软化，经加压加温搓揉，使鳞片相互嵌合而成，用于遮风挡寒、铺地防潮之用的无纺毛织物；《孟子·滕文公篇》中有许行“与其徒皆衣褐”的记载，褐是比较粗的毛织布，许行是“农家者流”的倡导者，以不辞辛苦，躬亲劳苦为治学行事之宗旨，所以他与其徒皆以褐为衣。另外，《诗经·豳风·七月》中感叹岁晚天寒“无衣无褐，何以卒岁”的句子，说明动物的毛纤维在当时的纺织原料中已占有相当大的比例，已被众多人所倚重，是他们借以御寒过冬的主要衣着材料来源。

最初选用的动物毛纤维种类比较多，大概凡是能够得到并可捻合的动物毛毳皆在选用之列，根据《烈女传》记载的春秋时楚国人老莱子之妻所云：“鸟兽之解毛，可绩而衣之”来分析，这种情况可能一直延续到战国以前，不过已基本优选出以羊毛为主的少数几种动物毛作为主要的毛纺织用料。

一　动物毛纤维的种类和利用史

（一）绵羊毛

用于纺织的羊毛主要指从绵羊身上采剪下来的被毛。绵羊的毛质好，纤维具有良好的弹性、保暖性，且质地柔软、光泽柔和，表层的鳞片层发育良好，适于卷曲，纺织性能极佳。古代主要的毛纺织品：毯、毡、褐、罽，大多是用绵羊毛制成。

我国古代饲养的绵羊有三大品种，即蒙古种、西藏种、哈萨克种。蒙古种原产于蒙古草原，后广布于内蒙、东北、华北、西北等地，是我国饲养最多的一个品种，其体形特征是：多肥尾，无角或小角，长面多髯；西藏种是原产于西藏的藏羊，后广布于青海、甘肃、四川、贵州等地，其体形特征是：短瘦尾呈锥形，外撇的大弯角；哈萨克种原产于亚洲西南，后广布于新疆、甘肃、青海等地，其体形特征是：臀肥尾大，脂肪层厚。由于各个地区的自然条件、牧养条件不同，在各地又有许多亚种出现。不同品种、不同产地的绵羊毛质量有些差异。西藏种、哈萨克种绵羊的毛，在细度、长度、强度、弹性等方面都比较好，可制织精细的毛织物。蒙古种绵羊的毛比较粗硬，可制织比较粗厚的织物或毛毯。而江南太湖产湖羊、同华产同羊、秦中产夏羊，虽均系蒙古种绵羊，但经所在地的长期饲养、培育，其羊毛质量与西藏种相近。

绵羊毛的品质与羊的品种、养羊所在地的气候、土壤地质、喂养饲料、喂养方式密切相关。几千年来，我国牧区人民为提高羊毛的品质，摸索和积累了许多值得推崇的经验。早在《尔雅·释畜·羊属》中就记有牂羊、夏羊、羭羊、羳羊、羖羺等不同种类的羊，并将这些不同种类的羊的雌雄分别称为羒、牂、羭、羖，表明当时人们对羊的饲养繁育已经有了一定的认识。秦汉以来，随着牧羊规模的扩大和牧羊技术的进步，有关的史料越来越详尽。《史记·平准书》中记载了卜式养羊经验：“以时起居，恶者辄斥去，毋令败群。”“以时起居”是说应根据四季寒暖和牧草生长的情况来安排放牧的方式及时间，这条经验一直被后代牧人所遵循。南北朝时，贾思勰在《齐民要术》卷6养羊篇中对“以时起居”又作了进一步总结：放牧时“牧羊者必须老人心性宛顺者”，才能“起居以时”，使羊健康生长；要“春夏早放，秋冬晚出”，因为“春夏气和，所以宜早。秋冬霜露，所以宜晚”；要注意“夏日盛暑须得阴凉，若日中不避热，则尘汗相染，秋冬之间，必致癖疥。七月以后，霜露气降，必须日出，霜露唏解，然后放之，不尔则逢毒气，令羊口疮腹胀也”；要“远水为良”、“二日一饮”、“缓驱行，勿停息”，使羊有足够的时间吃草，不易生病。除此以外，贾思勰还注意到了其他外在环境对羊的生长及对羊毛品质的影响，并提出了相应的一整套方法，如治圈：要“与人居相连，开窗向圈”，以保护羊不被狼侵犯；“圈中作台开窦，无令停水，二日一除，勿使粪秽。秽则污毛，停水则夹蹄，眠湿则腹胀也”，“圈内并墙竖柴栅，令周匝。羊不揩土，毛常自净。不竖柴者，羊揩墙壁，土咸相得，毛皆成毡”，以保证羊毛的质量；育羔：“寒月生者，须燃火于其边”或“内羔子于坑中”，“初产者，宜煮谷豆饲之”，“十五日后方吃草”，“白绵羊留母二三日，即母子俱放。羖羊但留母一日”。《齐民要术》这一整套养羊技术的总结，对后世影响颇大，其后许多书籍都曾加以引用，如《农桑衣食撮要》记载：“收羊种，腊月生者良，正月亦好，春夏早放早收，若收晚，遇巳午时热，必汗出，有尘土入毛内，即生疮疥。秋冬晚放，若放早，吃露水草，口内生疮，又鼻生浓。久在泥中，则生茧蹄。性好盐，常以盐啖为妙。若有疥，便宜间去，则免致相染。”虽然从内容看有些新材料，但显然是依据《齐民要术》所言而得。另外，需要指出的是明代《农政全书》“牧羊篇”除引用《齐民要术》的养羊方法外，还介绍了一种适宜江南水乡的养羊法：“或圈于鱼塘之岸，草类则每早扫于塘中，以饲草鱼，而羊之粪又可饲鲢鱼，一举三得矣。”

（二）山羊毛（绒）

山羊古代亦称“羖羊”或“羖䍽羊”。山羊的毛纤维有二种，一种是被毛，即山羊身上的长毛；另一种是山羊绒，即被毛底下的绒毛。山羊被毛的纺织性能不是很好，各地均将这一类毛用于制造绳索或织造粗糙的毛织品，如毡、毯、帐、幕。山羊绒则是不可多得的优良纺织原料，可织制极精细的毛织品。我国古代山羊的饲养和山羊毛的利用是从新疆经河西走廊逐步扩展到中原各地的。据《天工开物·乃服·褐毡》介绍：“唐末始自西域传来，外毛不甚蓑长，内毳细软取织绒褐。秦人名曰山羊，以别于绵羊。此种先自西域传入临洮，今兰州独盛，故褐之细者皆出兰州，一曰兰绒，番语谓之孤古绒，从其初号也。”其实山羊从西域传至中原远较唐为早，嘉峪关附近的魏晋5号墓曾出土过一幅“放牧图”，图中所画几只羊的共同特征是头上都长有状似镰刀的角，颌下都有须，尾都不大且上翘，显典型的山羊特征。《齐民要术》卷6中也有“羖羊，耗四月末五月初铰之……毛堪酒袋，兼绳索之利的”记载。可见中原地区饲养山羊的历史至迟可追溯到魏晋。

（三）牦牛毛

牦牛古时亦称“犛”、“髦”和“旄”，原产于西藏、青海的高寒地区，后来随着部分羌人向西南等地的迁徙，牦牛也传布到西南地区的四川、甘肃、新疆等地。1957年青海都兰诺木洪发现的一处相当于周代早期的遗址中，曾出土过羊毛和牦牛毛的混织物[①]，说明青海地区利用牦牛毛充当纺织原料的时间是相当早的。商周时，青海的牦牛织品已具有一定的水平，《尔雅》里提到

① 青海省文物管理委员会等，青海省都兰县诺木洪塔里他里哈遗址调查和试掘，考古学报，1963(1)。

的"氂·罽也"可能便是一种当时用牦牛毛织制的传统纺织品。秦以后,聚居游牧于各地的羌人,都喂养有大量的牦牛,并将牦牛毛作为日用纺织品的主要原料,据《魏书·宕昌传》、《隋书·党项传》等书记载,西羌人居住的帐篷都是"织犛牛尾及羖羊毛以为屋"。另外,在牦牛的传统放牧地区,放牧牦牛之普遍和牦牛数量之多,从当地的古部族名称以及当地人所起的一些地名上也可窥一斑,如汉代有"旄牛县"的设置和"旄牛道"之名(川西南通成都之路),西藏的土蕃赞普出自西藏古部族中的"六牦牛部",青海大通县有"牦牛川",湟中与化隆县有"牦牛滩",乐都县有"犛牛峡",海西藏族自治州有"犛牛山"等①。

(四)骆驼毛

骆驼身上的被毛纺织价值不高,但被毛下面的绒毛却是不可多得的纺织原料。我国的骆驼主要产于内蒙古、新疆、青海、甘肃等地,根据《汉书·匈奴传》记载:"唐虞以上,有山戎、猃狁、薰粥,其畜之所多则马牛羊,其奇畜则骆驼。"《汉书·西域传》记载:鄯善国"多骆驼",汉代时骆驼的饲养数量内蒙似乎不如新疆,而且各地饲养骆驼的总体数量似乎也不是很多。根据《魏书·食货志》记载:北魏以河西为牧地,养马 200 万匹,"骆驼将半之",骆驼的饲养数量是在南北朝时才大为增加的。最初由于采集分离驼绒技术不是很好,采集的驼绒中长毛含量过高,纺出的驼毛纱质量达不到织造要求,一般多用来和羊毛混织,很少有纯驼毛织物。新疆吐鲁番阿拉沟战国墓以及今蒙古人民共和国境内诺因乌拉东汉墓中出土的驼毛织物,皆为驼毛和羊毛混织物②,证明了这一点。南北朝以后,采集分离技术有了进步,纯驼毛绒制品才逐渐多起来。史书记载,唐代时甘肃、内蒙等地还曾将纯驼毛制成的褐、毡作为地方特产进献给朝廷,如《唐书·地理志》记载:"会州会宁郡(今甘肃靖远、会宁、景泰和宁夏海原等地)土贡驼毛褐。"《新唐书·地理志》记载:"丰州九原郡(今河套西北部一带)土贡驼毛褐、毡。"

(五)兔毛

隋唐时期,安徽、江苏等地曾利用兔毛制织兔褐,并将兔褐作为地方特产大量进献给朝廷。据《唐书·地理志》记载,贡兔毛织品的地方有扬州广陵郡、常州晋陵郡、宣州宣城郡。另据《唐国史补》记载,宣州的兔毛褐质量好,特点鲜明,仅"亚于锦绮",有的商人为获取高额利润,还用蚕丝仿制。

(六)飞禽羽毛

我国将飞禽羽毛用于纺织的历史很早,但最初,飞禽羽毛仅是其他纺织材料不够需求时的替代材料,正如《列女传》记载的春秋时楚人老莱子之妻所云:凡"鸟兽之解毛可绩而衣之"。直到汉以后,才有人为使织物显示出与众不同的奢华,刻意将飞禽羽毛用于制织华贵的织物。《南齐书·文惠太子传》记有:太子使织工"织孔雀毛为裘,光彩金翠,过于雉头远矣"之事。古时称野鸡为雉,《南齐书》所载,说明南齐时织作野鸡毛织物已非鲜见之事,太子为获取更为华贵的效果,改用孔雀毛织裘,以显示其高人一等的骄奢心态。这种追求奢侈的作法在唐代达到了顶点。据《新唐书·五行志》记载:唐安乐公主"使尚方合百鸟毛织两裙,正视为一色,旁视为一

---

① 陈炳应,中国少数民族科学技术史丛书,纺织卷,1996 年,第 136 页。

② 陈维稷,中国纺织科学技术史(古代部分),科学出版社,1984 年,第 142 页。

色，日中为一色，影中为一色，而百鸟之状皆见"，"又以百兽毛为鞯面，韦后则集鸟毛为之，皆具其鸟兽状，工费数万"。贵臣富室见后争相仿效，以致使"江岭奇禽异兽采之殆尽"。安乐公主使人制织的这种百鸟毛裙，其织作工艺颇值得注意，很可能是利用不同纱线捻向以及不同颜色羽毛，在不同光强照射下，形成不同视觉反映的原理制成的。宋、元、明、清时期，利用飞禽羽毛纺织虽不如唐盛，但在高级衣料中仍可看到它的踪迹。周去非《岭外代答》"翡翠篇"记载：邕州右江（今广西）产一等翡翠（鸟名），其背毛悉是翠茸，穷奢者用以捻织。"在北京定陵博物馆保存的明代纺织品中，一件缂丝龙袍上的部分花纹线和一些缂丝残片上的部分显花纬线，都是用孔雀毛绩捻的。在故宫博物馆保存的纺织品中，有一件乾隆皇帝的刺绣龙袍，龙袍胸部的底色部分是用孔雀毛绩捻成的纱线盘旋而成。

二　动物毛纤维的初加工

由于不同动物的生活习性以及各个地区的气候、饲养条件的差异，采集到的各类毛纤维，往往都不同程度地夹杂着各种各样的杂质，这些杂质与毛纤维绞缠在一起，使毛纤维不能直接用于纺纱。毛纤维初加工的目的就是将杂质去除，开松理顺纤维，使其成为适合纺纱或加工成其他制品的状态。在我国古代，各种毛纤维的初加工方法基本相同，以羊毛为例，一般有采毛、净毛、弹毛三道工序。羊毛经过这三道初加工工序后，即可用来纺织。

（一）采毛

采毛是指毛纤维的收集。采毛最初用什么方法古文献上没有记载，大概是拾用自然脱落的毛纤维。其后可能是从屠宰后的皮革上采集，再后就是从活着的羊身上直接剪采。剪毛方法的出现标志着采毛技术的根本性进步，虽然它的具体出现时间现在尚无定论，但可以肯定的是在南北朝以前，因为《齐民要术》中已有非常详细的记载。据《齐民要术》卷6及其孙氏注介绍：绵羊每年可剪三次毛，山羊一次。"白羊（绵羊）三月得草力，毛牀动则铰之。铰讫，于河水之中净洗，羊则生白净也。五月毛牀将落，又铰取之。铰讫，更洗如前。八月初，胡枲子未成时，又铰之，铰了亦洗如初。"山羊不耐寒，只能在"四月末、五月初铰之。早铰，寒则冻死"。并强调指出第三剪最好在八月初以前，此时，许多易沾附在羊毛上的植物尚未长成，剪下的羊毛较干净，易加工。如果在"胡枲子成熟铰者"，则"匪直著毛难治"，而且"比至寒时，毛长不足，令羊受损"。不得不在八月半后铰者，不能洗，否则"白露已降，寒气侵人，洗即不益"。漠北寒冷地区每年只能剪两次，即"八月不铰，铰则不耐寒"。《齐民要术》所载的这种采剪羊毛的时间，基本与现在相同，说明古人对羊的生活习性已相当了解，掌握了何时剪毛对羊生长影响最小的规律。

山羊绒的采取与羊毛不同。其方法有二种：一种是捋绒；一种是拔绒。所谓捋绒，是用细密的竹蓖梳子从山羊身上将已脱或将脱的较粗的绒梳下。所谓拔绒是用手指甲直接从山羊身上拔下较细的绒毛。据《天工开物·乃服·褐毡》记载，这两种方法均出自西北地区，直到唐代才传入中原。用捋绒法得到的绒毛，制织出的毛布有"褐子"、"把子"等名称。用拔绒法得到的绒毛，制织出的毛布摸起来像丝帛那样光滑柔软。拔绒的生产效率非常低，一人穷一日之力，拔取的绒毛只够打一钱重的线，要花费半年的功夫才能凑够一匹布的料。而捋绒打线，每日所得是拔绒数倍。

羊的身体状况影响毛纤维的质量，故而春天和秋天剪下的毛纤维质量是有差异的。秋毛质量好于春毛。因为，春毛是羊刚过完冬剪下的毛，冬天饲料不足，羊过冬消耗了身体中大量的能量，羊毛的质量不可避免地受到一定影响。秋毛则不同，春夏水草丰富，羊经过春夏的补充，身体处于最佳状况，秋毛质量自然好于春毛。古人在用料时也充分认识到这一点，《齐民要术》卷6在制毡技术中有“春毛、秋毛中半合用，秋毛紧强，春毛软弱，独用太偏，是以须杂”的记载；宋人洪皓的《松漠纪闻》卷6在介绍剪毛时也有“春毛不值钱，为毡则蠹，唯秋毛最佳”的描述。

（二）净毛

净毛是指去除原毛上所附油脂和杂质。净毛是羊毛初加工不可缺少的一道工序，它的质量直接影响弹毛和纺纱的质量。古代究竟用什么方法去除夹杂在毛纤维中的杂质和纤维上的油脂，文献记载几乎没有，但据《齐民要术》卷6的描述，剪完毛的羊要赶到河水中清洗，以使羊白净，不难推断，净毛完全可能也是采用水洗的方法；从《天工开物·乃服·褐毡》制毡用开水的描述“凡绵羊剪毳，粗者为毡，细者为绒。毡皆煎烧沸汤，投于其中搓洗……”，亦不难推断，至迟在明代，已开始用开水搓洗羊毛去除油脂和杂质；从近代西北、西南少数民族用黄砂揉搓羊毛，去除油脂，再捡选出较大、易见杂质的方法，可想见出，这也是古代一直沿用的方法。

（三）弹毛

弹毛是将干净的羊毛弹松成分离松散状态的单纤维。文献中有关弹毛方法的记载，只见于王祯《农书·农器图谱》在介绍弹棉方法时曾提到的“弹棉如弹毡”。原文如下：“木棉弹弓，以竹为之，长可四尺许，上一截颇长而弯，下一截稍短而劲。控以绳弦，用弹棉英，如弹毡法。务使结者开，实者虚，假其功用，非弓不可。”可见传统的弹毛方法和使用的工具与弹棉基本相同。需要指出的是：毛纤维长度比棉纤维长，弹性和强力也比棉纤维大，因此，要弹松毛纤维需要更大的弹松力，也就是说弹毛弓的尺寸应比弹棉弓大。据研究，弹毛弓一般配有弹毛槌和环形肩套，弹毛槌与肩套相连。弹毛时，将弓背悬于高处，弓弦对着羊毛，弹毛人套上肩套，左手持弓，右手握住弹毛槌，来回移动身位，有节奏地敲击弓弦，把羊毛弹松。现在日本还保存有一把1804年从中国传入的长218厘米的弹毛弓①。

近代在内蒙、宁夏、甘肃、新疆等西北地区，仍沿用着一种较弹弓法更为原始的弹毛法。其法如下：在空地上筑一石台或泥台，将厚约5厘米的羊毛铺在台面上。在台子两端各竖立两根高于台面的木桩，在每根木桩上系一根皮条或绳子，并从台面上引向台子对面。弹毛时，台子两端各站立一人，双手各执一根从台面上引过的皮条或绳子，边移动边挥动皮条或绳子，弹打台面上的羊毛，使其松散②。

第四节　棉纤维的种类及初加工技术

我国应用棉花的历史，虽可追溯至公元前2世纪或更早一些，但在宋以前，大约1000余年

---

① 〔日本〕染织和生活，1980年夏季刊，No.29：134。

② 陈维稷，中国纺织科学技术史（古代部分），科学出版社，1984年，第145页。

时间内，棉花的种植和利用始终局限在我国南部、西南部和西北少数民族地区。直到宋元时期，棉花许多优良纺织特性被人们认识以及棉纤维加工技术有了突破，棉花才迅速取代了麻苎纤维，成为和蚕丝一样重要的大宗纺织原料。我国古代的棉纺织技术是在借鉴和吸收传统丝、麻纺织技术的基础上发展起来的，不仅在技术上有其独特的创造，而且对古代人民物质生活的改善起了非常重要的作用。

一　棉纤维的种类和利用史

棉花是由周边地区逐渐传入内地的，非内地原产。初传入时，人们对棉花的认识大多是根据传闻所得，非常肤浅，尤其是一些较早的关于棉花的文献记载，不是未经实地验证，便是未经比较就下结论，较客观的也只是将见闻简单记下。由于周边地区不同民族对棉花的称谓有着不同的发音，兼之根本不知道棉花有着不同的品种或植株形态，因此，棉花在文献中不仅出现了许多名称，如吉贝、古贝、古终、白叠、木棉、木绵、梧桐华、攀枝花、斑枝花等，而且对植株形状的记载也非常混乱。实际上我国古代曾利用过的棉纤维概括起来只有二大类，即棉属植物一年生草棉和多年生树棉。南方另有一种落叶乔木攀枝花，因其亦叫木棉，又与多年生棉花的花实相似，古人常把它们混为一谈。其实这两种植物的差异是很明显的，多年生棉花仅高丈余，分枝不广，果实较小，形如桃，花色有白、黄二种，棉籽与棉核相连，纤维多为纯白色，有自然卷曲和良好的吸湿性；而攀枝花高数丈，分枝茂盛，果实较大，形为两端小、中间粗的长筒圆状，花为黄蕊红瓣，棉籽与棉核不相连，纤维呈浅黄色，光滑无自然卷曲，吸湿性极差。攀枝花的花纤维多用于作充填褥、垫的絮材，但也可用扭绩、搓纺等方法，缉织成布。此布服用性极差，古代南疆的少数民族曾在纺织材料缺乏的时候，将它作为衣着材料。攀枝花不是棉花的一种。

（一）一年生草棉

一年生草棉生长期短，成熟早，耐干旱，系旧大陆棉种中的非洲棉。我国新疆地区最先种植这种棉花，后传入甘肃河西走廊及陕西一带。

新疆有棉织物的最早文献记载见于汉代。《史记·货殖列传》中有“其帛絮细布千钧，文采千匹，榻布皮革千石……亦比千乘之家”的记载。《汉书》、《后汉书》中也有类似的记载，但把“榻布”写作“荅布”。据裴骃《集解》引《汉书音义》注曰：“榻布，白叠也。”三国人孟康在《汉书·货殖列传》注中也说：“荅布，白叠也。”新疆种植棉花及所种品种之确切记载见于《梁书·西北诸戎传》：高昌国“多草木，草实如茧，茧中丝如细纻，名为白叠子，国人多取织以为布，布甚软白，交市用焉。”高昌即现今的吐鲁番，棉布既然用于交市，在市场上当作商品来交换，可见当时高昌一带棉花种植是非常普遍的。在同时期及稍后的文献中，有关新疆其他地方使用棉布的记载也很多，如：

《魏书·西域传》：“康国者，唐居之后也。迁徙无常，不恒故地。……其王素发，冠七宝金花，衣绫罗锦绣白叠。”

《新唐书·西域传》：“高昌……有草名白叠，国人采其花，织以为布。”

《大唐西域记》卷2：“其所服者谓憍奢耶衣及毛氎布。”

这些记载表明，自汉以来棉布在新疆地区已是最常见的纺织品了。

近几十年来，新疆地区出土了很多棉织物，证实了文献所载当地棉织业的情况。如洛普县山普拉汉墓中出土的几件以原色为主、少数染为草绿色的棉织物①；民丰县东汉墓中出土的蓝白印花布、白布裤、手帕等各式各样的棉织物②；阿斯塔那 13 号晋墓中出土的着纯棉衣裤的布俑以及 309 号墓出土的丝、棉混织物③；于田地区南北朝墓葬中发现的棉褡裢和蓝白印花布④。此外，该地区墓葬中还发现过北魏文成帝和平元年(460)书写的借贷叠布 60 匹⑤ 以及唐太宗贞观十九年(645)当地驻军发付叠布口袋若干条的记录⑥。当地只有在普遍植棉织布的前提下，才有可能出现这样大的借贷量和可满足军队之需的数量。有关新疆棉织业最重要的发现，当是 1959 年喀什地区巴楚县的脱库孜沙来遗址晚唐地层出土的一些棉籽，经中国农业科学院棉花研究所鉴定，这些棉籽系非洲草棉种⑦，证实了新疆地区种植的棉花，确实与南方所种棉花是不同的品种。

河西走廊有棉织物的较早记载见于敦煌莫高窟壁藏文书。在许多文书中都记录有“细氎”、“粗绁”，如法国国立图书馆收藏的伯希和敦煌第 2032 号(2)文书：唐僖宗中和四年(884)的破除历，其背面便写有“粗绁一匹，报恩寺起幡人事用”的文字；伦敦博物馆收藏的斯坦因敦煌 4470 号(2)文书：张承奉、李弘愿布施疏，里面所记布施品中亦有“细氎一匹，緤一匹”的文字。1979 年，甘肃嘉峪关新城 13 号魏晋墓出土一件抹胸，抹胸面为酱红色绢，夹里为白色棉布⑧。虽不能断定出土的这块棉布是当地所产，但根据上述文书记载，河西走廊开展棉织业的时间，当在唐以前应是没有疑问的。

陕西地区种植棉花最迟是在元代。元代官修《农桑辑要》“论苎麻木棉”一文中有令陕西劝种棉花的诏谕：“木棉亦西域所产。近岁以来，苎麻艺于河南，木棉种于陕右。滋茂繁盛，与本土无异。二方之民，深荷其利，遂即已试之效，令所在种之。”

明清时期，与内地强大的丝绸业，经 1000 余年的抗衡，终于传到陕西的原西北地区长期引种的一年生草棉，因其不论在纤维长度、强度，还是在产量上，都远不如从南方传过来的优良棉种，不再具备向其他地区扩散的条件，故它在传到陕西后便是抵达了终点。而从南方传过来的优良棉种，成为西北地区种植的主要棉种。原草棉种的种植越来越少，且所种原草棉大多也不是用于织布，而是用于棉衣、被褥的絮材。

从上述一年生草棉的传播路径和时间，我们可以看到，一年生草棉由新疆通过河西走廊传入陕西，有近 1000 年的时间。如此缓慢的传播，其原因：一是这种草棉纤维短，品质差，产量低；二是西北地区气候过分干燥，纺纱时，往往会因纤维短兼之湿度不够，造成棉纱特别容易断，不能纺高支纱，只能纺较粗的纱，织较粗的布。以各地不同时期出土的棉布为例，经纬密度大多在每平方厘米 18 × 15 根以下，如此粗糙的布当然引不起内地的重视；三是棉花愈向内地传播，越遭到传统丝织业的抵触，因为，宋以前北方的丝织业是相当发达的，以长安为例，汉代长安便设有东、西织室，雇佣织工数千人，进行大规模的丝绸生产，唐代在长安还成立了下辖

---

①，④洛普县山普拉古墓发掘报告，新疆文物，1989(2)。

②　一鼎新，沿丝绸之路出土的纺织品初探(二)，中国纺织科学技术史料，第 12 集。

③，⑥　沙比提，从考古发掘资料看新疆古代的棉花种植和纺织，文物，1973(10)：48～51。

⑤　吴震，介绍八件高昌契约，文物，1962(7、8 合刊)：76～82。

⑦　沙比提，从考古发掘资料看新疆古代的棉花种植和纺织，文物，1973(10)。

⑧　嘉峪关市文物研究所，嘉峪关新城十二、十三号画像砖墓发掘报告，文物，1982(8)。

25个作的染织署，进行缫、织、染、整等一系列的丝绸生产[①]。

（二）多年生树棉

多年生树棉系旧大陆棉种中的亚洲棉。其性状是植株可存活数年，高丈余，分枝不广，果实较小，形如桃，花色有白、黄二种，棉籽与棉核相连，纤维多为纯白色，有自然卷曲和良好的吸湿性。我国云南、广西、广东、福建等地最先用它织布，宋元之间传入长江两岸和中原地区。这种棉花传入内地后，由于种植地区纬度的升高以及每年播种等原因，其性状已与传入初期，大相径庭，逐渐呈一年生草棉状了，不过在海南岛中部地区，目前仍可发现，树高丈余，籽与核相连，棉纤维平均长度28毫米，细度3000支，较原始的多年生树棉品种。

云南地区有棉布生产的较早文献记载有《异物志》：交、广二州的木绵"其树高大，其实如酒杯，皮薄，中有如丝绵者，色正白。"[②]《后汉书·西南夷传》："哀牢人。……知染采文绣，罽毲、帛叠、蓝干细布，织成文章如绫锦。有梧桐木华，绩以为布。幅广五尺，洁白不受垢圬。先以覆亡人，然后服之。"哀牢人可能是傣族人的祖先，生活在交州永昌，即今云南保山一带。《异物志》为东汉人扬孚编撰，《后汉书》虽成书于南北朝，但所记为汉代之事亦当无疑问。

云南永昌地区织制棉布之事，还见于其他文献。

《吴录》记载："交州永昌，有木绵树，高过屋，有十余年不换者，实大如杯，中有绵如絮，色正白，破一实得数斤，可为缊絮。"[③]

《华阳国志·南中志》记载："永昌郡，古哀牢国。……有梧桐木，其华柔如丝，民绩以为布，俗名曰桐华布。"

上引文献都谈到永昌地区"绩以为布"的"华"是从树上采集的，特别是《异物志》和《吴录》还指出木绵树"高过屋"，纤维"色正白"，可以断定古代永昌地区所利用的棉花当是多年生棉花。因为"高过屋"（不过丈余）和"色正白"，符合多年生棉花性状。

广西境内有棉布生产的较早记载见于三国时吴人万震著的《南州异物志》："五色斑衣以丝布，吉贝木所作。此木熟时，状如鹅毳，中有核如珠珣，细过丝绵。人将用之则治出其核，但纺不绩。任意小抽相牵引，无有断绝。欲为斑布，则染之五色，织以为布，软䌹厚致上毳毛。外徼人以斑布文最烦缛多巧者名曰城城，其次小粗者曰文辱，又次名为乌驎。"[④]南州泛指广西与越南接壤之地，斑布则是指有条纹的棉布。《南州异物志》是万震根据其广西见闻而写，所记之详细可信。稍后的是南北朝人沈怀远著的《南越志》："桂州出古终藤。结实如鹅毳，核如珠珣，治出其核，纺为丝绵，染为斑布。"[⑤]据李时珍《本草纲目·木部·木棉》解释：木棉有二种"似木者名古贝，似草者为古终"。从"古终"后加"藤"来看，桂州生产斑布所用的原料当是多年生棉花。

海南诸国有棉布的较早记载见于《南史·夷貊传》：

林邑，"出吉贝，吉贝者树名也，其华成时如鹅毳，抽其绪纺之以作布，与纻布不殊。亦染成五色，织为斑布。"

诃单罗，"元嘉五年，遣使献天竺国白叠吉贝，叶波国吉贝等物。"

---

① 赵冈、陈钟毅、中国棉纺织史，中国农业出版社，1997年，第15页。

②，④，⑤ 陈祖槼主编，中国农学遗产选集，甲类第五种，棉，中华书局，1957年。

③ 此段据《太平御览》引《吴录》。《齐民要术》引《吴录》则为："交趾定安县，有木绵树，高丈，实如酒杯，口有绵如蚕之绵也，可作布。"

干陀利,"在海南州上,……出斑布、吉贝。"

婆利,"其国人披吉贝如帊,及为都漫。"

中天竺,"梁天监初,其王屈多,遣使奉表献……吉贝等物。"

其时,海南诸国的棉布已作为贡品或用作交市流入内地,南朝帝王士大夫已多服用这种棉布。《梁书·武帝传》说武帝服食之节俭,谓"帝身衣布衣(麻衣),木棉皂帐。"又《陈书·姚察传》说其门人送察"南布一端",陈既在南朝,而称之曰"南布",则其布必来自南徼。而且姚察又明言:"吾所衣者止是麻布蒲输,此物于吾无用"。故"南布"绝非麻布,应为来自海南诸国的棉布,又因为其来自远方,非本国所产,故其门人视为珍品而送之①。

两宋期间,广西、广东、福建、海南岛棉花种植渐盛,并传至江南。有关棉花的记载也多起来。

北宋人庞元英在《文昌杂录》中说:"闽岭以南多木棉,土人竞植之。采其花为布,号吉贝布。"② 其后不久,范正敏在《遯斋闲览》中引用了这条记载,并有所补充:"闽岭以南多木绵,土人竞植之。有至数千株者。采其花为布,号吉贝布"③。数千株棉树足以成林,可以想见当时广西植棉规模之大。

南宋时期,有关南方棉纺织生产最有价值的记载,当属周去非《岭外代答》卷6中所云:"吉贝木如低小桑,……茸絮长半寸许,宛如柳绵,有黑子数十。南人取其茸絮……以之为布。……雷、化廉州及南海黎峒富有。"文中对雷、化、廉州及海南所产棉花的性状、棉纺织工序、工具以及棉布之特点都作了介绍。此外,在同时期赵汝适的《诸番志》"海南"文中有"海南,汉朱崖儋耳也。……土产……吉贝……之属。""吉贝树类小桑,……絮长半寸许,宛如鹅毳,有子数十。南人取茸絮,以铁筋碾去其子,即以手握茸就纺,不烦缉绩"的记载。方勺的《泊宅编》中有"闽广多种木棉,树高七八尺。树如柞,结实如大菱,而色青,秋深即开,露白绵茸茸然。土人摘取出壳,以铁杖杆尽黑子,徐以小弓弹令纷起,然后纺绩为布,名曰吉贝"④的记载。这些记载表明当时南方少数民族地区的棉纺织生产已颇具规模。

宋代江南部分地区已开始种植棉花。苏轼《格物粗谈》卷上种植项记有:"木緜子,雪水浸种耐旱,鳗鱼汁浸过不蛀。"诗有:"江东贾客木棉裘。"司马光《资治通鉴·梁纪十五》记有:"上……身衣布衣,木緜皁帐。"史炤《通鉴释文》记有:木棉,江南多有之,"二、三月下种,至夏至生黄花,结实。及熟时,其皮匹裂,中绽出如绵。土人以椗碾去其核,取棉,以小竹弓弹之,细卷为筒,就车纺之,自然抽绪,织以为布。"苏轼、司马光是北宋人,史炤是两宋间人。他们文中对棉花棉织物的描述,大概不可能是仅仅依据传闻而得。1966年浙江兰溪南宋墓出土了一条长约2.51米,宽约1.18米,重约1600克的棉毯⑤,印证了宋代江南部分地区确已植棉织布的这一史实。值得注意的是宋代有关江南棉花为数不多的史料中,居然已提到棉花的下种时间和为提高棉种质量采取的方法,而同时期有关南部边疆的棉花史料,对此均未谈及,说明棉花自传入江南后,很快便改为一年一种了。这种种植方式的改变,对其后棉花的大普及和多年生树棉品种的蜕变,意义深远。每年撒种,当年生长的棉花植株自然比多年生长的棉花植株低矮许多,使多年生树棉具备了密植和畦作的条件(密植可提高棉花单位面积的产量;畦作既便于田

---

① 李仁溥,中国古代纺织史稿,岳麓书社,1983年,第81页。

②~④ 陈祖槼主编,中国农学遗产选集,甲类第五种,棉,中华书局,1957年。

⑤ 江济英,兰溪南宋墓出土棉毯及其它,文物,1975(6)。

间管理，又便于采摘），而且人们每年还可以刻意选留植株低矮、棉铃饱满的棉种。每年撒种棉花，采用密植和畦作的方法，使棉花单位产量大幅度提高，并促进了多年生棉花向一年生棉花的转化，为棉花在全国范围的普及，取代麻、苎纤维成为最主要的纺织原料奠定了基础。因此，可以说每年撒种种植棉花是中国棉纺织发展史上一个非常重要的转折点。

在元代，由于棉花"比之桑蚕，无采养之劳，有必收之效。埒之枲苎，免绩缉之工，得御寒之益。可谓不麻而布，不茧而絮"① 的优良特性，愈来愈被人们认识。棉花的种植地域业已扩展到长江和黄河流域的许多地区。据王祯《农书·木棉序》说：当时"诸种蓺制作之法，骎骎北来，江淮川蜀既获其利。到南北混一后，商贩于北，服被渐广"。至元二十六年(1289)，元政府曾在植棉比较普及的地区设"木棉提举司"的机构管理棉花生产，元贞二年(1296)，又正式规定棉花、棉布为赋税交纳物资。这时种植棉花已总结出了一套较为完整的方法，现将《农桑辑要》卷2和王祯《农书·农器图谱》所记归纳如下：

(1)种棉应选土沙并存的地，不下湿肥地。下种前须整地，即将地深耕三遍，然后作成畦畛，以使下种的棉籽在良好的土壤温度和湿度中生长，而且作成畦畛还便于今后的灌溉和田间管理。

(2)下种的棉籽，应选"中间时月收者为上"，因为"初收者未实，近霜者又不可用"。

(3)应挑谷雨前后的好天气下种。下种前一天要先将地浇透，要用水把棉籽淘过。下种时用手将棉籽撒于畦内，覆一指厚土，短时期内不再浇水。

(4)待六七日苗出齐时，旱则浇灌，稠则移栽。待苗高二尺以上，摘取顶芽。在棉花的整个生长过程中锄治要勤。

(5)成熟一批，采摘一批。成熟的标志是"棉欲落"。采摘下的棉桃一定要日晒夜晾使其干透。

王祯《农书·农器图谱》在介绍种棉方法时还特别提到：棉花"不由宿根而出，以子撒种而生"，"其种本南海诸国所产，后福建诸县皆有。"说明元代大部分地区所种棉花确系南疆传入的多年生棉种，而且经过多年的选种培育，其品种可能已呈一年生草棉状了。

明清以来，全国普遍种植棉花，棉花取代麻、苎成为主要的衣着原料。据徐光启《农政全书》卷35云："其种乃遍布于天下，地无南北皆宜之，人无贫富皆赖之，其利视丝枲盖百倍矣。"另据徐光启《农政全书》同卷记载："今北土之吉贝贱而布贵，南方反是。吉贝则泛舟而鬻诸南，布则泛舟而鬻诸北。"说明有一段时期北方的棉花产量甚至超过了南方，以至于北棉南运。北方的气候与南方差异颇大，故北方植棉技术与南方略有不同。明代《农政全书》卷35引张五典总结的北方植棉技术，除与《农桑辑要》②、王祯《农书》介绍相近者外，还特别强调：

(1)生地用粪耕盖后种，或锄到三遍。花苗高耸，每根苗边，用粪半升培植。

(2)种之疏密，苗顶两叶时，止划去草颗。宜密留以备死伤。再锄尚宜稍密，三锄则定苗颗，宜疏不宜密。大约每花苗一颗，相距八、九寸远，断不可两颗连并。

(3)苗之去叶心，在伏中晴日，三伏各一次。

---

① 见王祯《农书》农器图谱之十六。

② 《农桑辑要》虽主要是叙述北方农桑技术的书，但栽木棉法一篇，可能是在元朝统一后，修订重刻时与论苎麻木棉篇一起新增加的。栽木棉法的内容极可能也是依据南方植棉方法而写成。

(4)去心不宜于雨暗日,雨暗去心,则灌聋而多干。

(5)花性忌燥,燥则湿蒸而桃易脱落。

(6)种不易晚,晚则秋寒,桃多不成实,即成实亦不大,花亦无绒。

此时各地种植的棉花,应是南方传来的多年生棉花的后代,由于种植条件的改变和长期的人工选种,在植株形状和花质上有了很大改变,而且在各地衍生分化出许多新的品种。对此王象晋《群芳谱》、徐光启《农政全书》、褚华《木棉谱》等书中都有一些介绍,如"江花出楚中,棉不甚重,二十而得五,性强紧。北花出畿辅、山东,柔细中纺织,棉稍轻,二十而得四或得五。浙花出余姚,棉少重,二十而得七,吴下种大多类此。更有数种稍异者,一曰黄蒂,穰蒂有黄色如粟米大,棉重;一曰青核,核色青,细于他种,棉重;一曰黑核,核亦细,纯黑色,棉重;一曰宽大衣,核白而穰浮,棉重。此四者皆二十而得九。黄蒂稍强紧,余皆柔细,中纺织。又一种曰紫花,浮细而核大,棉轻,二十而得四。"①

多年生棉花品质较一年生棉花为好,宋以前很长时间里都未传播到内地的原因,一是像一年生棉花那样受传统丝织业的抵制;二是像《农桑辑要》"论苎麻木棉"一文所言:当时往往是因为"悠悠之论,率以风土不宜为解",但实际上是"种艺之不谨者有之,抑种艺虽谨,不得其法者亦有之",即原本是热带亚热带作物的棉花,向北移植到地处温带的内地,必须在栽种上有一套适应新环境的技术方法;三是早期轧棉工具太落后,使加工棉纤维成本高,速度慢,不适于大规模生产,原有的丝、麻纺织,虽然技术很先进,却没有轧花这一工序,轧花没有什么可借鉴的工具,所以很久以来轧花成为阻碍棉纺织生产发展的瓶颈。

二　棉花的初加工技术和工具

采摘下来的棉花,因含有棉籽,称为籽棉。籽棉不能直接用于纺织,只有去籽之后,才可供纺纱之用。棉花初加工的目的就是去除棉籽,开松棉纤维,它一般包括轧棉、弹棉、卷筳三道工序。

(一)轧棉

去除棉花籽核的过程在工艺上称作轧棉。古代亦称之为赶或搟。

最初,去除棉籽没有任何工具可以利用,都是用手剥。直到宋代,南方少数民族地区始出现如《岭外代答》、《诸番志》和《泊宅编》所记:福建、广西、海南岛等地人"以铁筋碾去其子"或"以铁杖赶尽黑子"的方法。元初,这种方法传入长江和黄河流域,司农司编撰《农桑辑要》时将其收录,加以推广。此法所用工具形制和具体操作是:"用铁杖一条,长二尺,粗如指,两端渐细,如赶饼杖样。用梨木板,长三尺,阔五寸,厚二寸做成床子。逐旋取绵子,置于板上,用铁杖旋旋,赶出子粒,即为净棉"②。

元代中期,出现了轧棉机械——搅车。搅车亦称踏车或轧车,其形制据王祯《农书·农器图谱》记载:"夫搅车四木作柱,上立二小柱,高约尺五,上以方木管之。立柱各通一轴,轴端俱作掉拐,轴末柱窍不透。二人掉轴,一人喂上棉英。二轴相轧,则子落于内,绵出于外。比用辗轴,功

① 明·徐光启,《农政全书》,石声汉校注,上海古籍出版社,1979年。

② 元·司农司编,《农桑辑要》,卷二,缪启愉校释,农业出版社,1988年。

利数倍。”利用两根反向的轴作机械转动来轧棉，比用铁杖赶搓去籽，既节省力气，又提高工效，所以王祯《农书》又有“凡木棉虽多，今用此法，即去子得棉，不致积滞”的评述。搅车的出现，使已具备纺车、织机的棉纺织手工机具配套，解决了阻碍棉纺织发展的瓶颈问题(图 4-20)。

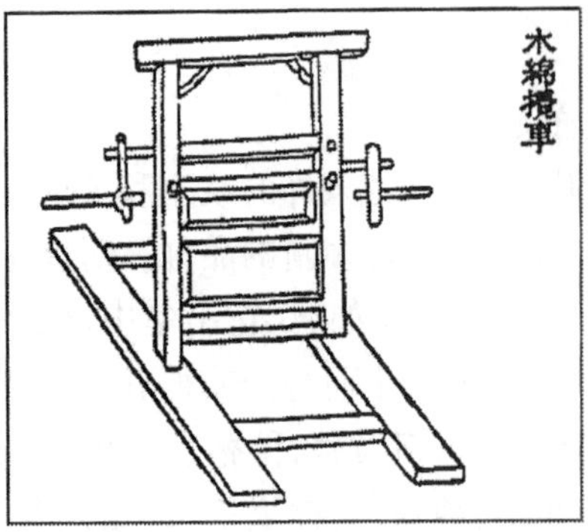

图 4-20　王祯《农书》所载搅车

王祯《农书·农器图谱》所载搅车需三人同时操作，而一般农户家庭又不太容易同时抽出三个人手来进行轧花，所以不久很快便被一种单人操作的踏车取代。踏车又称四足搅车，最早谈到它的文献是陶宗仪《辍耕录》，可惜只提及车名，没有其它交待。其后，明代《农政全书》虽收录了此车的图示，但也没有操作介绍，只有一句“今之搅车，以一人当三人矣，所见句容式，一人可当四人，太仓式的二人可当八人”的评述。据今人研究，这种搅车与近代山东章邱和德平地区使用的轧车相似。其轧棉方法如下：轧棉人坐在车前，右手转动曲柄，使与曲柄相连的辗轴转动，同时左足踏动踏杆，牵动曲杆，使与之相连的辗轴作不同于另一轴的反向转动。操作者以左手将棉英喂入作相反转动的两轴之间。随着两轴不断旋转辗轧，棉籽便被排挤出来。据考察德平地区工人用此轧车，日工作 12 小时，可轧棉 10 斤，出净棉 3 斤①（图 4-21）。

《农政全书》卷 35 所言太仓式搅车，其形制据《太仓州志》介绍：“轧车制高二尺五寸，三足。上加平木板厚七八寸，横尺五。直杀之板上，立二小柱，柱中横铁轴一，粗如指，木轴一，径一寸。铁轴透右柱，置曲柄。木轴透左柱置圆木，约二尺，轴端络以绳，下连一小板，设机车足。同时，右手执曲柄，左脚踏小板，则圆木作势，两轴自轧，右手喂干花轴。……他处用碾轴或搅车，惟太仓或一当四人。”可见其基本操方法与四足搅车无大区别，而轧车上与脚踏机构相连的那根辗轴一端所加圆木，是为加强辗轴转动之势。

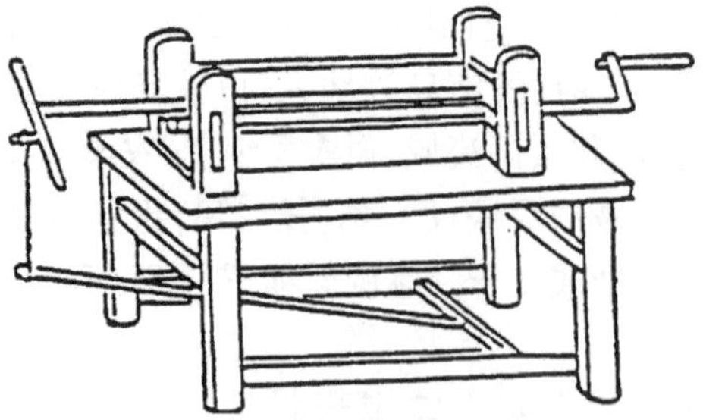

图 4-21　《农政全书》所载搅车

图 4-22　《天工开物》所载轧车

宋应星《天工开物·乃服·布衣》中还刊有一种长凳状轧车图。据此图看，操作者骑坐在长

① 史宏达，论宋元明三代棉纺织生产工具发展的历史过程，历史研究，1957(4)。

凳上，左手转动曲柄令上轴转动，右足踏动踏板，使下轴与上轴反向旋转，右手添喂棉英（图4-22）。

（二）弹棉

弹棉又称弹花，目的是将棉纤维开松，去除混杂在棉花中的杂质和泥沙，以便于纺纱。

迄今所知，现在能看到的最早记载见于南宋文献①，所载的弹棉工具非常落后，据云是“以竹为小弓，长尺四五寸许，牵弦以弹棉，令其匀细”②。如此“线弦竹弧”③，功效当然很低。

元代中期，弹棉工艺有了较大改进，出现了王祯《农书·农器图谱》所云“以竹为之，长可四尺许，上一截颇长而弯，下一截颇短而劲，控以绳弦，用弹棉英”的木棉弹弓。此弓虽然较之以前的弓大了二三倍，弓弦也用绳取代了线，弹力大增，效率提高了许多，但使用时可能仍是用手“牵绳以弹”，而不是用弹椎击弦。根据一是：王祯《农书》对弹弓所述甚详（图4-23），却没见有弹椎的记载；根据二是：元人熊砢谷所作《木绵歌》：“尺铁碾出瑶空雪，一弓弹破秋江云，中虚外纵搓成索，昼夜踏车声落落”④；元人宋道传所作《木绵歌》：“乌镠笱滑脱绒核，竹弓弦紧翻云涛。捋挲玉箸光夺雪，纺络新丝细如发。”⑤ 都是描述当时棉花加工情况的诗，诗中对踏车、弹弓、卷棉筒及至成纱的过程所言甚详，却皆未谈及弹椎。另外根据陶宗仪《辍耕录》所云：松江地区“初无踏车、椎、弓之制”⑥，可知椎弓是在他著书时，也就是说是在元末才有的。

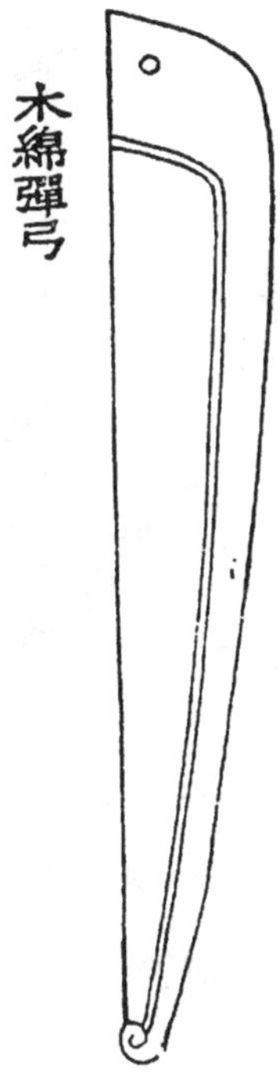

图4-23　王祯《农书》所载弹弓

弹椎一般用檀木制成，椎长七八寸，一头大，一头小，极光滑。使用时，先用小头击打弓弦，令棉花随弦而起，然后再用大头击弦，使棉花四散分散。元明间人李昱诗：“铁轴横中窍，檀椎运两头，倒看星象转，乱卷雪花浮”⑦，极形象地描绘了这一过程。

明代弹弓比之元代又大了许多，而且“以木为之，蜡丝为弦”，“长五尺许”。以木为之，必然比以竹为之重，为减轻弹弓重量，弹花时需以一细竹将弓挑起。《天工开物》收录的弹棉图，其上弹弓是悬挂在置于柱旁的弯竹杆顶端（图4-24）。

清代的弹弓长仍五尺许，但弦以羊肠为之，其形制据《木棉谱》记载：“弓上端镶薄板方而斜，纵横四寸许。其下端，于圆柱之末剡之，使弯圆而厚，宽二寸余。以弦施于二端，弦之余者统柱上。弹花槌长七八寸，隆起两端，极光滑。弹花必坐，其坐者如椅而矮，几及地，名弹花凳。凳之背贯以竹竿，如钓鱼者而曲。竿之极处悬绳，绳下着弓。以左手执弓，右手执槌，坐击之。”

---

① 最早的记载见于南宋方勺《泊宅编》：“以小竹弓弹令纷起……。”

② 元·胡三省，《资治通鉴音注》，中华书局，1956年。

③ 元·陶宗仪，《辍耕录》，四库全书，小说一，台湾商务印书馆，1986年。

④ 陈祖槼主编，中国农学遗产选集，甲类第五种，棉，中华书局，1957年。

⑤ 清·顾嗣立编，元诗选，癸集之癸上，《四库全书》总集，台湾商务印书馆，1986年。

⑥ 陈祖槼主编，中国农学遗产选集，甲类第五种，棉，中华书局，1957年。

⑦ 李昱，李香阁诗集，卷三，引自陈祖槼主编《中国农学遗产选集》甲类第五种，棉，中华书局，1957年。

(三)卷筳

卷筳,又名擦条,相当于现代的梳棉成条。其目的是使经弹棉已松散的纤维,呈筒条状,以便纺纱时纤维能连续顺利地从棉条中抽引出。如用纺坠或捻棉轴纺纱,则不需经过这道工序,可直接将弹松的棉花就纺。如用纺车纺纱,则必须经过这道工序,因为锭子转速快,用手撕扯棉花来不及,难保纱条均匀。

卷筳不像其他棉纺织技术那样始自南方少数民族地区,而是始自内地。因为在《岭外代答》、《诸番志》、《泊宅编》等介绍南疆少数民族棉纺织情况的书中,均没有卷筳的记载。而在《通鉴释文》和《资治通鉴音注》中却有所谈及。根据史炤《通鉴释文》弹棉之后要“卷为筒”的记载①,胡三省《资治通鉴音注》把棉花“卷为小筒,就车纺之,自然抽絮如缫丝状”的记载②,它的出现时间应是在宋末。元代王祯《农书》详细记载了当时的卷莛工具和操作方法,其中“淮民用蜀黍梢茎,取长而滑。今他处多用无节竹条代之”,是讲卷筳工具;“先将棉毳条于几上,以此莛卷而擀之,遂成棉筒。随手抽莛,每筒牵纺,易为均细”,是讲操作方法。清代卷筳增加了搓花盖,盖的形状和使用方法是:“以竹削如箭干较细,长二尺余,名栅子。卷棉于上而搓之,其搓之器如桶盖,方而长,名搓花盖。以左手按其栅子,右手执盖向外推之,随去其栅,(棉筒)宛如玉蒜。”③近代桐族搓棉条的方法与清代很相似,所用“搓花盖”是一长25厘米、宽10厘米,下面平滑,上面有把手的长方形硬木板子。搓条时也是先用小竹杆将棉花卷成筒,再用硬木板搓成条。可见卷筳操作是非常简单的,工具的用料亦可因地制宜。

图4-24 《天工开》所载弹棉图

---

①,② 陈祖椝主编,中国农学遗产选集,甲类第五种,棉,中华书出,1957年。

③ 清·张春华,沪城岁事衢歌,引自陈祖椝主编《中国农学遗产选集》甲类第五种,棉,中华书局,1957年。

第五章　缫、纺、络、并、捻技术及机具

养蚕所得的蚕茧，其上的丝纤维是蚕老熟时连续吐成，系长纤维，而经初加工所得的麻、毛、棉纤维，系短纤维，将它们加工成可供织造纺织品的经纬线，需采用不同的加工技术：即将蚕茧中的丝纤维连续抽引出来的缫丝工艺；将麻、毛、棉等短纤维加工成长纱的纺纱工艺；将制得的长丝或长纱加工成符合织造工艺要求的络并捻工艺。

第一节　缫丝技术及机具

一　缫丝技术

蚕丝的主要成份是丝素和丝胶。丝素是蚕丝的主体，丝胶则是包裹在丝素外表的黏性物质。丝素不溶于水，丝胶易溶于水，而且温度越高，溶解度越大。缫丝即是利用丝素和丝胶的这一差异，经煮茧、索绪、集绪等工序把蚕丝从煮茧锅中抽引出来，并经络丝、并丝、加捻使之成为可以织造丝织品的丝线。浙江钱山漾遗址出土的丝线、丝带证明4700年前这一套工艺便已开始建立起来，待至商周两代益为发展，并形成完整的体系，达到一定水平，这在出土的同时期丝织品中得到翔实反映，如河北藁城台西村商代遗址出土的丝织物，其平均投影宽度丝经为0.2毫米，丝纬为0.34毫米；陕西岐山和辽宁朝阳西周遗址出土的丝织品，其平均投影宽度丝经约为0.22毫米，丝纬约为0.24毫米；湖南长沙战国墓出土的丝织物平均投影宽度丝经约为0.16毫米，丝纬约为0.2毫米。秦汉以来，缫丝技术得到了进一步改进和完善。在工具方面，汉唐时普及了带横动导丝机构和脱绞机构的手摇缫车，唐宋期间出现了脚踏缫车。由于使用手摇缫车须两人合作，一人投茧索绪，一人手摇丝轩，而使用脚踏缫车，索绪、添绪和回转丝轩均由一人分别用手和脚来完成，可大大提高缫丝效率，因而，宋以后脚踏缫车完全取代了手摇缫车；络丝工具则从手转籰子改进为绳拉络丝车；并、捻工具则从手摇或脚踏锭数少(1～5)的纺车，发展为多锭(可达三五十锭)大纺车。在工艺方面，宋以前即已注意到了煮茧水温不能过高或过低，过高茧子煮得过熟，丝胶溶解多，不利于丝的抱合，丝色亦不佳；过低丝胶溶解慢，影响缫丝产量。宋以后为使缫丝时茧丝损伤减至最小，水温控制又采用了将煮茧和抽丝分开的“冷盆”法，即茧在锅中煮练几分钟后，移入水温略低的“串盆”中抽丝，这样抽丝便可从容不迫地进行，免于抽丝不及而茧煮得过熟，损坏丝质。“冷盆”法是相对于通常从煮茧锅中直接抽取茧丝的“热釜”而得名。

在缫丝的几道工序中煮茧最为关键。

煮茧的目的是利用水和热，软化和溶解茧丝外面的丝胶，以利于以下几个步骤的顺利进行。最初大概是在某种偶然的情况下，发现蚕茧可以在水中舒解，而且温度越高，分解越好，于是逐渐摸索出用水煮蚕茧，抽引蚕丝的技术。浙江钱山漾遗址出土的绢片，其上丝纤维经显微镜观察，表面的丝胶均已脱落，很像是在热水中缫取的，表明可能已形成原始的利用热水缫丝的技术。

商周时期热水缫丝开始逐渐普及，在同时期的文献中多有记载，如《礼记·祭义》中的记载："及良日，夫人缫，三盆手。遂布于三宫夫人世妇之吉者，使缫。"郑玄注："三盆手者，三淹也。凡缫，每淹大总而手振之，以出绪也。""三淹"表明当时尚未掌握煮茧的最佳水温。为避免煮茧程度不足或过度，影响蚕丝质量，采用的是将茧多次投放到热水中浸煮，以使热水均匀渗透茧壳溶解丝胶的方法。"手振之"是说用手搅动水面，让舒解出来的丝绪浮游在水面上，以便顺利索绪。

春秋以后沸水煮茧的方法得到普遍应用。《韩诗外传》卷 5 载"茧之性为丝，弗得女工燔以沸汤，抽其统理，不能成丝"，《春秋繁露》载"茧待缫以涫汤而后能成丝"，都提到煮茧要用沸水。实际上煮茧的最佳温度应是略低于摄氏 100 度，古人根据经验总结出水中以出现蟹眼大小的气泡时为最好，也就是俗话所说的小开。虽上述两文均未提到水沸到何种程度，但可以肯定这条经验至迟在宋以前很久即已为人掌握。因为北宋秦观《蚕书》中有"常令煮茧之鼎，汤如蟹眼"之类的记载。"汤如蟹眼"即煮茧锅水面出现蟹眼大小气泡，这时锅中央气泡处温度约为摄氏 100 度，而其周围水温低于 100 度。

宋以后，有关煮茧的记载逐渐多起来，内容亦很详尽。

关于煮茧温度，有："蚕家热釜趁缫忙，火候长存蟹眼汤。"①

关于煮茧形式，则根据水温分为"热釜"和"冷盆"（图 5-1 和 5-2）。

图 5-1　王祯《农书》所载冷盆图

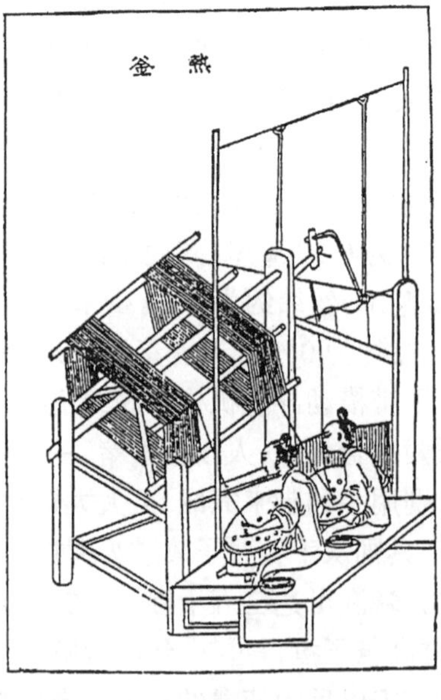

图 5-2　王祯《农书》所载热釜图

热釜缫出的丝亦称为火丝，其法是："釜要大，置于灶上（如蒸灶法）。釜上大桀甑接口，添水至甑中八分满。可容二人对缫。水须常热，宜旋旋下茧缫之，多则煮损。"②

冷盆缫出的丝亦称为水丝，其法是："虽曰冷盆，亦是火温之。盆要小，先泥其外（口径可二尺之上者，预先翻过，用长黏泥底，并四围至唇。泥后四指，将至唇渐薄，日晒干，曰冷盆）。用

①，②王祯，《农书》农器图谱之十六，中华书局，1956 年。

时,添水八九分满缫之(水宜温暖常匀,无令乍寒乍热不匀也)①。

古人曾对热釜、冷盆两种煮茧方式的优劣作过恰当评述。如热釜可缫粗丝单缴者,双缴亦可。但不如冷盆所缫者洁净光莹②,“凡茧多者,宜用此釜,以趋速效”③。冷盆“可缫全缴细丝,中等茧,可缫双缴”④,所缫之丝“精明光彩,坚韧有色,丝中上品,锦绣缎罗所由出”⑤。大体上好茧缫水丝,次茧缫火丝⑥。

此外煮茧还有一种“连冷盆”的形式,其法是:

釜俱改用砂锅或铜锅,比铁釜,丝必光亮。以一锅专煮汤,供丝头。釜二具,串盆二具,缫车二乘,五人共作。一锅二釜共一灶门。火烟入于卧突,以热串盆。一人执爨,以供二釜二盆之水。为沟以泄之,为门以启闭之。二人值釜,专打丝头。二人值盆主缫。即五人一灶可缫茧三十斤,胜于二人一年,一灶缫丝十斤也。是五人当六人之功,一灶当三缫之薪矣⑦。

这种连冷盆煮茧的形式,因为是将煮过的蚕茧从煮茧锅中取出,再另放入一温水盆中浸渍后抽丝,既可使茧丝进一步软化,弥补煮茧之不足,又可避免因来不及抽丝茧煮得过度。

除煮茧形式和煮茧温度外,古人对煮茧的其他要点也都有一些值得称许的总结。

关于煮茧用水,首先要求用清水,如果“用水不清,丝即不亮”⑧。《广蚕桑说》云:缫丝用水“须于半月前用旧缸贮蓄以待其清,如或不及于贮,临时欲其澄清,当以螺升许投之,螺涎最能清水。尤忌用矾,丝遇矾水,色即红滞”,并云:“流水性动,其成丝也光润而鲜;止水性净,其成丝也肥泽而绿。”

关于丝锅换水,总结出“丝贵亮亦贵白,总要换汤得法”⑨,换汤“以勤为佳,然不勤换不可,过勤换亦不宜。丝要亮又要白。换水太勤,则白而不亮。换水不勤,则亮而不白。务留心斟酌,以清而半温者妥。如汤色混,即倾去三分之一,以微温清水掺入。温热得当,即换水要法。”⑩换汤不勤,丝光而不白的原因是丝上残留丝胶多,丝表面因胶多而发亮。

对于用柴和观火,则要求选用干柴或木炭以求无烟,否则“因丝被烟熏,色不明亮”⑪,而用柴“以栗柴为最好,桑柴次之,杂柴又次之,切不可用香樟,香樟会损坏丝质”⑫;煮茧火候要适中,不可过大或过小,如果“过大则水太热,丝多疵累,过小则水未温,茧必飏开”,看火之法是“汤如蚧眼,所谓炉火纯青”⑬。

这些散见于文献中的缫丝要点,即使在今天缫丝生产中,仍有很大的指导作用。

二　缫丝机具

(一)绕丝架

“Ⅰ”形和“Ⅹ”形绕丝器是缫车发明以前用来绕丝的架子。“Ⅰ”形的启用时间可追溯到出

---

① 王祯,《农书》农器图谱之十六,中华书局,1956年。

② 司农司,《农桑辑要》卷四。

③,④ 王祯,《农书》农器图谱之十六,引农桑直说,中华书局,1956年。

⑤,⑧,⑩,⑪,⑬ 卫杰,《蚕桑萃编》卷四,中华书局,1956年。

⑥,⑦ 徐光启,《农政全书》卷三十一,石声汉校注,上海古籍出版社,1979年。

⑨ 沈公练,《广桑蚕说辑补》卷下,农业出版社,1960年。

⑫ 见思补楼《蚕桑备要》卷四十六。

现象形文字之始，因为甲骨文中有一“Ⅰ”字，金文中写作“ ”，被释作“壬”讲。Ⅰ其实即工具之工字的初文，即可收绳，也可收丝。Ⅹ形器则是Ⅰ形器的进一步发展。1979 年，江西贵溪战国时期的崖墓出土了一批纺织工具，其中就有三件“Ⅰ”形、一件“Ⅹ”形绕丝架。出土的“Ⅰ”形绕丝器均系整块木料制成，通长 73 到 62 厘米，表面较为光滑。“Ⅹ”形绕丝器中间交叉处用竹钉钉住，两头用榫头嵌入，长 36.7 厘米，制作得十分讲究，这种绕丝器的开始使用时间应较“Ⅰ”形要晚①。近年在甘肃、湘西等地区也找到了用“Ⅰ”形绕丝器进行缫丝的实物②（图 5-3、5-4 分别是贵溪崖墓出土“Ⅰ”形和“Ⅹ”形绕丝架图）。

图 5-3　“Ⅰ”形绕丝架

图 5-4　“X”形绕丝架

（二）缫车

秦汉时期缫车已开始推广，由于长时间的使用，言及缫车的文字也大量出现，特别是在唐诗中。如李贺《感讽》诗句：“会待春日晏，丝车方掷掉”，讲等到晴朗的春日里，开始摇动缫车；陆龟蒙《奉和夏初袭美见访题小斋次韵》诗句“每和烟雨掉缫车”“掉”是摇动的意思，描述了阴雨天里缫妇忙着摇动缫车的劳动情景；王建《田方行》诗句“檐头索索缫车鸣”，形容了缫车转动时发出的索索之鸣响。这些诗句都是诗人对日常生活常见事物的描述，表明唐代缫车是手摇的，且使用相当普遍。可惜早期古籍缺乏对缫车结构的明确描述。现今能见到的有关缫车结构的最早文献是宋代秦观《蚕书》，虽然此书中未言及所载是手摇缫车还是脚踏缫车，但其对缫车主要结构的介绍，基本和后世缫车相同。比秦观《蚕书》稍晚的梁楷《蚕织图》一书中绘有一脚踏缫车，证明至迟在宋代脚踏缫车即已出现。元以后有关缫车的记载既多又详细，且所载多为脚踏缫车，说明脚踏缫车已取代手摇缫车成为主要缫丝机具。脚踏缫车使缫丝者可以用双手来完成索绪、添绪等工作，大大提高了缫丝质量和产量，它的出现标志着古代手工缫丝机具的

图 5-5　吴注本《蚕织图》中的缫车

① 程应林等，江西贵溪崖墓发现的一批纺织品和纺织工具，见《中国纺织科技史资料》第 3 集。

② 蒋猷农，石桥古缫丝工具初探，见《中国纺织科技史资料》第 16 集。

定型(图 5-5)。

从文献中的缫车图来看,手摇和脚踏两种缫车的主体结构大体相同,均系由机架、钱眼、锁星、鱼鼓、丝钩、丝轩等机件组成。脚踏缫车则是在手摇缫车的曲柄处加装了连杆和踏板(图 5-6、图 5-7)。

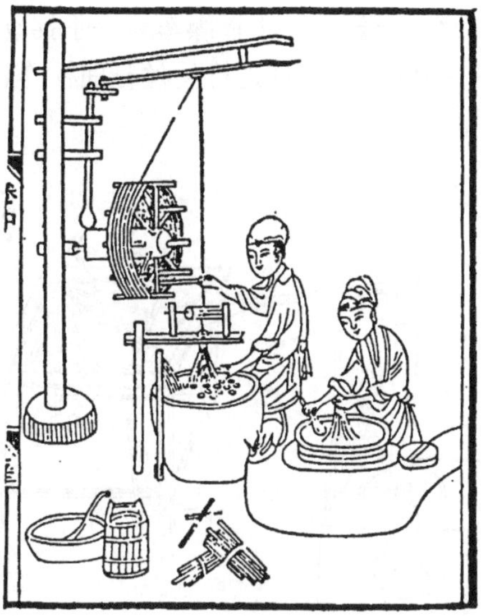

图 5-6　《豳风广义》中的手摇缫车

图 5-7　《天工开物》中的脚踏缫车

机架是承受丝轩和其它部分的一个四柱形立体框架。

钱眼、锁星系缫车的集绪部分。

钱眼,明代称为"竹针眼"①,作用是合并丝线,其形实为一孔眼,位于茧锅上方的木板中央,因最初多以大钱镶嵌孔眼而得名。其宋代形状据秦观《蚕书》云:"为板长过鼎面,广三寸,厚九黍,中其厚,插大钱一,出其端,横之鼎耳,复镇以石,绪总钱眼而上之,谓之钱眼。"锁星,明代称为"星丁头"②,清代称为"响绪"③,起导丝和消除丝缕上糙节的作用,其制据秦观《蚕书》云:"为之芦管,管长四寸,枢以圆木,建两竹夹鼎耳,缚枢于竹中。管之转以车,下直钱眼,谓之锁星。"

添梯、鼓、丝钩、丝轩系缫车的卷绕部分。

添梯,明代称为"送丝杆"④,清代称为"丝秤"⑤,是使丝分层卷绕在丝轩上的横动导丝杆,以一个二尺五寸长的片竹为之。鼓,明代称为"磨木"⑥,清代称为"牡娘镫"⑦,作用相当于今之偏心盘,实形为一木制鼓状物。丝钩的作用是导丝,位于添梯上。丝轩的作用是卷绕长丝,其制为一有辐撑的四边形长木框,为便于脱丝,四长木中有一木可灵活拆卸。对添梯、鼓、丝钩、丝轩,秦观《蚕书》亦均有介绍:"车之左端置环绳,其前尺有五寸,当车床左足之上,连柄长寸有半,匼柄为鼓,鼓生其寅,以受环绳,绳应车运,如环无端,鼓因以旋。鼓上为鱼,鱼半出鼓,其出之中,建柄半寸,上承添梯。添梯者,二尺五寸片竹长,其上揉作为钩,以防丝窃,左端以应柄,对鼓为耳,方其穿以闲添梯。故车动以牵环绳,绳蔟鼓,鼓以舞鱼,鱼振添梯,故丝不过编。"丝轩:"制如辘轳,必活其两辐,以利脱丝。"

①,②,④,⑥　明·宋应星,《天工开物·治丝》,钟广言注释,广东人民出版社,1976。

③,⑤,⑦　清·沈公练,《广蚕桑说辑补》卷下,农业出版社,1960。

脚踏传动机构的结构在王祯《农书·农器图谱》中有所介绍:“轴之一端,以铁为袅掉,复用曲木擐作活轴,左足踏动,即随转。”从《农书》所绘南、北缫车的示意图看,脚踏机构的连杆和踏板的形状有些差别。南缫车踏板较长,平放于地,一端通过垂直连杆与轴上的曲柄相连;北缫车的踏杆呈角尺状,较短部分系脚踏处,较长部分的一端通过水平连杆与曲柄相连。

缫车的具体使用方法是:缫丝时,将茧锅里捞出的丝头,先穿过集绪的“钱眼”,再绕过导丝滑轮“锁星”,再通过横动导丝杆“添梯”上的导丝钩,绕在丝轩上。手摇缫车需一手摇动丝轩,一手添绪索绪;脚踏缫车则是用脚踏动踏板作上下往复运动,通过连杆使丝轩曲柄作回转运动,利用丝轩的回转惯性,使其连续回转,进而带动整台缫车运动。

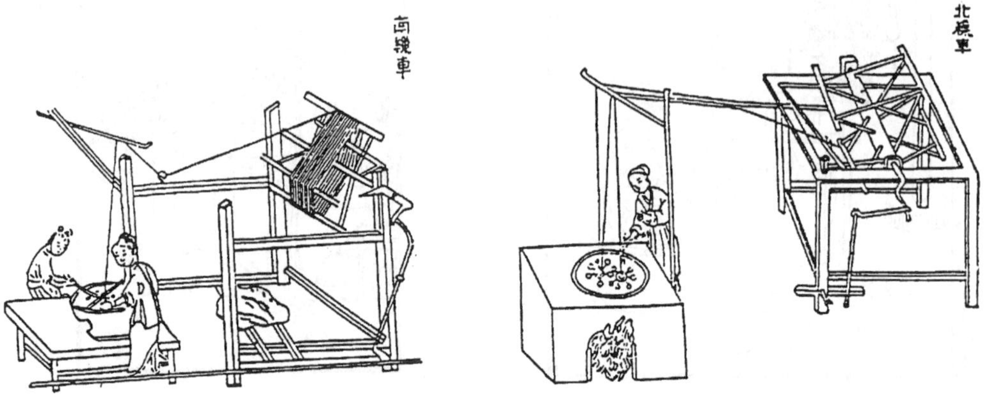

图 5-8、图 5-9　王祯《农书》中南、北缫车图

第二节　纺纱技术及机具

纺纱技术按所加工纤维可分成麻纺、毛纺、棉纺,皆是将经初加工后呈松散状的麻、毛、棉等纤维组成条子并拉细加捻成纱。麻纺、毛纺、棉纺工艺流程和机具不尽相同,在中国古代曾出现过多种纺纱机具,而且一些机具在 20 世纪的一些农村仍在普遍使用。

一　纺坠纺纱

纺坠的结构极其简单,仅由一轮杆和一纺轮组成,形式有单面插杆和串心插杆两种。它是我国历史上最早用于纺纱的工具,最初叫什么已不可考,商周以来叫瓦、纺砖、线垛、旋锥、绵坠,在近代各地农村也叫捻坠、绳拨子、羊骨头棒。

纺坠的出现至少可追溯到新时石器时代。根据考古资料,在全国 30 几个省市已发掘的规模较大的早期居民遗址中,几乎都有纺坠的主要部件纺轮出土。如属黄河流域的河北磁山遗址出土的距今 7000 多年前的纺轮;河南、山西、陕西等地的仰韶文化遗址和陕西半坡姜寨遗址出土的距今 5000 多年前的纺轮;属长江流域的浙江余姚河姆渡遗址出土的距今 6000 多年前的纺轮。早期纺轮出土数量最多的一次,当是 1974 年发掘的青海乐都柳湾遗址,仅此一次就出土了多达 100 多枚的纺轮。大批纺轮的出土,表明当时已普遍应用纺轮纺纱。值得注意的是东北地区这一时期的墓葬,墓中随葬器物的安放有一定规律,即随葬品中有纺轮的墓,一般还会有石刀、石磨盘和陶器，没有石镞；随葬品中有石镞的墓，还会有石斧、石锛和陶器，没有纺轮。这一差异，显然是由于墓主人性别不同所致，反映出当时男子已主要从事狩猎和农耕、女子已主要从事家务和纺织的明确劳动分工。

出土的早期纺轮，一般是由石片或陶片经简单打磨而成，形状不很规范，多呈鼓形、圆形、扁圆形、四边形等状。不同形状和材质的纺轮，重量相差较大，直径相差不大。以陕西半坡出土纺轮为例，最重者达 153.6 克，最轻者仅 49.6 克；径长最长者为 41 毫米，最短者为 38.5 毫米。稍晚的，大都是用黏土专门烧制，轮状趋于轻薄，侧面多呈扁平状或梭子状，有的轮面上还绘有纹饰(图 5-10)。

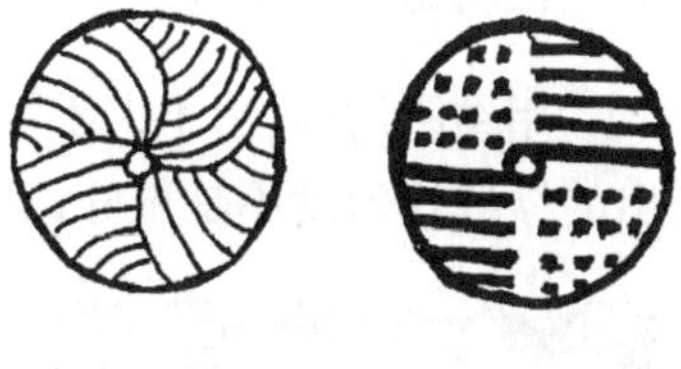

图 5-10　出土彩绘纺轮示意图

纺坠的轮杆为一直杆，一般是由木、竹或骨制成。战国以后，出现了铁制轮杆和顶端增置屈钩的轮杆①。

纺坠的工作原理是利用自身重量和旋转时产生的力偶作功。其做功性质使之加工纤维时兼具加捻和牵伸作用，因而适用于纺丝、麻、毛、棉等各种纤维。

纺坠的做功能力与纺轮的外径和重量密切相关，外径和重量大的，纺坠旋转速度快，转动惯量大，可纺粗硬刚度大的纤维；轮径适中，重量较轻，可纺较柔软刚度小的纤维。早期所用纤维，都是一些只经过简单加工处理，没有经过很好脱胶的植物纤维，刚度较大；而后期，因脱胶技术的出现，加工出的纤维纤细柔软，刚度变小，故早期的纺坠较厚重，后期的纺坠较轻薄。由此可见，纺坠从重到轻，始终都是同纺坠的工作原理和所纺纤维的性质相适应。

出土纺轮上的纹饰，多为红褐色，少量为黑褐色，以直线、弧线或卵点纹组成同心圆、辐射线等图案。这种纹饰，其目的不仅是为了好看，而且是为了在旋转加捻时比较容易判断捻向，起到匀捻作用。

纺坠的使用方法有悬空式和搓转式两种。

悬空式对单面插杆纺坠和双面插杆纺坠都适用。其具体方法为：纺纱时先将要纺的散乱纤维团放在高处或用左手握住，从中抽捻出一段，缠在轮杆上端。用右手拇指、食指捻动轮杆后，放开纺坠，让纺坠在空中不停地向左或右旋转，同时用手不断地从纤维团中再抽引出一些纤维，纤维在纺坠的旋转和下降过程中得到牵伸和加捻。待纺到一定程度，把纺坠提起，用手把已纺好的纱缠在轮杆上。如此反复，直到纱缠满轮杆为止。

搓转式只适用于串心插杆纺坠。因串心插杆纺坠的轮杆较长，纺轮又位于轮杆中部，使用时可将防坠倾斜倚放在腿上，从握于手中或堆放一旁的纤维团中抽捻出一段，缠在轮杆上后，用手在腿上搓转轮杆，使之做功。

纺坠不仅给原始社会的纺织生产带来了巨大变革，对后世纺纱工具的发展，影响亦极为深远，并且它作为一种简便的纺纱工具，一直被沿用了几千年，直到 20 世纪末，西藏地区一些游牧藏民，仍在用它纺纱。

① 云南省博物馆，云南李家山古墓群发掘报告，考古学报，1975(2)。

二　纺车纺纱

(一)纺车的出现

用纺坠纺纱,由于人手每次搓捻轮杆的力量有大有小,使得纺坠的旋转速度时快时慢,纺出的纱线均匀度不是很好,而且用手搓动轮杆一次,纺坠只能运转很短的一段时间,纺出很短的一段纱。随着社会对织品质量要求的提高以及织造工序对纱线需求的骤增,纺坠纺纱的缺陷越来越明显,驱使人们不得不创造新的纺纱工具来替代。纺车就是在这一历史背景下产生的。

图 5-11　山东滕县龙阳店出土汉画像石

1973 年河北藁城商代遗址中曾发现一块与铜器粘附在一起的丝织物,这块丝织物的纤维捻度高达每米上千捻①,如此高的捻度,用纺坠加捻是相当难的,表明当时极有可能已出现手摇纺车的雏形。长沙战国墓曾出土过一块苎麻织物,其经线密度每厘米 28 根,纬线密度每厘米 24 根②,比现代每厘米经纬各 24 根的细棉布还要紧密。这样细的麻纱,用纺坠很难纺出,只有用纺车才有可能。据此推测,成型的纺车可能出现在战国时期以前。

如果成型的纺车出现在战国还只是推测,那么在汉代,纺车被充分利用则是不争的事实。1976 年山东临沂银雀山西汉墓曾出土一块帛画,画面上绘有一名妇女操纵纺车,1952 年山东滕县龙阳店出土的一块汉画像石上面,刻有几个形态生动的人物,正在纺车、织机和络车旁忙碌,此外,还曾发现许多类似的汉代纺车画像。这些绘刻有纺车图像的文物,充分展示了汉代纺织生产活跃的景象,从中不难想象纺车在汉代应用的普及程度,也有理由断定纺车的出现应该远在汉代之前(图 5-11 山东滕县龙阳店出土汉画像石照片)。

由于纺车可用于并线、捻线、落纬、牵伸,所以古时纺车也被称为軠车、纬车或繀车,这除了与各地区的称呼不同有关外,还主要与上述不同的用途有关。故《说文》有"軠,纺车也";"繀,著丝与莩车也"的记载,《方言》有"赵魏之间谓之轣辘车,东齐海岱之间谓之道轨,今又谓之繀车"的记载。

(二)手摇纺车

不同用途的手摇纺车形状略有差异,但皆系由车架、锭子、绳轮和手柄等部件组成。

明以后常见手摇纺车形状如图 5-12。

车架由以横木相连在一起的右大左小两个木框构成。大木框架放绳轮,小木框置放锭子。

绳轮是由两组竹片或木片制成的"米"字形轮辐构成,两组轮辐相距 20～25 厘米,固定在轮轴上,用绳索在两组轮辐顶端交叉攀紧成鼓状,便成为纺车的绳轮。绳轮的直径,视所纺纤

① 陈维稷主编,中国纺织科学技术史(古代部分),科学出版社,1984 年,第 52、57 页。

② 中国科学院考古研究所,长沙发掘报告,科学出版社,1957 年。

维而定,如纺捻度高不需牵伸的丝或麻,直径可大一些,如纺需牵伸的棉纤维,则直径需小一些。绳轮直径一般是在 60~150 厘米之间。

图 5-12 手摇纺车图(今人摹拟)

锭子古籍写作"梃"或"筳",早期多用木或竹制成,但也有用铁或铜制成的,云南李家山战国遗址出土过铜锭,长沙市郊东汉墓出土过铁锭。因铁锭或铜锭的制作需要专门的技术,不是普通农户所能制作,故使用量极少。直到清代出现了专业生产铁锭的作坊,铁锭才被广为应用。清代铁锭多产于金泽地区,《青浦县志》载:"锭子,出金泽,以铁为之,其形似针,长八寸,首尾皆尖而锐,凹其中,使钩之牢牢于车焉。"铁锭杆外面还需上套"一木壳辘子,周围刻渠子两道,以承轻弦"。清代由于木锭和竹锭已不多用,故当时的许多书籍都将锭子写作"铤",并形容它"形锐而长,刻木为承,其末以皮弦襻连一轮上"①。

用手摇动纺车的手柄装在绳轮的轮轴一端,而绳轮和锭子则是靠绳弦相连,纺纱时,纺妇一手转动手柄,一手引导纱线。以一般通用纺车而言,手摇绳轮一周,锭子可转动 50~80 转。

图 5-13 江苏铜山洪楼出土东汉画像石

江苏铜山洪楼出土东汉画像石上刻画的纺车(图 5-13),是迄今能见到的手摇纺车最早物证之一。这块石上还刻有两只籰子,位置在纺车上方,显然这座纺车不是被用于丝的并合加捻,就是被用于治纬。图 5-14、5-15、5-16 分别是元、明、清三代用于丝的并捻或治纬的手摇纺车,对比这些纺车,除外观尺寸不同外,结构基本相同。仅就治纬而言,它们的作用是将 1~3 个籰子纺成 1 个纡子。既然要纺成纡子,纺车上必然设置绩丝的纡管。纡管是用竹制成,中间透空,络纬时将它惯于锭子上,绩满一只,取下另绩。一籰治一纡,纱的导程可以短一些,二或三籰治一纡,纱的导程要尽可能的长一些。导程长,纱易从籰上退绕,为防止纱支紊乱,并使纱支保持一定的张力,此时还要在纺车上方置一导纱悬钩。从明代始,治纬前要过湿纱线,《天工开物》载:"凡供纬籰,以水沃湿丝。摇车转锭而纺于竹管上。"以水浸丝,可提高丝条张力,防止治纬时丢转,同时对稳定纬纱捻度和涤净纱线有利。

纺车虽然在并合加捻方面显示了很大优越性,但纺车的主要作用是对短纤维进行牵伸,也就是将纤维条抽长拉细纺成均匀的纱。图 5-17 是金雀山汉墓出土帛画上的纺车图像,这是一种可用于牵伸的纺车。从图上看与丝纺车不同的是此纺车纺锭不似丝纺车纺锭那样处于和轮

① 褚华,木棉谱,引自陈祖槼主编《中国农学遗产选集》甲类第五种,棉,中华书局,1957 年。

图 5-14　王祯《农书》中的纬车图　图 5-15　《天工开物》中的并丝络纬图　图 5-16　《蚕桑萃编》中的纬车图

轴平行的位置。其原因很简单，丝纤维在上纺车前已被加工成可直接供织造之用的单股纱缕了。而再用纺车进一步加工，目的是将单股纱并合加捻成双股或多股的纱线。纺需牵伸的纤维则不同，如丝絮或棉纺纱，丝絮或棉花上纺车前只是一团散乱的纤维团，不可能直接用于织造，只有用纺车牵伸拉细纺成纱后才行。具体操作如下：先用手从纤维团中捻出一段纱缕，将纱头缠绕在锭子上后，摇动纺车，锭子回转，使纱缕得到牵伸和加捻，待纺到一定长度，就停止片刻，握持已纺好的一段纱线，反绕到套在锭端的纱管上。如此反复。由此也可见牵拉纱缕的工作是靠手和锭子，一小段一小段相互拉扯完成的。如果纺车上的纺锭位置偏高，纺妇牵拉纱缕的手将提起很大一团不参与牵伸的纤维团一起摆动，这势必会影响纺妇的操作，故有牵伸之用的纺车，其纺锭位置都很低。金雀山汉墓出土帛画上所绘的手摇纺车即是纺丝絮用的。原图上虽未画出锭子，但纺车底部有一团丝絮，而丝絮不可能离锭子太远，由此可以推测出锭子位置当在纺车底部，丝絮将锭子遮挡，使图不能反映。元以后，纺棉纤维用手摇纺车仍很普遍，但纺丝絮则多改用脚踏纺车了，其原因有如《蚕桑萃编》“脚踏纺车图说”所云：“丝绵纺车与木棉纺车异。木棉纺芒短易扯，一手搅轮，一手扯棉，便纺成线。丝绵芒长，力劲难扯。一手执茧，一手扯丝，必须用脚踏纺车方能成线。”

图 5-17　出土汉帛画纺车图

此外，还有一种锭子安装在绳轮上方的手摇纺车，其形制见于宋人《女孝经图》和《纺车图》（图 5-18）。这种纺车的车架由一有底托的立木构成，绳轮装在立木上的轴孔中，几个锭子装在绳轮上方的一块半月形木板上。锭子的安装方向与绳轮上的手柄相背，绳轮与锭子亦是靠绳弦相连。纺纱时，一人摇动手柄带动锭子回转，一人在锭子前方慢慢后退牵引纱线。牵引纱线的人，离锭子距离可近可远。离锭子稍远一些时，被加捻牵引的纱线较长，加工后的纱线捻度和牵伸质量自然会比前述手摇纺车要好，所以它特别适合纺质量要求高的强捻纱。西北少数民族地区一直沿用此种纺车迄近代。

图 5-18 《纺车图》

手摇纺车除了有较高的生产效率外，还可以根据所纺纱线的使用特点，高质量地加工出粗细、强弱、捻度不同的纱线。1992 年长沙马王堆汉墓出土的一种名叫"汉瑟"的乐器，上面有用生丝分别合股加捻制成的 25 根瑟弦。这些弦被瑟上三条尾岳分为三组，即外九弦、中七弦和内九弦，其中直径最粗的弦有 1.9 毫米，渐次递减到最细的 0.5 毫米。25 根弦的捻度有强有弱，均加工得极为均匀，展示了汉代用纺车加工纤维的技术水平。

手摇纺车由于具有结构简单，易于操作的特点，自它出现以来，一直被我国各族人民习用，即使后来普遍使用脚踏纺车后，它也没有被淘汰，一直流传至今。

(三)脚踏纺车

脚踏纺车是在手摇纺车的基础上发展出来的。操作手摇纺车时，因需一手摇动纺车，一手从事纺纱工作，难以很好地控制细短纤维，如纺丝絮或棉花时，为避免纤维相互扭结，成纱粗细不匀，操作中只能以牺牲纺纱速度为代价，时刻小心以防止这种情况出现。后来脚踏升降综片织机的出现，启发人们在纺车上也用脚代替手摇，使纺妇能够用双手进行纺纱操作，于是便试着在纺车上加装踏板，出现了脚踏纺车，将脚踏纺车与立式手摇纺车作一比较，也可以看出它的演变线索。如把立式手摇纺车上的锭子倒置，与曲柄方向一致，车架底座在绳轮方向延长，上置一块与曲柄相连的踏板，便成为脚踏纺车了。手摇纺车演变成脚踏纺车的过程，大约至晚在西汉即已完成，因为当时脚踏斜织机已广为使用。

图 5-19　泗洪县曹庄出土的东汉画像石照片

江苏省曾出土过多块刻有纺织图像的汉画像石，其中，1974 年泗洪县曹庄出土的东汉画像石上清晰地刻有一纺车(图 5-19)。在这纺车的车架上，还刻有一块一端与绳轮相连，另一端放在车架托孔中的斜木，对比后世脚踏纺车安装位置和方式，斜木无疑是纺车的踏板。另外，在这纺车的上方还刻有一木架子，上面排列着 5 只绕满丝的丝籰，说明脚踏纺车也被广泛运用在丝的加捻合线中。曹庄东汉画像石是现在能看到的有关脚踏纺车的最早图像资料。

图 5-20　《列女传·鲁寡陶婴》配图

有关脚踏纺车的文献资料，较早的还见于公元 4 至 5 世纪东晋名画家顾恺之为刘向《列女传·鲁寡陶婴》绘的配图(图 5-20)。原图虽已失传，但历代均有翻刻本可据。其后在元代王祯《农书》、明代徐光启《农政全书》、清代诸华《木棉谱》和卫杰《蚕桑萃编》等很多书籍中都出现了脚踏纺车的相关记载。值得注意的是这些书籍对脚踏纺车的记载远较手摇纺车为多，表明脚踏纺车自出现时起，一直是最主要的纺纱机具。

从各部古书所绘脚踏纺车的图形看，各种纺车除车架高低，轮径大小，锭数多寡不同导致外形有差异外，其结构基本相同，都是由纺纱和脚踏两部分机构组成。

脚踏纺车的纺纱机构与手摇纺车相似，有绳轮、锭子和绳弦等机件。

脚踏纺车的绳轮多为木制。《豳风广义》记载了木绳轮的制作方法："轮制用木板六块，俱长一尺四寸，以三板正中斜锯扣子，便安成轮子。以两轮相去四寸，中安木撑桄六个，便相合成一轮。周围用皮弦襻紧，以承转弦。"绳轮也有用竹制成的，而且各种纺车的绳轮大小是有差异的，但不论采用何种材料制轮，选择多大的轮径，其原理都是相同的，即只要保证稳妥地传动锭子，保持符合纺纱工艺要求范围内的轮与锭的传动比便可。

绳轮直径视所纺纤维和用途而定。王祯《农书》中将用于纺棉纱的脚踏纺车称为"木棉纺车"(图 5-21)，用于并合棉纱的纺车称为"木棉线架"(图 5-22)，用来加捻麻缕的纺车称为"小纺车"(小纺车是相对加捻麻缕的 32 锭大纺车而言，并不是它比其他纺车为小。图 5-23)，也说明不同外形、不同轮径的纺车有着不尽相同的用途。单纯用于并合加捻的脚踏纺车，由于勿需牵引拉细纱条，绳轮一般可大一些。绳轮大，与锭子的转速比亦大，锭子旋转快，加工效率高。但绳轮如过大，则会导致曲柄离轴心距离的增加，从而造成踏杆摆幅过大，使操作发生困难。用于纺需要牵伸纤维的脚踏纺车，绳轮不可太大。以纺棉纱为例，南宋时期，松江地区虽已开始了棉纺织生产，但普及推广得很慢，其主要原因一如陶宗仪在《辍耕录》卷 24 中所云："初无踏车椎弓之制，率用手剖去籽，线弦竹弓，置案间振掉成剂，厥工甚难。"再一是没有合适的纺棉工具。为什么当地没有把运用已久的丝麻脚踏纺车用于纺棉，其原因就是因为丝麻脚踏纺车绳轮较大，锭子与绳轮的转速比较大，锭子旋转快，若用于纺棉纱，往往因牵伸不及而加到棉纱的捻度过高，棉纱不断产生断头，不堪使用。后来纺织工匠改革纺车使之适于纺棉，便是从缩小轮径着手的。

脚踏纺车锭子的形状和制作材料与手摇纺车相同，早期以木或竹制成，明清时改为铁制，但脚踏纺车锭子的安装位置不同于手摇纺车，它是安装在绳轮上方的托架上。锭子的托架是由呈月牙形的两块木板构成的框架。两木板之间的间隔如一沟槽，可使皮弦从中通过。月牙

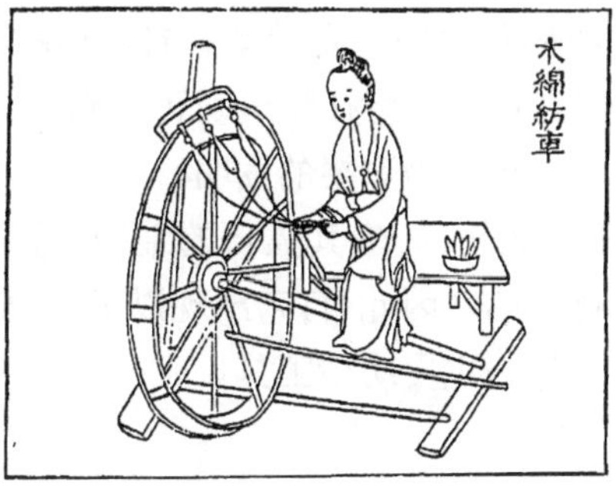

图 5-21　王祯《农书》中木棉纺车

图 5-22　王祯《农书》中木棉线架

图 5-23　王祯《农书》中小纺车

形框上有几个缺口,锭子搁放其上。为使锭子更好地旋转,缺口的下部有时还要镶以涂油皮革,作为锭子运转时的润滑之用。锭子在托架上的排列方式视锭子数而定,一般呈以绳弦在各个锭杆木壳辘子上最大包围弧形。因为最大包围弧形排列可以最大限度减少摩擦传动中的滑溜现象,而使各个锭子基本同步转动。不同用途纺车上的锭子数是不同的,丝、麻、棉纺车多为3锭,亦有4锭者,而专门用于纺麻纱的纺车则有5锭者,如王祯《农书·农器图谱》所载"小纺车"。用多锭纺车纺纱,特别是纺需牵伸的棉纤维时,为避免纱线在牵伸过程中相互纠缠在一起,要先将各根纱分别通过指缝,再引上纱锭,这样在纺纱操作中,各根纱才可得到相对独立的牵伸。如不通过指缝,各根纱便会在手握处纠缠在一起。人的一手仅有指缝四处,故棉纺车的锭数不会多于4个。专用麻纺车则不同,因为它的作用仅是将已绩长的一根或数根麻缕加捻或并合,毋须牵伸拉细,比纺棉纱简单,所以纺麻纺车可增至多到5只的锭子,使纺车纺麻的生产效率得到尽可能的提高。明代《农政全书》卷35所记:"纺车容三繀,今吴下犹用之,间有用四繀者,江西乐安至容五繀,不知五繀向一手间,何处安置也。"也证明了五锭脚踏纺车是不能用于纺棉纱的。

图 5-24　《豳风广义》脚踏纺车

古代通用脚踏纺车的脚踏机构一般是由踏杆、曲柄、凸钉三部分组成,如《列女传》、《农书》、《农政全书》中记载的脚踏纺车。曲柄置于轮轴上,末端由一短连杆与踏杆相连,凸钉置于机架上,顶端支撑踏杆。为避免操作中踏杆从凸钉上滑落,踏杆在位于凸钉衔接处有一凹槽。这种结构运用了杠杆原理。纺纱时,纺妇的两脚分别踩在凸钉支撑点两侧的踏板上。当双足交替踏动踏板后,以凸钉支撑点为分界的踏杆两边便沿相反方向作圆锥形轨迹转动,并通过曲柄带动绳轮和锭子转动。另外,还有一种使用历史可能更为久远一些的脚踏结构,如东汉画像石上所刻纺车的脚踏结构。这种脚踏结构没有利用曲柄,踏杆一端是被直接安放在绳轮上的一个轮辐孔中。轮辐孔较大,踏杆可在孔中来回抽伸。踏杆另一端则架放在车后的一个托架或凸钉上。在《木棉谱》、《豳风广义》、《蚕桑萃编》中都有此结构的详细介绍，“桄中间安一铁橛，大如小指，长六七分，以承脚踏板。形如鞋底，厚一寸，中间刻一小窠，如指顶大，深三分，活安在铁橛上，令其活动。板一头中间安一铁搅杖，状如细笔管，长六寸，撺于轮板近轴处内。孔系轮上预先钻下，去轴寸半，其制如此。”采用这种脚踏结构的纺车，绳轮必须制得重一些，以加大绳轮的转动惯量。纺纱时，纺妇只须用一足踏动踏杆，利用绳轮转动时产生的惯性，使其连续不断地旋转(图 5-24)。据现有资料看，将往复运动转变成圆周运动的机械结构，首先便是始于脚踏纺车，这是古代机械史上一个颇为重要的发明。

脚踏纺车的日纺纱量约是手摇纺车的二倍，虽远远不及大纺车，但其灵巧的结构，适合纺制各种纤维，便于移运它处就纺的特点，却是大纺车不可比及的。因此，自它出现以来，一直是使用量最大的纺纱机具，即使在近代，一些偏僻地区仍把它作为主要纺纱工具。

(四)宋元竖锭大纺车

宋元竖锭大纺车的起源、创制及消失情况，古文献中缺乏明确记载。现存的最早记载见于王祯《农书·农器图谱》，而王书中阐述的器物及耕织方法，大都是唐宋时使用的成法，或者是肇始于元以前，在元代某些地方仍然保留的技术。因此，所载的这种纺车，也应是他之前即已有的科技成果。另外，这种纺车本有大小两种规格。最先出现的，是规格较大的一种，较小的一种则是出现在王祯生活的时候，而且是根据较大者仿制出的。王祯曾明确谈到这一点：“又新置丝线纺车，一如上(大纺车)，但差小耳。”《农书》是王祯任宣州旌德县尹时开始起草，而在改任信州永丰县尹后完成的，上距元统一全国，不过 30 年左右，为时甚短。我们知道，古代科学技术的发展都是很缓慢的，所有科学成就，从开始发明，到得到整个社会的普遍认可，必须经过相当长的时间。因此，大概在南宋时，就已经有人使用这种纺车了，所以到了王祯生活的年代，才能出现普遍应用的现象。

宋元竖锭大纺车在什么时候消失的呢？没有具体的证据，但也不难推定，很可能是明代早期。明代人一般已不了解它的详细情况。这种纺车在明代也曾见于著录，王圻的《三才图绘》和徐光启的《农政全书》都有关于它的介绍和形制图谱。这些材料可给我们一些启发。《三才图绘》是讲历代典制器物的，以广博著称；《农政全书》与《农书》相近，是讲农业的，也以翔实见长。这两本书虽都是明代比较重要的著作，但它们关于这种纺车的描述，却不无可议之处。如，其所刊文字材料，均与《农书》相同，没有新内容，实际即从《农书》移录；其所刊附图，问题更多。另从王、徐两书的内容看，应是讲与之近似的明清大纺车，图谱也是以此为依据而描绘出的，而且显然未经过亲临实处考验，不能正确反映原物的本来面貌。这也说明这种大纺车在王、徐之前就已不复存在了(已向明清大纺车转变)。不然的话，不会出现这种张冠李戴的现象。

这种车的名称在王祯和王圻、徐光启的书里都写作大纺车或水转大纺车。近些年，有些研究者又把它叫作元代大纺车。前者只提及它的性质，没有提到它的时代；后者虽胜于前者，也不大全面，实际上这种车的时代并不仅仅限于元代。为了比较正确说明这一点，最好还是改称其为宋元竖锭大纺车。

宋元竖锭大纺车在历史上的作用是非常突出的。

中国古代使用的纺织原料十分广泛，用量较大有丝、麻、毛、棉纤维。但在比较早的时候，则是以麻纤维为主，其次是丝、毛纤维。在许多地区，丝、麻纺纱生产一直都比较发达，所以一提及中国古代纺织业，多是桑麻并举。后来，开始大量用棉，丝、麻均退居其次，丝只限于南方各省,麻更是用者渐少,日渐衰微。至于毛,大多分散于偏远山区和边疆少数民族地区,变化很大。南宋和元代,是中国古代麻织和丝织不断走向这种变异,并出现以棉为主的转化时期。宋元大纺车在这一时期生产中的作用,从其普遍应用程度和高效率加工产品中得到了充分体现。

宋元竖锭大纺车是这一时期专供丝、麻加捻的工具。规格尺寸大的,主要是捻麻。规格尺寸小的,主要是捻丝。关于这一点,现在似乎还很少有人提到,但这是我们研究它的时候必须特别指出的。中国古代所说的"纺"的概念,与现在不大相同。现在是把制纱的整个工艺统称为"纺",古代虽然也把制纱称作纺,但对单一的加捻或合线也可分称作"纺"。所以也把这种车叫作大纺车或水转大纺车,并把利用这种车加工的产品也看作"纺"的结果(这种车据其功能而论,似乎只用于加捻)。

这种车在南宋和元代中原产麻地区的分布,非常普遍,尤其盛行于近水之乡。王祯在《农书·农器图谱》"利用门"强调过一回,原文是"中原麻苎之乡,凡临流处所多置之";在"麻苎门"又强调过一回,原文是"中原麻苎之乡,皆用之"。

宋元大纺车的工作效率是非常高的,《农书》云:"或人或畜,转动左边大轮,弦随轮转,众机皆动,上下相应,缓急相宜。遂使绩条成紧,缠于轩上。昼夜纺绩百斤,或众家绩多,乃集于车下,秤绩分纻,不劳可毕。"文中"成紧"即加捻,"集于车下"就是把绩好的麻条向作坊集中。可见当时很多从事麻织的人家,都把已经绩好的麻条,集中到有这种车的作坊,请其代为加工,而每架车一昼夜大约可完成上百斤麻条的加捻。同样的,中原地区从事丝织的人家,也常常把刚缫好的丝缕,集中到类似的作坊,请其代为捻制,以腾出时间专事织作。另外,《农书》还将大纺车与当时沿用的传统的衔架合线方法作了比较,"比之露地桁架合线,特为省易。"高效率当然会带来收益,为此《农书》还号召中原之外的地方,也应"视此机栝关楗,仿效成造",以便获得较好的经济收入。

南宋和元代期间,在麻纺织业方面,虽然因用棉者渐多,麻产量有所下降,但在黄河流域的河北、山东、山西、陕西各省以及运河两岸的江淮地区,麻纺织业仍相当普及。人们对麻纺织技术的提高也较为重视,如在麻的耕耘、施肥、收割以及麻皮的沤制、漂练各个方面,都采用或推广了一些较为有效的方法。另外,在麻纺织生产方式上也有所改变,即除了众多的个体麻纺织劳动者外,还出现了一些专门从事麻纺织生产的手工作坊。在丝纺织业方面,元代北方丝织生产和宋代相似,虽然已逐渐衰落,不如隋唐以前繁盛,确仍具有一定规模,并未完全断绝。元朝统治阶层非常喜爱服用丝织物,为了满足其需求,曾多次申令北方各地发展蚕桑。在河北、山东、山西、陕西各省的不少地方,都有为了饲桑而辟置的桑田。种桑的数字,往往以万计。每年收得的丝也相应地比较多。丝税是元代的一项主要税收,据《元史·食货志》统计,元政府在至元二年到至元四年(1265～1267)期间,每年在北方征收的课丝,均在100万斤左右。丝税只是整个蚕桑生产的一小部分,如果再加上当时每年投入市场和制造者的自身消费数量,可以想见,总的生产数字,一定相当可观。正是因为高效率的大纺车的普遍应用,才使当时丝、麻类物资的生产和加工的技术,不但保持了原有水平,甚至还有了一些提高。

宋元大纺车的结构是有关它的研究中最难解决的问题。

现存有关这种车结构的记载,仅见于《农书》,这是我们探讨这个问题时唯一的、必不可少的材料。

王祯《农书》两次谈到这种车的结构,而且还附绘了示意图。一处是在此书"农器图谱"的《麻苎门》;另一处是在此书"农器图谱"的《利用门》,所谈内容都是他直接观察实物的结果,极为真实可贵。但两处文字内容均不够详尽,只记录了一部分主要机件的名称和安装方法,有不少明显的遗漏。附图似乎较文字为胜,多少补充了一些文字的不足。可惜的是它的元代刊本已不可见。现存较早的本子,只有明嘉靖九年(1530)山东布政司刊行本以及清代四库馆臣从《永乐大典》上转摹的。因为辗转传画,已与原本不尽相同,出现一些不应有的错误,无形中给我们的研究带来了很大的困难,必须仔细研读书中的文字和附图,并与其他有关机械参照比较,明确它们的内容,才有可能为了解这种车的构造和使用方法,创造条件。

根据王祯《农书》的描述和附图,参考明清大纺车结构,笔者将其复原模型制出(图5-25)。这种车在外观上可分为主机、主动轮、从动轮三大部分。实际上可细分为:①机架;②纱锭及相关部件;③绕纱装置及有关部件;④传动装置及有关部件。在每一装置中均包含有数量不等的部件,当主动轮转动并通过传动装置带动全部机件后,即可使纱锭旋转,引出具有一定捻度的成纱,绕在纱框上。

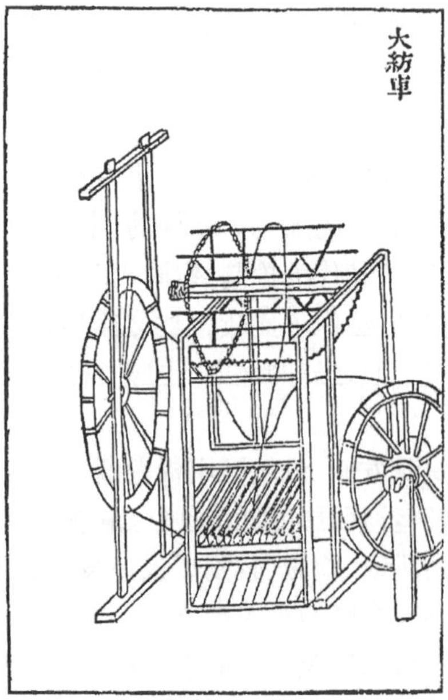

图 5-25　王祯《农书》中的大纺车图及复原模型照片

机架：

机架是一个外观尺寸很大的木架，尺寸如《农书》所云：

大纺车，车制长约二丈，阔约五尺。

机架下部着地处是一个长方形的木框，叫地柎。木框四角分立木柱，作为整个机架的骨干。前后和左右侧面均有横木贯连，分别叫作横木和枋木。《农书》相关的记载是：

先造地柎木框，四角立柱，各高五尺，中穿横桄，上架枋木。

四角立柱的位置，王祯没有说明，据附图看，都是垂直林立。从稳定的角度看，这似乎不太正确，可能是稍稍向机内侧倾斜，呈⌒形。根据一：如垂直林立，稳定性必然较差，中国古代匠人很了解这一点，如宋建筑物中的木柱上端，大都稍稍向内收敛。这种车的面积相当大，运转后产生的震动相应的也比较大，为防止机身摆动和倾斜，打造时自然会有所考虑。根据二：明清大纺车的两侧，亦均呈⌒形，且上部收敛尤甚，而这种车是明清大纺车的前身。

前后和左右侧面的外观形式是有差异的。据附图看，在前后侧面的中部，均有横撑一根，即书中所云："中穿横桄。"在左右侧面的上部，各有横梁一根，即书中所云："上架枋木。"在两侧立柱之内，还各有立木一根。另根据附图和车上其他部件的安装需要看，在两侧枋木之下，相距一定距离的某处(估计约为30厘米，详见下文)，还应该各有横撑一根(《农书》附图中未画，但这是不可缺少的，其作用，亦详见下文)。在两侧之上，各有一个承担纱框的凹口，叫山口。《农书》所载："其枋木两头山口，卧受卷纑长轩铁轴"，对其位置交待得不甚清楚，而在附图里，它是在枋木上。这似乎不对，其位置可能是在一根顶端开凿凹口的小立木上。根据一：《三才图绘·总用门》卷九北缫车图的山口及其形状便是这样；根据二：明清大纺车的山口，亦开于单设的小立木上。

纱锭及相关部件：

宋元大纺车的纱锭，与我们常见的纱锭完全不同，形状较为特殊。它是由一个叫"镋"的中空木筒[①]和镋轴构成，即《农书》所载：

其镋，用木车成筒子。长一尺二寸，围亦一尺二寸。计三十二枚。内受绩缠。镋上俱用杖头铁环，以拘镋轴。

木筒的顶端，大概还有一个带中孔的筒盖，筒中的纱须自孔中引出。这点王书没有提及。这种纱锭缠纱的方式亦与一般纱锭不同。不是缠在纱锭杆上，而是把绩好的麻条，盘成纱卷，放于木筒之内。如果没有盖，当筒内存纱较少时，容易被受牵纺的纱带出，加盖可避免这种情况，同时当纱自孔中抽引出时，还可起导纱作用。纱卷被抽引的方式为从内圈到外圈。

镋轴与木筒的关系，王书描述得也不大明确。两者大概不是一个整体，即镋轴是一个单独存在，以木制成，外箍两铁箍，直径和厚度均在3厘米左右的圆轮。它位于木筒之下，两者由一根铁杆贯串于一起。铁杆上端插入木筒底部，但不得穿出，下端透过圆轮，形成一个铁的榫顶。镋轴与木筒应该能够随意拆分，不然的话，只要镋轴严重磨损(用木作成的绳轮很易磨损)，就须全部更新，不仅不经济，也太麻烦。

与纱锭有关的装置，大概有两件，它们便是与机架等长的一个长木座和一块长木板。

长木座位于机架底部的前半部(两根前腿和两侧中的两根立木之间)。木座的顶面，平列一排与纱锭等数的小铁臼。铁臼内径稍大于镋底铁榫。所有的纱锭，一律直立于铁臼之内。

① 镋，也写作榶，《类编》：坦朗切，木桶也。

关于纱锭的安装方法，在《三才图绘》和《农政全书》的附图中，似乎均被画成横置，很容易引起误解，其实王祯在《农书》中交待得非常清楚，“次于前地拊上，立长木座。座上立臼，以承镗底铁簨”。“座上”和“臼”、“承”几个字，其含义很明显，“座上”无疑是指木座的顶面；“臼”的口应该也是向上，而“承”字则是以下受上之谓，均无横持或横接之意。

长木板，正文未提及，附图左面，紧挨木筒处画了三根横儿，大概就是这个部件，因为它是不可缺少的，在长木座上方约 40 厘米的地方，上开凿有 32 个孔围稍大于木筒的圆孔，套置于各个纱锭的上半部，其形式很像现代纺机的上钢领板(作用当然不同)，以防木筒旋转时，因离心力的作用，摇摆过大或甩出。

绕纱装置及有关部件：

宋元大纺车的绕纱装置，大概包括：一个纱框、一根摆纱竿、一根导纱竿及一些有关附件。《农书》的记载是：

又于额枋前，排置小铁叉，分勒绩条，转上长轩。

长轩即纱框，形状与宋代大缫车上的丝框相同(实际即源于缫车)，是由 6 根横木条和 1 根略长于机架的轩轴构成。

摆纱竿横担于机架两侧横撑的前半部，是一根能作间歇摆动，能使纱框卷纱时让纱线均匀分布，不致重叠，较机架略长的细木竿。额枋上还横安有一排用以控制纱线位置(分勒绩条)与纱锭等量的小铁叉。

摆纱附件，从附图看，宋元大纺车与明清大纺车很接近。明清大纺车的摆纱设备有两种：一种是加装拉棍；一种是加装竹根或木根雕制的伞齿轮。这两种装置，大概在宋元大纺车上都曾出现过。《农书》附图所绘，似是后者。因为，在附图中，纱框的左轴头上好像有一带齿的部件，它与明清大纺车摆纱伞轮的位置，恰恰相合，显然就是同类东西，不大可能具备其他用途。除了伞轮外，还应有两个摆纱传动附件，一个是垂直安装在机架左侧横撑上，与伞轮互相咬合的传动齿轮；另一个是将传动齿轮与摆杆连在一起的连接杆。当框轴转动时，经过伞轮的作用，即可使摆杆工作。

导纱杆(正文亦未提及，但它是不可缺少的)大概安装在机架两侧邻近前腿的两根立木上(明清大纺车即是这样)。其作用是使纱线绷紧，产生张力，并为之导向。当纱线自木筒引出后，必须经过它的后方，再转向摆杆，形成一定的屈曲，然后再向上卷绕。如果没有这个部件，直接卷取，势必会出现纱线抖动和松弛的现象，并得不到足够的捻度。

传动装置及相关部件：

宋元大纺车的传动装置包括两个系统：一个是转动位于机架下部的纱锭；一个是转动位于机架上部的纱框。《农书》的记载是：

仍就左右，别架车轮两座。通络皮弦，下经列镗，上拶转轩旋鼓。或人或畜，转动左边大轮，弦随轮转，众机皆动。上下相应，缓急相宜，遂使绩条成紧，缠于轩上。

这句话虽是讲纱锭、纱框的转动以及动力的来源，但说得十分含糊。好像只用一根传动绳，即可全部带动机件。实际上，这肯定是不行的。所幸，附图这一部分，略微清楚一些，当以附图为是。图中画了两根绳子(姑且以传动绳 a、b 称之)分别同纱锭、纱框发生关系。

根据附图分析，传动纱锭的系统，大概是由一个较大的主动轮、一个次大的被动轮和一部分滑轮组成。如果使用自然力，则另加一轮与主动轮连接。

主动轮和被动轮分别位于机架两侧之外的正中间，两轮中心连线与锭子不在同一直线上。

纱锭的位置比较靠前,两轮比较靠后。如在同一直线上,当绳弦 a 通过纱锭时,产生的摩擦力较小,不足以带动全部纱锭旋转。

既然两轮与纱锭不在同一位置,在绳弦 a 的运行路线上,一定要加设变向装置。而为加大绳弦与纱锭的摩擦力,还要加上一些张力轮。

变向的方法,大概是在两个大轮与机架之间,各安一个平卧的变向轮(与两大轮在同一直线上,位于纱锭之后),使绳弦 a 在通过两个大轮,到达纱锭,并自纱锭返回主动轮的过程中,连续两次改变运动方向和角度,利用变向作用增大纱锭与绳弦之间的摩擦力。变向角度,拟以 45 度角为宜。过大,则阻力亦相应增加;过小,则产生的摩擦力必达不到所需要的程度。

张力轮均位于纱锭之间,高度与锭轮相同。由于纱锭是直线排列的,所以绳弦 a 无疑也是按直线运动方式切过各个锭轮外侧的。如果没有附加张力装置,绳弦 a 很容易产生抖动或脱落,而导致纱锭丢转。设置张力轮,可以弥补这个缺陷。大概是每隔一个或二个纱锭安置一个。张力轮的安装位置,最好能使绳弦 a 不是以直线切过锭轮,而是以微弧线切过锭轮。当然也可使用一些带凹槽的小圆柱代替张力轮,但使用滑轮,更有利于绳弦的运动。使用滑轮的作法,在宋元时期的机械上很常见,如同书卷十六“杵臼门”所载的驴砻,就是利用钜钉拦架绳弦的。设置张力轮的用意与之相似。

转动纱框的装置,虽然《农书》正文和附图反映得均不清楚,但这部分机件是比较容易说明的。从附图所画纱框的形式和转动轮所在的位置看,显然与明清大纺车转动纱框的装置相似,自然可用明清大纺车的装置,作为它的复原依据。

明清大纺车的这部分装置,是由坨轮和 5 个滑轮组成。其装配方式有二种:一种是坨轮套在主动轮轴向后的一端,滑轮 1 固定在主动轮的左后侧,其余的滑轮都安装在主动轮左侧机架的两根立腿上,即滑轮 2 安于后腿下部后侧;滑轮 3 安于后腿中上部里侧;滑轮 4 安于后腿中部后侧;滑轮 5 安于前腿中上部里侧。坨轮和各滑轮用绳弦 b 连接,绳弦先自坨轮引出,陆续通过滑轮 1、2、3、5 后,绕于纱框,最后再经滑轮 4 返回坨轮;另一种亦与之相似,但不是把滑轮 1 固定于主动轮之后侧,而是安于主动轮与机架左侧的后腿之间,稍有差异。

宋元大纺车的这部分装置,大概也是由 5 个叫旋鼓的滑轮(转轩旋鼓)组成。安装方式和传动方式应和明清大纺车相近,即滑轮中的 4 个,分安于主动轮左侧机架的后腿和中间的一根立木上;另一个也安于主动轮轴的左后侧或主动轮与机架后腿之间(究竟以何种为是,现尚难肯定),用绳弦 b 连接。不过当时尚未应用坨轮,是把绳弦 b 直接缠于主动轮轴,并自主动轮轴引出,带动各个滑轮和纱框。

宋元大纺车的各部件尺寸,在《农书》里只提到两项,一是机架的长和宽;再一是纱锭的高和围长,其余的都没有提到。现在只能以这两项数据为依据,参考明清大纺车的规格,加以估算。

这种车的纺麻车和纺丝车的规格尺寸是不同的。纺麻车体积远较明清大纺车大,其部件也相应大一些。纺丝车的体积及其部件可能和明清大纺车相近。

机架、长木座、长木板、纱锭的尺寸:

纺麻车的机架,长约 620 厘米,高、宽均约 154 厘米(见《农书》)。

纺丝车的机架,大概长仅 400 厘米左右,高约 135 厘米,同明清大纺车(明清大纺车的尺寸,均据近代农村流传的实物实测,下同),宽与纺麻车相同,亦为 154 厘米(受其主动轮轴长的制约,主动轮轴的长度见后)。

机架的前腿与两侧中立木之间的距离，纺麻车和纺丝车均约为 37 厘米左右（两侧中间的立木可能和主动轮轴的前端在同一直线上）。

机架顶部小立木的高度，可大可小，不一定有固定尺寸。

长木座和长木板的尺寸相等，长均应等于机架长度，即约 620 厘米，宽均约为 37 厘米。

纺麻车的纱锭高及围长（包括锭轮）均约为 37 厘米（见《农书》），直径约为 11.7 厘米，各个纱锭之间的距离，据其直径计算，应在 7.5 厘米左右。

纺丝车的纱锭高与纺麻车相等，即 37 厘米，围长小于纺麻车，约为 25 厘米左右，直径约为 8 厘米，纱锭间的距离约为 4.5 厘米。

纱框、摆纱竿、导纱竿的尺寸：

纱框：纺麻的，长度略短于机架，直径在 62 厘米左右（明清大纺车纱框的直径为 50 厘米或 55 厘米，宋元大纺车的纱框，大概不会与之相差太远）；纺丝的，长度亦略短于机架，直径亦在 62 厘米左右。

摆纱竿和导纱竿：纺麻的，摆纱竿长度较机架略长，导纱竿长度与机架相等；纺丝的亦然。

纱框和各卷取部件之间的距离与机架和木筒高度有关，据此推测，可能是这样：

纺麻的，自纱框至摆纱竿之间距，约为 28 厘米，自摆纱竿到导纱竿之间距，约为 25 厘米，自导纱竿至纱锭之间距，约为 37 厘米，自纱锭以下约为 65 厘米。

纺丝的，自纱框至摆纱竿之间距，约为 22 厘米，自摆纱竿到导纱竿之间距，约为 18.5 厘米，自导纱竿至纱锭之间距，约为 31 厘米，自纱锭以下约为 52.2 厘米。

主动轮、被动轮、滑轮、锭轮尺寸：

主动轮：纺麻的，轮径可能在 230～250 厘米之间（明清大纺车主动轮直径为 200～215 厘米），轮轴径可能为 15 厘米，轴长可能为 115 厘米（明清大纺车的轮轴长为 100～105 厘米）；纺丝的，轮径可能在 200～215 厘米（与明清大纺车相近），轮轴径可能亦为 15 厘米，轴长亦可能为 115 厘米左右。

被动轮的直径可能均在 65 厘米左右（不是主要部件，伸缩性比较大）。

滑轮：滑轮 1 的直径可能为 11.5 厘米，其余的直径可能均为 8.7 厘米（明清大纺车滑轮 1 的直径为 8.7 厘米，其余的直径可能均为 5 厘米）。

锭轮：纺麻的，直径约为 3.3～4 厘米，高可能为 5 厘米；纺丝的，直径约为 2.7～3 厘米，高可能亦为 5 厘米。

宋元大纺车的科学价值是通过其结构特点和设计原则表现出来的。

宋元大纺车的结构和设计原则与前此的任何纺车均不相像，其特点主要有以下几点：

第一，具备了较完整的大型纺纱机械的形状和功效。其纱锭远较一般纺车为多，可达 30 余枚，而且每枚均能自行"工作"，并使劳动者在工作中的控制范围大大增加，特别适应大规模专业化生产。其效率，以纺麻为例，直观的计算，它的产量相当于 32 架单锭纺车，5.4 架 5 锭纺车，实际上，并不仅止于此，如再加上连续工作，即加捻、卷绕同时进行而争取的有效时间，其产量比前述的还应提高三分之一，难怪王祯说：原来每天纺纱 1～3 斤，而大纺车一昼夜可纺 100 来斤，纺绩时需集中足够多的麻才能满足它的生产能力。在使用大纺车的地方，许多农户都将绩好的麻送到大纺车作坊，请其代为加工，以节省出大量劳力。

第二，纱锭的形式较为特殊。这种锭子与一般水平安装的实心锭杆纱锭，完全不同，其垂直林立、中空的、可装较多待加工絮条的圆筒状纱锭，在中国和世界古代纺织技术史上很罕见，仅日本卧云辰致于明治十年(1877)发明的ガラ纺机的纱锭与之相似。

第三,加捻和卷取的方法较为合理。一般纺车的加捻和卷取都是分开进行的,即在从事一段时间的加捻后,终止加捻工作,专事缠绕,这两种工作不能同时进行。而大纺车已经完全不存在这个问题,可以把加捻和卷取揉合起来,一并进行,既提高了工效,又提高了加工质量。一般纺车在进行加捻和卷绕时,纺工需手持纱缕一端,而让纱缕的另一端绕于锭杆前端,实际上这一段纱缕的两端处于手和锭杆的控制中,也就是在加捻过程中,这段纱线两端的位置是固定的。锭子旋转,纱线被加捻后,依靠锭子的反转,让绕于锭杆前端的纱缕退绕下来,再转动锭子,把加过捻的纱缕用手送绕在纱管上。显然锭子的工作一会是加捻,一会是卷绕,加捻和卷绕是分开交替进行的。而大纺车的加捻和卷绕却不是这样,大纺车的锭子专门负责加捻,卷绕则由纱框完成。运转时,锭子与纱框同时转动,锭子转速比纱框快得多,纱缕在被卷上纱框的过程中被加捻。由于加捻与卷绕的速度有固定的速比,且是无间歇的连续运转,大纺车的加捻卷绕速度和质量自然比一般纺车要快和均匀。

第四,整体设计独特巧妙。一般纺车的设计,都是以原动轮与纱锭转速的差异为基础,这种车亦然,但又不局限于此。因为它多了一个大纱框,要得到最佳运转状态,不得不考虑这些问题,即:须使纱框和纱锭能够同时工作;须使其转动后具有固定的线速比,而能得到适用的捻度;须使转动轮轴和纱锭尺寸限定在一定范围内;须考虑各个部件的相互影响,使能耗最小;须尽可能的简化运转方式。把两根传动绳弦,全部集中安于主动轮上,即一个绳弦安在轮辐上,另一个绳弦安在轮轴上,并利用轮辐绳弦带动纱锭,利用轮轴绳弦带动纱框,较好地解决了这些问题。

第五,将不同的运动方式有机的统一起来。这是机械设计中必须解决的关键问题之一,为此,大纺车的设计中运用了两种方法。其一是利用齿轮,即通过一对伞形齿轮控制摆纱竿,把出自纱框的连续回转运动,变为线性往复运动;其二是大量利用滑轮,在必须使传动绳由立面运动改为平面运动,或由平面运动改为立面运动的地方,一律加装专门变向的滑轮,尽力发挥其功能,以使传动绳能按照需要产生各种变向运动,带动整个机械。

第六,摩擦力的处理和运用恰到好处。机械运转产生的摩擦力是影响其自身有效工作因素之一,但如处理得当,不仅能减轻其影响,还能化害为益,大纺车在设计时充分考虑了这一点。为让纱锭易于旋转,选用了铁锭杆,并使承受锭杆的臼槽成下陷的光滑的半圆弧,以使其阻力最小。为使绳弦通过纱锭时有效地带动其旋转,安置了变向轮和张力轮,增加绳弦与锭轮的摩擦力,最大程度地利用了摩擦力。

第七,既可用人力驱动,也可用畜力或水力驱动。这是我国将自然力运用于纺织机械的一项重要发明。据王祯《农书》记载,水转大纺车在"中原麻苎之乡,凡临流处多置之",可见我国在13世纪已普遍应用以水力驱动的纺纱机械了。

宋元大纺车在古代纺织技术史上的科学价值是相当高的。就中国古代纺织技术而论,宋元大纺车之前的纺车,大多在1~5锭,都不能无间歇地连续工作,而且只能利用人力,不能利用畜力或水力,其技术含量远远不及大纺车。就世界古代纺织技术而论,欧洲同时代的纺车就更为落后了,马克思曾以德国为例,在《资本论》第一卷第十三章论述欧洲较早的纺车:"在德国,起初有人试图让一个纺纱工人踏两架纺车,也就是说要他同时用双手双脚劳动,这太紧张了。后来有人发明了脚踏的双锭纺车,但是同时纺两根纱的纺纱能手,几于像双头人一样罕见。"这就是说欧洲18世纪以前使用的纺车都是单锭的,双锭的虽然也出现过,却找不到能操作的人,无法推广。欧洲最早的可连续工作的纺车,据说是15世纪后半期,达·芬奇(Leonardoda Vinci)设计的纺车,但这种纺车并未付诸实用,是否适用于生产尚不可知。最早的畜力纺车是1735年约翰·怀特(John Wyatt)发明的驴力纺车。最早的多锭纺车是1764年英国哈格里沃斯(Jame Hargreaves)发明的珍妮纺车(最初为8锭,后来逐渐增多至20~30锭)。最早的水力纺车是1769年英国人瑞恰德·阿克莱(Richard Arkwright)在珍妮纺车的基础上创制出的。欧洲的这些纺车与宋元大纺车比较,在时间上均有一定的差距。仅此一点,大纺车在世界纺织技术史上的地位和意义更是不可忽视的,可惜中国古代没有专讲纺织机械发展的书,没有对它作出翔实的介绍及评论,以致中国古代这一重要发明,长期淹没不彰,实在令人惋惜。

宋元大纺车较之其他纺车,具有许多不可比拟的优越性,但它为什么没有被沿用下来?这是我们在研究它的历史时,不能回避,必须探讨的问题。

究其原因,概括起来有两点:

一是由于历史环境的限制。宋元纺织业相当兴盛,当时中原地区的乡镇民间,不仅有各家各户的家庭式生产,还出现了不少规模较大的麻纺织手工业作坊。集中的规模较大的专业化生产方式,需要与之匹配的生产机具,而大纺车正好适宜专业化生产的方式,所以它的出现、普及并非偶然,是社会需求使然,也就是说具备了较好的社会条件。元以后的社会条件与之很不相同。元、明之际,中国的麻纺织生产大幅度萎缩,尤其在北方,这种情况更为显著,麻纺织不再是纺织生产的重点,众多的拥有大纺车的麻纺作坊也随之停开,使大纺车再无用武之地。另外,这种大纺车的纱锭似乎也可以纺纤维偏短的棉,那么它为什么没有在后来兴起的棉纺织业中得到应用呢?这是因为元以后的棉纺织业有一显著特点,即是由农村家庭副业和分散的城市小手工业组成,始终处于个体小规模生产阶段,不具备使用规模化生产机具的前提。这些历史环境,无形中动摇了这种纺车继续沿用的基础,使之逐渐退出了纺织生产的舞台。

二是由于它自身确实也存在着一些缺陷。宋元大纺车由于受锭轮直径的限制,无论是纺麻还是纺丝,可加捻的范围都偏小。弱捻纱显然只适于制织一般织物,而不适于制织较精细的织物。此外,它的纱锭虽然有能容纳较多絮条的优点,但其纱锭中间因为没有通长的锭杆,对于絮条的控制能力,应该是比较低的。容易造成絮条的大量滑涌,特别是在加工长度大、表面光滑的丝纤维时,更容易出现这种现象,而且一旦出现,势必会造成退捻和增加整理絮条的时间,给生产带来许多意外麻烦。元以后的丝织业虽大不如前,但没有像麻织业那样全面萎缩,在南方各省仍很繁盛,甚至还有所发展。很多地区都保留有规模较大的丝手工业作坊,大型机具仍具有一定的市场。为适应丝纺织生产的需要,人们将宋元大纺车的一些技术缺陷进行了改造,放弃了其原有的纱锭形式和安装方式,改成以锭杆为主的横卧式纱锭,而演变成明清大型丝纺车。

这两点使宋元大纺车不具备长期存在的基础,尤其是第一点,可能对它影响最大,使这种具有一定历史价值的机具,长期淹没无闻,久而久之渐成历史陈迹,人们不再使用它,不再了解其详细结构和真实面貌的直接原因。

(五)明清横锭大纺车

明清大纺车系专用于丝织业的横锭纺车,是在宋元立锭大纺车的基础上演变出来的,其设计思路之精妙,在纺织生产中所起的作用之突出,具有很高的历史价值和研究价值。

元、明之际，以农村家庭副业和城市小手工业为特点的棉纺织生产蓬勃兴起，麻纺织生产大幅度萎缩，用于规模化生产的宋元大纺车，因无法高质量地完成牵伸拉细纱条的工作以及不适应棉纺织生产方式，在全国普遍种植棉花，棉纤维完全取代麻纤维成为主要衣着原料后，宋元大纺车不再用于丧失规模化生产能力的麻纺织业，使用仅局限于仍保持一定规模化生产程度的丝纺织业中。在其后的丝纺织生产中，为满足丝织工艺要求和进一步提高功效，人们将宋元大纺车的一些机构进行了改造，使之最终演变成明清大型丝纺车。这个演变过程大概在明初即已完成，因为在明代王圻《三才图绘》和徐光启《农政全书》中，均载有这种大纺车的形制图谱(图 5-26)[①]。

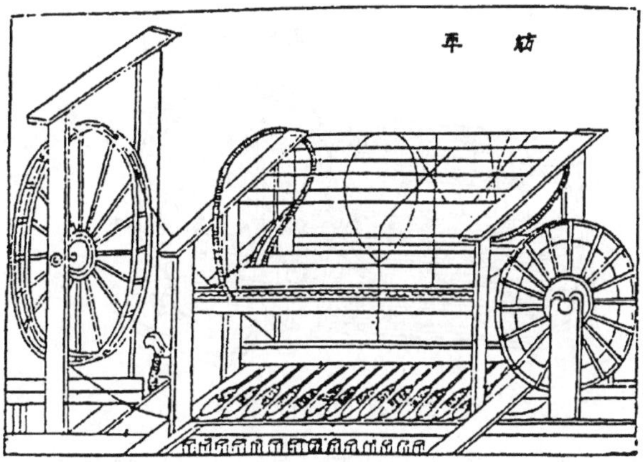

图 5-26　《农政全书》中的大纺车

明清时期应用大纺车的地方似乎仅有江苏、浙江和四川几省，其他地方都是用露地桁架来合线，因而卫杰在《蚕桑萃编》卷十一中总结纺丝之法时有“纺丝之法，惟江、浙、四川为最精。东豫用打丝之法，山、陕、云、贵亦习打丝法，以一人牵，一人用小转车摇丝而走”之说。其原因也和全国普遍种植棉花有关，因为当时“北至幽、燕，南抵楚、越，东游江、淮，西及秦、陇，足迹所经，无不衣棉之人，无不宜棉之土。”除江、浙、四川外，许多地方的丝业远不如棉业兴盛，丝纺织品产量不多，对高效率的丝加工机具不是很重视。江浙、四川丝纺织业的规模虽然亦大不如前，但仍是全国传统的丝纺织品的主要产区，其丝织技术一直处于全国领先的地位，并且涌现出不少专以蚕织生产为主的城镇。统治阶层为满足奢华的需求，还在这些地区设立了很多官营织染局，专门织作高档精美的产品。丝织业的兴盛程度，以江苏苏州、四川保宁为例，据记载，明初仅朝廷在苏州所设织染局，每年便织造纻、丝、纱、罗诸布及帛“约三万七千四百余端”[②]。苏州城内，居民大半“以纺织为业，机声轧轧，子夜不修，……郡城之东，皆习机业”[③]；四川保宁“有丝绫文锦之饶”[④]，“诸县……丝、绸、绫、绢，既用以自衣被，而其余且以货诸他郡，利云厚矣”[⑤]。正是由于规模化生产需要高效率的丝加工机具，所以丝纺织业专用的大纺车才在这些地区被一直沿袭使用下来。

明清横锭式大纺车有水纺和旱纺两种类型，对这两种类型，卫杰在《蚕桑萃编》卷 5 和卷 11 里都有所论述，并附有图谱(图 5-27、图 5-28)。据此书说：水纺属于江浙式，是专供江浙丝织业使用的；旱纺属于四川式，是专供四川丝织业使用的，并说江浙丝和四川丝之所以精美，都与使用这种纺车有关。

卫杰这些论述颇能说明这种纺车所具有的历史意义，特别是江浙式和四川式这两个名称，

---

① 王、徐两书所刊大纺车的相关文字材料，均系从王祯《农书》移录，但图谱却与王祯《农书》的图谱差异较大，不无可议之处。从两书所绘的图来看，应是就明代的丝纺车而绘。

② 见《明史·食货志》。

③ 见《古今图书集成·考工典》引《苏州府志》。

④ 见张翰《松窗梦语》卷四。

⑤ 见《古今图书集成·职方典·四川总部·总论》。

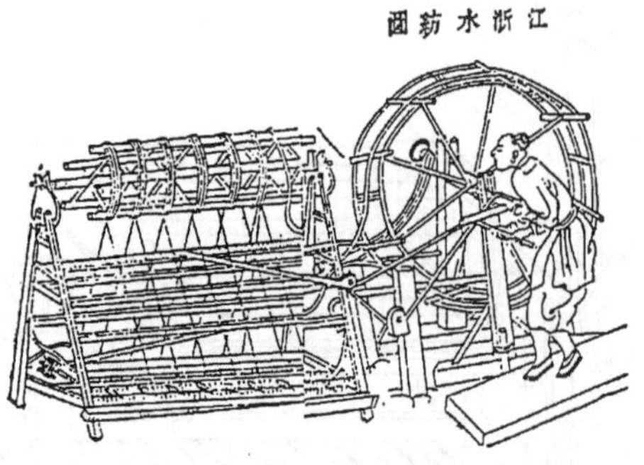

图 5-27　江浙大纺车

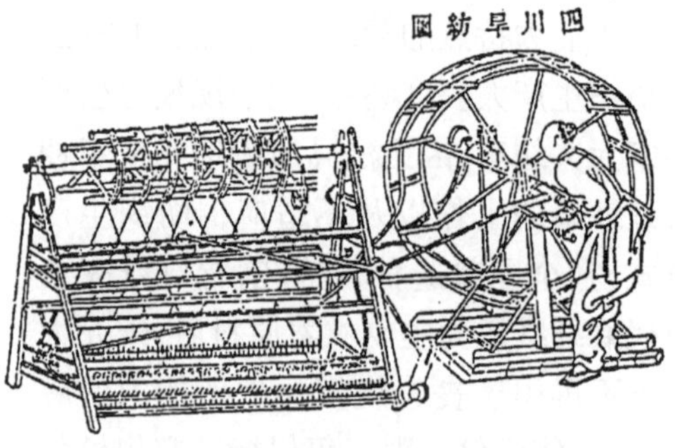

图 5-28　四川大纺车

均以地名为喻，无疑是带有总结和概括的意味，有力地说明了这种纺车在清代这些地区的作用。不过有一点需要予以指出，即这两种类型的纺车，虽然都有一定的使用范围，但并非像卫杰所说的那样绝对，也就是说这两种类型的纺车在这两地是相互通用的。20 世纪 70 年代，浙江绍兴华舍绸厂还存有一台水纺车，确与卫杰所说符合；而同时期湖北江陵生产荆缎的工厂也存有一台水纺车(图 5-29)，在这台纺车的图纸上有如下说明：

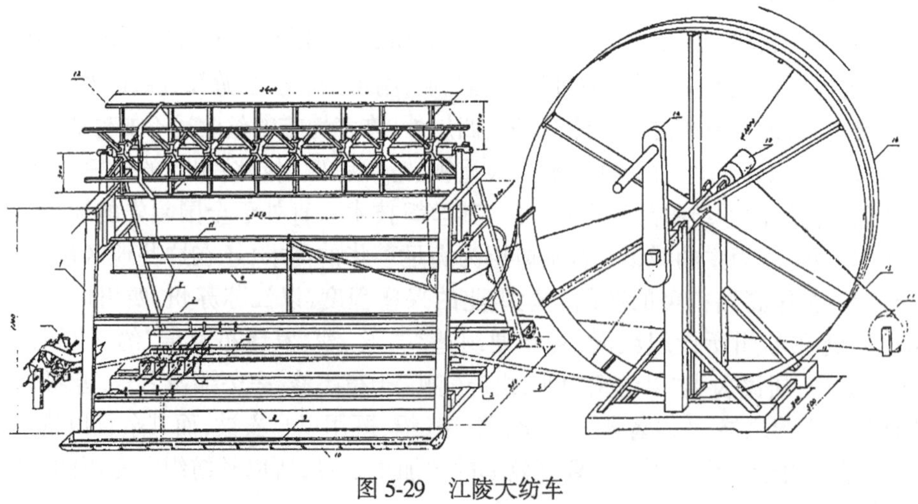

图 5-29　江陵大纺车

(1)此纺车系我厂解放初期生产工具(据传明清时期由四川成都地区传来)，根据需要由厂领导、老工人、技术员三结合研究复原，并保持原有的传动方式、工艺数据、外观试样等特点。

(2)我厂织荆缎以此车作蚕丝加捻用。当转动摇臂 16 时，大车 14 带动锭带 6 使锭子 15 随之转动，将蚕丝 7 加捻通过齿架 8 到水沿 10 中浸水，然后穿过绞片 11 使之摆动卷绕在幔 12 上，幔的转动由幔轮 19 带动幔带经滑轮改向带动幔转动。

(3)大车每转动一周，使锭子约转 200 转，根据需要的捻度，可确定幔带轮直径，如捻度为 5 捻/厘米，则幔带轮 19 直径为 13 厘米。

可见四川也有用水纺车的。卫杰如是说，可能是因在比例上江浙用水纺的多，四川用旱纺的多，只据其常见而言。

横锭大纺车的详细结构不见于记载，虽然《蚕桑萃编》在著录这种车时，曾把水纺和旱纺两个类型的车的各种部件全部录入,同时画了示意图,但均与现代机械零件的名称不同,而且没有写明安装方法,如果只据其所记推测,实在不易看清其真实内容,无形中给我们解析增加了不少障碍,所幸华舍和江陵沿用的水纺车,系一份真实直观的材料,可与《蚕桑萃编》所述相互印证,启发我们对它的了解,并订补其不足。

这里以江陵大车为基础,对应《蚕桑萃编》所载各种部件的名称,将横锭大纺车的结构分述于下:

这种车是由机架、出纱、绕纱和传动四部分组成。

机架部分由4根立柱、数根横撑和2根木桩组成。高约1.2米,长约1.45米,两侧下宽0.9米,上宽0.3米(《蚕桑萃编》卷5所记规格略小于此),四根立柱分立四角,前后各安横撑一条,位于立柱之中部。自下至上各安横撑三条,小木桩竖置于两侧上部的两根横撑之间,顶端竖开凹口,以承担纱框铁轴,下部横开方孔,以承担摆纱的横竿。

出纱部分由枕木2根、竹牌100或120片、方木2根、过丝竹竿2根、水槽2个和锭子50或56枚组成。

枕木长与机架相等,纵切面呈⼕形,位于机架底部横撑的中央,其上各凿有长方形孔槽50或56个,可以倒换使用。竹牌高3厘米,宽1.5厘米,其上均开有一定的孔洞,或位于中心,或从左上角向中心斜开凹形切口,各居一半,以1比1的方式竖插于枕木孔槽之内。方木长也与机架相等,其上各竖竹籤51或57枚,置于枕木与机架的立腿之间,锭子长25厘米,尾部插于中心开口的竹牌之内,腰部安于斜开口的竹牌之内,头部横担于方木上的竹籤间隔之内,亦以1比1的方式颠倒放置,形成前后两排(江陵大车机架与方木之间,没有其他部件,《蚕桑萃编》所记水纺车和旱纺车在方木与机架之间当有与方木同长的小摇盘木或坡瓦一根,其上亦有51或57枚竹籤,作为过丝的辅助部件)。锭子上的纱自方木引出后必须经过水槽或水淋竹湿润,水槽或水淋竹略长于机架,水槽内满贮清水,水淋竹上覆盖湿毯,压丝竹于水槽之内或水淋竹之上。

绕纱部分由纱框、导纱竿、摆纱竿组成。

纱框位于主机的最上部,两端轴头分但于机架上木桩上部的凹口之内,纱框有整架和拼合两种。整架的长较机架略短。拼合的可用4~5个,总长等于整架长。摆纱竿略长于机架,位于机架之下,两端分插于机架上的两小木桩下部之方孔内,它的安装形式也有两种,(均见于《萃编》)一种是可以左右摆动,防止成纱在相同部位重叠。一根短竹竿为连接杆,短竿之一端连于机架上的一个滑轮之上,一端缀一竹片,以竹片与横竿连接(江陵大车即采用这种形式)。一种是在纱框一端的轴头上安一伞齿轮,控制横竿(绍兴大车即采用这种形式)。导纱竿长同纱框,位于摆纱竿之下,过丝竹竿或水淋竹略长于机架,位于机架前后部与方木高度相近的地方,均起纱线的导向定位作用。

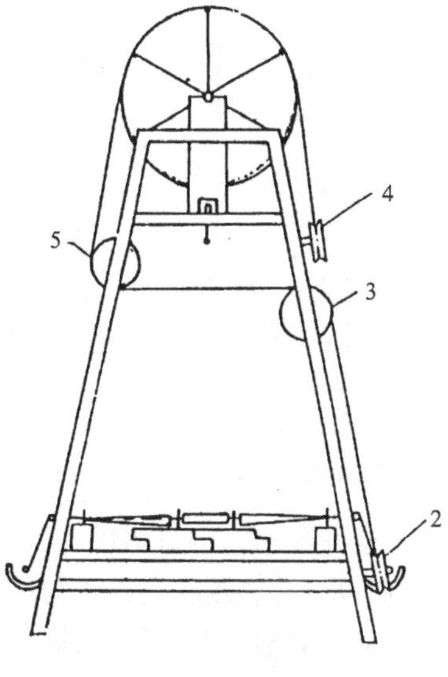

图5-30 机架侧面图

传动部分由主动轮、被动轮、滑轮5枚、坨轮数枚、传动皮带、传动麻绳各一根组成。

主动轮直径2米,位于机架之一侧。被动轮形如籰子,位于机架之另一侧。滑轮2、3安于机架接近主动轮一端的后立腿后侧上(即《蚕桑萃编》卷5的交滚、搅滚,交滚连接摆纱竿之连接杆),滑轮4、5安于机架接近主动轮一端内侧的两根立腿上(即《蚕桑萃编》卷5的赶路滚、抬滚。图5-30),滑轮1安于主动轮之外侧。坨轮安于主动轮轴与摇把相对之另一端。坨轮直径可根据纱的捻度而定,捻度大则直径小,捻度小则直径大。传动皮带环套于主动轮和被动轮之上,并以一上一下交叉的方式通过各个锭子。传动麻绳绕于坨轮之上,按顺序分别通过滑轮1、2、3、5后缠于纱框上(也可把1改为不固定位置,悬挂于主动轮和机架之间接近地表的地方,即《萃编》所说的猫耳朵),再通过滑轮4返回原位(或只通过3、4、5,不通过2,而把1移于机架同侧的另一根立腿上,另用一根麻绳与主动轮靠近摇把一端的轮轴环套在一起)。主动轮和被动轮按逆时针方向旋转,纱框按顺时针方向旋转。主动轮和纱框基本同步的运动,即可使纱经过缠纱部分的各个部件,缠于纱框上,同时由于锭子与纱框的转速差使纱成捻。

《蚕桑萃编》卷5所载主要部件名称与江陵大车主要部件名称对校见下表:

部件名称	《萃编》水车部件名称	《萃编》旱车部件名称	江陵纺车部件名称
立柱	马腿木	象腿木	
横撑	横撑木	横撑木	
小木桩	木纱帽	木纱幔	
枕木	汤板	汤板	挡
方木	大摇盘木	门坎	凿木
	小摇盘木	皮瓦	
竹篾	管丝竹	竹钉	竹篾
竹牌		竹玛子	竹牌
过丝竹竿	摇柱竹	水淋	柱竿
水槽	水鼓辘	水淋竹	水槽
压丝竿	压水柱	搅丝竿	竹竿
锭子	篗子	篗子	纡子
纱框	花幔或筒幔	花幔或筒幔	幔或通幔
导纱竿	龙竿竹	起丝竿	竹竿
摆纱竿	交棍竹及交板竹	天平竹及交棍竹	绞片
主动轮	车轮	车轮	大车
被动轮	引头络	滑车	簟子
滑轮1	交辘轳	交滚	滑轮
滑轮2、3、4	油辘轳	搅滚、赶路滚、交滚	滑轮
坨轮	拨头	活头	锭轮
传动皮带	车绊	麻辫	锭带
传动麻绳	油绳、交绳①	幔绳	幔绳

这种车的结构自明代定型后,大概一直都是这样,基本上没有变化。如果说有什么差别的话,那也只是表现在它锭子的数量和排列方式以及导纱竿的悬挂方式上。

最初的锭子都比较少,据《农政全书》的附图看,明代车上仅有一排锭子,且都是按同一方向排列,带动锭子的只是一条黑线,用的可能也不是皮带,而是皮弦或麻绠。皮弦贴靠在锭子的下面,按直线运动的方式带动,与后来的情况不大相同。因为只有一排锭子,纱没有变交的

① 油绳:带动纱框的麻绳;交绳:带动摆纱竿的麻绳。

必要，导纱竿可能是固定不动的。

《蚕桑萃编》所载的大纺车，江陵、绍兴流传下来的大纺车，都是56个锭子，均按1比1的原则分作前后两排倒交叉排列（锭子头方向分朝机架前后两方）。锭子排列变化的原因有两个，一个是为了增加锭子数；一个是便于加捻，因为如按《农政全书》的那种方法只从各个锭轮之下擦过，往往不能全部擦到，有的锭子容易丢转（绳子跳动或拉松时），同时用绳弦传动所产生的摩擦力也比较小，不如使用皮带。改用皮带，并且在锭子中间以不断起伏的形式通过，即可使之形成不断的弯曲，就等于在传动绳带上施加了压轮，大大增加了锭子的摩擦力。

水纺车和旱纺车的结构基本相同，其差别只在于它们的引纱过程中的附加装置，即《蚕桑萃编》所说水纺车的水鼓辘和压水柱及旱纺车的水淋竹和搅丝竿，水鼓辘和压水柱是两个水槽及两根竹竿，长均略长于机架。水槽中满贮清水，压水柱横置于水槽之内，分位于机架前后两面的地附上。水淋竹和搅丝竿是两片竹和两根竹竿，亦均略长于机架。水淋竹上覆盖用水浸过的湿毯，搅丝竿压于水淋竹之上，都是位于水鼓辘相同的部位。这两种装置哪一种最先出现，已不可考，它们的用途显然完全相同，都是为了去除丝线表面的灰尘和增加丝线的湿润度，就如《蚕桑萃编》卷5所言：

> （水纺车）纺以水名，重淘洗也。因潮重风燥，水性带泥，浊尘易沾，故倒经必过水盆，摇经必过水鼓，所以倒洗三次，摇洗亦三次。是纺中洗经则易净，经必湿纺则愈紧。色自鲜亮。
>
> （旱纺车）纺而曰旱，用水少也。因天气温和，水不加泥，室不起尘。以细毡片泡水，搭于水淋竹上，令经丝擦过，所以去尽污浊，而求纯洁。愈湿愈净愈紧練也。色自鲜亮。

文中对它们的作用讲得很明确，但把造成它们不同的原因，与江浙四川的气候互相牵合，却不一定是对的。因为江浙的气候根本不存在风燥的现象，显然附会，不足为据。

综上所述，明清大纺车比之宋元大纺车有了下列几项改变：

(1)车架的形状由长方形框架体变为梯形框架体。采用梯形框架，上狭下阔，纺车稳定性更好。

(2)纱锭由中空的木桶状改为实心的锭杆状，并由竖直排列变为横卧排列。

(3)皮弦由锭子底部通过。锭子竖直排列时，由于皮弦是从侧面摩擦锭子，锭子旋转时，虽有木轴承和杖头铁钉扶撑，锭子仍免不了摇摆，特别是在加工强捻丝线的情况下，锭子旋转速度快，丝线张力大时，因而存在因摇摆造成丢转导致纱线加捻不匀的缺陷。锭子改为横卧，皮弦由锭子底部通过，这些缺陷便不复存在了。

(4)锭子由单面排列变为双面交叉排列，锭子数大增。宋元大纺车每台锭子数为32枚，清代大纺车锭子数增加到50或56枚。锭子数的增多使每台车的产量相应地提高了很多。

(5)导纱方式更加完美。宋元大纺车是靠“小铁叉”完成导纱，清代大纺车是靠“交棍竹”完成导纱，小铁叉只能导，交棍竹既能导，又能摆动使丝线分层卷绕。

(6)车架一侧的导轮直径大大缩小，使操作更为省力。

(7)大纺车底部加装了给湿定型装置，如江浙大纺车给湿是靠车架两边底部盛水的竹壳，丝线直接由水中通过；四川大纺车给湿是靠车架两边底部的湿毡，丝线上卷时由湿毡通过。给湿装置可提高丝线张力，防止加捻时丢转，同时亦可稳定捻度和涤净丝条。

第三节　络、并、捻机具

缫、纺之后得到的纱缕往往含有一些诸如粘连、不匀、断头等影响上机的疵病，必须经络纱整理，消除这些疵病后，纱缕才符合上机要求。络纱的过程就是把缫、纺后的纱缕倒到籰子上，并在这个倒纱的过程中，整理、去除发现的各种疵点。而不同的织物，对经纬线的粗细、有捻无捻、捻度大小等也有不同的要求，这就需要在络纱之后，进行并线和加捻。络、并、捻是纱缕上机织造前必不可少的加工工序，在古代，络纱有一些结构简单的专用机具；并、捻除用纺车外，还普遍使用打线车。

(一)丝籰

籰也称“互”，是在“Ⅰ”形和“Ⅹ”形绕丝工具的基础上发展出来的绕丝工具，后被广泛用于络丝。汉代《方言》中叫做“榬”，云：“兖豫河济之间谓之辕”。《说文》中叫做“籰”，解释为“收丝者也，或作觵，从角、从间声。”元代时写作“籰”，王祯《农书》说“(籰)今从竹又从矍。竹器，从人执之矍矍然，此籰之意也。然必窍贯以轴，乃适于用，为理丝之具也。”

丝籰的结构是四根小竹棍或小木棍由短辐交互连成，中贯以轴。用法是手持轴柄，用手指拨转，便可将丝绕于籰框上。籰虽是一种简单的工具，但它的出现大大加快了绕丝和络丝的速度。图5-31是王祯《农书》所载丝籰附图。不同时代、不同地区的籰子外形尽管有差异，但其结构原理都是相同的。

(二)络车

络车是将缫车上脱下的丝绞转络到丝籰上的机具。早在《易经》中就有络车的记载。《易·姤》中“系于金木柅，柔道牵也”即是说络车。其后《方言》有：“河济之间，络谓之给。”郭璞注曰：“所以转籰给事也。”《说文》有：“车柎为柅。”《通俗文》有：“张丝曰柅。”这里的“柅”即是指络车的张丝架子，它又作“檷”，《说文》：“檷，络丝柎也，从木爾声，读若柅。”段玉裁注：“今络丝架子。”山东滕县龙阳店和江苏洪楼出土的汉画像石上，均刻有调丝(即络丝)图。其上络车便是由张丝的柅和卷绕丝绪的籰子组成。“柅”是竖立在地上的木棍，丝绞张于木棍上。络丝时，用手转籰，从丝绞引出的丝绪，通过上方横木悬挂的丝钩，便络于籰上。宋以后，络车根据转籰方式有南北之分。

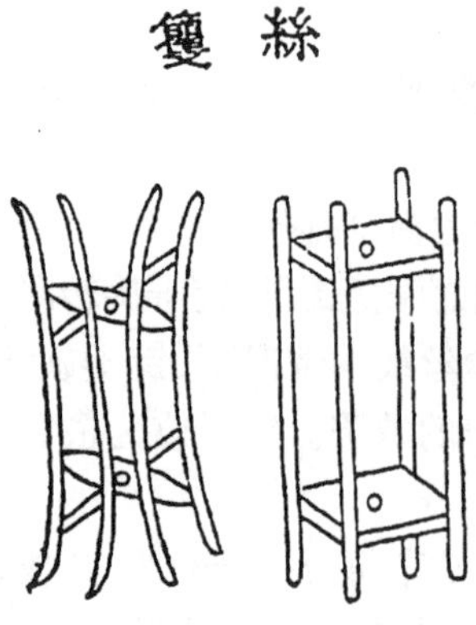

图5-31　王祯《农书》所载丝籰

王祯《农书·农器图谱》有北络车的记载和图绘。

“其车之制，必以细轴穿籰，措车座两柱之间(谓一柱独高，中为通槽，以贯其籰轴之首。一柱下而管其轴制末)。人既绳牵轴动，则籰随轴转，丝乃上籰，此北方络丝车也。”

“人既绳牵轴动，则籰随轴转”，很清楚是以绳牵轴，掉籰取丝，可惜王祯《农书》附图已失其真。不过《蚕桑萃编》上有北络车较为确切的图绘(图5-32)。据此图看，所谓“绳牵轴动”，应是在籰轴之首绕一绳兜，手拉绳一引一放，带动籰轴随转。放绳时籰子靠惯性回转。

南络车的图绘亦见于王祯《农书·农器图谱》(图5-33)，较为详尽的记载则是见于《天工开

物·乃服·调丝》(图 5-34):

图5-32 《蚕桑萃编》中的络车图

图 5-33 王祯《农书》中的络车图

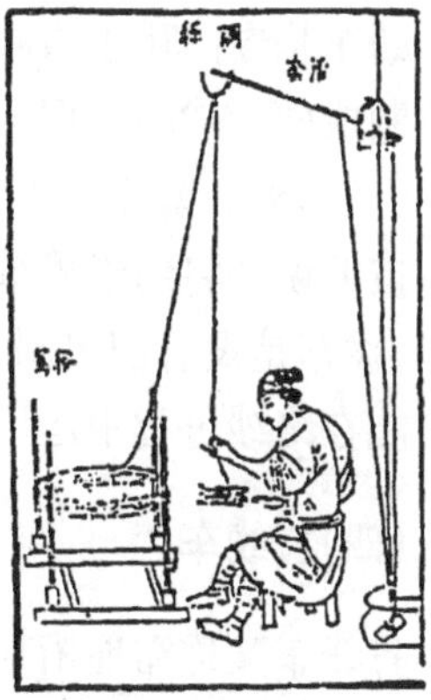

图 5-34 《天工开物》中的络车图

凡丝议织时,最先用调。透光椽端宇下,以木架铺地,植竹四根于上,明曰络笃。丝匡竹上,其傍依柱高八尺处,钉具斜安小竹偃月挂钩,悬搭丝于钩内,手中执籰旋缠,以俟奉经织纬之用。小竹坠石为活头,接断之时,扳之即下。

这种络车与汉画像石上的络车很相似,但引丝上钩方式有了很大改进,操作者往丝钩穿头时不需站起,只要将竹竿板下即可,穿好头,手一放,竹竿另一端所栓坠石靠重量将竹竿转动,丝钩自动上移,大大方便了丝的退绕。

南北络车虽转籰方式不同,但都使操作者左右手实行分工。北络车是用右手牵绳掉籰,左手理丝,绕在丝籰上,南络车则是用右手抛籰,左手理丝,绕在籰上。由于北络车转籰动作采取了机械方式,丝籰旋转速度快而稳,所以它的生产效率和络丝质量应较南络车为优。近代山东周村沿袭使用的络车,与古文献所记北络车的结构和使用方法基本相同,周村一个劳动者可在12 小时中络丝 4 两,如果是不易断丝的好丝,可络 6 两。估计今昔在络丝量方面不会有很大悬殊。

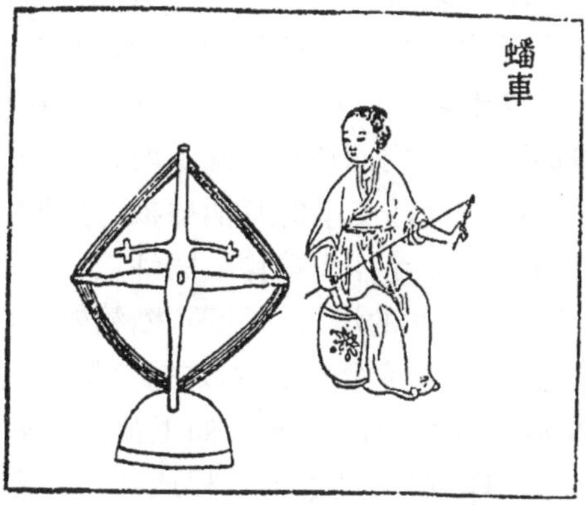

图 5-35 王祯《农书》中的蟠车

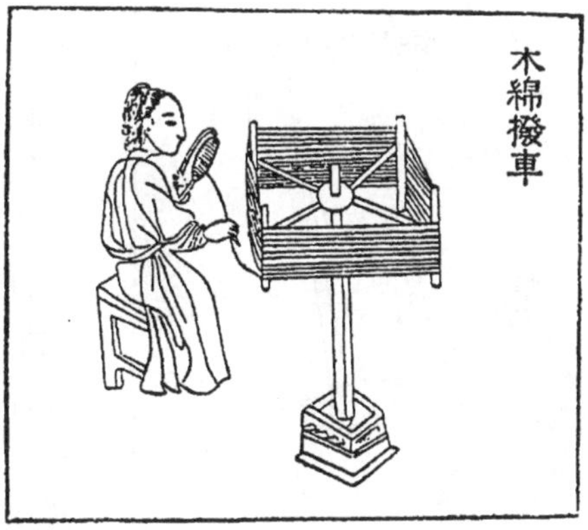

图 5-36 王祯《农书》中的拨车

(三)蟠车和拨车

蟠车是专门用于络麻纱的机具,多以木制成(图5-35)。拨车是专门用于络棉纱的机具,多以竹制成(图5-36)。据王祯《农书·农器图谱》记载:蟠车"缠绰具也,又谓之拨车。南人谓拨柎,又云车柎。南北人皆惯用习见。"拨车"其制颇肖麻苎蟠车,但以竹为之,方圆不等,特更轻便。按旧说先将纺讫棉縰于稀糊盆内度过,稍干。然后将棉縰头缕拨于车上,遂成棉纴。"可见蟠车、拨车是没有固定制式的,其络纱框无论是圆形还是方形,无论是水平安置还是竖直安置,只要能在络纱过程中运用自如即可。

(四)打线车

打线车又称露地桁架,是专门用于加捻并合的一种机具。在宋元小说中很多描写纺织劳动情景的段落,都曾提到过它,王祯在《农书·农器图谱》大纺车一文中也特别提及它,从近代偏僻农村一直沿用它的情况分析,打线车是古代一种很常用的纺纱工具,可惜文献中缺少它的详细记载。为便于说明,兹将王祯《农书》所载与打线车形制颇似的绳车记载及图绘附录于下:

> 其制先立簨虡一座,植木止之。簨上加置横板一片,长可五尺,阔可四寸。横板中间排凿八窍或六窍。各窍内置掉枝,或铁或木,皆弯如牛角。又置横木一茎,列窍穿其掉枝。后别作一车,亦如上法。两车相对,约量远近,将所成纴紧,各结于两车掉枝之足。车首各一人,将掉枝所穿横木,俱各搅转,候纴股匀紧,却将三股或四股撮而为一,各结于掉枝一足,计成两绳,然后将另制瓜木置于所合。纴紧之首,复搅其掉枝,使纴紧成绳,瓜木自行,绳尽乃止。

纱线的加捻并合原则与制绳相同,只是纱线的直径远远小于绳径,而加工捻度却远远大于绳缕,故打线车除加捻这部分结构稍有别于绳车外,其他结构和过纱方式与绳车相似。根据王祯《农书·农器图谱》所载和附图,绳车垂拉绳缕的掉枝呈牛角形,并须穿过一横木,操作时是"将掉枝所穿横木,俱各搅转",即只要搅转横木,各掉枝上的纱缕便可得到加捻。打线车上的掉枝形状则有些类似于纺坠样的锭子,即为一顶端有钩的铁杆,杆尾相合一铁球。掉枝的重量有几种,须视所纺纱线的粗细或捻度而选用。加捻时,操作者不用搅木,而是手握两块上钉皮革的有柄擦板,分别对各个锭杆不断地搓转,使各锭杆头端钩上的纱缕得到加捻。被加捻的纱缕随着捻度的增加,长度不断缩短,并带动锭杆上升。锭杆上升至横梁处是时,加捻完毕。此时可将两车架距离减少,继续加捻,亦可如王祯《农书·农器图谱》所载制绳那样,把加过捻的二根或几根纱缕的头端,并合结扎在一个锭杆上,再以相反方向搓转锭杆,以合成股线。各锭杆垂拉纱缕的长度应相等,以使各纱缕在锭杆被横梁挡住时具有相同的捻度。打线车可像绳车那样"车首各一人"转动掉枝操作,也可完全由一人操

图5-37　王祯《农书》中的绳车

作,即把纱缕一端活络在无人处的车架上,人在另一车架前独自搓转锭杆。

打线车只能加捻并线,不具备卷绕功能,卷绕须另外进行,其工效当然远远比不上具有这两种功能的大纺车,但其加工质量却远较大纺车为优。因为,打线车是靠捻缩来控制纱线捻度,且被加工纱线可长达几米,甚至十几米。加捻时几米长的纱一直悬于空中,整根纱是在阻力极小的情况下均匀上捻的。而大纺车则是利用纱缕定长范围内所加捻回数来控制捻度,且加捻区仅一米左右,匀捻范围大大小于打线车。所以打线车比之大纺车加工出的纱线捻度要均匀,抱合力也强。打线车特别适合加工高质量强捻纱的特点,是它一直被普遍应用,并流传到近代的主要原因。

第六章　织造技术和机具

织造是把纱线分成经纬两组使其交织成为织物的过程，而这个过程是通过整经、浆经上机、织造等工序以及相应的织具来完成的。在浩如烟海的文献中，有关织造技术和织具的史料不仅丰富，而且有着大量的设计思想和设计方法的记载。纵观其发展历史，不难看出织造技术和机具的历史继承性是十分明显的，亦是由不完善到完善，由低级向高级发展的。从最初的“手经指挂”，到具备开口、引纬、打纬、送经、卷取五大运动和抒、轴、综、蹑、支架等部件的综蹑织机，再到可以贮存提花信息的花本提花机，无不凝聚着设计者和从业者的心血。

第一节　原始织造技术和机具

原始的织物是怎样产生的呢？《易·系辞下》云：“伏羲之王天下，作结绳以为网罟，以佃以鱼。”《淮南子·汜论训》云：“伯余之始作衣也，緂麻索缕，手经指挂，其成犹网罗。”根据编网的方式和民俗学的材料分析推测，最初制作织物无疑如上引，应是像编结网罗那样，靠“手经指挂”来完成，编结出的织物亦稀疏犹如网罗。“手经指挂”不但效率低，而且柔软的纱线极易绞缠给操作带来困难。后来随着生产经验的积累，逐渐出现了具有开口、引纬、打纬三项主要织造运动的原始织机。

原始织机部件在许多遗址中多有发现，如浙江余姚河姆渡新石器时期遗址、河南磁山新石器时期遗址、浙江余杭良渚遗址、安阳殷墟遗址、台西村藁城商代遗址、云南江川李家山春秋末期古墓、福建崇安春秋战国崖墓、江西贵溪春秋战国崖墓、云南晋宁石寨山汉墓群等。河姆渡遗址挖掘出土确认为织机的部件计有：硬木磨制兼有开口和打纬作用的机刀 2 件，其中一件长 16.3 厘米，宽 2.6 厘米，背部厚且平直，对侧薄且呈弧状，另一件残长 39 厘米，背直刃平，在刃部有明显的线磨痕迹；硬木磨制一端或两端尖用于引纬的小木棒 18 件，这些木棒长 25 ~ 40 厘米，直径约 1.5 厘米；硬木制用于卷布的木棍一件，木棍残长 17 厘米，一端有经过削制的圆头，直径 15 厘米，内有一个规则的凹槽①。云南江川李家山古墓出土部件计有：平头卷经杆和叉头卷经杆，从出土痕迹推测，平头长 44.4 厘米，叉头长 48.4 厘米；梭口布面撑弓，铜制弓状条，残长 28 厘米，中段稍宽，两端逐细，顶端各有一用以系绳的凹槽②。江西贵溪崖墓出土部件计有：经轴 1 件，长 80 厘米；夹布辊 2 件，分别长 64.4 厘米和 23.8 厘米；分经杆 1 件，长 84 厘米；挑花杆 1 件，残长 43.5 厘米；机刀 1 件，69.8 厘米；提综杆 2 件，长 23.8 厘米，高 2.5 厘米；开口纹杆 6 件，长分别为 46.5 厘米、36.5 厘米（残）、66.4 厘米、73.8 厘米不等；杼梭 1 件，宽 29 厘米，形状扁平，头部开口③。晋宁石寨山 17 号墓出土的部件皆为铜制，计有：卷布轴 1 件，呈圆

---

① 浙江省文物管理委员会、浙江省博物馆，河姆渡遗址第一期发掘报告，考古学报，1978(1)。河姆渡遗址考古队，河姆渡遗址第二期发掘的重要收获，文物，1980(5)。

② 云南省博物馆，云南江川李家山古墓群发掘报告，考古学报，1975(2)：97 ~ 156。

③ 高汉玉，贵溪崖墓出土的纺织品和机具（鉴定报告），江西省博物馆，1979 年。

角长方形，两端有叉，中间开有一道细窄的凹形长槽；卷经轴1件，为便于织者双足蹬紧和缠绕经线，其形一面扁平，一面呈弧状；机刀1件，长44.5厘米，最宽处4.3厘米，最厚处0.4厘米；梭口棒1件，长36厘米，直径2厘米①。将考古中所发现的原始织机部件作一时间、数量和地域分布的归纳，不难得出原始织机被广泛使用当在春秋以前，春秋战国以后，使用区域便局限于偏远地区了。

原始织机的实物，即使时至今日，在某些少数民族地区仍可看到，如黎族、苗族、彝族、高山族、哈尼族等生活的地区(图6-1)，说明这种最原始的织制工具，在综蹑织机广为使用后并没有退出纺织舞台。任何生产工具存在前提都要有与之对应的生产力，究其一直被沿用的原因，显然是因为它结构简单，制作容易，便于移动，与居住在偏僻山区、生活贫困、衣服用量极少的少数民族的原始生产力相适应。现参照考古资料和现在仍可看到的此类织机，将其结构和用法介绍如下。

图6-1 海南黎族妇女用原始织机织布照片

原始织机的结构非常简单，实际组成部件仅为几根木棍，即前后两根相当于现代织机上的卷布辊和经轴的横木；一根兼具开口和打纬，薄而光滑形似刀的木棍；一个引纬的纡子；一根直径稍粗的分经棍，一根直径稍细的综杆。织造前，织工席地而坐，先将整好经线的织机上身，把卷布轴系于腹前，再用双脚踏住经轴，靠腰和脚的力量控制经线张力，使织机上经线基本平齐。织造时，先利用分经棍形成一个自然梭口，将木刀放入梭口，竖起，用纡子把纬纱从梭口引过，再用木刀将引过的纬纱打紧后抽出。织下一梭时，提起综杆，形成前一梭的下层经纱变为上层经纱的梭口，再重复固定梭口、纡子引纬、木刀打纬的工作。待织完一定长度后，翻转经轴放出若干长度的经纱，卷布轴卷入相应长度的织物。如此反复。

① 朱宝田，略论云南少数民族的纺织技术，中国少数民族科技史研究，第六辑。

第二节　综蹑织机的结构和发展

综蹑织机是带有脚踏提综开口装置纺织机的通称。织机采用脚踏板与综连动开口是织机发展史上一项重大发明,它将织工的双手从提综动作解脱出来,以专门从事投梭和打纬,大大提高了生产率。踏板织机的出现,使平纹织品的生产率比之原始织机提高了 20~60 倍,每人每小时可织 0.3~1 米的布①。

一　综蹑织机的出现和普及

综蹑织机出现和推广普及的足迹,在下述文献和实物中得到清晰反映。

其一,《列女传·鲁季敬姜传》所载文伯受教的故事:“鲁季敬姜者,……鲁大夫公穆伯之妻,文伯之母。……文伯相鲁,敬姜谓之曰:吾语汝,治国之要尽在经也。夫幅者所以正曲枉也,不可不强,故幅可以为将;画者,所以均不均,服不服也,故画可以为正;物者,所以治芜与莫也,故物可以为都大夫;持交而不失,出入而不绝者,梱也,梱可以为大行人也;推而往、引而来者,综也,综可以为关内之师;主多少之数者,均也,均可以为内史;服重任行远道,正直而固者,轴也,轴可以为相;舒而无穷者,樀也,樀可以为三公。”在这段文字中,敬姜把一台织机比喻为一个国家,把对经丝的处理比作治理国家,把织机的各部件功用比作国家对各级官吏的职守和要求。全文完整地勾勒出春秋时期常用织机的全貌,其中幅为控制织物幅宽的幅撑,画为打纬用的筘,物为整理经丝的工具,梱为引纬工具,综为提升经线的综杆,均为分经木,轴为卷布轴,樀为经轴。文中未提踏板,说明春秋时期的织机还不能脚踏提综。

其二,《列子·汤问》所载纪昌学射故事中的一段话:“偃卧其妻之机下,以目承牵挺。”牵挺据考证为踏板,说明综蹑织机在战国时期即已出现。

其三,在 20 世纪中,发现许多刻有综蹑织机的汉画像石。这种画像石在山东、江苏、安徽、四川等地均有发现,其中山东滕县龙阳店二块;山东滕县宏道院、黄家岭、后台、西户口、山东嘉祥县武梁祠、山东肥城西北孝堂山郭巨祠、山东济宁晋阳山慈云寺、江苏铜山县洪楼和青山泉、江苏泗洪县曹庄、江苏沛县留城镇、江苏邳县白山故子一号墓、安徽宿县褚兰东汉墓、四川成都曾家包东汉墓各一块。在这些画像石中,有几块是描述“曾母断机训子”的故事,如江苏铜山县洪楼和江苏泗洪县曹庄出土的两块石画(参见图 5-15、5-21)。画中,坐于机内,转身掷梭于地,以手作训斥状的人是曾母,拱手而跪者是曾参。虽然画像石上刻画的织机仅可窥其大致形状,但这些难得的刻有经典故事的汉代装饰石砖,是迄今能见到的有关综蹑织机的最早图像资料,同时亦说明汉代黄河流域和长江流域的广大地区在纺织生产中已普遍使用综蹑织机。

二　简单综蹑织机的结构

简单综蹑织机按经面角度可分为斜织机和立机两类。

斜织机因其机身倾斜、经面与水平成一定角度而得名。它的主要构件有:机身、榎、滕、筘、

① 高汉玉等,纺织机械发展史略,中国纺织科技史资料,第 14 集。

马头(或鸦儿木)、蹑、综等。

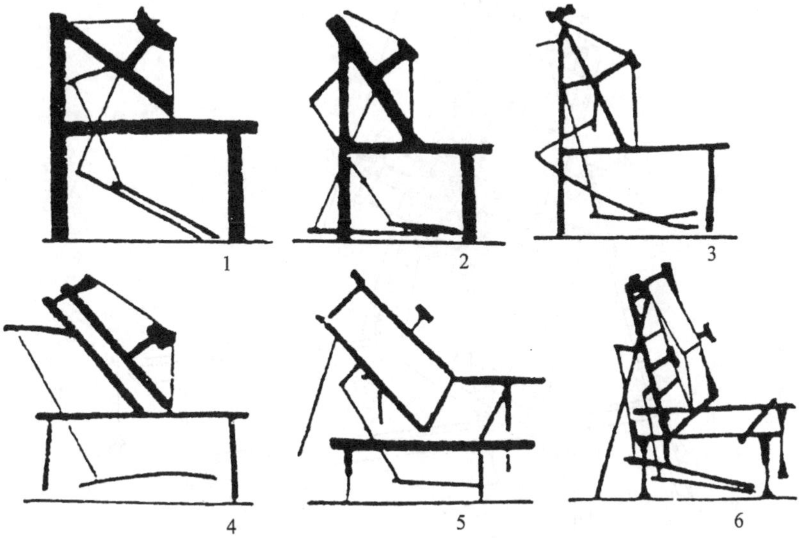

图 6-2　汉画像石上的各种织机图像

1—山东滕县宏道院出土　2—山东滕县龙阳店出土

3—山东嘉祥武梁祠出土　4—山东肥城孝堂山郭巨祠出土

5—江苏沛县留城镇出土　6—江苏铜山洪楼出土

从汉画像石上出现的各种织机图像(图 6-2、图 6-3),可以看到:汉代织机的机身可分为机台和机架两部分,机台为长方形框架,前端设有坐板,中后端斜架长方形机架,卷经线的"縢"和卷布的"椱"以及其他一些部件,均不在机台上,而是在机架上,机架经面与机座的角度均较大①。从宋以后文献所载的各种织机图,可以看到:机座、卷经轴、卷布轴以及其他一些部件,基本都是安装在机身上,且机架经面与机座的角度均不大。这也反映了织机经面的演变是从接近于垂直地面逐渐发展到与地面接近平行的过程。经面角度小,可使坐在机座上的织工,眼睛在平视的状态下,在最大范围内及时发现和解决织造时经面上所发生的各种问题,如经纱张力是否合适,是否有断纱。

安装在机身前后两端的椱和縢,两轴端都装有轴牙,可随时控制放经量和卷布量的平衡,以保证织造时的经纱张力,并不因放经、卷布而耽误过多时间。两个轴牙的配置是:椱用稀疏的板形牙,并备有一个撑杆;縢用较密的凹形牙,用绳套牢后再用小木棍收紧。在织造过程中放经和卷布是同时进行的,即在织好一段布帛后,一边扳动撑杆放经,一边转动卷布轴张紧经纱②。

筘的作用是用来控制经密、布幅和打纬,虽汉画像石上均没有将筘画出,但从马王堆一号汉墓出土的有明显筘路的织物,如隐花孔雀纹锦和隐花花卉纹锦上明显的幅撑孔眼来看,织筘应在汉代即已使用③。筘在织机上有两种安装方式:一是将竹筘连接在一个较重摆杆上,借助摆杆的重量打纬;二是将竹筘用绳子吊挂在两根弯竹杆下,借助弯杆的弹力打纬(图 6-4、6-5、6-6)。

---

① 宋伯胤、黎忠义,从汉画像石探索汉代织机构造,考古,1962 年,第 25 ~ 30 页。

② 陈维稷,中国纺织科学技术史(古代部分),科学出版社,1984 年,201 页。

③ 上海纺织科学研究院等,长沙马王堆一号汉墓出土纺织品研究,文物出版社,1980 年。

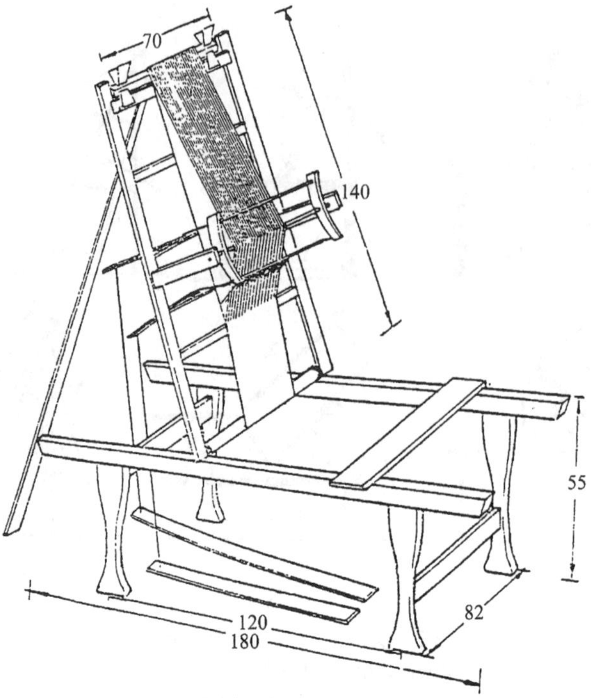

图 6-3　江苏洪楼汉画像石上的织机复原图

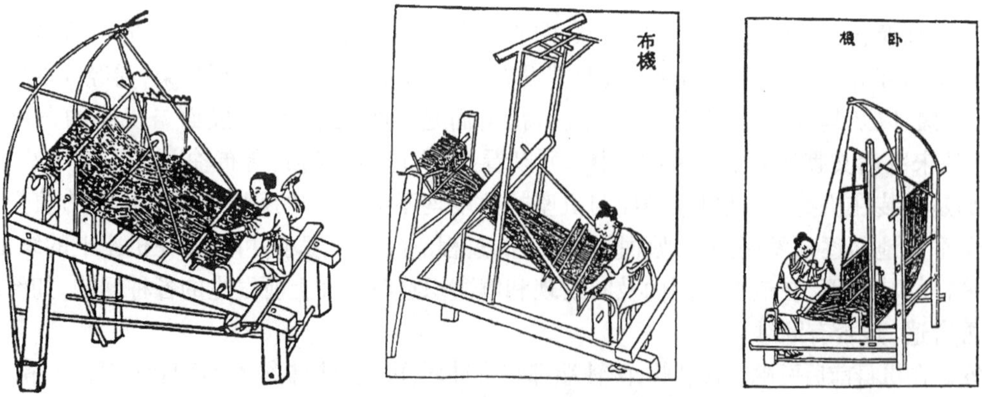

图 6-4、6-5、6-6　王祯《农书》中的三个织机图

斜织机上的综蹑连接有双蹑连单综、单蹑连单综、双蹑连双综机几种形式。

山东龙阳店、宏道院、慈云寺、武梁祠、江苏洪楼、曹庄等地发现的画像石上织机的综蹑连接方式即为双蹑连单综。这种方式是以二块脚踏板控制一片综的提升，综只起提经作用。此机型的机架左右两边立柱分别装有一个提综用的前大后小形似“马头”的木块，马头前端系着综片，中后端则装有二横杆，中间的作为中轴和“压交”之用，后边的作为“分交”之用。机座下的两根踏杆，一根与一提综杆相连，提综杆又与马头相连；另一根与综片下端相连。当与提综杆相连的踏杆被踩下时，提综杆使马头前倾上翘，连系底经的综片将底经提升，同时中轴也相应地向下压迫面经，形成一个三角形梭口。当与综片相连的踏杆被踩下时，综片下降，底经也随之下降，底经和面经恢复成初始梭口状。

山东肥城、江苏沛县、四川成都等地发现的画像石上织机的综蹑连接方式即为单蹑连单综。这种方式是以一块脚踏板控制一片综的提升，综亦只起提经作用。单蹑单综机的机架，左右两边立柱分别装有与“马头”作用相似的“鸦儿木”。鸦儿木的前端系着综片，后端与踏脚板相连。两鸦儿木的偏后端相连的横棍，实即压经棒。当踏脚板被踩下时，鸦儿木上翘提起底经，压经棒下沉将面经下压，形成梭口。当踏脚板被放开时，鸦儿木和综框靠自重恢复到原来的位置，梭口也恢复到初始状。

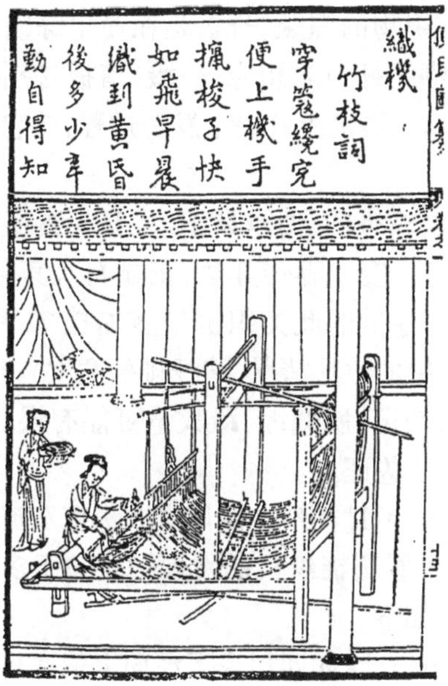

图 6-7　《便民图纂》所载织机

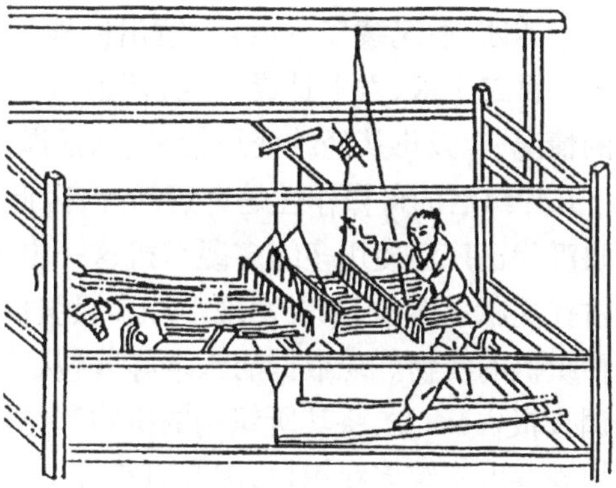
图 6-8　卫杰《蚕桑萃编》所载织绸机

双蹑连双综的方式是以二块脚踏板分别控制两片综的提升，每片综均兼有提经和压经的作用，它们轮流一次提经，一次压经。踏板与综的连接有两种方法：一种是两踏板分别与机架上的两杠杆一端相连，两杠杆的另一端分别与两片综的上部相连。在南宋梁楷的《蚕织图》、明代邝鄱的《便民图纂》中均载有这种机型（图 6-7）；另一种是两踏板分别与两片综的下端相连，两综片的上端则分别连在机架上方一杠杆的两端。当一踏板被踩下时，与此相连的综片下降，而另一综片因杠杆的作用被提升，形成一个较为清晰的梭口。当踏动另一踏板时，亦然。卫杰《蚕桑萃编》所载织绸机（图 6-8），即为这种机型。

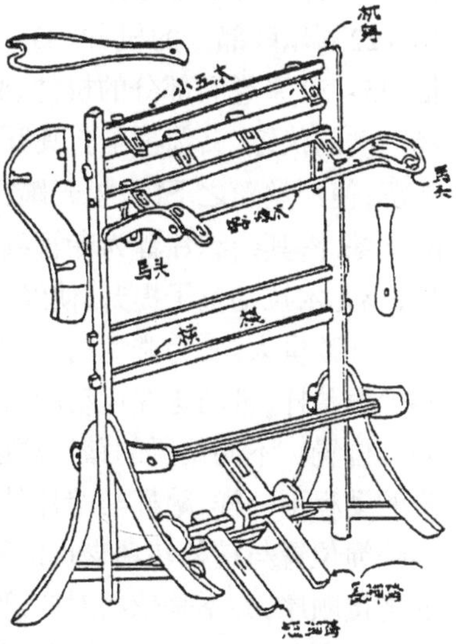

图 6-9　《梓人遗制》所载立机图

立机亦称为竖机，因其经纱平面垂直于地面而得名。元代薛景石《梓人遗制》一书中有立织机零件图、总体装配图、零件尺寸、制作方法和安装部位非常详细的记载。其主要构件有：机架、滕子（经轴）、小五木、大五木、垂手子、马头（吊综杆）、豁丝木（分经木）、高梁木、鸦儿木、悬鱼儿（综框）、兔耳、长踏板、短踏板等 29 种。机架是直立式的，经轴架在机架顶部，经纱从上向下展开，通过分经木。吊综杆安置在机架上方两侧,由吊综线连接于综框,由下综绳连接于长短踏板。织造时,织工双脚踏动踏板,牵动吊综杆上下摆动,形成交换梭口,然后用梭引进纬线,用筘打纬(图6-9)。这种织机由于经轴位于机架上方,更换不便;打纬作上下运动,较难掌握纬密的均匀度;不能加装多片综织造,只能制织一些平纹织物,不能制织花色织物。故它的使用远不如斜织机普及。

三　多综多蹑纹织机

多综多蹑织机是一种可以制织比较复杂几何花纹织物的综蹑织机,是在简单综蹑机的基础上发展出来的,其特点是机上有多少综片便有多少脚踏杆与之相应,一蹑(踏板)控制一综,综、蹑数量可视需要随意添减。从简单的综蹑机到多综多蹑机应有一个发展过程,故它的出现时间应比斜织机要晚。

迄今所见,较早记载多综多蹑织机的文献是讲西汉轶事的《西京杂记》,“霍光妻遗淳于衍蒲桃锦二十四匹,散花绫二十五匹,绫出巨鹿陈宝光家。宝光妻传其法,霍显召入其第,使作之。机用一百二十镊,六十日成一匹,匹值万钱。”根据存世的此类织机最多加挂72片综、72根踏杆的情况,以及再从经纱变形情况、综框提升过程中的位移情况、踏杆排列宽度来分析,织机加挂120片综后的可操作性是有疑问的,因此《西京杂记》所载综、蹑数量可能有误,但仍不失为反映汉代已广泛使用多综多蹑织机这一史实的重要佐证。

在古代文献史料中,未曾发现多综多蹑织机的图谱,不过在现在四川省成都市双流县仍可看到这种织机的实物。现根据胡玉端等著《从丁桥织机看蜀锦织机的发展——关于多综多蹑织机的调查报告》一文,将其所织制的织物和结构介绍如下。

四川现存的多综多蹑织机,因其脚踏杆上布满了竹钉,状如四川乡下河面上依次排列的一个个过河桥墩——“丁桥”,故被当地人称为丁桥织机。这种织机可生产凤眼、潮水、散花、冰梅、缎牙子、大博古、鱼鳞杠金等几十种花纹花边以及五色葵花、水波、万字、龟纹、桂花等十几种花绫、花锦。这些产品,纹样宽度常常是横贯全幅,花边宽2~5厘米,花绫、花锦宽42~70厘米;纹样长度不等,为几厘米。其整体机械结构如图6-10所示。1~9系机架部分的机件、10~22系开口部分的机件、23~28系织筘部分的机件、29~33系经轴部分的机件、34系分经棍、35~39系卷布部分的机件、40系座板。这种织机的综片分为两种,机前1~8片是专管地经运动的伏综,又称占子。其开口传动如图6-11所示,踏下踏杆,通过横桥拉动占子的下边框下沉,使经丝随之下沉;松开踏杆,机顶弓棚弹力拉动占子恢复原位,使经丝也随之恢复原位。除伏综外,其余综片皆为专管纹经运动的花综,又称范子。其开口传动如图6-12所示,踏下踏杆,鸦儿木拉动范子提升,使经丝随之上升;松开踏杆,综片靠自身重量和经纱张力恢复原位。因踏杆数量太多,为避免踏动时踏到相邻的踏杆而影响综片的正确运动,不论使用多少片综和多少根踏杆,带动花综运动的相邻踏杆上的踏钉,安装位置是有差异的,一般是每隔3根安在同一位置。不同位置的踏钉高度,则从机前第一排到机后第4排依次递增。为使前后综片升降的动程不一样,踏杆与综片的连接位置,应用了数学上最简单的弦与弧长原理,每一片综的吊综绳位置与踏杆转动支点的距离都不相等,前面的离支点近,后面的离支点远。踏板与综片的连接顺序,亦不是依次对应,而是按经线循环规律。

生产时加挂综片和踏杆的数量,视品种花纹复杂程度而定,如生产“五朵梅”花边时,用综28片,用踏杆28根,老工匠平均每分钟投纬次数为110梭,一般工匠也可达每分钟80~100

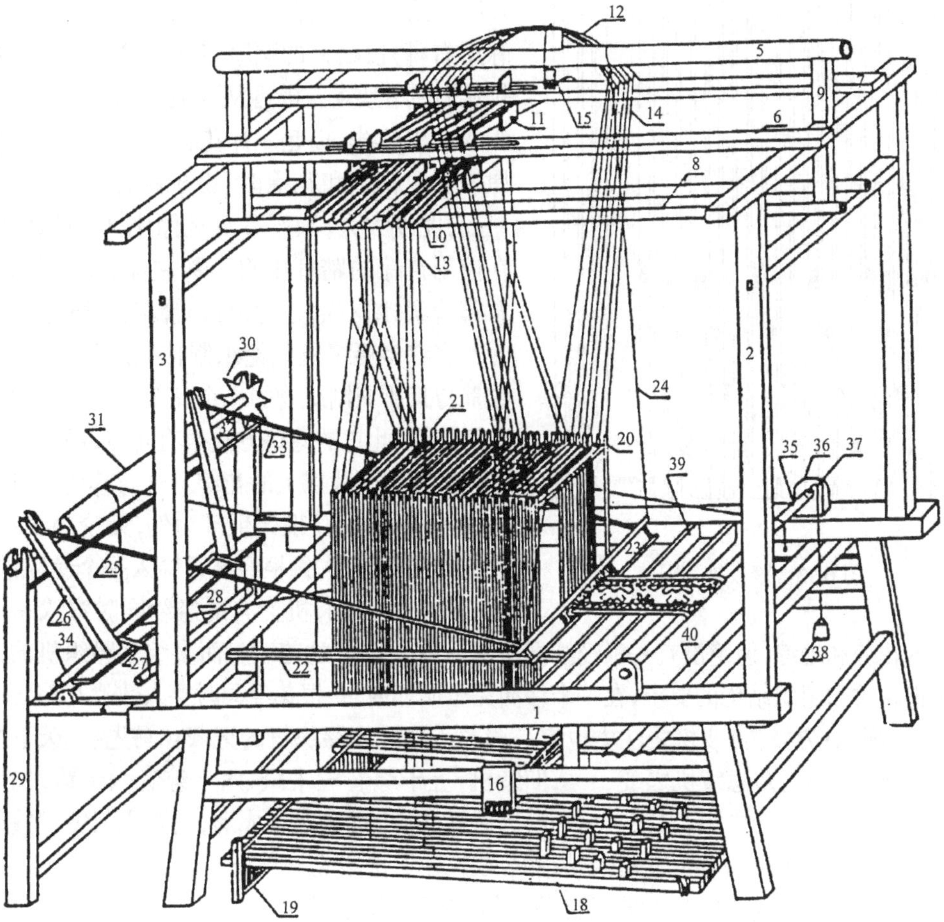

图 6-10　丁桥织机示意图

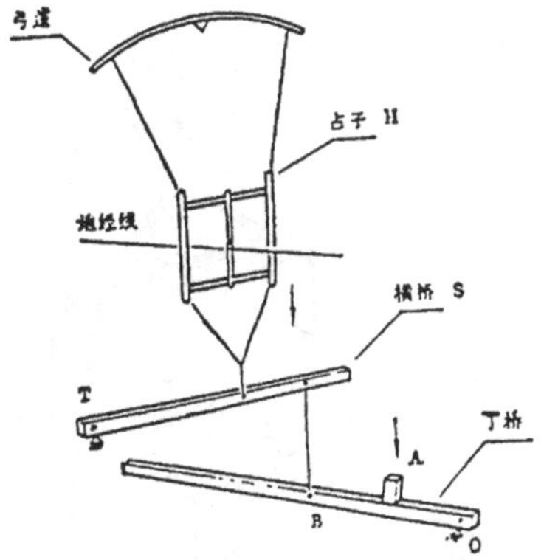

图 6-11　占子

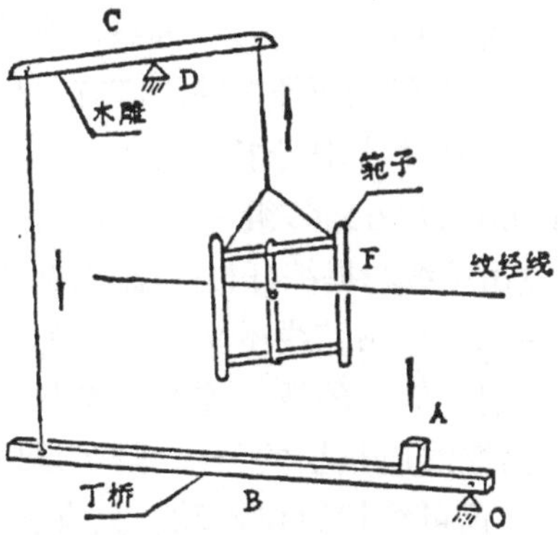

图 6-12　范子

梭。生产“万字”花边时，用综 56 片，用踏杆 56 根。生产 42 ~ 70 厘米宽的花绫和花锦时，用综 70 片，用踏杆 70 根。生产时踏杆的排列方式，亦视品种花纹复杂程度而定。花纹简单的、花综的踏杆排在一起，素综的踏板排在一起。如生产“五朵梅”花边时，踏杆的排列顺序如图 6-13 所示，28 根踏杆同穿在一铁芯上，左边 24 根是花综，右边 4 根是素综踏杆。第 1 片综与第 1 根

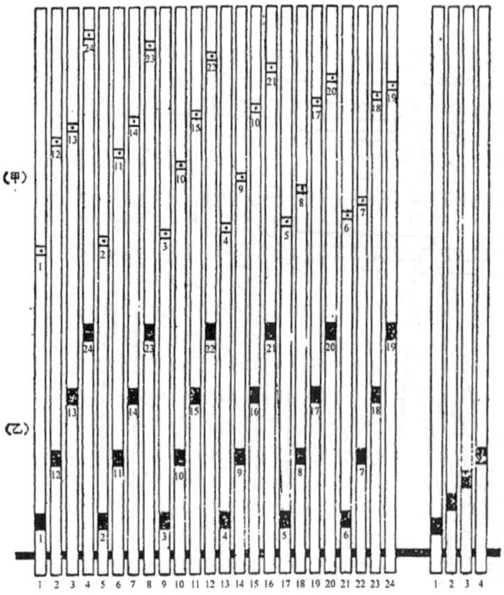

图 6-13　踏板排列图

踏杆相连，第 2 片综与第 5 根踏杆相连，……第 24 片综与第 4 根踏杆相连。操作时，花综用左脚（素综用右脚）按踏钉的顺序踏，第一排从左到右，第二排从右到左，第三排再从左到右，成之字排列。每织入一根纬线，提起一片花综和一片素综。生产 40 厘米以上花绫和花锦时，由于踏杆太多，全部排在一起，宽度太大，操作不便，须将控制地综的踏杆放在控制花综的踏杆中央。踏左部分时，左脚管花，右脚管素，踏右部分时，右脚管花，左脚管素。

多综多蹑织机无论织制什么品种，所用花综片数都与其所织制织物的一个完全花纹循环内的纬线数相等，因此它的穿综方法很有特点，即一根经纱可以同时穿入两片以上的花综。这与其他织机的穿综方法完全不同，以现代生产为例，无论用线综、金属片综或线状综环，每根经纱只穿入一个综眼内；再以手工提花机为例，机上有的经纱同时穿入一个能单独运动的花综和地综，但绝没有一根经纱同时穿入两片以上的花综。而多综多蹑织机的穿综方法则可视花纹和组织结构的要求，在一个纬向完全循环内，一根花经同时穿入数片花综。

在《三国志·方技传》裴松之注中也有一段关于多综多蹑织机的记载："马先生，天下之名巧也……为博士居贫，乃思绫机之变……，旧绫机，五十综者五十蹑，六十综者六十蹑，先生患其丧工费日，乃皆易以十二蹑。其奇文异变，因感而作者，犹自然之成形，阴阳之无穷。""蹑"字又写作"镊"，一般当脚踏杆讲；马先生是指马钧。对于这段记载，研究纺织史和机械史的学者非常熟悉，并经常引用，不过对马钧改革后的绫机型制，看法却是有差异的。主要的看法两种有：一种认为马钧改革的绫机，仅是减少了踏杆数量，综片数量未变，仍使用综片提拉经线。有的学者还作了用 12 根踏杆控制 66 片综的复原推测。其方案是：在机上设置一托综杆，把所有的综片都挂于托综杆上。将 66 片综分为 12 组，前 6 组每组 6 片，后 6 组每组 5 片。各组综的综片不仅要按工艺要求通过吊综线与提综杆相连（根据配置 12 根提综杆各挂有 5～6 片综），各组吊综线还要穿过一挽环，而每一挽环靠各自的挽线分别经侧面的滑轮连在一踏杆上。在提综杆没有被拉动时，吊综线应是松的，有一段余量以保证被挽环侧面牵拉后，综片仍可维持原位不动。只有在提综杆上翘，挽环同时又被侧面牵拉时，相应的综片才能上提，不过在开口时大部分吊综线是松的，至多有一根受力。12 根踏杆虽都兼具牵拉提综杆和挽环的作用，但在实际开口过程中，每一踏杆只起一种作用，或牵拉提综杆，或牵拉挽环，如图中第一片综，只有在 1 号踏杆将第一组挽线下拉，同时 2 号踏杆使 2 号提

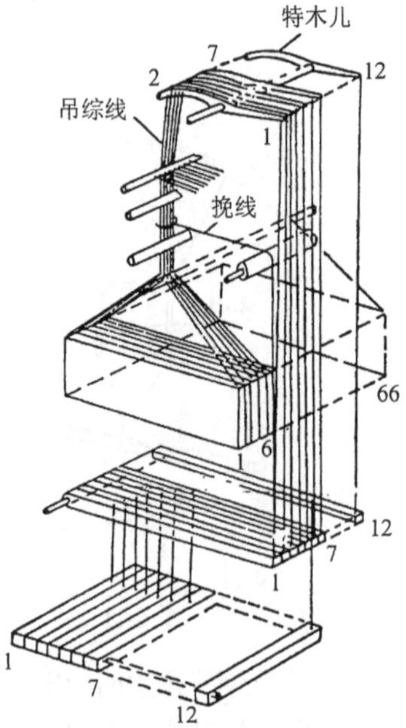

图6-14　马钧改革的绫机复原示意图

综杆上翘时才能被提升(图 6-14)[①]。另一种认为所谓"乃皆易以十二蹑",是说马钧改革后的绫机仅靠 12 根踏杆控制 12 片地综,把综片的提花任务交给了衢线、衢脚。理由是不论怎样改变穿综方法,12 片综不可能比 60 片综织出的纹样变化更大,只有把花经运动交给更先进的提经工具,才可能使花纹的织造具有更大的灵活性,才能织出"奇文异变,因感而作者,犹自然之成形,阴阳之无穷"的精美织物[②]。对这两种看法,笔者虽对第二种更为认同一些,但仍认为需作进一步的深入研究,不敢妄加断言,故都将其写入书中,以示存疑。

第三节　花楼提花机与提花技术[③]

一　早期的花楼提花机

花楼提花织造是中国古代纺织工艺中最重要的技术之一,它把复杂的织机提花信息用花本形式贮存并释放出来,通过花楼提花和织造配合生产出精美的纹锦。花楼提花机的出现是我国提花织造技术上的重大突破,它把提花从单人织造中分离出来,由一人专司操作,使制织大型、复杂、多彩的织物成为可能,工艺原理较之其他提花方法更加合理,虽增加 1 人力,但织造速度加快,生产效率大大提高。这就为之后的大、小花楼提花机的发展奠定了基础。

我国的花楼提花机出现在何时期,国内外多有争议,笔者以为应在战国、秦汉时期。东汉王逸在其《机妇赋》中详细地描述了一种花楼提花机,赋文如下:"胜复回转,克象乾形,大匡淡泊,拟则川平。平为日月,盖取昭明。三轴列布,上法台星。两骥齐首,俨若将征。方员绮错,极妙穷奇。虫禽品兽,物有其宜。兔耳跧伏,若安若危。猛犬相守,窜身匿蹄。高楼双峙,下临清池。游鱼衔饵,瀺灂其陂。鹿卢并起,纤缴俱重。宛如星图,屈伸推移。一往一来,匪劳匪疲。

对这段赋文,孙毓棠先生有很好的诠释研究[④],基本肯定是一台汉代花楼提花织机,但对这台提花机关键的花楼部分诠释研究还不够深入,须从工艺角度进一步阐明。"高楼双峙,下临清池",楼是指上层建筑,机上建楼,这绝不是一般意义上的小型织机,否则不会去建楼,而且还是"高"楼。这个"楼"应是上可坐人,提花操作的机楼,所以,才有接下来是拽花工坐在机楼上,"下临清池",俯瞰经面的描绘。"游鱼衔饵,瀺灂其陂",将"游鱼"比喻衢脚,衢脚连着衢脚线,纤线犹如"游鱼衔饵",而拽花工手中的提花纤线,根据与衢脚线相连,在拽花时一次次被提起,用"瀺灂其陂"来形容,"游鱼"在水中出没之貌,十分形象。

"鹿卢并起,纤缴俱重","鹿卢"通作"辘轳"是指花楼上极重要的部件"花机"。《梓人遗制》曰"文轴子"。安置在纤线中部,当纤线提拽时,纤线被提靠在"花机"上,"花机"随提纤而滚动。花机上部纤线后拉,为前后运动,花机下部纤线上提为上下运动。

"宛若星图,屈伸推移","星图"是指纤上的花本,纤线平展在拽工前面,花本纬花就直接穿

① 陈维稷,中国纺织科学技术史(古代部分),科学出版社,1984 年,第 204~205 页。

② 胡玉端等,从丁桥织机看蜀锦织机的发展——关于多综多蹑机的调查报告,中国纺织科技史资料·第一集,北京纺织科学研究所出版,1980 年,第 50~62 页。

③ 因古文献相关的内容较少,本节论述的织造工艺,大多是根据流传下来的传统方法及笔者多年的研究复制经验整理而得。

④ 孙毓棠,释关于汉代机织技术的两段史料,见《中国纺织科学技术史资料》第一集,1980 年。

插在纤线中,星星点点,时隐时显花本纹样,就好像星图一样,"屈伸推移"很形象地形容了花本的提拽拉动。每提拽一次,就移动一根花本纬线,"星图"也就渐渐在推移转动。

《机妇赋》的生动描绘,提示我们认识这种汉代提花机的主要方面。

一是有提花"高楼",《梓人遗制》曰"楼子",《天工开物·乃服·机式》曰"隆起花楼",《幽风广义》曰"提花高楼",都是指花楼提花机的机架标志"花楼"。二是有纤和衢脚(柱脚),说明这是一种束综式的提花装置,提花纤可单独运动,不是多综多蹑式或其他的提花装置。三是有"花机",说明这种束综式提花工艺上的发展水平已很高,提拽纤线是向后拉,可借用整个身体的力量,操作效率高而省力。四是有"花本",花本的出现,也是花楼机发展的标志性进步,纹样的信息得以贮存,并反复使用。当然,这一时期的花楼提花机和提花技术发展还在初级阶段。结合同一时期的出土实物分析,能够大致推算出这种花楼织机基本形状:首先是机型高大,机高应在3.5米以上,否则纤中花本不好操作。机身较长,从经面提花的拉伸情况看,机长也要在3.5米以上,机宽一般不受限制,因为这一时期织物宽度从几厘米至50厘米都有,从机楼上坐人的角度分析,1米左右较为稳固,机前设有地综,由织工操作。织机的关键部件提花装置,应是纤面横置,织工与拽工面对(如同大花楼的纤面位置),花本直接挑制在纤面上,(如同小花楼纤面的横线花本),不过这一时期纤线还没有发展到小花楼机的分耙挂纤的程度,纤下也无衢盘、衢线,纤线直接与衢脚线兜连。这时期以经锦为主,纤线较多,又是单纤运动,控制衢脚很多,可通过衢脚盘,将纤线拉开,使纤线与经线的连接是一个面,而不是一条线,故能开清梭口。花楼提花形式如小花楼机,即可追章(连续纹样),也可对章(对称纹样)。由于花本在纤上,花本纬线受到限制,这也对映了这一时期的织物为什么是纬向长而经向短的特征,纬向图案循环,可达通幅如著名的"五星出东方利中国锦"、"登高锦"、"广昌锦"、"延年益寿长葆子孙锦"等,其经向长度均不超过9米,花本纬线不过百根。虽然《机妇赋》记载的时间是东汉,但西汉初年的湖南长沙马王堆汉墓和湖北江陵的马山一号战国楚墓,都出土了大量的同类织物,说明这种花楼提花织机和提花技术,可以前推到战国时期。在江陵马山的楚墓,有一精美的"舞人动物纹锦",极有研究价值。(图6-15)在通幅52米的锦面上有四个山形图案框架,其间填给各种纹锦,有趣的是,左面约5厘米的地方有个明显的断纹,山形斜边从中断开,接章纹样不在一条斜线上,内填纹饰也无法对映,整体错位,这一明显的错误在整幅织物中不断延续,有力地说明贮存纹样的花本已客观存在,这是挑制花本时就出现的错误,所以,错误会不断重复,如若这一时期还没有花楼提花机,而用挑花工艺织锦的话,这种错误在下一纹样循环中就会被自然而轻易地改正过来,决不会一直被动地错花织造。

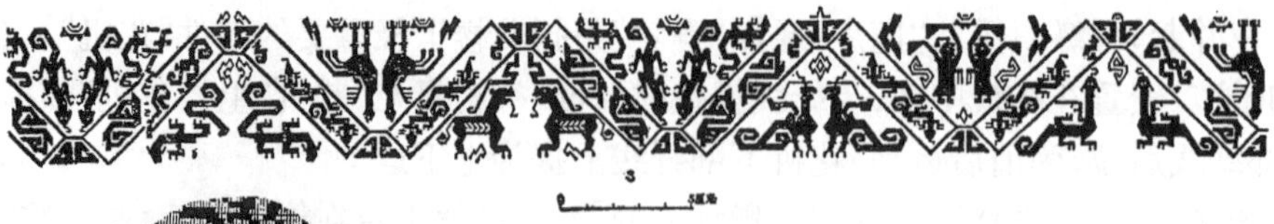

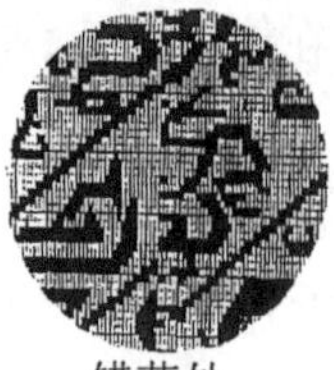

错花处

图6-15　舞人动物纹锦

二　小花楼提花机及织造工艺

(一)小花楼提花机的出现和特点

小花楼提花机是在早期花楼提花机基础上发展形成的一种更为高级的提花机。整机变革很大,工艺上也日臻成熟完善。

小花楼提花机的特点和进步,主要表现在三个方面:①实现了纤线花本的多耙分花,这是制织更大纹样的关键性进步,一般独耙纤线上灌穿一二百根花本纬线尚好操作,再多操作上就会逐步困难,主要是横线在纤线中编结过多,纤线在提拽时难以清爽。分耙是由原来单组纤线变成多组纤线,从而大大提高了花本的横线数,其量至少可提高 10 倍以上。②实现了多把吊式装造,即在同一织物门幅内重复数个相同的纹样,包括对称的重复纹样。主要是运用"衢盘"来进行的"分花"。将纤线分为二节,上节为"丈纤",下节为"衢盘线",中间由活的"丈栏"连接,上面"丈纤"耙数不等,下面"衢盘线"是几花不等,都可以活拴在"大栏"上,使原固定的 1:1 成为任意的不等排列。同时丈纤位置因适应盘分花,发生90°旋转,从对面转为侧面,形成小花楼特有的"侧拉"提花结构。③实现了独立的花本挑花,纤线分耙后,在纤面上直接挑花的可能性减少,促进了花本在机下独立制作,然后再上机,与大纤兜连,将花本分段传递到分耙大纤上。花本工艺的发展,既促进了小花楼工艺的完善,也为大花楼机更大花本的出现创造了有利条件。从出土实物分析,这种小花楼机的出现,应在隋唐时期,新疆吐鲁番出土的"大窠马大球锦",伴有唐初武德三年(620)确切年代的文书,其花本横线数高达 3 680 根,其后唐代各时期也出土了大量同类纬锦,如:"蓝地大窠联珠花树对虎锦"、"蓝地中窠卷草对鹿锦"、"红地中窠花瓣含绥鸟锦"等花本纬线普遍在 2 000 根左右,最高达 4 400 根。这么多的花本纬线,不是小花楼机多耙结构,制织是难以想象的,花本纬线从百根一下发展到上千至数千根,无疑是技术上有重大革新突破的。小花楼提花机出现的重要意义,不仅是织机本身,对织物也有极大影响。如果说战国秦汉时期,织锦以经锦为主的话,到隋唐大量涌现的纬锦,不正是小花楼织机突破纹样经向局限的直接结果吗?随时间推移,纬锦逐渐替代经锦,成为主流,这其中就有小花楼机的不断完善和工艺进步的技术因素。

(二)小花楼提花机的构造

小花楼提花机的图像史料,最早发现在南宋时期。

中国历史博物馆藏的《耕织图》(见图 2-5)和原藏故宫的《蚕织图》都有形象的描绘,其特征是机身平直,中间耸立小花楼,楼上一人侧向拉花。元代的《梓人遗制》对这种织机木结构有详细的尺寸记载,称之为"华机子"。明代的宋应星在《天工开物·乃服·花机式》中称其为"均平不斜之机",多用于制织轻薄型织物,厚重型织物长时间内也是这种平织机织制。直到斜身式小花楼织机出现,打纬力可调节控制,制织功能才得以完善。

图 6-16　宋《蚕织图》

《天工开物》中记载的这种斜身式提花织机，较之前代史料里的记载更为详尽系统，除了“机式”，一篇专讲提花织机外，在“边维”、“经数”、“花本”、“穿经”、“分名”、“龙袍”等篇里都

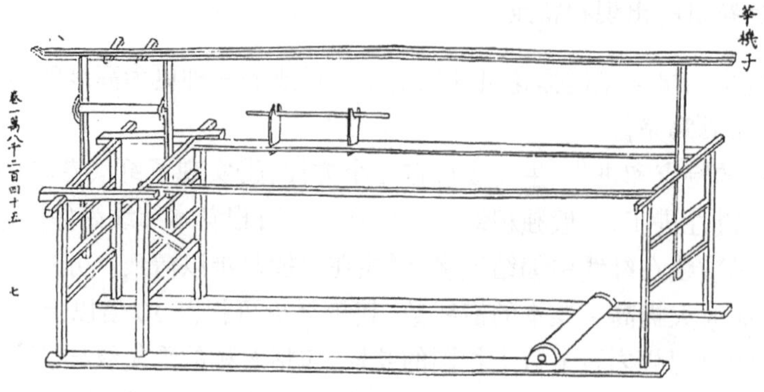

图 6-17　《梓人遗制》中华机子图

记载了与提花机有关的内容，为这种提花机的研究提供了珍贵的史料。该书载：“凡花机通身长一丈六尺。隆起花楼，中托衢盘，下垂衢脚。水磨竹棍为之，计一千八百根。对花楼下掘坑二尺许，以藏衢脚。地气湿者，架棚二尺代之。提花小厮坐立花楼架木上。机末以的杠卷丝。中用叠助木两枝，直穿二木，约四尺长，其尖插于筘两头。叠助，织纱罗者视织绫绢者减轻十余斤方妙。其素罗不起花纹，与软纱绫绢踏成浪梅小花者。视素罗只加桄二扇。一人踏织自成，不用提花之人，闲住花楼，亦不设衢盘与衢脚也。其机式两接，前一接平安，自花楼向身一接斜倚低下尺许，则叠助力雄。若织包头细软，则另为均平不斜之机，坐处斗二脚，以其丝微细，防遏叠助之力也。”（图 6-18）对照文中的织机图，我们可以看到这种织机的机架结构已比较完善，机式前斜后平，分为两节，机身通长一丈六尺，经面倾斜，两端分别由布轴和经轴卷绕，利于提花时经丝的伸长和张力的控制，高处为花楼，提花纤垂直而下位于经丝中段，现代纺织学上的“五大”运动在文和图中，都有所反映。但文献的记载毕竟还有欠缺，从专业工艺上看许多重要的部件和工艺细节，书中没有交待。依据这种织机的机架结构和运动原理，完整地复原织机图一张（图 6-20），以系统地剖析工艺和特点。

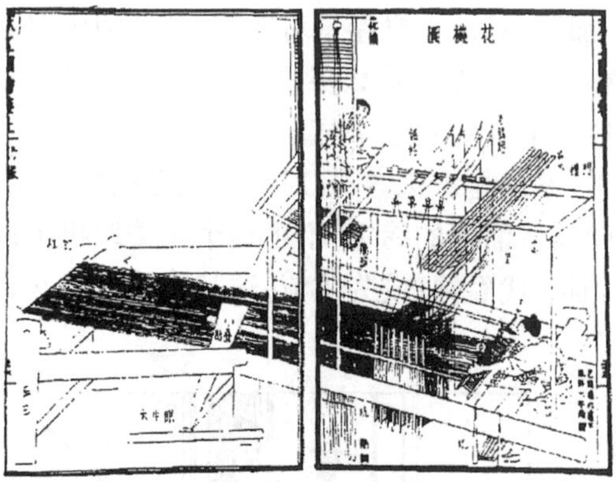

图 6-18、6-19　明《天工开物》中斜身式小花楼机

1. 开口机构

开口机构是提花楼最重要的部分，分为两个系统，一是织者控制的地综系统，另一是拽者控制的花综系统。

地综系统由障子（伏综）和范子（起综）组成，障子是下开口的综片，由织者下踏脚竹连接障子直接下压，回综由涩木即弓棚控制，范子是上开口综片，由织者下踏脚竹，连动横沿竹下压，再通过连接的老鸦翅做杠杆运动，带动范子上提，范子可依靠自重回复（图 6-21）。

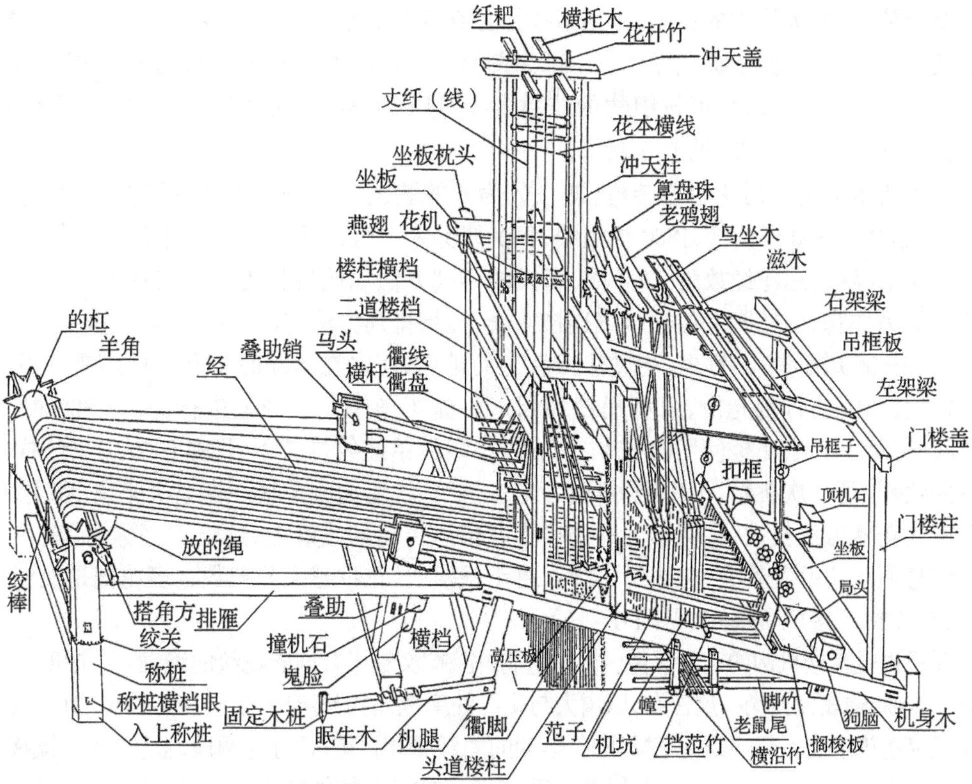

图 6-20　《天工开物》提花机完整复原图

障子运动时，与花综配合，在提起的花部形成间丝组织，范子运动是织出地组织，《天工开物》图中所绘的是四扇障子和四扇范子，可以织制花绫等织物。

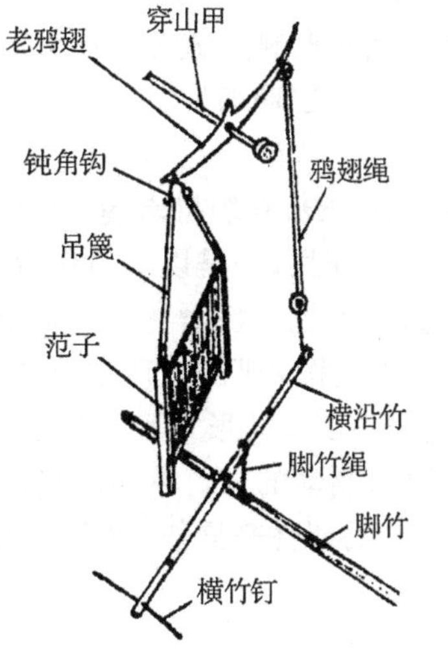

图 6-21　范子(起综)机构示意图

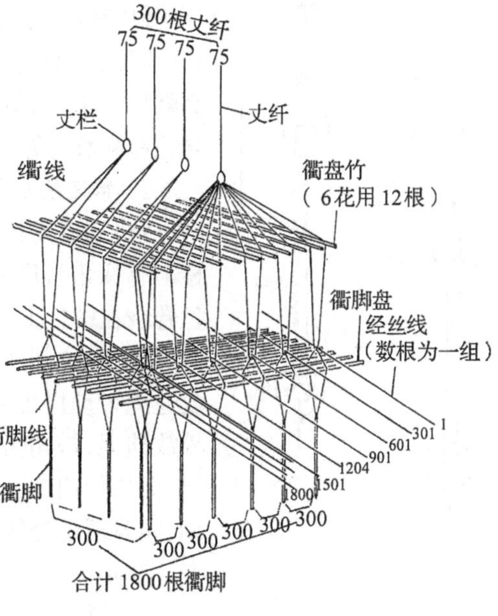

图 6-22　小花楼提花装造示意图

花综系统是小花楼提花机最复杂的机构,"隆起花楼,中托衢盘,下垂衢脚",是指提花机构的三个部分,上部为耸立的花楼,作用是提吊丈纤及纤上花本,拽花工处在花楼中间位置,这样能顾及花楼的上下,便于提花操作。中部为衢盘,衢盘由10多根衢盘竹组成,托在头道,二道楼柱的下横档上。衢盘竹可按织物的花数多少,进行增减,上接丈纤下的丈栏,下兜柱脚线,(衢脚线),中间穿入经丝(见图6-22)。

图中所示的是6则花装造结构,即在数为6的装造,每一根"丈纤"通过"丈栏"连接6根"衢线",总共为300根丈纤,1800根衢线,每衢线穿入一组经丝。若按四扇范子的排列,每衢线可穿入4根经线,总花经数为7200根,衢线的排列方法如同现代提花机装造上的顺穿法。机构的下部为柱脚,由柱脚上的柱脚线连接衢线,柱脚排列方法与衢线相对应,为4组6排,每组75根,每排300根,共1800根,通过柱脚盘交叉排列,使之在运动时不乱。柱脚是长约一尺半的小竹棍,水磨使竹棍光滑,以利提拽和回落。提花操作在丈纤上进行,丈纤300根,分成4组,拴在花耙上。小花楼使用的花本,是一种小型的单经纹样花本,即是四方连续纹样中的一个章回纹样,可一次挑结,不用倒、拼花。花本挑结后,要如大花楼一样上机兜花,和丈纤连接,然后按大花楼方法提拽,将花本上的纹样程序信息传递到丈纤上,这道工序称为"灌花",即把花本信息灌入丈纤花本,一耙丈纤可灌入百十根横线,花本越大分耙数越多花耙是灵活配置的部件,与丈栏连接就可灌花(见图6-26)。

花机也是花楼机构的重要部件,《梓人遗制》里称"文轴子",即起花纹的滚轴。"花机"是能滚动的细长木轴,轴表面裱糊一层白布,以增大与丈纤的摩擦,两端各有一轴心铁钉长出寸许,通过其他附件固定在花楼柱下部。当提花操作时,运动的丈纤,即由"花机"分为两段,上段丈纤,被拽花者横向拉开,做前后运动,下段丈纤随拉拽的丈纤提升,做上下运动。这样提花者不仅用臂力,还可借身体后仰力量来拉拽纤线,比没有"花机"的垂直提拎省力许多。"花机"另一作用是发梭信号,花机两端轴心钉与吊住轴心钉的附件"花机扣",在运动中会发出金属摩擦声响,织造者就利用这种声响得知提纤的高低,以控制发梭的准确时间。所以,观者看传统提花机生产,往往会奇怪,织造工和拽花工互不相看,各自操作,怎么会配合那么默契?其中奥妙就是声响,拽花者听筘框响,织造者听花机叫才发梭,全凭音响来调度操作,所以"花机"也被称为"叫鸡"。

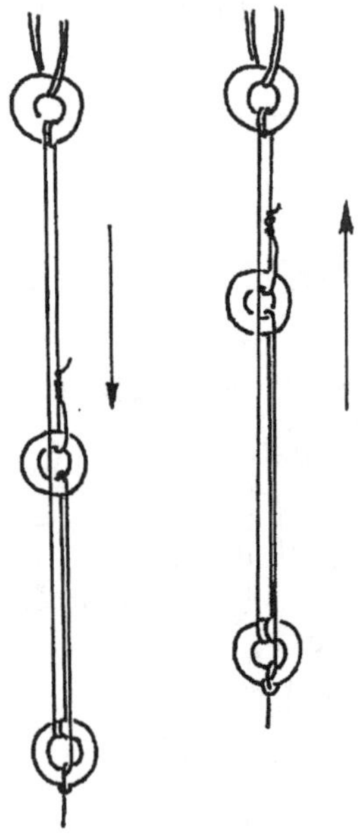

图6-23　吊框绳结构及调节示意图

2. 卷送经机构

"机末以的杠卷丝",的杠即经轴,安放在织机末端。织机图中的杠上有八角星形的羊角,羊角有两个作用,一是以羊角作扳手,将经丝卷绕在的杠上。羊角较好着力,故上经平稳紧密。二是羊角与搭角方配合,控制送经。织者不须下机,坐在机前拉动放迪(的杠)绳,放迪绳带动搭角方,拉出搭角口,羊角由经丝张力下转送经,然后,放松放迪绳,搭角方回落羊角搭角口,制动的杠。卷经的撬尺虽未记录,但从使用功能上讲,必定有相应的器件来操作,以卷绕织出的帛绸,同时恒定经线的张力。

3. 打纬机构

打纬机构由筘框、吊框绳、叠助、眠牛木、撬杆、压板等部件组成。

筘用细竹篾制成，密度按品种要求制定，装在筘框里使用，筘框用硬木制成，要求光滑不易变形，上下框中间开槽，以嵌入竹筘，连接上、下框的部件叫框闩，背面有一方洞“燕子窝”撞杆头插在其中。筘框上是吊框绳，吊框绳上两边各有3个圆形硬木环，称“吊框子”，作用是调节筘框的高低平正。拴法如图6-23。

撞杆前部有二道虾须绳，分别拴在上框和下框上，用竹棍绞紧，用以调节筘框与经面的角度，也使撞杆与筘框连接。撞杆的实际长度约八尺，左边撞杆上钉有一排角齿状木垛，为织者控制筘框的部件，功能见图6-24。

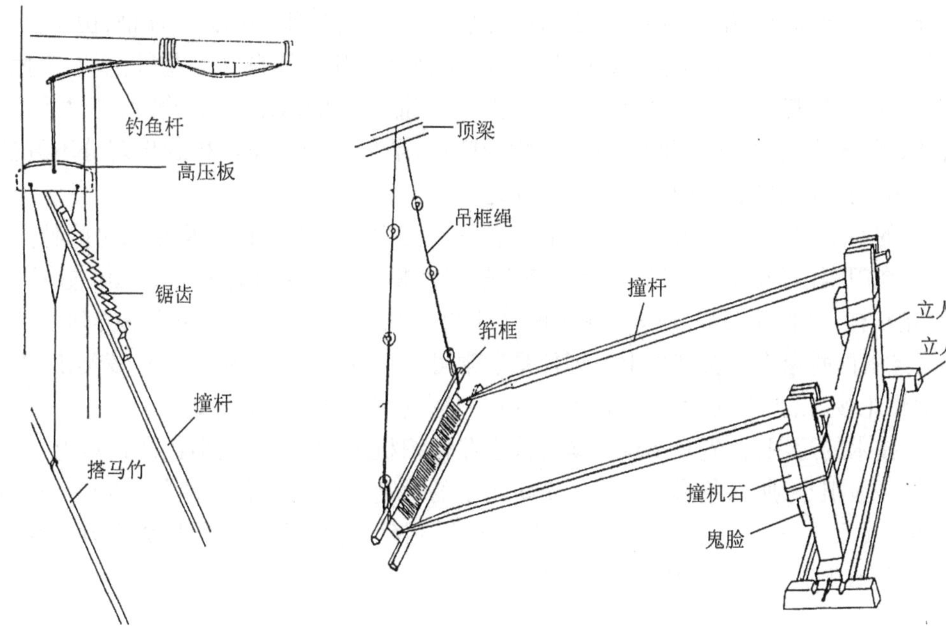

图6-24　打纬机构示意图

撞杆后部插入叠助马头，用立人销固定，叠助下部，架在眠牛木齿口上，叠助上钉有一块厚木板，叫“鬼脸”，上可托拴撞机石，撞机石有大小不同的份量，用绳捆扎在叠助上，故可灵活上下。“叠助，织纱罗者视织绫绢者减轻十余斤方妙。”即是指这种撞机石的调节。

斜身式小花楼的出现，在我国古代纺织史上有着极为重要的进步意义，对明清丝织工艺的发展起到了关键的作用。

斜身式织机最大的特点是提高了打纬力。提高打纬力是将织机倾斜的直接目的。“自花楼向身一接斜倚低下尺许，则叠助力雄。”叠助是打纬的主要部件，连接撞杆和筘框，它通过摆动打纬，当打纬的织口处于较低位置时，打纬部件便作倾斜向下运动，在重力和运动中加速的冲力同时作用下，增大的打纬力就能在瞬间暴发出来。水平织机，全靠人拉框打纬，费力费工，特别是对厚重紧密的织物，打纬则更为困难。清代为进一步增强织机的打纬力，将机腿加高到3尺，织机斜身的效果因而更好。

斜身式织机的功能也日趋完善。提花机上出现了机坑、隔幛竹、吊框子、羊角、搭角方、撞机石、鬼脸和顶机石等新的器件装置，从而产生出新的工艺技术和生产方法。这些新的器件装置有效地提高了织机的适应能力，完善了织机的结构和功能。如打纬机构上的吊框子，把原来固定长度的吊框绳变成可灵活调节长短的器件，这样扣框的托经，打纬就能随织口位置的变化而得以精细的调节。由于织机是长织口织造，这一改进就显得极有实用价值。又如眠牛木与机脚连接，使叠助的基盘坚实，避免筘框打纬的歪斜不正。拴在叠助上的撞机石，既可使叠助的重量增加，又便于重量的调节。羊角与搭角方配合控制送经，织者不须下机，只要坐在机前拉动放迪（的杠）绳，就可进行送经。卷经的橇尺虽未记录，但用移动老鸦翅和隔幛竹来延长织口，减少使用功能上不完善的卷经器件，比之楼琫《耕织图》上无鸟坐木和《梓人遗制》上鸟坐木开口架穿轴，这种器件和工艺又向前发展了一步。

织机的斜身式改进，提高了织机性能，完善了织造工艺，使织物的内质逐渐坚固精致，外观更加光亮平挺，也促进了新的织物品种的发展和繁荣。如缎类织物，在我国早就有生产，宋元时期的暗花纻丝，就属此类。但在平身式提花机上生产，全靠织工用人力撞框，由于机平框轻，打一根纬须撞框数次，产量有限，纬密还不易控制精确。利用斜身式提花机，变人力撞框为机械的重力撞框，以撞框一次合其纬密的打纬力，调节撞机石的重量，工艺合理，劳动生产率得以提高，产量就大为增加。明清时期缎类织物的盛行，是与斜身式花楼机的出现分不开的，而与此同时，用平身式织机织造的纱罗织物因缺乏竞争力而逐步减少。

织机的斜身式改进，也为妆花技术的快速发展提供了前提条件。妆花织物的特点是用彩色小纬管在门幅内分段织造，机身倾斜，使织造者的操作经面有个较好的斜面。这样，既便于看清起花纹样，又便于过管操作。在筘框打纬的撞击下，挖花的彩色纬管不会随震荡翻滚跳动，而沿经斜面垂落在机头挡棍上。即使是通常可在平身式织机上织造的纱罗类织物，若加织妆花，即妆花纱、妆花罗，也因为妆花织造的这一特点而需要使用斜身式织机。

妆花技术的运用，首先是出现在斜身式小花楼织机上的，由于受小花楼花本上机的限制，妆花纹样一般很小，所以色彩也不多。定陵出土的六则小团龙妆花纱匹料（图 6-25）就是较典型的一例，其妆花的小团龙纹样，直径只有 1.5 寸，用色 4 种，无金包边，地为小万字纹，小花楼上机只须 2 耙花本，匹料长 10 米，有腰封。

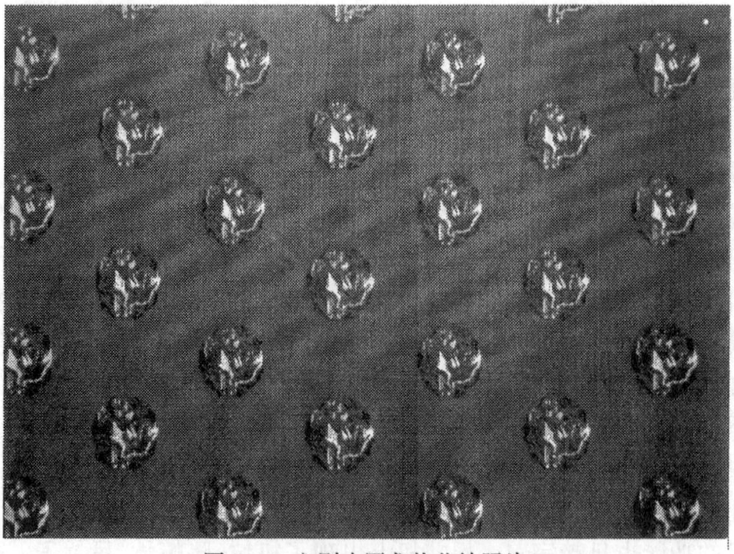

图 6-25　六则小团龙妆花纱照片

用小花楼机织造的妆花，都是在大面积地纹暗花上妆点少量的鲜艳色彩，虽有一种锦上添花的效果，但远不如大花楼织机织造的妆花富丽堂皇，更能体现出妆花的特点，所以实际上妆花织物基本上是由大花楼机织造的。

三 大花楼提花机及织造工艺

大花楼提花机是我国古代提花机发展的顶峰,它的特点主要是能够表现大图案、多色彩、组织变化丰富的各类提花织物。纬向纹样宽度可达全幅,甚至可以是拼幅和巨型阔幅。经向纹样长度,亦可不受一本花长度的限制而无限扩大。因为它的“不受限制”促进了多彩繁复织物发展,通过“分铲挖花”,使织物的用色五彩缤纷,同时它的自由更换花本的功能,又使织造工程浩大的帝王龙袍成为可能。明清时期最精美的妆花织物多是由这种大花楼提花机织造的。

(一) 大花楼提花机的产生和发展

大花楼提花机产生的直接动力是为了适应大纹样的要求。小花楼的装造结构限定了其只能制织花形较小、有多个并列单元的纹样。而要适应大纹样,就要使其成为能单一控制提花纤线运动的装造结构,同时花本与纤线兜连,也能实现单一的运动控制,这是大花楼提花机装造的结构特点。

从小花楼到大花楼有一个逐渐演化的过程。最初可能是减少花数,使纹样单位增大,当纹样改变成二则时,小花楼的装造结构已到极限。但若将二则顺排装造改成对称装造,即将一根丈纤下的二根衢线对称排列,就可以使图案扩大一倍,成为全幅纹样。当然,这个方法在二则以上的对称纹样上同样适用。其实利用对称的纹样使图案扩大,在早期的经锦的纬织造中已大量使用,这只是借鉴到花幅的装造上,同时也说明唐、宋时期大量出现的对称纹饰是和其花楼机装造工艺的演进相关连的。

大纹样的另一问题,是花本也越加长大起来,以至小花楼的丈纤虽然多耙分花,也无法容下过多的花本纬线。这样一种在小花楼机“验花”和“灌花”时才使用的拽花方法,就被沿用到大纹样花本的拽花操作上。“验花”是指小花楼的新花本挑结后,先要上机与丈纤兜连,进行一次拽织,以查验花本有无错误,同时要把出现的错花拿干净。这时的花本纬线由于是耳子线,故只须将错花角子线重新放拿重掏耳子线就可以改花,而灌花后花本纬线是连成整体的“横线”就不容易改花了。“灌花”是指在验花后,花本要重新与丈纤兜连,然后进行拽花。这个拽花并不织造,而是利用提拽形成的分耙丈纤开口,把“横线”逐次穿入,如同倒花复制花本一样,将花本纬线转移到分耙丈纤上(图 6-26)。

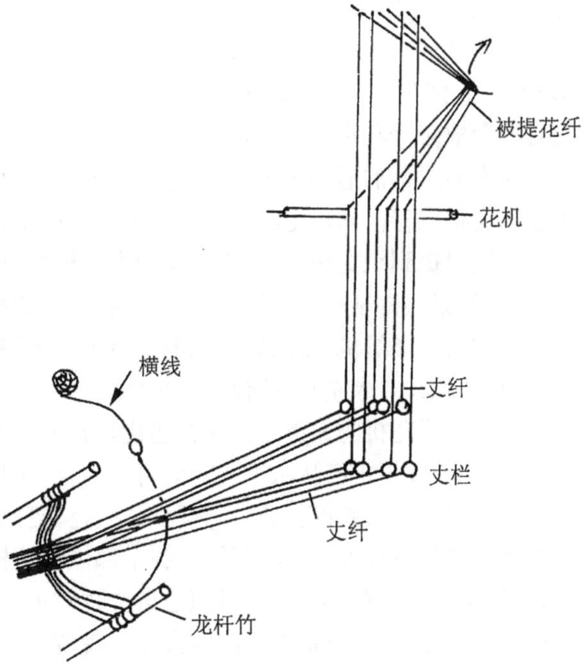

图 6-26 灌花工艺示意图

小花楼的丈纤横线拽花和兜纤耳子线拽花,提花效果一样,而提花速度和效率却区别很大。丈纤上花本横线根根相连,当一根横线拽后向上一挥，下一根横线就被连带到拽口，顺手一拉一挥，又连带到再下一根。所以拽花速度很快，而且不用担心拽错花或将花本弄错花，特别适合小花楼的抹梭织造。而用兜纤的耳子线提花，拽花速度相对要慢许多，不仅每拽一根耳子线要完成九个动作（详见下节拽花口诀），而且操作要特别仔细，以避免错花。所以用花本兜纤式的提花，原本只是一种辅助型拽花方式，从小花楼提花的成熟工艺上来讲，应当是丈纤横线式提花。然而随着纹样图案的变大和用色的增多，小花楼的丈纤已容纳不下过多的横线，兜纤式提花因其花本不受长度限制而逐渐被利用。另一方面大纹样的发展必定要多色彩，而抹梭织物的一把梭子一个色，限制了用色增多也使织物厚重，材料浪费，这样局部挖花上彩的妆花织物逐渐发展起来。挖花上彩在使织物精致的同时，延缓了织造时间，这样又反过来适应了兜纤式拽花的工艺和速度，使之最终成为大花楼提花的主要方法。随着大花楼机工艺技术的不断改进，又衍生出多种兜拽方法和技术，逐步配套完善了大花楼织机的提花工艺。

唐代纬锦图案已经很大，一般花回已达 20 多厘米，所需花本纬线在 2000 根左右，适用于小花楼多粑花的制织。到唐末五代一些更大图案的织物出现，说明小花楼机已开始向大花楼机过渡。我们可以从辽代耶律羽之墓出土的织物① 分析其中三件大图案循环织物的可能工艺。第一件是雁衔绶带锦，这是一件以五枚缎作基础组织的纬二重织锦，最多有七种彩色纬丝在同一区域中显花，纹样为两只对称的大雁，径向循环 43 厘米，纬向对称通幅，纬密为 20×7/厘米，花本所需横线约 6000 根，用 7 把彩色纬梭抹梭织造。可用小花楼对称装造，花本兜纤式提花。第二件是花树鸟蝶妆花绫，图案左右对称通幅，幅宽约 70 厘米，径向循环 77 厘米，其显花纬密 25 根/厘米，花纬以挖花形式织入，花纬共有六色。这样的织物也可用小花楼对称装造，花本也是兜纤式提花，花纬挖花处在过渡期。第三件是花树狮鸟织成绫，这是一件非常特殊的织物，其图案不仅在一幅内不对称，而且在需对应拼接的两幅也不对称。加起来，这件织物的图案循环应该在 240 厘米以上，是目前所发现的最早、最大的织物图案循环，按其花纬密 24 根计算，则花本纬线应在 5800 根左右。这样巨型的通幅图案就必须用大花楼机来制织了，而且要分成多个花本分段上花。

左右不对称的通幅织物出现，标志着大花楼提花机的产生。但这毕竟不是常见织物，工艺上也不会很完善。宋代至明代出现的提花机图像，全部是小花楼机式。只有明代《天工开物》的龙袍篇里提到织龙袍机，这无疑是指大花楼机，机高“一丈五尺”，但估计这是个推测的高度。直到清代《康熙御制耕织图》中才第一次有了大花楼机型的图像描绘，这是一台同时兼有小花楼机型的大花楼织机，可以看出大花楼比小花楼高出很少，从清代流传下来的大花楼机实物看，机高实际在 4 米左右，约合 1 丈 2 尺。

大花楼提花机的成熟工艺应在明代妆花织物开始兴盛时形成。大量重纬、厚重型织物的出现，说明花楼织机已从水平式转向斜身式，挖花妆彩的织造斜面和打纬力的调节控制，是妆花工艺成熟的重要条件。花本与纤线的兜连，更换灵活，花纹可不断拼接延长，进而出现了帝王龙袍的材料设计方法。将服饰上各个部位的纹样，分别挑制成不同的花本，然后按服饰结构编排，依次上机织造。一件袍料织造虽费时经年，却能各房斗合，分毫不差，显示出妆花织造艺术的非凡技巧。明、清统治阶级的宫廷需要，官办织造的优越条件，使得大花楼提花技术和织造技术得以长足发展，造就了许多精美而价值连城的织物，把我国古代丝织技术推向了顶峰。

---

① 内蒙古文物考古所等，辽耶律羽之墓发掘简报，文物，1966(1)。

（二） 大花楼提花机的结构和装造

1. 大花楼提花机的结构

大花楼提花机的代表机型是南京云锦妆花机，这是古代提花机最成熟的机型，主要有两类：坑机型和旱机型，以坑机型为多，皆为斜身式织机。大花楼的机架和功能已臻完善，变换装造就能制织各类妆花织物。

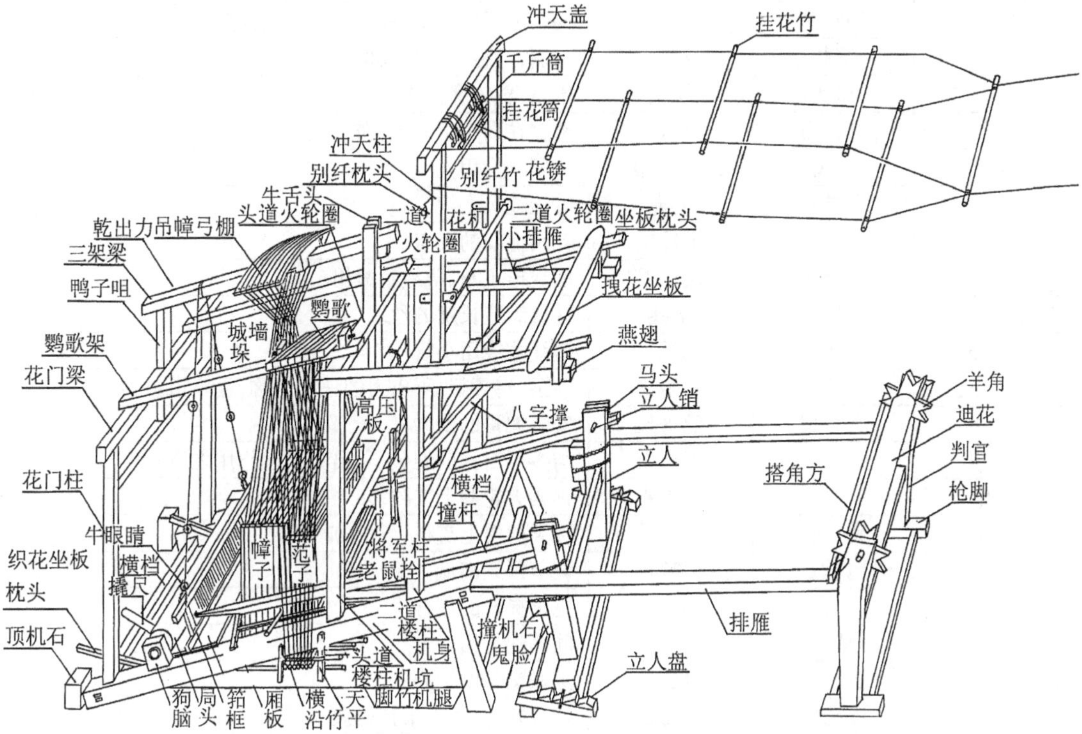

图 6-27　大花楼云锦妆花缎机结构图

大花楼提花机名目繁多，形象生动。清代卫杰在《桑蚕萃编》卷 7，陈作霖在《凤麓小志》卷 3 中记载了不少大花楼机名称，其中大部分仍在流传使用，是很珍贵的大花楼提花机史料，现将其对照列表如下：

大花楼提花机部件名称对照表

清·卫杰《蚕桑萃编》	清·陈作霖《凤麓小志》	南京云锦妆花机	注解
花　门		门　楼	门楼各部件总称
抵机石	鼎机石	顶机石	埋于机头固定机身
机　身		机　身	机前部两边主木
	站　桩		固定机腿的石桩
机　腿	腰机脚	机　腿	支撑机身立柱
	机　头	机　头	织工操作部位
	腰机横档	机身横档	机身横档前后各一根
	机颈子	机颈子	机身竹筘至局头的部位
坐　板	坐　板	坐　板	织工和拽工和坐位
狗脑	狗脑	狗脑	局头轴座

续表

清·卫杰《蚕桑萃编》	清·陈作霖《凤麓小志》	南京云锦妆花机	注解
	海底楔	海底楔	狗脑下部紧固件
	靠山楔	靠山楔	狗脑边侧紧固体
锯　头	局　头	局　头	卷布轴
	衬　局	衬　局	局头上衬纸
	局头槽	局头槽	局头上开的条槽,嵌入穿扎压伏固定丝头
扎伏	穿扎	穿扎	竹制,穿径嵌入局头槽
	压伏	压伏	木条,压牢穿扎压条
搭汗布	拖机布	拖机布	覆盖在局头货面上,布上放绒管
搅尺	较尺	绞尺、耗尺	绞紧局头用
麻辫	辫	辫绳	缠栓耗尺上绞
	千斤桩	千斤桩	耗尺上绞的支点
	伏辫绳	伏辫绳	固定拖机布、防绒管滚出
长短绳	遭线	遭线	计量织造长度的丝线
遭线管	遭线管	遭线	遭线坠线用小管
三架梁	三架梁	三架梁	顶梁、鹦哥架、干出力的三梁总称,也单指顶梁
	鹦哥架	鹦哥架	安装鹦哥的架梁
赶著力		干出力	与鹦哥对称的架梁、干出力不起作用之意
高栳		牛舌头	顶梁火轮圈上支柱
矮栳	鸭子嘴	鸭子嘴	顶梁门楼上支柱
	鸡冠	鸡冠	调节顶梁高低
鹦哥	鹦哥	鹦哥	范子提升的杠杆
鸽子笼	仙桥	城墙垛	间隔鹦哥用
穿心竿	穿心竹	过山龙	穿联鹦哥的轴心
菱角钩	菱角钩	菱角钩	鹦哥附件,用以吊挂范篾
钓篾	钓篾	吊篾	吊范子用竹片条
范子	范子	范子	起地部组织的起综
范梁	范梁	范梁	范子上下边框
	范子	范子脚	范子两边的框柱
	脊刺	范脊子	范子扣编组定位竹,用于转范子
豆腐箱	鸽子笼	豆腐箱	固定弓蓬竹的方框,可移动
弓棚篾	弓蓬	弓蓬	障子回升装置
	障子	障子	起花部组织的伏综
人字绳	钓障绳	人字绳	障子与弓蓬连接的绳子
	肚带绳	肚带绳	障子两脚下拴系的绳子
	带障绳	带障绳	连接障子脚竹与肚带绳的绳子
	拽范绳	竖沿绳	连接鹦哥与横沿竹的绳子
厢板		厢板	挡在范、障两边、限制左右移动
扒搅竹	合档竹	隔障竹	分隔范、障、便于接断头
	老鼠尾	老鼠闩	横沿竹左端固定部件
天平架		天平架	横沿竹右端固定部件
横眼竹		横沿竹	传递脚竹运动,平衡范、障起落

续表

清·卫杰《蚕桑萃编》	清·陈作霖《凤麓小志》	南京云锦妆花机	注解
脚竿竹	脚竹	脚竹	控制范、障运动的踏杆组件
	脚竹钉	脚竹芯	穿在脚竹顶端的粗铁丝
	脚竹桩	脚竹桩	固定脚竹芯之用
楼住	楼柱	楼柱	花楼支柱
横檐	横档	楼柱横档	楼柱框架连结横档
燕翅		燕翅	楼柱顶边框、拽花坐板基梁
八字撑		八字撑	燕翅下斜撑
花楼柱	冲天柱	冲天柱	挂纤线的上部花楼柱
椿橙盖	冲天盖	冲天盖	盖冲天柱的横档
夹木		别纤枕头	冲天柱上架别纤竹的垫木
竹		别纤竹	绷紧纤线用
千斤筒	千斤筒	千斤筒	吊挂纤线的竹筒
提花线	牵	纤	提花综线
龙骨	龙骨	龙骨	纤线编组定位的竹棍,用于转纤
脚子线		脚子线	花本经线
过线		耳子线	花本纬线
江绳		缰绳	穿入耳子线结头的粗棉绳
架花竹		挂花竹	挂花本用
起撒竹	渠撒竹	渠头竹	多把吊装置分隔则花用
花鸡		花机	提纤滚轴
花绷		花锛	调节花鸡与冲天柱距离竹制件
魁挑橙		花机扣	提吊花鸡轴钉并发出响声的铁件
猪脚盘	猪脚盘	柱脚盘	编排柱脚的竹杆
竹签	猪脚	柱脚	衢脚相当现代提花机下柱
	猪脚线	柱脚线	柱脚上连接纤线的丝线
	猪脚坑	机坑	坑机之坑、容脚竹、柱脚等部件
打经板	打丝板	打丝板	纤前经面上,压浮挂经丝
框	筐匣	框匣	筘框下边框
	筐盖	框盖	筘框上边框
	筐闩	框闩	上、下筘框连接件
底条	底条	底条	装在框匣上、托经走梭
吊框绳	钓筐绳	吊框绳	提吊、调节筘框高低
牛眼珠	牛眼睛	吊框子	吊框绳上调节环
	燕子窝	燕子窝	框闩后部凹槽,放撞杆尖
扶梭板	护梭板	护梭板	筘两端空余处镶嵌的薄板
筘	筘	竹筘	打纬、固定门幅用
	筘齿	筘齿	竹筘里的细竹齿
	边齿	边齿	竹筘上两边入边经的粗齿
	筘门	筘门	细竹丝四根,分上下两组缝在筘上
撞竿	樟杆	撞杆	打纬装置连接立人和筘框的长杆
虾须绳	虾须绳	虾须绳	连接撞杆与筘框的绳子

续表

清·卫杰《蚕桑萃编》	清·陈作霖《凤麓小志》	南京云锦妆花机	注　解
搭马	搭马	高压板	横竹板,控制撞杆运动
搭马竹	搭马竹	踏马竹	用绳连接搭马的踏杆
锯齿	锯子齿	锯子齿	锯齿状木条、调节撞杆制动筘框位置
钓鱼竿	钓鱼杆	钓鱼杆	竹制搭马运动弹簧
将军柱		将军柱	搭马一边的竖棍(另一边为楼柱)
立人	立人	立人	撞杆支架及摆动装置的总称
	立人钉	立人钉	立人摆动的轴心
海底		立人轴	立人底部横档,两端为立人钉
	立人销	立人销	连接撞杆与立人上马头的插销
贵连	鬼脸	鬼脸	立人柱上支托撞机石的厚木板
	撞机石	撞机石	立人柱上增加打纬力的石块
立人盘	立人盘	立人盘	立人的基座
抵盘石	立人椿	立人桩	固定立人的石桩
排雁	排雁	排檐	机后部连接机身与枪脚构件
排雁槽	排雁槽	排檐槽	排檐连接机身的燕尾形槽口
敌花	迪花	迪花	经轴
	包迪布	包迪布	经轴衬布
枪脚	枪脚	枪脚	经轴支架底座
	鼎桩	顶桩	固定枪脚的木桩
羊角	羊角	羊角	经轴定位八角齿轮
	锁鼻		枪脚搭角方上拴牛鼻绳的洞眼
老缩绳		牛鼻绳	控制搭角方运动回落的绳子
打角方		搭角方	制动羊角
拽放绳		放角绳	织工拉动搭角方放径的绳子
边扒	边爬	边扒	卷绕边经的小木框
	扣边绳	边琐	分开边经,避免缠绞的锁边
	绺头爬		小于边扒,绕经轴余丝用
海棒	云棒	核棒	找断头分经的竹棒
梭子	梭子	梭子	梭子投纬用
文刀		纹刀	装引扁金和过管挖花撑经用
	文刀头	纹刀头	纹刀头部包的金属丝,耐磨
	边鹅眼		纹刀头部穿织零散扁金的洞眼
	蜡尺	蜡子板	经丝、纤线上蜡用
纬绷	纬盆	纬盆	装纬管用

大花楼提花机的机架结构特点,主要反映在花楼柱为织机的纬向横置,纤线沿经面横排成单一起花的通幅式装造。提花者与织造者一上一下,面对面相对而坐进行操作,称之为“对织对拽”。纤线位置设在楼柱外,故吊纤的冲天柱、盖以及拽者的坐位,都要放置在原楼柱的后面,这样需将楼柱的两边框梁延长,犹如二个展开的翅膀,名曰“燕翅”,上搭坐板,供拽花工坐上操作,为提高承重强度,“燕翅”内挡下设一斜撑“八字撑”,与楼柱相连,支撑人体和拽花的重力。冲天柱下部插入“燕翅”内挡和八字撑槽内固定。冲天盖上吊“千斤筒”挂纤,后拴“架花

竹”挂花本,冲天柱上部朝前有木枕一对,上拴“别纤竹”,织造时绷紧纤线便于操作。冲天柱下部有一槽孔,穿入“花奔”,花奔是固定“花机”的部件,上有数孔以调节花机的前后移动。花机的高低位置,由“花机绳”调节,其结构如“吊桓绳”,用绳较细,花机绳下部拴一铁件“花机扣”套在花奔与花机轴钉中间,花机转动时与轴钉磨擦发声,调度织手操作。

2. 大花楼提花机的装造

大花楼提花机的装造,可分为两部分顺序进行,前部经丝装造为掏范、障、筘,后部纤线装造为“数丝引纤”。

(1)经丝装造。也就是将经丝穿入范子、障子和筘齿。这个工艺大、小花楼基本一样,需多人协作完成,其操作如《天工开物》“穿经”一节中所说“凡丝穿综度经,必用四人列坐。”第一人为“分交”。即通过“交杖”将所需掏的经丝逐根顺序分离出来,传递给下手。第二人为“掏范子”。范子起综需掏上扣,综框七扇扎在一起(按七枚妆花缎装造),内口排列调齐,顺序掏入。左手将范子夹于腋下,上接“分交”工传递的经丝,右手穿入范子顺序中的上扣中,接左手伸递的经丝夹出,传递给下手。第三人为“掏障子”。障子伏综需掏下扣,综框八扇扎在一起,也用左手夹在腋下,左手上接“掏范”工传递的经丝,右手穿入障子顺序的下扣中,接左手经丝夹出传递给下手。障子需隔1隔1,按掏经口诀操作,经丝不掏扣时,要在两扣之间空穿过。第四人为“掏筘”,左手执穿过筘的丝在手,向左轻拉,使筘齿上分出一小豁口,豁口右边1齿即为需掏入的齿口,用“筘刀”插入,每7根经丝为1齿掏出。一般集7~8厘米即可打结,打结的丝头长度要均齐,以便上压伏后,经丝松紧一致。

正身经丝掏完,进行掏边。边经另行牵经上边爬,挂于迪花两边,先用耳子线锁边,边扣在范子上,不入障,掏上扣,入边齿筘一般一齿入30根边经。边10根1组,7齿共210根。

流传下来的操作口诀如下:

掏经口诀: 前五轮	 后五轮	掏边口诀:
前一掏前一	前一掏后四	1 4 7
前二掏前二	前二不掏障	2 3 6
前三不掏障	前三掏后三	1 4 5
中脚掏前三	中脚不掏障	3 6 7
后三不掏障	后三掏后二	1 2 5
后二掏前四	后二不掏障	3 4 7
后一不掏障	后一掏后一	2 5 6

(2)纤线装造。即“数丝引纤”工艺

数丝就是将总经数按照纤线数,均衡地分摊到每根纤线内,把每纤所需要兜的经丝数出编成丝组,为引纤作准备。

A. 数丝计算(以云锦头号妆为例)

经数11 000根,纤线1800根,相除得6.111根,可知每纤可分6根多经丝,需进一步计算精确。再用1800乘6得10 800根,知多200根经丝。去水缎,6(齿)×7根×2(边)=84根,用200根相减得116根,这些余头再均匀搭入经中。1800除116得15.5,再用1800除16得112根,这样实际仅相差4根,可留做闲头。计算的结果为,每纤入经丝6根,搭头率为每16根纤搭1根经丝。即在数丝时,前15根纤各入经丝6根,第16根纤入经丝7根,按此比率一直数完1800组丝组。

B. 数丝操作

数丝操作在近机尾处，两人分别在排檐两侧，由外向里同时进行。操作时左右相配合，一手别交，一手兜数丝，流传下来的具体方法如下：

别交：在两交棒之间，先分出一小组经丝，约 30 根左右，用别交手大拇指挑起，（机左侧用左手，机右侧用右手）使交上经和交下经分出口子，中指内伸插入钩提增大口子，其他手指随之插入。（图 6-28）将食、中指与无名、小指撑开，稍往下撳，因食、中指所撑的上交经别住无名、小指撑着的下交经，就把上交经前一根的下交经分离出来，由另一手在交棒外兜着，也就是数了一根丝（图 6-29），接着手背稍向下翻转，用大拇指将下交经丝向外顶，食、中指让出上交丝，由无名、小指把上交丝向内顶，稍往上提，下交就别住上交丝，将下交丝前的一根上交丝分离出来。这样依次往返就把经丝一根根分开数出了。（图 6-30）在做上两个动作时，分别要下撳，上提，是因为经丝会绷在交棒上，操作时往往手指已把要数的经丝分开，但丝仍被交棒托住，与其他丝连在一起，因此，稍为上提或下撳，丝就能离开交棒，与其他丝分离，另一手兜数起来就方便了。

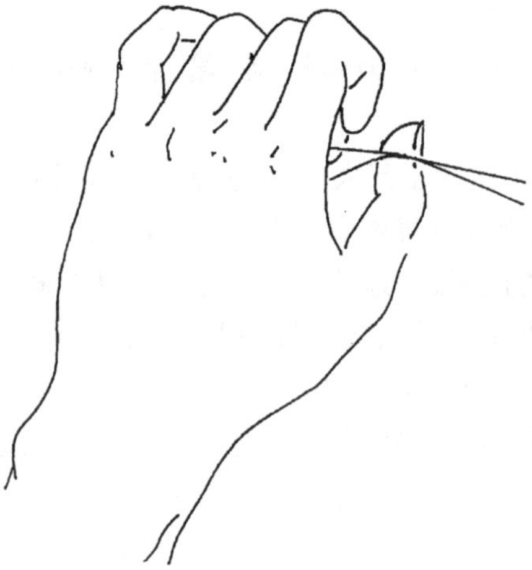

图 6-28

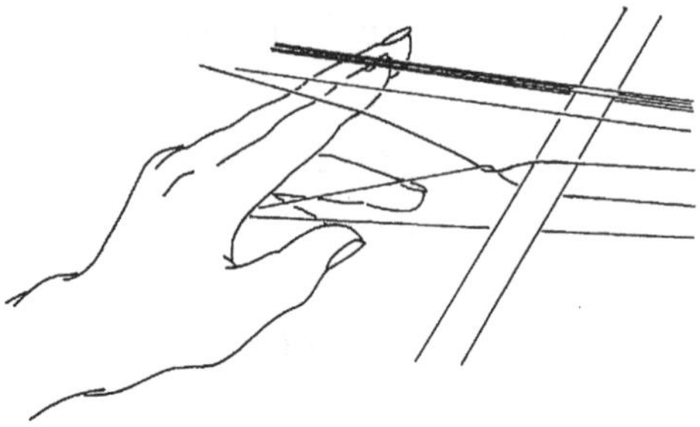

图 6-29

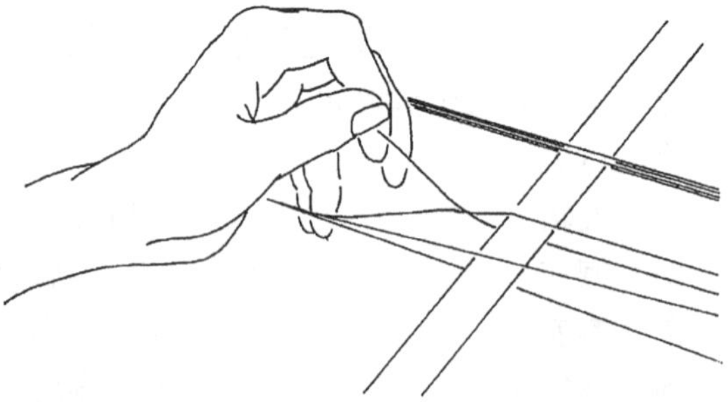

图 6-30

兜数丝：操作的手在交棒外兜数分出的经丝，先数 42 根经丝为水缎，用一根耳子棉线套拴在上面，作为别丝组交线的起头，然后正式开始兜数。按已算出的每纡兜丝数兜数丝组，每次可兜四组，分别放在手丫里，第一组丝（6 根经丝）放在小指外，第二组丝放在无名指和小指丫中，第三组丝放在中指和无名指丫中第四组丝放在食指和中指丫中。（图 6-31）四组丝兜数完为一手丝，接着别丝组交线，先用食指、无名指将（二）、（四）组丝挑起，再用

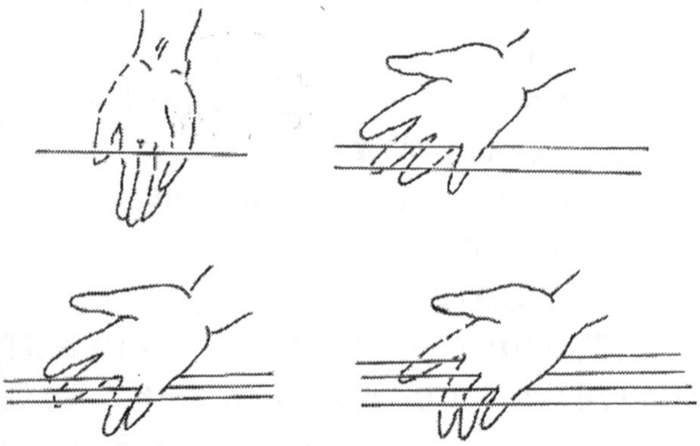

图 6-31

另一手把上面交线穿入,并拉回依旧放在经上面。(图 6-32)穿第二根交线先要用中指将(三)组丝挑起,然后用大拇指钩住挑起的(三)组丝,小指将(一)组丝内别,再用中指向外撑,形成过交线的口子,穿入交线,交线从下面拿起穿过依旧放在经下。(图 6-33,6-34)每兜数 4 手,即第 4 手的最后一组丝需搭丝,兜数 7 根经丝。数丝完毕,要按组丝再数一次,确定是否与纤线数相符,然后,再用一根耳子棉线,做 20 个组线为一交的粗交线,这是为锁龙骨而做的记号交线,在引纤时使用。

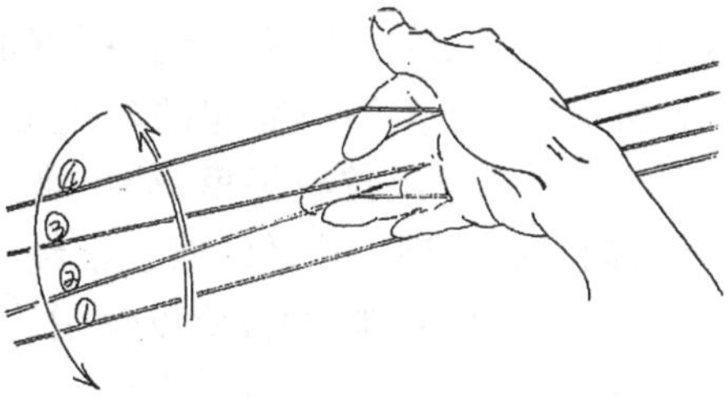

图 6-32

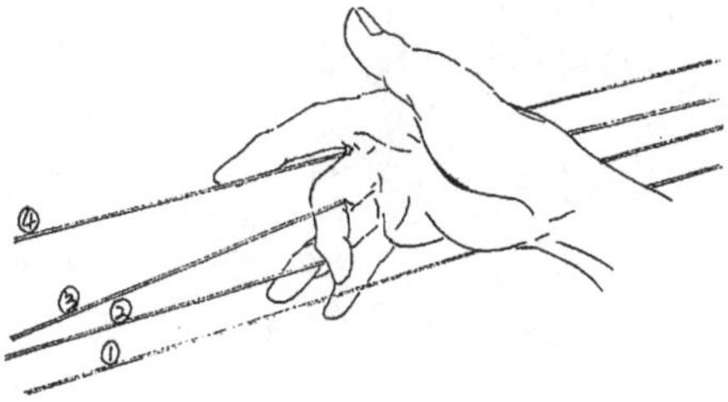

图 6-33

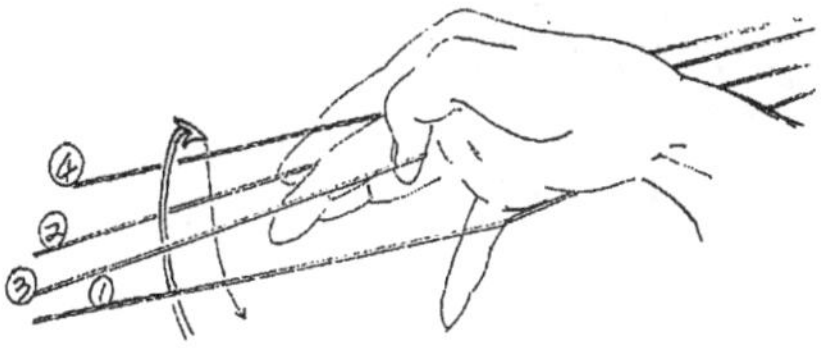

图 6-34

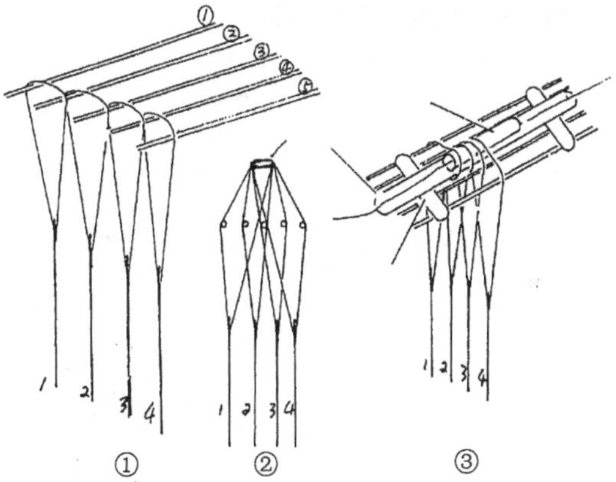

图 6-35　柱脚引纤准备示意图
①柱脚盘排列　②柱脚线兜人蜡板　③蜡板上端通纤管

引纤。即是制作纤线,用丝质较好的 4 股线为纤线材料(相当 35 支 3 股絲丝线粗细)操作分三步进行:

(1)引纤准备

先架上纤棍。(上纤棍为 10 公分直径以上的粗毛竹加工成)。撞杆二根分两边架在局头和机身后档上,上纤棍横穿经下,架在撞杆上,然后用麻绳拴结上纤棍,再用小木棍撬紧。

拴千斤椿,(千斤椿可用立人梢替代)在冲天盖中间,用一竹棍撑顶扎稳,使引纤的拉力不能将冲天盖拉弯,以保持纤线的前后长短均齐,然后在撑顶位置的冲天盖上面拴千斤椿,椿头露出寸许以挂纤线,椿尾用粗绳拴结。再用撬棍绞紧。

做柱脚盘。竹棍五根,拴成排,柱脚顺穿其上。(图 6-35)再将柱脚线顺序兜起。穿上蜡板(蜡板为向经线、纤线上蜡的木板条)。蜡板上再穿入一个通纤管(通心竹管为之),纤线从管中通过。

(2)引纤操作

引纤操作由四人合作进行。分工为:甲,擢柱脚;乙,抱丝;丙,挂纤;丁,分丝(图 6-36)。

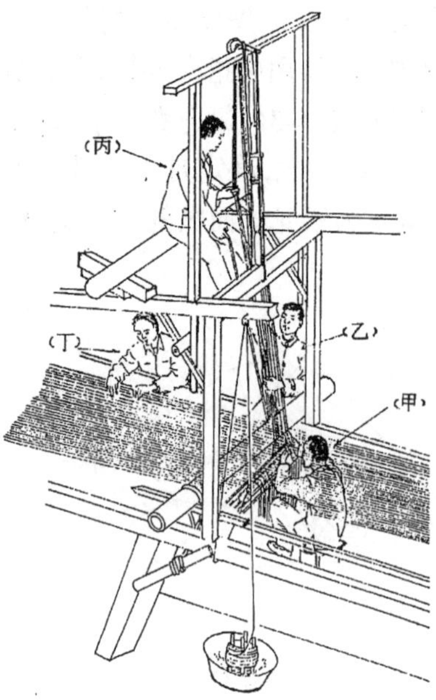

图 6-36　引纤操作示意图

甲、擢柱脚。提出一束柱脚线(约 20 多根),按柱脚盘的分口,将左手插入,手式见图 6-37。

右手中指、无名指、小指将分套在左手上的柱脚线依次兜出。操作时左手相应地将手指上所需的柱脚线绷开,右手兜住线后,立即回握,同时手腕往内翻转,将大拇指和食指伸到纤线下,然后向上兜起传递给乙(图 6-38)。

乙、抱丝。用左手抱住兜入经丝的纤线,右手接(甲)递上的纤线,再向(丙)传递。(B)左手不断地把引好的纤线抱住,使经面拉出当口,这时(丁)把需兜的丝组分出。右手就可伸进分出的口子,把丝组拉在怀里,伸出食指把(甲)递上的纤线钩着,向(丙)传递。这样纤线就把经丝兜入了,因为纤线是围着上纤棍来回划引的,所以食指钩纤,要在上纤棍左右两边交替进行。(图 6-39)(乙)食指钩着纤线向上提时,中指靠拢食指,夹住纤线,拇指兜着纤线绷开,形成张口,这时(丙)右手伸下来,用食、中二指钩着纤线(图 6-40)。

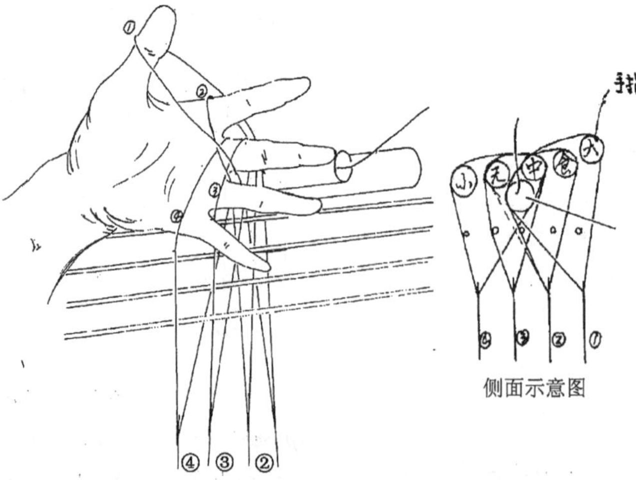

图 6-37　擢柱脚左手示意图

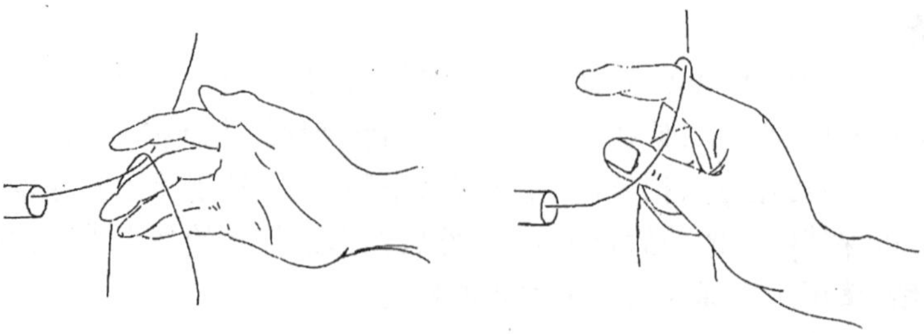

图 6-38　擢柱脚右手示意图

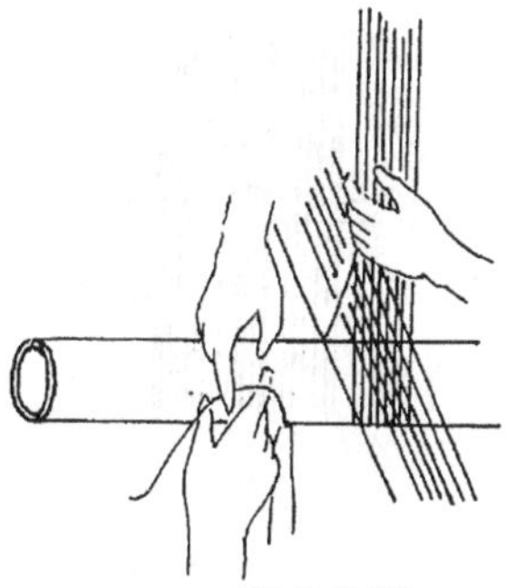

①前钩纤

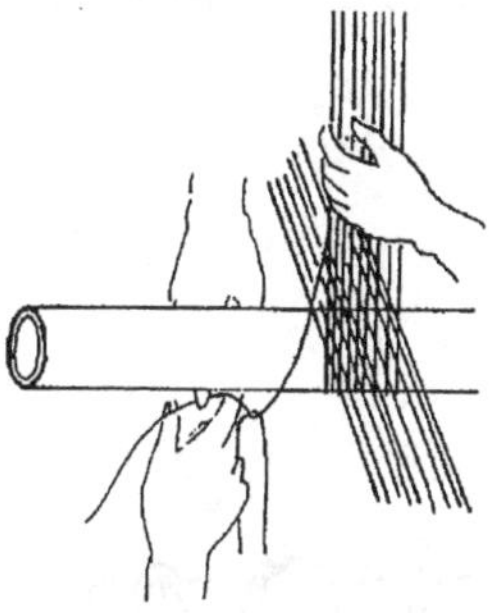

②后钩纤

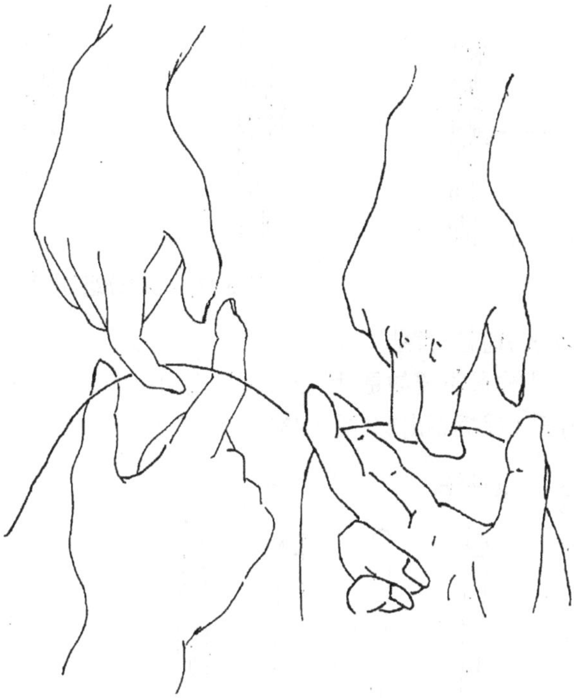

③递钩配合

图 6-39 抱丝者钩行示意图　　图 6-40 抱丝者递纤示意图

丙、挂纤。右手钩纤上举,食指与拇指并拢捏着纤线顺时针方向从左向右挂上千斤棒。然后,捏着纤线下滑,由左手把拉紧的纤线掐着。掐纤要紧,否则回松造成纤线不齐,提花就会有高低。引纤 20 根,用耳子棉线打个“牛结扣”,为锁龙骨的分组线。打扣时左手不能松,用右手单手打扣。打法见图 6-42。

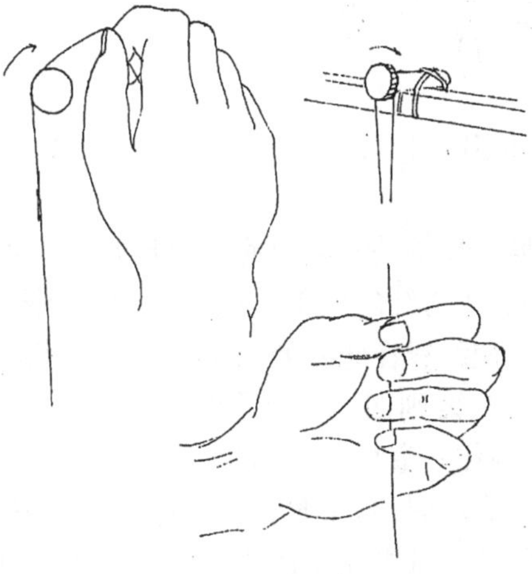

图 6-41 挂纤示意图

手顺时针方向挂纤 ②千斤筒挂纤效果 ③左手掐纤

丁、分丝。按数丝分出的丝组交,顺序分出递给(乙)同时核对丝组数。再按粗交,即每 20

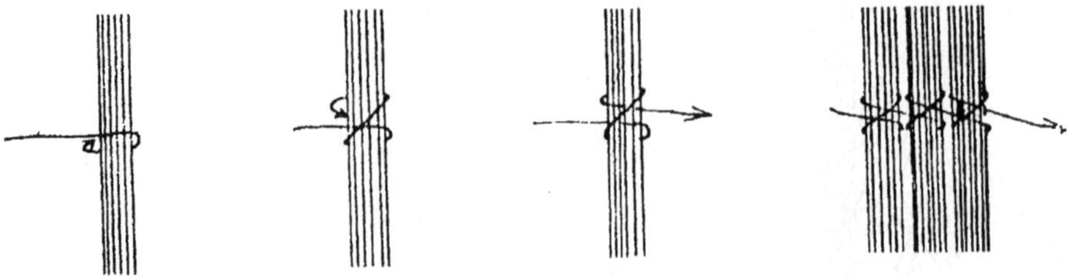

图 6-42　纤线分组打“牛结扣”

根丝组交线，通告“打结”。

引纤操作最重要的是，甲、乙、丙三人用手兜、递纤时，纤线不能翻转，“活头”始终在一个方向，否则纤线就拆不出交(图 6-43)。

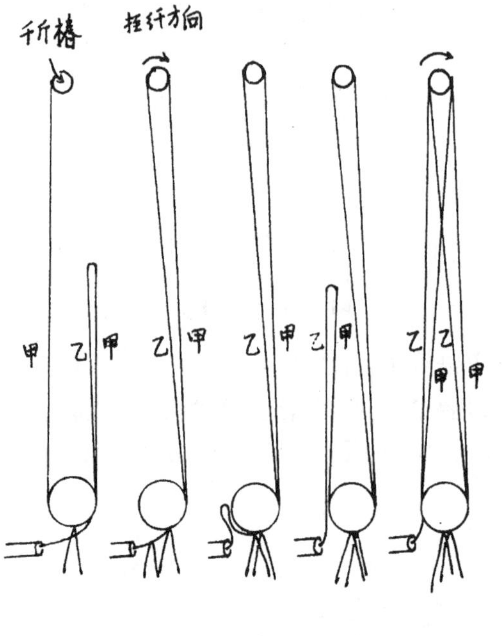

图 6-43　挂纤活头示意图(甲为活头)

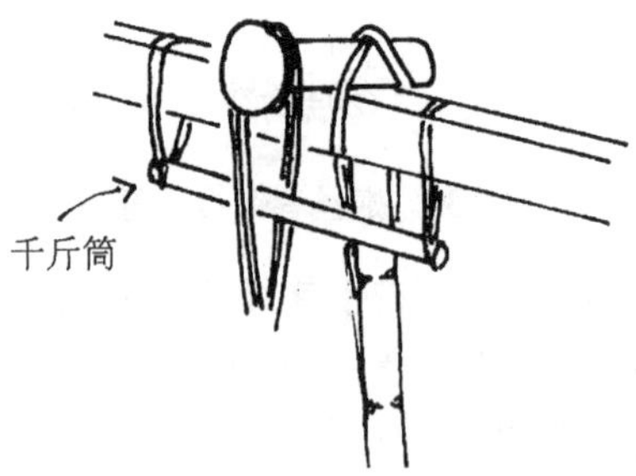

图 6-44　换千斤筒示意图

(3)锁龙骨拆交

锁龙骨。先用千斤筒替换千斤椿(图 6-44)使纤线排开。龙骨用手指粗的光滑硬竹制成，目的是将纤线一束束契在上面，成为纤的纲骨，固定纤线并控制纤线的转动。纤线使用时每隔二、三天就要用龙骨转动一次，使纤线在兜经处和兜花处的磨擦点移位。龙骨数根据花则数确定，一则、二则为二根、三则三根、四则四根。操作时纤按龙骨数均分，在其一份的中间锁起。右手捏住龙骨一半，左手食指勾住一束纤线，从前往后套在龙骨竹上(图 6-45)。然后，食、拇二指张开，伸进纤中向外翻转，形成环圈，套在龙骨竹上即可。左边顺序锁完后，就换手锁右边。龙骨全锁完后，要拴“过街纤”，把龙骨之间相连的纤线分开，接长 1 米左右，在龙骨两边套拴系紧。

拆交。引完的纤线上无交，而无交的纤无法兜花本使用，拆交就是找出纤的交线。操作方法为：

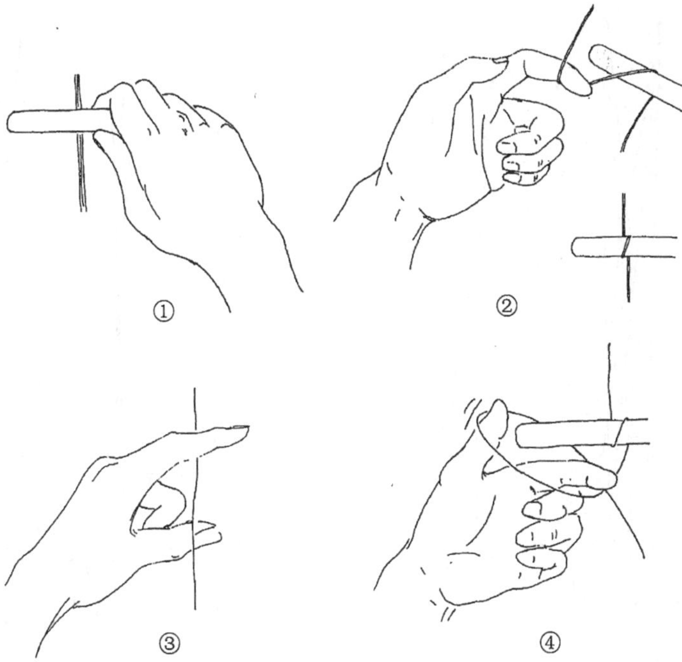

图 6-45　锁龙骨示意图

甲、用二根交棒，一根从千斤筒下的纤口插入，一根以上纤棍的纤口插入，形成初交，然后，将上纤棍抽出。

乙、先捡一侧空浮的纤线，把纤线所兜柱脚线和另一侧的半边纤全拉出来，分出口子，用一根粗绳双折起来从口子穿入到另一边。

丙、再拉另一侧的空浮线，在这一侧再分出一个口子，然后拿下一根交棒，随口子在经上穿入并上提(图 6-47)。

丁、把经下的双折绳拉开，分出纤口，再将另一根交棒取下，也随口子从经上穿入，和上交一合，换成交线，就成完整的纤交带了(图 6-48)。

大花楼提花机有织全幅图案的优势，但也不局限于织全幅，可用叠纤的方法织二则、三则和四则。叠纤通常用于二则、三则，四则起花就容易夹纤，所以多将花本拚成双花，再上二则，就可织出四则纹样来。叠纤就是将纤线重叠在一起，兜花时一根花本角子线，同时兜入重叠的二根以上纤线，即“一兜二”、“一兜三”等。二则以上的纤线要编渠头竹，渠头竹的作用，类似现代提花目板的部分功能，使渠头竹以上的纤线垂直，便于拽花，而渠头竹下纤线交差成二个单元或多个单元(图 6-49)。

（三）　织造工艺

大花楼提花机的织造生产，一般为两人。一人在花楼上，专司提花，称为“拽手”；一人在机前抛梭装彩，称为“织手”。其工艺也分为两部分——拽花和织造。

(1)拽花

拽花有挽花、攀花、提花、拉花等叫法，亦有拽面侧花、底侧花、翻拽、拼拽、尾打头拽、倒坐拽等不同的拽花方法和工艺。但都是将织造所需的提花经提拽起来，是一种配合织造的工艺工种。

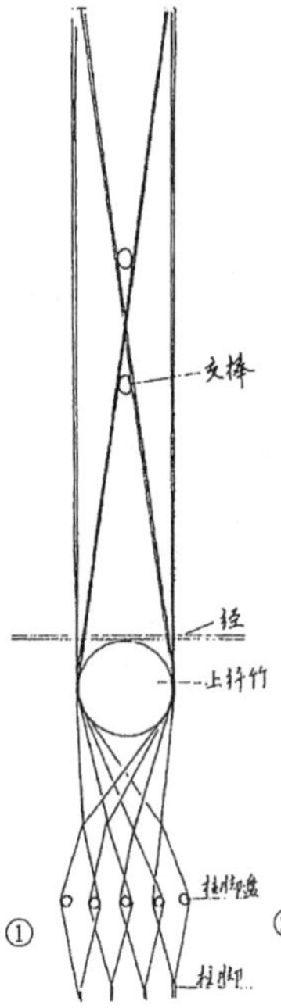

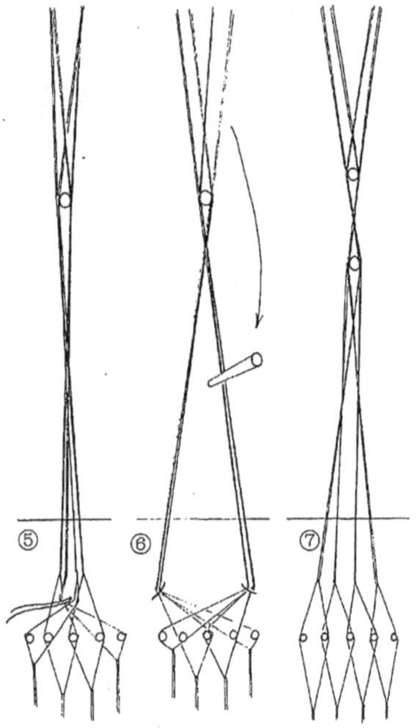

图6-46　拆交示意图一(拆交①,②) 图 6-47　拆交示意图二(拆交③,④) 图 6-48　拆交示意图三(拆交⑤,⑥,⑦)

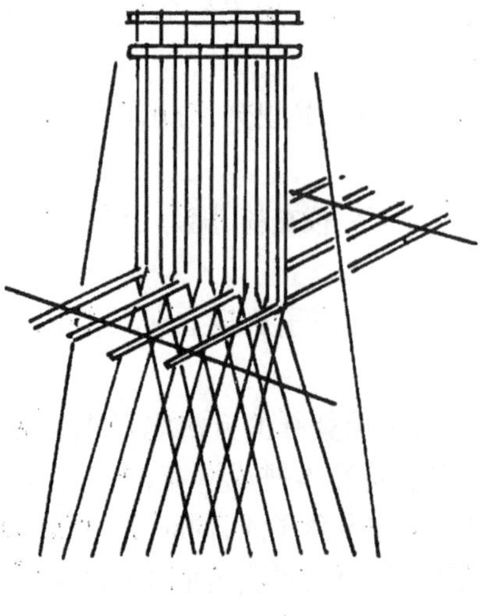

图 6-49　渠头竹分纤示意图

大花楼拽花主要是在与花楼纤线相兜连的花本上进行的。操作时按花本耳子线(纬线)编排的次序,逐一提起耳子线,使该铲应起的脚子线分离出来,这样与之相兜连的纤线也被分离。提拽这些纤线,带动与纤相连的经丝提升,形成梭口。然后,将所拽的耳子线从上磨口抽出,掏入下磨口,这样使用过的“花”就越过兜连的纤线,转移到下磨口,待下一循环再用。随着拽花操作的进行整个花本,环绕挂花架,从上往下不断转动,直至一本花拽完。

大花楼的花本,可分为二类:一类为单独纹样和拼接纹样的花本,或织量不多的花本。这类花本上机拽织后,就取下来重兜或换花本兜纤,特点是花本上下自由,但每块花都要兜花。另一类为连续纹样或织量大的花本,多为生产匹料用。这类花本多为“行本”上机,在机上将花本角子线首尾一根根相结,形成“环形花本,”特点是可以兜花连续织拽,但换花要剪开,一本花剪二、三次就报废了。

拽花有多种不同的方法和工艺,最基本的是拽底侧花。新花上机都是面侧花,织拽一次再循环就成底侧花。拼、翻、倒等多是一些特殊的品种和图案拽花方法。在长期的生产实践中,大花楼拽花操作被古代艺人概括总结为《拽花九字口诀》:“一抡、二撴、三抄、四会、五提、六捧、七拽、八掏、九撒”,这九字口诀是拽花操作的要领和步序。下面逐一简释:

一“抡”。按花本明线顺序,把当铲耳子线拣出向左“抡”开(图 6-50①)。

二“撴”。把抡开的耳子线前移的同时下撴,使耳子线上下的脚子线分离(图 6-50②)。

三“抄”。右手抄进已分离的两层脚子线之间,将需拽脚子线挽住。

四“会”。左手捏着耳子线上下挥动一次,与右手挽住的脚子线交会,检查所抄入的脚子线有无遗漏和多抄,若有手上会有感觉,放拿清楚即可(图 6-50③)。

五“提”。右手挽着的脚子线用手腕力向上提,使与之相兜连的纤线拉开,形成当口,同时脚子线的下开口清晰(图 6-50④)。

六“捧”。左手伸进开口,握住分离出的应拽纤线,同时右手挽着脚子线也伸进开口内,与左手共握纤线、状如捧物(图 6-50⑤)。

七“拽”。把捧着的纤线向上拽提(图 6-50⑥)。

八“掏”。将左手伸进花本脚子线的下开口里,用食、中指夹住当铲耳子线根部,回抽掏出,这铲花本耳子线就从上磨口抽出,越过兜连的纤线,掏入下磨口里(图 6-50⑦)。

九“撒”。即撒手丢开纤线。若是夹纤重的花,还需在拽纤口下部弹“撒”一次纤,使纤线回落清爽。(图 6-50⑧)

①

②

③

④

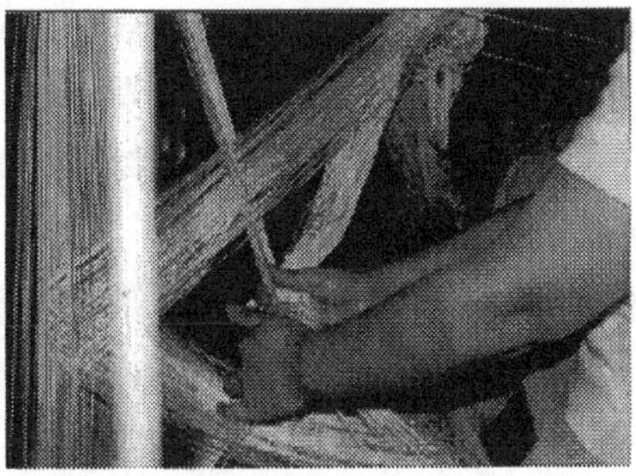

⑤

⑥

图 6-50　拽花操作要领

⑦

⑧

图 6-50　拽花操作要领(续)

以上九个动作,连贯衔接,一气呵成,要在三四秒钟内迅速完成。操作的注意重点是清爽,尤其是"抄"、"掏"二字,若操作不清会造成错花,不仅会影响本块花纹样,还会影响后续循环的纹样。保持花本清爽"磨口"长短是重要条件,磨口是指花本角子线在兜纤口转拽的上下距离,通常为"上七下八"即上磨口 7 寸、下磨口 8 寸。在拽花时,可用"磕"耳子线的松紧来调节磨口的长短,磕的动作在"掏"字中进行,当手夹住耳子线先往下一磕,再将其掏出,这样耳子线就被一次次磕打紧,若需松时则不磕。

(2)织造

大花楼提花机的传统手工织造工艺极为复杂讲究,主要为各类妆花织物,具体的品种不同,其工艺方法也不尽一样。妆花织造工艺技术是在传统织锦工艺基础上借鉴综合了多种不同工艺精华而形成的。妆花采用的挖花技术,来源于战国织成和唐宋缂丝,彩绒作纬源自宋、元"绒锦",大量用金继承了元代织金锦的传统,大纹样则是改革小花楼提花技术的成果。各种工艺技术的吸收改进,使妆花织物以繁难复杂的生产工艺获得了精致完美的内质和绚丽多彩的外观,成为古代提花织物最高水平的代表。

妆花是一种多彩的纬锦织物,其工艺特点是通过局部挖花盘织,把各种彩色花纬线按纹样织入锦缎。这种工艺方法在前代织物中有过小量或局部的运用,然而从整体纹样的妆彩织造并与花本织机配合形成一套完整的工艺技术,应是在明代成熟的。妆花织物虽形成较晚,但发展却极为迅速。弘治五年(1492)吏科给事中张九功言:"迩者工部两奉旨,将新制各色彩妆褐画图下陕西镇巡三司并甘肃镇巡等官织造。"而官员在南京"雇佣巧匠织造"。弘治时英国公张懋等人也说:"又改造织金彩妆闪色诸罗、缎、纱,织造羊绒彩妆闪色诸衣物,计其料价银,所需不下百万。"① 可见当时的生产规模很大,品种很多,以后则文献记载和实物都日见增多。江南地区的南京、苏州、嘉兴和松江等地都已生产,尤以南京为最。明《天水冰山录》和清《苏州织造局志》都记载了大量的各种纹样颜色及用途的妆花织物。现今全国各地留存的数以万计的妆花实物,为我们研究明清妆花织物提供了直接的实物依据。

大花楼提花机的织造操作,需织造工手足并用与拽花工相配合来完成。织造工手主要作投梭、铲纹刀、过绒管、打纬等作业,足主要进行踏脚竹带动范幛开口和制动筘框等作业。操作是协同连贯的,有基本的程序、规律,也要随着纹样的变化不断进行调整。

投梭。与一般织物的引纬相同,先用脚踏起范子,形成地组织开口(暗花地加拽花开口),

① 见《明孝宗实录》卷 61。

用梭子在经丝开口内往返甩投将纬丝引入。妆花云锦手织用梭形制如图 6-51。云锦行业对投梭的技术要领，有“五平三靠”“落平、撇直、点织拨”的口诀。“五平”即身子坐得平，臂要伸得平，梭子要端得平，掩梭要掩得平（发梭的动作是持梭后，先向怀里回挥“掩梭”，然后手腕外转，当梭子外挥达至顶点后，自丝回转，这时借力点拨甩出。就像出拳，先收再打一样，这样发梭有力而省劲），脉息（手腕）要摆平。“三靠”即甩梭时铁梭头要靠到护梭板、底条；甩出后梭要靠着底条运行。“落平”即甩梭时梭子落到底条时要平稳与底条平面成水平。“撇直”即梭子甩出撇手时梭子平直。“点织拨”即梭子投送要用顶着梭头的食指，发力点拨。

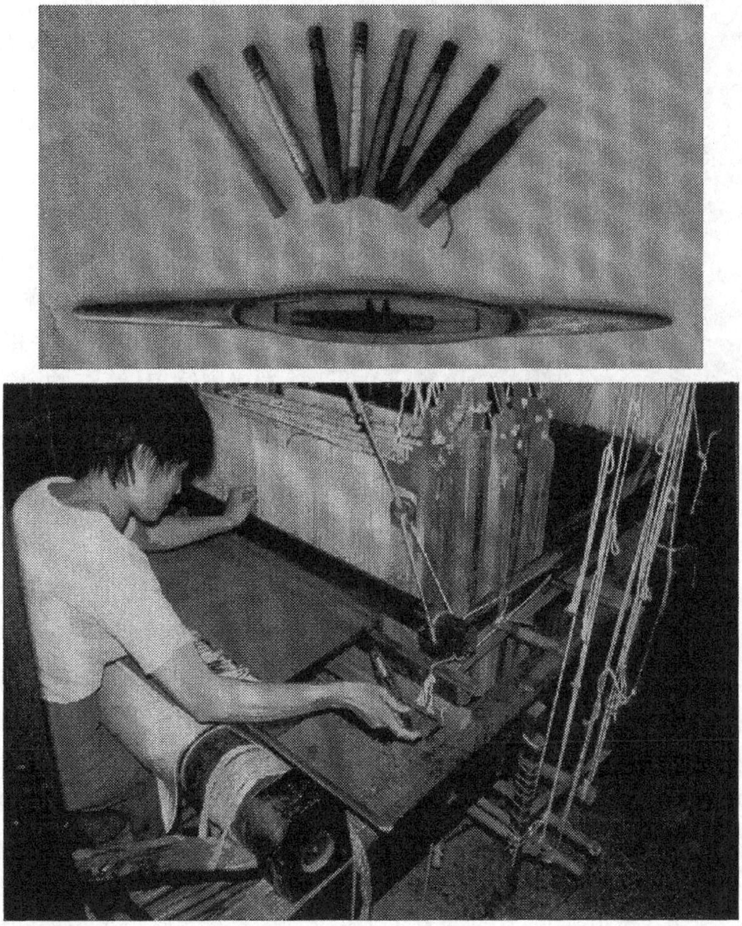

图 6-51　梭子、彩绒管及投梭照片

铲纹刀。纹刀是妆花织造的专用工具（图 6-52），硬木制，平直光滑，侧面中间开槽，称“纹刀肚”。肚中可上用包金纸包着的数十根扁金线。云锦妆花纹样边缘都要用金线装饰，俗称“金包边”，一般排金线为第一铲“金打头”。操作时，拽手提起花，织手同时踏障竹压幛（起花部间丝），右手将纹刀插入提花开口，左手理出一根扁金头，掐住。然后右手将纹刀抽出，扁金便留在梭口内，伏框打纬将扁金推入织口。

过管挖花。操作时需用纹刀作辅助工具，同时踏竹压幛不动，直到所有花纬织完，才起脚换竹打地纬。当拽花经丝开口后，先将纹刀插入并翻转 90°，使纹刀撑开梭口上下层经丝。这个动作称为“站纹刀”。然后，左右手配合顺序过管挖花，（图 6-53）将该铲次应织的色纬分别引

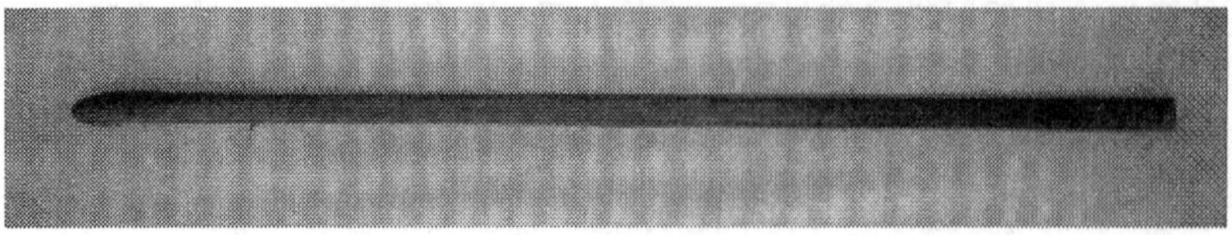

图 6-52　纹刀

入,纹刀一倒抽出接着插入下一铲提起的花经开口中。铲纹刀过管的口诀是“三响纹刀,四响管。”“三响纹刀”即铲纹刀要有三个响声。铲纹刀时刀尖必须靠到护梭板。发出响声以示到位,纹刀沿着底条及筘运动相互磨擦发出响声,为第二响。纹刀抵达经丝梭口另一边,刀头碰到框闩发出响声,是第三响。“四响管”即过管挖花的四个动作程序。从盖机布上拣起纬管时,管与管相碰,第一响;纬管投入梭口时,纬管前端碰到纹刀,第二响;纬管穿越梭口另一手接管时纬管的后端碰撞纹刀,第三响;纬管放回盖机布与纬管相碰,第四响。“三响纹刀、四响管”是师傅带徒传授操作技术,分解动作要领的形象说法,实际操作不一定都有这几响,主要是说铲纹刀要有力、到位,过管要快捷、清爽。过管挖花还有“穿、弹、别、让”的口诀,这是指根据不同的提花经面灵活实施四种过管方法。“穿”,大型花纹梭口较宽时,将纬管横置,用手腕力直线横穿。“弹”,中等宽的梭口,用手指“弹”的方法过管,管呈弧线运动,易出四响。“别”,较窄的梭口,将纬管竖着过管。“让”,当提花经里遇有挂丝、错花时织手能看出,就可在过管上让出,不必重提花,以节省时间。

图 6-53　妆花织物生产铲纹刀过管操作照片

打纬。俗称“碰框”。打纬机构由筘框、吊框绳、撞杆、高压板、搭马竹、立人等组成。在投梭、铲纹刀、过管等作业时,筘框停在后位,并用左脚踩搭马竹;连动高压板降落将撞杆刹住。引纬完毕打纬时,左脚脱离搭马竹,高压板回升脱刹,然后用双手扶住框盖将筘框拉向织口,把纬丝打紧。一般地纬和妆绒需重碰一、二次,而扁金打纬只需轻轻拉向织口以防止扁金翻转(扁金为单面金,翻转会露出纸背)。打纬是手工操作,除了调节好立人角度和撞机石外,碰框用力大小是直接影响织物纬密平衡的因素。要经常检视,注意调整。打纬的口诀是:“框响落脚纬翻身”。即打纬要在筘框打下,发出撞击声后,再将踩起的范子放下使纬丝在开口的情况下被撞击,松紧回弹均匀,这样织出的锦,地板平实,绸边整齐。

大花楼提花机的织造,最让织手费神的要数妆花的配色了。云锦艺人在长期的实践中总结出不少配色口诀,并一代代流传下来。如

二晕色	三晕色
深、浅红,	水红　银红配大红,
葵黄、绿,	葵黄、广绿配石青,
玉白、蓝,	藕荷、青莲配紫酱,

古铜、紫，	玉白、古月配宝蓝，
羽灰、蓝，	秋香、古铜配鼻烟，
……	银灰、瓦灰配鸽灰，
	枣酱、葡灰配古铜，
	深、浅古铜配藏驼，
	……

妆花以挖花作为表现纹样的主要手段。因而配色上极度自由，能达到逐花异色的效果。一般妆花铲次只有十来个，而通过挖花，能形成千变万化的色彩组合搭配。一幅普通的一二尺左右连续花纹，在织造工手里能织出数丈通匹不同的花色来。虽然具体花纹的色晕有规律口诀，而相邻花纹的色彩搭配要"荤""素"相间。"妆花要花"是配色的最基本口诀，所以织手一般都尽量将色绒下得繁杂花哨些。除了特定需要必须按要求织作的专用匹料外，多数妆花都可以自由配色，所以妆花织物相同的图案很多，却很少有配色一样的。妆花的配色是一种艺术的再创造。织手要对一个小纹样考虑如何织出通匹不同的色彩，所以必须合理搭配各类色彩的深浅、冷暖，达到"上下左右不同色，横竖斜向无色路。"这就要心思巧用，精确算度，做到心中有"数"，才能眼明手快，下色果断，并得到完美的配色效果。

用大花楼提花机织造的织物中，最精美的无过于帝后御用袍服。这是一种有独特要求，必须绝对按原设计意图制作的专用面料，织造技术要求高，难度大。由于龙袍是整体设计，服装的各部位织造尺寸必须精确，才能拼接无误。然而龙袍各部位的织金妆花纹样都是适合纹样设计，在匹料中分布不均，这就造成妆彩部分和暗花部分厚薄悬殊，造成纬密控制极为困难，又必须纬密准确，否则对章的花纹就拼合不到一起。龙袍的用色更讲究，绝对不能在对章纹样两边接章处织出不同色。一般对章花纹彩纬都要专门留存到另一部分对章纹样出现时继续使用。一件袍料约要织入十多万根各种彩纬线，不能有一根多、漏、错色，甚至色彩明度上的细微差别也是不允许的。一件龙袍的织作，费时经年，耗资巨大。《明神宗实录》中记载"盘梭改妆及剜样暗花"等织物，"每机日织一寸二分，二机合织八月余方成一袍"，《天工开物·乃服》中称"龙袍"制作是"人工慎重与资本皆数十倍"，其织造难度和技术要求可以想见。龙袍织物的组织也是十分精致的，有的甚至是刻意追求，而不合生产常规的。如定陵出土的"红四合如意云纹地织金十二团龙妆花绸"，竟由四种不同的组织合成(图6-54)。团龙圆光部分，采用五枚缎组织来突出明亮，妆花部分为十枚间丝组织。地纹部分通过紧实无光的斜纹和纬长浮显暗花的不用斜纹组织，形成不同的色光效果，又成为妆花部分的陪衬，使得织物整体层次分明，变化丰富。然而它在织造上极其复杂，两种地纹组织和妆花部的缎地间丝花两种组织无法同时开口，织一梭要多次变跳脚竹，还要用纹刀将团地挖出再和地纹组织复合才能抛梭织造。此外团龙上的日、月纹是用另外挂经织出的平纹组织，浮凸在织物表面。在一件袍料上有如此丰富的组织效果，又如此地繁难考究，一方面反映了最高封建统治者的贪婪和奢侈，另一方面也反映了明、清织锦艺人在工艺艺术上的探求和技艺的高超。

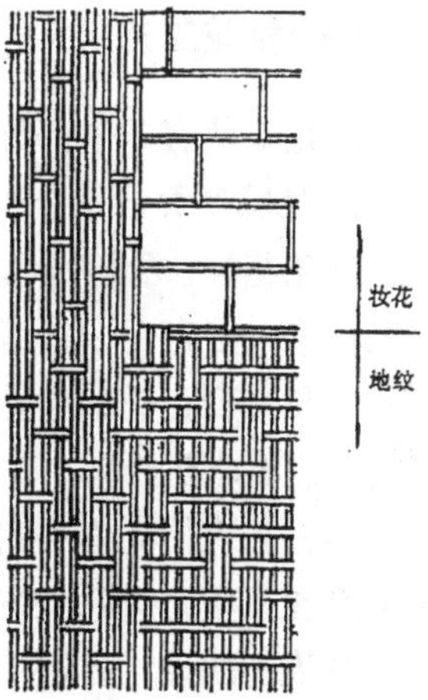

图6-54　"红四合如意云纹地织金十二团龙妆花绸"组织图

四 挑花结本工艺

挑花结本是花楼提花织机生产工艺中重要一环，是将纹样由图纸过渡到织物上去的桥梁，也是我国古代丝织技术里最宝贵的遗产之一。明代宋应星在《天工开物·乃服·花本》中有一段概略的描述："凡工匠结花本者，心计最精巧。画师先画何等花色于纸上，结本者以丝线随画量度，算计分寸秒忽而结成之。"花本的制作，技术难度很高，尤其是多彩的云锦妆花花本的制作就更难。它的制作实质上是一种以线为材料进行储存纹样的程序设计过程，不仅要把纹样按具体的规格要求计算"分寸秒忽"，将纹样在每一根线上的细腻变化都表现出来，还要按纹样图案的变化规律，把繁多的色彩进行最大限度地"同类项"合并，编结成一本能让织造工理解的程序语言，而织造工再根据这个程序进行演绎变化，配色挖花，织出色彩缤纷的妆花锦缎来。

挑花结本有三个工艺过程：挑花、倒花、拼花。其中挑花是主要的工艺，即按图稿挑制花本的工艺。倒花是花本的复制和配合挑花、拼花制作完整花本的工艺。拼花是制作大型花本时进行多个花本拼接的工艺。这三个工艺前后连贯，各有技巧，运用得当能省工取巧，快而准确地编结出花本。

(一)挑花工艺

挑花工艺有二个部分：1. 挑花纹样。2. 挑花的工具和操作方法。

1. 挑花纹样

挑花花样，行业中称之为"出样子"，由挑花匠或专门的画匠根据定货要求进行设计。在民间挑花艺人是自由职业者，不受雇于人，家中操业，不挂招牌。但同行业中都熟悉他们，号家、小账房和自产自销的小业户，均可请他们设计花样和挑制花本。所以花样的设计都是根据客户的定制要求进行的，如是什么品种，要什么规格，选择哪一类纹饰题材，织成后大体是什么效果等等。艺人们凭借各自的身手，在行业中竞争揽活。设计花样要看起来漂亮复杂，而织作挑花又要省工省力，能尽快出样，这需要有很高的设计技巧和经验。

在传统的设计方法中，有一种叫作"四方连续、八面接章"的图案构成方法，即是一种"以简达繁"的创作设计。这是在设计单位纹样时先设计出主题意境的局部单位纹样，然后将纹样变化复制：对接拼合，形成一个完整而优美的单位纹样。设计的关键是花纹衔接要达到妥适自然、流畅和谐的效果。这种设计的优点是：构思精巧、花纹简炼，在匹料剪裁使用时，拼接花纹比较方便灵活。同时挑花结本上特别省工省时，效率高而错误少。这种设计看似简单，精却极难。云锦著名老艺人张福永① 先生对这种设计章法进行剖析时说："余初习艺时，师即慎重言之，或挑花，或创稿，皆以此为法，而求升堂入室之妙诀；应藤、花、叶三者俱备，八方衔接颠倒不分。章短而灵活，调和一致，呼应亦能适宜。个中三昧，非数言可道，静观而自得其慧也。"这种"四方连续、八面接章"的图案构成方法，在明、清时期的云锦纹样设计中，应用得非常广泛而纯熟(图 6-55)。

---

① 张福永，出生于云锦世家，其祖父、父亲均任江宁织局挑花堂管事，解放后张福永成为南京云锦研究所最早的老艺人之一，在传艺带徒、总结纹样设计、挑花传技艺方面贡献很大。

纹样设计的创作规律，艺人们运用“口诀”形式流传下来①。如云锦纹样中的云彩：“行云绵延似流水，卧云平摆像如意；大云通身连气，小云巧而生灵。”再如牡丹花：“小瓣尖端宜三缺，大瓣尖端四五最；老干缠枝如波纹，花头空处托半叶。”动物纹样中的蝙蝠：“蝙蝠从来形不拘，如龙似虎方称奇；虎头云耳身似鼠，两翅斜飞有高低。”要将一个自然形象的素材变化处理成为一个优美的图案纹样，要有很高的形象概括技巧和丰富的艺术想象能力。而想象的基础，在于对自然的深入观察和对描绘对象的深刻理解。在云绵纹样创作上，艺人们除了忠实于生活这个源泉外，还有着丰富的艺术联想和浪漫主义的表现手法。如缠枝莲纹样：“梗细恰如明月晕，莲藤形似老苍龙。”把莲花喻为明月，把环绕莲花的莲梗比作月晕，而将弯曲多姿的莲藤比作苍龙，这是一个多么富有诗意的联想啊！它向人们描绘出一个非常优美的意境，同时也构成了缠枝莲纹样优美的表现形式。这些“口诀”是艺人设计纹样的经验的凝炼和总结，也是过去师傅教徒弟的口传教科书，它简明扼要，易诵易记，使人易于领会它的要领和精髓，形成了云锦纹样特有的艺术风格。

与民间纹样相对应的是，在官办织造局内设计的和来自宫廷的纹样，这类纹样气势雄伟、富丽堂皇，主要是按各朝代典章制度规定的龙袍霞披及宫廷装饰用锦的纹样。国内目前尚存有一批原织造局的纹样稿，称为“汉府稿”②。这种纹样稿画在宣纸上，彩色，黑白都有，往往一稿上还有多个透明油纸的拷贝稿，纹样和织物大小尺寸一致，其中不少还画有挑花格子和尺寸规格的记录。另外，在故宫博物院里藏有一批清代帝王服饰小样。这就如同是现代服饰的效果图，纹样、色彩画得很精细，尺寸比例也极为准确。这种画稿由宫中直属内务府的“画之人”画出，交总管太监呈皇帝御览，然后发江南三织造局制作，所以画稿上还贴有带圣旨的黄籤③（图6-56）。

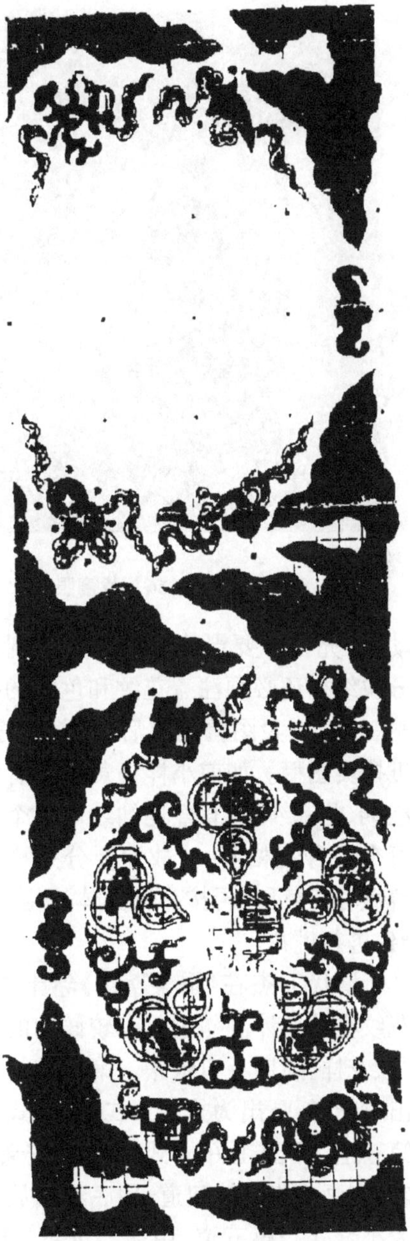

图6-55 四方连续纹样示意图

此图为传世旧稿纹样，为八宝四合如意云纹地四则匀罗摆五葫寿字团花。二个团花仅画出一个，而且中间寿字半长半圆，表明一个团花用长寿字一个团花用圆寿字，上面有横顺格，是直接用于挑花的图稿。

织造局在接到画稿后，必须以画稿小样为准，进行进一步绘制设计，首先要将画稿上的衣式，分解成裁剪

① 云锦纹样设计，见徐仲杰《南京云锦史》155－168页。

② 明洪武初封陈友谅子理为汉王，其住所后为织局，当时人们简称江宁织局为“汉府”，织局里图稿也就被称为“汉府稿”了。

③ 见朱雅娟《清代帝王服饰小样》。

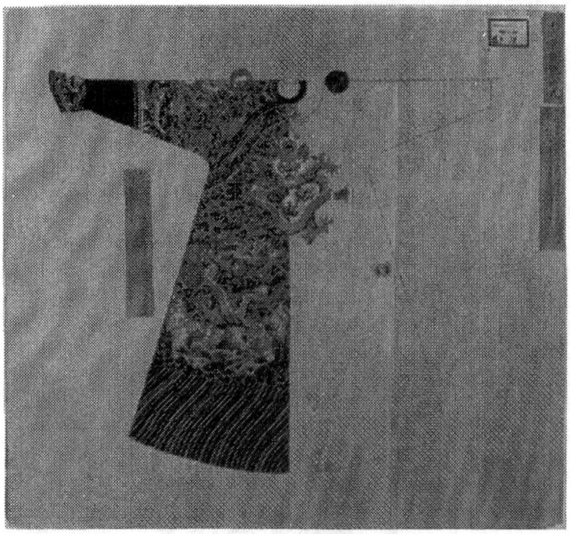

图 6-56　黄籖照片

小样稿进行排料。即是把画稿上的衣式结构按所要求的尺寸,做出分成各部位衣料片的裁剪稿,然后再按花本上机和缝制的工艺要求进行合理的排料。这个排料图是件料设计的匹料图,也是指导生产织造的工程图。第二步,要将纹样按裁剪的片料,分别进行放大填色。宫中来的小样稿尺寸只有 50×40 厘米。显然无法直接进行挑花,用作挑花结本的纹样稿(图 6-57),一般为与织物实际尺寸大小相当,这大约是为了能直接比较拼接斗章看出成品效果的缘故。虽然这个放大尺寸比现代意匠纸放大的比例要小,但相比小样稿要放大多倍,能满足打格计算花纹经纬、便于进行挑花操作的要求。放大不能自由发挥和随意变动,补充纹样要严格按样稿风格创作,各分块纹样还必须注意花纹和色彩的接章。第三步,放大图稿完成后,接着用透明油纸拷贝图稿。如前小样稿黄籖上有缂丝、红纳、芝麻纱纳,直经地纳纱等多个品种,每个品种规格不一,故而要分别拷贝,接着做分铲色稿,再按品种具体规格计算分格,进行挑花。

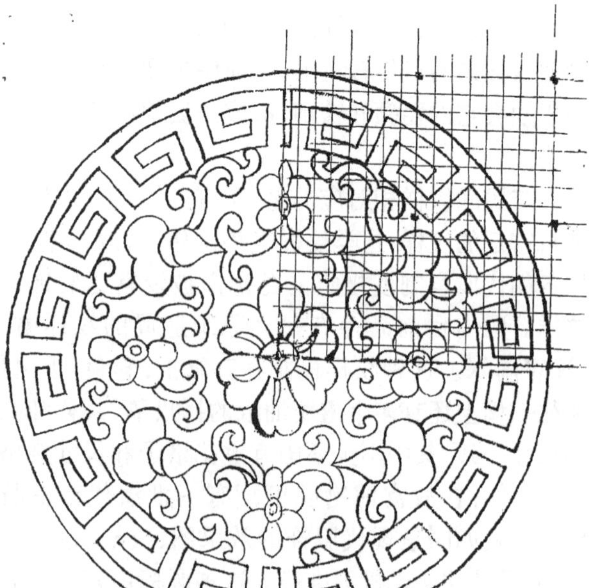

图 6-57　挑花纹样稿示意图

此稿为团花,图案对称故只须挑花 1/4,横顺格只打 1/4,为 2 寸格见方,每寸格分八牙,每牙 10 根花本经线,图稿与织物同大,四则花。

清代卫杰在《蚕桑萃编》卷十中对挑花纹样的设计制作过程有较详细的记录:“取花样,须用五道纸张。第一道,自己想出时新者,画出为式。第二道,照式画好。第三道,择画工好样式并四镶安置玲珑者,套画一张。第四道,用底纸粘放花样,大小合式。第五道,用薄亮细纸,将花样描画干净,然后打横顺格式,用铅粉调清凉水,使笔全抹一通,方免纸光伤眼。用红绿洋膏子色,记明码号,方好挑取。”这是暗花织物的五道设计纹样工艺,妆花织物较之要更复杂一些,主要是在设计纹样的同时要考虑到色彩。第二道要画出彩色效果稿,第三道后要放大纹样,最后一道要做出分铲色稿,分铲色稿不同于彩色效果稿,它要将彩色效果稿上的用色分类归纳,用最少的铲次来表现彩色稿的效果,同时要便于织手理解操作,这是妆花程序设计的一道关键工序。打横顺格式，记明码号，是挑花的基础，格子一打，纹样就被分区定位。横顺格打法，是先用尺按寸定线位，再将纸折叠，用狼毫笔沾墨，侧边轻轻一抹，就是一条直线。成格后，横竖线交叉处用笔尖点上黑点，为寸格记号。然后将寸格对折再对折，抹上黑线，称“分四牙”，有的还要再对折就是“分八牙”。这种油纸挺括，韧性好，折叠后拆缝不开裂，线格也能打得挺直，而且还耐腐蚀，是一种很好的材料。（图 6-58）

2. 挑花器具和操作方法

挑花器具主要是挑花架和挑花钩。流传下来的挑花架为一长方形竖架，上横梁一根，以吊挂花本疆绳耳子线，下横挡二根，使基盘稳实，左右竖柱，用斜撑固定，上拴花本角子线。挑花架有大小不等尺寸，一般小型的用作挑制暗花库缎之类小花本，大型多为挑制妆花等大型织物（图 6-59）。

花本经线横拴，分上、中、下三部分：上面是一条疆绳线，线上穿有空耳子线；中间是角子

图 6-58　分铲色稿

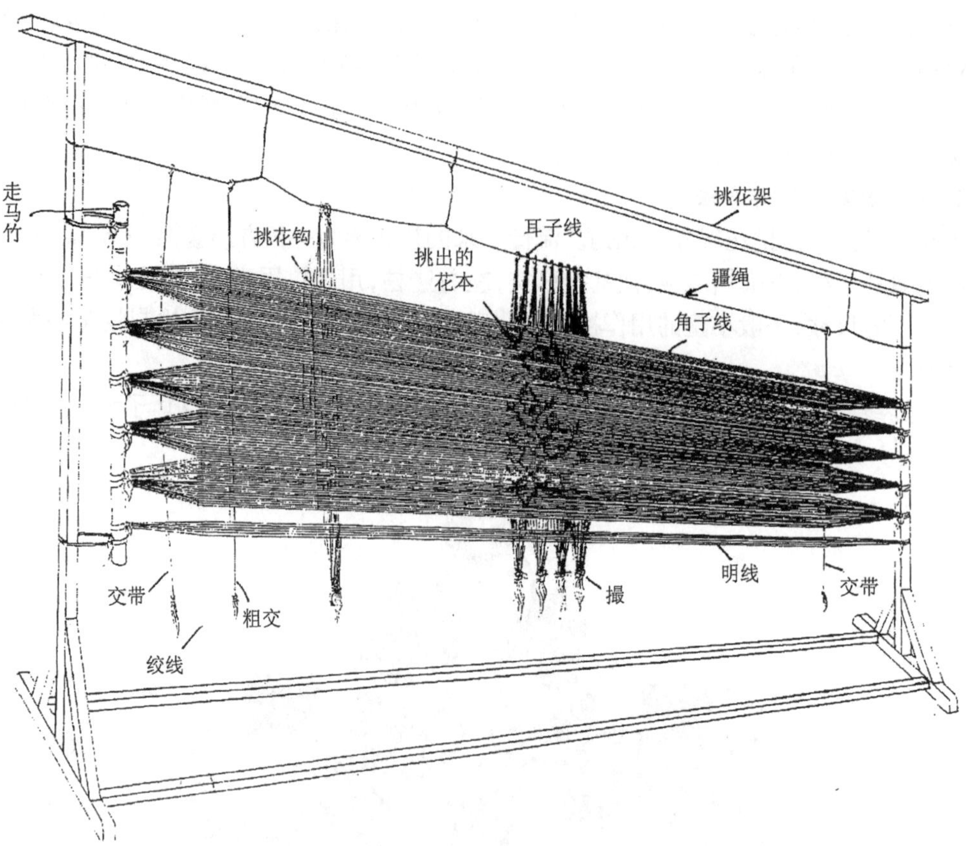

图 6-59　挑花架和挑花时材料工具的拴法、形态

线，均分成数束（约四五百根），右边直接拴在竖柱上，左边拴在“走马竹”上，如果是大花本，须挑一部分，放卷一部分，角子线在“走马竹”上活拴，长出的部分自然拖下即可。下面是明线，即分铲起花的标记线，通常排列顺序为金、白、红、黄、蓝、绿。晕色随主色由浅至深，如红色三晕为：浅红、中红、深红。绿色在花卉图案中多为枝叶，通章不脱铲，故习惯置于最后。织手织到绿色即知已满铲，便可换脚、抛梭，完成一梭织造并进入下一轮铲花。“走马竹”调节方便，花本经线全靠其绷平，绷紧才好操作。花本角子线上架，两头都要编有交带，便于操作时对花、查线、找断头。“绞线”在架绷好角子线后制作，用两根粗丝线相绞一圈夹入一根角子，使角子线一根根均匀平展排列。也有用竹筘穿经，与用绞线排列角子线效果是一样的。“粗交”两根丝线一前一后，每 10 根角子线互换交穿一次，与图纸上每一牙格所含的经数相对应，每八组就为一寸格。挑花钩有两种：一种为小钩，是最主要的挑花工具，用长约 30 厘米、宽 1 厘米的小竹片制成，前部挖出钩头，钩头上还开有凹槽，两头均削得平尖，以便挑花时在角子线中挑插（图 6-60）。

图 6-60　挑花钩

长钩结构如小钩：长度约 1 米，一般做挑花的辅助工具，适合挑一些简单又跨位长的花纹，也常用在挑花时插在某处做标识。

挑花技术要求很高，“心思灵敏、算数清楚”是首要条件。挑花者要有很好的空间概念、计算能力和记数技巧。挑制时一牙格就如同现代意匠纸上的大格，挑花者要根据牙格中纹样的走势，空间计算挑花经纬数目和位置，挑花就如同意匠纸上小格的填绘，难在要一铲一铲顺序制作，不像填意匠有个完整的图形，可左右参照，而全凭计算和记忆挑制。

挑花操作，先把打好格的纹样图纸夹在挑花架左上方疆线上，记清寸格和牙格所对应的花本粗交位置，也可按寸格做上记号。挑花从右面起花向左面按顺序从上往下挑制，每寸格内又是从下往上从一牙挑至八牙，即满一寸格，就可钩入耳子线向下抽出，接着再进行下一寸格的挑制。挑时右手持挑花小钩插入角子线中，起花角子线挑在钩前，不起花角子线留在钩背，左手帮助劈线数丝，按明线所排颜色顺序一铲铲挑制。第一铲挑金最关键，妆花纹样都用金线包边，所以金线实际是纹样的轮廓线，行话称“走迹”，最要费心思算度。纹样的轮廓形态走迹出来后，里面的晕色比较好推算，挑时随挑好的走迹耳子线一别就出，挑制熟练者，会层层别让，所以操作速度很快。(图 6-61)所示是一挑花示意图。妆花的花本经纬之比多为 3:2，即经向若为三根线，则纬向只有 2 根。每牙格经向为 10 根角子线，纬向为 2/3 的 6 ~ 7 梭(每梭有若干铲耳子线)，每寸格经向为 80 根角子线，纬向约 53 ~ 54 梭。图中可看出圆的平头是 10 根，盖边为 7 根。无论圆的大小尺寸变化，均按此比例计算挑制，中间弧的过渡也按此比例推算。纹样多为各种曲弧线组成，推算走迹的好坏直接影响纹样的效果，所以要曲弧线做得圆润玲珑、自然流畅，忌讳强直呆板，行业中有“忌直贵曲”之说。《蚕桑萃编》卷十里对这空间计算数目挑结花本有简约的记录：“其横顺格一格为一片，即是一空，空有大小多少不等，此以数结成横格者，梭数目也。一切起花，皆在梭数横顺上分辨。熟于经纬者自能巧夺天工也。”

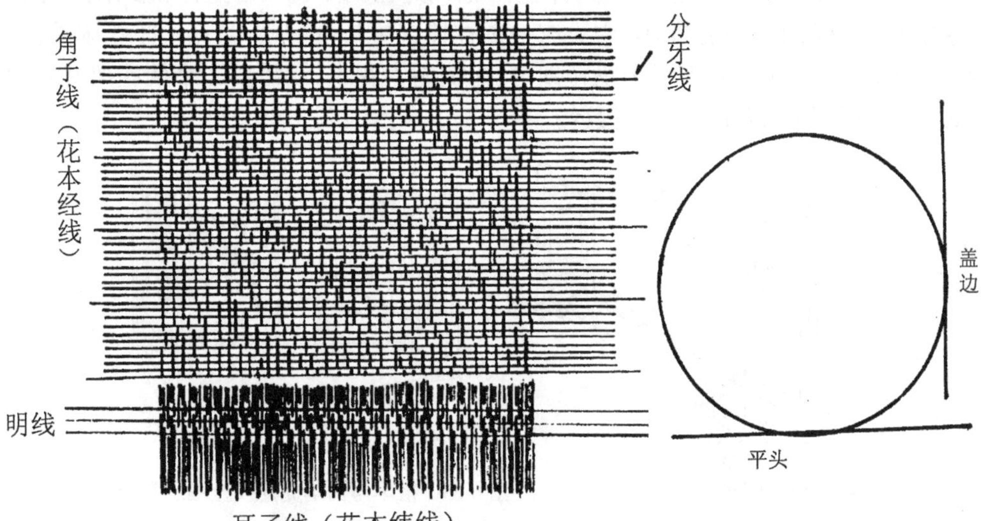

图 6-61　挑花示意图

挑花的技法和技巧很多，一个好的挑花匠除心灵手巧外，离不开长期刻苦的训练、钻研。明、清织造局挑花堂都有一定数额的挑花艺徒，这在其它各堂是没有的，说明这方面艺人培养较困难，挑花艺徒的学艺时间也较长，一般有三个方面的内容：①绘画。主要是熟悉各类纹样的形态意义、图案的构成方法及笔墨功夫，直至写生创稿。“挑花通画理”，挑花对纹样进行艺术处理在许多方面与画理是一样的，所以绘画是挑花的基础。②临摹挑花。掌握挑花的基本技巧。从斜纹线条、钩牙、对称方砖、套方胜，汉文锦、波纹曲线美、古老钱等简单纹样开始，逐步过渡到淌线圆钩水、如意锁、八吉、莲花、带叶牡丹、四合云纹及各类动物纹样。由单色库缎到彩色妆花，在逐步积累挑花和计算经验后，自挑才能得心应手。③挑花附工。即挑花操作的整套技艺：有拾交、数线、打撮、套竹、洗丝、绷线、练交、数槽、上边交挑线、下棚架、陇花、做耳子、换过线、染明线等等。另外，后道工序的倒花、拼花的操作技术也要在这一时期学习，多数在师傅指导下操作或与师傅做配手活。

清代卫杰在《蚕桑萃编》中对这种挑花技艺给予了很高的评价："凡花必先挑而后织，非善挑不能善织。""服用所宜，雅俗共赏，因由织工之巧，实缘画工之奇，而其要则在挑花本者之为画工传神。"从纹样到花本，是一个艺术的再创作过程。挑花艺人"以钩代笔"，按图纸"随画量度，算计分寸"，将经纬线编织出花纹来，这不仅要有熟练的挑花技巧，而且要有相当的艺术素养。把艺术和技术巧妙地融于一体，才能编出高质量的花本，才能把平淡的画稿，结合生产工艺，变成鲜活传神的彩锦。

（二）倒花工艺

倒花是根据已挑的花本再复制出一个新花本的工艺。倒花复制花本按其不同的目的可分为二类：一类为用"祖本"复制"行本"。祖本是指挑花结本产生的原始花本，通常是作长期保存的样本，一般不直接上机使用，而把从祖本上复制出来上机使用的花本叫"行本"。另一类为用挑制的局部花本，叫"拼本"，经过倒花、拼花等多次复制工艺，最后制作成完整的花本。这一类倒花较为讲究，可运用多种倒制方法，变换复制花本的方向位置，是倒花工艺的精华。

倒花的专用设备，叫"倒花架"，是一个立体的木质矩形架，由四根立柱和横梁构成，两端立柱上各有四挡圆棍，用作拴系花本，中央有一圆柱撑起可折叠的横梁，亦用于拴繮绳。（图 6-62）倒制小花本，在一个倒花架子上操作即可，而倒制大花本，就需要二个倒花架并列组合倒花。倒花架可以折叠，以便于存放、搬运。

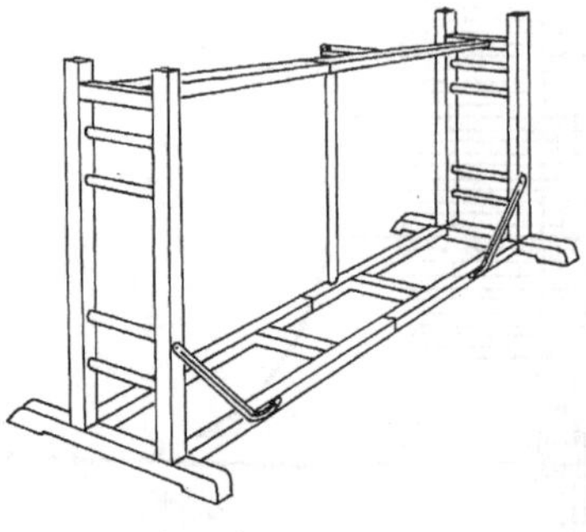

图 6-62　倒花架

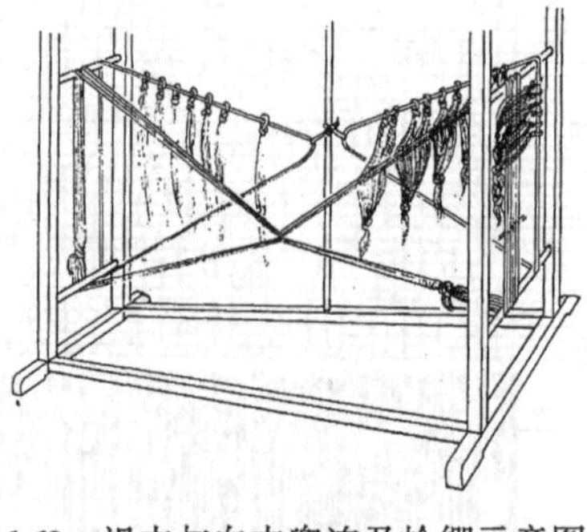

图 6-63　祖本与白本兜连及拴绷示意图

倒花是对祖本进行复制，故而除祖本花外，倒花的前期准备工作分三步：首先要备好白本花的材料，"白本"就是还没有编入"花"的脚子线和耳子线。第二步，将白本角子线与祖本角子线兜连，兜连按 1:1 顺序兜入角子线，这样祖本花就能传递到白本进行复制。第三步是拴花，即按照倒花的要求把兜连的祖、白本绷拴在倒花架上。图 6-63 是常用的拴法，称"顺手花"，即祖本拴在倒花架右边，白本拴在倒花架左边，把花从右边祖本传到左边白本上，所以也叫"右倒左出"。有些需要倒"反手花"，也就是"左倒右出"，以取得不同的花纹方向和侧面。

1. 倒花操作的几个基本形式

(1)卷花和翻花

倒花时用原花本耳子线(过线)在同本脚子线的上、下张口间的转移,由上往下称“卷花”,由下而上称“翻花”。如图 6-64 所示,卷花和翻花的结果是排列次序起了相反的变化。卷花过线从上张口到下张口,铲的排列次序从①→②,变为②→①,彩的排列次序从金、白、红、绿,变为绿、红、白、金。翻花则相反,卷花同翻花的关系是互为正反,相互还原。在倒花过程中,常常运用卷花或翻的工艺方法来改变花纹的左右方向,复制出对合花纹拼本和换位花本。

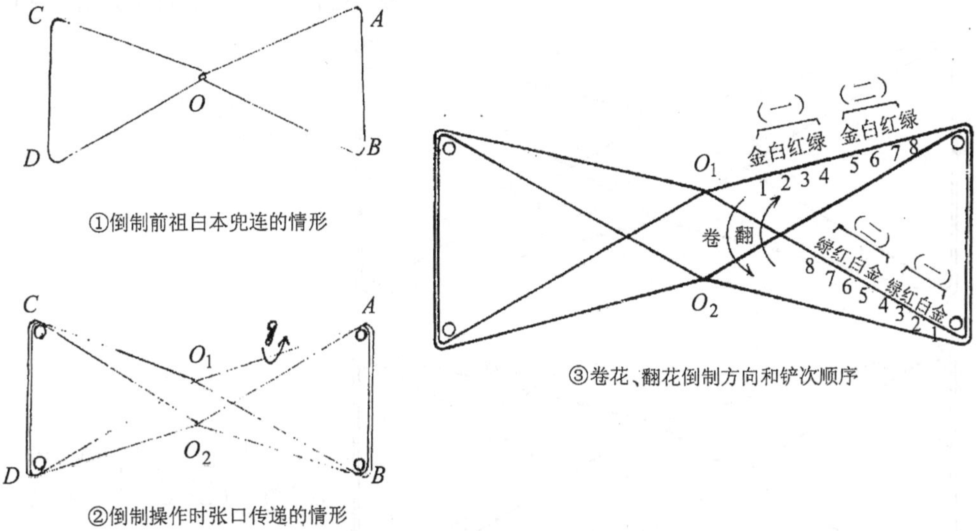

图 6-64　倒制张口及卷翻花示意图

(2)过花

倒制时用原花本过线,把花面在甲本和乙本脚子线间的转移称作“过花”。过花只改变花本的位置,不改变花本的结构。甲本过线转移到乙本上,其花纹方向和原有铲次的次序没有变,过花还常常作为纬向拼花的一个方法,如两个半圆花章的拼接等。还有翻彩时的过借本,过花一般仅作为倒花的辅助手段(图 6-65)。

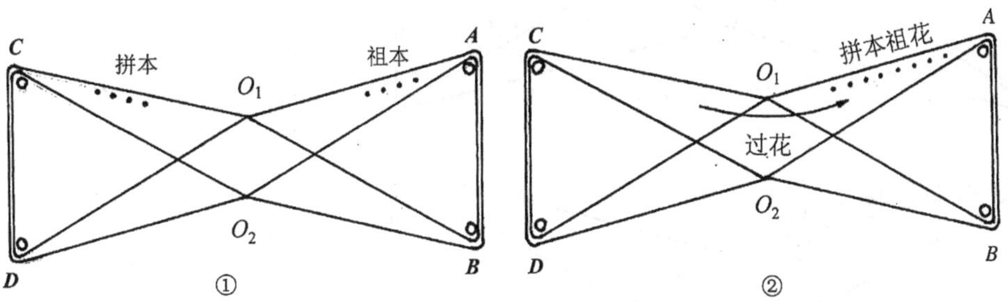

图 6-65　过花示意图

①复制的拼本与祖本兜连　②过花(拼花)示意

(3)传花

当祖本卷花或翻花时,在白本行成的张口里掏入耳子线,就称“传花”。传花可复制出祖本(在卷、翻前)完全相同的新花本。传花是卷花或翻花和“出行车”的结合,需工人各自在祖、白

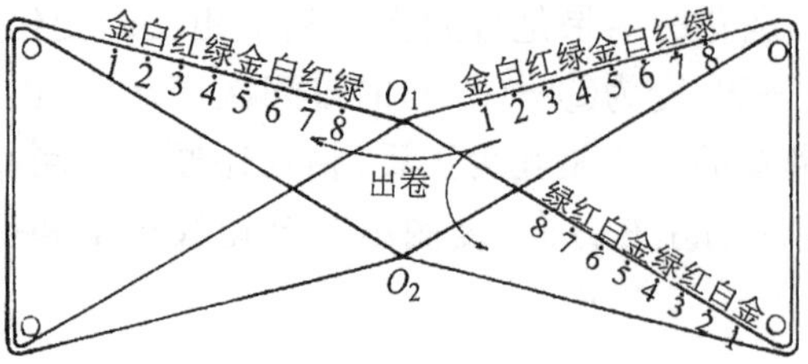

图 6-66　传花示意图

本上同时操作，传花是祖本倒行本和倒拚本工艺普遍运用的基本倒花方法(图 6-66)。

(4)翻彩

“翻彩”又叫“打倒轮”或“倒驳”，如前述卷花或翻花能够改变花纹的方向，而且每一梭内各铲次彩的次序也同原本相反。花纹方向相反正符合推磨纹样拚花的要求，而各铲次彩的方向相反，就不能同原方向的拚本拚花，因此需要

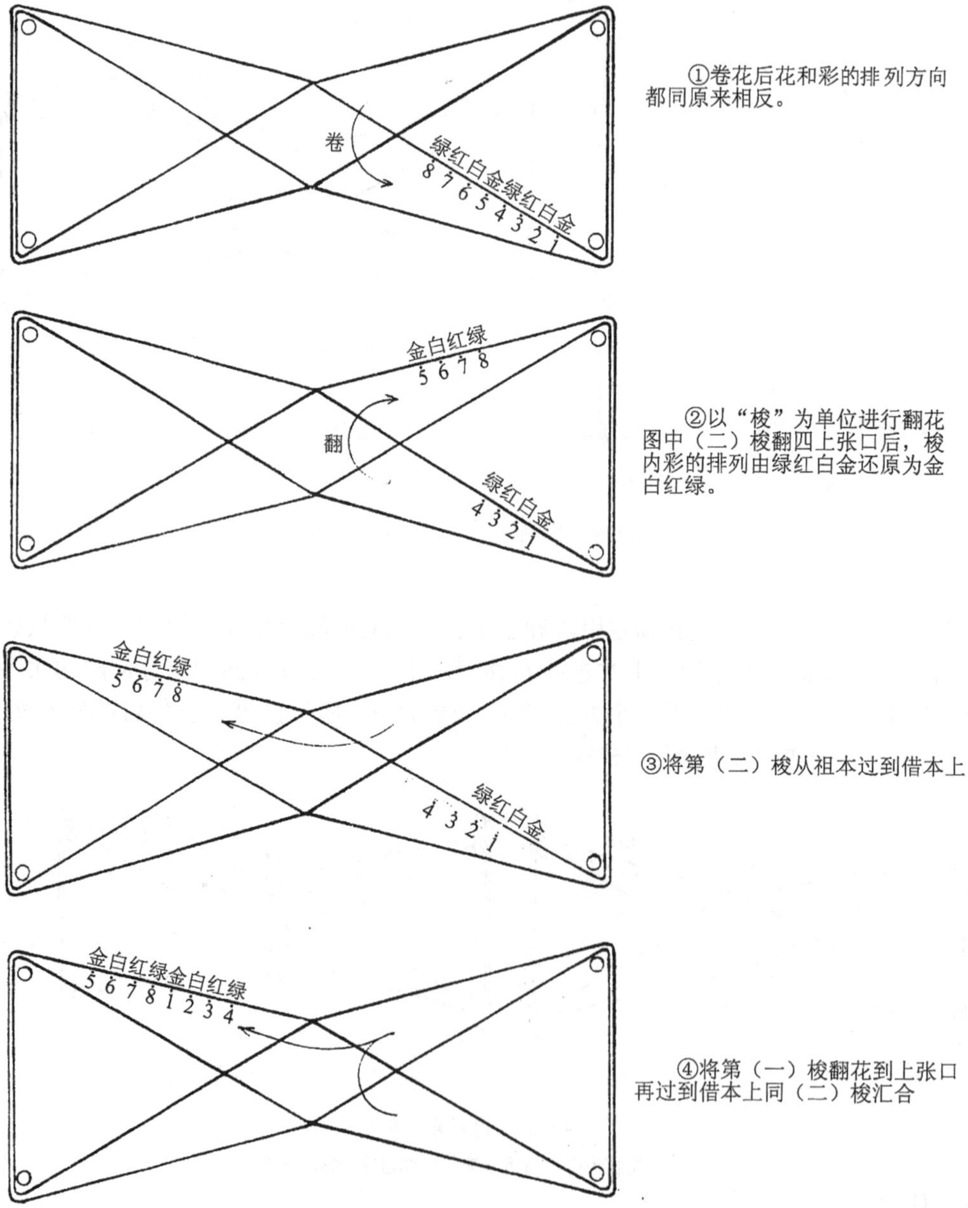

图 6-67　翻彩示意图

把每一梭内各铲次彩的次序还复，同时保留花纹的反方向。这种单独把彩的排列铲次还原的倒花操作，称"翻彩"，翻彩的操作是以梭为单位进行的翻花和过花。如图 6-67 所示，先把下张口卷花后的花本，用翻花的方法依次将一梭内各铲彩过线翻回上张口，使各铲彩过线的排列次序还原，接着过花倒"借本"(借本是临时借用的花本)，以梭为单位，一梭翻过后，再行下一梭，直至结束。然后把过到借本上的各铲过线，依次全部返回原本。经翻彩倒出的花本，每梭内彩的排列次序与卷花后的次序相反，而花纹的方向与卷花后相同。

(5)反花

"反花"也叫"抠花"，是倒花时将张口的上下层互调，下层(DO_2B)翻上来，上层(CO_1A)翻下去，形成反花张口，操作时手臂从花本上面过再回插角子线张口，将下层角子线挑起来，同时下压上层角子线，接着把耳子线引入掏出即完成反花(图 6-68)。反花在具体的运用上要与卷花，翻花，过花或传花结合进行，归纳起来有两种情形：

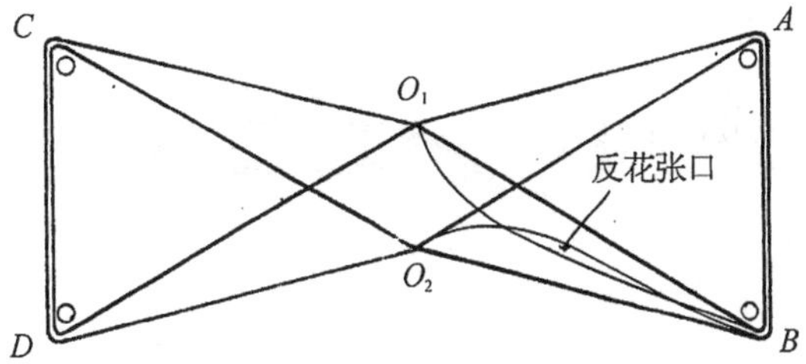

图 6-68 反花示意图

一种是上下方向调头，左右方向不变。

这是在卷花或翻花的同时进行反花达到的效果。反花可改变花本的上下方向，同时也改变花本的左右方向，而卷花或翻花本身也要改变花本的左右方向。这样卷花、翻花同反花改变左右方向的作用相互抵消，只有反花改变上下方向的作用显现出来，因此，反花后仍保持原有的左右方向，上下方向调头。

另一种是上下、左右的方向都改变。

这种效果的反花，可用两种方法倒出：①过花、传花的同时进行反花；②卷花、翻花后，在还原翻花、卷花时进行反花。这两种方法都使花本上下、左右方向同时改变。如前所述，过花、传花不改变花的方向，而翻花、卷花再进行一次，花就还原回位。因此，使花本上下、左右方向同时改变的是反花自身的作用所达到的效果，而过花、传花、卷花、翻花只起反花的媒介作用，不参与改变花本的方向。

以上两种不同结果的反花，可以按需要和花本所处的情况，灵活选择运用，根据这个反花的原理，还有"掰剖"、"拆剖"、"拆掰剖"等几种倒制工艺，用于改变纹样的排列章法及方向。

(6)同花

"同花"是两本花交错的部分拼合的一种特殊的倒制方法。图 6-70 是一个四角对称中间圆形的纹样，为节省工时，可只挑一个角花、一个圆形两个花本，然后用倒花方法倒制拼合，其中两本花的部分过线和角子线相互交错重叠。在过花拼合时一本花的角子线和过线，要用另一本花的角子线和过线来替换合并，所以同花实际兼有过花和拼花两种功能，在倒制交错重叠的部分时，两本花要同时各自提起过线，使两本花张口上层角子线(花面)汇合成一个复合的张口，传递至倒花口掏入过线即成(图 6-71)。

(三)拼花

拼花就是对花本进行拼合，将两本以上的花本(拼本)经过拼合成为一本花，这是挑花结本中

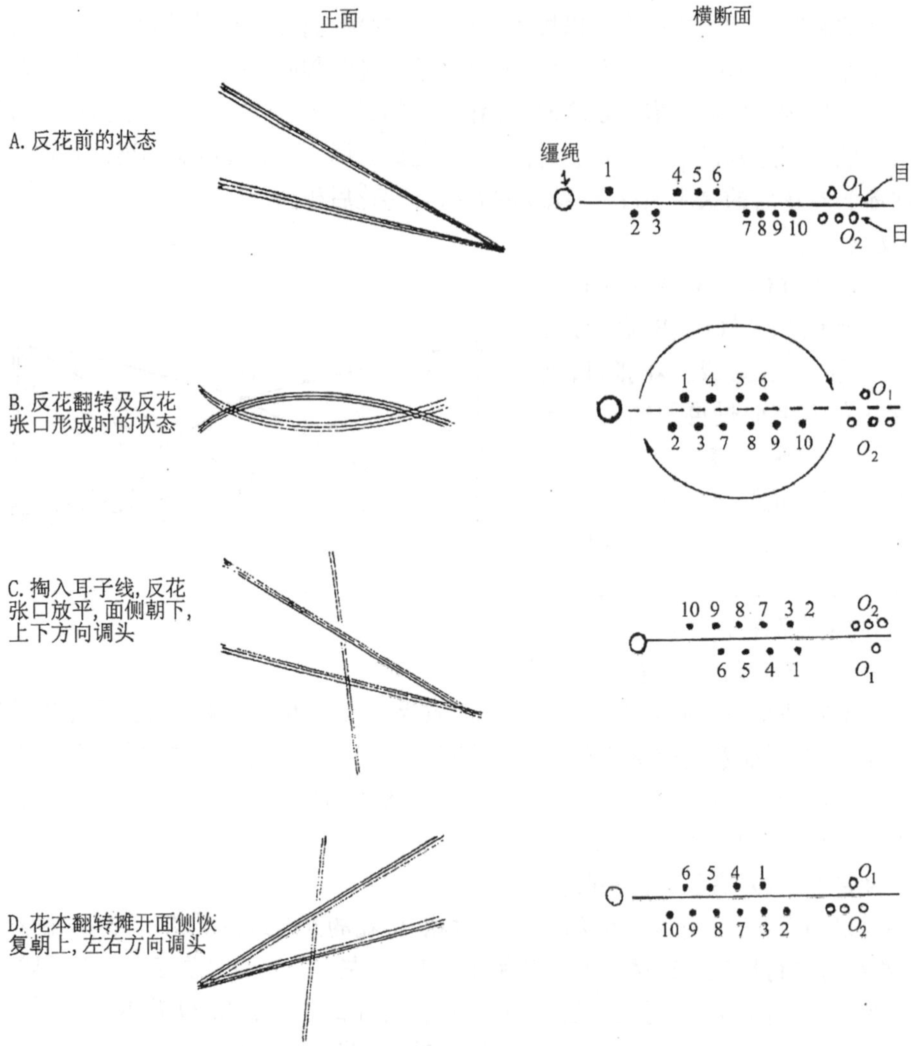

图 6-69　反花作用示意图

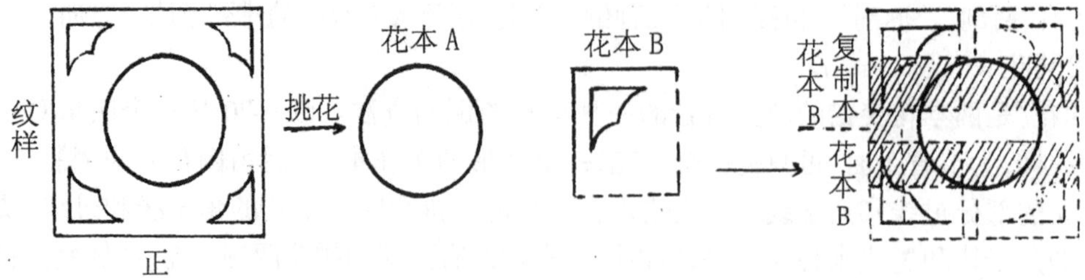

图 6-70　同花

一道重要的工艺。大花楼提花织机上使用的花本大多是要进行拼花，尤其是龙袍等独幅纹样的花本一般要经过三次拼花才能上机，有些小纹样为了省工和提高效率，只挑制局部纹样，通过拼花、倒花来完善花本。拼花无须特殊的工具，操作时只要把两拼本花平行并列拴吊，将上本过线穿入

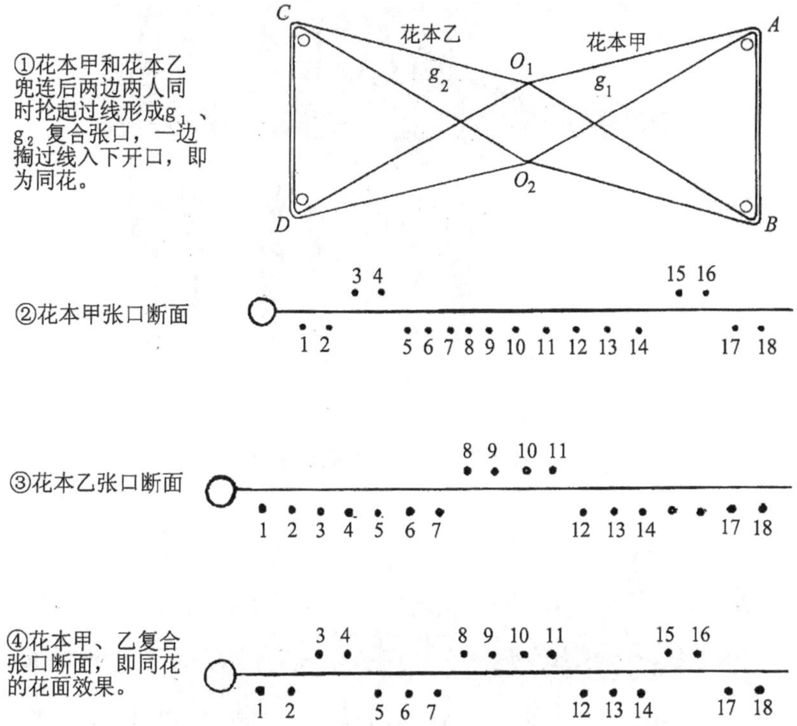

图 6-71　同类复合张口示意图

下本即可把两本花角子线拼合为一。拼花要仔细是操作特点，由于不同部位的花纹色铲会变化，上本有而下本无或下本有而上本无，稍不留意就会花铲错位，造成错花和返工。

1. 拼花前的准备工作

(1)梳洗整理拼本

拼花需两拼本横向并列，上下本过线纵向对位才能进行，所以拼前先要把两拼本拉开比较，将两拼本花纹耳子线编结位置，两头空角子的长度整理对齐。接着梳洗角子线，把花本上因纹样的变化造成的角子线编结疏密松紧梳洗整齐。操作时角子线要分成数束分别梳洗，梳洗完并合，剪齐洗出的长线，先打一个磨盘结固定洗齐的角子线，再打一个蒜头结将线头藏入。

(2)打腰箍

花本梳洗整理后，一些较长未与耳子线编结的角子线，还会在拴挂花本时坠塌下来，影响拼花，需打上腰箍。方法是先解开花本耳子线的结，行话称之为"撮"，取边上数根耳子线从下面往后兜住松角子线，向上绕从前面兜回，再和其他耳子线重新打撮。打腰箍的间隔跨度可视松角子的情况，一般隔10个打一个即可，无松角子的地方，不必打腰箍(图 6-72)。

(3)拴花

拴花即是把需拼花的二个拼本花分别吊挂起来。检查核对花本标签，先拴上层花本，再拴下层花本。先吊挂疆绳，后拴角子线，花本面侧向外，底侧朝里。并在上、下层拼本剖口间留有间隔，使上、下层花面区分，明线清爽，这样拼时不易造成错拼妆花(图 6-73)。

(4)对花核记号

先按挑花稿对一下起头的花和彩的铲次顺序，然后数撮，核对一下上、下层撮数是否一致，

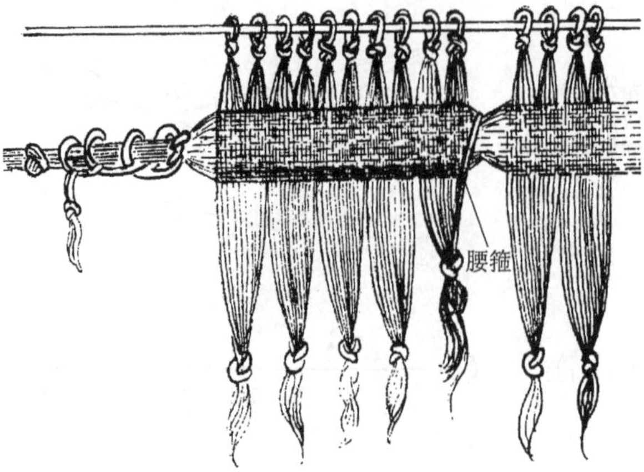

图 6-72　花本打腰箍示意图

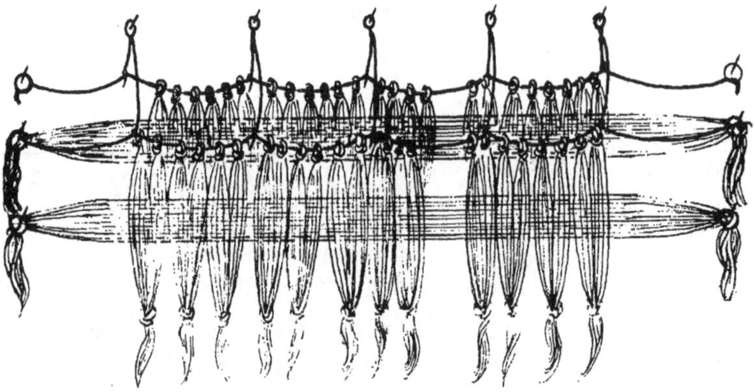

图 6-73　拴花示意图

确定无误后，再按每 10 个撮为 1 组两头相结，打成大撮。拼花时需上、下花本对应拼 1 大撮，再解 1 大撮，这样有问题也只在 1 大撮内查找，可避免大的返工。大型花本在挑花时按大格顺序用硬纸牌写上号码，拴在过线结上，拼花时对照号码，方便准确。

2. 拼花的方法和要求

拼花就是把上、下两个拼本经线（角子线）并列拼合在一起，用上层花本纬线（耳子线或称过线）穿入下层花本纬线里，替换出下层花本纬线，这样就把二本花拼合成一本花。

(1)拼花的耳子线引换

把下层花本花面以下的耳子线，按明线排列的次序提起一根，使角子线面侧和底侧分离开口，手即顺这根耳子线伸进开口，向上夹住上层花本相应明线的耳子线，再回抽将其穿入下层花本，同时将下层花本中原有的耳子线抽出，这样就完成了 1 根耳子线的引换操作。

(2)拼花的基本要求

在挑花和倒花部分都强调过，一个纹样稿分二次以上挑制，或挑一部分倒一部分的祖本、拼本，其明线颜色和排列次序必须完全相同。这个规定主要是为拼花提供标识，拼花时必须看清上、下层花本的明线色彩，按照明线分色排列次序依次 1 根 1 根拼换耳子线，凡是不同梭不同色的不能拼花，否则花本就拼乱了。

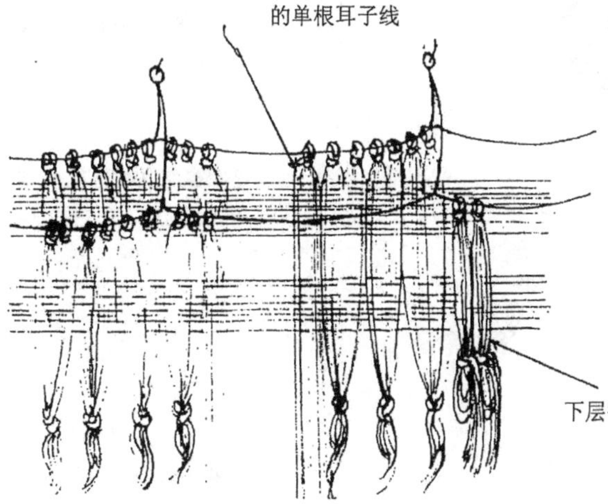

图 6-74　拼花示意图

(3)来花、脱彩的处理方法

由于花纹及用色在花本中是个变量,时多时少,时有时无,行话称"来花"和"脱彩"。来花是某部分纹样在花本里刚出现,脱彩则是指某部分纹样在花本里已结束。新出的耳子线或突然断失的耳子线一经发现,马上要查看挑花稿,看是否是来花或脱彩,在拼花操作时习惯了下1根上1根顺序相拼,当来花和脱彩出现时,如果不注意上下层耳子线所穿的明线色彩一致,就会把两个不同色铲的花拼在一起,而且很容易继续错拼下去,所以"同色同梭才能相拼"是拼花的基本原则。来花和脱彩有三种情形:①上、下层花本同时来花或同时脱彩,这种情况较易处理,来花上、下同色相拼,脱彩上、下同时缺铲。②上层来花或下层脱彩,是一种上层有耳子线下层无的情形,可直接把上层耳子线穿入下层同色明线中。③上层脱彩,下层来花,这种情况是下层有耳子线而上层无,所以要在上层耳子线结上添加1根耳子线,并用它来拼换下层花本里的耳子线(图 6-74)。

(4)拿花

在拼花时发现缺铲少花,就要通过"拿花"将缺漏的花补进花本。拿花前先要核查挑花稿,排除"脱彩"等自然了花的情况,确定是否错漏。错漏一般有2种可能:一种是挑花时的错花漏花;一种是"误抽"即把不应抽出的耳子线误抽出花面造成缺铲。拿花方法是先借后拿,"借铲"是把该缺铲前1梭或后1梭同铲花耳子线提出花传到本铲。如果是晕色铲可与本梭找齐该铲花。这是由于相邻1根的花纹差位不大,相差的几根可以通过包边铲(纹样外围)和内晕铲(纹样里晕)查出,经过拿放使花纹填实。大部分拿花可在拼花时解决,小部分拿花要上机解决,如第一铲包边耳子线缺铲和连续多处缺铲,由于花纹细碎和无交排列,当时拿清困难,只能在借铲耳子线上做上记号,留到机台试样时拿花。机台上花本角子线与纤线兜连,1根根顺序排列不乱,而且在锦面上可直观看到少花的部位,这样对稿拿花较准确。

(四)挑花结本制作方法举例

1. 对合纹样的制作方法

如图 6-75 所示:

①对合纹样有二合、四合等，此为四合纹样，挑花只须1/4，通过倒花、拼花制成完整纹样花本。

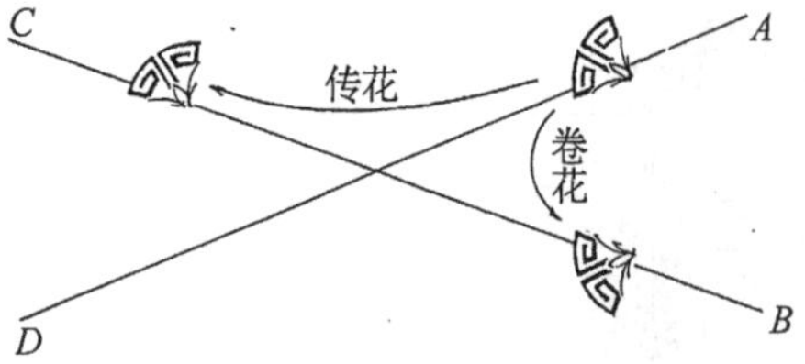

②祖本与白本兜连、祖本卷花同时传花出白本。

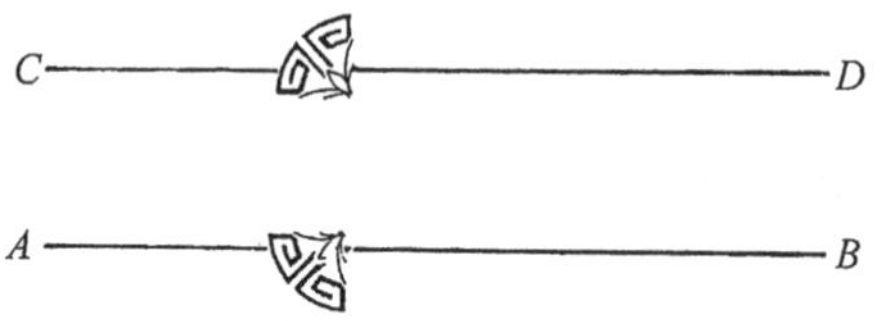

③祖、白本抽开，拼花成 1/2 纹样，即半个团花花本。

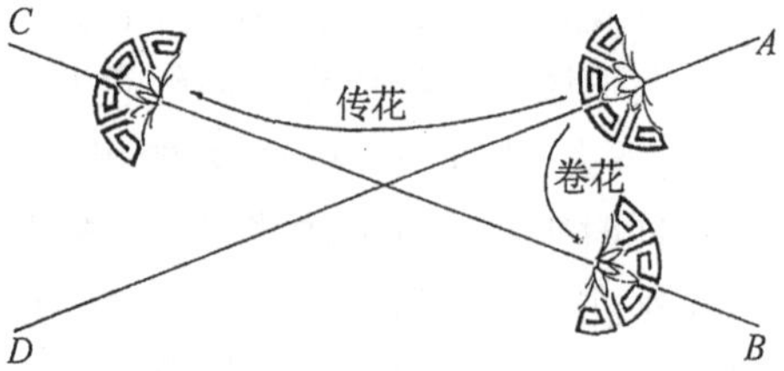

④拼成半个团花的祖本，再次与新白本兜连，卷花同时传花到白本。

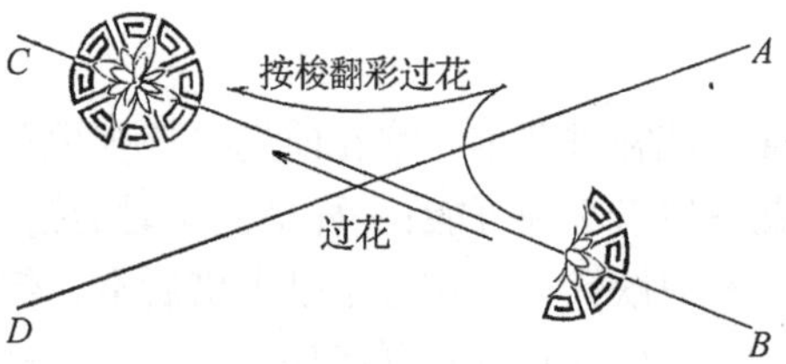

⑤单铲素花本，可直接过花相拼成圆，若是多彩妆花本，要以梭为单位翻彩，再过花相拼成圆。

图 6-75　对合纹样的制作方法

2. 推磨纹样的制作方法

如图 6-76 所示：

①推磨纹样为两组或多组花纹，组合时向一个方向回转，只须挑半个花纹。

②用挑制的半个花本进行倒花。祖本卷花，同时传花出白本。

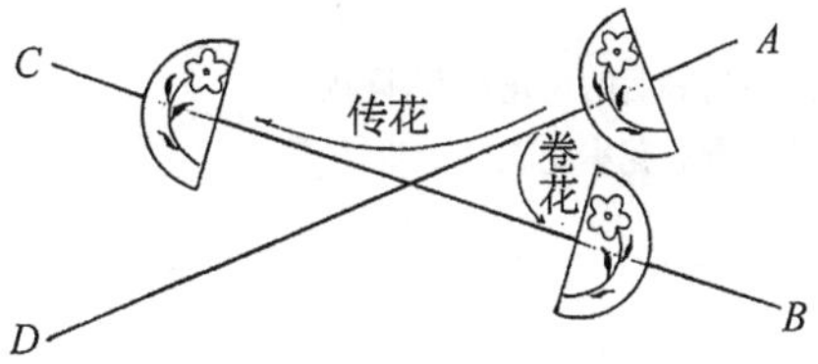

③祖本翻花同时进行反花，然后两拼本抽开，重新兜花（使祖白本剖口对剖口）。

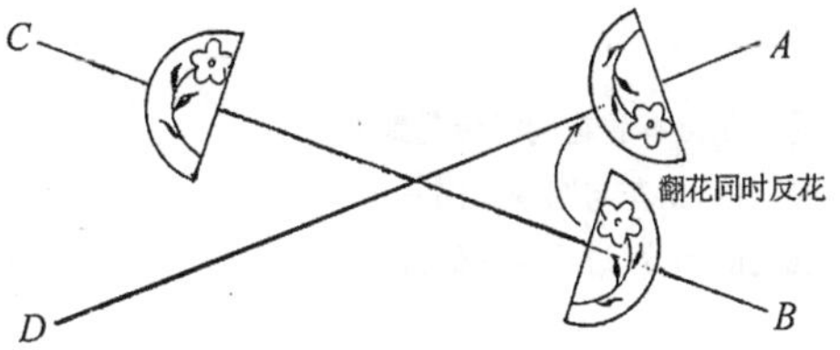

④重新兜花后祖本翻转，面侧恢复向上，进行过花与白本相拼，推磨拼合完成。

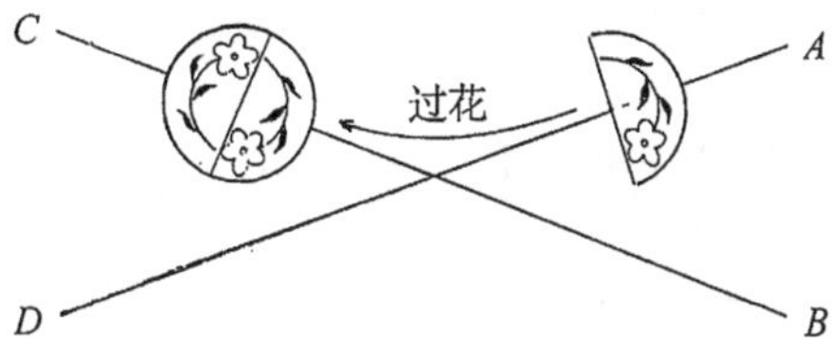

图 6-76　推磨纹样的制作方法

3. 四角嵌花纹样的制作方法

如图 6-77 所示：

①四角嵌花纹样挑制，可分别挑一个圆心花纹拼本和一个角花纹拼本，然后倒、拼花完成整体花本。

②祖本卷花的同时反花，传花出白本。

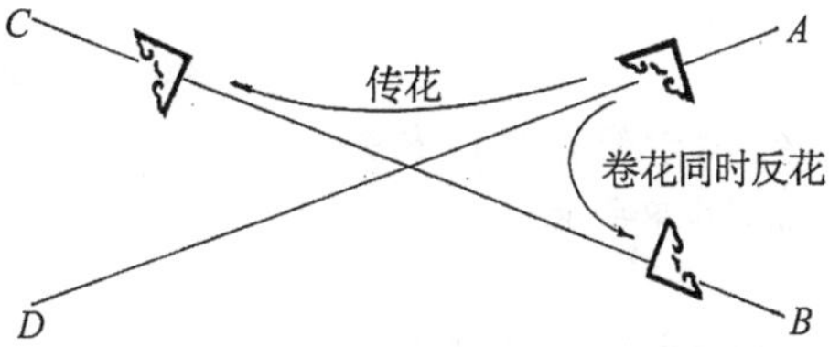

③抽开进行拼花，成两个角花纹样花本（两角花之间按距离算出空角子线）。

④将拼好后的角花花本，同挑好的圆心花本兜花。

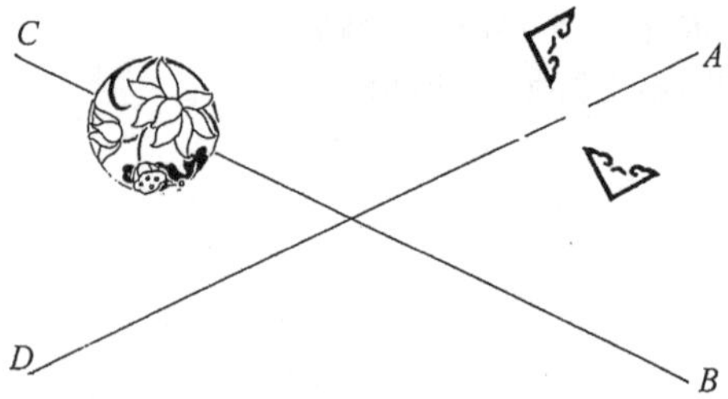

⑤角花祖本卷花同时传花到D张口内，角花与圆心在同一过线上的部分，进行同花嵌圆。

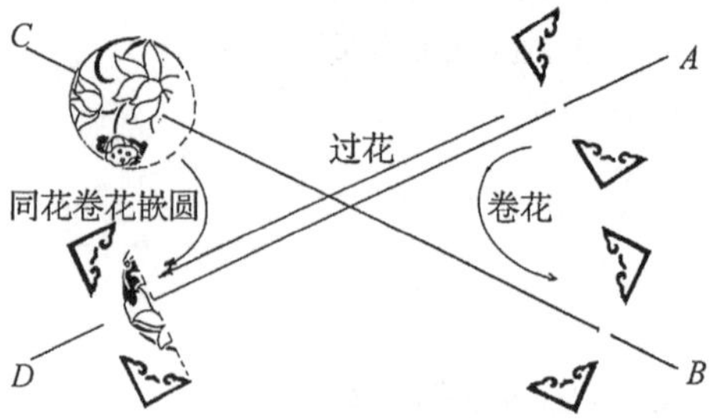

⑥圆心中间部分卷花。

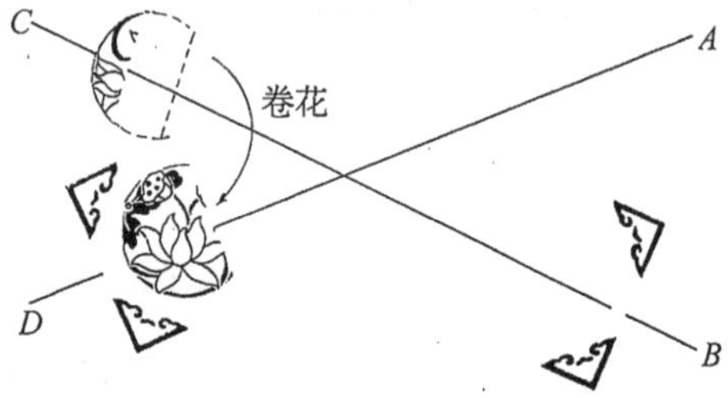

⑦祖本角花，翻彩后同花过花，余下的圆心花本同花嵌圆。

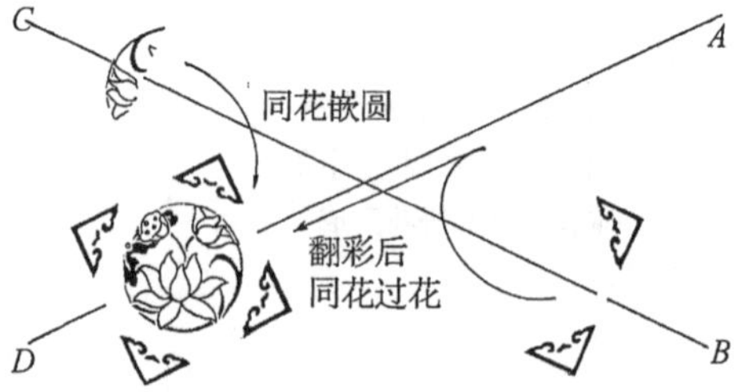

图 6-77　四角嵌花纹样的制作方法

4. 地子嵌花制作方法

如图 6-78 所示

①此纹样排列方法是满地子上圆光匀罗摆，制作时只要挑一个圆光和一个单位的地纹，然后用倒花方法制成完整花本。

②祖本花圆光在前地纹在后，与白本兜连，祖本圆光卷花、传花出白本时同时进行反花。

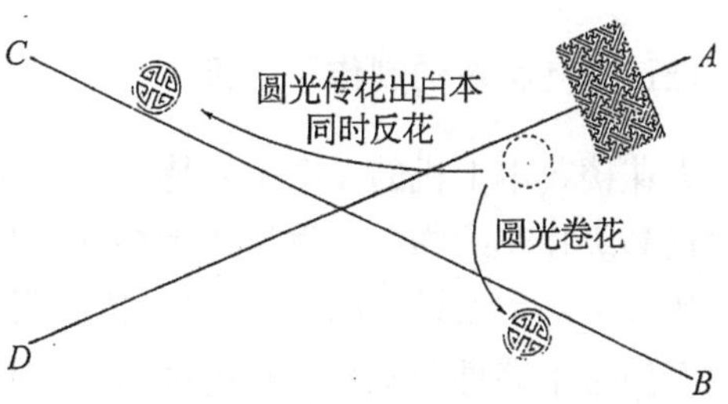

③祖本圆光翻花还原后，祖、白本抽开重新兜花。

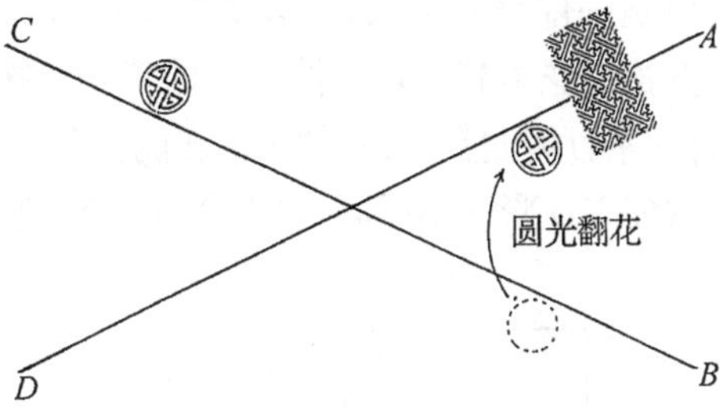

④祖本圆光过花与白本圆光拼成匀罗摆。

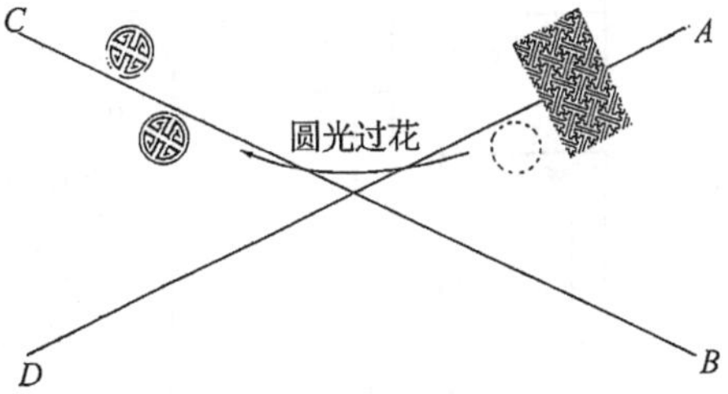

⑤祖本地子卷花；传花出白本。地子与圆光对位时进行同花嵌光。嵌光时圆光合位的地纹要抽掉。

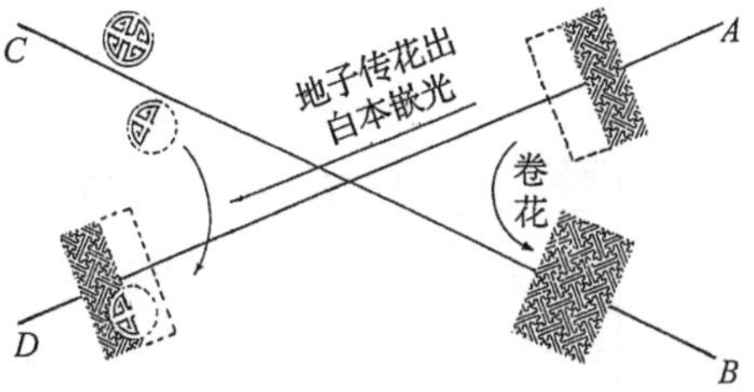

⑥祖本地子过花与白本圆光继续同花嵌光直至全部完成。（地纹两边不同花对称要先翻花，再过花嵌光）

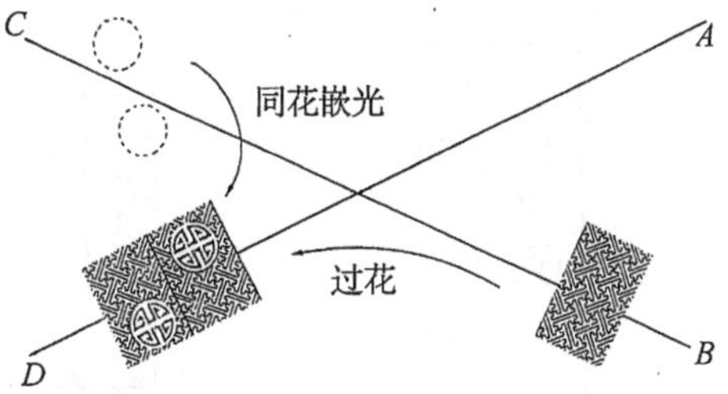

图 6-78　地子嵌花制作方法

(五)龙袍花本的制作和上机

大花楼花本上机的一个重要特点是可以自由更换花本,改变织花纹样,这也是明代开始出现的最高级妆花织物——大型龙袍料设计制作的关键条件。明代帝王袍服为件料设计,即按袍服的各个部位所设计的适合纹样,依照服饰结构合理地排列在整段匹料中。北京定陵出土的明万历帝十多件龙袍料全是这种形式,如"绛红四合如意云纹地柿蒂直袖膝襕织金妆花纱龙袍料",在整段匹料中纹样花本依照服饰结顺序不断变换,所谓"织过数寸,即换龙形。"这样一匹料就是一件完整的衣料,只要按其裁剪线分割,再稍加修剪缝制便可成衣。

龙袍的花本制作是一件浩大的工程。按明代皇帝通天冠冕服制,龙袍胸前、后背纹作柿蒂形,有2条过肩龙盘绕,衣领1正2侧3条小龙,两袖2条升龙对应,膝襕10条行龙戏珠,总共17条龙纹姿态色彩各不相同,要求金彩衔接,花纹合一,缝接后,天衣无缝。因此,挑花结本的制作,

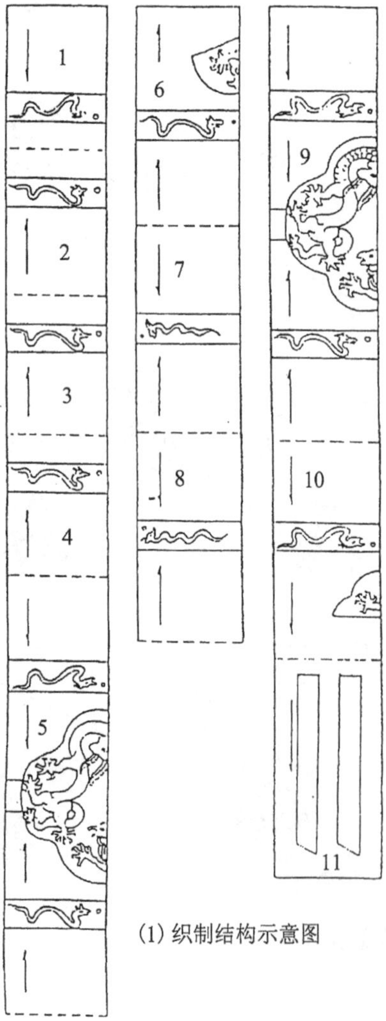

(1) 织制结构示意图

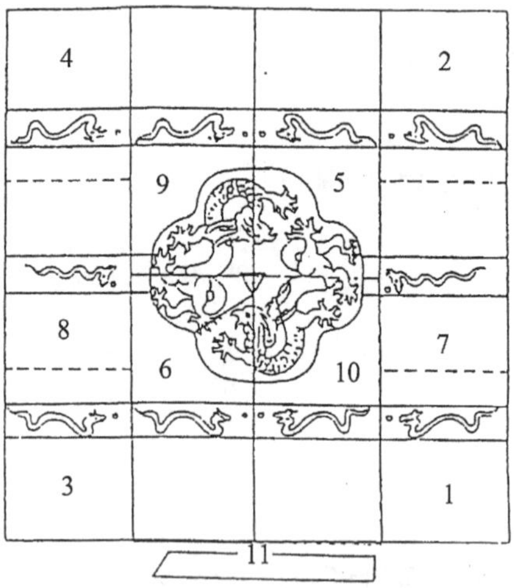

(2) 平面拼接示意图

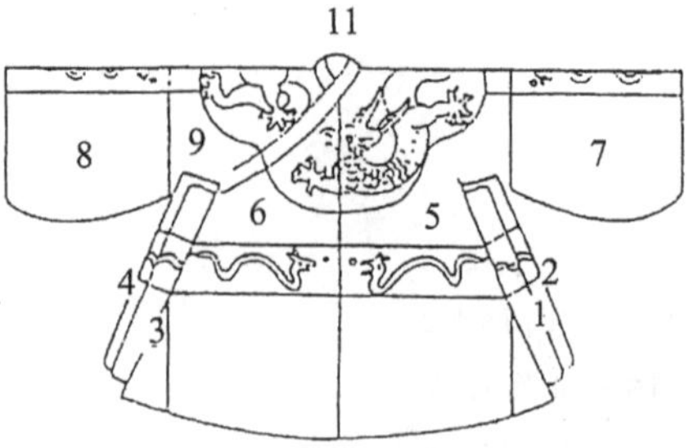

(3) 成衣效果图

说　明:
1234.膝栏　5.右片柿蒂正身　6.大衣襟
7.右直袖　8.左直袖　9.左片柿蒂正身
10.小衣襟　11.衣领

图 6-79　妆花纱龙袍料

从龙袍的整体布局设置，到具体的纹样分段接章，都要精确计算。大纹样的挑花重，拼接难，满地对章嵌花为花本制作中最精细的工艺。这件“绛红四合如意云纹地柿蒂直袖膝襕织金妆花纱龙袍料”(图 6-79)重量仅有 900 克，匹长 17.26 米，而挑结的花本却重达 110 公斤，首尾连接长达 60 多米，用耳子线 121370 根。整件袍料共要挑结 12 个花本，9 个妆花本为膝襕本、大柿蒂上本、大柿蒂下本、大衣襟本、直袖本、小柿蒂上本、小柿蒂下本、小衣襟本、衣领本，3 个暗花本为 62 厘米本，22 厘米本、55 厘米本。按各部位在衣料结构中的排列顺序，花纹的正反方向(图上→为花纹方向)依次上机织造。这件袍料共需上花 37 次，其中正上 16 次反上 21 次，花本顺序及正反不能有丝毫差错。如此浩大工程的整体设计和实施，每道工序具体细节的推敲和制作，都是极为繁难的。由此可见明代织锦艺人非凡的规划组织技巧和高超精湛的技艺。

第四节　绞纱技术和绞纱机

我国的绞纱技术出现得很早，江苏草鞋山遗址出土的距今 5500 年前的菱纱葛布，即是一种纬向绞纱织物，在商代妇好墓出土的青铜器上，出现了绞经类织物痕迹。战国、秦汉及隋唐各时期都有大量的精美绞纱织物出土，但这些绞纱织物大多操作工艺复杂，生产效率低下。宋代是绞纱织物大发展的时期，这和绞纱技术的改进有很大的关系。一种有固定绞组的绞纱装置的出现和普及，使这一时期的品种、产量有了很大的提高，同时，无固定绞组的绞纱织物逐渐减少，以至在明清时期几乎绝迹。这些绞纱织物如果用现代织物组织学分类，基本能归入罗的范畴，但从古代纱罗组织织物运用绞纱技术的实际情况看是有区别的。一种是以半综起绞，无固定绞组，用打纬刀打纬的绞纱技术，宋以前以这种技术为主，主要有二经绞罗、四经绞罗和在此基础上的各类花罗，如著名的菱纹罗，即是用四经绞罗作地，二经绞起花纹的织物。另一种是以绞纱范子起绞，有固定绞组，用筘打纬的绞纱技术。

宋代起以这种技术为主，主要是二经绞纱(罗)和在一地一绞的基础上加一根地经形成的三经绞纱(罗)和在绞纱地上显示平纹、斜纹、浮纹等不同结构的花纱花罗，以及在此基础上夹入重纬而出现的织金纱罗、妆花纱罗等。明清时期的各类横罗，如三丝罗、五丝罗、七丝罗等，也运用了这种绞纱技术。

一　绞纱范子的结构、起绞方法及特点

(一)绞纱范子的内部结构和制作

绞纱织物的经丝以纠绞为特征，绞纱范子的功能是起绞。绞纱范子由一个绞综和两个基综组成基本单位(图 6-80)，两副基综分别在前后两扇绞纱范子上，绞综从其下扣穿过，连成整体。(静止情况下，基综紧而绞综松，绞经从绞综的前半扣中穿入，平经跨其上。)为使其在起绞运动时不至缠绞，每一副基综又分为两组，一组稍前，一组稍后，一隔一排列，穿连其上的绞综就形成稍有前后交叉的排列，这是一种非常精巧的设计，当起绞时，绞综上提绷紧，绞综扣不受基综的交叉影响，绞纱开口整齐。当绞综回落松弛，绷紧的基综便影响绞综，形成前后交叉，绞综的回经轻松自如(图 6-81)。

制作这种绞纱范子的工具叫“范子架”，在《梓人遗制》中称“泛床子”，并有详细的记载。

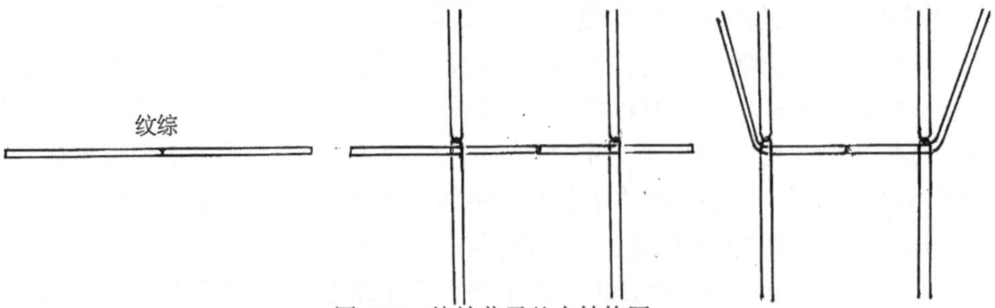

图 6-80　绞纱范子基本结构图

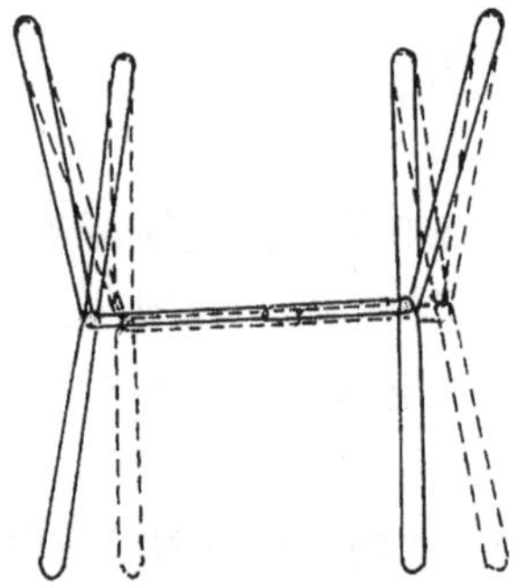
图 6-81　两组绞范子交叉排列示意图

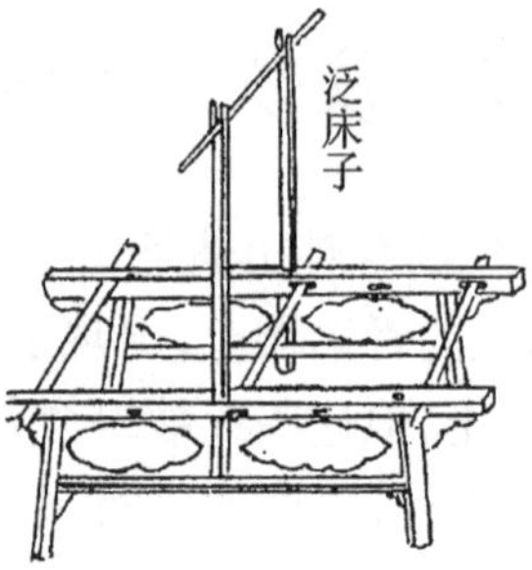

图 6-82　范子架

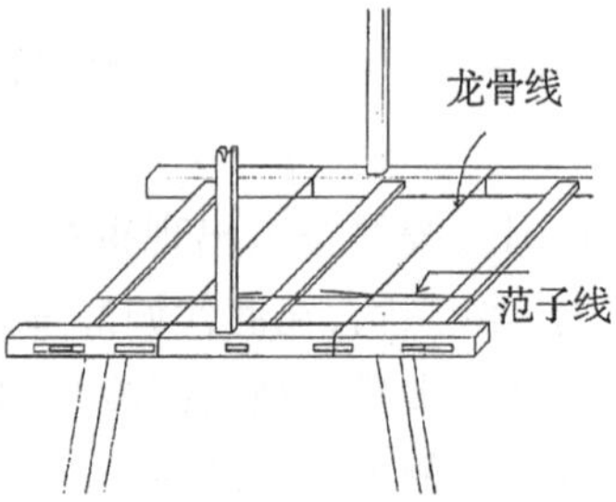

图 6-83　范集子

(图 6-82)“凡泛床子是华机子内白踏挡蘸擀子打缯泉上使用”,白踏即绞纱范子的框架,“泛床子”是一架主要用于打绞纱范子的工具,其工艺较之一般。范子复杂,具体制作方法如下。

第一步:打绞综。

从“泛床子”横距中心向两边各量 8.8 寸,入床子梁加塞固定,先在中梁和边梁中间各起龙骨线一条,做上门幅和综密记号,便可起头上范子线,范子线固结在龙骨线上,综线环绕一次,固结一次,固结俗称“牛结扣”,两边对打,综环相扣,打满后,龙骨线上扎竹腾俗称“范集子”(转范子用)(图 6-83)。

第二步:打第一副基综。

先将打好的绞综垂挂在“泛床子”的立人档上,然后将床子梁分别入横框的 B、C、D 洞眼,塞紧内口,其中 B、C 为上眼综,中间上龙骨线。C、D 为下眼综,下眼综的打法特别,要在 C、D 间上二条龙骨线,打时二根龙骨线上各起一根范子线,依次分别进行。其步骤是:①先从靠中梁的第一根龙骨线起手,分出一根绞综,从右边穿过,跨中梁与上眼综相扣,再从这根绞综左边回穿(即将绞综兜入),从下往上跨边梁,接着绕第二根龙骨线下穿过,回线至第一根龙骨线固结牛结扣,前扣完成摆下。②拿起第二根龙骨线上的范子线,先从下穿过第一根龙骨线,分出第二根绞综,从右边过线,跨中梁与上眼综相扣,再从这根绞综的左边过线(即兜入第二根绞综)从下往上跨边梁,直接回线到第二根龙骨线上固结,后扣完成摆

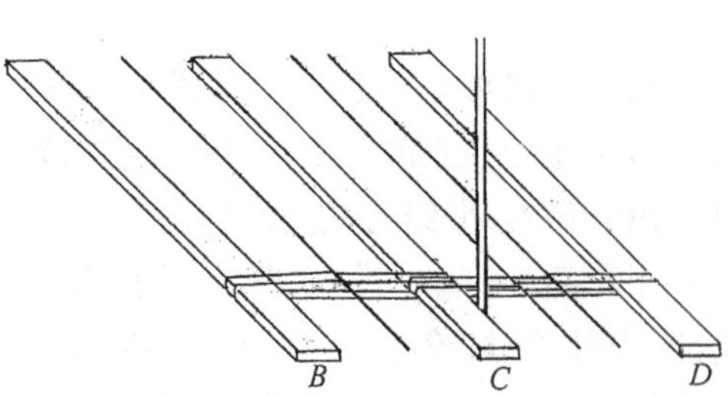

图 6-84　基综的打制

下。以后不断重复①、②两组动作，即可完成第一副基综的打制(图6-84)。

第三步:拆交。

为验证基综排列是否无误，并与下一副基综对应，须在绞综上拆交。方法是先将边梁松塞，抽出中梁，使两组下眼综分开，分别换上范子梁，再将上眼综也换上范子梁。拆交时先将下眼综里的两组中的一组拉紧，把绞综分拉出一半，形成开口，穿入上交带，然后再将另一组下眼综拉紧，分出另一半，形成开口，穿入下交带。成交后还须验交纠错，最后连范子梁把基综下挂在绞综下梁上。

第四步:打第二副基综。

打制方法与第二步完全一样，只是可在兜入绞综时，利用绞综上的交带，这样分综便利，但也要十分仔细，因为第二副基综必须与第一副基综排列一致，在打制时要常对交查验，若错打一根，会沿其排列顺序连错下去，发现错交要重做，综线打满后，依旧用拆交的办法验交，以确定无误。

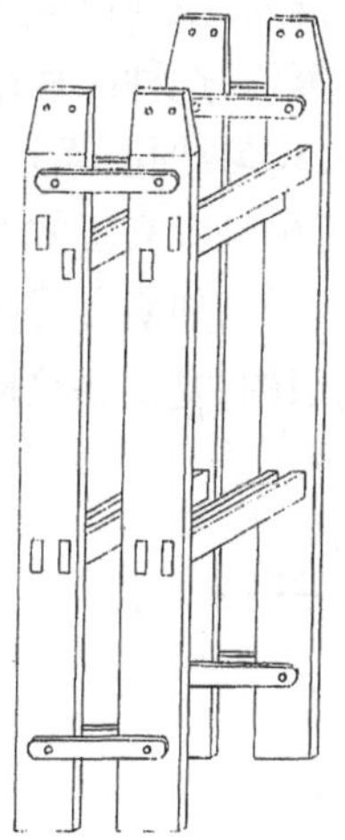

图6-85　绞纱范子框架结构

以上四步，完成了绞纱范子的制作，就可下“泛床子”，上绞纱范子框，这时的绞纱范子第一根绞综(单数)横置，穿在第一对基综的第一组下眼综和第二对基综的第一组下眼综内；第二根绞综(双数)穿在第一对基综的第二组下眼综和第二对基综的第二组下眼综内。再按框上梁子眼对应装上即成(图 6-85)。

(二)绞纱范子的起绞方法

绞纱范子的起绞属上绞式开口，绞经与地经排列比为 1:1(亦可为 1:2，即三经绞纱罗织物。)绞纱范子主要起绞转梭口，并要与分别控制绞经和地经的两组纤线配合，才能织出暗花纱织物。绞纱范子与控制绞经的纤线交互提升，可以织出绞纱组织，反之绞纱范子与控制地经的纤线交互提升，则可织出平纹组织，如图 6-86 所示。

(三)绞纱范子的特点

绞纱范子是我国人民勤劳智慧的结晶，是在实践中创造的一种崭新绞纱技术，与以往半综式绞纱技术相比，有了很大的改进，其特点有以下几个方面：

首先是设计了这种独特的结构，改变了以往起绞的半综形态，通过基综定位，将绞综拦为经向横位，轻松地控制绞经在平经左右运动提升，实现绞纱。

第二是与绞纱范子配套的扣架设计非常巧妙，它由上下左右四副连板，将前后两扇绞纱范子连成一个运动的整体，并承担了大部分运动力量，在运动时，绞纱范子交错起落，力量通过连板传递在框架上，而框内综线却大多处在松弛的状态，只在起前绞开口顶峰，才承担较轻的所提绞纱的张力。此外所有综线还可以在范梁子上下转经，使运动磨擦分散在多点上。所以综线很耐用。有人将连板理解成只有上面两副，这样的绞纱框架运作困难，综线很快就会损坏。

第三是这种绞纱装置最成功的方面，即提高织造速度。以往用半径起绞，提综开口困难，而再开口时，原半综又回综困难，半综在经中缠夹，影响每次开口，这样使操作工艺繁复，而生产效率极低，用绞综起绞就避免了半径的缠夹问题。而且在相邻的两根绞综，还通过两组基综相差排列，使开口变得清爽利落，工效是半综的十几至几十倍。

第四，这种绞纱范子是一种固定绞组的起绞装置，因而也就可以用筘，用筘能更好地控制经密，均匀纱孔，而且能更好地控制打纬力度，均匀纬密，这比用“斫刀”打纬织纬，要先进方便许多，也是提高工效的重要方面。同时，这种绞纱装置也为发展更复杂和更大型的绞纱织物创造了条件，如明万历织金妆花纱龙袍，在稀薄的纱地上起多重纬的妆花织物，不用筘打纬是很难制织的，龙袍料纹样接章面积大，要求高，纬密控制要极为精确。

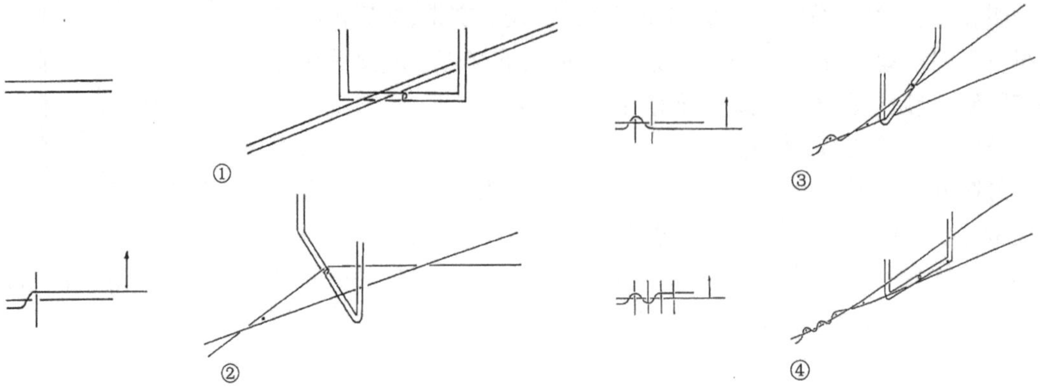

图 6-86　绞纱范子的起绞方法

①静止状态的绞经和地经为 1:1 平行排列，绞经（甲）在右侧，地经（乙）在左侧。

②前范提起，将右侧绞经（甲）从地经（乙）下绕过，至地经左侧提升，形成绞转梭口。

③后范提起，同时控制绞经的绞纤提拽，将左侧的绞经（甲）从地经（乙）下绕回至地经右侧提升，形成开放梭口，织出绞纱组织。

④如果在后范提起后，同时提拽的是控制地经的平纤，平经便在绞经（甲）右侧的地经原位提升，形成普通梭口，织出平纹组织。

二　绞纱机的装造

绞纱织机的机型以小花楼平织机为主，我们可以在宋楼璹《耕织图》、元《梓人遗制》、程棨《耕织图》，以及明、清时期的《耕织图》里明确地看到这种机型和构造。但具体的装造方法和特殊的操作工艺却少有记载。现借助宋代黄昇墓出土的“二经平纹花罗”[①] 为实例，分析绞纱机的装造工艺。

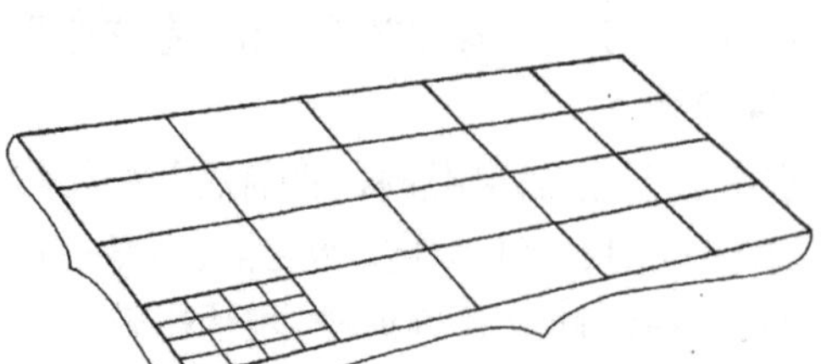

图 6-87　渠盘结构

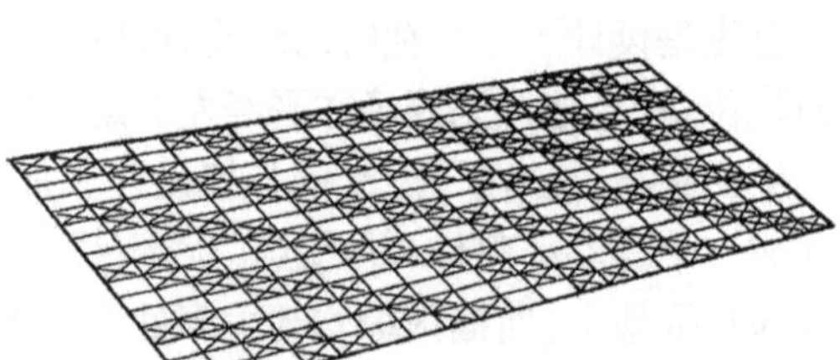

图 6-88　渠盘入渠线示意图

① 福建省博物馆，福州南宋黄昇墓，文物出版社，1982 年，第 87 页。

“二经平纹花罗”为二经绞纱组织，地部为绞纱，花部为平纹纱，经、纬密度 36×27 根/厘米，花纹单位 4.9×4.7 厘米，幅宽约 47 厘米。按小花楼通常的装造方法，可以得出“丈纤”数为 336 根（两花章并列，总经数 1680 根），为 5 则装造。

首先置渠盘，渠盘由 22 根竖排细竹棍和 17 根横排细竹棍组成，用线绳捆扎成框格状，其功能和现代提花机装置上的目板近似。分成 4 段 5 则，共 20 大格，前后两段为地综，中间两段为绞综（图 6-87）。每一大格又细分为 16 小格，渠线只交差斜穿其中 8 格。渠线是跨竹棍穿结，每一跨格入渠线 21 根，图中加叉“×”为入渠线的小格（图 6-88）。

丈纤、渠线及经线的关系如图 6-89 所示，丈纤与渠盘一样，也分为 4 段，中间二段为绞纤，两边二段为平纤。每 1 根丈纤下吊 5 根渠线。渠线按 4 段 5 则的区分，穿入相应的渠盘格，再与经线兜连。

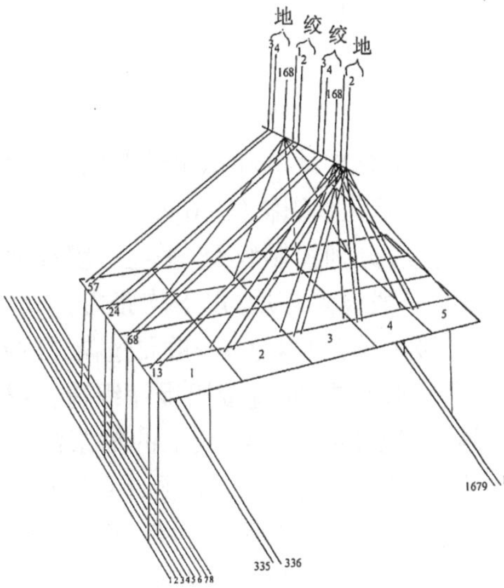

图 6-89　装造示意图

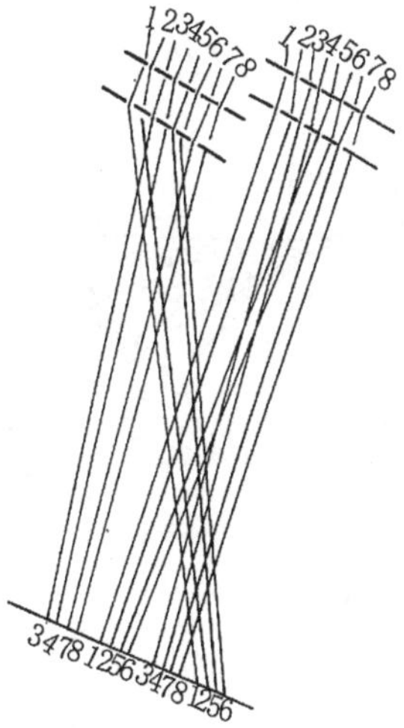

图 6-90　丈纤合交并列

花本与丈纤的连接为一兜二，所以先要分别将两段地纤合交，两段绞纤合交，然后再将地、绞两交带并列（图 6-90）。兜花时，由花本角子线/兜入地纤 1 和绞纤 1 两根丈纤；花本角线 2 兜入地纤 2 和绞纤 2 两根丈纤。……依次兜连。（图 6-91①）提花的方法，是将花本角子线提起，兜连的丈纤在两道交带之间形成交叉。（图 6-91②）取其形成交叉的丈纤提拽，暗花纱就可显现。（图 6-91③）花本角子提起的是第二根，使地纤 2 和绞纤 1 形成交叉。提拽后绞纤 1 带动绞经，起地部绞纱组织，平纹 2 带动平经，起花部平纹组织。

可以看出绞纱机的这种装造工艺是绞纱机花本及织造工艺有机结合起来的，绞纱机的经线是平经和绞经按比例排列的，纤线和渠线也都分平、绞，且也按比例排列，1 根平经 1 根绞经为 1 组穿 1 齿，起花时只能起其中 1 根，起平经则出平纹组织，起绞经则出绞纱组织。而挑花就不能像一般织物那样操作，在 1 平 1 绞的排列里，挑了平经，就要丢绞经，挑了绞经就要丢平经，这样相隔挑花是很困难，很易出错的。绞纱机的花本被古人巧妙地设计成只用一半花本角子线，“一兜二”，兜连纤线，然后利用两个交带形成的交叉，找出没有起花却须起地的另 1/4 纤线与在花的 1/4 纤线合并，就组成了提拽所必须的起花纤线，这种方法配套操作十分简便。另外，此暗花纱织物为正织，故挑花要将缰绳安排在左边，面侧向上。而兜花时翻转，缰绳翻到右

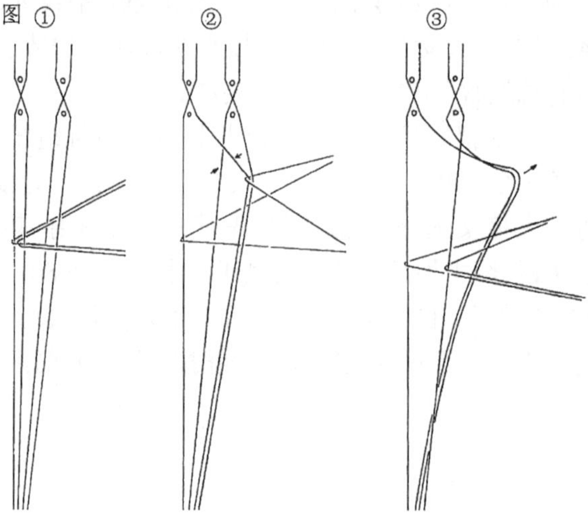

图6-91　兜花提花示意图

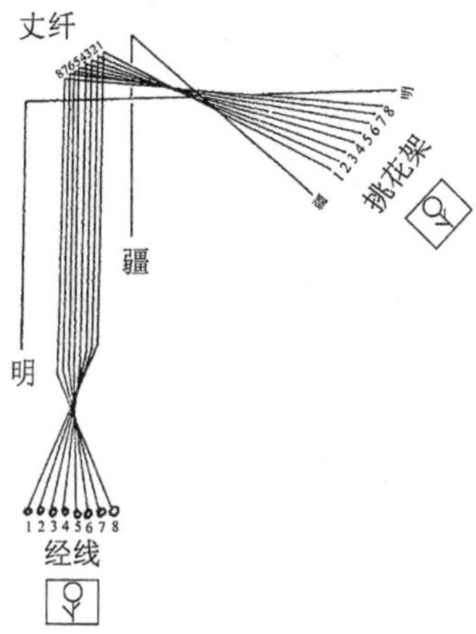

图6-92　花本翻转兜纤及纹样关系

边底侧向上，这样提出花本纹样就能和织出的织物纹样相符，形成绞纱地平纹花的二经暗花纱织物(图 6-92)。

绞纱机一般为双经轴，分别控制绞经、平经。绞经运动于平经两边，故需多送经，一般设置靠后，以平均张力，平经则设置靠前。经线的材料多为生丝，可染色，一般要过糊，纬线也用生丝，摇出纬管后要用热水泡透，并直接用湿纬织造，这样，纬线上丝胶会溶解一部分，湿纬还能将经线上的糊浆溶解一部分，织物边织边干，经纬固结，纱孔稳定。但湿纬可造成门幅收缩，所以要用幅撑来稳定布幅。织机呈水平状，筘框轻弱，打纬力大小由织手按品种要求进行控制，“来梭提，往梭不提”[①]。如前所述，绞纱的起绞方法，一梭由拽花工提纤线起花开口，第二梭是由织手脚踏起绞纱范子开口。故拽花工轻松省力，产生速度也比较快。

三　妆花纱绞纱织机

普通绞纱机的机型为小花楼水平织机，妆花纱绞纱织机的机型为大花楼斜织机，只是倾斜角度较小，为旱机式。这种织机内装造要适应绞纱和妆花二种功能的需要，因而工艺较复杂，织造难度高，亦很有特色。

(一)机架和装造

妆花纱绞纱机采用大花楼型制，是为制织大型图案和多重夹纬的妆花织物，机身向下倾

① 见《天工开物·乃服·花本》。

斜,是为克服水平织机在加织妆花上的缺陷,同时织机倾斜角度较小,是为保持水平织机在织绞纱上的特点。这种织机虽然与普通妆花缎区别不大,但二类织物不能兼容,因而是一种特殊的专门机型(图 6-93)。

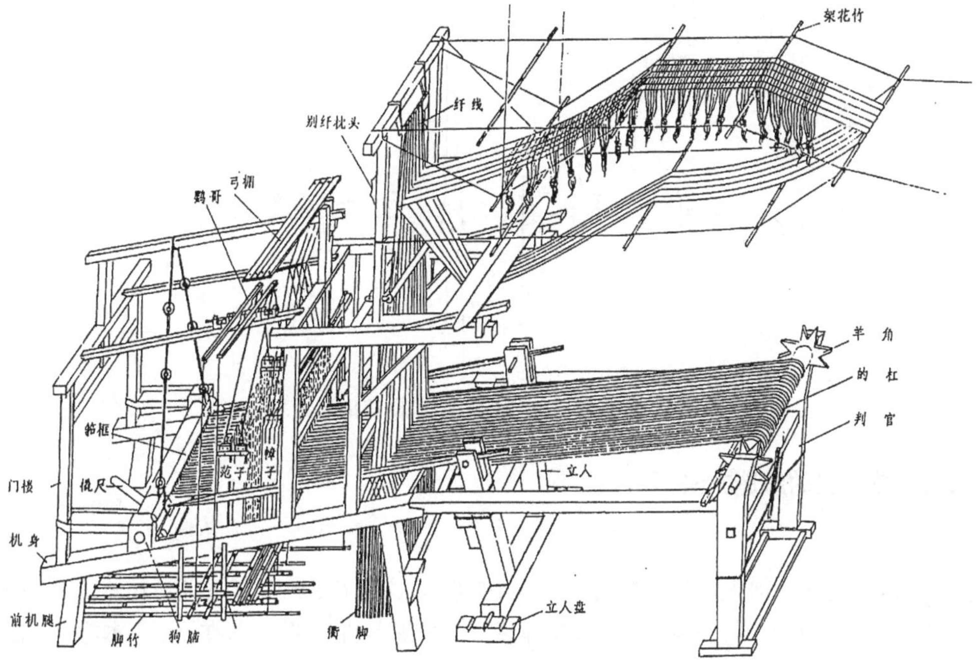

图 6-93　大花楼妆花纱织机

图中的幛子是起妆花部位间丝作用,然在绞纱范子前,则起绞开口无法通过。故要移到绞纱范子之后,用幛四扇,可以起间丝斜纹组织。行车是机上梳通经丝的装置,运动在经轴与纤口之间,行车形成范子单层扣,装在绷花架下,与经面平行。一般独幅妆花不用渠盘竹,而妆花纱绞纱机需用衢盘竹分花,因纱机经密稀疏,花纤沉重,会造成门幅收缩,故加衢盘将纤线分开,以保证门幅尺寸。

妆花纱绞纱机与普通绞纱机的装造,主要区别在于花楼提花机构上为大花楼,按绞纱织物花综,需分别控制平、绞的方法,为双结构,即牵线、柱脚和花本均要分开为平绞相间两组结构,下面以定陵出土的明万历皇帝织金孔雀羽四团龙妆花纱龙袍料为例,剖解其结构。

柱脚盘分二组,一组为平纤柱脚,一组为绞纤柱脚,由六根铁杆竹组成,穿法如图 6-94 所示,交叉排列,每组入柱脚 900 根,合计 1800 根。

纤线 1∶1 对应排列,两组纤线也各为 900 根,纤线下置渠盘竹,用以分开纤幅,经线按上下交口的平角顺序,依次穿入行车、纤线、幛子、范子。

小花楼绞纱机,丈纤为 300 根,是用别交的方法,找出平、绞相组合的提花纤线,实现提花,而大花楼 1800 根纤线,所以无法通过别交来组合提花纤线,须用二本花同时上机,分别控制平、绞纤线,来实现提花。妆花纱绞纱机的装造和提花剖面

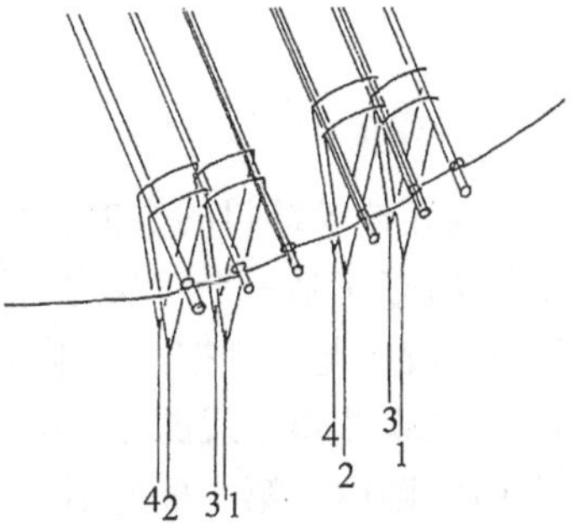

图 6-94　双柱脚盘示意图

如图 6-95 所示。

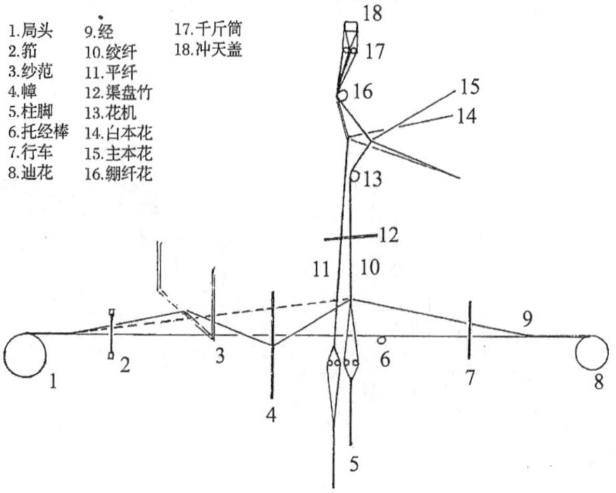

图 6-95　妆花纱绞纱机的装造和提花剖面示意图

(二)妆花纱机的织造方法

1. 倒花

由于二本花上机,须先复制一本相同纹样的花本,这本花,要求与原(祖)花本方向一致,而面侧相反。即一本为面侧,一本为底侧,具体说,二本花上机后要一本在上,一本在下,在上妆花部分起底侧,暗花部起面侧,与在下的花本面侧组合拼花。

2. 兜花

先将两组纤线合拼为一交,再将二本花按上底侧,下面侧叠排、拴结,用 2 兜 1 法兜花(图 6-96)。

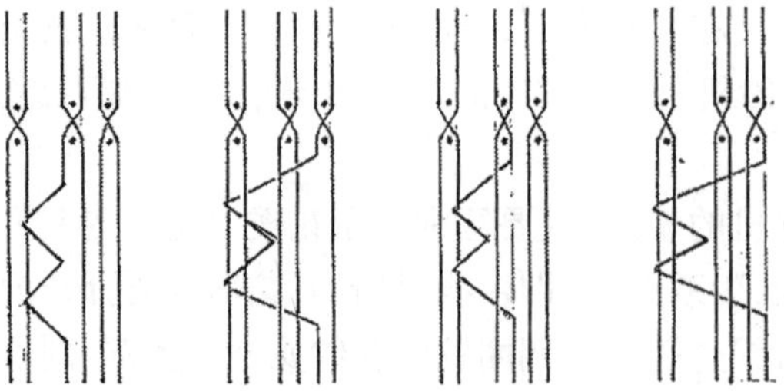

图 6-96　2 兜 1 的兜花示意图

3. 拼拽

大花楼绞纱机的拼拽和小花楼绞纱机的分交提拽,两者的起花原理是一样的,都是一种拼合起花,暗花是一平一绞为一齿的两经中只起其一经,而妆花则是一齿中的两经或全起,或全不起。绞纤与平纤按 1∶1 排列,下兜连绞经和平经,上兜连控制绞纤的主本花和控制平纤的白本花,二本花角子线的花纹编程是一样的,如主本第一根在花,则白本第一根在花;主本第二根不在花,则白本第二根也不在花,变化组合在提花的面、底侧方向。按前兜花的排列,主本花底侧起花,纤线(a)被提,白本花面侧起花,纤线(b)被提,纤线(c)(d)不在花故不起,这样起出的是妆花组织。如若主本花起的是面侧,也就是底侧的反面,这样原在花的纤(a)不被提起,而不在花的纤(c)却被提起,与白本花的面侧组合,起的依旧是纤(b),这样两齿经中,第一齿的平经起(与纤(b)连),第二齿的绞经起(与纤(c)连),则起出暗花纱组织(地部)。

拼拽工艺图释:妆花拼拽15张,暗花拼拽20张。

①右手先将上下两花本的耳子线握住,稍用力绷紧,再用左手把绷紧的上花本(主本)的当铲过线抡开,向前拉开。

②左手回收,再抡开下花本(白本)的当铲过线。

③左手把上下两花本的两根过线一同拉出,向下揿。

④右手丢开握住的耳子线,沿着上过线下揿分开的角子线口,向右插入。

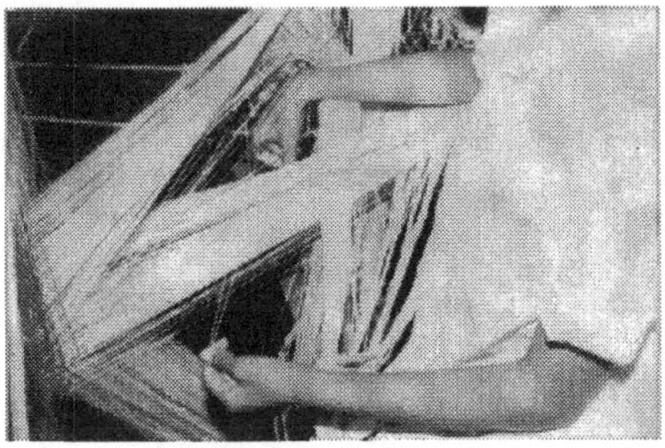

⑤右手插至角子线右边,随即手腕下弯,兜住上过线。

⑥右手接着用大拇指由下往上挑起下过线。

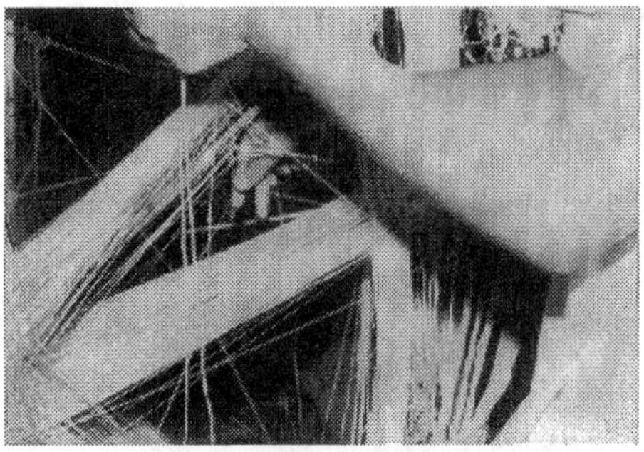

⑦左手上提,分开下角子线口,右手沿上,下过线回行。

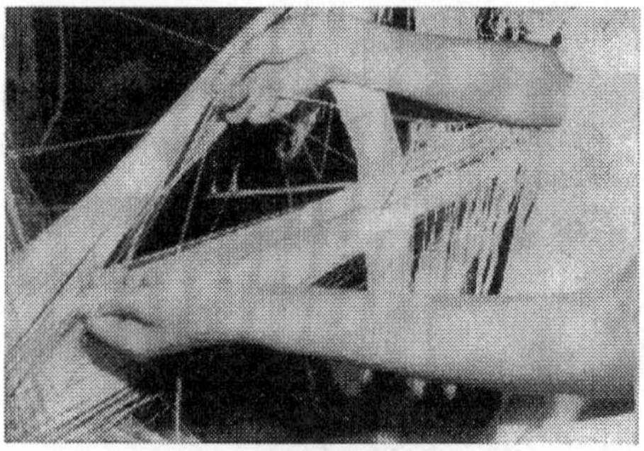

⑧右手回行出角子线口,便将所须拼拽的上花角子线和下花角子线合兜入手中。

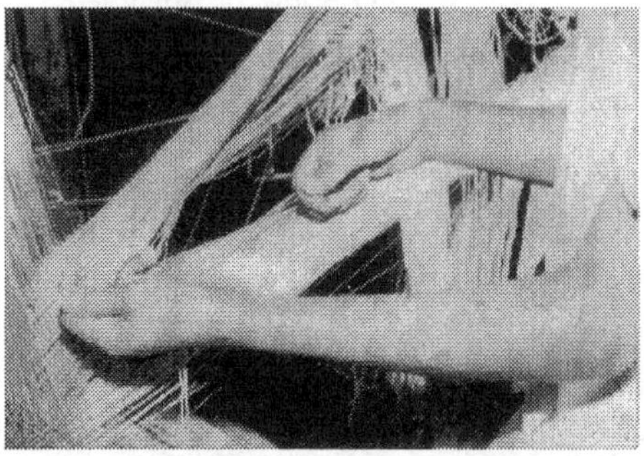

⑨检查拿在手中的花角子线是否正确,即传统操作的“会”。右手下放,左手捏过线上提,会清上过线。

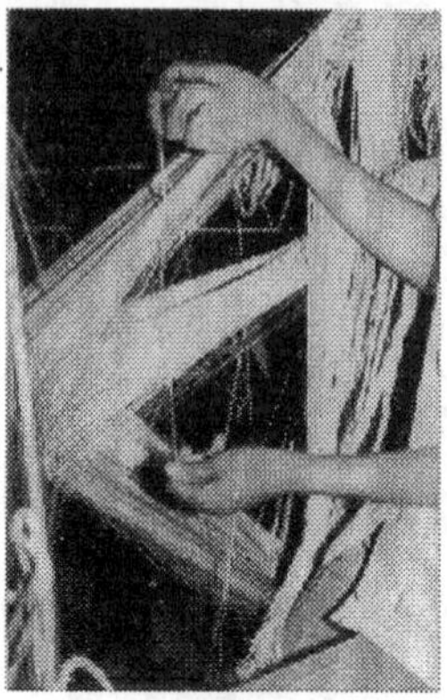

⑩右手上提左手捏过线下揿,会清下过线。

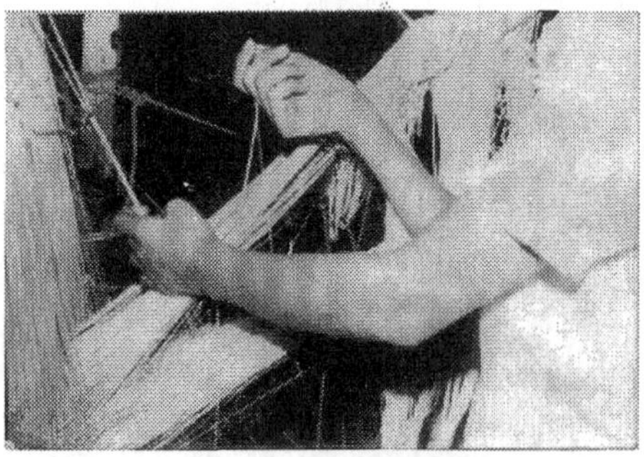

⑪左手丢开过线,上拖右手提开的拽花纤线。

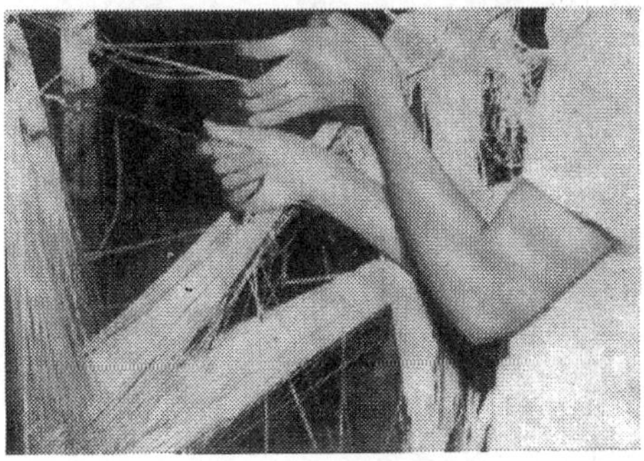

⑫左手将拖入的拽花纤线转过到右手上。

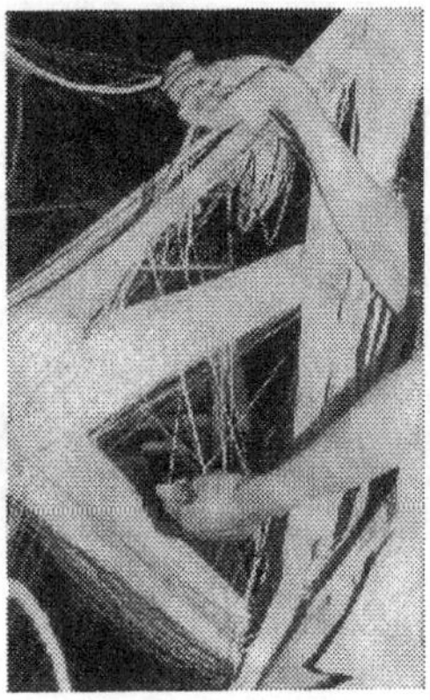

⑬右手提花,左手从提清的纤口下角子线口(即掏口)里,插入,将下过线掏出。

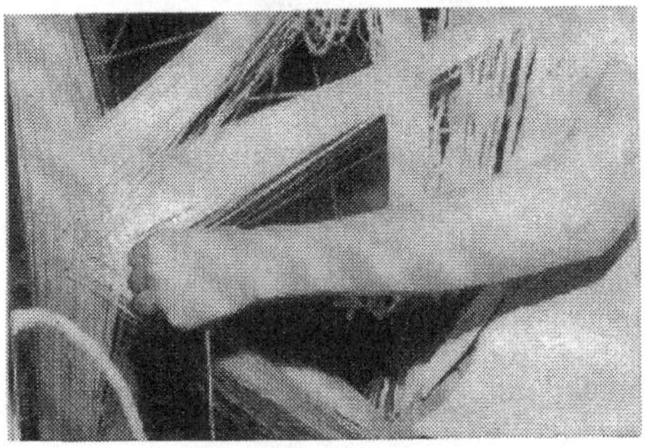

⑭左手捏住上过线前推,拉出距离。

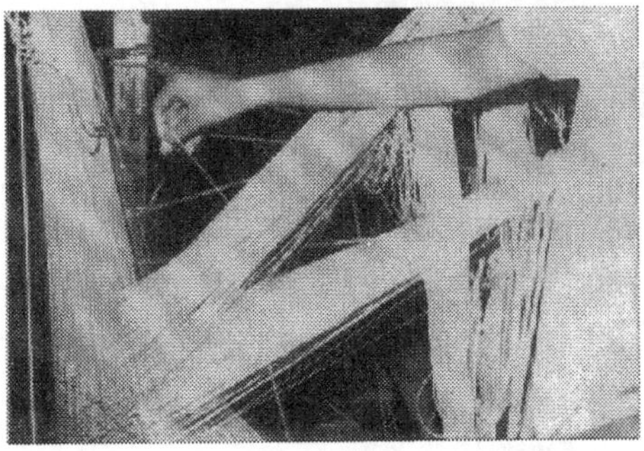

⑮右手在角子线右边用大拇指将左手分出的上过线,拉出花本。

图 6-97　妆花拼拽

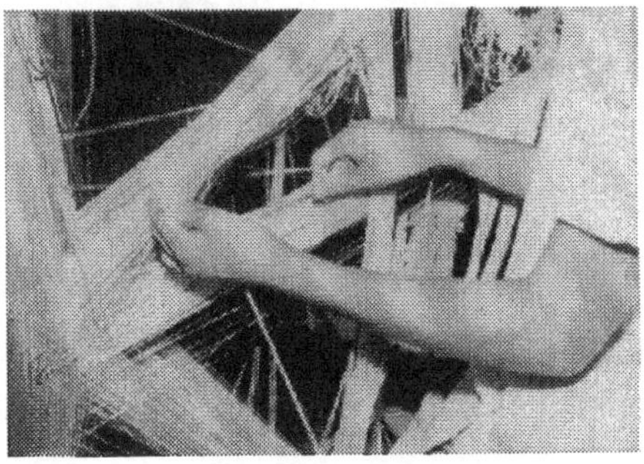

①右手握耳子线,左手将上花本(主本)的当铲过线抢开、前拉。

②左手将过线上挥,接着下撤,以扩大角子线分口。

③右手至角子线右边，兜起过线。

④右手沿过线滑回，兜住花角子线，(绞纱)左手下撤会查角子线。

⑤右手向后提花角子线，分开纤线，左手插入纤线分口，理清纤口。

⑥左手抡开下花本(白本)的当铲过线，向前拉出。

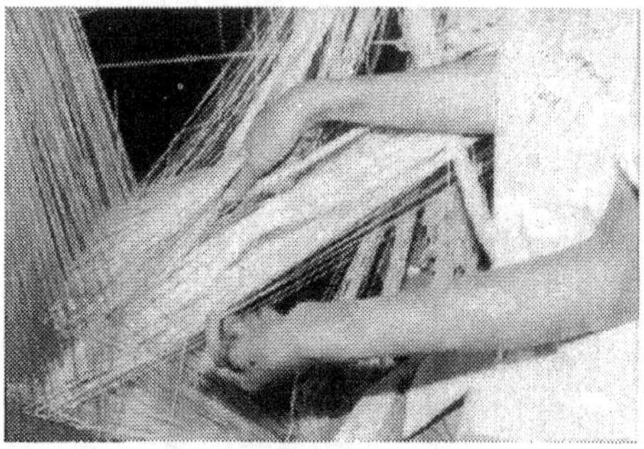

⑦右手拇指夹住上花角子线，食指、中指从主本花兜入的角子线下边，绕至角子线右边，勾起下过线。

⑧左手上提，中指沿下过线回兜起下花提花角子线。手下撤，会查花角子线。

⑨左手丢开过线，接换右手兜着的下花角子线。

⑩左手上提，分开下花角子（白本）所兜的平纤。

⑪两手同时提拉，花重身体须后倾。抖动一、二次，使纤口分清。

⑫两手紧拽不松，同时由两手分拽变两手合拽。

⑬右手独拽，左手插入分开的纤口，理清纤口。

⑭左手拿下水缎连带，递右手拇指勾住，将水缎纤线带入提花纤线。

⑮左手向前抱住分清的提花纤线。

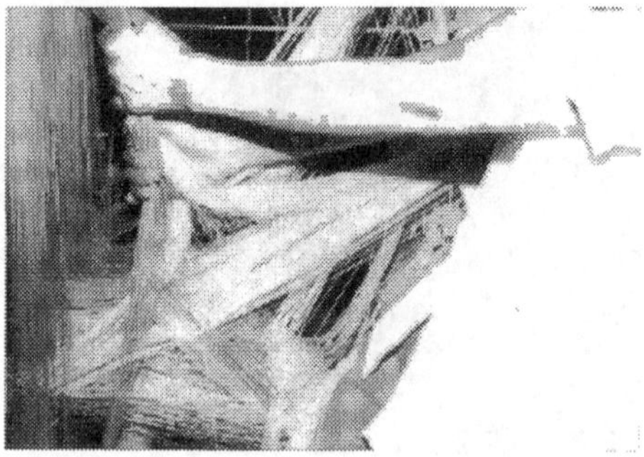

⑯右手将角子线兜在大拇指上，再用左手下抱住纤线。

⑰身体后倾，两臂夹紧，两脚蹬实，用力拉线。

⑱拽后，左手沿纤线下叩，分清过口、下掏口。

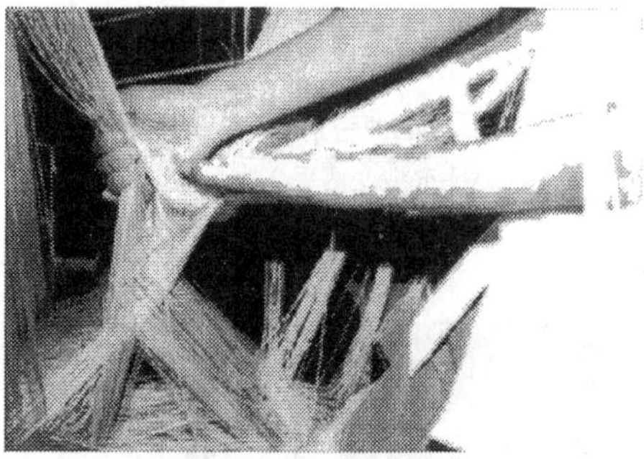

⑲左手再托起过口上松散的角子线，查看过口下角子线口是否清楚。

⑳右手插入分清的下掏口，将下花过线，从中掏出，(上过线与拽拼妆花一样，须抽出花本，这两步参照妆花拼花工艺)。

图 6-98　暗花拼拽

此妆花纱织物,一梭在 10 铲左右[①]。故主要是拼第一种的妆花组织,第二种的暗花纱组织是织地组织时才用的。每二梭,即连拼 20 铲妆花耳子线,才有拼一梭暗花耳子线,“来梭提,往梭不提”,另一梭织者起绞纱范子,不用花综提花。

4. 织造

妆花纱的织造难度高,尤其是帝王龙袍的织造,从定陵出土的这一件明万历织金孔雀羽四团龙龙袍上,就可以看出其工艺的精湛。

织造前,首先要“做腹功”,了解整个匹料生产过程,各花本的起首、正反,在匹料中的位置和上机顺序。要认真研读甚至背熟纹样,找出画稿和分铲稿之间的变化规律,使之在头脑中形成一个完整清晰的形象。对每一具体的纹样走势,几种色度间晕、色彩的搭配等等,都必须做到心中有数,这样才能在织造时,从容下色配花,纠错补缺,使织造顺利进行。一件龙袍材料工本巨大,织者在织前必须准备充分,织中仔细认真,才能确保一次性成功完成。

妆花纱织物特别精细,一般妆花织物织造时,过彩色纬线,以跨管为主,即一铲中同色的多束提花经,可用一个色管,一次跨织过去,其中不起花的部分彩纬以浮长形式附在织物背面,绞纱织物要显其透纱的效果,背面就不能有彩纬浮长。故要每束提花经分管,这样织造经面往往挤满绒管,且过管缝小,织造速度很慢。特别是一些特殊的纬线,如双圆金,孔雀羽线等,过管难度更大,还要注意其回捻打扭,影响织成效果。

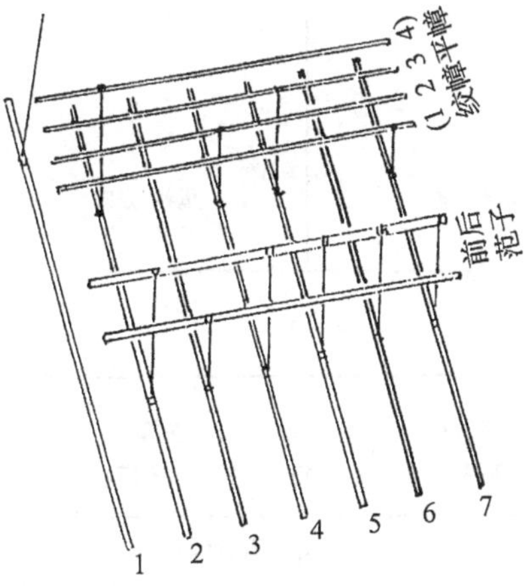

图 6-99　脚竹排列顺序

脚竹与横沿竹拴连,横沿竹与范幛拴连。范子为起综、踏脚下压后,通过鹦哥的杠杆作用、提升范子。幛子为伏综,踏脚直接下压,1、2 幛控制绞经,3、4 幛控制平经。

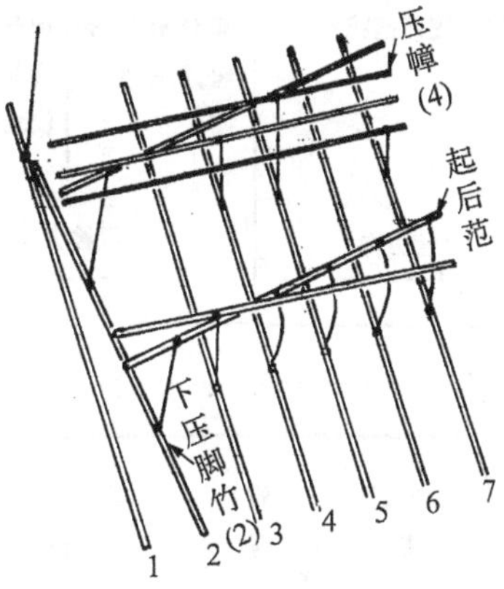

图 6-100　复原织造步序图片

分解说明

①按织造步序表(1)右脚踏(2)号脚竹起后范(开放梭口)同时压幛(4)妆花部间丝。拽花工提花,织造工依次铲纹刀、挖花过管,织完本梭里全都妆花。

妆花纱织物有很强的浅浮雕般的立体感,这是由稀疏透明的地部与厚实浓艳的花部,对比衬映,而形成的一种独特的艺术效果。但这种反差强的织物织造操作难度很高,譬如纬密控

① 铲也称铲次,在妆花织造时,提花开口后,织者用纹刀“铲”进经线开口,立起纹刀,使提花经开口增加以便挖花过管,每提花一次就“铲”一次,直至一梭内所有妆花彩纬织完,然后抛梭织地纬,故抛梭织地纬为“梭”而铲纹刀为“铲”,花本上一根耳子线提花一次也就称“铲”,数铲一循环为一“梭”。

制，妆花部位是重纬，绒纬粗而密，需要很大的打纬力，来控制纹样的形态；而绞纱地部纬细而单，打纬力就要极为轻弱，以避免纱孔闭实，这种不和谐，只能靠织造者手工打纬解决。所以在打纬时，既要注意重点部位，也要注意整体的均匀适度，纹样每一梭都在变化，打纬力度和部位也须不断地调整。这需要很高的技巧和经验，才能把纬密控制得很精确，使整个服饰的各部位纹样都能衔接对章。

妆花纱的织造操作繁杂，织手一面要用脑用手，熟记纹样，配色挖花，抛梭打纬，一面还要用脚操作脚竹范障，织出地部平、绞组织和花部间丝组织。定陵出土的明万历四团龙纱袍，由于是在平、绞暗花地组织上，起四枚斜纹妆花间丝组织，故要跳脚织造。下面是具体的复原织造步序，从这一个循环步序上就可看出织造的复杂。

复原织造步序表

(1)→	(2)→		(3)→	(4)→
放搭 / 左脚(1)压搭 / 放搭	左脚(1)压搭		放搭 / 左脚(1)压搭 / 放搭	左脚(1)压搭 / 放搭
右脚(2) 压幛(4) 上提彩纬花经（9～11）铲，纹刀挖花	右脚(6) 起后范开梭口上提平纹部分地纬经丝，第一纹刀插入	右脚(3) 起前范开绞口第二纹刀插入地纬绞经花，别合第一纹刀平纹地纬花经	右脚(4) 压幛(2) 上提彩纬花经（9～11）铲，纹刀挖花	右脚(6) 起后范开梭口 上提地纬暗花
过管方向←	甩梭方向→		过管方向→	甩梭 方向←

(5)→	(6)→		(7)→	(8) 循环→
放搭 / 左脚(1)压搭 / 放搭	左脚(1)压搭		放搭 / 左脚(1)压搭 / 放搭	左脚(1)压搭 / 放搭
右脚(5) 压幛(3) 上提彩纬花经（9～11）铲，纹刀挖花	右脚(6) 起后范开梭口上提平纹部分地纬花经，第一纹刀插入	右脚(3) 起前范开绞口第二纹刀插入地纬绞经花，别合第一纹刀平纹地纬花经	右脚(7) 压幛(1) 上提彩纬花经（9～11）铲，纹刀挖花	右脚(6) 起后范开梭口上提地纬暗花
过管方向←	甩梭方向→		过管方向→	甩梭方向←

操作图片分解说明

图②-A　右脚(6)起后范开放梭口，平纹部分地纬经丝起花，第一纹刀插入稍下移。

②-B　右脚(3)起前范，开绞转梭口，第二纹刀插入，别合第一纹刀铲起的平纹、地经丝，成一完整的底纬梭口。

②-C　将第一纹刀抽出，第二纹刀站竖，左手发梭后落。

③右脚(4)，起后花压幛(2)，上提彩纬花经丝，挖花过管。

④右脚(6)，起后范，开放梭口，上提地纬暗花经丝，右手发梭，梭回左落。

⑤右脚(5)压幛(3),上提彩纬经丝,将全梭数铲花,一一拉花过管。

⑥-A　右脚(6),起后范开放,梭口至纹部分地纬经丝起花,第一纹刀插入,稍向下移。

⑥-B　右脚(3),起前范开绞转梭口,第二纹刀插入,别合第一纹刀,铲起的平纹地经丝,成一完整的底纬梭口。

⑥-C　将第一纹刀抽出,第二纹刀站竖,左手发梭,右落。

⑦右脚(7)压障(1),上提彩纬经丝,将全梭数铲花一一挖花过管。

⑧右脚(6)起后范,开放梭口,上提地纬暗花组织,右手发梭,梭回左落。

第五节　相关织造机具的发展

一　引纬和打纬机具的发展

在织机发展的同时，引纬和打纬方式以及工具也得到逐步完善。织机的发展与引纬、打纬的完善是相辅相成的。从其发展的整个历程看，它可以分为三个阶段。

第一阶段，引纬、打纬工具是分立的。此阶段出现于原始织布时期，引纬、打纬的方式非常简单，引纬工具称为“梱”，系一缠绕纬线的小木棍，打纬工具称为“机刀”，系一形似刀的光滑物体。织作时将小木棍由一手经过织口递给另一手后，再用宽扁的机刀将引过的纬线打牢。这种早期引纬方式近代还能看到，如云南佤族和海南黎族使用的织作木杆，即其孑遗；再如南京织制云锦的显花木棒，究其来源，无疑也是自这种引纬器脱胎而来。而机刀实物，在史前遗址中多有出土，质料有木、石、骨、玉等多种，最早的是出土于浙江余姚河姆渡遗址，此机刀系硬木质地，长 43 厘米，厚 0.8 厘米，背部偏厚，刃部较薄，呈圆弧状①。

第二阶段，引纬、打纬工具是合为一体的。此阶段大概出现于春秋时期，引纬、打纬皆由一称为“砍刀”的工具完成，砍刀系一略似半月形的器具，由一纡子和一半月形木板组成。纡子起引纬作用，其形式和缠纬方式，均与早期的梱相同；半月形木板起打纬作用，有背有刃，背厚刃薄，近背之处开一凹槽，纡子即安于其内。元初薛景石《梓人遗制》中所载砍刀，就属于这种器具。元代砍刀的型制为“长二尺八寸，广三寸六分至四寸，厚一寸二分，背上三池槽各长四寸，心内斜钻蚍蜉眼儿。”砍刀中的纡子是构成砍刀的主要部件，从其形状和缠纬方法来看，显然即早期梱的缩小，不难推断，创造砍刀的人，当初设计这种器具时，曾经认真考虑过梱和木刀的特点，有意以之嵌入其内，使其既可引纬又可打纬。

第三阶段，引纬、打纬工具又行分开，引纬由梭子完成，打纬由筘完成。此阶段出现大约不会晚于汉代，因为在江苏泗洪县曹庄出土刻有“慈母投杼图”的汉画像石上，十分清楚地画着梭子；而在刘熙《释名》中则有用筘打纬的记载：“经丝贯杼中，一间并，一间疏。疏者苓苓然，并者历辟而密也。”长沙马王堆一号汉墓出土的有明显筘路的绢纱类织物，亦印证了这一点。从梭子的外形看，其是由砍刀演化而来，并为克服砍刀操作的局限，在实践中逐渐改为两头尖形似小舟的梭子。梭子的引纬作用，也由其纡子承担，其纡子的形状和缠纬方法亦俱与早期的梱相同。根据这一点分析，实亦早期梱的延续，大概设计梭子的人即是以梱为蓝本，考虑到引纬效率和防止纱线磨损，才增加了舟形外壳。从筘的外形看，创造者无疑是受到木梳篦的启发，将经纱依次穿入筘齿之间，既控制了经纱疏密和布幅宽度，拉筘后又可利用筘齿均匀打纬。梭、筘自出现后，除大小和筘的安装方式因织机不同而有差异外，其外观型制基本相同。薛景石《梓人遗制》所载立织机的梭子尺寸为：“长一尺三寸至四寸，中心广一寸五分，厚一寸二分，开口子长六寸五分至七寸，心内广凿得一寸明，两头梢得五分，中心钻蚍蜉眼儿。”所载华机子的筘尺寸为：“长三尺六寸，广二寸四分，厚一寸二分。内安斗子，其斗子内二尺八分明，通高五

① 宋兆麟等，我国远古时期的踞织机——河姆渡文化的纺织技术，见《中国纺织科技史资料》第 11 集，北京纺织科学研究所出版，1980 年。

分,筘口上下离八分至一寸,斗子上是鹅材,长三寸六分,方广二寸,开口深二寸四分,横钻寨眼子。"

二　整经、浆纱工艺及机具

整经与浆纱都是织造准备工序中的重要工艺。整经是将规定长度和根数的经纱,按某种规律平行卷绕在织轴上。古代丝织业谓整经为纼丝,所用工具谓之经架、经具或纼床。浆经是在经纱上施以浆料,目的是提高其上机后承受综、筘反复拉伸弯曲的能力和避免因综、筘反复摩擦而大量起毛影响品质。古代称浆经为过糊或浆纱。

最原始的整经,或是直接在织机上进行,或是通过地桩进行。有学者根据近代彝族地区保留的直接上机整经工艺和地桩整经工艺,推测河姆渡文化中的整经工艺与此相似,以地桩整经工艺为主①。而后世常见的整经工艺和经具则分为齿耙式和轴架式两种形式。

齿耙式整经工艺由地桩式整经法发展而来,有立式和卧式两种类型,是古代整经的主要形式。1978 至 1979 年间,在江西贵溪春秋战国时期于越族人崖墓中,曾发掘出齿耙、钉杆、经梳等经具,证明这种方法至迟在春秋时期即已被广泛应用②。不过遗憾的是早期文字资料没有发现,迄今所知皆为宋及以后的文献,所幸这些文献记载的均很详细。

根据宋应星《天工开物·乃服·经具》的记载和插图(图 6－101),立式类型的主要部件有:溜眼、掌扇、经耙、经牙、印架等。溜眼为竹棍上穿的孔,作导丝用;掌扇为分交用的经牌,也称扇面,近似现代的分交筘;经耙为钉着竹桩或木桩的牵经架子;经牙为经耙上的竹桩或木桩,它数量的多寡,视整经长度而定,经轴上经线卷绕长度长,经牙数量就要多一些;印架为卷经用的架子。整经需两人配合,过程如下:将丝籰排在溜眼下,把丝籰上的丝头分别穿过溜眼和掌扇后,总于一牵经人手。此人理拂就绪,再交另一牵经人,该人交叉地把丝缕挂于经耙两边的经牙上。在达到要求的长度后,取下丝缕卷在印架上。卷好以后,中间用竹竿两根把丝分成上下两层,然后穿过梳筘与经轴相系。

图 6-101　《天工开物》中的经具图

根据杨屾《豳风广义》卷下的记载和插图(图 6－102),卧式类型的主要部件有:经牙、木桩、撑框、交墩、竹棍、铁环、纼床等。其所载尺寸和用法如下:"用方木桩两根,长八尺,密钉二寸长木橛一行,相去寸余,每根可钉橛六七十。上下安撑桄二道,阔一丈。左边木桩外侧近顶五寸,钉一木橛,下去地五寸,亦钉一木橛。用时倚墙斜立,经牙之下,近右桩一尺五六寸地上,置交墩一个。用木板一块,长一尺二寸,阔五寸,中安竹棍一行五根,俱高一尺,以左三根编大交,以右二根挂小交。对经牙相去五尺,用绳悬经竿。长一丈,上钉小铁环五十个,略于人肩齐。下置丝籰五十个,密摆二行,将籰上丝头提起,贯入经竿环内,总收一处,挽成一结,挂在交墩右边第一竹棍上。一人手

① 中华文化通志编委会编,纺织与矿冶志,上海人民出版社,1998 年,第 100～101 页。

② 李科友、孙家骅,试论东周时期于越族的纺织技术,见《中国少数民族科技史研究》第 6 辑。

牵丝绺，又挂在右边桩下第一木橛上。复牵挂在左边桩下第一橛上。如此往来牵挂，层层至顶橛尽处。又将丝绺牵在左桩外侧木橛之外边，引至桩下橛上，复牵往右行至中间，以左手提住丝绺，以右手大指食指向上，将丝头在二指虎口内，一左一右拾成交，挂在交墩竹竿上。层层经挂，迴迴拾交，周而复始，以足数而止。经毕在交墩外右边空处剪断，将交用丝绳贯在两边拴紧。若绳脱交乱，则满架经缕无用矣。将一头具挽一结，再用绳拴紧。然后用缠籰一个，用木四根，各长二尺，造成方架，阔一尺八寸，内锭一钉。将有交一头，以壮绳子栓系钉上。一人执定缠籰，缓缓将经牙上丝绺，旋卸旋缠，缠讫，再上纼床。”

图 6-102　《豳风广义》中的经耙整经图

图 6-103　《农书》中的经架图

轴架式整经工艺出现时间较齿耙式整经工艺为晚，最早的图谱首见于宋代，如楼璹《耕织图》、南宋吴皇后题注本《蚕织图》、梁楷《蚕织图》等绘画中有所描绘。其后在元代《农书》、明代《农政全书》、清代《豳风广义》等一些书籍中则有较为详尽的图文描述。从这三本书所载，可以清晰地看出轴架式整经工艺的演变历程。前两本书文字皆为：“先排丝籰于经架下，上架横竹，列环以引众绪，总于架前经牌，一人往来，挽而归之纼轴，然后授之机杼。”说明《农政全书》是转载《农书》的内容；从所附图谱看，前两本书亦基本相同，经架都为倾斜式，三人同时操作，差异是元代用木梳理经，明代改为分经筘。后一本书的经架为水平式，两人同时操作，用分经筘理纱。从倾斜式经架到水平式经架、从用木梳理经到用分经筘理经的演变，无疑是为了更好地观察操作过程中的纱线状态，高质量地完成理通纱线扭结并均匀地排纱于纼床上的工作。另外，轴架式与齿耙式相比，不仅产量高，质量有保证，而且对棉、麻、丝、毛等纤维都适用。

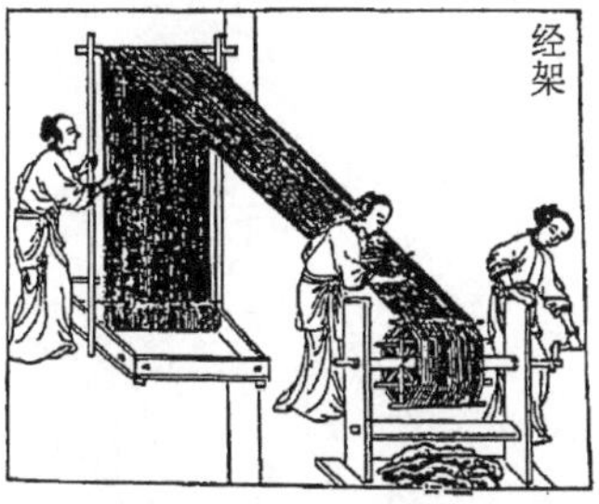

图 6-104　明《农政全书》中的经架图

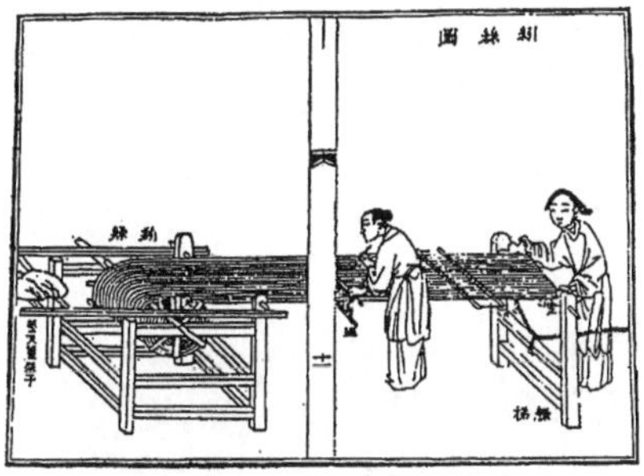

图 6-105　《豳风广义》中的纼丝图

古代浆经的方法有三种：一是整经过程中用筘沾上浆料浆糊。如《天工开物·乃服·经具》所云：“极筘之后，以的杠与印架相望，登开五、七丈。或过糊者，就此过糊，或不过糊者，就此卷于的杠，穿综就织。”二是将经纱展成片状，用刷子沾上浆料浆糊。刷子元代称为纑刷，王祯在《农书·农器图谱》中对其型制和用法作了介绍：“束草根为之，通柄长可尺许，围可尺余。其纑缕杼轴即毕，架以叉木，下用重物掣之。纑缕已均，布者以手执此，就加浆糊，顺下刷之，即增光泽，可授机织。”三是将经纱扭绞后放在浆糊中浸煮。此法王祯《农书·农器图谱》亦有记载：“其法自拨车轩床，棉纴既成，用浆糊煮过，仍以木杖两端掣之，日晒，不时手搓，乾湿得所，络于籰上。而后经纬制度一仿紬类，，织任机杼并于布同。”刷子上浆和扭绞上浆的优劣，徐光启在《农政全书》卷35中作过评论：“南中用糊有二法：其一，先将棉缍作绞，糊盆度过，复于拨车转轮作缍；次用经车萦回成纴。吴语谓之浆纱。其二，先将棉缍入经车成纴，次入糊盆度过，竹木作架，两端用繂急维，竹帚痛刷，俟乾上机。吴语谓之刷纱。南布之佳者，皆刷纱也。”

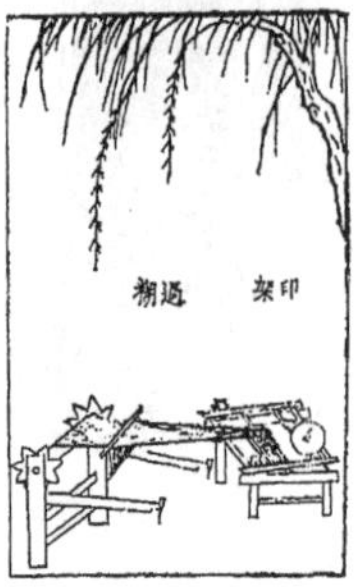

图 6-106　《天工开物》印架过糊图

图 6-107　王祯《农书》中的纑刷

未上染的纱，浆料多用麦粉或粳粉，上染后的纱，浆料多用牛胶水，《天工开物·乃服·过糊》载：“凡糊用面筋内小粉为质。纱罗所必用，绫绸或用或不用。其染纱不存素质者，用牛胶水为之，名曰清胶纱”。调浆时需注意“不可过熟，熟则令纱色黑；不可太生，生则令纱不紧”。

第七章　染整技术

中国古代染整技术所包含的内容，从工艺流程的安排看，与现代基本相同，大致分为纤维及纤维束、匹帛的前处理；中期的染色和印花工艺；后整理工序三个部分。在1856年合成染料问世以前，中国的印染技术一直处于世界领先水平。它的标志是：创造了世界上独一无二的丝帛的练漂技术；染料植物品种的广泛利用和富于特色的植物染；染料加工提取技术先进，染色和印花技术丰富多样；丰富多彩的著名的传统印染工艺产品，色谱的丰富和广阔；符合色彩科学原理的原色论。

第一节　前处理技术

前处理工艺的目的是除去天然纤维含有的胶质、色素等共生物，使其变得柔软、光滑并有一定的弹性、抗拉伸强度等，改善纤维性质，使之适宜纺织和染色。这道工序在古代统称“练”，从工艺性质分，包括练和漂。练指碱剂处理，漂指清水漂洗。练字最早作“湅”，《考工记·㡛氏》：“以楝为灰。”《本草纲目·木部》：“苦楝，金铃子，楝叶可以练物，故谓之练。”“练”字从楝，练字从楝字演化而来，本义即指以楝木灰对织物进行碱剂处理，秦以后的意义逐渐广泛，可指白色的匹帛，亦可指事物反复进行等。从加工对象分，先秦文献中的“练”应专指丝、帛的碱剂精练脱胶。而丝的水煮脱胶称“缫”。葛纤维的水煮脱胶称“濩”，麻的碱剂脱胶称“沤”，清水漂洗织物统称“漂”。

中国古代纺织物的前处理起源于新石器时代中晚期。1958年浙江钱山漾新石器遗址出土了距今4700年的丝绢、丝带和苎麻布①。这是目前发现的最早的练漂织物，其中丝绢的发现意义重大。不仅因为它是目前发现的世界上最早的丝织物成品，更因为这块丝绢的精细程度已很高，它是当时我国丝绸技术水平的综合反映，其中纤维的前处理工艺也达到较高的水平。在显微镜下观察，绢片所用的经纬丝，纤维表面丝胶剥落，光滑均匀，丝腔内部膨化，从丝素的横截面看，三角形已经分离。同遗址出土两把草茎扎制的小帚，柄部用麻绳捆绑，据分析应该是缫丝用的索绪帚。上海纺织科学院的分析认为，索绪帚的出现确凿地说明，新石器晚期，我国已经采用热水缫丝脱胶。但缫煮一般只能脱去丝纤维表面的胶质，上述分析报告中提到，可以观察到纤维内部膨化、丝腔圆润的现象，虽然没有确切的考古分析成果表明该丝绢是经过练漂的，但就一般经验而言，只有经碱剂练漂才会使丝腔内部产生这样的变化。同遗址出土的苎麻布经显微镜观察也是经脱胶处理的。目前发现最早的葛布是江苏草鞋山新石器晚期遗址出土的。葛的含胶量大，纤维很短，煮濩水温和时间的掌握需要丰富的经验。

在史前文明阶段，一种工艺从起源到成熟需要相当长的过程，则中国纺织物前处理最晚应起源于新石器时代中期。至新石器时代晚期，丝、麻、葛的练漂都已经能满足原始纺织和服用性能的需要。有关的上古时期文献中，可以找到相关的记载。据《韩非子·五蠹》，尧的服装是

① 浙江省文物管理委员会等，钱山漾第一、二次发掘报告，考古学报，1960(2)。

"冬日麑裘,夏日葛衣"。

一　丝、帛的练漂

中国古代的练漂工艺史上,丝、帛的练漂是伟大的发明。

蚕本是桑树的害虫,蚕茧是蚕蛹蜕化后的茧衣,主要成分是丝素和丝胶,丝素的表面和丝腔内部充满厚厚的丝胶。聪明的先民变害为利,经热水缫煮和碱剂精练这两道工序,将丝胶除去,使其成为优良的纺织原料。

热水缫煮后得到的仍然是生丝,生丝具有一定的纺织染色性能,但仍较生涩,必须经碱剂处理和清洗,才能较彻底地除去丝胶,使之具有良好的织染性能。这项工艺《考工记》称"水湅",现代染整学称练漂。没有高超的练漂工艺,就没有优良的丝帛问世,更没有两千年来在世界文明史的交流中起到重要推动作用的丝绸及丝绸之路的出现。缫丝及练漂技术的发明,不仅为世界贡献了一个优良的服饰原料,更为世界贡献了一个伟大的文明。

先秦文献《考工记》中有关于丝、帛的碱剂精练工艺较丰富而完整的记载。

关于练丝,《考工记·巾荒氏》载:

湅丝。以涚水沤其丝,七日。去地尺暴(音瀑,下同)之。昼暴诸日,夜宿诸井。七日七夜,是谓水湅。

"巾荒氏湅丝"的文献解释如下:

"涚水。"文献中未提及练丝使用何种碱剂,因此,关于"涚水"的性质,东汉以来便有不同解释。《周礼注疏·考工记·巾荒氏》条,唐贾公彦疏:"故书涚作湄。郑司农(东汉郑众)云,涚水温水也。玄(东汉郑玄)谓涚水以灰所泲水也。"还有后世学者认为,"涚水"是"和了灰汁的温水"。显然,郑众的说法是缺乏实践根据的纸上猜度。因为丝胶在温水中并不能得到充分的溶解,达不到较充分脱胶的要求。只有在碱性条件下,才能充分脱胶。因此,"涚水"不能解为温水。同样,也不能解为"和了灰汁的温水"。碱剂在热水、温水和冷水中的溶解度差别很小,经加温的碱性溶液并没有明显的促进丝胶溶解的作用。故而,"涚水"应解为郑玄所注的"以灰所泲水也"。脱胶必须在碱性条件下进行;其次,与丝帛的脱胶不同,丝束的脱胶没有强调其场所或容器的密闭性,保持水温的方法更没有提及,历代文献及传统的练漂工艺中,亦未见碱剂溶液加温精练的记载。

"沤其丝。"沤指长时间沤泡无异,但沤丝的场所在哪里?上述文献中未提及。值得注意的是,练帛的文字中没有提到"沤"字,而在《诗经》中几次提及"沤"字都是指露天场所。《郑风》:"东门之池,可以沤麻。""东门之池,可以沤苎。"沤麻和沤苎均在露天场所"池",因此,"沤其丝"似乎亦应指在露天条件下的碱性溶液沤泡。

以上工艺过程历时七日。

"去地尺暴之。"将丝束置于距地面一尺处接受日光照射。这里强调"去地一尺"这一工艺细节,并不是因为"地面风速小,日光暴晒时,蚕丝在较长时间里保持湿润状态,而加快光化分解作用"。去地一尺和去地一丈的风速差距对蚕丝中胶质、色素等的光化分解程度的影响是可以忽略不计的。强调"去地一尺"是因为:如果在高处挂晒丝束,丝束在重力作用下,含有杂质及丝胶的水分会沿着丝纤维向下慢慢滴落,杂质等容易聚集在丝束下方,造成生熟不均而产生练漂质量的差异。根据重力学原理,悬挂越高,其势能越大,聚集速度和质量也越大,杂质等也会越多。古代工匠肯定是在长期的实践中发现了这一现象并总结出解决的办法,即减低高度,使涚水较均匀地蒸发和滴落。因此,这一看似简单的工艺环节包含着科学性。在先秦工艺条件下,不如此便不能保证练漂质量,因此,这里明确强调"去地尺"而晒丝。

"昼暴诸日,夜宿诸井。七日七夜,是谓水练。"白天将丝束置于日光下晾晒,夜晚将丝束静置井水中漂洗,如此昼暴夜宿交替进行七日,"水练"即告完成。

这一工艺过程又七日。

碱剂在练丝过程中所起的作用是:

碱性溶液长时间沤泡是为了溶解丝腔内部的丝胶。蚕丝经缫煮后,其表面大部丝胶已经脱去,但丝腔内的丝胶尚未溶解,是为生丝。生丝已经可以用于纺织较粗厚的织物,但较生涩,纺织染色性能都不太好。要织作精细优良的丝绸,必须经碱剂精练,将丝腔内部的胶质除去,丝腔膨化,从而使得纤维外观圆润,手感滑爽,并产生珠玉样丝光和良好的悬垂感。因此,碱剂精练的质量是决定蚕丝纤维质量的关键。

"昼曝夜宿"的工艺原理,一是利用日光中所含紫外线照射,使得丝纤维中含有的丝胶溶融,色素降解,起到脱胶、漂白作用;二是利用昼夜温差和日光、水洗的反复交替产生的热胀冷缩,使丝纤维中残留的色素、丝胶析出并洗掉。

关于练帛,《考工记·㡛氏》载:"练帛。以栏为灰,渥淳其帛,实诸泽器,淫之以蜃。清其灰而盝之,而挥之,而沃之,而盝之,而涂之,而宿之,明日沃而盝之。昼暴诸日,夜宿诸井。七日七夜,是谓水湅。"

"㡛氏练帛"的文献解释如下:

这里的帛是指以生丝织制的匹帛。蚕丝经缫煮后,尽管较生涩,但具有一定的纺织性能,可纺织较粗厚的织物。中国古代的帛,既可解为成匹的丝绸,亦可解为生丝织物。《天工开物·彰施·熟练》:"凡帛织就犹是生丝,煮练方熟"。

"练帛,以楝为灰。"楝灰是见于记载最早使用的草木灰碱剂。《周礼·地官》中记,设有"掌炭"这一职官"掌灰物、炭物之征令,以时入之"。郑玄注:"灰炭皆山泽之农所出也,灰给涚练。"征入灰和炭的目的就是为供给"涚练"之需。

"渥淳其帛"。将整匹丝帛以楝灰水浸泡。

"实诸泽器,淫之以蜃"。将丝帛放置于光滑的容器内,用蚌壳灰溶液充分浸泡。

"清其灰而盝之,而挥之,而沃之,而盝之,而涂之,而宿之,明日沃而盝之。"清除沉淀物,过滤灰水,晾干匹帛,再浸泡、再沉淀、再涂蜃灰后放置、第二日再濡湿并沉淀。经以上工序后,杂质和胶质基本脱净。而后,"昼暴诸日,夜宿诸井。七日七夜,是谓水湅",仍用昼暴夜宿法进行清洗。经七日七夜清洗,练帛即告完成。

这段文字较简略,关于它的解释一直不甚确切,存在诸多疑义。比如,同时使用楝木灰和蜃灰两种碱剂的道理何在?其工艺和化学原理究竟如何?要弄清楚这个问题,首先应考虑到匹帛的性质。帛在中国古代是丝织物的总称,这里所说的帛应是指生丝织制的织物。

练帛这一段文字中提到的碱剂有两种:楝灰和蜃灰。楝灰是楝树叶烧制成的草木灰,化学成分为碳酸钾(K_2CO_3),蜃是蛤蚌,这里指蛤蚌壳及其烧制的灰,化学成分为碳酸钙($CaCO_3$),是天然石灰石,经煅烧后为氧化钙(CaO),氧化钙遇水即碎裂,释放出大量热能,变成氢氧化钙沉淀($Ca(OH)_2$)。氧化钙呈强碱性。练帛工艺所以这样安排,它的道理可能在于:若直接以强碱性的氧化钙浸泡匹帛,由于丝帛表面含胶不均,会造成匹帛各部位的生熟不一,同时,也会造成匹帛表面"练焦"而丝腔内部未练熟的现象。因此,先以较温和的碱剂处理匹帛表面,将蚕丝纤维外面包裹的丝胶溶解,使得氧化钙能均匀地渗透到丝腔内部,丝腔内部的丝胶充分溶解,丝腔才能膨化、圆润,产生蚕丝特有的珠玉样丝光色泽、悬垂感、柔软滑爽的手感等。匹帛的碱练强调必须"实诸泽器",即放置在光滑的容器内,是为了防止织物在碱练的过程中刮伤。

㡛氏练丝的文字非常明确地将练丝和练帛分为两个不同的工艺,从流程的安排、工艺内容和所使用的碱剂、工艺方法等都有很明显的区别。这是根据其不同的用途而安排的。

练丝所用的碱剂是比较温和的草木灰水,灰练和水练的时间都是七日,整个工艺过程所需时间长,它采用的是缓慢温和均匀的脱胶方法。使用井水清洗是因为井水的水质较稳定,所含矿物质成分相对固定,同时井水有利于微生物活动,而微生物的活动有利于丝胶、色素等杂质的分解。作为丝绸原料的丝束对色泽的白度和纤维的纯净度要求较高,只有这样,才能具有优良的纺织和染色性能。而以上工艺的安排可以较好地达到这个目标。练丝工艺使用的时间是两个七日,即"以涚水沤其丝",灰练七日,而后"昼暴夜宿",水洗七日;而练帛则不同,灰练的时间是两日,然后"昼暴夜宿",水洗七日。

据现代学者的研究,陕西省岐山县贺家墓地西周墓出土的丝织物是经过精练的①。缫丝是除去丝胶的第一步,缫丝后得到的单根丝纤是由几个蚕茧抽出的丝绪依靠丝胶抱和而成的,在显微镜下,一般呈团状胶结状态,而经过精练的丝纤则呈均匀分布,团状结构不明显。从山西周墓出土丝织品的截面照片可以看出,同一丝纤内的丝绪分布相当均匀,可以推定其精练工艺水平是相当成熟的。日本学者布目顺郎对我国战国时代楚国丝织品的研究发现,不同用途的丝织品精练深度是不同的②。如帽带、竹器上的带子、剑柄上的编结带等是未经精练的,这显然是为了保持其强度而不脱胶。而楚国帛书、头巾、包裹绸等是经过精练的。从《考工记·㡛氏》关于练漂的记载已经知道,周代已经根据不同用途和质量要求而制定不同的练漂工艺,战国时,控制练漂深度和精度已经达到比较精确的程度。

二　麻、葛的练漂

麻是韧皮纤维,含较多胶质,比较坚韧,除去麻胶后可变得松散柔软。《诗经·陈风》:"东门之池,可以沤苎","东门之池,可以沤麻","东门之池,可以沤菅"。从这段记载可以知道:

春秋时,麻类纤维的脱胶是采取较长时间沤泡方法。这种脱胶方法可能是受到麻类植物野生状态的启发而逐步形成的。野生麻在生长成熟后,如倒伏在水中,水中的微生物以胶质为养分而迅速滋生,促使胶质分解,同时由于经日晒雨淋,水温也会有所升高,亦有助于胶质融溶和析出。胶质分解后,麻的韧皮呈松散状态,并变得柔软,很容易剥取和劈绩而取得纤维。

沤泡的场所是在露天条件下的"池"。这里的"池"可能是天然的低洼蓄水,如"东门之池",也可能是人工挖掘的池,《王桢农书·农器图谱集之二十·麻苎门》:"沤池。沤,浸渍也;池,犹泓也。凡艺麻之乡,如无水处,则当掘地成池,或甃以砖石,蓄水于内,用作沤所。"

不同地域、不同种类的麻脱胶工艺有所不同。"麻"和"苎"的脱胶是分别进行的,说明它们

① 陈维稷主编,中国纺织科学技术史(古代部分),科学出版社,1984年,第73页。

② 〔日本〕布目顺郎著,养蚕的起源与古代绢,雄山阁版,1979年,第220~224页。

的脱胶工艺是有区别的。

《王桢农书·农器图谱集之二十·麻苎门》载有苎麻脱胶的方法："……以此知苎亦可沤。问之南方造苎者，谓苎性本难软，与沤麻不同，必先绩苎，已纺成纑，乃用干石灰拌和累日。夏天三日，冬天五日，春秋约中。既毕，抖去，别用石灰煮熟。待冷。于清水中濯净，然后用芦廉平铺水面，摊纑于上，半浸半晒。遇夜收起，沥干。次日如前，候纑极白，放可起布。此治苎池沤之法，须假水浴日晒而成，北人未之省也。"这段文献补充了先秦文献中关于沤麻具体工艺细节的不详，它是元以前南方的苎麻脱胶工艺。《天工开物·彰施·夏服》记："苎质本淡黄，漂工化成至白色。"工艺方法："凡苎皮剥取后，喜日燥干，见水即烂。破析时则以水浸之，然只耐二十刻，久而不析则亦烂。"苎麻皮剥取后，在日光下晒干。破析麻缕时以水沤泡，时间是二十刻，否则沤烂。脱胶："先用稻灰。石灰水煮过。"洗麻："入长流水再漂、再晒，以成至白。"麻纤维经沤泡脱胶后，劈绩成麻缕，然后经清水漂洗。漂麻一般在流动水中进行。《孟子》记洗麻："江汉以濯之，秋阳以曝之，皓皓乎不可尚已！"因为麻缕较长，含胶质等杂物较多，且麻缕较硬，只有在流动水中清洗才能洗干净并显得洁白。著名的汉韩信与漂母的故事就是在河边发生的。

《齐民要术·种麻第八》载有大麻脱胶的方法："沤欲清水，生熟合宜。浊水则麻黑，水少则麻脆。生则难剥，大烂则不韧。暖泉不冰冻，冬日沤者，最为柔韧也。"从这段文献可以看出，后魏时对沤麻的水质、水量、沤麻的生熟度和沤麻质量的关系已经认识得很清楚，同时更发明了冬日暖泉水沤麻的先进工艺方法，它打破了沤麻生产的季节和场所限制，又提高了沤麻的质量。《齐民要术》还记有，"夏至后二十日沤枲，枲和如丝。"

葛是短纤维，长度一般为 10 厘米，因此它的脱胶，采用煮濩的方法。煮濩的关键是时间和水温的掌握，"煮老"会造成纤维过于分散，不利绩接，煮濩不够，不能完全脱胶，纤维坚硬生涩，不利纺织。我国很早就发明以热水煮葛的工艺。《诗经·周南》："葛之覃兮，施于中谷，是刈是濩，为絺为绤。"濩字作煮解，《毛传》："濩，煮之也。"孔颖达疏："于是刈取之，于是濩煮之，煮治已迄，乃辑绩之，为絺为绤。"割取的葛藤，以热水煮濩，脱胶后绩接，即可用于纺织。葛布具有滑爽、清凉离体的特点，夏季穿着很舒适。春秋时越国灭于吴，越王勾践卧薪尝胆，知吴王夫差好服清凉离体之葛衣，为取悦之，命三千国人入山采葛，织上好细葛布进贡吴王而得到其欢心①。

第二节 染色技术

中国古代为织物施色的着色剂分为两大类，即植物染料和矿物颜料。古代所谓的染料是指能溶于水并能上染纤维的色素，而颜料是指不溶于水的色素，它不能直接上染纤维，必须借助于其他手段固着。以植物染料施染的工艺称"草染"，以矿物颜料施染的工艺称"石染"。中国古代染色工艺的特点是以植物染为主，这首先与中国传统农业的发达有直接的因果关系。中国古代绝大多数农业文明产生于内陆地区，在这样的国土环境下，中国人的生产和生活资料绝大多数取之于土地，因此中国人利用有限的土地资源的能力也发挥到了极致。所谓"一夫不耕，或受之饥，一妇不织，或受之寒"。衣和食的基本满足都来自土地，而与"衣"密切相关的染色原料也就必然地基本来自土地。其次，中国国土的广阔和生物的多样性，为植物染的发展提

① 见《越绝书·吴王阖闾传》。

供了物质条件。如,中国古代常用的几十种植物染料中,不仅有植物的叶、根、茎,而且有果和花。根据不同的染料特性而创造的染色工艺更是丰富多彩,如有直接染、媒染、还原染、防染、拔染、套色染、拼染等。染料品种和工艺方法的多样性使得到的色谱十分广阔,在色彩运用和表现上可以说达到了随心所欲的程度,为织物的美化提供了有力的技术保证。

一　彰施的起源

中国古代称织物施色的工艺为"彰施",语见《尚书·益稷》:"予欲仰观古人之象,日月星辰山龙华虫作会,宗彝藻火粉米黻黼絺绣,以五彩彰施于五色,作服,汝明。"

这里明确地提到:彰施的目的是"作服",而彰施的手段有"作会"和"絺绣",并以五彩施五色。

关于这段文献的解释:作会是手工画会,即将纹样画在织物上,而在这段话里的意思是将作为帝王衮服上衣特定纹样的日、月、星辰、山、龙、华虫(雉)六种图手绘于其上;绣即刺绣,意为将宗彝(礼器)、藻、火、粉米、黻、黼六种图案刺绣于下裳。《周礼·冬官》郑注:"衣在上阳,故画之,裳在下阴,故刺之。"这些画绘的纹样以多种色素染出多种色彩修饰衮服。这里五彩和五色均应为虚指,实际应不限于五种。五彩指施染用的色素,五色指染出的色彩。色彩和纹样的使用是中国古代服饰制度的重要内容,而"十二文章"作为帝王衮服的特定纹样,根据这段话,形成时间应不晚于夏。

上引这段文献的内容是上古时帝舜教导他的臣子所说,帝舜规定了他在举行观天之礼时所穿的礼服的规格。它包括上衣、下裳分别应使用什么样的色彩和纹样以及施色手段。这是中国古代最早的关于服饰制度的记载,它的含义非常丰富。从中我们可以知道:

夏代时,我国就已经产生了服饰制度,服饰制度的思想核心是等级观念,因此,服饰制度的产生是原始氏族社会向阶级社会过渡的标志之一。帝舜到夏启的年代是原始氏族社会的末期到奴隶社会过渡的阶段,以服饰的形式、纹样内容、甚至色彩的不同区别尊卑贵贱,是等级观念的物化和强调,因此,服饰制度的起源可以作为阶级社会起源的标志之一。

确立于夏的中国古代服饰制度是宗法制度的重要内容之一,历代都有发展并不断赋予新的内容,但其延续了4000年的本质内容,仍然是为宗法加以严格规定的"礼"的形式。

另外,根据上引文献还可以知道:

三代时,"彰施"一词已经出现,并专指用一定的工艺手段为织物施色和美化的工艺,它的内容除染色外,还包含练漂、染羽、画和缋。但后代沿用这一词汇时一般专指染色工艺。宋应星《天工开物·彰施》:"世间丝、麻、裘、褐皆具素质,而使殊颜异色得以尚焉。"意思是,丝、麻、毛布等本来的颜色全是素色,而"彰施"的目的就是使它们获得各种各样的色彩。

二　先秦文献中两个有争议问题的解释

关于"纁"的解释:

《周礼·天官·染人》:"春暴练,夏纁玄,秋染夏,冬献功。掌凡染事。"这段文献的解释,历来歧义较多的是染纁。据唐贾公彦疏,"玄纁者天地之色,以为祭服。石染当及盛暑,热润始湛研之,三月而后可用。染玄则史传缺矣。"贾氏的这段解释,笔者认为只对了一半,即关于玄纁为天地之色,故应先染。而染纁的方法,唐贾公彦将纁色解释为火色与黄色之间的颜色,并认为是用"以朱湛丹秫"的工艺染的,将朱解释为朱砂,丹秫解为黏性谷物。后世的学者亦有持相同看法的。笔者认为,以上看法是错的,错在这些学者只是从文字的角度解释,而没有从工艺的角度、从染色原理探讨这种染色方法的可能性。首先,关于纁色究竟为何种色彩?其次,"以朱湛丹秫"能否染出这种色彩?关于纁色,《尔雅·释器》说得很清楚:"一染谓之縓,再染谓之赪,三染谓之纁。"这里需要注意的是一染、再染和三染,它不仅表示浸染的次数,更表明了它是植物染的媒染工艺。何也?其一:如果是朱砂石染,不需要多次浸染。众所周知,朱砂是无机颜料硫化汞,它的化学性质非常稳定,古人勒石立碑,之所以要书丹,就是因为它的色光鲜艳、持久而稳定,可历千年而不坏。以朱砂石染,织物的色谱绝不会因浸染次数的增加而发生明显变化,以至于每一染一入而变化为另外的色谱。能使织物的色谱产生这样明显变化的,在暖色系列色谱中,只有植物染能够达到,而且,根据笔者的实验,也只有茜素染料染色能够达到。还应该注意的一个重要因素是,秦以前,能够被广泛使用的红色植物染料只有茜素,这一点在后面讨论茜素染色时将会详细论及。因此,纁色是茜素染色所能达到的最深红色系列色谱绛色,古人认为纁绛一色的解释是正确的。其二,绝大多数矿物颜料与织物是没有亲和力的,不可能上染纤维,而只能以物理方法附着于纤维表面,即使将矿物颜料浸渍在植物染料中的时间再长,其产生的化学反应也是微乎其微而可以忽略不计的,更不可能产生新的色谱;其三,如将丹秫解释为充当黏和剂的黏性谷物,"炊炽三个月"的作用和可能性是什么?显然十分牵强。关于染纁和"钟氏染羽"的原理,将在后面的文字中加以详细论述。

关于"设色之工五"的解释:

《考工记》所记的设色之工五即"画、缋、钟、筐、㡛"。从工艺性质看,实际上是五种美化服装衣饰的手段,而不是整个染色及整理工艺流程的描述。

关于画氏和缋氏。画、缋两种工艺性质相近,因此注家谓"画缋相需"。画应不难理解,为在服饰上以笔描绘图案,所谓"衣绘而裳绣"之绘,即《周礼·冬官》郑注云:"衣在上阳故画之,裳在下阴故刺之。"但对于缋,历来注家众说纷纭,多数解为刺绣,似不准确。刺绣古已有专称,为绨绣、刺绣等。据马王堆汉墓出土"遣策",衣袍的领、袖缘部以及香囊、镜套的底部,都名为"缋周缘"。有的研究者认为缋就是出土纺织品中的绒圈锦,理由是绒圈锦的色彩是红色,而古文献中有"缋似纂色赤"的话。这样的解释似乎不够全面。《苍颉篇》:"缋似纂色赤。"《说文》:"缋纂似组而赤,盖以此为席缘也。"《急就篇》颜师古注:"缋,亦绦组之属也,似纂而色赤。"以上古代文献中对于"缋"的解释有两点是相同的,一是认为它是赤色,二是认为它是纂组类织物,还有的认为它是装饰织物边缘的。与马王堆出土遣策所记相同的是色赤和作为衣物边缘的修饰这两点。但马王堆出土的"缋周缘"却是织造的,而且工艺十分复杂和精美,而文献记载却解为编织品。它究竟是编织物还是纺织物,亦或是这两者的总称,似尚无法定论。可以肯定的是,"缋"是修饰衣物边缘的赤色织物。马王堆出土的绒圈锦是单色即赤色的织物,从着色的均匀程度看,可能是先织后染的(图7-1)。

图 7-1　马王堆绒圈锦

因此,“缋”是与染赤有关的、并专用于装饰衣物边缘的一个特殊而重要的美化织物的手段,因此作为“设色之工五”的内容之一。

关于钟氏。“设色之工五”的解释,历来争论最多便是这个“钟氏染羽”条。此条的文字为“钟氏染羽以朱湛丹秫三月而炽之淳而渍之三入为纁五入为緅七入为缁”。首先,应该怎样断句。笔者见到的所有材料对这段文字的断句如下:“钟氏染羽,以朱湛丹秫,三月而炽之,淳而渍之”。而笔者认为应该这样断句:“钟氏染羽。以朱湛(沉音,见《说文》:没也。)丹秫,三月。而炽之,淳而渍之。三入为纁,五入为緅,七入为缁”。从句式结构看,与“㡛氏练丝”条的“以涚水沤其丝,七日”是一样的。而不能断为“以朱湛丹秫三月”。唐贾公彦疏此条:“石染当及盛暑,热润始湛研之,三月而后可用”,也认为,并不是将染料“炊炽三月”,而是“三月后”才用于染色。钟氏,赵承泽先生认为,钟者,重也,多次浸染也,因而必为植物染料所染,而朱砂涂染是做不到这一点的。钟氏的命名与㡛氏一样,在古代往往是以工艺名而代工匠名的。对这段文献的理解的关键是朱和丹秫究竟是什么?以往的学者诸说纷纭。比较集中的,一家是郑玄说,认为朱是朱砂,丹秫是赤粟,因而这是以石染法染羽,贾公彦亦同此说;一家是采许慎解朱为赤心木的闻一多说,认为朱是含色素的柘木;还有现代某些学者的朱砂加黏性谷物炊炽三月之久而成的糊状颜料染羽说。笔者以为这些说法都不甚确。郑说及贾说的漏洞在于,首先,秦以前,朱并不特指朱砂,朱砂在秦以前有丹、丹砂、辰砂等名,而未出现朱砂一名,将朱仅解为朱砂是不对的,因此石染说也不是惟一的;其次,认为其染色是将丹秫与朱砂一起炊炽三个月,然后上染鸟羽。这样的解释实在太牵强了。将丹砂熬制三个月并不能有助于其“变成更细小的颗粒”,丹砂类矿物颜料若要得到更细小的颗粒必须依靠研磨方法;更何况丹砂是天然的硫化汞,在加温情况下毋需长期熬制即会升炼为单质汞,即水银而失去其色彩;在盛夏时节连续三个月“炊炽”熬制“黏性谷物丹粟”是不可能的,糊料一经熬制会很快水解,且不论即使放置时间再长,也无助于朱砂的颗粒与黏合剂的充分混合;再者,这一条所记是“染羽”,这也是应该充分注意到的。羽毛是动物纤维,去除油脂后显得松软飘逸。如果按照郑说,以黏性谷物作为糊料为羽毛涂染朱砂,羽毛不是布帛,它本身的分量很轻,羽毛纤维被加了黏合剂的矿物颜料粘住,则必定硬挺、沉重而滞涩,又怎么可能保持羽毛特有的轻柔的美感呢?显然这样的解释是缺乏起码实践经验的纸上猜度。另外,动物羽毛以植物染料上染的染色性能颇佳,《考工记》成书年代,我国植物染已经相对发达,似无必要以朱砂加黏合剂这样麻烦而效果又差的方法涂染,更何况还要“炊炽三月”。闻说的解朱为赤心木,虽可作为一家说,但未对后面的“炊炽”等文字给出解释,同时未能考虑到,柘木色素的来源是相对稀少的,无法满足秦以前大规模染赤的需要。赵匡华先生认为丹粟即朱砂,但其染色原理如何?此外,更值得重视的是“钟氏”条后的“三入、五入、七入”字样,它实际上是“钟氏”条的重要内容。

因此,关于“钟氏染羽”,笔者认为应该这样理解:朱者,朱草,取赵匡华说。为红色的植物染料,如联系下文的三入、五入、七入文字看,则只有媒染染料能达到这样的工艺要求,即一染一入即可得到一种完全不同的色谱,而秦以前最常用的红色媒染染料是茜草。苏方虽然可染出鲜艳的红色,但根据笔者所作的模拟染色实验,在相同工艺条件下多次浸染的色泽差别不大,不会出现色名完全不同的差别明显的色谱。但丹秫如何解?赵匡华先生引《山海经》中十处有关“丹粟”的记载[①] 及东晋郭璞注“细丹砂如粟也”句,认为钟氏句中的“丹秫”即丹粟、丹

① 袁珂,山海经校注,上海古籍出版社,1985年,第9页。

砂,化学成分硫化汞。但“以朱湛丹秫”的道理何在?湛音沉,作没解,淹没、浸泡之意。笔者认为这段话应当理解为:以植物染料茜草的浸泡液加入硫化汞,研磨三个月。唐贾公彦疏钟氏条,认为研磨丹砂当及盛暑,“热润始湛研之”的解释是符合生产实际的,虽然关于先秦时期丹砂加工工艺的记载很少,但中国人用丹的历史,无论是考古发掘还是文献记载,都确凿地证明至少在3000年以上①。丹砂是坚硬的矿物颜料,要得到细微颗粒,需要长时间研磨,这里的“三月”实际上是指研磨丹砂所用的时间。至于为什么要在盛暑时节研磨丹砂,与加工目的和加工工艺有关。湛水研磨丹砂的目的并不是为了“以细小颗粒与糊料充分混合上染羽毛”,它在工艺原理上的不可能性已如前文所述,而是为了得到茜草染色所需的作为媒染剂的硫酸根。盛暑时,加水(朱草的浸泡液)慢慢研磨的过程中,丹砂即硫化汞分解,其中的汞元素在一定温度条件下挥发,而硫元素与水产生氧化反应形成硫酸根,之所以需时三个月,正反映了先秦时丹砂加工工艺的原始形态。三月后,炊炽之,加热,因为茜素需在热水中抽提。淳,提纯浓缩,渍之,上染。秦以前,中国古代常用的大型器皿一般为铜制容器,官方所用染色器皿亦更应为铜器。硫酸根与铜制容器中的铜生成硫酸铜,成为可发色上染织物的媒染剂。所谓“钟氏”之钟字,应解为大型器皿,在此指代用它从事染色生产的工匠,以从事的工艺性质和所使用的工具指代工匠名称,在秦以前是习见的,《考工记》中这样的称谓很多,无须枚举。三月后,加热,促使茜素析出,提纯浓缩,上染羽毛,并且由于染色配方的不同,可得到浅深不同的色彩。丹砂中含的硫元素与水生成氧化反应而产生硫酸根进而再生成硫酸铜的过程比较慢,但放置不会造成染液的发酵腐败,这是因为丹砂具有防腐作用,而以丹砂为防腐剂在中国古代是应用十分普遍的。

这种媒染工艺实际上反映了三代时期媒染工艺起源阶段的原始状况:从媒染剂的得到、到色素的萃取方法和染色方法,都显得较简陋、较粗糙、较笨拙,但是它其中蕴涵的对工艺原理的探索却是极其可贵的。如媒染剂的得到一开始并不是取之现成并有意加入的,而完全可能是无意之中的发现到有意的发明。任何一种工艺从发明到发展、到成熟,它的过程是相当漫长的,在文明的起源阶段尤其如此。但设若反问,如欲以上述方法得到硫酸根,只以水加入硫化汞并长期静置令其酸化而得到水溶性硫酸根即可,何需加入朱草?这当然是今日具有化学常识者必然产生的疑问。然而,古人在当时的条件下,是不可能具备这种认识的。他们的操作方法只能靠没有理论支持的经验获得,开始时,偶然在上述条件下染得了鲜艳的红色,便一以仍之,将其作为宝贵的经验和重要工艺,并郑重加以记载。因此,“钟氏”条所记,是茜草媒染工艺较原始的状况。染色工艺与其他工艺技术的进步一样,总是慢慢从萌芽走向成熟,从低级走向高级。而后世研究者的工作,就是要从古代文献的简略记述中,竭力探寻它发展的轨迹并给出合理的解释。

但“三入、五入、七入”如何解?三入、五入、七入所得到的色谱,显然是三种不同的色谱。从“钟氏”条行文语气看,显然是使用同一种染料或染液。如上所述,笔者认为染羽是茜素以硫酸根媒染所得,而使用不同种的媒染剂染色与上述含硫酸根的茜草染液的使用岂不矛盾?实际上,它不但不矛盾,恰是早期媒染工艺幼稚形态的反映。“钟氏”条记染羽,却未记所得到的色谱名,即一染是什么颜色?后文只记三入、五入、七入的色名,而这恰是在一入得到的色谱上进一步以其他媒染剂染得的。至于其染色原理,将在后文中加以详细论述,此处不赘。

---

① 青海乐都湾原始社会墓葬第一次发掘的初步收获,文物,1976(1)。

关于筐氏。原文缺。有的现代研究者将筐氏解为印花，但没有提出证据[①]。

关于㡛氏。按照现代染整学的分类，㡛氏是无色系，或称布帛的前处理工艺。它是染整的重要工序，㡛氏练丝的文字，在世界纺织史的研究上也是最早的关于练漂的文字记载。而且它的记述比较具体，从工艺安排、时间、场所、用具、原料、碱剂种类甚至工艺名称，如"是谓水练"等，都具很高的文献价值。将㡛氏列入设色之工，可能是因为古人认识到练漂是染色之前的重要工序。但值得注意的是《周礼·天官》"染人"条中亦将练漂工艺列为其内容，即"春暴练"，并强调染人"掌凡染事"。且"染人"条所列的工艺内容包含了染色工艺的全过程和一年四季中染事的安排，从染色工艺本身的特点看，显然具有更强的"专业性"，而《冬官·考工记·㡛氏》条除"㡛氏"条所载的练漂属于染色的前处理外，其他内容与染色工艺加工对象的主体即纤维或布帛染色均无直接关系。换句话说，《周礼·天官·染人》所记，确乎是按照"礼"的要求和染事生产本身规律而制定的更具科学性的工艺内容和流程安排，而《考工记》所记只是与染事有关的一些美化织物的手段。这也许可以从一个侧面为两者成书的关系提供一些思考的线索。

三 植物染料种类和着色技术

依据染料性质的不同，植物染料可分为还原染料，如靛蓝；媒染染料，如茜草、荩草、紫草、槐米、栀子、五倍子、皂斗等；直接染料，如红花、苏方、郁金、茜黄素等。

(一)还原染料与还原染

蓝草是我国用于染色历史最悠久、用量最大的还原染料之一。我国古代用作染草的蓝，据《天工开物·彰施》："凡蓝五种，皆可为靛。茶蓝……，蓼蓝、马蓝、吴蓝等皆撒子生。近又出蓼蓝小叶者，俗名苋蓝，种更佳。"潘吉星先生认为，中国古代造靛的蓝主要应有蓼蓝、菘蓝(茶蓝)、木蓝(吴蓝)、马蓝和青蓝(大青)[②]。北魏《齐民要术》是记造靛法最早的文献，其中引《夏小正》中"五月启灌蓼蓝"句，是今人研究古代以蓝草染色之起源最早的文献。

图 7-2 蓼蓝

蓝草的枝叶中含有靛素，靛素水洗牢度好，但日晒牢度差，因为靛素中含的吲哚酚具光敏性，在紫外线作用下易分解。我国蓝草的品种有蓼蓝、松蓝、马蓝等，作为染料植物以蓼蓝(图 7-2)最常见。染蓝由于工艺简单、得色浓艳，因而在我国应用最早，地域最广，由此创造出的染色和印花织物品种也最多，仅蓝染和蓝色印花织物就产生了不少品种，其中有些品种更是成为著名的传统工艺名品，成为一种文化的象征，在国际上也享有美誉，如蜡染布。此外，靛蓝染料与其他染料配伍性强，可拼配出许多色谱。

秦以前，对蓝草的栽培和生长规律已经有比较成熟的认识。《礼记·月令》："仲夏月令民毋刈蓝以染。"仲夏月即夏历五月，正是蓝草发棵的季节，这时如果收采，会影响蓝草的生长，这条记载与上述《夏小正》的记载是一致的。北魏《齐民要术·种蓝》详细地记载了栽培蓝草的方法，包括土壤、季节、浸种、治畦、

① 闻人军著，考工记导读。巴蜀书社，1987 年，第 73 页。

② 潘吉星著，天工开物校注及研究，巴蜀书社，1989 年，第 343 页。

浴灌、分棵、作坑、收采、制靛。其中制靛:“刈蓝倒竖于坑中,下水,以木石镇压令没。热时一宿,冷时再宿,滤去荄,内汁于瓮中。率:十石瓮,著石灰一斗五升,急手抨之。一食顷止,澄清,泻去水。别作小坑,贮蓝靛著坑中;候如强粥,还出瓮中盛之,蓝靛成矣。”制靛关键的工序是碱剂还原,靛素($C_{16}H_{10}-N_2O_3$)在碱剂的作用下还原为隐色性靛白,靛白在空气中氧化后显色为靛蓝色。中国古代使用的靛素还原剂主要是石灰,也有以草木灰汁、酒、牛溲等为还原剂者。新鲜的蓝叶则多以自然发酵方法析出靛素。明《天工开物·彰施·蓝淀(同靛)》:“凡造淀,叶与茎多者入窖,少者入桶与缸。水浸七日其汁自来。每水浆一石下石灰五升,搅冲数十下,淀信即结。水性定时,沉淀于底。近来出产,闽人种山皆茶蓝,其数倍于诸蓝。……其掠出浮沫晒干者曰靛花。凡靛入缸必用稻灰水先和,每日手执竹棍搅动,不可计数。其最佳者曰标缸。”以上文献可以看出,与魏时相比,明代造靛用石灰比例增加,为100:5,而魏是100:1.5。又记淀信固结后,入缸时“必用稻灰水先和”并每日频繁搅动。这是因为魏时制靛是将靛液置坑中,慢慢蒸发水分得到靛块,因反应过程慢,能使还原反应比较充分,但造靛所需时间较长;而明制靛过程加快,为使碱剂与靛素还原反应充分,在入缸前加入稻灰水。这些手段的采用都是为了保证得到质量优良的靛蓝染料并缩短制造周期。我国西南少数民族地区使用靛蓝染料染色工艺很发达,著名的蜡染工艺就是起源于这一地区。由于气候温暖,这里染蓝经常采用鲜叶生染。

秦以前的文献中未见关于造靛的记载,因此,推测这时的染蓝可能是比较原始的生叶染。方法是将新鲜的蓝叶采摘下来后,以水浸沤,捣碎,待靛素析出,过滤染液,加入石灰,将织物入染。如需要得色深重,则将染过的织物取出晾干,再入染液,再晾干。如此反复浸染织物,即可得到所需的色泽。晾干的原理是:将已经上染的染液在空气中氧化,靛素中的吲哚酚与织物分子结合成色晶而固着在纤维内部,以获得良好的染色牢度。这种染色方法在日本古籍《延喜式》中亦有明确记载。该书卷15云:“生蓝卅六围。”日本学者认为,“围”可能是刈取“生蓝”的计量单位。下文中有“乾蓝二斗”字样,可作为对照①。《延喜式》是日本奈良时代的著作,它记载的内容是唐代时中国传入日本的工艺。《天工开物·彰施》记靛蓝生叶染:“玄色。又一法,将蓝芽叶水浸,然后下青矾、倍子同浸。月白、草白二色,俱靛水微染,今法用苋蓝煎水,半生半熟染。”这段文献实际上记了两种染蓝工艺。一是以新鲜蓝草叶的浸出液加青矾和倍子生染玄色即黑色;所谓“半生半熟染”是指,若全以生叶染,则不需煎水,若全以靛块染,则为熟染,今以生苋蓝叶煎水染,故称半生半熟染,而且,靛素是低温性染料,不加碱性还原剂及其他助剂的情况下,煎水微染正是有意使染液析出较少,从而获得较浅的月白、草白二色。这种工艺结合了生染和熟染各自的优点,是明代染蓝的工艺的一个创造,在此前的文献中未见记载。生染即叶染,它的好处是省去造靛的麻烦,但缺点是新鲜染液不易保存,放置时间稍久即易腐败。而熟染虽可不受蓝草采摘季节的影响,但造靛麻烦。“半生半熟染”取新鲜蓝草水浸促使靛素有限度析出,以获得所需色谱,又减少了工艺环节。叶染至今在我国西南地区仍有采用,因西南地区气候温暖,有的地区一年四季都可采摘蓝叶,毋需作靛。《黎平府志》:“蓝靛名蓝草。……九十月间割叶入靛池,水浸三日,蓝色尽出,投入石灰,则满池颜色皆入灰内,以带紫色者为上。”此外还有一种更为古老的染蓝工艺,即生蓝叶揉染,文献记载,印地安人至今仍有采用。方法是将蓝叶摘下后,用手在石头上揉搓蓝叶,后加入石灰一起揉,用这样的染液染棉和麻织物。

靛素染料染色的工艺关键是还原染料的氧化作用及氧化剂的使用。靛块是在碱剂作用下

① 〔日本〕吉冈常雄著,天然染料之研究,光村推古书院,昭和五十三年再版,第58页。

还原为隐色靛白的色素，溶于水，在常温下上染织物，织物在空气中氧化发色为靛蓝色。染蓝使用的碱剂通常为石灰和草木灰、稻草灰等。

蓝色是红、黄、蓝三原色之一，因此靛蓝染料是拼配其他色谱重要的原色之一。汉马王堆出土纺织品 N18 号青罗的染料，经薄层分析法，可以清楚地看到，靛素染料的蓝色色斑及另一种染料的粉红色色斑被分离的状况。此外，对丝织品上藏青、蓝绿、藏青黑三种原样色泽进行剥色后得到的萃取液中，也可以清楚地看到蓝色染料。这说明，以上分析的染料样品全为复色，即几种染料拼染或套染的色谱，而靛蓝则是其中主要的色谱①。《天工开物·彰施》："鹅黄色。黄蘗煎水染，靛水盖上。大红官绿。槐花煎水染，蓝靛盖。豆绿色。黄蘗水染，靛水盖。今用小叶苋蓝煎水盖者，名草豆绿，色甚鲜。天青色。入靛缸浅染，苏木水盖。葡萄青色。入靛缸深染，苏木水深盖。蛋青色。黄蘗水染，然后入靛缸。玄色。靛水染深青，芦木、杨梅皮等分煎水盖。"

靛蓝染色和印花制品很多，最著名的是蜡染。

蜡染又称蜡缬，是中国古代三大染缬工艺，即蜡缬、夹缬和绞缬之一。它起源于何地何时，现在没有确切的文献资料可以参考。目前发现最早的蜡染实物是阿斯塔那发现的北朝时期的蜡染棉布，蓝地白花。唐代蜡染有很大发展，最精美的作品是蜡染屏风，如日本正仓院收藏的"树木象羊蜡染屏风"四幅，是唐时作为国家礼品送给日本的，由日本遣唐使带回。这两幅作品布局大方得体，花纹精细，上、中、下三组纹样结构工整匀称，是唐代蜡染精品。而我国西南地区的蜡染，笔者认为是宋以后发展起来的，但由于我国西南少数民族的聪明智慧及原料来源丰富、工艺方法简单古朴，竟至后来居上，创造出许多文静素雅、风格独具的蜡染作品，以至成为我国蜡染工艺的代表，也成为民族传统染织工艺的重要内容之一。我国西南少数民族，如苗族、瑶族、仡佬族、水族、布依族、土族、壮族等，都有自己民族风格的蜡染。宋周去非《岭外代答》所记"瑶斑布"就是瑶族人民的独创。《黔南识略》："囊服先用蜡绘花于布而染之，既染去蜡而花现。"《贵州通志》引《广顺访册》："境内苗民，妇女衣裙用蜡画布，花彩鲜明。"蜡染作品的种类也不限于服装，而有头巾、床幔、壁挂、被单、床单等，如史籍中记载宋代苗族制作的"点蜡幔"，顾名思义，它是以蜡染方法制作的床上装饰品——床幔。近年来，随着考古新发现成果的不断问世，蜡染作品也不断被发现。如四川巫峡县僰人悬棺葬中的明代蜡染，贵州长顺县交麻干贷崖洞葬中出土素色蜡染衣裙 8 件，质地均为棉布，平织，其中一件棉质夹裙，蓝地白花，裙身花纹为豆点四方连续勾连纹，十分精细，据报告，"制作工艺为夹染法，与宋代周去非《岭外代答》所记是一样的工艺。"实际上，《岭外代答》所记瑶斑布从工艺性质判定，不纯属夹染，而是以夹板灌蜡、为花纹定位的特殊蜡染方法，仍应属蜡染。值得注意的是平坝县下坝棺材洞发现的蜡染作品中的彩色蜡染作品。如其中一件彩色蜡染褶裙实属蜡染佳作。这件裙的裙腰为麻质，平织，裙身棉质，蓝地，显几何形彩色花纹，为深浅不一的黄色，此外，这件作品还采用了晕色刺绣、彩色布拼花、挑花绣及米点纹、流云纹等多种纹样，调动了多种美化手段，是出土蜡染作品中不多见的。至今，贵州某些苗族仍有采用传统的植物染料制作彩色蜡染作品的，如六枝、普定地区，染红色用杨梅汁，黄色用栀子，也用这两种染料施于织物上，再以靛蓝染料套染，变成草绿、赭石等色彩而形成彩色蜡染。

蜡染按其工艺性质来看，属于古老的防染工艺，它是利用蜡的拒水性，在准备染色的织物

---

① 上海纺织科学研究院等，马王堆一号汉墓出土纺织品研究，文物出版社，1973 年。

上，先用蜡画出装饰图案，然后浸入染液，由于蜡的防护作用，染液不能浸入涂蜡的部分，而只能在未涂蜡的地方上染，去除蜡膜后，未经染色的部位就形成地色花纹。蜡在整个染色过程中起到防护作用，因此又称蜡防染色。蜡在常温下呈固体，加温熔化后成为熔融状的液体，遇冷后又凝结为固体。

蜡染的材料、工具和染色方法如下述：

蜡染用织物以棉布居多，另外麻布、丝绸、薄型毛织物等也可以作为蜡染用布。蜡染布的布面一种是需张紧的，用木框固定，一般制作屏风等，一种毋需张紧，平铺在桌面或平台上，保持自然松弛状态。

蜡染用的蜡一般是蜂蜡，也有用木蜡或石蜡。蜂蜡来源广，黏性大，不溶于水，熔点在62～66℃之间，涂在蜡上不易开裂，有很强的防染性能。石蜡的熔点在58～62℃之间，较蜂蜡易开裂，有较好的冰裂纹效果。在实际应用时，一般将蜂蜡和石蜡掺和使用，石蜡比例越大，冰裂效果就越明显。如要得到较明显的冰裂效果，石蜡和蜂蜡的比例为4:6或3:7，如果要减少冰裂纹，则需适当减少石蜡比例。

蜡染用的染料大多是靛蓝。染色一般是在常温下进行，这是因为蜡的熔点较低，高温型染料会破坏蜡膜，但低温型染料色谱不全，能在35℃以下上染且染色性能比较好的只有靛蓝，这也是民间大量使用靛蓝染料的原因。

蜡染点蜡用的蜡刀前端为一片或多片铜片，用其蘸取蜡液。

蜡染点蜡的方法是用蜡刀（或毛笔、毛刷等）蘸取蜡液，像绘画一样在织物表面绘制各种图样。此时掌握上蜡的温度是关键。蜡液温度过高，则其在织物表面流动迅速渗透过快，不能凝结成有一定厚度的蜡膜，防染效果就差。温度过低，蜡液流动缓慢，来不及渗透到织物反面就会过快凝结，在蜡膜和织物表面之间形成空隙，防染作用同样不佳。绘蜡时以蜡液能渗透到织物反面并有一定的封闭作用最为理想。点蜡时，不同的蜡绘工具会产生不同的蜡绘效果。此外，不同的蜡绘方法也产生不同风格的蜡染纹饰，常见的蜡绘方法有描蜡法、刷蜡法、点蜡法、洒蜡法、涂蜡法等。

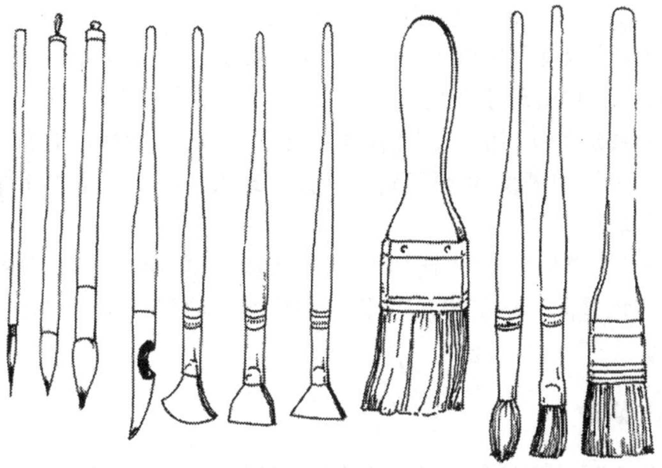

图7-3　蜡染用具（毛笔、毛刷、铜制绘蜡刀等）

蜡染在染色时一般采用多次浸染法，染后脱蜡、洗涤。蜡染一般为单色蓝染，但古代亦偶然有见彩色蜡染,如贵州发现的宋代七彩蜡染裙。它的染色工艺推断大概是:先将需染中色或深色的部位以蜡封住,入染浅色,染好后将浅色部位再封住,染中色,之后将浅、中色部位再封住,入染深色,一般有多少种色彩就需入染多少次,工艺较复杂,对操作质量要求较高。

蜡染织物表面冰裂纹形成原理是:蜡膜在冷却凝结后易开裂形成细微的缝隙,特别是染色时翻动染物,蜡膜也会被无意碰碎,染液会顺裂缝徐徐浸染织物,脱蜡后,本应无色的地部会留下深色纹线,犹如冰裂纹(图 7-4)。这种无意之中产生的效果具有活泼的装饰韵味,从而形成了蜡染艺术的一大特征,甚至被刻意追求并作为蜡染艺术的灵魂。中国古代开始得到的冰裂纹可能是自然冰裂纹,后世人又发展了敲打、折叠、刻画等方法,在需要冰裂纹的部位增加作如此处理,使之更美观。

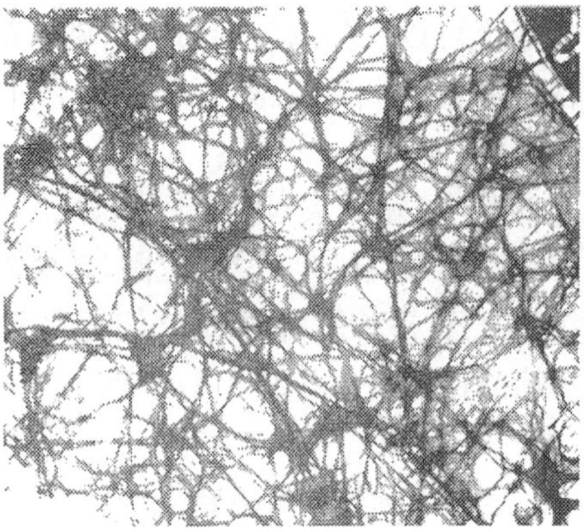

图 7-4　蜡染冰纹

其他靛蓝染色或印花作品有:

毛青布。所谓毛青布实即靛蓝染色布,近代江浙人称毛蓝布者。《天工开物·彰施》:"染毛青布色法。布青初尚芜湖千百年矣。以其浆碾成青光,边方外国皆贵重之。……毛青布出近代,其法取淞江美布染成深青,不复浆碾,用胶水掺豆汁水一过。先蓄好靛,名曰标缸,入内薄染即起,红焰之色隐然。此布一时重用。"它在江浙、芜湖一带已流行千百年。按《天工开物·彰施》所记,则明以前的毛青布染色后再上浆、轧光。明时因淞江棉纺业的发展,织出的"美布"可能胜于芜湖,遂以淞江布制毛青布。其法先以靛染成深青,不用上浆及轧光,吹干后,用胶水掺豆汁水一过,加胶水是增加豆汁水的粘稠度和染液的染色牢度,豆汁水是还原剂。以还原剂处理过的布帛再染。方法:"先蓄好靛,名曰标缸,"入内薄染即起。至于"红焰之色隐然",是因为蓝草中除含靛蓝素外,还含靛红素,二者为同分异构体。隐约而现的靛红色增加了织物的美感,反而成为一种特色。这种毛蓝布一直是江浙、湖州一带民间常用服饰面料。

瑶斑布。瑶斑布虽以镂空板夹布,但从工艺性质看,镂空板起到的作用只是为蜡液在布上定位,而不是将夹板夹住织物直接投入染液中防染。因此仍应属于蜡染。有的观点认为瑶斑布属于夹缬,是不对的。它出现于宋代。宋周去非《岭外代答》:"瑶人以染蓝布为斑,其纹极细。其法以木板二片镂成细花,用以夹布,而熔蜡灌于镂中,而后释板取布投诸蓝中。布既变蓝,则煮布去蜡,故能成极细斑纹,灿烂可观。"又说,"瑶人……妇人上衫下裙,斑烂勃萃,唯其上衣斑纹极细,俗所尚也。"

点蜡幔。宋朱辅《溪蛮丛笑》:"以蜡刻板印布,入靛渍染,名点蜡幔。"所谓以蜡刻板印布,其实与上述瑶斑布应该是同一种工艺方法,即一以木版刻纹置于布上,将蜡灌于花纹中,再入靛渍染。

(二)媒染染料与媒染

媒染染料是指以金属盐为发色剂而染色的植物染料,这一类染料一般均为多色性染料,即以不同的媒染剂或不同的工艺配方染得不同的色彩,且一般又都具有良好的配伍性。媒染染色的工艺方法很多,可概括为先媒、后媒、同浴媒三大类。所谓先媒,是将织物事先用媒染剂处理过，方法是把织物放在加入媒染剂的水中充分浸泡后晾干，中国古代绘画使用的丝绢即常以此法处理，称“矾绢”，矾过的绢在着色时即与绘画颜料中的植物性染料花青等生成媒染染料而显色。所谓后媒是先将织物染色，后入媒染剂发色，这种染色方法也是中国古代染色中常采用的。如《天工开物·彰施》中便记有后媒染色法：“金黄色。芦木煎水染，复用稻稿灰淋，碱水漂。茶褐色。莲子壳煎水染，复用青矾水盖。”所谓同浴媒是指染料和媒染剂在同一染浴中成即时反应，然后上染织物。《天工开物·彰施》中亦记有同浴媒染色法：“用苏木煎水，入明矾、倍子。”这三种媒染方法适用于很多种植物染料的染色工艺。前文中关于“以涅染缁而黑于涅”的文字，笔者认为就是一种先媒工艺。

中国古代使用媒染染料最早的确切记载应为《周礼·地官》中关于“茜以染赤，象斗染黑”的记载，茜者茜草，象斗者橡子壳，均为媒染染料。

中国古代将某些含金属盐的矿物统称“矾”，应用于染色之媒染剂的矾见于秦以前的就有绿矾（或称皂矾，化学成分含结晶水的硫酸亚铁）、明矾（硫酸钾）、石胆（又称胆矾，硫酸铜）等。天然的矾石很少，一般需经焙烧才能得到，《图经本草》：“矾石初生皆石也，采得烧碎煎炼，乃成矾也。”但古代矾与染料名称与功用的认识亦存在混乱，如关于“涅”的记载很早，《山海经·北山经》：“贲闻之山，孟门之山，“其下多黄垩、多涅石”，东汉高诱注认为，涅石是一种黑色的矾石。而实际上，关于涅本身即可染黑的记载似乎更翔实一些。《论语·阳货》：“不曰白乎，涅而不淄”，意思是至白者染之于涅而不黑。三国时魏人何晏解涅为：“涅，可以染皂。”又《淮南子·俶真训》：“今以涅染缁则黑于涅。”从“涅而不缁”的话看，缁是色名，而涅是用以染皂或染缁的条件，如果它是媒染剂比如硫酸亚铁之类，那么它本身是不会发色的，须借助其他染料，但上述文献中却未见提及，唯《周礼·地官》中有“象斗染黑”的记载，而象斗含鞣酸，以铁盐为媒染剂可染得纯黑，是秦以前染黑的主要染料。涅字从水，可能早期使用的涅矾都是从它的水溶液得到的，而富含涅矾的水溶液在自然界中比较丰富。海南及西南等地至今仍有将织物置于水田中再染黑的工艺，可以说是一种预媒工艺。

本丛书《化学卷·染色化学》章较详细地探讨了中国古代矾化学，在此不赘。

古代利用的媒染染料种类很多，用量较大的有：茜草、黄蘖、苏方、紫草等。

茜草　我国应用茜草染色有3000年以上历史，是唐以前主要的红色染料。茜草含茜素（$C_{14}H_8O_4$），是媒染染料，使用不同的金属盐及配方和染色工艺可得到从浅黄到绛红的十分广阔的暖色色谱。《尔雅·释草》：“茹藘，茅蒐”。晋郭璞注：“今之茜也，可以染绛。”最早记载茜草染色的文献是《考工记·钟氏》条。如上文中笔者对“钟氏染羽”文献解释及其原理的阐释，钟氏是采用茜草所含茜素，以硫酸铜为媒染剂而染羽的，同时，钟氏条中的“三入为纁，五入为緅，七入为缁”亦是茜素与不同种类的媒染剂配伍而产生的由浅到深的不同色泽，而不能像以前有的文献解释的是多次浸染的结果。笔者曾经在实验室条件下做过茜草和苏方的染色模拟实验。以苏方的色素萃取液反复多次浸染丝绢，得到的样品与一次浸染的丝绢样品色泽差别几乎可以忽略不计，而以茜草加入不同种类的媒染剂，或在几组对照染液中媒染剂的用量不同，结果样品的色泽差别明显。由此得出，《考工记·钟氏》条所记确为茜草染色，而这应是最早的关于茜草染色的文献，时

图7-5　茜草

间早于《诗经》。

1972 年，湖南长沙马王堆发掘的西汉初期墓葬中发现了大量精美的纺织品，其品名就达 100 余种①。而其中一些织物的染色印花工艺更是精美绝伦，是目前发现的包括中国其他地区以及世界其他古代文明无法企及的。汉代对于茜草染色的认识已经很普及：《汉官仪》：“御园出茜，可以染绛。”而种植茜草的经济价值也为人们称道：《史记·货殖列传》：“千亩栀茜，千亩姜韭，此其人与千户侯等。”对这批着色纺织品中红色染料的性质用发射光谱法、薄层色谱法、紫外光谱法进行的判析表明，它的确为茜素染料所染。以光谱法对 465-16 深红绢和 460-1 长寿绣袍底色绢上大量金属元素的检测表明，其中含量最大的是铝，而铝恰是与茜素生成深红色色淀的必要条件。

茜素可染出多种颜色，其可出现的色谱在先秦文献中便有反映。

《考工记·钟氏》：“三入为纁，五入为緅，七入为缁。”《尔雅·释器》：“一染谓之縓，再染谓之赪，三染谓之纁。”上述两条文献所列的色名有五种，即縓，赪，纁，緅，缁。关于这些色名的解释，需回答两个问题，一是何种染料所染，二是何种染色工艺。上述两个文献中涉及色名和染色工艺时有一个共同点是值得注意的：即随着染与入的次数的增加而产生不同的色名或曰色谱，但都出现了一个共同的色名即纁，前者是“三入为纁”，后者是“三染谓之纁”，可见所谓纁作为一个色名，它的色谱是固定的或者可以说当时纁已成为一种标准色谱。且“染”和“入”的工艺含义是相同的，即代表了浸染次数。但问题是，什么样的染料和染色工艺可以达到这样的要求。

纁在中国古代是一个非常重要的色谱。不仅因为它被赋予宗法意义，是象征天地之色中的一种，所谓“纁玄者天地之色”，更因为它在上古时期在实际生活中是被应用得非常广泛的一种色彩，即在宫室、衣饰、车马、器用、丧葬、绘画及民间生活中最常见的深绛红色。这样一个涉及到礼法制度的尊严的色谱的得到，它的染料和工艺必定是有严格规定的。故《礼记·月令·季夏》中以严厉的口气说：“是月也，命妇官染采，黼黻文章，必以法故，无或差贷（贷音特）。”司职染事的妇官必须严格按照“法”的规定管理染色的纹样、色彩，是不能有任何偏差的。历代的封建统治者沿用这一套“礼法”都十分严格，特别是上用和官用织物的色差会被看作是越礼的表现，是对皇权的不恭而可能被治罪。如清雍正朝以“皇袍落色”为由将江宁织造曹頫革职、抄家即是一例。而秦以前应用最广泛、工艺也最成熟的染红色系列色谱的染料则只能是茜草。茜草以铜盐媒染所得到的色谱，恰是绛色。日本吉冈常雄著《天然染料之研究》记以铜盐为媒染剂染茜之工艺，即以硫酸铜溶液和少量碳酸钠加入染液，在一定工艺条件下媒染，水洗后再加入少量重碳酸钠溶液促使其继续发色，后水洗数次，染色即告完成。根据此方法所做的模拟染色实验标本，正是中国古代器用中最常见的绛红色。由以上文献研究和实验所得结果，可以得出结论：秦以前文献中的纁色即绛色的染色工艺是用茜素染料以铜盐媒染得到的。这一基本结论的成立非常重要，它不仅涉及先秦时一种重要色谱之染色工艺性质和方法的确定，同时也涉及染縓，赪，纁，緅，缁等重要的系列色谱之染色原料及工艺的确定。而这是讨论先秦染色工艺史甚至文化史的一个基本前提。那么，一染、再染、三染、五染、七染的染色工艺性质究竟是什么？是否同样的染料、同样的媒染剂和同样的配比情况下随着浸染次数的增加而色泽不断加深？还是同样的染料、不同的媒染剂和配比而产生不同的色泽？或者染料、媒染剂和配比都

① 上海纺织科学研究院等，马王堆一号汉墓出土纺织品研究，文物出版社，1973 年。

不同？首先，是否全为茜素染？笔者的看法是肯定的。因为，如前所述，秦以前染红的染料无非茜素和苏木。而苏木即使直到近代植物染色非常发达的时期，也从未作为大规模使用的红色染料，原因是苏木红染料产量很少，因此价格较昂贵，除少量染单色外，一般与其他染料配色用。其次，苏木是媒染染料，主要以铝盐媒染，也有用铁盐媒染的，但得不到绛红色谱。因此，可以断定，縓，赪，纁，緅，缁等色谱是茜素染料在不同染色条件下得到的不同色谱。

它们的染色工艺如何？

縓色。吉冈常雄《天然染料之研究》记以锡盐为媒染剂染茜："提取茜素，白色丝绸以温水浸泡，在定量水中加入锡盐，控制 pH 值在 5 左右，媒染 30 分钟后水洗，然后加入重碳酸钠溶液少量，反复水洗后完成。"以上方法得到的染色标本是橙红色，即縓色。

赪色。同书。以明矾（硫酸钾铝）媒染。"提取茜素。白色丝绸温水浸泡。将含有结晶水的明矾溶于定量水中，加入少量碳酸钠，pH 值 5.6，媒染液温度 50℃左右染色 30 分钟后水洗。然后加入薄石灰水溶液，水洗数次完成。"以上方法得到的染色标本近似于深"铁锈红"色。

緅色。以铬盐媒染。"提取茜素。白色丝绸温水浸泡。定量水中加入重铬酸钾及少量醋酸，pH 值 5.6 左右，媒染 30 分钟后水洗，然后加入重碳酸钠溶液，水洗数次完成。"以上方法得到的染色标本是暗黄褐色。

缁色。以铁盐媒染。"提取茜素。定量水中加入木醋酸铁及碳酸钠，pH 值 6.6 左右媒染 30 分钟后水洗数次完成"。以上后方法得到的染色标本是黑褐色，并非纯褐色。

根据以上染色工艺及得到的染色标本，与上述《考工记》等文献记载及后人注解所述色谱十分接近，而笔者以上述金属盐为媒染剂染苏木得到的色谱却与此相差甚远，因此可以得出结论，縓，赪，纁，緅，缁等五种色名所代表的色谱确系以茜素加入不同媒染剂而得到的色谱。

从工艺角度看，在红色染料中也只有茜草染色会产生由媒染剂不同而产生的明显色谱变化并形成系列。在前文论述"钟氏染羽"的问题时已经探讨过，钟氏在染羽时以硫酸铜为媒染剂，以茜草染色，"三入为纁，五入为緅，七入为缁"。《尔雅·释草》："茹藘，茅蒐"。晋郭璞注："今之茜也，可以染绛。"纁绛实为一色，而纁是"三染"得到的色谱，在从一入到七入出现的五个色谱中居中，因而，"一染谓之縓"的縓色应该是茜素染红系列色谱中最浅的橙红，"二染谓之赪"，色泽应是稍带黄光的深红；"三染谓之纁"，绛红；"五入为緅"，带红光的黑；"七入为缁"，黑色。这里的染、入并不是多次浸染的次数，而是不同金属盐为媒染剂茜染而形成的色谱。笔者在实验室条件下做的模拟实验证明，同一浴比同一种媒染剂的茜素染液即使多次浸染，其色谱深浅的变化是可以忽略不计的，绝不会变为另一种色谱。而在中国古代常用的作为媒染剂的金属盐中，能令媒染染料色谱发生明显变化由浅到深的次序为：锡盐、铝盐、铜盐、铬盐、铁盐。因此可以得出结论，纁的色谱分别是由以上金属盐加茜草媒染而得到的。

图 7-6 紫草

紫草 紫草根部含丰富的乙酰紫草宁，以明矾和椿木灰媒染可得到鲜艳的紫红。早在春秋时期，紫草染色便在山东兴盛起来。其原因，一是齐国盛产紫草。《管子·轻重丁》："昔莱人善染练，茈之于莱纯缁。"茈即紫草，莱即古齐国东部地方，这段话的意思是齐人擅长于染练工艺，用紫草染"纯缁"。二是齐君好紫。《韩非子·外储说左上》："齐桓公好服紫，一国尽服紫。当是时也,五素不得一紫。”这是最早的关于流行色及色彩经济的记载。由于齐国统治者的爱好和提倡,于是引起国人的争相效仿,以服紫为美,从而造成紫草染色丝绸的价格昂贵。更引起关于正色与间色的争论,这在中国色彩史上是一个有趣的现象。如孟子的“红紫乱朱”的议论,孔子的“恶紫之夺朱”、“红紫以为亵服”的攻击,说明在春秋时的齐国,以色彩区分的尊卑观念是被看作儒家思想的重要组成部分而受到高度重视的。《韩非子·外储说左上》这段文字亦是最早的关于流行色及色彩经济的记载。

紫草的染色似乎只在齐地非常发达,这种现象一直延续到近代,其代表产品“紫花布”始终是山东传统的著名染织产品。

紫草色素的提取,一般取含色素丰富的紫草根,粉碎,在酸性条件下浸泡,然后提取染液。但一般以放置时间稍长的干性紫根萃取效果较好。

紫草染色方法,在染液中加入椿木灰煮染,取出晾干后再入染,需反复染几次。紫草染色后残存的染液,经放置一段时间后色素会分解,变成“鼠灰”色,亦可以之染色。

日本古籍《延喜式·缝殿式》中记载以紫草染紫的色谱有深紫、浅紫、深灭紫、中灭紫、浅灭紫及以紫草和苏方拼染的色谱深绯等。

图 7-7　苏枋

苏枋　苏枋又称苏木,豆科乔木,其木芯材中含较多色素,可染红。苏枋用于染色的最早记载见于西晋《南方草木状》:“苏枋……,南人以染绛,渍以大庾之水,则色愈深。”苏枋主要以铝盐为媒染剂发色,可以得到深红色,色彩亮丽透明,疑即中国古代称水红色者是也。苏枋发色对于媒染剂的要求较高,必须是质量优良的明矾,才能得色优美,切忌其质不纯,否则染出的色泽偏暗。苏枋亦可以铁盐为媒染剂发色,可得到紫色。苏枋以铜、锡、铬等金属盐均可媒染,但一般用以染红者为多。

苏枋色素的萃取,若在酸性条件下,得到美丽的红色,在碱性条件下则得到的色彩偏暗。

中国以苏枋染色起源于本土,唐时传入日本。日本记天平时代中国传入工艺的著作《延喜式·缝殿式》十分详细地记载了染深苏枋、中苏枋、浅苏枋的工艺。其中记使用的媒染剂是灰及少量的醋,没有记使用明矾,可能因为椿木灰含铝,可发紫色,用醋是因为染液需在弱酸性条件下染色。

明《天工开物·彰施》记苏木染色:“木红色。用苏木煎水,入明矾、倍子。紫色。苏木为地,青矾尚之。(青矾亦称皂矾,化学成分为含结晶水的硫酸铁。)”以苏木与它种染料套染:“天青色。入靛缸浅染,苏木水盖。葡萄青色。入靛缸深染,苏木水深盖。”《多能鄙事·染政》记以苏木可染“小红、枣褐、椒褐”等色。染小红法中特别强调,染色时明矾应徐徐加入,而不应一次全加,这是因为,苏木与明矾所含铝离子的络合符合一定比例时,染液才会产生要求的色谱,过量的媒染剂会造成浴比失当,色泽偏暗。应徐徐加入的另一个原因是随着染液不断上染纤维,染浴中金属离子铝逐渐减少,需不断加入才能保持平衡。

图 7-8　黄蘗

黄蘗　黄蘗为中国原产,落叶乔木,喜好温暖潮湿的气候,一般生长山谷间。黄蘗除用于织物染色,由于它有特殊的药味,在中国古代亦经常作为纸张的防虫剂使用。其法取黄蘗树皮煎水温染,微酸性条件下上染性更佳。

槐花　槐花又称槐米,含黄色色素,可染黄色。《天工开物·彰施》记槐花染料收贮方法:用筐收取后,“以水煮一沸,漉干捏成饼,入染家用。既放之,花色渐入黄,收用者以石灰少许洒拌而藏之花。”又记槐花染色:“大红官绿色。槐花煎水染,蓝靛盖,深浅皆用明矾。”

(三)直接染料

古代用于染色的直接染料,最具代表性的是下列几种:

红花　红花是古代世界著名的植物染料,原产埃及,埃及3000多年前的古代墓葬中发现的卷布就是以红花染色的,且其种子和红花油也被利用。红花汉时传入中国,称“红蓝”,可入药。据晋张华《博物志》:“红为张骞得种于西域,今魏地亦种之。”红花染色技术在古代曾经被严加保密,特别是它的色素提取方法。但魏晋南北朝时已成为流行的红色染料。红花染料即红花素,溶于碱性溶液而不溶于酸和水,为直接性染料,直接上染丝毛麻纤维可获得鲜艳纯正的深红色,唐时称“真红”[①]。红花是菊科植物,一年生草本,含红、黄两种色素,但红花素含量较少,所含黄色素较多,溶于酸性溶液,亦有用于染色者,但上染性能不太好,故一般淘去不用。公元4世纪时,红花在中原一带逐渐普及。东晋刁凿齿在《与燕王书》中说:“山下有红蓝……,北方人采取其花染绯黄,挼取其上英鲜者作烟支。”“烟支”即胭脂,“其上英鲜者”即红花素。从以上记载可以得知,当时已经认识到红花中所含两种色素的性质、用途,并能将其分别提取。南北朝时由于红花染料的普遍使用,种植红花也可获得厚利,有些地方还发生了“强借百姓麦地以种红花”之事。公元3世纪左右,红花从中国吴地传入日本,名红蓝,染色技术亦较《齐民要术》所载有了改进,酸性溶剂用醋,而碱性溶剂用蒿草灰。《延喜式》记红花的发色剂乌梅的制作和使用方法。日本正仓院至今还保留着中国唐代以红花染色的绞缬和夹缬织物。

图7-9　槐花

图7-10　红花

红花染料的制备最早见北魏《齐民要术·种红蓝花栀子第五十二》:“杀花法:摘取即碓捣使熟,以水淘,布袋绞去黄汁。更捣,以粟饭浆清而醋者淘之。又以布袋绞去汁。即收取染红,勿弃也。绞讫,著瓮器中,以布盖上。鸡鸣,更令捣均,于席上摊而暴乾,胜作饼。作饼者,不得乾,令花浥郁也。”“粟饭浆清而醋者”为酸性溶液,能溶解黄色素,“淘”可使之更好地分离。最早的红花饼制法见晋张华《博物志》,其法将红花捣碎后将黄色素淘去,捏成小饼,著湿草中卧宿阴干。但《齐民要术》却强调淘后先暴干,比之作饼方法为好,因作饼往往不得干,花容易发霉。至明代宋应星《天工开物·彰施》中的“造红花饼法”则更为进步,指出红花应“带露收摘”,又应“以青蒿覆一宿”,捏成薄饼,阴干收贮。其目的都在于使红花素不受破坏。

红花染料由于其色泽鲜艳,染色工艺简便,一问世即受到普遍喜爱。唐白居易《红线毯》诗描写当时宣州道进贡的以红花所染的丝绒毯:“红线毯,择茧缫丝清水煮……,染作红蓝红于花,织作披香殿上毯。”“染作红蓝红于花”的意思是红花素所染所得的颜色较之红花本身更鲜红。诗中描写红线毯之巨大:“百夫同担进宫中。披香殿广十余丈,线毯织成可殿铺。”这样巨大的丝绒毯所用原料全部以红花素染色,可以想见其用量之多。唐李中《咏红花》诗曰:“红花颜色掩千花,任是猩猩血未加。”南宋周去非《岭外代答》记述广西所产上等纻布“练子”及“花

① 见周去非《岭外代答·练子》。

练”,“以染真红,尤易着色”。

《天工开物·彰施》记载了一种红花染色的方法:“大红色。其质红花饼一味,用乌梅水煎出,又用碱水澄数次,或稻稿灰代碱,功用亦同。澄得多次,色则鲜甚。”“莲红、桃红、银红、水红饿。以上质亦红花饼一味,浅深分两加减而成。”以乌梅水煎的目的是使红花中含的黄色素溶解析出。以碱水澄的目的是促使红花素更好地溶于水。

栀子　栀子是直接染料,茜草科栀子属,它的花含有栀子黄,化学成分藏红花酸,是秦汉以前应用最广的黄色染料。黄色是三原色之一,是组成其他色彩必不可少的色彩元素,同时,它还是中国古代“五方正色”之一,又是天地之色即“天玄地黄”中代表大地之色的黄色。在中国古代宗法特色鲜明的色彩学中,黄色占有重要地位。《诗经·豳风》:“八月载绩,载玄载黄。”《诗经·邶风》:“绿兮衣兮,绿衣黄里。绿兮衣兮,绿衣黄裳”,是嘲讽色彩的运用颠倒了尊卑的顺序,应该是黄衣绿里、黄衣绿裳才正确。色彩的正与间、上与下被颠倒,所以才讽咏之。可见黄色的使用是极受重视的。因此,黄色染料也受到重视。秦汉时,栀子已经人工种植,说明当时用量很大,野生栀子不敷需求。《史记·货殖列传》:“千亩栀茜,千亩姜韭,此其人与千户侯等。”可见种植栀子获利丰厚。栀子在我国生长广泛,原料丰富。《本草经集注》:“栀子处处有之,以七棱者为良,经霜乃取,入染家。”

图 7-11　栀子

对马王堆出土纺织品中黄色染料以红外光谱仪、薄层法、高压液相层析法、紫外光谱仪等多种手段进行分析的结果,可以肯定试样 N 甲 A 的黄色染料是栀子所染①。

用煮沸后凉温的栀子水上染织物,若在弱酸性条件下则发色更鲜艳。因此,古代亦有用酸性控制栀子染黄的深浅者。如欲得到深黄色,则在染液中增加醋的用量。

郁金　郁金又称郁金香,根部含黄色素,系直接染料。以郁金色素的提取液在温水中染色,在微酸性条件下可以得到非常纯正和鲜艳的黄色。《本草纲目·木部》:“郁金生蜀地及西域,染色是用其茎。染妇人衣最鲜明,唯不耐日炙,微有郁金之气。”郁金有微香,可使妇女衣服带香。郁金香是古代最稀有、最名贵的花之一,花朵紫色,古罗马妇女曾用作染发剂。有西方学者认为郁金是在唐代前后从西方传入中国,作为香料使用。唐李白诗:“兰陵美酒郁金香。”但《周礼·春官》中记有“郁人”,郑玄注:“郁,郁金香草,”是作为和酒的香料使用的。

图 7-12　郁金

荩草　荩草含荩草素,可以直接染黄,但以铜盐媒染可得到鲜艳的绿色,因此《尔雅·释草》又名其为菉。《诗经·小雅》:“终朝采绿,不盈一掬。”数量很少,可能是采集野生荩草。荩草是秦以前染绿色主要染料。

图 7-13　山矾

山矾　山矾直接染色可得黄色,但不甚明艳,其叶烧灰可作为媒染剂助染。山矾染色在宋以前几乎未见记载,但宋时却出现较多关于山矾染色的文献。山矾这一植物的名称是宋诗人黄庭坚命名的。黄氏《山矾花诗序》:“江南野中,有一种小白花,木高数尺,春开极香,野人谓之郑花。王荆公尝欲作诗,而陋其名。予请名曰山矾。野人采郑花叶染黄,不借矾而成

① 上海纺织科学研究院等,马王堆一号汉墓出土纺织品研究,文物出版社,1973 年。

色，故名山矾。”山矾的科属，一种说法认为是山矾科的山矾，对其形态及生长特征描绘较细的有李时珍《本草纲目·木部》：“山矾生江淮湖蜀野中。树大者高丈许，叶似栀子，光泽坚强，略有齿，凌冬不凋。三月开花，繁白如雪，六出，黄蕊，甚芬香。结子大如椒，青黑色，熟则色黄，可食。其叶味涩，人取以染黄及收豆腐，或杂入茗中。黄庭坚云，江南野中定花极多，野人采叶烧灰以染紫为黝，不借矾而成，予因易其名为山矾。”还有陈淏子《花镜》：“山矾花……多生江浙诸山。叶如冬青，生不对节，凌冬不凋。三月看白花，细小而繁，不甚可观，而香馥最远，故俗名七里香。其子熟则可食。土人采其叶以染黄，不借矾力而自成色，故名山矾。”另一种说法认为是海桐科的海桐。明王世懋《学圃余疏》：“山矾一名海桐，枝婆娑可观，花碎白而香。宋人灰其叶造黝紫色。”以上《本草纲目》和《花镜》中的描写，显然是在引宋黄庭坚资料的基础上加上自己的观察而得到的，描述详细、准确、具体，而明人的资料则显系未加考证的道听途说。

宋代关于山矾染色的文献，既见于上引《山矾花诗序》，亦见于《燕翼诒谋录》：“仁宗时，有染工自南方来，以山矾叶烧灰，染紫以为黝，献之宦者洎诸王，无不爱之，乃用为朝袍。乍见者，皆骇观。士大夫虽慕之，不敢为也。而妇女有以为衫褛者，言者亟论之，以为奇邪之服，寝不可长。”朝廷明令禁止服用。但“中兴以后，驻跸南方，贵贱皆衣黝紫，反以赤紫为御爱紫”。《宋史·舆服志》也记载了这件事：“（皇祐七年）……初皇亲与内臣所衣紫，皆再入为黝色。……言者以为奇邪之服，于是禁天下衣黑紫者。”从上述文献可以知道①：

（1）山矾叶是染黄色的直接染料，即所谓“不借矾力而自成色”。

（2）山矾叶烧灰可以作为染紫为黝的媒染剂。所谓染紫为黝是将本来已经染成的紫色织物或服饰“再入为黝色”。而这种工艺是“染工自南方来”而带来的。换句话说，南方染工带来的并不是先染紫后染黝的成套工艺，而是将北地早已有之的染紫“再入”山矾叶灰而成为一种令北人骇观而又慕之的黝紫色，并一度成为被正统色彩观念视为奇邪而加以禁止的流行色。

（3）山矾灰的媒染原理。从《本草纲目》“其叶味涩……，并用其收豆腐”的记载看，山矾叶可能含有重水盐类的矿物，如钾矾（大量含结晶水的硫酸钾铝）等。烧灰去除有机物后，金属离子含量相对增加，可提高媒染性能。我国古代染紫用的染料，绝大部分是紫草，而紫草也是媒染染料。将已经染紫的织物“再入”山矾灰而染成黝紫，可能是多种金属离子与植物染料的发色基团共同作用的结果，它的反应过程可能很复杂。

四 矿物颜料的种类和着色方法

中国使用矿物颜料作为施色剂，起源于旧石器时代中晚期。目前发现的最早使用的矿物颜料是赤铁矿粉末。1933 年，北京周口店“山顶洞人”遗址发掘中，发现了赤铁矿使用遗迹，距今 18000 年。一是以赤铁矿粉末涂染的、以贝壳、兽牙、兽骨等穿成的项链，一是赤铁矿粉末的研磨痕迹②。周口店“山顶洞人”遗址所在的后人所称的“龙骨山”富含赤铁矿，山上到处均可见到矿物露头。在世界其他史前古文明遗迹中，也发现了使用赤铁矿涂染的痕迹。如阿尔泰米拉和拉斯科岩洞壁画中的动物形象，全部以赤铁矿粉末涂染，距今约一万年③。矿物颜料作

① 赵翰生，宋代以山矾染色之史实及工艺的探讨，自然科学史研究，1999(1)：188~196。

② 贾兰坡，中国大陆上的远古居民，天津人民出版社，1978 年，第 126 页。

③ 见城一夫《色彩史话》第二章。

为施色剂使用的历史要远远早于植物染料，这与史前文明的发展是同步的。矿物颜料的使用是石器时代文明的结果，而植物染料的使用是农耕文明的结果。

我国早在周代，就已设职官专门对颜料的采集加工进行管理。《周礼·秋官》："职金。掌凡金玉锡石丹青之戒令。"职金的管理范围包括丹青类颜料的征集、颁发、使用等。

现将几种重要的矿物颜料种类介绍如下：

赭石　赭石又称赤铁矿，化学成分三氧化二铁，虽也有氧化亚铁，但色光黯淡且过于坚硬，研磨费力，故而一般不用作颜料。赭石是世界上使用最早的颜料，以它涂染稳定持久，但由于色光较黯淡，后世一般只用作绘画颜料，或用于表示惩罚人犯的黥面等。赤铁矿因品位(含量)的不同有深浅之别，均可用。制取一般先研磨为细粉，后漂洗，又称水飞。亦有直接研用者，去浮面及沉角不匀者，取中间匀净部分即可用。

朱砂　秦以前称辰砂或丹、丹砂等。晋太康中于汲郡战国魏安厘王公元前 276 ~ 前 242 冢出土的《汲冢周书》中有"方人以孔鸟，卜人以丹砂"的记载，其中"卜人以丹砂"的意思是卜人(西南民族)以丹砂向周天子(成王)进贡[1]。《诗经·终南》："颜如渥丹，其君也哉"，形容秦襄公的容颜像丹砂一样红润。《范子计然》卷二十九："范子曰：'尧舜禹汤皆有预见之明，虽有凶年而民不穷'。王曰：'善'。以丹书帛，置之枕中，以为国宝。"范子即春秋时越国大夫范蠡，"丹"即朱砂，越王用于书写之涂料。《山海经》中有十处记载了"丹粟"。东晋郭璞注，丹粟即丹砂，"细丹砂如粟也"。文献记载往往迟于实际应用。目前考古发现中所见最早的丹砂应用实物，为新石器时期的。河南偃师二里头商早期的宫殿遗址中发现的玉器和铜器都是裹在丹砂里的[2]。此外在一些坑底中还有大量丹砂。而殷墟出土的甲骨文中也有大量以丹砂书写的。丹砂的加工，也用先研后漂法。初飞者带黄光，称朱膘。中国古代确有以朱砂涂染织物者，如宝鸡茹家庄西周墓出土的绣绢上的黄、红两色绣线经分析均为矿物颜料涂染[3]，而其中的红色绣线即为朱砂石染。但朱砂石染并不是以黏性谷物为黏合剂，而是用调胶。中国画绘画颜料的传统制作方法中，朱砂一直使用调胶为黏合剂，调胶有皮胶树胶两种。从未见以黏性谷物为黏合剂者。因谷物主要成分为淀粉，作为矿物颜料的黏合剂不仅粘合力差，而且易腐败，无论施染织物或绘画，均不可能持久。因此，《考工记》中"钟氏染羽"条之丹粟不能解为黏性谷物，道理也在于此。朱砂研磨后，水飞后加胶再漂，根据重力分为不同的层次(注)和色谱，即朱标、二朱和头朱，以头朱色光和质量为最好。朱砂的研磨十分费时费力，据于非暗《中国画颜色之研究》，至现代，以传统的加工方法，"朱砂四两，须人工一日"。而《考工记》成书年代，"以朱湛丹粟"，需时三月才能满足染色的需要，是符合当时工艺水平的(图 7-14)。

图 7-14　研朱、澄朱

---

① 赵匡华主编，中国古代化学史研究，北京大学出版社，1988 年，第 438 页。

② 贾兰坡，中国大陆上的远古居民，天津人民出版社，1978 年，第 126 页。

③ 李也贞等，有关西周丝织物和刺绣的重要发现，文物 1976(4)。

泥金、泥银 金和银均为软金属，可研磨成极细小的粉末，加入调胶后呈泥状，故名为泥金、泥银。泥金、泥银一般为随用随研，是中国古代以画绘手段美化服饰和织物时常用的颜料。但也有作为印花涂料者。

石黄 石黄分雄黄和雌黄，用于颜料者一般为雄黄，化学成分三硫化二砷，橙黄色，半透明，有胭脂光泽。宝鸡茹家庄西周墓出土绣绢的绣线即以石黄涂染[①]。制取方法为先将天然雄黄水浸并蒸多次，每次换水，目的在尽量使有害成分砷气化挥发，减少对人体的损害，然后调胶用或研用。

石绿 石绿又名空青，因其矿物形态多孔并呈天然蓝绿色而得名，俗名孔雀石，是含有结晶水的碱式碳酸铜，结构疏松，研磨容易，色泽翠绿，色光稳定，是很重要的绿色矿物颜料。

石青 石青化学成分碱式碳酸铜，石绿的同分异构体，有人认为是天然蓝铜矿石，其色泽翠蓝。

铅白 铅白化学成分碱式碳酸铅，上古时称“粉”。《墨子·佚文》：“禹造粉。”《博物志》：“纣烧铅锡作粉。”粉虽然未必一定是禹或纣本人所造，但反映了三代时我国即已制取铅粉。比较具体的记载是据说为公元前4世纪的古籍《计倪子》：“黑铅之错化为黄丹，丹再化之为水粉(铅白)。”据李约瑟考证，“错”字应为“醋”字。现代学者的研究认为，这是古人制取铅白过程的记录。它的方法是首先以铅与醋反应生成碱式醋酸铅，即“黄丹”，再进一步转化为碳酸铅即铅白。对秦俑彩绘颜料的分析表明，公元前3世纪，我国就已经掌握了铅白的制取方法[②]。

硫化铅和云母 硫化铅和云母皆为古代施色用白色颜料。长沙马王堆一号汉墓出土印花敷彩纱颜料的光谱分析表明，这件作品勾绘叶片边缘的白色颜料为绢云母和硫化铅[③]，按照古籍所载，白色颜料是在别的色彩都施绘完后最后使用的色彩，即《考工记》所谓“画绘之事后素功”，清戴震注：“素，白采也。后布之，为其易污渍也。”

石墨和松烟 石墨和松烟皆为黑色颜料，前者为结晶状，天然矿石，后者为松木灰，粉末状。

五 著名的染缬工艺

在中国古代创造的丰富多彩的染色工艺中，最著名的有染色三缬。

所谓染色三缬，即蜡缬、绞缬和夹缬。但亦有以灰缬作为染缬的一种而并提的，实际上，灰缬是拔染工艺，但作为特殊的染缬工艺的一种也是可以的。

染色三缬之所以作为染色工艺的范畴而不是印花，是由其工艺性质界定的。即不管其采用何种工具或介质，其着色方法是将全幅织物浸入染液染色，而印花的着色部分是依靠花版带上的色浆上色。关于这几种特殊染色工艺的性质，某些著作中，概念相当混乱。有以蜡缬为印花的，有以夹缬为印花的，也有以拔染为印花的，应作必要的澄清。

“缬”字的本义原指绞缬，即扎染。《一切经音义》：“以丝缚缯染之，解丝成文曰缬。”《韵会》：“缬，系也，谓系缯染成文也。”也就是以丝线将织物的某些部位扎缚成结后染色，解开后未染色的部位与染色的部位对照形成花纹。但唐以后，却将夹板防染称夹缬，又与蜡防染色并称

① 赵匡华主编，中国古代化学史研究，北京大学出版社，1988年。
② 赵匡华主编，中国古代化学史研究，北京大学出版社，1988年。
③ 上海纺织科学院主编，马王堆一号汉墓出土纺织品研究，文物出版社，1973年。

染色三缬。夹缬一名出现于隋，而蜡染称蜡缬是近代人的叫法，但从工艺角度看，这三种工艺的一个共同特点是防染法染色，与未染部位对照成花。因此，缬在近代以至于当代染织史研究中，实际上是防染工艺的称谓。

染色三缬的工艺性质的界定，应有两个标准。一是上文中所述，染缬是染色工艺，只不过采取了一些特殊的工艺手段染色。虽然三大缬的手段各不相同，但有一个共同的特点，即用一些方法在织物的某些部位防染。如蜡缬用蜡防染，夹缬用木版防染，而绞缬用扎缝的方法防染。二是它们在以特殊手段将织物处理后，是将织物全部浸入染液上色的，而印花织物则毋需将织物浸入染液。灰缬采用与三缬的防染法相反的方法处理织物，是将织物入染着色后再将某些部位的着色去掉而形成花纹。但如以上述标准界定，则亦应属于染色工艺范畴。

蜡缬　前文已经讨论，不再赘述，只谈谈"新疆出土东汉蜡染棉布"[①]（图 7-15）的年代及工艺定性问题。"新疆出土东汉蜡染棉布"一直被当作中国染织史上的一件重要文物而被广泛引用，直到最近出版的一些探讨丝绸之路与西域文化的学术著作及一般介绍性著作中仍被广泛引用。实际上，这件作品无论从其断代、产地和工艺定性都是存在诸多疑义的。

图 7-15　蜡染棉布（汉）

(1)断代问题。曾有专业工作者指出，这件作品中的人物面貌特征"不类中原"。从作品看，人物弯眉、高鼻、深目、面容体态丰满、坦胸露乳，颈部挂璎珞，头后有所谓"背光"，左手持一角状物，角状物上部有谷状颗粒。这件作品出现于 20 世纪 50 年代，据说是新疆民丰北大沙漠东汉墓出土，亦有说从民间征集的。因始终未见有关这件作品出土的确切的考古报告，因此，出自东汉墓说似不足信。1996 年，《中国文物报》有署名文章指出，这件作品中的人物是西亚早期宗教人物德纽凯，神话中的丰收女神，手持物为丰收角，象征五谷丰登。这个人物最早出现于公元 3 世纪，晚于我国东汉。因此，她不可能在"中国东汉作品"中出现，换言之，这件作品出现在我国的时间当在公元 3 世纪以后。

(2)产地问题。这件作品即使发现于我国丝路某地，也不能据此断定是我国的作品，更不能当作"中国汉代所出棉印花布"加以引用。中国内地与西域早在纪元前就开始交流，这方面研究成果很多。但这种交流从一开始就是双向的，从西域引进中国的物种、工艺技术及其作品不胜枚举，从染织作品的角度看，就有植棉及织棉、细毛织物罽、纬锦、织金锦、撮晕染等，纺织

① 东汉蜡染花布，见《新疆出土文物》第 21 页，文物出版社，1975 年。

纹样艺术的交流对中国汉唐的影响更是非常明显的，虽然我国汉代就已有植棉和织棉，但仅限于新疆地区，尚未普及到中原，而新疆汉代的印染作品目前发现极少，仅存的一件“蓝印花布”与这件作品的纹样风格完全不同，而此件作品除左下角人物较完整外，在人物右方有残缺的兽纹，而人曾同存正是西亚纺织纹样的最显著特点之一。因此，它极大可能是从西亚传入的。

(3)工艺定性问题。这件作品定性为蜡染工艺根据不足。蜡染起源于我国西南地区，目前发现最早记载蜡染工艺的文献是宋《岭外代答》，而实物目前公认的，最早见于唐蜡染屏风。这件作品的线条粗疏，且某些边框平直度很差，与我国蜡染作品风格相去甚多。蜡染工艺的出现，需具备的最基本两个条件是蜡(一般多用蜂蜡)原料的容易得到和蓝草种植普遍，染蓝工艺发达，从目前发现的材料看，汉代时新疆这两项条件似乎都不具备。因此，将这件作品的工艺定性为“蜡染”是不准确的。

绞缬　绞缬又称扎染。一是以扎缝方法将不需上色的部位扎绞并固定，后入染。染后扎绞部位无色，而未扎绞部位染色，形成对比花纹。元胡三省《资治通鉴音注》：“缬，撮采以线结之，而后染色。既染则解其结，凡结处皆原色，余则入染矣。其色斑斓谓之缬。”这段文字不但详细记述了其工艺细节，而且明确地提出扎染的工艺特点是结处无色，余则有色。扎染的花纹全以手工缝制，在织物上按照一定规律，将织物撮起进行扎结。也可以以谷粒作为衬垫物，在外部以线扎结，就可制得圆圈形或鱼子形的散布花样。如先扎成球包，在球包上再分枝扎结，则能得到多种奇丽的花型。扎结的线材，须有相当强度。打成线圈时，要使成结简单而不易滑脱。这样，浸染和干燥后，解除线圈方便。染色时，因扎结部分染液不能正常渗透，染后就呈现出纹样。由于织物纤维的毛细管效应，使制出的花纹带有美观的无层次色晕，后世在此基础上又发展出撮晕染。早期的扎染作品以小块、满铺的白色花纹为特点，著名的作品有鱼子缬、象眼缬、醉眼缬、小朵梅花等，风格简洁规整。《二仪实录》：“缬乃秦汉间始有，陈梁间贵贱通服之，隋文帝宫中者，多与流俗不同。次有文缬小花，以为衫子，炀帝诏内外官亲侍者许服之。”可以知道，染缬作品初期的风格确以小花为特点，后期则花型加大，风格更活泼粗放，造型亦更丰满壮硕且不拘一格。现我国发现最早的扎染作品是东晋时的绛红色地鱼子缬丝绢。南北朝时，绞缬技术已经较成熟，甚至出现了以纹样特征命名的绞缬作品，如梅花型的“鹿胎紫”缬和“鱼子缬”，成为妇女服装的流行纹样。隋唐是我国染缬工艺十分发达的时期。中国和西方文化在这时期大交流盛况的影响，亦反映在织物和服饰文化上，其表现为外来纹样和风格。同时，中国本身纹样，与西方风格互相融合、兼收并蓄，从而形成了一个前所未有的百花齐放、美不胜收的局面。这一时期红花染料的流行和染色三缬工艺、特别是夹缬和绞缬的大发展，隋唐的染色织物从色彩、纹样和工艺都出现一个全新的风格。这一时期见于记述的绞缬花纹名称有撮晕缬、鱼子缬、醉眼缬、方胜缬、团宫缬等。图 7-16 系 1959 年新疆于田屋于来克古城遗址出土北朝红色绞缬绢局部。

夹缬　夹缬在很多情况下被误为印花，原因是夹缬使用花版染色，与印花工艺之使用印花纹版有类似之处，故容易造成工艺概念的混淆。如上所述，夹缬与印花的区别在于，夹缬是以两块雕刻相同花型的镂空版将织物置于中间夹住，将染液或灌注、或浸入镂空部位内，使织物着色。而印花是以雕刻成凸凹型的花版将染液刷于其上印制在织物上。也有将织物折叠后再夹缬染色的，可以提高工效。

关于我国夹缬的起源，《事物纪原》曰，“夹缬，彻子造。”《二仪实录》：夹缬，“秦汉间有之，不知何人造，陈梁间贵贱通服之。”《潘氏纪闻谭》：“唐肃宗宝应二年(763)，吴皇后将合肃宗陵，启

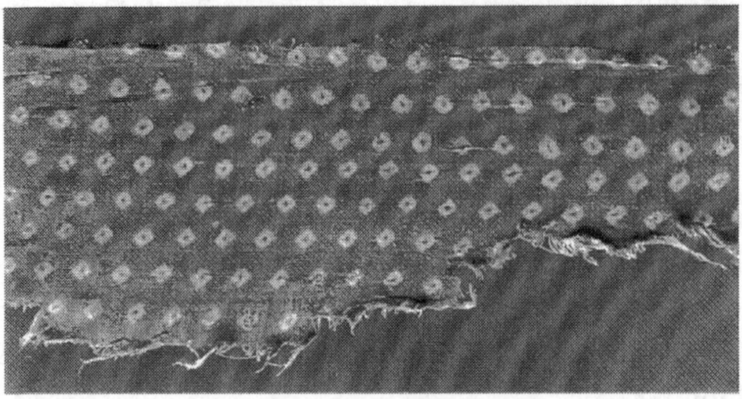

图 7-16　红色绞缬局部(北朝)

旧堂衣服缯采者如撮染成花鸟之状。"比较著名的一条记载是唐柳婕妤妹制作夹缬的故事。《事物纪原》:"玄宗柳婕妤妹适赵氏,性巧,因使工镂版为杂花,打为夹缬,初献皇后一匹,代宗赏之,敕宫中依样制造,当时甚秘,后渐出遍天下,此似始为夹缬之制也。"如果据此说夹缬发明于唐玄宗时代,也无不可。而事实上,在中国古代技术发明史上经常有这样的现象,一种技术或工艺,发明后在相当长的一段时间内秘不传人,至其流传开来,实际上已经存在了相当长的时间了。夹缬工艺的存在,隋大业(605~617)年间已有,五代马缟《中华古今注》,隋大业中,炀帝命宫中工匠制"五彩夹缬花罗裙,以赐宫人及百僚母妻。"[①] 这条记载明确无误地说明,隋时,宫中工匠已经掌握夹缬技术,但五彩夹缬为何种工艺,因无资料无法推考。但唐时在宫中的兴起以至于进一步在民间的流行则是柳婕妤妹赵氏贡进的结果,这说明它已经存在于民间,但未能流传开来而已。因而,柳婕妤妹应该是一个推广者,而不是夹缬的发明者。

第三节　印花技术

从目前发现的出土印花实物情况看,还无法确切勾勒出一个比较清晰的印花技术起源和发展脉络。但从其所用方法看,印花技术的起源,与中国传统的篆刻、拓印有直接的渊源关系。先秦文献《墨子·辞过》中有一条记载颇值得注意的。"女工作文采,男工作刻镂,以为身服"。有的研究者将男工作刻镂的刻镂二字解为刻玉镂金,显然是不对的,是没有注意上下文的联系。首先,这里讲的是两种"以为身服"的手段,女工作文采,应是衣物的绘画和刺绣,而男工所作之刻镂,显然也为是美化织物而采取的工艺。刻镂什么呢? 当然不是在服饰上镂金刻玉,而是镂刻印花用的纹版,是"以为身服"所用的工具。《墨子》成书于春秋战国,墨家学派的成员主要是中小手工业者,墨子本人是春秋时鲁国人。鲁国春秋时向以染织业发达著称。根据这条记载以及印花与篆刻、拓印的渊源关,印花纹版至少在战国时就已经出现。

据报道,"1979 年在江西贵溪仙岩一带春秋战国崖墓中出土了双面印花苎麻织物,这是迄今所发现的最早的印花织物。它的花纹为银白色,印在深棕色的苎麻布上,印花用的涂料,经初步分析是含硅化合物。""同墓中还出土了两块刮浆板。"[②] 有的著作认为,"这个发现证实了……在

① 傅振纶,隋唐五代物质文化参考资料,历史教学,1955(2)。

② 刘诗中等,贵溪崖墓出土印花苎麻布研究,文物,1980(11)。

春秋战国之际,印花工艺已正式在生产中出现"。实际上这件作品工艺定性为"印花"是不够准确的,而何为"双面印花"更是模糊不清。所谓印花织物,在纹样方面需具备以下基本特征:"①单元花纹固定且完全相同。②单元花纹呈连续排列。而贵溪苎麻布上的花纹却完全不符合这两个基本特征。它的"花纹"没有基本单元纹样,而是呈随意状,与相邻的"花纹"完全没有共同处,而像是一系列随意点染的斑点。③即使同墓出土的两块木板确有刮浆板特征,也不能就此断定这块苎麻布是印花织物,二者之间是否有必然联系也还有待证实,因为织物工艺定性本身是不够准确的。④织物上的"含硅化合物"是有意为之,还是在漫长的历史年代中受到环境或其他条件的浸染而形成的,也尚无法肯定。因为从"花纹"特点看,似乎缺乏有意为之的美感,随意性很明显。特别是织物右侧的一系列长形斑点很不规则,没有美感可言。因此,至少,将此件作品的工艺定性为"印花织物"是缺乏说服力的,更不能据此认为是我国目前发现的最早的印花织物。

迄今能见到的最早印花实物应是马王堆汉墓出土的印花纱。从其印花技术难度和达到的质量水准看,西汉时已经达到相当高的技术水平,即已能用三套色版套色印花。但如马王堆那样高超的印花技术只出现于一时一地,旋即消失。至少在出土实物方面,尚未发现自汉以后至唐以前几百年间的其他印花织物,印花技术的发展呈断裂现象。唐代是印花技术发展的另一个高峰时期,当时印花工艺方法的多样和技术水平的高超都是空前的。此后,印花技术一直得到持续发展,历代都有新技术和代表性作品出现。宋以后,西南民族地区的纺织和印染技术蓬勃发展,逐渐形成了不少具有鲜明民族特色的著名染织作品。

汉代的印花纹版在广州南越王墓曾有出土。南越王墓是西汉初期的大墓,以印花纹版作为随葬品原因,或者是墓主生前十分珍爱之,或者说明印花纹版作为一种技术还只为王公贵族享用而秘藏之。南越王墓的印花纹版是凸版,青铜质地,一块呈菱形,较大,纹样为火焰形纹或称博山形纹,另一块较小的纹版纹样呈人字形①。这两块纹版一大一小,如单独使用其中的某一块印花,纹样都显得单薄,显然是配合起来套印用的。这与马王堆金银印花纱的纹样特点几乎如出一辙,显然属于同一文化体系,出现的时间又均为西汉初期,正可互相印证。

湖南长沙马王堆汉墓出土的印花织物保存较好的有五件,其中465-5和340-11作品最具代表性,按其工艺性质,分别被命名为印花敷彩纱和金银印花纱。

465-5印花敷彩纱(图7-17)的敷彩有朱红色、黑色、银灰色、粉白色几种,其所用的着色剂种类,上海纺织科学院用X射线物相分析法进行了的判定(是从与465-5的纹样色彩及工艺相同的461素地印花敷彩纱作品上取样),结论是:朱红色为朱砂(硫化汞),黑色为炭素即墨,银灰色为硫化铅,粉白色为绢云母。这些着色剂均为颜料,以干性油类为黏结剂,以凸纹花版印制在织物上。

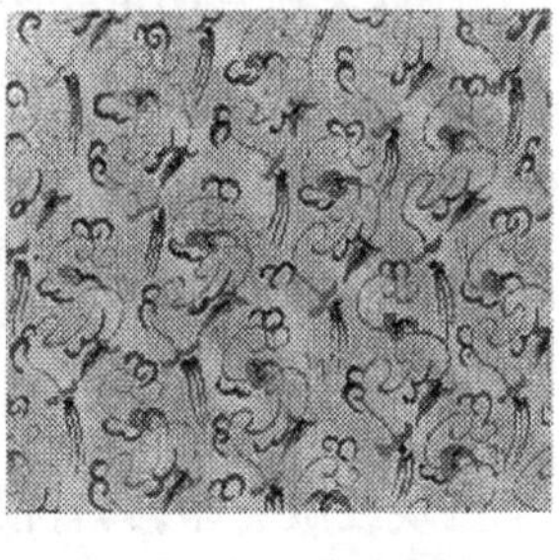
图7-17 印花敷彩纱图片

465-5印花敷彩纱的印花纹样的骨架为藤本植物的变形。单元纹样高约40毫米,宽约22毫米,外廓呈菱形(465-5印花敷彩纱单元纹样,图7-18)。印花图案由四个单元图案上下左右连接,构成印花纹版的菱形网格。在织物上的印花单元图案纵横连续,错综排列,通幅有20个单元图案分布。在印花的单元纹样中,用藤蔓婉转的线条印底纹,用朱红色绘出下方红须,用重墨点出花蕊,用银灰色勾绘叶和蓓蕾纹点,用棕灰色勾绘叶和蓓蕾的苞片,用黑灰色绘叶等

① 刘振东、谭青枝著,客死他乡的国王——南越王陵揭秘,四川教育出版社,1966年,第147页。

纹样结构。

图 7-18　印花敷彩纱的花纹单元图

据上海纺织科学院对纹样的结构特点分析，藤蔓底纹可能是用凸纹版印制细挺婉转的灰色条纹，其余部分如花、叶、蓓蕾、花蕊、苞片、花须等则是在织物上印好底纹后，再由手工描绘上去的，即所谓敷彩。因此，纹样结构上就有极为明显的笔法特征。而且，详细观察 465-5 印花敷彩纱实物，可以发现组成图案单元的各种细小线条，在部位和笔法上不完全相同，表现出栩栩如生的笔力效果。藤蔓主纹的印制，使用的纹版是凸版或镂空版？经对比试验，以凸纹版的印制效果更精细，与原实物更接近，而镂空版则难免产生颜料的渗漏现象。

465-5 印花敷彩纱的印制过程，据上海纺织科学院的研究，可能分两步进行：

第一步，印底纹(或称定位纹)。

先将素纱织物按纹样要求的距离做好定位记号，从织物的幅边开始，将蘸有灰色色浆的印花纹版平放在织物上面，按照规定的定位记号先左右、后上下，移动纹版，连续操作。从实物图片看，骨架纹样定位准确，没有发现印花色浆扩散和线条迭压的情况，操作熟练，效果完美。由于单个纹样的面积很小，为了提高工效，有可能将四个小的单元图案并为一版，即并成长 8 厘米、宽 4.4 厘米的大菱形网纹版。即便如此，每米 800 多个小单元纹样，仍需 200 余版才能完成底纹的印制，且连接需十分准确，可想见操作的难度。

第二步，敷彩。

所谓敷彩即手工描绘彩色花纹，在先秦文献中称“画”或“缋”。465-5 作品的敷彩过程可能如下：

(1)用朱红色绘出菱形骨架下方红色花须；

(2)在红色花须上方重墨点出花蕊；

(3)用蓝紫色、暖灰色、银灰色依次勾叶；

(4)粉白色勾绘叶边，起强调、凸显浪形叶片的作用，这是最后一道工序，即所谓“画绘之事后素功”。

465-5 作品的单元图案下方的朱红色花须，是整件作品的点睛之笔，它使作品画面显得生气勃勃，具有强烈的动感。这件作品不仅工艺高超，在审美效果上达到前所未有的境界。它与马王堆出土的其他纺织作品一样，具有唯美主义倾向，与属于楚文化的战国织锦的凝重、沉稳甚至僵硬的风格完全不同①。

340-11 金银印花纱(图 7-19)，一共发现大小不同的三件，但纹样完全相同，可看作是使用同样的三套纹版及相同的工艺印制的。这是我国目前发现的最早的套版印花作品，并且使用了三块纹版套印，具有很高的工艺水平。

金银印花纱的纹样(如图 7-20)由三部分构成，也就是由三块不同的纹版分别套印的，即“个”字形定位纹、略呈长六边形的主题纹、起点缀作用的“点”形小叠山纹(如图 7-21、7-22、7-23)。它所用的纹版，研究者认为可能是阳纹版，而不是镂空版，因为金银印花纱的印纹线条的间隔不足一毫米，而线条弯、长、细、密程度及线条之间的交叉点上，没有因色点交叉而变大

① 上海纺织科学院主编，马王堆一号汉墓出土纺织品研究，文物出版社，1973 年。

的现象，这样的印制效果是镂空版难以达到的。

金银印花纱印制过程可能分三步：

第一步，印银白色定位纹；

第二步，印银白色主题纹；

第三步，印金黄色叠山形点缀纹。

金银印花纱的印花颜料种类，因未作分析，难以确定[①]。

值得注意的一个现象是，既然专业工作者目前对于马王堆发现印花织物的工艺定性一直没有争议，但马王堆印花物织物是唐以前硕果仅存、甚至昙花一现的印花工艺也是一个不争的事实。这种技术上的断裂现象是很值得研究的。从逻辑的角度讲，如果马王堆印花织物的工艺定性是不容怀疑的，它在西汉的某个诸侯国就已确切地存在，并达到很高的工艺水平，但却是异常光辉而又短暂地闪现，其后就迅速地消失了，此后直到唐代的几百年里，再没有任何迹象证明这种工艺的存在，既没有实物、也没有工具出现。那么马王堆印花工艺出现的条件和环境及必要的技术准备是

图 7-19　西汉泥金银印花纱实物图

图 7-20　金银印花纱纹样：单元图案

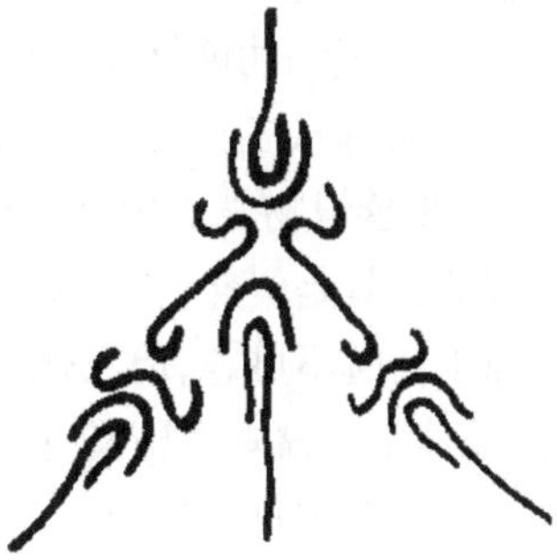

图 7-21　金银印花纱纹样：银灰色定位纹

图 7-22　金银印花纱纹样：灰色主题纹

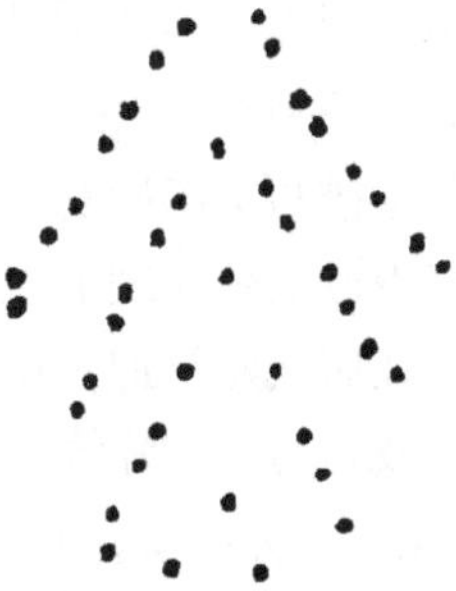

图 7-23　金银印花纱纹样：金黄色山形圆点纹

① 上海纺织科学院主编，马王堆一号汉墓出土纺织品研究，文物出版社，1973 年。

什么呢？它为什么在以前毫无表现的情况下一下就达到了这样高度的成就呢？看来这个问题的答案只能期待新的考古发现来回答了。

像盖印一样地进行印花的方法，在魏唐也几乎没有发现什么像样的实物，但到唐宋时期就十分常见而且空前繁荣起来。南宋黄升墓中，曾发现了许多用凸版结合手绘印制的衣服边饰。据实物分析看，印制边饰的凸版长度约为 5 ~ 50 厘米之间，宽度约为 1.5 ~ 5 厘米之间，其形较为狭长，大概是专为印制服装边缘花纹的花版。此板可以印彩亦可印金，即将厚薄适宜的涂料色浆或黏合剂涂在花版上，在织物上印出花纹图案的底纹，或蘸上泥金在织物上印出金色的轮廓，然后再用手工绘画回勾勒，完成整个作品①。

凸版印花在整个宋元之后仍有应用和发展，特别是新疆还出现了凸纹的木滚，可以滚动印花，印出连续的作品，这是少数民族对印花技术的伟大贡献。

第四节　整理技术

古代织物整理工艺虽没有统一的固有名称，却有多种整理手段和工艺，将它们归纳起来可分为织物风格性整理和功能性整理两类。

所谓风格性整理从工艺要达到的目的看，一类主要以改善织物表面风格为目的，如熨烫整理；另一类既可改善织物表面风格，又可改善织物内在品质，如研光整理。

熨烫整理的工具是熨斗，方法是将熨斗加热后在织物表面来回熨压，将织物展平，尺寸稳定。熨斗起源于何时不可考，但汉代已经出现。《古今图书集成·古器评》："汉熨斗，此器颇与今之熨斗无异，盖伸帛之器耳。"即熨斗的功能是使得布帛伸展挺括。熨斗一般使用重金属制作，利用它本身的重量在织物上施压，古代一般用铜或铁制作。唐以前的一般为碗形，底部平整，有金属或木柄，使用方法将烧热的炭放在熨斗内将熨斗加热，熨烫织物。1970 年，南京象山西晋墓中发现一只带柄铜制熨斗。1972 年，江西瑞昌西晋墓中也发现了一只黄铜带柄熨斗，内径较大，约 15 厘米，柄长 20 厘米，这样大的熨斗可能是用于熨烫织物的。宋徽宗临唐张萱《捣练图》中，有妇女熨帛的画面。参与熨帛的妇女四人，两人在布帛的两端用力拉住，使其张紧伸平，一人在中间部位右手持熨斗，左手持布边熨烫，背向妇女与熨烫人相对，用手牵拉住布帛的另一边。这幅《捣练图》是描写贵族妇女加工整理匹帛的劳动场景，人物姿态闲适优雅，服装华贵艳丽。原作者特意将熨烫的劳动细节加以工笔细致描写，可能是为了突出贵族妇女追求衣饰及其原料的尽善尽美。在唐代丝帛加工中，至少一些贵重的丝帛织物是采用熨烫整理的。白居易《缭绫》诗："金斗熨波刀剪纹。"缭绫是一种贵重的绫，织制费工费力，"丝细缲多女手疼，轧轧千声不盈尺"。它的花纹十分美观，"异彩奇纹相隐映，转侧看花花不定"，色泽雪白如"天台山上明月前，四十五尺瀑布泉"，采用整匹熨烫整理，其贵重可以想见。1960 年河北井陉柿庄宋墓，其中的大号墓室东侧壁画上绘有一手工业作坊中"捣练"的画面，由担水者、熨帛者、洗衣者组成，居中的三个熨帛妇女，其分工操作状态，与宋徽宗《捣练图》极相似。同时出土的其他墓壁上，雕有熨斗、剪刀等器具。从这幅壁画描绘的场面推测，宋代时，熨烫整理在民间手工业作坊中已经普遍应用。明清时，由于纺织生产的规模和产量的扩大，使用熨斗已经不能满足需要，于是发明了专门用于织物整理的木制工具"轴床"。轴床实际上是卷布轴，操作时，工人口含水喷布，使其具有

① 上海纺织科学院主编，马王堆一号汉墓出土纺织品研究，文物出版社，1973 年。

一定湿度，送布时手上加力张紧，缓缓卷成布轴，利用张力和压力将布整平，然后经一夜低温烘干，匹绸自然平直。这种方法用于整匹布帛时，可显著提高工效。

砑光整理的工具是光滑的石头，东汉《说文解字》称这种工艺为碾，“碾，以石擀缯”。清段玉裁注：“碾以碾缯，今俗谓之砑”，可知东汉时已有砑光工艺。据《考古学报》1977年第一期，山东临淄东周殉人墓中出土的刺绣残片，绢地表面平整光滑，几乎看不出明显的结构空隙，推测可能经砑光。长沙战国楚墓出土的帽子里绸和剑鞘上的绸，都很薄，其切片在显微镜下观察，与一般截面不同，呈扁平状，日本学者布目顺郎认为它有可能是砑光的。砑光在明清两代很发达，明宋应星《天工开物·乃服第六·熟练》：帛“练后日干张急，以大蚌壳磨使乖钝，通身极力刮过，以成宝色。”将打磨光滑的蚌壳用力刮整匹经练之熟绸，可以使其织物光泽明亮，显现丝绸特有的“宝色”即丝光。

由于棉布的推广，明、清两代，松江、芜湖、苏州等地踹染业相当发达。清顾公燮《消复闲记摘抄》：“前明数百家布号，皆在松江枫泾、洙泾乐业，而染坊、踹坊、商贾悉从之。”棉布业的兴起带动了染坊、踹坊、商贾等的兴起，许光埔《重辑枫泾小志》：“康熙初，里中多布局，局中所雇染匠、砑匠皆江宁人。”沈得潜《元和郡县志》：布坊俗名字号，店在阊门外，漂染俱精。”现代人杜黎《关于鸦片战争前苏松地区棉布染踹业的生产关系》一文说：“明末松江被劫，青蓝棉布染色加工和集散贸易中心，逐渐转向苏州。不但织造府采买的垫箱布匹均在‘在苏办染’，‘染色之后，必用土石脚踹砑光’。”踹布的主要工具是元宝石，《木棉谱》：“踏布坊，下置磨光石板为承，取五色布卷木轴上，上压大石如凹字形者，重可千斤。一人足踏其两端，往来旋转运之，则布质坚薄而有光。”踏布的劳动强度很大，要有足够的脚劲，还要掌握元宝石来回翻滚不会倾复的技术。布要踏得光洁挺括，关键在于把布卷上木棍时，布要卷得紧，边要卷得齐，否则会发生皱折或使布匹成为喇叭形。

图 7-24 《木棉谱》中踹布图

踏布就是砑光，砑光有双面光、单面光和平光三种。双面光，踏时土布上、下两面各加一道“插子”，踏后布匹正反两面都有光泽，踏时需喷水。单面光，只加一道“插子”，布匹只一面有光。平光，不加“插子”，只是把布踏平，经纬眼子踏扁，土布便显得光洁，长度也有一定伸展。所谓“插子”是踏布业的行话，即上了蜡的漂白布，其长度与土布相等，一道卷上木棍付踏。方法是先用漂白布揩蜡，然后一层土布一层蜡布地卷在木棍上，要卷得紧，但张力又要均匀。然后把已经卷好布的木棍置于两端略翘的石板上，再以元宝石压上木棍，用双足来回踏动，使布轴在石板上翻滚。工人在操作时,前面置有扶手木架。用蜡踏布时,需喷水。

所谓功能性整理是指通过特殊的整理手段使织物具备诸如防水、滑爽、硬挺等功能,以满足特殊需要。功能性整理按使用目的可分为硬挺性整理和防水性整理,其加工性质皆为涂层式整理。

硬挺性整理是将漆涂于织物表面,以增加织物的硬挺,1953 年在陕西长安西周墓中发现了涂漆的织物残片,《后汉书·舆服志》有“漆冠”的记载,明以前官员头戴的官帽就是以漆涂在纱类布上制做的。1972 年马王堆 3 号汉墓出土完整的漆纱冠一件(图 7-25)。

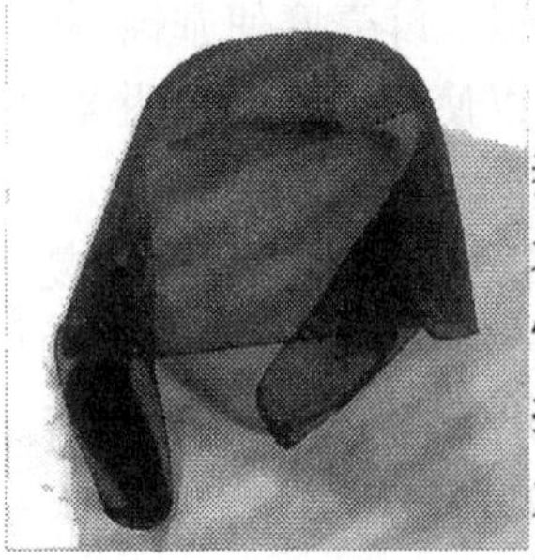

图 7-25　漆细纱冠图

防水性整理是将植物油涂于织物表面,以使其具有防水性能。秦汉以前有使用苏子油、荏子油的记载。《名医别录》和《齐民要术》先后记载,“荏子榨其子作油,即今油帛及和漆所用者”,“荏油性淳,涂帛胜麻油”。将荏油与漆混合,可使油膜更为坚韧光亮,并提高涂油织物的防水性能及耐腐蚀性能。隋唐以后,使用桐油作为防水涂层逐渐普遍,广泛用于车舆及雨衣。宋以后及明清,涂油织物更广泛地被应用到油布、油缯、油伞、油绢等防雨材料上。我国传统的桐油布伞、桐油纸伞,一直到近代和现代仍有使用。

第八章 织物组织和品种

织物组织是指经纬纱线按一定的规律相互浮沉交织形成织物的交织规律。它决定了织物的品种、物理性能和外观风格，标志着织造技术水平的进步程度。

第一节 织物组织

一 织物组织的出现

织物组织是编结技术的产物，《苍颉篇》："编，织也。"《说文·糸部》："辫，交织也。"编和织的原理是相通的。原始织造技术源起于编织。早在约10万年前的旧石器时代中期，我们的祖先就能制作简单的初具雏形的绳索和网具。到旧石器时代晚期，又创造出缝纫技术，能搓拈出较匀细的线缕，用以穿针引线，并用这样的线缕编制编织物，产生原始的布帛。传说伏羲氏"作结绳而为网罟，以佃以渔。"这种网罟就是一种编织物。无疑我国编织技术的产生不会晚于旧石器时代晚期。编织技术的发展大概是从编结捕捉鱼、鸟、动物的网罗发展到编制筐席，再进一步发展到编织织物。

1977年冬，在属于新石器时代早期的浙江余姚河姆渡遗址，出土了一块芦席残片，席纹匀整，结构紧密，反映出娴熟的编制技巧①。在我国其他许多区域出土的新石器时代陶器上，也几乎都发现有各种各样的编制品印痕，或作装饰，或为包装印痕。常见的有篮纹、叶脉纹、方格纹、席纹、曲水纹、回纹等。尤为可贵的是半坡遗址出土的陶器底部除有大量编制品印痕外，还有编织物印痕，织物的纱线较粗(图8-1)②。

1972年，江苏吴县草鞋山新石器时代遗址出土的葛纱，原料用葛麻纤维，经纱为双股S捻，经密约为10根/厘米；纬密，地部为13~14根/厘米，花纹处为26~28根/厘米，织物组织为两纬绞纱，呈显山形和菱形花纹。应是用骨针穿引的方法编织而成③。1958年，浙江吴兴钱山漾新石器时代遗址除发现200多件竹篾编制的用具外，还有绢片、丝带、丝绳和苎麻布。绢片长2.4厘米，宽1厘米，呈黄褐色。经纬密度各为48根/厘米，拈向为Z；丝带最宽部分5.85厘米，最细部分为4.44厘米，由四根股线捻合成一根缕丝(缕丝捻向为Z)，再由缕丝编织而成，带纹呈人字形。苎麻织物是平纹，经密30.4根/厘米，纬密20.5根/厘米。有明显的捻度，经纬纱捻向一个为S，一个为Z④。

由此可见，编织技术在新石器时代，从原始的粗疏状态，发展到较高的编织技巧。原料从

---

① 浙江省文物管理委员会，河姆渡遗址第一期发掘报告，考古学报，1978(1)。

② 中国科学院考古研究所，西安半坡，文物出版社，1963年，第162页。

③ 南京博物院，江苏吴县草鞋山遗址，文物资料丛刊，第三期，文物出版社，1980年。

④ 浙江省文物管理委员会等，钱山漾第一、二次发掘报告，考古学报，1960(2)：73~92。

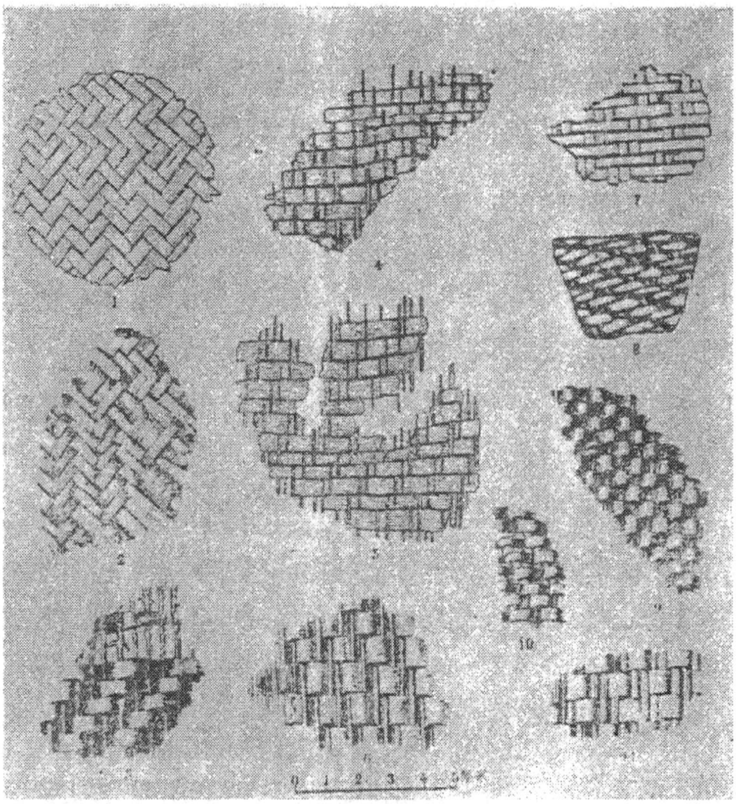

图 8-1　半坡出土的席纹复原图

树皮、芦苇、竹片发展到麻类等植物纤维和精细的蚕丝。编织纹样从平纹发展到芦席纹、回纹、人字纹、山形纹、菱形纹等。也即是从织物组织学来说,包含了平纹、斜纹、变化组织和联合组织,甚至还有绞纱组织。机织物——即用原始腰机织造的织物,其织物组织从现有的资料来看,恐怕还仅限于平纹组织,但织物品质已相当细密。

二　织物组织的发展

织物的基本组织为"三原组织",包括平纹组织、斜纹组织和缎纹组织,复杂组织中的大多数都是由其变化、联合而成的。其中的平纹组织和斜纹组织在织物发展的最初阶段——编织物上就已得到了充分表现,在原始腰机发明以后,这些编织原理很自然地就被应用到了机织物上。

这类由平纹、斜纹及其变化组织构成的织物在殷商时期出土的织物上被大量发现,如河南殷墟和其它商代遗址中,出土了大量的纺织品残片和印痕,殷墟甲骨文中与纺织有关的字有 100 多个。河南安阳殷墟妇好墓出土粘在铜器上的丝织品有五种,其中纱、纨类平纹织物有 20 余例,双经双纬的平纹变化组织有 1 例,另有平纹地上起回纹花的平纹和斜纹的联合组织 1 例,还有用朱砂涂染的 9 例。

1973 年,河北藁城台西村商代中期遗址出土铜器上粘附有丝织物残痕,可以看出有平纹组织、绉纱组织、绞经的纱罗组织和平纹地起 3 枚斜纹花的联合组织。同墓还出土了不少已炭化了的麻织物残片,均为普通平纹组织。经纬纱均为 S 拈,经纬密度为 14 ~ 20 根/厘米和 6 ~

10 根/厘米。相当于 10 升布①。

1937 年,瑞典学者西尔凡(V.Sylvan) 发现马尔米博物馆和远东博物馆收藏的我国商代青铜觯和钺上粘附有丝织品残片,经分析为平纹地上以 3 上 1 下斜纹组织显菱形花纹的联合组织,一个菱形花纹的纬纱循环为 30 根②。北京故宫博物院收藏的商代铜器和玉刀上也存有丝织品印痕。铜器上的丝织品也为平纹地菱形花,菱形为复式,外圈浮长较长,一个花迴的经纬纱循环分别为 35 根和 28 根③;玉刀上的丝织品花纹为云雷纹,平纹地 4 枚变化斜纹显花,另有一件商代嵌松条石,兽面纹铜戈,戈把上存有丝织物印痕,一处为平纹地 6 枚斜纹花,两处为平纹地 4 枚斜纹花,经纬密 28×27 根/厘米④。这些都属于平纹组织和变化斜纹组织构成的联合组织。

1970 年辽宁朝阳西周早期墓出土有丝织品 20 多层,经北京纺织科学研究所分析鉴定,有经二重丝织品多层,呈黑褐色,正反面均采用 3 上 1 下的经重平组织(图 8-2),表面呈斜纹效果,经密 26×2 根/厘米,纬密 14 根/厘米。同墓还出有平纹组织的方孔纱,经、纬密 20×20 根/厘米⑤。

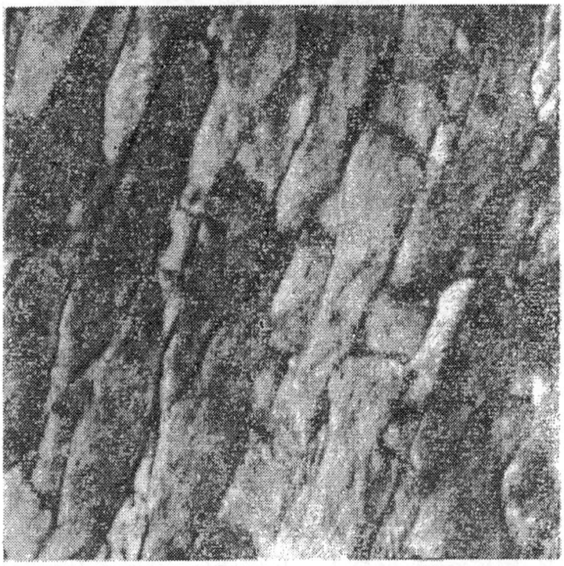
图 8-2　朝阳出土的锦(辽宁博物馆提供)

1955 年陕西宝鸡茹家庄西周早期墓葬出土铜剑上粘附有菱形花纹丝织物,为纬二重织物,菱形花纹。实物长 0.8 厘米,宽 1.5 厘米,经密 70 根/厘米,纬密 20×2 根/厘米,残存花纹复原纬丝循环达 42 根,显花纬浮长 3~4 毫米。这种重组织结构的出现,表明了织造技术的重大突破。铜剑柄部有一块平纹地上由五枚假纱组织组成菱形花纹的织物,花纹处由于纱线集聚而呈现均匀分布的透孔(图 8-3)⑥。这种组织是充分利用了经纬线的张力、组织的变化及其分布组合最后构成了花纹的联合组织。它在不增加织造技术难度的情况下,使织物纹样变化且富有特点,构思极为巧妙。采用不同的组织结构导致纱线的张力不同,又由于张力的不同造成纱线的集聚,从而在织物表面形成透孔,这充分显示了我国古代劳动人民的聪明才智。

1957 年青海诺木洪地区发现了大量西周早期的毛织品。以平纹组织居多,有红黄或黄褐相间的条纹织品,和未经染色的素织品。还有一块纬重平织物⑦。

1977 年湖北随县擂鼓墩一号战国早期墓地出土了一块与茹家庄西周早期墓类似的经、纬

① 高汉玉等,台西村商代遗址出土的纺织品,文物,1979(6)。

② V.Sylvan,殷代丝织品,远东博物馆馆刊,1937(9)。

③ 顾方松,殷商时代的丝绸图案,丝绸,1964(4)。

④ 陈娟娟,两件有丝织品花纹印痕的商代文物,文物,1979(12)。

⑤ 赵承泽等,关于西周丝织品(岐山和朝阳出土)的初步探讨,北京纺织,1979(2)。辽宁省博物馆文物工作队,辽宁朝阳魏营子西周墓和古遗址,考古,1977(5):306。

⑥ 刘柏茂,我国西周丝织品的生产技术,中国纺织科技史资料,第 2 集。

⑦ 青海省文物管理委员会、中国科学院考古研究所青海队,青海都兰县诺木洪塔里他里哈遗址调查与试掘,考古学报,1963(1)。

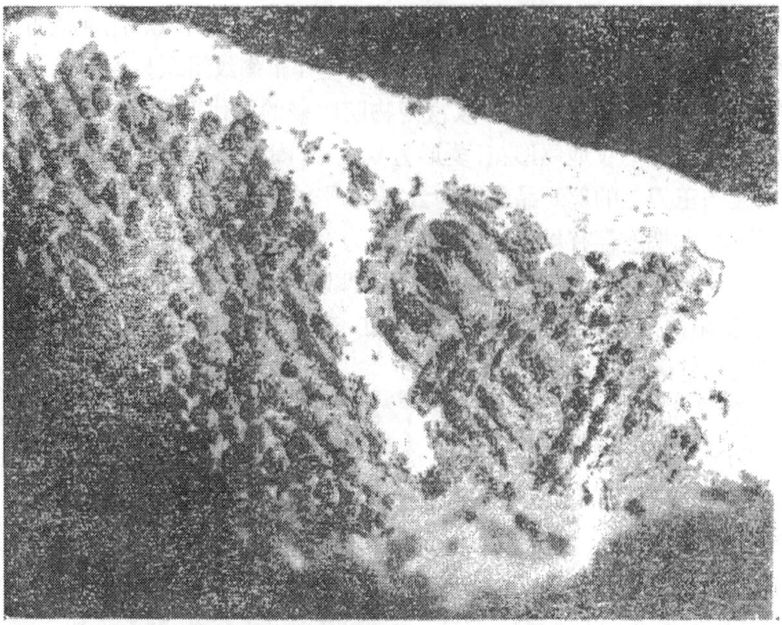

图 8-3　茹家庄出土菱纹丝织品(宝鸡博物馆提供)

显花,纬二重菱纹丝织物。残片长约 8.5 厘米,宽 2.4 厘米,呈深褐色。菱形花回 3.4×4.8 厘米,工艺精细。

1957 年长沙左家塘楚墓发掘有一块平纹组织的藕色纱手帕,以及大量的织锦残片,这些锦多数是采用经二重组织,有一件褐地双色方格纹锦,却采用了特殊的中心加挂经的局部经三重组织。挂经只在菱形细格中心几何花部位以 4 上 1 下组织形成中心花,它以最少的经丝数,显示了最多的花纹层次①。另有一点值得注意的是,在这些织锦残片中,除了以往常见的菱形、矩形、方格形等直线几何纹外,出现了对龙对凤,几何填花等复杂花纹,这对纹样设计和织造技术都有着更高的要求。

位于阿尔泰北麓的巴泽雷克的公元前 5 世纪的古墓群,出土有不少中国丝织物,其中多数平纹织物,也有提花织物和丝绣品。

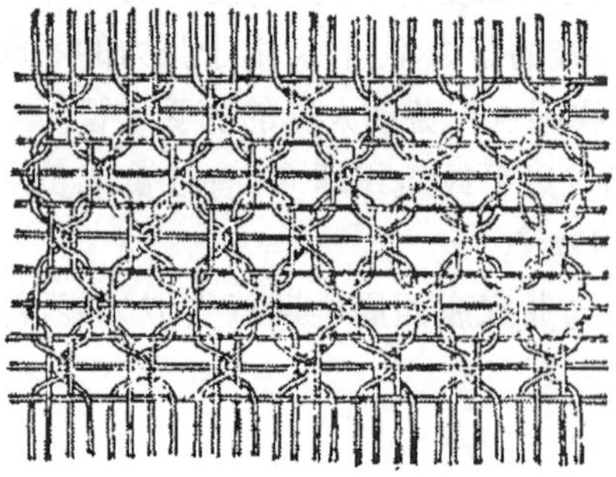

图 8-4　四经绞罗组织示意图

1976 年山东临淄郎家庄一号东周墓中,也出土了一块与辽宁朝阳西周早期墓同样的经二重织物,经密 56×2 根/厘米,纬密 32 根/厘米,更为精细②。

1982 年湖北江陵马山一号墓出土了大量的丝织品,墓葬属于战国中晚期的楚墓。出土丝织品的种类几乎包括了先秦时期的全部品种,是先秦丝织品的一次最集中的发现。有平纹组织的绢、绨、纱、绞经组织的四经绞素罗(图 8-4),平纹地起斜纹花的所谓"绮"(对于这一命

① 熊传新,长沙新发现的战国丝织物,文物,1975(2)。

② 山东省博物馆,临淄郎家庄一号东周殉人墓,考古学报,1977(1)。

名尚有待商榷)和重组织的锦①。这种四经绞罗经线通体纠结,织造时无法用筘,需用特殊的织机——罗机才能织造,非常的费时费功。一直到宋代这种四经绞罗都很流行,明清以后很少见到。古代称作"结罗"②,现在有的研究者把它称为链式罗,不可取,这是现在所见到的较早的四经绞罗实物。关于"绮",现在一般的是指平纹地上起斜纹花的织物,但是,赵承泽先生研究认为,绮的地组织应为斜纹③。该墓出土的彩条纹"绮",外观为顺经线方向排列的深红、黑、土黄三色相间窄长条,黑色条区只有一种粗经线,组织点是 1 上 1 下;深红和土黄色条区的经线有粗细两种,作 1:1 相间配置。细经线的组织点是 1 上 1 下,粗经线则以 3 上 1 下斜纹组织显花,1 上 1 下平纹组织作地,这种组织普非斯忒将其取名为"汉式组织"(图 8-5)④。出土的锦

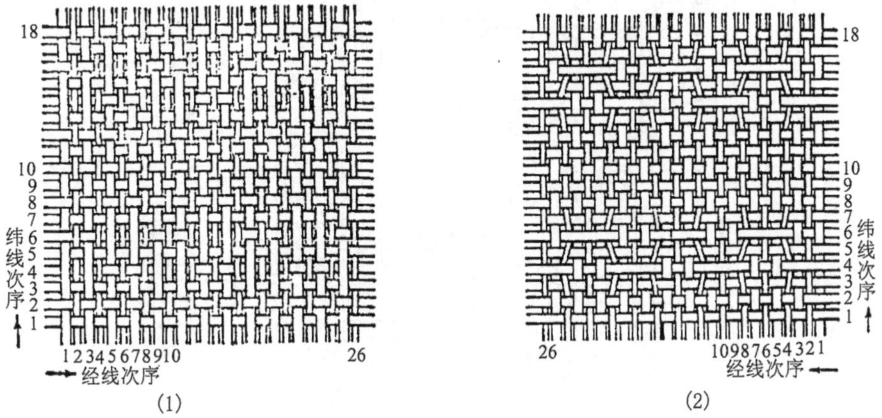

图 8-5 彩条纹绮的组织示意图

(1)彩条纹绮(正面) (2)彩条纹绮(反面)

都是平纹地经线提花,有经二重和经三重组织(图 8-6),其中小菱纹锦采用"挂经",十字菱纹锦则使用两色纬线,局部纬二重组织。除了上述几种在这一时期常见的平纹、斜纹及其变化组织、绞纱组织、联合组合和重组织结构的织物之外,还出现了一种装饰衣物的特殊的丝织窄带——绦。这种绦带按其织造的组织结构又可分为两种:一种是用两色或多色纬线起纬浮花的纬线起花绦;一种是类似于锁绣原理的纬编绦带(图 8-7),这种纬编绦带的结构非常独特,目前所知仅此一处。纬线起花绦织入花纬的方法又有抛梭法和穿绕法(图 8-8),值得一提的是穿绕法。它是采用了机织和编织相结合的手法,地纬与经线作平纹交织,花纬与地纬作 1:1 排列,依照纹样要求与经线进行穿绕编织形成短纬浮花,这种方法能很好地适应纹样和色彩的自由变化,织物牢度也好,可避免长浮纬,但生产效率低。这种织法的有田猎纹绦、龙凤纹绦,六边形纹绦⑤。田猎纹图案是第一次出现在丝织品上,与龙凤纹绦都是一个大纬线循环的纬起花织物,可以看出在织造技术尚不具备织造大循环复杂花纹的条件下,古人为了满足高层次的审美要求,殚思竭虑,采用编织和机织结合的手法,创造出精美无比、复杂多变的艺术精品。也

① 湖北省荆州地区博物馆,江陵马山一号楚墓,文物出版社,1985 年。

② 赵承泽,谈福州、金坛出土的南宋织品和当时的纺织工艺,文物,1977(7)。

③ 赵承泽,关于我国古代纱、罗、绮的组织,中国纺织科技史资料,第 2 辑,1982 年。

④ 夏鼐,新疆新发现的古代丝织品——绮、锦和刺绣,考古学报,1963,(1)。

⑤ 湖北省荆州地区博物馆,江陵马山一号楚墓,文物出版社,1985 年。

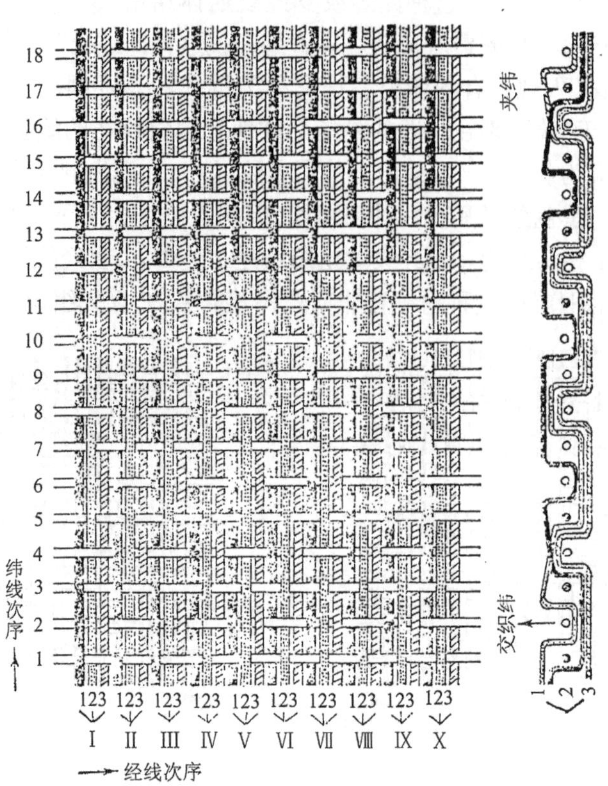

图 8-6　三色锦的组织示意图

正是这种对于美的不懈追求,最终导致了提花机的诞生。它应是从小循环提花织物向复杂大循环提花织物过渡的特定时期的特种织物。

还有一种带状织物,是用经线交叉编织而成,称为组。这些组均为双层,但不能分离成筒状,一般是单色无纹,但有一对帽系是用土黄、紫色两色丝线编成,显现三角纹、雷纹和横带纹。

综上所述,夏至战国时期的纺织技术从原始状态发展进入到了手工机器时代。织物组织出现了三原组织中的平纹组织、斜纹组织;变化组织中的平纹变化组织、斜纹变化组织和假纱组织;联合组织大多为平纹与变化斜纹联合,也有平纹与假纱组织联合;尤其是出现了具有较高织造技术水平的重组织和四经绞罗组织,重组织有纬二重组织和经二重、经三重(局部加挂经)组织。还有机织和编织(穿绕法)结合的纬编、类似于锁绣的复和组织绦和经线交叉编织的组带。表明夏商时期织物的组织已具备了绝大多数的基本形态,战国时期复杂的重组织织锦更是得到迅速的发展,无论是品种、数量都急剧增多,反映出丝织产业已具有相当高的专业化程度和规模化生产。

西汉的纺织技术以马王堆出土织物为代表,墓葬时间在公元前 165 年前后,属西汉早期。出土纺织品 100 余件,包括了汉代纺织品的绝大部分品种,有素绢、纹绮、纹罗、纹锦、绦带、刺绣、彩绘、印染等,有许多品种是第一次发现。纹绮组织有所谓的“汉式组织”,即在起花部分中的每一根长浮线的经丝,其相邻的另一根经丝都是平纹组织;也有在平纹素地上起 3 上 1 下的四枚斜纹经花(图 8-9)。罗织物出现了以四经绞作地二经绞显花的纹罗织物(图 8-10)。出土的纹锦织物以二至三组经丝与一组纬丝交织构成经二重织物,织物组织均系四枚变化组织,有

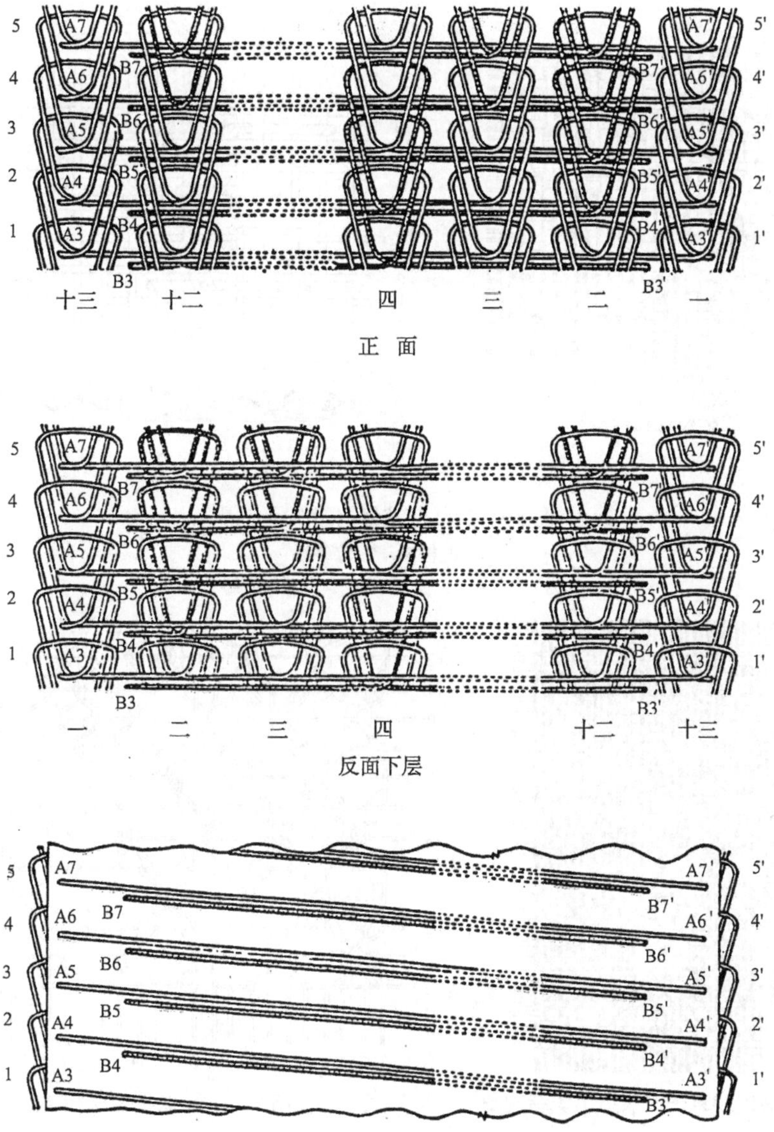

图 8-7　复合组织绦的线圈结构示意图

1 上 3 下、2 上 2 下、3 上 1 下。一般的锦均以一组底经丝为地部基础组织，独有 334－1 绀地绛红纹锦瑟衣片以地纹经Ⅰ和地纹经Ⅱ相互交替，轮流起地纹组织和地部 1 上 3 下的组织。可知四枚变化组织在西汉非常盛行，可视为西汉织物组织的特征之一(图 8-11)。西汉织锦的边组织结构也非常的精细，有单纬三纬重平组织和四枚变化组织。富有创造性的新组织为起绒组织，织造时借助起绒杆起绒圈。从实物分析可知，绒圈锦系以四根经丝为一组，有二色和三色，纬丝均用单色，采用四枚组织。四组经丝的经密每厘米约为 176～224 根，纬丝密度每厘米约为 41～50 根。以 N6－2 绒圈锦为例(图 8-12)，经丝排列为：甲、地纹经(Ⅰ)，乙、底经，丙、绒圈经，丁、地纹经(Ⅱ)。马王堆一号汉墓出土的绒圈锦是我国迄今为止发现的最早的绒类织物，同样的织物还见于河北满城中山靖王刘胜夫妇墓、甘肃武威磨咀子汉墓和蒙古诺音乌拉匈

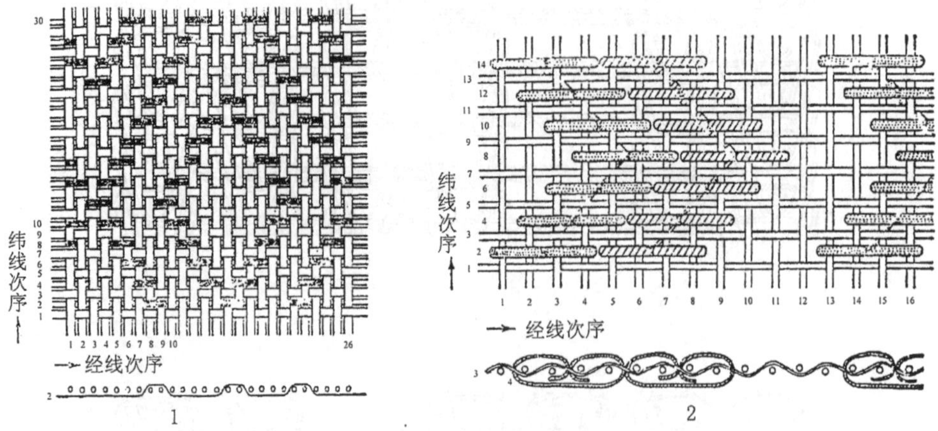

图 8-8 纬线起花绦的组织示意图

1. 抛梭法 2. 穿绕法

图 8-9 354—19 纹绮组织结构图

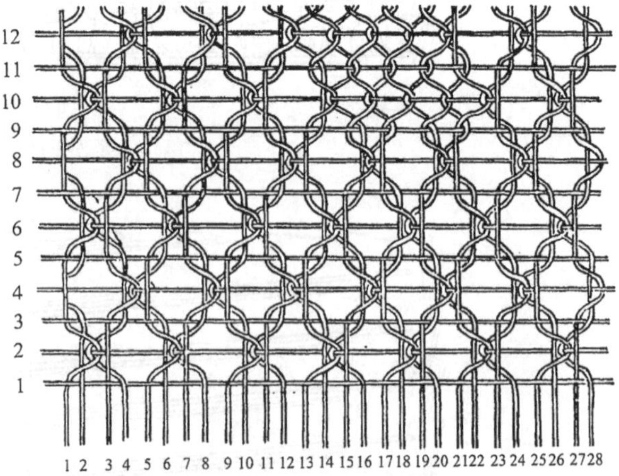

图 8-10 菱纹罗组织结构示意图

奴东汉墓。起绒有绒圈和开毛之分。起绒织物的文献记载见于西汉史游《急就篇》,《后汉书·舆服志》等,多用于领袖缘饰、衣带、香囊和镜衣的底衬,具有耐磨的特点。

东汉织锦的结构与众不同,是织有暗夹纬的重经组织。一般由 2 至 3 组经线与 2 组纬线平纹交织而成。1 组纬线作地纬,1 组作暗夹纬,经线显花。织物比较厚重,表面呈经畦纹,这种结构的织锦被认为是汉锦的特点,一直延续到 7 世纪初,才出现了斜纹组织经线显花的织锦,7 世纪中叶出现了斜纹组织纬线显花的织锦。汉唐织锦的实物多见于"丝绸之路",早期汉晋时期主要见于新疆民丰尼雅遗址、古楼兰城址等;晋唐时期大量出土于吐鲁番阿斯塔那。近年在青海都兰也出土有不少 8 世纪左右的织锦,主要是斜纹经锦和斜纹纬锦,也有平纹经锦①。

都兰还出土了一批斜纹组织的绫或称为绮,其中有些组织结构属首次发现,有在平纹地上以方平或变化方平组织提花的(图 8-13),也有 2 上 2 下组织的斜纹素织物。

① 许新国、赵丰,都兰出土丝织品初探,中国历史博物馆馆刊,1991 年,总第 15、16 期。

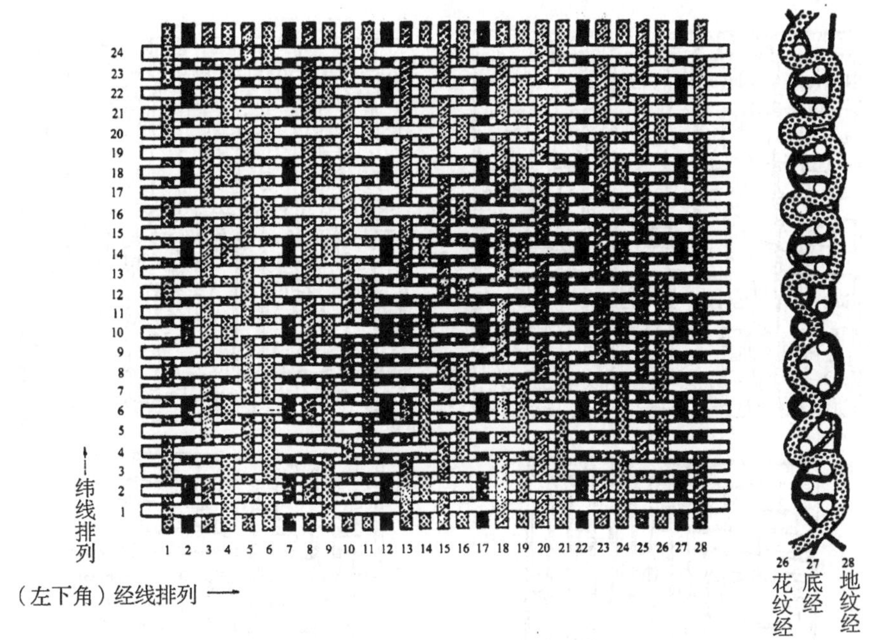

图 8-11　N6-3 凸花纹锦组织结构示意图

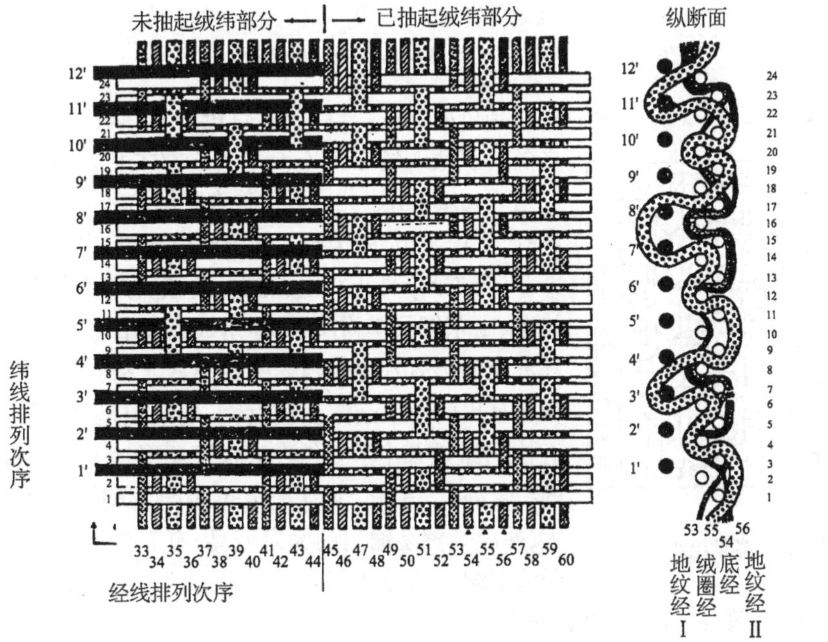

图 8-12　N6-2 绒圈锦组织结构示意图

“三原组织”中的缎纹组织在唐代初露端倪。新疆盐湖唐墓出土的三块烟色牡丹花纹绫，以2上1下斜纹组织作地，六枚变则缎纹起花。福州南宋黄升墓中也发现有六枚变则缎组织。从宁宗杨后的《宫词》“要趁亲蚕作五丝”中，或可推测宋代已有五枚缎。西方对缎的称呼便是源于我国宋代丝织品出口口岸城市泉州的名称——刺桐。在五代重修泉州城时，曾在城墙外环植刺桐

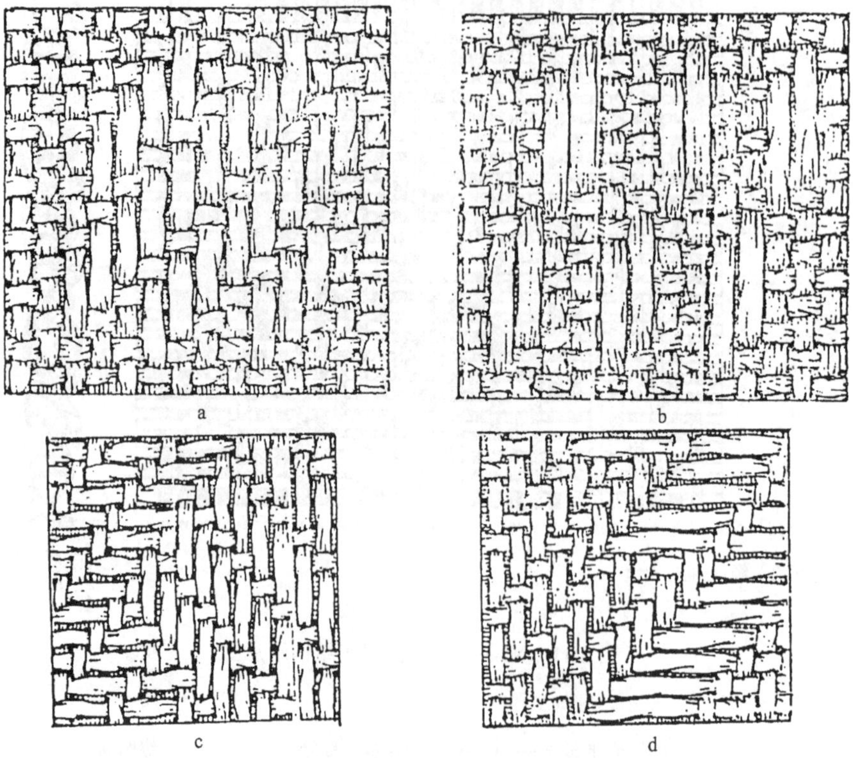

图 8-13　都兰出土绫或绮组织图

树，因此外国商人称泉州为“刺桐城”。马可波罗在《马可波罗行记》中记载：“泉州缎在中世纪时著名。波斯人名之曰 Zaituni，……意大利人名之曰 Zetoni，法兰西语 Satin，疑出于此。”元代曾来我国访问的伊本·巴都塔在《伊本·巴都塔游记》中记载：“刺桐地极扼要，出产绿缎。其产品较汗沙（今杭州）及汗八里（北京）两城所产者为优。”江苏无锡元初墓、山东邹县李裕庵墓、苏州娘娘墓中均出土了不少缎织物。江苏无锡出有六枚变则缎组织的素缎和五枚正反暗花缎①；李裕庵墓出的一顶杂宝云纹女帽，地组织是经五枚，花组织为纬五枚②；娘娘墓出了一件在五枚正反缎地上以圆金织入菱花纹的织金缎③。另外，文献记载也表明元朝缎织物品种多、产量大，并成为贸易输出的大宗产品，有五色缎、锦缎和各色素缎。明清缎织物品种相当多，有各类素缎、暗花缎、织金缎、妆花缎等，清代流行 7 枚缎，织物表面更具光泽。

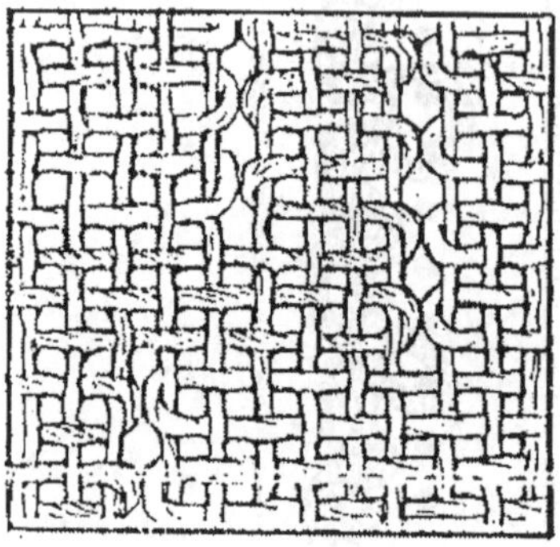

图 8-14　缂丝组织图

把通经回纬的织作方法用于丝织品的缂丝织物也发现于唐代，它有两种形态：一种是有地纬的缀织物，一种是无地纬的缂织物（图 8-14），均是平纹组织。日本正仓院保存的“七条织成

① 无锡市博物馆，江苏无锡市元墓中出土一批文物，文物，1964(12)。
② 山东邹县文物保管所，邹县元代李裕庵墓清理简报，文物，1978(4)。
③ 苏州市文物管理委员会、苏州市博物馆撰，苏州吴张士诚母曹氏墓清理简报，考古，1965(6)。

树皮袈裟”,就是由地纬通梭与经线交织,彩纬采用通经回纬的方法织成的缀织物,地纬与彩纬的比例是1:1。无地纬的通幅用通经回纬方法织成的缂丝织物,唐代在吐鲁番、都兰、敦煌均有发现,一般的唐代缂丝织物都呈极窄的带状,而都兰 DRMIPM2 出土的蓝地十样小花缂丝,纬向宽度约为5.5厘米,尚非通幅。它的组织结构也很特别,不是根据色彩的变换进行分段换梭,而是在同一色区内也分段缂织①。宋代缂丝织物多以名人字画为粉本,用作装饰,达到了缂丝艺术的高峰。

宋、元、明、清在织物品种和织造工艺上是一个繁荣发展时期,但从织物组织学的角度来看,由于唐以前各种基本的织物组织都已形成,所以创新之处并不很多。宋代高度发展的罗织物,在原有的四经绞作地,二经绞起花的基础上,在内蒙古的豪欠营又发现了“十经绞罗”。此外,宋代还流行二经绞和三经绞罗(图8-15)。二经绞有一顺绞和对称绞,以平纹或纬浮显花(图8-16),三经绞罗的地部均以3根经丝为一组,即1根绞经和2根地经,显花有平纹、斜纹和重平三种。

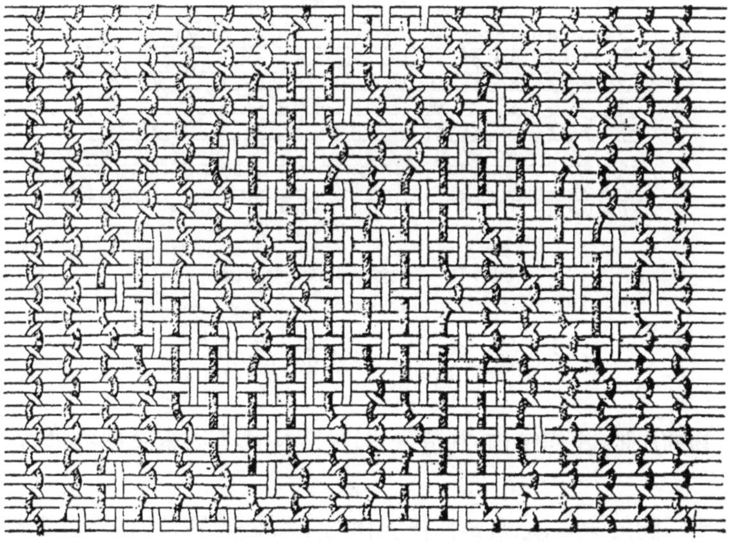

图8-15 二经绞罗平纹花组织图

元代盛行二经绞罗,有三梭、五梭呈现横条纹的横罗,由平纹组织和绞纱组织经向间隔排列形成;也有偶数纬起绞,平纹显花,显现绉地平花效应的罗织物,如山东邹县出土的鱼莲纹罗女夹袄。据福州府志记载,元时尚有五经绞罗和七经绞罗等素罗品种。

元朝具代表性的织物是织金锦,又称纳石失或金搭子,通常由金纬、纹纬、地纬组成重纬组织,变化平纹、变化斜纹组织显花。

明代著名的新技术是妆花,它源于元,盛于明,流行于清。采用局部通经回纬的方法进行挖梭织造,可做到逐花异色。它的技术渊源应追溯到唐代的缀织,最著名的品种就是云锦,重纬组织结构。

定陵出土的两卷双面绒,经密64根/厘米,纬密36根/厘米,对于它的织造工艺尚有待研究。

① 许新国、赵丰,都兰出土丝织品初探,中国历史博物馆馆刊,1991年,总第15、16期。

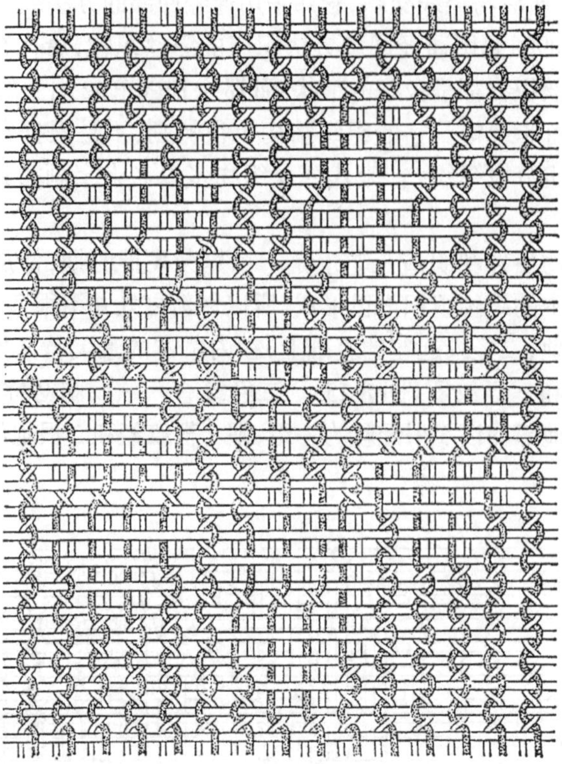

图 8-16　二经绞罗纬花组织图

第二节　织物品种

综合考虑织物的质地、组织结构、制造工艺、外观特征等因素将织物进行分类、命名，即为织物品种。

中国古代对于织物的命名，通常是抓住织物的主要外观特征，再结合织物的结构、工艺和质地，如：纱，“言其孔可以漏沙也”（《古今服纬》）；縠，“粟也，其文足足而踧，视之如粟也。”（《释名》）；绫“凌也，其文望之如冰凌之理也。”（《释名》）等等。根据文献记载和出土实物的研究，我们就现在所了解的中国古代的织物品种的发展状况作一简单叙述。

一　织物品种的分类

(1)纱：古代又作沙、紗，是质地最为轻薄稀疏的织物，“轻纱薄如空”。织物表面分布有均匀的方孔，“方孔曰纱”。其中最轻薄透明的又称“轻容”。古代一般为丝织品，也有葛纱。组织结构为平纹交织。

(2)绡：与纱相类轻薄型织物，特点是未经脱胶的生丝织品，故质坚脆，轻盈而又挺括。《周礼》郑注：“绡又为生丝则质坚脆矣，此绡之本质也。”至薄的又称“轻绡”，“轻绡一曰轻紗，紗薄而疏”。组织结构为平纹交织。

(3)纨：轻薄细软，富有光泽的素织物。《释名》：“纨，涣也，细泽有光涣涣然也。”高级的纨称“冰纨”。《汉书·地理志》:“纨细密,坚如冰也。”织物纱支匀细,密度高,又经精练,故柔软细泽,涣然有光,为贵重丝织品。织物结构为平纹交织。

(4)素:洁白精致、富有光泽、质地轻薄的平素织物。经精练,常与纨并称、互训,为高档丝织品。平纹交织。

(5)缟:结白精致的平素织物,质地较薄,平纹交织。

(6)绨:厚实,且富有光泽的素织物。染有青、白、黄、绿、紫、赤等各种颜色。经纬丝线较粗,密度较大,织物组织为平纹交织。是一种较贵重的丝织物,区别于现代纺织学较低档的交织绨。

(7)缣:是一种致密的素织物。经练染,染为五色。它的丝线细致,并且并丝而织,因而缣织物的表面匀细且致密,乃至于水都不能渗漏。特点是并丝而织,织物组织为平纹交织,实际上是一种重平组织。

(8)绝:也叫缠,是一种较厚实,基础组织为平纹的素织物。经纬线的粗细不同,一般是经细纬粗,或粗细纬交替织造,因而织物表面呈现横向畦纹。有平素和暗花的,唐、宋时期大量生产。

(9)䌷:古代指粗绸。抽引粗茧绪纺织而成。更粗的又称纟圭,由茧的下脚料织成。明清时期䌷不再专指粗绸,而是泛指普通的平纹丝织物。

(10)縠:似纱一样轻薄细软,表面又呈粟状均匀分布皱纹的素织物,又称纱縠。《释名·释采帛》:“縠,粟也,其形踧,踧如粟也。”《汉书·江充传》:“轻者为紧,绉者为縠。”织物的经纬线均加强捻,并且配以不同的捻向,在练染时因经纬线退捻收缩,而在织物表面形成粟状皱纹,后世称作绉。织物组织为平纹交织。

(11)绉:指表面有皱纹效应的丝织物。通常以平纹组织或绉组织作地,运用组织结构和各种工艺条件的作用,生织后经练染等后处理,使织物呈现皱效应。古代指精细的葛布。

(12)绮:《释名·释彩帛》:“绮,攲也。其文攲斜,不顺经纬之纵横也。有杯形纹似杯也,有长命,其彩色相间皆横终幅。”通常为小暗花织物,且花纹多为几何形,如菱形、回纹、云雷纹等,也有加彩的曰长命。由两种(或两种以上)组织联合而成。

(13)绫:《释名·释彩帛》:“绫,凌也。其文望之如冰凌之理也。”一般是指以斜纹或变化斜纹为基础组织的丝织物,有素绫和暗花绫。经纬丝一般不加捻或弱捻,先织后练染,织物外观因具有长浮线而富有光泽,手感柔软,轻薄,是一种高档丝织品。在不同的历史时期定义略有不同。

(14)缎:以缎纹为基础组织的各种花、素织物。织物经纬密度大,浮长较长,因而质地致密而富有光泽。结构有单层组织的素缎、暗花缎,也有重组织的锦缎。

(15)罗:是一种轻薄细软,织物表面分布有均匀的经丝相互绞缠后呈椒孔的织物。古代一般指四经相绞,通体纠结在一起,用无筘织机织制的绞经织物。现代的罗是指每隔三至九梭(奇数)经丝起绞一次,构成等距或不等距纬向条状纱孔的轻薄织物,也即是横罗。有素罗和花罗。

(16)绒:《玉篇》:“绒,细布也。”采用起绒组织或特殊工艺,使织物表面呈现毛绒或毛圈的花、素织物。古代也写作绒、茸、鞲、毧、氄、毢。织物厚重、保暖、耐磨,通常用作缘边、铺垫、帽饰等。

(17)锦:《释名·释采帛》:“锦,金也。作之用功,重其价如金,故惟尊者得服之”,又“织采为文曰锦”,可知锦的织造难度、色彩和价值。一般的以重组织结构织造、织物表面富有色彩、价值昂贵的织物均可称为锦。按其结构和显花又可分为经锦、纬锦、双层锦等。经锦是采用重经组织,多组彩色经线显花;纬锦是采用重纬组织,多组彩色纬线显花,双层锦是两组经线和两组纬线分别进行交织,花纹交界处表里交换形成袋状组织。

(18)缂丝:又作克丝、尅丝、刻丝。以蚕丝为原料,根据花纹、颜色的需要,分区分色用通经断纬法缂织而成,平纹交织。织物装饰性强,但牢度较差,花纹连接处呈雕镂状。一般用于装饰性织物,也用于服饰。

(19)织成:工艺方法与缂丝相类,也是依花纹所需,用通经断纬法“挖花”织作而成,不同的是,织成是由一梭通纬与一梭断纬交相织作,因而牢度较缂丝好,在日本称为“缀织”。织物较厚重,原料有丝质、毛质。

(20)妆花:在地组织上,花纹处局部使用小梭子“挖花”织作而成,局部重纬组织。施于纱、罗、绸、缎等各种地组织,形成妆花纱、妆花罗、妆花绸、妆化缎等,最著名的品种是云锦。

(21)绞缬:按设计要求,用线扎结或缝钉织物,水湿后放入染缸浸染,扎结或缝钉处不受染液浸染,而在边界处却略有渗润,从而形成色地白花,略带晕染的独特的防染织物。

(22)蜡缬:是将蜡溶化后,用蜡液作绘于织物上,蜡干后将织物浸入染液,染后再将蜡溶化煮洗干净,即显现白色花纹。由于蜡干燥后有龟裂纹,能渗入少量染液,所以蜡缬织物花纹上有不规则裂纹,从而形成风格别致、素朴的蜡防染织物。

(23)夹缬:多用于套染。将布帛置于两块花纹对称的镂空版中间夹紧,放入染液中,镂空处便上色,而夹板处因有防染作用不上色,如此进行多次,即可获得色彩丰富的套染织物,且在花纹边界处呈自然晕色。

(24)灰缬:有两种。一种是利用碱性物质对某些染料的阻染作用,先将含碱浆料施印于织物上,使施浆处表面丝胶脱落,投入染液中,由于生丝、熟丝的上染率不同,或某些染料在碱性物质中不上染,而使织物表面显现深浅层次不同或色地白花的花纹效果。另一种是在花版的镂空处涂上碱性防染浆粉(一般为豆浆与石灰混合),干后浸于染液中,染后晾干刮去浆粉,即呈现色地白花的防染印花织物。

(25)印花:是将色浆或颜料直接施印于织物上。也有施印碱剂进行脱胶,显出本色地丝光花,或施印粘着剂进行贴金印花。

(26)后整理:在织物表面涂以某种物质从而改变织物的外观及使用性能,成为新的品种,如漆纱、油绢等;也有将已精练的丝织物,用薯莨液反复淋洒或浸渍、晒干,再将河泥均匀地涂于织物表面,从而获得正面呈乌黑色反面呈红棕色的特殊织物品种,以纱罗类坯绸加工的称香云纱,以平纹坯绸加工的称拷绸,织物具有清凉离体、易洗快干的特点,为我国南方沿海气候炎热地带的传统产品。

(27)罽:《尔雅》:“氂,罽也。”邢疏:“罽者,织毛为之。”《说文·糸部》:“𦆌,西胡毳布也。”段注:“毳者,兽细毛也。用织为布,是曰𦆌,亦假罽为之。”《汉书·高帝本纪下》:“贾人毋得衣锦绣、绮縠、絺纻、罽,操兵,乘骑马。”唐颜师古注:“罽,织毛若今毼及氍毹之类也。”古称细密的毛织物。

(28)褐:一种粗糙的毛织物。《金史·舆服志下》:“兵卒许服无纹压罗、絁紬、绢布,毛褐。”《天工开物》:“褐者为贱者服,……褐有粗而无精。”

(29)吉贝:又作劫贝、古贝,亦称“迦波罗”。古时指棉花或棉布。《梁书·林邑国传》:“吉贝者,树名也。其华成时如鹅毳,抽其絮纺之以作布,洁白与纻布不殊,亦染成五色,织为斑布也。”明李时珍《本草纲目》卷三十六:“木绵有两种,似木者名古贝,似草者名古终,或作‘吉贝’者,乃古贝之讹也。梵书谓之睒婆,又曰迦罗婆劫。”

二　织物品种的发展

在中国古代生产服用的大量织物品种中,以麻、毛、棉纤维作原料的织物,系大众化衣着原料,虽产量较大,但品种为数甚少,均是一些组织简单、风格特点相互接近且不突出的织物,不具代表性;而以丝纤维作原料的织物,产量虽不及麻、毛、棉织物,但品种为数繁多、风格特点迥异,且有很多服用特色鲜明的织物,囊括了古代最具代表性的织物品种。各类不同丝织物品种的陆续出现和演变,反映了中国古代织物品种的发展历程。

(一)　夏至战国时期

夏、商、周时期纺织业是我国主要的手工业之一,丝织技术在这一时期得到迅速发展,丝织的品种、数量急剧增加,丝织品种已能根据织物的粗细、厚薄、疏密、纹样及加工工艺等进行分类、命名。见于文献记载的主要有纱、縠、纨、缟、绡、锦、绮、罗、绨、素、练、纺、帛、绢等。《礼记·玉藻》:“玄绡衣以裼。”《周礼·天官》:“内司服……衣素縠。”《仪礼·聘记》:“贿有束纺。”《战国策·齐策》:“曳绮縠。”《诗经·郑风》:“缟衣綦巾。”《列子·周穆王》:“齐纨殷敬顺。”《管子·轻重戊》:“鲁梁之名俗为绨。”《战国策·齐策》:“鞣罗纨。”《诗经·秦风·终南》:“锦衣狐裘。”《周礼·地官》:“闾师……任嫔以女事,贡布帛。”《周礼·天官·染人》:“春暴练。”以平纹素织物为大宗,提花织物以平纹组织为地,斜纹组织显花,纹样多为几何纹和小提花织物,春秋战国之际出现了大提花织物和用多种色彩丝线重组织结构的锦。

河南安阳殷墟妇好墓出土的粘附在铜器上的丝织品有五种:平纹组织结构稀疏的纱、平纹组织质地细密的纨、双经双纬平纹交织的缣、平纹地上起回纹花的绮和用朱砂涂染的织物。

1972年春,在辽宁省北票丰下商代早期遗址中,发现有一小片综版式织机织成的绞纱织物——罗。织物重叠,结块硬化,呈淡黄色。经北京纺织科学研究所分析,纱线均无捻度,织物结构上下绞转,纵截面呈椭圆形,圈内残存有纬纱。1976年在山东临淄郎家庄一号东周殉人墓中,也发现有两块同样结构的丝织品,以两根经纱为一组,每织一纬,上下绞转一次[①]。这是现知的最原始的绞纱织物。

1973年,河北藁城台西村商代中期遗址出土铜器上粘附有丝织物残痕,经纬密45×30根/厘米,24×21根/厘米,经、纬投影宽为0.2、0.4毫米和0.3、0.5毫米,平纹交织,应属于缟一类,还有绉纱组织的縠,绞经组织的罗和联合组织的绮[②]。

1970年,辽宁省朝阳西周墓出土有经、纬密20×20根/厘米,平纹交织的方孔纱,纱孔均匀整齐[③]。1957年长沙左家塘楚墓出土一块藕色纱手帕,平纹组织。织品长28厘米,宽24厘

① 山东省博物馆,临淄郎家庄一号东周殉人墓,考古学报,1977(1)。
② 高汉玉等,台西村商代遗址出土的纺织品,文物,1979(6)。
③ 辽宁省博物馆文物工作队,辽宁朝阳魏营子西周墓和古遗址,考古,1977(5)。

米。织物稀疏,经、纬丝投影宽为80微米,透孔率为百分之七十[①]。

商周时期的提花丝织物主要有联合组织的暗花织物和重组织的多彩织物锦。

现在发现的我国商周时期青铜器和玉器上粘附的丝织物中有不少是平纹地斜纹显花,一般的把这种织物称为绮。根据是《释名·释彩帛》:"绮,欹也。其文欹邪,不顺经纬之纵横也。有杯形纹似杯也,有长命,其彩色相间皆横终幅。"赵承泽先生研究认为,这里的"文"应是指地纹,也即斜纹织物。

1937年瑞典学者西尔凡发现马尔米博物馆和远东博物馆珍藏的我国殷代青铜器觯和钺上有许多与铜锈粘附在一起的丝织品,经她分析研究,确认为平纹地显菱形花的丝织品,一个菱形花纹的纬纱循环为30根[②]。北京故宫博物馆收藏的殷代铜器上粘附的丝织品图案也为平纹地菱形花,由35根经丝和28根纬丝组成一个花回。图案对称协调,层次分明[③]。故宫收藏的一件商代玉刀上有云雷纹丝织品残痕,云雷纹由36根纬线组成,平纹地斜纹显花。另一件商代嵌松条石兽面纹铜戈,戈把上也存有丝织品残痕,两处为平纹地四枚斜纹花,一处为平纹地六枚斜纹花。经纬密28×27根/厘米[④]。

1955年陕西宝鸡茹家庄西周早期墓葬出土铜剑柄部有一块织物为平纹地上五枚假纱组织组成菱形花纹,这在先秦是首次发现[⑤]。

《六书故》:"织彩为文曰锦。"一般说来锦不仅色彩丰富,组织结构也较复杂,多为重组织(重经或重纬)结构。春秋以前关于锦的记载就有几十处,根据织物的纹样、工艺和精细、贵重程度等又分别称作贝锦、重锦、束锦、玉锦、杯锦等。

《仪礼正义·聘礼》:"上介奉束锦士介四人皆奉玉锦束请觌"注:"玉锦,为文之纤褥者也。……玉锦与束锦对举,玉锦文多而束锦文少。"

《左传》:"重锦,锦之熟细者。"

《诗经·小雅·节南山之什》:"成是贝锦。"

1970年辽宁朝阳西周早期墓出土丝织品多层,经北京纺织科学研究所分析鉴定,其中有多层为经二重丝织品,呈黑褐色,经密26×2根/厘米;纬密14根/厘米,正反面都为3上1下的经重平组织,表面呈现斜纹效应。残片的丝的三角形截面完全分散,表明是经过精练的熟丝织品。可惜的是色彩已无法辨认[⑥]。1976年山东临淄郎家庄一号东周墓也出土一块同样的丝织品,经密56×2根/厘米,纬密32根/厘米,经丝投影宽0.2~0.5毫米,纬丝投影宽0.13~0.2毫米,完全碳化,但组织结构仍十分清晰,比朝阳西周早期墓出土的精细得多。

1955年陕西宝鸡茹家庄西周早期墓葬出土铜剑上粘附的菱纹丝织物为纬二重组织,经纬丝显花。实物长0.8厘米,宽1.5厘米,经密70根/厘米,纬密20×2根/厘米,残存花纹复原纬丝循环达42根,显花纬浮长3~4毫米。1977年湖北随县擂鼓墩一号战国早期墓也出土一块同样的菱纹丝织品,经、纬丝显花,纬二重组织。残片长约8.5厘米,宽约2.4厘米,已半碳化,呈深褐色。菱花图案长3.4厘米,宽4.8厘米,线条宽约0.12厘米。非常精细,有很高的艺术

① 熊传新,长沙新发现的战国丝织物,文物,1975(2)。
② V.Sylvan,殷代丝织品,远东博物馆馆刊,1937(9)。
③ 顾方松,殷商时代的丝绸图案,丝绸,1964(4)。
④ 陈娟娟,两件有丝织品花纹印痕的商代文物,文物,1979(12)。
⑤ 刘柏茂,我国西周丝织品的生产技术,中国纺织科技史资料,第2集。
⑥ 辽宁省博物馆文物工作队,辽宁朝阳魏营子西周墓和古遗址,考古,1977(5)。

水平。

这些是现知的最早的织锦实物,结构比较简单均为二重组织(经二重或纬二重),纹样均为几何图案。这种现象到战国中期发生了改变。

1957年湖南长沙左家塘战国中期楚墓出土了一叠长30厘米、宽10~23厘米、厚约5~6厘米夹有多层丝绵的丝织物。这些丝织品由于浸泡水中年代较久,纤维已不很牢,但尚未碳化,花纹颜色仍然比较清晰、鲜艳,是长沙、江陵一带出土战国丝织品中,数量多、种类繁、质料和颜色保存较好的一批。有锦六种,绢三种(黄、棕、褐)和一件略呈方形的藕色纱手帕。其中经三重组织的深棕地红黄色菱纹锦、褐地矩纹锦、褐地红黄矩纹锦,和经二重组织加特殊"挂经"的褐地双色方格纹锦,在我国都是首次发现,反映了战国中期我国楚地织造技术的高超技艺。经二重组织的朱色暗花对龙对凤纹锦,则标志着我国丝织纹样的发展进入了一个新阶段,不再局限于直线型的几何图案①。稍后的江陵马山一号楚墓出土的战国晚期丝织品使其达到了顶峰。

马山一号楚墓位于湖北江陵西北的马山公社沙塚大队境内,1982年1月发掘清理。墓中出土的纺织品除麻鞋外,其余都是丝织品,而且均属桑蚕丝。出土的丝织品种类多,有绢、绨、纱、罗、绮、锦、绦、组八大类,几乎包括了先秦丝织品种的全部,是先秦丝织品的一次最集中的发现。其中值得特别注意的有舞人动物纹锦、十字菱形纹锦、彩条纹绮和种类繁多的绦带。十字菱形纹锦是用两组经线形成大、小十字花,在大十字的中心点又用朱红色和棕色纬线相间配置,朱红色纬线起局部纬浮花。这种显花方法与长沙左家塘出土的褐地双色方格纹锦的"挂经"属异曲同工,可以说是纬锦技术的萌芽,在我国是首次发现。彩条纹绮是采用粗细两组经线相间排列,细经线作一上一下平纹交织,粗经线在表面长浮线显花,也就是通常所说的"汉式组织",它在战国晚期就已出现了。这次出土的各种绦带的纹样和它的编织技术也是独一无二的。大致可分为两类:一类纬线起花绦是用两色或更多的纬线起纬浮花,按照织造方法又可分作抛梭法和穿绕法。抛梭法织作的花纹小而稀疏,有小菱形格、对称的小花朵和几何形纹,应是受到了织造工艺条件的限制;穿绕法织作的花纹生动而丰富,有田猎纹、龙凤纹、六边形纹,其中田猎纹图案在丝织品中是第一次出现,它的织造方法是用针带线穿绕,应还属于原始的手工编织,在纹样的表现上也显得较为自如、随意。另一类是外观效果似针织物的线圈套环绦带,从结构上来分析还应属于以针引线的套绣技术,不能等同于现代意义的针织技术,它与一起出土的大量精美的锁绣织品和穿绕纬花绦在技术上都有着某种内在联系。在我国也是仅见的,在以后历代的织物中不复得见。这批丝织品在纹样和色彩的组成上,充分运用了分区配色法和阶梯连续法,使织物色彩更加丰富、协调、多变。

出土的绣品有21件,花纹各不相同。绣地主要是绢,只有一件为罗。针法为锁绣。刺绣花纹的主题是龙和凤鸟,几乎无一例外,但形态各异。这些神秘、精美,令人叹为观止的刺绣精品,充分体现了楚人丰富的艺术想象力和浪漫主义情怀,达到了极高的艺术境界,它是研究我国古代神话、艺术难得的宝贵资料。也充分反映了战国时期楚国经济、文化、艺术的高度繁荣发达②。

20世纪50年代清理长沙广济桥第五号战国木椁墓,发现了三种丝织物:圆形丝袋、空花

---

① 熊传新,长沙新发现的战国丝织物,文物,1975(2)。

② 湖北省荆州地区博物馆,江陵马山一号楚墓,文物出版社,1985年。

丝带和织绵。圆形丝袋由质地细密的平纹绢缝制而成。空花丝带两件宽 5 厘米，是以斜纱编织而成的网目空花，规则而又均匀，技术高超。织锦残长 19 厘米，宽 10 厘米，图案为复合菱形内填织小花，1951 年长沙 345 号墓出土的一件织物，浅黑色，双丝平纹。密度 40×18 根/厘米。《说文·系部》："缣，并丝缯也。"《释名·释采帛》："缣，兼也，其丝细致，数兼于绢。"《急就篇》颜注："缣之言兼也，并丝而织，甚致密也。"应为缣织物。

夏、商、周、春秋、战国的丝织品种经历了从初级的平素织物到较为复杂的联合组织的暗花织物和重组织多彩织物的发展。平素织物有绢、纱、纨、缣、縠等。已经能利用不同的工艺参数，改变织物的外观效果和服用性能。暗花织物主要是以平纹组织为地、斜纹组织显花，联合组成各种直线形的方格纹、菱形纹的几何图案。宝鸡茹家庄西周早期墓还出现了平纹组织为地，五枚假纱组织组成菱形花的织物。重组织织物我们现在所知最早的也是在西周早期，有经二重和纬二重，属于最初阶段的锦。战国时期已经能生产出非常精美、工艺复杂多彩的锦。长沙左家塘战国中期墓出土的加特殊"挂经"的褐地双色方格纹锦、朱色暗花对龙对凤纹锦，马山一号战国晚期楚墓出土的十字菱形纹锦，彩条纹绮和品种众多、结构独特的絛带，标志着我国的丝织技术进入了一个全新的高速发展时期，织物的图案不再局限于简单的几何形，而逐步走向写实、生动，反映出足够的工艺条件和技术条件的支持。这一时期的文献记载与出土织物相互印证，表明丝织品种的基本类型已初步形成，并能根据织物的工艺特点、外观效果、精细程度等对同一类织物作更细致的划分。这也充分说明了为满足不同层次的纺织品消费者的审美和服用需求，我国的丝织技术在不断地求新、求变中取得了快速的发展。

(二)秦汉时期

随着生产力的提高，农业、手工业的初步分工，秦汉时期的丝织业在原有的基础上获得了长足的发展。培育出优良的蚕丝品种，革新纺织技术，创造出数量众多，具有高超技艺精美无比的丝绸新品种。

1974 年 3 月至 1975 年 11 月，对秦都咸阳第一号宫殿建筑遗址进行发掘。在窖穴 T3 的木炭层中，出土了一包已碳化的丝绸衣服。织物质地细致，大多为平纹。种类有锦、绮、绢、刺绣等。织锦图案依稀可辨，为复合菱形纹框架，填织鸟兽纹，是战国织锦风格的延续。其中一件平纹织物的经线密度高达 160 根/厘米，经线直径 0.08 毫米，纬密 56 根/厘米，纬线直径 0.15 毫米，当属非常细致精美的高档织物"冰纨"，反映了当时缫丝、织造工艺的高超水平。刺绣技法均为锁绣①。

最能代表西汉纺织技术成就的是湖南长沙的马王堆出土的各类纺织品。

1972 年 1 至 4 月，对西汉第二代轪侯豨的妻子的墓葬进行发掘，出土了大量随葬品。墓葬时间当在公元前 165 年前后，属西汉早期。出土纺织品一百余种，其中丝织物包括了汉代的绝大部分品种，有素绢、纹绮、纹罗、纹锦、絛带、刺绣、彩绘、印染等。有许多品种是第一次发现。出土纺织品的原料，经鉴定，丝织物纤维是家蚕丝，单纤投影宽度为 6.15～9.25 微米，单纤截面积为 77.46～120 平方微米，如此细的纤度，是秦汉时代长期施行优良育蚕的结果。最著名的是素纱禅衣，衣长 128 厘米，通袖长 190 厘米，重量仅 49 克。经纬丝纤度约 10.2～11.3 旦，相当于现代缫丝技术所能达到的最精细的丝。经丝弱拈，纬丝强拈，经纬密均为 62 根/厘米，

① 秦都咸阳考古工作站，秦都咸阳第一号宫殿建筑遗址简报，文物，1976(11)。

每平方米绸重 15.4 克，平纹交织，纱孔均匀清晰，反映出极为熟练高超的缫、纺、织技术。出土的绒圈锦是我国迄今发现的最早的起绒织物。以多色经丝和单色纬丝交织，以环状绒圈呈现立体花纹，纹样特点为矩形、几何形等直线图案，亦有小块面、角点子纹。织物结构采用四枚组织，1 至 3 枚经浮长显花。四根经丝为一组，二或三种颜色，纬丝单色。经密约 176～224 根/厘米，纬密约 41～50 根/厘米。并且四根经丝根据其作用不同，采用四种不同规格，织造时还应采用了先进的双经轴和假织纬技术，以卷绕起绒经和形成绒圈。出土的绒圈锦数量很多，说明当时的起绒技术已较普遍，织造也较为熟练。起绒织物通常用作锦袍的领袖缘、衣带、香囊和镜衣的底等，以充分利用其耐磨的特性。马王堆一号汉墓出土的织锦，也是目前我国见到的西汉织锦中数量最多、品种最丰富的，有些纹样和织造技法均属首次发现。织锦原料采用桑蚕丝，组织为四枚变化组织，以 2 至 3 组经线与一组纬线交织形成经二重织物。主要有几何纹锦、绀地绛红纹锦、香色地红茱萸纹锦、凸花纹锦、隐花波纹孔雀纹锦和隐纹花卉纹锦。其中隐纹锦的花纹经和地纹经色相接近，花纹组织断断续续，故而图案隐约朦胧，它的设计构思和配色技巧都是独特而少见的，纹样风格也别具一格。罗织物精细匀和，经线密度约 88～92 根/厘米，纬线密度约 26～30 根/厘米，幅宽 49.5 厘米。菱纹罗花回循环达经丝数 332 根，纬丝数 204 根。组织结构为四经绞作地，二经绞显花。有朱罗、皂罗、烟色罗、纹罗绣花丝锦袍和绣罗香囊等。"千金绦"组带则是我国发现的唯一织有篆文"千金"的编织带。

马王堆出土丝织品另一个值得特别一提的是印花织物和刺绣。马王堆一号汉墓出土的印花敷彩纱，是我国首次发现的利用印染和彩绘技术的丝织品实物。出土织物的样式大约有五种，纹样大同小异，只是色彩各不相同。这些颜料基本上都是涂料，红色是朱砂，黑色是碳素，银灰色是硫化铅，粉白色是绢云母，调以干性油类作胶粘剂。印花的版式可能是木刻凸板，在印好底部花纹后，再进行彩绘。画面自由舒展、生动活泼，有画龙点睛之功用，显示出独特的风格。金银色印花纱有两块成幅的和一小块实物，属于同一模版印制。印花纹样单元图案由三块纹版套印而成，是我国第一次发现的三套版印花纱。印花敷彩纱和金银色印花纱的印染技术，是我国传统印染工艺的一次重大突破，具有重要意义。刺绣的品种很多，与"遣策"记载相对照，最多的就是"信期绣"、"长寿绣"和"乘云绣"。其中又以"信期绣"居首位，保存完好的有 19 件。"长寿绣"七件，"乘云绣"七件。三种绣品的针法相同，都是采用汉代刺绣的基本针法——锁绣法，一般皆用开口锁绣和闭口锁绣。图案构成也相似，都是用绛红、朱红、土黄、宝蓝、湖蓝、草绿等各式丝线，绣出各式卷草、流云、火焰、漩涡纹，线条婉转自如流畅，配色明暗虚实得当，具有很高的艺术性①。

1968 年河北满城陵山施工时发现了一号墓，后又找到了二号墓。根据铜器铭文等文字材料推定为中山靖王刘胜夫妇墓，时代属于西汉中期。在这两座墓中出土了大量随葬品。纺织品因墓中湿度接近饱和，都已朽败，只发现一些零星残片。一号墓出土多数为平纹素织物，只有少数为纹罗、绒圈锦、刺绣等高级织物，还有一些手工编制的组带，颜色仅保留下了朱砂染。平纹素织物有单丝的绡和双丝织物缣。提花纹罗经丝密度 144～148 根/厘米，纬丝密度 40 根/厘米。四经绞为地，两经绞显花。绒圈锦残片，花纹已不完整，图案与织造技法与蒙古诺音乌拉 14 号墓、马王堆一号汉墓、磨咀子 62 号汉墓出土的同类织物相似，为菱形花纹，假织纬起绒

① 上海市纺织科学研究院、上海市丝绸工业公司文物研究组，长沙马王堆一号汉墓出土纺织品的研究，文物出版社，1980 年。

圈。组带由两组经线编织而成。刺绣仍为汉代的锁绣。二号墓也仅存一些很小的残片，有绢、锦和刺绣等。锦由二组经线与一组纬线交织，为经二重组织。经密 52×2 根/厘米，纬密 34 根/厘米。用于玉衣的锁边、缘饰等。刺绣纹样与出土的同时期织锦、刺绣纹样相类，源于某种藤本植物①。

东汉时期的出土纺织文物主要分布在甘肃、新疆两地。

1959 年甘肃武威磨咀子东汉墓发现苇胎针黹箧一件，箧面四周用赭、白两色平纹经锦缝成宽边，中心缀饰一幅绢地刺绣。刺绣为锁绣，纹样与马王堆的印花敷彩一脉相承，为菱形格卷草，云火纹，但丝线极细为前所未见。平纹经锦也不同于前此发现的厚重汉锦，极为平薄。

1972 年，又一次清理磨咀子汉墓共 35 座，只有 48、62、49 号墓保存完整，时间在西汉末至东汉中期。三墓出土的丝织物保存较好的有八类。其中有方孔纱，特点是平纹假纱罗组织，经纬丝线匀整纤细，质地较薄，有稀疏的方孔眼，最细的丝线直径为 0.0055～0.006 毫米，反映出养蚕、缫丝、织造技术的高超；冠纱，平纹组织，经纬加拈，有方孔和菱形孔两种，可能是编织而成。织成后两面髹漆，又加以碾压，即古代的“漆缅冠”；花罗，菱形花纹，组织为汉代通行的四经绞作地，两经绞显花，经丝密度每厘米达 144 根；绒圈锦，经起绒组织，花纹为两两相叠的小菱形花。三组经线分别为绒圈经、地经和纹经，每组经密 44 根/厘米，共计 132 根/厘米。纬线有明纬和夹纬，纬密 46 根/厘米。绒圈高 0.7～0.8 毫米。织造技术应与马王堆一号汉墓出土的相同，但质地更为紧密；套色印花绢，共出在三件草箧上，由三块单花镂空版分三次套印而成，这在当时是比较先进的技术；手工编织的绦带，其中一件红色人字纹轧纹绉，由外而内由四层平纹方孔纱粘合模压而成，断面呈波浪形，均涂红色，外观似灯芯绒，用作巾帻抹额，这是甘肃首次发现的新品种，表明这种特殊的后处理工艺的出现②。

1959 年新疆民丰县北大沙漠中古遗址墓葬区东汉合葬墓清理出了大量纺织品。主要的有男锦袍一件，由绛、白、绛紫、淡兰、油绿五色丝线织成，经重平组织，织有夹纬，典型的汉代云气纹中织有小篆铭文“万事如意”。其中“延年益寿大宜子孙”锦袜是制作最复杂的一种，据夏鼐先生研究，需要 75 件提花综才能完成，用色有绛、白、宝蓝、浅驼、浅橙五色。“阳”字锦袜用绛紫、白、黄褐三色丝线织成。云纹刺绣粉袋的带形边饰红色杯纹罗，纺调匀细，提花规整。另有暗花织物，图案有菱纹和鸟兽葡萄纹，这种鸟兽葡萄纹样出现在暗花织物里是非常少见的，时代也较早③。

1979 年至 1980 年，先后三次对楼兰古城址及其附近墓葬群进行考古调查和重点发掘。共采集到纺织品 58 件，有丝、毛、棉、麻四大类。其中丝织品 8 件，有锦、绢、絁。波纹锦残长 7 厘米、宽 4 厘米，绛色地显绿色波纹，经密 102 根/厘米，纬密 22 根/厘米。绢有黄、墨绿、天蓝、大红等色。

1980 年 3 月至 4 月，对楼兰平台、孤台两处墓地进行发掘，获得丝织品 75 件，有锦、绮、绢、刺绣等。其中锦的数量、花式品种最多，共 53 件。组织均为平纹重经组织，二至三色经线显花，织有暗夹纬，织物表现呈经畦纹。纹样构图仍由卷藤、蔓草、云气纹构成纬向条带，中间填织珍禽异兽和吉祥语，有“延年益寿”、“长乐明光”、“永昌”、“长寿明光”、“望四海贵富寿为国

① 中国社会科学院考古研究所、河北省文物管理处，满城汉墓发掘报告，文物出版社，1980 年。

② 甘肃省博物馆，武威磨嘴子三座汉墓发掘报告，文物，1972(12)。

③ 新疆维吾尔自治区博物馆，新疆民丰县北大沙漠中古遗址墓葬区东汉合葬墓清理简报，文物，1960(6)。

庆”、“续世”、“广山”、“泽”字麒麟纹锦、“孙”字马纹锦、“年”字禽兽纹锦、“万”字瑞禽纹锦等等，这种卷云、蔓藤、祥禽瑞兽吉祥语是汉代织锦的最突出特点，且纹样造型生猛、灵异。绮5件，以菱形纹为主题而富有变化，平纹为地，重平组织显花。密度较大，经线72根/厘米，纬线34根/厘米。绢16件，有黄、绿、湖绿、绛、红、素色等，经线密度高达120根/厘米，纬线50根/厘米，应是非常细密之物。刺绣1件，蓝绢作地，锁绣法绣黄花。比照出土器物、碳十四测定年代的数据，平台墓地的年代当在西汉晚期至东汉初期，孤台墓地略晚，相当于东汉前期。这些经织品除一件黄绢外，均出于MB2，应在东汉前期①。

最近，1995年尉犁县营盘墓地15号墓清理发掘出重要纺织品，主要为毛织品。其中丝织品有绢质内袍、绢衾、鸡鸣枕、香囊、刺绣护膊、残锦片、帛鱼、冥衣等。丝织品种富有特点的是织锦残片，为经二重平纹经锦，经密53×3根/厘米，纬密11×2根/厘米。纹样以东汉特有的云气、卷藤纹构成纬向条带，填织瑞兽、祥禽、团花和汉字“寿”、“右”。另一件为鸡鸣枕的底料，为淡黄色对禽对兽、兽面纹绮，几何菱形构架与斯坦因在孤台墓地盗获的一件纹样基本相同，并由此推断年代在东汉中晚期②。

另外，1959年在内蒙古扎赉诺尔东汉墓群中也发现了花纹为卷云纹、茱萸纹，并织有铭文“如”、“意”的织锦③。更有远在苏联境内叶尼塞河畔的奥格拉赫提的公元2世纪的古墓中也发现了“延年益寿”锦④。表明东汉这种吉祥铭文锦是非常盛行并受到普遍喜爱的。

综观秦汉时期的丝织生产情况，最突出的进步表现在几个方面：首先是蚕丝优良品种的长期培育，缫纺技术的进一步提高，最终导致轻薄如蝉翼的素纱禅衣的产生。其次是起绒织物的出现，这种利用双经轴和“假织纬”织造的技术，标志着在以往经纬线平面交织的织造原理上有了重大突破。这种起绒织物的织造原理自西汉出现以来一直沿用至今。充分反映了古代人民的聪明才智和创新精神。马王堆出土印染织物表现出的印染技术也是前所未有的。它不仅有印染和彩绘相结合的印花敷彩纱，还有采用三次套印技术印制成的金银色纱，反映出印染技术的趋向成熟，也被认为是后世套版印刷术的起源。刺绣针法主要是锁绣，有开口和闭口之分，也有铺绒绣。织物和刺绣的纹样不同于战国。图案更抽象化，有仙气灵动之感。

尤其是东汉织锦技术有很大提高，纹样风格与西汉时也大不相同。总体来说，西汉织物尚轻薄，花回较小，尤其是织锦：一般还都只是些小型花纹。东汉则不然，图案中充满了灵禽异兽，吉祥瑞语，配色浓丽，纹样多变，充满动感和神灵崇拜，说明东汉时期织造重组织织锦的技术有了大幅提高，可以比较自由充分地表现纹样设计。甘肃武威磨咀子发现的“轧纹绉”，是首次发现的新品种，表明开始出现利用织物的后处理工艺，获取织物新品种的新思路。

（三）三国、两晋、南北朝时期

这一时期的丝织品种仅南梁顾野王（原本）《玉篇》记载的就有20多种，有缯、绮、縠、缣、绨、缟、练、紬、绫、绣、绢、纱、纨、素等。从织物的组织、外观、处理工艺等不同角度来看，织物品种的分类已相当细致。

---

① 新疆楼兰考古队，楼兰城郊古墓群发掘简报，文物，1988(7)。

② 新疆文物考古研究所，新疆尉犁县营盘墓地15号墓发掘简报，文物，1999(1)。

③ 郑隆，内蒙古扎赉诺尔古墓群调查，文物，1961(9)。

④ 塔尔格伦(A.M.Tallgren)，南西伯利亚奥格拉赫提的汉代墓地，见《欧亚北部考古学》第11卷，1937年。

在张澍《蜀典》引魏文帝曹丕《典论》，批评三国时丝织物时说："金簿蜀簿不佳，鲜卑亦不受。如意虎头连璧锦，来自洛邑，亦皆下恶，虚有其名。"可知川蜀、洛阳是三国时有名的织锦产地，有织金和如意虎头连璧文，但质量都有所下降。《三国志·魏书·夏侯尚传》称"金科制自公、列侯以下，位以大将军以上，皆得服绫、锦、罗、绮、纨、素、金银饰缕之物。"也在织物上饰以金银。可知三国时期贵族阶层在织物上加以金银装饰已是比较普遍，这是这时期产生的最重要的织物新品种，但是在出土实物中发现的还很少，仅有一件 1997 年在新疆伊犁昭苏县发现的缀金珠绣残片，是用金泡饰进行钉绣，至于用金线进行交织的实物，即织金锦，目前还没有被发现。

陆翙《邺中记》记载后赵石虎在邺设置织锦署，生产有"大登高、小登高、大明光、小明光、大博山、小博山、大茱萸、小茱萸、大交龙、小交龙、蒲萄文锦、斑文锦、凤凰朱雀锦、韬文锦、桃核文锦，或青绨、或白绨、或黄绨、或绿绨、或紫绨、或蜀绨，工巧百数，不可记名"。从这些织锦的名称，可以看出它们的纹样风格应是东汉的延续。又称"石虎猎则穿金缕织成合欢袴"，尽管对于"织成"一词还存在着不同的理解，但有一点是很明确的，即是用金缕，也就是用金线编织而成的。

在吐鲁番出土的北朝文书中，也有许多纺织品的记载，如魏锦、波斯锦、丘慈锦、疏勒锦、绯红锦、白地锦、紫地锦、大锦、中锦、细锦、半臂锦、被锦、树叶锦、羊树锦、饮水马锦、合蠡文锦、黄绫、紫绫、大绫、合蠡大绫、石柱小绫等①。它们分别是以产地、色彩、规格、用途和纹样来命名的。这些织锦名称大多能与出土实物相互印证。

这一时期出土丝织文物的分布，现在知道的主要集中在甘肃敦煌和新疆的民丰、吐鲁番、于田等地。

1965 年在敦煌莫高窟第一二五、一二六窟间发现一幅刺绣佛像残段。像下发愿文中绣出北魏"太和十一年"(487)"广阳王"字样。刺绣的底衬由两层黄绢夹一层麻布，是现存最早一幅满地施绣的作品。绣品仍采用汉代的锁绣针法，线条流畅、构图丰满，还使用了二、三晕的配色方法，非常精致②。

1995 年 10 月，中日尼雅遗址学术考察队在调查过程中，新发现一处墓地 95MNI，取得重大收获。墓葬为男女合葬，出土丝织品有锦枕 2 件。男尸锦枕 M8:29 系用一整幅"安乐如意长寿无极"织锦制成，幅宽 48 厘米，茱萸纹，绛红色地，红、蓝、黄、白、绿色经线显花。女尸锦枕 M8:35，系用"千秋万岁宜子孙"锦制成。藏蓝、绛红、白色经线显花，三重平纹经绵。纹样为纬向云气纹中填织朱雀文。"五星出东方利中图"织锦护臂 1 件 M8:15。五重平纹经绵，经密 220 根/厘米，纬密 24 根/厘米，以宝蓝、草绿、绛红、明黄、白色五组经线显花，织出星、云纹及孔雀、仙鹤、辟邪、虎等祥瑞禽兽纹。每组花纹循环为 7.4 厘米，间织小篆体"五星出东方利中图"铭文。锦袋、帛鱼各 1 件。锦袋以虎斑纹锦作锦面，毡里。织锦为三重平纹经锦，以浅棕、藏蓝、白色三色经显现虎斑纹。经密 132 根/厘米，纬密 24 根/厘米。帛鱼以蓝地兔纹锦制成，四重平纹经锦。藏蓝、浅棕、草绿、白四色经，经密 160 根/厘米，纬密 20 根/厘米。在藏蓝色经地上夹织浅棕色经线显现雨丝纹是其独特之处。栉袋，2 件。其中一件用蓝地平纹经锦和素薄毡作面。织锦为五重平纹经锦，地经以藏蓝为主，间织浅棕色经线，另以绛红、草绿、线橙、白色经线显

① 新疆维吾尔自治区博物馆等，吐鲁番出土文书，文物出版社。

② 敦煌文物研究所，新发现的北魏刺绣，文物，1972(2)。

花。经密220根/厘米,纬密20根/厘米。纹样为骑马武士、变体茱萸纹和猛虎。锦帽,1件。锦面绢里,四重平纹经锦,乳白色地显淡黄、绛红、藏蓝、翠绿四色经花。经密176根/厘米,纬密24根/厘米。纹样除常见的茱萸、云气纹外,还有正面、侧面人像。该锦纹样的一些基本元素仍属于汉晋,但在结构、布局上是比较独特的,小巧、静态,用色淡雅。间织小篆文字"德"、"安"、"内"、"生"、"宜"、"子"、"君"等。"讨南羌"锦1件。五重平纹经锦,宝蓝、绛红、草绿、明黄、白色五色经。与"五星出东方利中国"锦可能为同一织锦的不同部位。经密220根/厘米,纬密24根/厘米。另外,男尸身着的毛长袍也镶有宽阔的织锦缘,并且是由多块织锦拼接而成的。衣领处用"文大"、"安乐绣"、"宜子孙"锦应是同一织锦的不同部位,均为四重平纹经锦,经线为绛红、蓝色、白色、翠绿四色。经密176根/厘米,纬密24根/厘米。纹样明确的有白虎、立鸟,另有一走兽,背上骑坐一人,手持叉戟,这种叉戟与随葬的"丫"形木叉非常相近,疑同为神物。那么这个图案似当解释为"骑龙人"。另外还有一异兽非虎非豹,头生双角。这种立鸟、白虎、行龙纹的频频出现,是否可以解释为即是古代四神的象征,而这异兽文即是定型为玄武之前的北方的神?

根据随葬物品的对比分析以及碳14检测,认为该墓葬年代为东汉末至魏晋前凉时期。该墓出土的丝织品数量不是最多的,但织锦品种却是最丰富的。尤其是动物纹锦,勇猛生动,代表了这一时期中国织锦技术的最高水平。也是研究古代神仙崇拜、经济文化的重要资料①。

东晋初,前凉张氏据河西,于吐鲁番置高昌郡,交通西域。此后历后凉、西凉、北凉、高昌迄初唐,逐渐发展成为敦煌以西"丝绸之路"的枢纽。这一时期的丝织遗物主要就发现在吐鲁番东南高昌古城北阿斯塔那、哈拉和卓两处墓群中。

1964年阿斯塔那发现的一座大约是前凉末年的墓葬中,出土了一双丝履,鞋脸部位织有铭文"富且昌宜侯王天延命长",是用褐红、白、黑、蓝、黄、土黄、金黄、绿八色丝线编织而成。印证了汉晋文献关于"丝履"的记载②。

1966年到1969年,在吐鲁番阿斯塔那—哈拉和卓地区先后四次共发掘古墓105座,时代跨度从晋、十六国(3世纪)至盛唐开元中(8世纪),整理出锦、绮、染缬标本46件。有TAM88号墓出土的北朝夔纹锦,平纹重经组织,绿、蓝、红、黄四色经线织成。TAM49号墓出土的东晋采条锦,TAM90号墓出土的北朝方格几何纹锦③。

1979年4月,在阿斯塔那古墓群发现两座古墓,编号为79TAM382、383。M382为十六国时期,出土丝织品有鸡鸣枕、刺绣神鸟、绣裲裆、菱形方格纹绢、紫红色绢、素绢。特别值得注意的是刺绣神鸟,残长34厘米、宽23厘米,在红色绢底上以蓝、绿、黄、黑等色丝线绣出。纹样主体为双首共身的共命鸟,四周饰以四只飞翔的小鸟,上部和两侧为四条龙,造型也各有特点。辅饰以卷藤、花树纹。刺绣针法仍为锁绣。仔细观察,这件刺绣作品与江陵马山一号楚墓出土的龙凤纹刺绣似有着某些传承关系,值得注意④。M383由出土帛书内容知道,墓主是北凉武宣王沮渠蒙逊的夫人彭氏。出土有象征性丝织品69匹,用酱紫色裱白色衬里绢包袱裹成一包,计有素绢40匹,天蓝色,绢6匹、红色绢1匹、紫色绢1匹、红底白点绞缬绢15匹、蓝底白点绞缬绢1匹、纱5匹。这

① 新疆文物考古研究所,新疆民丰县尼雅遗址95MNI号墓地M8发掘简报,文物,2000(1)。
② 新疆维吾尔自治区博物馆,吐鲁番县阿斯塔那—哈拉和卓古墓群发掘简报,文物,1973(10)。
③ 新疆维吾尔自治区博物馆,吐鲁番县阿斯塔那—哈拉和卓古墓群发掘简报,文物,1972(1)。
④ 新疆吐鲁番地区文管所,吐鲁番出土十六国时期的文书——吐鲁番阿斯塔那382号墓清理简报,文物,1983(1)。

些绢匹事实上都是一些象征性的小卷，最宽的 5.5 厘米，窄的仅 2 厘米，仅仅是作为财富的象征用于随葬。其他有绵背心、绵丰篷、鸡鸣枕、脚遮等。出土衣物疏有确切纪年，北凉承平十六年岁在戊戌，当北魏太安四年。十二月十八日，当公元 459 年 2 月 6 日①。

最近，1997 年新疆伊犁昭苏县发现一座古墓葬，出土了一批罕见的金银器和其他重要文物。其中织物残片均为丝织物，计 16 件。有锦、绫、绮、绢和 1 件缀金珠绣。该缀金珠绣系由两片织物拼缝在一起。A 片坯料面为红色菱纹绮，背衬本色假纱，残长约 25 厘米、宽约 13 厘米。B 片坯料面为褐色绢，背衬淡黄绢，残长约 10 厘米、宽 11 厘米。两片的制作工艺相同，仅纹样不同。A 片以圆形金泡饰组成四方连续的圆圈纹，金泡饰面呈弧形，背部有桥形纽，用以钉缀，金泡饰直径约 5 毫米，花纹直径约 6.5～7.2 厘米。圆环正中缀多颗小金泡饰，形制有弧面和平面两种，背皆有纽，直径约 1.8～2 毫米，构成四瓣花纹。花纹四周用黄色丝线绣出四枝忍冬叶纹，再将串好的珍珠盘钉在忍冬叶纹上，珍珠大小不一，直径约 0.7～2.5 毫米。B 片的制作工艺与 A 片相同，仅纹样不同。以珠串围成边长约 10 厘米的方框，内填一金泡饰，金泡饰直径约 2.5 厘米，串珠组成塔形几何纹。这件织物的工艺非常独特，除极少部分的锁绣外，主要以串珠，钉绣法制成。我国文献中有"珠服""珠襦"的记载，或许就是指此。从同墓出土的其他纺织品来看，其时代应在南北朝，它代表了珠绣、钉绣工艺的出现。这件刺绣品无论是从纹样，还是材质、工艺上都是非常独特的，对于它的认识还有待进一步的深入。

织锦残片 8 件，其中两件朽污严重，纹样已不可辨，其余 6 件分属 3 种锦。①云气动物纹锦，3 件。此锦质地厚实，丝线粗细不很均匀，直径在 0.1～0.3 毫米，Z 向加拈。显花丝线(应为经线)有深褐(地色)、红、黄、粉绿四色，分区排列。一般为 3 色，1∶2 排列，密度 32×3 根/厘米。另一组丝线(应为纬线)密度 14 根/厘米，暗夹者为两股并丝，26 根/厘米。纹样呈纬向条带状分隔排列，中间填织双角瑞兽纹，此为汉晋织锦纹样的延续，但画面较显呆滞，缺乏动感。②"富昌"锦残片，1 件。残长 36 厘米，宽 18 厘米。平纹重经组织，黄色为地，红、绿、深褐色经线显现花纹。同样是以纬向条带为纹样的基本构架，中间填织各种瑞兽，还织有铭文"富""昌"，这也是汉晋织锦的延续。动物纹处以黄、红、绿三色经显花，经密 50×3 根/厘米，间隔的云气纹处以黄、褐两色显花，经密 50×2 根/厘米。纬密 24 根/厘米，夹纬 24 根/厘米。③卷草纹锦，2 件。平纹重经组织，棕色地，绿、深褐色显花，1∶2 排列。经密 62×3 根/厘米，纬密 22 根/厘米，夹纬 21 根/厘米。纹样依稀可辨为卷草纹。

方纹绫残片，2 件，黄色。以 3 上 1 下经面左斜纹和 1 上 3 下纬面右斜纹互为花地，形成规整的方块纹。经密 24～27 根/厘米，纬密 24～26 根/厘米，经线加强拈，纬线弱捻。这种以同单位异向斜纹显花的绫组织在此之前一般认为是在盛唐以后。而该墓葬的年代下限认为是在 6～7 世纪前后，表明同单位异向绫组织的出现应在隋唐以前。

菱纹绮残片，1 件，红色。残长 10.5 厘米，宽 5 厘米。平纹地，3 上 1 下斜纹显花。花纹为横向连续的菱纹，间隔山形纹。经密 84 根/厘米，纬密 42 根/厘米。

绢残片，6 件。其中绞缬绢残片 2 件，绿地，显满地黄色菱形圈花纹②。

另外，历年来在吐鲁番阿斯塔那—哈拉和卓古墓群先后出土的南北朝时期的具有代表性的织锦还有深青地禽兽纹锦，出自北凉承平十三年(455)墓葬。深青、浅蓝、绛红、黄四色经线，

---

① 吐鲁番地区文物保管所，吐鲁番北凉武宣王沮渠蒙逊夫人彭氏墓，文物，1994(9)。

② 安英新，新疆伊犁昭苏县古墓葬出土金银器等珍贵文物，文物，1999(9)。

每区三色。深青为地，绛红色丝线显现主体动物花纹。几何波折纹构架，黄色勾边，浅蓝色经彩条。主体花纹为祥禽瑞兽，纬向对称，是战国、汉代织锦的延续。原为锦被残件。平纹重经组织，经线密度 36×3 根/厘米，纬密 15 根/厘米，暗夹纬 15 根/厘米。

1959 年吐鲁番阿斯塔那北区 M306 出土的鸟兽树木纹锦，同出高昌章和十一年(541)写纸。黄色地，绿、赭等色显花，有树木、人面、双翼兽、飞鸟、长颈鸟、对鹿、对鸟纹，平纹重经组织。M313 出土的瑞兽纹锦，同出高昌章和十八年(548)随葬物单。大红、黄、白三色，作张口奔驰的瑞兽图案。M315 的树叶锦，高昌章和十三年(543)。赭红、宝蓝、叶绿、淡黄、纯白五色经相间排列，每区二色。花纹呈纵向条状，花型横置，平纹经二重组织，经密 56×2 根/厘米。纬密 12～14 根/厘米，暗夹纬 12～14 根/厘米。M303 联珠双兽对鸟纹锦，高昌和平元年(551)，黄地显蓝色花纹。以联珠构成椭圆形骨架，以八瓣朵花相联，内织一对有翼天马、对鸟、对牛。每组图案间饰以四人对舞纹。平纹重经组织。出自高昌建昌四年(558)的联珠"胡王"牵驼纹锦、联珠狮象纹锦、联珠孔雀纹锦。为平纹重经组织、暗夹纬，表面显经畦纹，每区三色，经密 48×3 根/厘米，纬密 14～15×2 根/厘米，纹样以联珠纹为构架，内织"胡王"牵驼、卧狮、立象、孔雀纹，纬向对称。M88 出土的高昌延昌七年(567)的夔纹锦，有深蓝、明黄、深红、深绿、白五色经，每区三色，经密 56×3 根/厘米，纬密 15×2 根/厘米。平纹重经组织。全幅花纹为若干首尾相连的大夔龙，尾部填织二角兽和小菱形花。

这些织锦中有汉文化传统的如深青地禽兽文锦、夔文锦等，它们无论从纹样构图、内容，还是织造技法上都是纯粹的中原织锦，纹样上继承了东汉以来的祥禽瑞兽、云气纹，只是略显呆板，技法上仍是平纹经线显花。另一个需要特别注意的是出现了异质文化内涵的图案，如联珠"胡王"牵驼纹锦、联珠狮象纹锦等，而它们的织造技法仍是中原传统的平纹经线显花，这是东西方两种文明相互融合的典型例证。

染缬的丝织品主要在吐鲁番阿斯塔那墓葬中发现，有绞缬、夹缬两种。M305 出有建元二十年(384)大红绞缬，为现存最早的绞缬织物。M310 出有北朝至隋粟色染缬，其方法是将谷粒均匀地包扎在织物上，染色、晾干，拆去扎线，即现出遍地大小均等的菱形圈花纹。这种方法简便易行，曾广泛流行。另一种方法是将织物依纹样设计折成连皱，用针线穿过，抽紧钉牢，染色后晾干，拆去穿线，即显现出所需的花纹图案。阿斯塔那出土的北朝末年的夹缬织物，是在大红地上遍布白点，施于缣，系人首蛇身画的残片①。

1959 年新疆于田屋于来克古城内发现的北朝纺织品中有绞缬绢，红地上显现白点花纹，与吐鲁番西凉时期墓葬出土的同类织物非常相似。

总体来说，三国、两晋、南北朝的丝织品种在继承原有的品种的传统下，又有了新的发展，有"金缕织成"、"丝履"，刺绣有珠绣、钉绣和满地施绣，印染有绞缬染和夹缬染。最突出的就是织锦，在三国、两晋时期仍保留了东汉时期的小篆体吉祥文的平纹重经锦，而在南北朝时即出现了异质文化内涵的联珠文图像，它不仅在丝织纹样发展史上是一个特殊时期，也是中西文化交融的重要物证。

(四)隋、唐、五代时期

唐前期丝纺织业的主要资料为《唐六典》三户部郎中员外郎条所载的开元赋及开元二十五

---

① 武敏，新疆出土汉—唐丝织品初探，文物，1962(7～8)。

年贡,《元和郡县图志》所载开元赋及开元二十六年至二十九年贡,《唐六典》太府寺条所载太府寺式的注文,《通典》食货典六赋税下所载天宝中贡。可知唐前期的丝织品种主要有绢、绝、䌷、绫、缣、罗、纱、丝布、交梭、縠、绮、双纠、纶等。特种丝织品又以河北道的定州(博陵郡)和淮南道的扬州(广陵郡)为中心,有细绫、两窠细绫、瑞绫、大独窠绫、独窠绫、蕃客锦袍、锦被、半臂锦等。其中绫的品种最为丰富,除上述外,还有方纹绫、鸿鹭绫、双丝绫、龟子绫、樗蒲绫、重莲绫、白编绫、吴绫、镜花绫、仙文绫、范阳绫等;罗有春罗、孔雀罗、单丝罗等。唐后期主要资料为《新唐书·地理志》所载长庆贡,《元和郡县图志》所载元和贡,和《贞元十道录》。主要丝织品种有:绫、缯、縠、绝、纱、绢、绵䌷、锦、绮、罗、交梭、双纠、丝布;特殊丝织品种有蕃客袍锦、被锦、半臂锦、独窠绫、五色线毯等。绫的品种依然是最多的,有方纹、四窠、云花、龟甲、双距、溪鹭、双丝、仙纹、镜花、二包、熟线、莲、水纹、鱼口、绣叶、花纹、鸟眼、白编、十样花纹、交梭、樗蒲、绯绫等。罗有宝花、花纹、单丝、孔雀、瓜子、春罗等,以绫的品种为最多。出土实物则多见于西北一带,主要为甘肃敦煌、新疆吐鲁番和青海都兰,并且以锦为多。陕西法门寺出土的蹙金绣和轻容纱也为迄今所见的较早实物①。

其中吐鲁番出土的织物品种最多,数量最大。1963年,新疆博物馆为配合基本建设工程,在高昌故城城郊的阿斯塔那、哈拉和卓晋唐古墓群,先后十一次共清理古墓456座。在这批墓葬中,最早有晋泰始九年(273),最晚有唐大历十三年(778)的文字材料 。出土有大量的文书、丝织物、绘画、雕塑及各类日用品等。出土丝织物的最突出特点是中亚、西亚纹样的流行,即波斯萨珊的联珠纹、猪头纹、鹿纹、联珠胡人对饮等;以及多重纬线显花的纬锦技术的出现。联珠纹是波斯萨珊时期装饰图案的典型纹样,猪是琐罗亚斯德教的神灵。这种大型的鹿纹装饰也是中原织锦中所不见的。7世纪下半叶开始出现宝相花纹锦。1973年,吐鲁番阿斯塔那206号墓出土了一件随葬女舞俑短衣,在菱形格内填织四叶朵花纹,是我国迄今发现的最早的用蚕丝织造的双面锦,时间在唐垂拱年间(685~688)。同出的女舞俑的束腰带,是一件缂丝绦带。草绿地,八色纬,采用分段退晕配色,织成纬向对称树叶形图案,是迄今所见的最早的缂丝实物②。1969年在一座出有永淳二年(683)墓志的墓葬中,发现裁作衣物边饰的四件锦条,红色地上的宝相花,是用果绿、墨绿、黄、棕、白五色丝线织成的,其间还加饰了白色联珠带和黄色晕裥。与开元九年(721)郧县庸调麻布同出的彩条斜纹经锦,是人字纹织物的第一次发现。同一时期墓葬中发现的一件晕裥提花锦裙,用黄、白、绿、粉红、茶褐五色经线织成,然后再于斜纹晕色彩条纹上,以金黄色细纬线织出柿蒂形小团花,这既是第一次考古发现的"锦上添花"锦,又是第一次考古发现的晕裥锦。另一墓葬中,出土一件杏红色提花纱,纱面上每隔二或三梭加织两条纬线,并浮起八瓣和四瓣小花,这也是八世纪出现的一种新品种。1969年阿斯塔那一座出有大历十三年(778)文书的墓葬中,发现了一双云头锦鞋和一双锦袜。锦鞋使用了三种锦:鞋面用黄、蓝、绿、茶青四色丝线织成的变体宝相花平纹经锦;鞋里衬用蓝、绿、浅红、褐、蛋青、白六色丝线织成彩条花鸟流云平纹经锦,是目前所知唐代最绚丽的一种晕裥锦;鞋尖和锦袜同用一种由大红、粉红、白、墨绿、葱绿、黄、宝蓝、墨紫八色丝线织成的斜纹纬锦。

唐代丝织工艺的另一重要发展是纬锦工艺的出现。大约是从七世纪上中叶开始出现了斜纹纬显花的织锦。如阿斯塔那M92:4"联珠对鸭纹锦",同墓出高昌延寿六年(639)、唐总章元

---

① 汪籛,隋唐丝产地之分布,见《隋唐史论稿》,中国社会科学出版社,1984年。

② 新疆维吾尔自治区博物馆、西北大学历史系考古专业,1973年吐鲁番阿斯塔那古墓群发掘简报,文物,1975(7)。

年(668)年墓志。M77:6“联珠天马骑士纹锦”①,M138“联珠绶带鸾鸟纹锦②、“联珠猪头纹锦”③等,时间在7世纪中叶至8世纪中叶。这种斜纹纬显花技术不同于中原传统的平纹经显花,被认为是通过“丝绸之路”从西方传入的。这一技术的传入对于中国丝织工艺、纹样、品种的发展有着深刻的影响。大大降低了织造难度,丰富了纹样色彩,使得织物色彩的改变只需通过换梭,是宋锦产生的前提条件,宋锦的最大特征就是分段换梭。

在唐代的诗歌中,也随处可见对珍贵丝织新品种的咏叹。如《白居易集》四讽谕四新乐府《红线毯》:“红线毯,择茧缫丝清水煮,拣丝练线红蓝染。染为红线红于蓝,织作披香殿上毯,披香殿广十丈余,红线织成可殿铺。彩丝茸茸香拂拂,线软花虚不胜物。美人踏上歌舞来,罗袜绣鞋随步没。太原毯涩毳缕硬,蜀都褥薄锦花冷。不如此毯温且柔,年年十月来宣州。宣城太守加样织,自谓为臣能竭力。百夫同担进宫中,线厚丝多卷不得。宣城太守知不知?一丈毯,千两丝。地不知寒人要暖,少夺人衣作地衣!”《元和郡县志》卷二八“宣州”:“开元贡白纻布。自贞元后,常贡之外,别进五色线毯及绫绮等珍物,与淮南、两浙相比。”《元白诗笺证稿》:“盖毯本以毛织成,而红线毯乃以丝为之,是兼太原毳缕毯与成都锦花褥之长,而无其短,殆同于今之所谓丝绒者。其工艺之精进可知矣。”又诗末注云:“贞之中,宣州进开样加丝毯”。可知唐贞元中,宣州(今安徽)始创制了以丝线织地毯,可谓奢靡之极。《元白诗笺证稿》中谓“殆同于今之所谓丝绒者。”并不全然,只能说外观相似,都是以丝绒毛立于织物表面,但红线毯的工本要比丝绒高得多,织造工艺则是完全不同。同书《缭绫》:“缭绫缭绫何所似?不似罗绡与纨绮。……织为云外秋雁行,染作江南春水色。……”《元集》卷二三《织妇词》云:“缫丝织帛犹努力,变缉撩机苦难织。东家头白双女儿,为解挑纹嫁不得。”《元白诗笺证稿》:“缭绫为当时丝织品之最新最佳者,故费工耗力远过其他丝织品。”缭绫应是一种精细的、文章奇绝的轻薄丝织品,盛行于唐代。

(五)宋、辽、金、元时期

马端临在《文献通考》中列举了宋政府赋税的征收共有四大类,其中布帛之征共有十种:“一曰罗,二曰绫,三曰锦,四曰纱,五曰丝,六曰紬,七曰杂折,八曰丝线,九曰锦,十曰布葛。”宋代丝织业生产主要集中于以下几个地区:①河北路。河北东路“民富蚕桑,丝织品产量甚多,被契丹称为“绫绢州”④。河北西路的定州,是一个著名的丝织业中心。所谓“河北衣被天下”⑤,且质量也是上乘的,“缣绮之美,不下齐鲁”⑥。②京东路。从来就富有种桑养蚕的传统,“河朔山东养蚕之利,逾于稼穑”。列为全国第一等产品的“东绢”,就产于京东路。③成都府路和梓州一带:所谓“蜀中富饶,罗纨锦绮等物甲天下”⑦,“土宜桑柘,茧丝织文纤丽者穷于天下”⑧。梓州发展成为宋代一个著名的丝织业中心,“织八丈阔幅绢献宫禁,前世织工所未能为也”⑨。

---

① 新疆维吾尔自治区博物馆,吐鲁番县阿斯塔那—哈拉和卓古墓群清理简报(1966—1969),文物,1972(1)。

② 新疆维吾尔自治区博物馆出土文物展览工作组编,丝绸之路——汉唐织物,图36,文物出版社,1973年。

③ 同上,图37。

④ 见晁补之《鸡肋集》卷62《张洞传》。

⑤ 见《宋史》卷179《食货志》。

⑥ 见苏辙《双溪集》卷9《务农札子》。

⑦ 见《宋史》卷276《樊知古传》。

⑧ 见《宋史》卷89《地理志》。

⑨ 见张邦基《墨庄漫录》卷2。

与梓州邻近的锦州，所产“巴西纱子”，“一匹重二两，妇人制衣服，甚轻妙”[①]。④两浙、江东西诸路。东南诸路都盛产丝、绫、罗、绢，尤以婺罗最为著名。两浙路丝产品产量居全国首位，但技术上还不及北方。庄季裕《鸡肋编》卷上：“婺州红边贡罗、东阳花罗，皆不减东北；但丝缕中细，不可与无极、临棣比也。”寺院中生产的“寺绫”，名震京师。

宋代丝织品的产量也非常高。凡岁总收之数：锦、绮、鹿胎、透背 9615 匹；罗 160 620 匹；绫 147 385 匹；绢 5 382 709 匹，绫、縠子、隔织 111 716 匹；绌 2 290 966 匹；……杂色匹帛56 131匹。

宋代丝织品的特点是细、密、轻薄。著名的有绵州的“巴西纱子”，抚州、会稽寺院中的莲花纱和寺绫。质量最好亦最出名的是京东一带的产品，如单州成武县所织纱，“修广合于官度，而重才百铢，望之若雾”，经过漂洗，“亦不紕疏”[②]。亳州轻纱，声价尤高。南宋大诗人陆游称它“举之若无，裁以为衣，真若烟雾”。但这种纱在一州之内只有两家能织，“相与世世为婚，惧他人家得其法也，云自唐以来名家，今三百余年矣。”[③] 宋初张咏在诗中描述：“维扬软縠如轻云，亳郡轻纱若蝉翼”[④]。陶谷《清异录》记载，江西临川上饶新创一种“醒骨纱，用纯丝蕉骨相兼捻线，夏月衣之，轻凉适体”[⑤]。除轻、薄、密的纱罗织物外，粗而厚的唐绢，宋代也得以继承，南宋杭州机坊“多织唐绢，幅狭而机密，画家多用之”[⑥]，即为著名的“院绢”。蜀锦仍是全国第一流产品，福州路建宁府的织锦也很有特点。能够织绿锦，谓之濯锦。宋徽宗大观年间织造宫殿柱衣，“欲织锦作升龙附于柱”，所织“文辄不合”，于是将殿柱尺寸付给蜀工，也未成功，最后由建宁织造成功[⑦]。

宋代的刺绣和刻丝是值得特别一书的。皇家的宫廷后苑作设有刻丝作和绣作。明代文震亨《长物志》、张应文《清秘藏》等书都曾有所评说。《清秘藏》说：

“宋人之绣，针线细密，用绒止一、二丝，用绒如发细者为之。设色精妙，光彩夺目。山水分远近之趣，楼阁得深邃之体，人物具瞻眺生动之情，花鸟极绰约嚵唼之态，佳者较画更胜，望之三趣悉备，十指春风盍至此乎！……元人用绒稍粗，略针不密，间用墨描眉目，不复宋之精工矣！”

“宋人刻丝，不论山水人物花鸟，每痕剜断，所以生意浑成，不为机经掣制，如妇人一衣终岁方成，亦如宋绣有极工巧者，元刻迥不如宋也。”

刻丝名家见著录的有朱克柔、沈子蕃等。朱克柔的《莲塘乳鸭图》，现藏上海博物馆，刻丝牡丹、山茶图现藏辽宁省博物馆，沈子蕃的《秋山诗意》图现藏台北故宫博物馆，《梅花寒鹊》图藏北京故宫博物院，均达到了极高的艺术境界[⑧]。

宋代蜀锦纹样据元费著《蜀锦谱》记载有八答晕锦、花样盘球锦、簇四金雕锦、葵花锦、六答晕锦、翠池狮子锦、天下乐锦、云雁锦、大窠狮子锦、大窠马打球锦、双窠云雁锦、宜男百花锦、青绿云雁锦、青绿瑞草云鹤锦、青绿如意牡丹锦、真红穿花凤锦、真红宜男百花锦、真红雪花球露

① 见吴曾《能改斋漫录》卷 15。
② 见庄季裕《鸡肋篇》卷上。
③ 见陆游《老学庵笔记》卷 6。
④ 见张咏《乖崖集存》卷 1《筵上赠小英》。
⑤ 见陶谷《清异录》卷 3。
⑥ 见潜说友《咸淳临安志》卷 58。
⑦ 见王象之《舆地纪胜》卷 129。
⑧ 漆侠，宋代经济史（下册），上海人民出版社，1988 年，第 624 ~ 631 页。

锦、真红樱桃锦、真红水林禽锦、鹅黄水林禽锦、紫皂缎子锦、真红天马锦、真红飞鱼锦、真红聚八仙锦、真红飞鱼锦、真红湖州大百花孔雀锦、四色湖州百花孔雀锦、二色湖州大百花孔雀锦等。

另有宋锦，相传是在宋高宗南渡后，为满足宫廷服饰和书画装裱需求而生产的一种用彩纬显花的纬锦。采用三枚斜纹组织，二组经线与三组色纬交织而成。纹纬采用分段换色的方法以获取丰富的色彩效果，织物表面形成花纹相同而逐段色彩各异的独特风格。南宋时已有紫鸾鹊锦、青楼台锦、衲锦、皂方团百花锦、球路锦、柿红龟背锦、天下乐、练鹊、绶带、瑞草、八达晕、翠色狮子、银钩晕、倒仙牡丹、白蛇龟纹、水藻戏鱼、红遍地芙蓉、红七宝金龙、黄地碧牡丹、红遍地杂花、方胜等 40 多种。明末清初，宋锦图案失传较多。康熙年间，有人从泰兴季氏处购得宋裱《淳化阁贴》，揭取其上所裱宋锦 20 余种，转售给苏州机坊，使失传多年的古锦得以恢复生产。

元代蒙古统治者入主中原初期，给中原的生产和经济带来了极大破坏，但很快就制定了一系列的政策，以恢复和保护生产、经济的发展。建立司农司，编辑《农桑辑要》，“肯诏天下，国以民为本，民以食为本，衣食以农桑为本”。元代的丝绸产区基本上保持了宋代的规模，甚至局部有所发展。以腹里区为中心的黄河下游，比前代有所发展，大致区域包括今之山东、河北、山西以及内蒙古、辽宁、河南等地。以浙江行省为中心的长江中下游，元初受破坏较少，仍保持了南宋以来的兴盛状况。如当时的南京省(今江苏南京)、镇江府、常州市、苏州市、吴江州(今江苏吴江县)、建宁府(今福建建瓯)、武干市(今福建龙溪)、刺桐城(今泉州)等均是丝绸生产和贸易的重要地区。尤其是京师(今杭州)，据《马可·波罗游记》记载：“杭州出产大量的丝绸，加上商人从外省运入的绸缎，所以，当地居民中大多数的人，总是浑身绫罗，遍体锦绣”。并在这些地区设立了杭州织染局、建康(今南京)织染局、贵池(今安徽贵池)织染局等。而巴蜀地区虽也设立了织染局，但在全国各行省中地位已明显下降。其它如陕西行省、江西行省、湖广行省等原来丝绸业较发达的地区在元代均有所衰落。

元代的丝织品种在保留原有品种的基础上，最突出的就是织金的大量运用。元代的纺织品用金达到了历史的最高峰，并且对后世产生了深远的影响，其中最著名的就是“纳石失”。“纳石失”，大家都知道是蒙语音译织金锦，但是它在纹样和技术上究竟有什么特点？现在还没有足够深入的研究，只知道它的生产与回鹘有着直接联系。

元代的织锦据元人戚辅之《佩楚轩客谈》记载，流行有十样锦，它们是长安竹、天下乐、雕团、宜男、宝界地、方胜、狮团、象眼、八答韵、铁梗襄荷。元代的墓葬中还出土了不少缎类织物，是现在知道的最早的实物。

元代继承宋、金传统，仍大量服用纱罗织物，文武百官公服均用罗织物制成。

1975 年发现的福州南宋黄升墓，是我国 20 世纪 70 年代发掘的三座宋墓中，出土丝织品数量最多，质量较高的一批，共出土随葬成件服饰及丝织品 354 件。出土时绝大多数保存完好，个别已碳化，袍、衣、裙和花边的色泽褪变较为严重，惟涂金色的刺绣花边色泽较好。织物绝大多数是生织匹染，仅有两件是先染再织。织物品种有平纹组织的纱、绉纱、绢、平地斜纹花绮，绞纱组织的二经相绞素罗和花罗、三经相绞花罗、四经相绞素罗和花罗，异向或斜纹变化组织的花绫及提花缎等七种。其中罗最多，共计 198 件。织造工艺以罗、纱最为精细，绫、绮次之，绢较厚。织物纹样有暗花、小提花和大提花，花纹有牡丹、芙蓉、山茶、梅花、荷花、玫瑰、卷草等十多种，而以牡丹、芙蓉为主。织物大多数已褪变为黄褐色，也有一些呈烟色、褐色和褐灰色。

色染均匀透彻，光泽、手感和弹性都十分良好。黄升墓出土的丝织品，织造技术水平较高，且具有一些明显的特点：如二经绞花罗中的单经浮花，三经绞花罗的牡丹花心套织莲花、芙蓉叶内填织梅花，以及花绮的菱形格内填织菊花，都是前所未见的，并且在其它宋墓如金坛、武进墓中也未曾发现，可能是南宋福建丝织工艺的特色。其中的两件花绮——"吉祥如意"花绮和"穿枝杂花"绮的结构也很值得注意。地组织是以甲（粗）、乙（细）纬与甲（粗）、乙（细）经平织。花纹以甲经与甲纬作4上1下提花，地暗花明，乙经与乙纬平织。这种粗细经纬的配置与组织，不同于以前的"汉式组织"，似乎为宋代所特有。出现了花纹纬六枚提花，从斜纹向缎纹过渡的织物，是目前所见的最早的缎组织萌芽。花纹图案的风格趋于写实奔放，繁花锦簇。花纹组合单位最大达41×15厘米，单朵花径最大达12厘米，画面设计丰满富丽，充满生机。印花、彩绘、刺绣技艺更为精湛，绝大多数花边运用彩绘、印金、贴金、洒金、填彩、刺绣等多种技法制作而成，内容丰富，形式多样，是这批丝织品的一大特色。其中尤以彩绘工艺最具特色，是在绘彩的叶子里填绘极其精细的人物、楼阁、山水、花鸟等图案，婉如一幅幅制作精良的工笔画。印金与填彩结合也是一项新发现的工艺。刺绣工艺在继承传统的基础上有所发展。根据花卉、动物的不同部位采用不同针法，获得更佳效果。一般花叶多铺针绣、茎锁绣、芯打子绣、也有采用贴绣、钉金、钉线与敷彩相结合的技法，是迄今我国发现的唯一一批刺绣技法完整的南宋刺绣品。这批丝织品的产地，可能既有江浙等地的名作，也有一部分来自福建的官私手工业作坊，有的粗绢则出自民间个体机户①。

1988年9月，江西德安义峰羽绒厂在桃源山建水塔时发现一座宋墓，据出土墓志得知，墓主为南宋新太平州（今安徽当涂）通判吴畴妻周氏，出土随葬物品408件，以衣物和丝织品为主，共329件，其中有袍45件，上衣1件、丝绵袄3件、裤6件、裙14件、丝绵被14床及其它鞋、袜、手帕、罗带等，整幅丝织品4匹、残片150余件、丝线65束。丝织品保存情况良好，品种以罗最少，少量绫、纱、绉、绢。除素色外，有提花和印花，彩绘较少。由于长期浸泡水中，织物多呈褐色。纹样有牡丹、芙蓉、朵梅、折枝花、山茶、杂宝、双菱形、卷云等，最清丽雅致的是卷叶相思鸟纹暗花罗，这种纹样是第一次出现，也非常罕见。或许就是文献中记载的宋代"新翻罗""万寿藤"②。

1975年7月初，江苏金坛县茅麓公社向阳大队发现一座南宋时期的墓葬，出土一批重要文物。墓主周瑀，身份为太学生。出土衣物绝大部分保存完好，共34件，有短衣、裤、衫、丝绵袍、抹胸、裳、丝绵蔽膝、菱纹绮履、绌袜裤、贴绣褡裢、漆纱幞头等。这批丝织品，全属生织匹染的桑蚕丝织物。织物品种计有纱、罗、绢、绌、绮、绫六种。其中纱、罗居多，约占全部面料的百分之四十，包括平素、小提花、大提花，现呈驼黄、烟色、深棕色等，有二经绞，三经绞和四经绞组织③。

金坛和福州出土的绞纱织物，为我们了解宋代绞纱织物的织造技术提供了实物资料。宋以前区别绞纱织物的方法有两种：一是广义的，即根据密度，分为纱、縠、罗三种。最密的是罗，其次是縠和纱。或者把縠和纱统称为纱。经密在20根左右的，称为纱。在45根以上的，是罗。二是狭义的，即根据结构而定。把四经相绞的专称为罗，把二经相绞的和三经相绞的一律

① 福建省博物馆，福州南宋黄升墓，文物出版社，1982年。

② 见施宿《嘉泰会稽志》卷17《布帛》。

③ 镇江市博物馆、金坛县文化馆，江苏金坛南宋周瑀墓发掘简报；赵承泽，谈福州、金坛出土的南宋织品和当时的纺织工艺，文物1977(7)。

叫纱。二经、三经相绞的绞纱，早在周代已有雏型，但是后来发展比较缓慢，在很长的时间里，都只限于素织。似乎到了隋唐才逐渐改进，增加了提花。织花时，一律用提花装置。宋墓发现的这些二经、三经相绞的绞纱，有不少可能就是当时的新产品。其中最有代表性的，是金坛墓内的矩纹纱、缠枝牡丹罗（间织石竹山茶）和福州墓内的牡丹芍药山茶蔷薇罗。矩纹纱是一种二经相绞，起平纹花的稀经密提花纱，地明花暗。可能即当时所说的"三法暗花纱"，缠枝牡丹罗和牡丹芍药山茶蔷薇罗，都是在 1 绞 2 经的地上起花的大花纹织物。这种花样，可能即当时所说的"新翻罗"之类。金坛和福州出土的四经相绞的罗，在当时，可能叫做结罗。这种罗不能用带筘的织机，也不能用带花楼的花机织造。可能是采用薛景石《梓人遗制》所载的罗机织造的。这一类的罗，出现比较早，消失也比较早。在汉唐考古和明初考古中均有发现。它的真正消失时间，可能在明代的前半期。等到明末，则已完全绝迹，而由带筘的织机织造和现代相同的罗了①。

1992 年 7 月，赤峰市阿鲁科尔沁旗罕苏木苏木朝克图山一座大型辽墓被盗，随后确认墓主人为辽东丹国左相耶律羽之。出土有大量丝织品，但盗扰损坏较为严重。出土丝织品种有锦、绢、罗、绮、绫、纱等，工艺有编织、印染、刺绣、描绘等，风格独特，品质精良。代表性的有团窠卷草对凤织金锦，有完整的右衽长袍及一些残片，斜纹重纬组织，用三种纬线交织出团窠卷草环，环内用金线和黑丝线织出对凤，金线对凤与黑丝线团凤交错排列。绢地球路纹大窠卷草双雁绣残片，以绢作地，黄、绿、蓝等多种彩色丝线绣出大窠卷草环，环外径约 40 厘米，具有较明显的辽代特征，残长 39 厘米，宽 37 厘米。黑罗地大窠卷草双雁蹙金绣残片，以黑色罗作地，用纯金线盘金绣出，残长 36 厘米，宽 23 厘米。罗地凤鹿绣残片，以罗作地，用金线和蓝、黑丝线绣出凤、鹿，残长 47 厘米，宽 42 厘米。描墨莲花绮残片，以小花纹绮作地，用墨线描绘团花图案，莲花造型具有典型的辽代特色，残长 22.3 厘米，宽 21 厘米。绫地描金团窠仕女残片，以较大花纹绫作地，泥金法描绘图案，残长 18 厘米，宽 7.5 厘米，卷云四雁宝花绫残片，残长 48 厘米，宽 35 厘米。簇六宝花花绫残片，残长 37 厘米，宽 22.5 厘米，该墓出土的丝织品在继承唐代丝织技术和纹样的基础上，又有所创新和发展，尤其是纹样突出地表现出了辽代风格，其他如描墨、泥金、彩绣、蹙金绣工艺也很有特点②。

1988 年，黑龙江省阿城市巨源乡城子林在推土建房时，发现了金代齐国王墓，出土了一批珍贵文物，尤其是许多完整、精美的丝织品服饰，填补了服饰史研究中的空白。出土丝织品主要是男女服饰，共计 30 余件，种类有袍、衫、裤、裙、腰带、鞋、袜、冠帽等。服饰原料品种齐全，有绢、绸、罗、锦、绫、纱等。工艺精湛，大量采用挖梭技术，大量用金，有织金绸（绫）、织金绢，织金锦。还采用了印、绘、绣等技法，有印金和描金。尤其是绣法，针法灵活多变，有辫绣、打籽绣、贴补绣、盘绣、平针、接针、套针、钉线、铺绒、圈金等 10 余种。色彩丰富，有驼、绛、棕、烟、酱、绿、青等色。花纹图案精美繁密，有团龙、夔龙、云鹤、飞鸟、鸳鸯、朵梅、团花、卷草、碧桃、蝴蝶、卷云等。服饰制作考究，华贵独特，具有古代北方民族特色③。

1974 年春天，辽宁法库叶茂台公社叶茂台大队发现了一座辽代砖墓。死者身份是一名契丹贵族，时代应是辽代前期。身上穿着 10 余件衣裳，有长袍、短袄、裙、裤、套裤等，头上有四层

① 赵承泽，谈福州、金坛出土的南宋织品和当时的纺织工艺，文物，1977(7)。

② 内蒙古文物考古研究所、赤峰市博物馆、阿鲁科尔沁旗文物管理所，辽耶律羽之墓发掘简报，文物，1996(1)。

③ 黑龙江文物考古研究所，黑龙江阿城巨源金代齐国王墓发掘简报，文物，1989(10)。

冠帻，手戴绣花分指手套，脚着齐膝刻丝软靴。最上面覆盖一件刻丝覆尸衾。出土纺织品都是以桑蚕丝为原料，品种有绢、纱、罗、绮、锦、绒圈织物，刻丝、刺绣等①。

1973年10月，大同市博物馆配合基本建设工作，对大同城西约一公里的金代阎德源墓进行了发掘。墓内出土遗物比较丰富，共计90余件，其中丝织品24件。有合领直襟宽袖大道袍一件，罗质，土黄色，镶有黑边，镶边宽11厘米，上有丝绣卷云纹及仙鹤90只。鹤氅一件，罗质，黄褐色，幅中丝绣四方连续的仙鹤及云纹图案，四周镶有黑边，上绣云鹤，共绣鹤106只。交领单道袍，一件，罗质土黄色，上绣云鹤纹。福禄夹衬垫，一件，罗质，土黄色，垫面和四边都绣有福禄纹。围裙残片，以黑、赭、金三色印成仙鹤卷云纹。菱纹花罗等。织物品种多为罗质，丝绣，也有印染。服装形式有袍、衣、坎肩、裤、裙等，是我们了解金代道士服式的宝贵资料②。

1973年3月，在邹县火车站扩建工程中，发现了一座元代至正十年(1350)的墓葬，墓内石椁盖上刻有"有元裕庵李先生府君之墓"。经考证为儒学教谕李裕庵之墓。出土的随葬物主要是男女衣衾和鞋帽共55件。男尸头戴深褐色素绸夹风帽，上身穿六层长袍，都是交领，右衽。外数第一层是梅鹊方补菱纹绸短袖男夹袍，第二层是深绛色、盘龙回纹暗花绸窄袖夹袍，这两件应是墓主人的官服。第三层素绸短袖丝绵袍，第四层素绸长袖丝绵袍，第五层粗素绸长袖丝绵袍，最内一层，素白棉布短袖夹袍。在第二层袍的襟前放了一幅绛色绸方巾，方巾长65厘米、宽50厘米，上下织有人物、鸟兽、花纹图案，左上角织"寿山福海"四字，右上角织"金玉满堂"四字，中心织有六行42字，这幅绸织方巾内的人物、鸟兽、花纹以及框内文字均同时织成，体现了元代挑花结本技术的高度发展。

女尸头戴杂宝云纹缎夹帽，上衣有五层。第一层是杂宝云纹绸交领长袖夹袍，第二层为莲花双鱼纹罗对襟短袖女夹袄，以及粗素绸对襟短袖丝绵袄，素绸对襟长袖夹袄，素绸对襟短袖丝绵袄。下层第一层是荷花鸳鸯纹绸平展夹裙，第二层是方棋小朵花罗平展单裙，最里一层为素绸丝绵裙。女夹袍的袖口、女鞋和裙带上均有刺绣，绣出人物花鸟，仅0.5～1.0厘米，绣工精湛，富有民间特色。棺内填塞衣物11件，计有：斜纹绸交领长袖丝绵袍，右衽；棉布交领长袖单袍，右衽；缠枝莲纹绸交领长袖夹袍，右衽；素绸对襟长袖丝绵袄，两件；杂宝云纹绸丝绵被；素绸丝绵被；菱纹绸纳帮鞋；素绸纳帮鞋；素绸地绣花鞋和高筒牛皮靴。使我们对元代齐鲁地区的纺织技术、织物品种以及冠服制度状况有所了解③。

1976年11月在元代集宁路故城，内蒙古自治区集宁市东南30公里的察右前旗巴音塔拉公社土城子村，发现元代窖藏，内有丝织品等。瓮内有完整的丝织物八件，其余均多残损。有团窠异兽纹锦被面，织锦幅宽59.5厘米，由两幅拼接而成，斜纹组织，黄、蓝二色纬线起花。印金织物，底料多是暗花绫和纱罗织物，且是先印金后剪裁。罗织物多为四经绞，暗花绫为斜纹缠枝牡丹，印金花纹有牡丹、莲花、菊花、草花、祥云等，衣服贴边都是挖花织物，纹样为缠枝蔓草。绣花织物有保存完整的绣花夹衫一件。底料为棕色四经相绞素罗，里衬为米黄色绢。刺绣针法以平针为主，兼用打籽针，稀切针，辫针，抢针，鱼鳞针等。刺绣纹样多达99个，有自然界的各种花鸟鱼虫，也有人物故事，极为丰富④。

---

① 辽宁省博物馆、辽宁铁岭地区文物组，法库叶茂台辽墓记略，文物，1975(12)。

② 大同市博物馆，大同金代阎德源墓发掘简报，文物，1978(4)。

③ 山东邹县文物保管所，邹县元代李裕庵墓清理简报，文物，1978(4)。

④ 潘行荣，元集宁路故城出土的窖藏丝织物及其他，文物，1979(8)。

1972 年至 1979 年，为配合农田建设，甘肃漳县徐家坪汪家坟墓区清理了 27 座墓葬，墓葬时间为元明两代。其中元墓 M8、M13 出土丝织品 29 件(块)。M8 五件，有“说大摩祖支天菩萨陀罗尼经”经面一，小口袋二，小手帕二；M13 二十四件(块)，在女尸头部囊枕内，有衣服多件及小块丝织品材料，衣服多已腐朽，重要的有：棕黄色缠枝蕃莲纹麻葛棉囊(细丝绢里)描金妆彩霞帔、棕色团花妆金缎云头荷包、黄色小团花纱罗圆领对襟短袖小衫(襟上描金妆彩)、烟色卍菱纹缎、妆金莲花方孔纱、妆金灵芝纹方孔纱、紫色卍字菱团龙花缎、古铜色云龙缎、深色瑞兽纹缎、妆金团花纱，古铜色海棠(梅)纹缎、菱格回纹缎、蕃莲纹缎、淡黄色暗花罗、妆金天马纹锦、妆彩吉羊纹锦、小缠枝蕃莲纹缎、棕色龟背纹缎、双钱宝瓶形小荷包，妆彩吉羊团花锦、妆银天马纹缎、妆银簇花纹缎等。是研究元代纺织品的珍贵资料，可以看出元代在继承宋代纱罗织物基础上，妆彩、妆金银技术和缎纹组织得到了空前发展①。

漳县文化馆发掘的汪家坟墓，出土丝织品 22 件，有帽、带、袍、袍裙、裤、抹胸等。时代有元、明两代。

1970 年 2 月，新疆军区生产建设兵团军垦战士，在乌鲁木齐市南郊盐湖南岸天山发现古代墓葬两座。其中一号墓尸体内著棉布中单、裤，外套黄色油绢织金锦边袄子，足穿缂丝牛皮靴；二号墓清理得残片 23 块，有锦二块，烟色暗花绸三块，黄色绢八小块，赭红绢六块，紫绢两小片，蓝色染缬绢一条，黄色绢带结一个。初步判断一号墓为元代，二号墓可能为唐代。一号墓出土的黄色油绢织金锦边袄子，腰部钉有 30 道“辫线”，为元代著名的“辫线袄”。《元史》卷七八《舆服志》记载：“辫线袄，制如窄袖衫，腰作辫线细摺”。袄的袖口、领、肩部用织金锦做边饰，这些织金锦都不是完整的材料，由多块拼接而成，有“片金”和“捻金”两种。“片金”锦经线由丝线组成，分单经和双经两组。纬线由片金、彩色棉线和丝线组成，片金和彩色棉线作纹纬，丝线作地纬。单经与纹纬作平纹交织，双经与地纬成平纹交织，在显花处，双经被夹在中间作暗经。图案以开光为主体，穿枝莲补充其间。“拈金”锦经线亦由丝线组成，分单经和双经两组。纬线由两根平行的拈金线和一棉线组成，拈金线作纹纬，棉线作地纬。单经与纹纬成 1 上 3 下斜纹交织，双经与地纬成平纹交织。花纹图案为一佛像。《元典章》五八《工部》一有“禁织佛像缎子”条②。

(六)明、清时期

明朝丝织业的生产有官营和民间两大类。官府手工业的生产规模是前所未有的，中央有南、北两京的内织染局和工部织染所，南京神帛堂、供应机房 6 个单位和 23 个地方织染局。南京织染局专织进贡各色绢布和文武百官诰敕，设神帛堂专织祭祀用的神帛，供应机房从内织染局取料加工。北京设外织染局，掌染造御用及宫内应用缎匹、绢帛之类。其他在全国丝绸业较发达地区均设有地方官府织染局，计有：浙江，杭州府、绍兴府、严州府(今建德梅城)、金华府、衢州府、台州府(今浙江临海)、温州府、宁波府、湖州府、嘉兴府。福建，福州府、泉州府。南直隶，镇江府、苏州府、松江府、徽州府(今安徽歙县)、宁国府(今安徽宁国县)、广德府(今安徽广德县)。山东，济南府。江西布政司，四川布政司，河南布政司。其中苏州和杭州的织染局规模较大。

---

① 甘肃省博物馆、漳县文化馆，甘肃彰县元代汪世显家族墓葬，文物，1982(2)。

② 王炳华，盐湖古墓，文物，1973(10)。

由于徭役制的废除，以及商品经济的日益发展，小生产者不断增加资本，扩大生产，形成规模较大的民间手工业工场。出现了一批机织大户，富至百万，有苏州潘氏、江苏盛泽镇的施复等。

明代丝织品种在前代的基础上更有所创新、发展。除已有的蜀锦、宋锦外，南京的云锦取得了高度发展。云锦是库缎、库锦、妆花的总称，妆花技术的运用达到了高峰，并继承元代大量用金的特点，普遍采用金勾边，妆花显花，织物色彩丰富、富丽堂皇。

明朝福建的丝织生产相当发达，福州、泉州以及漳州有许多著名的丝织品种，万历"福州府志"载："福州出有丝绸、绢线、绢丝、缎改机"。漳州、泉州又出倭缎。泉州"北土缇缣，西番毳罽，莫不能成"。

广东的南海、番禺、顺德等地的丝织生产也较发达。《广东新语》载："广之线纱与牛郎绸、五丝、八丝、云缎、光缎，皆为岭外、京华、东西二洋所重。"有说"粤纱，金陵，苏杭皆不及"，"故广纱甲于天下，缎次之"。杭人蒋坤丑创制的皓纱，"团花疏朵"，市上争购。起绒技术高度发展，福建有漳绒，定陵出土有双面绒。

明代出土纺织品最丰富，等级最高的就是明万历皇帝朱翊钧及孝端、孝靖二皇后的定陵。出土各种袍料、匹料和服饰共 644 件，主要是丝织品，个别为棉毛织品。品种有 13 类，包括妆花、缎、织金、锦、纻丝、纱、罗、绫、䌷、绢、改机、绒、布等。织物大量用金，种类繁多，图案丰富。有织金妆花柿蒂龙襕缎龙袍料、织金妆花奔兔纱、织金妆花团八宝纹罗、细金细龙纻丝、重莲锦等。服饰有缂丝十二章衮服、织金妆花缎衬褶袍、交领夹龙袍、龙火纹蔽膝、方领绣龙补女夹衣、花罗绣百子女夹衣、交领中单、素绫丝绵裤、绣"大吉"缎膝裤等。

明宰相严嵩籍没物品登记册《天水冰山录》中记载有大量纺织品种，有织金、妆花、缎、绢、绫、罗、纱、䌷、改机、绒、锦、琐幅等。

明代顾绣技艺达到了最高峰，提高了刺绣的艺术内涵。不以形似为满足，取径独高。故宫收藏有八幅，为韩希孟所绣，关瑞梧先生捐赠。分别为洗马、百鹿、补衮、鹓鸟、米画、葡萄松鼠、扁豆蜻蜓、花溪渔隐图。

清代清兵入关之初，对被征服者实行了残酷的镇压，尤其是江南织造业发达城市，受到了空前的浩劫。清朝建立后，为巩固其统治，推行冠服制度之需，采取了一系列的措施。奖励开垦，废除匠籍，充分调动生产积极性，手工业生产迅速发展。清代丝织工艺在明代的基础上很快得以恢复并有所发展，苏州、南京、杭州成为全国丝织中心，设立官府织造局，在京有内织染局，"凡上用缎匹，内织染局及江宁局织造，赏赐缎匹，苏杭织造。"特别选派内务府亲信进行管理。清初统治者对民间纺织业加以各种限制，自康熙时机户向曹寅"公吁"请奏免限制，"得旨永免"后，江南织造业又重新获得发展。多集中于江、浙、粤、川、皖诸省。

清代丝织品种繁多，传世的大多数收藏于北京故宫博物院，数量多达十多万件，它们代表了清代纺织工艺的最高水平。清代丝织品种齐全，风格上形成早、中、晚三个时期。早期多用各式繁复的几何纹、小花小朵作装饰，古朴典雅；中期有欧洲巴洛克、罗可可艺术风格，艳丽豪华，晚期则喜用折枝花、大朵花，风格豪放。配色大胆，原色与中间色并用，并吸取工笔花卉晕色渲染方法，色彩更加丰富自然。雍乾时期，对织金加银方法有不少改革，多用拈金线，质地坚牢。金丝的加工技术有所提高，金丝细如毫发，缎组织多用七枚缎，纱有直径纱、芝麻纱等。漳缎，相传源于福建漳州，约在清康熙年间转至苏州、南京地区，由织造府专织或督造。采用贡缎组织作地，妆花技术起绒。康熙、乾隆年间是漳缎生产的全盛时期，自康熙至道光中期，苏州城内机户几乎全部织造漳缎。图案为清地团龙、团凤，以杏黄、蓝、紫色为地，黑色、蓝色起绒花，北京故宫收藏的“彩织极乐世界轴”，在玄青缎地上用五彩丝线和紫赤圆金、淡圆金织释迦三尊座像，上织华盖，彩云殿宇，下织须弥座，莲池及大小佛像279个，天地均为织成宝相花图案。该轴通幅织成，图幅巨大，高448厘米，宽196.5厘米。织工细腻，一丝不苟，图案形象完美，配色调和，充分体现了我国古代挑花结本和织造技艺的高超，代表了我国木机织造工艺的最高水平。缂丝工艺在康、雍时期不甚发达，乾隆朝曾一度风行，出现不少巨幅作品。现存北京故宫的乾隆“缂丝无量寿尊佛像轴”，为故宫现存缂丝最大件，高620厘米，宽307.5厘米，通幅织成。运梭方法丰富，形象生动，配色和谐、明亮，技艺高超。

清代刺绣艺术兴盛，各地区形成了自己的独特风格，最著名的有苏绣、湘绣、粤绣、蜀绣“四大名绣”①。

第三节　织成、绫织物、起绒织物、改机、丝绸外传考辩

有关织成、绫织物、起绒织物、改机、丝绸外传的问题，在过去国内外许多论述中国古代纺织工艺技术的书中，差不多都有谈及，可是对它们的实质或历史，阐述的不是很清楚，有必要进行深入的发掘和系统的整理。本节便是有关这些问题的一些研究。

一　织成及其相关问题

解放以来，我国考古工作者曾在全国各地发掘出许多珍贵的文物，为探讨我国古代历史和社会经济的发展，提供了大批具体实物。其中关于织成较为重要的发现是1959年和1963年新疆发现的三件实物：①吐鲁番出土的东晋一双丝麻交织的花鞋（以下简称无字花鞋）②；②吐鲁番出土的同时期的一双织有“富且昌、宜侯王，天延命长”吉语的丝质花鞋（以下简称有字花鞋）③；③巴楚出土的北魏毛毯残片④。

这三件织物的织作方法和艺术设计，都比较有特色。从纺织技术史的角度看，可以说都是有关织成的非常难得的资料，如果能把它们和史料结合起来，作一番深入研究，对于我们探讨有关织成的起源和发展，具有非常重要的参考价值。现分为四部分讨论：①织成是什么？②织成和缂丝的差别。③我国制作织成和缂丝的技术是外来的吗？④这三件织物的艺术价值。

（一）织成是什么

这三件织品最突出的地方是它们的织作方法。它们的织作方法和一般的织物不同，比较特殊，都是我国传统纺织技术中所说的通经断纬。通过它们的这个特点，首先可以帮助我们了解织成的内容。

织成这两个字，是一个历史词汇，可以作形容词，也可以作名词。我们所要谈的，只限于

① 朱新予主编，中国丝绸史（上册），纺织工业出版社，1992年。

② 1964年发现，现存新疆维吾尔自治区博物馆。

③ 1964年发现，《丝绸之路》图版二二及二三，新疆维吾尔自治区博物馆出土文物展览室编。

④ 1959年发现，见1972年《文物》第三期图版拾。

后者。

属于名词的织成，又作"织绒"。今本《玉篇·糸部》："绒织绒也"，也叫织成锦[①] 和织成缬[②]。宋以前的书，常常提到这种东西，可是又都没有说明它的具体内容。所以自清代中叶起，便不断引起人们的注意，专门研究它的实质。直到 1970 年还有人从事探讨。所得结论，极不一致。比较重要的有 6 种：

(1)认为织成是"织而成之，不待剪裁之物"[③]。

(2)认为织成和锦相似，但锦有色地，此无色地[④]。

(3)认为织成是锦或缂丝的别名，是日本古代词汇[⑤]。

(4)认为织成是无法考知的东西。不一定与缂丝有关系[⑥]。

(5)认为织成是印花织物[⑦]。

(6)认为织成是利用各种织物组织制织的具有一定形式或用途的成品或半成品，有斜纹、罗纹、缎纹和平纹数种[⑧]。

前五说都有不同程度的缺陷。把织成当成缂丝，虽有些道理，但不能概括它的全部。至于把织成说成日本名词，更是附会。最后一说，似乎有些说服力，但实际上有待商榷，因为其所持论据并不确切。织成的真正内容，同这些论断都不一样。既不是织而成之之物；也不是印花织物或用各种组织制织的具有固定形式的成品或半成品；更不是不可知的。

织成是什么？应该是一定范围内织物的共有称呼。我们可以从其性质、织作方法和范围来说明它。

关于织成的性质：

首先，它有一个专用的"绒"字，表示它有独特的属性。

其次，在唐人颜师古的书里，也能隐约的看出一些。《急就篇》颜注："绒……即今之织成也。"《汉书·贾谊传》颜注："偏诸……若今之织成也。"绒和偏诸都是织物的名称，用织成作绒的训解和偏诸的比喻，即暗示它是自成一类的织品，不能随意解释[⑨]。所以北宋编辑《太平御览》时，才把它作为独立的织物品种与锦、罗、绫、绢等并列在《布帛部》内。

关于织成的织作方法：

根据现有的材料看，所谓织成，应该都是用我们常说的挖梭，即"通经断纬"的方式织作的。理由有四：

其一，隋唐两代盛行利用织成和同心结，表示男女情爱的风习，这在当时的诗文中多有反映。骆宾王《帝京篇》："同心结缕带，连理织成诗。"乔知之《弃妾篇》："还君结缕带，归妾织成诗。"通经断纬的特点，是投梭时不通投，而按纹样颜色，把花纹分为若干块，分别织制，然后再

① 姚汝能《安禄山事迹》卷上有"织成锦帘"，《图画见闻志》卷六有"织成大小回鸾墨锦"。

② 《北魏书·宇文护传》有"紫织成缬通身袍"。

③ 段玉裁注《说文解字·糸部》释缅和释绲。

④ 任大椿《释缯》。

⑤ 日本明石染人持此观点，此据朱启钤《丝绣笔记》引。

⑥ 朱启钤《丝绣笔记》卷下 10 页、卷上 36 页。

⑦ 〔日本〕新村出，中国印花布源流考，见《内藤博士颂寿纪念史学论丛》，1930 年弘文堂书房发行。

⑧ 魏松卿，略谈中国缂丝起源，文物参考资料，1958(9)。

⑨ 见《隋书·礼仪志》、《旧唐书·舆服志》。二书并云皇后袆衣，"织成为之"，公主王妃内外命妇褕翟衣，"绣为之"，或"罗縠为之"。以织成与绣及罗縠并举，也说明织成是特定的织品，并可证明它绝不是罗纹组织。

用挖梭或系结的方法，把各个小块连成一体。这几句诗非常形象，尤其骆诗更重要。连理织成和同心结缕的寓意相同，都是借这种织法，寄托两者感情。言其本来不是一体，由于情爱的紧紧牵连，就像挖梭或系结似的，才把它们拴起来，结成连理（非诗句咏及连理，是指织成本身）。乔诗虽然没用连理二字，命意也是一样，言被弃之人已同陌路，不再存在互相连接的织成意义，所以始欲索回。

其二，唐以前统治阶级的衮衣，常用织成制作，例如加饰日、月、星辰、山龙、华虫、作绘宗彝、藻、火、粉、米、黼、黻十二章，或山龙以下九章的纹样，也能反映这一事实。断纬织物和一般显花织物的最大差别，是能在同一幅面里，织出绝不重复、变化不定的花纹。衮服的纹样，都各自成形，毫不相同。如果不用断纬，很难织出。（衮服纹样参阅黄以周《礼书通故》）

其三，《松窗杂录》载李浚平生所见异物有西蜀《织成兰亭》；《秦蜀后记》载真定龙兴寺有宋朝钱维治织成连环诗 90 首。这两件东西应也是通经断纬的织物。唐宋时期最重《禊帖》，《织成兰亭》大概是此帖的摹制，共 324 字。钱诗按其篇数计算，可能在 1000 字以上。字都比较多，特别是前者，原是行书，笔势多变。既号称异物，一定酷肖原作，点画使转，不爽毫厘。除了利用断纬，用其他方法是不易织出的。

其四，日本奈良东大寺有一件我国唐代输往的织成袈裟①，曾登录在日本天平胜宝八年（唐至德元年，公元 756 年）圣武皇后的《献物帐》，题作“七条织成树皮色袈裟”。它的织法恰恰也是通经断纬②，与我们的推论完全符合。这件袈裟本是用七幅织成拼成的，以八条皂绫分成七栏，镶缀七幅织成，所以叫七条织成。梁简文帝有“谢赉郁泥真纳九条袈裟启”，用九幅真纳拼合。两者之意相似。仅此一点，即可证织成是指一些特殊的织物，不是指具有一定形式或用途的成品。

关于织成的种类：

织成确实不只一种，不过这不是由于它的组织确定的，而是由于它所选用的纤维决定的。习知的，共有两种：丝质的，上引颜师古说的“偏诸”、“若今之织成”的织成，即丝质的。偏诸是绦的别名，皆“织丝缕为之”③。（宋以前常用断纬的方法织作绦带。近年在吐鲁番阿斯塔那出土的一条唐代丝带，就是断纬的。它的原名即《唐大诏令》中的织成绦）；毛质的，《旧唐书·五行志》：“中宗女安乐公主有尚方织成毛裙，合百鸟毛（织之）。”因为它们的组织相同，所以都叫一个名称。

综上所述，可以这么说：凡是使用通经断纬方法织制的织物，不论是丝的或是毛的，也不论是疋料或绦带，甚至小块织品或大块毛毯等物，均可谓之为织成。也就是说，不论它的形式，或原料，只要是通经断纬，即可属于织成的范围，否则是不能使用这个名称的。

当我们明确了这些问题之后，也就不难了解织成的内容了。

至于说织成两字，本是形容词，怎么忽然变成名词了？大概是约定俗成。最初只是用它形容断纬织物的织作方法，久而久之，便成了这类织品的专用词，并造出一个专用的绒字来。

---

① 日本高岛精一《染织史研究》称，日本古代从外输入的属于刻丝织法的织物，有两个来源：一是在飞岛奈良时期自中国输入；一是 16 世纪以后自西方输入的阿兰陀舶来品，即所谓的天竺织。日本仿制同样的织物，是在永安以后。“七条织成树皮色袈裟”是日本圣武天皇的遗物，正当奈良之时，显然是自我国输入的。

② 明石染人认为织成是缂丝，即以此为证。唯只此一证，别无它说，且未言明织成是一梭通纬，一梭断纬重复交替织作，而缂丝全部皆为断纬（除通幅无花部分）。

③ 见《汉书·贾谊传》颜师古注。

(“绒”字只见于今本《玉篇》,不见于传抄原本《玉篇》,当是隋唐时新造的字,重编《玉篇》时收入的)。把所有用这种方法织的东西都叫织成,并写作织成或织绒。就像“贴成”,原是形容以鸟毛或彩帛黏贴的图案,后来竟变成用黏贴的方法制作的物品的专称(日本正仓院收藏有古代使用鸟毛贴制的屏风。日本天平胜宝八年《献物帐》、延历六年《曝凉使记录》、齐衡三年《杂财物实录》均题为“鸟毛贴成文书屏风”)。

新疆发现的这两双花鞋和毛毯的织法,与织成完全相同。无字花鞋以丝为纬,以麻为经;有字花鞋的经纬都是丝;毛毯的经纬都是毛,均与织成的类别相合,自然都是属于织成范畴。可证古籍所载织成的特点和类别是不错的。

这两双鞋的名字都应是织成履(有字花鞋的全名,尚应加上它的纹样,详见下文)。《全三国文》卷三引《曹操遗杨彪书》:“并遗足下贵室”“织成靴一量”,这两双鞋即织成靴之类。但靴有胫衣,略有区别。

这块毛毯的正式名字,应该是织成褥或织成毯。《众经音义》卷二氍毹条引服虔《通俗文》:“织毛褥曰氍毹”。氍毹即毛褥,亦即毛毯。杜甫《太子张舍人遗织成褥段诗》:“客从西北来,遗我翠织成。开缄风涛涌,中有掉尾鲸。逶迤罗水族,锁细不足名。……奈何田舍翁,受此厚贶情。锦鲸卷还客,始觉心和平。”我国西北地区历来盛产毛毯,杜诗所咏,无疑即唐代西北用断纬手法织制的毛毯。毛毯多半厚大可卷,故又有“卷还客”的话。新疆的这块毛毯就是杜诗所说的那种东西。

这三件织品,既可以使我们具体地看到古代所谓的织成,还可以使我们知道古代的织成,也有丝麻交织的,殊可以补文字记述之不足。

(二)织成和缂丝的差别

新疆发现的制作这两双鞋的织成,有很明显的特点,即从外形看,厚度都比较大。这点对于探讨织成和缂丝的关系非常重要。

缂丝又作刻丝、克丝、尅丝,也叫刻丝作或刻色作。缂丝是明以后的写法,其余是宋元写法。过去研究中国纺织史和工艺美术史的人,常常提到织成和缂丝的异同。具有代表性的意见有两个:认为缂丝一词不见于宋以前的书,肯定织成和缂丝不同,织成至五代即告断绝,缂丝是后来产生的;认为两者关系密切,缂丝是从西汉的织成演变来的。

把织成和缂丝分开,是不正确的。缂丝这个词其实早在宋以前就已经出现了,只是不大引人注目罢了。至于织成,也不是在五代时便已断绝。宋、辽、金三史的《舆服志》、《仪卫志》和《契丹国志》中都有相关记载,即可为证。织成和缂丝应该是互有联系的,我们知道织成是通经断纬,缂丝同样也是通经断纬,这两者自然不会毫无瓜葛。因此把缂丝看作是织成的演变,是对的。即所谓的缂丝,最初应是丝质织成的一种,后来从织成中独立分离出来。可惜提出这种意见的人,没有详述他所发现的演变情况以及他所依据的材料,难以使人了然无疑,还得进一步探究,才能真正的说明问题。

古代的织成(指丝质的)是什么时候开始向后来的缂丝演变的呢?对这个问题,不能只拿这两个词在文献中的隐显时间作判断标准,而应从它们自身的结构寻找依据。从这个角度探究,便可明了其时间既不是在西汉,也不是在五代,而应是在南北朝后期,更具体地说是在萧梁以后。

萧梁以后的织成,同后来的缂丝比较,最明显的差异是它们的厚度。南北朝以前织成的用途与后来的缂丝不同,后来的缂丝多半是艺术欣赏品,南北朝以前的织成都是实用品。实用品要求坚实，因而都是侧重于厚而重的。其厚重程度可从一些记载中略知一、二。

《北堂书钞》卷一二六引《魏百官名》有黄地织成障泥。障泥是连接于车马鞯之下的东西，必须厚重耐用，不能轻易飘扬或者撕破，否则是起不了障泥和遮水作用的，历来都以特厚的织物制造。魏百官的障泥使用织成，就是魏的织成相当厚实之证。

《太平御览》卷八一六引《晋后略》："张方兵入洛诸官府，大劫掠。御宝织成流苏武帐[1] 皆分割为马鞯矣。"用于马鞯的织物，无疑都是比较厚的。张方的兵能用晋帝的织成武帐代替马鞯，表明西晋的织成是相当厚的。

同书同卷引《邺中记》："石虎猎，著织成合欢裤。"石虎的合欢裤是射猎所需，相当于现代的马裤。马裤必须厚实(现代马裤均用较厚的织物马裤呢制作，或者加缝皮革)，石虎竟以织成为之，表明东晋织成的厚度也是比较大的。

古代的织成，由于厚度大，在一定程度上，也限制了它的使用范围。《南齐书·舆服志》载："衮衣，汉世出陈留，襄邑所织。宋末用绣及织成。建武中，明帝以织成重，乃采画为之。"所谓以织成重，就是说萧齐织成的厚度比较大，用它作衣裳，穿起来不舒服。萧子显修史时，很重视这个问题，不但详细记载了这件事，还加了一段按语："史臣曰：历代龙衮，织以成文，今体不胜衣，变易旧法，岂至美黻冕之谓乎。"萧子显的话说得很明白，他不赞成齐明帝拒用织成的态度。他的批评是否恰当，可以不论，但"体不胜衣"一语，更能说明事实的真相，说明较早的织成都很厚重，有时不大适于穿用。

萧梁以后的织成和以往比较，大不相同。从萧梁起，人们为了提高织成的使用价值并增加它的艺术效果，竟使它的结构大为转变。自此以后的产品，虽然也有比较厚重的，比如织成绦带之类，但其类为数是比较少的，绝大部分，皆改趋于细而薄。及至隋唐，这种变化更加显著。

《隋书·宣帝纪》："陈桃根又表上织成、罗文锦被各二百首，诏于云龙门外焚之。"桃根所进织成相当精细，其幅宽已不可考，但仍能根据它的首数推断它的精细程度。它的首数，已接近当时官绶的最高标准[2]。历代的绶，都是"首多者系细，少者系粗"。首是古代计算织物工艺密度的单位之一。这件织成的首数特多，显然是它的经纬也相当纤细。陈宣帝贯会伪装，为了乔示节俭，才把它烧了。

自萧梁起，新生产的织成，大都具有很高的市场价格，每每仅一件即值价百万。《南史·梁宗室正德传》：董逻有金帖织成战袄，值七百万；《中华古今注》卷中：天宝年中，西川贡织成背子，费用百金；《通鉴》卷二〇九：唐安乐公主有织成裙，值钱一亿。价格这么高，一定都非常精致，必然耗费大量的人工和材料，大概也比较细薄。

现日本保存的一些中国唐代的织成，也可作为参考。这些织成的具体情况，多半未见报道。可知的只有前面提到的"七条织成树皮色袈裟"。这件袈裟长约七尺三寸，宽约三尺八寸，每条织成的幅宽均约五寸(俱为中国市尺)。据日本学者分析：其每平方寸约有经线 45 根，纬

---

① 《御览》卷八一六引《晋后略》，此条也见于同书卷六九九，前者无"武帐"二字，后者有之，故补。

② 陈制，除皇帝及皇太子，所有的绶，都达不到 200 首。陈制见《隋书·礼仪志》，惟颇讹谬。据云，诸王紫朱绶，160 首，开国公玄朱绶，240 首，开国侯伯青朱绶，120 首，开国子男青绶，200 首。所记开国公和开国子男之数均误。考历代之绶首，均以色定数。据同《志》，陈皇太子妃的绶色与诸王同，亦 160 首，所记诸王绶首之数为是。而诸王之下，不当多于其数。又据同《志》，陈开国公侯太夫人青绶，80 首，其色与开国子男同。二者既同，自不应相去甚远。均可证其所说的陈开国公及开国子男的绶首不确。而其时诸王以下之绶均不足 160 首也。故陈桃根所上，实为最高之标准数，是非常精细的织品。虽其幅宽已不可考，但据陈宣帝故示节检决定销毁的态度，自可得而知也。

线42根,是一梭通纬,一梭断纬,断纬显花;打纬时,色纬在上,通纬在下。对比现在每平方寸约有经线60根,纬线50余根的苏州缂丝台布,这件文物的经纬根数业已接近。

历史上丝质织成的这个变化,对于它自己来说,是极其重要的。随着丝质织成的日趋细薄,因而也终于改变了人们对待它的态度,并且大大提高了它的身价。古代最受社会珍视的织物是锦 。从萧梁起,一反前规,织成竟更受世人欢迎。张怀瓘《二王书录》:"历代帝王莫不珍视(二王书)。……及梁武鸠集所获,尚不可胜数。并珊瑚轴,织成帙。……(至唐)贞观十三年(复)敕,购求右军书,并贵价酬之。……并金缕杂宝装轴,织成帙(以示宠惜)……今天府所有,并旃檀轴锦褾而已。既所不尚,散在人间。"[①] 说得非常清楚。

同时,与刺绣相比较,它的地位也起了变化。刺绣是萧梁以前章服制度中最受尊崇的东西,从这时起,渐渐被它超越过去。这一点具体地反映在历代的衮服制作上。据史载,晋以前皇帝的衮衣都是刺绣,公卿的衮衣始用织成[②]。南北朝时变化不大,南朝皇帝的衮衣仍是绣与织成并用[③]。等到南北朝末,忽然改观。从北齐起,皇帝的衮衣一律改用织成,并且把刺绣降等,降为待臣之服(按:北齐实用北魏熙平二年改定之制,时为梁武帝天监十六年。惟熙平时,似尚处在争辩阶段,议论犹未完全一致)。

《隋书·礼仪志》:"(北齐)河清中,改易旧物,著令定制云。乘舆……衮服,皂衣绛裳,……织成为之。……高祖初即位,……(诏乘舆衮冕)采用东齐之法。……(大业元年)虞世基(复议)奏曰,(乘舆衮服)衣质以玄。……并织成。……墨敕曰可。……(皇太子衮服)旧章用织成,降以绣。……自王公以下,章服皆绣为之。"

《旧唐书·舆服志》:"(乘舆衮冕)织成为之也[④]。……武德令,待臣服有衮(冕),……皆降为绣偏衣而已。"

两《志》所记,都是梁以后的情况。这是颇耐人寻味的。古代衮服用料问题,从形式上看,好像是古代今古文学派之争的一部分,实际上则是同织成本身的构造分不开的,即由于它结构的变化,导致了有关制度的变化。这一点,在历代的章服制度史上,是至关重要的。过去研究我国古代典章的人,似乎还没提到,很有必要揭示出来。

古代织成的这两个阶段的差异,极为明显。这个差异,就是它由它的较早形态向前发展的体现。我们知道织物的厚度和用途,常常是统一的。粗厚的,有粗厚的用途;轻薄的,有轻薄的用途。用得不恰当,便得不到较好的效果。织成亦然。结构厚重的织成,只适于作帷帐、马鞯和马裤一类的东西,不适于作比较细致的服饰,特别是精美的艺术品。如果要想改变它的这种状态,扩大它的适用范围,就得采用新的设计。因而才终于改变了它原有的结构,在它古代形态的基础上,向前迈了大大的一步,而逐渐演变成为后来的缂丝。不过织成这个词,却并未因此变化而很快完全废止,直到元代,由于缂丝一词盛行,才始无用者。关于织成的这个变化,是

---

① 《后汉书·舆服志》、《隋书·礼仪志》,前者作"首多者系细,少者系粗";后者作"首多者丝细,首少者丝粗"。系、丝意同。

② 《后汉书·舆服志》、《晋书·舆服志》。

③ 《宋书·礼志》、《南齐书·舆服志》、《隋书·礼仪志》。

④ 《新唐书·车服志》:"唐初受命,车服皆因隋旧。武德四年,始著车舆衣服之令。……(乘舆衮服)衣画裳绣。"似乎是唐之初始,皇帝衮服用隋之旧制,也是织成。而武德四年以后改为画绣。与《旧唐书》不同。甚误。考新书于述武德所定唐帝衮衣形制之后,又记群臣之服,也有衮衣,云"一品之服也,皆降为绣偏衣"(旧书也有同样的话,并云出自武德令,所谓武德令,即武德四年的车舆衣服之令)。既云一品之用绣为降等,则其时唐帝的衮衣,必定是不用绣,而高于绣的,当以旧书所记唐帝的衮衣"织成为之也"为是。

我们探讨织成和缂丝的历史时，必须注意的。不了解这一点，就不能真正明了它们的发展。

新疆发现的这两双鞋，都具有一定的文物价值。它们的产生，是同当时的社会风尚息息相关的。

用织成作鞋，是两汉至隋唐的社会习惯之一。除了前引的《曹操遗杨彪书》曾经提到的织成靴外，另如《晋书·石季龙载记》、《御览》卷八一六引《邺中记》以及梁简文帝“日照织成靴”的诗，也涉及到这一方面。这两双鞋的制成，很可能受到这种风尚的影响。因为当时全国各地的很多达官贵人都用织成作装饰，流风普及，故新疆虽远在边陲，也有人起而仿效。并且按照内地经常在铜镜、铜印、漆盘、织品等日用品上加书吉祥语的习惯，也在其一的有字花鞋上，加织“富且昌、宜侯王、天延命长”十字，象征穿用者希企富贵长寿的愿望。

这两双鞋上的织成结构，也同上面提到的萧齐以前的织成相似。所用纱线，都是比较粗的股纱。有字花鞋每一平方寸有经纱 26 根、纬纱 22 根。无字花鞋每一平方寸有经纱 14 根、纬纱 11 根，均相当厚实，而尤以无字花鞋更为突出，其表面的交织点均明显凸起，每个都有米粒大小，不但比现在的缂丝厚重得多，也比上述的唐代“七条织成袈裟”厚得多(有字花鞋比之厚约 2 倍，无字花鞋比之厚约 3 倍)，无疑都是制作耐磨、防寒之类衣物的较好材料。这种产品绝不能代替轻薄的织品，更不能作为以工细见长的绘画或书法的表现手段，因而才用以制履。看到它们，可以帮助我们更加深入地理解萧齐以前织成结构的特点，以及较早的织成和后来的缂丝的差别。

(三)通经断纬技术的来源

这三件织物，对探讨我国通经断纬织造技术的来源也有一定的意义。

我国织作通经断纬的历史，非常悠久。关于它的技术来源，本来不成问题，可是有两种十分奇异的说法，必须予以澄清。

一是认为这种技术是 15 世纪法国告布兰(Gobelin)发明的，在万历以前传入我国[①]。

二是认为这种技术起源于埃及。后来经由波斯和中亚传入我国。并引 20 世纪初斯坦因在我国新疆楼兰发掘的一块毛质织成为证。因为那上面似乎杂有西方艺术色彩，遂强以为据[②]。关于我国开始织作这一类织物的具体时间，需作专文论述，而且非本文范围所及，暂可不论。现在只谈谈我国的这种技术是不是外来的。

这两种说法，都有些武断。前者的错误，比较明显，过去已经有人清楚地指出[③]；后者也不大正确。楼兰织成的纹样，虽然夹杂着类似西方图案的艺术手法，但主要的仍是我国传统的云雷纹图案，无疑是我国的产品[④]。不能只根据它的部分花纹，轻易地下断语。可是后一说法，直到现在还有人直接或间接受它的影响，所以仍然有必要再作一些研究。

我国这种技术是不是外来的？可以这么说，绝不是外来的，确是我国自己的创造。我们知道通经断纬虽是一种有效的显花方法，但它的基础，只是平纹组织，比较简单，古代世界不少民族都有类似的织造方法。不仅埃及有，美洲的因加族也有，我国也是有的。不错，历史上的许多国家在它们前进的过程中，都曾接受过外来的科学和技术。我国古代也曾吸收过外来的文

---

① 见许衍灼编译《中国工艺沿革史略》。

② 见《大英百科全书》第 21 卷 798 页。

③ 见许衍灼编译《中国工艺沿革史略》。

④ 见日本平凡社编《世界美术全集》第七册。

明，但我们必须尊重事实，是外来的，一定要承认，不是外来的，也不能牵强。根据有关史料看，我国古代在长期的对外交往中，虽然曾经听说西方国家能织作这类织物，而且也曾输入过，但我国这一技术，却是在我国固有织作技术的基础上发展起来的，没有受到任何外来的影响。通经断纬技术的来源问题，不只是有关我国纺织史的问题，也是一个与中外交往史有关的问题。过去谈论我国这种技术起源的人，一般的都只就楼兰那块织成的本身或缂丝二字在故籍中大量出现的时间立论，而很少注意其他史料。如果能够结合有关史实，特别是中外交往的掌故，把我国织作这类织物的历史与外国同类的织作知识传入我国的过程作一比较，然后再看看新疆发现的那三件织成的织造时间，就能洞察一切了。

我国和西方国家的交往，主要是从公元前2世纪开始的。前此，虽然也有过接触，但还是比较少或间接的。自从张骞出使西域后，方才日渐频繁，并且陆续获知一些西方的地理和物产情况。而开始听说西方确有这类织物的时间，则又远在张骞之后，大约是三国末年。最先听到的，并不是关于波斯的，却是地中海两岸的(我国关于波斯这方面的记载，始见于《魏书》和《北周书》的《波斯传》，大概是在南北朝初期才开始知道波斯也有这类织物)，也不是通过中亚传来的，而是通过南海传来的。

《御览》卷七零八引万震《南州异物志》："大秦织成氍毹，以羊毛杂群兽之毳为之，为鸟兽人物草木云气，作鹦鹉，远望轩轩若飞也[①]。"

鱼豢《魏略》："(大秦)有织成细布，言用水羊毳，名海西布。此国六畜皆出水。或云，非独用羊毛也。亦用木皮或野茧丝，作织成氍毹。……为鸟兽人物草木云气，千奇万变，唯意所作[②]。"

所谓大秦，是指位于地中海附近的罗马。"千奇万变，唯意所作"，即通经断纬的表现。据近代考古报告，公元3世纪前罗马的这类织物，多半是用羊毛和亚麻织造的。有的是作衣服的材料，有的是作毛毯。"织成细布"即作衣服的材料[③]。"木皮"当系亚麻。"水羊毳"疑为羊毛。"水羊"是产于地中海附近的普通羊，因为生于海边，故与水连在一起，并没有特殊的意义。有些欧洲史学家常把水羊解释成一种奇怪的生物，可能是不对的[④]。《南州异物志》是专记交州

---

① 《御览》所引万书原无"大秦织成"及"为"五字。考《北堂书钞》卷一三四引《魏略》，有大秦氍毹一条，与《御览》所引万书基本相同，则多此五字。鱼豢约与万震同时，鱼书是历史书，不专记地理，多半未亲自调查，必录自万书无疑，故据补。又清张澍辑《凉州异物志》，也有大秦氍毹一条，文亦相同。其成书尤晚，实亦源自万书，而误以为出自《凉州异物志》。

② 自"作织成氍毹"以上，据《魏志》卷三十注引《魏略》引。以下据《北堂书钞》卷一三四引《魏略》引。

③ 《后汉书·西域传》也有关于罗马的"织成细布"的记载。大概出自万震的书(也有可能是自鱼豢的书辗转抄录)。

④ 我国史籍中记载的罗马织作"织成细布"的"水羊毳"，是欧洲的史学家常常留意探讨的课题。各家的解释，很不相同。最具代表性的是玉尔的《东游丛录》(卷一)、夏德的《大秦国全录》和李约瑟的《中国科学技术史》(第一卷第七章)。玉尔认为水羊是叫作羊植物的一种特殊的瓜。夏德认为水羊毳是某些贝类身上的茸毛。李约瑟认为是某些海洋软体动物的绒毛。这些解释非常牵强，似乎都不正确。所谓水羊，大概只是一种很普通的羊，其证有二：其一，据《魏略》说，罗马用水羊毳织的布，是"织成细布"。既谓之织成，自然是通经断纬的织品。据近代考古报告，过去发现的公元3世纪以前罗马和埃及的断纬织物，所用的毛纤维，都是一般的羊毛，并没有什么特别的动植物纤维，就是明证。其二，更重要的是《魏略》在记述说羊的同时，又说"此国六畜皆出水，或云，非独用羊毛也"。十分明确地把水羊列入六畜之内。如果不是一般常见的羊是不会这么说的。至于为什么又加以水字呢？当是因为产于地中海沿岸，很容易使人联想到水的问题。同时，又因传闻有些失真，遂迳以为是生于水中或习于水居的羊，而也以水名之。同样的，大概凡是生于那个地区的家禽，也都被传说是生于水里的，所以才有"此国六畜皆水"之说。在当时，很可能也有把那个地区的其他家畜叫作水马、水鸡、水犬、水猪的。只不过没有写出罢了(《后汉书·西域传》、《文献通考》卷三三九也有关于大秦国用水羊毛织作的记载，均系转录《魏略》之文。唯《通考》谓其布名为海中布，则系海西布之误。海西者，是说罗马居于地中海之西，以地望代替布名，就像罗马也被叫作海西国似的，以地望代替国名。马端临可能没注意这一点。只据水羊出于水中之说，遂把海西布之西字改为中字)。玉尔等人都是著名的汉学家，精通中文，但对于这段记载，似乎并没有仔细研究，未免疏忽。

和南海以外的异闻的，绝大部分只是传说，并未亲见。《魏略》是历史著作，不专重地理，所记各地物产，只是从它书转录，一般的也是未亲见(《魏略》和《南州异物志》大约同时，前者所记可能即录于后者)。因为都是听到的，所以才特别加上“言用”和“或云”的字样。

我国开始从西方输入这类织物的时间，史无明文，似乎始于南北朝的前半期。相关记载为数甚少，仅见一故籍。刘敬叔《异范》卷六：“沙门有支法存者，生长广州。妙善医术。……有八尺毾㲪，光彩耀目，作百种形象。……太原王琰为广州刺史。大儿劭之屡求二物。法存不与。王因状法存豪纵，杀而藉没家财焉。”此事也载于颜之推《还冤记》，并说法存是北魏胡人。法存姓支，大概生于月氏，后来到了我国，客于广州。“所谓生长广州”是误书。其毾㲪“作百种形象”，当即他由外国携来的织成毯。因为尚在刚刚开始输入之期，比较新鲜少见，刘劭之才刻意求之。此后，输入的数量，可能渐渐增加，但都不见于著录。直到唐代，才重新见于记载。

《册府元龟》卷九七一：“开元六年四月，米国王遣史献拓壁舞筵及鍮。”同书卷九九九：“(开元)七年二月安国王笃薩波提遣使上表论事，……今奉献……拂菻绣氍毹一，……拓必大氍毹二、绣氍毹一。”什么是拓壁舞筵和拓必大氍毹？过去研究中西交往史的人都没有说明，实即波斯和中亚的织成毯。有时也写作毾壁①。它们的拉丁文是 tapes。拓壁、拓必大和毾壁即 tapes 的译音。舞筵意犹舞席。我国古代常把毛毯和毛毡叫毛席，在这里，因为是用织成毯充当舞席，所以也加上舞筵两字。

以上叙述，即我国自三国以来，听到和输入西方国家这一类织品的大致情况。

我国织造这类织物的技术，同所有这些听到或输入的东西都没有什么联系。我国古代的纺织技术相当发达，曾经创造许多先进的织作方法，也创造过通经断纬的工艺。远在知道和见到西方这类织物之前，就能织造这一类织品了。更远的不说，只拿汉代为例，汉代织造织成的技术即已非常成熟，并且现在还能历历可考。

《史记·汲黯传》：“上(汉武帝)尝坐武帐中。黯前奏事。上不冠，望见黯，避帐中。”

《集解》引应劭曰：“武帐，织成帐②，为武士像也。”

据应劭的话，可知武帝曾用织成制作武帐。应劭是东汉人，上距武帝的时间不太远，而且非常熟悉汉朝典章，曾著有《汉官朝仪故事》。所说武帐，事涉朝仪，自然可信。按涉黯此事，据本传，发生于公孙弘任丞相之时。弘之相，始于元朔五年，而于元狩二年卒于所任③。此事自亦应在元狩二年(公元前 121)之前。

在西汉的书里，常有用“绒”制履的记载。《急就篇》：“履舄鞜裒绒缎紃。”

《盐铁论·散不足篇》：“今富者(之履)，革中名工，轻靡使容。纨裹紃下越端纵缘。”

越是绒的假字④。绒是什么？据颜注《急就篇》说：“绒，织彩为之。……即今之织成也。”

---

① 见《众经音义》卷三《明度无极经》毾壁条。

② 今本《史记》注引《集解》成字下脱“帐”字。此据《汉书·汲黯传》注引应劭补。考西晋皇帝所设的武帐，似皆以织成为之。《御览》卷六九九引《晋后略》：晋有“御宝织成流苏武帐”。又同书卷七百引《晋阳秋》：晋武帝有“殿前织成帷”。晋的朝仪，多因汉魏旧规，其武帐之制，当亦源自西汉，自应以《汉书》注所引为是。

③ 见《史记·汉兴以来将相名臣年表》及《公孙弘传》。

④ 考我国故书里所记的以越为名的织物，应有两种。一种是属于苎布之类的麻织物，见《后汉书·陆续传》，以产于越，故名，一种即《散不足篇》所说的越，乃绒的通借字。绒是什么？应是织成，见《急就篇》颜注(《广韵·月韵》把绒也释为纻布，以为绒与属于麻布之越相同，甚误。)《散不足篇》的越，也是织成。试观其所说的汉代富者之履，多“纨裹紃下，越端纵缘”，就无形中揭示出这一事实。纨是细绢，以纨为里，其面必贵于纨，特别是鞋面，即所谓端，自然更要讲究。如果都是纻布，反贱于纨，必无以之为面之理，更无以之专为鞋脸之理。

颜师古在唐初以精于训诂著称。这个解释，是有一定根据的。据《说文·糸部》说："绒，彩彰也，一曰车马饰。"可见是以文彩见长的较厚织物，确与织成相近。所谓绒，应该即六朝以前的绲。绒字古读同活，与滑相近，音转则为绲[①]。《说文·糸部》："绲，织成带也。"即用断纬方式织的狭幅织物。《急就篇》是汉昭帝时候的书，《盐铁论》成于汉宣帝时，而肇因也始于始元。其中所记，都是汉昭帝时社会上的实际情况。(关于"越端"二字，过去还没有人解说过。现在看来，应该是指织成鞋，特别是它的端，也就是鞋脸部分的形象，是说它的鞋脸的花纹和颜色，特为精好，与两帮不同。新疆发现的这两双鞋正是这样，花纹基本集中于鞋脸，可作这两字的确注。)

据(后汉书·舆服志》说：东汉公侯九卿以下的礼服，也有衮衣，皆织成为之。又说："襄邑岁献织成虎文。"从这两段话看，汉代织成生产量似乎是相当大的，不仅有分散于社会的生产(楼兰发现的织成，当即东汉我国新疆民间的生产)，而且有的官办手工业也从事生产。据《前汉书·地理志》云："襄邑有服官。"大概从西汉起，那个机构就正式织作这类织物了。

在东汉的史籍里，也有关于绲的记载。《东观汉记》：邓通破匈奴，上(汉世祖)赐金刚鲜卑绲带一具(此鲜卑二字，乃胥纰与师比、犀比之通假，非鲜卑族也。见《史记·匈奴列传》索引。又此之所谓鲜卑、师比，乃指这种腰带的带钩，而腰带本身则为织成带)。《后汉书·南匈奴传》：建武中尝遗单于童子佩刀绲带各一。这些都是东汉初年的事。据《后汉书》的这段记载，可知汉代的织成曾经输往南匈奴。除此之外，可能也曾输往其他民族。同时，连同织作方法，一并传去。同样的，一定也会传至新疆，楼兰的织成，大概就是在这样的情况下产生的。

看了这些材料，就不难彻底了解我国织造通经断纬织物的技术是不是外来的了。因为所有这些史实，都发生在万震和鱼豢开始知道西方国家具有这类织物的信息之前。特别是《汲黯传》的记载，比张骞开始远赴西域的时间，还早好几年[②]，更能说明一切。那时，我国和西方国家的交往，尚处于准备阶段。在这方面根本不存在外来影响的问题。

新疆发现的这三件织品，同样也能证明这一点。

在过去的考古发掘中，很少发现我国唐以前通经断纬的织物，似乎只见之于楼兰。这三件织物是继楼兰之后仅有的发现。

这三件织物的生产年代，非常明确。两双花鞋是东晋的产品，毛毯是北魏的东西。尤其有字花鞋更具有显著的时代特征。那上面的字，与传世晋人隶书碑刻的字体和艺术风格完全一致。十分清楚，是晋人的遗物。它们诞生的时间，虽远在三国之后，但若与前述我国开始输入西方这类织物的时间，互相比较，也是非常早的。前两者在历史上的出现，都在支法存来华之前，后者也和支法存来华的时间相当。如果再和米安两国输入的拓壁舞筵、拓必大氍毹互勘，就更不用说了。显然织造这些织物的技术是我国自有的，与任何外国都无关系。通过它们，也能看出我国这种技术的来源，帮助我们进一步了解这个问题。

---

① 绒从戉声。从戉之字古音多与从昏之字同，《左传》恒公二年，"大路越席"，《释文》：越，"户括反"，读如活。字亦作趏。《集韵·月布》：戉，"许月切"，亦读如活。"绒绒"即"活活"。亦即"滑滑"。《广雅·释训》："绒绒，流也。"《诗经·卫风·硕人》毛传 ："活活，流也。"《易林·同人·既济》："涌泉滑滑"，意亦流也。音转则为"混混"。《孟子·离娄》："原泉混混"，《说文·水部》：混，"丰流也"。如读见母，则为滚滚。绲与衮音同。汉《高颐碑》、《樊敏碑》、《鲁峻碑》均以绲为衮(滑亦音骨，可写为汨，对转则为滚，为绲)。

② 张骞曾两次充使，第一次出使大夏，约在元朔五年始还，系经匈奴，空身脱归。尚未真正沟通我国与葱岭以西国家的经济交流。第二次约在元狩四年。骞曾指派副使分赴大宛、康居、大夏等国。后多携其人归来报命。其时约在元鼎二年前后，至是，始正式开启我国与葱岭以西国家文化和贸易的来往(据《汉书·张骞传》推定)。

(四)三件织品的艺术成就

这三件织品,也是我们探讨六朝织成艺术的现实材料。

织成是显花织物。因为有花,所以在宋元以前又有织成绵、织成缬和刻丝锦[①] 的称谓,表明它可以和锦缬比类,既是纺织产品,又是艺术品。

关于我国古代织成的艺术成就,那些断定我国断纬技术是自中亚输入的人认为:我国古代这类织物的艺术价值很低,即使是唐宋的,也只有简单重复的动植物花纹,缺乏艺术性。并以此为我国断纬技术是自外输入的证明,因为是新学会的,所以很不熟练。

这个说法相当片面。断纬织物是我国古代主要的纹织物之一,历代都很重视这类织物的艺术设计,虽然偶尔也有造型比较简单的,只不过是其中的一部分,并不能代表它们的全部艺术成就。我们知道不论任何时期的任何产品,都是精粗并举的。织成也不例外。事实上,我国古代这类织物,大都具有一定的艺术水平。不仅唐宋的产品是这样,就是前于唐宋的六朝产品,也是这样。

日本现在还保存有几件唐代织成。最具代表性的是"西方净土变相织成佛像"[②] 和前面提到的"七条织成树皮色袈裟"。前者是一幅非常好的道释画。佛像庄严生动,比例正确,衣纹流畅;后者是用不规则的茶、褐、赭、暗绿等色块组成的模拟树皮颜色的图案。色调韵律,异常调和。它们不管从哪个角度出发,都是十分出色的作品。绝不能给以"构图粗疏"或"很不熟练"的评语。宋代的缂丝画,更是有目共睹,不须多说。

六朝断纬织物的纹样,一般也很精彩,大都采用别具匠心的设计。根据有关的记载看,那时的织成,在颜色的运用上,都很强调色彩的变化。为了增强色彩的感染力,有时还加织金缕[③] 和增缀金薄[④]。在形象的塑造上,除了运用连环对称的技巧,也使用写实手法,和唐宋一样,常用正规的佛画和人物画作底本,使许多优秀绘画成功的重现在织品之上[⑤]。如与当时西方的同类织物比较,不但毫不逊色,似乎还有不少独到的地方。《南齐书·芮芮传》有一段相当重要的记载,据说齐永明中,芮芮曾向南齐索求织成锦工,就隐寓这一史实。

芮芮王求医工等物。世祖诏报曰,知须医及织成锦工,……并非所爱。……(唯)织成锦工并女人,不堪涉远。……不副为误。

芮芮是我国南北朝时居于蒙古和新疆北部的一个少数民族,一部分住在后来所说的"丝路"之上。对那时中亚输入我国以及我国输往西方的各种织物和物产,一定都很了解。其所需的通经断纬工匠,不谋之于葱岭以西的国家,而只向南齐申请,很可能就是因为那时我国织作这类织物的技术和艺术水平都相当高超的缘故。这一点,在探讨我国这类织物的发展史时,是很值得注意的。

新疆发现的这三件织品,都具有一定的艺术特点,可以和以上的叙述互相印证。那块毛毯已经残缺,仅存现有的一小块。两双花鞋还相当完整,但因受用途的限制,面积比较小,可是仍可借以看出六朝织成艺术的部分轮廓。

---

① 见《齐东野语》、《格古要论》。

② 见日本平凡社编《世界美术全集》第八册。

③ 见《御览》卷八一六引《邺中记》。

④ 见《北堂书钞》卷一三二引《邺中记》、《南使·梁宗室正德传》。

⑤ 《洛阳伽蓝记》卷一载:北魏永宁寺有织成佛像五躯。米芾《书史》载:朱长文有晋永和年造织成诸佛,生动如画。

毛毯的纹样是以茶色作地色，以红、黄、褐、暗绿作花色，精心构成的大幅大朵花卉，可能是那时织成毯常用的表现方式。气势雄伟豪放，织作技巧十分熟练。不仅能适当地运用大面积戗色工艺，而且已经采用近似包心戗的技术（借用缂丝术语）。花朵分层戗色，花色地色交互辉映，相得益彰。

有字花鞋是用绛、白、黑、蓝、黄五色作地色（色条），以黑、土黄、绛、白五色作花色，构成图案，分为鞋脸和鞋帮两部分。鞋脸又按不同颜色分为七段。第二段有黑色对兽，第三、第七两段有绿和白色杂花，第六段有三色波浪纹和上伸至第四段的山形纹。两帮有蓝、黄色条和绛、白二色碎花。这种同时使用多色作地色的方法，是六朝时断纬织物常用的手法，是一定身份的象征。《晋书·石季龙载记》："季龙常以女骑一千为卤薄，皆著……五文织成靴，游于戏马观。""五文"即五色错画成文[①]，与前引《邺中记》石虎的"织成合欢裤"含义相同。"合欢"是汉以来的成语，也是指五色交合[②]。大概都是用五色色条组合的。这双鞋的用色方法，也是如此。如按当时习惯，似应叫"五文织成履"。此织成，织作技术熟练，色彩变化复杂，冷热色搭配，恰到好处，花纹对兽的造型，很像商周铜器的花纹，全部墨线勾勒，笔势方整凝重。既饶装饰美，又具备生动活泼的艺术效果。

无字花鞋的纹样，与上两件不同，相当简单，不仅没有文字，用色也比较少，只有红、蓝、黄三色。花纹是我国传统的大朵云纹，只呈现在鞋头，云纹之中，一律单色平涂，没有点缀。两帮是单色素织，不加花饰。从构图形式看，好像是力求简单的。这样的设计，可能和晋代的社会制度有相当密切的关系，而与当时的织作技术似乎并无关涉。

晋代曾对当时社会各阶层的衣鞋的制作方式，作过严格规定。关于鞋的颜色，有一部分还能考知。《初学记》卷二六引《晋令》："士卒百工履，色无过绿、青、白（指其中之一）。"关于鞋的纹样，不见于现存史籍，但也可据后来的同类律令推见。《宋书·礼志》："第八品以下，不得服杂色真文。"《唐大诏令》卷一零八《禁奢侈服用敕》："天下更不得……造作……龙凤禽兽等异文字及竖栏锦文者。"《新唐书·车服志》："流外及庶人不服五色线靴履。"晋代的规定大概也与之相似。而这双鞋的出土地点是高昌郡，东晋时期受张骏和苻坚的控制，政令与内地相同。它的纹样设计，照例也应受到这些规定的约束。

晋代织成的使用，也是有限制的。晋代统治阶级为攫取高级织品的专用权，一直严令"织成衣为禁物"[③]，只准统治阶层穿用。这两双鞋的主人，大概都有一定的社会地位，否则是不能穿用的。有字花鞋的主人可能官职较大，所以鞋的纹样特别精致，既具备五色，又有文字和对兽。无字花鞋的主人可能是个下级官吏或小地主，所以鞋的纹样较简单，只用三色，不用五色。并且除了云纹，也没有任何附饰和文字。当即所谓"不得服杂色真文"，"不得……造作……龙凤禽兽等异文字及竖栏锦文者"（无字花鞋是丝麻交织，大概也和穿着者的地位有关系，是官阶较低的反映）。

无字花鞋的艺术价值与有字花鞋以及那件毛毯比较，显然不同，但这是有它特定的历史背景的，并不能反映那时织成技术的真正水平。如果认为这样的织品就是我国古代各地通经断

---

① 《说文》："文，错画也。"《礼记·乐记》："五色成文而不乱。"五文就是五色错画成文，也就是五色交错。

② 《周礼·春官·司几筵》郑玄注："缫席，消薄箹为之，编以五采，若今合欢矣。"又《岁时通考》卷二一引《提要录》："北人端五，以杂丝结合欢索，缠于臂膊。"可见"合欢"即五色交合。

③ 见《御览》卷八一六引《晋令》。

纬织物的代表，并进而断定我国的这种技术是自外传入的，就不免太片面了。

(五)缂丝的织造工具和织造技法

织成的具体织造工具和织造技法，由于年代久远已很难详考，但从织成演变出来的缂丝，因为一直都在织造，却很易详考。了解缂丝的织造工具和织造技法必然有助于我们认识织成。

1. 缂丝的工具和工艺流程

缂丝的工具计有：木机、拨子、梭子、移筒（装色用）、竹筘（穿经线用）、剪刀（修剪线毛头用）、撑样杆和撑样板（画样时托花稿用）、毛笔（画样用）。

缂丝的工艺流程计有：

(1)落经线：把生经线落在籰头上。

(2)牵经线：根据需要的尺寸和根数把落在籰头上的经线牵出。

(3)套筘：把每根经线穿入竹筘之中。

(4)弯结：把穿入筘中的经线用木梳梳匀，再根据画样要求几根钉一个小结。

(5)嵌后经轴：把有结的经线一端套结在后轴上。

(6)拖经面：把经线卷在后轴上。

(7)嵌前经轴：将未打结的经线一端均匀地系在前轴上。

(8)捎经面：用捎桥棒将前后轴捎紧，并绷紧经面。

(9)挑交：把绷紧的经面，通过一上一下挑交，分成上下两层。

(10)打翻头：把经分成两排，每根经线分别通过打翻头结在翻头木片上，木片分前后两片。

(11)踏脚棒：两翻片上挂机头下系两踏脚棒，两踏脚棒经脚先后踏踩即可分出两层经面。

(12)扪经面：经面开口穿纬后用竹筘扪纬，使经面排列均匀。

(13)画样：把勾稿（纹样）放在均匀平整的经面下面，用毛笔把样描在经面上，织造时按样织作。

(14)摇线：把花稿上需要的线色分别摇在移筒上，然后根据样子色彩把各色移筒装进梭槽。

(15)修毛头：把完成后的成品正面毛头修剪干净，使图案正反一样。

2. 缂丝的织造技法

缂丝的织造技法有很多，现仅介绍一些比较有代表性的常用技法。

(1)结：在纹样竖的地方或较陡的地方按一定规律和面积穿经和色的方法。

(2)掼：在有一定坡度的纹样中，两色以上按色之深浅有规律、有层次排列，使之如同叠上去似的和色方法。

(3)勾：如同工笔勾勒作用一样，在纹样外缘用较本色深的线，清晰地勾出外轮廓。

(4)枪：又叫枪色或镶色，在两种或两种以上深浅色调中，运用枪头相互伸展，起到工笔渲染效果，以表现纹样质感。

(5)绕：在一根或几根经线上，单梭绕出直、斜、弯的各种线条。

(6)盘梭：两梭相交织叫盘梭，其单梭法是在一根经线上用两把梭子循环往复交织；

其双梭法是在两根经线上用两把梭子循环往复交织。双梭法织出的线条较单梭法粗，可使线条立体效果更突出一些。

(7)单、双字母经：缂丝织造上对直线条的要求是达到无竖缝，故在织造时需运用甲乙两只梭子。当甲梭在墨样上穿一梭,而乙梭通穿纬线时,单子母经法需跳过墨样一根经,让甲梭挑穿;双子母经法需跳过二根经,让甲梭挑穿。如此往复,织造便形成无竖缝。

(8)押样梭:为呈现花蕊细点突出的效果,运用甲乙两只色梭,甲梭二上二下穿经,往返回梭,乙梭通织二梭。

(9)押帘梭:为织出很细的如蜻蜓、蝴蝶、脚等直线条,根据墨线弯曲走向调转,运用甲乙两只色梭,甲梭先在墨样上一头向下穿经,乙梭通织二梭,然后甲梭再上、下调头穿经。

(10)半爿子母经:中间选一条经线,一边按破竖缝织造法,另一边按笃门闩织造法。

(11)笃门闩:如果直线缝两边颜色不同,各色需分开织造,而且每织一段将两条线色相互勾搭一下,再各个穿回。

(12)销梭:为解决宽幅经面不易织造的问题,又使整个经面在织造上不露破绽,在每次返梭时留 5~7 厘米,如同斜坡形,待接梭时就在这 5~7 厘米处的末根经线上相衔接。

(13)木梳枪:此枪色不像缂丝织造中经常运用的长、短枪色法,它是两色相枪(镶色),如同梳齿状有规律地伸展枪头,故名木梳枪。

除上述介绍的主要技法外,还有凤尾枪、包心枪、拼线、纹花线、合花金线、较梭、顺逆梭等技法。所有技法均要根据纹样织造所需灵活运用,不是每幅织品都得用上,但无论织作什么纹样的缂丝,结、掼、勾、枪这四个基本技法是绝不可少的。

二 绫织物及其相关问题

在文物和文献两类史料中,文物是既现实又具体的东西,可直观感受,易于得到较快和较好的研究效果;文献虽远不如文物那么具体,但中国历史悠久,学人广出,现存历代各方面的记载以及研究论述相当丰富,从中不难找到一些相关材料。研究科技史,这两种史料均必不可少,互为补充。对笔者来说,开展绫的研究,棘手之处,便是文物史料欠缺,因为迄今为止,尚未能直接观察、分析过较多或较早的属于绫的各种实物,所幸在部分古籍,特别是《说文》、《释名》等字书和辞书里,均保有关于这类织物特点或织作方法的片断描述。本书便以这些不完整的文字资料作基础,并通过对这些材料的分析考证,揭示属于本书范畴的史实。这样做,并非是忽视考古文物,实在是不得已而为之,还望能直接接触到文物的学者给予补充和指正。

(一)古代绫的含义

绫,这个名称的出现时间大约在战国晚期,后来虽一直沿用不辍,但其含义和适用范围,现在和古代是有差别的。现在所说的绫,均是指具有特定组织结构的织物;古代所说的绫,不仅是指具有特定组织结构的织物,有时还有一些其他比较广泛的含义。如按现在对绫这个名称的理解,去套解古代所说的绫,有时是行不通的。这个问题与历代曾经出现的某些异物同名或同物异名的情况亦不同。后者一般系偶然巧合,无内在的联系,而古代所说的绫的一些内容,虽都比较繁琐,却彼此相关,脉络相通。

古代对许多名词的运用,常常是专称和泛称并举。专称是特指一种物品;泛称是指彼此相近的数种物品,例如,古代所说的犛,本指产于西南高原,体大角长,身多长毛而尾尤甚之犛牛,《说文·牛部》:“犛,西南夷长髦牛也。”《史记·司马相如传》郭璞注:“犛牛,黑色,出西南徼外。”但有时也把其他尾长的牛叫犛,《广韵·咍韵》:“犛,关西有长尾牛。”前者是专称,后者则为泛谓。又如古代所说的丹，本指丹砂，即又名朱砂、辰砂的硫化汞(HgS)，其意为最佳之赤色矿石，《说文·丹部》:“丹，巴越之赤石也。”《荀子·王制》杨倞注:“丹，丹砂也。”但有时也把有较佳颜色之优良矿石都叫做丹，《山海经·大荒西经》“爰有白丹、青丹。”晋郭璞注:“丹者，别是彩名，亦犹黑、白、黄皆云丹也。”前者是专称，后者则为泛谓。

在许多纺织品名称的运用上，古代也是如此。即有的既可作为专称，也可用作泛称。例如，锦一般是指重经或重纬组织的多彩丝织物，但有时也指其他的一些多彩织品，周密《齐东野语》卷六:“刻丝亦可谓之刻丝锦”；又如，缬通常是指经过染色而呈花的织品，但有时也用它概括其他的一些多彩织品，《北周书·宇文护传》:“织成，亦可谓之曰织成缬。”绫这个名词也不例外，既是专称，只代表组织结构相同或基本相同的织品，即其狭义的内涵；又是泛称，涵盖其他一些织品，即其广义的内涵。两者之间的差别相当明确，本书所要探讨的只限于前者，但因后者亦以绫为名，极易混淆，所以也有必要说明它的实质，至于它的发展情况就不多谈及了。

1. 狭义的绫

古代以绫这个字作专称，也就是狭义的绫，是什么织品呢？可能和我们现在所说的绫基本相同，即具有斜纹结构，表面某些地方或全部，均呈现山形或近似山形的变化斜纹组织纹的织品。这是其不同于其他丝织品的最主要之处，也是其之所以被称为绫的原因。刘煦在《释名·释采帛》中所云:“绫，凌也，其文望之如冰凌之理也。”是对这类绫最好的说明。

中国古代用于纺织品的名词，或是字中有义，或是由谐音字发展而来。现举几例，

例1. 缟:缟为白色之丝织物，《禹贡》伪孔传:“缟，白缯。”它实由皜演变而来。皜乃白色之形容词，皜亦作皓，《小尔雅》:“皓，白也。”

例2. 縠:縠为起绉织物(古代亦有不起绉而名縠之织物)，它实由穀演变而来。穀为百谷之总名，其形均为独立之小颗粒，《释名》:“縠，粟也。其形足足而踧，视之如粟也。”

例3. 絑:絑指织品染成赤色之色相，《说文·糸部》:“絑，纯赤也。”朱为赤色之代名词，实由朱演变而来。

例4. 綪:綪指织品以茜染成之赤色色相，《说文·糸部》:“綪，赤缯也，从茜染，故谓之綪。”它实由蒨演变而来，蒨亦作茜，即可以染赤之茜草。《礼·杂记》郑玄注:“蒨，染赤色者也。”

缟、縠、絑、綪皆均分别兼借皓、穀、朱、蒨之义与声。绫这个字可能也是这样，即其字实乃凌字变化而来，原是以凌的纹理形容此类织品的组织纹。最初大概就写作凌，后来因其是织品，而改写为绫的。我们知道凌与冰为同一类物质，凌、冰均系水在低温下形成，表面均恒多裂纹，其裂纹呈∧之状，故冰字的初名，亦作仌；而所谓的“绫，凌也，其文望之如冰凌之理也”，即明谓这类绫是因凌得名，其组织纹实近似于仌形的小斜纹或近似山形的变化斜纹之纹路(古代织物的文，主要指花纹，但有时也把地部的组织纹谓之为文)。

2. 广义的绫

古代以绫这个字作泛称，也就是广义的绫，指的又是什么织品呢？应该是泛指某些部分或全部均呈现简单斜纹结构的一些织品(基于对狭义绫之绫字的引申)，甚至不论其是否是丝织物，只要具备这种结构，即可纳于其中。这在故籍中可得到印证。《方言》卷二:“东齐谓布帛之细者曰绫。”又《说文·糸部》:“东齐谓布帛之细者曰绫”(绫的早期发展史同齐的关系极为密切，狭义的绫即诞始于齐。这段资料为扬雄转述当时齐人的话，《说文》此条盖援自扬书。详见后文)。布的组织多半比较简易，这一段话言布帛之细者为绫，可以想见，广义的绫(与狭义的绫自然有所区别)与其必有一定的联系或相似之处。因为所有的斜纹织品(包括简单斜纹和山形

斜纹)均具有交织点较少(和平纹比),经纬纱偏细,密度大,手感柔软,光泽弹性均佳的特点,不同的只在于它们的组织纹的分布形式。这一段话在叙述其所提到的绫的优越性时,只强调它的细,而未言及它的纹理表现,大概就是因为它原是采用简单斜纹制织的,组织纹的纹理比较单纯,不如山形纹富于曲折的缘故。

又《汉书·高帝纪》颜师古注:"绮,纹缯,即今之细绫也。"同书《地理志》注:"绮,纹缯也,即今之所谓细绫也。"《后汉书·边让传》李贤注:"绮,绫也。"把绮等同于绫的这种说法,很可能是唐以前的一种旧说。(绮大概也是有着斜纹组织的丝织品。故籍中有好几种对于绮的解释,看似互不相关,实际上有内在的联系,因非本文讨论的范围,暂可不论,当另撰文阐述)。关于绮的斜纹具体表现方式,我们现在还不十分清楚。如果如颜氏所说,与唐人习谓的细绫相同,一定相当简单。细绫这个词大家都很熟悉,有"景云元年(710)双流县折调细绫一匹"题记的联珠对龙纹暗花织物为证①。颜氏之所言当即如是,实亦广义的绫。大概唐以前曾经把绮也叫做绫(广义的),颜氏久闻其义,认为应即唐代之细绫,故始以为说。

绫字这种广义的用法,在中国古代曾经持续相当长的时间,使用范围也比较宽,不仅用之于中国宇内,有时甚至也用以称呼外国的类似制品。《魏志》卷三十裴松之注引《魏略》:"《西戎传》曰,大秦国一名犁靬……,又常利得中国丝,解以为胡绫。……又今《西域旧图》云,……大秦多金缕绣、杂色绫。"《后汉书·西域传》:"大秦国一名犁鞬,……土多……刺金缕绣、织成、金缕罽、杂色绫。"这些材料中提到的胡绫和杂色绫,无疑是同一种织品。大秦二字是中国汉晋间对于西方罗马的称呼。公元1~4世纪时,罗马,特别是其所辖的叙利亚地区的纺织生产相当兴旺,所需原料除其自产的亚麻,也常常利用中国的蚕丝。产品主要是平纹织物,间亦有简单斜纹织物。这些材料提到的织品,为当时罗马最贵重的品种之一,即用拆自中国绢素的丝制作的。罗马这种织品也曾正式传到中国,其织作方式还不难考察。胡绫一名亦曾载入其他书籍,见于《艺文类聚》卷八五所引之梁萧统《谢敕赍魏国所献锦等启》:"胡绫(文)织大秦之草。"《文献通考》卷三三九《外国列传》:"大秦一名犁靬,……又常利得中国缣素,解以为胡绫绀纹"(《通考》的这条材料当与上引之《西戎传》出于同一来源,也可能即出自《西戎传》)。可见胡绫实为具有一定花纹的显花织物,系在叙利亚染成紫和其它色彩的色纱(绀为深紫色)织成。《西戎传》和《外国列传》的作者因为这种织品的结构相当于中国的广义绫,所以亦以绫名之。同时又以其非中土所产,故又在前系之以一个胡字。

(二)绫的起源

任何产品的产生和发展,都有其技术上的借鉴。根据有关材料,作为高级丝织品的绫也是如此,它很可能同纨是分不开的。

1. 纨是什么织物

纨是什么织物?至今许多人把它理解为素,恐怕是不完全对的。纨在故籍里虽然常常与素同时出现,但那只是根据它们均系经过煮练而言,并不关涉其结构。纨的组织与素不同,素是平纹织物,而所谓的纨则可能具有其他的结构。《释名·释采帛》有关于纨的叙述:"纨,焕也,细泽有光,焕焕然也。"通过这段话,可以大致看清纨的真实情况。这段话的"纨,焕也"系就纨之谐音立论,不一定准确,但"细泽有光,焕焕然也"这句话却很可能启迪我们的认识。十分明

① 朱新予,中国丝绸史(通论),纺织工业出版社,1992年,第157页。

显刘氏是很强调这一点的。“焕焕然也”这四个字系刘氏在其亲见之后，就同时期的纨而言。根据这一点可以知道这类织物不仅都很细腻，而且有优于一般丝织物的光泽(此为纨与素不同之处，纨的光泽优于素，素不以光泽见称)，很可能还具有大量较长的经浮或纬浮。纨确与唐宋以前所说的缳有极密切的关系(与《说文·糸部》训络的缳不同)。《广韵·谏韵》：“缳，缟文。”①纨从丸声，缳从瞏声，古音完全相同。从丸从瞏之字，例可通借。缳盖纨的或体，纨是经过熟练的，缳与缟相似，也是熟练产品，纨与缳当为一物，殆无疑问。刘氏的话，与《广韵》对缳的训解基本符合。缳是有纹的，刘氏之言虽未直接谈及纨之纹，但既涉及其浮长，实已触及这个问题，说明它与平纹织物是不同的，有着另外特定组织纹的织物。纨既然具有较多的浮长，如按一定的规律排列，则必亦具备某种纹理，是可以推定的。

2. 纨的纹理

纨在六朝以前是很受人们珍视的一类织物。纨虽不以纹著称，但它的纹却是相当有特点的。纨的纹理是什么样的？没有明确记载，大概属于山形、竖山形或近似曲线的条形纹，是由其并列的长浮线或位于两排长浮点之间的地部构成的。就像绮和绫两字均隐喻其结构似的，纨这个字的本身也隐喻了这一事实。

纨从糸从丸，其所从的丸字是很值得我们研究的。丸这个字在故籍中多作圆物或圆转讲，但这实是从其引申义而说。这个字篆书作，从乁从，乃仄字之反画，《说文·丸部》：“丸，从反仄”，仄字篆文作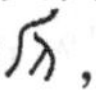，像人屈体侧卧厂下，丸从反仄，其像亦然，但反背其身耳，故其原意必与人体转动有关，疑其初本作人体翻转讲②，即《毛诗·关雎》“辗转反侧”之辗。郑笺和朱熹注均训辗为“卧而不周”和“转之半”。依二人之义：转当为360度，辗为180度。丸为人体之反转，自此侧转至彼侧，亦180度，正是《毛诗》之所指。丸古音读若圆。所谓的反侧，实即《说文》所说的丸从反仄的反仄，侧、仄二字古音相同，故历代言及中国语音声调之平侧时，每每亦写作平仄。又辗字之本意，原训车轮之转，毛诗实假以代丸，而形容人体之反侧。丸字的形和义都很明确，所以作为丝织品的纨，以这个字作为其名字组成的主要部分，一定是有所借喻的。大概不仅借用其音，而亦用其义，即丸字为侧卧者之反转(侧卧者一般屈曲其体，弓背屈腿，膝盖向前，形如ㄣ状。翻转后，其形不变，仅所面之方向相反而已)，而人体侧卧时和翻转后的方向均与山型或近似曲线的纹理ㄣ或S极为相似。

3. 绫的诞生

绫是怎么兴起的？当我们已经了解纨的结构后，也就不难了解它的工艺渊源了。纨的产生，是相当早的，至少可追溯到战国时期。《战国策·齐策》：“下宫糅罗纨，曳绮縠。”即是关于战国时期纨的记载。绫的出现较纨为晚。绫是有着较好光泽和山形纹理的织物，其组织结构和外在表现与纨十分接近。根据二者在历史上出现的时间以及它们相似的情况来看，显然绫是

① 缳字亦见《集韵·谏韵》：“缳，一曰缟文”。《广韵》、《集韵》二书之内容多采自隋唐以前的字书，据此可知以缳为缟文之说，亦必六朝以前的旧训。纨从丸声，缳与圆古音相同，亦与丸相同，故《说文·丸部》释丸曰圆。丸圆古多通假，《唐书·艺文志》有：“上谷墨三百六十丸”；《洞天清录集》：“魏晋时始有墨丸”；《北户录》引梁《科律》有“御墨”十二圆。直到今日犹然，故北方多谓肉团为肉丸(音完)，而江南则谓之为肉圆。

② 许慎《说文·丸部》释丸原文为：“丸，圜，倾侧而转者。从反仄。”许氏这段话的前半“丸，圜，倾斜而转者”说的并不十分妥当。非此字之本义，实为其引申。但其后半“从反仄”却颇有意思，按其所说的仄，亦可与侧通借。《说文·厂部》：“仄，倾侧也。从厂，人在厂下。”是仄字之形，乃人侧卧于厂下。丸，“从反仄”，当亦隐喻人之侧卧于厂下，不同的是反转其身耳(所谓的反仄)。可是许氏只注意到丸字之形，系从反仄，而未以之与他自己所说仄字的含义结合，并进一步探讨丸字的内涵，所以只说对了一半。否则必可将丸字的意义全部道出。

由纨发展而来的。《广韵·蒸韵》为绫作释时曾说过这样的一句话：“绫，绫纨”，即反映了这个史实。这句话非常值得我们注意，句中的最后两字“绫纨”，应当连读，因为其句与此书《东韵》之释冻为“冻凌”，《元韵》之释矾为“矾石”，《志韵》释织为“织纹”相同，均不可点破。纨作为织物的名称自隋唐起已不再使用，《广韵》这句话必引自六朝以前的书无疑，也说明绫在古代织物分类中是划归于纨的同类或纨之一种的。大概绫的最初织作者们十分珍视纨，当他们尝试创造一个新品种时，曾以纨为蓝本，在充分保持和发扬纨的各种优势，且不改变其原有的山形纹理的基础上，通过进一步加大其浮长，使两排浮长之间的长度缩小至仅相当于一个交织点时，遂改变了纨的固有面貌，而导致绫这个新品种的正式诞生。

4. 绫名称的演变和确立

绫这个名词与许多事物一样也有它的发展过程，特别是其早期阶段，曾经以好几种不同名称出现，而且其每一个名称都有着这类织物在其不同时期遗留下的履迹，最后才确定为现仍通用的这个名字——绫。但其早期的一些重要名称，大都已被人们所遗忘，或者虽为大家习闻习见，而亦不知道其底里，不易识别。

名称之一——冰。这里所要说的冰，即是绫早期的、久已为人所遗忘的重要名称之一。这个冰字，见于《初学记》卷二七引《范子计然》：“今富者绮、绣、罗、纨、素、绨、冰、锦也。”也见于《盐铁论》卷十九《散不足篇》：“今富者绮、绣、罗、纨，中者素、绨、锦、冰。”关于这两段话，尤其是其中的这个冰，历来很少有人提及。何以认定其就是绫呢？这两个冰字在这两段话中均与绮、罗、纨、素、绨、锦等丝织物并称，这就明确地显示了它的性质必与那类织物一样，也是丝织的产品。按绫字读与凌同，原是凌的孳乳字，其初有可能也就写作凌（上面已作交代）。我们知道冰（水凝之冰）和凌是有联系的，凌和冰两个字古音均在蒸部，意亦十分相近。冰乃始凝之水（薄冰），凌为较厚之冰。古代在使用这两个字时，一般的虽多分用（谓冰为冰，谓凌为凌），但往往也混同无别，把二者一律叫做冰。如大家习知的把藏冰之所在叫做凌阴或凌室，但也叫做冰室，就是其例。这种现象是中国语言的特点之一，即所谓的“对文则异，散文则通”也。大概凡是应该写作凌字以及由其演变的绫字，其初本应作凌的地方往往也可以冰字代之。《计然》和《盐铁》二书所记之冰（属于织物的），很可能就是这种情况（原本是凌，却写作冰）。

名称之二——冰纨。冰纨二字，大家都很熟悉。冰纨是两汉时期的人都很珍惜的丝织物。《后汉书·宦者列传》在叙述东汉宦官的贪墨时就提到这一点：“南金、和宝、冰纨、雾縠之积，盈切珍藏。”可见冰纨在当时是具有很高的市场价值的。冰纨是什么？冰纨这两字亦系早期绫的名称之一。过去的学者对这个名称作过许多解说，但大都不十分确切，或者以为是较好的纨和较鲜洁的素，如《后汉书·章帝记》李贤注：“纨，素也。冰，言色鲜洁如冰。”或者断读为二，以为是布和素两类织品，如《汉书·地理志》颜师古注：“（冰纨）冰谓布帛之细，其色鲜洁如冰也。纨，素也。”甚者还以为是一种神秘雨丝凝成的冰丝织作的，如元人小说《嫏嬛记》载：“（沈休文）斋中独坐，有一女携络丝具入门。风飘细雨如丝，女随手引络，络绎不断，若真丝焉。得数两，赠沈曰，此谓冰丝，赠君以为冰纨。忽不见。沈后织成纨，制扇。夏日在手，不摇而自凉。”这些解说均与实际有相当的距离，其实所谓的冰纨就是绫纨。

名称之三——绫纨。绫纨一词始见于前引之《广韵》，亦见于《文选·石阙铭》李善注引《六韬》：“纣时妇人以文绮为席，衣以绫纨者三千人。”《韩诗外传》卷二七：“绫纨绮縠，靡丽于堂。”关于绫纨和绫的关系，前面已经谈过，这里不再重复。至于绫纨何以又有冰纨之称呢？那也是由于凌、绫均可谓之为冰的缘故。

绫作为丝织物名称是经历几番变化的。根据它同纨的关系以及又名冰纨和冰来看，其过程大概是这样：开始，大概并没有独自的名称，但由于它是由纨发展而来的，而亦名之曰纨；继之，由于它的光泽和组织纹均与冰凌之理十分相似，为了有别于一般的纨，并强调它的这一特点，而改叫冰纨和凌纨；稍后，又在凌字的基础上形成了绫字，而有绫纨之称。再继之，又简称为冰和绫；最后，逐渐统一，始正式确立了绫这个名称。其演进的全部时间是相当长的。大约始自战国末年[①]，以迄于东汉晚期，前后竟达四百年之久。

关于绫的名称的演进历程，并无人暗中予以安排，但前后一贯，颇有秩序，基本是以冰、凌之理作为其象征而展开的。最初原是以凌作形容词，最后竟转化而为名词。可是自六朝以来，竟已无人知道它的来历，不了解这一史实，甚至竟连注《汉书》的颜师古和注《后汉书》的李贤这样的史学家都不清楚冰纨的内容以及其与绫的关系，而多有误解。

清代学者汪继培也曾探讨过绫的个别早期名称。汪氏生活在清中叶，工于考证，著有《潜夫论笺》。他曾于其书《浮侈篇》注中提及冰纨，认为冰纨同绫纨有联系，而冰字盖绫之古文。立论虽颇有见地，但详观其文，亦有不足之处，如造语甚为模糊，也并未明确地指出冰纨和绫纨就是绫，而且还引及颜师古之说，说明他并不完全了解两个名称的实质，使其说有所逊色，仍有待于我们进一步的研究和阐明。另外他提出的冰乃绫之古文一语，也不大恰当。绫乃凌的孳乳，冰虽然可以概括凌，但冰只是语言中的一种习惯用法，不存在造字的先后，更非绫的古文。不过尽管如此，其说仍有可供参考的价值。

（三）早期绫的生产

早期绫的生产是逐渐发展起来的。最初只产生在一个地区，然后扩展到其他地方，进而才日益普及。

1. 最早织绫的地区

提起这个问题便不禁使我们想起战国时期的齐国，齐地大概是中国古代最早开始织绫的地区。齐国位于东部的滨海地区，相当于现在山东省的东部和河北省东南部。齐的农桑事业，在很早的时候就发展起来，及至东周时已相当发达，这从《左传》襄公二十三年传文所载的“重耳流亡至齐，蚕妾采桑窃闻其语”之事，便可看出。齐地曾生产过的珍贵丝织品种有：锦、绮、罗、縠、缟、纨。在《战国策·齐策》、《列子·周穆王》等书里，都曾有特别提及“齐纨”的地方，可知齐地生产的这些丝织品尤以纨最为著名。我们知道工艺技术的发展是有继承性的，新工艺的出现多半与原有工艺有关，往往是原有工艺的进一步改进。绫和纨的关系是密不可分的，而齐国又工于织纨，所以也就具备了首先开创并生产绫这一品种的条件。《韩诗外传》卷七有这么一段叙述：

> 宋燕相齐，……召门尉陈饶等二十六人曰：诸大夫有能与我赴诸侯者乎，……饶曰：君弗能用也，……三斗之稷不足于士，而君雁鹜有余粟，……果园梨栗，后宫妇人以相提掷，士曾不得一尝，……绫纨绮縠縻丽于堂，从风而弊，士不得以为缘。……且夫财者君之所轻也，死者士之所重也，君不能行君之所轻，而欲使士致其所重……不

① 绫的各种名称见于记载的，以绫纨为最早。《文选·石阙铭》李善注引《六韬》已载其名。《六韬》是战国末年的书（近年曾在西汉初期的墓葬中发现写于竹简上的《六韬》，可为此书成于秦统一六国以前之证）。说明绫这种织物在战国晚期即已出现，可以无疑。亦可以推知，其最先的名称（可能是纨）亦必在此时出现。

亦难乎?

《韩诗外传》的作者韩婴,生活在西汉文景之世,去秦之覆亡六国不过数十年,其书所载史实大都为先秦之旧说,其中提及宋燕"以粟饲雁鹜,以绫装饰厅堂"之事,可为秦以前的齐国即已生产这种织品之证。

在《汉书·地理志》里也有段很有意义的叙述:

齐地……太公以其地负海舄卤,少五谷而人民寡,乃劝以女工之业,通渔盐之利,而人物辐凑。后十四世,桓公用管仲,设轻重以富国……,故其俗弥侈,织作冰纨绮绣纯丽之物。

《汉书·地理志》是班固为记载西汉各个郡县的建置和社会经济的发展而写的。所言这一段话,较之《韩诗外传》更为清楚,直接地触及了这种织品的诞生过程以及其与齐地的关系(和我们的论证十分符合),揭示了齐地开始织作这类织物的各种历史条件,而且还说明齐地这类织品的生产,自秦以前直到班氏著书之时始终都没有断。

2. 汉代织绫地区的扩大

汉代是绫早期发展过程中主要的也是最后的阶段。汉代相当于先秦齐国东部滨海的地区,丝织业继承了战国以来的传统,仍然十分兴旺,无论其生产能力和技术水平,在当时均居于全国的前列,被当时的人誉之为"冠带衣履天下"之地。汉朝政府曾在这一区域的临淄一带建置齐郡和齐国,设置服官,职掌织造包括绫在内的各种丝织物。《后汉书·章帝纪》所载建初二年四月癸巳的诏书:"诏齐相,省冰纨、方空縠、吹纶絮"即与此有关。也说明汉廷曾向齐地刻意徵求过这种产品。至于诏文所谓之"省",只不过是章帝为乔饰节俭,暂定的措施,并非自此永罢,再不织作。不过随着时间进展,中国早期绫的生产地自这时期起业已逐渐地向其他地方扩展,并开始制织花绫①。

首先是关中和河南的官手工业。关中和河南是汉代两京长安和洛阳的所在地,汉代曾在这两个地方设置由政府的少府直接领导、规模与齐地相似的织室,专习织作供宫廷需要的织品。据《后汉书·和熹邓皇后纪》"元兴元年,……太后敕……又御府、尚方、织室锦绣、冰纨、绮縠……皆绝不作"的记载,可知东汉洛阳织室曾生产过这类织品。两汉典制基本相同,估计西汉长安织室也曾生产过这类织品。《和熹邓皇后纪》所说的"皆绝不作"与建初诏文所言的"省"相同,均系一时之举措,而非永久性的。

其次是民间手工业 。汉代正处在中国封建社会的上升时期,由于铁工具的普遍使用和多次大规模地开展水利工程建设,不少地方的农业、冶铁和纺织等各种手工业都比较发达。在社会财富不断增值、人们对精美物品需求不断增长的前提下,相应地也激发和促进了民间手工业对于这种织品的织制。这可在下引文献记载中得到印证。

《初学记》卷二七引《范子计然》:

古者庶人,耋老而后衣丝,其余则麻枲而已,今富者绮、绣、罗、纨、素、绨、冰、锦也。

《盐铁论·散不足篇》:

古者庶人,耋老而后衣丝,其余则麻枲而已……。今富者绮、绣、罗、纨,中者素、

① 《魏志》卷三九《杜夔传》裴注引中有关于马钧改革旧提花绫机的记载,马钧是三国初时的人,其时之提花绫机即已称旧,可以推知在汉代必已有提花绫。

绨、锦、冰。

《潜夫论·浮侈篇》:

今京师贵戚，饮食、车舆、衣饰、庐舍皆过王制，僭上甚矣；从奴仆妾，皆服葛子、升越、筒中女布、细緻、绮、縠、冰、纨、锦、绣……，（此皆）箕子之所唏，今在仆妾。

上引三书所载，字虽不多，却可据此看出两汉各地民间织绫及服用绫的实况，是我们研究汉代绫的历史时必须参考的材料。所引前二书之内容几乎完全相同，无疑地出自同一来源，但这是西汉早期资料。据此可以断言，其时聚居在一些大城市的民间织工多已掌握并能运用有关的织作工艺织制绫织物，而聚居于其地的少数豪族富商亦曾以之作为衣饰。所引第三书之内容，说明东汉时期绫织物的生产数量大增，富有者虽然同样也耽于搜刮这类织物，但已不仅供其个人消费，而亦施之于仆妾。正是由于汉代民间绫织物消费的启动，导致了三国时期绫织物的大发展，所以《魏志》卷三九《杜夔传》注所引才会有这样的记载，“马先生(钧)扶风人，天下之名巧也。……为博士居贫，乃思绫机之变。……旧绫机五十综者五十蹑，六十综者六十蹑。先生感其丧工费日，乃皆易之以十二蹑。”大概两汉时均以五十综五十蹑、六十综六十蹑的织机织花绫，及至三国时，由于社会上(民间)对于这种织物需求量的迅猛增长，遂使马钧这位名巧改革了旧有绫织机。

(四)绫在织品中的地位

绫自其出现，至今已有两千多年。绫在中国丝织工艺史上占据着什么样的地位？是我们研究它的发展史时必须注意的。绫是斜纹织物，但它又不同于一般的斜纹织物，它的光泽和手感在唐以前的织品中是最为上乘的。作为织物来说，其在织品中的地位，即是基之于其自身织作风格和特点。

蚕丝是古代世界的四大纺材——丝、麻、毛、棉之一，它纤细柔长、坚韧轻软、光滑亮泽、可塑性强，具有许多远优于其他三种纤维的良好性能。在中国古代的丝织物中，绫对于供其制织的蚕丝的利用，相当成功。无论其为素织或为花织，均能充分地体现蚕丝这些优良的特性，使织品具有不同于其他织品的良好织作效果。如其素织物，精整滑柔、光影炫烨，极易使人产生清新明净之感；如其提花织物，纹样花地分明，跃然欲出，具有良好的清晰度和立体效果。绫这种特有的风貌在中国古代织品中(唐以前)是独树一帜的，也是我们研究这类织物的发展时需要着重指出的。可以说是自它开始诞生，便给中国古代的织物美学增添了新的一页，所以历代常有人从其整体织造效果，衡量评价它在这方面的贡献。《艺文类聚》卷八五引梁元帝即位前《谢东宫赉辟邪子锦白褊等启》就具有这样的内容：

江波可濯，岂藉成都之水，登高为艳，取映凤皇之文。至如鲜洁齐纨，声高赵縠。色方蓝浦，光譬灵山。试以照花，含银烛之状，将持比月，乱含璧之晖。

所谓的白褊当即白编绫。褊字本训作窄小之衣，《说文·衣部》:“褊，衣小也。”《论衡·自记篇》:“形大，衣不得褊。”在这里乃编字的另一种写法。六朝之统治阶层均以宽衣博带是尚，自无以窄小不适的穿着之衣赏赐臣僚之理，故籍从糸从衣之字的偏旁往往互作，如在《集韵》之《东韵》里：缍或作褈；《姥韵》里：補或作缃；《叶韵》里：褷，或作缍。此亦其例。白编绫一词见《新唐书·地理志》“杭州余姚郡”及“越州会稽郡”两条，据云，系南北朝时已有这一绫种。这一段话前四句是以蜀锦和石赵之锦比拟辟邪锦和白编的花纹(古代谓提花绫亦为锦)。其后则是形容白编的风格，即以齐纨、蓝浦[①] 形容其外观，意谓它的色彩堪与玉比伦，异常白净而又柔和雅致，可以羞花。以灵山形容其光泽，意谓其光泽与佛山的灵光相似，可与朗月争辉，非一般的绢帛所能媲美。很能说明其织作效果。

又唐李峤《咏绫诗》也有这样的内容[②]：

……落花遥写雾，飞鹤近图云。马眼冰凌影，竹枝[③] 雪霰文。何当画秦女，烟际坐氤氲。

所谓的花、鹤和秦女都与南北朝以来习用的花绫名称有关。花、鹤二字无疑出自庾肩吾《谢赍白绮绫启》："图云缉鹤"、"写雾传花"二语[④]，是以花、鹤作图案的主题；秦女可能指仙人纹绫之类的绫，是以神仙作图案的主题，而以弄玉之事阐明其内容。马眼、竹枝二句是此诗最佳的两句，马眼和竹枝都是唐绫的花色，马眼绫见《新唐书·地理志》"吴兴郡条"[⑤]，竹枝绫见白居易《六帖》。马眼绫大概是以菱形斜纹为主体构成的，中国古代传统的马眼画法与菱形图案颇为接近，并因其斜纹线之伸展与山形斜纹相似，故亦以冰凌为纹理和光影喻之。竹枝绫大概即今人所说唐代同位异向绫一类的绫，因其斜纹线之分布与雪花六出相似，故以雪霰的花纹喻之，但着意于刻画其外观形象，强调其光影皎洁而又摇曳不定。写得尤为深入的是白居易的《新乐府·缭绫篇》：

缭绫缭绫何所似，不似罗绡与纨绮。应似天台山上月明前，四十五尺瀑布泉。中有文章又奇绝，地铺白烟花簇雪。……织为云外秋雁行，染作江南春水色。广裁衫袖长制裙，金斗熨波刀剪纹。异彩奇文相掩映，转侧看花花不定。

缭绫亦唐代提花绫之一种，又名缭锦（以绫的结构为主而生产的锦，均既可谓之为绫，亦可谓之为锦），是唐代官手工业生产的最贵重的丝织品之一。四十五尺大概是唐贞元元和时这种绫的匹长[⑥]。白氏明确地说这种绫不论其花其地无不佳好，明艳亦远逾罗、纨、绡、绮，而且展视全匹，直如四十五尺之飞瀑自天倒挂而下，其上花纹之雅净，轮廓之分明，因人动转而翩翩演映之异彩奇文，犹如雪簇烟拥，充分地道出了这种绫的特异和可贵。

总之，由于绫这类织品的出现和存在，使中国古代丝织工艺迈出先秦的藩篱而步入一个崭新的境界。

（五）绫同后来缎织物的关系

绫同后来的缎有着密切的关系，缎很有可能是从绫衍生出来的。

---

① 蓝浦当即蓝溪，与蓝田玉山比邻。引文疑本指玉山，因与下句之灵山为骈句，以求工整，需用仄字，故易田为浦。

② 李峤此诗第一二句为："金缕通秦国，为裘指魏君。"与以下六句不同。乃泛用绫字之典，而非专门形容狭义绫之风貌的，所以我们在这里引及此诗时，不予录之。

③ 今传李诗之"竹枝"二字亦有作"竹根"二字者，当误。据李诗之雪霰文三字观之，自然以作竹枝为是。因竹根终不若竹枝之与雪花相似也。

④ 唐·欧阳洵，《艺文类聚》卷八五，上海古籍出版社，1982年。

⑤ 有的本子又作乌眼绫，当误。据李诗之冰凌影三字观之，自以作马眼为是。盖马眼之状与冰凌文理极其相近，若作乌眼，则杆隔莫解矣（乌眼形与冰凌之形不同）。

⑥ 据《旧唐书·食货志》上说：充调之绫（当为广义的）、绢、絁，"阔一尺八寸，长四丈"。但这是指充调之丝织物而言（一般的丝织物，不一定包括当时的各种高级丝织物）。历代的各种高级丝织物匹长和幅宽，往往各有其专门的规定，与市场上流通的一般丝织品不同。缭绫是唐代最贵重的绫种，大概也有其特定规格，疑白氏所云之四十五尺乃其实际之情况。不然则谓之"四十尺长瀑布泉"即可，何必明言那个"五"字。

缎类织物是用织物组织学上最基本的，也是最重要的，与平纹、斜纹并称三原组织的缎组织制织的。制作缎织物的方法是中国对于世界织物学的一项贡献，古代世界的许多民族都曾制织过平纹和斜纹的织物，但均无织缎织物，惟独中国例外。这是国际上研究纺织史的学者们公认的。

缎也是中国传统丝织物中的一个重要的种类。它的特点是具备明亮柔和的光泽，其外观很少显露交织点，只显现经纬的长浮。在纤维的选择上，亦以蚕丝最为理想。过去曾经有人对中国缎织物的兴起过程作过比较肯定的论述，认为是沿着三原组织的发展途径，由平纹、斜纹，逐步发展而成的。笔者对这种论断并不完全赞同，认为三原组织的产生确有其先后的次序，缎组织的产生也的确是最晚的，但中国的缎织物的出现却并非完全基于一般的斜纹织物，而是与绫的发展具有密切的联系。关于这个问题，在现有古籍中，亦不乏其证。《天工开物·乃服·分名》："凡单经曰罗地，双经曰绢地，五经曰绫地。凡花分实地与绫地。绫地者光，实地者暗。"这一段话，即缎的发展与绫有关之反映。历史上缎的名称是比较多的，大家熟悉的是纻丝，又作苎丝、注丝；其次是纯子和屯绢，但这都不是它最早的名称。因为它最初是由绫发展出来的，所以它的原名同绫没有分别，也叫绫这个名字(就像绫本源于纨，故也叫纨似的)，而且一直沿用到近现代。20世纪四、五十年代，四川、江苏、浙江的丝织手工业以及许多地方的艺术工作者们犹多把缎地提花的织品称为花绫。把在素缎上创作的艺术品称为绫本书画。《开物》这段话中的绫，即具此义。这段话是讲织物地部各种组织的。所谓罗地是以简单纱罗组织组成，每个循环绞经、地经各一，故曰单经；绢地是以平纹组织组成，每个循环两根经线，故曰双经；绫地是以五枚缎纹组织组成(非斜纹，最基本的斜纹只三经即可，毋须五经)，因缎本名绫，故曰绫地。近年曾经有人解释这个五经是以缎组织作绫织物的地，没有考虑历史上缎和绫的关系，是不恰当的。

中国缎织物的产生，自其初起，以至定型，是经过一段时间的。中国开始制织缎织物的时间，是中国纺织史上一个有争议的问题。有人根据南宋已有关于纻丝的记载，认为当起于北宋；有人根据考古发掘，怀疑宋代还没有正则缎纹，而只有变则缎纹的产品。比较起来，当以前说为佳。缎组织的结构，在三原组织中，是最复杂的。现代纺织工艺制作缎织物的主要方法，是考虑它的飞数，即根据一个循环内的完全纱线数 R($R \geq 5$,6除外)，飞数 S(为 $1 < S < R-1$)，以及 S 和 R 之间不得有公约数的原则确定。中国古代虽然没有这样的计算方法，但确已产生近于飞数概念的一些确定缎织物组织点的经验数据。如在制织五枚缎和八枚缎时，均采用符合现代编结五枚二飞、五枚三飞和八枚三飞、八枚五飞四种缎组织要求的四种口诀：1,3,5,2,4，和1,4,2,5,3，以及1,4,7,2,5,8,3,6和1,6,3,8,5,2,7,4。口诀的第一数均指第一根经线与第一根纬线的交织点，第二数均指第二根经线与第三根或第四根纬线交织点，第三数均指第三根经线与第五根或第二根纬线交织点，以下俱依其类推。根据现有文献考之，至迟在北宋时，这几种口决即已正式出现。在《云仙杂记》里有一段很值得我们注目的记载，其书引《摭拾精华》："邺中老姆村人织绫，必三交五结，号八梭绫。匹值米陆筐。"可能就和这个问题有关。《云仙杂记》是南宋初期的书，《摭拾精华》大概是唐末或北宋的著作，八梭绫当为唐末或北宋时名贵的绫。这种绫在织作上的要求相当严格，织制这种绫"必三交五结"的方式，现在仍不难复原。中国传统的丝织业在叙述织品的织作方法时，往往只提示其经线的交结情况，如谓建绒的织作方法为三梭一刀，即是指建绒的绒经交结和开毛方式，这段话所说这种绫的织法，必三交五结而号八梭，语句和那种形容建绒织作方法的语句基本相同。可知这种绫的纵向循环为8，

而同一循环内的每根经线均有 3 或 5 个交织点，我们如使每个循环的经纬根数以及纵横向的交织点相同，大致可以出现二类不同的方式：

第一类属于斜纹的范畴，或为典型斜纹，或为山型斜纹，或为破斜纹；第二类基本属于缎纹的范畴。第一类都比较简单，易于变化，其中有的结构既可以遵循 8、3、5 之规律，也可以不遵循，但均与八梭绫的情况不大相符，故俱应除外。第二类基本属于缎纹范畴，这类结构中的任何一个组织点均须遵循 8、3、5 之规律，且比较复杂(见组织图)。其前五种是加强缎子，后一种是花岗石缎子。与《摭拾精华》所述之绫的贵重情形颇为相似，当即其所指。

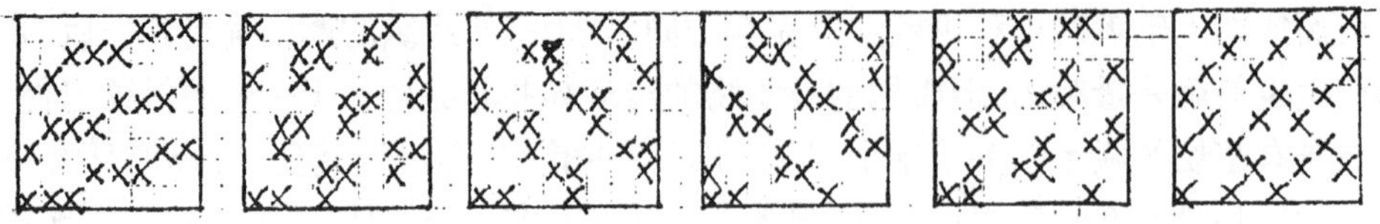

1　2　3　4　5　6

图 8-17 缎纹

《精华》这段话是我们研究中国缎织物的起源时必须参考的。我们据其不但可看出中国的缎织物极有可能早在唐末或北宋时即已产生，而且可以比较明确地看出中国缎织物产生的具体过程。大概是在当时绫的生产中，为了谋求扩展绫组织的长浮，减少交结，而终于发明出缎的织作方法，并在制织的实践中摸索和总结出这一口诀。因为如果将上述第二类的各种组织予以减化，便可显现这两种口诀的各个基点，即这些基点均包含 1、4、7、2、5、8、3、6 和 1、6、3、8、5、2、7、4 这两种口诀成分(如以各种组织的每一组成部分的任何同一组织点为基点，而略去其余两点即可构成这两种口诀要点)，说明我国这两种传统的织缎口诀早在唐末或北宋时就已经具备。至于上述图中的各种组织，只不过是在此两种口诀各个基点之上各增两个交织点罢了。

三　起绒织物及其相关问题

本文要谈的起绒织物与刮绒和静电载绒织物不同，它是以起绒组织作为基础组织制织而成，表面满布绒圈、绒毛，具有良好的保温、耐磨性能，适宜制作外衣及装饰用品的织物。

中国制织这类织物的历史十分悠久，制织出的此类织品也极其细致精美。但由于纺织品在地下长时间埋藏很难保存，这类织物发现的比较少，兼之历代文献的记载不多，而且往往比较隐晦，需另加诠释，故我们对历代在这方面取得的成就不是很清楚，仍有很多问题没有解决，明代的起绒织物及技术的外传情况即是其中之一。

20 世纪 60 年代以前曾盛行一种说法：认为中国开展制织这类织物的时间相当晚，明以前始终没有出现过，直至明代自日本传入织作技术后方才学会织作的。有的日本学者甚至还得出这样的结论：日本古代的丝织技术及高档织品，大多学自或来自中国，唯独这种技术和织品除外，不但与中国无关，反而传向中国①。这种说法和结论颇有影响，其主要根据是两本书所载：

一是宋应星《天工开物·乃服·倭缎》，原文如下：

---

① 〔日本〕内田星美，日本纺织技术の历史，地人书馆出版，第 75 页。

凡倭缎制起东夷，漳泉海滨效法为之。丝质来自川蜀，商人万里贩来以易胡椒归里。其法亦自夷国传来。盖质已先染，而斫铁线① 夹藏经面，织过数寸即刮成黑光。

二是乾隆二年《福建通志·风土志·物产》：原文如下：

天鹅绒本出倭国，今漳人以绒织之，置铁线其中，织成割出，机制云蒸，殆夺天工。

两书中倭缎与天鹅绒均是明代织制的起绒织物，东夷、夷国、倭国都是指日本。

《天工开物》和《福建通志》所载这些内容，大家都比较熟悉，尤其是前者，过去论述中国起绒技术起源的著作，差不多都曾征引过。直到1972年，中国考古学者在湖南长沙马王堆和甘肃武威磨咀子汉墓中发现好几块汉代的花绒后②，前述说法才不攻自破，并使日本学者的结论和这两书所载的错误逐渐显露出来。尽管如此，两书的错误影响却并没有因为这些发现而完全消失。因为这两段话从字面上看，还隐喻着下面三个含义：

(1)明王朝时期，日本曾向中国输出过起绒织物，并深受欢迎，所以漳、泉地区才利用学自日本的技术大量仿制这类织物。

(2)明代漳、泉地区的起绒技术确实同日本有着十分密切的关系。

(3)尽管中国很早就发明了起绒方法，但后来逐渐式微，及至明代其技术已远逊于日本，只是在学习日本的技术后才重新发展起来，不然怎么会出现倭缎这个词？

所有这些问题都是要认真考虑的，如果确实如此，即应承认，如果不是也应讲清楚，否则对我们深入研究明代起绒织物的生产情况、明代起绒技术的渊源以及当时中日之间的经济交流，非常不利。近几年来，笔者在整理明代科技史料的过程中对这几个问题作了一些思考，认为：明代织作这类织物的技术水平以及当时中日这类织物的贸易情况，均与两书所隐喻之意不同。明代其实并没有从国外输入这类织物及技术，反倒是输出了这类织物和技术，至于倭缎何以以倭为名？则是另有原委，绝不可仅就其名而作简单推测，下面依次谈谈对这些问题的看法。

(一)日本对明运销的商品种类和日本开展制织起绒织物的时间

中日两国在明代时期的贸易，特别是日本对明输出商品种类和日本开展制织起绒织物时间的真实情况，对我们探讨《天工开物》和《福建通志》所载，极为重要，不明了这个问题，就很难说清其谬误。

首先谈谈日本对明运销的商品种类。

中日两国隔海相邻，彼此间的经济、文化交流，早在秦代即已开始，及至汉代，日见增多，故《汉书·地理志》中始有“乐浪海中有倭人，以岁时来献见”的描述，而在六朝以后这种交往更加频繁，相应的记载亦不断出现。关于这些大家都比较熟悉，不多赘述，主要谈谈明代时彼此间的商品贸易往来。

此期间，中日间的商品贸易往来确实比较多，但并不像《天工开物》和《福建通志》两书所

---

① 现行刊本《天工开物》中“线”字均作“绵”，日本太田英藏认为当作“线”（《天工开物的机织技术》，见《天工开物论文集》，章熊、吴杰译，商务印书馆，1961年，第132页），甚是。而“斫线”二字语意欠明晰，中国过去制织起绒织物均使用杆织法，以铁线或竹线起绒，据乾隆《福建通志》说：明代漳州制织这类织物皆用铁线，似其时这一地区以使用铁线为主，故据此补之。

② 20世纪20年代，蒙古诺因乌拉匈奴墓曾出土一件开毛绒的马鞍鞍衣，学者均未说明其来源，实即中国汉代工匠制织的。

说：日本曾向中国运销这类起绒织物以及输出其织制方法。因为除这两书外，在当时（整个明代）无论是中国的著作还是日本的著作里，都找不到明显的痕迹（两书并未说日本向中国运销这类织物的具体时间，所以需就整个明代考虑），故其可据性很值得怀疑。那么日本在明王朝时期究竟向中国运销过哪些商品？这个问题很值得研究。

日本的对明贸易，从进行的方式看，可以分为两种：

第一种，官方贸易。这种贸易同明王朝的政策有关系，基本行之于永乐至嘉靖年间。明王朝建国之后，由于片面地强调海防，在外贸方面比较偏激，施行海禁，基本上凡是欲与中国通商的国家都得采用朝贡形式，不能随便往来。根据明政府发出的勘合，日本在这段时间也是采用这种方式，以日本政府的名义向中国运销商品。中日之间的这种贸易方式，是我们了解日本是否向明代中国运销过起绒织物的重要线索。日本在这段时间向中国运销织物商品的内容，在中日两国的故籍中都有所反映。中国的记载，以郑若曾的《筹海图编》为主，载有明廷规定的日本贡品范围①。日本的记载，以《正续善邻国宝记》、《大乘院日记目录》、《戊子入明记》、《壬申入明记》、《下行银价帐》、《驿程录》等为主。这些故籍均载有输明织物的部分清单，而且各次运送的物品除数量有所出入外，品种都比较接近，归纳起来不外是：

马、金薄、洋扇、金屏风、砚、文台、铠、剑、撒金或黑漆鞘大刀、长刀、枪、筒丸、玛瑙、硫磺、铜、箦黄、描金器皿、铫子提、延金②。

只限于武器、金属工艺品、漆器和矿物原料，根本没有纺织品，更没有起绒的东西。

第二种，是私人贩运。这种方式，可能在整个明代都发生过，但以隆庆以后为多（因为其后官方贸易基本已全部停止）。由日本或中国的私商以非法手段运抵中国。关于这方面的情况，我们通过现存的明代著作也能隐约看出一些来。明代在其后半期里，由于不断发生倭寇问题，而同时又存在这种贸易形式的缘故，曾出现不少与日本的历史地理有关的书，最重要的是（对本书而言）李言恭、都杰的《日本考》和张燮的《东西洋考》。这两部书都有专门介绍日本的章节，前者见其书卷二，后者见其书卷六，其中许多物品可能都曾经由两国的私商运入中国。这些材料无疑是我们了解日本是否向明代中国运销过起绒织物的重要依据。其所载物品内容有：

金、银、琥珀、水晶、硫磺、水银、铜、玛瑙、丹土、铁、白珠、青玉、冬青木、杉木、多罗木、大失驴、马、羊、鸡、细绢、花布、螺钿、漆扇、屏、砚、椒、黑雉、五谷③。

种类比较多（同日对明的贡品比较），而且有纺织品，但其中并没有发现起绒织物。

上述中日两国这些官私各方面材料所载的日本物产和贡品，肯定都是当时日本著名的产品。如果确实像两书内容所隐喻的那样，日本曾向明运销过起绒织物，那么起绒织物必定亦是日本的珍贵物产无疑，在这些材料里绝不会毫无表现。尤其是张氏的《东西洋考》是我们研究明代中外交通史实必不可少的参考书。张氏世居福州龙溪（今福建龙海县），出身于一个与当时外事活动有关连的家庭④。其书乃为维护和发展漳州的外贸而写⑤。以漳人而记漳州之事，

---

① 《日本考》卷二六载有日本向明贡物的种类，与《筹海图编》大体相同。

② 木宫泰彦，日中文化交流史·明清篇，胡锡年译，商务印书馆，1980 年。

③ 《东西洋考》在介绍各国（包括日本）物产时，往往收入明以前的故籍之所载，本文收录，仅限于与明代人之见闻直接有关的。凡出自明以前之著作的，一律删节。

④ 张燮的伯父张建栋任官礼部，曾授职行人出使番国。

⑤ 见萧基《东西洋考》小引及周起元《东西洋考》序。

内容相当丰富，除采集前史成说和明代官方的邸报，还广泛地征询过到过日本或对日本有所明了的估客舟人，凡与当时对外交往有关之事，无不网罗于内，而对此事却了无反映。

再谈谈日本织制起绒织物的时间。

日本是从什么时间开始织制起绒织物的问题，也是我们探讨日本是否曾向明代中国运销这类织物的关键。

日本制织这种织物的时间实际上是相当晚的，明代时，世界上真正能够生产这类织物的国家并不多，似乎只有中国和欧洲的个别国家(说详后)，其时日本还没有进入这个行列。

关于日本开始制织这类织物的时间，也是个尚待探讨，一直没有正确结论的问题。过去日本学者曾就这个问题提出三种看法：

(1)黑川真瀨《工艺志料》卷一：认为是日本织工在广长年间(1596～1614)学习了荷兰的织作方法后开始的①。

(2)《本朝世事谈绮》衣服条：认为是在正保庆安的时候开始的(1644～1652)②。

(3)太田英臧：认为是日本工匠在正保之前学习了葡萄牙和西班牙输往日本的织物后开始的③。

第一、三说不一定可靠，因为具有这样主张的学者都未提出明确的依据，既没有举出可以为证的文献，也没有举出可以为证的出土文物。其说的出现，可能与近代日本史学研究特别注重和强调16世纪以来欧洲文化对日本的影响有关。因为从这两种看法中，不难看出都具有这种倾向，所以推测的成分比较大，很难成为定论。比较接近事实的是《谈绮》之说(说详后)，但其所说日本开始织制这类织物的时间，已在明社为屋之后，对于我们在这里探讨的问题，没有什么意义。

研究历史，必须尊重史实，纺织史是历史的一部分，研究日本是否向明代中国运销过起绒织物也必须尊重史实，显示必要的论据。日本在明代的时候，既然还不会织作这类织物，当然不可能向中国提供这类产品，也就更不会对中国的织作技术产生什么作用，这点自然是不言而喻的。

(二)倭缎和日本的关系

《天工开物》是专门叙述明代农业和各种手工技术的著作，是我们研究明代科技成就时必不可少的参考书，其价值早有定评，但是书中关于倭缎来源的论述，却是很不妥当的，很容易让人迷惑。中国古代往往把日本叫倭，倭缎以倭为名，根据这个字的含义，似乎无懈可击，自属可信，殊不知其中是颇有问题的。

倭缎这个词是很难讲解的，因为倭缎这个倭字绝不可以按一般的习惯理解。我国在明清两代的时候，常有用倭字作为名称的物品，其来源并不一定都和日本有关，最显著的是生菜。明清的漳、泉地区都把生菜叫倭菜，并且根据其在食用中是否味苦，而谓之香倭和苦倭，生菜是中国土产，早在汉以前业已见于记载，即《诗经·薄言·采芑》的“芑”之一类(包括历代《本草》中的苦菜)。如果认为倭菜的倭字肯定是指倭国，而谓中国的生菜均传自日本，自然不对。漳、泉地区又把生菜和萵苣同名为萵菜，倭当是萵字附会而成。

---

① 中原虎男，织物杂考，日本纺织杂志社出版，1934年，第272页。

② 太田英臧，《天工开物》中的机织技术，见薮内清《天工开物论文集》，章熊、吴杰译，商务印书馆，1961年。

③ 太田英臧，《天工开物》中的机织技术，见薮内清《天工开物论文集》，章熊、吴杰译，商务印书馆，1961年。

倭缎的这个倭字也有同样的问题，并不具备特定的地理概念，这个字实是个讹字。何以知之？其实在《天工开物》的倭缎条里，就有线索可寻："（漳、泉织造倭缎）丝质来自川蜀，商人万里贩来以易胡椒归里。"通过这几句话可以知道明末川、闽两地的交换关系非常密切，漳、泉织制倭缎的原料均取自川蜀，既然如此，当时两地在这类织物的称呼上，一定也会有共同之处。考之张慎仪的《蜀方言》，确实也有关于这方面的材料，其书卷一："剪绒曰缅段"。所谓的缅段，实即倭缎。宋以后漳、泉方言有文言和白言两种，其文言倭字的读音与缅字完全相同，均读为wō（与普通话的倭相似），可见宋氏文中倭缎的这个倭字，不一定正确，并且也不一定表示国名，不能作为明代制织这种织物的技术同日本有关之证。

这个词原本写作什么？我们认为可能既不是倭缎，也不是缅段，而是毛段或毛缎。

明以前的人，对于起绒织物的看法以及对于绒这个字的用法，都和现在不大一样。传统的起绒织物，历来都是用丝织制的，本是丝织物，但明以前的人因其所起之绒与毛纤维相似，都将其与毛织物视为同类。而且"绒"字在明以前有两种含义：一是指毛绒和丝绒，包括毛纤维和丝纤维；一是指毛布，一般是指毛织物，但因当时把起绒织物看作和毛织物相似的东西，所以也以之归入其范围之内，而统名之曰毛布、毳布或绒布。

所谓倭缎（缅段），应该同明以前有关绒的这些称谓分不开，大概即毛布的同义词毛段或毛缎的音变。在宋以后漳、泉方言里，毛读为mó，与现在普通话的"模"相似，属于重唇音，如果读为轻唇音，则变成倭和缅字了。

宋应星在《天工开物》中对于倭缎的来源以及这个词的解释都是相当片面的，其致误的原因，可能只有一个，即出于其一时疏忽。宋应星是江西奉新县人，其生前除了江西也到过福建和安徽，担任过江西分宜县教谕、福建汀州推官、安徽亳州等地方官，《天工开物》刊行于崇祯十年，是他担任江西分宜县教谕时著成，其时他尚未赴汀，并不十分了解漳、泉情况。明代后期的漳、泉地区，在持续对外贸易过程中同日本的接触相当频繁，往来于日本的商船以及集散于其地的日本货物都比较多，当地人的手中也经常使用日本的扇子和其他一些日用品，很容易使人产生这样一种错觉，即认为凡是当地出售的物品，都同日本有所联系，宋氏大概也具有这种观念。因为"毛段"的"毛"字，作为起绒织物与"倭缎"的"倭"字读音相近，遂把这个词迳书为倭缎，并且主观地推定漳、泉的起绒技术来自日本。虽仅毫厘之差，而竟至千里之谬。

（三）明代起绒织物的生产

明代是否很长时间都没有生产而且不会织作起绒织物？这个问题是需要仔细研究的，《天工开物》和《福建通志》关于这个问题的隐喻都是不符合史实的。

中国历来，特别是宋以后，很注重起绒织物的织造。元代书里提到的织物就包括这类织品，《元史·舆服志》所记的质孙冬服也有这类织物①。关于明代起绒织物的生产，虽然与前代一样，文献记载比较零散，但若稍微汇集一下，仍能看出其大致，即自始至终都在织作起绒织物，其技术是在继承前代的基础上发展起来的。

明代有好几个地方都生产这类产品。除《天工开物》和《福建通志》提到的漳、泉二州，现知的还有甘肃、陕西和广东。文震亨的《长物志》是讲文玩和珍贵用物的著作，其书卷八有这样的记载："绒单出陕西、甘肃。"明初曹昭的《格古要论》卷八也有："绒单又名剪绒单"的记载。谓之

① 即蒙古语谓之怯绵里的织品，见《元史》自注："剪茸也"，茸即绒。

单，大概系因其门幅较宽。文是明晚期的人，曹是明初期的人，都谈到陕甘的绒单，即明谓陕甘在整个明代都生产这类产品。

另外在《野获编》卷十二中有段关于张居正的事，其文句中有这样的话：

> 江陵时岭南仕宦有媚事之者，制寿幛贺轴俱织成……以天鹅绒为之，当时以为怪，今则寻常甚矣。

张居正在明代以长于吏治见称，于隆庆元年入相，至万历十年卒于位（1567 ~ 1582）。所谓“制寿幛贺轴俱织成……以天鹅绒为之”，即谓广东以起绒之法织制这些物品（此时间与太田说同时，较黑川说稍早）。

明代起绒织物的利用也是相当普遍的，不仅比较富裕的人喜爱服用，甚至一般百姓也有服用的，这在当时的书籍中多有反映。下面举三例：

其一，《水浒传》是明代完成最早的一部章回小说，相传出自明初的施耐庵和罗贯中，其书第 76 回即有以剪绒裁制战袄之说，所言为：“剪绒战袄蔡舞。”《水浒》虽属稗官，所叙故事不必尽属真实，但写入其中的日用品大多为著者当时习见之物，很少捏造（此时间早于太田说）。

其二，《天水冰山录》是明人过录籍没权相严嵩（1542 ~ 1562 年在位）财务的清单，其内起绒织物有：“大红、青绿、沉香各色剪绒段二八疋，青素剪绒十六疋、天鹅绒头围一个、红剪绒獬豸女披风一件。”（此时间与太田说同时）。

其三，明代利用起绒织物的情况既见于中国史书，也见于外国人著作。17 世纪初沙皇俄国的势力不断东侵，1618 年，俄国为了窥测中国的情况，曾派宜万裴德林使明，此人在其出使中国的记录中，曾谈及他路过中国长城附近看到的情况：“过长城至施罗喀尔喀所有店铺……各种货物皆有，鹅绒、花纹缎、绢、布、绣金缎皆甚多。”① 文中叙述的鹅绒便是起绒织物（此时间与黑川说同时）。

这些关于明代生产和利用起绒织物的材料，都相当具体，很说明问题。明代是否织制或者曾经停止和中断织制这类织物？是否向日本学习织制这类织物的技术？当我们将这些材料比照日本生产起绒织物的时间，就不难了然了。

（四）明代的起绒方法

明代由于一直不断地生产起绒织物，致使起绒技术的应用趋于成熟，相应地创造出来的新品种也很多。某些品种还相当精美，尤如《福建通志》所形容：明代天鹅绒“机制云蒸，殆夺天工”。其技术上的成就，具体显现在花色品种上，这可从现知的 6 种明代起绒织物窥其一斑。

（1）素剪绒，即没有花纹的单色绒织物。

（2）本书所谈的倭缎，即在缎纹地上起绒或在绒上起经纹花的织物。它与后来所说的漳缎是有差异的。道光十二年《厦门志》卷七，清厦门关税科则中缎织物税则，其内同时收录漳缎和倭缎两项，即是暗示两者有所不同，不过究竟有何差异现在还不大清楚。

（3）本书所谈的天鹅绒，即绒毛比较长且密的绒织物，后来漳州生产的漳绒即属此类。《福建通志》说：漳州有天鹅绒，即谓漳绒为天鹅绒之一种。陈作霖《金陵物产风土志》卷十五曾描述清代南京织造的这类绒织物特点：“其绒纹深埋者曰天鹅绒。”“绒纹深埋”就是说其绒毛长。在道光《厦门志》关税科则中绒类税，同时收有平绒（天鹅绒）和漳绒两项。两者分列，大概就是

---

① 张星烺译，俄国第一次出使中国记，地学杂志，1928(2)。

根据其上绒毛长短而定。

(4)雕花绒，即先织成坯布，在坯布上画花，再用刃具根据花纹要求开绒的绒织物。

(5)金彩绒，即在加织金银线的地上起绒花的绒织物，也是《元史·舆服志》所说天子质孙冬服怯绵里之类的绒。过去有些学者认为金彩绒是明末或清代兴起的，其实不然，金彩绒至迟在元代即已出现，但至明代又有较大的发展。

(6)交织绒，即丝棉交织的绒织物。《天工开物》中所说“但其帛最易朽污，冠弁之上顷刻集尘衣领之间，移日损坏”的就是这种绒。《天工开物》认为这种绒即倭缎，甚误，倭缎是高级丝织物，据其在厦门税则中被视为与漳缎同样贵重，可以推定。因为经纬均为纯丝，不会积存灰尘，如有灰尘弹之即去，只有交织绒才有这种现象。

中国古代织制的起绒织物都是经起绒织物，起绒的方法和工艺均以使用起绒杆为主，这是自汉代即已确定的。《天工天物》所说的倭缎织法，究其实质，也就是这种织法，没有什么新的内容。这也说明明代的起绒技术是在继承明以前起绒技术的基础上发展起来的，并没有受到外来的影响。这种起绒方法的操作过程基本上分为两步：

一是织绒坯，将经线分为地经和绒经两种，分张于织机之上，地经织地，绒经专门起绒，先织数梭地经，然后起动绒经，于其下插入起绒杆，再拉筘打紧，即可构成特定的绒圈，依此反复，便可织出满布绒圈的坯布。《天工开物》所说的“斫线夹藏经面”，指的就是这一步骤。

二是开绒，在织成十几厘米的坯布之后，用割绒手刀在织机上把蒙于起绒杆上的绒圈割断(雕花绒除外，须下机开割)，使绒毛挺立。《天工开物》所说“织过数尺，即刮成黑光”，指的就是这一步骤。

这一起绒方法的特点是：可以根据不同需要随时改变绒毛高度，便于与提花技术结合织制绒花织地或绒地织花的品种。

大家较熟悉的、存世的明代起绒织物有：

(1)苏州王锡爵墓出土的忠静冠之冠面，现存苏州博物馆。

(2)明神宗殉葬品绢里绒袍，现存定陵博物馆。

(3)万历时织制的佛经经面，现存福州鼓山佛寺。

(4)明末织制的金彩花绒炕围，现存北京故宫博物院。

这四件织品的织作技术非常精湛，反映了当时织作水平，绝不可能是刚学会和掌握这种织作技术就能达到的。

苏州的绒冠面是黑素剪绒。王锡爵即万历朝首辅之一，卒于万历三十八年(1610)，其绒的织地为平纹组织，绒经和地经按 1:1 排列，绒根为三纬固结，绒毛高约 1.5 毫米，挺拔整齐，疏密有致，结构也比较坚实。鼓山经面是绛色暗花的雕花绒，花型丰满，色调协调。故宫炕围的织地是加织金线变化组织，图案为朱红的缠枝莲花牡丹，以割绒为纹样衬托。花纹简练豪放，色彩尤其浓郁富丽，金彩绒是元以来最名贵的绒织物，这件绒很可能是明代这类织物的代表作。

最精致的，与本书关系最密切的是定陵绒袍。这件绒袍和一般的绒织物不同，是在万历四十八年入葬的(1620)，正反面均有高约 6.5～7.0 毫米的绒毛，大概是当时生产的天鹅绒的一种。其织地为平纹组织，经密为每厘米 68 根，纬密为每厘米 27 根，经线较细，纬线较粗。绒经与地经按 2:2 排列，绒根为三纬固结。织作时其正反两种绒经和地经可能分张于三根经轴，地经张力较大，正面绒经次之，反面绒经又次之，全部使用起绒杆起绒(大概是用较粗的金属杆)。正反两面的插法和起绒方法稍有不同，正面的须起动正面绒经插于其下，形成绒坯，背面的须同时起动地经和正面绒经,插于其下,借助地经的张力和金属杆自重,迫使背面绒经下沉,形成背面绒坯。割绒时,正面的可能在机上割,背面的则须下机后进行。

这件绒袍的设计思想是相当周密的,由于两面均有长绒,而背面又有绢衬,不仅具有绒毛丛立的外观,厚度较大和手感柔软的效果,而且具有与绵衣(絮绵)相似的良好保暖特性,非常精巧,也非常实用,在现知古代各国的同类织品中似乎还没有发现过,即使将其置于现代绒类织物同列中,也略无逊色,只要亲自看过,不论是谁,都会认为是难得的产品,爱不释手,无愧于"机制云蒸,殆夺天工"之美誉。

(五)明代起绒织物对日本的输出

明代起绒织物外销日本的问题,也是笔者着重探讨的问题之一。同《天工开物》和《福建通志》所隐喻的恰恰相反,明代不但没有从日本输入过这类织物及相关织作技术,反倒向国外输出过,并且对日本的起绒技术产生过影响。这话绝非虚构,了解一下这个问题,对于给《天工开物》和《福建通志》两书作出更全面的评定,也会有所帮助。

中国古代生产的起绒织物属于贵重织品,其贵重程度仅次于锦和缎,是历代对外输出丝织品中的重要部分。

中国开始向外输出这类织物的时间大体可以追溯到宋,据 12 世纪西锡利岛爱德利奚的《地理书》和著于 11 至 14 世纪之间的阿拉伯故事《神灯》说:中国的这类产品早在 11 至 14 世纪就远销至印度亚丁幼发拉底河口诸处和阿拉伯世界。从《神灯》叙述的情况看,当时阿拉伯国家对中国的起绒织品是十分欣赏的[①],而且似乎当时阿拉伯国家关于这类织物的生产还比较少,技术也远不如中国发达。

明代是对外输出这类产品比较多的时期(主要是民营商业)。明代的外贸对象,最重要的是南洋地区及其以西的一些国家和岛屿,其次是日本。明代虽然一直采取对日禁运的政策,但是并不能阻止商人私自往来贩运两国的货物。中外文献对这一史实亦多有反映。

日本的萨摩的岛津是当时中日两国海上交通的要津,据日本《异国日记》载,庆长 14 年(1609)七月有中国商船十艘抵达其地与萨摩的岛津氏联系交易,其中三艘的船主名叫陈振宇和陈德,所载之货有:"缎、绫、紬、素、帽科六零三匹及天鹅绒若干匹。"这十艘船大概均系中国漳州之商船,因为其上所载之货有土人仔一项。土人仔系漳州特有的土语,即泥娃娃,现仍沿用。

明末的郑芝龙是当时海上魁首李旭的义子,曾经居日多年,娶日本武士家庭出身的田川氏为妻,以在中日和南洋之间的海上武装走私为生,受抚后仍垄断明朝东南沿海一带的海上贸易。据记载,崇祯十年(1641)七月,他曾自中国安海派遣六艘商船绕经台湾航抵日本长崎,载运"缎子二千七百匹,天鹅绒五百匹。"

日本元禄八年(1695)刊印的西川如见《华夷通商考》是专门记载与日本通商国家的物产和航运情况的著作,虽刊刻时间较晚,但所反映之内容均为明末清初之实际情况。据该书说,当时中国广东和福建两省均盛产起绒织品,经常向日本和其他国家输出。

---

① 《神灯》系《一千零一夜》(即《天方夜谭》)中的一个故事。《一千零一夜》最早起源于波斯文《一千个故事》,11 世纪译为阿拉伯文后,增加了不少阿拉伯故事,14 世纪传至埃及,又增加了不少埃及故事,大约是 16 世纪前后在埃及成书。《神灯》一篇是阿拉伯人写的,其时代为 11 ~ 14 世纪,与本书内容有关的是:灯神为尔辽温丁建的新宫殿储藏室中摆满了大小箱柜,"其中织锦、天鹅绒一类的衣料是来源于中国、印度的产品"(译本原句)。

另据《林罗文集》卷十二说：自庆长十五年(1610)起，中国南京福建商船航贩长崎者逐年增多。明代福建的商船多从漳州的海澄出海。漳州是明代起绒织物的主要产地，从此地出海的商船必定经常携带这类物品，亦是可想而知的。

明代向日本输出这类产品，主要是供统治阶层享用，当时的日本统治阶层可能很喜爱这类织品，所以销往其地的比较多，特别是明代后半期就更为频繁了。上面征引的文献，内容都比较具体，很能说明问题。明了这些情况，对我们研究中日两国起绒技术的发展，无疑也是十分重要的。

(六)明代起绒技术外传日本

明代起绒技术的对外传播是中国起绒技术史上一个相当重要而很少有人注意的问题。

根据现有材料看，中国古代起绒技术的对外传播，可能发生过三次。

第一次，大概发生于12世纪前后，是传向西方国家。大概先传到中东，后来又传至欧洲。过去有人考证过欧洲起绒技术的来源，认为是十字军东征时，因在中东得到这类织物而移植过去的。这个论断所说的欧洲开始织作这类织物的时间，可能是对的。十字军起于公元1096止于1291年，其时中国起绒织品正大量行销阿拉伯国家，十字军在中东得到的起绒织物可能是中国向西运送的这类产品的一部分(那时中东地区还很少生产这类织品)。但其所得似乎不仅限于织品，还应包括一些织造技术。11至13世纪，中国旅寓中东的人比较多，其中有一些纺织工匠在当地织制纺织品和传授技术。十字军在中东活动时，大概还直接或间接地了解了中国工匠织作这类织物的具体方法，因而欧洲人才掌握了有关的技术和工艺。另外还有一种可能，即由蒙古军队带过去的。因为此时正是蒙古势力西渐直抵欧洲之时，在到过西方的蒙古军队中也有一些中国纺织工匠，这些工匠将起绒技术传授给了欧洲人。

第二次，大概发生在13~15世纪之间，是传向东南亚地区的暹罗等国，暹罗又作暹罗斛，系由暹和罗斛两国合并而成，就是现在的泰国。暹罗自12世纪起即与中国建立了比较密切的贸易关系，其国的上水即中国商船和商品经常贩运的地区(上水有路北上可达中国的云南)，华侨旅居其地的也相当多，甚至在其地出仕作官。15世纪以前，暹罗的生产技术还比较落后，华侨和中国商品抵达其地对于发展暹罗的经济和生产，都起过较大的作用。暹罗的起绒织品，在中国的著作里最早见于黄省曾的《西洋朝贡典录》卷中："其贡物(有)……剪绒。"此著作成书于正德十五年(公元1520年)，暹罗织制剪绒的技术大概是在此之前由华侨介绍过去的。

第三次，发生在17世纪中期，亦即本书所要探讨的外传日本的情况。

据日本的《本朝世事谈绮》说：日本的起绒技术始于正保庆安之间(1644~1651)，其起因是在输入日本的起绒织品上发现未割除的起绒杆而引起的。我们通过这段话，便可大致看出中国这种技术对日本的传送完全是在一种偶然的情况下完成的。

《谈绮》说到的那件织物，很有研究价值。虽然书中没有交待其来历，但有学者认为是荷兰人运至日本的，相信即荷兰产品。此看法恐怕不对，大概是过分相信历史上欧洲学术对于日本的作用，认为日本近几百年间产生的科学技术多半来自欧洲的结果。17世纪前后，荷兰织制的这类织物与中国的不同，均采用毛纤维，绝对不用丝纤维，西川如见《华夷通商考》对这一点就有所反映，西川在介绍荷兰的这类织物时，即明确的写为毛ビロウド，以示与丝织品有别(大概当时日本把用丝织成的起绒织物只叫ビロウド，而把用毛织成的，前面另加毛字)，《谈绮》没有在那件织物前加书毛字，可见不是毛织的，实属丝织的。既然是丝织产品，无疑是中国产品，与荷兰无关。

《谈绮》提到的那件织物是怎么运到日本的,现已很难考证。根据当时中国对日贸易情况估计,极有可能是中国商人直接启运的,即或不是这样,其根源实亦来自于中国。17 世纪时,日本购买中国货物同中国购买日本货物一样,都是比较麻烦的,明政府对日禁运政策,对当时中日两国的商贸发展都有不良影响,日本为了冲破明政府设置的这种人为障碍,在进口中国货物时曾经作过许多尝试,除了设法拉拢中国的私商,还采取过这样两种措施:

一是经南洋转口。经常利用日本商船把中国输送到南洋各地的货物向日本转运。明代同南洋各国的贸易始终没有间断过,16、17 世纪时,南洋的爪哇下港、吕宋马尼拉和马来西亚大泥等地的商业都比较发达,当时的华侨在这些城市开辟有唐人街和商业区,每年向这些城市提供的中国货物相当可观。据西方著作记载,在当地的市场上有漆器、陶器和各色纸张,也有生丝、各色丝布、绫、缎、金襴和天鹅绒等丝织物。正是由于日本非常重视从南洋这条渠道购买中国的商品,所以徐光启在其所著《海防迂说》中才有所谓“倭所欲得于我者,悉转市之吕宋诸国矣”之说(《徐文公集》卷二)。

二是由欧洲国家商船提供。日本在 17 世纪时期确实曾同葡萄牙、西班牙、荷兰几个国家通商,但这几个国家贩日之物,并非尽为其国之所自产,而多半杂有中国的产品。当时这几个国家在亚洲都有一些殖民地,葡萄牙的势力侵入印度沿岸和马来西亚以及中国的澳门,西班牙的势力侵入以吕宋为主的菲律宾群岛,荷兰的势力侵入南洋爪哇一带,并占领中国的台湾。台湾为福建剪绒之大批销货地,爪哇、吕宋和马来半岛都是明代外贸商品的集散地。台湾、澳门在清初时以经销福建、广东的剪绒和各种丝织品著称。明末当亦如是。为了掠夺殖民地的财富,欧洲人向日贩运的商品,往往即取自聚居南洋各地的华侨和台湾、澳门两地。特别是荷兰,一直奉行以华货易日银,再以日银易华货的原则,不仅不断地在中国沿海地区或海上购买或劫夺中国商品作为换取日银货源,而且还同日本签订了每年向日本供应 74 万盾台湾商品的合同,按时按量地向日本输出。

过去研究中日通商的著作,大多着重阐述中日两国之间的直接来往,而很少考虑这两种情况,其实这两种情况是不容忽视的。《谈绮》所说的那件导致日本产生起绒技术的织品,在没有得到进一步的证明是用什么方法运往日本之前,当然不能排除是用这两种方式运往日本的。不管是用什么方式,似乎都同中国密不可分。

明代起绒技术对日本的这次传播,是以一种十分特殊的方式进行的,完全摆脱了技术操作者的直接授受。因为利用起绒杆织制织物,一般是不会发生漏割起绒杆的现象的。而且无论古今,凡是准备出售的商品,都不会不考虑质量,如果漏割,一定会在织物幅面上形成一条难看而又不易弯曲的横路,会严重影响其外观。《谈绮》所说那件织品,实是一个例外,大概是由于织作者在织作过程中急于求成,马虎其事,而出售之前又未认真检查而造成的。此差错无形中竟为中国向日本传播这项技术创造了条件,这自然是人们预先料想不到的。

(七)倭缎一词与日语ビロウド的关系

倭缎这个词在中日两国起绒技术交流史上确实具有一定的意义,但并不意味这个词同日本有什么关系,而是说这个词在明代的时候外传,并且对日本有所影响。

在日本的著作里,历来都是把起绒织物写作天鹅绒。这种写法,当然是借用中国的词汇,但在读法上则有两种,一种是用中国的读音,例如日本织制的唐天和绢天的“天”均读为てん(唐天和绢天系日本明治时生产的两种丝织起绒织物,“天”为天鹅绒的简称);一种是读作ビロウド，读音与前者迥别，但对于日本来说也是外来语。前者“天”的读音非常明显，毋须多论；后者的读音是怎么产生的，是个很值得研究的问题。

日本一些学者对这个问题作过研究，提出过许多不同的看法，其中最重要的是认为日本ビロウド这个词汇是从葡萄牙语 Veludo 和西班牙语 Velludo 转变而来的，特别是同葡萄牙语的关系尤为密切，而 Veludo 和 Velludo 二词则似乎是来自拉丁语 Vellus(带毛的碎羊皮)①。这个说法有一定的道理，但不全对。ビロウド大概确实是出自葡语或西语，可是若谓拉丁语 Vellus 是葡语 Veludo 或西语 Velludo 的本源，也就是说日本的这个词汇同拉丁语有关系，是日语ビロウド最原始的本源，却不免有些牵强。拉丁语 Vellus 与葡语 Veludo 或西语 Velludo 的前半发音相似，但不具备 do 的音，将两词如此联系，显然不大恰当。根据 Veludo 或 Velludo 和ビロウド的发音以及中国和欧洲织制起绒织物的历史看，葡语 Veludo 或西语 Velludo 应该是另有来源的。这两词似乎都同中国的语音分不开，是直接或间接出自本书所讨论的倭缎。

倭缎这个词原本起于福建的漳、泉一带。两地由于滨海的缘故，与广东一样，自唐宋以来出海谋生的人一直都很多，明代的人曾经说过这样一句话：“澄(漳州海隆县，明代漳州商业贸易的中心地)水国也，农贾杂半，走洋入适市。”这句话非常正确，也非常形象，说明明代漳、泉商人的足迹几乎遍布于当时的南洋各国和日本一些地区。这些商人自然会同所到那些地区的居民有广泛的接触，同时也会同当时东侵的欧洲人有所接触。

葡萄牙、西班牙、荷兰是欧洲早期东侵的先锋，16 世纪以来先后在亚洲拥有一些殖民地。势力侵入的地区有：中国的台湾、澳门，印度沿岸以及南洋爪哇、马来西亚、菲律宾群岛。这些地区基本都是漳、泉商人经常到达或是漳、泉移民聚集的地方，其中最为集中的是马来西亚半岛，即印度支那和苏门答拉一带。《东西洋考》卷三：

> 大泥即古阇泥也，初漳人(至其地者甚多)有张某为哪督，哪督者大酋之号也。……后(明廷)官其子为酋。

《天下郡国利病书》卷九六福建五：

> (嘉靖十二年)时漳州月港家造过洋大船往木暹罗佛郎机诸国通易货物。

《西洋番国志》：

> 旧港国即三佛齐国也，……国多广东福建漳泉人。

其次是菲律宾爪哇和婆罗州。《西洋番国志》：

> 爪哇国，古名阇婆国也……而其国人有三等，一等西番回回人，……一等唐人，皆中国广东福建漳泉下海者逃避与此……一等土人。

《何乔远名山藏》：

> 吕宋……其地迩闽，漳人多往焉，率居其地曰涧内(即中国人聚居之地亦名唐人街)，其久贾者以数万。

这一史实亦见西班牙的记载，1603 年西班牙殖民者发动反华事件屠杀马尼拉之华侨二万余人，均籍属漳泉。

《东西洋考》卷五：

> 文莱即婆罗国……俗传今国王为闽人，随郑和征此，留镇其地，故王府之旁有中国碑。

---

① 中原虎男，织物杂考，日本纺织杂志社出版，1934 年，第 274 页。

既有闽籍军人驻其地，漳泉商人当然亦会往赴其地贸易。

倭缎这个词在明代的使用可能是相当广泛的，不仅流行于国内，也传播于国外。不同的语言和方言，是不同民族、不同地区的人民，长期保有、习惯使用的交换思想和意识的工具，往往可以随其特有的移动而移动。当明代漳、泉地区的商人远贩和移往南洋这些地方的过程中，肯定也会把漳泉的部分方言连同这个词汇传播过去。葡语 Veludo，西语 Velludo，日语ビロウド，大概就是在这样的历史背景下产生的。最先是被葡、西两国派赴东方的人所接受，并且逐渐地融合于这两个国家的语言之内。倭缎二字在漳、泉方言里读为 wō dūan（文语）和 wō dōu（白语），葡语 Veludo、西语 Velludo 的 Velu 和 Vellu，即漳泉语的 wō，do 即漳泉语的 dūan 或 dōu。日语假名中没有 Ve 音，在直译欧洲语言时往往把发 Ve 的音译为ビ，所谓ビロウド，实即为 Veludo 的对音。

葡语 Veludo 和西语 Velludo 开始出现时间不见记载，大概是在 16 世纪的前半期（葡人稍早于西人，是在 15 世纪末到达东方的。正德 12 年，也就是公元 1517 年，第一次至漳州要求交市，即与中国直接通商了，这之前可能已与漳、泉商人有过接触）。日语ビロウド的开始出现时间，亦不见记载，估计不会晚于 16 世纪的 90 年代。日本同葡萄牙通商是从 1550 年葡萄牙商船第一次航抵日本开始，日本人吸收葡语 Veludo 或西语 Velludo 自亦在此之后。据日本记载说：当 1609 年中国商人陈振宇、陈德将包括起绒织物在内的大批货物运抵日本时（即前文谈到的庆长十四年的事），萨摩的岛津氏曾将货物清单转报日本的骏府。因为全部是用中文书写，骏府感到不易理解，重又责令金地院的崇传等人加注日本假名，其中有关天鹅绒之一项，即以这一语音标注，说明这个词在那时日本的一部分人中业已传开。此后日渐推广，并成为日本纺织交易和生产语言中的一个正式名词。但已无人能知道其发生和演变的根由了。

四 改机及其相关问题

“改机”作为一种纺织品的名称，人们知之已久。它是明代中期开始出现的一种新品种，曾在一段较长的时间里，作为流行品种，畅销于很多地方。然而，由于迄今尚未发现可以证实确属这类织品的实物，文献记载又非常少，所以长期以来虽经多人研究，却始终未能清楚地揭示其真实面貌。这类织品究竟有什么不同于其他织物的特殊风格？怎么织造的？何以名噪一时？这些问题亟待解决。

本书准备先以讨论现存的两项明代文献作为楔子，继始讨论这类织品的特点、织造方法和一些相关问题，最后就现存所谓“改机”文物提出一些看法。

（一）现存的两项明代文献

现存可资探讨改机问题的主要文献，仅有两种。

一是《天水冰山录》。该书原是明嘉靖权相严嵩江西资产的籍没册，当时曾有传刻。今本系清雍正时人周石村据旧印残本抄刊，改题新名的。书前有总管此案的江西监察御史所具的逆产处理办法和执行情况题本，正文皆田产财货实物清单，属于织品的共 12 大类[①]，改机即其

① 《天水冰山录》声明所登记的织品，是按“织金、妆花、缎、绢、绫、罗、纱、紬、改机、绒、锦、琐幅、葛、布”分录的。实则只有 12 类。织金、妆花并未分列。因为织金、妆花只是织品的花色，在缎、绢、绫、罗诸类之中，皆有织金、妆花之作，而非独立的两类。商务印书馆，丛书集成本，1937 年，第 122 页。

中之一，分为三部分登录，总计26款。

第一部分为提花衣料及缀胸背的着色衣料；第二部分为提花成衣及缀胸背的着色成衣；第三部分为各色衣料。前两部分大都具有标示社会身份的品服性质，第三部分则不分贵贱皆可服用。根据书前题本可知前两部分皆解报北京户部处理，是这类织品中之高档次的，非一般百姓可服用；后一部分一律变卖，售银上缴，是这类织品之档次较低的。所录内容，因限于官牍和财物簿录属性，相当简单，仅以实物的外在形象描述为重，每款写明名称和花色，只可作为我们了解这类织品花色变化的依据，其他问题大都难于借重。

二是万历《福州府志》。此书卷三七《食货志·物产篇》（引自《古今图书集成·考工典·织工部纪事》）有一段专门叙述改机的话，虽是从记录福州物产的角度出发，涵盖面却比较广，是我们现在理解"改机"这一特殊织物技术特点的关键。内容如下：

> 闽缎机故用五层。弘治间，有林洪者，工杼柚，谓吴中多重锦，闽织不逮。遂改机为四层，名为改机。

尽管文中谈及了改机之名、原来所用织机、改机的创制过程和部分织作技术，但细品全文，看似用语简练，一无浮泛，实则原作者不甚了解丝织工艺。如文中提到的"缎机"、"吴锦"和"五层"、"四层"诸词，均有不能简单联系的特定内容，作者未作相应的说明，径行牵合，而致多有交待不清之病。如不逐字逐句分析，必难明了其真谛。这是利用这段材料时必须注意的，也是以往对"改机"众说纷纭的根源。

（二）改机的织作方法

改机的织作，包括织作改机的织机、改机织物的结构以及用料等，最富争议，也是问题的本质。影响较大的有三种论断：

(1)认为改机是多彩的缎类。

(2)认为改机是改变以五层经丝织作而为四层经丝织作的经四重织物。

(3)改机是双层提花织物。

各有见地，可是都不甚得当。因为无论从文献或织作技术上来看，皆不能成立。改机绝非缎类①，亦非经四重织物②，更非用双层组织织作的③。

限于资料，改机的详细织造方法，已难具考。现只能透过《福州府志》中关于改机记载之关键词——"五层"和"四层"二词的意义来进行分析阐释。

---

① 谓改机为多彩缎类之说，是以《福州府志》的缎机和吴锦二词为据，殊与事实相左。这类织品绝非缎类，如复检《天水冰山录》，即可了然。因为是书明谓录中织物是按"段"、"绢"、"绫"、"罗"、"纱"、"细"、"改机"、"绒"、"锦"、"琐幅"、"葛"、"布"等匹段12大类分收的。其中两段字含义不同，前一段字与绢、绫、罗等字连属，即缎织物之缎；后一段字作匹头讲，相当现代汉语"单位"的意思（在明代关于织物的记载中，缎、段往往通用）。改机与缎分列，即二者互不相蒙之证。

② 谓改机为变五层经丝为四层经丝的经四重织物之说，是把《福州府志》文中的两个层字，解为层次之意，亦误（详见下文《五层和四层的含义》）。另从技术角度分析，亦难成立。重组织的优越性主要是可增加织物纹样层次和色彩变化。重数越多，效果越好，而织作难度也相应加大。尤其重经组织，随着经组数的增加，必须用两根或两根以上的多经轴。所以历来在实际生产中，一般只使用经二重，而极少使用经三重以上的组织。经四重虽较经五重少用一层经纱，依然不易掌握，而且势必降低纹样的绚丽程度，似乎没有必要。而且《天水冰山录》中不仅有大量的素改机与此相矛盾，织金、妆花改机也肯定是纬起花无疑，而决非多重经织物。

③ 谓改机为双层提花织物之说，也把《福州府志》文中"四层"的"层"字，解作层次之意，当作双层组织的表经、里经、表纬、里纬四层丝。不仅误解了原文"层"字，而且在技术上同样也解释不通。因为据《天水冰山录》可知，有妆花改机，双层组织的织物是不可能进行妆花的批量生产的。而且双层织物也决非明代才出现的新品种。

1. 五层和四层的含意

五层和四层的含意是了解改机织作方法时必须首先注意的。对它的不同理解是产生分歧的根源。

已往的研究者多把《福州府志》文中的"层"字解作层次,或把"五层"解作五层经丝,或把"四层"解作两层经丝、两层纬丝,皆偏离了原文的初旨。原文谓改缎机的五层为四层,分明是就缎机的本体而言,而与丝的层数无关。如果是指丝的层数,则应谓改变以缎机织作时的五层经丝为四层经丝,或两层经丝和两层纬丝,不会不点明丝字。事实上织作五层经丝或四层经丝织物的可能性几乎不存在。而且改变经丝的层数,也根本无须对织机进行改造。因此说,将《福州府志》文中的"层"字作层次解是不对的。

原文中的两个层字,既然了无经丝层次之意,那么是什么意思呢?这两个"层"字应该是指织制改机的织机的综片。

何以知之?在中国历代的语言中,常有一物原本只有一个名称,因方言影响,而出现两音和两名的。我们熟悉的凤、朋二字就是一例。凤、朋都是凤鸟之名(《说文·月部》:"朋,古凤鸟也。")凤字在中国传统的音韵学里,是合口呼的字,如读开口,则转为朋。类似的情形,在纺织生产中也不鲜见[①]。这两个层字与综字的关系,也是这样,其变化方式,尤与凤、朋相似[②]。综原是合口呼的字,如读开口,则转为与曾字发音近似的字。或读如甑[③],或读如缯[④]。直到近代仍能听到[⑤]。这两个层字也从曾声,应是明代福州地区个别地方对综的称呼,别无他意。改缎机的五层为四层,即改五片综为四片综。

2. 改机的织机

改机的织机衍生于缎机,它与缎机应是既有不同之处,又有相同之处。那么,它们的异同究竟何在?

改机织机与缎机的差别,全在综的数量。改缎机的五片综变为四片综,即当改机织机织制平素产品时,一律使用四综;织制提花产品时,除这四片综之外,尚需增设提花装置,按照纹样设计,另加不等的伏综。

《福州府志》所说的改五层为四层,就是针对这个问题而发,而且是说使用这种织机织制平素产品时的情况。这句话有两重意思:一是关于机型。织机的综数是织机分类的标准之一,说改机织机原始于缎机,但改变了综数,因之便改变了机型,不再是缎机,而是改机织机了。二是明确反映改机织机的具体综数是四片,不是缎机的五片。话中并未提到提花伏综,然据此自可推定。因无论以何种织机提花,都必须加置伏综(《福州府志》的这句话是与"吴中重锦"连在一起的,好像这一改变是为了织制提花产品。其实不然。这即其交待不清者之一)。

改机织机与缎机相同之处是袭用缎筘,取缎机可织制细密产品之功能。

---

① 例如,槌、植二字皆蚕簿架柱之名,槌是合口呼的字,如读开口则转为植;纺、绑二字皆有并纱之意,纺为合口呼的字,如读开口,则转为绑。

② 凤为合口呼的字,古音在侵部,汉以后转入冬部。古音之凤如读开口,则转为朋,入蒸韵。朋,汉魏以后又转入登部。综为合口呼的字,古音亦在侵部,汉以后转入冬部。古音之综如读开口,则转入蒸部,读曾。曾声之字,汉以后又亦转入登韵。

③ 王筠《说文句读》縢字条:综,吾乡呼如甑。

④ 杨屾《豳风广义》卷之下:"综,俗呼为缯",农业出版社,1962年,第150页;卫杰《蚕桑萃编》卷七同,中华书局,1956年,第197页。

⑤ 张炳炘,机织法,商务印书馆,1950年,第17页。

我们知道缎机之所以成为缎机，实由两个条件决定，即除须设置与缎纹枚数相等的综，还表现在织筘上。缎织物的优点是手感好，富光泽，易于彰显其表。但强力差，易纰疏。要解决这个问题和使优点更好地发挥，就必须加大经密，所以缎织物特为细密，这又需要增加织筘的齿数。缎机织筘齿数较之其他织机之筘均高，是实现缎织物经丝细密匀致的重要手段。改机织机之所以以缎机为初基，当即缘于此，并借以生产可与缎织物比肩的细密产品。不然的话，任取其他绸机、绢机等皆可致用，又何须专门求诸缎机？

可见，改机织机的特点是：在缎机的基础上，改缎机的五片综片为四片综片和承袭缎机织筘的高齿密进行织造。

3. 改机的地组织

当我们明了《福州府志》的改缎机之五层为四层即为改五片综为四片综的含义之后，即可明确改机织品的地组织为何结构了。

织物地组织的构成，皆与织机的综数密不可分。改机织品的地组织，无疑也受这个原则左右，是以改机织机的四综为依据而确定的。

依此而论，改机织品之平素产品的地组织，可以想见，应必皆为平纹、斜纹或二者的变化组织。这些组织均系历来织造生产中习用，早在改机织品出现以前，即均已见于绸类织物。由于改机织物采用的组织与绸类相同，而绸类生产在前，所以也易被人目之为绸。同时又以其是用缎筘织作，经密高于一般的绸，遂专谓之改机绸。“改机绸”三字，见于1964年3月江西南城县明墓出土的一件衣物疏：“绿云纹改机细衬褶一件①”（原物风化无存）。大概有些明代人一直这么认为，也这么称呼。平素改机织品采用的组织，有较缎组织高得多的强力，且匀整结实。

改机织品之提花产品的地组织，则可能具备两种情况：凡单层的单色暗花和花纹比较简单的织品，也采用平纹、斜纹或二者的变化组织作为地组织；凡花纹色彩变化较多和花回较大的织品，如前面所述之大云纹和过肩蟒之类，皆采用纬二重组织（限于四综的缘故）。花部以纬线显花，个别情况下，加施挖梭和抛梭技法。

纬二重组织是重组织中最简单和最易织作的组织，用这种组织作提花织品的地组织，可使织品的地部不会因花部的厚度加大，而过于加厚，保持产品轻薄。

4. 改机的丝料

改机织品使用的丝是有选择的，《福州府志》和《天水冰山录》都没谈到这个问题，幸好明代嘉靖《保宁府志》略有所及可供我们参考。是书卷七《食货志》：“（府产水丝）精细光润，不减湖丝。吴越人（贩）之，以作改机、绫、绢②。”保宁位于四川北部，治阆中（今四川阆中县）。水丝是以冷盆法缫制之丝，具有细圆匀整、精明坚韧的优点③。纤度高，韧性好，历来与湖丝并称，是织造高档丝织品的上选。

改机织品自创制伊始，大概一直以这种水丝织作。明代川蜀的蚕桑生产十分发达，尤以保宁一带为最。当时福建与四川的商贸往来极为密切，据宋应星《天工开物》说：明代川蜀商人恒携川丝东下，货与闽之丝织业者④。福州之改机生产者当为川商发售的对象。福州是改机织

---

① 黄能馥，中国美术全集·工艺美术编7·印染织绣下，文物出版社，1986年，第14页。

② 李仁溥，中国古代纺织史稿，岳麓书社，1983年，第119页。

③ 见《豳风广义》卷之中，第120页。

④ 见《天工开物》卷上《乃服篇》，陶氏刊本。原文为：“凡倭缎制起东夷，漳泉海滨效法为之。丝质来自川蜀，商人万里贩来，以易胡椒归里。”所言之丝，是供福建织作起绒织物的，然无疑也会用于其他织物。

品的发祥地,《保宁府志》所记吴越人织作的这类织品,肯定学自于福州,并且是效法福州人也以川丝织作(湖丝是明以来浙江的名产,大概消费量大,所产不敷本地之需,不得不远求于蜀)。

织作丝织物,使用何种丝料,并非决定产品质量的最重要的因素,但若选择不当,一定也会产生不利影响。改机织品以选用高齿密的缎筘织作,以水丝为经纬,当然亦会产生特定的效果,可以保证得到高密轻薄的产品。所以在讨论这类织品的织造方法时,也不可不提出来。

在了解了改机的制作方法以后,接下来就可以对改机的特点进行分析,并进而介绍其花色品种。

(三)改机的特点和花色品种

弄清改机的特点,是厘清这类织品的各种问题的关键。曾有人认为改机的特点是:有专用的织物组织和一律是多彩的大提花。这并不十分正确。

从前面所述的改机的织机、改机的地组织、改机的丝料,我们可以得出这样的结论:改机是一系列的织作原则相同的丝织物的共称。其特点并不是因为有特殊的组织或是色彩和花回的多少,而是做工和用料。做工十分精湛,用料非常讲究,是一类细纤高密的产品。密度几近于缎,而非缎。大都先练后织,厚度较薄,具有细密匀实、手感较滑、光泽柔和的织作效果。

改机的品种有很多,既有提花的,也有素织的。仅从《天水冰山录》所载之三部分实物中,即可拣出六种。

(1)单色无花类。实物有统括各色的各色改机(见《天水冰山录》附录三第三部分)和大红改机(见《天水冰山录》附录二第一部分)。

(2)素织暗花仅有几何形状小花纹。在清以前习用的织物分类中常把有小花纹或胡椒眼的暗花织物称素织物①。《天水冰山录》中既有以某些单色命名的织品,也有已记其色,又加注素字的,显有区别,当即此类。实物有青素改机圆领(见《天水冰山录》附录二第二部分)。

(3)素织暗花大云纹类。明代用于衣着的云纹,有大小两种。小云纹用于一般士庶;大云纹花分五色,每朵云纹皆大约一尺②,只用于社会上层人物,不许滥服③。《天水冰山录》文第一、二部分多有以云为名的,可能皆属此类④。实物有青素云改机、绿云素改机、蓝云改机(见《天水冰山录》附录二)。明代规定了许多不准服用的颜色⑤,青、蓝不在禁限,如非大云纹,是不会收入《天水冰山录》文之第一部分的。

(4)以金线和大花纹纹样织作的织金类。实物有青织金过肩蟒改机(见《天水冰山录》第一部分)、青织金孔雀改机衣(见《天水冰山录》第二部分)。

(5)以挖梭工艺织制的妆花类。实物有大红妆花过肩云蟒改机、青妆花仙鹤云改机、青妆花仙鹤素改机(见《天水冰山录》第一部分)、青织金妆花孔雀改机圆领(见《天水冰山录》第二部分)。

(6)在闪色地上起大花纹的闪色类。实物有闪色织金麒麟云改机、闪色妆花仙鹤改机(见

① 《蚕桑萃编》卷七"巴缎"条:"仅有小方花或胡椒眼者,仍为素缎。另有团花、大花者,方为花缎。"是书此条虽是就素缎而言,往往也适用于其他类别的丝织物。中华书局,1956年,第198页。

② 《蚕桑萃编》卷七"贡缎"条:"大云纹……每云一朵约大一尺,云分五色。此料系贡物,民间鲜用。"清代服饰制度,往往因袭于明。中华书局,1956年,第197页。

③ 《明史》卷六七《舆服志》,中华书局,1987年,第1636页。

④ 《天水冰山录》所录缎紬诸类织品,亦多有以云为名的,大概皆为大云纹。

⑤ 《明史》卷六七《舆服志》,中华书局,1987年,第1649~1650页。

《天水冰山录》第一部分)。

另外,还有一个问题亦应在这里特别说明。《天水冰山录》中还有多款具胸背的改机,如大红妆花斗牛补改机、青织金妆花云锦鸡补改机、青刻丝锦鸡补改机圆领等。有人认为是高级衣服成料,似将胸背与改机衣料视为一个整体,亦误。此诸款改机均系于改机衣料之上,缀以不同方法制作的胸背,皆应归于单色改机之列,并非自成一格的品种。

从上面列举的改机品种可以看出,改机和绫、罗、绸、缎一样,是一个基础品种类别,以它为基础地组织,可以再进行任何装饰,织造暗花、织金、妆花、闪色等各类花色。如青妆花仙鹤云改机、青妆花仙鹤素改机,很明显,在这里改机仅仅是作为一个地组织,可以是云纹,也可以是素的,在此基础上又可以再进行妆花、织金等装饰,"锦上添花"。这一点与《天水冰山录》中的分类也是相一致的,将改机与缎、绢、绫、罗、纱、绸、绒、锦、琐幅、葛、布并列为12类。

改机这个品种,从纯技术角度观察,似乎算不得很特殊,可的确很值得肯定。尤其是选择平纹和斜纹为地组织这一点。平纹、斜纹制品的柔韧度和光泽皆逊于缎,但结构紧密坚实。如能适当配置经纬的纤度、密度和拈度、拈向,也可大大改善成品的使用功能和外在风格。如清代的泰西缎,就是选用细纤高经密的四枚斜纹组织,织物外观细密富有光泽,似缎而非缎,故有此名。这样的例子,在现代纺织生产中,也是可以找到的。现代织制的高档棉织物府绸,就使用这种手法。府绸细纤高密,虽属平纹,却柔滑光润,质地坚牢,远较一般棉织品精美。改机创制者既注意到这样的一些原则,自然也可得到不同于其他丝织品的较好产品。府绸的出现,是棉织产品的一大创新。改机的出现,当然也不可不被认作是明代丝织生产中的一项创新。

改机的用料,最初可能只限于丝织品,后来逐渐也被应用到棉织品上。

明代辽东关于与女真人互市的残档中,有这样的记载:

赏新安关进入买卖夷人阿拉寨等……客通绸缎三匹,用银七两五钱;客金袄子三件,用银四两六钱;客金缎一匹,用银一两四钱……蓝改机布八十匹,用银一拾二两八钱;官红金袄子一件,牛十头,用银三两四钱;官通袄子二件,官白中布一百三十六匹……

赏新安关进入买卖夷人往吉那等……客平花缎一百三十五匹,用银九十四两五钱;客蓝改机布四拾匹半,用银六两八钱。

计算可知,每匹蓝改机布价仅零点一六和零点一六八两,当属棉织物,是一种经线细密的棉织物①。

(四)改机的生产重点

《福州府志》虽着重提及吴中重锦,《天水冰山录》也录有许多织金、妆花和其他大花回的高档改机,但改机的生产重点并不在此,而是以平素产品为主。细审全文,便可了然。

《天水冰山录》所载改机有三部分:

第一部分共274匹,计:织金、妆花等多彩改机113匹;大云纹② 改机32匹;大红地缀胸背改机41匹;青地缀胸背改机82匹;大红改机6匹。

---

① 见《明代辽东残档选编》,清初史料丛刊第五种,第44页。

② 《天水冰山录》第一部分有青素云改机19匹,绿云素改机13匹,大概均系在单色地上起暗花大云纹的织品,宜归并在大提花改机之内。

第二部分共17件,计:织金、妆花多彩改机衣13件;青地缀胸背改机衣1件;暗花改机衣①3件。

第三部分共有各色平素改机计236匹。

如将第一部分的前两种与第二部分的第一种合并,则大提花织品应为158匹;将第一部分的后3种与第二部分的后两种以及第三部分合并,平素织品应为369匹。按此计算,则平素织品竟占全部的70%以上,大提花织品仅占全部的29.9%。如考虑大红地缀胸背改机和大红改机,在明为禁用之色②,不计入平素织品之内,平素织品应为322匹,按总数480匹(527匹-47匹)计算,平素织品竟占61.1%,大提花织品158匹,亦只占32.9%。均清楚显示以平素产品为多。

其实,这只是一个特例。如果再进一步的考量当时社会史实,一定会更加明晰。明代规定,所有的高档提花织物,尤其加备金银、五彩、妆花和特大花纹的织品,只准有爵位的人穿用,没有官位的人不得染指,富商富民也不得轻易置办。属于大提花大花回的改机,肯定也包括在内。严嵩当政时,势倾朝野。严嵩及其家人的一切服用,唯务珍奇。故其家人于江西聚敛的大提花产品也特别多,仅改机便有527匹。至于一般士庶,格于严令,不敢服用,空自艳羡,唯有选择档次较低之平素品。普通百姓人数巨大,无形中必然会导致改机平素织品在总产销量中大大胜出。

(五)改机的市场价格

改机的各个品种,由于织造工细,都有比较高的市场价格。可惜其织金、妆花和各种大花回等高档产品的实际情况,已不可考。现在可知的仅是万历后期其单色无花织品的部分售价。《天水冰山录》在记载各类织物的第三部分时(包括这类织品的第三部分),曾兼及其平素产品以及其他细绢等平素织品的变售匹数和匹价③。兹一并列表录于下:

改机价格表

织物类别	匹数	每匹售价(两)	单色改机与其他平素织物的每匹变售价比值(%)
各色改机	236	2	100
各色南京、潮、潞、温、苏、云素䌷	659	1.5	75
各色嘉兴、苏、杭、福、泉等绢	2450	1	50
各色松江土绫	1015	1.2	60
各色绉纱	280	2	100
各色云素纱	3820	0.6	33
各色丝布、生丝绢	1516	0.80	40
各色大小绫、土棉布	8930	0.365	18
各色晒白刮白苎葛布	5899	0.3	15
各色毛褐	517	0.4	20
各色碾光领绢④	1845	0.3	15

① 《天水冰山录》第二部分有青素改机圆领3件,宜归并在平素改机之内。

② 《明史》卷六七《舆服志》,中华书局,1987年,第1650页。

③ 《天水冰山录》中所计之织物变卖售价,不包括缎。缎又名纻丝,在明属不准随便出售的商品(《明史·舆服志》)。故在所录第一部分表示身份织物之缎类中,间有杂色缎八匹,一律上缴,不变卖。

④ 碾光领绢的幅宽可能较窄,不宜与改机的匹价相比。今只按每匹的变售实价计算,未考虑其幅宽因素。

从表可以看出改机织品的变售匹价颇为不菲。它的价格除与绉纱相等外，竟为南京等地素细的1.3倍，嘉兴等地绢的2倍，松江土绫的1.3倍，各色云素纱的3.3倍，各色大小绫土棉布的5.5倍，各色晒白刮白苎葛布的6.7倍。有人说80%的改机织品是高档衣料，也就是说20%属于低档，这是不准确的，实际上，改机之平素产品在各类改机产品中，档次虽较低，但与其他平素织物相比，则是高档的，所以价格亦高。也就是说，改机作为一个品种大类是属于高档织物。

（六）改机的创始时间和创始人

《福州府志》云：改机的创始时间和创始人是明弘治时福州的林洪。这话大体不误。

《福州府志》是地方志书，地志所记的物产例为所志的特产或主产。《天水冰山录》与前引《保宁府志》均成于嘉靖，上距弘治并不甚远。如以《天水冰山录》成于嘉靖41年（1562）计算，上距弘治末年（1505）仅57年；如以嘉靖元年（1522）计算，上距弘治末年（1505）仅18年。说明福州的这种特产，弘治时可能确已诞生于其地。

林洪之名，不见他书，然乡土口碑，一般不同子虚。不论任何发明发现，都有其创始者，此人当是存在，不过其姓名是否就此二字，亦无从证实。关于这个人的身世，研究者多认为是手艺精良的织工，似不尽然。改机是高售价的织品，织造时费工费料，且有织金、挖梭之制，必须打造大型提花机具，置办金线绒彩等珍贵原料。历来普通之织工皆靠出卖劳动果腹，若无较厚资本，是无法做到的。因而推测其人当是弘治时丝织行业中一个作坊主，不仅谙熟丝织工艺，还有一定赀产，始能应付一切需要。

（七）改机在清代的孑遗

改机虽创始于明之福州，其产销地域，却从未限于此。由于织作精良，自面世之后，便陆续地四向流布，而且将织造工艺一并输出。后虽经历很长时间，犹能在其他地方发现其踪迹。

清末人卫杰《蚕桑萃编》载有四川缎机宁绸、南省平机宁绸和其他数种丝织品，所谓的四川缎机宁绸就与这个问题有关。是书卷七《织政编》曾谈及这种绸使用的织机和部件：

缎机宁绸（四川式）："宁绸以缎机名，可织宁绸，亦可织缎。"缎机改变综数，即可织绸。

缎机宁绸："四川宁绸，多用缎机。故名缎机宁绸。……（机用）四批缯，八批醮。"

四批缯，意为四片综。缯乃综之方音，说已见前；批即片，批片双声，现在许多地方还这么叫。八批醮，意为八片提花伏综（醮，有的书亦作栈）。说明这种绸所用的织机，既可织绸，且可提花。皆与上文论定之改机的织作方式相符。这种绸实即改机之孑遗。

四川何时织造这种绸？《蚕桑萃编》没有提到，估计最晚亦在明末。其历史动因，当亦与上文所言之明代川蜀与福建的贸易密不可分。当时川商曾鬻川丝于闽之改机织造者，自然也会移植其织造之法于蜀，如式制作，而绵连延续。

《蚕桑萃编》所载这种织品的织造方法相当详细，除记载其机式之外，还有一些主要织作规格。就本书来说，大概在四个方面也有必要提出。

1. 幅宽、筘密和经密

"面宽二尺二寸。筘眼一千六百孔。……每筘眼穿染过经丝八根。"

这段话所记这种织品采用之幅宽、筘齿数和每筘孔穿经数的数据，皆清代织制缎织物之常

式①,较当时织作绸类和绫类织品时习用的同类数据均高②。这反映两个问题:

(1)清代织作的这类织品的经密是相当高的③。筘密高④和每孔穿经之数多,则经密必亦相应地增高。

(2)说明这种织品不仅以缎机织作,而且采用高齿数的缎筘,按织缎的方式,决定穿入每一齿孔的经丝数。但不是缎织物,因为是用四片综织造的。

经密高的织品,纬密一般地相对较低。可以导致经纬排列匀齐,紧密结实,产生较好的外观效果,且可增强织品的悬垂性和透气性。

2. 重量

"面宽二尺二寸。……寻常袍料,每件长二丈二尺,约重十八两三钱。"

这种织品的匹重,也比较高(经密大)。

根据旧制1斤为16两,以及幅宽、袍料之长和宽计算,每平方米约重115.4克⑤,与现在的73/74素软缎接近,较当时著名的平机宁绸,每平方米重8.1克⑥。

3. 经纬的处理

"织用熟经生纬,或用纯纬。纯纬者,系生纬在沸汤中醮过一次。"

其经皆熟经,纬则生熟兼用。所谓纯绢,实即熟纬。可能即明清两代屯绢所用之丝,纯、屯音近。屯绢之丝,皆须先练染而后织⑦。惟练治时间较短,只在"沸汤中醮过一次",相当现代练染工艺中的粗练。

这种织品之用生纬,大概仅施之本色的平素织品。其用纯纬,则设色之平素制品和提花制品皆用之。用熟纬织造,较之生纬,可增加成品的柔韧度。

4. 拉花方法

"(拉花方法)大略与南省(平机)宁绸相似,惟拉花者有横拉竖拉之分。"

这可能是说以小花楼织作和以大花楼织作的分别。用小花楼拉花,皆坐于花楼上横拉,用大花楼拉花,皆站于花楼上竖拉。前者指的可能是平机宁绸,后者乃缎机宁绸,谓其可制作大花回织品。

这种织品在幅宽、筘密、经密、经纬处理和拉花上的这些措施,大概都沿袭于明以来一直使

---

① 《豳风广义》卷之下:"绳(箴之音转,即筘)以竹篾缚成,齿眼或八百,或一千,或千五。"这是织不同织品的筘齿数。缎机宁绸筘齿1600,与1500相近,乃比织缎织物更密的筘。

② 同上书:"(穿齿眼时),如丝绫,有用四根五根(丝)者,缎有用八根者",较其他织品皆高。

③ 《蚕桑萃编》未载缎机宁绸的总经数,但有穿筘眼时的头数,"计九千六百头"一句。头字是同时穿过一眼的经丝数的名称,一般以穿两根为一头(也有多的)。按此计算,需经线19200根。据缎机宁绸之幅宽看,未免过密,不可能是事实。当误。不宜以之计算这种织品的具体经密。故改按其筘密和每孔穿经之数概论之。

④ 《蚕桑萃编》所记缎机宁绸之幅宽和筘齿总数计算,这种绸的筘齿密应为19.9齿/厘米。缎机宁绸幅宽2.2尺,按清1尺为现在32厘米计算,折合为70.4厘米。1600(筘齿总数) − 200(两侧边筘齿各100) = 1400(齿)。1400 ÷ 70.4 = 19.9(齿/厘米)。

⑤ 缎机宁绸的重量,按下列程式计算:2.2(幅宽) × 32厘米 = 70.4厘米。22(袍料长) × 32厘米 = 704厘米。70.4厘米 × 704厘米 = 49561.6平方厘米,折合4.956平方米(袍料面积)。18.3两(袍料重) ÷ 16两(旧制1斤为16两) = 1.14市斤,约合572克。572克 ÷ 4.956平方米 = 115.4克/平方米。

⑥ 《蚕桑萃编》卷七"平机宁绸"之织造规格:"面宽二尺四寸。……每袍一件,约长二丈二尺,重十八两五六钱。"依上法计算:2.4(幅宽) × 32 = 76.8厘米,22(袍料长) × 32 = 704厘米,76.8 × 704 = 54067平方厘米,折合5.4067平方米(袍料面积)。18.55(袍料重) ÷ 16 = 1.16市斤,约合580克。580 ÷ 5.4067 = 107.3克/平方米。115.4克/平方米 − 107.3克/平方米 = 8.1克/平方米。

⑦ 《天工开物·乃服·分名》:"北方屯绢,亦先染丝"而后织。

用的制作改机的旧法。当然也不排除随着时间的推移，个别数据稍有变化，但大多没有改变，应是没有疑问的。

通过上面的讨论，不仅能使我们对四川的这种织品有较多的了解，而且有助于我们加深对明代改机织作方法的认识。

至于缎机宁绸这种织品本来渊源于改机，何以不仍用其原名？这其间可能有个曲折的过程。改机原本也叫改机绸，待传至川蜀，行之既久，人们已不知悉改机二字的含意，因系用缎机织作，遂据其直观要素，径称缎机绸。缎机宁绸一名，实缎机绸之讹变。宁绸二字的初义，原属明清时期南京生产的一种一向以细密见称的特产绸①，南京古名江宁，以郡名物②。因缎机绸织作得也异常细密，两者在外观上有相似之处，故亦冠以此名。最后，为了有所区别，始同时出现四川缎机宁绸和南省平机宁绸这样两个名称。但二者确实有所不同，缎机宁绸比平机宁绸更细密。

（八）现存所谓“改机”文物辨正

在明万历皇帝朱翊钧（1563～1620）之定陵出土的丝织品中，有四匹匹料和八件女衣面料被定名为改机。遗憾的是这四匹匹料全部残碎、干硬、炭化，八件女衣面料也未见有诸如腰封文字或小襟内侧绣字之类的原始记载。将《定陵》发掘报告附录四《明定陵出土的纺织品》中关于所谓“改机”织物的组织分析报告与发表的组织扫描电镜照片相对照，我们发现存在着明显的不符，甚至有不应有的错误。

如 J90:2“折枝花卉灵芝寿字纹改机”圆领女夹衣（《定陵》图版三七三）为平纹双层袋状组织。

J32:2“改机匹料”残片（《定陵》图版三七四、三七五），原报告的表组织图（图一（三））居然出现了第一、第五两条纬线与经线没有交织点的现象③。在一个组织循环中经纬线至少应有一个交织点，这是构成织物的最基本的条件。显然，原报告的分析是错误的。《定陵》报告将图版三七四、三七五两张组织扫描电镜照标明为同一织物 J32:2 的正、反两面。但据笔者观察，原报告极有可能搞混了，这两张照片所照物品不像是同一件织物，两组纬线的差距对比很大。因此，我们认为对它们的定名应当格外慎重。

另外，故宫博物院收藏的极富影响的“白地胡桃纹加金改机”④，经笔者研究，既不是改机，也不是双层锦，而是一件地道的回回锦⑤。另一件“香色地双龙球路纹改机”⑥，则是一件 3 枚斜纹组织的二色绫⑦。

这几件一向被误认为“改机”的织品既已澄清，则可以说，迄今为止，我们还没有找到确凿可信的改机实物。看来，要彻底解决改机问题仍有待于今后的考古发现和深入研究。

---

① 一般以两股捻线合并作经线，纬线较粗，三枚经斜纹组织。织物质地紧密结实，在浙杭一带也有生产。

② 见陈作霖《金陵物产风土志》卷一五。

③ 中国社会科学院考古研究所、定陵博物馆、北京市文物工作队，定陵（上），文物出版社，1990 年，第 348 页。

④ 《故宫文物大典》（四）“织绣”图 1346，江西教育出版社、福建人民出版社、浙江教育出版社、紫禁城出版社联合出版，1994 年。《中国美术全集·工艺美术编 7·印染织绣下》图四“白地加金胡桃纹双层锦”，文物出版社，1985 年。

⑤ 张琼，白地织金胡桃纹锦非改机说，故宫博物院院刊，2000(4)。

⑥ 见《故宫文物大典》（四）“织绣”图 1381。

⑦ 张琼，白地织金胡桃纹锦非改机说，故宫博物院院刊，2000(4)。

五　丝绸外传及其相关问题

(一)蚕丝业的外传

现代考古发现已经证明,公元前五六世纪中国丝绸已在欧亚大陆传播,并辗转到达欧洲①。不过蚕丝业的外传,都要迟缓得多。中国蚕丝业对朝鲜半岛及日本的影响至迟可以上溯到两汉魏晋时期。通过汉朝在朝鲜设立四郡以及汉人的迁徙朝鲜及日本,蚕丝业得到了进一步传播和提高。而蚕丝业传入欧洲,一般认为是在公元6世纪初,传入伊朗是在五六世纪之际。在此之前,蚕丝业先传入了我国新疆地区,尤其是高昌(今吐鲁番)和于阗(今和阗)。

古代中亚、西亚是没有蚕丝业的。《史记·大宛列传》记载:"自大宛以西,至安息,其地皆无丝漆。"《三国志》裴注引《魏略·西戎传》说:大秦国"常利得中国丝解以为胡绫,故数与安息诸国交市于海中。"这大秦国是指罗马所属的叙利亚等地。可见当时还没有学得中国的养蚕法。

蚕丝业较早传入的是高昌和于阗。高昌是古代丝路上的一个重要的中间站,汉朝曾在这里设置了戊己校尉,前凉在此建立了高昌郡。丝路的兴旺,促进了高昌地区的繁荣,也传播了蚕丝业。《隋书·西域传》记载,高昌国"宜桑"。于阗是丝路的又一重要据点。《大唐西域记》、《新唐书·西域传》和藏文经典《于阗国史》都不约而同地提到,于阗的蚕种是从中国内地传去的。公元7世纪玄奘《大唐西域记》卷十二说,东国的一个公主出嫁到瞿萨旦那(今和阗)时,把蚕种藏在她的帽里带去,于是把蚕丝业传到于阗。20世纪初斯坦因在于阗以东的丹丹乌里克遗址中发现的一幅壁画也绘有汉地公主携蚕种入于阗的故事②。藏文《于阗国史》也说,有一位国王叫尉迟迟(Vijaya-jaya)从中原娶了一位公主。公主在出嫁时暗中夹带了蚕种。据上述文献,蚕种传至于阗的时间大约在"十六国"至北朝时代。

公元前64年,罗马帝国征服了叙利亚之后,中国丝绸也大受罗马人欢迎。大量的中国丝绸经波斯进入罗马市场,造成巨额入超,金银外流。罗马帝国为了控制丝绸进口,曾于297年与波斯萨珊王朝达成协议,规定丝绸由国家垄断经营。同时,罗马人也努力另寻丝绸来源,以摆脱对波斯人的依赖。据东罗马历史学家普罗科波(Procope de Cesaree)记载,公元550年左右,几位在拜占庭的印度僧人晋见东罗马皇帝查士丁尼(Justin),称他们曾在一个位于印度之北叫做"赛林达"(Serinda)的地方居住过,了解到丝绸的生产过程,并设想过在拜占庭生产丝绸。查士丁尼皇帝向他们许诺,如能搞到蚕种,并在拜占庭饲养成功,将给予重赏。于是,这几位印度僧人返回"赛林达"取蚕种,把蚕种藏在竹杖中带出关献给查士丁尼皇帝,并成功地孵化了蚕卵,传授了植桑养蚕的方法,于是蚕丝业便在东罗马发展起来了③。《北史·西域传》就记载大秦"土宜五谷桑麻,人务田蚕。"

这几位印度僧人取蚕种的地方"赛林达"(Serinda)是由 Ser 加 Inda 构成;Ser 即赛里斯(Seres),指中国;Inda 是印度,Serinda 是指中印两国之间地带,相当汉文史料"西域"。当时蚕丝

---

① 梁加农,早期丝路研究,见《中国丝绸史(专论)》,纺织出版社,1996年。

② A.Stein,Serindia,Vol.I,New Delhi,1980。

③ 戈岱司编,耿昇译,希腊、拉丁作家远东古文献辑录,中华书局,1987年,第96~97页。据同书116页,8、9世纪之交的作家奥法纳(Theophne de Byzance)说,把蚕种带到拜占庭的是一位波斯僧人。

业已传到于阗等地，所以这些印度僧人是从于阗或其附近把蚕种传到拜占庭的。

7 世纪伊斯兰阿拉伯兴起，很快占领从伊朗高原到地中海沿岸广大地区，蚕桑业沿北非一直向西传播，并跨越直布罗陀海峡传入阿拉伯人控制下的西班牙。随后又逐渐传入意大利和欧洲其他地区。

自六七世纪蚕丝业传入伊朗、欧洲并逐渐发展起来后，欧洲市场上的丝绸便不再主要来自中国，而呈现中国、伊朗、中亚、拜占庭多元化的来源和汇聚。1967 年在北部高加索地区发现的 8 至 9 世纪阿兰文化的墓地中出土了 208 件丝织品。据墓葬发掘者耶鲁撒利姆斯卡娅（A. A. Иерусалимская）研究，丝织品的年代属于 8～9 世纪，其中产于昭武九姓（粟特人）地区（布哈拉附近的赞丹老奇村）的约占 60%，产于中国和拜占庭的各约占 20%①。所谓昭武九姓是指中亚的粟特人。他们以善于经商和勇于进取而著称，在此时期内操纵着丝绸之路上的转贩贸易。6 世纪中叶，西突厥支配了中亚地区，粟特人力图促使突厥人和拜占庭结成反对伊朗萨珊王朝垄断丝绸贸易的联盟。6 世纪的东罗马史家米南德（Menander）称，转贩到罗马的东方丝绸是经昭武九姓的中心城市撒马尔罕，经里海、伏尔加河下游、北高加索而入拜占庭和地中海。这就躲开了伊朗萨珊王朝的控制。不过随着 7 世纪伊斯兰阿拉伯世界的兴起，西突厥的灭亡和拜占庭的衰落，阿拉伯帝国很快占领了地中海东岸和伊朗高原的丝织中心，并控制了 9 至 14 世纪欧洲的丝绸市场。这一状况直到欧洲本土意大利等地丝织业的兴起才开始改观。

古代印度很早就开始生产蚕丝，有自己的传统渊源。1970 年代在印度中部艾哈迈德纳加尔县曾出土过公元前的丝线遗存。印度学者古泰（A. N. Gutaii）分析认为可能是当地蚕丝，不是中国传入品。印度古代文献也表明有其自己的蚕业源流。论者经常征引的印度古籍《政事论》中一段话：“憍奢耶和产生在支那的成捆的丝绸”（Kauseyam cinapatta cinabhumijah）。这段文字最先由德国梵文学家雅各比（H. Jacobj）发现并于 1911 年刊布。北京大学季羡林教授曾用以研究中国丝传入印度的问题。蒋忠新对这段文字作了进一步的分析，正确地指出，patta 和 kauseya 是来源不同而意思有相同之处的两个梵文字，大约都是指印度出产的丝织品。后来中国丝绸输入，为了区别本地和中国两种丝织品，才在 patta 前面加上 cina（支那，指中国），用 cinapatta 来表示中国传入的丝织品②。但是蒋与季一样，把憍奢耶和 patta 解释为印度出产的野蚕丝的丝织品。这一说法源自唐代玄奘《大唐西域记》（卷二）“憍奢耶，野蚕丝也。”实则这可能为玄奘误记。印度野生蚕如樗蚕（Philosamia cynthia）、蓖麻蚕（P. cynthia ricina）及霍顿野蚕（Theophila Huttoni）等，由于茧层胶着过重等原因，迄今犹不能通过煮茧来缫丝，在古代更难实现。至于印度柞蚕（Antheraea mylitta）缫制技术是晚近才发明的。而 Kauseya 在古代印度作为服装原料不但属于高级纺织品，且数量甚大。如《大正大藏经》“大唐大慈恩寺三藏法师传”载：“其旁作长舍数百间，贮憍奢耶衣、斑迭衣、金银线等”，又提到戒日王”以诸珍宝、憍奢耶衣数十百千而供养。”因此，印度古代有其自己的蚕丝业渊源。不过其技术比中国落后，以致中国僧人称为“野蚕丝”。

中国文献记载显示，汉代中国丝绸已经南海传至印度。《汉书》卷二八下《地理志》记载了“自日南障塞徐闻合浦”（今雷州半岛）船行至印度，“赍黄金杂缯而往”。是为中国文献关于中

---

① 阿·耶鲁撒利姆斯卡娅（A. Иерусалимская），丝路上的阿兰世界，载苏联国立爱米塔什博物馆馆刊《东方文化》（Куиътура Востока），列宁格勒，1978 年，第 151～154 页。

② 蒋忠新，对于《川滇缅印丝道初考》的一点意见，中国社会科学，1981(6)：219～221。

国丝输入印度的最早记载。同时,中国丝还经新疆尤其新疆南部和阗等地传入印度。中国丝绸的传入印度,刺激了印度蚕丝业的发展。至13世纪女真人乌古孙仲端访问中亚时,已经发现印度“丝枲极广”。

(二)丝织技术的外传

古代技术的传播往往比商品的流通要慢得多,技术的传播常常与工匠的迁徙有密切关系。丝织技术的传播也是如此。中国国内南北丝织技术的交流传播即与工匠迁徙有关。《韩非子·说林上》说:“鲁人善织履,妻善织缟,而欲徙于越”。《左传》记载有春秋时楚国进攻鲁国,鲁国赂以织纴(即丝织工匠)百人,楚国才和鲁国讲和的故事。三国时吴国孙皓的宫廷作坊“织络及诸徒坐乃有数千”(《三国志·吴志·陆凯传》),其中也包括孙策、周瑜“袭皖城,即克之。得袁术百工”(《三国志·吴志·孙策传》注引江表传)。南北朝时南京织锦业的崛起,即与刘裕灭秦后“平关右迁其百工”直接相关。而中国丝织工匠的外迁,则成为丝织技术和丝织设备外传的重要途径。

首先是东传,即向朝鲜半岛和日本的技术传播。汉代以前就不断有中国人迁徙至朝鲜,有的还去了日本。传说“殷道衰,箕子去之朝鲜,教其民以礼仪、田、蚕、织、作”[①]。汉武帝时在朝鲜设立乐浪等四郡,蚕桑得到发展。20世纪初乐浪汉墓出土了大批丝织品。据日本学者布目顺郎进行的比较分析,所出丝织品原料应为当地所产,而织造技术则受中国影响较大[②]。在3世纪的上半叶,日本邪马台女王卑弥呼的使者在景初年间到达曹魏都城洛阳,带来男、女生口和班布作为礼品[③]。魏帝封女王卑弥呼为“亲魏倭王”,假金印紫绶,并赠物。赠物以丝织品最为珍贵。诏书中写明:“今以绛地交龙锦五匹、绛地绉粟罽十张、蒨绛五十匹、绀青五十匹、答汝所献直贡。又特赐汝绀地句文锦三匹、细班华罽五张、白绢五十匹,金八两、五尺刀二口、铜镜百枚、珍珠、铅丹各五十斤……。”《三国志·魏书·倭人传》中,前后记录了倭女王卑弥呼及其女壹与的使者来华所带的礼品,开始只有生口和班布,以后改为生口和倭锦、绛青缣、帛布等。最后壹与使者来时,已有“异文杂锦二十匹。”由赠礼的变化,或许反映了日本丝织工艺的不断进步。这一方面可能是回赠的中国丝织品启发、传播了丝织工艺,同时也可能是日本从乐浪等朝鲜半岛及中国江南吸收中国丝织人员的影响。3世纪时,日本经由朝鲜半岛与中国北方的交往达到了高潮,但同时也接近了尾声。而日本经由海路与中国南方的交往则方兴未艾,一直延续到6世纪。至迟从3世纪起,日本人已经来到了吴的会稽郡,会稽郡也有人迁徙至日本。《三国志》、《后汉书》等文献所记的亶洲,便是日本列岛的一部分,“其上人民,时有至会稽货布,会稽东县人海行,亦有遭风流移至亶洲者”[④]。日本倭五王时期进一步与中国的东晋、南朝有了更多的交流。在倭五王时期,日本从中国江南地区传入了许多事物,中国人也有在此时东渡日本的。据《日本书纪》(雄略天皇十四年)记载,当时日本曾向吴国(指南朝)求织工和缝衣工:

> 十四年正月戊寅,身狭村主青等,共吴国使,将吴所献手末才伎汉织、吴织、衣缝兄媛、弟媛等、泊于住吉津。……三月、命臣连迎吴使,即安置吴人于陰隈野,因名吴

① 《汉书·地理志》。

② 布目顺郎,养蚕起源と古代绢,雄山阁,1979年,第275页。

③ 《三国志·魏书·倭人传》,中华书局,1964年,第854~858页。

④ 《三国志·吴书·吴主传》,中华书局,1964年,第1136页。

原。以衣缝兄媛,奉大三轮神,以弟媛为汉衣缝部也。汉织、吴织、衣缝,是飞鸟衣缝部、伊势衣缝部之先也。

因此,可以认为,日本的丝绸技术可能受到中国南朝的影响,促进了纺织技术的发展,改变了《魏志·倭人传》中所说的用布一幅、中穿一洞、贯头其中的简陋衣着方式而穿着类似当时中国流行的袴褶和长裙的衣服。

中国东晋和南朝,与朝鲜半岛上的国家,特别是百济,关系也很密切。同时,百济与日本倭国的关系也很友好。百济政治军事影响虽不大,但是在文化和工艺技术方面却是相当发达的。这主要依靠百济自身的努力,同时也是由于从中国传入了许多技术的缘故,并且进一步把技术从百济传播到了日本。这其中重要的一项便是丝绸技术。百济的使者多次来到东晋、南朝的首都建康,从中国引进诗书、史籍和经义,中国的工匠、画师等人也有渡往百济的。《梁书·百济传》:"中大通六年、大同七年,累遣使献方物;并请涅盘等经义、毛诗博士、并工匠、画师等,敕并给之。"百济与日本关系也很密切,日本使者到中国东晋和南朝来,往往取道百济。中国的典籍、文献、工艺,有许多是通过百济传入日本的。据《日本书纪》记载,雄略天皇时,日本倭国从百济引进"锦部"、"陶部"、"画部"、"鞍部"等各种技术工人,促进了日本工艺的发展。此外,4、5世纪之交,经由朝鲜半岛有不少中国人去日本,如秦氏、汉氏等。秦氏率120具人民去日本后,主要从事养蚕、制丝,传播了先进的中国北方蚕业技术。

中国丝绸技术的东传,在中国南北朝时期出现过一次高潮,促进了日本丝绸技术的发展。但是以后中断了将近一个世纪,直到公元7世纪初由于日本政府开始派遣使者来中国隋朝,从而得到恢复和发展。到唐朝,日本全面学习和引进中国文化,丝绸技术也受到中国很大影响,在保存至今的正仓院许多丝织物中,可看出日本丝织技术已达很高水平,同时其中也有唐代风格包括经由唐传播的中亚风格的影响。日本古代丝织物中著名的博多织,就是这一时期吸收了中国技术发展起来的。

中国丝织技术的西传,南北朝也已开始。文献上直接提到这类事,以《南齐书·芮芮传》较早:

芮芮王求医工等物。世祖诏报曰,知须医及织成锦工,……并非所爱。……(唯)织成锦工并女人,不堪涉远。

此为齐永明(483~493)时事。芮芮为我国当时新疆北部的一个少数民族,大部分住在后来通称的"丝路"之上。反映了当时我国丝织技术及丝织工匠在中亚一带享有盛誉,故芮芮慕名前来索求。

在丝织技术西传的过程中,8世纪中叶杜环的记录是值得珍视的。杜环于天宝十年(751)至宝应初(762)到过大食(即阿拉伯)的都城亚俱罗(即苦法,今伊拉克 Meshrd-Ali),他说那里是"四方辐辏,万货丰贱、锦绣珠贝、满于市肆"。他还看到"绫绢机杼"和"织络者河东人乐隰,吕礼"①。由此可知,当时我国的丝织机具已传到阿拉伯世界,而我国的丝织工匠,也在那里从事技术工作了。中国丝织技术的传入尤其是中国丝织工匠的迁入,为伊朗等地的穆斯林丝织作坊崛起成为中国之外世界上最重要的丝织中心之一起了重要作用。实际上,早在罗马时代,西方对于精美丝织品的需求曾刺激了叙利亚等地纺织业的发展。

---

① 《通典·边防》七引《经行记》。又北京图书馆藏王国维抄校《杜环经行记》。张一纯《经行记笺注》,中华书局,1963年。

叙利亚是当时地中海世界的一个纺织中心。他们从中国输入丝，“以为胡绫”(《三国志》卷三十，裴注引《魏略·西戎传》)。公元6世纪，养蚕缫丝技术经由和阗、中亚传入拜占庭帝国的都城君士坦丁堡，时在查士丁尼(Jnstinian)在位时期。为时不久，丝织业便传遍并盛行于伯罗奔尼撒地区(Peloponnesos)。但是，拜占庭的丝织业发展由于官办作坊制度管制过于死板而受到了抑制。伊朗、叙利亚等地的穆斯林很快取而代之执掌了西方丝织业的牛耳，并操作了对欧洲的丝绸贸易。到了波斯萨珊朝(226～642)时，伊朗人从叙利亚迁来织工开始生产丝绸。751年呾逻斯战役之后，被俘的中国织匠、络匠被带到了两河流域，他们带去的先进的中国丝织工艺和设备进一步丰富了伊朗的丝织业，杜环所记乐隈，吕礼便是例证。阿拉伯世界的丝织业迅速发展起来，织造锦缎(dibāj)等高级丝绸也颇负盛名。应该指出的是，上自哈里发开始的阿拉伯世界的各级统治者，都办起了宫廷作坊和官府作坊，生产兑拉兹(Tirūz)等供王室和上层人物专用的丝织品。兑拉兹原意为刺绣，这里指上面以古体文字(库菲克 kufic 体)绣出或织出哈里发名字或苏丹名字、供缝制统治者御用袍服，或赏赐有功大臣的荣誉袍服的织物。在今叙利亚、伊拉克以及海湾东岸的许多城市，都有这样工艺高超的丝织作坊，织制精美的锦缎、壁毯等。这些作坊的产品大量输往欧洲。实际上，穆斯林的丝织作坊控制了9到14世纪欧洲的丝绸市场①。

中国丝织技术经阿拉伯人的中介传入西班牙，并在那里的丝织业中得到高度发展。1147年，斯加里野(今意大利西西里岛)国王使用俘获的掌握蚕丝技术的拜占庭希腊工匠开始生产丝绸，丝织技术传入西西里。12世纪下半期，西西里的丝织业排挤了伯罗奔尼撒地区的丝织业、西西里成为丝织技术向欧洲各地传播的基地。

13世纪，蒙古军进抵西亚时，中国丝织工匠再次被带到穆斯林世界。元代统治者曾经把中国的各种技工集中起来，安置在中国各省以及中国以外他们的势力所及的地方。元初道士邱处机应成吉思汗的召唤，去中亚游历，途中也曾经看见许多汉族工匠在那里织造绫、罗、锦、绮。“西北千余里，俭俭州出良铁、多青鼠，亦收禾麦。汉匠千百人居之，织绫罗锦绮。”(李志常:《长春真人西游记》)

中国丝织技术西传最重要的影响是提花机。提花机是中国古代的一大发明，代表当时世界上纺织技术的最高水平。因此，中西纺织史研究者都对提花机的发明和西传作过研究。关于西方什么时候开始有提花机，现在还没有一致的意见。一般认为在3世纪至6世纪左右，在拜占庭、叙利亚、波斯可能已开始应用简单的提花机，直到13世纪末期才趋于完善②。一般都承认较中国为晚，并且可能是受到中国的影响。从纺织技术传统上看，提花机是织锦发展的产物，而织锦是丝织技术发展的高级阶段。蚕丝是长纤维，丝线长达800至1000米，弹性好也易于染色，光泽鲜艳、手感柔软，是织制高级彩色织物的好原料。正是应用蚕丝为原料，发展出了五彩缤纷、组织繁复的织锦。整幅的织锦所用的经线达5000余根，花纹的每一循环，繁复的需要50至70只提花综或提线束。织制织锦便须有提花设备的织机。正是织锦的出现和发展，使中国成为世界上最早发明提花机的国家。

---

① 希提(Philip K. Hitti)，阿拉伯人史(History of the Arabs)，第10版，伦敦，1970年，第345页。马坚译，阿拉伯通史，北京商务印书馆，1979年，第403－404页。

② 参见 Vivi Sylwan, Ostasiatische Zeitschrift(东亚杂志), vol.21, 1935, p.22; J. Lowry, Oriental Art, vol.6, 1960. no.2. p.69; P. Simmons, BMFEA, vol.28, 1956, p.22; R. J. Forbes, Studies in Ancient Technology, vol.4, 1956. p.215; J. F. Flanagan, Burlington Magazine, vol.35 p.167～172, 1919。

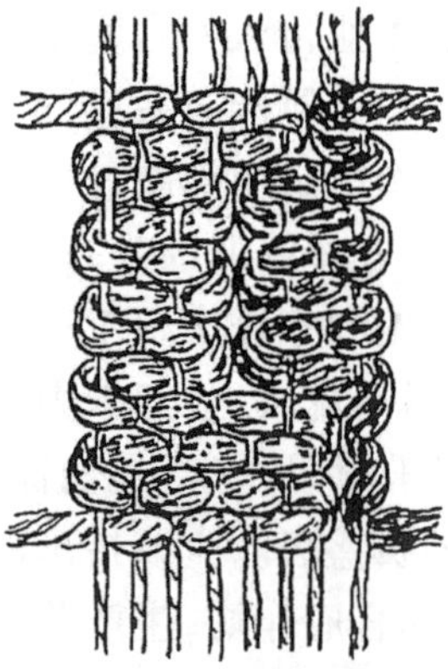

图 8-18 伊朗及小亚细亚织毯结构图
(采自 A. U. Pope(editor): A Survey of Persian Art, vol.5, Fig.723. b. Oxford. 1981)

西方的纺织技术传统与中国有所不同。西方古代的纺织原料主要是亚麻和羊毛。彩色织物由于亚麻不易染色,所以基本上是使用羊毛。羊毛是短纤维,必须捻成毛线,而毛线易于纠缠和松散,所以用它作经线,密度需要疏朗,而又需要拉紧。毛线的纬线捻得较松,以便具有较大程度的屈曲,以绕着张得很紧的经线。纬线要以筘或刀打得较为紧密。这便发展出了纬面起花的织物,其典型的代表便是波斯织毯(图 8-18)。而织机也与织锦的提花平机不同,主要是使用立机(图 8-19)。3 世纪时中国文献中便有记载地中海东岸这类织物情况。《御览》卷七〇八引吴万震《南州异物志》:

(大秦)氍毹,以羊毛杂群兽之毳为之。为鸟兽人物草木云气,作鹦鹉,远望轩轩若飞也。

鱼豢《魏略》:

(大秦)有织成细布、言用水羊毳,名海西布。此国六畜则出水。或云,非独用羊毛也,亦作木皮或野茧丝织成、氍毹……。为鸟兽人物草木云气,千奇万变,唯意所作①。

所谓大秦,是指地中海东岸罗马占领下的叙利亚等地。这里是丝绸之路的西端。罗马人侵占叙利亚后,中国丝绸也大受罗马人欢迎。3 世纪时叙利亚的织工开始由中国输入丝自己织制丝织品。《三国志》裴注引《魏略·西戎传》说:大秦国"常利得中国丝解以为胡绫,故数与安息诸国交市于海中"。4 至 5 世纪在罗马属下的叙利亚和埃及都有利用中国丝在本地织制的丝织品。提花织物也于 4~5 世纪在拜占庭出现,提花机也于此前后开始在西方出现。西方对于中国丝织品的需求、输入和仿制是刺激西方提花技术发展的一个重要因素。在 6 世纪左右,中国的养蚕业传入西方,提花技术也从拜占庭、叙利亚传播到伊朗等地,伊朗也开始生产富有自己传统花纹和工艺的织锦,并且有的倒流输入中国。中国文献称之为"波斯锦"。据《梁书·诸夷传》记载,公元 520 年中亚的滑国(即哎哒)遣使到中国,所赠送的礼物中便有"波斯锦"。同时,中国织锦也仍然在伊朗等地享有极高的声誉。直到 10 世纪,波斯诗人费尔多锡还常常提到中国的织锦,称赞它是非常卓越的装饰品②。提花机在西方传播发展,最后于 18 世纪由法国人贾卡(Joseph Marie Jacquard, 1752~1834)综合前人对中国古代挑花结本手工提花机原理多次改进为纸孔提花机的工作,制成了整套的纹版传动机构的现代提花机(即现代各国通用的龙头机)。

图 8-19　西方古代立机
(埃及底比斯基室壁画所见,公元前 1500 年。采自 C. Singer (editor), A History of Technology, Fig.277. Oxford, 1956)

---

① 据《北堂书钞》卷一三四引《魏略》补引。
② 自劳费尔,中国伊朗编,1919 年,第 537 页。

关于中国提花机的出现，一般研究者均认为春秋战国时代随着织锦的出现而发展起来。文献记载和考古发现都证明春秋战国时代已有五彩缤纷、组织繁复的织锦。不过这一论点自20世纪60年代以来受到欧美研究中国丝绸史的一批学者的质疑，同时也对国内学者产生重要影响。1965年，加拿大多伦多皇家安大略博物馆的著名纺织技术史家柏恩汉(H.B.Burnham)在《国际纺织史研究中心通报》第22期(C.I.E.T.A.)上发表了分析中国汉代经锦实物的研究报告，认为汉代中国尚无提花机。汉代提花织物可能是在普通织机上使用挑花杆织成花纹的。此说在提出纺织工艺的解释上具有说服力，得到西方研究中国古代纺织技术学者的赞同。以研究汉代织物著称的印裔法国学者里布夫人(K.Riboud)在《国际纺织史研究中心通报》第45期中发表的关于诺因乌拉出土汉代织锦的研究报告中进一步发展了这一论点，并在1984年到北京中国社会科学院考古研究所向中国学者报告了她的对国外博物馆收藏的汉代中国织锦的研究。80年代后这一论点也渐为国内一些学者接受。我国考古学和丝绸史研究的权威学者夏鼐在研究了马王堆汉墓的丝织物后，也修改了自己过去的观点，转而同意柏氏之说①。

西方研究纺织技术史的学者多从分析出土实物出发，用纺织技术原理加以分析解释。而从纺织技术原理上讲，同一织物可以用不同的工艺和设备织制。使用手工挑花杆和使用提花机都可以织制花纹繁复的织锦。现今一些少数民族织制的传统织锦如土家锦便是在普通腰机上用挑花杆织制的。乾隆《永顺府志》载："土妇善纺织布。……土锦或经纬皆丝或经丝棉纬，用一手织纬、一手挑花，遂成五色，其挑花用细牛角"。笔者1985年曾去湘西调查土家族织机，其形制属于腰机，由机架、工形经轴、分经杆、压经杆、线综、打纬刀、挑花刀(牛角制成)、坐机板(机架)等组成。布帛卷到织制者腰上。土家族织机只有一片综片，通过特殊的上机方法和挑花相结合，用来织制土家锦②。因此，仅仅从分析织物组织还不能决定其织制设备。提花机的出现是提花织物织制更快、质量更规整的设备条件，并不是提花织物生产的唯一手段。无征不信。提花机的出现还要从历史文献上寻找证据。后汉时王逸(2世纪)所撰的《机妇赋》中所描述的织机便是一种提花机：

> 方员绮错，极妙穷奇，虫禽品兽，物有其宜，兔耳跧伏，若安若危；猛犬相守，窜身匿蹄，高楼双峙，下临清池，游鉬衔饵，浼潲其陂。鹿卢並起，纤激俱垂，宛若星图，屈伸推移，一往一来，匪劳匪疲。

这是一段诗赋，不是专门的技术文献，晦涩难懂。孙毓棠早在1963年便作了初步考证③。1981年又专门就这段文字运用传统旧学的音韵训诂法作了缜密详实的考证，认为所描述的就是提花机(《中华学术论文集》，中华书局，1981年)。前四句讲的是织制的各种花纹，这从出土的汉代丝织品可以见到不少的实物例证。"兔耳"是机身上靠近织工左右手的一对小机件，用以承架横在织工身前卷轴。"高楼"显指"花楼"，专司按照"花本"提花的织工坐在花楼上，俯瞰光滑的经面，正如"下临清池、游鱼衔饵"乃指在花楼上牵提衢线。织工在花楼上牵提衢脚，极像垂钓，以衔饵的鱼比喻衢脚，也很恰当。"纤激俱垂"也是指衢线。从花楼顶端悬挂衢线，牵提时一起一落，正像"鹿卢"(辘轳)。花机在运动时，衢线、马头、综等各部分机件牵提不同的经丝，错综曲折，有屈有伸，确如汉代人习惯的星图画法。"宛若星图、屈伸推移"是一句形象化比喻。

---

① 夏鼐，中国文明的起源，文物出版社，1985年，第55页。

② 见《农业考古》1990年1期321页。

③ 孙毓棠，战国秦汉时纺织业技术的进步，历史研究，1963(3)：158～159。

“一往一来”指的是“推而往、引而来”的打结的筘。音韵训诂一类中国传统学术,需要相当功底与素养,方能用以治学。国外研究者很难用以研究纺织技术史,成为西方研究中的一个盲点。除《机妇赋》外,魏晋时期的文献上还曾提到当时的织机有50至60片综和50至60蹑的。更有多到120镊的[①]。这里的“蹑”或“镊”,也有写作“篗”,似乎泛指提花工具,应该都是描述一种有提花设备的织机。总之,文献记载已经证明,汉代中国已有提花机。通过丝绸之路,尤其是织锦的传播和工匠的迁徙,中国的提花机也可能先后影响了叙利亚、伊朗乃至西方提花技术的发展。

(三)丝绸品种的交流

中国与西方古代丝绸技术的传播并不是单方面的,中国也由西方输入了纺织品,丝绸技术的发展也受到西方的影响。中国之外,伊朗也是一个纺织技术高度发达的地区,它经过中亚而与中国相互影响。伊朗在萨珊王朝时(226~642),对外经济技术的影响有了进一步发展,东西交流频繁,中国丝织技术的一些新发展也与之有关。

南北朝隋唐时期织金锦的发展便与频繁的东西交通有关。本文所称织金锦(Gold-inwoven brocade),是指一种以金线织入组织形成花纹的织品。不包括织物上加以金线刺绣或缝缀,也不包括用金箔做的用于丝织品上的饰件。后者早在东周时代便已见于中国[②]。前者如汉代“金缕玉衣”一类。过去有学者引汉魏文献如《盐铁论·散不足篇》“罽衣金缕”,《三国志·魏志·夏侯尚传》“皆得服绫、锦、罗、绮、纨、素,金银缕饰之物”及《太平御览》卷八一五引魏文帝诏“金簿蜀簿不佳,鲜卑亦不受。如意虎头连壁锦。来自洛邑,亦皆下恶,徒有其名”为汉魏时已有织金锦之证。实际上上述诸文,是否是指织金锦,似为征不足。至于《邺中记》所载“金缕织成合欢帽”、“金缕合欢袴”、“金箔织成绲囊”,是否指织金锦,仍有待旁证。就古代世界来看,早期的织金织物的实物十分罕见。目前世界上发现最早的织金实物出自叙利亚一座公元3世纪的罗马贵族石棺。该物现藏布达佩斯匈牙利国家博物馆[③]。在欧洲荷马以来的古典时代作品中常常提到织金织物。我国3世纪时的《魏略·西戎传》也说大秦国出产“绛地金织帐”[④]。这“大秦国”是指罗马所属的叙利亚等地。历史上有名的大马士革花缎,原来便是指五六世纪从叙利亚传入欧洲的厚实的织金丝织品。到了波斯萨珊朝(226~642)时,伊朗人从叙利亚迁来织工开始生产丝绸,后来也能生产织金锦,并且颇负盛名;常作为礼品传入中国。如隋代“波斯尝献金线锦袍”(《隋书·何稠传》);唐代大食国“献金线织袍”(《册府元龟》卷九七一)。我国元代称织金锦为纳石失。纳石失一名乃是波斯文NASEEJ的音译,意为金丝锦缎。

1987年西安法门寺地宫出土的一件织金锦残件(FD4:029)是目前中国考古发现的最早的织金锦实物。法门寺原为唐代皇室奉迎佛骨的御用寺院,地宫所藏皆为唐朝皇室供奉的高档器物。已有学者指出其中有不少早期伊斯兰玻璃器等西来物品。所出织金锦置于地宫中室汉白玉双檐灵帐顶部,原置一箔箧中,箧已朽尽,残件为落石所压。经清理,残长约70厘米,宽40厘米,折叠数层。织金锦用捻金线作菱格花纹。捻金线直径约为0.1毫米。除法门寺所出织

① 见《三国志·魏志》卷二九;《西京杂记》卷一;《傅子》卷二《马钧传》。据《太平御览》作“蹑”,据宋本《意林》卷五作“篗”。

② Stanford University Museum Arts of the Zhou Dynasty,1958,pp.58~59。

③ Agnes Geijer,A History of Textile Art,Stockholm,1979,p.89.

④ 据《北堂书钞》卷一三四引《魏略》。

金锦实物之外，日本正仓院藏有二件缂丝也织有金线，一件用捻金线，另一件用片金线①。一般认为系唐代传入日本之物。从文献上，《唐大诏令》大中八年诏令提到衣服用金中有“织金”，明代杨慎引《唐六典》亦有“ 织金”之载。这也是文献上明确言之“织金”的记载。织金锦在中国的兴起与魏晋南北朝隋唐时期频繁的中西交通有关。这其中除了伊朗织金锦的传入外，中亚工匠的迁徙入华也起了重要作用。《北史·何稠传》载：

稠博览古图，多识旧物。波斯尝献金线锦袍，组织殊丽。上命稠为之。稠锦成、逾所献者。

何稠家世出自西域，史已明言。”其人俱含西域胡族之血统，而又久为华夏文化所习染，故其事业皆籍西域家世之奇技，以饰中国经典之古制”，“不籍西域之工艺亦不为功”②。如果《北史》中的记载与法门寺所出唐代织金锦及唐代文献“织金”记载有联系的话，那么我们可以得到如下结论：5世纪时通过中亚工匠迁徙来华，中国借鉴了织金锦工艺，这是中国丝织技术史和品种史上的一个新发展，为唐代以来织锦的进一步发展准备了新条件。

中国织锦自周汉至魏晋南北朝，一直以经线显花为主要技术体系，其间也有发展变化。至晚在唐代，纬线显花开始取代经线显花成为中国织锦的主要体系。这一技术体系的新发展也与魏晋南北朝隋唐时期频繁的东西交通有关。西亚尤其伊朗的织锦不仅作为商品输入我国，更重要的是，其织锦工艺通过丝绸之路传入我国，对我国织锦工艺发生了一定的影响。

丝绸是丝路开辟后中国的主要输出品，汉代中国的织锦在丝路沿线有多处发现。后来西方由中国学去了养蚕法和提花技术，也开始生产织锦。但是不仅花纹图案常常保留他们自己的传统，便是织锦技术也保留了纬线起花。在罗马晚期和波斯萨珊朝时，西亚和中亚的织锦是纬锦。这种纬锦也有输入中国的，如著名的“波斯锦”。《梁书·诸夷传》载，公元520年中亚的滑国派遣使节到中国，所赠送的礼物中便有“波斯锦”。

20世纪以来，在我国新疆吐鲁番古代“丝绸之路”沿线的阿斯塔那基地中出土了许多6至8世纪的织锦③。其中7世纪开始出现一种织锦，和一般中国汉唐织锦不同，其所用的丝线，都加捻得较紧，不像汉锦那样多不加捻，或加捻也很松。它们在织法上是采用斜纹的重组织，纬线起花。夹经常是双线的。这种织法在萨珊波斯织锦中很流行(图8-20)。花纹方面，这种锦的花纹布局不像汉锦的花纹横贯全幅，而是用联珠圆圈分隔为各种花纹单元。花纹题材中，如野猪纹、萨珊式立鸟等，也不是中国的风格，而是萨珊式的。这些可能便是所谓“波斯锦”，由伊朗东部生产，一部分沿丝路输入中国。这种织法也对中国丝织工艺产生了一些影响。后来中国织工不但采用了一些萨珊式花纹，织法也采用萨珊式的纬丝起花的斜纹重组织。例如阿

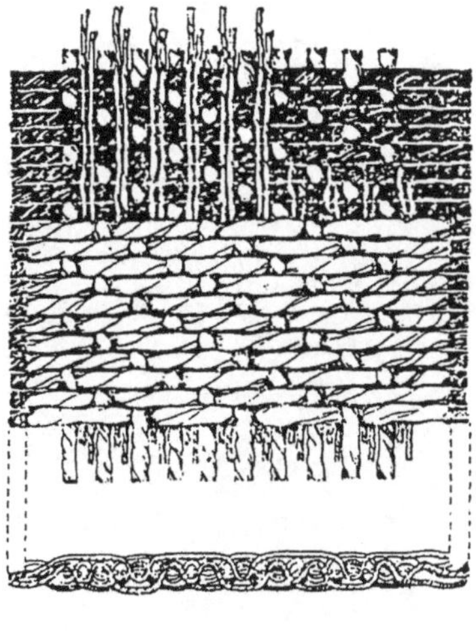

图8-20 萨珊朝波斯锦组织结构
(采自 A.U.Pope (editor): A Survey of Persian Art, Vol. Ⅴ, Fig.730.P.2185.Oxford,1939)

---

① 《日本之染织》，第一卷，中央公论社，1979年，图版84、85。

② 陈寅恪，隋唐制度渊源略论稿，中华书局，1963年，第79页。

③ A.Stein, Innermost Asia, 1928；夏鼐，吐鲁番新发现的古代丝绸，考古，1972(2)。

斯塔那出土的一件织有汉字“胡王”的牵驼纹锦，虽然带有外国情调，但却织有汉字，仍有可能为中国织工所织制的，而织法却采用波斯锦的新织法，是我国当时由“丝绸之路”向西方输出的。

经锦和纬锦具有不同的织造特点。经锦的纬密比较低，只用一把梭子，生产效率比较高。而纬锦比之经锦，织造上也有诸多优越之处。首先是纬锦靠纬线起花，织造过程中随时可以改用不同颜色的纬线，使花纹色彩更为丰富；而经锦的经线固定于织机上后便难以改变。其次纬锦的每副表、里纬虽包括不同颜色的纬线很多，因它不必像经锦那样先行安排于织机上，可以逐一穿入梭口，穿入后又可用筘筘紧，所以不易纠缠。唐代起，中国织锦逐渐采用纬锦体系为主，后来几乎完全放弃经锦，专用纬锦，每幅中各区的配色也增加了颜色，不像汉代经锦限于四色以下。这一新发展，为唐宋以来织锦的更臻丰富完善提供了技术基础。

第三编

少 数 民 族 篇

第九章　少数民族纺织技术

中国少数民族纺织科技的源头，可以追溯到遥远的原始社会。少数民族的纺织科技，不但源远流长，而且有许多重要的发明创造。因此，少数民族的纺织科技，在整个中华民族的纺织科技史中，占有相当重要的地位；尤其是在原始社会和先秦时期，它的重要地位更加明显。

第一节　原始社会的少数民族纺织

中国少数民族的纺织科技，起源于原始社会后期，即新石器时代。

在中国境内，考古发现的新石器时代的文化遗址或遗存，遍布全国各个省市。在这些已发现的新石器时代文化遗址或遗存中，只有处于黄河流域中部地带的河南、陕西、河北、山西的新石器时代的文化遗址或遗存属于夏族或华夏族（亦即后称的汉族）的原始文化，其余的新石器时代的文化遗址或遗存则分别属于有别于夏族或汉族的蛮、夷、戎、狄等四方其他民族（或称四方少数民族）的原始文化。在蛮、夷、戎、狄等少数民族的新石器文化遗址或遗存中，普遍发现原始的纺织工具的零部件——纺轮，说明新石器时代少数民族纺织业的分布区域是相当广的。不过从考古发现的文物资料可以看出，在新石器时代，各地少数民族的纺织科技水平是参差不齐的，有几个地区的少数民族的纺织科技水平，十分明显地处于领先地位，其中长江流域南蛮地区的纺织科技水平较高。

南蛮地区指的是我国南方这一广大的地域。新石器时代生活在南方的先民所创造的新石器文化，都属于南蛮的原始文化，其中当然也包括新石器时代的纺织文化在内。1973 年，考古工作者在浙江省余姚的河姆渡村发现了一处史前文化遗址，经过几次发掘，在河姆渡遗址第三、第四文化层（距今约 7000 年）中，发现许多与纺织有关的文物①，其中有骨制的机刀、梭、线轴、木制的绞纱棒以及骨匕、“工”字型纺轮等纺织工具部件共 70 余件；有分别在形器表面上刻有家蚕纹和纺织纹图案的两只象牙雕盅、一枚绘有沿桑叶缘食叶的蚕纹图案的残陶片，以及大量的蝶蛾形器物；此外，出土文物中还有绳子和完整的苎麻叶。出土的“工”字型纺轮，形制和藁城台西商代遗址标本极相似②。出土的大量蝶形器以及食桑叶的蚕纹图案，说明当时的河姆渡人对蚕已有了认识。出土的象牙雕盅表面上刻有的家蚕纹和纺织纹图案，说明蚕和纺织之间的某种互相依存的关系。出土的绳子，经分析，大部分是用苎麻制造的，有一小部分是用苘麻制造的，说明河姆渡人已广泛利用这两类麻植物纤维了，所以，河姆渡人也完全有可能织造麻织品。出土纺织工具的部件数量比较多，说明当时河姆渡人已经比较普遍地使用简单纺织工具从事织造活动了。

在距今 4000 多年的良渚文化时代，长江下游地区的丝绸织造技术水平已达到一定的高度。1958 年在浙江省钱山漾良渚文化遗址出土了绸片、丝线和丝带等丝绸文物③，经鉴定，这

---

① 浙江省文物管理委员会等，河姆渡第一期发掘报告，考古学报，1978(1)。

② 河北省文物研究所编，藁城台西村商代遗址，文物出版社，1977 年。

③ 浙江省文物管理委员会等，钱山漾第一、二次发掘报告，考古学报，1962(2)：73～92。

些丝绸文物的丝，都是用家蚕的茧缫制的。绸片上的经纬丝，没有捻度，丝缕平直，由 20 多个茧丝借助丝胶的粘着力并合而成，说明当时已有了缫丝技术。出土的丝带，是用 4 根 S 向捻丝拼捻成 1 根 Z 向捻线编结成的。出土的绸片，是一种平纹组织，它的表面细致、平整、光洁，经密 52.7 根/厘米，纬密 48 根/厘米，跟现代生产的 H11153 电力纺的规格十分接近，说明它的精细程度几乎可与现代一些丝织品媲美，可见当时的丝织技术水平已相当高。另外，在钱山漾遗址中，还出土麻织物。据分析，这些出土麻织物，是用苎麻纤维织造的，它的纤维细度和经纬密度，与今天的粗布差不多，说明当时的织麻技术也已达到一定的水平。

在距今 3000 多年前，南蛮其他一些地区的纺织技术，也达到一定的水平。例如，在距今 3200 年的福建崇安武夷山船棺出土了一些纺织品，包括丝织品、麻织品。

距今 3000 多年前少数民族纺织技术水平比较先进的另一个地区，是地处西北的西戎地区，这主要表现在毛纺织技术方面。1960 年，在青海都兰县若木洪塔里他里哈遗址中，出土了几块毛织物以及毛毯的残片①。在新疆，也发现了一些早期毛织品文物，如新疆罗布泊古墓沟罗布泊人墓出土的古尸身上，裹着粗毛织品。年代比罗布泊遗址较晚的新疆哈密五堡遗址出土的毛织品，比罗布泊遗址出土的毛织品精细。哈密五堡遗址出土的精美毛织品的织物组织有平纹和斜纹两种，而且有用色线织成彩色条纹的②。

第二节　先秦时期的少数民族纺织

先秦少数民族的纺织技术水平相当发达，可以说，这是少数民族古代纺织科技史上的黄金时代。这一时期，南方少数民族似乎较之西北部少数民族的纺织技术水平要高一些。

(一)南方少数民族

在这一时期南方少数民族纺织科技中，水平最高的是丝绸技术，其中地处湖北、湖南的楚族的丝绸技术水平尤其突出。

1957 年，考古工作者在湖南长沙左家塘战国中期楚墓中出土了六种不同纹饰的织锦③，这是我国目前所知年代较早的织锦实物。其中的三色菱纹锦，是我国早期织锦的典型代表，它以彩色经丝起菱纹花，经密 23×3 根/厘米，纬密 20 根/厘米，经丝已用到三层。与三色菱纹锦同时出土的褐地矩纹锦、朱条对龙对凤锦等多片锦样，都采用经二重或经三重组织，其纹样已经突破几何纹的规范，已经从几何纹发展到鸟兽纹。

1982 年，考古工作者在湖北江陵马山一号楚墓发现了绢、纱、罗、绮、锦、绦、组、绨等多种丝绸实物④，为进一步研究战国时期楚族的丝绸技术成就，提供了极其宝贵的资料。

在这批出土的丝织物中，绢的数量最多，主要用作衣服的面料，有 55 件出土衣服用绢作面料。这些绢的经纬线的组织点是一上一下，其组织循环经纬纱数等于 2。各件绢的稀密程度

① 青海省管理委员会，青海都兰县诺木洪塔里他里哈遗址调查与试掘，考古学报，1963(1)。

② 新疆维吾尔族自治区博物馆等，建国以来新疆考古的主要收获，文物考古三十年(1949～1979)，文物出版社，1979 年。王裕中，徐金娣，中国毛纺织简史——中国羊毛纺织渊源再探，中国纺织科技史科，第 15 集，北京纺织科学研究所出版，1983 年。

③ 熊传新，长沙新发现的战国丝织品，文物，1975(2)。

④ 湖北省荆州地区博物馆，江陵马山一号楚墓，文物出版社，1985 年。

相距较大，最稀的绢经纬密度为每平方厘米 44×33 根，最密的绢经纬密度为每平方厘米 164×66 根。有少数的绢丝线扁平多毛茸；有的绢呈现纬向的“畦纹”，有的绢还经过压光处理。

该墓出土的纱不多，这些纱的经密度每厘米 17～46 根，纬密度每厘米 12～30 根，品种有深褐色纱和漆缅纱等。漆缅纱因上面附着一层半透明的胶状物，使纱的方孔变成圆形。

该墓出土的罗为素罗，皂色，罗孔较大，每隔 4 根纬线为一个循环，经纬密度为 46×42 根/厘米。

该墓出土的绮为彩色条纹绮。在古籍中虽有彩色绮的记载，但实物却罕见，马山一号楚墓出土的彩色绮属于首次发现，以前所见的绮实物均属素色提花织物。该墓出土的彩色条纹绮，以黑、深红、土黄几种不同颜色的丝为经线，以棕色丝为纬线，顺颜色条带分带分区，相间织制。其外观为顺经方各排列的深红、黑、土黄三色相间的窄长条，每条宽 1.3～1.5 厘米。其黑色条区，只有一种粗经线，组织点是一上一下，这是继承了商代那种类似斜纹组织的传统织法，即底地平织而显花处是经斜纹。其深红和土黄条区的经线，则均有粗细两种，作一比一相间配置。细经线的组织点是一上一下，粗经线则在织物表面有浮长线，相邻的两根粗经线的组织点相同。浮线部分的组织点为三上一下，其他部位的组织点是一上一下。相邻的两根粗经线的浮长线部位，又以两根纬线相下错开，构成品字形纹。经纬密度为每平方厘米 88×19 根。

马山一号楚墓出土的锦，跟出土的绢一样，主要作衣物的面料。在该墓出土的衣物中，锦的用量仅次于绢。该墓出土的锦，均为平纹地经线提花织物。这些锦根据织造时经线所配用的不同颜色，可分为二色锦和三色锦两大类。这些锦，都属经二重组织。其表经采用三上一下组织，里经采用三下一上组织。同一组的表经和里经在交换时则多采用二上二下组织。其经密一般是纬密的 3 倍以上。二色锦的花纹，主要有丙丁纹(因其纹的形状类似古文字中丙、丁两字的合文而得名)、凤鸟凫几何纹、小菱形纹、十字菱形纹和黄黑色纹等。前两种花纹的锦，都采用分区配色的方法，纹样和色彩顺经线方向作条带布置，各条带向图案上下错位，因而形成色彩多样、纹样变化的图案。而小菱形纹锦，则采用“挂经”的方法，在菱形的中部，显现绛红色的花芯。十字菱形纹锦的大十字横道部分，布置着两种颜色的纬线，绛红色纬线浮于织物表面，纬浮长越过 25 根经线显出花芯。黄黑条纹锦的经线，分作两区布置，每区中只有一种颜色的经线，因而织物具有正反面相同的效果。三色锦的花纹，以几何纹为主。其中数量最多的是各种大菱形纹，该纹由各种形状的磬形合成，其中填充种种小几何形。最为突出的三色锦花纹是舞人动物纹锦，它以歌舞人物和六种不同姿态的龙、凤、麒麟构成横向花纹，通贯全幅，花纹经各长 5.5 厘米，纬向宽 49.1 厘米。三色锦大多由褐色(或棕色)、绛红色、土黄色三组不同颜色的经线织成，褐色(呈棕色)大多用作地纹经。

马山一号楚墓出土的绦，按组织结构分类，可以分为纬线起花绦和针织绦两种。纬线起花绦又可分为 A、B 两种类型，A 型采用“抛梭”法织入花纬，B 型则采用穿绕法织入花纬。纬线起花绦的花纹有田猎纹、龙凤纹、六边形纹、菱形纹、花卉纹等，幅宽在 2.3～6.8 厘米之间。针织绦属纬编织物，是把丝线弯曲成线圈并串起来而成的绦带。根据绦带组织结构的不同，针织绦亦可分为 A、B 两种类型；A 型是横向连接组织绦，这种绦是用紫红、淡黄两色丝线轮流进行编织组成线圈横列，正面形成彩色条纹；B 型是复合组织绦，由横向连接组织和单面提花组织合成。花纹的主题，一般属单面纬编提花组织，各个花纹主题之间以红棕、深棕、土黄色段相隔，属横向连接组织。纹样图案有动物纹、十字形纹和星点纹。针织绦的幅面较窄，仅有 0.33～1.7 厘米。马山一号楚墓出土的针织绦，是目前世界上发现时代最早的针织品。

马山一号楚墓出土的组，均为双层，成筒状。用作衣领、缘的组，用较粗的丝线纺织，均是单色。用作带饰的组，也多数是单色，少数是二色或三色的，一般是交错排列，并不组成纹饰，其中编号为8—5B的帽系是用紫、土黄两色丝线编成，交替编织出三角纹、雷纹和横带纹。

马山一号墓出土的绨，色彩为土黄色，它的外观经线密集，呈明显的纬向凸条，光泽好，有正反两面相同的效果。它的组织结构，与绢相同，但比绢厚实得多，其经线由双股合成，加S捻。它的纬密，仅及经密的八分之一，因而形成纬向横条。

马山一号楚墓除了上述八类丝绸物外，还出土绣品21件。除了一件绣品以罗为地外，其余都是以绢为绣地。这些绣品的刺绣针法，均为销绣。绣品的花纹的主题，几乎都是龙和凤鸟，主要有蟠龙飞凤纹、对凤对龙纹、龙凤相蟠纹、舞凤逐龙纹、舞凤飞龙纹、龙凤相搏纹、飞凤纹、凤鸟花卉纹、凤鸟践蛇纹、龙凤虎纹等。虽然其花纹主题都是龙和凤鸟，但形态各异，图案布置用了多种方法。

除了上述两个楚墓出土丝绸物外，在其他地方的一些楚墓也曾出土过一些丝织品残片，例如长沙四零六号楚墓、浏城桥一号楚墓、江陵望山一号楚墓、信阳长台关一号楚墓中都曾出土过丝织品和刺绣品。

这些楚墓出土的丝织物，并不是外地产品，而是楚族人自己织造的。在马山一号楚墓出土的丝绸衣物上，曾发现了当时盖的朱红色印文和墨书文字，其位置均在织物的幅边或紧靠幅边处。例如，捆扎衣衾包裹所用的九件丙丁纹锦带中有三件盖有朱红印文，有的一件之上就有三印。墨书文字共有两种，一处书"柬"字，另一处书"门肤"二字合文①。从这些印文和文字在衣物的位置来看，应是在成幅的丝织物上盖印和书写的，做成衣物后这些印文和文字往往位置颠倒或横置，有的甚至被缝住了一部分。所以，这些印文和文字，不是物主的名字，而是织造丝织品的工匠的名字。在战国时期，曾普遍实行过"物勒工名"制度，即手工业工匠在完成一件产品时，往往在产品上刻印自己的名字，在许多战国时期的青铜器具和漆器上，都可以看到刻划或烙印的工匠的名字。显然，马山一号楚墓中出土的丝绸物上的印文和文字，也是这种"物勒工名"制度的反映。在长沙左家塘44号楚墓中出土的褐地矩纹锦的幅边上，也墨书有" 女五氏"三字②，并且还盖有一方朱印。这应是"物勒工名"制度反映的又一例证。在长沙楚墓中，还曾经出土过一方"中织室钵"之印，"织室"指的是当时官府管辖之下的丝织手工作坊。上述那些文字的字体具有楚国文字的一般特点，与出土的楚简中的字体相同。例如，出土丝绸物上书写的"柬"字，与同一楚墓出土的楚简中的"柬大王"之"柬"字相同。可见上述所说的丝织工匠的名字，是楚国工匠的名字，这就证明这些楚墓中出土的丝绸物，是由楚族工匠织造的。而出土的"中织室钵"之印则说明当时楚地有官府管辖的丝织手工作坊，从该印的印文来分析，当时楚地不光有一处"织室"，应是在"中织室"之外还有其他织室。"中织室"应是设在国都的"织室"，国都以外的地方还应有一些"地方织室。"这说明当时楚人的丝绸生产已达到相当的规模，技术也达到相当高的水平。

关于上述那些楚墓出土的丝绸物是楚人织造的问题，我们还可从这些出土丝绸物的纹饰风格特征以及文化内涵中找到证据。例如马山一号楚墓出土的丝绸物上的织纹或绣纹，主要有两类，一类是祥瑞兽，另一类是吉祥植物。祥禽瑞兽类纹饰主要有龙、凤、虎纹，这三种纹饰，

---

① 湖北省荆州地区博物馆，江陵马山一号楚墓，文物出版社，1985年，第68页。

② 熊传新，长沙新发现的战国丝织物，文物，1975(2)。

都是楚国装饰艺术中常见的艺术形象。吉祥植物类纹饰主要是茱萸纹，这种纹饰含有楚国传统文化即巫官文化的内涵，因为古人(楚人)在用“三牲”祭祀时，以茱萸去灾避邪。上述楚墓出土的丝绸物的纹饰所表现的主题思想，充分体现了楚国传统文化的内涵特征和楚国传统思想的内涵特征。楚国传统文化是巫官文化，楚国的传统思想是道家思想。道家思想有两大特征，其一是超现实，其二是以自然以中心。上述楚墓出土的丝绸物的纹饰，充满了神奇浪漫的色彩，这正是楚人的道家思想和巫官文化在丝绸纹样装饰艺术中的具体表现。从这一点，也可以看出，上述楚墓出土的丝绸物，是由楚族人自己织造的。

上述楚墓出土的丝织品的种类，几乎包括了先秦时期丝织品的全部品种，充分显示了楚人的丝绸技术在缫纺、织造、炼煮、染色等方面都已有一套成熟的工艺和专门的设备。

对马山一号楚墓出土丝绸物的分析测定①，表明这些丝绸物在织造前都经过了并丝处理，已经能根据不同织物的要求，控制经纬线的粗细程度和捻度。加捻技术的运用，对提高丝织物的牢度和改变光泽都有一定的作用。适度的加捻，还可以增大丝纤维之间的摩擦力，改善丝纤维的强度不匀率，增大丝线的强度。马山一号楚墓出土的丝织物，大部分都加 S 向捻，其捻度多在 1000 次/米，其中罗的经纬线的捻度，高达 3000～3500 次/米。达到这样强的捻度，表明楚人当时在并合加捻丝缕工序中可能已经使用了纺车类的工具。

马山一号楚墓出土的各种彩锦，全幅织物需用 4000～7000 根经线，均要按一定规律上机，可见当时楚人已掌握了成熟的整经技术。

马山一号楚墓出土的丝织物，幅宽宽窄不一，差别较大，显然是采用不同类型的织机织造出来的。其中最先进的当是织造舞人动物锦织机。根据对马山一号墓出土的一块舞人动物锦的分析，有学者认为，织造这种锦所用的工具是束综提花机②。论据一，出土的这块舞人动物锦的经密为 156 根/厘米，纬密为 52 根/厘米，幅宽为 50.5 厘米，幅边为 0.7 厘米，纹样横向布局，即完整花纹循环是由纬向排列的上下 7 组不同的图案组成，横贯全幅。要织造如此复杂的花纹图案，如果采用当时通用的织机来织造，会遇到许多无法解决的技术难题；只有采用束综提花机来织造，这些技术难题才迎刃而解。论据二，这块出土的舞人动物锦，有一段较大面积的错接花，此锦左边约占全门幅 1/8 面积与其余门幅接不通。采用多综多蹑机织制织物时，不会发生这种疵点。而采用束综提花机织制织物，当操作束综提花机的花楼上的挽花工出现差错时，就会使织物出现这种疵点。这块出土的舞人动物锦上出现的错接花(疵点)，显然是由花楼上挽花工把左端的 1/8 的花本搞乱了，于是选择了中间的第 4 组的双对花纹，造成了幅面错接花的后果。不过这种论点尚缺乏其他旁证，有待于进一步论证。不过可以肯定，楚人织造这块出土舞人动物锦的织机一定是当时技术水平最高的织机。

当时的楚人，不但在缫纺技术和丝织工具方面达到了较高水平，而且在丝织技术和印染技术方面也达到了较高水准。

马山出土的各种丝织品精美程度都是比较高的，有许多种属于高级丝织品，而且有些丝织品的纹样图案相当复杂，没有高超的织造技术是织造不出的。例如，前文提到的丝织绦带③，其织造方法就是一种创新。该墓出土的绦带有纬线起花绦和针织绦两种。纬线起花绦织入花

① 湖北省荆州地区博物馆，江陵马山一号楚墓，文物出版社，1985 年。

② 高汉玉，中国古代丝绸织花机械发展研究，中国丝绸史·专论，中国纺织出版社，1997 年，第 143～145 页。

③ 湖北省荆州地区博物馆，江陵马山一号楚墓，文物出版社，1985 年，第 42～45 页。

纬的方法有两种，即抛梭法和穿绕法。所谓抛梭法，就是在织物的起花部位，将花纬织入梭口，在织物的正面以浮线形成花纹。其花纬不盖住地纬，形成较小、稀疏的花纹。花纬与地纬作1:1排列。花纬是绕在一个起杼的作用的物件上往复使用。在不起花部位，花纬则不织入梭口，在织物背面形成长的浮线，织物正面只见地组织。所谓穿绕法，就是在织物的起花部位，花纬与地纬作1:1相间排列，与地组织的经线交织。其花纬较粗，压在地纬的表面，以浮线形成略为凸起的花纹。在不起花部位，其花纬则在织物背面留下浮线，正面仅见地组织。其花纬穿绕的方法是：先用排经杆把相应的经线挑起，绕着花纬的"杼"从织物的反面，按花纹起始点向左或向右越过两根经线，再向上运动到织物正面；然后，朝相反的方向运动，越过两根经线，回到花纹的起点，向下穿过织物转入反面。这样，就在织物正面形成了一个花纬的组织点，其浮线越过两根经线。绕着花纬的"杼"连续运动，便形成了由若干短浮线组成的长浮线。为了便于织造，往往把花纹按不同的颜色分作若干小区，每个小区一般只有一种颜色，个别小区有两种颜色。由于花纹大多是顺经线方向布置，所以花纬也分区，顺经线方向朝前延伸。每一小区中，一般只使用一个绕着花纬的"杼"。由于花纹大多是左右对称的，因此这种"杼"的数量要增加一倍。例如，龙凤纹绦的凤纹段是左右对称的图案，一边分作8个小区，共分16个小区，使用16个"杼"，此外，还要使用一个绕着地纬的"杼"。在织造某一花纹时，往往要按花纹繁、简不同而采用相应的"杼"的数量，使用"杼"的数量的多少并不是自始至终不变的。如果花纹构图简单，则不采用分区布置花纬的办法，每种颜色的花纬，只绕在一个"杼"上。织物反面可见较多的长浮线，顺纬线方向交错叠压。由于幅度特别窄，幅宽仅在2.1~6.8厘米之间，而且使用特殊的穿绕法织制，因此，这种纬线起花绦带很可能是使用踞织机(腰机)织制的。构图复杂的花纹，可能是先将图稿绘于经纬之上，然后再按图织造。上述的纬线起花绦的两种织造方法，对后来的缂丝织造技术有直接的重要的影响。在缂丝织造技术中，普遍采用抛梭法的技术。穿绕法按小区布置花纬的"杼"，与缂丝织造技术中的"通经回纬"相似。由此可见，楚人的纬线起花绦的织造方法不但是一种创新，还对后世的丝织技术产生了积极的影响。

至于江陵马山一号楚墓出土的针织绦，它是目前世界上发现年代最早的针织品，因而理所当然是一种发明创造。

马山一号楚墓出土的丝织品，色彩异常丰富。通过对这些丝织品分析可知，除了少数绢外，出土丝织物大部分是根据其用途和内在质量经过不同程度精练的熟织物，大都经过煮、湅、暴、染四个工艺步骤，这充分表明当时楚人的丝绸染色技术，已有一套成熟的高水平工艺。这些丝织品的色调，以赤色为主色调，进一步印证了马山楚墓出土的丝织品是楚人自己织造的，因为楚人尚火尚赤，丝织品以赤色为主色调正好体现了楚文化的内涵，如果楚墓出土的丝织品是其他族人织造的，绝不会把赤色当作主色调。

这一时期南方少数民族的纺织技术除了楚人十分突出以外，越人、濮人、蜀人等几个民族的纺织技术发展也很快。

越人分布的范围很广，在我国先秦时期，我国境内的越人主要分布在今之江苏、浙江、江西、福建、台湾、广东、海南、广西、安徽、湖南等省区。春秋战国时期，位于江浙一带的吴国和越国，都是属于越族建立的。当时的吴国和越国的丝绸技术比较高，丝绸业都比较发达。《史记·伍子胥列传》载吴国人为了与楚人争夺边界的桑树，还曾为此发生了战争，可见吴国人对丝绸生产十分重视。当时越国已能生产比较多的丝织品种，如采、罗、縠、纱、缟、币帛等等，而币帛实际上是多种丝织品的泛称。其中的縠这个丝织品种，是越国首创的。

此外，当时的越国，麻、葛纺织水平也相当突出。其麻纺织业的规模，在《越绝书·越绝外传记越地传》中有这样的记述："麻林山，一名多山，勾践欲伐吴，种麻以为弓弦。"这里的麻，是一种苎麻。把种麻之山称为麻林，说明其麻多如森林，亦可见其麻纺织业之盛。另外，相传越国的美女西施生于苎萝山（也有说生于苎萝村的），据《舆地志》和《会稽志》的说法，苎萝山（或苎萝村）在今之浙江省诸暨县南。而据《续汉书·群国志》的说法，苎萝山（或苎萝村）是在浙江境内，都是在越国境内。以苎名山（或名村），亦反映当时越国苎麻生产之盛况。至于越国的葛纺织盛况，古文献记述的更多。据《吴越春秋·勾践归国外传》记载，越王勾践"使国中男女入山采葛"，"使女工织细布"，曾一次就献给吴王夫差葛布10万匹，说明越国的葛纺织规模之大。由于采集野生葛作原料已不能满足需要，越国还大量地进行人工栽培葛。在《越绝书·越绝外传记》越传第十中有这样的记述："葛山者，勾践罢吴，种葛，使越女织治葛布"；"葛山首无草木"。这些记述不但证实，越国确实有人工栽培葛的事，而且还表明当时越国种葛的规模还相当大。葛山上满山满岭都种上了葛，连草木都被葛遮盖得看不见了，可见种的葛是相当多的。当时越国的葛布生产不但规模相当大，产量相当多，而且质量也相当高。《吴越春秋》记载，在越王勾践时期流行的一首采葛越女所唱《苦之诗》中，有"女工织兮不敢迟，弱于罗兮轻霏霏"的描述。

江西也是越人聚居的地方，在江西也曾发现先秦时期当地越人织造的纺织品文物。1978和1979年，江西省文物工作队对江西贵溪崖墓进行发掘时，在该墓出土纺织器具达36件之多①。其中属于纺纱用具的有结纱钉杆、经轴、刮麻具、刮浆板、绕纱框、纺坠、理轻梳、整纱齿耙等；属于织布用具的有夹布棍、经轴、分经棒、清纱刀、撑经杆、挑经刀、弓、打纬刀、提经杆、杼、梭、引纬杆、导经棍以及织布时用的小水盂，放置织布用的蔑盘等。从出土的纺纱用具和织布用具种类之多，可以看出当时江西的越人已普遍使用比较先进的纺织机具了。该墓还出土绢、大麻布、苎麻布等纺织品。出土的绢有深褐色绢和棕色绢等两种，经纬密度每平方厘米均为60×26根。出土的大麻布，有黄褐、深棕、浅棕三种，均为平纹组织。黄褐色大麻布的经纬密度每平方厘米中经纱12根，纬纱8根，其中经纱宽0.8～1.2毫米，纬纱宽0.7～1.4毫米，经纱Z拈，纬纱无拈；深棕色大麻布的经纬密度每平方厘米中经纱8根，纬纱12～14根，经纱宽0.3～0.5毫米，纬纱宽0.6～0.8毫米，经纱Z拈，纬纱无拈；浅棕色大麻布的经纬密度每平方厘米中经纱10根，纬纱14根（双根），经纬纱宽度为经纱宽0.3～0.4毫米，纬纱宽0.4～0.5毫米，经纱Z拈，纬纱Z拈。这三块出土大麻布，经纬密度大致相等，经纱一般的宽度小于纬纱。黄褐色大麻布的经纱比纬纱密一些，而深棕色大麻布和浅棕色大麻布的纬纱比经纱密一些。

除了上述越人地区以外，南方其他一些地方的越人在先秦时期的纺织技术也很突出。这在近几十年来考古发现的一些出土文物中，得到了印证。如，1959年考古工作者在安徽舒城凤凰咀春秋中期墓葬中发现了绢的残片，这些绢的残片粘在同时随葬的铜鬲器表面，缕细均匀，有光泽，每平方厘米内经纬线25×17根。该墓中还出土有苎麻布破片残迹，经分析，这些苎麻布有粗麻布和细麻布两种，细麻布的经纬密度每平方厘米经纬纱各为24根，粗麻布的经纬密度每平方厘米经纬纱各为17根。安徽是春秋战国时期百越聚居地之一，此墓出土的绢麻残片，无疑是安徽的越人织造的。再如，1972年发掘的湖南长沙浏城桥春秋晚期1号墓以及

① 江西省博物馆等，江西贵溪崖墓发掘报告，文物，1973(7)。

1954年发掘的长沙市北郊杨家湾战国墓,均曾发现麻织物①。湖南在春秋战国时期是越人和楚人杂居之地,因此,长沙出土的上述麻织品,应是当时越人和楚人织造的。

(二)西南、西北和东北少数民族

先秦时期西南地区的少数民族濮人和蜀人的纺织技术在出土文物中亦有所反映。

先秦时期的云南,是濮人的主要聚居地之一。在云南江川李家山先秦时期古墓群中,考古工作者曾发掘出大量的青铜纺织、缝纫工具以及铁制和铜铁合制的锥子②。金属纺织工具的使用,显然会使纺织生产和技术得到很大的提高。上述出土的纺织工具,应是濮人制造或使用的。这就表明,当时云南的濮人的纺织技术水平已比较高。

先秦时期居住在四川的蜀人,也是擅长纺织的少数民族,而且在当时已掌握了较高的纺织技术。1975年7月,考古工作者在成都交通巷出土了蜀人制造的、相当于西周时期的铜戈,其戈柄两面的正中,装饰有蚕形图像,蚕的形状是头方、眼圆、身体上直下曲,作蠕动状,四周饰有桑叶图形。从蚕的形状特征来分析,属于家蚕,这说明当时四川的蜀人已掌握了养蚕技术。1965年,考古工作者在成都百花潭出土了一件相当于战国时期蜀国本土制造的铜壶,在铜壶第一层左面嵌有一组采桑图像,上部有两株桑树,桑树的枝叶茂盛。在左面的那株桑树的树枝间,有一女子正在采桑叶,另有一女子正在攀登;在右面的那株桑树的树枝间,有一男一女正在攀枝采叶,枝下悬挂一个桑篮。桑树下面,有男子七人,女子四人,有的采桑,有的运桑,有的载歌载舞,为大家助兴。把这幅采桑图和上面谈到的铜戈的蚕图像结合起来进行分析,就不难看出,春秋战国时期蜀人的蚕桑养殖业已有相当的规模,从中也可以推断出当时蜀人的丝绸技术已达到相当高的水平。另外,从采桑图可以看出,当时蜀人已栽培出两种类型的桑树,一种是树型高大的桑树,另一种是树身与人高低相仿的低矮型桑树。低矮型的桑树不但便利采桑叶,而且叶多、肥厚、营养价值高,更适宜饲蚕。这种低矮型的桑树,后世发展成为地桑。由此可见,当时蜀人的植桑技术水平也是比较先进的。

先秦时期西北地区少数民族的纺织技术仍然主要是毛纺织技术。新疆吐鲁番阿拉沟遗址出土的约公元前300年的毛织物,纱线的投影宽度平均为0.8毫米,最细达0.2毫米。平均捻度每10厘米为38捻,有S捻,也有Z捻③。该遗址出土的毛织品的数量相当多,花色品种和织造技术比年代较早的新疆哈密五堡遗址出土的毛织品更胜一筹。1957年,考古工作者在青海柴达木盆地南部的诺木洪发掘和收集了相当于西周初期的大量的毛织品④。这些毛织品以平纹居多,既有黄褐或红黄两色相间的条纹织品,也有未染色的素织品,一般经密比纬密大,例如,编号为57DT093的织品纬密6根/厘米,经密13根/厘米,经密比纬密大一倍多。织物表面覆盖着经纱,细密光滑,保暖防风,适合于做风沙较大的高原地区的服装。这些出土的毛织品中,还保存一块纬重平织物,其纱线粗,捻度小,经密纬密小,质地松软,保暖性好。这些出土毛织品的纱线均匀,织作平整,各具风格。从这些出土毛纺织品可以看出,当时的西北地区的毛纺织技术水平比以前有了较大的进步。

---

① 中国科学院考古研究所,长沙发掘报告,科学出版社,1957年。

② 云南省博物馆,云南江川李家山古墓群发掘报告,考古学报,1975(2):97~156。

③ 陈炳应,中国少数民族科学技术史丛书·纺织卷,广西科学技术出版社,1996年,第160页。

④ 青海省文物管理委员会等,青海都兰县诺木洪塔里他里哈遗址调查与试掘,考古学报,1963(1)。

先秦时期,东北的少数民族的纺织情况在文献中也有所反映。据《禹贡》记载,北方的少数民族曾经用自己加工过的皮毛和毛纺织品与中原地区的夏族(汉族的前身)进行贸易,这说明当时北方少数民族的毛纺织生产也达到较大的规模。在东北的辽宁朝阳,考古工作者在该地相当于西周时期的古墓中,出土了经二重织物①,这是目前所知中国锦类织物中最早的遗存。经对该墓出土的经二重织物的织纹进行分析,是三上一下的经重平组织,即所谓"汉锦组织"。

第三节　秦以后的少数民族纺织

秦朝统一中国后,许多地区的少数民族都跟华夏族融合了。汉朝以后,华夏族被称为汉族,少数民族与汉族融合的人数又大大增加,未与汉族融合的各个少数民族,逐渐演变成现代的几十个少数民族。随着众多的少数民族的与华夏族或汉族的融合,各地的纺织技术在相互融合中得到迅速提高。未与华夏族或汉族融合的一些少数民族,大多居住在经济文化相对落后的地区,这些地区大多是交通不便的闭塞山区。因此,这些少数民族的纺织技术,整体上基本保持在先秦以前的那种水平。不过,在某个时期,有些少数民族的某项纺织技术仍可和纺织发达地区相媲美。

(一)南方和西南少数民族

南方百越族在秦汉时期的丝绸技术水平与纺织发达地区是很接近的。1983年10月,考古工作者在广州市象冈山发掘南越王墓时,出土了大量的丝织衣物和车马帷帐,该墓出土的丝织物的数量和质量,可与长沙马王堆一号汉墓出土的丝织物一争长短。南越国所辖领土中的居民,大多是百越族,南越王墓出土纺织品,说明当时南越国的丝绸业相当发达。

在汉代,海南岛少数民族的纺织业发展很快。据《汉书·地理志》记载,元封元年(公元前110)汉武帝在海南岛设置儋耳、珠崖两郡时,当地也存在"男子耕种禾稻,女子蚕桑织绩"的景象。据《后汉书·南蛮传》记载,武帝末年海南生产的"广幅布"已成为著名的精品。说明海南岛的少数民族在汉武帝时代之前,纺织技术便已达到一定的水平。在唐代,广西少数民族掌握了饲养多化性蚕的技术,而且桂林等地的壮族已能织造高级丝织品——壮锦。这种情况,被当时一些在广西担任地方官的汉族文人记录在他们所写的诗文中。在宋代,居住在广西、广东、海南岛三地的壮族、黎族、苗族、瑶族等少数民族,不但能织造丝织品、棉织品和麻织品等多种织物,而且有的织物如壮锦、斑布、练子、壮人布、黎锦、苗锦、瑶锦、侗锦等都颇有盛名。另外,这些地方的少数民族的刺绣技术水平也达到一定的高度,一些少数民族还掌握较高水平的缚染、镂染、蜡染技术。壮族生产的著名纺织品"斑布"就是采用镂染技术生产出来的。在当时的地方志和一些野史书中,对瑶族的蜡染技术、海南岛黎族的扎染技术,也都有记载。

湖南湘西地区居住的土家族、苗族等少数民族,在秦以后,逐渐形成了自己独特的织布和织锦技术。在汉代,当地生产的特色纺织品开始成为贡品。《后汉书·南蛮传》中有湘西地区少数民族交纳土布的记载,据该记载,每人每年交纳土布一匹,未成年人每人交纳土布二丈。土

---

① 青海省文物管理委员会等,青海都兰县诺木洪塔里他里哈遗址调查与试掘,考古学报,1963(1)。

布被列为交纳赋税的物资，不但反映当时湘西少数民族织造的土布数量相当多，而且说明他们织造的土布相当精美，否则，官府不会规定土布作为交纳赋税的物资的。在《汉书·西南夷传》中，也有关于湘西少数民族进贡"兰干"布的记载。据宋代周去非所著《岭外代答》卷六记载分析，湘西地区在汉代进贡的五色"兰干"布，实际上可能就是宋代湘西苗族和土家族生产的织锦。另据宋代朱辅著《溪蛮丛笑》记载，湘西地区生产的织锦，其织造工艺相当精巧，质地也相当精美，说它绩五色线为之，文彩斑斓可观，俗用为被或衣裙，或作巾。在宋代，湘西地区少数民族纺织品中的精品经常被列为贡品。例如，在《宋史·真宗纪》中，曾有这样的记述："大中祥符五年，(1012)，肖酉田仕琼等贡溪布"。在《苏轼内制集》和《宋史·哲宗纪》中，也有这样的记载："元祐二年(1087)五月，上溪州进端午溪布，十月进龙兴节溪布。元祐"四年(1089)，……彭儒武等进溪岗布"。溪布或溪岗布，都是当时湘西少数民族生产纺织品中的精品，没有一定的纺织技术水平，是很难织造出来的。元、明、清三代，湘西地区少数民族的纺织技术发展情况，在一些地方志书中多有介绍。例如，清代嘉庆《龙山县志》曾有这样的记载："土苗妇善织锦裙被，或经纬皆丝，或丝经棉纬，挑制花纹，斑斓五色。"这表明当时湘西地区少数民族的织锦品种已有增加，花色也比较繁多精美。

西南地区的少数民族纺织业，在秦以后，出现了很大变化，技术水平也有了一定的提高。

云南地区少数民族的纺织生产，在秦汉时期发展很快。《后汉书·西南夷传》中曾有这样的记述："哀牢，……宜五谷蚕桑，知染采文绣，罽……帛叠，兰干细布，织成文章如绫锦。"这里所说的哀牢，就是云南。罽是毛织品，帛叠是棉花，兰干细布是苎麻细布。从该史料可看出，汉代云南少数民族已掌握了丝、棉、毛、麻纺织技术以及印染和刺绣技术。另据《史记·西南夷传》记载，汉代云南一支少数民族能织造斑罽，即斑斓多彩的毛织品，永昌郡有一支濮族因擅长棉纺织而被称为"木棉濮"。到宋代时，云南少数民族织造的"斑布"，与广西、广东、海南的少数民族织造的"斑布"一样闻名全国。斑布是一种棉织品，织造时，先将棉纱染成"五色"，然后用提花机(或用原始腰机加上挑花技艺相配合)织成。当时云南的傣族，还发明了傣锦，表明云南少数民族纺织技术水平较之以前有了很大提高。云南的少数民族，还是我国掌握蜡染技术的民族之一，在他们生产的"斑布"中，有一种"兰干斑布"，就是蜡染布。

贵州地区少数民族的纺织生产，以贵州苗族最为突出。最迟在东汉末期，贵州的苗族已开始织造纯棉苗锦。据田雯《黔书》卷四和道光《遵义府志》卷一六上记载的历史传说，苗锦技艺是诸葛亮传授的，故称"诸葛锦"。这种说法是否符合历史事实，已无法查考。但不管这种说法是真还是假，都表明在三国时期贵州苗族已掌握织锦技术。苗锦的用料变化文献亦有反映，张澍《续黔书》卷六记载："黎平之曹滴司出洞锦，以五色绒为之，亦有花木禽兽各样，精者甲他郡，涑之水不败，渍之油不污，是夜郎苗妇之手，可与尧时海人争妙也。""又有诸葛锦出古州，皆红黄棉纱所织。"这里所说的"洞锦"，便是一种棉、丝纤维交织的苗锦。《黎平府志》记载，当地苗族的"绒锦以麻丝为经纬，其样不一，出古州司等地。"这里说的绒锦，则是一种麻、丝纤维交织的苗锦。从这些史料的记述看，贵州的苗锦是由一种纯棉织品发展到有纯棉苗锦、棉丝交织苗锦和麻丝交织苗锦三大类，而且每一类苗锦又有多样的花色品种。

(二)西北地区少数民族

西北地区少数民族纺织技术的进步，主要是表现在毛纺织业和棉纺织业。

1959 年,考古工作者在新疆民丰县发现两块毛织物①,其中,一块毛织物的花纹图案是成串的葡萄和人面兽身的怪物,片片绿叶点缀其间。这种花纹完全是新疆风格。另一块毛织物的纹样图案是用纬起花法织制成龟甲状纹饰,中间嵌着红色的四个朵瓣的小花。这是内地汉族十分喜欢的图案,显然是新疆少数民族专门为内地汉族生产的一种毛织品。从这两块毛织物可以看出,当时新疆少数民族已掌握纬纱起花的技术;同时还可以看出,当时新疆少数民族的毛织品不但生产规模比较大,产量比较多,而且质量也是比较高的。1930 年,斯坦因在新疆古楼兰遗址中,发现了一块汉代缂毛织物,这块织物采用通经回纬织法,织物表面上的奔马卷草图案具有鲜明的当地民族风格②,这表明当时的新疆古楼兰地区的少数民族已掌握缂毛织造技术。在新疆的民丰尼雅东汉遗址中,考古工作者发掘出了组织细密平整的毛罗织物和黄色菱纹斜褐③。从这可以看出,当时新疆少数民族使用的织机已相当先进。1959 年,考古工作者在新疆于田和吐鲁番地区,发现属于魏晋南北朝时期的方格纹毛罽、紫红色毛罽和星点蓝色蜡缬毛织品④,这几件毛织品显示出当时新疆的毛纺织技术已达到相当高的水平。

西北少数民族这一时期的毛纺织技术的进步,也反映在毛毯编织技术方面。新疆民丰出土有一块东汉毛毯残片⑤,经分析,这块毛毯虽然仍采用 8 字结的编织方法,但底布更加细密,毛簇也匀整平齐得多,这表明毛毯编织技术已比较精细。新疆若羌米兰地区出土有一块属于南北朝时期的毛毯⑥,这块毛毯采用 S 形打结法,底经底纬是斜纹组织,虽然从毛纱结子的牢度比较,S 形比 8 字形稍差一些,但都便于采用较简单的机械来代替毛毯生产的某些手工操作,减轻劳动强度,说明当时的织毯技术较之以前又有了进步。

西北少数民族的纺织技术的进步,还反映在扎染技术方面。这种扎染技术,既有以棉布为底布的扎染技术,又有以丝绸为底布的扎染技术。在新疆,曾大量出土汉以后的绢和棉布扎染产品。

西北地区少数民族的纺织技术,在秦代以后的另一个主要表现,是它们的棉纺织技术。这一时期,西北少数民族的棉纺织技术已达到比较高的水平。在新疆发掘的东汉墓中,出土过一批棉织品,其中有蓝白印花食单(即桌布)、布裤和手帕等,有一块蜡染蓝白花布是平纹组织,经纬密度 18×13 根/厘米,比目前的市布稍厚一些。在发掘的于田、阿斯塔那等地的晋墓、隋墓和唐墓中,出土的棉布的数量亦相当多。在新疆吐鲁番阿斯塔那 309 号的古墓中,出土有北朝几何纹锦。这是一种用黄色棉纱作地纹白、黄、红三色丝线显花而成的几何纹提花布。在新疆的巴楚脱库孜沙来的唐墓中,出土有蓝白两色棉提花织物⑦。对上述出土文物进行分析可知,汉以后,新疆少数民族已将染色、印花技术广泛应用于加工棉布。另外,这一时期西北少数民族生产的棉布幅阔,也比以前增大,这也是棉纺织技术进步的一种标志。

---

① 贾应逸,略谈尼雅遗址出土的毛织品,文物,1980(.3);陈维稷,中国纺织科学技术史(古代部分),科学出版社,1984 年,第 391 ~ 392 页。

② 引自陈炳应《中国少数民族科学技术史丛书·纺织卷》308 页。

③ 贾应逸,略谈尼雅遗址出土的毛织品,文物,1980(.3)。

④ 新疆博物馆考古队,吐鲁番哈喇和卓古墓群发掘简报,文物,1978(6)。

⑤ 陈维稷,中国纺织科学技术史(古代部分),科学出版社,1984 年,第 394 ~ 395 页。

⑥ 陈维稷,中国纺织科学技术史(古代部分),科学出版社,1984 年,第 394 ~ 395 页。

⑦ 陈炳应,中国少数民族纺织科学技术史丛书·纺织卷,广西科学技术出版社,1996 年,第 276,326,327 页。

第十章　传统织物品种及织造技术

在少数民族地区和多民族杂居区，有许多流传至今的纺织技术。这些传统纺织文化遗存，既是古代先民智慧和技巧的结晶，也是我们今天研究古代纺织技术最直观的史料，非常珍贵。下面选择一些比较典型的传统织物品种及织造技术加以介绍，以印证、补充说明前面各章所述古代纺织技术及其历史、艺术价值。

第一节　壮　锦

壮锦是壮族人民发明的一种高级纺织品，其独特的织机、独特的织造技艺、独特的纹样图案、浓郁的地方色彩和鲜明的民族风格，使它不仅在中国少数民族织锦中占有重要的地位，在整个中国的织锦业中也占有相当重要的地位。

壮族是一个历史悠久的古老民族，它由中国古代越人的一支发展而来，同时，跟周秦时期的西瓯、骆越，汉唐时期的僚、俚、乌浒，宋以后的僮人、俍人、土人等有着密切的渊源关系。壮族主要聚居在广西壮族自治区和云南省文山壮族苗族自治州，在广东、湖南、贵州、四川等省，也有少数壮族居住。

由于缺乏资料，现在还很难确定壮锦是何时开始生产的。根据现在所掌握的资料，最先记述壮锦的汉人可能是唐代的柳宗元。在柳宗元的《獞俗诗·其二》中，有这样的诗句："饮食行藏总异人，衣襟刺绣作文身，……趁墟亦有能装锦，数朵云花缀网巾。"柳宗元的这首壮族风俗诗表明，唐代桂林地区的壮族已能生产比较精美的壮锦，当地壮族女子在趁墟（即赶集或参加歌会）时，已普遍用精美的壮锦来装扮自己。"数朵云花缀网巾"，指的是一种有云纹和花纹图案的壮锦。

宋王朝时期，壮锦无论在产量还是质量上都有了明显的提高。宋代周去非在他所著《岭外代答》一书卷六中，介绍过一种壮族生产的緂布，说它"白质方纹，广幅大缕，似中都云线罗，而佳丽厚重，诚南方之上服也。"这种緂布的特点，跟壮锦的特点基本相同。因此，这种緂布实际上应是宋代的一种壮锦，因为"緂"是"毯"的不同写法（由于緂布是丝织品，所以从系，不从毛），是对壮织物厚度的形容①。正是因为壮锦在宋代是一种丝织品，同时因为壮锦质地厚实，所以周去非才把当时的壮锦称为緂布。从周去非对緂布的描述中，可以看出，宋代的壮锦的幅宽已增加，而且锦面相当精美华丽，纹样以几何纹最为普遍。这时的壮锦，不但在南方各少数民族织锦中名列前茅，而且可与中原的汉族丝织名品云线罗相媲美。在元费著《蜀锦谱》中，还记载有一种"广西锦"，这种"广西锦"也很可能就是壮锦。依据一：宋代的四川锦院织造过许多种颇受西南少数民族喜爱的花锦，而织造这些花锦的目的，是供宋统治者拿到少数民族地区的"马市"（一种物资交换市场），跟当地人交换马匹或土特产的，所以，这些花锦，一般都应是仿制少数民族的织锦，至少是带有少数民族风格的织锦。因此，《蜀锦谱》中所记载的广西锦即使不是

---

① 赵承泽，美丽精致的壮布和壮锦，中国古代科技成就，中国青年出版社，1978年。

壮锦，也是吸收壮锦的技艺风格而织成的；依据二：当时的广西少数民族织锦，除了壮锦以处还有侗锦、苗锦、瑶锦等多种民族织锦，但壮锦是其中的佼佼者，是广西的民族织锦中的名牌产品，四川锦院要仿制广西锦或织制带有广西民族织锦风格的花锦，当然只能是选择壮锦而不可能选择其他民族织锦；依据三：这些广西锦是要拿到邕州的马市去交换物资的，而宋代的广西邕州，是壮族的主要聚居地之一，所以，这些广西锦显然也只能是壮锦或带有壮锦风格的花锦。

明王朝时期，广西的壮锦织造技艺达到了前所未有的水平。这时的壮锦，不但在中国少数民族织锦园地里一枝独秀，而且开始进入中国名锦的行列。明代曹学佺在他所写的《桂林风谣九首》中，曾有这样的描述："水东街最盛，游女曳罗裙。……城外宽文网，车中吐锦茵。……懒妇田间过，忙将织作陈。"诗人所描绘的这幅风俗画，形象生动地勾画出当时桂林丝绸业兴旺发达的情景，其中包括兴旺发达的织锦业。而明代的桂林，仍是壮族的主要聚居地之一，虽然也有汉族和其他民族的人杂居其间，但大多数居民是壮族，所以，这幅风俗画中的情景所反映出来的发达织锦业，应当包含壮锦业在内。又据明代魏濬所著《西事珥》记载，在明代万历年间（1572～1620），一种有龙凤等花纹图案的壮锦成为贡品，这是壮锦在明代已进入中国名锦行列的最有力证明。

清代前期，壮锦又得到进一步发展，壮锦生产活动已遍及各个壮族居住区，壮锦不但被壮族广泛用作被服，而且受到其他民族的喜爱，成为市场上的畅销品。在清代乾隆《归顺直隶州志》中，有这样的记述"：嫁奁，土锦被面决不可少，土锦以柳绒为之，配成五色，厚而耐久，价值五两，未笄之女即学织"。这里记述的"土锦"，指的便是广西柳州地区的壮锦。此外，关于柳州地区和其他地区的壮锦，清代乾隆《柳州府志》中，还有这样的记述："壮锦各州县出，壮人爱彩，凡衣裙巾被之属，莫不取五色绒杂以织布，为花色状。"在清代李文琰修、何天祥纂、乾隆十九年（1754）刻印的《庆远府志》卷三中，也有记述壮锦的内容。该志书说：庆远府"土锦各处皆有，永定、忻城精致。"并说忻城的壮族"男力耕，女勤纺绩，能织被褥成龙凤花纹，华丽而坚，谓之壮锦。"

壮锦能成为中国少数民族织锦的佼佼者，能成为中国古代名锦之一，除了它的历史悠久以外，还有两个重要的因素：其一，壮锦的织造技艺相当独特，无论是织制壮锦的织机，还是织制壮锦的工艺技术，都是如此；其二，壮锦的纹样图案具有浓郁的地方特色和鲜明的民族风格。

早期的壮锦织机，是一种多综片式提花机。清代道光年间（1821～1850），壮锦开始用竹笼式提花机织造。竹笼机是纺织机具史上一项出色的发明。据传，竹笼机首先在广西的兴城和靖西出现及流行，然后才传到各地（图 10-1）。

竹笼机是一种竹木结构的织机，由于它的开口提花机构形似用竹编成的猪笼，所以又称为猪笼机。竹笼机的结构简单，整部织机分为机身、装纱、提纱、提花和打花五个部分。机身由机床、机架和坐板组成。装纱由卷经纱机头、纱笼、布头轴、绑腰和压纱棒组成。提纱由纱踩脚、纱吊手和小综线组成。提花由花踩脚、花吊手、花笼、编花竹、大综线、综线梁和重锤组成。打花由筘、挑花尺、筒、绒梭和纱梭组成。这种竹笼机，现在仍流行在广西的一些壮族居住地。其型制是：底座机架呈梯形，底边长 760 毫米，顶边长 480 毫米，机座离地高 370 毫米。整部机全长 1580 毫米，高 1420 毫米，有吊装竹笼起落和综片升降的 V 形摇臂架各一个。竹笼长 1020 毫米，直径 270 毫米。竹笼上有圆形竹棍，它的圆形竹棍的根数多少，由所需织造壮锦的花纹纬循环大小来决定，一般有 70～120 根。经轴是一根方木，长 1500 毫米，分经纱圆筒为栅状，长 650 毫米，外径 165 毫米。综为吊综绳，绕在 660 毫米长的木棍上面，综绳长 85 毫米。筘为竹

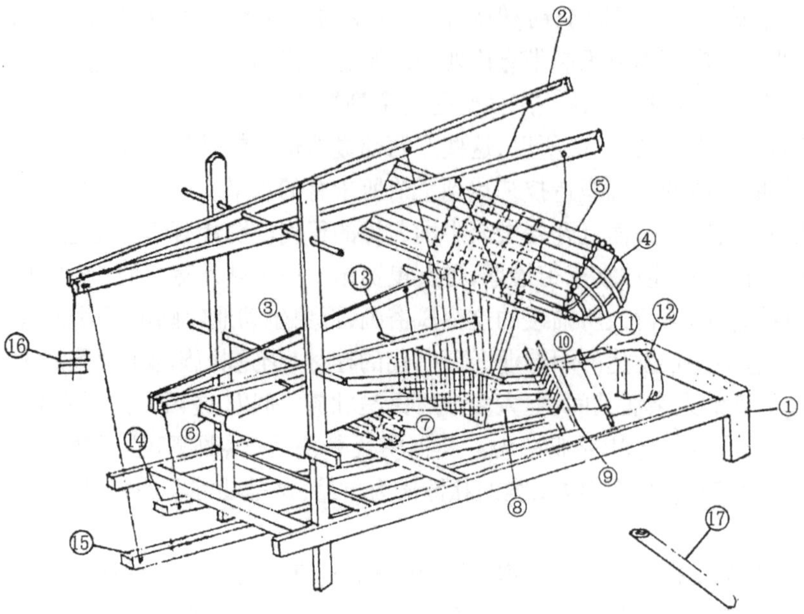

图 10-1　竹笼机

制梳状,高 140 毫米,宽 450 毫米,筘齿高 55 毫米。

竹笼机不但形状独特,而且机构亦有其特点,所以操作技艺也随之具有独特之外。竹笼机的最大特点,是用花笼起花。竹笼机以细竹综竿按花纹编入提综线,绕在竹笼上。细竹综竿相当于纬线,提综线相当于经线。织锦艺人按事先设计好的图案,用挑花尺挑出,然后再用一条条编花竹和大综线编排在竹笼上。从构造上看,竹笼机虽可以归入多综多蹑机类型,但它又跟一般的多综多蹑机有些区别。主要区别是竹笼机用少蹑控制多综的机构非常巧妙,根据花纹图案的上机吊综也有一套专门的技巧。吊综分为地综和花综两种,织平纹的地综比较简单。分经纱圆筒把经纱的奇、偶数上下分开,吊综只吊下层的经纱。竹笼上的花综,比较复杂,每一根综绳只吊一根经纱,呈环形绕在竹笼上,按单、双分成两组,中间加一根竹棍分开,然后根据花纹组织的组织点穿入竹棍挂在竹笼上。由于采用纬二重、纬三重组织,所以正反面都显花,表和里花纹相同。紧接着的另一根竹棍,把下一纬同一梭口反面显花部位的经纱提起,所提的经纱,与上一根的正好相反。因此一般均以两根为一组,按花纹图案组织的起综顺序,安放在花笼上。竹棍之间的吊综绳,相互交叉,使竹棍互相分开。传统的壮锦,花纹纬循环一般为 70～120根,用竹笼机织造壮锦采用的是纬线显花的三梭织法,第一梭织表面花纬,第二梭织底面花纬,第三梭织平纹地,各梭具体织法如下所述:

第一梭,织表面花纬,其工序是用右脚下蹬竹笼踏脚,竹笼摇臂抬起,提起竹笼,不显花部位经纱提起,手工分段引入各种颜色的丝线,用筘打紧。抬起右脚,竹笼靠自重下降,双手取下竹笼的起竹杆后移到竹笼上。接着织第二梭,这一梭织底面花纬,其工序是右脚再次下蹬,提起竹笼,底面显花部位经纱提起,用手分段引入各种颜色丝线,用筘打纬,抬起右脚,竹笼下降。双手取下竹笼起花竹竿后移到竹笼上。再接下去织第三梭,这一梭是织平纹地纬,工序是左脚下蹬,提综摇臂抬起,提起综片,底层纬纱上升。手按压纱杆,形成梭口,穿入分绞竹筒,使梭口张大,梭子引纬,织筘打纬。整个织造过程,就这样三梭一组,不断循环。下一次织平纹地纬的开口，是利用分经纱圆筒分开的自然梭口，进行引纬，不必再下提综摇臂。送经是人工调节，织几梭后，转动一下方形经轴，放出一段经纱。因为靠腰背之功来维持经纱张力，所以织造壮锦的劳动强度很大。织锦艺人在织造时，要全神贯注，手、脚、腰都要动作，但产量并不高。一个熟练的织锦艺人，每天只能织五尺左右，大约织一个星期，才能织成一匹壮锦。

壮锦纹样图案主要表现在题材广泛，结构严谨、造型别致、色彩艳丽。这些特点，跟壮族人民居住的地理条件和审美特征有内在的联系。

在创作壮锦纹样图案时，壮锦艺人始终把富丽多彩的大自然作为创作源泉，因此，壮锦纹样图案的题材内容相当广泛。壮锦艺人善于把壮族人民居住地的壮丽山河以及花卉、果实、鸟兽、虫鱼等动植物进行艺术加工提炼，根据各种壮锦品种的形式和需要，创作成美丽大方的壮锦花纹图案。仅以广西为例，据不完全统计，至今仍流传的壮锦传统纹样图案就有万字纹、水纹、云纹、回纹、菊花、莲花、水仙、梅花、桂花、茶花、五彩花、四主夹星、四宝围蓝、石榴夹牡丹、万字夹梅、穿珠莲、团龙飞凤、蝴蝶朝花、凤穿牡丹、双龙抢珠、狮子戏球、马鹿穿山、鲤鱼跳龙门、水波浪等 20 多种。题材内容都相当广泛，反映了壮族人民居住地的风貌和他们的生活情趣、追求、愿望。

从花纹图案组织结构的角度来看，其花纹图案大致可分为几何纹样、自然纹样和装饰纹样三种类型。

几何纹样大多用作地纹或骨架，其特征是形象简朴、结构严谨、变化多样、有强烈的韵感。这是由于交互运用了粗细、疏密、曲直、长短、方向等不同线条所产生的艺术效果。例如，万字、回纹、水纹、云纹等纹样，都属于几何纹样。还有另一种手法，即用点、线、面组成的适合纹样，安置在适合的骨架内，也可将四方连续纹样组成的图案用于花边等装饰部位，这类纹样一般比较小，例如八星锦等纹样图案。

在壮锦图案中，几何形骨格占有很重要的位置。骨格一般以万字、回纹、水纹、云纹以及各种小花连续排列组成。这类纹样，既可以向四方连续作地纹，上边布置各种散点纹样；也可以组成各种骨架，在骨架里安放各种适合纹样；单独运用万字等纹样，上下左右连续，亦可组成素雅大方的锦面；另外，还有以某种形象为主体，加以花边装饰，组成适合纹样图案。大面积的地纹或花纹，因为制作工艺的关系，需要压线，也可以组成各种纹路，产生别有风趣的艺术效果。

在几何地纹上布置散点纹样组成的锦面，会产生别具风格的审美情趣。它使人觉得匀称、安定、宾主分明和生动活泼。由于地纹的衬托，比如暗地衬托亮花或浅地衬托深花，其结果使花纹图案的主题更加鲜明突出。像团龙飞凤、狮子滚球、四宝围蓝等花纹图案，都是这种形式。

在几何骨架内安放适合纹样的组织，会使花纹图案显得既统一又有变化，显得结构严谨，而且有相当优美的韵律感。

在几何骨架内，虽既可以安有由点、线、面组成的几何纹样，也可以安有丰富多彩的自然纹样，但大多数情况下都是安放装饰纹样。有时候，也可以用三种形式的纹样穿插在同一幅图案之中，例如万字夹梅、五彩花等图案，就是典型的例子。

壮锦中的自然纹样，是壮锦艺人根据自然形象的特征，经过艺术加工提炼后创作出来的。这类纹样，既跟自然物体接近，又不拘于自然形态。自然纹样，大多用于地纹上的自由花或主题性锦物上。由于不受地纹的限制，主题显得尤为突出，锦面也显得生动活泼。比如，龙凤锦和狮子滚球锦中的龙凤和狮子；鸳鸯锦和熊猫锦中的鸳鸯和熊猫，都显示上述艺术效果。

壮锦的装饰纹样，是壮锦艺人把动物、植物、人物、风景等自然物象进行高度的艺术概括和大胆变形，抓住某种自然物象的特征，进行艺术加工形成的纹样。它的图案形式介于几何纹样和自然纹样之间。跟几何纹样比，装饰纹样显得比较活泼。跟自然纹样比，装饰纹样显得规律性强，装饰味很浓，而且十分简练生动，十分含蓄，十分耐人寻味。由于装饰纹样有这种特征，所以成为壮锦图案中的主要图案，被大量运用到壮锦中，被称为壮锦纹样图案的主体。比如，双飞凤锦、莲花锦、五彩花锦、花鱼锦中的纹样，就是壮锦装饰纹样的典型代表。

在壮锦纹样图案中，不同的纹样图案主题，组织形式是不同的。例如，以万字、回纹、水纹、云纹等四方连续组成的几何纹图案，其特点是造型简单，结构严谨，用色单纯，素雅大方。这类纹样，适合大面积的装饰。被面的纹样，就属于这类纹样形式。而有主题的纹样布置，一般都是把主题内容放在居中的重要位置，主题内容一般都是鸟类、走兽和风景。有时也用花卉人物，不过大都有方向性，并且留有一定的空间，在两边或上下左右用二方连续组成花边装饰，用来衬托主题，组成一幅完美的图案。例如，鸳鸯、花鱼、桂林山水、熊猫、挂包、挂屏，等等，就是这种类型的图案。

壮锦纹样图案在色彩运用方面，也很有特色。在壮锦图案中，用色相当大胆，在对比中有调和，在素雅中见多彩，既有五彩缤纷的强烈对比色，亦有素雅大方的调和色调；既有浅地深花，亦有暗地亮花。正是由于采用这种简练概括的用色方法，才使图案的色调强烈响亮，斑斓多彩，古朴庄重，给人华而不俗、素而不减的艺术魅力。

壮锦图案用色的特点，主要表现在以下几个方面：①不受自然色彩的限制。壮锦艺人善于把大自然中丰富多彩的色相进行提炼、概括、夸张、变色，以便用来加强图案的装饰效果，使形象的特征更加鲜明突出，使整个锦面更加活跃，从而呈现五彩缤纷的景象；②善于运用对比色。在壮锦图案色彩中，对比色是比较多见的。比如，色相对比、深浅对比、明暗对比、冷暖对比、色块大小对比等等，不一而足，而且往往对比强烈；③主色调运用浓郁的重彩。主色调往往能很好地反映壮族的民情风俗，以壮锦的被面和背带心的主色调为例，这两种织品，是壮族姑娘嫁妆中必不可少的礼品，为表达喜悦幸福的场面和民情心理，鲜明的重彩可以透出浓浓的、喜洋洋气氛；又如，壮锦“龙凤锦”，以水红的地纹为主色调，锦面织制各种象征幸福和美好的吉祥纹样，诸如纹龙戏珠、双凤朝阳、狮子滚球、鲤鱼跳龙门、八宝等如意纹样，辅以红、黄、蓝、绿等十几种色彩，它们活跃在暖色地纹上，呈现出一派热烈的气氛，雄伟而有韵律感。又再如，壮锦的传统纹样“五彩梅花”、“菊花”等，也是在重彩色调的衬托下，呈现出五彩缤纷的艺术效果；④补色运用相当巧妙。例如，广西龙州壮族生产的“八角花”壮锦，其锦面总色调是亮底暗花，以红与绿、橙与蓝、黄与紫、红与蓝、黄与蓝等花样分别排列在一起，在周围以黑、白、灰几何形图案交错其间，使锦面显示出鲜艳明快、既对比又协调的艺术效果。在锦面中的红与绿、橙与蓝、黄与紫这三对补色中，保留了红、橙、紫的纯度和明度，降低了绿、蓝、黄的纯度和明度，同时采取了对比色过渡的方法，即将黑、白、灰中性色，在对比色毗连交界处适当排列，促使两色协调，排除它们的互相扩张、刺激作用。又如，“五彩花”壮锦的地纹，在紫红色万字图案中夹织浅绿色，使红与绿两块面积不等、明度一样的色相排列在一起，互相影响，互相对比，产生红绿灰的残象效果，从而衬托出五彩花的图案，使其形象更为突出；⑤非常注意类比色的运用。类比色即同类色和邻近色。由于是邻近色，其色相和明度不大，因此基本上是同一类性质的色系，用它们组合的色调是调和的，使人感觉既对比又协调、动中有静，富于变化。例如，广西龙州壮族生产的壮锦“挂幔”，有冷、热两种基调的品种。其中冷色基调的挂幔，花纹设色模仿蟒蛇皮的色彩效果，采取类比色的法则进行，色相间明暗距离很近，给人一种含蓄、恐怖的感觉。暖色基调的挂幔，则是在暖色度较大的地纹上，按类比色法则，排列暖色群（即复色）的几何纹样，间有少量银白及灰冷色的纹样穿插其中，显得格外高雅，别具一格。

壮锦所用的染料及其色调，主要有以下这些种类：用土朱、胭脂花、苏木等染料染红色，用黄泥、黄姜等染料染黄色，用蓝靛染料染蓝色，用树皮、绿草作染料染绿色，用黑土、草灰作染料染灰色等。此外，还把一些染料按一定的比例进行互相搭配，配制一些复合色彩。壮锦的传统染法虽然土气，但其色彩效果并不土，而是既纯朴又绚丽。

第二节　土家锦

土家锦不但是一种实用品，同时也是一种工艺品。作为实用品，土家锦以其质地结实和美观耐用的特点，不仅博得土家族千百年来的喜爱，同时还博得其他民族的人的喜爱。作为工艺品，土家锦具有相当高的艺术价值。

土家族是中华民族中历史相当悠久的一个少数民族。土家族主要成员是湘西的土著，与迁来的巴人、汉人、彝人融合而成。主要分布在湖南省西部的永顺、龙山、保靖、桑植、古丈等县；湖北省西部的来凤、鹤峰、咸丰、宣恩、利川、恩施、巴东、建始、五峰、长阳等县；四川省的酉阳、秀山、黔江、石柱、彭水等县。在历史上，土家族曾分别被称为板楯蛮、㑩人、酉溪蛮、巴建蛮、信州蛮、土民、土蛮等。宋代以后，随着汉族居民大量迁入，“土家”作为族称才开始出现。

各地的土家族，都会织土家锦，其中以湖南省湘西土家族的织锦最为著名。

早在汉代，湘西地区便已开始出现土家锦。在《汉书》中，有“蘭干”布的记述。这种“蘭干”布产于湘西五溪蛮居住地。据宋代朱辅著《溪蛮丛笑》一书中对“蘭干”布的考证，认为这种“蘭干”就是“獠言纻巾。有绩织细白纻麻，以旬月而成，名娘子布。按布即苗锦。”“绩五色线为之，文彩斑斓可观，俗用为被或衣裙，或作巾，故又称峝巾。”朱辅在这里所说的“苗锦”中的“苗”，不是仅仅指“苗族”，而是上古时代所传说的“三苗”，即南方少数民族的统称。因《溪蛮丛笑》中所说的“苗锦”，是指湘西地区所产的锦，所以所谓“苗锦”实际上就是湘西少数民族的织锦。而土家族是湘西地区土著少数民族之一，朱辅所说的“苗锦”应当包括土家族的织锦。

将现代湘西土家族的传统织锦与汉代的蘭干作一比较，这两者在织造工艺和织物外观等方面有相同或相似之处。现代传统的土家锦，也是用“五色线”织成。这里所说的“五色线”，有专指和泛指之分，专指是红、黄、绿、黑、白五色；泛指除了上面提及的五色外，还有蓝色、紫色、赭色等色彩。从蘭干和现代传统土家锦的用色和用途来看，两者完全相同。现代湘西地区传统土家锦用染过色的几种色线织成，其纹样跟蘭干的纹样一样色彩斑斓。其用途也都是主要用来做被单、衣裙或巾。现代湘西地区土家族的织锦工艺称为打花工艺，土家锦俗称土花铺盖，土家族的土语则称土家锦为“西兰普卡”。土家语的“西兰”，意为铺盖；土家语的“卡普”，意为花。土花铺盖实际上是土家语“西兰普卡”汉语译称。由这种称谓也可知，土家锦可能因其主要是用来做被单才俗称土花铺盖的。

如果从民俗学的角度去考察，也可以得到类似的结论。朱辅把《汉书》中的蘭干认定为锦，并说这种锦又“名娘子布”。这里所说的“娘子”，应当是指“女子”或“妇女”。朱辅没有说明蘭干（或“苗锦”）为什么称为“娘子布”。但如果我们考察一下历代织造土家锦的艺人，就会弄清蘭干（或“苗锦”）称为“娘子布”的原因了。历代织造土家锦的艺人，全是女子，可能正是因为这一点，朱辅才称蘭干（或“苗锦”）为“娘子布”。另外，还有一种可能，即土家锦的主要用途是做被单和衣裙，而这两样东西又往往是姑娘出嫁时的嫁妆，古时称已出嫁的女子为“娘子”，因蘭干(或“苗锦”)是主要供“娘子”用的“布”，故“名娘子布”。

综上所述，现代湘西传统土家锦跟《汉书》中所记载的“蘭干”，确实有源流关系。

在《后汉书·南蛮传》中，还有关于湘西地区贡赋㑇布的记载：“岁令大人输布一匹，小口二丈，是为㑇布。”㑇布即是㑇人织的布。《后汉书》成书比《汉书》晚，所以《后汉书》记载的㑇布，应跟《汉书》记载的蘭干有承传关系，系土家锦的一个品种。土家锦被当作缴纳贡赋的物品，表明东汉时期的土家织锦，在精美程度上比西汉时期有了提高。

在宋、元、明时代，土家锦的生产遍及土家族各聚居地。各家各户织机声不断，各地土家族妇女都善于并乐于织造土家锦，出现了女勤于织、户多机声的景象。由于生产规模扩大，产量和质量也有了提高，各地土家族妇女织出的土家锦，除了供给自己及其家里人用以外，还有一些剩余的土家锦拿到农村集市上去销售给其他民族的人，一些外来商人还采购大批土家锦销往外地。土家锦成为土家族各农户的主要经济来源之一。

在清代，地方志书对土家锦的记载既多且详。如嘉庆《龙山县志》有这样的记载：“土苗妇善织锦裙被，或经纬皆丝，或丝经棉纬，挑制花纹，斑斓五色。”可见当时湘西地区土家锦的品种有了增加，即增加了丝织品和丝棉交织的新品种；同时还可以看出，纹样图案依然保持“斑斓五色”的传统风格，所用还是比较简陋原始的织机，起花部分仍然靠手工挑花。嘉庆《龙山县志》还对当时土家锦的织造机具和土家锦的幅宽作了叙述，说：织造土家绵的织机低而小，因此织出的土家锦“阔不盈尺”。民国《永顺县志》除类似的记述外，还补充说：织造土家锦时，艺人在操作时一手织纬，一手用细牛角挑花。

上述志书的记载，亦说明尽管历代各个历史时期，土家锦均有一些新品种出现，但其所使用的织机和织造技艺，基本上没有什么大的差别。这种情况，直到民国时期，依然如此。实际上，即使到了共和国初期，情况仍然没有多大变化，基本上还是采用传统的织机和传统技艺织造土家锦。这充分说明土家锦在其漫长的发展史中，它的织机和织造技艺的进步是相当缓慢。

土家锦的织机和织造技艺之所以在很长时间里进步不大，原因是多方面的。其中主要原因是土家族的聚居地交通阻塞，长期与外界隔绝；另外，历代统治者对土家族等少数民族实行民族歧视政策，使土家族往往为了安全而不愿跟汉族进行密切的交往。这种封闭的地理环境和生活方式，使土家族的经济长期处于停滞不前的状态，作为土家族的主要经济之一的土家锦，当然也不例外地长期停滞不前。而土家锦作为土家族妇女一门久传不衰的技艺流传下来，当然也是有其缘由的。其主要缘由是因为土家锦用途颇广，深受土家人喜爱。据光绪《龙山县志》记载，土家族姑娘出嫁时，所需的嫁妆极丰，但为数最多的是土家锦，如除有多至20余床的锦被，还有数量相当可观的其他土家锦装饰品或日用品。土家族姑娘一般在十一二岁就开始学习织造土家锦，一直织到18岁左右，才能织出足够的用作嫁妆的土家锦。

织造土家锦所采用的机具，是一种传统的木制织机，这种织机的机身低而小，长约五市尺，宽约二点五市尺，高约三市尺，由机架、滚板(经轴)、绊带、踩棍、竹筘、棉综、绞棍和梭子构成。用这种织机织造土家锦时，必须同时采用小牛角挑子(挑花工具)进行挑花，土家锦的花纹是靠挑花技艺来完成的。由于受到织造技艺的限制，土家锦的纹样图案不能刻划那些太复杂、太精细的图形。有许多土家锦的图案，只是仅取素材中的一个局面。然后进行加工提炼而成。例如，取燕子的尾巴进行艺术加工后，使它演变成两个对立的三角形，这样既简练，又形象；然后，再配以富有节奏变化的外框骨架，就成了具有粗犷朴实美感的燕尾花型图案。又比如，在土家锦中见到的猫脚迹、猴子手、牛脚迹、鱼尾巴等纹样图案，并不是刻画猫、猴子、牛、鱼的整体形态，而仅仅是它们的爪印或尾巴而已。这种独特的艺术取舍加工，使土家锦的纹样图案具有浓厚的民族特色。

织造传统土家锦的工艺，主要有如下五道工序：

(1)染色。根据花色品种需要的色彩，染好底绽纱和花纱的颜色。

(2)倒筒。把已染好色的纱线倒成筒。

(3)牵纱。把倒成筒的绽纱牵好，卷到滚板上，并穿好筘。

(4)上机。把卷好纱绽的滚板装上机架，并穿好综，安好绊带和踩棍。

(5)试机和打织。织机全部安装好后，先进行试机。待试好机后，再开始打织。

在织造时，织锦艺人带好绊带，拉紧锭纱，根据织锦艺人头脑中记忆的传统纹样或花型蓝本的要求，用小牛角挑子(挑花工具)挑起已分成小组的底绽纱，将不同颜色的纬线穿过，然后把其打紧。

土家锦的纹样题材，大多取材于土家族居住地的动物、植物、天象、生产用品和生活用品等，显得朴实大方，具有浓郁的民族风格和地方特色。这些纹样题材，经过土家锦艺人的大胆提炼、取舍、夸张、变化等艺术手法的处理后，摆脱了自然生态的束缚，产生了追求强烈的形式美，具有土家族独特风格和地方特色的艺术美感。至今，土家锦约有100多个基本传统花型保存下来，其中，动物纹样，主要有兽花、马花、蛇花、虎皮花和狮子花等；植物纹样，主要有大白梅、小白梅、韭菜花、烂苦梅、九朵梅、金勾莲等；生活用品或生产用品纹样，主要有桌子花、椅子花、棋盘花、船花、称勾花、打杆花(即土家族在劳动时用以支撑背笼的“T”形木架)等，都是一些平时不被一般人注意、不易引起人们美的联想的，但却和土家族人的生产、生活有密切联系的用品，作为纹样图案的题材；天象纹样，主要有太阳花、月亮花、满天星、雾云花、水波浪等；另有一些受汉族纺织品影响的纹样，主要有寿字花、福禄寿喜、米字花、狮子滚球、野鹿含花等，这些纹样虽然源于汉族，但经过土家锦艺人的艺术加工处理，变成了具有土家族民族风格的纹样。

土家锦的纹样构图和纹样配置非常有特点。以土家锦被面为例，用土家锦做成的被面，每条一般长约三市尺，宽约一尺二三。它的纹样图案，往往由正花和边花组成。边花又称为档头，由二至三条横向重叠的花边组成。正花的图案，十分丰富，是以方形、菱形、六边形、多角形和梭形等几何图形组成图案的骨架，在骨架内放置各种花形，骨架与骨架相互交错排列或并列，组成一幅完整的画面。它的纹样配置，特别注意考虑黑白、轻重、疏密的关系以及大、小、块面及线条的组合。由于注意了以上两点，所以使纹样图案的画面显得主次分明，韵律感相当强烈。

土家锦的一些传统纹样图案，直到今天，仍被土家锦艺人沿用，其中被运用最多的传统纹样图案有台台花、苗花、岩墙花、金勾莲、大白梅、小白梅、九朵梅、八勾花等20几个花型。台台花是一种由狮头、船花等花型组合而成的图案，有台台花纹样图案的土家锦，大多被用来做包小孩的包被。八勾花又分为单八勾花、双八勾花、十二勾花、二十四勾花、四十八勾花，以及和其他纹样图案组合而成的盘子八勾花、箱子八勾花等。有这些八勾花纹样图案的土家锦，一般都是用来做被面。关于八勾花纹样的来源，可能是由藤勾花和云勾花这两个纹样图案演变而来的一种抽象几何纹样。这种纹样图案造型生动，穿插自如，给出一朵花，能得到一阴一阳两个花形，深受到土家姑娘的喜爱，经常被运用在各类土家锦织品上。

土家锦一般都是色彩绚丽的彩色锦。传统土家锦所选用的着色用料，都是植物染料和矿物颜料，主要有土靛、紫莓、棉叶、棉梗、朱砂、土红等等。

第三节　苗　锦

苗族人民发明的苗锦，因独具特色与壮锦、土家锦并享盛誉。

苗族是中国历史悠久的古老民族之一。苗族把传说时代的蚩尤尊奉为始祖。据历史传说和其他历史资料，唐虞夏时代的三苗、史籍所称的南蛮、殷周时代的髳、春秋战国时代的荆蛮、秦汉时代的黔中蛮或武陵蛮，都包括有苗族先民在内。在古代，苗族自称为“牡”、“蒙”、“摸”、“毛”，有的地区还自称为“嘎脑”、“果雄”、“带叟”、“答几”等。苗族如今则分布在贵州、湖南、云南、四川、广西、湖北、海南等省区，其主要聚居地是位于黔东南和湘鄂川黔的交界地带(以湘西为主)；广西大苗山、滇黔桂和川黔滇交界地带以及海南省，也有苗族主要的聚居区。

各地苗族都会织苗锦，但据现在掌握的资料，贵州的苗锦和湖南的苗锦历史最为悠久，较为著名。广西的苗锦，与贵州的苗锦和湖南的苗锦有源流关系，因此也比较闻名。

早在三国时期，贵州的苗族就已有了苗锦。据贵州地方志书记载的一个历史传说，贵州苗锦的发明可能与诸葛亮有关。据传说，有一次诸葛亮攻打贵州铜仁的苗族山寨，久攻不下，正当诸葛亮无计可施时，苗族首领派人来求见诸葛亮，对诸葛亮说，苗寨里正在流行痘病，许多苗人因病重而导致皮肤溃烂，如果诸葛亮能为苗人治好病，苗人愿意归顺。诸葛亮听后十分高兴，教苗人用木棉线染成五色，织成锦，用这种锦当作卧具。过了不久，患痘病的苗人全被治好了，苗人为了纪念诸葛亮，把这种锦称为诸葛锦。这段记载可能不符合历史真实，因为历史上中国存在严重的大汉族主义思想意识，常常把属于少数民族发明创造的东西，归功于汉族及其代表人物。因此，从织锦技术史的角度来考察，这段记载所反映的贵州苗族织锦技术，在三国时期发明，是可能的，但苗锦的发明者不应是诸葛亮，而是贵州当地苗族人。

湖南的苗锦，在上一节已谈及，不再赘述。

广西的苗锦，可能源自贵州和湖南，因为广西苗族是从贵州和湖南迁移过来的。苗族在从湖南或贵州迁入广西之前，已经发明了织锦技术，他们迁入广西时，必然也把织造苗锦的技艺带到广西。云南、四川、湖北、海南等省的苗锦，历史可能没有贵州和湖南的苗锦悠久，也没有贵州和湖南的苗锦有名。

由于苗族的居住地分布在几个省、区，受到各地不同的人文、地理环境等诸因素的影响，所以各地所产的苗锦，存在一些小的差异，主要表现在织造苗锦所用的织造工具、操作手法和纹样图案等方面。

苗锦使用的织机，如今发现的，共有三种类型，即：手工挑花织锦机、类似织壮锦的手工织锦机、排子机。手工挑花织锦机是苗族古老的传统织机，这种织机实际即较简单原始的腰机；类似织壮锦的手工织机，比较复杂，由机身(包括机床、机架、坐板)、装纱(包括卷经纱机头、纱笼、布头轴、绑腰、压纱棒)、提纱(包括纱踩脚、纱吊手、小综线)和打花(包括筘、挑花尺、筒、绒梭)等几部分组成。这种织机如果再加上花踏脚、花吊子、花笼、编花竹、大综线、综线梁和重砣等提花装置，与织壮锦的竹笼机很接近。上述两类织机，都是织苗锦的传统织机，起花部分都靠挑花工具来起花。排子机则属于提花机，是在类似织壮锦的手工织机上增加了提花装置，所以，排子机既可以织苗锦，也可以织壮锦。上述三种类型的织机，并不是所有苗族地区都在同时应用,只有广西苗族地区,这三种类型织机同时并存。

各地的苗族,织锦工艺大同小异,都是经线作底,纬线起花。操作手法视所用织机而定,主要有二梭法和三梭法两种技法。用简单织机织制,采用二梭法,因为这种织机没有提花装置,只能织平纹,提花靠用挑花工具进行挑花来完成。用这种织机织出的苗锦,幅宽一般只有二尺二寸左右。用提花机织制,采用三梭法,织造时挑和织同时进行,第一梭是织花纹纬,第二梭是织地纹纬,第三梭是织平纹纬(平布纹)。花纹纬根据花纹色彩的要求,随地纹和平纹的织制而回旋缠绕地向上挑织,而不是一起穿过梭口。这种方法叫做通经断纬织造法。用通经断纬织造法织造的苗锦,幅宽可达四尺多,且结实厚重,花纹纬和地纹纬把平纹包住,从锦面看不见平纹,锦面正面有花,背面没有花。另有一种苗锦,采用通经通纬织造法织造,以白纱为经,以黑纱为纬,锦的两面都有花纹,正面是白地黑花的阳花,背面是黑地白花的阴花,很像侗锦。这种织造方法,跟织造侗锦的方法也没有差异,很可能是受到侗锦技艺的影响。

苗锦既是提花织物,又是实用美术工艺品,所以经过长期发展,各地苗锦纹样一般都已达数十种。以广西的苗锦为例,广西的传统纹样主要有山字形、人字形、万字形、蚂拐花、谷穗花、狗脚花、蝴蝶花、鱼花、豆花、梅花、梨花、牛牙花、鹅颈花、鹅翅花、人花、鸟花、蜂窝花、蜂子花、锁花、金贵花、四角花等。此外,还有一些借鉴壮族、汉族等其他民族的花纹图案,如雷纹、龙、如意图案等,不过这些图案在苗锦纹样中,只作陪衬和花边装饰,从来不作主题。在纯正的苗锦传统纹样中,是没有花边装饰的。

苗锦纹样图案的色彩相当庄重,常用的主色调是黑色、红色、蓝色,以黑主色调最常见。其他经常用的色彩有黑色、白色、黄色、紫色、桃红色、粉绿色、鲜蓝色、青莲色、青紫色、鲜绿色、湖蓝色、大红色和玫瑰红等。这些色彩具体运用到苗锦纹样图案上时,有一定的搭配规律,例如,红配绿或配蓝、青莲配绿或配天蓝、黄绿间用、同类色间用,等等。因这些色彩大多是明快的颜色,经过调配处理后,可以使整个锦面显得清新、明洁、绚丽、悦目。苗族织锦艺人偏爱黑主色调的原因:一是认为黑色为骨架能使纹样图案清新别致,既好看,又经久,即使其他颜色变了,黑色仍然很清楚,纹样图案可以长时间保持主要骨架线条;二是受中国水墨画影响,认为以墨色为基础,以其他色彩作陪衬,能使锦面显得格调高雅明丽。

在苗锦纹样图案的色彩中,还包含一些苗族人的色彩观。例如,图案中的黑色表示山沟,白色表示水,浅色表示山峰,绿色表示树林,红黄色表示谷穗等。可见苗锦的纹样图案色彩实际上就是苗族村寨生活环境的缩影。苗锦纹样图案的色彩,还跟不同阶层的人的审美情趣有关,例如,苗族富贵者,为了炫耀自己的豪华富贵和威望,在苗锦中大多喜欢用辉煌的大红、大黄、青色、紫色等色彩,这些色彩对比强烈,十分堂皇,但由于没有呼应,不免显得郁闷。这种色彩,体现了苗族富人的身份地位和审美意识。

第四节 黎 锦

黎族人民发明的黎锦,以其悠久的历史和鲜明的特色而久负盛名。

中国南方的一些少数民族,在西汉时被泛称为"骆越",东汉时被泛称为"里"、"蛮",隋唐时被泛称为"俚"、"僚",黎族的先民,包括在上述那些泛称之内。唐代末期,出现"黎"这一专用族称,并在宋代固定下来,以后一直沿用至今。

黎锦究竟是什么时候开始出现的,因缺乏实物和其他资料,目前难以查考。但据古文献的记载，至迟在战国时期，海南岛上的黎族已能织造黎锦。在《尚书·禹贡》中，曾有“岛夷卉服，厥篚织贝”的记述。岛夷指的正是海南岛的黎族。卉服所指，可能是两种含义，其一可能是指棉、麻布做的衣服，其二可能指有花卉纹样图案的衣服，因为卉的原意是草的总称，而古代相对桑蚕丝而言，往往有人把桑蚕以外的纺织原料诸如麻、棉称为草。因此，也可以把“卉服”解释为有纹样图案的衣服。而“厥篚织贝”，指的是用来作贡品装放在竹筐(篚)里的锦。

秦汉时期，海南岛黎族纺织业有了较大的发展，《后汉书·地理志》记载，元封元年(前 110)汉武帝在海南岛设置儋耳、珠崖两郡时，当地已是“男子耕种禾稻纻麻，女子桑蚕织绩”。因此这时的黎锦可能有棉织品、麻织品、丝织品以及由两种或三种纤维交织而成的品种。又据《后汉书·南蛮西夷列传》记载，当时海南岛黎族生产的“广幅布”，“洁白不受垢污”，远近闻名，就连汉朝政府也慕其名而把它列为征调的织品。所谓“广幅布”，实际上是黎锦的一种，因其布幅广五尺(约合今 3.5 市尺)而得名。唐以后，黎族的纺织技术又有了进一步的发展。宋末元初的黄道婆，就曾到海南岛向黎族人民学习棉纺织技术，并以此作为她革新发明更高水平的棉纺织技术的基础，这从侧面反映出黎族的棉纺织技术水平是比较高的，这也就为黎锦的进一步提高提供了技术条件。据《黎族简史》编写组编写的《黎族简史》一书介绍：在宋代，黎锦除了用来做衣服外，还用来做床上用品和其他生活用品，黎单、黎幕等黎锦品种均已驰名国内。在明清时期，黎族人以吴绫、越锦插取色丝，间以鹅毛，织成人物、花鸟、诗词，瑰丽可爱，传颂为“机杼精工，百卉千华”。

关于织制黎锦所用的机具，古代时的情况，因缺乏资料，难以弄清。从现存传统黎锦织制机具来考察，使用的织机是原始腰机。这种原始织机，只能织平纹，起花部分要靠使用挑花刀进行挑花来完成，也就是织和挑花技艺相结合，才可织制成黎锦。黎锦艺人使用的腰机十分简陋，却能借用提花、挑花技术织制出相当瑰丽的黎锦，说明织制黎锦的技艺是很精巧的。

腰机提花大概是最原始的提花技术，方法虽然简单，然而非常巧妙，它揭示了提花机按花纹要求以一定的程序起花的重要原理。

在我国海南岛的黎族，现在仍然广泛采用这种技术来织造那些富有民族特色的筒裙、花边和头巾。织出的几何花纹，纹样复杂多变，颜色鲜艳，对比强烈，是很好的工艺品，深受民众赞美，它是我国少数民族妇女灵巧、美丽和智慧的象征。

下面以黎族织制筒裙为例，介绍腰机提花技术。

黎族筒裙是由花裙、中间连接带和腰部三部分缝制而成(图 10-2)。腰部为一般色织布。花裙、中间接连带是提花或挑花织制，裙长与宽随穿着人的身材而定。

(图 10-3)中是一位黎族姑娘正在织制一条中间连接带，带中间图案为菱纹，里面又有许多小花纹，当地妇女称之为“虫花”(图 10-4)。

织制工序如下：

整经：经纱在木棍上成环形，均匀排列，宽约 6 厘米，长约 126 厘米，可做两条筒裙的连接带，总经根数为 158 根。

织物上机：环形经纱中的木棍把经纱分成上下两层。织造时从上层经纱开始，织一段转过一段经纱。上层经纱是反面上机，提综分地、花两部分。

织地提花部分：地组织都是平纹(和我国至今发掘出土提花丝织品是一样的)。手提综是由两叶手提竹制综杆(图 10-5)。上面绕上细绳作为吊综组成。竹制棕杆呈 U 字形，综绳绕线方法见图 10-6。

图 10-2　黎族花裙

图 10-3　黎族妇女织制照片

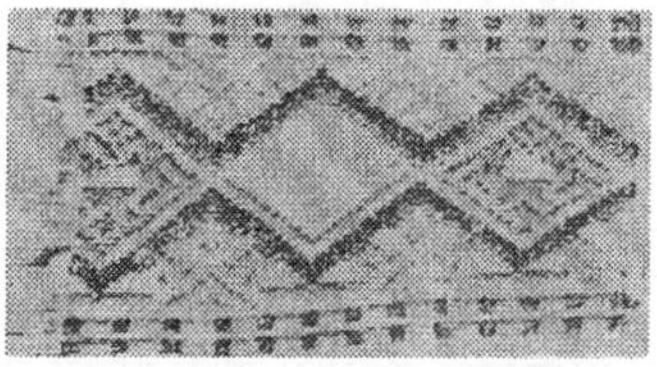

图 10-4　虫花图案

图 10-5　竹制综杆图

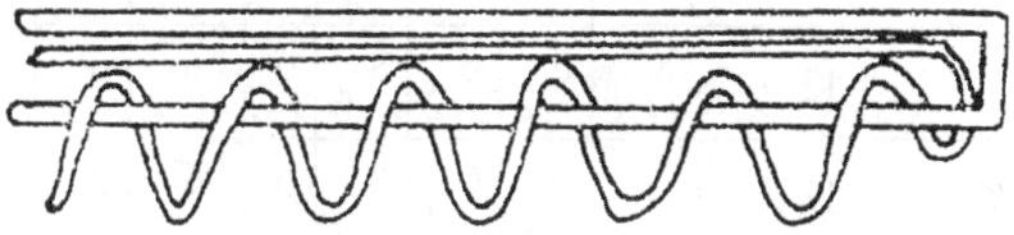

图 10-6　综绳绕线方法

第 I 叶综：综线只穿单数经纱，每根综线只穿一根经纱。

第 II 叶综：综线只穿偶数经纱，每根综线穿两根经纱（图 10-7）。

提花起综部分：虫花是 15 纬为一个循环，有 15 叶综。每叶综中每一根综线穿入经纱，根数和次序黎族妇女完全是凭记忆。综杆上综线绕制方法与织地的相同。布边，每边留 16 根经纱织平纹地，而后每片综中每一根综线穿入经纱根数顺序如下表：

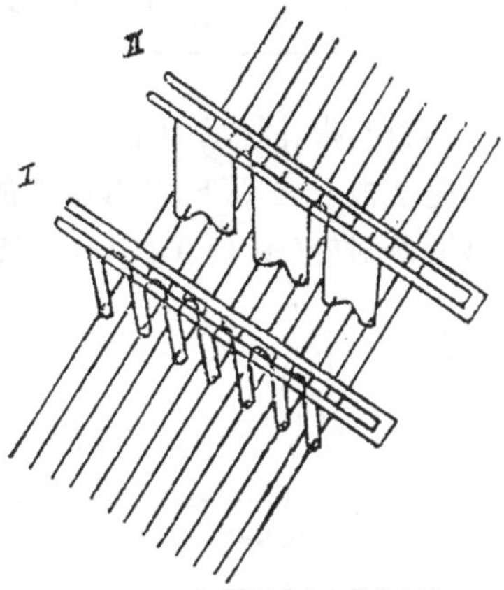

图 10-7　经纱穿经图

综线圈顺序 / 起吊和间隔的经纱根数 / 综杆顺序	1	2	3	4	5	6	7	8	9	10	11	12	13	14	15	16	17	18
1	6 2	6 2	6 2	6 2	6 2	6 2	6 2	6 2	6 2	6 2	6 2	6 2	6 2	6 2	6 2	6		
2	6 2	6 2	4 2	6 2	10 2	6 2	6 2	10 2	6 2	6 2	10 2	6 2	4 2	6 2	6			
3	6 2	6 2	2 2	6 2	6 2	10 2	6 2	6 2	6 2	6 2	10 2	6 2	6 2	2 2	6 2	6		
4	6 2	6 4	6 2	6 6	6 2	6 2	6 2	2 2	6 2	6 2	6 6	6 2	6 4	6 2	6			
5	6 2	6 2	6 2	2 2	7 4	1 1	1 2	6 2	6 2	6 2	6 2	6 2	2 6	6 2	2 2	6 2	6 2	6

续表

综杆顺序 \ 综线圈顺序 \ 起吊和间隔的经纱根数	1	2	3	4	5	6	7	8	9	10	11	12	13	14	15	16	17	18
6	6 2	6 2	4 2	6 2	6 6	6 2	6 2	2 2	6 2	6 2	6 6	6 2	6 2	4 2	6 2	6		
7	6 2	6 2	2 2	10 2	6 2	6 2	6 2	6 2	6 2	6 2	6 2	6 2	10 2	2 2	6 2	6		
8	6 2	6 4	6 2	10 2	6 2	6 2	10 2	6 2	6 2	6 2	10 2	6 4	6 2	6				
9	6 2	6 2	8 4	6 2	6 2	6 2	6 2	10 2	2 2	6 2	6 2	6 4	8 2	6 2	6			
10	6 2	6 2	8 6	2 2	6 2	6 2	6 2	10 2	6 2	6 2	6 2	2 6	8 2	6 2	6			
11	6 2	6 2	8 8	6 2	6 2	2 2	2 2	10 2	10 2	6 2	6 8	8 2	6 2	6				
12	6 2	6 2	8 6	6 2	6 2	6 2	6 2	6 2	10 2	6 2	6 2	6 6	8 2	6				
13	6 2	6 2	8 4	6 2	6 2	2 2	12 4	6 2	6 2	2 2	6 2	6 4	8 2	6 2	6			
14	6 2	6 2	8 2	6 2	6 2	6 2	10 6	2 2	6 2	6 2	6 2	6 2	8 2	6 2	6			
15	6 2	6 2	6 2	6 2	6 2	10 2	8 8	4 2	6 2	4 2	6 2	6 2	6 2	6 2	6			

竹制提花综后面是一对分绞棍、导纱棍、绕经纱棍(相当于经轴)(图 10-8)。分绞棍上的经纱是 2 根上、2 根下,导纱棍上的经纱是 2 根一组绕在棍上。分绞棍上的经纱与导纱棍上的经纱两两对应(图 10-9)。导纱棍起紧张作用,使经纱平整。

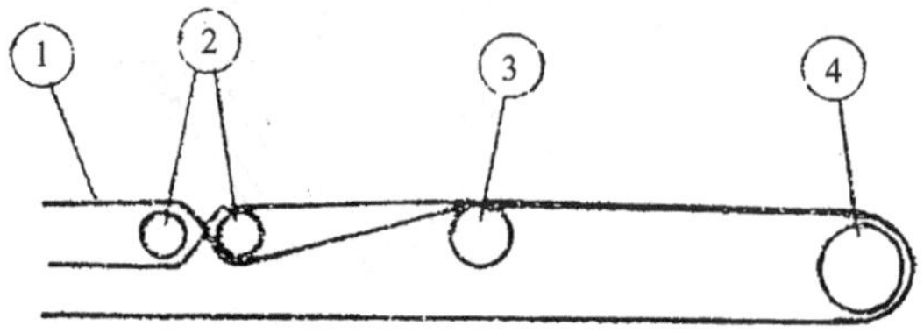

图 10-8　经纱绕制方法

1. 经纱　2. 分绞棍　3. 导纱棍　4. 绕经纱棍

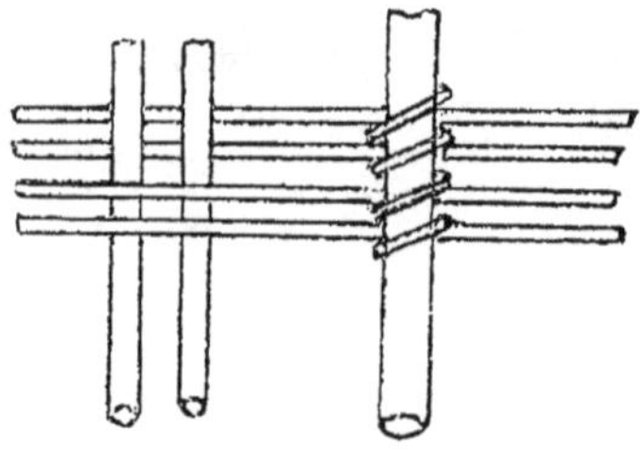

图 10-9　分绞棍、导纱棍上经绕纱方法

图 10-10 系腰机提花上机示意图。

织造工艺:腰机使用时,把它展开,织工席地而坐,系上腰带,两脚踩上绕经纱棍,经纱张力大小靠腰脊来调节。手提起综时,张力逐渐减小,打纬时经纱紧张。

开口顺序是一梭地、一梭花交替织造。第一纬,织工手提织地综 I 形成第一梭口(图 10-11),放入打纬砍刀,立起砍刀固定梭口,加大张力使梭口清晰,纡子引纬,落综,放平砍刀,双手紧握砍刀打纬,然后抽出砍刀。第二纬,织工手提第 I 叶提花综形成第二梭口(图 10-12),同样用砍刀固定梭口,手拿丝线引纬、打纬等操作与织第一纬时相同。起花梭口中引入不同彩色丝线,构成彩色花纹图案。

第三纬,提起第二叶织地综,形成第三梭口……

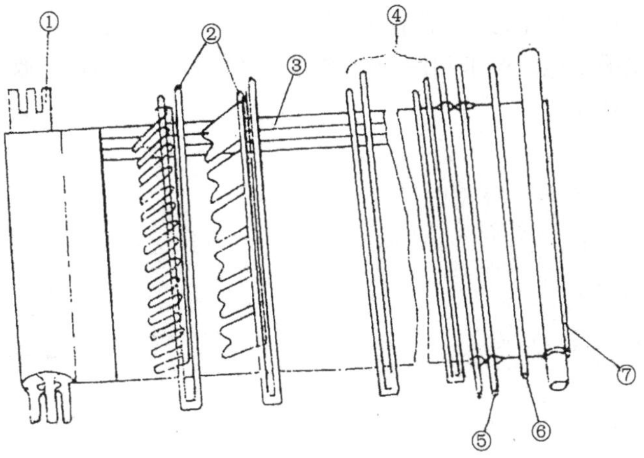

图 10-10　腰机提花上机示意图
1. 卷布轴　2. 综杆　3. 经纱　4. 提花综杆　5. 分绞棍　6. 导纱棍　7. 绕经纱棍

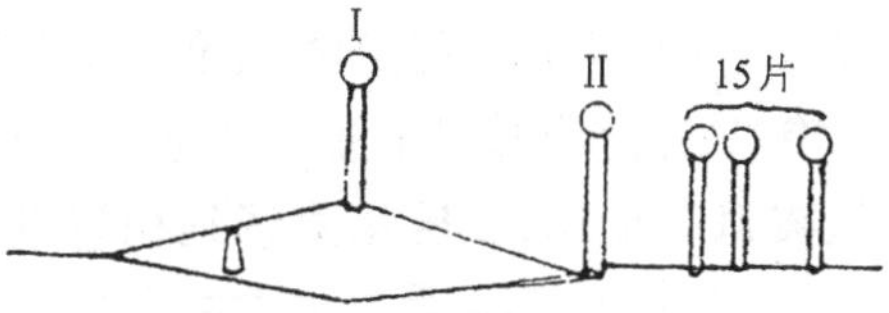

图 10-11　腰机提花开口图(1)

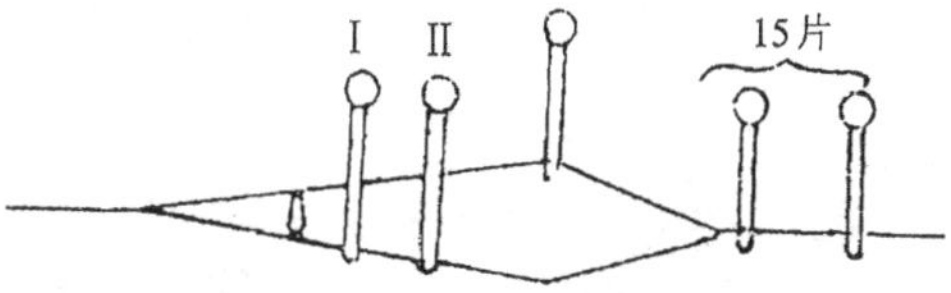

图 10-12　腰机提花开口图(2)

第四纬，提起第二提花综……

第五纬，提起第一叶织地棕……

这样顺序地一梭地、一梭花(提花综顺序是一、二、三、四……十五)，不断循环，乃至一个花纹循环完，又重新开始。

腰机提花的图案花纹，纬纱循环数是有限的，一般在 30 根以内。在拉花机出现以前，循环数再要增大，腰机提花就难以胜任。提花综上机比较复杂，织造起综也比较困难。我国古代有一种挑花技术，在现代少数民族地区也能看到，花纹循环可达数百根。挑花的生产效率比腰机提花还要低一些，但是，我国劳动妇女在长期的操作中，总结出一套规律，从而把一个复杂的过程简单化了，加快了织作速度。

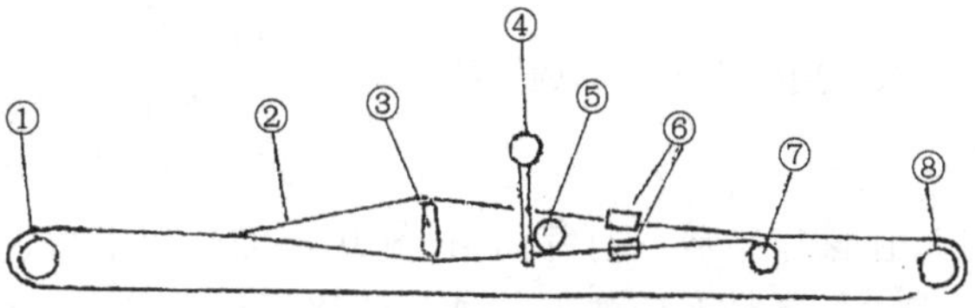

图 10-13　腰机挑花上机示意图
1. 卷布棍　2. 经纱　3. 打纬砍刀　4. 提综杆
5. 分绞棍　6. 上、下分纱片　7. 导纱棍

腰机挑花的上机比较简单(图 10-13)，织地只采用一片综，综线只吊单数(或双数)经纱，综后有一根分绞棍，把经纱按单、双数分成上下两层，为了便于挑花，在综后，导纱棍前巧妙地加装了上、下两根分纱片，它们把梭口中的上、下层经纱，按一定规律又分成上下两层，即成了四层，至于排列规律根据花纹的要求而定。

(图 10-14)为挑花的菱形图案头巾，花纹循环数 136 根，中心对称，挑花时，上下分纱片把梭口中上片、下片经纱按一上二下顺序分成两层。分纱片后是导纱棍，经纱环绕在棍上，均匀平整。另外还有两把竹制挑花刀，一把木制打纬砍刀，一个引纬的纡子。

织造时第一纬织平纹地。织工利用分绞棍的自然梭口(图 10-15)，放入打纬刀，立起砍刀张紧梭口，引通纬后，打纬。

图 10-14 菱形挑花头巾图案

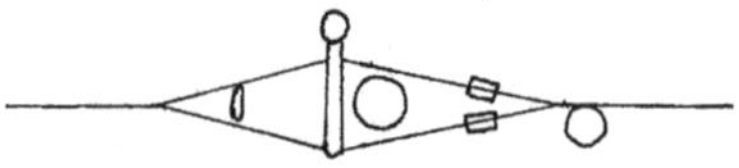

图 10-15 第一纬时的挑花开口

第二纬是挑花。(图 10-16)所示，先提起综片形成梭口，放入挑花刀 A(图 10-16-1)。放下综片，与原梭口形成一个交叉，出现第二梭口，在梭口中放入打纬刀 B(图 10-16-2)。分绞棍后移，下片经纱在上，相对应的下分纱片前移到靠综片的位置，然后立起，从而把下分纱片上的经纱分成上、下两层。上层经纱在第一交叉处形成一个三角形的半梭口，在这半梭口中放入挑花刀 C(图 10-16-3)。A 挑花刀从梭口中抽出，C 挑花刀移到织口前位置(图 10-16-4)，这时挑花刀 C 上下层经纱数发生了变化，由原来的下分绞片上面一上二下变成了一上五下(图 10-17)。这是由于挑花刀 A 从梭口抽出后，上下层经纱在织口前连成一片的缘故。这样经纱按照一上五下的规律分成一组一组。织工拿着挑花刀 A，按花纹的要求，上下挑出经纱。挑完后，挑花刀 C 从梭口抽出来，把挑花刀 A 立起形成梭口，手工分段引入各种色纬、打纬。

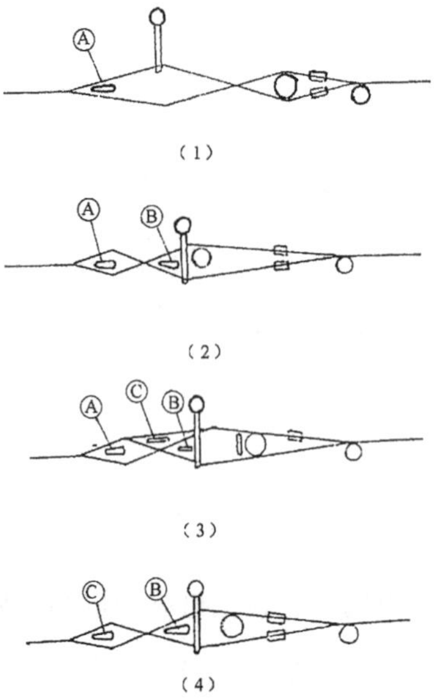

图 10-16 第二纬时的挑花开口

第三纬，织平纹地。提起综片形成梭口，放入打纬砍刀，立起砍刀固定梭口，引通纬，打纬(图 10-18)。

第四纬是挑花。在梭口中放入一把挑花刀 A(图 10-19-1)，提起综片与挑花刀形成一个交叉，出现第二个梭口，在梭口中放入打纬刀 B(图 10-19-2)，放下综，使综恢复到原来位置。分绞棍后移，1 片经纱在上，与其相对应的上分纱片前移到综片处，然后立起，从而把上分纱片上的上、下两层经纱分开，上层经纱在第一个交叉处形成一个三角形的半梭口，在这半梭口中放入挑花刀 C(图 10-19-3)，A 挑花刀从梭口中抽出，C 挑花刀移到织口前位置(图 10-19-4)。这时挑花刀 C 上、下层经纱发生了变化，由原来上分纱片一上二下变成了一上五下，这也是挑花刀 A 从梭口抽出后，上下层经纱在织口前合成一片的缘故。经纱按一上五下的规律编成一组一组，织工根据花纹要求挑制。

由于这种挑花是在整片经纱上进行，因此织物正反面显示出完全相同的花纹。

腰机提花和挑花织做工具都很原始，但对织工的技术水平要求却很高，从花纹的构思、设计，到织物的上机和织作过程，都需要织工去独立完成。

黎锦的瑰丽，主要表现在纹样图案和色彩方面。

黎锦的纹样图案，充分显示出黎锦艺人的丰富的想象力和高超的创作技巧。黎锦纹样一般可以分为几何纹样和装饰纹样，织锦艺人运用简单的直线和平行线构成方形、三角线、菱形等几何形花纹，运用变形、概括等艺术加工手法把人物和动植物变成图案化的装饰纹样，其构思相当巧妙。黎锦纹样丰富多彩，常用的图案花纹有青蛙、斑鸠、人物、稻花、白藤、孔雀、蛇、马、鹿、竹、水、云、星等40多种。各地黎锦所采用的纹样图案，往往具有不同的种类和不同的风格特征。例如，有些地方的黎锦古朴大方，有些地方的黎锦华贵富丽，有些地方的黎锦则又表现为和谐典雅。在选用花纹种类方面，各地也各有不同，如通什一带的黎锦纹样，大多是动物纹；五指山一带的黎锦纹样，大多采用人物纹；琼中一带的黎锦纹样，大部分是鸟纹。

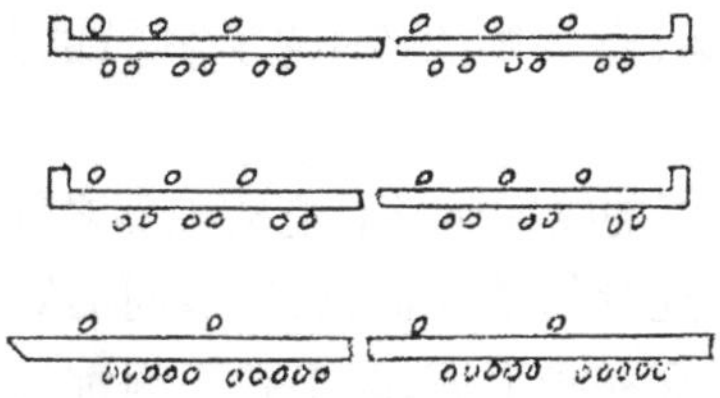

图10-17　上、下分纱片，挑花刀上经纱排列图

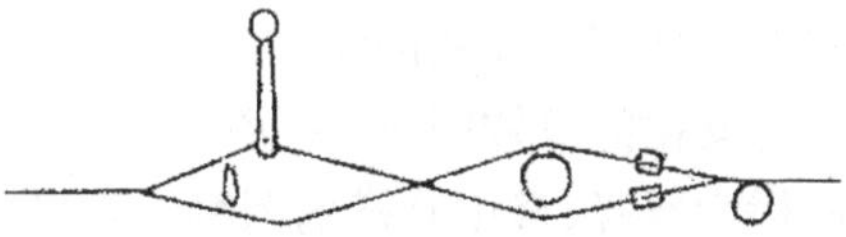

图10-18　第三纬时的挑花开口

黎锦纹样图案在色彩运用方面，喜欢运用明暗间色处理法，因而往往形成色彩强烈对照的效果。在现存的黎锦纹样图案资料中，保亭南部和陵水西北地区黎族织制的“蒲地锦”花纹图案，颇为瑰丽壮观。这种“蒲地锦”在色彩运用方面，大多采用粉蓝、紫红、石绿等多种色彩，使锦面色泽灿若闪烁繁星，宛如宝石镶嵌，蒲地簇锦，令人叹为观止。清代的程秉钊曾写有“黎锦光辉艳若云”的诗句，他诗中所赞美的黎锦，就是我们在上面提到的“蒲地锦”。

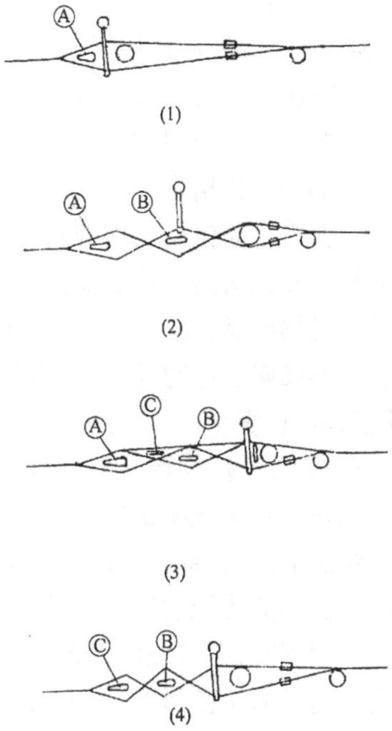

图10-19　第四纬时挑花开口

黎锦是一种实用工艺品，它被广泛地运用到黎族的衣服、挂包、床上用具以及其他生活用品及装饰品诸方面，但主要是被用来做衣服。下面我们介绍一些地区的黎族女裙图案。

在孝应黎妇女中，一种叫做“婚礼裥”的女裙十分流行，但不同地区的孝应黎“婚礼裥”的纹样图案是不同的，有的“婚礼裥”的裙身图案，犹如一幅风俗画，整幅画面描绘了从迎亲、拜天地到迎宾仪礼的整个结婚场面；有的“婚礼裥”的纹样图案，则表现在裙尾上，而且图案内容不是结婚场面，而是织满了应时事物。

四星孝的女裙上的纹样题材，则以人物和动物为主，往往反映一种狩猎生活的情趣。

美孚黎的女裙上的纹样图案，大多是含蓄的几何纹样，它的纹样图案还有另外一个特点，那就是刻意表现扎染技艺的色斑效果。

德透黎女裙上的纹样图案，虽然也跟美孚黎女裙的纹样图案一样大多是含蓄的几何形，但两者的纹样却有各自独特的风格，德透黎女裙上的纹样力求织工精密、图案秀丽和配色华贵，与美孚黎的刻意表现扎染色斑效果的风格有明显的区别。

在杞黎的女裙式样中，有一条据说是部族首领死时专供继承者去行盖尸仪礼时穿用的裙子，仪礼结束后，这条裙子由继承人收藏，待他死时，再传给新的继承人沿例而行。这条裙子上的黎锦纹样是合抱人纹，相当洗练完美。

不同地区的黎族女裙上的纹样，往往还有一些相同的图案，最常见的有蛙纹、蛇纹、蟹纹、鸽纹、猿纹、人纹等等。这些纹样，在造型上都别具一格。例如蛙纹，蛙的后腿夸张地加长，而前腿却去掉，用几根斜线，恰当而巧妙地表现蛙在跃跳时的特征。又如蛇纹，只表现蛇爬行时波浪式行走的遗痕，而不是直接描写蛇身，这些纹样图案，充分显示黎锦艺人独特的艺术创作手法。

在一些黎族女裙的纹样图案中，我们还可以看出黎锦的纹样布局有它的独到之处。例如，有一种女裙的纹样图案，在裙的上下两端两条左右横向连续的条纹上，设置竖向的短直条纹，形成横中有竖，竖中有横的图案。这样的裙子使穿着者穿在身上后，既不致于因都是横条纹，而使人有臃肿的错觉，也不致于因都是长直条，而使人有瘦弱的错觉。

第五节　傣　锦

傣锦是傣族发明的一种具有独特民族风格的高级纺织品，也是一种精美的别具一格的实用美术工艺品，广泛用于床罩、褥垫、统帕（挎包）、统裙等日常用品。

在历史上，傣族曾有掸、白衣、白夷和摆夷等称谓，解放后才定称为傣族。傣族主要聚居在云南的德宏、西双版纳、耿马、孟连等地。在景谷、景东、云江、金河等县和金沙江流域一带，也有一部分傣族居住。

由于目前供研究的资料不足，所以还不能确定傣锦是何时发明的，但可以肯定傣锦的历史也是比较悠久的。传统傣锦所采用的原料是麻纱或棉纱，所以，传统的傣锦实际上是高级的麻织品或棉织品，其工艺技法及外观效果，跟丝织品中的锦有点类似。

傣锦属于纬锦，因为用挑花方法起花，其织物表面出现大量的纬浮纹花。传统傣锦是用腰机织造，在织制前，先将整经过的经纱，均绕在木棍上，穿入分经棍、线综后，把卷有经线的木棍挂在架上展开，在经纱上绘出花型。织时，用打纬刀打纬，一梭按平纹织入，另一梭在织入前先用挑花木片按花型挑起经纱，然后用双纬色纱一次织入双根有色纬纱。采用这种传统织造方法织制的傣锦，锦幅一般都不宽，织物也不大细密，花纹亦不太复杂。

傣锦的传统纹样大多是几何纹样，其中最常见的是以小方块组成的菱形迴纹。此外，抽象自然形图案，在传统的傣锦中也可见到。无论是几何形纹样图案，还是抽象自然形纹样图案，其所追求的工艺形象，都是点、线、面构成的形式美和装饰美，它们都以不同的色彩的块面排列组合，烘托内涵情趣。这是傣锦纹样图案最大的审美特征。傣锦纹样图案的这种造型特征，使装饰形象自身的美，溶于装饰对象统一美之中。

在以小方块组成的菱形迴纹图案中，往往在大菱形花转向时又换另一种彩纬，因此在锦面上常常随菱形花纹的斜向转换而调换色调。傣锦在色调的运用方面，大多采用棕色、黑色调，配色相当和谐。

在傣锦的抽象自然形纹样图案中，最常见的有人物、象、马、鸟、兽、孔雀以及建筑物等。这些自然形象在被运用到纹样中时，都经过了抽象变形等艺术加工，并不是原样照搬的外形摹写，而是以点、线、面的疏密对比，构成一个统一的有韵律的、抽象的艺术形式。经过艺术手法的加工处理后，有的自然形象已经面目全非。因此，傣锦的抽象自然形纹样图案，给人感受到的并不是人物、象、孔雀、马、鸟、兽以及建筑物的外形美，而是傣锦工艺形象的形式美。

傣锦纹样图案的构成，与傣锦的织造工艺和所使用的原料密切相关。传统傣锦所采用的原料是麻纱或棉纱，由于纺制麻纱或棉纱的工具相当原始简陋，纺成的麻纱或棉纱都比较粗糙，所以，在织造过程中，当平纹交织时，每个经纬交织点几乎都有 0.5 平方毫米。起花的色纬，一般都是用 3 至 4 根散纱合并，以 3 至 4 根经线沉(浮)纬，二至三梭为一个起花点，这个大约二至三平方毫米的方块为组成傣锦的图案的最小单元。为了使图案清晰，浮纬均不用地组织压织，因此，浮纬的跨度一般都不超过五个单元(约 20 根经)，否则会影响织物牢度。虽然工艺条件的限制，使构成傣锦纹样图案的工艺手法十分有限，但傣锦艺人却以有限的工艺手法，巧妙地创造出丰富优美的纹样图案。

傣锦纹样图案的构成特征，跟傣族居住的地理环境及生活情趣有关，也跟傣族各个阶级或阶层的审美意味有关，其中既包含着自然因素，也包含着社会因素。

傣族人民的居住地，一般都是谷地或盆地，而且居住地都有水(江河)或树林，生态环境不错，所以，傣锦在色彩方面，很少有强烈的对比色调，而是配色相当和谐。这是其生活环境给傣锦艺人启迪后运用到傣锦配色方面的结果。以傣锦纹样图案中的几何形纹样为例，如按一般情况来看，几何形纹样图案是有棱有角的，往往给人一种生硬、不和谐的感觉，但在傣锦的几何形纹样图案中，由于采用不同色彩的几个方块组合，把几何形那种棱硬感软化掉了，让人有一种平稳的均匀感。如此巧妙的加工处理和效果，反映了傣族人在独特的地理环境生活中，所产生的平稳和相应的审美意识，以及这种审美意识对傣锦艺人指导性的影响。

第六节　侗锦、瑶锦、景颇锦及其他

侗族是一个历史悠久的民族，古代属于百越的一支。世居湖南、贵州、广西交界的广大山区。

侗锦是侗族人民不可缺少的生活日用品，用作服饰花边、披肩、被面、头巾、童帽、背带心、床毯、门帘等。古称“纶织”，一般用黑白两种颜色的细纱绒交织。每逢传统的祭祖仪式，男女老幼必肩披“纶织”，表示不忘祖，要继承先业。婚丧嫁娶更是必备之物。结婚时，女方必送一件侗锦给婆家，表示自已嫁在这家，永不变心。老人死后，用侗锦床毯或被面陪葬，并用“寿被”覆盖棺面，以黑色、蓝靛色为主调，该锦面织有“鹰”和“龙头”纹，象征化凶驱邪。

侗锦历史悠久，产于侗族聚居区，尤以黎平为佳，称“诸葛锦”，清顾谅“侗锦歌”中有“郎锦鱼鳞纹，侬锦鸭头翠；侬锦作郎茵，郎锦裁侬被”之句，展示侗锦有鱼鳞纹，有翠绿色的鸭头纹，既可以作茵缛，又可以作被面。

侗锦的经、纬线均用棉纱，利用织机的特点，使浮沉的经纬线交织成文，浮纱较短，两面起花，因而结实耐用。色彩多用两色，以黑白为主，如深蓝与白、浅蓝与白、黑与白、红棕与白等。以纹样的粗细形成点、线、面的图案。由于经纬色线交织点与浮纱长短的变化以及编织起花的不同，在色感上取得了黑白灰的艺术效果。也有以金黄色为主，配以黑白两色，表现简洁明快。

侗锦的纹样多用菱形结构，有“米”、“口”、“之”、“卐”字等名形，有的织有边框。题材以花鸟和几何纹居多。常用侗族人民熟悉的植物如蕨菜、大蒜头为题材，加以变形处理。鹰的图案也常在侗锦中出现，以示子孙像雄鹰一样的娇健。

瑶族聚居于湖南、广东、广西接壤的山区，历史上就精于织染和刺绣，《后汉书》中有“能织绩木皮，染以草实，为五色衣服”的记载。宋代的“瑶斑布”已很有名，明、清时有“用五色绒，杂绣花卉”的记载。直至近代，瑶服仍然丰富多彩。大瑶山的织锦，织花腰带、飘带，花边，是服饰的重要品种，尤以“织彩带”最有特色，有束腰彩带，束发带和其他色带。传统的织锦多用暗红色、绿色。其传统产品“网袋”，是用绒丝精心编织而成，有的织造细致，有的稀疏，疏的用以装茶叶、土特产，密的盛黄豆、大米等。“网袋”也是服装的装饰品，天天挎在身上。盘古瑶的“绣锦”，驰誉颇高。

景颇族聚居在云南省德宏傣族景颇族自治州，其织锦代表产品为“统裙”，是以羊毛、棉线和其他色线挑织成彩色鲜艳的直线、多角、回纹图案，具有独特的民族风格。

云南省丽江县是位于滇西北高原的滇、藏、川三省区交界的边陲重地，居住着藏、纳、西、白、彝等各族人民。大约在明朝万历年间，由红教喇嘛从西藏传入一种叫“牛肋巴”的多色霞纹织品，藏族人民用以制作既是实用品又是装饰品的围腰，其织造工艺从此在这一带民间流传。“牛肋巴”，藏族叫“邦登”，意思是“围腰面子”，因其彩霞纹路似牛的骨排，因而汉族叫“牛肋巴”，纳西语叫“美吉美够吉”，意思是天上的彩虹。

牛肋巴是窄幅织物，约 7 寸宽，是用多色纬线织出光谱状色带，一色一把梭，织造时要不停地换梭。围腰是三幅拼成，色彩交错，四川藏族称“氆氇”。

台湾土著民族有一种传统的“夹织”产品，以排湾地区生产的为代表，是采用当地产的苎麻线夹织入红蓝黑等各色棉线或丝线，用传统的腰机夹织成各种形象的几何纹，有条纹、曲折纹、方格纹、三角纹、菱形纹等多种，很是艳丽。

分布在贵州的布依族，其所织的反织正看花布和荔波一带的织锦，与许多民族的织染艺术，有异曲同工之妙。

少数民族纺线，在边远山区一般沿用古老的手摇纺车。以盐边县的傈僳族纺线为例，是用地产火麻加火草纺成白色麻线织布，用野生的“四节”根和有色土作染料染色。织布是木机，布宽约 6 寸。腰带是用羊毛纺线织成，宽 4 寸；其纺车是用一根木棍作中轴，将六七块长 2 尺左右的木板从中间小孔串连起来，再用绳子将木板缠成轮状，中轴上加一个摇把。距纺轮 1 米左右处，斜插一块长方形木板在地里。木板上有 4 个小洞，用绳子或钉子将一根根很光滑，长 1 尺的细木棍从中固定。纺轮和细木棍间，连接一根绳子（细木棍中间有齿状），右手摇动纺轮，带动细木棍转动，左手将麻或羊毛缠在细木棍一边顶端，借转动产生的拉力纺成线。

哈尼族妇女纺线不用纺车，是用一种木槌子捻制。体积小，重量轻，便于携带，立、坐、行都可使用，只消轻轻地一搓一提，棉线或毛线便纺制成了。

屏边地区苗族妇女纺线时，是坐在高凳上，两脚用力踩转竹飞轮带动卷线轴进行纺线。这种纺车，结构简单，可同时纺出四根线，技术熟练者一天可纺制成 5 公斤左右的线。

第七节　丝栏杆

丝栏杆是泛指少数民族传统服饰所需的五彩蚕丝窄幅提花织物。丝栏杆幅宽一般为2.5～3厘米，最宽的是“大龙”，5厘米，最窄的是“杠金”，0.5厘米，主要用于衣服的领缘、斜襟（对襟）、袖口、下摆、裤脚等的镶边。栏杆，是由于少数民族喜欢用平行的几根彩带，一道一道的组成边饰，远看好像栏杆而得名。从组织来看，一种是平纹组织的经锦织物，兼有部分缎纹和斜纹织物，俗称花边；一种是传统的编织带，称花瓣。在生产方面，少数民族自己生产的很少，他们所需大部分产自汉族地区。

栏杆，古为丝带，生产起源很早，周代已有绅、绲、絛、组、绶等名目，最早是编织，后来发展为机织。成都历来是全国丝带的重点产区之一，西汉杨雄的《蜀都赋》上说：“尔乃其人，自织奇锦，紞緸缍缜”。紞，是一种五色或三色的蚕丝织物，可用以“悬缜当耳”，即是悬于晃冠两旁用以结缜（玉石）塞耳的彩色丝带；也可作为“被织”和衣服的缘饰。“被织”，是在大被的上端横缀以紞，既作装饰，又借以区分大被的上下端，因名被识。缜，似为脚带。隋唐以后，机织带发展很快，《唐六典》卷22记载织染署中就有生产丝带的作坊。苏州瑞光塔出土的北宋丝带是兰、米黄、土黄三色机制的经线起花平纹织物。元明时期，为了适应新疆、甘肃、内蒙、西藏、云南、贵州等各兄弟民族的需要，金线提花丝带迅速发展，并逐渐扩大到汉族地区。至清而更盛，清《金陵风土志》上说：“江南妇人喜装饰领标、襟裙，诸缘有金线栏杆旗带花边之属皆出。”江宁一带的丝织业中，就有生产丝栏杆的一行。西南地区仍以成都为盛，清道光时（1821～1850），成都生产的称“小栏杆”，品种有眉毛丝、米花栏杆、金折子等，色调以素色为主。咸丰（1861）以来，由于各族人民都乐于使用，色丝增多，综和蹑也不断增多，由小栏杆发展为大栏杆。进贡给朝臣的丝织品中，还有“龟兹栏杆”一类。光绪时（1875～1908），丝栏杆流行全国，铺商作坊风起云涌，成都铺商最高时达1200多户，作坊有4000户左右，其中，负责牵梳练染的从业人员约400人，专、副业织工达30～40万人，产区遍及成都及周围各县城乡。传统的拉花、二寸豆花、拉锦、缎博古、荷花、万字等，均是当时的产品。光绪末年，铁机花边兴起后，木机织丝栏杆才逐渐减少。

丝栏杆的图案设计，均出于行业艺人之手，以常见的荷花、梅、菊、海棠、蝴蝶等为题材，进行艺术加工，并根据各种规格产品的需要组成图案。著名的传统花色有万字、回纹、大龙、二龙、双花鱼肠、九点梅、荷花、渣菊、海棠、五朵梅、蝶梅、金针、凤眼、湖水、散花冰梅、五色葵花、大博古、冰纹、桂花、菌草、吊边等20余种。图案大都以几何纹样为骨骼，点缀一些抽象或具象图形。组织法主要采取二方连续，也有在两条二方连续纹样中夹一条四方连续纹样的；有的则是散点图案有次序有规律地排列成二方连续图案。在织作中，为了扩大纹样长度，在提起一片花综后，连续提起二三次素综，再交换提起另一片花综，这样便可把花综的长度扩大二至三倍。

其配色十分丰富多彩，既强烈对比，又素雅调和；既有浅色深花，又有暗地亮花；简练概括，古艳厚重。青、红、黄、绿、蓝、白、黑是采用的主要色彩。经线为一色地经，另一色或多色排列采条起花为纹经。地色一般以黑、品蓝、玫瑰红、油绿等深色为主，纹经则以浅色、彩色为主，同地色呈对比。纬线只有一种色。为了达到装饰效果，有的品种也采取分段换梭换色工艺，但从组织结构看，仍是单一的一种颜色纬线。

配色的特点，一是不受自然色相的限制，如缎地大龙（大万字），龙身用鲜绿，龙爪用黄、蓝、白色,衬以大红的地色;五彩的边经上,呈现锯齿形山峰,因而锦面十分斑斓绚丽。二是在统一的大面积色彩中,对比色只在其中占很小比重,如大蝴蝶,大面积的绿调子,间极小的紫红色,正好是“万绿丛中一点红”。三是巧妙利用金、银、黑、白、灰色,这里没有直接用金银线,但一些黄色近似金色效果,一些灰白色近似银色效果。四是单色白花,既对比又调和。五是许多纹样均是在强烈的对比色之间,以白色间隔,以取得对比、明快而又协调的效果。

织物的组织,可分为平纹地经浮花、缎纹地经浮花、纬浮花和纬八枚缎地经纬浮花等三类。具体情况为:①地部为地经与纬交组成八枚经面缎纹,纹经浮背。其中,一种是纹经浮花,地经浮背,纬线夹于两层经之间。一般为万字、回纹,线条较粗;另一种是花部为纬浮花,地经浮背,纹经衬中,并在花部斜纹接结。②地组织为地经交织平纹,纹经浮背,花组织为彩色经线显花,地经与纬平纹背衬(此种组织较其他组织结构牢度好)。③地组为五枚经缎,底经与纬一上二下斜纹背衬,花组织纬与底经交织呈一上二下斜纹,地经浮背。

丝栏杆属于熟丝提花织物,经纬均用蚕丝,比例是经四纬六,即十两丝中用于经线的是四两,用于纬线的六两。丝线的加工,即调丝、排花、牵经、梳经、络纬等方法如下述:

调丝,也称抛丝,是将练染好的丝绕在籰子上。使用的机具叫“猫儿头车”,由络床和猫儿头组成。络床是放置地上的工字形木架,其上竖立六根约六米长的竹竿,经丝即围绕在竿上。猫儿头设在络床右侧,其组件有:车座,放置籰子,一端栓住,一端可旋转;将军柱,是一根粗竹竿,固定在车座右端,竿顶距地约八尺;细竹竿,约长一米,横置在将军柱顶端,接处有活闩,使竿可以上下摆动。闩处用绳悬一较重物,俗称“老鼠尾巴”,使竹竿一端下垂,另一端上升,并在其上安一圆形的铁丝圈,称走丝圈。操作时,将丝绷上络床,抽出丝头,穿过走丝圈,接上籰子,然后手摇籰子,旋转绕丝,以备穿经和织纬。细竹竿中部结绳和将军柱相连,当接断头时,用手接绳,走丝圈即下降。

排花是按不同织物的花本确定总经根数和纹经数,按次序配备绕有各色丝经的籰子,插在木框沙盘上。沙盘约长三米,宽一米,籰子脚插入沙里,不会移位。丝栏杆的总经根数,最少的是“杠金”,47 根;最多的是缎地“大万字”,780 根,平纹,“大纺龙”,412 根,一般约 400 根。

牵经。设牵经架、牵丝圈和牵经车。架高约 2 米,宽 3 米多,木质。架上固定走丝圈 64 个,圈距为 1 寸。圈旁加一根长管,经丝通过时不直接和铁丝接触,以利走丝。牵经架和沙盘平行,牵经车设在架前约一米处,由大小三个卷经架、车座、吊杆组成。操作时按籰子排列顺序,将经丝一根根通过走丝圈,接在卷经架上,搅动吊杆,丝即绕上经架。一个经轴绕经丝的长度为 25 根丝栏杆长(每根长 2 丈),共长 50 丈。掷经完成后,绕上运架,以备梳经。牵总经上车时,张力要一致,以免影响梳经轴质量。

梳经是将绕在运架上的经丝,按花色品种和经轴的要求,穿进梳筘后即上运车。运车由经轴和运架相向组成,梳经距离约 1.6 丈。操作时,搅动吊杆,绷伸经面,边搅边梳,保持经面平整有序、无断头,陆续绕上经轴。

络纬是把籰子上的丝用摇纡车转绕在细竹管上而成纡子。摇纡车由车座、竹轮、铁锭和附在锭上的细竹管组成,操作时,手摇竹轮,带动铁锭转动,丝即绕于竹管之上。

上述工序过后便可上机装造。丝栏杆的品种花色均属小花纹织物,织造是用多综多蹑织机。其织造开口运动分为地部和纹部两个部分,分别由占子、范子来管理,占子管地部组织,范子管纹部组织。提升占子形成的开口织入地纬,提升范子使纹部经丝上升,同时踩落占子将提拽的部分经丝回至经位置线所形成的开口织入纹纬。范子、占子的开口运动由织工用踏杆来控制。造机时，地部组织按素机装造，纹部必须使经丝与范子连接作提花装造。

范子和占子的型制、选材和制作方法完全相同，习惯上把它们的制作工艺统称为“打范子”。操作时，先在范子架的中部捆扎一根直径约1厘米的圆棍作中心架梁，再在圆棍和上下梁之间中心处结一麻绳或线绳作“范鼻子”，打扣时，将籰子上的范子线结在“范鼻子”上，按正面挽中梁、背面挽下梁、中结“鼻子”的顺序循环操作。结至图案设计所需的扣数后，倒转范子，用同样方法结另一头，在中梁处和已绕制的线扣相互套掏，形成上下相互环套的两个套圈，即范子扣，扣数按纹样组织而定。

打完范子，将范子悬挂于机上天桥后穿综，俗称“捞范子”。它分四步：①送经。放松羊角，送出一段经线，长度约在怀辊外一尺许。②分开地经和面经。地面经坎在一个经轴上，先将地经提起，向右挽在机架的扯牵上，再将纹经向左挽在座位左边的机柱上便于取用处，用两根交棍分别插在交口前后。③捞纹经。按织物组织花本上的穿综顺序和方法，将纹经捞入范子上扣内。④捞地经。将地经穿入两片素范了扣内，按织物组织有的穿下扣，有的一片上一片下穿连环扣。

范子、占子吊装的一般要求是：范子梁应保持水平，两端距机身相等，根据经面的倾斜度，从前片到后片逐步调整吊装高度。范子综平时，范子扣应处于平经位置线或略低一些，占子综平时，范子扣应处于经位置线以上约0.5厘米处。范子和占子的排列次序是从机头到机尾的方向，先排占子，后排范子。范子、占子安装调试定位后，在两侧机身上安装厢板加以限位。

丝栏杆织造时，织工手脚并用，协同操作。脚踏踏板进行开口作业，手则作投梭打纬工作。由于提升范子的装置木雕一端和范子相连，一端和范子踏板相连，织造时，脚踏范子踏板，则木雕一端下降，另一端上升，带动范子上升，形成纹部的开口，织入地纬。当脚离开范子踏板时，木雕下垂的一端上升，恢复原来的平直状态，纹经随之回至原来的经位置线。占子的回升装置是弓蓬，两边分别和占子的上端相连，占子的下端和横桥中部相连，横桥的右端，通过裤裆绳连接占子踏板。脚踏占子踏板，带动横桥，占子和弓蓬下降，形成地部开口，织入纹纬。当脚离开占子踏板时，则踏板均回至原来位置。同时，借重弓蓬回升的力量，带动占子回升，地经也就上升回至原来的经位置线。这样，就完成一次操作。

打纬使用的工具是筘框，行业里称打纬为“碰框”。碰框用力大小，直接影响织物的纬密，操作时要随时注意调整，不宜重碰。在投梭作业时，筘框停在后位，引纬后，筘框拉入织口，完成打纬后，仍将筘框推至后位。

送经与提取均采用间歇运动的方式，手工操作，一般是织物达到两个梭子的长度就要进行送经与卷取作业。操作时，先将绞尺从千斤棒上移开，拉绞后，将羊角叉拨开转动羊角，送出一段经丝。复位仍卡住羊角，然后放松羊角绳转动怀辊，将布面卷到怀辊上，收紧羊角绳后，再卡上千斤棒。

第八节　民族带

民族带是少数民族的生活日用品，也是装饰品。它是一种五彩提花或经线呈彩条状不提花织物，有腰带、脚带、背带、飘带、发带、挎包带、午餐带等许多品种花色。在边远少数民族地区一般是自织自用。所使用的原料，多是五彩棉织品，还有丝线和棉线交织的，藏族则喜用毛织或丝毛交织。

民族带特点是：图案富于变化，以万字、回纹、喜字、藏八宝（轮、锣、伞、盖、花、罐、鱼、肠）等几何纹为主。用手工挑织法织成的带子，全带花纹可达五六十个，尽管有的大同小异，但找不出完全相同的；机织的（木机）则是6~8个花纹循环；边经复杂多色，纹部只有两色，地面经各一色。纹花与边花比例相差不大，一般窄带总经分5组，边花占2组，纹部3组；宽带总经分7组，边花占2组，纹部5组。如四川汶川羌族织带，边经用10组彩色棉线牵成，其组合顺序是：第1至5组为黑、黄、红、蓝、白，第6至10组仍是黑、黄、红、蓝、白，左右两边对称总共20组边花色。纹部为白地黑花或白地红花。由于织物是重经重纬组织，因而底面部呈现相同的花纹，色调则反对应为黑地白花、红地白花。

织制民族带的织机大体上有三种类型，即踞织机、脚踏竹排提花木机、多综多蹑织带机。

踞织机的结构和1958年云南晋宁石寨山出土的汉代贮贝器上的一组织布图很相近①，非常简单，有卷经纱的圆棒、布头轴、压纱棒、绑腰、挑花尺、纱梭、砍刀（有的是两根，有的是一根）。一般没有机架，织造时用两条长板凳重叠或用几根木棍绑上卷经纱的圆棍，套上绑腰，绷伸经纱，坐在地上即可操作。有的另用一条板凳作坐板，也有的配有简单机座。踞织机一般是织窄带，总经根数在400根左右，如上述汶川锦带，总经根数为340根，其中：边经左右各10组，每组8根（面经4根、地经4根），共160根；纹经：白色面经、黑色底经各15组，每组6根，共180根。其织造方法和其他丝棉织物基本一致，同样要经过送经、开口、投梭、打纬等过程。织花主要利用一把挑花尺，按照设计的图案挑织，织作缓慢，大概要半月到一月才能织成一条。

脚踏竹排提花机是从多综多蹑织梭向龙头提花机过渡的一种机具，民间称为"木龙头"提花机。此机安装12片综，其中花综10片，素综2片。机的上部设置能转动的木质花滚筒和素滚筒各一个，两个脚踏板。一个和花滚筒相连，管织花；一个和素滚筒相连，管织地。提花是靠一根根竹片连接成的竹排，竹片上按设计图案定出交织点，在交织点上粘上约1.5厘米厚的竹块（其实际作用与提综提花的花本一样）。织造时，脚踏起花木蹑，带动花滚筒转动，竹排随之上下循环翻动提起综线，然后过纬显花。

多综多蹑织带机是专门生产腰带的织机，结构和丁桥织机基本相同，但只有12片综、12蹑，蹑上不钉钉，脚直接踏蹑起花。机上12片综中有素综4片，其中1、2片牵单数经纱，3、4片牵双数经纱；花综8片，其中前4片为一组，分别系于踏脚横桥中部，后4片为一组，分别和木雕的一端相接。二组花综分别互相对应，即前1片对应后1片，前2片对应后2片，……依此类推。脚踏竹蹑，横桥下降，带动前1片综下垂，而相对应的后1片上升。织造时，四梭完成一个单元组织，第一梭起花综（一上一下），同时提起素综1、2片（单数），然后过纬，纬线是6根并合，和经线同；第二梭，提起素综1、3，织地纹；第三梭，重提起第一梭起花综，同时提起素综3、4，过纬；第四梭，提起素综2、4，织地纹。熟练的织工可以看花踩脚，不熟练的还得将踏脚顺序写出，边看边踩。其穿综方法和丁桥织机各具特点，丁桥织机所要织的纹样，在设计好花本，确定综片多少，按花本穿综后就固定了，不能有任何变动，而腰带机只要按全带5朵花、7组纹经的固定数穿好综后，织者即可通过不同的踩踏起综顺序自由变化花纹，不过都是上下对称和左右对称的花纹。

---

① 云南省博物馆考古发掘工作组，云南晋宁石寨山古遗址及墓葬，考古学报，1956(1)。

第四编

近　代　篇

第十一章　近代纺织工业的兴起

鸦片战争失败以后，进口的大量便宜耐用的“洋纱”、“洋布”，让国产土布相形见绌，它们充斥了国内市场，我国原有的传统手工纺织业受到很大冲击，开始走向衰落并逐渐解体。为拯救民族纺织业，在19世纪60年代后的“办洋务”热潮中，洋务派的一些代表人物以及一些地方士绅，在“振兴实业，挽回利权”口号下，先后筹集资金从国外引进纺织机械建厂，为我国近代纺织工业的兴起揭开了帷幕。

1880年陕甘总督左宗棠在兰州兴办的甘肃织呢局，是中国除缫丝以外第一家采用全套动力机器的纺织厂，该厂机器全部购自国外，并聘请外国技师管理生产，产品供军需。此后，各省除地方官吏陆续兴办的一些官营纺织厂外，地方士绅也纷纷采取合资的方式，兴办民营或官商合营的纺织厂，如官督商办的上海机器织布局、华盛纺织总厂、湖北四局（织布、纺纱、缫丝、制麻）；官商合办的华新纺织新局，在19世纪80年代相继开工投入生产。19世纪末20世纪初，几乎每年都有一些规模较大的纺织企业开工生产，如：1895年上海大纯纺织厂开工；1896年宁波通久源纺织厂、无锡业勤纺织厂开工；1897年苏州苏纶纱厂、杭州通益公纱厂开工；1899年萧山通惠公纱厂、南通大生纱厂开工；1905年中英合办的振华纱厂开工；1906年太仓济泰纱厂、宁波和丰纱厂开工；1907年上海日晖制呢厂、北京清河溥利呢革有限公司、无锡振新纱厂开工；1908年江西利用制呢厂、上海同昌制呢厂、湖北制呢厂开工。这些纺织厂的建成和开工生产，表明中国近代纺织工业在20世纪初已经具有了一定基础和规模。

中国近代纺织工业，按其所使用的原料，可分为棉纺织、麻纺织、毛纺织、丝绸、针织和印染等行业。印染行业主要进行棉布和麻布的加工；毛纺织、丝绸和部分针织企业则大部分都有自己的染整车间。纺织行业的划分和内部配置都是从西方学来的，而且机器也都购自西方，技术人员大部分也是从西方聘请的。

第一节　棉纺织业

棉纺织业是把棉花加工成棉布的生产系统，它包括轧棉、纺纱、织造三大部分。

（一）轧棉

中国近代棉纺织业中一直并存着手工轧棉和机器轧棉两种方式。

鸦片战争前，轧棉属于农村副业，是分散在广大农户中进行的，所用工具是木制的轧车。木制轧棉车有手摇轧车和脚踏轧车之分，其中广为流行的是太仓式。该轧车是由辗辊、曲柄、杠杆、飞轮等部件组成，系一手脚并用的轧车，它日可轧棉110斤，得皮棉30多斤。由于木制轧车结构简单，乡村普通木工都能制作，所以广大棉农大多备有，自行轧棉，十分方便。我国早期出口的棉花多为籽棉，不仅运输不方便，且增加成本，而分散的手工轧棉的产量、质量又不能满足出口的需要，于是在出口口岸上海、宁波、天津和武汉等地附近，出现了专门为出口服务的机器轧棉业和原棉打包业。不过这些大都是由外商洋行经营。随着棉花出口数量的大幅度增加，原有木制轧车的落后生产状况已远远不能适应需要，外国新式轧棉机乘势进入中国。1851～1875年间，有日本制造的所谓"洋轧机"千川牌和咸田牌铁制轧车输入①。这种铁轧车效率较高，一日可生产皮棉一担多。随之，英国也企图推销新式轧车，但未能推广。后来，日商中桐洋行在我国上海近郊一带大力推销中桐牌轧车，由于该机器轧棉产量高，因而销路大增，每年的销售量在300台以上。销路看好的洋轧车吸引了国内一些铁工厂纷纷仿制。1887年，上海张万祥锡记铁工厂仿制日本轧花车，掀开了中国自己生产制造铁制轧花车的历史。由于厚利的驱使，国内众多的铁工厂相继购进机床仿制。如东信机器厂制造的"铁锚"牌商标轧花车，有16寸和32寸两种规格。前者用人力，每小时可轧棉20斤，而后者则使用动力驱动，每马力每小时可轧棉75斤。由于产品适销对路，该厂每天最多可制造20余台轧花车，但仍供不应求，其他一些机器制造厂也相继加入到制造轧花车的行列，在较短的时间内，致使上海的轧花车制造成为一个专业，从而使国外输入的轧花车数量逐年递减。在1900年前后，国产轧花车的年产量达到200余台；1913年的产量攀升至2000余台。这些轧花车大都是人力脚踏式，机上的主要部件白皮辊在1900年以前是从日本进口的。由于供不应求，上海皮匠于1898年开始研究用黄牛皮试制皮辊获得成功，从而开始出现了国产皮辊的制造作坊。到20世纪初期，上海每年生产销售皮辊达数万根，有轧花车专业制造厂10余家，主要销售给上海郊区农户。中国能自己大量生产制造轧花车后，一些能工巧匠又对轧花车不断进行改良与完善。正如1897年出版的《农学报》上所述："上海许君锦春，悟得新法，制一机器，每日出花之数，较日本轧花器可多十之二三。现拟嘱其制造多具，以利民用。"由此可见，国产轧花车是从引进、消化到仿制，并进一步改良和完善而成为定型产品。随着棉花产量的逐年增加，在上海、江苏、浙江等沿海地区出现了一批使用洋轧花车的手工作坊，其中也有部分作坊逐渐发展为采用动力机器的轧花厂，如浙江宁波的通久机器轧花局就是在手工轧花作坊的基础上发展起来的。

动力轧棉机是在光绪年间出现的。1875年，上海附近的奉贤县（今属上海市）的程恒昌创办中国最早的动力机器轧棉厂，俗称火机轧花厂，拥有轧花车100台，柴油发动机5台，职工224人。浙江宁波通久机器轧花局于1887年春由中国商人集资筹建，从日本大阪购入锅炉和由蒸汽机发动的轧花车。同年10月间设备到厂，聘请日本技师安装，调试完毕后便日夜开工生产，除对旧厂房进行改建外，还建了新式厂房，分成不同的车间，有轧花间、打包间、晾晒间及办公用房等。这种由蒸汽动力驱动轧花机轧出的棉花品质好，受到棉纺织厂的好评。宁波地区轧棉业的兴起，主要是受到对日出口棉花的推动和影响，当时因日本大力发展纺织业，从中国进口的棉花逐年增加，从而推动了宁波、余姚等处农民种棉花的积极性，于是轧棉业亦随之而繁荣，宁波通久机器轧花局在1893年就加工棉花6万余担。受其影响，在宁波郊区曾一度出现过中日合办的轧花厂。

除了这些单独建立的轧花厂外，早期的棉纺织厂也都自行收购籽棉，自备轧花车轧棉，以供自用。如上海机器织布局在筹建时，就计划从英国购入刀辊式轧花车，每年可产皮棉1.5万担；湖广总督张之洞在筹建湖北织布局时仿照上海织布局的做法，规划购置轧花机，后又增购轧花机一倍，除供本局纺纱织布外，多余的皮棉出售。湖北织布局一共从英国购入较先进的双刀皮辊式轧花车42台，并相应地配备了蒸汽机和锅炉，于1891年12月份到货安装。

上海地区是轧棉业的另一集中地，全市集中了16家轧花厂，生产水平较高，平均单机年加

① 国际贸易局，中国实业志（江苏省卷），上海宗青图书公司，1934年，第1161页。

工籽棉量远高于其他各县，如恒源兴记轧花厂平均每台年加工籽棉 1075 担；礼和轧花厂每台年平均加工籽棉为 1000 担，源兴德轧花厂为 1219.5 担，而祥顺轧花厂和黄永顺轧花厂单机平均年加工量仅为 400 担和 366.7 担。由于动力机器轧花机生产的皮棉质量好，故深受纱厂的欢迎，因而也进一步推进了动力机器轧花业的迅速发展。

（二）纺纱

1840 年鸦片战争后，我国海禁渐开，各国的机制纱布（即所谓“洋纱”、“洋布”）源源不断输入，廉价竞销，虽使我国原有的棉纺织手工业受到严重打击，但对中国近代棉纺织工业的发展却也起到了一定的促进作用。

1895 年《马关条约》允许外商来华办厂后，英国、日本等国相继在中国创办纺织厂，随之，这些国家先进的纺织技术和经营管理经验也逐步传入中国。接着在“挽回利权”的爱国口号下，我国民族资本纺织厂逐渐增多，所用的机器设备则都购自英、德、美、日诸国。为了使生产顺利进行，纷纷聘请归国留学生，特别是聘请曾在日资在华工厂工作过的技术人员和管理人员作为骨干。同时，自己也着手培养不同层次的技术人才，使中国的技术人员逐步掌握动力机器的纺织技术，并进行局部的改进，从而使外国制造的纺纱设备能够适应中国的原料、市场和环境条件。在工艺、品种、质量和技术管理方面也逐步掌握了随着纺纱的支数、用途和生产季节等条件而选配适宜的纤维长度、细度、强力、成熟度、天然卷曲、色泽的不同原棉。在设备的保全保养方面，掌握了大、小平车、揩车、磨车以及安装过程中的定位、吊线、找水平等操作技术。在运转操作方面，则学会了分段、换筒、接头、络纱、生头以及加油、清扫、跑巡回等操作工作法。这些都为我国民族资本纺织厂的建立和发展打下了良好的技术基础。由此可见，中国近代棉纺业在大工业生产形成的过程中，经历了对西方纺纱机的引进、推广到仿造和革新的过程。在动力纺纱技术的影响下，手工纺纱机具也有所革新创造，这为以后手工纺纱的长期存在奠定了技术基础。

棉纺织厂的建设，首先是从洋务派官员开始的。1878 年 10 月，直隶总督兼北洋通商事务大臣李鸿章根据候补道彭汝琮的建议，决定在上海创办上海机器织布局。彭在建议中分析认为上海是万商云集、百货流通之地，最适宜于建立棉纺织厂，并提出 8 条设厂章程，开列预算细目 24 项，设想仿照轮船招商局的办法，招商集股 50 万两银，建成一家拥有轧花、纺纱和织布兼营的纺织厂。同时还提议聘请郑观应为会办及帮办数人。半个月后，李鸿章即指派郑观应担任其职，其后彭汝琮等人拟购虹口下海浦潘源昌和记栈房作为建局地址，后因资金短缺以及彭汝琮与郑观应对建局方针和计划发生严重分歧，致使郑观应于 1879 年 12 月辞去会办织布局之职务，于是，李鸿章又改派浙江候补道戴景冯主持局务，龚寿图和吴仲耆协助，但在招资集股上又遇到了困难[①]。1880 年 5 月，翰林院编修戴恒呈禀李鸿章筹议织布局，于是李鸿章又任命戴恒主持织布局局事，并确定由龚寿图、郑观应、经元善等人一起参与筹建。由于郑观应熟悉洋务，经验丰富，在商界有一定的影响，于是由他一人掌管局中银钱账目。为了能使所购设备适应于采用国棉为原料，郑首先函请当时驻美副公使容闳聘请一位纺织工程师来上海进行实地考察，容公使所聘美国工程师丹福思于 1881 年 7 月 24 日抵沪，经实地考察后，丹福思提出中国棉花的纤维长度偏短，很难适应外国纺织机器，于是郑遂派译员梁子石携带各种国棉，随

---

① 中国大百科全书出版社编辑部编，中国大百科全书（经济学），中国大百科全书出版社，1988 年。

丹福思一起于1881年11月30日赴欧美进行试纺、试织，并根据试纺织的情况，对纺织机器进行了多次改造，历时1年零2个月，最后改制成完全适用于国棉的机器，并按此型号在美定制机器①。为了确保上海机器织布局各项工作的顺利进行，1882年4月23日，李鸿章特呈《试办机器织布局折》。折中奏告：在上海试办机器织布局，派江苏补用道龚寿图专办京务，候补道郑观应办商务，郎中蔡鸿仪、主事经元善、道员李培松会同筹办；聘美国织布工程师丹福思到沪，协办购机事宜。并请于10年内只准华商附股，不准另行设局，税厘亦予优待，免被洋商排挤。布局如在上海零星销售，免完税厘；转运内地，应照洋布花色在上海新关统一征税，概免内地沿途税厘。云云。由此可见当时政局的一斑以及洋务派创办织布局的决心。

筹建上海机器织布局很不顺利，几经易人，经郑观应等人的实地勘察，厂址最终定在杨树浦沿江，占地300余亩。在筹建中，由于官场的腐败，订购的设备于1883年才运抵上海②。当时的棉纺工艺流程是原棉经过松包、给棉、开棉后，再经过一、二、三道清棉机（头道清棉机做成棉卷后，在二、三道清棉机上进行4个棉卷的并合），从三道清棉机上下来的棉卷经梳棉后，再经过三道并条机，每道均采用6根喂入，然后又经过三道粗纱机纺成粗纱，最后经过细纱机纺成细纱。自用纱则送到后加工车间或准备车间络筒或卷纬，售纱则送至后加工车间摇成绞纱后打包出厂。从清花到细纱共有11道工序。上海机器织布局是我国最早在上海杨树浦筹建的棉纺织企业，于1888年5月才动工兴建。厂房为长168米，宽24.4米的三层楼房，但至1891年尚未全部完工。设备按纺锭3.5万枚，布机530台配备。罗拉式轧棉机和布机为英国制造，环锭纺纱机和500马力的动力设备则为美国制造③。1889年12月24日，部分装机首次试车；28日全厂试车并投入运转。1890年7月25日，李鸿章又委派道员马建忠整顿局务。开工生产后，经营非常兴隆，尤以纺纱的利润为最好。因此，李鸿章为大利所诱惑，决定大规模地增加纺纱能力，扩充纱锭，于1893年夏致电中国驻英国大使薛福成再行从速购置可纺14英支、15英支的纺纱机百部。不幸的是新机订购尚未办妥，上海机器织布局于同年10月19日因清花车间起火，迅速蔓延全厂，结果除一宿舍幸免外，全部厂房、设备与货物几乎焚烧殆尽。织布局曾要求租界当局饬令救火会驰救，但租界当局坐视不救，损失极为惨重，约在70万两以上④。

上海机器织布局被焚后，李鸿章急图恢复，于1893年11月26日调天津海关道盛宣怀与上海道聂缉槼共商恢复事宜，并将前局妥为结束，截清界限，分筹资本，一面规复原局，一面设法扩充。至1894年4月，新厂建筑基本完成，于同年9月开工生产，并按李鸿章之授意改名为华盛纺织总厂，厂内初置纺锭6.5万枚，布机600台⑤。其后，华盛纺织总厂又几经易名。最后于1931年将其全部设备卖给申新公司，安装在申新纺织第九厂内。从此，上海机器织布局完成了历史使命，但它对中国近代棉纺织业的兴起作出了贡献。

湖北织布局也是我国较早开设的棉纺织企业之一。1888年，两广总督张之洞有意在广州筹建棉纺织厂，但出于李鸿章已有“十年内不准另行设局”的奏折在案，于是便先行向李鸿章进行试探：粤拟设织布纺纱官局，可与洋货竞争，并不与沪局争利等等。得到了李鸿章的首肯后，便着手积极筹建，并致电出使英国的刘瑞芬筹办购置机器事宜，将所需布样和国产皮棉寄往英

① 汤志钧，近代上海大事记，辞书出版社，1989年。
② 孙毓棠，中国近代工业史资料（第1辑下册），科学出版社，1957年，第1054页。
③ 汤志钧，近代上海大事记，辞书出版社，1989年。
④ 严中平，中国棉纺织史稿，科学出版社，1955年。
⑤ 汤志钧，近代上海大事记，辞书出版社，1989年。

国试纺，试验结果表明，中棉只能纺 20～25 支纱，可织粗平布、斜纹布及原色次等细平布；若掺用美棉则可纺 30～36 支纱，织原色上等细平布、竹布、漂白布和提花色布等。根据试纺试织情况，张之洞提出，中国棉花缕粗质重，布可耐久，宜多织，应占六成；掺用洋花，出布可多四种，应占四成。刘瑞芬在立约订购设备时即按此比例选购设备，订购的规模为 3.04 万枚纱锭，织机 1000 台，包括相应的轧花车。基本建设和设备费用等基本投资约需银 60 万两。由于资金筹集的困难，订购设备款 22.9 万两只好由库款暂为垫付。

1889 年张之洞奉命调任两湖总督，设在广州的粤织布局也随张的调动而迁至湖北，改在武昌文昌门外江岸筹建，名义上为粤鄂合办，获利两省均分。所需资金除将广东筹款转移湖北应用外，1890 年又自广东拨借山西善后局 20 万两，年息 9 厘。又因增添机器设备等，由广东善后局出面向汇丰银行借用 16 万两，认息 5 厘，此外，还把湖北藩司局存当生息的善举公款 10 万两负息挪用。因此，湖北织布局一开始就依靠高利贷资本维持，成为沉重的经济负担，难以摆脱困境。直至 1893 年初，才开工投产。1895 年又增加纱锭 1 万枚。由于新厂机器较多，张之洞原计划在织布局之旁，另外兴建南北两纺纱厂。北厂装纱锭 5 万枚，于 1897 年建成投产，即湖北纺纱官局。而南厂则因经费不足始终没有建成，所购机器后来从武昌运至上海，又从上海转运南通，安装于由张謇开办的南通大生纱厂内。

湖北纺纱官局因经营管理不善，造成连年严重亏损，不得不于 1902 年租给粤商应昌公司经营。1911～1938 年又先后由大维、楚兴、楚安、开明、福源和民生实业等公司经营。1938 年湖北省政府将其收回官办，并将部分机器迁往陕西宝鸡，其余的机器与厂房被日本侵略军所破坏。

1891 年，华新纺织新局在上海创立。至于该局的创立经过说法不一，其中一种说法是由李鸿章于 1888 年派员在上海筹建，于 1891 年开工投产；另一种说法是原拟入股上海机器织布局的唐松岩、龚照瑗等人，因风闻织布局旧账纠葛而退出另建新厂，又适逢 1891 年织布局专利期满，设厂禁令解除，于是华新纺织新局抓住此机会立即开工生产。初为官商合办，设备仅有纱锭 7000 余枚，1892 年又增加纱锭 2000 余枚，1894 年再增设布机 50 台。后改组称复泰纱厂，1909 年由大股东上海道台聂缉椝收买，并更名为恒丰纺织新局。

中日甲午战争失败后，被迫签订的《马关条约》为洋商在华设立工厂、输入机器大开方便之门，一些有识之士纷纷呼吁设厂自救。当时清政府迫于来自各方面的压力，宣布了两条“补救”之道：一是在各地设立商务局，直接主持筹建新厂；二是明定章程，奖励民营。为了便于统一管辖全国工商各政，职有专司，并于 1903 年设立了商部。

1896 年，张之洞根据清廷电的精神，首先筹设商务局以办理棉纺织厂，并奏派苏州在籍绅士、前国子监祭酒陆润庠，镇江在籍绅士、前礼科给事中丁立瀛，通州（今江苏南通市）在籍绅士、前翰林院修撰张謇，分别在苏州、镇江和通海一带经理商务局。1897 年 3 月，清廷又准各省可筹办民营纺织厂，于是在沿海沿江大兴土木筹建棉纺织厂，其中较有成效的要数苏州的苏纶纱厂和南通的大生纱厂，其他的仅是一些小规模的手工纺织工场而已。苏纶纱厂是 1896 年初由张之洞委派苏州商务局的陆润庠在两江总督刘坤一的支持下筹建的，翌年建成投产，有纱锭 1.82 万枚，属官办企业。1898 年主办人陆润庠离厂，改由候选郎中祝承桂租办，以在籍的广东知府吴景萱为总董，翰林院修撰费会慈与内阁中书潘祖谦为理事，遇有重要问题则由江苏藩司会同商务局督察商办，此时已成为名副其实的官督商办企业。不久因经营不善，连年亏损，由陆润庠、王驾六等人接收而成为完全商办。后因亏损甚巨，几经易人。1918 年后由刘伯森租办，并更名为宝通纱厂。1928 年 1 月由沪商光裕公司收买，又恢复为苏纶纱厂。1895 年，张謇受张之洞之委派，开始在南通筹建大生纱厂，该厂是领用官机充作官股，另集私资而创办的。这批官机原属张之洞未建成的湖北纺纱官局南厂所有，共 4.08 万枚，机价、运费合计 60 万两，由鄂运至上海时案存于杨树浦席棚中搁置了 5 年之久，在此 5 年中又增付转运、保险等费用，共加价至 88 万两卖给大生纱厂。1897 年张謇从江苏商务局先领纱锭 2.04 万枚，折价规银 25 万两，另集商股 25 万两(实收 19.51 万两)，名为官商合办，但官方并未派员参与厂务。1898 年张謇在南通唐家闸动工兴建纱厂，翌年建成投产，后称南通大生一厂①。由于盈利甚丰，于 1902 年又增纱锭 2.04 万枚。1906 年又在崇明北沙(今属江苏启东)建一分厂，装有纱锭 2.6 万枚，该厂即为后来的大生二厂。张謇后又于 1921 年在海门建成大生三厂，1923 年在南通城南建成大生副厂(今南通国棉二厂)，此时四个厂共有资本 708.4 万两，纱锭 16.04 万枚，布机 1342 台，为张謇日后兴办机器厂、电厂、面粉厂、垦牧公司、肥皂厂、轮船公司、水利公司、学校奠定了雄厚的物质基础。

早期的棉纺织厂还有很多。例如，1894 年新建的上海裕源纱厂，有纱锭 2.5 万枚；1895 年新建的上海裕晋纱厂，有纱锭 1.5 万枚、新建的上海大纯纱厂有纱锭 2.04 万枚；1896 年新建的宁波久通源纱厂，有纱锭 11 048 枚，布机 216 台；1895 年，官僚地主杨艺舫、杨藕舫兄弟两人投资银 24 万两在无锡新建的业勤纱厂有纱锭 10 192 枚②、新建的杭州通益公纱厂有纱锭 1.5 万枚；1898 年新建的上海裕通纱厂有纱锭 1.82 万枚；1899 年新建的萧山通惠公纱厂有纱锭 10 192枚；1905 年新建的常熟裕泰纱厂有纱锭 10 192 枚；1906 年新建的太仓济泰纱厂有纱锭 1.27 万枚、新建的无锡振新纱厂有纱锭 10 192 枚、新建的宁波和丰纱厂有纱锭 2.16 万枚；1907 年新建的上海振华纱厂有纱锭 11 648 枚、新建的上海九成纱厂有纱锭 9422 枚；1908 年新建的上海同昌纱厂有纱锭 11 592 枚、新建的江阴利用纱厂有纱锭 15 040 枚；1909 年新建的安阳广益纱厂有纱锭 22 344 枚；1910 年新建的上海公益纱厂有纱锭 25 676 枚。因此，在 1840～1910 年间，随着五口通商，洋纱、洋布和外国资本的输入，一方面对中国的手工纺织业有很大的冲击，另一方面也促进了中国近代纺织业的兴起，形成了自己的工业体系，以抗衡外国资本的侵入。这也是第一次世界大战前中国民族资本积累过程的基本特征。

在《马关条约》签订后，外资大规模来华投资建厂。1897 年 1 月 17 日，美商鸿源纱厂建成，有纱锭 4 万枚；2 月，上海杨树浦德商瑞记纱厂建成投产，有纱锭 4 万枚；3 月 22 日，英商老公茂纱厂建成，有纱锭 3 万余枚，职工 900 人；5 月间，英商怡和纱厂建成开工，有纱锭 5 万枚，职工 1500 人；10 月 30 日，英商协隆纱厂开工，该厂系接办华商上海裕晋纱厂而成，有纱锭 2 万余枚。仅在 1897 年一年中，外国资本就在上海一地建成了 4 家大型棉纺织厂，并接办 1 家华资纱厂。但是，对中国棉纺织工业影响最大、压力最重的要数后来居上的日资所建的纱厂。1902 年 12 月，以日本三井物产公司为主的日商，收买了上海裕晋纱厂，并改组为兴泰纱厂。1905 年又租办上海大纯纱厂，翌年进行收买，改名为三泰纱厂。1908 年又将兴泰与三泰两厂合并，组成上海纺纱公司，并将兴泰纱厂改为第一厂，三泰纱厂改为第二厂。由于该公司经营颇有成效，不仅大规模地进行扩充和增建，而且也吸引了其他日资来华投资建厂的积极性。日本内外棉公司于 1909 年筹建上海第三厂，并于 1911 年建成投产，有纱锭 2.3 万余枚，1913 年又在上

① 中国大百科全书出版社编辑部编，中国大百科全书(经济学)，中国大百科全书出版社，1988 年。

② 无锡市纺织工业局编志组，无锡纺织工业志，无锡市纺织工业局，1987 年。

海建成了第四厂，有纱锭 3.36 万枚。至此已有英、美、德、日等外商在上海一地开设了 8 家公司，先后建成 10 个棉纺织厂，拥有纱锭 33.9 万余枚，布机 1986 台，对刚刚起步的中国民族资本纺织工业造成很大的威胁。

（三）织造

中国纺织技术历史悠久，在鸦片战争前，我国的手工织造技术在制织高档、精美产品（如丝绸织造）方面就已达到较高的水平，已能广泛使用传统的大花本花楼机、丁桥形多综多蹑机、竹笼式提花机、绞综纱罗织机等多种织机，织造丰富多彩、绚丽夺目的织品①。这些织机后来传入欧洲，经过改进就成为近代的各种织机，如大花本花楼机传入欧洲后，法国人据此发明了回转打孔纹版和横针来取代线编花本，后来又加上动力驱动，便成为 1860 年出现的贾卡提花织机。多综多蹑机用纹链和转子代替代蹑和丁桥，加上动力驱动，就成为近代的多臂织机。绞综纱罗织机更换了综的材料，加上动力驱动，就成为近代的纱罗织机②。

我国最早引进动力驱动织布机的是建于 19 世纪 80 年代的上海机器织布局，该局从英国和美国引进的设备中，包括络筒、浆纱、穿经和 530 台织机。随后筹建的湖北织布局也引进 1000 台织机和相应的织造前准备设备。当时的织机由人工换梭，使用蒸汽机的动力，通过天轴或地轴集体传动各机，并聘请外国技术人员传授操作技术和工艺设计。生产效率低下，如织布机每人只能看管 1 台，整经机 2 人看 1 台，还要配备帮接工，每 100 台织机用人竟达到 280 人，且男工占多数③。

需要指出的是西方先进纺织技术的引进对我国近代手工机织业的影响，远不如对轧棉和纺织业的影响，因为手工机织业在产品、产量、质量等方面与大工业相比，其差距要比手工纺纱与大工业纺纱之间小得多，这就是我国手工织布业为什么在纺织大工业形成后仍能以相当比例长期存在的技术基础。

第二节　麻纺织业

我国手工麻纺织源远流长，历代多有精品向朝廷进贡，随着时代的进步，麻产品基本被棉产品所取代，但麻纤维的一些特殊性能及其用途并非其他纺织纤维能全部取代，因此，手工麻纺织产品仍有一定的市场。从鸦片战争至辛亥革命期间，我国的麻纺织业经历了由手工机械发展成为动力机器纺织阶段。在近代麻纺织工业出现之前，在麻织工艺中出现了交织技术，如麻和丝的交织品轻盈柔软，麻和棉的交织布坚牢耐用。在此期间，不仅交织技术越来越高，而且其产品的质量也越来越好。出现的产品有广东麻丝交织的鱼冻布和麻棉交织的罾布、福建麻棉交织的假罗，以及四川的隆昌、江西的万载和宜黄、湖南的浏阳等地生产的精细夏布，除了国内销售外，还远销世界各地，享有盛誉。

1896 年，湖广总督张之洞接到道员王秉恩的禀报："川鄂所出之苎麻皆属上产，只以商民不谙制造，视为粗质，悉以贱价售诸洋商，贩寄回国，织成各样匹头，仍运来华销行。""皆由于中

① 陈维稷主编，中国纺织科学技术史（古代部分），科学出版社，1984 年。

② 陈维稷主编，中国大百科全书·纺织，大百科全书出版社，1984 年。

③ 朱仙舫，三十年来中国之纺织工程，纺织染工程，1947，9(8)。

国无此项制麻专厂以尽物之用,以为民之倡,坐使美材供人取利,若不因时设法抵制,实为大漏卮"。张之洞采纳了利用当地丰富的麻类资源建立麻纺织厂的建议。遂于1897年在湖北武昌平湖门外筹办制麻局(湖北纺织四局之一),从德商瑞记洋行订购脱胶、纺纱、织机整套设备,连同运输、保险费用合银10万余两。厂房占地34.9亩,分第一工厂和第二工厂,有职工400余人,原料从湖北各产地收购,专制麻袋,供应汉口市场。同时聘请日本人经手开办,并雇佣日本技师进行技术指导。该局于1906年开工投产。当时一厂有纺细麻机66台,织麻机100台,还附有缫丝机19台;二厂有椿布机1台,水喉机5台,宽织机18台,帆布织机14台,每天可产80~140支麻纱300斤,麻织物500米[①]。在开工初期,专织夏布和闪光绉类等极细麻织物,由于成本高而滞销,造成严重亏损。在楚兴公司租办以后,则改织粗麻袋、麻布和帆布,经营状况有所改善,每年尚能盈余3~4万两。由于制麻局所采用的工艺装备基本上类似于亚麻系统的装备,所以有的资料称制麻局两个工厂均是"机制亚麻工厂",它既可纺苎麻又可纺亚麻、黄麻,实际上当时尚无专门纺织苎麻的专用设备与工艺。两个工厂略有分工,第一工厂大体以纺织苎麻为主;第二工厂则以纺织黄麻为主,共有麻袋织机25台,麻布织机63台。然而好景不长,在制麻局尚未完全建成投产时,就发生了严重的波折,湖北纺织四局因经营管理不善,造成严重的亏损,债台高筑,不得不从1902年起先后将其出租改为民办。在1902~1911年间,承租者应昌公司雇佣日本技师,生产原料是从日本购进的脱胶麻纤维,其成品是各种麻布。辛亥革命后,日本技师回国,从日本进口的麻纤维也被迫中断,于是将原设备改织棉布,成了一个棉织厂。湖北制麻局是我国第一家采用动力机器生产的麻纺织厂。

第三节 毛纺织业

中国毛纺织工业化生产是从19世纪70年末开始的。当时任陕甘总督左宗棠的属下、主持兰州机器局局务的官员赖长,1877年采用当地的细羊毛手工纺成纱,用水力传动的织机试织毛呢取得成功,大受左宗棠的赏识。左氏在1876年就曾设想改变新式军服仰赖进口呢料的局面,并认为甘肃具有毛织物的原料和销售市场的优势,就拟在兰州创办甘肃织呢局,而赖长用手工纺纱并试织成功,则更增强了左氏的信心,决定投资规银20万两,在兰州通远门外畅家巷筹建甘肃织呢局,生产军服用呢料。并于1878年派员去德国订购蒸汽机2台(24马力与32马力各1台)、三槽洗毛机1台、大小开毛机各1台、梳毛机2台、走锭细纱机(350锭/台)2台、环锭细纱机(180锭/台)1台、捻线机3台、整经机1台、浆纱机1台、卷纬机1台、普通毛织机20台、提花毛织机2台以及相配套的全套染整机器20台,额定产量为每天(12小时)700米粗纺毛呢。1879年2月将所购设备从上海装船运到武汉,又用民船逆汉水、丹江运至龙驹寨,再改用人力及牲口背运至兰州。10月,首批设备开始到达兰州,直至1880年3月才全部运齐。经过半年的安装与调试,于1880年9月16日正式开工生产,工人约100人,其中包括聘用的德国技职人员13人。该厂占地20亩,建房屋230间[②],这是中国除缫丝厂以外的第一家近代纺织厂,它标志着中国纺织工业大生产的开端。此后,毛纺织厂陆续增多,但发展极为缓慢。在边远农村中,手工纺纱方法仍作为大工业的补充,广泛地存在着。

---

① 武汉纺织工业编辑组,武汉纺织工业,武汉出版社,1991年。

② 孙毓棠,中国近代工业史资料(第1辑下册),科学出版社,1957年,第900页。

甘肃织呢局所购德机适用的原料以细软羊毛为主，于是不得不雇佣大批人力从当地的羊毛中拣取细毛，雇佣的德国技职人员，负责全部技术和业务管理工作，日产呢8匹，最多不超过10匹。由于产品质量差，成本高，加上当地民不聊生，没有购买力，如运至外埠销售，运费较贵，缺乏竞争力。至1881年初，设备利用率仅达1/3。1880年底，左宗棠调离西北，1882年冬，所聘德国技术人员合同期满回国。1883年因锅炉爆炸，终于停工歇业。左宗棠开办的织呢局以从事商品生产的打算至此宣告失败，但却开创了官办商品生产企业的先河。研究其失败的原因，主要是当时国内穿着毛织品的习惯尚未普及，产品销路不畅，只能供军用，无利可图；资金全用于购机、建厂房，流动资金全靠省库借支，销路又打不开，亏损严重；当地虽产羊毛，但质次纤维粗，不适应设备要求；厂址离黄河较近，井水碱性较重，无法用于洗毛等等，这些客观原因的存在，加上其他一些原因，致使停产歇业也在情理之中。

1898年，吴懋鼎创办天津织绒局，资本25万两，生产毛毯、军呢等，揭开了天津近代毛纺织工业的序幕。1900年4月，因义和团事件被毁①。

1905年以后，由于国内市场受到日俄战争的刺激而有所好转，加上国人穿用毛料服装渐多，呢绒开始行销，于是织呢局筹备复工生产。1908年，兰州道台彭英甲出任总办，并从比利时聘来技师，对多年闲置的设备进行修配，并更名为兰州织呢厂，开工时其产品在本地仍无人问津，运往外地销售其运费又太贵，仍未能解除困境。1910年又改由商人租赁接办，虽然条件十分优惠，但仍不能扭转亏损的局面，于1915年再次停工歇业。

在甘肃织呢局开办后，两江总督端方报请集资银25万两，于1907年在上海黄埔江边的日晖港创建日晖织呢商厂，使用浙江湖州所产羊毛，机器购自比利时，推荐郑孝胥为总办。所购设备有三联式梳毛机3套，粗纺走锭1750枚，毛织机44台以及相配套的全套染整设备。厂房为"平列两巨厦而联其一端，每种机器隔为一室"，拣毛、洗毛、染色、烘毛、和毛、梳毛、纺纱、织呢、缩呢、刷呢、染泥、修呢各成一间"。于1909年1月正式开工投产，全厂有职工100余人，其中包括聘请的比利时技职人员30余人，女工30～40人，勤杂工30人，使用的原料除湖州羊毛外，还有河南、山东的寒羊毛，产品为粗呢（称为华呢，以区别于进口的洋呢），供制服之用。后又试织花呢，以供中西式袍服之用，但销路仍未打开。后又采用进口澳毛仿制高档品"企呢"，其销路仍不畅。原设计每月的生产能力为7.2万米，而实际生产能力仅有9000米，致使成本太高，在价格上无法与洋货相竞争，在严重亏损的情况下，不得不于1910年停工歇业。

继上海日晖织呢商厂筹建后，清河溥利呢革公司也于1907年由陆军部请准设立，这是官商合办的企业，由谭学斐任总办，官股银35万两，商股银为25万两。在北京北郊清河镇建厂，占地160余亩，建房280余间，机器设备购自英国，计有粗纺纱锭4800枚，毛织机46台以及相配套的发动机和整套染整机器②。因资金不足，又向日商大仓洋行借银30万两。1909年4月正式开工生产，全厂有工人约300人，并聘英国技师进行生产管理。生产产品主要是军服用呢，由陆军部收购制作军服。由于拖欠货款甚巨，以致造成资金周转失灵，无法进行正常的运转，而于1913年停工歇业。

1908年，湖广总督张之洞请准创办湖北毡呢局，建厂于武昌武胜门外下新河，由严开第任总办。资金30万元，其中官股13.3万元，设备有粗纺细纱锭1000枚，毛织机18台以及相配套

---

① 江敬虞，中国近代工业史资料（第2辑下册），科学出版社，1957年，第696页。

② 清河制呢厂厂史编写组，北京清河制呢厂五十年，北京出版社，1959年。

的染整机器全套，均购自德国。全厂工人约100人。1910年建成开工，所筹资金全部用于购机和建造厂房，流动资金只好向省库垫借。1911年由王潜刚接办，垫借官股已达20万元。辛亥革命后，又改由军人接任厂长，因贪污和管理不善，亏损严重，难以为继，至1913年终因无法维持而倒闭，1914年又招商人承办，也未成功。1911年辛亥革命以后，在中国沿海地区又陆续建立了几个毛纺织厂，但所用设备均购自国外，原料也依赖进口，而大量的国产羊毛却未能得到充分的利用。当时中国服式不适用厚重呢料，又有进口货的竞争，国产毛料市场销路一直未能打开，毛纺织厂出现时开时停的现象。

第四节　丝织业

（一）缫丝

手工缫丝是我国传统的生产行业，几千年来的手工丝绸生产取得了许多成就，形成了较系统的具有中国特色的丝绸生产技术体系。1840年后，西方列强实行“引丝扼绸”的政策，通过“协定关税”特权，迫使中国把外国绸的进口税率和中国蚕丝的出口税率大幅度地降低，以利于他们对中国资源的大量掠夺，并扼杀中国的手工织绸业。自19世纪40年代至70年代，在蚕丝出口的强烈刺激下，江南一带的手工缫丝业出现空前的繁荣景象。如由上海口岸出口的生丝，从1845年的5146担猛增至1858年的68 776担，这些生丝基本上都是由江苏和浙江两省所产的手工缫制的土丝[①]，其中浙江产量高于江苏。当时较为著名的有浙江的杭州府、湖州府、嘉兴府最为有名，特别是湖州府所产的湖丝更是名扬天下[②]。而湖州手工缫丝业的中心是南浔镇，所产辑里丝（又称七里丝）是近代中国最负盛名的手工缫丝产品，南浔镇也因此而成为江南蚕丝贸易的一个重要中心和集散地。

中国的机器缫丝业于1861年由外商办厂开始，以后国人办厂渐多，并自上海开始而迅速传播到江南和广东、四川等地，致使蚕丝业取得更大的收益，从而使蚕桑地区更进一步扩大。近代的缫丝业是从引进西方和日本的近代缫丝技术和设备开始的，并对引进的设备进行了改良和改造，从座缫改进发展到立缫。与此同时，传统的手工缫丝技术在近代也有若干改良与发展，其中著名的有浙江湖州南浔镇的“辑里干经”。中国近代缫丝技术与设备的这些改良与发展，适应了近代国际丝绸工业的发展潮流，为中国近代丝绸工业的发展奠定了技术基础。

上海和广东南海两地最先从国外引进动力机器缫丝技术和设备，并逐步扩展到江苏南部、浙江北部和广东珠江三角洲地区。当时的缫丝业，江南地区以上海为中心，是以外资为主设立缫丝厂，设备大多是采用“意大利式”缫丝机，而广东地区则是以民族资本为主设立缫丝厂，设备主要是引进仿法国式双捻直式缫丝机，其中以陈启沅于1872年在南海县创办开工的继昌隆丝厂为代表，这是我国第一家民族资本的蒸汽缫丝厂[③]。其设备的特点是采用蒸汽锅炉所产生的蒸汽用管道通入水盆里煮茧，缫丝的动力仍是采用脚踏驱动。由于采用蒸汽缫丝和改良缫丝机，在产质量方面都比原来的手工缫丝有了很大的提高，而且生产的厂丝价格又比手工土

① 马士，中华帝国对外关系史，生活·读书·新知三联书店，1957年。
② 姚贤镐，中国近代对外贸易史资料，中华书局，1962年。
③ 陈天杰等，广东第一间蒸汽缫丝厂继昌隆及其创始人陈启沅，广州文史资料（8），1963年。

丝高出1/3,所以开工不久即获厚利,于是邻近乡村也纷纷仿效,大大地推动了蒸汽缫丝业的发展。由于蒸汽缫丝厂的创办,夺去了传统的手工缫丝业的部分市场,在1881年发生了手工丝织工人聚众捣毁蒸汽缫丝厂的事件。陈启沅被迫于1881年11月将缫丝厂迁至澳门,迁厂后第三年又把缫丝厂迁回家乡南海县简村堡,并更名为"世昌纶缫丝厂"。1892年开始安装蒸汽动力驱动缫丝机,这是广东最早出现的蒸汽机缫丝厂。由于蒸汽缫丝机费用较高,加之挡车工的操作不易掌握,于是在1894年陈启沅与其子对蒸汽缫丝机进行简化改造,发明了一种廉价的脚踏缫丝机。这种缫丝机使用人力驱动,缫丝工人用右脚踩机器的踏脚板,上下运动使轮子运转,水盆中的水采用炭火加热而不用蒸汽。

广东珠江三角洲是中国民族资本缫丝工业的一个重要产区,生丝出口量占全国1/3左右,蚕茧产量仅次于浙江,名列第二。截止1910年,广东珠江三角洲已有缫丝厂109家,拥有缫丝机42 100台,为全国第一,因而广东机器缫丝工业的发展在全国遥遥领先,进入20年代后,广东的缫丝工业仍持续上升,1926年全省缫丝厂猛增至202家,缫丝机达到95 215台,发展到最高峰。

上海地区最早出现的近代缫丝厂是由外资筹建的,设备大多购自意大利等国,技术人员也是聘请外籍人员担任。英商怡和洋行于1861年在上海筹建怡和纺丝局,这是上海第一家近代缫丝厂,从意大利引进100台缫丝机,翌年开工投产。由于厂址离蚕茧原料产区太远,当时沪宁、沪杭铁路尚未兴建,而烘茧法尚未在原料产地普及,鲜茧无法长期保存,加之机器缫丝受到了代表当时手工业行会的上海丝业会馆的强烈反对,致使蚕茧无法保证供应,因此不得不于1866年被迫关闭。1866年,法国商人在上海创办了第二个缫丝厂,是一个只有10台缫丝机的小厂,带有试验性质,是年正遇"港沪金融风波",外国银行纷纷倒闭,该厂开工数月后因经营不善而停办,把机器拆卸运往日本。1878年,美国在华最大的生丝出口商旗昌洋行在上海建立旗昌丝厂,装有缫丝机50台,二年后扩至200台,并聘请法国人卜鲁纳担任督办。后来该厂扩大,由法国商人接办,拥有缫丝机1000台。1882年,英商怡和洋行又与中国资本合资在上海成都路兴建了怡和丝厂,英资占40%,中资占60%,引进法式缫丝机104台,雇佣意大利工程师进行经营管理。同年,英商公平洋行又在上海苏州河北开设公平丝厂,装有缫丝机200台,雇工数百人,年产厂丝约300担。与此同时,美国在华的旗昌丝厂的设备也扩充约一倍,雇佣中国工人千余人,并增雇意大利技师和监工。1891年,英国人又兴建了纶昌丝厂,拥有缫丝机188台。同年,法国人接办旗昌丝厂,并更名为宝昌丝厂①。1892年,中美合资在上海建立乾康丝厂。1893年,法国人建立信昌丝厂,拥有缫丝机530台。1894年,德国人与买办合资在上海建立瑞纶丝厂。据统计,1894年上海拥有机器缫丝厂12家,有缫丝机4000余台,均采用蒸汽煮茧和蒸汽驱动机器,年产厂丝4400担。

上海各缫丝厂的设备主要采用意大利式大篗直缫六绪的铁制机械,也有部分丝厂采用法国等缫丝机。上海在1894年以前就在仿造缫丝机。早在1882年成立的上海永昌机器厂,在1890年前后开始制造意大利式缫丝机和缫丝厂用的小马力蒸汽机。仿制缫丝机的工厂,在1895年前建厂的还有大昌机器厂、陈仁泰机器厂等,其中以永昌机器厂最为著名,产品主要销往江苏、浙江、山东等地,年产量最高可达近千台。这为我国近代机器缫丝业的发展创造了条件。此后,江苏的镇江、苏州、无锡、丹徒和浙江的杭州、萧山、湖州、绍兴等地陆续兴办了一批

① 汪敬虞,十九世纪西方资本主义对中国的侵略,人民出版社,1983年。

近代缫丝厂,技术和设备都依靠上海。

在北方的山东半岛,1877年,德商宝兴洋行开设烟台缫丝局,缫制柞蚕丝出口,由于经营不善而亏损严重,从1882年起改为中德合办,但仍未见起色。直至1895年,该厂租给华商顺泰商号的梁浩池经营,并改名为华丰纩丝厂,同时添置设备,扩充范围。在1900年左右,又增添法式缫丝机550台,日产丝250斤。梁浩池又于1899年开设华泰纩丝厂,购有缫丝机530台,另有法式缫丝机8台,备缫桑蚕丝之用。1902年,益丰纩丝房开办。由于蒸汽机缫丝成本高,无法与手工缫丝竞争,因此,随着柞丝价格的涨落而设备时开时停,致使烟台机器缫丝未能发展起来①。虽然如此,但山东半岛却成为近代山东纺织工业的发祥地。

民族资本兴办的缫丝工业,除了广东珠江三角地区以外,还有江南一些地区,这些地区的民族资本缫丝工业开始于上海,其后又逐步发展到江苏的镇江、苏州、无锡、丹徒和浙江的萧山、杭州、湖州、绍兴等地,其中以上海和无锡最为发达。1881年,浙江湖州丝商黄佐卿在上海创办了公和永机器缫丝厂(亦即昌记丝厂),有缫丝机100台,资本10万两,成为民族资本缫丝工业在江南地区的发端。由于外贸出口的增加,1887年后又扩充到900台。其后,在上海设立的缫丝厂还有:1884年创建的坤记丝厂,有缫丝机232台,职工500人,产丝300~350包;1890年创办的裕慎丝厂,有缫丝机200台,产丝250~350包;1893年开办的延昌丝厂,有工人600人;1894年创建的有正和丝厂和纶华丝厂,纶华丝厂有资本1万两,工人1000余人。

中日甲午战争失败后,朝野上下均有图强兴国的愿望,各地兴办实业非常活跃,民族资本缫丝工业也出现前所未有的发展势头。在江南地区,除上海以外,江、浙两省掀起大办机器缫丝厂热潮。1895年,在苏州筹建官督商办的苏经丝厂,得到先后署理两江总督的张之洞、刘坤一的支持。翌年夏试车开工,拥有资本7.76万两,意大利式直缫车208台,职工500余人,聘请意大利人皮杜纳为工程师,这是江苏省第一家动力机器缫丝厂。1897年,缫丝机全部装齐,增至336台,职工增加到857人。次年春开始自设茧行,在苏州、无锡、常州一带收茧,烘干后运回苏州贮存,以供常年需用,每年约需干茧三四千担。自1898年春起,苏经丝厂改为招商承办,由祝承桂承租,租期三年,所产生丝质量良好,畅销西欧,因而开始盈利。进入20世纪后,先后由费承荫、张履谦、张一鹏、严祝棠等人承租经营。1907年,费承荫的森纪公司承租经营时,由经理汪存志主持在上海招股扩充,从栽桑、养蚕到制种实行联营,在各地增设茧行,扩大收茧量,采用人头马身的“森泰”作为商标,经营有方,业务颇有发展。汪纯志还筹资规银4万两,经营封门外觅渡桥原恒利丝厂,并增加缫丝机108台。此时的苏州缫丝业可以说是处于鼎盛时期。自1912年以后,苏州的缫丝业渐趋衰退,而苏经丝厂也几易其主,厂名也先后改为源盛丝厂、源茂丝厂、仁昌丝厂,至1928年终因亏损严重而停工歇业。

无锡的缫丝业起步虽晚于苏州,自1904年开始兴建丝厂后,经历了不少困难,但成就卓著。原供职于上海一家外商洋行的周舜卿是无锡缫丝业的首创者,他稍有资本后便自设行号,代销外商洋行的商品。在1895年前后,周在家乡无锡开设裕昌祥茧行,为英商怡和洋行代收购蚕茧。1902年怡和洋行见丝市不振,为了减少损失,遂借口茧质不合要求而拒收,一气之下,周向上海华纶丝厂购得旧缫丝机96台,安装在裕昌茧行楼上,进行自缫自销。开工后正值丝市反弹回升,竟收厚利,从而引起继续生产的兴趣。但不久茧行失火,把缫丝机全部焚毁夷尽。在丰厚利润的诱惑下,周舜卿另筹5万两,重购缫丝机98台,修建厂房另建新厂,取名为

---

① 徐新吾,中国近代缫丝工业史,上海人民出版社,1990年。

裕昌缫丝厂[①]，开工后获得丰厚的利润。周的成功吸引了更多的旅沪无锡商人仿效，纷纷投资开办缫丝厂。1909 年，顾敬斋投资 7.7 万两在无锡开办了源康丝厂，有缫丝机 320 台。1910 年，无锡商人孙鹤卿创建乾隆丝厂，购置缫丝机 208 台，于次年开工投产。与此同时，曾在黄佐卿手下任账房多年的许稻荪也凑集资金 10 万两，在无锡创建振艺机器缫丝厂，购有座缫车 520 台，这在当时是无锡最大的缫丝厂。截止 1913 年，无锡已建有 6 家缫丝厂，拥有缫丝机 2170 台，总投资达 40 多万两，可以说已初具规模。

浙江虽盛产蚕茧，而且茧质较佳，但因毗邻上海，所产蚕茧可直接供应上海各丝厂使用，加之浙江民间缫制土丝，技术相当成熟，由于习惯势力而不愿将手工缫丝作坊改为机器缫丝，故开办机器缫丝厂要晚于上海、江苏、广东等地[②]。在 1877～1879 年间，时任浙江巡抚的梅小严认为开办机器缫丝厂获利丰厚，曾购得缫丝机若干，欲办丝厂，后因奉调离浙而中止。后来在地方政府拨款资助下，由 9 个宁波商人合股于 1895 年在绍兴白米堰创建了开永源丝厂，拥有铁制六绪直缫式缫丝机 208 台，开工后经营顺利，利润甚丰，但至 1901 年时由于经营不善而被迫停业。与开永源丝厂建厂同时，嵊县富商楼景辉和萧山官绅也于 1895 年合资在萧山转坝兴建合义和丝厂，采用上海摩宣笃公司制造的直缫式缫丝机 208 台，开工后经营良好，并在上海设立办事处，办理生丝出口业务。1911 年合义和丝厂改名为庆云缫丝厂。1896 年，湖州富商庞元济与杭州富绅丁丙合资 30 万两在杭州拱宸桥如意里附近购地兴建世经丝厂，采用上海摩宣笃公司制造的直缫式缫丝机 208 台，女工大多来自上海，所用蚕茧主要产自余杭仓前一带，茧质优良，产品使用“西泠桥”商标，开工二年后因经营不善而倒闭。同年，庞元济和丁丙还在仁和塘栖镇合资兴办建大纶丝厂，缫丝机由建厂初期的 208 台扩充至 276 台，所产厂丝受到法国商人的好评。

随着中国近代机器缫丝业的兴起与发展，传统的手工缫丝生产并未就此退出历史舞台，而是在原有的基础上有所改进和发展。传统的手工缫丝技术和设备在中国近代缫丝业中仍占有较大的比例，尤以江南地区最为发达，其中心为浙江的湖州。特别是湖州的南浔和吴县的盛泽将手工缫制的土丝经再缫加工而成为织绸用的经丝，即“辑里干经”、“辑里大经”或“辑里洋经”，大大提高了土丝的质量，而且成本又低于厂丝。虽然在清光绪前期全国的土丝生产总体在机器缫丝业的竞争中走向衰败，但农家手工缫制的“辑里干经”却在与厂丝竞争中依然兴盛不衰。

（二）丝织

江苏、浙江、广东、四川等省是中国丝绸的盛产地。1840 年时，我国的丝绸生产已处于比较成熟的时期，各道工序及其工艺日趋完善，其产品丰富多彩，深受国内外消费者的喜爱，有广大而稳定的消费市场。近代机器丝织业虽然起步较早，发展程度也较高，但传统丝织业的中心苏州、杭州、南京等地的手工丝织业仍然与机器丝织业长期并存，共同发展，各地都大量存在着“机坊”、“零机”、“拉机”、“木机”织户，有数以万计的“机工”从事手工丝织生产。手工操作的丝织机器也得到进一步的完善和普及，丝绸生产初步形成了一个完整的农工商体系。1851 年太平天国建都天京（今南京市）时，为了发展手工丝绸生产，在天京设有统一管理手工丝织业的

① 钱耀兴，无锡市丝绸工业志，上海人民出版社，1990 年。
② 朱新予，浙江丝绸史，浙江人民出版社，1985 年。

“诸匠营”和“百工衙”，在“百工衙”中设有“典织衙”和“机匠衙”，凡是原来从事丝织业生产的工人，都吸收入衙工作，后来织工人数增至一万余人，采用军事编制组织起来，分为五个“织营”，最多每天可生产绸缎数千匹，还生产“刻丝”和“妆花缎”等高级产品。在1905～1910年间丝绸业较为兴盛，但主要还是手工织机织造。当时较为有名的丝织品有杭缎、杭纺、宁(波)绸、湖(州)绉、苏(州)纱等。在1875～1908年间，四川成都所产的蜀锦规模颇大，“成都有机房二千处，织机万余架，机工四万人，丝织品占全省总额百分之七十”。乐山的苏稽、白杨坝等城镇几乎家家有织机，户户出丝绸，年产绸缎约10万匹，南充有机房约30家，其产品除花素绸外，还有花素绫、湖绉等。此外，西充、三台、阆中、绵阳、重庆、新都、新繁、合川、宜宾等地城乡都有大量的织机与织户。在此期间，山东省淄博市的周村丝绸手工业作坊也很兴盛，栖霞、牟平、乳山、文登、海阳、荣成、五莲、日照、诸城、泰安等县的丝绸业也有所发展，形成了一定规模的生产。

20世纪初，动力丝织机逐步引进，贾卡龙头提花织机日趋普及，随着电力织机的使用，出现了“电力纺”等新的丝绸品种，国人还开发出黑白和彩色丝织人像、风景等特定产品。

(三)丝绸染整

1840年后，随着缫丝业和丝织业的蓬勃发展，传统的手工生产的染坊在中国丝织业中心的苏州、杭州、南京等地随处可见，即使在后来出现了近代丝绸机器印染厂后，这些手工染坊仍然是丝绸业中的主要加工形式，但比过去的染坊有了明显的改观，如染料的更新，绸厂和丝绸庄附设染坊等。

染坊一般分为丝经染坊和绸绫染坊两类。丝经染纺是将经纬作原料进行练染加工。传统的丝织物大都以熟织物为主，将经纬丝进行先染色而后上机织造，故丝织染坊在丝织业中心十分普遍。这种染坊的规模一般很小，业主加雇员只有2～3人，有的则为夫妻店、父子店，主要用纯碱、石灰和猪胰来练丝，使用的设备极其简单，通常是染灶、练用铁锅、染用陶缸、练棒、撬棍及绞丝用的牵丝、捎子等。染好的经丝则在廊架上晾干。绸绫染坊是将织好的生坯白绸进行练熟和染色，以达到手感柔软舒适，色泽光亮鲜艳，具有良好的服用性能。染坊的设备也十分简单，主要设备是“一缸两棒”，精练采用木制的练桶(有的小作坊采用陶锅)，染色则采用陶制圆缸，整理时使用轴木和轴架。印花绸是由印花作坊生产出来的，主要工序只有两个，即刻花和印染。上海还有彩印作坊加工印花绸的。染坊所采用的染料主要是传统的植物染料，如靛蓝、红花、苏木、黄檗、黄护、槐花、莲子壳、杨梅皮、五倍子、栗子壳等10多种，其中包括还原染料、媒染染料、碱性染料和盐基染料等品种，这些传统的植物染料主要产于四川、广东和湖北等地。

绸绫染坊集中分布在上海、杭州、苏州和南京等城市。1848年，苏州来沪商人张玉堂与何国风在十六铺太平弄口开办永新染坊，专门从事绸布的印花，这是在上海建立最早的染坊。到了20世纪20年代，上海逐渐发展成为全国丝绸印染业最为发达的地区，拥有染坊100余家。杭州习惯把丝经染坊称为“经绒坊”，把绸绫染坊称为“长头坊”。1862年设立同润染坊，1882年又设立了聚昌染坊。到1913年，杭州地区的染坊已发展到30家左右，营业极为昌盛。苏州染坊在民国初期已发展到50余家，随着服装的改革和丝织品原料的变化，一些丝织厂和纱缎庄开始自设染坊，一些家庭小型丝经染坊纷纷被陶汰，而绸绫染坊却有所发展。南京地区的染坊虽不及上海、苏州、杭州那样多，但也有一定的规模。

动力机器丝绸印染厂的诞生较晚，都在1910年以后，其中以丝绸印染为主，单独设厂的不多，大都与丝织厂联合，主要分布在上海和杭州等地。1911年，日本商人在上海创建中华精练公司，这是上海第一家动力机器丝绸印染厂，使用现代方法精练，营业颇盛。其后，动力机器丝绸印染厂发展很快。到了30年代，上海的丝绸印染业已发展成为一个独立的行业，有民族资本精练染色厂7家，印花厂14家，其中影响比较大的是大昌精练染色整理厂。

（四）绢纺织

绢纺是将养蚕、制丝中产生的疵茧、废丝加工成纱线的纺纱工艺过程。手工绢纺近似于手工棉纺，都是采用一些极为简单的工具，将茧壳和缫丝的下脚料经过煮炼后用手工纺成丝线。中国是盛产蚕丝的大国，具有十分丰富的绢纺原料，近代绢纺工业在鸦片战争后不久，由日本传入中国。1880年，日商在华开办绢纺试验工场，这是中国近代最早的绢纺厂。1888年，英商怡和洋行在上海设立了怡和丝头厂，1902年又在上海杨树浦开办了怡和绢纺厂，有绢纺纱锭2100枚，因经营不善而亏损，不久将机器设备卖给日商。1906年，由日商发起在上海曹家渡司菲尔路138号（今万航渡后路33号）筹建中日合资绢纺厂，此为总部设在日本京都的绢纺公司在上海设立的第一家绢纺厂。翌年7月，由上海名人朱葆三出任董事长，并改名为上海绢丝制造股份公司。建厂初期，拥有资本规银40万两，占地35亩，有一幢带气楼的二层砖木结构主厂房，建筑面积为6000余平方米。该厂房系向他人租借，当时配有绢丝环锭精纺机17台，共5100锭。1908年又增纺纱锭1470枚，利用绢丝生产过程中的下脚料再纺细丝，获利甚丰。同年华股退出，成为日商独资绢纺企业。1911年1月随日本绢纺公司并入钟渊纺纱公司。此后，日商在东北、德商在青岛也兴起了一些绢纺厂。

（五）柞丝绸

柞蚕原为野生蚕种，大约在17世纪60年代，山东半岛开始出现柞蚕的人工放养，而且发展很快，后来又传到河南和辽宁等地。由于近代国际市场对柞丝绸的需求量不断扩大，逐步发展成为中国丝绸业中的一个重要组成部分，并在山东、辽宁、河南、贵州、安徽、四川等省形成初具规模的产业，其中最主要的产地是辽东半岛、胶东半岛和豫西山区，而辽宁的安东（今丹东）、山东的烟台、河南的镇平则形成中国柞丝绸的中心产地。20世纪初是中国柞丝绸的兴盛时期，每年出口的柞蚕丝达一二千吨，系历史最高水平。

辽东半岛具有独特的自然条件，丘陵此起彼伏，气候温润，光照适宜，特别适宜于柞蚕的生殖繁衍。清朝末年，柞蚕生产随着山东的移民逐渐从山东半岛传播到辽东半岛，至20世纪初其产量已超过山东，成为中国近代柞丝绸的主要生产地区，所产柞蚕茧有六成由当地自己缫丝，其余部分则销往山东。缫丝大多采用脚踏缫丝车、用手理丝的1车1人的家庭手工业生产。在柞丝绸中也开始出现机器缫丝、丝织及绢纺等近代企业。1905年，安东（今丹东）道台开设的七襄丝厂，采用机器缫丝机缫制柞蚕丝，随后在安东又开设了数家丝厂，如1909年新建的华安丝厂、1910年新建的福增源丝厂、1911年新建的东泰丝厂等。到1914年已达6家丝厂，但所用的机械主要是改进的木制脚踏小篗缫丝机，基本上与手工工场相同，还不能与一般的桑蚕茧的机械缫丝厂相比，但在生产过程中，也有贮茧、剥茧、杀蛹、煮茧、缫丝等分工，其工艺过程又与桑蚕茧的机械缫丝厂相似。日本是中国柞蚕丝的主要出口市场之一，辽宁的柞蚕资源成为日本侵入辽宁后的主要掠夺目标之一。1907年，日商在盖平设立大吉成洋行，开设缫丝厂。至1921年,日商在安东共开办了大生、兴东和日华绢绵纺织3家缫丝厂,共有缫丝机440台。

山东是柞蚕丝绸业最先发展的省份,在20世纪初,柞蚕丝的生产已遍及鲁中南部分山区和整个胶东半岛,在1912年后进入兴盛时期。1881年,乳山县制成脚踏式缫丝机,促进了山东缫丝业的蓬勃发展,在烟台附近的文登、牟平、栖霞、莱阳、海阳一带形成类似家庭工业的小丝厂。而柞丝织绸业多为手工丝织业,集中在胶东半岛一带的福山、栖霞、牟平等地。李鸿章在烟台创办的华丰丝厂,是山东最早使用机器缫丝机的工厂。1877年,德商宝兴洋行在烟台设立缫丝局,采用手摇式缫丝车,日产只有50斤,于1886年卖给烟台道台。1892年开始使用蒸汽动力缫丝机,日产柞丝也只有70斤。1895年又租给兴泰号,全部改用蒸汽动力缫丝机,使日产柞丝达到150斤。1905年,德商在青岛沧口兴建胶州德华缫丝厂,有工人1200人。同时,华商也在青岛创办沧口缫丝局,有职工800人,形成了具有相当规模的柞蚕丝绸业基地。

河南也是近代柞丝绸业的主要产地之一,主要集中在豫西山区的南阳、南台、镇平、方城、内乡、鲁山等地。1893年上海的久成绸庄开始经营河南的柞丝绸,主要采用手工制织,绸幅只有1.45市尺和1.6市尺两种。1901~1903年间,上海绸庄为了扩大业务,又在南召、方城等地设立久成通记、久成隆记、久成庆记等分号,并适应外销需要而改革品种规格。从此,河南的柞丝绸也日渐发达,产量大幅度上升。

第五节　针织业

中国的针织业起步较晚,开始时都是一些手工编织,直到今天,还有一部分手工编织产品。在1850年前后,广州归国华侨从国外带回德国制造的家庭式手摇袜机一台,这是国外针织技术与设备传入中国的开始。1896年,杭州商人吴季英投资规银5万两在上海熙华德路3128号(现西安路78号)创办云章袜厂,这是中国第一家针织厂。主要设备系从美国、英国购进手摇袜机和纬编机,生产汗衫和袜子,聘请德国人轧拉士主持技术和设备方面的事务。经6年的盛衰交替,1902年吴季英病故,由吴氏子侄邀请姻亲徐润(号雨之,是招商轮船局的创办人之一,上海商会第一任协理)合作经营,并陆续投资,扩展地基,改造厂房,增购设备。1902年10月云章袜衫厂转卖给徐润,并更名为景纶衫袜厂,以生产内衣为主。徐润在办厂规划、原料准备、产品广告等方面做了大量工作,直至1906年全国掀起抵制外货热潮后,产品才开始有销路。所产卫生衫于1910年试销南洋诸岛。1917年景纶衫袜厂又改组为股份公司,1924年由徐润之子徐廷爵接管。1929年停止织袜,改为以汗衫、棉毛衫和卫生衫为主,并恢复原名景纶衫袜厂。

自1896年云章袜厂创办后,沿海地区的香港、上海、广州、汕头、天津开始从国外引进针织设备,其后,无锡、汉口、松江、北平(今北京)、杭州、重庆、辽宁等长江流域和内地的一些大城市也纷纷引进设备设立针织厂,逐步形成了中国近代针织工业。

1905年,扬州张荣坤开办了张胜和棉织厂,率先购进2台手摇袜机,除生产毛巾外,还生产洋袜。1911年,扬州石恺山创办石裕昌袜厂,购有手摇袜机24台,毛巾织机4台。1906年,山东针织业开始萌芽,1906年日本留学生张百川在潍坊建厂,购置手摇袜机和针织横机,其产品主要是线袜和线衣。二年后,烟台、济宁、聊城和德州也相继开办袜厂。1908年湖北省的针织业开始兴起,当时德国商人在武昌开设吉兴公司,出售蝴蝶牌104针手摇袜机,随之相继出现一些袜厂。到1910年,武昌斗级营就有袜厂10余家,汉阳则有20余家,形成了一定规模的生产能力。其后发展更为迅速。

中国的针织工业是从手摇袜机开始的。自1908年起，一些洋行和公司开始销售从国外进口的手摇袜机，最初出现在香港、广州、汕头、上海、无锡、汉口、天津、北京，而后逐渐向宁波、硖石、杭州及内地城市扩展，如茂盛、天祥两洋行专门发售西洋袜机，恒泰公司专售日本袜机，上海礼和洋行与利康洋行进口德国产的袜机。同年，德国吉兴公司在湖北武昌销售蝴蝶牌104针手摇袜机，先是军界购买设备开办袜厂，其后商界也纷纷购置设备开办袜厂，并聘用一些归国留学生担任针织技术的传授与指导，为中国针织业的发展创造了技术条件。直至1910年，电力针织机才开始传入中国，虽然这种电力针织机的生产效率高，劳动强度低，产量和看台数提高数倍，但由于只能生产素色袜，以及设备售价高与受供电的限制，一般小厂与手工作坊不敢问津，影响到电力针织机的推广速度，以致在较长的时间内造成电力袜机与手摇袜机并存的局面。当年全国只有两家针织厂采用电力针织机，这就是广州进步电机针织厂和上海景星针织厂。时隔10年以后，采用电力袜机的厂家才开始增加，其中上海发展最快，内地则相当缓慢。随着电力袜机的迅速推广，手摇袜机一方面向浙江、湖北、辽宁、山东、河北等地区转移，另一方面由于电力袜机不能生产花色袜和高档袜，因此，在国内市场上仍占有一席之地。1912年后，在上海、武汉、天津等城市出现针织机制造厂。

中国的纬编技术发展比较缓慢，自第一次世界大战爆发后，由于外货进口减少，中国的针织工业才获得了发展。1907年，广州花地创建了广华兴织造总公司，这是我国较早的针织内衣厂之一，初期有手摇横机、人力衣车数台，用以制造西式内衣。日产棉线衫20打，洋袜100打，并兼染洋纱。稍后二三年，各地纷纷建立针织厂，开始时制织粗线内衣，因利润甚微，后改用由英国进口的细支纱织制高档内衣。当时一般采用圆筒机织制高支纱线内衣，用横机织制粗纱线内衣和羊毛内衣等。1910年，江苏松江履袜厂建立，生产袜子、汗衫等针织产品。

横机在中国的发展十分缓慢，横机的编织原理与手工编织毛衣雷同。英国人虽在1847年就发明了舌针织机，于1863年又将舌针应用于横机，但横机传入中国是1911年的事。当年法国传教士从本国带来横机数台，安装在浙江海门天主教堂内，织造纱线衫，自己穿用。尔后，中国又从法国、日本、德国等购进横机，并进行研制仿造。事隔7年后，上海便有10余家机器制造厂开始制造横机。

第六节　染整业

在鸦片战争至辛亥革命之间，中国的染整业仍是古老的手工作坊。海禁开放以后，国外的机器染色织物大批涌向国内纺织品市场，漂亮的洋布深受民众的喜爱，因此，大城市里的一些有见识的染坊业主，开始添置胶辊卷染机、烘干机和拉幅机等简单设备，并采用进口的合成染料，经改造而成为“染烘拉”厂[①]，即改良染坊。辛亥革命后，动力机器染整技术与设备才开始引进和推广，并广泛使用化学染料和助剂。

手工染坊的设备与操作十分简单，练漂主要用锅、缸、石砧、木砧和木杵作器具，练液原料则是采用各种草木灰，也有采用猪胰、瓜蒌加入草木灰汤中作为练液，用来捣练丝帛，而棉织物的练液则多用小麦粉洗面筋后的残液或小麦麸皮直接溶于水后，经过自然发酵的“黄浆水”作

① 黄立，二十五年来我国印染业之回顾与前瞻，杼声，1937，5(1)。

为练液进行捣练。麻织物则是采用草木灰和石灰配合使用的方法来进行精练，其漂白主要采用“露漂法”，即所谓半浸半晒的漂白工艺，也有人采用燃烧硫黄的方法来薰白麻织物①。

手工染坊的染色设备主要包括染缸、染灶、染棒和拧绞砧等。常温染色一般在染缸中进行，而需要较高温度的染色则在染灶上用染锅进行。染棒和拧绞砧则是分别用来搅动被染物和脱去被染物上多余的液体。染色一般采用植物染料，使用最多的为靛青染料。如采用发酵法来配置靛青染液时，需用地黄根作发酵剂，用石灰作碱剂发酵溶解靛青染液，采用此法作用缓慢，往往需要经过数天才能完成。1902年，我国开始大量进口合成靛蓝，使用保险粉作为还原剂，配置方法十分简便，而且需要时间短，含杂量少，色泽鲜艳，深受旧式染坊业主的青睐，天然植物靛青染料很快被淘汰。不少染坊改成合成靛蓝及其他一些合成染料（如硫化元②、灰、蓝及直接染料等），并用卷染机和烘筒式烘燥机进行染色生产。

手工染坊的印花工艺源远流长，有其独特的功底、魅力和生命力，其中一些还具有浓郁的中华民族文化气息（如扎染和蜡防印花工艺等），主要有两种方法：其一为灰浆印花，印花浆由石灰和豆粉调制而成，印后染色，染色后刮去灰痕，即可得到色地白花纹；其二是彩印印花，先制作好印花图案，将调制好的色浆直接印制到织物上。至于印花的方式，常用的有木版印花、镂空版印花、木滚筒印花等③。

手工染坊的整理仍是采用相传久远的砑光整理方法，就是整理工人利用元宝石踹布使布身紧密，布面光洁。丝绸织物的整理一般使用熨斗对丝绸进行熨烫整理或采用轴绸整理工艺使绸面平挺。还有的手工染坊专门为织物进行上浆或防雨用品的涂层整理④（利用植物油、薯莨汁等涂层，如桐油等）。这种整理方法劳动强度大，生产效率低。在20世纪初，有些规模稍大的改良作坊开始购置了进口滚筒轧光机和拉幅机，由此轧光整理逐渐淘汰了踹布整理，大大提高了产量、质量和劳动生产率⑤。

我国幅员辽阔，由于各地的经济发展情况不同，因而在手工染坊的技术装备和工艺革新程度上也存在着较大的差异。山西省的手工染坊发展历史悠久，至清朝末年，更趋发达，全省共有105个县，有手工染坊的县竟达到84个，共有染坊436家，资本总额14.53万元，从业工人达到2127人。独家经营的染坊达到75%，不过漂染仍沿用旧法，每家都备有踩石数架，染缸数只，每年从9月至次年3月为旺季，可染布80万匹。山东省的手工漂染作坊，在清朝初年均为山西商人经营，到了清朝中期，商邱商人始知染坊本轻利重，遂开始与山西帮竞争。在山东中部的济南、周村，南部的宁阳，东部的潍县、青岛和烟台，北部的惠民和阳信，西部的临清和西南部的济宁，成为各地区手工染坊的繁盛区。所用设备也都是染锅、染缸和元宝石之类的简单染色设备，而且大都是经营代客加工业务。各地的染坊也各具不同的特点和技术专长，如周村染坊主要染丝麻织物，染棉布极少；烟台染坊主要染白绸和蓝布；济南染坊主要染洋标布，土布次之，丝麻织物较少；临清和潍县主要染土布，其中潍县的染坊比较精细，染品完成包扎时，并附以各染坊的商标（如洪兴的长寿花、利源的秋海棠、文兴的芙蓉花、复兴涌的松鹤图、全盛的万年青、义兴的富贵图、瑞兴的三友牌等）。全省年染色布达83万匹。湖南省虽然也有一些手工

① 陈维稷主编，中国纺织科学技术史（古代部分），科学出版社，1984年。
② 元本应作玄，是黑中带青的颜色，清代因避帝讳而改为元。
③ 陈真等，中国近代工业史资料（第4辑），生活·读书·新知三联书店，1957～1961年。
④ 陈维稷主编，中国纺织科学技术史（古代部分），科学出版社，1984年。
⑤ 杜燕孙，印染工厂工作法·机械篇，华东纺织管理局，1951年。

染坊，但至1911年后才渐趋发达，在20世纪20年代达到繁荣昌盛时期。浙江省的手工染坊以清朝道光年间成立的乾泰染坊为最早，在差不多时间内建立的还有同旭升染坊，稍后建立的有裕源、元大、仁昌、复盛、黄元兴、聚昌等漂染坊，但均属旧式漂染坊。上海也是我国建立染坊较早的城市，在1846年就开办了老永兴染坊，1866年又开设了老正和染坊，进入20世纪后新建的染坊犹如雨后春笋，发展十分迅速，形成了当时印染手工业的中心。

中国近代动力机器染整业起步较晚，而且首先出现于外资在华创办的企业。1897年英商在上海创办的怡和纱厂率先使用动力染色和整理的机器，生产法兰绒和花式洋布。1898年，张启垣集资500吊制钱在山东中部的周村创办东元盛染坊，后迁至济南锦缠街，并更名为东元盛漂染厂。1918年添置设备，改用机器染色，成为山东省早期最大的机器染整企业，当时资本已增至1万余元，最早染丝线，自1930年开始染布。辛亥革命后，中国近代动力机器染整业才得到了迅速的发展，成为纺织工业中的一个重要行业。

第七节 复制业

棉复制行业是指以棉纱为主要原料进行加工的行业，包括针织业、色织(染织)业、毛巾被单业和线带业等。所谓复制业，一般是指后3个行业。在近代，这几个行业逐步形成而完善，但它们相互之间以及与棉印染之间也存在一些交叉，使用的原料也有所扩展和变化。

中国的棉色织生产历史悠久，手工棉色织布的生产相当发达，明朝是我国手工土布生产最兴盛时期，那时的棉色织土布生产已相当普及。入清后，棉色织土布的生产遍及全国各地。到了19世纪中叶，从事棉纺织的农户约占整个农户的一半左右，而具有融美观与实用于一体和反映民族风格等特点的棉色织布也有一定的发展。由于作为小农经济的家庭棉色织业在生产工具的改革和提高劳动生产率等方面受到了较大的局限，故在一定程度上影响到发展速度。自鸦片战争后，国门洞开，随之而来的是舶来机制色织布(俗称“洋布”)大量涌入而充塞国内市场，对中国的色织土布造成很大的冲击，大有取代中国手工棉色织布之势。国人在“图强御侮”运动的影响下，为振兴近代棉色织业，纷纷购置改良织机，使用机纱和合成染料，在全国各地兴建色织布厂，以此与洋布相抗争。如1900年江苏无锡杨墅园乡董袁辅臣和刘子静，得到旅沪经营纱号的匡仲谋的资助，在当地开办了中国第一家色织布厂——亨吉利染织厂，拥有手拉织机180台。投产后不久，产销两旺，获利颇丰。受其影响，该地区又相继由布商李湘成在长安桥开设九和染织厂，汪景新在新塘开办裕康染织厂，钱少坪在严家桥开办九成染织厂等。由于这些厂均建在水陆交通十分便利的城乡毗邻地区，加之规模均在百台织机以上，又有一批熟练的工人和善于修理机器的技工从事生产，并在模仿进口色织布花型的基础上开发出具有自己特点的产品，还在城市设销售处，因而出现了产销两旺的景象，促进了色织业的发展。1904年，汉口的程雪门兄弟俩集资1000两，在武昌开办华升昌布厂，以生产电光绸色织布为主，购有织机30台，后又扩至70台，这是武汉市开办最早的色织布厂。为了提高职工的操作水平和管理水平，该市又兴办了黄宝善传习所，向青年传授织造色织布的技能。几乎与此同时，在天津出现了官助商办的天津织染缝纫公司等4家企业，生产的色织布均称为“爱国布”。从此开创了天津机器织布业的先河，并在天津郊县相继建立了数十家机器织布厂。江苏的江阴华澄布厂和常州晋裕布厂也分别于1905年和1906年创办，由于这两个厂师从宁波，所以所生产的色织布均称为“甬布”和“宁条布”。1907年，清朝军机大臣张之洞投资白银3万两，在武昌开办色织布厂，称为“手工善技场”，又称模范工厂，拥有200台织机和500名工人，具有相当规模，生产的产品有“爱国布”、红绿格子布（被单用布）、花条子布、素杠呢等。江苏常州的吴有儒在获得无锡兴办色织厂利润颇丰的信息后，集资5000元于1906年在东下塘（原江西会馆旧址）开办了晋裕染织厂，拥有手拉织机百余台，其产品为条布（宽2尺2寸，长5丈），开工后产销两旺，获利丰厚，因而引起工商业者竞相仿效。如无锡金坛县有个名叫吴玉书的田赋书吏，在得知常州兴办色织厂，后来者居上的消息后，遂集资4万银元，于1907年在无锡城区黄泥桥堍创办劝工染织厂，建厂时购置手拉织机50台，后又添购当时较为先进的脚踏铁木机50台，不久又扩充到200台，成为当时无锡城内最大的色织厂。到1910年，江苏全省的棉色织厂已发展到27家，其中无锡就占有6家，拥有织机770台，年产色织布达200万米左右。此时在扬州新建的40多家小型织布厂中也有不少是从事色织布生产的。1911年，天津又相继开办了宜彰织布厂和裕华织染公司，生产的产品主要有沙发布和平纹色布等。至此，中国的棉色织业在与洋布相抗衡中得到发展与壮大，成为具有相当规模的一个纺织行业。

中国是一个文明古国，民间以布为褥，用布作巾洗脸的习俗一直延续到19世纪。在江南一带常用“松江斗纹布”作巾，而山东等地则采用“罗布巾”，或称“毛手巾”、“羊肚子手巾”洗脸，这类土布巾，不是“光滑无劲，粗硬不堪”，就是布面有疙瘩而无毛感。至清朝末年间，土耳其、日本等国的毛巾源源不断地输入中国，因其柔软吸水性能好而曾风行于市场，尤其是日产铁锚牌毛巾几乎垄断了中国的毛巾市场。在洋货的冲击下，中国的土布巾奋起反击。1900年，江苏川沙县的张艺新、沈毓庆等人着手改革土布木机为毛巾织机，试织第一代土纱毛巾获得成功，并在城厢沈宅首创经记毛巾厂，购置木机30余台，生产土纱毛巾。受其影响，广大土布生产者纷纷转向毛巾织造，在短短的三四年间，川沙县的城厢、江镇、合庆、营房、蔡路、青墩等地共开办起10余家家庭毛巾生产工场。从此，川沙的毛巾业开始走上兴盛之路，使国产毛巾的生产摆脱困境，一改人们使用土布巾洗脸的落后面貌。1903年，安徽肥西三河镇洪兆明从日本带回两条“东洋”毛巾，当地织布机户争相仿制。正在该地学习打纱织布技术的洪明炯将“东洋”毛巾拆散研究，弄懂了毛巾的结构原理，并改装织机进行仿制，获得成功，首次用洋纱织造毛巾30打供应市场，供不应求。于是，洪明炯于1908年在南京三牌二龙港办起了洪远记毛巾厂，装有木织机70余台，1912年，洪将该厂迁至合肥继续生产。武汉也是我国毛巾业出现较早的地区之一，在19世纪末源于土布的毛巾业已经形成。1907年，又相继开办了成章、自新、承记、顺昌、同泰和锦彪等6家小型毛巾厂，共有织机66台，职工114人，月产毛巾4400打。江苏的川沙、南汇、宝山、嘉定、松江、武进、无锡和南通等地的毛巾业较为繁荣发达。在辛亥革命前后，全省规模较大的毛巾厂就有50余家。如在1908年兴建的无锡河埒口国和毛巾厂，有人力毛巾织机100余台，可日产毛巾百余打。

在辛亥革命前后，部分地区的政府官员和爱国人士，受洋务运动和“实业救国”口号的影响，纷纷投入到创办早期的毛巾被单厂的行列。1902年，清政府在山东济南开办工艺局，内设毛巾、织布和毛毯等厂。1903年，天津候补道周学熙在天津创设直隶工艺总局。次年成立实习工场，设有机织、染色、提花等12个科目。同年，河南开封设立民艺局，购有木制毛巾织机40台，年产毛巾达3000余打。1905年，松江开设勤益毛巾厂，年产鼎牌毛巾数千打。1906年，陕西凤翔知府在该地兴办工艺厂（织布厂）。其后，各地也相继创办了一批毛巾被单厂，至此，中国的毛巾被单业已初步形成。

中国线带业历史悠久，主要产地是江苏、浙江一带，一般是以家庭副业或手工作坊的形式存在，在上海的南市、浦东等邻近江滨地区遍设制麻绳工场。最早的织带厂要数1884年创建的山东济南东生昌织带厂，主要生产丝带和丝边。其后开办了德源和板带厂，开始生产板带。以后又创建了数家织带厂，生产的品种有腿带、裹腿带等。1886年，法国天主教修女来华携带手工艺品花边样品，首先在上海徐家汇天主教会里传开，教会认为有利可图，便在徐家汇的一个圣母院里创办一个花边生产车间，组织女教徒200余人进行生产，其产品作为工艺品由洋商经营出口。

第八节　鞋帽业

中国鞋帽业生产历史源远流长，历史上曾出现过许多能工巧匠，全国各地都有众多的手工作坊从事鞋帽的生产，经营鞋帽的商店更是星罗棋布，可以说中国是鞋帽的王国。

鸦片战争后，中国出现了一批规模生产的鞋帽企业，专业生产一些上档次的产品。1853年，河北省清河县人赵廷在北京东江朱巷(今东交民巷)开办内联陞鞋庄，专门为清宫廷官员制作靴鞋。辛亥革命后，内联陞的经营方向由官府转向民间，以绸缎、粗布等制作鞋帮面，用手工纳底，这就是闻名遐尔的千层底布鞋，深受国内外消费者的喜爱。女鞋则用绸缎作帮面，并在鞋头帮面绣上花纹图案，这就是闻名于世的绣花女鞋，深受广大妇女的青睐。1901年，天津人刘文魁兄弟在安徽芜湖开办了魁升斋鞋庄。1911年，苏州开设了德森鞋店，镇江开设了萱德泰鞋店。这些都是中国近代具有一定规模的制鞋企业，为现代制鞋业奠定了基础。上海制作男女布鞋较大的企业是春林翻鞋作。其后发展迅速，上海鞋业于1914年成立履业公所，1920年又将其分成粗线(男鞋)、细线(女鞋)两个履业公所。此时，制鞋业已有600家，职工达3000余人。但是，中国近代的制鞋业绝大多数还是自产自销，前店后工场产品销售一般局限本地，也不乏广大城乡的农户是自产自用，成为小农经济的一种特征。也有部分产品在其他地区销售，如苏州老瑞沅鞋店的翻鞋，曾畅销四川各地；北京福兴立鞋庄的皮底男翻鞋，成为各地的热门货，而北京的千层底布鞋更是行销全国各地而经久不衰。

帽，古称“首服”或“头衣”。具有保护和美化头部的功能，古代还可标示戴帽者的身份与地位，其作用不可低估。早在宋代，江苏的苏州就已有制帽作坊，当时的中子巷(今乘鲤坊)已是制帽业的集中地，可见我国制帽业历史的远久。帽类品种有草编帽、呢帽、梭织帽和针织帽四大类。辛亥革命后，剪发除辫，从而洋货草帽大量涌入。1911年，山东省掖县人刘锡山在天津估衣街归贾胡同创办盛聚福帽庄，仿编草帽鞭，自行缝制宽边草帽。以后草帽品种又发展到宽边遮阳草帽、仿呢礼帽的金丝草帽、蜡线草帽和防雨草帽等。

第九节　服装业

中国的服装业具有悠久的历史，在人类文明史中曾作出过重要的贡献，并创造了中国服装文化史。据有关资料介绍，我国古代扬州建城初期，就出现了中式成衣铺，专为地方官僚和富商加工服装。近代服装的生产，大多是一家一户的夫妻店，经营相当灵活，业主掌握制衣的主要技术，家属辅之，有的还招收一二名学徒，业务繁忙时则雇佣一二位师傅帮忙，普遍采取前店后工场的经营方式，而且大多是以来料代加工或是上门服务的形式从事服装生产。在19世纪末20世纪初，全国已形成了几个服装业的生产中心，南方中式服装业以苏(州)帮造型巧妙，广(州)帮款式新颖，扬(州)帮工艺精湛而闻名全国。各地的成衣业都以轩辕皇帝为行业的始祖，设庙宇供奉。部分中式成衣铺以独特的工艺，优异的质量赢得了人们的喜爱，占领了市场一席之地。如上海北海路福寿里的俞福昌苏广成衣铺，专为沪剧演员缝制男女中式服装；上海南昌路的肖云记苏广成衣铺，是专做女式旗袍的特色户。此外还有钱福记、象大成等苏广成衣铺专为评弹男女演员缝制剧服，爱兴、兴昌等苏广成衣铺则是制做女式旗袍和短袄的特色户，这些成衣铺在上海都久负盛名，成为当时服装业的佼佼者。随着鸦片战争后国门洞开，洋人来华日渐增多，对中国的服装业发展起到了一定的推动作用。如随着上海开埠后，洋人来沪增多，上海的一些中式裁缝为了兜揽生意，纷纷走出店铺，登上外轮为水手们缝补西服；有的则在洋人聚居的虹口百老汇路(今东大名路)一带设摊，为洋人修补西服。从此，一些聪明的中式裁缝便渐渐学会缝补并制作西服，遂有一部分人改做西式服装。1864年，有人在上海虹口百老汇路一带摆地摊销售进口呢绒，这无疑为西服的发展创造了物质条件。其后各地纷纷办起了西装店，缝制与经营西服的生意。1880年，中国人最早在广州创设信孚成记西服店。1896年，浙江奉化县人江良通在上海百老汇路开办和昌西服店。1900年，在天津开设了何庆昌西服店。1903年，王才运在上海南京路开办荣昌祥西服号。1905年，宁波人李来义又在苏州开设了李顺昌西服号。在辛亥革命前夕，中国的西服业开始在东部沿海城市悄然掀起，随着与外界交流的增多，国人穿西服也渐渐增多，这为西服业的发展创造了良好的氛围与条件。后来，随着新文化运动的兴起，西服成为新文化的象征，冲击着传统的中式长袍和马褂，又进一步促进了西服业的发展。

随着西服业的兴起，女式时装业也开始形成。五口通商后，外商侨眷来华渐渐增多，一些外国传教士也相继来上海设立教堂传教。当时，川沙县唐墓桥赵家宅人赵春兰在上海董家渡路天主教堂附近开设了一家中式成衣铺，经常为教堂内的修女们缝补衣服，从中学会了缝制西式女服装的基本技巧。1848年有一位英籍牧师带其一起去英国，在英国又学到了许多缝制女式西服的技艺，1851年回国后，在上海开设了洋服铺。其后，赵的许多亲戚、朋友和同乡都拜赵为师，因而川沙县一带的乡民大都学习制作西服的技艺，成为中国西服生产的名副其实的发祥地。在19世纪末，女式西服业成立了"三蕊堂公所"的行会组织。在上海虹口百老汇路一带，仅俄罗斯人、犹太人开设的洋服店就有50家左右。后来随着商业的繁荣，洋服店逐渐迁至北四川路和南京路一带，成为当时上海洋服销售集中地。1895年5月，英美公共租界再次扩张，在静安寺路、同孚路(今石门一路)一带形成了时装中心。

第十节 纺织机器修配制造业

中国的手工机器纺织业在明代就已相当发达，在鸦片战争前夕，手工纺织生产中所使用的轧棉机、缫丝机、纺车、织机及络纱、整经等工具多已完善。而束综提花与多综多蹑相结合的提花机和多锭大纺车，可以说是在动力机器普及之前达到的技术高峰。但这些纺织机器和工具都是木制的，一般由木工根据需要临时制造以满足家庭副业和手工作坊的要求，后来随着手工作坊的发展，在有些地区也出现了专业性的木工作坊，专门制造手工纺织机械。在鸦片战争前后，我国已有一些地区的纺织机械以式样新、质量好而负盛名。如上海青浦县生产的纺车和锭子就是一例，在1820年前后，当地民间就流传"金泽锭子谢家车"之说。又如南京的缎机、妆花机和剪绒机，镇江的宫绸机、缫丝机和栏杆机等，在当时也相当有名。

鸦片战争后，随着外国资本纷纷涌入我国，1862 年英国商人首先在上海开办纺丝局后，日、美等国也相继在我国办起了丝厂和纱厂，与此同时，国内洋务运动兴起，在“实业救国”的口号下，清政府一些官僚和地方士绅及商人纷纷集资购买外国新型纺织机器创办纺织工厂，我国民族机器制造业抓住了这一机遇开始了纺织机械的修配和仿造，由此而逐步形成了中国自己的纺织机械制造业。中国的纺织机械制造业首先在上海出现，其次是天津。自1862 年英商在上海创设纺丝局后，国外缫丝机大量引进，中国民族资本机器工厂抓住时机纷纷仿造，推出一批国产缫丝机与外国缫丝机相抗争，并赢得了一席之地。在1882～1913年期间，上海就出现了比较大的缫丝机制造厂 10 家①，开创了中国近代纺织机械制造业的先河。自 1913 年前后，上海就完全停止了缫丝机的进口。紧接着，就是中国轧花机制造业的出现。在 1885 年前后，日商在上海开设的中桐洋行大量销售日产千川牌、咸田牌轧花机。自中日甲午战争后，销路更畅，每年在上海周边地区销售 300 台以上。英国也不示弱，1884 年英商在上海设立的升宝洋行也开始销售轧花机，但销路一直不畅而没有得到推广普及。1889 年，日本在上海创办上海机器轧花局，有轧花机 32 台，每日产量达到 90 担，这对当时国内使用的土制手摇轧花机造成了严重的威胁。随着日本轧花机传入，中国民族资本机器工厂也积极进行仿造。仅 1897 年，上海就有较大的轧花厂 8 家，拥有轧花机 500～600 台，其中有三分之一左右系国内仿造，其余多为日本制造。在 1887～1913 年期间，仅上海就有轧花机制造厂 10 余家。

中国的纺织机器修配业也是随着外商设厂的增加而产生的。自 1895 年开始，随着外商纱厂和华商纱厂在上海逐年增加，上海纺织机器的安装修配工厂也应运而生。自英商在上海开办怡和纱厂后，蔡方源也随即开办协泰机器厂，专门为怡和纱厂安装机器，业务兴旺，获利甚丰。在安装修配中有大部分零件需要翻砂铸件，于是在 1901 年协泰机器厂又将翻砂间进行扩大，因发展业务需要，厂部也迁至昆明路安国路，使翻砂工件由外加工转为自己生产。1902 年，陈益生在上海创办的炽丰机器厂，有车床 4 台，龙门刨 1 台，钻床 1 台和 1 个翻砂间，工人 10 余名，以修理纺织机器零件为主，如修配筒管牙齿、锭壳、法兰牙齿、清花间琵琶牙齿等小零件。随着纺织厂数量的增多，纺织机器的维修量也大增，因此，当时上海技术力量较为雄厚的大隆机器厂也于 1905 年左右由修理外轮转到修理纺织机件业务上来，主要修配纺织机器上的皮辊、锭子、筒管牙齿、洋枪管子、盆子牙齿等。由于其技术力量雄厚，加上该厂创办人与英、日商人关系较熟，经营很火爆，业务很发达。1895 年后，以制造轧花机为主要业务的义兴盛机器厂，也兼做纺织机器零件修配，承揽了怡和纱厂和溥益纱厂的修配业务。当时，从事修配纺织机器的工厂还有东华机器厂、永源机器厂和公兴铁工厂等。在 1895～1913 年期间，在上海就有规模较大的纺织机器修配专业厂 5 家。

在 1905～1906 年间，江苏南通投资 7 万元创办资生铁冶厂，由铁厂和冶厂组成。其中铁厂全用大生股本，专为南通大生纱厂服务，为该厂修配纺织机器，后来铁厂也仿造一些成台纺织机器。

鸦片战争后，随着国外针织品的输入，外商与华商相继在国内创办针织厂，因而针织机也随之进入上海、广州和天津。在 1908～1910 年间，上海江南制造局周惠卿等人购得 1 台德制

---

① 上海第一机电工业局史料组，上海民族机器工业，中华书局，1966 年。

手摇袜机，在业余时间进行仿造，经数年试制成功，后合伙创建家兴工厂，自销 104 ~ 160 针的手摇袜机，并制造了专门用于铣针筒槽子的小铣床设备。当时，上海制造袜机的工厂还有邓顺昌机器厂和闰泰机器厂。前者仿制德国金轮牌圆筒袜机，月产量达 500 余台，后者从代销茂成洋行袜机开始，后仿造袜机。求新机器厂也在该时期制造过手摇袜机，为最早针织机修造专业厂之一。

第十二章　近代纺织业的发展

第一节　纺织原料

人类利用的天然纺织原料，主要包括棉、麻、丝、毛四大类。我们的祖先，早在远古时代就对这些天然纤维加以利用，并且达到了很高的水平。在近代，对这些纤维利用的深度与广度有了较大的发展，为近代的纺织工业的发展和蒸汽动力设备的应用奠定了基础。由于鸦片战争的爆发，一些发达的资本主义国家纷纷进入中国，把中国作为他们推销纺织品的市场，从而促进了以耕织结合为特征的农业国的自然经济的解体。与此同时，随着纺织原料生产地区的扩大和产量的增加及商品化，在一定程度上也加快了这一解体过程。由于资本主义国家的侵略，一些有识爱国之士纷纷提出"工业救国"的口号，促进了中国近代纺织工业的萌芽，相继建立了一批纺织工厂，因此，纺织原料无论是在数量上还是在质量上均不能满足刚刚新建的纺织工业的需要，这一矛盾的产生，在很大程度上推动了传统农业技术的改良和近代农业科学技术的传入与发展。在良种选育、种植和饲养方法方面均取得了长足的进步和成效，这又有效地推动了纺织工业和出口贸易的发展，从而形成了中国近代纺织工业发展的基础。

(一)棉

鸦片战争开始的 1840 年，我国的棉花产量约为 970～1000 万担[①]，主要有三大产棉区：黄河流域产棉区（包括山东、河北、河南、山西、陕西、甘肃等省）；长江流域产棉区（包括江苏、浙江、安徽、江西、湖北、湖南、四川等省）；华南产棉区（包括福建、广东、贵州、云南等省）。此外，还有西北内陆、华北北部和辽宁南部等产棉区。

1865 年，上海开始引入美国陆地棉种子。时隔两年，清政府曾派人前去美国求购美棉良种，湖广总督张之洞大量购买美棉种子，并强行推广种植，为其创办的湖北织布局提供优质原料。1891 年 12 月，张之洞致电驻美大使崔国因代购与湖北省"气候相仿，土地相宜"的美棉良种两吨。1892 年下令湖北产棉区各州县，要求试种美棉，结果崔大使从美产百余种棉子中选出两种，"一为宜于湿地，一为宜于燥地"共 34 担运回湖北，张之洞令人将美棉良种发给种棉农户试种，并要求棉农在收获后，将土种和洋种棉集中由州县转送织布局，汇总测试样，择其培植最佳、花朵最旺者，由织布局给予该棉农奖赏。但是，由于种子运回湖北时已失农时，延误了播种季节，加之种植不得法，栽培过密，光照不足，结桃虽多而不能正常吐絮，致使收成大减。尽管如此，收获的数千斤棉花纤维长，色泽好，明显优于中棉。1893 年张之洞总结经验教训后又从美国购买百余担棉花种子，并提出改进美棉的种植方法，学习外国的先进植棉技术，鼓励棉农广泛种植美棉，同时刊印植棉技术资料，广为散发，做到家喻户晓。两年试种美棉均未获成功。失败的原因在于只是简单地发放种子，而未对其进行驯化，不能适应湖北的自然条件。由

---

① 许涤新等，中国资本主义的萌芽（中国资本主义发展史第 1 卷），人民出版社，1985 年第 322 页。

于棉农缺乏种植美棉的经验,仅是依据种植中棉的方法进行,必然要招致失败。尽管如此,1894年春季,张之洞又行文到各种棉州县,再度要求试种美棉,虽未成功,但开创了中国引种美棉的历史先河,为以后的引种和推广积累了经验。

1901年,南通张謇集资开办通海垦牧公司,继张之洞之后引种美国陆地棉,至1906年,农工商部又购大量的美棉种子,分配给江苏、浙江、山东、河南、陕西、河北等省,奖励栽种,从而促进棉花产量大增,使棉花生产在整个国民经济中的地位日显重要。后来,经过较长时间的引种、驯化和不断选种、培育,逐步形成了许多适合于我国不同区域种植的陆地棉种,并取代了中棉(包括普通中棉和鸡脚棉)和草棉等棉种。

清政府深感中国棉花品种不良、种植不善,大大阻碍了中国棉纺织工业的发展,于是在1904年从美国购进了大量棉花种子,分发给各省,并由政府颁发了改良中棉品种的计划。由于政府官吏缺乏科学知识,脱离生产实际,不懂得棉种的驯化和植棉技术,往往在试种一二次失败后就不能坚持,或是把美棉种子与中棉种子混合播种,其结果既不能保持美棉优良种子的纯净,又不能培育出优良的新品种,累遭失败。由于棉种改进工作进展缓慢,满足不了棉纺织工业对原棉的产、质量的要求,特别是经营棉纺织厂的中外厂商更感到迫切。于是,最早从事中棉改进工作的上海外资棉纺织厂和出口棉商,于1901年组织成立了上海禁止棉花掺水协会,同时附设植棉农场,试图引种美国优良棉种。其后又经过多次试验,并委托与资助金陵大学进行棉花新品种试验,从美国购进8种优良品种分发长江和黄河下游各省份进行试种,同时从美国聘请育种专家赴各试种地进行调查考察,根据这些地区的气候特点,提出最适合于种植美国的脱字棉和爱字棉品种,从而使驯化美棉和改良中棉取得了一定的进展,为我国自行选育和推广种植脱字36号、鸡脚德字棉、“517”、泾斯棉等陆地棉种奠定了基础。

到了清代末期,中棉种子严重退化,衣分率逐年降低,正如饶敦秩于1905年所著的《植棉纂要》中所述:“吾华尽失古法。并不讲换种一事,种之数百年,子黑者变白,棉重者减轻,而竟不悟也。”高度概括了中棉经过数百年后的变化情况,充分说明了改良中棉种子的迫切性和重要性,饶敦秩进而提出了改良中棉的办法:“今宜按古书而深究之,更宜即陈法而求新之。”由张謇任校长的南通学院农科最早采用近代农业科学知识对中棉种子进行改良的试验研究,因为南通地处产棉中心,又是大生纱厂所在地,所以对中棉种子的改良最感需要和迫切。在张謇校长的大力推动下,南通学院农科终于在1914年培育出改良鸡脚棉。该棉纤维长度达到29/32~1英寸,衣分率达到39%~42%,纤维色泽洁白,成熟早,抗病虫害能力强,在南通海门地区争相种植。

随着改良棉种的成功和棉花种植面积的扩大,棉花的产量和质量有了较大的提高。原有的根据原棉产地和品种的颜色进行分级的标准,亦即用“干(指含水不能太高)、白(指色泽洁白)、肥(指纤维成熟度好)、净(指杂质少)”四个字作为评定棉花质量的标准已不适应发展的要求。建立新的原棉检验和棉花标准已迫在眉睫,1902年中国商人成立了上海棉花检验局对棉花的含水和含杂进行检验,这是中国最早成立的棉花检验机构。

(二)麻

麻是我国古代衣料的主要原料之一,历史悠久,品种很多,有茎纤维(如黄麻、亚麻、苧麻、槿麻、大麻、苘麻、罗布麻等)和叶纤维(如蕉麻、剑麻,凤梨麻等)之分,分布区域辽阔,全国各地均有种植。近代种植的麻类品种主要有苧麻、大麻、苘麻、亚麻、黄麻和槿麻等6个品种。

苎麻原产中国,是麻类中品质最优良而又适宜于纺织高级衣料的品种,外国人称为中国草。英国于18世纪、法国于1844年、美国于1855年就分别引进中国的苎麻品种。我国苎麻产区主要分布在黄河、长江和珠江流域,其中主要产地为湖北、湖南、江西、广西和四川五省。

大麻在我国种植的历史悠久,有早熟种和晚熟种之分,地域分布很广,主要集中在华北、东北和华东地区。

黄麻在我国种植的历史也很悠久,近代种植的品种大都是从印度引进的,18世纪末,首先在台湾和浙江相继引种成功。我国的黄麻产区主要集中在长江流域及其以南地区,主产区为台湾,其次为浙江、江苏。广东、广西、福建、安徽、江西、湖北、湖南、云南、贵州等省亦有种植。

槿麻(又名洋麻、红麻)在我国种植的历史较短,原产地为东南亚和非洲,我国大约在20世纪初从印度和俄罗斯引进,在台湾省试种。其后又在浙江、江苏、江西、广东等省试种和推广。

亚麻原产地有两个:细叶亚麻原产于卡内利群岛和高加索一带;一年生亚麻原产于波斯湾、里海和黑海之间。我国首先引种的是胡麻,主要种植于西北和内蒙,纤维用亚麻主要从俄罗斯引种于黑龙江和吉林两省。

苘麻在我国种植的历史也很悠久,主要产区为我国北部,其中以河北、山东产量最高,其他省份也有种植。

(三)毛

中国养羊业历史悠久。数千年来,羊种基本上变化不大,毛纤维种类除绵羊毛外,还有山羊毛(绒)、骆驼毛(绒)、牦牛毛(绒)、兔毛等特种动物毛,其产区按自然环境和经营方式,大致可分为农业区、牧区和农牧交错区。其中,牧区养羊头数和羊毛产量占的比例最大。

我国近代饲养的绵羊,数千年来一直未作过系统的选育繁殖,一向是任其自然交配繁衍,所以仍保持了原有的体形和特征。其品种可分为蒙古型绵羊(又可分为同羊、寒羊、滩羊和湖羊四类),近代主要分布在北部地区,其次是河南、山东、江苏、浙江、湖北、安徽等省;西藏型绵羊,近代主要分布在西藏、青海、甘肃的河西及甘南、四川西北部,以及云南和贵州的部分地区;哈萨克型绵羊,近代主要分布在新疆自治区的天山北麓、阿尔泰山南麓、准葛尔盆地、阿山和塔城等地区;此外,在甘肃、青海和新疆三省区的交界处也有少量分布。

中国的绵羊和羊毛品质较低,不能适应近代毛纺织工业发展的需要,因此,绵羊品种和羊毛质量的改进已成为毛纺织工业能否发展的关键。直至近代,对绵羊品种的改良与繁衍起步甚缓,除了东北由日本人主办,新疆得到苏联的援助外,自己的试验研究和推广工作直至20世纪40年代才有小规模的试验研究,致使中国的毛纺原料和毛纺织工业停滞不前。20世纪初,我国才真正引进优良品种美利奴羊种,辛亥革命后才在山西、张北和石门设立种羊场,开始引进少量种羊进行繁殖,其后,北京农业专门学校对美利奴羊进行驯养和繁殖,各地也纷纷引进种羊饲养与繁殖。在改良品种方面,把引进的美利奴、兰布里耶种羊与我国的土种羊杂交,改良了中国的绵羊品种,收到了一定的成效。

(四)丝

栽桑养蚕和利用蚕丝织造丝绸是中国古代人民的伟大发明,具有悠久的历史,我国素有“丝绸故乡”的称誉。由于我国长期处于封建统治和闭关自守的状况下,养蚕业一直发展缓慢。1840年后,蚕丝在外销迅猛发展的刺激下,全国曾出现了栽桑养蚕的热潮,很多省县向农民发出号召,提倡并颁布栽桑养蚕的奖励政策,甚至还成立了蚕桑局等机构进行大力推广。清末左宗棠是一位热衷提倡发展蚕丝的官吏,在1882年任两江总督时,曾从浙江购买大批桑秧,分发江苏各地种植。在任陕甘总督时,在新疆喀什成立蚕桑局,派人长途跋涉赴浙江采购湖桑苗数十万株,运往新疆栽种,同时在浙江招聘蚕工赴喀什进行栽桑养蚕的技术指导工作。各地的官吏纷纷效仿,甚至采用行政命令的方法迫使广大农户推广栽桑养蚕,如四川的达县知州陈庆门广贴告示,命令家家户户都要在自家宅基周围栽桑。由于内地交通不便,蚕丝的销售渠道不畅通,加之资金和设备的严重不足,缺少技术指导和劳力,栽桑养蚕事业很难发展,甚至未获成功。但是,靠近通商口岸、交通便利,外国洋行收购蚕茧方便的地区(如珠江三角洲、江南等地区),在19世纪末20世纪初,蚕桑产区及其产量都有了较大的发展。

机器缫丝业的出现与发展,有力地推动了蚕丝产量的提高,满足了外销迅速增长的需要。1861年,英商怡和洋行在上海开办了中国第一家机器缫丝厂,时隔10年,归国华侨陈启沅在广东南海建立继昌隆缫丝厂。此后,在上海、江苏、浙江和珠江三角洲相继建立了多家机器缫丝厂。传统的手工缫丝的生产方式仍继续存在,并在一定的范围内发挥其作用,其中以浙江的嘉兴和湖州地区用手工缫制的"辑里丝"为最好。据《续文献通考》记载,19世纪末全国蚕桑分布为:"蚕桑,以江苏、浙江、广东、四川为最盛,次湖北、湖南、江西、安徽、福建、广西。江苏养蚕区域为苏州、常州、镇江、江宁、松江诸府,南通亦有产额。全省产茧年约二三千万斤。浙江以杭州、嘉兴、湖州三府属称极盛,次则绍兴、宁波、金华、台州。最近茧产年约八九千万斤,称全国第一。四川以成都平原为主要,保宁、顺庆、崇庆诸属次之。产茧年约六七千万斤。广东以珠江三角洲为最多,顺德、南海、番禺等县为其中心地。茧额年约七八千万斤。湖北以汉川、沔阳、嘉魚、当阳、宜都等县为主要,茧额年约一千万斤。"这一分布情况在整个近代中国基本上无大的变化,浙江、广东、四川和江苏是主要四个产茧区,合计产茧量和产丝量占全国87%左右。其中,浙江是近代中国蚕丝的最重要产区,主要集中在杭(州)嘉(兴)湖(州)地区,鲜茧产量、生丝产量和生丝出口量均占全国的三分之一,以土丝为主。自1840年后,广东由于受到外销的刺激,当地农民纷纷将稻田改种桑树,从暮春三月开始养蚕直到深秋还养所谓"寒造"。主要产地集中在珠江三角洲的顺德、南海和香山三个县。据记载,有桑田129万亩,从事蚕丝业人员达200万,每年产桑叶达3300万担,产蚕茧44万担,缫生丝8.8万担。四川的产茧区主要集中在嘉陵江流域的重庆、顺庆、潼川、保宁等一带,其次为岷江流域和成都平原,蚕茧大多为自缫土丝。江苏的产茧区主要集中在苏南的太湖之滨和铁路沿线的无锡、武进、吴江、吴县、江阴、宜兴等县。无锡是我国近代蚕丝业最为发达的县份之一,自1850年以后才逐渐兴起的,而丹徒、江浦、江宁、句容、常熟、丹阳等县则是在1860年以后才兴起的新产蚕区。

随着养蚕业的兴起和发展,改良蚕种,提高蚕丝质量成为中国蚕丝业发展的重要问题,特别是传统的土种蚕由于蚕病等原因而影响到生丝的产量和质量。1889年,宁波英国税务司雇员江生金受英国人康发达的派遣去法国蒙伯叶养蚕公院进修半年,专门学习选择无病蚕种的方法。1897年,清末进士、纺织教育家林启创办杭州蚕学馆,开创了中国现代蚕丝教育的先河。1898年2月试招学生18名,学习栽桑、养蚕、制丝等课程,学成回国的江生金被聘任为第一任总教习,讲授检种和育种的新方法。不久江辞职,于是又聘请日本专家轰木长太郎、前岛次郎和西厚德太郎为正副教习,期限三年,教授养蚕、蚕病、制种新法,并帮助蚕校对浙江的蚕种进行征集和选择。此后,杭州蚕学馆一直致力于浙江蚕种的改良。该馆的第四期毕业生史量才于1903年在上海创办了私立女子蚕业学校，改公立后迁至苏州浒墅关建校开学，并更名为江苏省立女子蚕业学校。上述两校即为现在的杭州丝绸工学院和苏州丝绸工学院的前身，为中国的丝绸业培养了大批人才，有力地推动了中国近代丝绸业的发展。

第二节　纺织产品

1840年前后，随着外国动力机器纺织品大量涌入中国市场，对传统的手工纺织业产生很大的冲击，从而引起了激烈的变革。一些政界、商界人士纷纷从国外引进设备和技术，聘请洋人或回国留学生作为技术顾问，仿照洋货生产新式纺织品，而传统的手工纺织业者也不甘落后，纷纷对土布、土绸进行改良，并进而购置动力纺织机器，发展机器生产的纺织品。在这种变革中，由于借鉴了国外纺织品的长处，发扬了中国传统手工业纺织品的特点，使纺织品的种类和花色都有了长足的增长和进步，为国内纺织品市场提供了一大批新产品和名牌产品（如1862年的“鼎茂”、“天茂”、“天和”等），有力地推动了中国纺织业的发展。

手工纺成的棉纱俗称“土纱”，一般为7～10英支，主要供织土布用，也有将土纱加捻成缝纫线，供缝制衣服用，与“洋纱”相比，不仅纱支较粗，而且条干不匀，这种“土纱”、“土布”在自给自足的小农经济占主导地位的中国农村有较广阔的市场。在1840年后，随着动力机器纺织厂在中国的建立，一些条干均匀度较好的中支纱开始出现，这对“土纱”、“土布”是一个沉重的打击。丝线的生产一直是采用手工缫制的，鸦片战争后，随着动力机器缫丝厂的建立，逐步发展为机器加工。中国的绒线是1840年后从国外输入的，起初主要用于妇女扎发辫的彩线，后来逐渐推广到用于手工编织衣服、鞋、帽、围巾、手套等。中国自己生产绒线是从建于1906年的上海日晖织呢商厂开始的。

（一）棉织物产品

中国近代棉织物主要有三大类，一为手工棉织物，即“土布”，它是由手工纺制的“土纱”在手工织机上织造的；二是机制棉织物，即“洋布”，它是用机纺的“洋纱”在动力织机上织造的；三是“改良土布”或“仿机制布”，它是采用机纺纱在改良的手工织机上织造的。土布因其经纬纱均采用手纺土纱在手工织机上织造，质地粗厚，布幅较窄，一般为1～1.15尺，又常称为“小土布”，各地生产的小土布品种繁多，有“土经土纬”、“洋经土纬”和“洋经洋纬”等，规格不一，纱支多为14～16英支，布幅1尺左右，疋长为18尺，头份在850～1000根之间，名称也各异。如按其用途可分为官布、商品布和自用布。其中商品布在土布中占的比例较大，也有少量织造精细的品种，如番布、云布、斜纹布等，多为少数达官和富户所专用，因此在市场上流通量很少，而流通量大的则为标布（亦称大布或东套）、扣布（亦称小布和中机）、稀布（亦称阔布）三种。这些土布大都为本色，只有少量是先织后染的色布。到20世纪初，由于在中国建立了一批动力机器纺织厂，才开始出现手工织造的改良土布，可用土纱或洋纱作经纬纱，但以洋纱为主，多以双股线作经，单纱作纬，布幅达到2尺左右，比较有代表性的产品有：浙江宁波产的甬布，幅阔1.8～2尺，疋长20～30尺，用32或42英支双股线作经，16英支单纱作纬；安徽的厂布，布幅为1.6～1.8尺，疋长46～50尺，经纬纱均为20英支单纱。

(二)丝织物产品

中国近代的丝织物可分为两大类:一类是用手工缫制的土丝在手工织机上织造的“土绸”;另一类是用动力机器缫丝机上缫制的厂丝在动力织机上织造的“洋绸”。但是有些特殊品种的土绸是洋绸无法替代的,故在丝绸中仍保持有一定的比例。手工丝织物根据其织物的组织结构和织造工艺的不同可分为绸、缎、罗、纱、绒、绢、绫、锦八大类产品①。比较有名的产品,绸类中有:南京产的宁绸,杭州产的杭绸、杭纺、线春、线绉(1880 年就有大红梅蝶、脂青梅兰、脂青梅蝶、三蓝八吉、三蓝云鹤、脂青鹤桃、二蓝龙光、二蓝福寿、三蓝云蝶、三蓝福桃、库灰锦琴、大红梅菊等 12 种),湖州产的湖绉(在 1880 年湖绉有 34 种之多),广东省佛山、顺德和南海等地产的拷绸(亦称“莨纱绸”、“香云纱”),辽宁和山东产的茧绸以及用废丝手工纺纱织成的绵绸(平纹粗绸)。缎类中有:南京产的宁缎(约有 15 种),杭州产的杭缎(约有 3 种)和苏州产的苏缎(约有 40 余种)。罗类中有:杭州产的杭罗(约有 12 种),盛泽产的秋罗、串罗和熟罗。纱类中有:苏州产的实地纱、淮地纱和芝地纱等,杭州产的亮地纱、实地纱和官纱等,盛泽产的纱类品种更多②。绢类中有盛泽产的文绢、连绢、串绢、糙绢等,这些品种均为由生丝织成的平纹织物,多数经过练染踹光整理,也有不经练染整理的,如画绢。绫类品种较多,仅盛泽所产的绫类品种就有 6 个。锦类产品是指先染丝后织造的多彩提花丝织物。传统的品种有宋锦、云锦(包括库锦、库缎和妆花缎三大类)和蜀锦,云锦原产于南京,品种名称繁多,苏州产的锦类丝织物品种也较多。绒类丝织物是指其表面具有绒毛或绒圈的丝织物,其中以建绒、漳绒和漳缎较为有名。随着厂丝的出现和动力丝织机的采用,丝绸品种越来越多。

(三)毛、麻织物产品

中国手工毛纺织业的发展比较缓慢,到了近代,也只能生产传统的手工地毯、毡制品、土呢和毛口袋等少数品种。鸦片战争后,虽然建立了几家动力机器毛纺织厂,但所生产的毛织物多系模仿国外进口的洋呢,致使生产的许多毛织物名称采用外语的音译,如麦尔登、凡立丁等。粗纺产品多为低档的粗厚织物,供制做军服、军毯、军旗和号衣等军用品。

中国近代麻织物除用作衣料民用外,还用于运输包装等方面。苧麻织物系用手工将半脱胶的苧麻韧皮撕劈成细丝,头尾捻绩成纱,再用手织机织造,其中以夏布为主要品种,主要产地为江西、湖南、四川三省,其次为山东、广东、福建、江苏等省。夏布幅宽为 1～1.7 尺,疋长为 42～122尺,除民间作为夏季服装外,也可用作蚊帐布。大麻织物常用于缝制成包装用袋,黄麻织物用于制作麻袋和包装材料。

(四)针织产品

中国的针织工业是从生产袜子开始的,以棉纱为原料,由于没有袜尖、袜跟,故须将织出的直筒剪成斜面,再经手工缝制而成袜子。不久才开始生产男、女中腰直筒棉纱袜,袜尖用勾针或民用针缝合,但脚跟拐弯处不提针。直到辛亥革命后,上海、广东等地才出现电力袜机。1906 年,新建的上海景纶衫袜厂开始生产锦地衫、椒地衫、桂地衫等针织内衣,一般使用 32 英

---

① 叶量,中国纺织品产销志,国定税则委员会,1934 年,第 124 页。

② 徐新吾,近代江南丝织工业史,上海人民出版社,1991 年,第 149 页。

支棉纱织造，由台车生产单面针织坯布经裁剪缝制而成内衣。

中国的毛巾生产始于 19 世纪 70 年代。1875 年湖北汉阳就有 4 家织户生产毛巾，这种毛巾是类似于斜纹布的平板织物，表面无毛圈。1894 年，湖北织布局生产的毛巾是一种蜂巢结构，采用凹凸组织易于吸湿，直至 1910 年才有起毛圈组织的毛巾问世。其后，中国的毛巾(以面巾和浴巾为主)发展迅速，上海及其邻近各县成为毛巾生产的基地。

第三节 纺织企业经营管理

鸦片战争后，随着近代纺织企业在中国涌现，企业的经营管理也随着发生变化，逐步向科学规范化的经营管理方式发展。中国近代早期的纺织企业的经营管理随着企业性质的不同而不同，无论是官办，还是官督商办或是官商合办，其性质都相同，企业都要受到“官督”，官掌握着企业的大权，是企业发展的主要受益者。他们都以衙门方式来管理机器生产，政府委派的督办、总办、会办、帮办掌握着企业的用人、理财和业务经营的大权。他们不懂得近代企业的经营管理方法，不懂得纺织技术，依靠聘请的洋技师来组织生产和进行经营管理，更有甚者，他们还把官场恶习和腐朽的作风带到了企业，使之成为委官放缺、招朋纳友、营私舞弊的场所。为了安插亲信，不得不重叠设置机构，造成分工不明，人浮于事，办事效率低下。尽管企业内部制定了门类繁多的规章制度，不是不合实际，就是从不实行，致使管理工作处于极端混乱之中，造成浪费严重，更有人以权谋私，中饱私囊，使企业经营不善，陷于困境之中。

与此同时，由于新式企业利润的刺激以及“实业救国”的推动，一部分官僚和缺乏政治势力的地主和商人，开始投资创办“商办”企业，即民族资本主义企业。这些企业均由投资者经营，他们开始改变官场陋习和衙门作风，重视企业的经营管理，克服了招朋纳友、重叠设置机构，订立切实可行的规章制度，提高了工作效率和经营效益。如 1899 年建成的南通大生纱厂，张謇亲自为工厂制定《厂约》，确立了“总理”领导下各部门分工负责的管理体制。全厂设立厂工(生产)、进出货(供销)、银钱账目(财务)和杂务(总务)四个部门，每个部门有一名“董事”分管，其下有执事和监工。并具体和明确了董事和执事的责任。另处还规定了“总理”的职责，工薪发放办法，统计报表制度，奖惩制度和伙食标准等规章制度。同时，还规定了各董事随时研究生产和经营中发生的问题及其解决的办法，在生产中还实行了“老规制”、“包工制”、“包身工制”以及“文武场制”等生产管理制度。张謇在投资决策上，本着各业互济、互补的原则，作出了以纺织业为主、综合经营的决策，从 1901 年到 1907 年先后在南通创办了近 20 个企业。这些企业主要是围绕大生纱厂为轴心运转并为之服务的。为了给大生纱厂提供充足的原料，首先创办了通海垦牧公司垦滩植棉，广生油厂利用棉籽榨油自用，大隆皂厂利用油厂的“下脚”制造皂烛，大生面粉厂磨粉以供浆纱和食用，资生铁厂初期专为纱厂修理机件，大生轮船公司、泽生水利(船闸)公司等主要为纱厂解决运输问题，因此，大生公司就成了一个以棉纺织业为核心，以通海(南通、海门)地区为基地，包括垦牧业、轻重工业、手工业以及交通运输、金融、贸易等行业在内的农、工、贸为一体的企业综合型集团。由此可见，民族资本主义纺织企业的经营管理已开始注意到企业内部的组织、分工、协调和管理工作，使企业向近代化迈开了第一步，也是中国纺织业近代化企业管理的萌芽。

第四节　纺织市场与贸易

中国的纺织原料及其制品市场与内外贸易历史悠久，长期以来，纺织原料和纺织品一直是重要的出口商品，处于举足轻重的地位，其中丝绸出口值占出口比重，最高时达到60%，居第一位。棉花和土布的出口量也占到一定的比例。这对繁荣国内经济，促进中外经济合作和文化交流作出过重要的贡献。1840年，国内市场上纺织原料及其制品的商品量不大，棉花为225.5万担（占棉花总产量的26.3%），棉布为31517.7万匹，生丝为7.1万担，纺织品为4.9万担，随后国内市场逐步扩大，但商品贸易量仍不很大。

（一）原棉和棉制品市场与贸易

中国进口的棉花主要来自印度，供广东、福建一带手工纺纱使用。鸦片战争后，由于洋纱输入逐步扩大，进口棉量大减，每年进口量在几万担到20万担之间。中国出口的棉花每年约在4万担至10万担之间，1864年经上海出口的棉花达44万担①，1888年后，出口量大增，每年出口量达到数十万担至100万担。由于出口量大增，刺激了国内棉价大幅度提高，农民种棉的积极性大大提高，以致在长江下游出现了棉作物排挤其他农作物的现象。19世纪末，日本在远东崛起，成为新兴的棉纺织工业国，日本新建的棉纺织厂多数只能纺中、低支纱，中国棉花比较适合。与此同时，中国棉纺织手工业受到进口的洋纱、洋布的冲击而日趋衰落，致使棉价下跌，则更促进了棉花的出口。据统计，在1886～1890年的5年中，年平均出口量达到22.5万担，而同期年平均进口量只有13.8万担，这一出超势头一直延续到20世纪20年代初。随着棉花出口量的日益增加，于19世纪末，宁波、上海和天津三个口岸形成了国内棉花出口市场，并相应地建立了为出口棉花服务的机器轧棉厂、打包厂，以及棉花含水、含杂的标准检验制度和机构。

中国农民手工纺制土纱，主要是自纺自织，也有专事纺纱线的，纺制土布用的经纱或缝纫用线，整个商品纱量很少，约占总消费量的1%。1860年进口洋纱达3.5万担，仅占手工织布用纱量的0.56%。60年代后期，进口量日益增多，1894达到116万担，同年国内机制纱产量为34万担，二者合计仅为土布用纱量的23.42%。由此可见，手工纺制的土纱仍占土布用纱量的75%左右。

鸦片战争后，中国农村手工棉纺织业有所发展，1860年左右，是近代织布户发展最快的时期，约占全国总农户的45%左右②，而另55%的农户则需要购买商品布。此外，约占全国总人口5%的城市人口和非农业人口也需要购买商品布。因此，市场需要的商品布数量很大。据估计，1860年全国商品布约为3.17亿匹，约占土布产量的52.4%。早在明代就已形成松江府一带的土布集中产区，在北方和华中地区也已形成几个小的集中产区，这些产区专为市场销售而生产土布。苏松产区包括江苏南部的无锡、常熟、太仓、嘉定、松江和浙江的嘉兴，东西长达200公里。其中松江府是最集中的棉布产区，包括华亭、娄县、奉贤、金山、上海、南汇、青浦七县和川沙厅。无锡是棉布贩运中心，有"布码头"之称。苏州是布商汇集之处，白坯布运此染成青蓝布，称为苏布。松

---

① 华洪涛等，上海对外贸易，上海社会科学院出版社，1990年。

② 许涤新等，旧民主主义革命时期的中国资本主义，人民出版社，1990年，第308页。

江府每年销售棉布量约在3000万匹左右,主要销往东北、北京、广东、福建,其次为江苏、浙江,部分销苏州进行染色加工。常熟的棉布年销售量约1000万匹左右,主要销江苏的淮安、扬州和山东、浙江、福建等省。无锡棉布年产量约300万匹,主要销江苏的淮安、扬州和高宝等地。这样,苏松地区年销售布量约为4500万匹,其中约有4000万匹为远距离销售,约占全国棉布商品量的90%左右。此外,还有几个小的棉布集中产区,如直隶(今河北)东部以乐亭、滦州为中心的集中产区,主销本省和东北;直隶西南部以元氏、南宫为中心的集中产区,主销太原、张家口和蒙古;以历城、蒲台等沿黄河一带的山东产区,主销东北;以黄河南部的正阳、北部的孟县为中心的河南产区,主销西北;还有山西榆茨、湖北的汉阳和德安、湖南的巴陵、四川的新津等棉布集中产区主销东北、西北和西南等边远地区。1840年后,上海成为全国对外贸易中心,外商洋行相继在上海设立机构,出售英国洋布。1850年,在上海设立了第一家专营洋布的清洋布店,名叫同春洋货号,又叫同春字号洋布纱庄,经营门市零售和内庄批发业务。1858年这种清洋布店已增加到15~16家。在广州、汉口、重庆等通商口岸也出现了类似的清洋布店。进口的洋布大都在上海集散,各地商贾来上海采购,有些还常驻设庄,于是就形成了若干采购帮派,其中较大的有天津帮、北京的祥帮、东北帮、汉口帮、长沙帮、四川帮、江西帮、福建帮、宁波帮等。进口洋布的分销除上海为中心外,还有一条经香港向华南各省及台湾运销的路线。棉布的进销环节在1895年前已基本建立,初步形成了从通商口岸到内地城镇的销售网点。从1860年开始,洋布的输入排挤了国内市场上的部分土布,直到1894年,洋布的销售量只占到棉布总销售量的14.15%,这说明洋布所排挤的只是土布中的部分商品布。与此同时,19世纪80年代中国土布的出口量有所回升,90年代出口量增长很快,1892年出口量已超过1万担,1895年达到3.66万担。这种出口增长的势头一直持续到20世纪30年代。20世纪初,随着国内动力机器棉纺织厂的发展,农村的手工土布生产才开始出现衰落现象。

(二)麻及其制品市场与贸易

近代中国的麻纤维出口主要由上海销往日本,而麻纺织品既有出口又有进口,出口量低于进口,出口主要是苧麻和夏布,而进口主要是麻袋和帆布等。

20世纪初,中国的苧麻约有25%供出口,75%主要用于手工绩麻织夏布。中国的夏布产区分布较广,主要产区集中在江西省的万载和宜黄、湖南省的浏阳、四川省的江津和内江。全国夏布产量约为20万担,各通商口岸的贸易量约为4~5万担,其中一半出口朝鲜、日本,以及香港和南洋等地,另一半转运至国内其他口岸,夏布主要用于衣料和蚊帐料。

中国近代所用的绳类主要为大麻纺制,用途最广的是用于缝制布鞋和纳鞋底用的鞋绳,其次为包扎用绳。我国绳索除自用外,每年约有5~6万担由九龙出口香港和南洋。

(三)羊毛及毛制品市场与贸易

中国的羊毛品质较差,主要用于制造地毯、粗纺毛呢、毛毯、制毡和手工纺织,不适宜于纺织呢绒。近代羊毛交易市场主要集中在产毛区。主要产区有西北产区(包括陕西、甘肃、宁夏和青海四省区)、新疆产区(集中于乌鲁木齐、伊宁和哈密)、川康产区(包括川西的松潘和西康)、华北产区、东蒙产区(指内蒙的东北部)、西南产区(包括云南、贵州两省)和西藏产区。这些产区所产的羊毛国内使用数量不多,大部分供出口,主要销往美国、法国、日本、德国、英国等国家制造地毯。

中国手工毛纺织品的生产具有悠久的历史,但发展十分缓慢,直至近代仍很落后。国内毛纺织品市场容量很小,在全国商品市场上也只占很小的份额。真正的毛纺织品市场是在洋货进口(主要是从英国进口)后形成的。主要集散地是在口岸大城市,早期在广州,后转移至上海。每年输入的毛纺织品数量甚微,直至甘肃织呢局建立时为止,每年进口的毛纺织品也只有10余万匹。

中国早期进口和国产呢绒主要是粗纺毛织品,一是供清政府的军用(主要作军服、号衣、军毯、军旗等),二是供有钱的富贵人家享用。当时,对于昂贵的毛织品是一般平民百姓不敢问津的。1881年以后,国内一批动力机器毛纺织厂相继投产,但生产的呢绒也只有30万码左右,只占当时进口量的3%多一点。此时,英国毛纺织品在中国市场上仍占据统治地位。五口通商后,进口呢绒的主要口岸转移到上海,1864年上海口岸进口的呢绒金额为全国进口呢绒的90%左右,上海成为外国呢绒输入中国的最大集散地。进口的品种主要有羽毛、粗哔叽、哆罗呢、小呢、羽绫和羽纱6个品种,其金额占输入呢绒总金额的78.1%。

中国的地毯早已闻名于世,在清朝中期主要分布在西北地区和西藏。19世纪末,北京地区的地毯业兴起,当时主要供清朝官府和官吏使用,部分供寺庙装饰和铺地用。到了20世纪初,出口量才逐渐增加,并转向为出口而生产,按其价值计算,出口量占生产量的90%以上,出口商埠都是地毯工业中心或邻近地毯工业中心的城市,主要有天津、上海、山东的胶州和烟台。此外,在辽宁的安东、湖北的汉口、云南的思茅和腾越也有少量出口。

(四)丝绸市场与贸易

中国蚕丝资源非常丰富,除桑蚕丝外,还有柞蚕丝、樟蚕丝以及其他野蚕丝。根据统计资料,1840年时,中国的桑蚕丝产量为7.7万担,商品量为7.1万担,其中出口量为1.08万担。柞蚕丝年产量约为0.4万担,1855年增至1.936万担,1862年又增至6万担,占全国出口总值的1/3左右。中国出口的蚕丝主要是桑蚕丝,也有少量的柞蚕丝。早期出口的是手工缫制的土丝。19世纪70~80年代,虽然在广州、上海开始生产厂丝,但到1890年土丝的出口量仍占丝的出口量的90%以上。为了提高丝的质量,在70年代出现了再缫丝,也称洋经丝。1900年,白厂丝的出口量首次超过了白土丝。中国蚕丝的出口主要销往英国、法国和美国。鸦片战争后,英国曾一度成为中国蚕丝的主要输入国,19世纪40~50年代占出口总量的97.7%,而华丝在英国进口蚕丝中的比重,由1842年的4.6%,猛增至1854年的60.7%,从而扩大了英国的丝织业,增加了丝织品的出口,并使伦敦成为中国蚕丝销往欧洲大陆的集散地。到了60年代中期,由于世界航运业的发展,法国、意大利、美国直接从中国进口蚕丝,打破了英独占华丝的垄断地位。1894年,中国出口英国的蚕丝量占总出口量的3.8%。20世纪初又下降到2%左右。法国虽也生产蚕丝,但产量远不能满足丝织业的需要,成为中国蚕丝的最大买主,早期是通过英国转口的。从19世纪60年代起,由于法国邮船公司开辟了欧亚航线,直接从中国进口蚕丝,从而逐步替代英国成为中国蚕丝的主要输入国,仅1894年法国就从上海口岸进口土丝3.68万担,占上海出口总额的53.61%,而英国则下降到3.67%。美国从中国进口蚕丝量自1865年以后增长很快,19世纪60年代后期占进口总量的13.1%,到70年代前期猛增到53%,1875年后美国从日本的进口量就超过了中国,1895年进口华丝进一步下降到30.34%,而日丝则上升到47.5%,印度也是中国蚕丝输出国之一,一般占中国出口量的10%左右,其中以黄土丝为主(占中国出口黄土丝量的70%~80%)。

19世纪70年代中叶，广东开始建立近代蒸汽缫丝工厂，80年代初，上海发展了近代机器缫丝工厂，有力地推进和扩大了蚕茧的商品交易量，同时还有干茧出口，大大提高了蚕茧的商品化程度，从而加速了传统的蚕茧地区的蚕丝生产的专业分化，形成了新的蚕茧基地。无锡蚕桑区由小逐渐扩大，养蚕户发展成为专业化，从而提高蚕茧的产质量，并在无锡、常州一带出现了茧行与茧灶，专事干茧的买卖和烘茧。其他一些地区的茧市也相继出现，加速了养蚕业的发展和蚕茧贸易量的增加。据估计，1894年全国鲜茧产量为243万担，其中商品量为44.67万担，出口干茧9631担，折合鲜茧2.89万担。柞蚕茧的商品化要晚于桑蚕茧，在19世纪60年代才开始在集中产区形成专业性的茧市。1900年山东烟台就有茧栈37家，经营的柞蚕茧除来自本省文登、威海、栖霞等县的本山茧外，还有大量的辽东柞茧。柞丝的交易大都在产丝地有集市贸易，产丝地较大的城镇设有丝行。如东北有售丝行和购丝行，河南有丝行，山东有丝行和丝绸栈。盖平是东北柞丝的主要集散市场，1880年就有售丝行40家，购丝行20家。东北的柞丝产量的10%留供当地织造，90%则运往烟台，其中小部分供山东织绸业，大部分与山东丝一起运至上海经营柞丝绸的丝行，再转售外商洋行，山东所产柞丝一部分供国内织造柞绸，而大部分运往口岸出口，河南的柞丝基本上供本地织绸之用。中国的柞丝自19世纪60年代起开始出口，而且增长速度较快，至70年代，年平均出口约占总产量的30%，80年代后继续增加，达到48%左右。

除了桑蚕丝和柞蚕丝出口外，缫丝过程中产生的废茧、废丝也有出口，自19世纪80年代起出口值增长很快，从1868年的1.8%增长到1888年的9.2%。

中国的丝织业，长期都是“男耕女织”的家庭副业。随着生丝生产的商品化，促使织绸业逐步从家庭副业中分化为独立的城镇“机户”。生产的丝绸主要是通过当地的商贩和牙行，再由丝行转售于客商，客商把购进的丝绸销售外地和邻近国家。此外，还有一些零售商和绸行。后来由绸庄取代了逐渐衰落的绸行。绸庄通过发料收货的形式把丝织的各个工序如丝行、染房、车户、牵经接头、机户都组织起来，置于其统一支配下，形成了一个规模较大的工业体系，控制着工贸一体化。

鸦片战争后，自上海设立通商口岸后，原来在全国最大的丝绸集散地苏州的客商，纷纷移至上海，各产地的绸庄也来上海设立推销机构。当时，全国丝织品的商品流通量约为每年4.9万担。1910年前后，上海已取代了苏州成为全国最大的丝绸集散地。而广东的拷绸，山东与河南的柞绸，山东周村的麻丝绸，也都经上海经销或转口。与此同时，上海本地的丝绸产量也居全国各地之首。早期出口的丝织品，主要经广州出口。自1843年上海辟为通商口岸后逐步发展为全国丝织品的主要集散地，其出口量增长很快，并逐步取代了广州，成为中国最大的丝织品出口口岸。

参 考 文 献

原始文献

葛洪(晋)撰.1986.西京杂记,见《笔记小说大观》第一册,江苏广陵古籍刻印社
郭璞(晋)注,邢昺(宋)疏.1935.尔雅注疏.阮刻十三经注疏本(国学整理社编辑),上海:世界书局
顾嗣立(清)编.1986.元诗选.四库全书·总集.台北:台湾商务印书馆
胡三省(元).1956.资治通鉴音注.北京:中华书局
贾思勰(北朝后魏)撰,缪启愉校释.1982.齐民要术.北京:农业出版社
李时珍(明)著,尚志均校定.1957本草纲目.北京:人民出版社
司农司(元)编,缪启愉校释.1988.农桑辑要.北京:农业出版社
陶宗仪(元)撰.1986.辍耕录.四库全书,小说一.台北:台湾商务印书馆
沈公练(清)撰.1960.广蚕桑说辑补.北京:农业出版社
宋应星(明)撰.钟广言注释.1976.天工开物.广州:广东人民出版社
唐慎微(宋)撰.1957.重修政和经史证类本草.晦明轩本影印.北京:人民卫生出版社
王祯(元)撰.1956.农书.北京:农业出版社
卫杰(清)撰.1956.蚕桑萃编.北京:中华书局
徐光启(明),撰.1979.石声汉校注.农政全书.上海:上海古籍出版社
玄奘(唐).1977.大唐西域记,上海:人民出版社
杨屾(清).1962.豳风广义.北京:农业出版社
张宗法(清)著,邹介正等校释.1989.三农记.北京:农业出版社

研究文献

陈维稷主编.1984.中国纺织科学技术史(古代部分).北京:科学出版社
陈炳应编著.1996.中国少数民族科学技术史丛书,纺织卷.南宁:广西科学技术出版社
陈祖槼.1957.中国农学遗产选集,甲类第五种(棉).北京:中华书局
杜燕孙著.1938.国产植物染料染色法.上海:商务印书馆
河北省文物研究所编.1977.藁城台西村商代遗址.北京:文物出版社
湖北省荆州地区博物馆编.1985.江陵马山一号楚墓.北京:文物出版社
何堂坤、赵丰编著.1998.中华文化通志·纺织与矿冶志.上海:上海人民出版社
黄维馥编著.1962.中国印染史话.北京:中华书局
李仁溥著.1983.中国古代纺织史稿.长沙:岳麓书社
李长年主编.1961.中国农学遗产选集,甲类第八种(麻类作物).北京:农业出版社
林乃基编著.1989.中国纺织经纬.北京:纺织工业出版社
刘仙洲著.1962.中国机械工程发明史.北京:科学出版社
上海纺织科学研究院编著.1980.长沙马王堆一号汉墓出土纺织品研究.北京:文物出版社
上海纺织科学院编.1978.纺织史话.上海:上海科学技术出版社
《蜀锦史话》编写组.蜀锦史话.成都:四川人民出版社
吴淑生、田自秉编著.1986.中国染织史.上海:上海人民出版社
徐仲杰编著.1986.南京云锦史.南京:江苏科学技术出版社
叶智勇编著.1993.实用服饰手工印染技法.北京:纺织工业出版社

严中平著.1955.中国棉纺织史稿.北京:科学出版社
朱新予主编.1992.中国丝绸史(通论).北京:中国纺织出版社
朱新予主编.1997.中国丝绸史(专论).北京:中国纺织出版社
章楷编注.1985.中国古代养蚕技术史料选编.北京:农业出版社
赵冈、陈钟毅著.1997.中国棉纺织史.北京:中国农业出版社
周匡明编著.1983.蚕业史话.上海:上海科技出版社
中国科学院考古研究所编著.1957.长沙发掘报告.北京:科学出版社
中国大百科全书总编辑委员会编.1984.中国大百科全书·纺织卷.北京:中国大百科全书出版社
中国大百科全书总编辑委员会编.1986.中国大百科全书·考古学卷.北京:中国大百科全书出版社
中国大百科全书总编辑委员会编.1986.中国大百科全书·民族卷.北京:中国大百科全书出版社
中国近代纺织史编辑委员会编.1997.中国近代纺织史.北京:中国纺织出版社
张保丰著.1989.中国丝绸史稿.上海:学林出版社

索　引

人名索引

书名索引

总　　跋

凡是听到编著《中国科学技术史》计划的人士，都称道这是一个宏大的学术工程和文化工程。确实，要完成一部30卷本、2000余万字的学术专著，不论是在科学史界，还是在科学界都是一件大事。经过同仁们10年的艰辛努力，现在这一宏大的工程终于完成，本书得以与大家见面了。此时此刻，我们在兴奋、激动之余，脑海中思绪万千，感到有很多话要说，又不知从何说起。

可以说，这一宏大的工程凝聚着几代人的关切和期望，经历过曲折的历程。早在1956年，中国自然科学史研究委员会曾专门召开会议，讨论有关的编写问题，但由于三年困难、“四清”、“文革”，这个计划尚未实施就夭折了。1975年，邓小平同志主持国务院工作时，中国自然科学史研究室演变为自然科学史研究所，并恢复工作，这个打算又被提到议事日程，专门为此开会讨论。而年底的“反右倾翻案风”，又使设想落空。打倒“四人帮”后，自然科学史研究所再次提出编著《中国科学技术史丛书》的计划，被列入中国科学院哲学社会科学部的重点项目，作了一些安排和分工，也编写和出版了几部著作，如《中国科学技术史稿》、《中国天文学史》、《中国古代地理学史》、《中国古代生物学史》、《中国古代建筑技术史》、《中国古桥技术史》、《中国纺织科学技术史(古代部分)》等，但因没有统一的组织协调，《丛书》计划半途而废。1978年，中国社会科学院成立，自然科学史研究所划归中国科学院，仍一如既往为实现这一工程而努力。80年代初期，在《中国科学技术史稿》完成之后，自然科学史研究所科学技术通史研究室就曾制订编著断代体多卷本《中国科学技术史》的计划，并被列入中国科学院重点课题，但由于种种原因而未能实施。1987年，科学技术通史研究室又一次提出了编著系列性《中国科学技术史丛书》(现定名《中国科学技术史》)的设想和计划。经广泛征询，反复论证，多方协商，周详筹备，1991年终于在中国科学院、院基础局、院计划局、院出版委领导的支持下，列为中国科学院重点项目，落实了经费，使这一工程得以全面实施。我们的老院长、副委员长卢嘉锡慨然出任本书总主编，自始至终关心这一工程的实施。

我们不会忘记，这一工程在筹备和实施过程中，一直得到科学界和科学史界前辈们的鼓励和支持。他们在百忙之中，或致书，或出席论证会，或出任顾问，提出了许多宝贵的意见和建议。特别是他们关心科学事业，热爱科学事业的精神，更是一种无形的力量，激励着我们克服重重困难，为完成肩负的重任而奋斗。

我们不会忘记，作为这一工程的发起和组织单位的自然科学史研究所，历届领导都予以高度重视和大力支持。他们把这一工程作为研究所的第一大事，在人力、物力、时间等方面都给予必要的保证，对实施过程进行督促，帮助解决所遇到的问题。所图书馆、办公室、科研处、行政处以及全所的同仁，也都给予热情的支持和帮助。

这样一个宏大的工程，单靠一个单位的力量是不可能完成的。在实施过程中，我们得到了北京大学、中国人民解放军军事科学院、中国科学院上海硅酸盐研究所、中国水利水电科学研究院、铁道部大桥管理局、北京科技大学、复旦大学、东南大学、大连海事大学、武汉交通科技大学、中国社会科学院考古研究所、温州大学等单位的大力支持，他们为本单位参加编撰人员提供了种种方便，保证了编著任务的完成。

为了保证这一宏大工程得以顺利进行，中国科学院基础局还指派了李满园、刘佩华二位同志，与自然科学史研究所领导（陈美东、王渝生先后参加）及科研处负责人（周嘉华参加）组成协调小组，负责协调、监督工作。他们花了大量心血，提出了很多建议和意见，协助解决了不少困难，为本工程的完成做出了重要贡献。

在本工程进行的关键时刻，我们遇到经费方面的严重困难。对此，国家自然科学基金委员会给予了大力资助，促成了本工程的顺利完成。

要完成这样一个宏大的工程，离不开出版社的通力合作。科学出版社在克服经费困难的同时，组织精干的专门编辑班子，以最好的纸张，最好的质量出版本书。编辑们不辞辛劳，对书稿进行认真地编辑加工，并提出了很多很好的修改意见。因此，本书能够以高水平的编辑，高质量的印刷，精美的装帧，奉献给读者。

我们还要提到的是，这一宏大工程，从设想的提出，意见的征询，可行性的论证，规划的制订，组织分工，到规划的实施，中国科学院自然科学史研究所科技通史研究室的全体同仁，特别是杜石然先生，做了大量的工作，作出了巨大的贡献。参加本书编撰和组织工作的全体人员，在长达10年的时间内，同心协力，兢兢业业，无私奉献，付出了大量的心血和精力。他们的敬业精神和道德学风，是值得赞扬和敬佩的。

在此，我们谨对关心、支持、参与本书编撰的人士表示衷心的感谢，对已离我们而去的顾问和编写人员表达我们深切的哀思。

要将本书编写成一部高水平的学术著作，是参与编撰人员的共识，为此还形成了共同的质量要求：

1. 学术性。要求有史有论，史论结合，同时把本学科的内史和外史结合起来。通过史论结合，内外史结合，尽可能地总结中国科学技术发展的经验和教训，尽可能把中国有关的科技成就和科技事件，放在世界范围内进行考察，通过中外对比，阐明中国历史上科学技术在世界上的地位和作用。整部著作都要求言之有据，言之成理，经得起时间的考验。

2. 可读性。要求尽量地做到深入浅出，力争文字生动流畅。

3. 总结性。要求容纳古今中外的研究成果，特别是吸收国内外最新的研究成果，以及最新的考古文物发现，使本书充分地反映国内外现有的研究水平，对近百年来有关中国科学技术史的研究作一次总结。

4. 准确性。要求所征引的史料和史实准确有据，所得的结论真实可信。

5. 系统性。要求每卷既有自己的系统，整部著作又形成一个统一的系统。

在编写过程中，大家都是朝着这一方向努力的。当然，要圆满地完成这些要求，难度很大，在目前的条件下也难以完全做到。至于做得如何，那只有请广大读者来评定了。编写这样一部大型著作，缺陷和错讹在所难免，我们殷切地期待着各界人士能够给予批评指正，并提出宝贵意见。

《中国科学技术史》编委会

1997 年 7 月